MAISON RUSTIQUE

DU XIXE SIÈCLE.

ENCYCLOPÉDIE D'AGRICULTURE PRATIQUE.

LISTE DES COLLABORATEURS.

ANTOINE (de Roville), professeur à l'Institut agricole de Roville (Meurthe).

AUDOUIN, professeur au Muséum d'histoire naturelle, membre de la Société centrale d'agriculture.

BAILLY, des Sociétés d'agriculture et d'horticulture.

BELLA, Directeur de l'école d'agriculture de Grignon (Seine-et-Oise).

BERLÈZE (l'abbé), des Soc. d'agriculture et d'horticulture.

BIERNAKI. cultivat., anc. ministre de l'intérieur en Pologne.

BIXIO (Alexandre), docteur en médecine.

BONAFOUS, directeur du Jardin botanique de Turin, correspondant de l'Institut, de la Société d'agriculture.

BOULEY, vétérinaire à Paris.

BRAME (Jules), auditeur au Conseil d'État.

CHAPELAIN (Octave de), propriét.-cultiv. dans la Lozère.

COLLIGNON, vétérinaire à Mantes (Seine-et-Oise).

DAILLY, propriét.-cultiv. à Trappes (Seine-et-Oise), des Sociétés d'agriculture et d'horticulture de Paris et de Versailles.

DEBONNAIRE DE GIF, cons. d'État, de la Soc. d'agricult.

DEBY, propriét.-cultivateur dans le Loir-et-Cher, de la Société d'agriculture.

FÉBURIER, des Sociétés d'agriculture et d'horticulture de Paris et de Versailles.

GASPARIN (de), pair de France, ministre de l'intérieur, de la Société d'agriculture, etc.

GOURLIER, architecte des Travaux-Publics de Paris, de la Société d'encouragement, etc.

GROGNIER, professeur à l'école vétérinaire de Lyon.

HÉRICART DE THURY (vicomte), de l'Académie des sciences, président des Sociétés d'agricult. et d'horticult.

HERPIN, propriét.-cultiv. dans l'Indre, de la Société d'agric.

HOMBRES-FIRMAS (le baron d'), correspondant de l'Institut et de la Société centrale d'agriculture, cultivateur dans le Gard, etc.

HUERNE DE POMMEUSE, des Sociétés d'agriculture, d'horticulture et d'encouragement.

HUZARD fils, des Soc. d'agric., d'hortic. et d'encouragement.

JAUME-SAINT-HILAIRE, de la Société d'agriculture, auteur de la *Flore* et de la *Pomone Françaises*.

LABBE, des Sociétés d'agriculture et d'horticulture.

LADOUCETTE, député, des Sociétés d'agriculture, d'horticulture et d'encouragement.

LASSAIGNE, professeur à l'École vétérinaire d'Alfort.

LEBLANC, professeur au Conservatoire des arts et métiers.

LECLERC-THOUIN (Oscar), professeur d'agriculture au Conservatoire des arts et métiers.

LEFÈVRE (Élysée), cultiv. à Courchamp (Seine-et-Marne).

LOISELEUR - DESLONGCHAMPS, des Sociétés d'agriculture et d'horticulture.

MALEPEYRE jeune, avocat à la Cour royale de Paris.

MALEPEYRE aîné, de la Société d'agriculture.

MASSONFOUR, ex-professeur à l'École forestière de Nancy.

MICHAUT, corresp. de l'Institut, de la Société d'agriculture.

MOLARD, de l'Acad. des sciences et de la Soc. d'agriculture.

MOLL, professeur d'agriculture au Conservatoire des arts et métiers.

MORIN DE SAINTE-COLOMBE, des Sociétés d'agriculture et d'horticulture.

NOIROT (de Dijon), auteur de plusieurs ouvrages d'agriculture forestière.

NOIROT-BONNET, géom.-forest. à Langres (Haute-Marne).

ODART (le comte), président de la section d'agriculture de la Société de Tours, propriét.-agronome dans Indre-et-Loire.

ODOLANT DESNOS, auteur de plusieurs ouvrages sur les arts industriels et agricoles.

PAYEN, manufacturier-chimiste, des Sociétés d'agriculture, d'horticulture et d'encouragement.

POITEAU, des Sociétés d'agriculture et d'horticulture, auteur du *Bon Jardinier*, etc.

POLONCEAU, inspecteur-divisionnaire des ponts et chaussées, des Sociétés d'agric., d'horticult. et d'encouragement.

POMMIER, directeur de *l'Écho des halles et marchés*.

PRESSAT, cultivateur à Saint-Barbant (Haute-Vienne).

PUVIS, président de la Société d'agriculture de l'Ain.

RAMBUTEAU (de), député, conseiller d'État, préfet de la Seine, président de la Société d'agriculture.

RENAUT, professeur à l'École vétérinaire d'Alfort.

RIGOT, professeur à l'école vétérinaire d'Alfort.

RIVIÈRE (Baron de), propr.-cultivateur dans la Camargue, correspondant de la Société d'agriculture.

SOULANGE-BODIN, des Sociétés d'agriculture, d'horticulture et d'encouragement, fondateur de l'Institut horticole de Fromont (Seine-et-Oise).

SYLVESTRE (de), de l'Académie des sciences, secrétaire perpétuel de la Société d'agriculture.

TESSIER, de l'Acad. des sciences et de la Société d'agricult.

VILMORIN, des Sociétés d'agriculture et d'horticulture, propr.-cultivateur aux Barres (Loiret), etc.

VIREY, député, de la Société d'agriculture, etc.

YVART, directeur de l'École vétérinaire d'Alfort, de la Société d'agriculture.

YUNG, rédact. du *Bull. des sciences agric.* et de *l'Agronome*.

PARIS, IMPRIMERIE DE E. DUVERGER, RUE DE VERNEUIL, 4.

MAISON RUSTIQUE

DU XIXe SIÈCLE.

Encyclopédie d'Agriculture pratique,

CONTENANT

LES MEILLEURES MÉTHODES DE CULTURE USITÉES PARTICULIÉREMENT EN FRANCE, EN ANGLETERRE, EN ALLEMAGNE ET EN FLANDRE; — TOUS LES BONS PROCÉDÉS PRATIQUES PROPRES A GUIDER LE PETIT CULTIVATEUR, LE FERMIER, LE RÉGISSEUR ET LE PROPRIÉTAIRE, DANS L'EXPLOITATION D'UN DOMAINE RURAL; — LES PRINCIPES GÉNÉRAUX D'AGRICULTURE, LA CULTURE DE TOUTES LES PLANTES UTILES; — L'ÉDUCATION DES ANIMAUX DOMESTIQUES, L'ART VÉTÉRINAIRE, — LA DESCRIPTION DE TOUS LES ARTS AGRICOLES; — LES INSTRUMENS ET BATIMENS RURAUX; — L'ENTRETIEN ET L'EXPLOITATION DES VIGNES, DES ARBRES FRUITIERS, DES BOIS ET FORÊTS, DES ÉTANGS, ETC.; — L'ÉCONOMIE, L'ORGANISATION ET LA DIRECTION D'UNE ADMINISTRATION RURALE; — ENFIN LA LÉGISLATION APPLIQUÉE A L'AGRICULTURE;

TERMINÉE

PAR DES TABLES MÉTHODIQUE ET ALPHABÉTIQUE,

PAR LA LISTE DES FIGURES ET CELLE DES ABRÉVIATIONS ET OUVRAGES CITÉS;

Cours élémentaire, complet et méthodique

D'ÉCONOMIE RURALE,

AVEC PLUS DE 2000 FIGURES REPRÉSENTANT TOUS LES INSTRUMENS, MACHINES, APPAREILS, RACES D'ANIMAUX, ARBRES, ARBUSTES ET PLANTES, BATIMENS RURAUX, ETC.,

Rédigé et professé

Par une réunion d'Agronomes et de Praticiens appartenant aux Sociétés agricoles de France,

SOUS LA DIRECTION

De M. Malepeyre aîné,

De la Société centrale d'Agriculture.

TOME TROISIÈME.

ARTS AGRICOLES.

Paris

AU BUREAU, QUAI MALAQUAIS , No 19.

—

M DCCC XXXIX.

TABLE DES MATIÈRES CONTENUES DANS CE VOLUME

TITRE PREMIER. — PRODUITS DES ANIMAUX.

CHAP. Ire. DU LAIT ET DE SES EMPLOIS. 1
SECT. 1re. *Laiterie à lait.* 2
§ 1er. Construction de la laiterie. ib.
§ 2. Disposition intérieure de la laiterie. 3
§ 3. Ustensiles et instruments de la laiterie. 5
§ 4. Du lait, de ses espèces et qualités. 9
§ 5. Soins généraux à donner à la laiterie. 11
§ 6. Travaux de la laiterie. 13
§ 7. Conservation et transport des produits. 15
§ 8. Altérations du lait. 16
§ 9. Falsification du lait. 18
SECT. 11. *Laiterie à beurre.* ib.
§ 1er. Du beurre. ib.
§ 2. Des barattes et autres ustensiles. 19
§ 3. Des qualités du beurre et de leurs causes. 22
§ 4. Conditions pour la fabrication du bon beurre. 23
§ 5. Battage du beurre. 24
§ 6 Délaitage 25
§ 7. Coloration du beurre. 26
§ 8. Méthodes diverses pour faire le beurre. ib.
§ 9. Beurre de petit-lait. 27
§ 10. Conservation du beurre. ib.
§ 11. Altérations du beurre. 29
§ 12. Moulage et transport des beurres. ib.
SECT. 111. *Laiterie à fromage.* 30
Art. 1er. Composition des fromages en général. ib.
tr. II. De l'atelier et des ustensiles de la fromagerie. 31
§ 1er. De la fromagerie. ib.
§ 2. Ustensiles et instruments. 32
Art. III. Préceptes généraux pour la fabrication des fromages 35
§ 1er. Coagulation ou formation du caillé. 35
I. De la présure. ib.
II. Coloration des fromages. 36
III. Formation du caillé. 37
§ 2. Division ou rompage du caillé. ib.
§ 3. Manière de presser les fromages et de les traiter pendant la pression. 38
§ 4. Manière de saler. ib.
Art. IV. Procédés particuliers de fabrication. 39
§ 1er. Fromages de lait de vache. 39
I. Fromages mous et frais. ib.
II. Fromages mous et salés. ib.
III. Fromages à pâte ferme soumis à la presse. 42
IV. Fromages cuits, à pâte plus ou moins dure et pressée 48
§ 2. Fromage de lait de brebis. 51
§ 3. Fromage de lait de chèvre. ib.
§ 4. Fromages de laits mélangés. ib.
Art. V. Préparations avec le caillé et des substances végétales. 54
Art. VI. Brocotte, recuite, serai, ricotte. ib.
Art. VII. Conservation des fromages. 55
Art. VIII. Conclusion. 56
SECT. IV. *Emploi des résidus du laitage.* 57
SECT. V. *Des fruitières, ou associations rurales pour la fabrication du lait.* ib.
SECT. VI. *Produits et profits de la laiterie.* 58
§ 1er. Produits de la laiterie. 59
§ 2. Profits de la laiterie. 62
CHAP. II. DES MOYENS D'UTILISER LES ANIMAUX MORTS. 63
SECT. 1re. *Considérations sur les débris des animaux.* ib.
SECT. 11. *Dépècement des animaux.* 65
SECT. 111. *Conservation, préparation et emploi de la chair, du sang et des os.* 66
SECT. IV. *Préparation et emploi de quelques autres produits des animaux.* 70
SECT. V. *Valeur et produits des animaux morts.* 76
CHAP. III. APPRÊT DES PLUMES À ÉCRIRE. 77
SECT. 1re. *Des plumes à écrire.* ib.
SECT. 11. *Apprêt des plumes.* ib.
SECT. 111. *Coloration, assortiment, empaquetage.* 79
CHAP. IV. INCUBATION ARTIFICIELLE. ib.
SECT. 1re. *Des appareils pour faire couver les œufs.* ib.

§ 1er. Couveuse artificielle 79
§ 2. Caléfacteur couvoir de M. LEMARE. 80
§ 3. Étuve BONNEMAIN. 81
§ 4. Couvoir SOREL. 83
§ 5. De quelques autres méthodes d'incubation. 84
SECT. 11. *Règles pratiques sur l'incubation des œufs et l'éducation des poulets.* 85
§ 1er. De l'établissement des appareils ; choix des œufs. ib.
§ 2. Manière de diriger l'incubation. ib.
§ 3. Naissance des poulets. 87
§ 4. Premiers soins à donner aux poulets. ib.
§ 5. Des chapons conducteurs, des poussinières et mères artificielles. ib.
§ 6 Nourriture des poulets. 89
§ 7. Considérations économiques. ib.
CHAP. V. LAVAGE DES LAINES. ib.
SECT. 1re. *Qualités et défauts de la laine.* 90
§ 1er. Qualités de la laine. 91
§ 2. Défauts de la laine. 92
SECT. 11. *Classement et triage des laines.* 93
§ 1er. Classement des moutons ou des toisons. ib.
§ 2. Triage des laines. 96
§ 3. Moyens pour mesurer la finesse des laines. 97
SECT. 111. *Lavage des laines.* 98
§ 1er. Du suint. 99
§ 2. Opérations qui précèdent le lavage. ib.
§ 3. Des divers modes de lavage. 100
1° Lavages à froid. ib.
2° Lavages à chaud. 102
SECT. IV. *Conservation des laines.* 107
SECT. V. *Vente et emballage des laines.* 108
CHAP. VI. CONSERVATION DES VIANDES. 109
SECT. 1re. *De la salaison des viandes.* ib.
§ 1er. Salaison des viandes en Irlande. ib.
§ 2. Salaison des viandes en Angleterre. 111
§ 3. Résumé des principes sur la salaison des viandes. 112
SECT. 11. *Du boucanage des viandes.* 114
SECT. 111. *Autres moyens de conserver les viandes.* 118
CHAP. VII. ÉDUCATION DES VERS A SOIE. 120
SECT. 1re. *Histoire naturelle du ver à soie.* ib.
§ 1er. Description du papillon, de la chenille et de la chrysalide ib.
§ 2. Anatomie du ver à soie. ib.
§ 3. Espèces diverses de vers à soie. 122
SECT. 11. *De la nourriture du ver à soie.* 124
§ 1er. Considérations générales et physiologiques. ib.
§ 2. Des feuilles qu'on a proposées pour remplacer celles du mûrier. ib.
§ 3. De la cueillette de la feuille. ib.
§ 4. De la conservation de la feuille. 125
§ 5. Distribution économique de la feuille. ib.
§ 6. Des diverses qualités de feuilles. ib.
SECT. 111. *De la magnanerie en général.* 126
§ 1er. Situation, exposition. ib.
§ 2. Construction, dispositions intérieures, étuve, grand atelier. 127
§ 3. Instruments et ustensiles nécessaires dans une magnanerie. 129
§ 4. Purification de l'air des ateliers. 133
SECT. IV. *Soins à donner aux vers à soie, ou éducation dans les différents âges.* ib.
§ 1er. Éclosion de la graine, naissance des vers. ib.
§ 2. Premier âge. 136
§ 3. Deuxième âge. ib.
§ 4. Troisième âge. 137
§ 5. Quatrième âge. ib.
§ 6. Cinquième âge. 138
§ 7. Formation des cocons. 139
§ 8. Sixième âge ; récolte des cocons, choix pour la reproduction. 140
§ 9. Septième âge ; naissance des papillons, accouplement, fécondation, ponte, conservation de la graine. 142
§ 10. Éducations multiples. 143
SECT. V. *Maladies des vers à soie.* 144
SECT. VI. *Préparations de la soie.* 147

§ 1er. Du tirage de la soie. 148
§ 2. Du moulinage des soies. 153
CHAP. VIII. ÉDUCATION DES ABEILLES. . 156
  SECT. 1re. Histoire naturelle des abeilles. . . . ib.
    § 1er. Espèces, variétés. . . . . ib.
    § 2. Famille ou essaims d'abeilles. . . . . ib.
    § 3. Mœurs et gouvernement des abeilles. . 157
    § 4. Travaux des abeilles. . . . . ib.
    § 5. Ponte, incubation, larves, nymphes. . . 158
    § 6. Essaimage, hivernage. 159
  SECT. 11. Culture des abeilles. . . . . . . ib.
  Art. 1er. Cantons plus ou moins favorables. . . ib.
  Art. II. Des ruches et des ruchers. 160
    § 1er. Des ruches simples. . . . . . . ib.
    § 2. Ruches composées. . . . . ib.
    § 3. Des ruchers. 162
  Art. III. Mode de culture des abeilles. . . . 163
    § 1er. Achat et transport des abeilles. . . . ib.
    § 2. Soins généraux à donner aux abeilles. . 164
    § 3. Vêtement des apiculteurs. . . . . . ib.
    § 4. Soins à donner aux abeilles à l'entrée de la
          mauvaise saison. . . . . ib.
    § 5. Opérations au printemps. 165
    § 6. Essaimage. 166
      1° Essaims naturels. . . . . ib.
      2° Essaims forcés. 167
      3° Essaims secondaires. 168
    § 7. Soins à donner aux abeilles pendant l'été;
          combats entre elles. 169
    § 8. Voyages des abeilles en été. . . . . ib.
    § 9. Transvasement. . . . . ib.
  SECT. III. Récolte du miel et de la cire. . . . 170
  SECT. IV. Du miel et de la cire. 171
    § 1er. Manipulation du miel. . . . . . . ib.
    § 2. Emploi du miel. 172
    § 3. Manipulation de la cire. 173
    § 4. Blanchiment et emploi de la cire. . . . ib.
  SECT. V. Produit d'un rucher. 174
    Ruche de NUTT. . . . . ib.

TITRE DEUXIÈME. — PRODUITS DES VÉ-
      GÉTAUX.
CHAP. IX. DE LA FABRICATION DES VINS. 177
  SECT. 1re. Du vin et de sa nature. . . . . . ib.
  SECT. 11. Division ou distinction générale des vins. . ib.
  SECT. III. De la vendange. 178
    § 1er. De la vendange proprement dite. . . . ib.
    § 2. Signes de la maturité du raisin. . . . ib.
    § 3. Des instruments et ustensiles nécessaires pour
          la vendange. . . . . ib.
    § 4. Epoque de la vendange, triage et autres soins. 179
    § 5. De l'égrappage. 180
    § 6. Manière d'égrapper. 181
    § 7. Du foulage. . . . . ib.
  SECT. IV. Du cuvage ou mise en cuves. . . . 184
    § 1er. Des cuves diverses. . . . . ib.
    § 2. Composition du moût avant la fermentation. 187
    § 3. De la densité des moûts et de la quantité de
          sucre qu'ils contiennent. . . . . . ib.
    § 4. Du tartre et de la manière de le doser. . 189
    § 5. Mesure expérimentale des moûts, et quantité
          d'alcool fourni par les matières sucrées. 190
  SECT. V. De la cuvaison ou fermentation dans la cuve. 192
    § 1er. De la fermentation en général. . . . ib.
    § 2. Idées théoriques sur la fermentation. . . ib.
    § 3. De l'emploi des cuves ouvertes et du chauf-
          fage des moûts. 193
    § 4. Des procédés d'amélioration des moûts. 196
  SECT. VI. Du découage. 198
  SECT. VII. Du pressurage. 199
    § 1er. Des pressoirs. . . . . ib.
    § 2. Du mode de pressurage. 202
  SECT. VIII. De la fabrication des vins blancs. . 203
  SECT. IX. De la fabrication des vins mousseux. 204
    § 1er. Procédés de fabrication. . . . . . ib.
    § 2. Observations sur les vins mousseux. . . 206
  SECT. X. De la cave, des vaisseaux vinaires et autres
          ustensiles. 208
    § 1er. Du cellier et de la cave. . . . . . ib.
    § 2. Des vaisseaux vinaires. . . . . . . ib.
    § 3. Des bondes et ustensiles divers. . . . 210

§ 4. Affranchissement des tonneaux, foudres et
          cuves. 212
  SECT. XI. Des soins à donner aux vins. . . . 214
    § 1er. Ouillage. . . . . ib.
    § 2. Soutirage. 215
    § 3. Soufrage. 217
    § 4. Collage. . . . . ib.
    § 5. Mode accéléré de traitement des vins. . 218
  SECT. XII. Des maladies des vins. . . . . . ib.
  SECT. XIII. De l'essai des vins. 220
  SECT. XIV. Mise en bouteilles. 221
CHAP. X. DE LA FABRICATION DES EAUX-
      DE-VIE. 223
  SECT. 1re. De l'eau-de-vie, de l'esprit-de-vin et des
          matières dont on les tire. . . . . . ib.
  SECT. 11. De la fabrication des eaux-de-vie, de vin. 224
    § 1er. De la brûlerie. . . . . ib.
    § 2. Du choix des vins propres à brûler. . . 225
  SECT. III. De la fabrication des eaux-de-vie de fécule. ib.
  Art. 1er. De la fécule, de la diastase et de la dextrine.
  Art. II. Des eaux-de-vie de grains. 226
    § 1er. Méthode allemande. 227
    § 2. Méthode anglaise. 228
    § 3. Méthode française. . . . . ib.
  Art. III. Des eaux-de-vie de pommes de terre. . 229
  SECT. IV. Des appareils distillatoires et de la ma-
          nière de les diriger. . . . . . . ib.
  Art. 1er. Des appareils discontinus. 230
    § 1er. Appareil discontinu à feu nu ordinaire.
    § 2. Appareil discontinu à feu nu, avec rectifica-
          tion à la vapeur. 233
    § 3. Appareil au bain-marie. 234
    § 4. Appareil à la vapeur. 235
  Art. II. Des appareils continus. 239
  SECT. V. Désinfection des eaux-de-vie, de vin, marcs
          et fécule. 241
  SECT. VI. De la mesure du degré de spirituosité des
          eaux-de-vie. 242
  SECT. VII. Du commerce des eaux-de-vie et esprits. 244
CHAP. XI. DE LA FABRICATION DES VI-
      NAIGRES. . . . . ib.
  SECT. 1re. Du vinaigre et de sa formation. . . ib.
    § 1er. Phénomènes et conditions de l'acétification.
    § 2. Différentes sortes de vinaigres. . . . 245
  SECT. 11. Méthodes pour la fabrication du vinaigre. 246
    § 1er. Méthode ancienne. . . . . . . ib.
    § 2. Méthode accélérée. 247
    § 3. Méthodes diverses. 250
  SECT. III. Mesure de la concentration des vinaigres. 251
  SECT. IV. Falsification et conservation des vinaigres. 253
CHAP. XII. DE LA FABRICATION DU CIDRE,
      POIRÉ, CORMÉ. . . . . ib.
  SECT. 1re. Considérations chimiques sur les cidres. 254
  SECT. 11. De la fabrication du cidre. . . . . ib.
    § 1er. Récolte des fruits. . . . . . . ib.
    § 2. Qualité des cidres et choix des fruits. . 256
    § 3. Pilage, tours à piler, cylindres à écraser. 257
    § 4. Pressoirs. 259
    § 5. Fermentation du moût. 261
    § 6. Du cidre mousseux. . . . . . . ib.
    § 7. Variétés de cidres. . . . . ib.
    § 8. Améliorations des cidres. 262
  SECT. III. De la fabrication du poiré. . . . . ib.
  SECT. IV. De la fabrication du cormé. . . . 263
  SECT. V. Maladies des cidres. . . . . . . ib.
  SECT. VI. Sophistication des cidres. . . . . ib.
CHAP. XIII. DE LA FABRICATION DE LA
      BIÈRE. 264
  SECT. 1re. Du maltage. . . . . ib.
    § 1er. De la germination. . . . . . . ib.
    § 2. Dessiccation sur la touraille. 265
    § 3. De la séparation des radicelles. . . . 266
  SECT. 11. Du brassage. . . . . ib.
    § 1er. De la mouture du malt. . . . . . ib.
    § 2. Du démêlage et du brassage. . . . . ib.
    § 3. De la cuisson de la bière. 268
    § 4. Du refroidissement de la bière. . . . 269
    § 5. De la fermentation de la bière. . . . 270
    § 6. Clarification ou collage de la bière. . . 272
  SECT. III. Théorie de la fabrication de la bière. ib.

Sect. iv. *De quelques bières fabriquées en pays étrangers* 273

CHAP. XIV. DE LA FABRICATION DES BOISSONS ÉCONOMIQUES. . . . 274

Sect. 1re. *Boissons vineuses fabriquées avec les fruits de chaque saison.* . . . . ib.
§ 1er. Piquettes de cerises, groseilles et prunes. . ib.
§ 2. Piquettes de groseilles à maquereau et de différens fruits. 275
§ 3. Piquettes de fruits secs. . . . . . . ib.
Sect. ii. *Boissons fabriquées avec diverses substances mucoso-sucrées.* . . . . ib.
§ 1er. Hydromels vineux. . . . . ib.
§ 2. Bières économiques. 276
§ 3. Piquette de marc de raisin. 277

CHAP. XV. DE LA FABRICATION DU SUCRE DE BETTERAVES. 278

Sect. 1re. *Du sucre de betteraves et de la culture de cette plante.* . . . . ib.
Sect. ii. *Du travail des betteraves.* 279
§ 1er. Récolte, nettoyage, lavage. . . . . ib.
§ 2. Du râpage des betteraves. 280
§ 3. Du pressurage de la pulpe. 281
§ 4. De la disposition d'un atelier. 283
§ 5. Des procédés de macération. . . . . ib.
Sect. iii. *Du traitement du jus des betteraves.* . 285
§ 1er. Des divers modes de chauffage et d'évaporation. . . . . ib.
§ 2. De la clarification ou défécation. . . . 286
§ 3. Première filtration. 287
§ 4. Évaporation. 288
§ 5. Deuxième filtration. . . . . ib.
§ 6. Cuite ou deuxième évaporation. . . . 289
§ 7. De la cristallisation et de la recuite des sirops. 300
§ 8. Égouttage des sucres. 301
Sect. iv. *Disposition d'une nouvelle fabrique.* . 302
Sect. v. *Analyse des betteraves et théorie de leur traitement.* 303
Sect. vi. *Du clairçage.* 305
Sect. vii. *Revivification du noir animal.* . . . ib.
Sect. viii. *Des frais de fabrication du sucre.* . 306

CHAP. XVI. DE LA PRÉPARATION DES PLANTES TEXTILES ET DE LEUR CONVERSION EN FILS ET TISSUS. . 307

Sect. 1re. *De la préparation du lin.* . . . . ib.
§ 1er. Du rouissage du lin. . . . . . . ib.
§ 2. Des procédés autres que le rouissage. . . 312
Sect. ii. *Du halage, broyage, peignage, espadage du lin.* . . . . ib.
§ 1er. Du halage. . . . . ib.
§ 2. Du maquage ou maillage, broyage. . . 313
§ 3. De l'espadage et de l'écanguage. . . . 315
§ 4. Du peignage ou serançage. 316
Sect. iii. *De la préparation du chanvre.* . . . 317
§ 1er. Du rouissage. . . . . ib.
§ 2. Du halage, teillage, broyage, etc. . . . 318
Sect. iv. *Des machines employées à la préparation des plantes textiles.* 319
Sect. v. *Produits du lin en filasse par divers procédés.* 320
Sect. vi. *Filage des matières textiles.* 321
Sect. vii. *Dévidage, ourdissage, encollage, tissage des fils de lin et de chanvre.* 323

CHAP. XVII. DE LA FABRICATION ET DES EMPLOIS DE LA FÉCULE. . . 326

Sect. 1re. *Constitution physique et composition chimique de la fécule.* . . . . ib.
§ 1er. Des usages et de la forme de la fécule. . ib.
§ 2. Caractères et propriétés physiques de l'amidon. 327
Sect. ii. *Extraction de la fécule des pommes de terre.* 329
§ 1er. Extraction de la fécule dans les ménages. ib.
§ 2. Extraction de la fécule en grand. . . . 330
A. Extraction dans une petite fabrication. . ib.
B. Extraction en grand de la fécule. . . . 331
§ 3. Falsification de la fécule. 337
§ 4. Frais de fabrication et produits d'une féculerie. 338
§ 5. Emploi des résidus. . . . . ib.
§ 6. Des eaux des féculeries. . . . . . . ib.
Sect. iii. *Applications de la fécule.* 339
§ 1er. Application à la panification, à l'apprêt des tissus et des pâtes féculentes. 339
§ 2. Préparations alimentaires, polenta. . . . 340
§ 3. Fabrication du sucre et sirop de fécule. . 342
A. Fabrication par l'acide sulfurique. . . ib.
B. Usage du sirop préparé à l'aide de l'acide. 345
§ 4. Application de la diastase à l'essai des farines et à la fabrication des sirops. 346
A. Essai des farines. 347
B. Fabrication du sirop de dextrine. . . . ib.

CHAP. XVIII. FABRICATION DES HUILES GRASSES. 349

Sect. 1re. *Des huiles grasses en général.* . . . ib.
Sect. ii. *De l'extraction de l'huile des olives.* . . ib.
§ 1er. Caractère physique de l'huile d'olive. . ib.
§ 2. De la récolte des olives. . . . . . ib.
§ 3. Des méthodes diverses de traiter les olives avant l'extraction. 350
§ 4. Des machines et ustensiles. 351
§ 5. Du mode d'extraction de l'huile. . . . 353
§ 6. De la falsification de l'huile d'olive. . . 354
§ 7. De l'huile d'olive dite d'enfer. . . . . ib.
§ 8. De l'huile de marc d'olive ou récense. . 355
§ 9. Conservation et commerce de l'huile. . 357
Sect. iii. *De l'extraction des huiles de graines.* . ib.
§ 1er. Des diverses espèces d'huiles de graines. ib.
§ 2. Des procédés généraux pour l'extraction des huiles de graines. 358
§ 3. Du concassage et froissage de graines. . 359
§ 4. Du chauffage des pâtes. 361
§ 5. Du pressurage. 362
§ 6. De l'épuration des huiles de graines . . 365
Sect. iv. *De la quantité d'huile fournie par d'autres graines.* 366

CHAP. XIX. DE LA FABRICATION DES HUILES VOLATILES ET DES EAUX DISTILLÉES. . . . . ib.

Sect. 1re. *Des huiles volatiles et des corps qui les produisent.* . . . . ib.
Sect. ii. *De la distillation des huiles essentielles.* . 367
Sect. iii. *De la fabrication des eaux distillées.* . . 368

CHAP. XX. DE LA FABRICATION DU CHARBON DE BOIS ET DE TOURBE. . 369

Art. 1er. Fabrication du charbon de bois. . . . ib.
Sect. 1re. *De la carbonisation dans les forêts.* . . ib.
Sect. ii. *Des procédés perfectionnés de carbonisation.* 371
§ 1er. Procédé de M. Foucaud. . . . . . ib.
§ 2. Procédé de M. de la Chabeaussière. . . 372
Sect. iii. *Emploi du charbon.* 374
Sect. iv. *Des diverses variétés de charbon.* . . . ib.
Sect. v. *Produits de la carbonisation des diverses espèces de bois.* 375
Art. ii. De la fabrication du charbon de tourbe. . ib.
Sect. 1re. *De la tourbe et de son exploitation.* . . ib.
Sect. ii. *De la préparation du charbon de tourbe.* . 378

CHAP. XXI. DE LA FABRICATION DES SALINS, POTASSES, SOUDES, ETC. 380

Sect. 1re. *Des potasses et salins.* . . . . . ib.
Sect. ii. *Des cendres gravelées.* 383
Sect. iii. *De la soude de varec.* . . . . . ib.
Sect. iv. *Des soudes naturelles.* 384
Sect. v. *De la soude artificielle.* . . . . . ib.
§ 1er. Fabrication du sulfate des cylindres. . 385
§ 2. Id. des bastringues. 386
§ 3. Usages du sulfate de soude. 388
§ 4. Transformation du sulfate en carbonate. . 389

CHAP. XXII. DES PRODUITS RÉSINEUX. . 393

Sect. 1re. *Des térébenthines.* . . . . . . ib.
§ 1er. Des diverses espèces de térébenthines. . ib.
§ 2. Distillation de la térébenthine commune. . 394
Sect. ii. *De la fabrication de l'huile de résine.* . . 395
Sect. iii. *De la bétuline.* 397
Sect. iv. *De la préparation des goudrons.* . . . 398
Sect. v. *Usages principaux de la résine et des térébenthines.* 399
Sect. vi. *Fabrication du noir de fumée.* . . . 400

CHAP. XXIII. DE L'ART DE LA MEUNERIE. 402

Sect. 1re. *But de l'art de la meunerie.* . . . ib.
Sect. ii. *Des moulins en général.* . . . . ib.
Sect. iii. *Des pièces principales des moulins à eau.* 403
Sect. iv. *Des roues hydrauliques.* . . . . . ib.
§ 1er. Roues horizontales ou turbines. . . . 404

§ 2. Roues verticales pendantes. 404
  1° Des moulins à bateaux. . . . . . . ib.
  2° Des moulins à roues pendantes. . . 405
§ 3. Roues verticales en dessous. 406
§ 4. Roues à la Poncelet. . . . . ib.
§ 5. Roues de côté. 407
§ 6. Roues en dessus. . . . . ib.
SECTION V. Des pièces principales du mécanisme des
  moulins. 408
§ 1er Des meules. . . . . ib.
§ 2. Du choix des meules. . . . . ib.
§ 3. Du rhabillage ou repiquage des meules. 409
§ 4. De la disposition des meules. 411
SECT. VI. Du choix et du nettoyage des grains. . 412
§ 1er Choix des grains. . . . . ib.
§ 2. Nettoyage des grains. . . . . ib.
SECT. VII. De la mouture. 414
§ 1er. Mouture américaine. . . . . . . ib.
§ 2. Des bluteries à farine. 415
§ 3. Mouture économique. 416
§ 4. Mouture méridionale. . . . . . . ib.
§ 5. Mouture à la grosse. 417
§ 6. Mouture à la lyonnaise. . . . . . . ib.
§ 7. Mouture à gruaux sassés. . . . . . ib.
§ 8. Produits comparatifs des différentes moutures. 418
§ 9. Des différentes espèces de farines. . . . 419
§ 10. De la conservation des farines. . . . ib.
§ 11. Des différentes espèces d'issues. . . . ib.
§ 12. Des frais de mouture. 420
§ 13. Mouture des grains autres que le froment. ib.
SECT. VIII. Des moulins à vent. . . . . . ib.
§ 1er. Moulins à vent verticaux. . . . . . ib.
§ 2. Moulins à vent horizontaux. 421
SECT. IX. Des moulins à manège et à bras. . . ib.
SECT. X. Des moulins à cylindres et à meules verticales. 422
SECT. XI. Des différentes autres sortes de moulins. 424
SECT. XII. Des pièces accessoires des moulins. . ib.
  Devis d'un moulin à l'anglaise. . . 425
CHAP. XXIV. DE LA BOULANGERIE. . . . ib.
SECT. 1re. De l'art en général en France. . . ib
SECT. II. Théorie de la fabrication du pain. . 426
SECT. III. Des levains. . . . . ib.
§ 1er. Des levains de pâte. 427
  1° Préparation des levains. . . . . ib.
  2° Apprêt des levains. . . . . . . ib.
§ 2. De la levure. 428
SECT. IV. Du pétrissage. . . . . ib.
§ 1er. Délayure. . . . . ib.
§ 2. Frase. . . . . ib.
§ 3. Contrefrase. . . . . ib.
§ 4. Bassinage. 429
§ 5. Du sel. . . . . ib.
SECT. V. Des diverses sortes de pâtes, pesées, façons. ib.
§ 1er. Pâtes diverses. . . . . ib.
§ 2. Pesée de la pâte. . . . . ib.
§ 3. Façon de la pâte. 430
§ 4. Pâte en pannetons. . . . . ib.
SECT. VI. Du four. . . . . ib.
SECT. VII. Du chauffage du four. 431
SECT. VIII. De l'enfournement. 432
SECT. IX. Du défournement. 433
SECT. X. Des différens instrumens de boulangerie. ib.
SECT. XI. Des pains de luxe. 434

§ 1er. Pains de gruau. 434
§ 2. Pains à café. . . . . ib.
§ 3. Pains de luxe, pâte ordinaire. . . . 435
SECT. XII. Pain de munition. . . . . . . ib.
SECT. XIII. Du biscuit. . . . . ib.
SECT. XIV. Du pain de seigle. 436
SECT. XV. Du pain de pommes de terre. . . . ib.
SECT. XVI. Du pain de riz. 438
SECT. XVII. De l'introduction dans le pain de substances nuisibles. . . . . ib.
§ 1er. Sulfate de cuivre. 439
§ 2. Alun. 440
§ 3. Sulfate de zinc. . . . . ib.
§ 4. Carbonate de magnésie. 441
§ 5. Carbonates alcalins. . . . . ib.
§ 6. Produits divers. . . . . ib.
SECT. XVIII. Des pétrins mécaniques. . . . ib.
§ 1er. Pétrin Fontaine. 442
§ 2. Pétrin David. 443
§ 3. Pétrin Lasgorseix. . . . . ib.
§ 4. Pétrin Ferrand. . . . . ib.
SECT. XIX. Diverses espèces de fours. . . . 444
§ 1er. Fours à chauffage extérieur. . . . ib.
§ 2. Four aérotherme. . . . . ib.
SECT. XX. Frais généraux d'une boulangerie à Paris. 445

TITRE TROISIÈME. — PRODUITS MINÉRAUX.
CHAP. XXV. DE L'EXTRACTION DU SEL. . 446
SECT. 1re. Extraction du sel à l'état solide. . . ib.
§ 1er. Extraction du sel gemme. . . . . . ib.
§ 2. Raffinage du sel des mines. . . . . ib.
SECT. II. Extraction du sel des eaux salées. . . 447
§ 1er. Exploitation des marais salans. . . . ib.
§ 2. Exploitation des sources salées. . . . 448
  1° Des bâtimens de graduation. . . . ib.
  2° De l'évaporation dans les chaudières. . 450
SECT. III. Des emplois du sel. 453
SECT. IV. De la falsification du sel. 454
SECT. V. De la composition du sel. 455
CHAP. XXVI. DE L'EXTRACTION DES AR-
  GILES, SABLES, CENDRES PY-
  RITEUSES ET CHAUX. . . . ib.
SECT. 1re. Extraction des argiles. . . . . . ib.
SECT. II. Extraction et emploi du sable. . . . 458
SECT. III. Extraction des cendres pyriteuses. . 459
SECT. IV. De la chaux et de sa fabrication. . . 460
§ 1er. Matières qui fournissent la chaux. . . ib.
§ 2. Théorie de la fabrication de la chaux. . 461
§ 3. Calcination de la chaux. . . . . . ib.
§ 4. Propriétés usuelles de la chaux. . . . 464
§ 5. Emplois de la chaux. . . . . . . ib.

TITRE QUATRIÈME. — ARTS DIVERS QUI
PEUVENT ÊTRE EXERCÉS DANS LES CAM-
PAGNES.
CHAP. XXVII. FABRICATIONS ET INDUS-
  TRIES DIVERSES. 465
SECT. 1re. Produits des animaux. . . . . . ib.
SECT. II. Produits des végétaux. 466
SECT. III. Produits des minéraux. 474
SECT. IV. Industries mixtes. 475
CHAP. XXVIII. TRAVAUX DIVERS. . . . 477

FIN DE LA TABLE DES MATIÈRES.

Livre Quatrième.

ARTS AGRICOLES.

TITRE PREMIER. — PRODUITS DES ANIMAUX.

CHAPITRE Iᵉʳ. — DU LAIT ET DE SES EMPLOIS.

La laiterie est le lieu où l'on dépose le lait après qu'il a été extrait des mamelles de la vache, soit pour le conserver pendant quelque temps, soit pour obtenir la séparation des divers principes qui le composent, et les transformer en beurre, en fromage, ou en quelques autres produits propres à la nourriture des hommes ou des animaux.

Les travaux de la laiterie sont les plus agréables et en même temps peut-être les plus profitables parmi tous ceux de l'agriculture. Le lait forme en effet, tant en nature que par les autres produits qu'on en retire, un des principaux alimens de la famille; sa vente à l'état frais, ou sous celui de beurre ou de fromage, est toujours prompte et facile, et fournit des bénéfices presque journaliers qui permettent de pourvoir en grande partie aux besoins du ménage agricole.

Les produits de la laiterie pouvant subir diverses transformations, c'est au fermier à calculer sous laquelle d'entre elles il est le plus avantageux pour lui de les débiter. Les profits qu'il en retire, sous telle ou telle forme, dépendent en grande partie de son activité, de son industrie, de la nature et surtout de la situation de son établissement agricole. Ainsi, les fermiers qui résident près des villes trouvent fort avantageux d'y envoyer vendre leur lait en nature ou la crème qu'ils en retirent; ceux qui sont plus éloignés des villes et qui ne peuvent régulièrement s'y rendre plus d'une ou deux fois par semaine, tirent plus de profit de leur lait en le convertissant en beurre ou en fromages frais, comme on le fait à Isigny, à Gournay, à Neufchâtel, etc. Enfin, les cultivateurs qui, par suite de leur éloignement des centres de consommation, de la difficulté des transports, du mauvais état des routes, fréquentent rarement les villes, les foires ou les marchés, ont intérêt à transformer leur laitage en produits qui puissent être de garde et voyager au loin, tels que le beurre fondu ou salé, comme cela se fait en Bretagne, et les fromages, ainsi que nous le voyons dans une multitude de lieux divers de la France et des pays étrangers. Il y a aussi des circonstances où il est plus profitable de faire consommer dans la ferme tous les produits de la laiterie.

On peut distinguer trois sortes de laiteries, suivant la destination qu'on donne à cet établissement, savoir : 1° la *laiterie à lait*; 2° la *laiterie à beurre*; 3° la *laiterie à fromage*. Cette distinction est tout arbitraire, puisqu'on fait souvent du beurre dans les laiteries où l'on conserve et débite du lait frais, et qu'il n'est pas rare de voir fabriquer du beurre et du fromage dans le même établissement; mais elle sert à faire saisir plus nettement les travaux qui sont propres à chacune de ces branches distinctes de la laiterie.

Section Iʳᵉ. — *Laiterie à lait.*

§ 1ᵉʳ. — Construction de la laiterie.

La laiterie à lait est celle qui sert uniquement à conserver ce liquide pendant plus ou moins de temps et à y recueillir la crème pour les débiter ou les consommer journellement.

L'établissement d'une pareille laiterie est fort simple, et ce n'est souvent qu'une chambre, une cave, ou une pièce fraîche dans laquelle on dépose le lait après la traite jusqu'à ce qu'il soit livré à la consommation. Néanmoins, comme nous la considérons ici comme le premier degré d'un établissement agricole étendu, où l'on fabrique tous les produits divers qu'on peut retirer du laitage, nous entrerons dans tous les détails nécessaires à la formation et à la direction d'une grande exploitation de ce genre, chacun pouvant, suivant le besoin ou la localité, modifier les dispositions, les plans ou les travaux que nous allons faire connaître.

Dans l'établissement d'une laiterie il faut avoir égard à plusieurs considérations qui ont une influence très-marquée sur la conservation et la perfection des produits, et par conséquent sur les profits qu'on en retire.

La convenance de la situation est la première chose qu'il faut envisager avant d'entreprendre une construction de ce genre. En effet, si cette laiterie est mal exposée, si elle est située dans un lieu incommode, d'un accès difficile pour les hommes et les animaux, trop loin des bâtimens d'exploitation ou d'habitation, ou dans un endroit insalubre, etc., non seulement on perd beaucoup de temps dans les travaux, mais encore rien ne marche convenablement et les produits qu'on obtient sont de médiocre qualité.

L'emplacement est le deuxième objet qu'il faut prendre en considération. La laiterie doit, autant que possible, être située dans l'endroit le plus tranquille et le plus ombragé de la ferme, près d'une petite rivière, d'un ruisseau, d'une source, d'une fontaine ou bien d'une glacière, ou d'un puits. On l'éloignera généralement de tout ce qui exhale des vapeurs ou des miasmes insalubres. En pays de montagnes, comme dans le Mont-d'Or, le Cantal, l'Aveyron et la Suisse, on la creuse quelquefois dans le roc quand il est sec et de nature convenable. Enfin, quand toutes ces conditions ne se rencontrent pas, on la place sous les bâtimens de la ferme, dans la partie la plus propre, sous celle qui sert d'habitation, afin de pouvoir y exercer une surveillance très-active.

L'exposition au nord paraît être la plus favorable; celle au nord-ouest est également bonne, ou au moins la laiterie doit avoir vers ces expositions une de ses faces percée d'ouvertures pour qu'on puisse y admettre un courant d'air dans ces directions. Autant que possible, elle sera ombragée du côté du midi. Ce qu'il importe c'est que cette salle soit sèche, bien aérée, à l'abri des grandes chaleurs en été, et des vents froids et violens en hiver.

Le plan en est bien simple; c'est une salle carrée ou mieux en carré long, ayant une porte d'un côté et deux ouvertures opposées pour renouveler l'air. A cette salle est attenante une autre pièce sans communication directe avec la première et quelquefois un simple appentis où se font la plupart des manipulations et des travaux de propreté, et qu'on nomme le *lavoir* ou *échaudoir*.

L'étendue dépend de la grandeur de l'exploitation et de la quantité de produits qu'on veut y déposer. Dans tous les cas, il est avantageux que la laiterie soit spacieuse, ainsi qu'on le pratique généralement en Hollande, parce qu'il est plus aisé d'y renouveler l'air, de la sécher complètement, qu'elle est plus salubre, et qu'il n'est pas nécessaire alors de mettre les vases à lait les uns sur les autres, comme on le pratique à tort quelquefois. Marshal assigne à une laiterie où l'on dépose le lait de quarante vaches, 20 pieds de longueur sur 16 de largeur, et ajoute que 40 pieds sur 30 suffisent pour une laiterie de cent vaches. Dans quelques pays on compose la laiterie de plusieurs petites pièces contiguës; dans d'autres, comme dans la vallée d'Auge (Calvados), on ne lui donne pas plus de 5 pieds d'élévation; mais ces dispositions ne sont pas convenables, en ce que les unes nuisent à la salubrité de la laiterie et les autres à la propreté, à la célérité des travaux, et ne permettent pas d'établir promptement une température égale et fixe.

La construction. Une bonne laiterie devant être à quelque profondeur au-dessous du niveau du terrain extérieur, afin d'être fraîche en été et chaude en hiver, c'est la nature du terrain qui déterminera la profondeur à laquelle on doit la construire. Celle qui est représentée en tête de cet article (*fig.*1), et qui se trouve à la belle **Ferme anglaise** de Billancourt, près le pont de Sèvres, nous a paru un bon modèle à offrir. Dans un terrain sec, sablonneux, on l'enfonce quelquefois au-dessous du niveau du sol, quoique cette méthode présente quelques difficultés pour la ventilation et surtout pour l'écoulement des eaux; dans un terrain humide et sujet aux infiltrations, il faut au contraire la sortir en partie de terre, pour ne pas l'exposer à une trop grande humidité. La forme la plus avantageuse est celle d'une salle voûtée en plein cintre qu'on recouvre d'un toit en planches, en ardoises, en tuiles ou en chaume, quand elle n'est pas surmontée par d'autres bâtimens. La hauteur de la voûte sous clef doit être de 2 mèt. 5 à 3 mèt. Les *murs* et la voûte sont construits en moellons de pierre calcaire ou autre, ou en briques bien cimentées. Dans les terrains humides on fera usage de chaux hydraulique pour le mortier. L'intérieur des murs est revêtu d'un crépi de plâtre ou de ciment bien uni que l'on blanchit à la chaux. Dans les laiteries de luxe ces murs au-dessus des banquettes sont revêtus en marbre; on peut remplacer ce revêtement par des plaques de faïence, qui sont bien moins dispendieuses et d'une propreté fort agréable.

Le plancher, qui doit être légèrement en pente pour faciliter l'écoulement des eaux, est un bon pavage au ciment, ou bien un carrelage en briques ou en carreaux sur mortier, ou, ce qui vaut beaucoup mieux, un dallage en pierres dures polies ou en marbre commun, comme on en voit en Hollande; le tout également posé sur ciment et mastiqué dans les joints avec le ciment romain. Sur ce dallage on ménage des rigoles qui conduisent toutes les eaux de lavage au dehors ou dans des gargouilles qui se ferment hermétiquement. Telles sont les laiteries du pays de Bray (Seine-Inférieure), si renommé pour la délicatesse de ses beurres. Ce sont des caves voûtées, fraîches, sèches et profondes, où le laitage est à l'abri des variations brusques de température et des effets de la chaleur, du froid et des vents violens.

Les ouvertures qu'on doit ménager dans une laiterie sont une porte, autant que possible placée au nord, ou au moins au nord-ouest ou au nord-est, et 2 fenêtres d'un demi-mètre carré environ de surface, situées, soit les deux côtés de la porte, soit dans 2 faces opposées du bâtiment. Elles servent à renouveler l'air, assainir et sécher la laiterie, et en même temps procurent la clarté nécessaire pour les travaux, les soins de propreté et la recherche des insectes, des araignées, des limaces, etc.

Un autre plan a été proposé par le docteur ANDERSON, lorsqu'on ne peut pas construire une laiterie souterraine. Nous en donnons le plan *fig.* 2 d'après le dessin qu'a bien voulu nous communiquer M. DE VALCOURT. Il conseille, dans ce cas, d'établir la laiterie sur un terrain sec, de la manière suivante : A est la laiterie: elle est environnée de passages qui forment ainsi une double enceinte dont les murs sont construits en pierres, en briques, ou en pans de bois enduits de plâtre ou de mortier des deux côtés. Le toit est également double : le supérieur est en tuiles ou en ardoises; l'intérieur est un bon plafond enduit, ainsi que l'autre, d'un crépi de plâtre fin. Les toits sont surmontés d'une cheminée *d* faisant fonction de ventilateur au moyen du vasistas dont elle est munie. Ce ventilateur est recouvert par un petit toit contre la pluie. Le sol de la laiterie est plus élevé que celui des passages; des ouvertures placées à di-

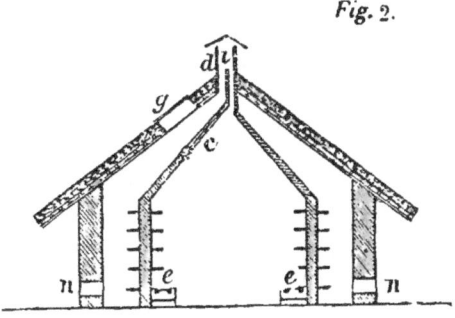

Fig. 2.

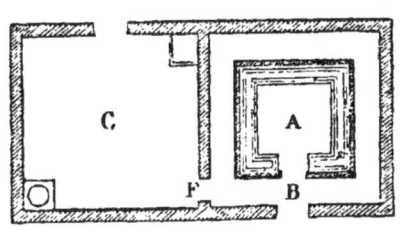

verses hauteurs dans ses parois, et fermées par des châssis à vitres mobiles, permettent d'y établir des courans d'air dans ses différentes couches. B est la porte placée du côté du nord; *e* une auge en pierre qui entoure toute la chambre, dans laquelle circule un courant d'eau fraîche, et qui sert à refroidir le lait en y plongeant les vases qui le contiennent, ou à maintenir la température basse de la laiterie. Tout autour de cette salle règnent plusieurs rangs de tablettes. Il en est de même dans les passages. C'est la salle qui sert de *lavoir* ou *échaudoir* pour les ustensiles. Elle est garnie d'une cheminée dans un des angles sur laquelle est une chaudière en fonte; d'une pierre d'évier dans l'autre angle, de tablettes et de tables pour déposer les vases propres et les outils. F est une porte de communication bien close entre la laiterie et le lavoir; elle est surtout utile l'été et l'hiver, parce qu'on n'est pas obligé pour entrer d'ouvrir la porte B. La fenêtre en vitrage intérieur *c* correspond à celle extérieure *g*, et toutes deux sont à châssis dormant. *i* est un vasistas qui ouvre et ferme toute communication entre l'air extérieur et l'intérieur de la laiterie, et qui sert à l'aérer; *nn* des ouvertures qu'on ferme ou qu'on ouvre à volonté pour établir un courant d'air dans les passages, afin d'élever ou d'abaisser la température, ou renouveler l'air.

§ II. — Disposition intérieure de la laiterie.

Les dispositions intérieures d'une laiterie jouent également un rôle important dans la bonne direction de cette industrie agricole. Nous allons faire connaître les meilleures.

La porte d'une laiterie doit fermer hermétiquement, afin que l'air extérieur ne puisse y pénétrer. Quand on ne peut pas satisfaire à cette condition, ou quand cette porte n'a pu être placée au nord, ou enfin lorsqu'on désire une clôture plus parfaite, on doit faire la porte double. Dans le haut, on pratique une ouverture qui se ferme avec un volet qu'on tient ordinairement clos, mais qu'on peut ouvrir, soit pour aérer ou sécher la laiterie, soit pour élever ou abaisser la température pendant le jour, soit enfin pour profiter de la fraîcheur des nuits en été, pour rafraîchir la salle dans cette saison. Quand on ouvre le volet on place sur l'ouverture, ou même on peut laisser à demeure, un châssis sur lequel est tendu un canevas ou treillis, ou mieux une toile en fils métalliques, à mailles serrées, pour empêcher l'introduction des mouches ou autres insectes. Si l'on a placé un canevas, il faut mettre devant et extérieurement un grillage en fer qui écarte les chats, les rats et les souris, qui perceraient le canevas.

Les fenêtres sont garnies de châssis à vitres fermant également bien, et sur les carreaux desquels on colle des papiers huilés pour détruire l'impression trop vive de la lumière. Ces châssis peuvent encore être défendus par des volets qu'on ferme en hiver, et qu'on recouvre même de paillassons dans les jours très-froids ou humides. Au printemps et en été on enlève les volets et les châssis, et on les remplace par des persiennes ou des jalousies en lattes, qu'on ferme au moment le plus chaud du jour, et devant lesquelles on établit un canevas et un grillage, ou mieux un cadre sur lequel est tendue une toile métallique. C'est ainsi qu'on éloigne les animaux malfaisans, et qu'on établit ou entretient à volonté une douce ventilation, tout en interdisant l'accès aux rayons solaires.

Des tables ou banquettes garnissent tout le pourtour de la laiterie; c'est sur elles qu'on dépose les terrines ou les vases qui contiennent la crème et le lait. Ces tables sont quelquefois en chêne, en frêne ou en orme, et ont au moins 1 décim. (4 pouces) d'épaisseur. Elles doivent être polies et varlopées avec soin, avoir une très-légère inclinaison et être posées sur des supports en maçonnerie, en pierre ou en fer, à une hauteur d'environ 8 décim. (2 ½ pieds environ). Quelquefois on y pratique des rainures dans le sens de la longueur, pour faciliter l'écoulement des ordures et des eaux de lavage. Cette méthode est mauvaise, parce que les terrines ne reposent pas solidement sur ces tables, et qu'il est difficile de nettoyer le fond des rainures ou rigoles, qui finissent par contracter un mauvais goût. Les meilleures tables sont celles en pierres dures, telles que la pierre de liais, le marbre, le granite, le basalte, le schiste-ardoise, dans les pays où ces pierres sont communes et à bas prix. Ce qu'il importe surtout, c'est que ces pierres soient polies et mastiquées soigneusement dans leurs joints, parce que le lavage en est plus facile, et qu'elles contractent plus difficilement une odeur de lait aigri. Parfois on établit ces tables en forme de gradins ou de rayons, jusqu'à une certaine hauteur, et au milieu de la laiterie on place une autre grande table en pierre autour de laquelle on peut circuler; ce qui facilite et accélère les travaux. Ces dispositions, dont la laiterie de Billancourt (*fig.* 1) donne l'aspect, sont plus coûteuses, mais elles sont préférables à l'usage où l'on est dans certains pays de déposer les terrines sur le dallage et de les empiler les unes sur les autres pour occuper moins de place; arrangement qui est regardé comme très-désavantageux, surtout dans le Holstein, pays renommé par l'excellence du beurre qu'on y fabrique.

Quelques tablettes en bois ou des rayons sont établis souvent au-dessus des banquettes pour déposer les vases vides et propres, et quelques autres ustensiles; nous pensons que ces tablettes sont mieux placées dans le lavoir, si l'on veut éviter qu'en pourrissant elles ne donnent à la laiterie une odeur de moisi, et quelques accidens assez fréquens dans les laiteries où règne de l'activité.

L'eau étant une chose indispensable dans une laiterie, il faut faire toutes les dispositions utiles pour s'en procurer. Cette eau, autant que possible, doit être abondante, afin de faire de fréquens et copieux lavages; pure, pour ne pas déposer en s'évaporant des matières fermentescibles; et fraîche, afin d'opérer, en été, par son simple écoulement, un abaissement de la température dans la laiterie. Dans les chalets de la Suisse et dans d'autres pays de montagnes, où les filets d'eau sont nombreux, on les fait passer au milieu de la laiterie. Dans tous les lieux où l'on pourra disposer d'une eau courante, on devra la diriger de manière à ce qu'elle puisse couler à volonté sur le plancher même de la laiterie. Dans tous les autres endroits, on aura des réservoirs qu'on remplira d'eau par le moyen le plus économique, et qu'on placera de manière à ce que le liquide s'y maintienne, même pendant les temps chauds, à une basse température. Cette eau doit être distribuée dans toute l'étendue de la laiterie par un ou plusieurs tuyaux qui rampent dans tout son pourtour au-dessus des banquettes, et qui s'ouvrent de distance en distance par des robinets. Si l'on peut placer plusieurs de ces robinets aux points les plus élevés de la voûte, on se procure ainsi, en les ouvrant, une pluie abondante qui abaisse très-promptement la température et favorise le renouvellement de l'air. Après avoir coulé sur le plancher, toutes les eaux de lavage doivent pouvoir se réunir dans les rigoles du dallage, d'où elles sont dirigées au dehors ou dans un conduit ou gargouille qu'on doit entretenir dans un état constant de propreté, pour qu'il n'exhale aucune odeur, et dont on ferme l'ouverture avec un grillage en fer à mailles serrées, ou mieux par une pierre plate bien ajustée et munie d'un anneau pour la soulever. C'est le meilleur moyen pour s'opposer à l'introduction des animaux ou à celles d'émanations provenant de la gargouille ou du puisard dans lequel se perdent les eaux.

Pour chauffer la laiterie, opération qui est quelquefois nécessaire afin de favoriser le départ de la crème, on peut, comme dans les laiteries d'Isigny, entretenir du feu pendant les temps froids. Un poêle, un calorifère dont la porte ou le foyer seraient placés en dehors de la laiterie, ou une bouche de chaleur, rempliraient fort bien cet objet; toutefois le moyen le plus parfait est celui employé en Angleterre, et qui consiste à entretenir dans le lavoir une petite chaudière d'où partent des tuyaux en plomb qui rampent dans toute l'étendue de la laiterie, et dans lesquels circulent de l'eau chaude ou de la vapeur.

§ III. — Ustensiles et instrumens de la laiterie.

Les ustensiles et les vases dont on fait usage dans une laiterie sont de diverses sortes et varient dans leur forme, leur nature, leur nombre ou leur capacité, suivant les habitudes locales, les besoins ou les ressources du fermier. Nous allons faire connaître seulement les plus commodes et les plus usités, en nous attachant à leur usage et à leur forme d'abord, puis ensuite à leur nature, leur nombre, et leur capacité.

I. *Sous le rapport de leur usage et de leur forme*, les ustensiles de la laiterie peuvent être classés de la manière suivante :

Fig. 3.

1° *Vases à traire*. Ce sont des *seaux à traire* ou des *tinettes*. Les premières sont des seaux ordinaires (*fig.* 3) en bois léger, tels qu'on les rencontre dans une grande partie de la France et en Lombardie : ou des seaux légèrement coniques comme ceux employés dans presque toute la Suisse (*fig.* 4) et formés de douves de chêne, d'érable, etc., cerclés en frêne; ce dernier vase a 26 centim. (9

Fig. 4.

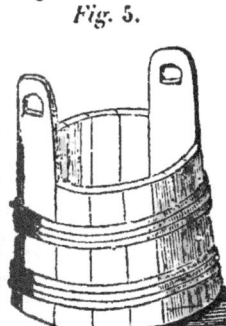

½ po.) dans son plus grand diamètre, 15 cent. (5½ po.) dans son plus petit, sur 30 (11 po.) de hauteur; une de ses douves, qui s'élève au-dessus des autres de 24 cent. (9 po.), sert de poignée. On y pratique des trous pour suspendre le vase ou pour mieux le saisir avec les doigts. — Les *tinettes* sont des vases plus larges à leur fond qu'à leur ouverture et munies de deux poignées

Fig. 5.

(*fig.* 5) formées par deux douves opposées qui s'élèvent au-dessus des autres et sont percées de trous ovales pour y passer la main; elles servent à transporter le lait : quand on procède à ce transport, ces vases, qui doivent avoir de la capacité, reçoivent un disque de bois léger qu'on place sur le lait pour l'empêcher de ballotter et de répandre.

2° *Vases à transporter le lait*. Ces vases qu'on nomme dans les localités où l'on s'en sert, *bastes, gerles, comportes, rafraîchissoirs*, etc., sont de grands seaux (*figure* 6) en bois, de 6½ décim. (2 pi.) de hauteur sur 6 (22 pouces)

Fig. 6.

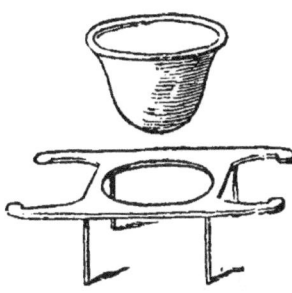

de diamètre, et fermés dans plusieurs endroits avec un couvercle. On en fait usage pour transporter le lait des pâturages à la ferme; dans ce but on passe dans des ouvertures circulaires pratiquées dans deux douves qui excèdent les autres en longueur, un bâton qui sert à les charger sur les épaules de deux hommes. Dans les établissemens de l'Auvergne on a un assortiment de gerles qui contiennent depuis deux jusqu'à six seaux et plus. — En Suisse ce sont des tonneaux couverts et ovales nommés *brende*, munis de deux courroies qui servent à les charger sur les épaules comme des crochets. A l'intérieur, vingt clous en cuivre placés de distance en distance sur la hauteur, servent à mesurer à vue la quantité du lait. On fait usage dans le canton de Zurich (*fig.* 7) pour cet objet, d'un seau à bec dont l'anse, fixée par une baguette qui traverse deux douves saillantes, peut s'enlever à volonté, et qui sert en même temps à assujettir un couvercle en bois dont on recouvre le seau dans les transports. Dans les laiteries anglaises le rafraîchissoir est un grand vase (*fig.* 8) en fer-blanc ou en zinc, muni de deux poignées qui servent à l'enlever pour le transporter dans la laiterie.

Fig. 7.

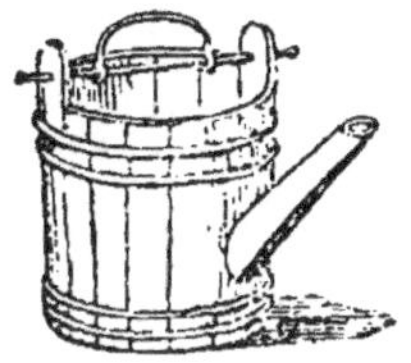

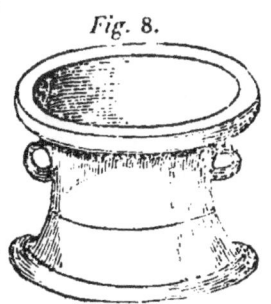

Fig. 8.

3° *Ustensiles à couler le lait*. On les nomme *couloirs* ou *passoires*. Les passoires sont de formes très-variées. Les plus simples et les moins coûteuses sont des demi-sphères ou sortes de jattes en terre ou en bois de frêne ou d'érable, percées à leur fond d'un trou rond auquel on adapte un linge bien propre ou un tissu de crin fixé avec une corde qu'on tourne dans une gouttière ménagée autour du trou. Les couloirs employés en Suisse et en Souabe (*fig.* 9.) sont en bois et ont 4 décim.

Fig. 9.

(16½ po.) dans leur plus grand diamètre et 22 cent. (8 po.) de haut. On les place sur un support ou *porteur* de 9 décim. (2¾ pi.) de longueur, le diamètre de l'ouverture dans laquelle se place le couloir ayant 36 centim. (13 po.). Une autre passoire fort usitée aussi en Suisse, est celle représentée *fig.* 10; on la fait en fer-blanc ou en bois de sapin; elle a 21 cent.(8 po.) à son orifice, 4 (18 lig.) à la base, et 21 (8 po.) de hauteur. Son porteur est une fourche (*fig.* 11) posée sur le vase à lait, et portant à son talon un montant à crochet auquel on adapte la passoire,

Fig. 10.

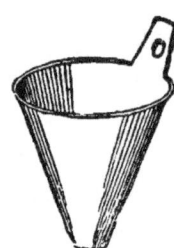

Fig. 11.

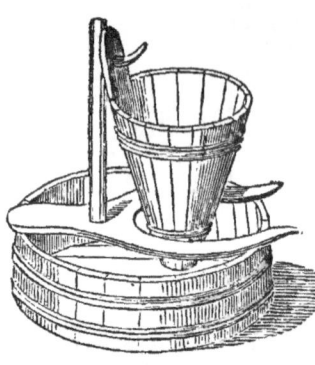

dont l'extrémité est garnie de feuillages de sapin, de l'écorce intérieure du tilleul, ou d'une poignée de clématite des haies ou herbeaux-gueux (*Clematis vitalba*), lavees et séchées, et au travers desquelles passe le lait. Ce porteur ou support reçoit souvent une autre forme (*fig.* 12. En Hollande, la passoire est un plat creux percé par le fond et garni d'un tamis de crin. Celle du Mont-Cenis (*fig.* 13) est en bois et ovale, à fond concave, et percée d'un trou qu'on garnit d'un bouchon de paille, de feuilles de mélèse ou de chiendent.—Dans une foule de lieux c'est un tamis de crin, qu'on tient à la main au-dessus des terrines, ou sur une sorte d'entonvoir muni d'une poignée. etc. Un tissu de crin, selon Thaer, est bien préférable aux linges de laine et de toile, quoique ceux-ci puissent être changés et lavés chaque jour; mais il faut avoir soin d'empêcher le crin de s'encrasser et de contracter aucun

Fig. 12.

Fig. 13.

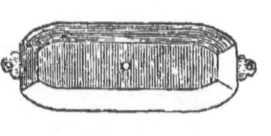

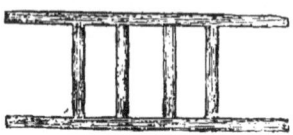

mauvais goût. En Angleterre, dans les grandes laiteries, les passoires sont garnies d'une toile métallique d'un tissu très-fin et en fil d'argent.

4° *Ustensiles à puiser le lait.* Ce sont des jattes, des sébiles, des cuillers à pot, des vases cylindriques munis d'une anse pour les saisir, etc.

5° *Vases à contenir le lait.* L'expérience a prouvé que la crème montait plus promptement et plus complètement à la surface dans les vases plus étroits à leur fond qu'à leur partie supérieure, ou dans les vases plats qui n'avaient que peu de profondeur. Ceux dont on se sert le plus communément en France, sont des *terrines* (*fig.* 14) en terre. Les plus favorables à la séparation de la crème, celles dont on fait usage dans le pays de Bray et en beaucoup d'autres lieux, ont 40 c.

Fig. 14.

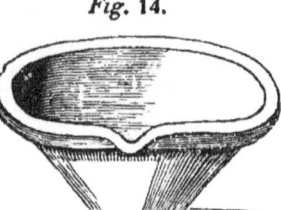

(15 po.) par le haut, 16 (6 po.) par le bas, et 16 à 19 (6 à 7 po.) de profondeur. Ces terrines doivent avoir un rebord épais pour pouvoir les saisir, les déplacer avec facilité, et pour augmenter leur solidité, et un bec pour l'écoulement du lait. Quelques-unes ont, pour cet objet, un trou percé près de leur fond, qu'on bouche avec une cheville. Au reste, chaque pays a sa forme de terrines, qui diffèrent encore d'un endroit à l'autre par leur capacité et leur couleur. Dans quelques localités on a la bonne habitude de tenir ces vases couverts. Dans le Cantal, dans la Suisse et dans la majeure partie de la Hollande, les vases à contenir le lait (*fig.* 15) sont en bois blanc cerclés en frène, et n'ont que 5 à 8 cent. (2 à 3 po.) de hauteur, sur 65 à 97 (2 à 3 pi.) de

Fig. 15.

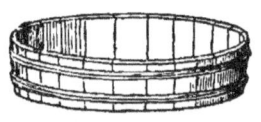

diamètre.—En Angleterre, le lait est aussi versé généralement dans des vases de terre ou de bois, mais depuis peu on en a fait en plomb, en zinc, en étain, en marbre, en ardoise, etc. Leur forme est communément ronde; ils n'ont que 6 à 8 cent. (2½ à 3 po.) de profondeur, et un diamètre de 45 à 60 cent. (1¼ à 2 pi.), Dans les grandes laiteries de ce pays, on en fait même de plusieurs longueurs, ou bien en forme d'auges scellées le long des murs, et de 65 à 97 cent. (2 à 3 pi.) de largeur. avec des trous percés à l'un ou plusieurs de leurs angles, pour laisser écouler le lait, et mettre la crème à sec. Dans le Gloucester, pays souvent cité à cause de la bonne tenue de ses laiteries et ses excellens fromages, les vases sont très-plats, et on n'y verse le lait qu'à la profondeur de 2 à 3 centim. (1 po.) seulement. Au reste, les vases un peu profonds valent mieux en hiver, et les plats sont d'un emploi avantageux pendant les temps très-chauds, où le lait se caille avant que la crème ait le temps de se séparer, parce que la séparation s'opère plus prompt

A ces vases il faut ajouter des *baquets* pour verser le lait écrémé et le transporter hors de la laiterie.

6° *Ustensiles pour écrémer.* On se sert dans bien des endroits pour lever la crème, de la valve droite de la coquille de l'Anodonte (*Mytilus cygneus* L.), qu'on nomme vulgairement *crémière, crèmette* ou *écrémette*, et qui est commune dans les étangs et les eaux à fonds vaseux. Sa forme, sa grandeur, sa légèreté, son bas prix la rendent propre à cet usage. On fait encore des *crémières* en fer-blanc, en étain, en fonte douce; on en fabrique aussi en buis ou autres bois durs, pour pouvoir les tailler très-minces d'un côté. Celles en ivoire sont très-propres et excellentes. Quelquefois on les perce de trous pour laisser égoutter le lait, ou on leur donne la forme d'une cuiller ou d'une écumoire. Au reste, la matière dont les écrémoirs sont faits est indifférente, pourvu qu'ils ne communiquent aucune altération au lait; l'important, quant à la forme, est qu'ils portent d'un côté un tranchant très-fin, qu'on puisse faire passer entre la crème et le lait pour séparer bien nettement les deux produits. A ces ustensiles il faut ajouter des *tranche-crème*, sorte de couteaux de bois de 40 cent. (15 po.) de longueur, servant à remuer fréquemment la crème pour empêcher qu'il ne se forme dessus une pellicule jaunâtre; et un *petit couteau* d'ivoire ou d'os très-mince, et fait exprès pour détacher la crème des bords des vases auxquels elle adhère.

7° *Vases à conserver la crème.* On dépose souvent la crème dans des terrines ou dans des plats; mais il vaut mieux donner aux vases où on la conserve une forme contraire, c'est-à-dire celle des cruches ou des pots profonds, étroits par le haut, larges par le bas, et coiffés d'un couvercle fermant exactement.

8° *Ustensiles pour nettoyer.* Les ustensiles qui servent à échauder, laver et approprier les vases de la laiterie, sont : *a* une petite *chaudière* en fonte ou en cuivre, montée dans un fourneau en maçonnerie, ou simplement suspendue au-dessus du foyer de la cheminée du lavoir, et destinée à se procurer à tout instant de l'eau chaude; — *b* plusieurs *baquets* (*fig.* 16) pour lessiver, laver et rincer les vases, après qu'on les a récurés sur la pierre à évier (*fig.* 2); — *c* des *brosses* en poils, en chiendent, fermes, longues, et de formes et d'espèces variées; — *d* des *goupillons* pour nettoyer les pots, partout où la main et les brosses ne peuvent pénétrer; — *e* des *morceaux de bois* pointus pour frotter et dégager les angles et les joints; — *f* des *éponges* diverses, pour laver les vases, les murs, les tables, le dallage, etc.; — *g* un *égouttoir* ou *arbre a seaux* (*fig.* 17), formé par une pièce de bois dans laquelle sont implantées,

Fig. 16.

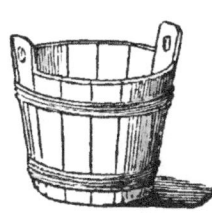

sous un angle de 45 degrés, un certain nombre de chevilles qui servent à accrocher les seaux dans une situation renversée pour les faire égoutter ou sécher jusqu'à ce qu'on s'en serve. Une forte branche d'arbre encore garnie de ses petites branches et écorcée, forme aussi un bon égouttoir; — *h* des *torchons* et des *linges* pour essuyer les vases quand ils sont rincés; — *i* des *balais* de bouleau, toujours tenus très-propres, pour laver, rincer la laiterie, et conduire les eaux de lavage au dehors, etc.

II. *La propreté* la plus rigoureuse est une condition indispensable pour les vases, et nous renvoyons à cet égard aux détails que nous donnons dans le paragraphe suivant.

III. *La nature des vases et vaisseaux* n'est pas indifférente et joue même un grand rôle dans une laiterie. On s'est servi pour leur fabrication de tant de matières diverses, qu'il serait difficile de les faire connaître toutes; nous passerons seulement en revue les matériaux qui sont le plus généralement en usage aujourd'hui, en cherchant à faire connaître les avantages ou les défauts de chacun d'eux.

Le bois. Les vases de bois, surtout ceux en bois légers, tels que le frêne, le saule, le mélèze, le sapin, le châtaignier, le tilleul, l'érable, ce dernier surtout, méritent sous tous les rapports la préférence. On en fait un usage fort étendu en Suisse, dans les Vosges, la Savoie, dans une grande partie de l'Allemagne, et une foule de lieux. On fabrique ainsi des seaux à lait, des bastes ou rafraichissoirs, des vases à faire crémer le lait, des baquets, etc. Ordinairement ils sont formés de douves jointives cerclées en frêne, en châtaignier ou tout autre bois flexible. Dans quelques parties de la Suisse et de l'Allemagne, on en fabrique d'une seule pièce de bois creusée qui sont excellens et très propres. En Hollande, les terrines en bois sont, à l'intérieur et à l'extérieur, revêtues d'une couleur à l'huile. Toutefois, l'emploi des vases de bois est soumis à quelques conditions de rigueur. D'abord ils doivent être en bois très-fin, très-homogène, unis et polis avec beaucoup de soin à l'intérieur. Ensuite, ce sont en général ceux qui exigent les soins les plus minutieux et les plus attentifs de propreté, parce qu'ils s'imbibent plus facilement de lait, et en outre que, leurs douves ne joignant pas avec une rigoureuse exactitude, il reste toujours dans les intervalles quelques particules de lait que la brosse et les lavages ne peuvent enlever, et qui finissent par s'aigrir et par faire cailler le lait qu'on dépose dans leur intérieur. Il faut donc savoir les démonter, puis les remonter après les avoir lessivés, frottés et lavés partout. Dans le cas où l'on aurait laissé séjourner par négligence le lait assez long-temps pour qu'il s'aigrisse dans un vase de bois, on le remplit d'une eau bouillante de lessive de cendres, ou d'une dissolution légère de potasse ou de sel de soude; on laisse séjourner cette eau pendant 10 ou 12 heures,

Fig. 17

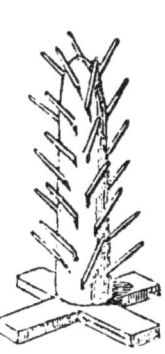

en la renouvelant même au besoin, puis on récure fortement partout avec la brosse; on vide la lessive, on passe et on frotte le vase plusieurs fois dans de l'eau bouillante; on répète cette opération dans l'eau fraîche, on égoutte, essuie, sèche au soleil et à l'air, et on n'en fait usage que 24 heures après. Au reste, les vases de bois conservent bien le lait; seulement il s'y refroidit un peu moins vite que dans la terre. Ils ont en outre le mérite d'être peu fragiles et de soustraire en grande partie le lait à l'action des courans électriques qui hâtent sa coagulation.

La terre. Les terrines en terre commune sont très-employées et très-propres à déposer et à conserver le lait. Les meilleures terrines sont d'une pâte compacte, fine, polie, bien cuite et qui ne se laisse pas pénétrer par le lait. Quand la pâte en est légère et poreuse, on la recouvre d'un vernis; mais il faut éviter avec soin que ce vernis soit à base de plomb, parce que le lait aigri en dissout toujours une petite portion qui peut rendre les produits dangereux pour la santé des consommateurs. On fait d'excellentes terrines et pots à crème avec la poterie dite de grès, surtout avec celle qui est recouverte d'un enduit vitreux salifère et qu'on fabrique près de Briare, à Martin-Camp près Neufchâtel en Bray (Seine-Inférieure), à Sartpoterie (Nord), à Moulet près Charolle (Saône-et-Loire), etc. — En général, les vases de terre sont très-fragiles et, malgré leur bon marché, finissent, quand on en casse beaucoup, par devenir d'un entretien dispendieux. On a essayé avec quelque succès de les doubler en bois pour les rendre plus durables. Les vases de grès ont un autre inconvénient; c'est de casser très-aisément quand on les plonge dans l'eau bouillante ou quand on en verse dedans sans précaution. On a essayé l'usage des vases de verre, de faïence et de porcelaine, qui sont très-bons, mais trop chers et trop fragiles pour les laiteries ordinaires. La terre de pipe n'est pas d'un emploi avantageux.

Le fer-blanc ou *fer étamé* est très-bon pour faire des terrines, des rafraîchissoirs, des vases à transporter le lait, qui s'y refroidit et conserve très-bien, mais qu'il ne faut pas toutefois y laisser séjourner jusqu'à ce qu'il s'aigrisse. Seulement, quand on fait usage de ces vases, il faut avoir l'attention de les remplacer ou de les faire étamer dès que l'étain en a été enlevé, et de les construire de forme hémisphérique au fond, parce que c'est dans les angles et dans les coins que le fer se découvre et se rouille plus aisément, et qu'on a remarqué que la rouille formait une combinaison qui altère à un haut degré le goût et la qualité des produits de la laiterie.

Le marbre, employé dans quelques laiteries de luxe de l'Angleterre et de la Hollande, est d'un prix trop élevé et d'un poids incommode; il conserve bien le lait, qui toutefois l'attaque et le dissout quand il s'aigrit.

L'ardoise est très-employée dans le centre de l'Angleterre et fournit des terrines qui rafraîchissent et conservent assez bien le lait. La forme angulaire qu'on est obligé de donner aux vases de cette substance, et la jonction imparfaite des pièces assemblées, ne permettent pas de les nettoyer convenablement et laissent souvent filtrer le liquide.

Le plomb, dont on se sert dans le Cheshir en Angleterre, doit être soigneusemen banni d'une laiterie, par suite de la facilit avec laquelle le lait aigri l'attaque et le dissout en formant avec lui des combinaisons très-vénéneuses.

La fonte douce étamée et polie a joui longtemps en Angleterre et jouit encore en Écosse d'une grande réputation. Les vases qu'on en fabrique refroidissent promptement le lait, et donnent, dit-on, une plus grande quantité de crème d'un poids égal de lait. Ils sont solides, ne se cassent pas même en tombant d'une grande hauteur, d'un prix modéré, d'une longue durée, faciles à rétablir par un étamage peu coûteux, et fort aisément maintenus propres en les frottant avec de la craie délayée dans l'eau et un tampon de laine ou d'étoupes.

L'étain est employé surtout dans le Gloucester, pour contenir le lait et la crème, et faire les écrémoires. Les ménagères de ce pays assurent que les vases en étain font monter une très-forte proportion de crème.

Le cuivre et le laiton sont les matériaux les plus dangereux dont on puisse faire usage pour déposer le lait. C'est tout au plus si on doit s'en servir pour le transport momentané de ce liquide. Cependant on fait un fréquent emploi du laiton et du cuivre dans les laiteries de la Hollande; mais il faut, pour qu'il n'y ait nul danger, avoir contracté, comme dans ce pays, l'habitude de la propreté la plus rigoureuse et la plus attentive. Dans le Lodésan on fait aussi usage de vases de cuivre poli et étamé, dont le fond est arrondi pour faciliter le nettoiement qui se répète fréquemment.

Le zinc, employé depuis long-temps en Amérique et dans le Dévonshire, paraît appelé en Angleterre à remplacer tous les autres matériaux. Des expériences, qui paraissent décisives, ont constaté jusqu'ici que les vases de zinc donnent une quantité de crème plus considérable que tous les autres. Seulement, jusqu'à ce qu'on ait rassemblé plus de faits précis sur l'emploi de ce métal, il faudra user avec précaution du lait qui aura séjourné long-temps dans ces vases, et ne donner qu'aux animaux le petit-lait qu'on y recueillera, parce que ces produits, qui attaquent évidemment le métal, pourraient bien avoir des propriétés astringentes et émétiques, qui à la longue nuiraient à la santé.

IV. *La capacité* des vases varie d'une laiterie à l'autre, et suivant les pays. Nous avons déjà fait connaître cette capacité pour plusieurs d'entre eux; nous ajouterons seulement que les vaisseaux trop grands sont incommodes, et s'ils sont fragiles, qu'ils sont proportionnellement plus dispendieux que les petits. Ceux-ci, à leur tour, établis sur des dimensions rétrécies, sont affectés trop rapidement par les variations de température, et ne donnent pas à la crème le temps nécessaire pour se former. La capacité la plus favorable pour les terrines est celle de 12 à 15 litres, produit moyen d'une bonne vache.

V. *Le nombre* des vases est également variable dans les divers pays, et dépend d'ailleurs du nombre des vaches et de l'importance de l'établissement. En général, dans une ferme bien administrée, on a un double assortiment d'ustensiles pour la laiterie, afin de nettoyer et de sécher les uns pendant qu'on se sert des autres.

VI. *Le bon ordre* dans les ustensiles n'est pas moins avantageux que la propreté, et tous doivent être disposés et rangés régulièrement, de manière à les reconnaître, les saisir et s'en servir avec promptitude et facilité.

VII. *Les instrumens* nécessaires dans une laiterie pour donner aux opérations plus de régularité et de précision, sont le thermomètre, le baromètre et le lactomètre.

1° *Le thermomètre* (*fig.* 12, *tom.* I), consulté fréquemment, sert à faire connaître la température intérieure de la laiterie, et à la régler, suivant le besoin, au degré convenable par les moyens déjà indiqués.

2° *Le baromètre* (*fig.* 1, 2, 3, *tom.* I), par ses indications, fera connaître à l'avance les changemens de temps, les grandes secousses atmosphériques qui nuisent à la marche régulière des travaux de la laiterie, et permettra de se mettre en garde contre leur influence.

3° *Le lactomètre*, ou instrument propre à mesurer la quantité de crème fournie par le lait, est d'un emploi bien précieux dans une ferme. C'est ainsi qu'il permettra d'apprécier la richesse en crème et en beurre de tout le lait qu'on recueille, ainsi que celle du produit de chaque animal en particulier, suivant la saison, l'état de santé, la bonne ou mauvaise condition, le régime alimentaire, etc. ; — de mêler des laits de richesses diverses pour en obtenir des produits particuliers ; — de mesurer la quantité de crème fournie par un lait qu'on achète, et de ne le payer exactement qu'à un prix proportionnel à cette quantité ; — de constater si l'on recueille, dans ses manipulations en grand, toute la matière butireuse indiquée par les essais en petit ; — d'apprécier, dans les laiteries banales, la richesse du lait apporté par chaque associé, afin de répartir les bénéfices proportionnellement à la quantité de matière utile et marchande qu'il apportera, etc. Le lactomètre (*fig.* 18), inventé en Angleterre par BANKS, et importé en France par M. DE VAL-COURT, ou celui de M. SCHUBLER, est un tube de verre de 16 centim. (6 po.) de hauteur, 40 millim. (18 lig.) de diamètre intérieur, ouvert par le haut, fermé par le bas, et porté sur un pied circulaire. Ce tube peut contenir un peu au-delà de 2 décilitres. A partir de sa base, on a désigné, par un cercle gravé au diamant, chaque demi-décilitre, c'est-à-dire la hauteur à laquelle atteindraient ½, 1, 1½ et 2 demi-décil. de liquide, si on les versait dans le tube. La hauteur du tube, depuis le fond jusqu'auprès du 4ᵉ cercle qui marque 2 décil., a été partagée en 100 parties égales, et, à partir de ce cercle ultime où se trouve marqué le 0° ou zéro de l'échelle, c'est-à-dire le point où elle commence, on a gravé sur le verre, en descen-

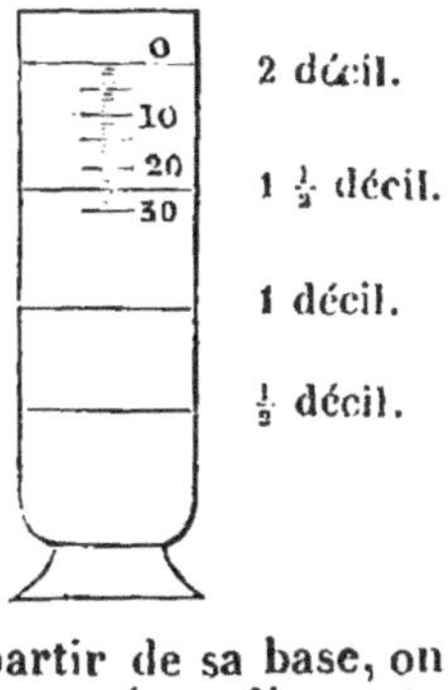

Fig. 18.

dant, 30 de ces degrés ou parties égales. — Voici maintenant l'usage qu'on peut faire de cet instrument. On verse dans le tube, et avec précaution, du lait jusqu'au cercle supérieur ou bien au point marqué 0°, et on l'abandonne à lui-même pendant 24 heures plus ou moins. La crème monte peu-à-peu, et lorsque son épaisseur est stationnaire, on lit sur l'échelle le nombre de degrés ou centièmes qu'occupe cette partie butireuse, et cette proportion indique la richesse en crème du lait, ou sa valeur vénale. Par exemple, si, après avoir mis du lait en expérience, on trouve, après 24 heures, que la crème montée occupe 14 parties ou degrés de l'échelle graduée, on en conclura que ce lait fournit 14 pour cent de crème, ce qui permet d'apprécier sa valeur. Des expériences comparatives ont, en effet, prouvé que dans un même lait pur, puis mélangé avec un quart, moitié et trois quarts d'eau, l'épaisseur de la couche de crème diminue proportionnellement à la quantité de lait enlevé et remplacé par de l'eau, ou que le nombre de centièmes occupé par cette crème indiquait très-approximativement la richesse du lait. On peut faire monter la crème plus promptement en plongeant le lactomètre dans un bain-marie maintenu à une température de 30 à 36 degrés ; mais il vaut mieux attendre sa séparation spontanée à la température ordinaire. Au reste, cet instrument, qui porte une division fort exacte, peut servir dans une foule d'occasions où il s'agit de mesurer avec précision de petites quantités de liquides. Seulement il faut se rappeler, quand on en fait usage pour le lait, que la quantité de crème n'est pas la mesure de celle du beurre, les quantités égales de crème donnant souvent un poids fort différent en beurre. M. Collardeau, qui fabrique cet instrument à Paris, rue du Faubourg-St-Martin, n° 56, vend les lactomètres 10 fr. la douzaine et 2 fr. la pièce.

Les aréomètres, les galactomètres et autres instrumens qu'on emploie souvent pour mesurer la qualité du lait au moyen de la densité ou pesanteur spécifique de ce liquide, sont, sous ce rapport, des instrumens infidèles, la densité du lait n'étant nullement la mesure de sa richesse en crème, et pouvant d'ailleurs être modifiée par une foule de moyens qui altèrent la qualité du lait, et sont destinés à en imposer à l'acheteur ignorant ou indifférent.

§ IV. — Du lait, de ses espèces et qualités diverses.

Tout le monde connaît les caractères généraux du lait ; c'est un liquide opaque, blanc mat, d'une odeur agréable et qui lui est propre, surtout quand il est chaud ; d'une saveur douce et légèrement sucrée, et qui est sécrété par les glandes mammaires des femelles de divers animaux.

Les principes constituans du lait, quelle que soit la femelle dont on le recueille, sont les mêmes. Ces principes ne sont pas unis par une grande affinité, et le simple repos suffit pour les séparer. Ce sont :

La crème ou matière butireuse, élément du beurre ;

Le caillé, matière caséeuse ou caséum, élément du fromage;

Le petit-lait ou sérum.

Lorsqu'on abandonne du lait au repos dans un lieu frais et tranquille, il se forme, au bout de quelque temps, à sa surface, une couche d'une matière légère, épaisse, onctueuse, agréable au goût, ordinairement d'un blanc mat, qu'on appelle *crême*. Le lait qui reste après l'enlèvement de la crème a une plus grande densité qu'auparavant, une couleur moins opaque, et une consistance moins onctueuse: on le nomme *lait écrémé*. La crème, soumise à l'agitation à une température de 12 degrés, se prend en partie en une masse jaunâtre, de consistance ferme, qui constitue le *beurre*. La partie de la crème qui ne se concrète pas, et qui ressemble à du lait écrémé, se distingue sous le nom de *lait de beurre, babeurre, baratté*, etc.

Le lait écrémé, abandonné à lui-même, ou mêlé avec un grand nombre de corps de nature très-diverse, forme un coagulum blanc, mou, opaque, floconneux, qui se sépare d'un liquide jaune-verdâtre et transparent. La partie solide est ce qu'on nomme le *caséum, matière caséeuse, fromage*, etc. La partie liquide est le *sérum* ou *petit-lait*.

Enfin, en faisant évaporer ce dernier liquide, on obtient un corps cristallisé, d'une saveur douce et sucrée, auquel on a donné le nom de *sucre de lait*, et qui est contenu dans la proportion de 35 dans 1000 parties de lait.

Les seuls laits dont on fasse usage dans l'économie rurale en France sont ceux des femelles des ruminans en domesticité, telles que la brebis, la chèvre et la vache, et celui de l'ânesse.

Le lait de brebis ne diffère pas, à la simple vue, du lait de vache; c'est le plus abondant en beurre celui qu'il fournit est jaune pâle, de peu de consistance, et se rancit aisément. Le caillé est abondant; il conserve un état gras, visqueux, et n'est pas aussi ferme que celui de vache.

Le lait de chèvre est d'une plus grande densité que celui de vache, et moins gras que le lait de brebis. Il conserve une odeur et une saveur propres à l'animal, surtout lorsque la chèvre entre en chaleur. C'est celui qui fournit le moins de beurre, mais le plus de fromage. Ce beurre, d'une blancheur constante, est ferme, d'une saveur douce et agréable, et se conserve long-temps frais. Son caillé, très-abondant et d'une bonne consistance, est comme gélatineux. On prétend que l'odeur caractéristique de ce lait est moins prononcée dans celui qui est fourni par les chèvres blanches et les chèvres sans cornes.

Le lait de vache, celui dont on fait le plus fréquemment usage, et qui est, presque partout, à lui seul l'objet des travaux de la laiterie, contient moins de beurre que celui de brebis et plus que celui de chèvre. Son fromage est aussi moins abondant; mais les principes se séparent avec plus de facilité.

Le lait d'ânesse a beaucoup d'analogie avec celui de femme; il donne une crème qui n'est jamais épaisse ni abondante. Il contient aussi moins de matière caséeuse que ceux de vache, de chèvre et de brebis, et cette matière est plus visqueuse.

Le meilleur lait de vache n'est ni trop clair ni trop épais; il est d'un blanc mat, d'une saveur douce et agréable. Au-dessus de 15 degrés du thermomètre, le lait devient aigre en peu de temps; au-dessus de 20° à 25°, cette acidification s'opère dans l'espace de quelques heures. Par cette prompte coagulation la matière caséeuse enveloppe et entraîne la crème, qui se précipite en même temps qu'elle, et ne peut plus monter à la surface.

La crème est une matière épaisse, onctueuse, agréable au goût, ordinairement d'un blanc mat, passant, par le contact de l'air, au blanc jaunâtre. La première couche qui se forme sur le lait n'a presque pas de densité, mais à mesure que le beurre se sépare, la crème s'épaissit. Cette crème monte plus facilement sur le lait, quand celui-ci présente une surface assez étendue au contact de l'air, sous une faible épaisseur. La température la plus favorable à cette séparation de la crème est celle de 10 à 12 degrés du thermomètre centigrade.

Les variations que présente le lait de vache sont si nombreuses qu'elles paraissent insaisissables. Elles portent surtout sur la couleur, la saveur, l'odeur, la consistance ou densité, la quantité des principes constituans et leurs rapports entre eux. — Les variations dans la qualité peuvent provenir de causes extérieures ou être dues à l'animal qui fournit le lait.

Les phénomènes extérieurs accidentels qui peuvent changer la qualité du lait après son extraction, sont toutes les variations brusques de l'atmosphère, l'état électrique ou orageux de l'air, les brouillards puans, les gaz odorans, l'humidité, les émanations insalubres, la poussière, etc.

Quant aux variations dues à l'animal, elles sont encore plus nombreuses. Ainsi certaines races donnent un lait de qualité différente de celui des autres races. Cette différence s'observe aussi entre les animaux d'une même race, dans ceux d'une même famille, et même jusque dans le même individu, dont le lait peut changer de caractère à chaque saison, chaque jour, à chaque traite et à chaque instant par une foule de causes difficiles à apprécier. Les principales sont les suivantes.

1° *L'organisation et l'état physiologique de l'animal.* Il est clair qu'un animal faible, épuisé, attaqué d'une maladie quelconque, ne peut fournir qu'un lait peu riche ou de mauvaise qualité. Une santé florissante et robuste, une bonne constitution, sont donc les premières qualités requises pour fournir du lait d'une grande valeur. Plusieurs phénomènes physiologiques changent aussi les qualités du lait; ainsi celui des vaches en chaleur a un goût particulier et fort peu agréable, et celui des vaches qui sont prêtes à vêler a aussi des qualités toutes particulières.

2° *L'âge.* Le lait n'arrive à sa perfection que lorsque la femelle atteint l'âge convenable. On a remarqué qu'il fallait que la vache eût porté 3 ou 4 fois pour que l'organe mammaire fût en état de préparer un excellent lait, et continuât à le fournir tel jusqu'au moment où, la femelle passant à la graisse, la lactation diminue et cesse entièrement : ce qui arrive communément vers la 10e ou 12e année, ou après le 7e ou 8e vélage.

3° *Le régime alimentaire* joue le rôle le plus important dans la qualité du lait. Celui des vaches nourries avec la tige et les feuilles de maïs, ou le marc de betteraves, est doux et sucré; celui de la vache alimentée avec des choux ou des navets, de l'ail, de la moutarde sauvage et beaucoup d'autres plantes, a un parfum et une saveur désagréables; les pailles d'avoine, d'orge et de seigle donnent un lait de mauvaise qualité, suivant Sprengel et M. Mathieu de Dombasle. Le lait des animaux qui broutent les prairies humides est séreux et fade; celui des vaches nourries dans les pâturages élevés a plus de consistance et est plus savoureux. Le changement de nourriture, le passage brusque du vert au sec, altèrent constamment pour quelque temps la qualité du lait. L'abondance, la fraîcheur et la bonne qualité des alimens sont donc des conditions pour obtenir un bon lait et en grande quantité. Enfin, certaines plantes ne portent leur action particulière que sur l'un ou l'autre des principes du lait, les unes augmentant la quantité de la crème, d'autres celle du fromage, etc. La quantité et la qualité de la boisson influent aussi notablement sur le lait. L'eau très-pure, et donnée à discrétion, fournit constamment les meilleurs produits.

4° *Les soins hygiéniques* ne doivent pas être négligés. La vache est un animal délicat qu'il faut garantir contre les grandes intempéries des saisons. Un exercice modéré, du repos sans fatigue, une habitation salubre, un état habituel de tranquillité, permettent à cet animal de fournir un lait plus crémeux et plus délicat. Les vaches qu'on fait courir, celles qu'on maltraite, contrarie ou tourmente, ne livrent guère qu'un liquide pauvre et peu abondant. Enfin, on s'est très-bien trouvé en Saxe, en Bavière, en Flandre et en Angleterre, d'étriller, brosser et laver, tous les jours, les vaches avec le même soin que les chevaux.

5° *L'époque de la traite*. Il faut au moins 12 heures pour que le lait puisse s'élaborer convenablement dans l'organe mammaire, et prendre tous les principes dont il est susceptible de se charger. Plus les traites sont fréquentes, plus aussi le lait est abondant, mais moins il est chargé en principes. Réciproquement, une vache qu'on ne trait qu'une fois par jour donne un lait qui contient un septième de beurre de plus. Le lait du matin a constamment plus de qualités que celui du soir.

6° *La période de la traite*. Le premier lait tiré est plus clair, plus séreux, moins riche en crème. Sa consistance et sa qualité s'améliorent successivement jusqu'au dernier tiré qui est le plus riche. La quantité de crème produite par les dernières portions de lait, comparée à celle du lait qui sort le premier, est au moins 8 fois plus considérable; communément elle l'est 10 à 12 fois, et peut même aller jusqu'à 16. Le lait, dépouillé de sa crème, présente aussi de fort grandes différences, suivant la période de la traite.

7° *Le temps qui s'est écoulé depuis le part*. Le premier lait qui suit la parturition, et qu'on a nommé *colostrum*, est épais, jaune foncé, mucilagineux, et ne donne que de faibles quantités de crème. Ce n'est guère qu'après 12 ou 15 jours qu'il commence à être bon. A partir de cette époque, il s'améliore successivement jusqu'à 8 mois, époque à laquelle il a acquis tout son degré de perfection. Boisson a trouvé que chaque ¼ kilog (1 liv.) de lait d'une même vache qui venait de vêler, donnait en beurre 15 gram. 10 (3 gros 48 gr.) à 2 mois, 18 gram. 50 (4 gros 64 gr.) à 4 mois, et 22 gram. 30 (5 gros 62 gr.) à 8 mois. Il est aussi des vaches qui donnent de bon lait toute l'année, excepté les quinze jours qui précèdent et suivent le vélage; d'autres qui tarissent au 7e mois de la gestation.

8° *L'état moral* de l'animal joue aussi un rôle important : ainsi, on voit toujours la qualité du lait changer et se détériorer chez les vaches à qui l'on enlève leur veau, et qui manifestent leur douleur par des mugissemens plaintifs et par l'agitation; chez celles qu'on sépare de leurs compagnes, qu'on change même de place à l'étable, ou qui éprouvent une affection morale quelconque.

9° *Le climat et la saison*. Les pays un peu humides et tempérés donnent un lait plus abondant. Au printemps, ce liquide est savoureux, abondant, plus crémeux et plus riche qu'en hiver.

On peut faire varier les qualités du lait à volonté en ayant égard aux remarques précédentes, et un fermier intelligent ne manquera pas de recueillir et d'appliquer celles qui sont les plus favorables à ses intérêts, à l'excellente qualité de ses produits, et à la bonne administration de son exploitation rurale.

§ V.—Soins généraux à donner à la laiterie.

Aucune branche de l'économie rurale, dit sir John SINCLAIR, n'exige des soins aussi attentifs et aussi constans que la laiterie. Si les vases employés sont malpropres, si l'un d'eux seulement reste souillé par négligence, si la laiterie elle-même n'est pas entretenue dans un état constant de propreté, si elle est en désordre, enfin si l'on néglige une foule de soins minutieux et de petites attentions, la majeure partie du lait est perdue, ou l'on n'en retire que des produits de médiocre qualité. Ces soins sont de tous les jours et de tous les momens, et il n'y a que la fermière et ses filles qui puissent s'en acquitter convenablement : on ne peut guère les attendre d'un serviteur à gages.

La propreté admirable des laiteries hollandaises, dit M. AITON, était pour moi à chaque pas un sujet d'étonnement. De tous les peuples de la terre, les Hollandais sont assurément ceux qui apportent les soins les plus attentifs dans toute leur économie domestique : leurs laiteries, leurs ustensiles, sont aussi nets, aussi purs que nos vases polis de cristal ou de porcelaine; et c'est, sans aucun doute, à ces attentions constantes de propreté, que ce peuple doit la bonne qualité de ses beurres.

Les laiteries les mieux tenues, telles que celles du pays de Bray, d'Isigny, de la Prévalaye, de la Hollande, de la Suisse, sont précisément celles qui fournissent les meilleurs beurres ou les fromages les plus délicieux; il est donc de la plus haute importance, dans la direction d'une laiterie, non seulement d'avoir une connaissance parfaite de l'art, mais de veiller avec la plus scrupuleuse exactitude à l'accomplissement des soins généraux qui assurent d'excellens produits.

La température qu'il faut faire régner et conserver dans la laiterie est un point important, qui doit fixer sans cesse l'attention de la ménagère. Cette température doit, autant que possible, être en toute saison de 10 à 12 degrés du thermomètre centigrade (8 à 10 de celui de Réaumur), parce que c'est à ce degré de chaleur que la crème se sépare plus complètement du lait. Si la température est plus élevée, le lait s'aigrit promptement, se caille et ne fournit plus qu'une couche mince de crème, celle-ci n'ayant pas eu le temps de monter à la surface. Au contraire, quand la température est trop basse, la crème se dégage mal, monte avec difficulté, et contracte une saveur amère qui nuit à son débit ou à la délicatesse du beurre. On doit chercher autant que possible à maintenir une température constante de 10° en été et de 12° en hiver.

Pour régler la température, on fait usage du *thermomètre* (1), et pour la diriger on emploie les moyens suivans. — Si, malgré les précautions prises, la température *en hiver* descend au-dessous de 10°, on la rétablit en faisant circuler de l'eau chaude ou de la vapeur dans des tuyaux disposés pour cet objet, en allumant du feu dans le poêle ou le calorifère, ou bien en apportant dans la laiterie un petit baril et mieux une petite caisse en tôle remplie d'eau bouillante et soigneusement fermée; on peut encore déposer dans la laiterie quelques briques ou cailloux rougis au feu, dont on augmente le nombre ou qu'on renouvelle suivant le besoin; mais il faut bien se garder, ainsi qu'on le fait dans quelques localités, d'apporter dans cette salle des réchauds, des fourneaux découverts ou tout autre vase à feu qui laisse échapper des vapeurs, des cendres ou de la fumée, parce que, outre le danger d'asphyxier ceux qui se trouvent ou entrent dans la laiterie, on apporte encore des malpropretés et on communique au lait un mauvais goût que partagent les produits qu'on en retire. — Au contraire, si, pendant les chaleurs de *l'été,* la température s'élève au-dessus de 12°, ou si le lait apporté encore chaud tend à faire monter le thermomètre, on peut abaisser cette température en plaçant à divers endroits de l'atelier quelques morceaux de glace qui, en se fondant, rétablissent l'équilibre du calorique. Pour cela il faut avoir une petite glacière économique attenant à la laiterie, comme on le voit dans quelques parties de l'Angleterre, ainsi que dans le Lodésan où se fabrique l'excellent fromage de Parmésan. A défaut de glacière on abaisse la température en faisant tomber en pluie de l'eau fraiche, ou même par de simples lavages. Ce qu'il importe surtout, c'est de se mettre à l'abri des variations brusques de température, soit, lorsqu'on prévoit un changement de temps par la chute ou l'élévation du *baromètre* (1), en fermant toutes les ouvertures et les recouvrant avec des paillassons, soit par des lavages.

La température constante des eaux des puits artésiens, qui en toute saison est d'environ 12°, serait très-propre, si on pouvait à volonté introduire leurs eaux dans la laiterie, à maintenir l'uniformité de température la plus favorable au laitage.

L'état orageux de l'atmosphère est très-nuisible au lait, dont elle détermine la coagulation prématurée, et avant que la crème soit séparée de la matière caséeuse. Pour se garantir de cet effet, on n'a d'autre ressource que de répandre partout de l'eau fraiche dans la laiterie, puis d'en fermer toutes les issues. FOURCROY pensait qu'on pouvait prévenir ou au moins retarder les effets funestes des temps orageux en faisant traverser toute la laiterie par un fil ou conducteur métallique.

La propreté la plus minutieuse est non seulement indispensable dans une laiterie, mais c'est la véritable base de toute son économie. En vain vous posséderiez des vaches laitières excellentes, vous les nourririez dans les pâturages les plus riches et les plus abondans, si la propreté ne règne pas dans votre laiterie, vous ne pouvez recueillir, malgré vos soins dans la manipulation, que des produits de qualité inférieure. Le lait est un liquide très-délicat que la moindre exhalaison, la souillure la plus légère peuvent considérablement altérer. Une bonne ménagère n'épargnera donc ni peine ni soins pour rechercher et maintenir cette propreté si précieuse, et elle y parviendra par les moyens suivans :

1° *Les lavages fréquens et abondans.* Ils doivent avoir lieu avec de l'eau pure et fraiche une fois tous les jours pour la laiterie entière, et ils seront répétés toutes les fois qu'on aura fait quelque opération qui aura donné lieu sur les banquettes ou sur le dallage à l'épanchement d'un peu de lait ou de crème, à des caillots de matière caséeuse ou à du petit-lait. Ces matières répandues ne tarderaient pas à s'altérer, à faire cailler le lait dans les terrines, et à donner à toute la laiterie un goût d'aigre et de moisi. Ces lavages doivent se faire à grande eau et en frottant les endroits souillés avec la brosse, de petits balais de chiendent ou d'écorce de bois, ou des linges imbibés d'eau. Les vases se récurent avec du sable fin et de la cendre dont on charge une poignée de paille ou de feuilles d'ortie. Enfin toutes les eaux du lavage doivent être dirigées, avec un balai bien propre, dans les gargouilles qu'on lavera elles-mêmes à l'eau pure et avec beaucoup de soin.

2° *L'assèchement prompt et complet* de la laiterie aussitôt après les lavages est une condition nécessaire, parce qu'on a remarqué que la vapeur d'eau qui s'élève contenait, malgré les soins les plus scrupuleux, assez de particules fermentescibles pour faire tourner le lait ou donner à la laiterie un goût de moisi, et que la crème et le lait conservent bien plus long-temps leur douceur dans une atmosphère sèche que dans un air humide.

(1) Cet instrument est décrit et figuré dans le chap. 1er, livre 1er.

On parvient à sécher promptement la laiterie en la frottant partout avec des éponges fortement exprimées, puis avec des linges blancs et secs, et en établissant, aussitôt après, un courant d'air assez vif qui achève d'enlever les dernières particules aqueuses.

3° *Le lavage de tous les ustensiles* doit se faire non pas dans la laiterie, comme on le pratique quelquefois, mais dans le lavoir contigu qui est destiné à cet usage. Tout vase ou ustensile qui a servi à contenir, passer ou filtrer du lait, de la crème ou du petit-lait, doit être soumis à un lavage. Ce lavage se donne à l'eau bouillante, qui est toujours sur le feu à cet effet, et en frottant les objets partout avec des brosses ou de petits balais, puis avec un gros linge. Cette opération ayant été faite soigneusement, on les rince à l'eau pure et froide, on les fait égoutter, on les essuie avec un linge sec et très-propre, puis on les expose au soleil, à l'air ou sur des planches bien aérées pour les sécher complètement et afin qu'il ne s'y forme pas de moisissure. Enfin, quand ils sont très-secs, on les range sur des planches où on les trouve facilement quand on en a besoin. Dans les temps humides, brumeux et froids, où l'air ne suffirait pas pour les sécher, on procède à cette opération en les plaçant devant le feu. Tous les vases qui ont contenu du lait, après un temps plus ou moins long de service, ou dans lesquels il se serait aigri ou gâté, doivent être préalablement échaudés avec une lessive bouillante de cendres, ou bien de potasse ou de soude faible, frottés partout dans cette lessive avec la brosse et le goupillon, soumis de rechef à cet échaudage s'ils ne sont pas bien nets et conservent encore une saveur ou une odeur aigre et acide, et enfin passés à l'eau bouillante, rincés à l'eau froide et séchés de la manière indiquée ci-dessus.

4° *Ecarter du voisinage de la laiterie* tout ce qui pourrait corrompre l'air, tel que fumiers, urines, mares, eaux ménagères, immondices, etc.; — établir ou chasser au loin tous les travaux ou tous les objets qui occasionent de la fumée, de la poussière, ou soulèvent et agitent un air chargé de principes fermentescibles, sont autant de conditions utiles à remplir.

5° *Il ne faut rien introduire de malpropre* dans l'intérieur de la laiterie. Ainsi on éloignera tous les animaux quelconques. On aura soin de ne pas apporter avec les pieds, quand y on entrera, de la boue, de la poussière, des fientes. Le mieux, pour éviter cet inconvénient, est d'imiter les bonnes ménagères du pays de Bray, qui n'entrent jamais dans la laiterie qu'avec des sabots de bois qui restent toujours à la porte, et qu'on chausse après s'être préalablement dépouillé de sa chaussure ordinaire. On doit, en outre, avoir l'attention de ne pas manger ou fumer dans la laiterie; — de ne pas y apporter de substances odorantes ou fermentescibles, qui donneraient un mauvais goût au lait ou le corrompraient; — de ne pas y entrer la nuit avec des lampes, des torches ou autres lumières qui chargent l'atmosphère d'une fumée épaisse et puante, etc.

6° *On entrera le moins possible* dans la laiterie, et seulement lorsque cela sera rigoureusement nécessaire. Pour tous les travaux, il vaut mieux, en été, n'y entrer que le matin ou le soir, et en hiver vers le milieu du jour, parce que c'est l'époque de la journée, dans ces saisons, où l'air extérieur s'éloigne le moins de la température moyenne.

7° *On ne doit rester que le temps nécessaire* aux opérations, parce que la présence prolongée d'un être vivant dans la laiterie en élève la température; — que l'agitation produite par le mouvement nuit à la bonne séparation de la crème; — et que la transpiration et la respiration y versent des miasmes qui altèrent la pureté de l'air.

8° *Faire toutes les manipulations au dehors* est une règle dont on s'est bien trouvé dans plusieurs localités, mais qui peut néanmoins entraîner à plusieurs inconvéniens assez graves. Dans tous les cas, si on aime mieux faire tous les travaux à l'intérieur, il faut se hâter, dès qu'ils sont achevés, d'enlever tous les vases ou ustensiles qui ont servi, ou ceux qui ne doivent plus y rester, et exécuter les lavages convenables.

9° *Il faut nettoyer à fond* une fois par an, ou plus souvent, si cela est nécessaire; c'est-à-dire qu'il faut une fois chaque année faire gratter, laver, réparer et recrépir les murs, et les blanchir à la chaux dans toute leur étendue.

10° *On opèrera des fumigations ou l'assainissement* quand la laiterie aura contracté un goût aigre et de moisi que les lavages ordinaires ne peuvent enlever, et lorsque la crème ou le lait manifestent promptement des taches de moisissure. Dans ce cas, il faut vider tous les vases, asperger de l'eau partout, boucher toutes les ouvertures, et faire brûler au milieu de la laiterie, dans un plat de terre, quelques poignées de fleur de soufre. On ouvre ensuite toutes les issues pour opérer une ventilation, et on lave partout à plusieurs reprises. On peut encore nettoyer tous les ustensiles en bois et la laiterie entière avec de l'eau de Javelle, ou de l'eau dans laquelle on a délayé du chlorure de chaux (ces substances se trouvent à bas prix chez tous les pharmaciens); après cette opération, il faut laver plusieurs fois à grande eau, ventiler, et n'introduire de nouveau lait dans la laiterie que lorsque toute odeur d'eau de Javelle ou de chlorure aura complètement disparu.

§ VI.— Travaux de la laiterie.

Toute l'économie d'une laiterie consiste à la diriger avec la plus parfaite régularité, à faire chaque chose au moment convenable, sans en hâter ou en différer l'exécution, ce qui, dans les deux cas, nuit à la qualité des produits. Tout dépend de l'exactitude, de l'activité, de l'habileté et de la propreté de la personne chargée de sa direction. Ses occupations, ses soins, sa vigilance commencent et ne doivent finir qu'avec le jour. Les soins généraux à donner à une laiterie ont été expliqués avec assez de détails pour que nous n'ayons plus à y revenir; ce sont donc les manipulations qu'on fait subir au lait aussitôt après son extraction des mamelles de la vache, qui vont seules nous occuper.

ce que nous aurons à enseigner pour traire les vaches laitières, appartenant au chapitre consacré à ces animaux. —Les manipulations du domaine de la laiterie sont relatives au transport du lait, à son coulage, à la formation de la crème et à l'écrémage.

1° *Transport du lait.* Le lait, recueilli dans les seaux à traire (*fig.* 3, 4), est porté immédiatement à la laiterie, si elle est à proximité, ce qui est peut-être le mode le plus avantageux, ou versé dans les bastes ou rafraîchissoirs (*fig.* 6), de la contenance de plusieurs seaux, et transporté ainsi quelquefois de points fort éloignés, soit à la main, soit au moyen d'un bâton, sur les épaules de deux hommes.

Cette méthode de traiter le lait, qui est presque partout en usage, a cependant été reconnue pour être désavantageuse. D'abord on mêle ainsi le lait de toutes les vaches ce qui est contraire aux intérêts du fermier dans bien des cas. Ensuite le lait, secoué, agité et battu par le transport, donne moins de crème, et cette crème est moins bonne et moins épaisse. Enfin, en transvasant ainsi plusieurs fois le lait, on forme de la mousse qui s'oppose au facile dégagement de la crème, et on provoque des courans électriques qui hâtent sensiblement sa coagulation.

2° *Coulage.* C'est une opération qui a pour but de séparer du lait les poils et les malpropretés qui auraient pu y tomber pendant la mulsion ou le transport. Elle se fait de la manière la plus simple en puisant le lait dans les rafraîchissoirs, et en le versant doucement dans la couloire ou la passoire (*fig.* 9), qu'on tient aussi près que possible de la surface du lait dans les terrines, pour ne pas provoquer de la mousse ou un jaillissement qui souillerait les vases et les tables de la laiterie.

Le lait doit être coulé encore chaud dans les terrines (*fig.* 14, 15), suivant le doct. ANDERSON. Selon lui, le lait, porté à une grande distance, agité et refroidi avant d'être mis dans les terrines, ne produit jamais autant de crème ni d'aussi bonne que s'il eût été versé aussitôt après la mulsion. Ce principe, qui paraît fondé sur l'observation, n'est cependant mis en pratique presque nulle part, et dans la majeure partie des grandes laiteries, le lait a eu le temps de se refroidir dans les rafraîchissoirs avant d'être coulé dans les terrines. — Il y a plus, et dans quelques pays on suit une marche absolument contraire: ainsi, dans quelques parties de l'Angleterre, et en Hollande dans les belles laiteries des environs de Rotterdam et de La Haye, le lait chaud est versé dans de grands vases en cuivre qu'on plonge immédiatement dans l'eau froide pour enlever le plus rapidement possible la chaleur du lait avant de le verser dans les terrines où il doit former sa crème. En Lombardie, on entoure même les vases à lait de glace pour les rafraîchir avec plus de célérité. Quoi qu'il en soit, il paraît bien reconnu qu'il est avantageux de refroidir promptement le lait dans les terrines à crème, mais en évitant de le transvaser, de le battre et de l'exposer trop au contact de l'air.

Couler séparément le lait de chaque vache dans des vases distincts, est une pratique qui a de nombreux avantages. En agissant ainsi, un fermier pourra, par le goût, l'odeur, l'aspect, les autres qualités physiques du lait, et des essais au lactomètre répétés de temps à autre, noter et surveiller toutes les variations qui surviendront dans ses produits, et qui seront dues au changement de nourriture, au régime, à la santé de ses animaux, ou à beaucoup d'autres causes accidentelles. Cette méthode lui permettra d'ailleurs de porter immédiatement remède à des accidens dont il ne se serait pas sans doute autrement aperçu, d'améliorer, par des mélanges ou des manipulations raisonnées, la qualité des produits de sa laiterie, et d'éloigner tout ce qui pourrait nuire à ses profits.

3° *Formation de la crème.* Les terrines, une fois remplies, seront posées doucement et avec précaution à l'endroit où elles doivent rester. On lave toutes les taches du lait qui aurait pu se répandre sur les bords des vases, les banquettes, etc., et on enlève les rafraîchissoirs, couloirs et autres ustensiles dont on a fait usage. Les terrines se placent, la plupart du temps, sur les banquettes; en été, on les pose souvent sur le plancher, parce que c'est là où la température est la plus égale et la plus fraîche.

La crème est montée ordinairement au bout de 24 heures, quand la température est de 10 à 12 degrés; elle peut se faire attendre 36 heures et davantage. Par une température plus élevée, elle se forme plus vite, et peut être recueillie au bout de 16 heures, et même de 12 et de 10 heures. Pendant les temps d'orage, elle monte aussi avec célérité. 24 heures, à la température ordinaire de la laiterie, paraissent nécessaires à la complète séparation de la crème.

La première portion de crème, c'est-à-dire celle qui monte la première à la surface, est d'une meilleure qualité et plus abondante que celle qui monte ensuite dans le même espace de temps; la crème qui monte dans le deuxième intervalle est plus abondante et meilleure que celle qui monte dans le troisième espace de temps égal à chacun des deux autres, et ainsi de suite, la crème décroissant en qualité et en quantité jusqu'à ce qu'il ne s'en élève plus à la surface du lait.

Pour obtenir une crème abondante, fine et délicate, il faut donc ne la recueillir que sur le lait qui est tiré le dernier pendant la mulsion, et enlever celle qui monte la première à la surface. Si l'on veut obtenir, dit ANDERSON, des beurres délicats et fins, il faut, à une température modérée, lever la crème au bout de 6 ou 8 heures, et si la laiterie est assez considérable pour faire des beurres extrêmement fins, il faut, dans ce cas, lever la crème au bout de 2, 3 ou 4 heures.

Un lait épais produit une moindre quantité de crème qu'il contient qu'un lait plus liquide ou plus maigre; mais cette crème est de meilleure qualité. Si on verse de l'eau dans ce lait épais, il produira plus de crème; mais cela nuit beaucoup à la qualité.

Plus les vases présentent de surface, plus aussi la crème semble se former avec facilité. 3 ou 4 pouces paraissent être l'épaisseur du lait la plus favorable au départ de la crème. En Angleterre, dans les grands vases plats dont on se sert quelquefois, et où le lait n'a pas plus d'un pouce de hauteur, la crème monte vite, mais imparfaitement, et elle est presque toujours sans consistance.

On peut hâter la séparation de la crème au moyen d'une chaleur artificielle. C'est ainsi qu'en hiver seulement, dans les laiteries d'Isigny, on entretient une douce chaleur pour faire plus promptement monter la crème, et que, dans quelques autres pays, tels que le Devonshire, et le Bocage dans la Vendée, on accélère constamment cette séparation par l'application d'une chaleur factice. Ce dernier moyen donne des produits abondans, mais de qualité inférieure, et le beurre qu'on fait dans ces pays rancit très-promptement.

4° *Ecrémage.* Quand on ne fractionne pas la crème, c'est-à-dire lorsqu'on ne la lève pas à mesure qu'elle se forme, la question est de connaître le moment où il est le plus avantageux d'écrémer. Les avis sont partagés sur ce point; les uns croient qu'il faut laisser le lait s'aigrir et se cailler avant d'en enlever la crème; d'autres, au contraire, et avec raison, pensent qu'on doit procéder à cette opération avant qu'il se manifeste la moindre aigreur. En effet, pour peu qu'il y ait de l'acidité, la crème s'associe à des parties caséeuses qui augmentent, il est vrai, le produit, mais qui nuisent à la qualité; car on ne fait du beurre très-fin, délicat et de bonne garde, qu'avec de la crème douce.

Le moment important à saisir est celui où toute la crème est rassemblée à la surface, sans qu'il y ait encore des signes prononcés d'acidité. Dans la Frise hollandaise, où l'on fabrique un beurre si excellent, la crème est levée ordinairement 12 heures après le dépôt du lait dans les terrines, et jamais on ne laisse passer 24 heures avant de procéder à cette opération. Il en est de même dans le Holstein, la Suisse et la Lombardie, où l'on fait d'excellens beurres. Ce moment varie, au reste, avec la température. Il est plus long dans les temps froids, et plus court dans la saison chaude et les temps d'orage. Le signe employé ordinairement pour le reconnaître, c'est de presser du doigt la surface de la crème; si on le retire sans empreinte de lait, on pense que tout le beurre est monté à la surface. Dans le Holstein, on plonge dans la crème un couteau; si le lait ne revient pas à la superficie, c'est le moment opportun pour écrémer; et tel est le soin qu'on met dans ce pays à cette opération, que les ménagères attentives veillent pendant la nuit pour saisir l'instant précis où la crème est entièrement montée, ce qu'elles reconnaissent en employant le moyen indiqué.

Le meilleur moment pour lever la crème, pendant les mois les plus chauds de l'année, c'est le matin et le soir. Pendant l'hiver, ce moment est subordonné aux circonstances. Dans les temps orageux, où le lait se caille promptement, il faut une surveillance plus active, et dès qu'on entend gronder l'orage dans le lointain, on doit courir à la laiterie, comme on le fait dans le pays de Bray, boucher les soupiraux, rafraîchir le carreau et écrémer toutes les terrines où la crème est un peu faite.

Pour opérer l'écrémage on se sert de trois méthodes différentes :

1° On *place la terrine* sur le bord de la banquette; on déchire avec le doigt près du bec la pellicule crèmeuse qui recouvre toute la surface, et, en inclinant le vase, on fait écouler lentement, par l'ouverture qu'on a faite, la totalité du lait, qu'on verse dans les baquets (*fig.* 16), ou autres vases destinés à le recevoir. C'est la méthode qui est usitée dans le pays de Bray et en beaucoup d'autres points de la France. — 2° On *enlève les chevilles* ou les bouchons qui garnissent les ouvertures percées près du fond des terrines ou des vases plats, et on laisse écouler le lait jusqu'à ce que la crème reste à sec au fond des vases. C'est le procédé le plus employé en Angleterre. — 3° La méthode la plus usitée de toutes consiste à *enlever la crème* avec l'écrèmoir. Pour cela on commence par la détacher des bords de la terrine avec le couteau d'ivoire, qu'on passe tout autour du vase, puis on attire doucement cette crème à soi au moyen de l'écrèmoir, et quand elle est bien rassemblée, on l'enlève avec précaution, de manière à l'avoir tout entière et exempte de lait. Cette opération demande une dextérité qui ne s'acquiert qu'avec l'habitude. De la bonne manière d'opérer dépend en partie le succès de la laiterie, car si on laisse de la crème on perd une quantité proportionnelle de beurre, et si l'on prend du lait on nuit à la qualité du produit.

La crème ainsi levée est déposée aussitôt dans les vases destinés à la contenir, jusqu'à ce qu'elle soit livrée à la consommation, ou convertie en beurre. Plus elle est exempte de lait, mieux elle se conserve. La crème est un composé de beurre et de matière caséeuse mêlés avec un peu de lait; elle ne contient pas la totalité du beurre qui se trouve primitivement dans le lait, mais la majeure partie. — Tout étant terminé, les laits écrémés sont enlevés de la laiterie pour être employés à l'usage auquel on les destine.

§ VII.—Conservation et transport des produits de la laiterie.

Les principes constituans du lait ont une tendance si prononcée à se séparer, qu'il est à peu près impossible de conserver le lait avec toutes ses propriétés caractéristiques. Le seul et unique moyen de le garder frais pendant quelques jours, c'est de le déposer dans un lieu froid, dans l'eau très-fraîche, et dans laquelle on peut jeter de temps à autre quelques morceaux de glace, de le remuer souvent et de le recouvrir d'un linge mouillé qu'on imbibe d'eau ou qu'on change souvent.

On prolonge encore la durée du lait, mais en altérant ses qualités à divers degrés, en plongeant les vases qui le contiennent dans l'eau bouillante, puis les tenant exactement clos. M. GAY-LUSSAC a trouvé qu'en chauffant du lait frais jusqu'à 100 degrés, et répétant cette opération tous les deux jours, et même tous les jours, si l'on est en été, le lait peut ensuite être gardé des mois entiers sans qu'il s'aigrisse. On a aussi conseillé de verser dans chaque chopine de lait, pour le conserver, une cuillerée à bouche d'eau distillée de Radis sauvage (*Raphanus raphanistrum*).

De cette manière, dit-on, le lait se conserve frais pendant 8 jours, et la crème s'en sépare comme à l'ordinaire et sans mauvais goût. Enfin, on a proposé bien d'autres moyens pour saturer l'acide à mesure qu'il se forme, et empêcher le lait de se cailler; tels sont une petite quantité de magnésie, de sous-carbonate de potasse ou de soude, etc.

La conservation de la crème est plus facile quand cette substance est bien exempte de matière caséeuse et de petit-lait. Il suffit alors de la placer dans des pots à ouverture étroite et fermant exactement, qu'on dépose dans un lieu frais, pour la soustraire au contact de l'air et aux variations de température de l'atmosphère. Exposée à l'air, la crème, au bout de 3 ou 4 jours, devient jaunâtre, très-épaisse, et dans l'espace de 8 à 10, sa surface se recouvre de moisissures. En même temps elle contracte un goût d'aigre, noircit ensuite, puis se corrompt. Dans le Glouces-ter, aux environs de Londres, en Hollande, et en beaucoup d'autres lieux, on verse chaque jour la crème d'un vase dans un autre, et avec un couteau de bois on la remue chaque jour et même plusieurs fois par jour pour empêcher qu'il ne se forme à sa surface cette pellicule jaunâtre qui nuit à la délicatesse du beurre, et pour s'opposer aussi à ce que la crème ne s'épaississe à consistance de colle, ou ne prenne un aspect gélatineux, circonstance qui se présente, dit-on, quand le lait provient de vaches nourries dans de trop succulens pâturages.

Le *vase le plus propre* à conserver la crème, dit ANDERSON, est un petit baril bien fait, fermant exactement avec un couvercle, et percé près de son fond d'un trou fermé par une cheville de bois, un robinet ou une chantepleure, qui sert à faire écouler les parties séreuses ou le lait qui se trouvent et se séparent encore de la crème, et qui altéreraient la qualité du beurre. Cette ouverture dans l'intérieur du baril est garnie d'une gaze ou d'une toile fine en fil d'argent, qui retient la crème et laisse écouler les parties liquides quand on a soin d'incliner le baril du côté de cette ouverture pour favoriser l'écoulement. *On peut conserver* encore la crème, mais aux dépens de sa qualité, en la soumettant, comme le lait, à la chaleur d'un bain-marie, et en la renfermant dans des vases soigneusement bouchés.

Le transport du lait et de la crème, quand il se fait à une petite distance, n'offre pas de difficulté. Pour le lait, il suffit, s'il est frais, de le verser dans des vases de fer-blanc plus hauts que larges, à ouverture étroite et fermant bien, et d'emplir ces vases jusque près de leur orifice. Quand le lait est de la veille, on doit le battre et l'agiter dans les terrines où il a passé la nuit, avant de le verser dans les vases qui servent à le transporter. Enfin, quand il doit être envoyé à une grande distance, il faut le verser tout frais dans les vases de transport, boucher aussi exactement et fortement que possible ceux-ci, et les soumettre pendant une heure au bain-marie jusqu'à l'ébullition. Quant à la crème, on peut la transporter au loin dans de petites cruches de grès, coiffées d'un bouchon entouré d'un linge blanc et propre. — Il est clair que pour le voyage on doit faire choix des moyens de transport qui agiteront et battront le moins le lait, garantir autant que possible les vases du contact du soleil, et les maintenir, si on le peut, dans un état de fraîcheur constant; aussi la nuit et le matin sont-ils les momens les plus favorables à ce transport.

§ VIII. — Altération du lait.

Les altérations spontanées du lait, telles que sa séparation en ses principes constituans, sa coagulation par le développement d'un acide qui se manifeste d'autant plus promptement que la température est plus élevée, sont des faits qui ne doivent plus nous arrêter. Nous n'avons pas non plus à nous occuper ici des altérations qu'il éprouve par l'application de la chaleur, par l'agitation, par son mélange avec une foule de corps divers, parce que nous avons déjà signalé plusieurs de ces faits, et que les autres seront considérés plus loin avec les détails nécessaires. Il nous reste seulement à faire connaître quelques altérations qui affectent le lait dans sa couleur, son odeur, sa saveur, et quelques autres de ses propriétés physiques.

La couleur du lait est souvent changée d'une manière remarquable. Les altérations le plus souvent observées sont les suivantes:

1° *Lait rouge*. Il est connu depuis long-temps. On peut l'attribuer à deux causes. La première a lieu quand la vache a mangé quelques plantes fournissant une matière tinctoriale rouge telle que les caille-laits ou gaillets garance, jaune, boréal (*Galium rubioïdes, verum, boreale,* etc.), qu'on trouve fréquemment dans les prairies et les pâturages. Dans ce cas, le beurre que fournit le lait est coloré en rouge. Dans la seconde, au contraire, le beurre est sans couleur, et la couleur rouge du lait provient sans aucun doute de la piqûre de quelque insecte dans l'intérieur du trayon; pendant la mulsion, la blessure s'ouvre et laisse échapper quelques filets sanguins qui se mêlent avec le lait. Dans ce dernier cas, il faut traire avec précaution, et donner à la blessure le temps de se cicatriser. Dans l'autre, on doit changer la nourriture de l'animal, ou au moins en écarter les plantes qui produisent l'altération.

2° *Lait bleu*. Dans quelques circonstances on a remarqué que le lait de vache qui, au moment de la mulsion, ne présentait aucun caractère particulier sous le rapport de la couleur, de l'odeur ou de la saveur, se couvrait, après 24 heures de séjour dans les terrines, d'un grand nombre de petits points bleus qui s'étendent de plus en plus, et finissent quelquefois par couvrir toute la surface de la crème d'une couche uniforme d'une belle couleur indigo. Le lait de brebis est aussi sujet à devenir bleu. La crème que fournit le lait bleu ne diffère de celle que donne un lait non altéré, que par sa couleur; le beurre qu'elle fournit est pur et sans aspect particulier. Le fromage fabriqué avec le lait bleu est également bon et ne présente aucune coloration. Depuis long-temps on a étudié ce singulier phénomène ; mais malgré les recherches de Parmentier et Deyeux, de Chabert, Bremer, Germain et Hermbstaedt, il est encore difficile d'assigner d'une manière précise les véritables causes de sa production. Voici les plus probables. Certaines plantes, telles que l'Esparcette (*Hedysarum onobrychis*), la Buglosse (*Anchusa officinalis*), la Prêle des champs (*Equisetum arvense*), la Mercuriale vivace et annuelle (*Mercurialis perennis* et *annua*), la Renouée des oiseaux (*Polygonum aviculare*), le Sarrazin (*Polygonum fagopyrum*) et autres, qui contiennent une matière colorante bleue, se rencontrent communément dans les champs et les prairies, et qui, dans l'état de santé ordinaire des vaches, ne produisent aucun changement dans le lait, peuvent, sous certaines conditions, communiquer à ce liquide une couleur bleue. Ces conditions sont : le pâturage dans des champs moissonnés et sur des herbes dures et coriaces ; — une exposition prolongée des vaches aux ardeurs du soleil, aux vents froids et autres intempéries des saisons ;—la fatigue, la mauvaise nourriture, un régime hygiénique mal dirigé, et beaucoup d'autres causes sans doute qui paraissent avoir une influence très-marquée sur les organes de la digestion. Pour faire disparaître le lait bleu, il faut, quoique la vache ne paraisse pas indisposée, relever l'énergie de ses organes en lui administrant chaque jour une poignée de sel dans une pinte d'eau, ou une pinte d'une décoction d'une forte poignée de Rhue et de Sabine, dans lesquelles on délaie, avec un jaune d'œuf, un gros d'assa fœtida ; — changer la nature des aliments, et en donner de plus délicats ; — veiller avec plus de soin au régime de ces animaux et à leur bonne tenue ; — les saigner si cela est nécessaire, etc.

3° *Lait piqué,* ou lait sur lequel on remarque un assez grand nombre de points qui peuvent différer dans leur nature. Tantôt ces points sont bleus, et peuvent être dus aux mêmes causes que le lait bleu ; tantôt ce sont des petites taches de moisissure. Dans tous les cas, on a porté à considérer l'apparition de ces points comme due à la température trop élevée de la laiterie, à sa malpropreté et à celle des vases qui reçoivent le lait.

4° *Lait jaune.* On présume que cette couleur est produite par le Souci des marais (*Caltha palustris*), par le safran, etc., mangés par les vaches.

L'odeur du lait éprouve souvent de graves altérations. Dans l'état ordinaire, cette odeur est douce et fade. Elle est vive et aromatique quand les vaches ont mangé des plantes de la famille des labiées, dont les huiles essentielles passent dans le lait ; — désagréable, quand ces animaux ont mangé des crucifères, quand ils courent et s'échauffent, ou quand on les fait passer brusquement de la nourriture verte à la nourriture sèche, etc.

La saveur du lait est peut-être le caractère qui est soumis au plus grand nombre d'altérations. Voici les principales :

1° *Lait à saveur désagréable.* On sait généralement que le choux, surtout les feuilles avariées, les turneps, les fannes de pomme-de-terre, les oignons, l'ail, les poireaux, les cosses de pois verts, le trèfle blanc (*Trifolium repens*), la luzerne et les herbes des prairies artificielles, les renoncules, toutes les plantes âcres, les fourrages de mauvaise qualité, etc., communiquent souvent au lait une saveur peu agréable. Les fleurs de châtaignier, dont les vaches sont très-avides, donnent, ainsi qu'on l'a observé aux environs de Rennes, où se fabrique le beurre de la Prévalaye, au lait et au beurre un goût détestable. Un peu de sel commun, administré aux vaches, fait parfois disparaître le mauvais goût. En Angleterre, pour enlever la saveur désagréable que les turneps qui sont administrés journellement aux vaches donnent au lait, on y ajoute 10 à 12 grammes (2 à 3 gros) de salpêtre délayé dans de l'eau bouillante pour 9 à 10 litres (10 à 11 pintes) de lait au moment où on verse celui-ci dans les terrines. Nous avons déjà dit que le lait des vaches en chaleur ou de celles qui sont prêtes à vêler a également un goût peu flatteur.

2° *Lait amer.* Ce lait est souvent confondu avec le précédent. On a remarqué cependant que les vaches qui mangent beaucoup de paille d'avoine donnent un lait constamment amer, et qu'il en est de même de la paille d'orge et de seigle, quoiqu'à un moindre degré. Les marrons d'Inde, l'absinthe, les feuilles d'artichaut, le laitron des Alpes (*Sonchus alpinus*), les feuilles des arbres lorsqu'elles tombent dans l'arrière-saison, donnent aussi au lait une saveur amère. Il en est de même pour les chèvres qui mangent les pousses du sureau.

3° *Lait alliacé.* Cette sorte de lait est due aux plantes à odeur d'ail, et qui sont très-nombreuses.

4° *Lait sans goût.* On prétend qu'il est fourni par les vaches qui mangent de la Prêle fluviale (*Equisetum fluviatile.*)

5° *Lait à goût acide.* On assure que les feuilles de vigne fraîches donnent à ce liquide un léger goût acide qui n'est pas sans agrément.

6° *Lait salé.* Ce lait, selon Twamley, est ordinaire chez les vaches qui n'ont pas porté pendant la saison précédente. Le premier lait extrait est le plus salé ; le goût diminue jusque vers le milieu de la traite, où il disparaît entièrement.

Les autres altérations du lait peuvent être réunies sous la classification suivante :

1° *Lait non coagulable.* On a avancé que ce lait était produit par l'ingestion des gousses de pois verts et celle des menthes.

2° *Lait promptement coagulable.* Dans ce lait, la matière caséeuse se coagule si promptement, qu'on ne peut recueillir à sa surface qu'une quantité très-légère d'une crème fluide et sans consistance. Cette altération paraît produite par un temps orageux, une température trop élevée, des vases de bois dont les pores sont imprégnés de lait qui a tourné à l'état aigre ou acide, ou enfin par la négligence des soins de propreté dans la laiterie, où il s'élève, à la moindre agitation, une grande quantité de particules imperceptibles et très-légères de lait aigri ou de matières fermentescibles qui se déposent sur le lait frais, et le font promptement passer à l'état de coagulation, avant que la crème ait eu le temps de se séparer.

3° *Lait filant* ou *glutineux*. Il a de l'analogie avec le précédent, et est dû sans doute à la même cause, c'est-à-dire à l'insalubrité et à la malpropreté de la laiterie. La grassette commune (*Pinguicula vulgaris*), dit M. BERZELIUS, épaissit tellement le lait quand il passe à l'aigre, qu'il en devient filant, et cette propriété se communique au lait frais avec lequel on le mêle ensuite. Les vases en bois dans lesquels on a gardé ce lait pendant quelque temps conservent toujours la propriété de le rendre filant, et il est difficile de les en dépouiller, à moins de les démonter. Dans quelques provinces de la Suède ce lait est employé comme aliment.

4° *Lait purgatif.* Plusieurs euphorbes, la gratiole, etc., donnent au lait des propriétés médicamenteuses.

5° *Lait qui ne donne pas de beurre.* Le premier lait des vaches qui viennent de mettre bas, celui des animaux vieux, épuisés, attaqués de quelque maladie organique, est ordinairement séreux et presque dépourvu de matière butireuse. Plusieurs autres causes, encore inconnues, peuvent aussi concourir à produire cette anomalie.

On a peu étudié ces diverses altérations du lait, et les détails dans lesquels nous sommes entrés sont fort incomplets. Il est cependant probable qu'en suivant attentivement leur apparition, leur marche et leur développement, et en faisant des expériences comparatives, on arriverait à une foule d'applications utiles dans le gouvernement des vaches laitières, et aux travaux de la laiterie.

§ IX. — Falsification du lait.

Les principales falsifications qu'on fait ordinairement subir au lait sont de l'alonger avec de l'eau ordinaire, et de le dépouiller en partie de sa crème. Quiconque a la moindre habitude du lait frais, comme aliment, ne peut pas se méprendre en faisant, simultanément pour l'essai, usage de l'aspect, de l'odorat et du goût, sur la nature d'un lait qui a été ainsi falsifié. Le lait étendu d'eau a une consistance moindre et un aspect bleuâtre; son odeur est presque nulle et sa saveur fade. Le lait dépouillé de crème, c'est-à-dire de son élément sapide, n'a plus rien qui flatte le goût.

Nous ne passerons pas ici en revue toutes les autres falsifications inventées par la cupidité des laitiers qui approvisionnent les grandes villes, pour augmenter la quantité de leur marchandise, et masquer ensuite leur fraude, parce que ces moyens doivent répugner à un honnête cultivateur; qu'ils sont d'ailleurs rarement mis en usage dans les campagnes, et que les procédés chimiques propres à faire découvrir ces fraudes sont souvent très-compliqués. Mais nous recommanderons, toutes les fois qu'on achètera du lait en abondance, ou régulièrement dans certaines saisons, de l'essayer fréquemment au lactomètre; la quantité de crème qu'il fournira ainsi étant la véritable mesure de sa valeur vénale et de sa pureté. Il suffit de se rappeler que du lait pur de

bonne qualité, provenant d'animaux sains, et réunissant toutes les conditions désirables, doit contenir environ 12 à 15 pour cent de son volume en crème pure et de bonne qualité au lactomètre que nous avons décrit (*fig.* 18, *p.* 9); que la diminution du volume de la crème est proportionnelle à la quantité de lait enlevé et remplacé par de l'eau; c'est-à-dire que si on a ajouté au lait moitié eau, le lactomètre n'indiquera plus que 6 à 7 pour cent de crème et que si l'on a ajouté les trois quarts, l'échelle ne marquera plus en crème que 3 ou 4 pour cent du volume du liquide essayé.

SECTION II. — *Laiterie à beurre.*

La laiterie où se fabrique le beurre, lorsqu'on veut opérer en grand, doit être composée de quatre pièces : 1° une laiterie à lait, voûtée, dans laquelle on dépose et on fait crémer le lait; 2° un lavoir ou échaudoir pour le lavage et récurage des ustensiles et des vases; 3° une salle où l'on bat le beurre; 4° une autre salle où l'on conserve le beurre après qu'il a été fabriqué.

La construction de la laiterie à beurre est basée sur les mêmes principes que celle de la laiterie proprement dite, que nous avons fait connaître en détail et sur laquelle nous ne reviendrons plus.

Les soins généraux pour sa bonne direction sont également les mêmes, c'est-à-dire qu'on doit y régler avec la même intelligence et la même activité tout ce qui concerne la ventilation, la propreté des salles, celle des vases, outils et ustensiles, les lavages, etc. Quant à la température, il est fort avantageux de la maintenir aussi à 10° ou 12° dans la chambre où l'on bat ordinairement le beurre, par des motifs que les principes raisonnés de la fabrication du bon beurre nous permettront plus loin d'apprécier; mais, dans la petite pièce où l'on conserve le beurre frais jusqu'à sa vente ou sa consommation, on ne saurait entretenir une température trop basse; c'est une condition rigoureuse pour la conservation de ce produit dans toute sa fraîcheur.

Dans quelques pays on bat le beurre dans le lavoir et on le conserve dans la laiterie à lait, ce qui n'exige que deux pièces; dans d'autres, on a une laiterie, un lavoir et une salle à battre le beurre; mais ces dispositions qui paraissent économiques, et qui peuvent l'être en effet dans les petits ménages ruraux, cessent d'être avantageuses dans les grandes exploitations, et surtout dans celles où l'on veut produire des beurres extrêmement fins et de première qualité.

§ Iᵉʳ. — Du beurre.

Le beurre est un corps de nature grasse ou huileuse qui, sous la forme de globules, est en suspension dans le lait, et qui s'élève à sa surface en vertu de sa moindre densité, entraînant avec lui du sérum et de la matière caséeuse, avec lesquels il forme la crème. Le beurre commence à fondre à 20 à 24° du thermomètre centigrade.

Le beurre se sépare de la crème par le battage, opération qui a pour but de favoriser l'agglomération des globules butireux et de les réunir en une masse homogène. Une certaine température douce, qui, sans faire passer le beurre à l'état liquide, permet cependant aux globules de s'accoler les uns aux autres, est nécessaire pour sa formation.

Le beurre s'altère assez promptement par le contact de l'air. L'altération est due, suivant quelques chimistes, à sa combinaison avec le gaz qui fait partie de l'air, et qu'ils ont nommé oxigène. Cette combinaison communique au beurre un goût âcre, piquant et désagréable, qu'on désigne sous le nom de *rancidité*.

On a cru pendant long-temps que dans le battage ou barattage, l'oxigène était le principe le plus actif de la formation du beurre; mais des expériences faites dans ces derniers temps ont prouvé que cette formation pouvait avoir lieu en vaisseaux clos, qu'il n'y a pas d'oxigène enlevé à l'air pendant cette opération, et que la séparation se fait aussi bien dans le vide que dans tous les gaz qui n'exercent pas d'action chimique sur la crème.

Le beurre s'altère d'autant plus promptement qu'il contient plus de sérum et de matière fromageuse. C'est pour l'en débarrasser autant que possible qu'on a recours à une opération appelée délaitage.

Le beurre de lait de vache, auquel s'appliquent les détails dans lesquels nous venons d'entrer, n'est pas le seul en usage dans l'économie domestique et rurale. On prépare encore du beurre avec le lait d'autres animaux. Les plus usités en France sont : 1° *le beurre de brebis*, qui a moins de consistance que celui de vache, est jaune pâle en été, blanc en hiver; est gras, rancit facilement lorsqu'il n'est pas très-soigneusement lavé, et entre plus aisément en fusion; 2° *le beurre de chèvre*, qui est constamment blanc, et a un goût particulier; il se conserve plus long-temps sans altération, mais il est en quantité moindre que les deux autres dans un même volume de lait; 3° *le beurre d'ânesse*, qui est mou, blanc, assez fade, rancit aisément et est difficile à extraire.

La fabrication du beurre exige non seulement la plus stricte propreté, si on ne veut pas perdre sur la qualité et la quantité, mais ce corps s'attachant à tout ce qu'il touche, il faut, pour prévenir cette adhérence, nettoyer tous les vases et ustensiles avec une lessive faite de cendres fines, ou les frotter avec des orties grièches macérées dans l'eau, de sorte qu'elles ne piquent plus. La personne qui retire le beurre de la baratte, et qui le pétrit, est également obligée de se frotter les mains et les bras avec la lessive pour empêcher qu'il ne s'y attache.

Les beurres français les plus délicats et les plus fins, sont, pour les beurres frais en mottes, ceux du pays de Bray (Seine-Inférieure), dits de Gournay; ceux du Calvados et de la Manche, dits beurres d'Isigny, etc. Sur les marchés de Paris ces beurres, dits *d'élite*, sont divisés en mottes de premier choix, beurre fin, bon et commun. Viennent ensuite les beurres en mottes de la Sarthe et de l'Orne, dits *petit beurre*, et enfin les *beurres en livres* provenant d'un rayon de 30 lieues autour de Paris, qui se divisent encore en ronds et en longs. Parmi les *beurres salés*, on estime ceux de la Bretagne, et surtout celui des environs de Rennes, connu sous le nom de beurre de la Prévalaye, et les beurres de Flandre, etc., etc.

§ II. — Des barattes et autres ustensiles.

La baratte ou battoir est un vaisseau ordinairement en bois qui sert pour battre la crème dont on veut retirer le beurre. Beaucoup de pays ont des barattes qui leur sont particulières et qu'on y préfère à toutes les autres, et on a proposé pour ces vaisseaux et pour le mécanisme qui les fait fonctionner, un grand nombre de formes variées, tantôt bonnes, tantôt mauvaises; toutefois, avant de faire connaître quelques-uns des ustensiles de ce genre qui sont les plus usités, nous indiquerons les principales conditions que leur construction doit remplir.

Une bonne baratte doit :—1° être construite en bois bien sec, homogène, et qui ne communique aucun goût ou odeur au beurre; elle sera cerclée en fer. On en construit aussi de très-bonnes en fer-blanc, en étain et même en terre; — 2° être facile à nettoyer, à visiter intérieurement et à faire sécher promptement; — 3° être construite avec beaucoup de précision, toutes les pièces joignant avec exactitude, et avoir le moins possible d'angles aigus, de vides, de fissures et de réduits où la brosse et le balai ne peuvent pénétrer; —4° permettre un écoulement facile du petit lait, le lavage parfait et l'enlèvement aisé du beurre; — 5° offrir des moyens prompts et sûrs de réunir le beurre, une fois qu'il est formé, en une seule masse solide;—6° donner accès à l'air et à son renouvellement;—7° exiger le moins possible de force pour transformer en beurre une quantité déterminée de crème;—8° permettre un mouvement lent, régulier et mesuré. Un défaut des barattes tournantes, c'est qu'on est disposé à leur imprimer un mouvement trop rapide; — 9° fabriquer le beurre avec célérité sans nuire cependant à sa qualité ou sa quantité; —10° être d'un service et d'un emploi commode; — 11° être solide, facile à construire partout, d'un prix modéré, et peu coûteuse à entretenir.

La grandeur des barattes dépend de la quantité de beurre qu'on veut fabriquer; mais dès que ces vases surpassent une certaine capacité, il devient nécessaire d'employer, pour faciliter le travail, divers mécanismes qui varient suivant les pays, ou bien d'y appliquer la force des animaux, du vent, de l'eau, soit au moyen de roues verticales, de manéges, soit à l'aide d'autres appareils mécaniques. Ces mécanismes, tout en abrégeant le travail, ont l'avantage de procurer en outre un mouvement plus régulier.

Les barattes doivent être constamment de la plus rigoureuse propreté, et les bonnes ménagères hollandaises les couvrent même d'une chemise de toile pour que la personne qui bat le beurre ne puisse les salir extérieurement.

Les barattes les plus usitées sont les suivantes :

La baratte ordinaire, qu'on nomme aussi *beurrière, baratte à pompe, serène*, etc. (*fig.*19),

Fig. 19.

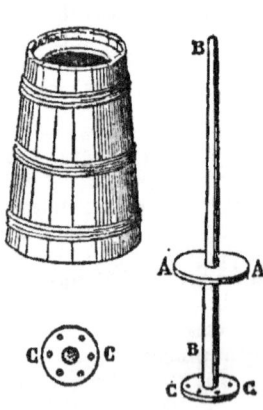

qui est la plus généralement usitée en France et à l'étranger, est un vase de tonnellerie fait en chêne, sapin ou autre bois de 80 cent. à 1 mèt. (30 à 36 po.) de hauteur sur 16, 22 on 28 cent. de grosseur, en forme de cône tronqué ou de baril, et qu'on peut fermer avec une rondelle plane AA ou une sébile de bois percée d'un trou assez grand pour permettre à un bâton BB de 1,66 à 2 mètres (5 à 6 pi.) d'y glisser avec facilité. Ce bâton porte à sa partie inférieure un disque de bois CC peu épais, souvent percé de trous destinés à diviser la crême et à donner passage au lait de beurre à mesure que le beurre se forme. Ce bâton avec sa rondelle se nomme *batte-beure*, *baratton* ou *piston*. C'est en élevant et abaissant par un mouvement alternatif ce piston dans la crême qu'on parvient à former le beurre.

La serène, dont on se sert dans la Normandie, notamment dans le pays de Bray, en Autriche, dans les Pays-Bas et dans quelques contrées de l'Allemagne (*fig.* 20), est

Fig. 20.

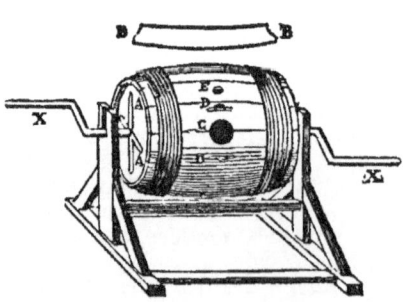

un baril plus ou moins grand, généralement de 1 mèt. (3 pi.) de long sur 82 cent. (2 pi. 1/2) de diamètre, portant à l'intérieur sur ses deux fonds des croisillons en fer AA sur lesquels sont fixées 2 manivelles XX assez longues pour que plusieurs personnes puissent y travailler. Ces manivelles reposent à hauteur convenable sur les 2 montans d'un chevalet. L'intérieur de la serène est garni de 2 ou 3 planchettes BB de 11 cent. (4 po.) de hauteur, attachées à des douves opposées du baril et dans toute sa largeur, légèrement échancrées et destinées à tourmenter la crême et à l'empêcher de rester au fond du baril pendant qu'il tourne. C est une ouverture ronde de 16 cent. (6 po.) de diamètre par laquelle on verse la crême et on retire le beurre. Elle est fermée par un bondon garni

d'une toile lessivée, et par-dessus lequel on passe une cheville de fer qui entre de force dans deux gâches DD fixées au baril. E est un trou garni d'un bouchon de bois qui sert à faire écouler le baratté ou babeurre. — Pour faire usage de la serène, on verse la crême par l'ouverture C qu'on referme avec soin ; on tourne la baratte avec une vitesse modérée de 30 à 35 tours par minute ; les planchettes BB soulèvent la crême à chaque révolution et la laissent ensuite retomber. Quand le beurre est fait, ce qui a lieu souvent au bout de 18 à 20 minutes, et ce qu'on reconnaît au bruit qu'il fait en tombant, on retire le bouchon du trou E, on fait écouler le lait de beurre, et au moyen d'un entonnoir on verse dans la baratte un seau d'eau fraiche. On bouche le trou, on tourne pour laver, puis on évacue l'eau, et on répète cette opération jusqu'à ce que le liquide sorte clair. Alors on enlève le beurre par l'ouverture, on le lave de nouveau et on le forme en mottes. On peut faire avec cet instrument 50 kil. (100 liv.) de beurre en peu de temps.

La baratte flamande, dont on fait aussi usage dans l'Anjou et en Hollande (*fig.* 21 et 22), dif-

Fig. 21.

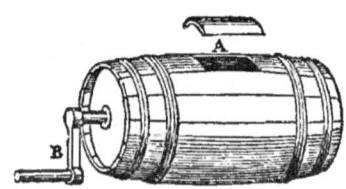

Fig. 22.

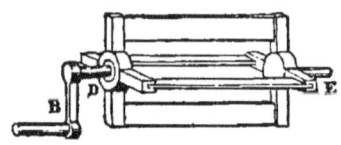

fère de la précédente en ce que le baril est immobile sur le chevalet et qu'il est garni intérieurement d'un moulinet à 4 ailes DE, destiné à battre la crême, et qu'on met en mouvement au moyen d'une manivelle B. Dans la partie supérieure est une large ouverture A qu'on ferme avec un couvercle.

La baratte des Vosges, de la Franche-Comté et de la Suisse (*fig.* 23) est une sorte, de

Fig. 23.

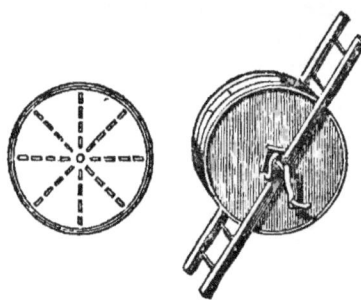

baril plat en forme de meule de moulin, de

66 cent. à 1 mèt. (2 à 3 pi.) de diamètre, et de 16 à 33 cent. (6 à 12 po.) de largeur d'un fond à l'autre, et qu'on place sur une sorte d'échelle. Le moulinet, dont on voit la coupe dans la figure, est composé de 8 ailes qui traversent la baratte comme autant de rayons, et qui sont formées chacune de 4 petites planchettes placées à distance l'une de l'autre. Le mouvement est imprimé à ce moulinet au moyen d'une manivelle. Dans cette baratte le beurre se fait avec rapidité; mais il y a un déchet assez notable par suite de l'étendue des surfaces, de la multiplicité des réduits, et de la quantité considérable de beurre qui reste adhérent à l'intérieur. Ces 2 dernières barattes ont en outre l'inconvénient de ne pouvoir être nettoyées et séchées avec soin, l'ouverture ou porte étant trop étroite, et le moulinet ne pouvant être enlevé. On y remédie, dans quelques pays, en rendant mobiles quelques douves du tonneau; dans tous les cas les suivantes n'ont pas ce défaut.

Baratte-Valcourt. Cet instrument, fort commode et très-ingénieux, inventé par M. DE VALCOURT, dont la *fig.* 24 et 25 représentent

Fig. 24.

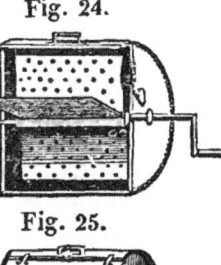

Fig. 25.

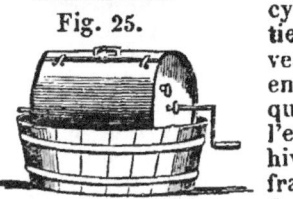

la coupe par le milieu, est un cylindre dont la circonférence est en fer-blanc ou en zinc et les 2 fonds en bois. On plonge ce cylindre en partie dans un cuveau ou baquet en bois dans lequel on verse de l'eau tiède en hiver et de l'eau fraîche en été. Quand on ne se sert pas de la baratte, le couvercle, la manivelle et l'arbre ainsi que les ailes ou agitateurs, sont toujours détachés et mis à sécher. Lorsqu'on veut faire le beurre, on place la baratte dans le cuveau, on fait entrer par la porte qui règne sur toute la longueur de la baratte, les ailes placées verticalement; on introduit l'arbre de la manivelle dans le trou du fond de la baratte en enfilant en même temps celui qui se trouve dans l'axe des ailes, et on abaisse un tourillon sur l'embase de la manivelle pour l'empêcher de sortir. Après avoir versé la crème, qui ne doit pas dépasser la hauteur de la manivelle, on assujettit la porte au moyen de 2 tourniquets, et on verse de l'eau dans le cuveau pour amener la température de la crème à 10 ou 12°. Ces préparatifs étant terminés, on tourne la manivelle d'un mouvement régulier à peu près deux tours par seconde, et quand le beurre est pris, ce que l'on sent à la main ou que l'oreille indique, on sort la baratte du cuveau, on ôte la porte, on ouvre le bondon d'un trou inférieur qui laisse écouler le lait. Le bondon étant replacé, on verse de l'eau froide, on donne quelques tours de manivelle en va et vient, on ôte le bondon, et on répète cette opération jusqu'à ce que l'eau sorte claire; alors on enlève le beurre et on démonte les ailes et la mani-

velle; on lave à l'eau chaude, essuie, et fait sécher. On peut faire des barattes de ce genre de toute dimension. M. de Valcourt dit qu'une baratte de 13 po. de diamètre bat de 2 à 8 livres de beurre en 12 à 15 minutes, même en hiver.

La baratte du pays de Clèves, en usage dans une partie du nord de l'Allemagne, est très-simple. C'est (*fig.* 26) un tonneau ovale posé debout, muni d'un moulinet à 4 ailes également ovales percées de trous et sans arbre. Ce moulinet est placé un peu au-dessous du milieu de la hauteur du tonneau, et est mis en

Fig. 26.

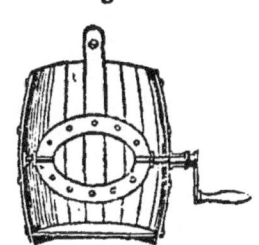

mouvement par une manivelle qu'on peut enlever à volonté, ainsi que le moulinet, quand le beurre est fabriqué.

On construit en Angleterre et autres lieux sur ce modèle des barattes dont le volant est vertical; quelques-unes sont en cristal et de petite dimension, de manière que dans les petits ménages on peut chaque jour faire sur la table le beurre qu'on veut consommer. Ces barattes, dont on accélère encore le mouvement par un engrenage, ne sont pas d'une construction avantageuse. En outre la crème y prend un mouvement de rotation qui retarde sa conversion en beurre.

La baratte de Billancourt, dont nous avons vu le modèle dans la belle laiterie de M. Charles Cuningham à Billancourt, près Paris (*fig.* 27), a la forme d'une pyramide quadrangulaire tronquée et renversée. Elle a 82 cent. (2 pi. 1/2) de longueur par le haut, 30 cent. (11 po.) de largeur et 42 à 50 cent. (16 à 18 po.) de hauteur. Au milieu de cette hauteur elle est percée d'un trou qui

Fig. 27.

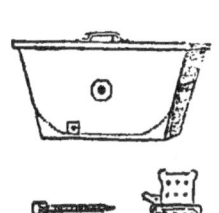

donne passage à l'arbre sur lequel on enfile un volant de 4 ailes percées de trous et qu'on peut enlever à volonté. Le fond intérieur de la baratte est demi-circulaire, et un trou percé près de ce fond sert à l'écoulement du lait de beurre et des eaux de lavage.

La baratte brabançonne, dont on fait usage aussi dans une partie de la Hollande et de l'Allemagne, représentée en coupe par le milieu dans la *fig.* 28, est une sorte de baril en cône tronqué de 54 cent. (20 po.) de hauteur, 40 cent. (15 pouces) de largeur par le haut et 66 cent.

Fig. 28.

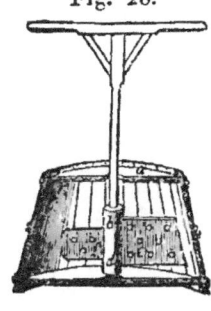

(2 pi.) par le bas, et fermé d'un couver-cle immobile *a* dans lequel est pratiqué une large ouverture qu'on ferme avec une planchette et par laquelle on verse la crè-me, on ôte et remet le volant. Celui-ci se compose d'un arbre vertical *b* ayant à sa partie inférieure une cavité dans laquelle se loge une cheville en fer *d* fixée au fond du tonneau, et qui sert de point de rotation à ce volant qui est muni de 2 ailes, une grande *e* et une petite *f.* Cette baratte commode, et qui est surtout employée dans les pays où l'on bat ensemble la crême et le lait, est mise en mouvement par 2 servantes qui saisissent chacune un des manches du volant, le tirent et le poussent successivement de manière à lui communiquer un mouvement alternatif demi-circulaire qui bat parfaitement la masse introduite dans la barate et la convertit en beurre en moins d'une heure.

La baratte à berceau ou à balançoire, très-employée dans le pays de Galles, dans le comté d'Aberdeen en Angleterre et en Amé-rique (*fig.* 29), se compose d'un châssis en

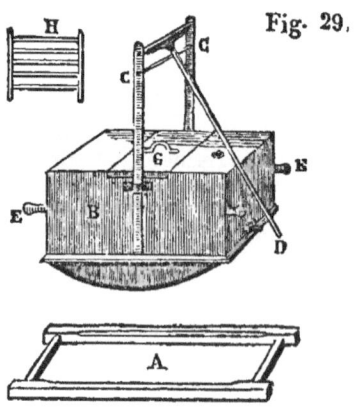

Fig. 29,

bois A dont les 2 grands côtés ont intérieu-rement une rainure, et d'une caisse B dont le fond a une forme circulaire, et qui est garnie sur ses 2 côtés de montans CC au sommet desquels est fixé un manche mo-bile D. La baratte a 4 poignées EE, et son couvercle G est formé d'une planche qu'on enlève aussi par une poignée. A la partie in-férieure est un robinet pour l'écoulement du lait de beurre. La fig. H est la coupe d'une des 2 grilles contenues à l'intérieur et pla-cées à la distance de 25 cent. (9 po.) l'une de l'autre, qu'on peut retirer en les faisant glisser dans des coulisses, et qui servent à rompre la crème. On remplit cette baratte à moitié, on la place sur son châssis et on lui imprime au moyen du manche un balance-ment ou oscillation aussi régulier que celui d'un pendule. La crème ballottée d'un côté et d'autre est battue en traversant les grilles et promptement convertie en beurre.

La baratte de Bowler (*fig.* 30) est un vase A de 50 cent (18 po.) de diamètre, 25 cent. (9 po.) de largeur, dont les fonds sont en bois et la cir-conférence en étain. Cette baratte a 2 ouvertu-res, l'une B de 24 cent. (8 po.½) sur 12 (4 po.) par où l'on verse la crême, on retire le beurre, et on lave le vase ; elle est fermée par une porte

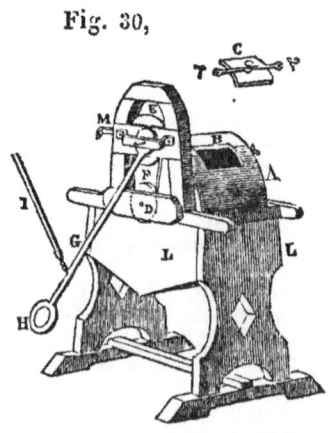

Fig. 30,

C fixée par 2 vis à oreilles ; l'autre qui sert à l'écoulement du babeurre et se ferme avec un bouchon. Un 3e trou, percé près de la 1re ouverture et fermé avec un foret, sert à renouveler l'air de l'intérieur. Un arbre tra-verse cette baratte et se termine par 2 tou-rillons D sur lesquels elle peut osciller libre-ment : la partie inférieure plonge dans un cuveau de bois L qui reçoit de l'eau chaude ou froide selon la saison. A l'intérieur, 4 planchettes, placées comme celles de la serène et percées de trous, agitent et battent la crême. Le mouvement est imprimé à la machine par le pendule G de 1 mèt. (3 pi.) de longueur et dont la lentille H pèse 5 kilog. (10 liv.). A la partie supérieure du bâtis est une grande poulie E qui fait corps avec la broche qui sert d'axe de suspension au pendule, et sur la gorge de laquelle passe une corde sans fin qui s'enroule 2 fois sur la double gorge d'une 2e poulie plus petite F fixée à demeure sur le tourillon D de l'ar-bre de la baratte. La baratte et le cuveau sont recouverts d'un chapeau en bois pour maintenir la température et empêcher la va-peur d'eau de se répandre. On met le pen-dule en mouvement au moyen de la verge ou manche de bois I de 1 mèt. 32 cent. (4 pi.) de longueur, attachée au pendule 8 cent. (3 po.) au-dessus de la lentille au moyen d'un piton à crochet. M est un support de bois pour sou-tenir le manche I quand la baratte est en repos. On conçoit qu'en faisant mouvoir le pendule, la baratte prend un mouvement d'oscillation lent et régulier, très-favorable au battage de la crème et à sa conversion en beurre.

Les autres instrumens nécessaires dans la fabrication du beurre, indépendamment de ceux de la laiterie, sont des tamis ou des cane-vas pour passer la crême ou filtrer le babeurre, des terrines ou bien des jattes ou autres vases pour déposer le beurre ; des cuillères, battes, battoires ou des rouleaux de bois pour l'ou-vrir, le pétrir, le délaiter et le saler ; une pe-tite presse à vis en bois ; des formes pour le mouler, et des empreintes pour le marquer ; un pilon pour le presser dans les barils de beurre salé ; une chaudière en cuivre pour le fondre.

§ III. — Des qualités du beurre et de leurs causes.

Les qualités qu'on doit rechercher dans

le beurre sont la couleur, l'odeur, la consistance et la faculté de se conserver.

La couleur du bon beurre est le jaune riche; c'est généralement celle du beurre fourni pendant le printemps par les vaches en bonne santé, nourries dans de bons pâturages, et qui a été fabriqué avec soin. Néanmoins cet indice n'est pas décisif, puisqu'on peut colorer le beurre artificiellement, et qu'il est des pays, des saisons ou des animaux qui donnent du beurre pâle de très-bonne qualité.

L'odeur du beurre doit être douce, agréable, légèrement aromatique. Tout beurre qui exhale une odeur forte est mal fait, altéré ou de qualité inférieure.

La saveur de beurre frais est douce, agréable, onctueuse, délicate et fraîche. C'est la qualité la plus variable, puisqu'elle change avec les localités, les saisons, l'animal et beaucoup d'autres causes; mais c'est aussi celle qu'on doit le plus rechercher. Un beurre qui a un goût désagréable quelconque est rarement de bonne qualité.

La consistance est souvent un indice de bonne fabrication. Les beurres spongieux, mous, huileux, ou ceux qui sont durs ou compactes, ont été fabriqués dans des circonstances défavorables ou par de mauvais procédés. Le bon beurre est d'une consistance moyenne, d'un aspect mat; il a la pâte fine et se tranche nettement en lames minces.

La faculté de se conserver long-temps frais est une des plus précieuses, et elle est due la plupart du temps à l'observation rigoureuse des bons principes de fabrication.

Les causes qui influent sur les qualités et la nature du beurre sont si variées qu'on ne peut espérer de les reconnaître toutes; celles qui paraissent jouer un rôle plus marqué sont les suivantes :

1° *Les vaches.* Chaque race de vaches, chaque animal, et la même vache dans des circonstances, dans des états ou des situations variables, donne des beurres de différentes qualités. Il faut faire choix des races et des individus reconnus pour donner à la fois des produits abondans et délicats, et avoir l'attention de les maintenir toujours en bon état et de leur prodiguer tous les soins convenables.

2° *Les pâturages et la nourriture* exercent une grande influence sur la bonté du beurre quand ils sont riches, de bonne qualité et abondans, mais toujours avec la condition que ce produit sera fabriqué avec toutes les précautions convenables. On peut presque partout et avec des pâturages médiocres faire de fort bon beurre, quand on y met le soin nécessaire. Néanmoins, toutes les autres conditions étant égales, le beurre des bons pâturages, celui des prairies naturelles, du lait des vaches nourries de spergule, ou de feuille de maïs, ou avec des carottes, etc., sera toujours supérieur en saveur et en délicatesse à tous les autres.

3° *Le climat et la saison.* Le climat le plus favorable à la santé des vaches est aussi celui sous lequel on fait le meilleur beurre. Ainsi les pays un peu humides et littoraux, tels que le Danemark, le Holstein, la Hollande, la Belgique, la Flandre, la Normandie, la Bretagne, l'Angleterre et l'Irlande, produisent les beurres les plus renommés. — *Quant à la saison*, le beurre de printemps ou de mai est le plus riche, le plus aromatique et le meilleur. Ainsi le beurre de la Prévalaye, pendant les mois de février, mars et avril, a un goût exquis de noisette; il est moins fin et privé de cette fleur qui le rend si agréable, dans les autres saisons. Le beurre d'été ou de juillet et d'août est mou et huileux, celui d'automne ou de septembre et d'octobre n'a pas une couleur aussi agréable, mais il est ferme et peut se conserver long-temps.

4° *La qualité du lait et de la crème.* Tout ce qui peut altérer la nature ou la délicatesse du lait ou de la crème, et dont nous avons fait connaître les causes à l'article de la *laiterie à lait, page* 16, influe de même sur le beurre. Ainsi il est difficile de préparer du beurre d'une saveur fine et délicate avec du lait qui a un goût désagréable, ou qui est altéré, ou bien encore avec des crèmes rances ou moisies.

5° *Le mode de fabrication.* La préparation des beurres d'après des principes raisonnés et avec tous les soins convenables, est la condition la plus décisive et la plus importante pour leur bonne qualité. Le mauvais beurre est dû à l'ignorance et à la malpropreté. Les beurres du pays de Bray, de la Bretagne, de la Hollande, du Holstein, ne doivent en grande partie leur supériorité qu'à la manière attentive, propre et soigneuse avec laquelle on dirige leur fabrication.

§ IV.— Conditions pour la fabrication du bon beurre.

On ne peut espérer de faire des beurres fins qu'en observant d'abord avec une rigoureuse ponctualité toutes les règles prescrites précédemment pour la conduite et la bonne direction de la laiterie, puis ensuite celles que nous ferons connaître ci-après relativement aux procédés matériels de fabrication; mais il est en outre quelques autres principes qui méritent une sérieuse attention.

D'abord on fera usage le moins possible de la crème levée sur du lait altéré, battu par un transport prolongé, ou sur celui des vaches faibles, malades, en chaleur, sur le point de mettre bas, ou qui viennent de vêler; ensuite on donnera la préférence à la crème recueillie naturellement à une température de 10° à 12°; à celle provenant de lait arrivé à sa perfection, c'est-à-dire au moins au 4e mois après le vêlage; à celle fournie par le lait dans la 2e période de la traite, ou celle qui aura monté la 1re à la surface et qui est la plus abondante et la plus délicate.

On enlèvera la crème sur le lait pendant qu'il est encore doux. Des expériences exactes et positives faites depuis peu ont prouvé qu'on retirait une quantité un peu plus grande de beurre de la crème levée sur du lait aigre, mais que cette augmentation est peu considérable et ne compense pas la perte qu'on fait sous le rapport de la qualité du beurre. Dans la fabrication des beurres de Gournay, on a reconnu depuis long-temps que la crème de lait aigre donnait constamment des beurres médiocres, et gras, qui ne peuvent être conservés long-temps frais et ne sont nullement propres aux salaisons.

La jeune crême est la seule propre à faire du beurre extrêmement fin, et c'est à son emploi que la Normandie, la Bretagne, la Hollande, etc., doivent l'excellence de leurs beurres. On doit battre tous les jours quand cela est possible, quoique la crême très-récente exige plus de travail pour être convertie en beurre; et généralement dans les temps chauds la crême ne doit pas rester plus de 24 heures, et en hiver plus de 2 à 3 jours par une température modérée, sans être battue.

On doit fabriquer une grande quantité de beurre à la fois, comme cela se pratique dans la Normandie, la Flandre et la Frise, etc., parce qu'on a observé dans ces pays que le beurre se forme mieux et est de meilleure qualité quand on agit sur des masses.

§ V. — Battage du beurre.

L'opération du battage, qui a pour but d'obtenir la réunion des molécules du beurre, n'est pas aussi simple qu'elle le paraît d'abord et ne réussit bien que sous certaines conditions, relatives à la saison, à la température et au mode d'opérer.

L'époque du jour qu'on devrait préférer pour le battage, est, pendant l'été, le matin de bonne heure ou le soir, et en hiver ou pendant les temps froids, vers le milieu du jour.

La température la plus favorable pour battre le beurre est de 11° à 12° du thermomètre cent. C'est celle à laquelle on obtient un produit ferme, d'un goût agréable, d'une bonne qualité et en plus grande quantité. Cette quantité se maintient à peu près la même jusqu'à 15°, mais la consistance diminue progressivement. A 16° la quantité diminue. A 18° le beurre est mou, spongieux, et sa quantité a diminué de 9 à 10 pour cent sur celle obtenue à la 1re température. Enfin à 21°, il a diminué de 16 pour cent, est de qualité inférieure pour le goût et l'aspect, et aucun lavage ne peut en faire sortir complètement le lait de beurre. La température propice de 11° à 12° doit être celle de la crême avant de la battre, ou de la laiterie, parce qu'il a été démontré que l'opération du battage du beurre et sa formation élevaient de 2°, c'est-à-dire portait jusqu'à 14° la température de la crême.

Pour obtenir artificiellement la température nécessaire à la bonne séparation du beurre, on fait usage de divers moyens lorsqu'on n'a pas pu maintenir la laiterie à 10° ou 12° du thermomètre.

En été et aux époques les plus chaudes de l'année, on bat le beurre dans le moment le plus frais de la journée et dans la partie la plus froide de l'habitation; ou bien on jette dans la baratte 15 à 20 litres d'eau fraîche qu'on laisse séjourner une heure, puis qu'on vide avant d'y verser la crême. Pendant le battage on plonge la baratte à la profondeur de 33 à 40 cent. (12 à 15 po.) dans un baquet contenant de l'eau fraîche. On applique des linges mouillés sur la baratte, ou enfin on jette un petit morceau de glace dans le vase. Quelquefois il suffit de tremper de temps à autre la batte-beurre dans l'eau fraîche. En Hollande on plonge, avant de verser dans la baratte, le vase qui contient la crême

dans le *koelback*, grand réservoir d'eau fraîche de 6 pi. de longueur, 3 de large et 2 de profondeur, construit en brique ou en pierres au milieu de la laiterie et alimenté d'eau par une pompe.

En hiver et pendant le temps des gelées, on accélère la formation du beurre en enveloppant la baratte avec un linge ou une couverture chaude, ou bien avec une serviette trempée dans l'eau tiède; en ajoutant à la crême un peu de lait chaud; en plongeant la baratte dans un bain d'eau tiède, ou en laissant séjourner une demi-heure de l'eau chaude dans ce vase; enfin en approchant la baratte à quelque distance du foyer. En Hollande on ajoute un peu d'eau chaude à la crême froide. Aux environs de Rennes, où se fabrique l'excellent beurre de la Prévalaye, on introduit un vase rempli d'eau chaude dans la baratte. Dans tous les cas on ne doit faire usage de ces moyens qu'avec précaution et sobriété, parce qu'ils tendent tous plus ou moins à diminuer la finesse et les bonnes qualités du beurre.

Pour verser la crême dans la baratte, on place sur celle-ci un canevas ou un tamis très-propre sur lequel on jette la crême, qu'on fait passer, pour la diviser et la nettoyer, au travers des mailles au moyen de la pression si cela est nécessaire.

En général, il ne faut pas remplir les barattes au-delà de la moitié de ce qu'elles peuvent contenir.

Le battage doit se faire par un mouvement modéré, égal, uniforme et continué sans interruption. Si le mouvement n'a pas de régularité, si on le ralentit, si on l'arrête, le beurre recule, comme on dit en Angleterre, c'est-à-dire qu'il se redissout dans le babeurre. Au contraire, si le mouvement est violent ou trop accéléré, le beurre acquiert une saveur désagréable, et perd, surtout en été, sous le rapport de la couleur, du goût et de la consistance. Pour opérer régulièrement il faut dès que la batte-beurre a été introduite et que le vase est fermé, élever et abaisser alternativement le bâton en faisant frapper légèrement la batte ou rondelle au fond de la baratte, de manière qu'à chaque coup de va et vient elle soulève 2 fois, en descendant et en montant, la totalité de la crême. Le battage dans l'été doit être fort lent et régulier, autrement on diviserait et on remettrait en suspension les globules de beurre qui dans cette saison sont souvent à l'état liquide. En hiver il peut être plus vif et plus soutenu. On doit aussi l'accélérer un peu quand la quantité de crême est considérable ou quand elle est très-nouvelle.

Le moment où le beurre se forme, ou, comme on le dit, la crême tourne, est variable et dépend d'un grand nombre de circonstances. On reconnaît que le travail marche bien au son que rend le battage. D'abord ce son est grave, sourd et profond, ensuite il devient fort, sec et plus éclatant: c'est le signe que le beurre commence à se former. On continue néanmoins le travail avec le même soin, et bientôt on s'aperçoit qu'on peut mouvoir le bâton avec plus de facilité. Si à cette époque on ouvrait la baratte, on verrait sur les parois une foule de globules jaunâtres huileux qui indiquent que la formation et la réunion du beurre commencent à s'opérer. On donne encore quelques coups lents et mesurés, puis ou rassemble le beurre. Pour cela il faut prolonger encore le battage, non pas à coups secs et verticaux, mais en promenant circulairement la batte dans la baratte, pour recueillir en une ou plusieurs masses tout le beurre qui s'est formé.

On reconnaît que le beurre se forme dans les barattes tournantes, au son que rendent les grains ou petites masses qui tombent sur le fond.

Pour séparer le beurre du lait on enlève à la main toutes les parties du 1ᵉʳ qu'on peut saisir, ou bien on ôte le bouchon qui clôt les barattes tournantes, et on verse et reçoit le lait sur une toile ou un tamis, afin de recueillir toutes les portions de beurre qu'il pourrait encore contenir.

L'espace de temps pendant lequel il faut battre la crème pour la convertir en beurre n'est pas le même suivant la saison, la forme et la construction de la baratte, et beaucoup d'autres circonstances. En été, dans la baratte ordinaire, une demi-heure à ¾ d'heure sont souvent suffisans. En hiver, une demi-journée n'est quelquefois pas de trop. Dans les serènes où l'on prépare jusqu'à 100 liv. de beurre à la fois, une heure en été et quelques heures en hiver sont nécessaires à la formation complète du beurre. Généralement il vaut mieux battre plus que moins.

Quand le beurre ne veut pas se former, on peut, en versant dans la baratte de l'eau chaude en hiver et de l'eau fraîche en été, hâter cette formation. Un peu de sel ou d'alun en poudre jetés dans la baratte la déterminent, dit-on, également. En Écosse on ajoute souvent dans ce cas à la crème fraîche un peu de crème sûre, du jus de citron, et même de la présure. D'après quelques expériences récentes faites en Allemagne, les enveloppes extérieures des oignons rouges ou quelques cuillerées de bonne eau-de-vie favorisent aussi cette prompte séparation. Dans les barattes tournantes qu'on ne peut immerger dans l'eau, on verse quelquefois, dans le même but, en Angleterre, 2 cuillerées de bon vinaigre pour 10 litres de crème, après que celle-ci a été fortement agitée sans succès. Le savon, le sucre, les cendres et plusieurs autres corps empêchent le beurre de se former.

§ VI.—Délaitage.

La séparation du beurre et du lait de beurre n'est jamais assez complète pour qu'il ne reste pas dans le 1ᵉʳ quelques portions de sérum et de matière caséeuse. C'est à l'élimination de ces portions de matière étrangère qu'on doit procéder par une opération qu'on nomme délaitage. Cette opération, destinée à obtenir le beurre pur, ne saurait être faite avec trop de soin, et c'est d'elle que dépend sa bonne conservation. Seulement on peut y procéder avec moins d'exactitude quand le beurre est préparé journellement et consommé de suite, parce qu'il est alors plus délicat et que les portions de lait qui restent interposées lui donnent la saveur douce et agréable qui caractérise la crème.

Le procédé de délaitage le plus usité se

réduit à jeter le beurre dans des terrines ou des baquets remplis d'eau fraîche et pure, afin qu'il perde sa chaleur et se raffermisse. On l'étend ensuite avec une cuillère de bois, et on renouvelle à plusieurs reprises l'eau fraîche, tout en pétrissant le beurre jusqu'à ce que l'eau en sorte pure et claire. On en forme alors des pelottes, qu'on place dans un lieu frais pour leur faire acquérir de la consistance, puis on le moule en cylindres ou en pains d'une ou plusieurs livres, ou on en forme, suivant les usages du pays, des mottes de grosseurs diverses qu'on peut transporter au loin.

On pétrit le beurre avec les mains dans presque toute la France, en Hollande et en Allemagne; mais dans un grand nombre de lieux où cette fabrication est bien entendue, notamment en Bretagne et en Angleterre, on fait usage pour cet objet de rouleaux, de cuillères plates ou de battoirs. Cette méthode est plus propre et influe sensiblement sur la bonne qualité du beurre. La chaleur de la main donne toujours au beurre un aspect gras et huileux que ne présente pas celui qui a été pétri au battoir. Sous ce rapport, les barattes tournantes ont un avantage marqué, en ce qu'il suffit d'introduire de l'eau fraîche dans leur intérieur, et de continuer de tourner en répétant cette manœuvre jusqu'à 3 et 4 fois pour opérer un bon délaitage, et à laisser le beurre dans la dernière eau pendant quelques momens, pour le rafraîchir et augmenter sa fermeté.

Le délaitage sans eau est très-usité en Bretagne, dans une partie de l'Angleterre et du Holstein. Dans ces pays on considère l'introduction de l'eau dans le beurre comme propre à enlever à ce corps une partie de son arôme et sa couleur, et comme nuisible à sa bonne conservation. Pour délaiter le beurre par cette méthode, on le dépose dans une terrine ou un plat très-propre, et on le pétrit avec un rouleau, un écrémoir, une cuillère ou des battoirs pour en faire sortir le lait. Cette opération exige beaucoup de dextérité, de force et d'habileté; car, si on ne délaite pas entièrement le beurre, il se détériorera en peu de temps, et si on le fatigue trop, il devient visqueux et gluant. On peut employer avantageusement à cet usage de petites presses en bois. Quand, par le pétrissage et la pression, on a enlevé la majeure partie du lait, on l'étend sur une table de marbre ou de pierre, et on le frappe et le presse à plusieurs reprises avec un linge propre et sec, pour absorber jusqu'aux dernières portions de lait. Cela fait, on le moule en livres ou en mottes, ou bien on le sale ou on le fond. A la Prévalaye, le beurre, au sortir de la baratte, est coupé en lames très-minces avec une cuillère plate, qu'on trempe sans cesse dans l'eau, afin que le beurre ne s'y attache pas; on le manie et remanie sur des vaisseaux de bois mouillés, qu'on peut comparer à des cônes aplatis; les beurrières les tiennent de la main gauche et laminent, battent, tournent en tous sens le beurre de la main droite, le durcissent, le salent faiblement et lui donnent la forme adoptée.

On ouvre le beurre ordinairement après le lavage, en le coupant dans tous les sens avec un couteau de bois émoussé ou une cuillère, pour découvrir et enlever les poils, les débris de linge ou autres impuretés qu'il pourrait contenir.

Le beurre n'acquiert toute la saveur qu'il doit avoir suivant sa qualité, en été, que quelques heures après qu'il a été battu; et en hiver, le lendemain seulement.

§ VII. — Coloration du beurre.

Pour donner au beurre cette riche couleur jaune qui distingue les produits de printemps et d'été et ceux de bonne qualité, on fait usage de plusieurs substances.

1° *La fleur de souci.* Dans le pays de Bray, lorsque les fleurs sont cueillies, on les entasse dans un grand pot de grès, on les foule, on ferme le pot, qu'on dépose dans la cave pour laisser macérer. Quelques mois après toutes ces feuilles sont converties en un suc épais qu'on passe à travers un linge, et qui conserve la couleur de la fleur. Une petite quantité de ce suc, dont l'expérience apprend bientôt à connaître la proportion, est délayée dans un peu de crème, et c'est ce mélange qu'on ajoute au reste de la crème lorsqu'on verse celle-ci dans la baratte. En Hollande, on suit un procédé à peu près semblable pour colorer le beurre.

2° *Le rocou* (Bixa orellana) bouilli dans l'eau, et qu'on nomme aussi *arnotto* d'Espagne, est également employé en France, et surtout dans le Holstein, pour donner au beurre une belle couleur jaune. Dans ce dernier pays on en met le soir, avant de faire le beurre, la grosseur d'un pois dans 15 kilog. (30 liv.) de crème.

3° *Le jus de carottes* est encore d'un usage fréquent; seulement il demande à être ajouté en plus grande quantié.

4° *Le safran* (stigmates du *Crocus sativus*), dont il faut une très-petite quantité, est délayé d'abord dans l'eau chaude filtrée à travers un linge, puis ajouté à la crème.

5° *Les baies d'alkekenge* ou Coqueret officinal (*Physalis alkekengi*), le fruit de l'asperge, le *suc des mûres*, la racine d'orcanette (*Lithospermum tinctorium* Lin., *Anchusa tinctoria* Lam.), sont aussi employés à cet usage, et sont ajoutés en plus ou moins grande quantité, suivant la nature du beurre qu'on travaille, la teinte qu'on veut obtenir, la saison, la quantité de beurre, etc. L'habitude apprend bientôt à doser convenablement la matière colorante pour atteindre dans tous les cas la couleur désirée. Généralement on en emploie si peu, qu'elle ne communique jamais au beurre de mauvais goût.

§ VIII. — Méthodes diverses de faire le beurre.

On ne fait pas partout le beurre de la même manière, et nous allons faire connaître en peu de mots les procédés les plus répandus.

1° *Battre le lait frais.* Ce procédé, qui est celui qu'on suit pour la fabrication du beurre de la Prévalaye, dans les environs de Rennes, et dans d'autres localités, donne un beurre très-fin et excellent, mais moins abondant, et se conservant frais plus difficilement. Dans des essais faits en Saxe, on a trouvé que

22 lit. 476 (24 pintes) de lait frais avaient fourni, après 1 heure 10 minutes de battage, 613 grammes seulement (1 liv. 4 onces) de beurre, tandis que, de la même quantité de lait gardé 24 heures, et toutes les autres conditions étant les mêmes, on obtenait 3 lit. 75 (4 pintes) de crème, qui avaient donné au bout d'une heure 5 minutes de battage, 998 gram. (2 liv.) de beurre. L'expérience a aussi appris que le beurre ainsi fabriqué se prend plus difficilement en masse, que les vaisseaux doivent être fort grands, et que le mouvement ou le battage doivent avoir une plus grande vitesse; que cette opération étant plus laborieuse et plus longue, rend avantageux l'emploi des machines et des animaux.

2° *Battre la crème seule.* C'est le procédé le plus usité et celui dont nous avons fait connaître tous les détails.

3° *Battre la crème et le caillé.* Cette méthode, employée dans quelques parties du nord de l'Allemagne, dans les provinces hollandaises au sud de Rotterdam, en Belgique et dans plusieurs comtés d'Angleterre, d'Écosse et d'Irlande, est désavantageuse par la masse de matière qu'il faut battre, et parce qu'on n'a pas prouvé jusqu'ici qu'elle donnât une plus grande quantité de beurre. Ce beurre d'ailleurs est certainement inférieur à celui qu'on fabrique par la méthode ordinaire.

Dans la Campine, suivant M. Schwerz, le lait fraîchement tiré est passé à travers un tamis de crin et versé dans des jattes qu'on porte dans de petits celliers destinés à cet usage, et où le lait reste de 12 à 24 heures pour se refroidir. Ce lait est ensuite versé dans un tonneau debout et ouvert par le haut. En hiver on se dispense de faire refroidir le lait, et on le verse directement dans le tonneau, où il reste jusqu'à ce qu'il soit devenu aigre, et que le doigt pressé dessus trouve de la résistance, ce qui parfois ne se produit dans cette dernière saison qu'au bout de plusieurs semaines. Arrivé à ce point, on fait l'essai du lait en refoulant la crème au fond avec la main, plongeant les doigts dans le lait qui est au-dessous, et en en mettant quelques gouttes dans le creux de la main. Si le lait s'y prend en masse après quelques instans, il est propre à être battu et à faire le beurre; on le jette alors dans la baratte avec 1/18ᵉ environ d'eau chaude.

L'opération du battage, qui est assez pénible, dure 2 heures dans la baratte à pompe et 1 heure seulement dans la baratte brabançonne. Pour hâter la formation du beurre, on verse de temps à autre dans le vaisseau, mais en petite quantité, de l'eau tiède en hiver et de l'eau froide en été. Dans la 1ʳᵉ saison, quand le lait tarde trop à s'aigrir au point nécessaire pour le battre, on place dans le tonneau une cruche remplie d'eau chaude. — En Écosse, surtout dans les environs de Glasgow, le lait est abandonné dans des vases sans qu'on y touche, et toujours couvert jusqu'à ce que la masse entière se soit aigrie et coagulée. On veille avec soin à ce qu'aucune portion du coagulum ne soit brisée avant d'être mise dans la baratte, car sans cette précaution la fermentation putride commencerait sans qu'il fût possible de l'arrêter. C'est lorsque le lait forme ainsi une masse bien homogène que l'on procède au barattage en versant sur le lait de l'eau chauffée à 18° ou 20° dont la quantité varie suivant les saisons.

4° *Battre la crême bouillie*. Dans les comtés anglais de Somerset, Cornwall et Devon, dit MARSHALL, le lait, 24 heures après la mulsion, est mis dans des vases plats qu'on pose sur un feu doux, mais assez fort pour que le liquide approche de l'ébullition en 2 heures et pas moins. Une personne le surveille, et au moment où une bulle ou un bouillon se manifeste, on l'enlève du feu et on le laisse reposer 24 heures. Au bout de ce temps, si la quantité de lait est considérable, la crême a un pouce ou plus d'épaisseur. On la tranche avec un couteau et on l'enlève. Le lait, après cette opération, ne contient plus guère que du fromage et du sérum. Les fermières assurent que par cette méthode on obtient un quart de beurre de plus, et que quelques coups dans la baratte donnent un excellent produit.

§ IX. — Beurre de petit-lait.

Ce beurre, qu'on fait surtout dans les pays où se fabriquent les fromages, est celui qu'on retire du petit-lait qui découle spontanément du caillé, ou qu'on obtient par la pression du fromage. Il est toujours inférieur en qualité à celui fait avec la crême de lait frais ou le lait et la crême battus ensemble.

Il y a 2 espèces de petit-lait, le vert et le *blanc*. Le 1er s'échappe naturellement du caillé; le second est celui qu'on obtient par la pression.

Il y a plusieurs *méthodes pour obtenir le beurre du petit-lait*. Dans certaines laiteries tout le petit-lait qu'on retire des fromages est mis dans des vases pendant un, deux, ou plusieurs jours; après quoi on l'écrème, et ce qui reste est donné aux veaux ou aux cochons. On fait bouillir dans une bassine ou un chaudron la crême qu'on a levée, puis on la met dans des pots où elle reste jusqu'à ce qu'on en ait assez pour la battre, opération qui dans une laiterie importante doit être faite au moins 1 à 2 fois par semaine.

Une autre méthode plus en usage consiste à mettre le petit-lait vert sur le feu, dans un chaudron, aussitôt qu'on l'a recueilli des baquets à fromage. Quand il est bouillant on y verse de l'eau froide ou du petit-lait blanc, ce qui fait monter une écume blanche, crêmeuse et épaisse, que la fille enlève à mesure qu'elle se forme et qu'elle met dans des terrines où elle reste jusqu'à ce que cette crême soit battue.

Le petit-lait blanc, au moins celui qui n'est pas employé à faire monter la crême du petit-lait vert bouillant, est mis dans des terrines comme le lait ordinaire pour que la crême monte. Quand on lève cette crême on la joint à celle qui provient de l'ébullition et on les bat ensemble. Les Hollandais battent quelquefois la totalité du petit lait-vert et blanc pour en retirer le beurre qui n'exige pas plus d'une heure de battage.

Les vachers du Cantal mêlent au petit-lait qui s'écoule du fromage 1/12 de lait frais, laissent reposer le tout dans des vases de bois, et au bout de quelques jours enlèvent une crême dont ils font un beurre blanc d'assez bon goût. Salé et conservé à la cave dans des feuilles de gentiane, il devient rouge orange et d'un goût âcre et piquant.

§ X. — Conservation du beurre.

I. *Beurre frais. — Le beurre récent* doit être conservé dans un lieu très-frais, ou tenu dans un vase placé dans de l'eau fraîche qu'on renouvelle plusieurs fois par jour, ou enveloppé dans un linge blanc de lessive, qu'on tient toujours humide. Mais, quelles que soient les précautions qu'on prenne, il ne tarde pas, surtout quand il fait chaud, à s'altérer au contact de l'air, et à devenir rance. Les ménagères ne manquent pas de recettes pour lui rendre sa fraîcheur; mais c'est en vain qu'on le lave à l'eau pure, avec du lait frais ou de l'eau-de-vie, etc., on ne lui enlève pas entièrement son mauvais goût. La fabrication du beurre n'étant pas égale dans toutes les saisons, il faut donc, pour le préserver de toute altération, et surtout si on veut le transporter au loin, employer des moyens de conservation qui consistent à le saler ou à le fondre. C'est de préférence en automne qu'on s'occupe de cette opération.

II. *Beurre salé. — Le choix d'un sel* propre à saler le beurre n'est pas indifférent; on ne doit employer que celui qui, par une longue exposition à l'air, a perdu tous ses sels déliquescens, ou qui attire peu l'humidité et n'a plus ni âcreté ni amertume. La bonne conservation du beurre avec ses qualités dépend de la manière dont il a été salé.

Dans le pays de Bray, le beurre, après avoir été soigneusement lavé, est étendu en couches minces sur une grande table très-propre et humide, et on répand dessus, pour chaque 1/2 kilog. (1 liv.) de beurre, 30 gram. (1 once) de sel desséché au four et broyé dans un mortier de pierre ou de bois, et on pétrit le tout avec les mains ou mieux avec un rouleau de bois jusqu'à ce que le sel et le beurre soient bien incorporés. On emploie le sel gris de préférence au blanc. Dans d'autres localités on commence par laver de nouveau le beurre à l'eau fraîche, puis dans une forte saumure dans laquelle on le laisse environ une semaine à la température la plus froide possible et sous forme de petits pains de la largeur et l'épaisseur de la main. Ensuite on le repétrit, on le reforme en pains qu'on place dans des vases de bois ou de terre, en saupoudrant leurs intervalles d'une quantité variable de sel.

Dans le Holstein et en Angleterre on pense qu'il ne faut pas trop fatiguer le beurre par le pétrissage avant la salaison, et que plus il est salé frais à une température qui ne dépasse pas 10°, plus il conservera son goût agréable et sera facile à garder et à transporter au loin. Le sel qu'on répand alors dessus est réduit en poudre fine, et la masse est travaillée avec soin pour y répartir le sel bien également. On choisit aussi bien qu'en Hollande, un sel pur, blanc et de la meilleure qualité.

Quant à la quantité de sel qu'on ajoute au beurre, elle varie suivant la qualité de celui-ci et la pureté du sel. Plus le beurre est de bonne qualité, moindre doit être la quantité de sel, et réciproquement. Un demi-kilog. (1 liv.) de sel pour 6 à 10 kilog. (12 à 20 liv.) de beurre sont les limites ordinaires. Cette quantité varie encore selon qu'on veut transporter le beurre plus ou moins loin, dans des climats chauds ou froids, ou le conserver dans un lieu plus ou moins frais, ou suivant qu'on veut faire du beurre *demi-sel*, du *beurre salé* ou du *beurre sursalé*. Il est inutile de dire que le beurre est d'autant plus agréable qu'il possède la faculté de se conserver avec la moindre quantité possible de sel.

On prépare une excellente composition pour conserver le beurre, suivant TWAMLEY, en réduisant en poudre fine et en mêlant ensemble une partie de sucre, une partie de nitre et deux parties du meilleur sel commun. On ajoute 30 gram. (1 once) de cette composition à chaque 1/2 kil. (1 liv.) de beurre dès que celui-ci a été débarrassé de son petit-lait; on pétrit attentivement et on met en barils. Le beurre préparé de cette manière n'atteint sa perfection qu'au bout de 15 jours après qu'il a été salé. A cette époque il a un goût riche et moelleux et se conserve ainsi plusieurs années.

Le beurre salé se met dans des pots de terre des corbeilles, des baquets, des tinettes ou des barils de bois.

Les pots étant échaudés à l'eau bouillante, écurés, rincés, et séchés, on y foule le beurre jusqu'à 2 pouces des bords, et on laisse reposer 7 à 8 jours. Au bout de ce temps le beurre, qui a diminué de volume, se détache du pot; on peut le fouler de nouveau, ou bien remplir le vide qui s'est formé avec une saumure ou dissolution de sel épuré et d'eau chaude assez concentrée pour qu'un œuf y surnage, et qu'on verse peu-à-peu jusqu'à ce que le beurre en soit bien recouvert. Quand le beurre est destiné au transport, on remplit le vide avec du sel blanc dont on forme aussi une couche d'un pouce environ à la surface.

Les meilleurs pots, qui sont, au reste, de forme et de capacité variables, sont ceux en grès, en faïence ou en porcelaine. Les 1ers, qui sont les plus communs, sont connus dans divers pays sous la dénomination de *pots de Tallevande*, nom d'une commune du Calvados près de Vire, où on les fabrique.

Les barils sont aussi, suivant les pays, de diverses grandeurs; on y foule le beurre comme dans les pots, en laissant par-dessus un espace vide qu'on couvre d'une couche de sel de 1 pouce d'épaisseur. Le vide qui se forme au bout de 8 jours est de même rempli avec de la saumure ou du sel, afin d'éviter le contact de l'air qui fait rancir très-promptement le beurre.

Le beurre préparé suivant la méthode de TWAMLEY, avec le nitre, le sel et le sucre, étant pressé fortement dans les barils, on unit sa surface, et s'il se passe encore quelques jours avant qu'on en ajoute de nouveau pour remplir le vase, on recouvre ce beurre d'un linge propre sur lequel on pose un morceau de parchemin humide, ou à défaut de celui-ci, un linge fin imprégné de beurre fondu et qu'on fait adhérer tout autour sur les parois du baril; quand on veut ajouter du beurre on enlève la couverture, et on foule la nouvelle couche aussi exactement que possible sur l'ancienne; on unit de nouveau, on replace les linges, on verse un peu de beurre fondu sur toutes les fissures, pour intercepter l'air, on saupoudre de sel et on fixe solidement le fond.

On doit préparer avec soin les barils avant d'y déposer le beurre, en les exposant 2 ou 3 semaines à l'air, et les lavant fréquemment. La méthode la plus prompte est celle où l'on emploie la chaux vive, ou une dissolution bouillante de sel ordinaire, pour les frotter à plusieurs reprises; après quoi, on les rince à l'eau froide, puis on les fait sécher. Quand on est sur le point d'en faire usage, on recommence ces opérations, et au moment d'embariller le beurre, on les frotte soigneusement partout avec du sel. Enfin on bouche toutes les fissures avec du beurre fondu, qu'on fait couler entre les joints des douves et du jable, ou rainure du fond. En Hollande, les barils, avant de s'en servir, sont remplis pendant 3 à 4 jours, avec du petit-lait sûr, puis lavés avec soin à l'eau pure et séchés.

Le bois dont on fait les barils est ordinairement le chêne; mais on a remarqué, surtout lorsqu'il n'y a pas long-temps qu'il est abattu, qu'il communique souvent au beurre une disposition à se rancir, qu'on attribue à sa sève et à l'acide pyroligneux qu'il contient. M. MOIR, pour éviter ce défaut, coupe le bois en douves de longueur et le tient immergé dans une chaudière remplie d'eau qu'il porte à une ébullition soutenue pendant 4 heures. Au bout de ce temps le bois, débarrassé de son acide, est desséché; il est devenu plus compacte et plus ferme, et est susceptible d'ailleurs, pendant qu'il est encore chaud, de recevoir aisément toutes les formes. La Société d'agriculture de la haute Ecosse pense que le bois du tilleul est le plus propre à la fabrication des tonneaux, comme étant, suivant elle, exempt d'acide pyroligneux. Le peuplier, le saule, l'érable, etc., sont aussi très-propres à cette fabrication. Dans le Holstein on regarde le hêtre comme le plus convenable à cet usage; on croit qu'il conserve le beurre bien plus long-temps sans lui communiquer le moindre goût. On abat les arbres en décembre et janvier, et on les débite en planches qu'on plonge pendant un mois dans l'eau courante. Au bout de ce temps on les retire pour les faire sécher dans un lieu couvert et bien aéré, et ce n'est qu'au bout d'un an qu'on en fabrique des tonneaux.

Le beurre salé est conservé à la cave. Si on l'entame pour le consommer de suite, il suffit de l'enlever bien également par couches et de le maintenir couvert. Mais si l'on n'en fait usage qu'à des intervalles éloignés, et qu'on ne referme pas le tonneau avec soin, il contractera promptement un goût rance. Pour prévenir cet accident, on verse dessus une forte saumure lorsqu'elle est froide, qui altère, il est vrai, la qualité du beurre, mais à un degré moindre que si on le laissait rancir.

III. *Beurre fondu.* — La fusion est un autre moyen de conserver le beurre qu'on destine à être gardé très-long-temps ou qui doit être expédié dans les pays chauds. Pour purifier le beurre par la fusion on le place dans un chaudron de cuivre, sur un feu doux. Quand il est devenu liquide, il monte à la surface une écume qu'on enlève, et les impuretés se précipitent au fond du chaudron. On augmente encore insensiblement le feu jusqu'à ce que le beurre bouille, toujours en écumant, et en remuant pour empêcher que les matières précipitées ne brûlent au fond. L'opération est terminée lorsqu'il ne s'élève plus d'écume et que le liquide est transparent. Alors on le sale, on le laisse se refroidir dans le chaudron jusqu'à ce qu'on puisse y tenir le doigt, puis on le décante doucement, jusqu'au dépôt, dans des pots qu'on a fait chauffer ou des barils qu'on couvre avec soin et qu'on porte à la cave.

En Angleterre on suit une *méthode préférable* en mettant le beurre dans un chaudron placé lui-même dans une chaudière contenant de l'eau (bain-marie) qu'on chauffe jusqu'à ce que ce beurre entre en fusion. On le maintient en cet état, pour que le dépôt se forme; on le laisse alors refroidir, et quand il est devenu opaque on en sépare la partie épurée qu'on sale et qu'on embarille comme le beurre ordinaire. Suivant ANDERSON ce beurre peut se conserver doux et sans sel, en y ajoutant seulement 1 once de miel par livre de beurre, et en incorporant soigneusement les deux substances. Ce mélange dit-il, a un goût agréable et se conserve plusieurs années sans rancir.

M. THÉNARD a recommandé la *méthode usitée chez les Tatares*, et qui consiste à faire fondre le beurre au bain-marie, à une chaleur qui ne soit pas au-dessus de 82° cent., à laisser le dépôt se rassembler, et, lorsque le liquide est transparent, à le décanter ou le passer à travers une toile et le faire refroidir de suite dans de l'eau de fontaine très-fraîche. Le beurre ainsi traité se conserve, dit-on, frais pendant 6 mois et plus.

§ XI.—Altérations du beurre.

Le beurre est un corps si délicat qu'il n'est pas rare de lui voir contracter diverses altérations dont il est difficile souvent de se rendre compte, mais auxquelles, dans tous les cas, on ne peut remédier sans lui enlever encore quelques-unes des autres propriétés qui le distinguent. Voici les principales:

1° *Beurre rance.* La rancidité est due à une préparation malpropre, à la présence de matières étrangères, au contact prolongé de l'air, à un délaitage imparfait, à la vétusté, etc. Toutes les recettes proposées pour la combattre sont à peu près impuissantes.

2° *Beurre amer.* Le beurre contracte de l'amertume quand il est fabriqué avec du lait ou de la crème amère, de la crème trop vieille et qui a éprouvé un commencement de décomposition, et, selon THAER, quand on donne du sel en trop grande quantité aux vaches, qu'on leur fait manger de la farine, ou qu'on les nourrit seulement de pommes-de-terre crues ou de paille.

3° *Beurre à goût désagréable.* Ce goût est attribué à des causes très-diverses. Au nombre de celles qui sont les plus connues on place un battage trop précipité et trop violent, un lait qui lui-même à un goût désagréable parce que les vaches ont mangé des feuilles sèches, des turneps, des fannes de pommes-de-terre, des herbes des prairies fumées avec des matières animales ou des excrémens, etc. Quand la crème est restée trop long-temps sur le lait, on obtient aussi souvent un beurre d'une saveur peu agréable.

4° *Beurre mou, visqueux, huileux, spongieux.* Un battage à une température trop élevée, un mode incomplet et malpropre de fabrication, un délaitage mal fait, un pétrissage trop prolongé, ou des manipulations trop fréquentes avec les mains, etc., sont les causes les plus ordinaires de ces altérations.

5° *Beurre pâle.* C'est un défaut qui est dû souvent à la saison, à la mauvaise qualité des pâturages, à la nature des alimens des vaches, à la température trop élevée dans le battage, ou au peu de soin qu'on a mis à purifier le beurre par des lavages ou un pétrissage soigné.

6° *Beurre fromageux.* Il est toujours de qualité inférieure et dénote une fabrication imparfaite.

7° *Beurre sec.* On l'attribue encore aux causes précédentes, et à ce que la crème s'est dégagée avec trop de lenteur sur le lait par suite d'une température trop basse.

8° *Beurre à saveur de graisse.* Les beurres d'hiver, ceux faits avec de la crème levée sur du lait aigre, qui ont été battus avec trop de force ou à une haute température, sont sujets à cette altération.

§ XII.—Moulage et transport des beurres.

Chaque pays a sa manière de *mouler ses beurres.* Le plus ordinairement, les *beurres frais communs* sont moulés en cylindres de 2 pouces de diamètre sur plusieurs pouces de longueur, qui pèsent une livre ou deux livres, ou bien en pains au moyen de moules ou de formes très-variés dont ils reçoivent des marques, empreintes ou ornemens arbitraires.

Les beurres fins sont au contraire moulés en mottes de grosseurs variées et de différens poids qu'on forme à la main, au battoir, ou dans des jattes, terrines ou moules appropriés à cet usage. En Hollande, on donne surtout au beurre d'herbe ou de printemps mille formes diverses, telles que celles de moutons, de pyramides, de bouquets de fleurs, etc.

Le transport des beurres se fait facilement, *quand ils sont salés*, dans des pots de grès dont la grandeur varie de 1/4 ou 1/2 liv. jusqu'à 40 livres, ou dans des tinettes; baquets, barils qui en contiennent depuis 50 jusqu'à 400 livres et au-delà. Le beurre le plus cher et le meilleur de la Prévalaye, est emballé dans des corbeilles, paniers ou petites mannes sans anse, carrés ou oblongs, revêtus en dedans d'un morceau de toile fine ou de mousseline recouvert de sel de Guérande. *Quant aux beurres frais communs*, on les entoure de feuilles de choux, de bette blanche, de vignes, ou d'arroche des jardins (bonne-dame, *Atriplex hortensis*). *Les mottes de beurres fins* sont enveloppées d'une mousseline, ou d'une toile fine, lessivée, rincée et humide qu'on peut recouvrir de feuilles de choux, ou de plantes grasses, pour conserver la fraîcheur.

Les uns et les autres sont ensuite emballés dans des paniers oblongs garnis de paille, qui en contiennent 100 liv. et au-delà, et expédiés ainsi jusqu'à des distances de 30 lieues.   F. M.

Fig. 31.   SECTION III. — *Laiterie à fromage.*

ART. Ier. — *Composition des fromages en général.*

Le fromage est un aliment bien connu, que l'on prépare avec le lait de divers animaux. Le lait de vache est celui que l'on emploie le plus communément. Dans quelques contrées on fait usage dans sa fabrication du lait de brebis ou du lait de chèvre, seuls ou mélangés avec celui de vache.

Si l'on abandonne le lait à l'air libre dans un vase, à une température de 18 à 20°, ce liquide ne tarde pas à s'aigrir, puis à se coaguler spontanément. La même chose arrive lorsqu'on y verse certaines substances. Le lait se sépare alors en deux parties ; l'une solide, à laquelle on a donné le nom de *matière caséeuse* ou de *caillé*, et qui contient la plus grande partie du *beurre* et le *caséum*, c'est-à-dire le *fromage* proprement dit, et l'autre, qui est liquide, et qui est connue sous le nom de *sérum*, *petit-lait* ou *laitie.*

Le *beurre* a été de notre part l'objet de détails assez étendus pour qu'il soit inutile de revenir sur ce sujet.

Le *caséum*, ou la matière caséeuse pure, est blanche, solide, un peu élastique, insoluble dans l'eau froide, se divisant dans l'eau bouillante, presque insipide à l'état frais, acquérant une saveur âcre, piquante, si on la conserve quelque temps, et passant même promptement à la décomposition putride, si on la laisse en contact avec un air humide et chaud. Desséché avec les précautions convenables, le caséum se conserve long-temps sans altération, surtout si on a le soin de le mettre à l'abri de l'air et de l'humidité. C'est le produit le plus animalisé du lait, et par conséquent le plus nourrissant.

Le *sérum*, ou *petit-lait*, est un liquide clair, d'un jaune verdâtre, d'une saveur douce, sucrée, lorsqu'il est frais. Si on l'expose à l'air et à la chaleur, il s'aigrit promptement, et se convertit en vinaigre.

Ces 3 principes constituans du lait n'étant réunis que par une faible affinité, se séparent ordinairement par le repos ; mais, pour la fabrication du fromage, cette séparation n'est pas souvent assez complète, ou bien elle est trop lente, et c'est pour la hâter et la favoriser qu'on a recours à des substances ou préparations particulières qu'on mêle avec le lait.

Le nom de fromage est, à proprement parler, appliqué au caillé qui a été soumis à plusieurs opérations qui l'ont converti en une substance alimentaire et stimulante, qui peut se conserver pendant un temps plus ou moins long.

Les *meilleurs fromages* se fabriquent en Europe, et plusieurs contrées ou localités sont renommées dans ce genre d'industrie : ainsi la Hollande, la Suisse, l'Italie, l'Angleterre, la France, jouissent, à cet égard, d'une certaine célébrité.

Il existe une grande variété dans les fromages sous le rapport de la consistance, de la saveur, de la pâte, et de la durée ; mais il est à peu près certain que ces différences tiennent plutôt aux divers procédés de fabrication qu'à la nature des pâturages et au climat. La composition ou la nature chimique du lait est à peu de chose près la même chez les femelles des animaux domestiques ruminans; les principes constituans n'en varient guère que par leurs proportions. Plusieurs essais heureux ont déjà démontré que partout où les animaux seront convenablement nourris et traités, en suivant les procédés et les méthodes adoptées dans telle ou telle autre localité, on parviendra, plus ou moins, à imiter toutes les espèces de fromages exotiques; ainsi, nous possédons déjà des fabriques de fromages qui imitent parfaitement ceux de Gruyères et de Hollande, et tout porte à croire que nous verrons bientôt fabriquer en France du Parmesan, du Stilton, du Gloucester, etc.

Il serait donc facile de s'affranchir du tribut de cette nature, que nous payons aux étrangers. La France ne manque ni de bons pâturages, ni de bonnes races appropriées à chaque localité. Il ne s'agit que de nourrir et de gouverner le bétail convenablement, et de mettre en pratique les procédés usités ailleurs. C'est dans ce but que nous offrirons sommairement aux agriculteurs la collection des procédés suivis pour la fabrication des diverses sortes de fromages, surtout de ceux qui sont les plus recherchés pour leur saveur agréable et leur facile conservation. Quoique les bornes que nous nous sommes fixées ne nous permettent pas d'entrer dans tous les détails que comporte le sujet, nous ferons en sorte que rien d'important ne soit omis. Nous avons puisé aux meilleures sources, nous avons comparé et discuté les diverses manipulations, recherché les causes qui font varier la qualité des fromages, et étudié sur les lieux plusieurs de ces procédés; c'est le résultat d'un travail ainsi élaboré que nous livrons aux cultivateurs. Ce précis pourra servir de guide à ceux qui voudront essayer ce genre d'industrie.

ART. II. — *De l'atelier et des ustensiles de la fromagerie.*

§ Iᵉʳ. — De la Fromagerie.

L'étendue et la construction de la fromagerie, ou laiterie à fromage, dépend de son importance et de la localité. Elle doit être, autant que possible, composée d'un bâtiment, non compris l'étable, dont les divisions ou dépendances sont au nombre de quatre; savoir, le *laitier*, la *cuisine* ou *atelier*, le *saloir* et le *magasin*.

Le *laitier* est l'endroit où l'on dépose et où l'on mesure le lait dès qu'il est apporté par les personnes chargées de la traite. La construction de cette partie du bâtiment a été donnée précédemment avec tous les détails nécessaires; nous rappellerons seulement qu'il doit être isolé, si on le peut; que sa température doit être maintenue aussi uniforme que possible, et que la plus convenable est celle de 10 à 12° degrés du thermomètre centigrade. C'est dans cette pièce que se conserve le lait de chaque traite, jusqu'au moment où il est converti en fromage.

La cuisine, atelier, ou chambre de travail, est attenante ou placée près du laitier; à l'un des angles est pratiquée une cheminée. Il serait sans doute avantageux d'y établir un fourneau économique, avec une chaudière en cui-

vre ou en fonte, pour chauffer le lait au bain-marie, c'est-à-dire par l'intermède de l'eau chaude. La grandeur de la chaudière dépend de la quantité de fromage qui doit être fabriquée par jour; sa contenance varie de 3 à 5 hectolitres (322 à 537 pintes). Voici la forme de ce fourneau (*fig.* 32) : A est le massif du fourneau construit en ma-

Fig. 32.

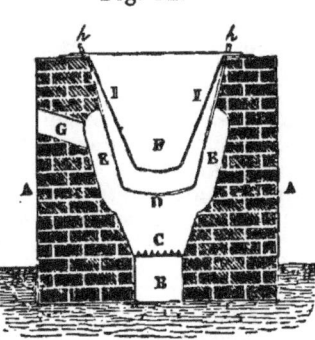

çonnerie ou en briques; B le cendrier creusé en terre et de 16 à 21 cent. (6 à 8 po.) en carré; C le foyer, de 32 à 37 cent. (12 à 14 po.) de hauteur, D la chaudière en fonte ou mieux en cuivre, qui est ronde et de forme conique, de 65 cent. (2 pi.) de diamètre en haut, 32 cent. (1 pi.) au fond, et 65 cent. (2 pi.) de profondeur : elle est encastrée sur un tiers environ de sa hauteur, dans la maçonnerie, sur laquelle elle repose au moyen d'un collet ou rebord qu'elle porte à sa partie supérieure. E est un espace vide laissé entre la chaudière et les parois du fourneau, dans lequel circule la flamme, ainsi que la fumée qui s'échappe par la cheminée G. Une seconde chaudière F est placée dans celle qui est fixée et à 54 millim. (2 po.) de son fond. Son diamètre est un peu moindre que celui de la première, et elle est appuyée sur elle au moyen d'un rebord dans lequel on ménage des trous pour donner issue à la vapeur de l'eau qu'on verse dans la première chaudière D jusqu'en I I, c'est-à-dire environ jusqu'aux deux tiers de sa hauteur.

Pour enlever la chaudière intérieure, quand cela est nécessaire, on fixe deux forts anneaux *h h* sur son rebord; dans ces anneaux on passe un bâton ou deux cordes munies de crochets et attachées à une autre corde qui passe sur une poulie fixée au plancher, ou sur une potence mobile. Cet appareil aurait l'avantage de ne pas trop échauffer l'atelier, et, dans la manutention des fromages cuits, l'ouvrier ne courrait aucun risque de brûler la matière; il serait d'ailleurs beaucoup plus à son aise, la chaudière ayant plus de fixité.

Le saloir. C'est une pièce dans laquelle s'opère la salaison des fromages. Dans la plupart des fromageries, on sale dans la cuisine, mais il vaut mieux avoir une pièce particulière pour cet objet. On dresse dans ce saloir des rayons ou étagères pour poser les fromages, et il contient aussi une ou plusieurs presses. Cette pièce doit être dallée ou carrelée, le plancher étant légèrement en pente pour l'écoulement des eaux de lavage. Dans quelques laiteries le sol est en mastic bitumineux, qui est aussi uni et aussi dur que du marbre.

Le magasin, ou chambre à fromage. C'est dans cette pièce qu'on arrange sur des tablettes, que l'on soigne et conserve les fromages jusqu'à ce qu'ils soient passés et bons pour être livrés au commerce ou à la consommation. Le magasin peut être placé au-dessus de l'une des trois autres pièces, comme un grenier. Si on le place au-dessus du saloir, on pratique dans le plancher une trappe pour passer les fromages de main en main, ce qui économise beaucoup de temps lorsqu'on fabrique des fromages de petite dimension. Dans le Lodésan, le magasin est une espèce de cellier. Les caves voûtées et aérées conservent très-bien les grosses formes de Gruyères, et c'est à ses caves à fromages que Roquefort doit la réputation de ses produits.

L'exposition des bâtimens de la fromagerie doit être la même que celle de la laiterie ordinaire, afin que la température ne soit pas trop chaude en été et trop froide en hiver. Le laitier et le magasin doivent être au nord. Pendant les grandes chaleurs, et lorsque les ressources locales s'y prêtent, on rafraîchit le premier au moyen d'un courant d'eau vive qu'on fait passer au milieu. Le magasin doit être soigneusement garanti de l'accès de la lumière, de l'air froid et humide, des mouches et autres insectes, et des animaux nuisibles, tels que rats, souris, etc.

§ II.—Ustensiles et instrumens.

Les ustensiles et instrumens, communs à toutes les laiteries, tels que seaux, couloirs, passoires, écumoirs ou écrémoirs, coupes, baquets, bastes ou rafraîchissoirs, etc., doivent être accompagnés dans une fromagerie des ustensiles et vases suivans, qui suffisent pour toutes les opérations ordinaires.

1° *Baquets* à fromages de différentes grandeurs, plus ou moins larges et profonds, suivant la quantité de lait à manipuler; c'est dans ces vases qu'on met en présure, qu'on rompt et que l'on divise le caillé.

2° *Couteau* à fromage. C'est une espèce de spatule ou une épée de bois (*fig. 33*), aussi

Fig. 33.

mince que possible sur les bords, et qui sert à rompre le caillé. — Dans le Gloucester, ces couteaux sont formés d'un manche de bois long de 12 à 14 cent. (4 à 5 pouces), garnis de deux ou trois lames de fer poli, longues de 33 centim. (12 po.), larges de 3 déc. (15 lignes) près le manche, s'amincissant vers la pointe où elles n'ont plus que 2 cent. (9 lign.). Leurs bords sont mousses et se terminent en s'arrondissant à peu près comme un couteau à papier en ivoire: les lames sont placées à 27 millim. (1 po.) environ de distance l'une de l'autre.

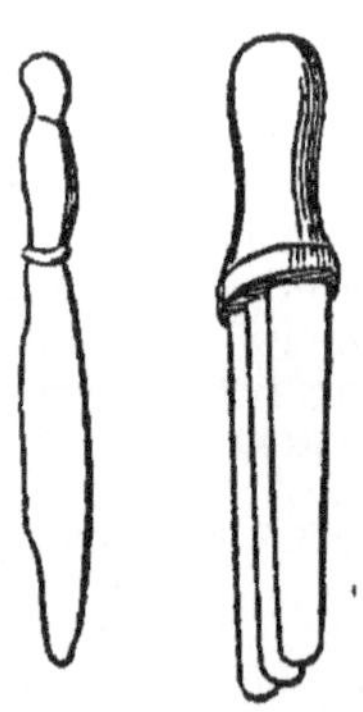

3° *Linges* ou toiles à fromages, ou morceaux de toile plus ou moins fine de diverses dimensions, dans lesquels on enveloppe les fromages qu'on soumet à la presse. Dans le Gloucester, ces linges sont clairs et fins comme de la gaze.

4° *Ronds* à fromages. Ce sont des pièces de bois bien homogène et ne pouvant se déjeter, lisses et unies des deux côtés, et épaisses de 27 à 40 millim. (12 à 18 lig.); ces ronds ont le même diamètre que les formes, et sont un

peu plus épais au milieu que sur les bords. On s'en sert pour couvrir les fromages qu'on met en presse. D'autres ronds plus larges sont destinés à supporter les fromages nouvellement faits et qu'on dépose au saloir.

5° *Formes, moules.* Ce sont des cercles de sapin ou de hêtre (*fig. 34*), qui ont 14 à 16 cent. (5 à 6 pouces) de hauteur, 10 mill. (5 lig.) d'épaisseur et 1 mèt. 85 (5 pi.) de longueur. Une

Fig. 34.

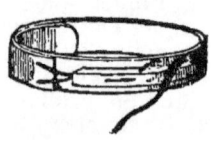

extrémité rentre sous l'autre d'environ 1/6 de la circonférence. A cette extrémité, qui glisse sous l'autre, on a fixé par le milieu un morceau de bois, qu'une rainure ou gouttière traverse dans les 2/3 de sa longueur. Cette gouttière sert à y passer la corde qui tient à l'autre extrémité extérieure du cercle et par le moyen de laquelle on resserre ou on lâche cette extrémité suivant le besoin, et on maintient le tout en place, en liant au morceau de bois, par un simple nœud, le bout de la corde qui glisse dans la gouttière. Tels sont les moules employés pour la fabrication du Gruyères. On en fait aussi dont on peut à volonté augmenter ou diminuer le diamètre au moyen d'une corde qui enveloppe la circonférence, et qui étant fixée à l'une de ses extrémités, s'attache, par différentes boucles nouées sur la longueur, aux divers points d'une pièce dentelée fixée dans le bois du cercle. En Hollande, ces formes sont faites au tour et creusées dans un seul morceau de bois. Dans le Gloucester elles sont construites d'après le même principe, et le fond est uni extérieurement afin qu'elles se servent réciproquement de couvercles, lorsqu'on en place plusieurs les unes sur les autres sous la presse. Les dimensions les plus convenables sont, pour le double Gloucester 40 cent. (15 1/2 po.) de diamètre et 11 cent. (4 1/4 po.) de profondeur; pour le simple, on ne laisse que 6 cent. (2 po. 1/2) de profondeur pour le même diamètre. Il est utile d'avoir un grand assortiment de formes de diverses grandeurs, ou suffisamment au moins pour contenir tout le fromage fabriqué pendant 4 à 5 jours.

6° *Moulin* pour rompre et broyer le caillé. Cette machine (*fig. 35 et 36*), de l'invention de M. Rob. BARLAS, est ainsi construite : *aa* est une trémie de bois de 58 cent. (17 po.) sur 40 cent. (14 po.) à la partie supérieure, et de 27 cent. (10 po.) de hauteur; *bb* un cylindre

Fig. 35.

Fig. 36.

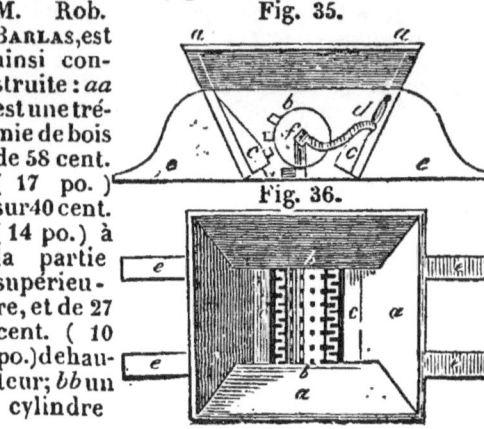

de bois dur de 18 cent. (6 po. 3/4) de long et de 9 cent. (3 po. 1/2) de diamètre; il est traversé par un arbre en fer de 32 cent. (12 po.) de longueur, qu'on met en mouvement au moyen de la manivelle *d*, et porte à sa périphérie 8 séries de 16 chevilles chacune. Ces chevilles ou dents, au nombre de 128 en tout, sont en bois dur, carrées, de 9 mill.(4 lig.) de côté, en saillie de 11 mill. (4 lig. 1/2), et coupées toutes également et carrément à leur partie supérieure. *cc* sont 2 coins de bois destinés à remplir à peu près le vide qui existe entre les parois opposées de la trémie et le cylindre; ces coins reposent, afin de les maintenir en place, dans des coulisses de bois clouées à la partie inférieure de la trémie, et à leur face antérieure ils sont armés de 9 chevilles en bois placées horisontalement et posées de manière à passer sans frottement rude entre celles du cylindre. Quand on veut se servir de la machine, on pose les bras *ee* sur un tonneau ouvert, on jette du caillé dans la trémie, on tourne la manivelle dans l'une ou l'autre direction, et le caillé tombe aussitôt en bouillie au fond du tonneau. Pendant qu'on tourne la machine d'une main, on se sert de l'autre pour presser le caillé et l'engager entre les chevilles. La propreté étant une chose importante lorsqu'il s'agit de la fabrication des fromages, diverses parties de la machine ne sont pas assemblées à demeure et peuvent être démontées pour être nettoyées et lavées séparément; pour cela l'arbre du cylindre repose de chaque côté sur un coussinet en bois *f*, qui glisse dans une coulisse où il est retenu par un cliquet. Veut-on nettoyer la machine, on pousse le cliquet, on enlève le coussinet, on dévisse la manivelle, on retire de ce côté le fond des bras *ee*, et enfin on fait glisser le cylindre et les coins *cc* en dehors pour les laver dans toutes leurs parties. Pour empêcher le caillé de passer sur les côtés de l'arbre du cylindre, celui-ci entre légèrement par ses 2 bouts dans des entailles circulaires faites dans les parois opposées de la trémie.

7° *Table* pour pétrir le fromage et le mettre en forme (*fig.* 37). Autour de cette table

Fig. 37.

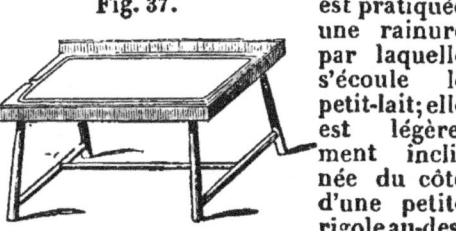

est pratiquée une rainure par laquelle s'écoule le petit-lait; elle est légèrement inclinée du côté d'une petite rigole au-dessous de laquelle on place un baquet.

8° *Presses* de différente force. Ces instrumens varient beaucoup suivant les localités. Le point important, c'est qu'elles exercent une pression bien également répartie sur toute l'étendue de la surface du fromage. Quelquefois ce n'est, comme dans les chalets suisses, qu'une simple planche, ou une caisse chargée de pierres qu'on élève et qu'on abaisse avec des cordes fixées à des poulies, un levier ou un treuil, etc. Nous ferons connaître plusieurs de ces instrumens lorsque nous donnerons des détails sur la fabrication propre à chaque fromage, et nous nous contenterons

ici de décrire une presse en fonte fort ingénieuse et très-commode récemment inventée en Angleterre.

Dans cette machine l'effet est produit de la manière suivante :—La forme qui contient le caillé est placée sur le plateau inférieur A (*fig.* 38); le plateau supérieur B descend dessus et le comprime. Il y a 2 modes de pression, l'un prompt et facile, jusqu'à ce que la résistance devienne grande, et l'autre plus lent, mais plus puissant, dont on fait usage pour terminer l'opération. Sur l'axe C de la roue D est un pignon de 8 dents que l'on ne voit pas dans la gravure, et

Fig. 38.

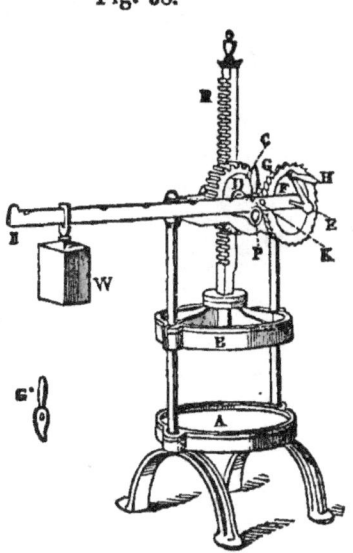

qui s'engrène dans la crémaillère R. Sur l'arbre E est un autre pignon aussi de 8 dents, caché par les autres parties, qui engrène dans la roue D de 24 dents. Cet arbre E peut être tourné par la manivelle H de telle manière que la crémaillère descende de 8 dents et que le plateau B s'abaisse jusqu'à toucher le fromage et commence la pression; mais lorsque la résistance devient considérable, on a recours au second moyen pour agir sur la crémaillère. Sur l'arbre E, outre le pignon ci-dessus mentionné, est fixée une roue à rochet F. Le levier I, qui, par la fourchette qui le termine, embrasse la roue F, a également son point d'appui sur cet arbre, autour duquel il peut tourner librement. Dans la fourchette du levier I est un cliquet G, qu'on voit séparé en G, et qui, en tournant sur le pignon K, peut être engagé dans les dents de la roue à rochet F. Au moyen de cette disposition, lorsque le levier I est élevé au-dessus de sa position horisontale et que G est engagé dans F, l'arbre E et ses pignons seront tournés avec une grande force quand on fera descendre l'extrémité du levier I; et en l'élevant et l'abaissant alternativement, on pourra donner au fromage tous les degrés nécessaires de pression. Après cela, si l'on veut continuer à presser et suivre tous les degrés d'affaissement graduel du fromage, on élèvera le levier au-dessus de sa position horisontale, et on suspendra à son extrémité le poids W, qui le fera descendre à mesure que le fromage cèdera. En poussant la cheville, ou goupille P dans un trou ménagé à cet effet dans le bâtis en fonte, on peut arrêter cette pression et empêcher toute descente ultérieure du plateau B.

9° *Séchoir* ou casier mobile sur son axe. Cette machine, très-commode (*fig.* 39), économise beaucoup de temps et de place et hâte

Fig. 39.

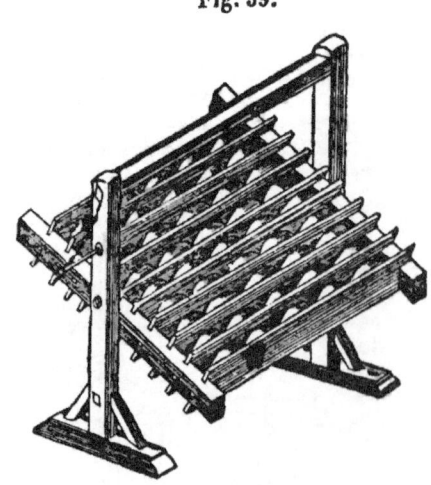

Fig. 39.

Suisse , en une branche de sapin (*fig.* 40

Fig. 40.

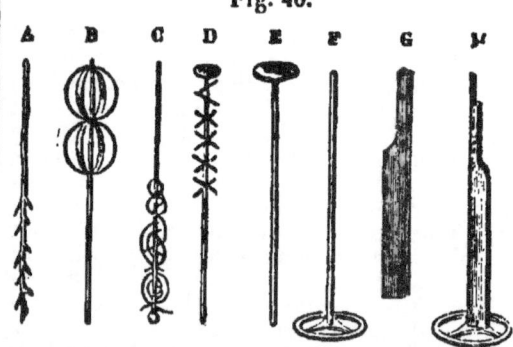

la maturité des fromages. Elle est de l'invention de M. Burton, et consiste en 12 tablettes épaisses assemblées dans 2 fortes barres, et portant par-dessous une série de baguettes clouées par paire qui servent à retenir les fromages quand on fait tourner la machine. Ce châssis est suspendu entre 2 pivots fixés dans un fort bâtis, ou bien d'un côté dans le mur de l'atelier, et de l'autre dans un poteau. 2 verroux servent à retenir le châssis dans la position verticale, lorsqu'on le charge et qu'il butte en même temps par le bas contre des arrêts. Pour charger ce casier on commence par mettre 4 à 5 fromages sur la tablette au-dessous de l'axe. On en fait de même pour celle qui est au-dessus. On pose ensuite un fromage sur la 2ᵉ tablette au-dessous de l'axe , puis un autre sur la 2ᵉ au-dessus, et ainsi de suite alternativement, de façon que pendant tout le chargement une des parties de la machine ne surpasse jamais l'autre de plus du poids d'un seul fromage, ce qui facilite le chargement et le mouvement de l'appareil. Quand on désire retourner les fromages, il suffit de faire faire une demi-révolution au châssis; ceux-ci retombent sur la tablette qui leur était précédemment supérieure, et qui est alors suffisamment desséchée. On peut aussi maintenir le châssis incliné, ce qui facilite la circulation de l'air sur toutes les faces des fromages. On retourne de cette manière 50 à 60 fromages en peu de temps et sans les casser. —Dans les montagnes de la Suisse le séchoir consiste en un bâtiment recouvert en bardeaux et formé de 4 parois en solives transversales exactement jointes. Il est isolé du sol au moyen d'un plancher supporté par 8 piliers en bois, de 3 à 4 pieds d'élévation, pour empêcher les rats et les souris de s'y introduire. Ce plancher, débordant de 2 pieds à peu près, présente à l'entrée une longue plate-forme sur laquelle on arrive par une échelle mobile. Son intérieur n'a pas ordinairement d'autre ouverture que la porte, et le pourtour est garni de tablettes pour étaler les fromages.

10° *Brassoir* ou *moussoir*. Ce sont des instrumens qui servent à rompre, à diviser et rassembler le caillé. Ils sont généralement très-simples, et consistent souvent, comme en

A) dont on a conservé les ramifications à 4 pouces de la tige, dans la moitié de sa longueur, l'autre moitié étant unie, ou bien (*fig.* 40 B et C) qu'on a garnie de cercles de bois ou de branches diversement contournées. Dans le Milanais on fait usage d'un bâton de sapin, portant une rondelle à son extrémité (*fig.* 40 E) ou dans lequel sont passées plusieurs chevilles (*fig.* 40 D.) En Auvergne ils ont une autre forme (*fig.* 40 F, G, H,) et d'autres noms que nous ferons connaître plus loin.

11° *Thermomètres d'essais.* Ils sont utiles pour s'assurer de la température du lait mis en présure, et de la chaleur nécessaire pour cuire le caillé.

12° *Une romaine* pour peser les fromages; elle est suspendue dans un coin de la cuisine ou du saloir.

13° *Des petits barils* pour conserver l'*aisy* ou petit-lait aigri, qui sert à faire le serai.

14° *Un lactomètre* pour s'assurer de la richesse du lait, de la soustraction de la crème et de l'addition de l'eau. Cet instrument a été décrit à l'article laiterie, page 9.

En Suisse et autres lieux on fait usage pour les essais d'une *éprouvette*, ou *galactomètre*, construite sur les mêmes principes que les aréomètres ordinaires. C'est une boule creuse (*fig.* 41) traversée par un axe dont la plus longue branche porte une division et dont l'autre sert de lest pour maintenir la position verticale de l'instrument. Le zéro (0) est à l'extrémité de la longue branche, et l'espace entre le zéro et la boule est divisé en 8 parties ou degrés qui sont subdivisés en quarts. La boule est lestée de manière qu'étant plongée dans l'eau distillée à 10° R., le zéro est à la surface du liquide. L'instrument descend d'autant plus que le liquide dans lequel on le plonge est plus léger. La crème est le principe le plus léger qui entre dans la composition du lait; ainsi en diminuant la quantité qu'en contient ce liquide, on augmente la pesanteur spécifique du lait; l'eau étant plus légère que le lait, diminue aussi sa densité en se mélant avec lui; l'instrument enfonce moins dans le premier

Fig. 41.

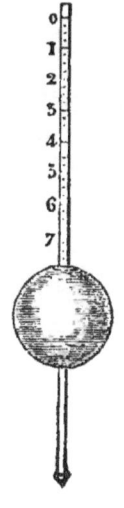

cas et plus dans le second. L'éprouvette marque de 4 1/2 à 5° dans le lait naturel. Si on y mêle de l'eau, elle marque 3 3/4 à 4° suivant la proportion d'eau: si le lait est écrémé, elle indique 5 1/4. Ainsi du lait dans lequel l'éprouvette monte plus haut que 5 est écrémé; si elle descend plus bas que 4, il est mélangé d'eau. Dans le cas où l'on aurait écrémé et ajouté de l'eau, l'épreuve par le lactomètre à tube est le seul moyen de reconnaître la fraude. Ce *lactomètre à tube,* dans les fruitières de la Suisse où on en fait usage de la manière suivante, est un cylindre étroit de verre blanc, soutenu par un pied qui a 27 millim. (1 po.) de diamètre et 22 à 27 centim. (8 à 10 po.) de hauteur. On colle a l'extérieur de ce cylindre une bande de papier blanc, on verse le lait, et au bout de 12 heures on fait sur le papier 2 traces qui indiquent très-exactement l'épaisseur de la couche de crème montée à la surface; on vide le lait, on lave le vase, et on y remet une quantité égale de lait du même troupeau dont la traite a été faite en présence de commissaires; on place le vase dans le même lieu, à la même température, et au bout de 12 heures on observe ce second lait : la différence de l'épaisseur de la couche de crème indique s'il y a eu falsification du premier lait suspect.

ART. III.—*Préceptes généraux pour la fabrication des fromages.*

La saison la plus convenable pour faire les fromages est depuis le commencement de mai jusqu'à la fin de septembre, et dans les années favorables jusqu'au mois de novembre et pendant tout le temps que les vaches peuvent rester au pâturage. Dans quelques laiteries importantes on fabrique toute l'année lorsqu'on nourrit un grand nombre de vaches et que les provisions sont suffisantes pour fournir une nourriture convenable. Le fromage fait en hiver passe pour être d'une qualité inférieure, il exige plus de temps pour passer et devenir bon à être livré à la consommation; cependant on peut faire aussi de bons fromages en hiver, en apportant tous les soins nécessaires à sa fabrication.

§ Iᵉʳ. — 1ʳᵉ *opération* — Coagulation ou formation du caillé.

De la présure.

Le caillé peut se former en abandonnant le lait à lui-même, pendant un certain temps, à une température de 15 à 18° cent., ou bien en l'exposant à la chaleur d'un foyer ; mais on peut aussi séparer la matière caséeuse du sérum au moyen d'un grand nombre de corps de nature très-différente qui accélèrent cette opération. — Les acides de toute espèce, dit Chaptal, opèrent promptement la coagulation du lait écrémé ; elle a lieu plus ou moins vite suivant la force des acides ; mais si on les emploie à forte dose, le petit-lait et la matière caséeuse en conservent la saveur, ce qui nuit à leur qualité. — Les sels avec excès d'acide, tels que la crème de tartre, le sel d'oseille, produisent le même effet, mais la coagulation n'est complète qu'autant que le lait est presque

bouillant lorsqu'on y jette ces sels. — La gomme arabique en poudre, l'amidon, le sucre, etc., bouillis avec le lait, séparent le caillé en quelques minutes. — L'alcool précipite très-promptement la matière caséeuse sous la forme de molécules divisées qui se déposent dans le fond des vases. — Les plantes éminemment acides et les fleurs de quelques végétaux, telles que celles de l'artichaut, du chardon, caillent le lait. Leur vertu est très-puissante sur le lait chaud; — mais la substance qui est le plus généralement employée, c'est la portion de lait caillé qu'on trouve dans l'estomac des jeunes veaux qu'on égorge avant qu'ils soient sevrés, et cet estomac lui-même. L'usage qu'on fait de cette substance lui a fait donner le nom de *présure.*

1° *En Suisse*, on prend un estomac frais ou caillette de veau qu'on vide du lait caillé qu'il contient, on le sale légèrement à l'intérieur, on le souffle, et on le fait sécher à une température modérée. Quelques jours avant de s'en servir, on le coupe en morceaux et on le jette dans 1 litre de petit-lait, ou d'eau tiède dans laquelle on a mis un peu de sel. Deux jours après, on peut se servir du liqui de comme présure ; elle se conserve plusieurs semaines dans des vases fermés déposés dans un lieu frais. Seulement, après 4 à 5 jours, il faut avoir soin d'enlever les morceaux de caillette qui feraient fermenter la présure, et donneraient au fromage un goût désagréable.

2° *Dans quelques autres endroits* on hache très-menu la caillette, on y ajoute quelques cuillerées de crème et du sel, de manière à en faire une bouillie qu'on met dans une vessie et qu'on fait sécher. La veille du jour où l'on doit s'en servir, on en délaie une quantité suffisante dans l'eau chaude. — En Lombardie, l'estomac vidé, salé et séché, est coupé très-menu, mêlé à du sel et à du poivre en poudre, et le tout transformé en une bouillie épaisse avec du petit-lait ou de l'eau. Quand on veut s'en servir, on en met dans un linge qu'on plonge et qu'on promène dans le lait chauffé.—Dans le Limbourg, on ne vide pas l'estomac, on le sèche seulement un peu et on le remplit d'eau tiède et d'une poignée de sel; après 24 heures, on filtre le liquide qui a séjourné dans l'estomac, et on s'en sert comme de présure. D'autres enfin font macérer pendant 24 heures et plus l'estomac frais dans une saumure.

3° Suivant MARSHAL, il faut prendre l'estomac d'un veau aussitôt après qu'il a été tué. On retire tout le lait caillé qui est dedans, on lave le sac à plusieurs eaux froides, ensuite on le sale en dedans et en dehors de manière à ce qu'il reste imprégné d'une couche de sel; on le met dans une terrine ou pot de grès, où il reste 2 ou 3 jours. Au bout de ce temps on ôte la poche de la terrine et on la suspend pendant 2 ou 3 autres jours pour qu'elle sèche; après cela elle est salée de nouveau, et lorsqu'elle a bien pris le sel, on la coupe, et on la fait sécher sur des planches. Elle peut alors se conserver dans un lieu sec, ou bien être déposée dans une terrine, seule ou avec une forte saumure, en la couvrant d'un morceau de parchemin piqué avec une forte épingle. Pour faire usage de cette prépara-

tion, on prend une poignée de feuilles d'é-
glantier, 3 à 4 poignées de sel pour 3 litres
d'eau; on fait bouillir à petit feu, pendant
environ un quart-d'heure; on tire à clair et
on laisse reposer; lorsque cette décoction
est froide, on la verse dans un vase de grès
avec la caillette salée, un citron ou limon
coupé en tranches, et 1 once de clous-de-girofle; ce qui donne à la présure une saveur
agréable et une bonne odeur. Sa force dépend du temps pendant lequel on aura laissé
infuser l'estomac dans la liqueur.

Mme HAYWARD, célèbre dans tout le Gloucester par son habileté dans l'art de diriger
les travaux de la laiterie, prépare ainsi sa
présure. Pour six estomacs secs, et salés
d'une année, elle ajoute 2 citrons et 8 litres
d'eau. Elle en prépare à la fois une grande
quantité, 80 litres, parce qu'elle a reconnu
que la présure est d'autant meilleure qu'elle
est faite en plus grande quantité, et elle
n'en fait usage qu'après 2 mois au moins de
repos.

4° Une *autre préparation* a été indiquée
par PARKINSON. On prend l'estomac d'un
veau de 6 semaines environ, et, après avoir
ouvert cette poche, on en retire le caillé
qu'on met dans un vase propre, et qu'on
nettoie et lave à grande eau jusqu'à ce
qu'il soit bien blanc et bien net; on l'étend
sur un linge pour le faire sécher, et on le
met enfin dans un autre vase avec une bonne
poignée de sel. Ensuite on prend la poche
ou estomac lui-même, qu'on lave abondamment, et quand il est bien propre on le sale
fortement en dedans et en dehors; on y
remet le caillé, et on place le tout dans un
pot de grès recouvert d'une vessie pour intercepter l'air. Pour l'usage on ouvre le sac,
on met le caillé dans un mortier de pierre
ou un bol, on le bat avec un pilon de bois,
on ajoute 3 jaunes d'œufs, 1/4 de litre de
crème, un peu de safran en poudre, un peu
de clous-de-girofle et de macis ou de mus-
cade. Le tout, étant bien mêlé, est remis dans
le sac, et on fait ensuite une forte saumure
avec du sel et une poignée de sassafras bouilli
dans l'eau; quand cette saumure est froide
et tirée à clair dans un vase de terre très-
propre, on y ajoute 4 cuillerées de caillé préparé comme ci-dessus: cette quantité suffira
pour faire cailler 60 litres de lait.

Il existe plusieurs autres formules ou recettes pour la préparation et la composition
de la présure, mais c'est toujours la caillette de veau qui en fait la base; dans quelques pays on lui substitue la caillette d'a-
gneau (comme dans le Cantal et l'Aveyron),
de chevreau et même de cochon de lait; l'essentiel est que ces casiaux soient bien lavés,
salés et desséchés, ou conservés dans la saumure.

La saumure se prépare de la manière suivante. On verse dans une quantité d'eau quelconque et bouillante, du sel jusqu'à ce qu'elle
refuse d'en dissoudre davantage; on laisse
refroidir complètement, et on passe cette
dissolution saturée dans un linge ou une
étamine.

La France tire de l'étranger, de la Suisse
principalement, 10,018 kilog. de présure pour
lesquels elle paie la somme de 12,381 francs.

On peut employer la caillette quelque temps
après la salaison, mais elle est meilleure
lorsqu'elle a été conservée quelque temps.
Dans plusieurs fromageries on n'emploie
que des caillettes salées d'une année à
l'autre.

C'est une mauvaise méthode que de jeter
la caillette coupée dans le lait pour le faire
cailler; il vaut beaucoup mieux la faire tremper dans de l'eau tiède, ou du petit-lait aigri,
le soir, pour se servir du liquide le lendemain matin.

L'infusion d'un pouce carré de caillette salée et séchée est suffisante pour faire cailler
50 litres de lait.

On met une caillette pour un litre et quart
de saumure, ou de petit-lait aigri. Quand la
présure est bonne, un quart de litre suffit
pour 100 litres de lait. Dans l'Aveyron, sur
les montagnes d'Aubrac, on met 4 caillettes
d'agneau dans environ 23 kil. 5 de petit-lait,
et on y ajoute 4 onces de sel tous les 4 jours;
dans 48 heures ce petit-lait forme la présure.
On en verse environ 2 litres 1/2 dans un hectolitre de lait, et l'on remplace celle qu'on
a dépensée par une égale quantité de petit-
lait; ensuite progressivement par une moindre quantité, et enfin on ne la remplace plus.
A mesure qu'elle s'affaiblit, on en emploie
davantage: au bout de 15 jours on en fait de
nouvelle.

La meilleure caillette est celle qui au moment où on l'achète chez le boucher, exposée au grand jour, n'offre, vue par transparence, aucune tache, ni aucun point décoloré.

Quelle que soit la méthode que l'on adopte
pour la préparation de la présure et sa conservation, on ne peut apporter trop de soins
et de propreté dans ces opérations qui exercent une grande influence sur la qualité du
fromage.—Il faut se garder d'user d'une présure trop nouvelle qui fait lever le fromage.—
Il faut éviter de même de se servir d'une liqueur trop ancienne qui commencerait à s'altérer; elle gâterait tout le fromage et lui communiquerait un mauvais goût.

La force de la présure n'étant pas constante, l'expérience est le seul guide. Un bon
laitier se trompe rarement et juge très-exactement de sa force en l'essayant sur une petite quantité de lait. — On a proposé, pour
remédier à l'incertitude où l'on est presque
toujours sur la nature variable de la présure, de rejeter celle-ci et d'employer des
acides minéraux ou végétaux d'une densité
constante: l'expérience n'a pas jusqu'ici été
favorable à cette manière de faire coaguler
le lait.

II. *Coloration des fromages.*

En Angleterre on se sert du *rocou* pour
donner aux fromages une couleur d'un jaune
doré. Le rocou, *arnatto* ou *annotto* d'Espagne, est une pâte plus ou moins molle qu'on
trouve partout dans le commerce. On met
cette pâte dans un morceau de linge pour
faire ce qu'on appelle un *nouet*. On trempe
ce nouet dans le lait en le promenant et
l'exprimant avec les doigts, où on le presse
contre les parois du baquet; on remue le lait
avec une spatule de bois pour bien mêler

la couleur, et on retire le nouet lorsque le liquide a pris la teinte qu'on désire : la dose de rocou est de 30 gram. (1 once) environ pour un fromage de 50 kil. (100 liv.). — Le Parmesan est coloré avec le safran.

III. *Formation du caillé.*

La formation du caillé est une opération importante qui demande beaucoup d'attention et une grande habitude, parce qu'elle est sous l'influence de plusieurs circonstances très-variables.

La température du lait est la première chose à considérer. On la détermine en plongeant dans le liquide la main, lorsqu'on a acquis le tact convenable, ou un thermomètre qu'on laisse quelque temps pour qu'il prenne la température réelle du lait. Il est reconnu, d'après un grand nombre d'expériences, que la chaleur la plus convenable est celle de 28 à 30° cent. (23 à 24 R.). Une à 2 heures sont le temps nécessaire pour obtenir une coagulation complète. Quant à la quantité de présure, elle varie suivant sa préparation, sa force et son ancienneté, la saison et souvent la nature du lait. En Angleterre on considère, terme moyen, l'emploi de 12 gram. (3 gros) de présure comme suffisant pour coaguler 10 litres de lait : c'est environ la 800ᵉ partie; dans le Gloucester on ne fait pas usage de plus de 8 gram. (2 gros) pour la même quantité de lait, et encore moins en France pour plusieurs espèces de fromages.—Si le lait est trop chaud, on le rafraichit avec un peu d'eau froide ou du lait froidde la traite précédente; s'il est trop froid, on le réchauffe avec de l'eau chaude ou du lait chaud. La meilleure méthode de faire chauffer le lait est par l'intermède du bain-marie et avec la chaudière que nous avons décrite ci-dessus page 31. Lorsqu'on opère sur de petites quantités on se sert de vases de fer-blanc ou de zinc. Dans quelques pays on remue le lait pour qu'il ne se forme pas de pellicule à sa surface. La présure se met après la couleur, et aussitôt que le mélange est fait, on couvre le baquet afin que le lait ne perde que 2 degrés de sa température au moment de la mise en présure. On doit autant que possible employer la même personne pour faire chaque fois cette opération, parce que la *pratique est le meilleur guide.* Il faut moins de présure pour un lait chaud que pour celui qui est froid; moins aussi pour celui qui est écrémé que pour celui qui ne l'est pas. On reconnait une bonne coagulation, lorsque le caillé forme une masse homogène sans grumeaux, qu'il est élastique et se coupe facilement. Dans le cours de cette manipulation, on aura égard à la saison, à l'état de l'atmosphère, à la nature du lait plus ou moins gras, plus ou moins aqueux, et à toutes les circonstances qui peuvent accélérer ou retarder la formation du caillé. Un fromage fait avec trop de précipitation est toujours de qualité inférieure : cette observation ne s'applique qu'au fromage non cuit.

§ II.—2ᵉ *opération.*—Division ou rompage du caillé.

Lorsque le caillé est bien pris et qu'il est suffisamment raffermi, on le rompt afin de le diviser et de séparer le petit-lait. On procède à ce rompage de plusieurs manières; la suivante paraît être la meilleure. On coupe le fromage avec le couteau à trois lames décrit précédemment et qui pénètre jusqu'au fond du baquet; on va doucement en commençant, et on fait les incisions dans les deux sens à angles droits à un pouce de distance; on a soin de détacher le caillé du tour du baquet, on laisse reposer 5 ou 6 minutes afin de lui donner le temps de se précipiter, on recommence ensuite les incisions, qui sont alors plus rapprochées. Après quelques minutes de repos on coupe de nouveau en agissant plus vivement, mais graduellement. Une main sert à mettre le caillé en mouvement avec l'écumoir pour ramener les gros morceaux à la surface, afin qu'aucun ne puisse échapper. Lorsque le fromage est ainsi divisé en morceaux très-petits et à peu près égaux, on recouvre le baquet et on laisse reposer. Quelques instans après, quand le caillé est tombé au fond du vase, on retire avec une écuelle le petit-lait, qu'on passe à travers un tamis fin, pour séparer tous les morceaux qui seraient entraînés. Cette manipulation peut durer un bon quart-d'heure ou demi-heure, selon la quantité. On coupe ensuite le caillé en gros morceaux ou pains carrés, qu'on rassemble dans le milieu du baquet, en les posant les uns sur les autres, pour qu'ils se ressuient et prennent de la consistance. On a soin d'enlever le petit-lait, en inclinant un peu le baquet pour le rassembler. On peut le faire écouler par un trou ménagé dans le fond, et qu'on bouche avec un morceau de bois.

On met ensuite le fromage dans les formes ou moules, en le divisant et le comprimant fortement avec les mains; on remplit la forme, en mettant un peu plus de caillé dans le milieu; on couvre d'un linge, et on met sous la presse, ou sous une planche chargée de poids, pendant une demi-heure. On retire ensuite la forme; on enlève le fromage, que l'on brise en morceaux qu'on jette dans le moulin à rompre (*Voy.* p. 32), placé sur un tonneau. Par ce moyen, le fromage est réduit en particules très-fines, en une espèce de pulpe, promptement et sans peine, puisqu'un enfant peut tourner la mécanique. Un autre avantage, c'est que la pâte conserve les parties butireuses, qui, par l'ancienne pratique, sont perdues en s'attachant aux mains de l'ouvrier.

L'état du petit-lait indique si on a bien opéré. Lorsqu'il est clair et d'une couleur verdâtre, c'est une preuve que la coagulation a été bonne; lorsqu'il est blanc et trouble, il entraîne du beurre, le fromage est fade et de peu de valeur; le caillé est imparfait, il retient du petit-lait qu'on ne peut en séparer, et exige plus de sel, ainsi qu'une forte pression.

Une règle générale dans la préparation des fromages, surtout de ceux qui ne se font pas par la cuisson, c'est de mettre en une seule fois la quantité de présure pour opérer la coagulation complète. Quand on a manqué cette opération, le meilleur serait de faire un fromage cuit, en ajoutant un acide.

§ III. — 3ᵉ *opération*. — **Manière de presser les fromages et de les traiter pendant la pression.**

Après que le fromage a été suffisamment divisé et passé au moulin, on l'exprime autant que possible avec les mains. On remplit les formes, en ayant soin de comprimer fortement la pâte; on la couvre d'un linge, et on renverse le fromage dessus; on lave la forme dans le petit-lait chaud, on l'essuie, et on y remet le fromage enveloppé dans son linge, sur lequel on a versé un peu d'eau chaude, ce qui durcit ses parois et l'empêche d'éclater, de se fendiller. On porte le moule sous la presse, et on opère une pression graduée; on le laisse 2 heures, après lesquelles on retire le moule pour changer de linge; on le replace sous la presse, où il reste 12 ou 24 heures.

Des cercles et des filets sont employés pour entourer le fromage et l'empêcher de sortir par-dessus la forme. Ces cercles sont en étain ou en fer-blanc; leur partie inférieure est engagée dans l'orifice du moule. Quelques-uns, au lieu de cercles métalliques, emploient des filets ou cercles de toiles claires. On enfonce un de leurs bords avec un couteau de bois entre le linge à fromage et la forme; on ramène l'autre bord en serrant tout autour du fromage; on le fixe avec de fortes épingles, de sorte qu'il s'applique exactement.

On pique le fromage, lorsqu'il est de forte dimension, avec des *brochettes de fer,* qu'on enfonce à travers des trous qui sont ménagés dans les cercles, formes ou ronds à fromages, et plus il est retourné et changé, mieux il se comporte. On le laisse rarement moins d'une heure et jamais plus de 2 heures après qu'il a été mis en presse la première fois, avant de le retourner et de le changer de linge.

On échaude le fromage dans quelques localités, surtout en Angleterre, en le plaçant au bout de 2 ou 3 heures, et sans linge, dans un vase rempli de petit-lait ou d'eau chaude. La trempe dure 1 heure ou 2. Cet échaudage durcit la croûte et l'empêche de lever, de former de creux ou réservoirs d'air. Quand l'opération est terminée, on essuie le fromage, et on l'enveloppe avec un linge sec pour le replacer dans sa forme bien nettoyée, et sous la presse. Quelquefois, pour donner issue à l'air, on le pique, sur la surface supérieure, à un ou deux pouces de profondeur, avec de petites aiguilles; on le frotte avec un linge sec, et on le remet en forme. Cette opération dure 2 ou 3 jours, pendant lesquels il est retourné 2 fois par jour. On emploie à chaque fois des linges de plus en plus fins et clairs. Après ce temps, on le sort de la presse tout-à-fait. Au lieu de se servir, comme dans le Gloucester, de linges ou canevas en gaze, lorsqu'on retourne pour les deux dernières fois, afin qu'aucune impression de la toile ne reste à la surface, quelques personnes mettent le fromage à nu dans la forme; de cette manière toute espèce de marque de la toile est effacée.

On peut se dispenser de l'échaudage pour les fromages qui se consomment sur place; dans ce cas, ils prennent mieux le sel, se passent plus promptement et sont plus vite bons à manger.

Lorsque le linge reste sec au sortir de la presse, c'est un indice que le fromage ne contient plus de petit-lait.

§ IV. — 4ᵉ *opération*. — **Manière de saler.**

La salaison se fait de 2 manières. Aussitôt que le fromage est sorti de la presse, on le place sur un linge propre dans la forme, on le plonge ainsi arrangé dans une forte saumure, où il reste plusieurs jours; on l'y retourne au moins une fois par jour. — Autrement, on couvre la surface et on frotte les côtés avec du sel pilé chaque fois qu'on le retourne; on répète cette opération plusieurs jours consécutifs, ayant soin de changer 2 fois le linge pendant ce temps. On commence la salaison 24 heures après la fabrication, et dans quelques laiteries, pendant la pression. En général, on sale quand le fromage est complètement pressé. — Dans l'une ou l'autre pratique les fromages ainsi traités sont ôtés du moule et placés sur des tables à saler. Pendant 10 jours on frotte la surface avec du sel fin une fois par jour; si le fromage est gros, on l'enveloppe avec un cercle ou un filet, pour qu'il ne se fende pas, ensuite on le lave avec de l'eau chaude ou du petit-lait chaud, on l'essuie avec un linge sec, on le place sur une planche à fromage pour sécher: il y reste pendant une semaine, on le retourne 2 fois par jour; on le porte ensuite au magasin pour faire place aux autres.

La quantité de sel consommée est à peu près de 2 ¼ k. (5 liv.) pour 50 k. (100 liv.) de fromage; on n'a pas estimé la proportion qui est retenue. Les Hollandais mettent un soin tout particulier dans le choix du sel qu'ils emploient pour saler leurs fromages. Tantôt c'est un sel fin, évaporé en 24 heures, dont ils font usage surtout pour les fromages de Leyde; tantôt un sel évaporé en 3 jours qui sert à imprégner à l'extérieur les fromages d'Edam et de Gouda, et qui est en cristaux d'un demi-pouce cube; tantôt, enfin, un sel en gros cristaux, d'un pouce cube, obtenus après une évaporation lente soutenue pendant 5 jours, et qui sert aux fromages les plus fins. Ils sont aussi très-scrupuleux sur la quantité de chacun des sels qu'ils donnent à chaque sorte de fromage, et ont depuis long-temps déterminé cette quantité avec la plus exacte précision.

Lorsque le fromage sort de la presse pour être transporté au saloir, on le tient chaudement jusqu'à ce qu'il ait sué, qu'il soit sec et raffermi d'une manière uniforme.

§ V. — 5ᵉ *opération*. — **Maturation et traitement au magasin.**

Lorsque les fromages ont été salés et séchés, on les porte au magasin. Là, ils sont placés sur des tablettes ou casiers jusqu'à ce qu'ils soient passés, pendant un temps plus ou moins long, suivant l'espèce. Pendant les 10 ou 15 premiers jours on les frotte vivement avec un linge une fois par jour, ou on les enduit avec du beurre. Durant tout le temps de leur séjour au magasin on les surveille journellement, on les retourne de temps en temps, on les frotte ordinairement 3 fois par

FABRICATION DES FROMAGES.

semaine en été et 2 fois en hiver, toutes les fois qu'il se forme un léger duvet à la surface.

Ces principes généraux s'appliquent plus particulièrement à la fabrication des fromages non cuits. Dans les fromages cuits, la seule différence est dans la coagulation à une température plus élevée et une cuisson particulière du caillé. Les autres opérations sont à peu près les mêmes. On verra dans les procédés qui vont être décrits qu'une légère variation dans la manipulation et la forme des ustensiles fait varier d'une manière plus ou moins grande la qualité des fromages dans le même pays ou des lieux peu éloignés les uns des autres. Employer du bon lait, suivre de bonnes méthodes, sont les conditions nécessaires, avec un peu d'habitude, pour faire de bons fromages et utiliser avantageusement tous les produits du lait.

ART. IV.—*Procédés particuliers de fabrication.*

Nous distribuerons les fromages en quatre catégories; savoir : 1° Fromages faits avec le lait de vache; — 2° Fromages faits avec le lait de brebis; — 3° Fromages faits avec le lait de chèvre; — 4° Fromages faits avec plusieurs laits mélangés.

§ Ier.— Fromages de lait de vache.

I. *Fromages mous et frais.*

On en fait de trois sortes : 1° *Fromage maigre à la pie*, avec le lait écrémé; 2° *Fromage avec le lait non écrémé :* leur fabrication n'offre rien de particulier : c'est tout simplement du caillé égoutté; 3° *fromage à la crème* avec addition de tout ou partie de la crème de la traite précédente, et qui exige quelques détails.

1er.*Fromages de Viry, Montdidier, Neufchâtel.*

On met environ 2 cuillerées de présure dans 8 ou 10 litres de lait chaud, auquel on a ajouté de la crème fine levée sur le lait du matin. Trois quarts-d'heure après, quand le caillé est formé, on le dépose, sans le rompre, dans un moule en bois, en osier ou en terre, percé de trous et garni d'une toile claire. On le comprime avec un poids léger placé sur la rondelle qui le recouvre. A mesure que le fromage égoutte, on le retourne avec précaution, et on le change de linge toutes les heures. Lorsqu'on peut le manier sans risque de le casser ou de le déformer, on l'ôte de l'éclisse et on le dépose sur un lit de feuilles ou de paille. Les meilleures feuilles pour cet objet sont celles de frêne. Le fromage est bon à manger pendant huit ou quinze jours; il est alors moelleux et agréable. On lui donne quelquefois ce qu'on appelle un demi-sel; il se conserve alors plus long-temps dans un endroit frais, qui ne soit pas toutefois trop humide ou trop sec.

C'est par un procédé analogue que l'on prépare les fromages de Viry, de Montdidier et de Neufchâtel, qui se mangent frais à Paris. Ces derniers sont en petits cylindres longs de trois pouces sur deux de large, enveloppés dans du papier Joseph, qu'on mouille pour les tenir frais

II. *Fromages mous et salés.*

2e. *Fromage de Neufchâtel.*

La fabrication des fromages de Neufchâtel salés, qui sont vendus à Paris sous le nom de *bondons,* a été très-bien décrite par M. Desjoberts, de Rieux (Seine-Inférieure), et nous lui empruntons ce que nous allons en dire ici. Après chaque traite de la journée on transporte le lait à l'atelier; on le coule tout chaud, à travers une passoire (*Voy.* Lait, *fig.* 9 à 13), dans des pots ou cruches de grès qui contiennent 20 litres. On met en présure, et on place les cruches dans des caisses recouvertes d'une couverture de laine. Le 3e jour au matin on vide ces cruches dans un panier d'osier, qu'on pose sur l'évier ou table à égoutter; les paniers sont revêtus en dedans d'une toile claire. Le caillé, qu'on laisse ainsi égoutter jusqu'au soir, est retiré ensuite du panier, enveloppé dans un linge, et mis à la presse, sous laquelle il reste jusqu'au 4e jour au matin. Alors on remet le caillé dans un autre linge propre; on le pétrit, on le frotte dans le linge en tous sens, jusqu'à ce que les parties caséeuses et butireuses soient bien mêlées, que la pâte soit homogène et moelleuse comme du beurre : si elle est trop molle, on la change de linge; si elle est trop ferme ou cassante, on y ajoute un peu de la pâte du jour, qui égoutte. Pour presser, on fait usage de la presse à poids, qu'on charge graduellement.

Quant au moulage, il se fait dans des moules cylindriques de fer-blanc de 5 ½ cent. (2 po.) de diamètre, sur 6 cent. (2 po. ¼) de hauteur. On fait des *pâtons* ou cylindres un peu plus gros que le moule; on les place dans celui-ci, qu'ils dépassent des 2 bouts; en tenant un moule de la main gauche, on y met chaque pâton de la main droite. On pose le moule sur la table, et appuyant dessus la paume de la main gauche, on fait sortir l'excédant, en comprimant pour qu'il ne se trouve aucun vide. On râcle avec un couteau le dessous et le dessus du moule; puis on fait sortir le pâton en prenant le moule dans la main droite, en le frappant légèrement, et en le tournant de la main gauche. Il serait peut-être plus commode d'avoir un moule qui pût se briser dans sa longueur en 2 parties, retenues aux extrémités par des cercles.

Au sortir du moule, le fromage est salé avec du sel très-fin et sec. On saupoudre d'abord ses deux bouts, et ce qui reste dans la main suffit pour le tour, qu'on en imprègne en roulant le pâton dans la main. On emploie une livre de sel pour 100 fromages. A mesure qu'on les sale, ces pâtons sont placés sur une planche qu'on dépose sur les tables. Là ils égouttent jusqu'au lendemain, où les planches sont portées sur des claies ou châssis à claire-voie, garnis d'un lit de paille fraîche. On couche les bondons par rangs égaux en travers du sens de la paille, assez près les uns des autres, mais sans se toucher. Ils restent ainsi pendant 15 jours ou 3 semaines, et on les retourne souvent pour que la paille n'y adhère pas. Lorsqu'ils ont un velouté bleu, on les transporte au magasin ou chambre d'apprêt. Là ils sont posés debout sur des claies garnies de paille, et retournés de temps en temps. Au bout de 3 semaines, on voit paraître des boutons rouges à travers leur peau bleue; c'est un signe qu'ils sont arrivés au point où on peut les mettre en vente. Cependant ils ne sont pas encore assez affinés en dedans pour être mangés; il leur faut encore une quinzaine à peu près pour compléter cet affinage. A Paris, les marchands les affinent à la cave suivant leur débit. Ces fromages demandent beaucoup de soins et d'attention au magasin. Lorsqu'on veut les garder long-temps, on les fait sécher davantage. Ils peuvent être affinés de la même manière que les fromages de Brie.

3e. *Fromage de Brie.*

C'est un fromage très-bon lorsqu'il est fait avec tous les soins convenables. On en rencontre de beaucoup d'espèces, mais peu de parfaits. Il s'en fait une grande consommation à Paris, et sa fabrication, qui offre peu de difficulté, demande cependant beaucoup d'attention et de propreté. Les meilleurs se font en automne; ceux des autres saisons se mangent à demi-sel et non passés. Quelquefois il s'en trouve parmi ces derniers de fort bons.

Coagulation. On prend le lait chaud de la traite du matin, qu'on passe immédiatement à travers un linge; on ajoute la crème de la traite du soir de la veille, et, avec de l'eau chaude, on amène le mélange à la température de 30° à 36° centig. pour faire prendre le lait. On met la présure dans un nouet de linge fin; on la délaie, ainsi enveloppée, dans le lait. Une cuillerée suffit pour 12 litres de lait. On couvre, et on laisse en repos une bonne demi-heure. Si le caillé n'est pas formé, on remet un peu de présure, et on couvre de nouveau.

Egouttage. Lorsque le caillé est formé, on le remue dans le sérum, d'abord avec un bol ou écuelle de bois, puis avec les mains. On le presse dans le fond du vase; on l'enlève ensuite avec les mains; on en remplit le moule en pressant fortement; on le couvre avec une planche, qu'on charge, pour le comprimer, avec des poids. Ces fromages ont 32 cent. (1 pi.) environ de diamètre, et 27 mill. (1 po.) d'épaisseur.

Pression. Lorsque le fromage est égoutté, on met un linge mouillé sur la planche du moule, et on y renverse le fromage. On étend un linge dans le moule; on y replace le fromage, qu'on enveloppe; on met le couvercle, et on le porte sous la presse. Au bout d'une demi-heure, le linge est changé et le fromage pressé de nouveau. Cette opération est répétée toutes les 2 heures jusqu'au soir du lendemain; la dernière fois, le fromage est mis à nu dans la forme, et pressé sans linge pendant une demi-heure ou plus.

Salaison. Au sortir de la presse, le fromage est mis dans un baquet peu profond, et frotté avec du sel fin et sec des 2 côtés. On le laisse reposer toute la nuit, et le lendemain il est frotté de nouveau; puis on le laisse 3 jours dans la saumure, au bout desquels on le met sécher dans la chambre aux fromages, qui

doit être sèche et aérée, et meublée de tablettes garnies d'un tissu de jonc ou de paille appelé *cajot*, et en ayant soin de le retourner et de l'essuyer une fois par jour avec un linge propre et sec; il est utile que la dessiccation soit prompte. Ces fromages se gardent en cet état jusqu'au moment de les affiner.

Affinage. Pour procéder à cette opération, le fromage est placé dans un tonneau défoncé, sur un lit de menues pailles ou balles d'avoine de 3 ou 4 pouces d'épaisseur; on le couvre d'un lit de la même paille et de la même épaisseur; on continue cette stratification en couches alternatives de paille et de fromages jusqu'au-dessus du tonneau, en ayant soin de finir par la paille. Quelques personnes, pour empêcher que ces menues pailles n'entrent dans la croûte, étendent d'abord dessus et dessous des cajots de paille fine. Le tonneau est porté dans un endroit frais, mais sans être humide. En peu de mois les fromages s'y ressuient, leur pâte s'affine, et, comme ils sont pleins de crème, ils deviennent bientôt très-délicats. Traités ainsi, les fromages finissent par couler; c'est le signe d'un commencement de fermentation, qui amènerait la décomposition. La pâte alors se gonfle, fait crever la croûte, et s'écoule sous forme de bouillie épaisse, d'abord onctueuse, douce et savoureuse, mais qui ne tarde pas à prendre un goût piquant et désagréable, à mesure que la putréfaction fait des progrès. Il y a un moment précis qu'il faut saisir pour les manger à leur point de perfection.

A Meaux, on ramasse soigneusement la pâte des fromages, à mesure qu'elle s'écoule, sur des planches tenues très-proprement; on la renferme dans des petits pots alongés, que l'on bouche exactement. — On n'attend pas toujours que les fromages coulent pour empoter la pâte. Quelquefois, au sortir du tonneau, on met à part ceux qui, trop avancés, ont une disposition à couler, et ne pourraient pas supporter un transport. On enlève la croûte, et on comprime la pâte qui se trouve au milieu dans des pots qui sont bouchés avec du parchemin. On les vend sous le nom de *fromages de Meaux.*

Le prix des fromages de Brie varie suivant la qualité. On les vend 1 et jusqu'à 2 francs le fromage pesant de 1 à 1 ½ kilog. (2 à 3 liv.). Ces fromages sont fabriqués aussi dans plusieurs villages des environs de Paris, surtout auprès de Montlhéry, et, quand ils sont bien choisis, ils sont d'une pâte fine et assez douce. On en a fait aussi avec succès à Belle-Isle-en-Mer, et cet exemple pourrait être suivi dans beaucoup d'autres localités.

4e. *Fromage de Langres (Haute-Marne).*

On prend le lait au sortir du pis de la vache, on le coule, et on met la présure à raison d'une cuillerée de celle-ci pour 6 litres de lait. On laisse en repos, en conservant au mélange sa chaleur, et lorsque le lait est pris, on dresse le caillé dans les formes, qu'on laisse égoutter dans un endroit chaud. Les fromages restent ainsi pendant 24 heures, au bout desquelles ils sont retirés des formes et posés sur des couronnes de paille ou des ronds en osier pendant 5 ou 6 jours, pour les laisser égoutter et sécher. Après ce temps on sale le fromage d'un côté; ou met 30 gram. (1 once) de sel par ½ kilog. (1 liv.) de fromage. Lorsque le sel est fondu, on sale l'autre côté, en ayant soin pendant la salaison de tenir les fromages dans un endroit aéré, sec et chaud. Au bout de 8 jours de sel, ils sont lavés avec de l'eau tiède, en passant la main dessous, dessus et tout autour. Cette opération est répétée au bout de quelques jours, lorsqu'ils présentent quelques taches de moisi, ou s'ils sont trop secs. Au bout de 15 ou 20 jours, si le fromage a pris une teinte d'un jaune nankin, on le met à la cave dans des pots de grès ou des caisses de sapin. Dans cet état, on le visite tous les 8 jours pour enlever les taches de moisissure qui paraissent à l'extérieur. Pour cet objet, il faut passer sur la surface la main trempée dans l'eau chaude, et les frotter avec un linge, en les grattant si la tache est profonde.

Ces fromages se fabriquent en septembre et octobre, et il faut avoir grand soin de les garantir de l'approche et des attaques des mouches. On peut aussi les faire en hiver, en travaillant dans un endroit chauffé convenablement; et il ne serait pas difficile d'accélérer leur préparation, en les pressant légèrement pour faciliter la sortie du petit-lait. Lorsqu'on réunit pour leur fabrication le lait de 2 traites, il faut avoir soin de les bien mélanger, et d'amener le tout à la température convenable; mais il faut également éviter d'opérer à une température trop élevée, qui donnerait trop de consistance au caillé. Ce fromage est très-bon et assez recherché dans Paris.

5e *Fromage d'Époisse (Côte-d'Or).*

Pour sa fabrication on se sert de la présure suivante : Prenez caillettes pleines.   4

      Eau-de-vie à 22°. . . . . . . 4 litres.
      Eau commune. . . . . 12 id.
      Poivre noir. . . . . 12 gram.
      Sel de cuisine. . . . . . . 1 kilog.
      Girofle, fenouil, de chaque. 8 gram.

Coupez les caillettes par morceaux, après les avoir lavées, ainsi que le caillé qu'elles renfermaient, et mettez le tout infuser pendant 6 semaines; après ce temps, filtrez à travers du papier gris ou sans colle, et mettez en bouteille; enfin versez sur le marc de l'eau salée qui servira pour une autre préparation. En général, pour tous les fromages gras, c'est la présure filtrée et claire qu'il faut employer.

On prend le lait au sortir du pis de la vache; on le coule; on ajoute la présure de manière à obtenir une coagulation lente, comme pour le fromage mou. Le caillé étant formé, on l'enlève avec une écumoire; on en remplit, par couches successives, des moules en fer-blanc, qu'on fait égoutter, ayant soin de remettre du caillé à mesure qu'il s'affaisse, pour que le moule soit plein. Quand la matière a pris assez de fermeté, les fromages sont renversés sur des paillassons placés sur une claie, où ils finissent de s'égoutter. En cet état, on peut les manger frais après vingt-quatre heures.

Ceux que l'on veut garder sont salés, et

restent plus long-temps sur la claie. Il serait peut-être préférable de les soumettre à une légère pression. Pour les saler on prend du sel gris fin et sec, dont on les saupoudre sur toutes les faces, et en les frottant avec la main. Après cette opération ils sont placés sur de la paille fraîche, dans un lieu aéré, et retournés tous les 8 jours. Lorsqu'ils commencent à verdir, on les frotte avec la paume de la main trempée dans l'eau salée, pour les polir et leur faire prendre une teinte rouge qui indique qu'ils sont arrivés à leur point de perfection. On les fait sécher dans cet état pour les garder ou les mettre dans le commerce. On les affine à la cave, comme les fromages de Brie, au moment où on veut les consommer. Comme ceux de Langres, avec lesquels ils ont beaucoup d'analogie, ils se fabriquent en septembre et octobre, et jusqu'au 15 ou 20 novembre.

6e *Fromage de Marolles (Nord).*

On prend le lait chaud sortant de la vache; on met en présure. Le caillé est placé dans des formes ou moules carrés, dans lesquels on le laisse égoutter. On le presse ensuite légèrement avec une planche et des poids; puis on l'enlève du moule pour le mettre à plat sur des paillassons. On le sale, en le frottant de tous les côtés avec du sel fin. En cet état, le fromage est abandonné quelques jours, en ayant soin de le retourner; ensuite il est mis sur des claies et sur champ pour le faire sécher. La manière de l'affiner est toute particulière. Pour cela on le met à la cave, en le mouillant avec de la bière. — On fait des fromages de Marolles gras, des fromages crèmeux et des fromages maigres. Dans le pays, on en mange de fort bons qui sont traités comme les fromages de la Bresse. Ceux du commerce sont moins bien soignés; passés en masse dans des caves, ils répandent souvent une odeur forte qui annonce une fermentation plus avancée. Ce sont les classes pauvres à Paris qui en font la plus grande consommation.

7e *Fromage de Livarot (Calvados).*

On prend le lait provenant de 2 ou 3 traites des jours précédens, et après qu'on les a écrèmées dans les terrines où chacune d'elle a été déposée, la traite du soir est mise sur le feu et chauffée jusqu'à l'ébullition; on y ajoute alors le lait écrémé des traites précédentes, en brassant et mêlant avec soin, et on met en présure le tout encore tiède; le baquet est ensuite couvert, et une heure après le caillé est pris. Il est alors coupé en différens sens avec une spatule de bois, puis mis sur des nattes de jonc, où il s'égoutte, et déposé ensuite dans les éclisses, où il achève de s'égoutter. On le sale enfin, et on le laisse se faire, en ayant soin de le retourner de temps à autre.

Le *fromage de Camenbert* (Orne) se fait de la même manière. — Pour le *fromage de Mignot* de la vallée d'Auge, on fait bouillir la traite du matin, que l'on tient tiède jusqu'à midi, on écréme et on y mêle la traite du moment; on met en présure et on gouverne, du reste, la fabrication comme pour les précédens.

Les formes sont des cercles de frêne, ordinairement de 16 cent. (6 po.) de diamètre, sur 10 cent. (4 po.) de hauteur. — Lorsque le lait n'est pas écrémé, le fromage est bien supérieur.

8° Fromage de Gérardmer ou Géromé (Vosges).

Ce fromage se fabrique avec le lait de plusieurs traites, modérément chauffé; ce lait est mis en présure par les procédés ordinaires, et le caillé est de même égoutté sur des claies d'osier, mis en moule, puis sous la presse, enfin salé avec du sel de Lorraine, qui lui communique, dit-on, une saveur particulière. On ajoute généralement au caillé un peu de cumin pour lui donner un arome agréable.

9° Fromage de la Herve ou fromage persillé du Limbourg.

Pour fabriquer ce fromage, il faut prendre un caillé de lait non écrémé, bien séparé du sérum, et y ajouter par chaque kilog. (2 liv.) de fromage, du sel, du persil, des ciboules, de l'estragon, hachés menus, de chaque une forte pincée. Lorsque le mélange est bien exactement fait, le fromage est mis en moule, égoutté pendant 36 heures, retiré, puis exposé avec précaution sur une claie d'osier, garnie de paille, et enfin placé ainsi dans un lieu aéré et assez chaud pour qu'il sèche dans l'espace de 6 jours. Alors on le porte à la cave sur de la paille fraiche, en le recouvrant d'une légère couche de sel. Lorsqu'après un certain temps il se forme à la surface un léger duvet végétal, on le nettoie avec une brosse trempée dans de l'eau dans laquelle on a délayé une terre ocreuse, et cette opération est répétée 3 fois pendant les 3 mois qui sont nécessaires pour qu'il soit bon à manger. — Lorsqu'il est bien préparé, son intérieur est veiné de rouge, de bleu, de jaune. — Son goût est agréable et sa consistance un peu ferme.

III. *Fromages à pâte ferme soumis à la presse.*

10° Fromage anglais du Cheshire ou Chester.

Pour fabriquer le fromage de Chester, on met à part le lait de la traite du soir jusqu'au lendemain, et pour empêcher qu'il ne s'aigrisse, ce liquide est versé de suite dans un rafraichissoir en fer-blanc ou en zinc, qu'on plonge dans l'eau froide, surtout l'été. Le lendemain matin la crème est enlevée et mise dans un vase de cuivre qu'on chauffe avec de l'eau bouillante. On élève de la même manière la température du tiers du lait écrémé; ensuite le lait de la traite du matin est coulé dans un large baquet, et on y mêle le tiers de lait écrémé et chauffé qu'on a mélangé avec la crème, à une température qui n'excède pas 28° à 30° cent. On colore avec le rocou; on ajoute la présure, et on couvre le tout pour le tenir chaud pendant une demi-heure au plus, et jusqu'à ce que le caillé soit formé. Ce caillé est ensuite retourné en masse avec une cuillère en bois ou une écuelle pour sé-

parer le petit-lait, et peu de temps après il est ouvert et rompu par les moyens déjà décrits. On le laisse reposer un moment en cet état, puis on retire la plus grande partie du petit-lait avec un bol; le caillé étant resté au fond du baquet, on en exprime le liquide autant que possible, et lorsqu'il est devenu plus solide et plus ferme, l'ouvrier le coupe en plus petits morceaux, le retourne souvent, et le comprime avec des poids pour exprimer le plus possible le sérum; alors il est retiré du baquet, divisé avec les mains en parties aussi minces qu'on peut le faire, et placé dans la forme, où on le comprime d'abord avec les mains et ensuite avec des poids. Après cela on le remet dans une autre forme, ou bien dans la même, après qu'elle a été échaudée, et dans laquelle il est encore rompu, divisé et pressé. On le retourne ensuite en le plaçant dans une 3° forme, garnie d'une toile, et munie à sa partie supérieure d'un cercle en étain qui entre dans le moule, et qui est enveloppé d'une toile fine et très-propre; le tout est alors mis sous la presse. Ces manipulations durent environ 6 heures, et il faut ensuite plus de 8 heures pour donner la 1re pression au fromage. Pendant ce temps il est retourné 2 fois en changeant chaque fois de linge, et quand il est sous la presse on enfonce à travers les trous de la forme des broches fines en fer, pour faciliter l'écoulement du petit-lait. Le lendemain matin et le soir qui suivent, le fromage est retourné et pressé de nouveau. On en fait autant le 3° jour; après quoi il est transporté au saloir. Là on le frotte à l'extérieur avec du sel pilé, on l'entoure d'un linge, on le met ainsi arrangé dans un baquet avec de la saumure, où il reste 2 ou 3 jours, avec l'attention de le retourner tous les jours. Il est ensuite placé sur des tablettes, et pendant 8 jours on le saupoudre de sel en le retournant 2 fois par jour. Pour le perfectionner, on le lave à l'eau chaude ou avec du petit-lait chaud; ou l'essuie et on le laisse sécher 3 jours, pendant lesquels il est retourné et essuyé une fois par jour. Enfin, lorsqu'il est bien sec, on le frotte avec du beurre frais. Ces fromages sont ensuite portés au magasin, où pendant une semaine ils sont retournés tous les jours. Ce magasin doit être une chambre modérément chaude et privée de l'accès de l'air, parce qu'autrement la croûte du fromage se fendillerait.

Le Chester est conservé en magasin pendant long-temps, et si on ne le force ou avance pas par des moyens artificiels, il est rare qu'il soit mûr ou fait avant 3 ans. — Au reste, ce fromage a la consistance du Parmesan; mais sa saveur est moins agréable; il se vend très-cher en France, et sa fabrication n'offre aucune difficulté. On fait des fromages de Chester qui pèsent jusqu'à 50 kilog. (100 liv.), et on prétend que ce sont les meilleurs. Il s'en fait aussi de plus petits, auxquels on donne la forme d'une pomme de pin, et qui sont connus à Paris sous le nom de *Chester ananas.*

Les fromages de Chester varient suivant la quantité de crème qui entre dans leur pâte. — On peut aussi les fabriquer avec le lait d'une seule traite et chaud; ou bien avec le lait d'une traite et une portion de la traite précédente écrémée ; enfin on en fait aussi avec le lait écrémé. — La méthode la plus usitée est celle dans laquelle on réunit 2 traites, sur l'une desquelles on enlève la crème, parce qu'on a reconnu qu'en mêlant cette crème, légèrement chauffée, avec le nouveau lait, elle s'unissait et s'incorporait beaucoup mieux avec lui. — Dans quelques laiteries on sépare une partie de la crème du soir pour faire du beurre, et on emploie tout le lait écrémé. Dans d'autres, au contraire, on ajoute toute la crème et on supprime une portion du lait écrémé.

11e *Fromage anglais de Gloucester.*

On en distingue 2 sortes, le double et le simple. Le 1er se fait avec du lait d'une seule traite et frais. Le second se fabrique avec le lait du soir, dont on enlève la moitié de la crème ou la totalité, et le lait chaud du matin. Nous allons faire connaître le procédé suivi par Mme HAYVARD dans le Gloucestershire pour cette fabrication, parce qu'il nous a paru le meilleur et propre à donner de bons résultats. — On prend un baquet assez grand pour contenir tout le lait de la traite qu'on veut transformer en fromage, on pose en travers sur ce baquet un châssis oblong, couvert en entier par une toile claire qui déborde, et on place dessus un tamis de crin. Le lait, aussitôt après la mulsion, est coulé à travers cet appareil, et si la température du liquide était moindre de 25° à 26 cent., on réchaufferait au bain-marie une partie de ce lait pour ramener la totalité à la chaleur convenable. Si le lait est trop chaud, on le refroidit, au contraire, en y mêlant de l'eau froide, surtout en été.

Ces préliminaires terminés, on colore avec le rocou et on met ensuite en présure. Celle dont il faut se servir a été décrite précédemment, pag. 36. Dès qu'elle est introduite, le baquet est couvert avec un linge de laine et abandonné pendant une heure.

Lorsque le caillé est formé et assez ferme, on le coupe doucement et avec précaution avec le couteau à 3 lames, *fig.* 33. Ce caillé est ensuite passé au moulin, *fig.* 35 et 36, et quand il est réduit en une pulpe homogène, Mme Hayward ne l'échaude pas, comme cela se pratique généralement dans le Gloucester, parce qu'elle a reconnu que le fromage était plus gras lorsqu'il n'avait pas subi l'action de l'eau bouillante ; mais elle le met de suite dans le moule en le comprimant fortement avec les mains. Au fur et à mesure qu'on remplit la forme, on presse la masse autant que possible, on arrondit le dessus au milieu, de manière à ce qu'il y ait exactement autant de fromage qu'il en faut pour remplir juste la forme après la pression ; on étend alors une toile fine sur cette forme, et on jette un peu d'eau chaude dessus pour durcir les parois du fromage et empêcher la pâte de se fendre. On renverse ensuite le fromage hors du moule sur un canevas. La forme est trempée dans du petit-lait chaud pour la nettoyer, et on y remet le fromage enveloppé dans sa toile, qui est repliée sur la partie supérieure et dont les bords sont engagés dans la forme. Les moules ainsi remplis sont placés sous la presse les

uns sur les autres ; le fromage y reste 2 heures, après lesquelles on le retire et on remplace par un linge sec, opération qui se répète plusieurs fois pendant le cours de la journée.

Lorsqu'on a donné une toile sèche et propre aux formes, elles sont transportées sous une autre presse, placée dans une chambre voisine, sous laquelle elles restent les unes sur les autres jusqu'à la salaison. Les fromages qui sont faits le soir prennent dans la presse la place de ceux du matin, et les 1ers sont à leur tour déplacés par ceux du lendemain matin ; de sorte que les fromages fabriqués les derniers sont toujours placés les plus bas dans la presse, et que ceux des fabrications précédentes s'élèvent successivement en raison de leur ancienneté. Le même ordre doit être observé dans toutes les pressées qui suivent, et pour ne pas se tromper on peut mettre une marque ou un numéro sur les moules.

Les fromages de Gloucester sont salés généralement 24 heures après la fabrication ; quelques-uns le sont au bout de 12 heures. La salaison ne doit généralement commencer que lorsque la croûte est lisse et serrée ; s'il y a des fentes ou crevasses au moment où on les imprègne de sel, la peau ne se resserre plus. La salaison se fait en frottant avec la main le dessous, le dessus et les parois avec du sel desséché et en poudre fine. Les fromages salés sont alors retournés et placés dans l'ordre indiqué. On sale 3 fois le simple et 4 fois le double Gloucester, et on met un intervalle de 24 heures entre chaque salaison. Après la 2e ou la 3e, on retourne les fromages sans linge dans le moule pour effacer la marque de la toile, et afin que la surface soit unie et les bords nets et anguleux. Le double reste en presse 5 jours et le simple 4 ; c'est pourquoi dans un atelier où l'on fabrique journellement, on doit avoir des formes et des presses en nombre suffisant pour 4 ou 5 jours. La dose de sel employée est de 1 ½ à 2 kil. (3 à 4 liv.) pour 50 kil. (100 liv.) de fromage ou 5 fromages de 10 kilog. (20 liv.) chaque, poids ordinaire du Gloucester. — Lorsque ces fromages sont sortis des formes, on les met sur des tablettes pendant un jour ou deux, on les retourne toutes les 12 heures, ensuite on les porte dans le magasin ou grenier, où ils sont rangés sur le casier et retournés une fois par jour. Un mois après leur sortie des formes, les fromages sont propres à être nettoyés. Cette opération se fait avec un couteau ; l'ouvrier qui en est chargé s'asseoit sur le plancher, prend un fromage entre ses jambes, râcle la surface, en enlève toutes les croûtes, et les polit sans en endommager la peau. Avant de les expédier pour le marché de Londres, lorsqu'ils sont nettoyés, on les enduit, en les frottant avec un chiffon de laine, d'une peinture composée de rouge indien et de brun d'Espagne, délayés avec de la petite bière. Après cette opération ils sont replacés sur le casier, retournés 2 fois par semaine, et plus souvent si le temps est humide, et aussitôt que l'état de la peinture le permet, on les frotte fortement avec un linge une fois par semaine sur les bords, et à un pouce des arêtes de chacune des faces du fromage.

Les signes caractéristiques du vrai Gloucester sont une chemise ou couche bleue qui
s'aperçoit à travers la peinture sur les parois, et qui est un indice de leur richesse et
bonne fabrication; une teinte jaune et dorée
sur leurs arêtes ; une texture homogène et
serrée, ayant l'apparence de la cire ; une saveur douce, moelleuse; une pâte qui ne
s'émiette pas lorsqu'on la coupe en tranches
minces, ne se sépare pas de la matière
huileuse lorsqu'on met celles-ci sur le feu,
et s'amollit sans se brûler. Si le fromage s'est
aigri pendant la fabrication, soit parce qu'il
a été soumis à une manipulation trop prolongée, soit par défaut de propreté des ustensiles, rien ne peut lui donner cette chemise bleue qui sert à le distinguer. Si le
caillé a été salé au moment où on le rompt,
comme cela se pratique trop souvent, le sel a
pour effet de produire une enveloppe ou
pellicule à chacune des particules avec lesquelles il est en contact, ce qui empêche leur
union intime ; et quoique bien pressé, ce caillé
donne un fromage qui ne forme pas une
masse compacte, serrée et ferme, comme celui
qui n'a reçu le sel qu'après sa fabrication.
Dans ce cas, sa texture est lâche, il s'émiette
quand on le coupe, la partie grasse s'en sépare quand on l'expose en tranches minces
sur le feu, se fond à l'extérieur, et le fromage
brûle. La peau n'en est pas lisse et dure, elle
est rude et cassante; examinée de plus près,
elle paraît comme formée de parties irrégulières et ressemble à une mosaïque.

100 litres (106 pintes) de lait donnent
13 ½ kilog. (27 liv.) de fromage, ainsi 146 litres
(157 pintes) fournissent 2 fromages de 10 kil.
(20 liv.) chacun.

12ᵉ *Fromage écossais de Dunlop (Ayrshire).*

On prend la traite du matin à laquelle on
réunit celle du soir de la veille, on verse le
tout dans un grand baquet, on brasse pour
mêler, et on met en présure. Le baquet
est ensuite couvert; quand la présure est
bonne, le caillé est formé au bout de 12
ou 15 minutes. On remue doucement la
masse, afin que le petit-lait se sépare bien,
et on le retire à mesure qu'il abandonne le
caillé. Aussitôt que ce caillé est assez consistant, il est placé dans un égouttoir dont le
fond est percé de trous; on met dessus un
rond de bois avec un poids, et lorsqu'il est
egoutté, il est mis dans un baquet, où il est
rompu en petits morceaux avec le couteau à
trois lames. On le sale ensuite en mélangeant
exactement le sel avec la main, puis il est
enveloppé dans une toile et placé d'abord
dans une forme, et ensuite sous la presse, qui
est composée d'une grosse pierre de 500 à
1000 kilog. (1000 à 2000 liv.), enchâssée dans
une monture en bois, et qu'on fait monter et
descendre au moyen d'une vis en fer. Le fromage est retiré à plusieurs reprises pour le
retourner et le changer de toile. Quand on
est assuré qu'il ne retient plus de sérum, on
le sort du moule, on le met en magasin sur
des tablettes ou sur le plancher, on le retourne souvent, en le frottant chaque fois avec
un linge grossier pour que les mites ne l'attaquent pas.

Cette espèce de fromage ne se colore pas,
et on en fait de diverses grosseurs, depuis
10 kilog. (20 liv.) jusqu'à 30 kilog. (60 liv.).

Avec la plupart des presses en usage dans
la fabrication des fromages, on éprouve beaucoup de difficulté pour débarrasser complètement et promptement le caillé du petit-lait
qu'il contient. Les presses les plus fortes ne
paraissent point, dans cette importante opération, avoir d'avantage sur les plus simples,
et donnent à peine des résultats plus satisfaisans que cette pratique où l'on est quelquefois
de déposer le caillé dans des sacs, des linges
ou des filets où il s'égoutte par lui-même et
sous son propre poids. M. Robison, secrétaire de la Société royale d'Edimbourg, frappé
de cette observation faite dans la fabrication
des fromages en Ecosse, a pensé que l'application d'une forte pression tendait sans doute
à durcir l'extérieur du fromage plus que l'intérieur, et créait ainsi un obstacle à l'expulsion de la partie liquide. Cette considération
et la nécessité de purger la pâte de petit-lait
si on veut faire des fromages délicats et de
garde, lui ont suggéré l'idée d'essayer si au
moyen de la pression atmosphérique à la
surface du fromage et du vide opéré par-dessous, on n'obtiendrait pas des résultats plus
avantageux que ceux de la presse. Dans ce
but, il a inventé un petit appareil simple et
ingénieux qu'il a nommé *presse pneumatique
à fromage,* dont voici la description. L'appareil (*fig.* 42)
se compose d'un
bâtis en bois
d'environ 1 mèt.
(3 pi.) de hau-
teur, sur lequel
est fixé un vase
A de cuivre éta-
mé ou de zinc,
d'une capacité
quelconque, et
destiné à conte-
nir le caillé. Ce
vase a un faux
fond mobile en
bois, en forme
de grillage, cou-
vert d'une toile
métallique; sous
ce fond le vase
porte une ou-
verture d'où
part un tube
vertical C de 32
cent. (1 pi.) de longueur, qui se rend dans un
autre vase clos B, muni d'un robinet F et qui
a la capacité convenable pour contenir tout
le petit-lait du vase supérieur A. Sur l'un des
côtés du bâtis il y a un petit corps de pompe D,
d'environ 19 cent. (9 po.) de hauteur, du fond
duquel part un petit tuyau de succion E qui
communique avec la partie supérieure du
vase B. Ce tuyau porte à son ouverture supérieure une soupape qui s'ouvre supérieurement, tandis que le piston de la pompe est muni d'une autre soupape qui s'ouvre par en bas.
Ce piston est mis en action par un levier, comme on le voit dans la figure. On fait ainsi usage
de cet appareil. Le caillé étant préparé et salé,
on place un linge sur le vase A, et on pose le

Fig. 42.

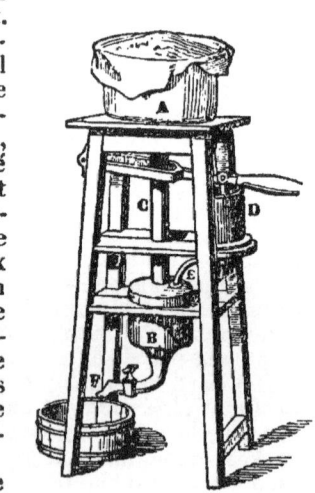

fromage sur le linge avec légèreté, à l'exception des bords où on le presse contre les parois du vase, de façon à intercepter tout passage à l'air. On manœuvre alors la pompe vivement pendant quelques minutes, et le petit-lait s'écoule dans le vase B; quand il cesse de couler, on répète une seconde fois les coups de piston, et lorsqu'il ne coule plus rien on enlève le caillé dans sa toile, on le met dans une forme en toile métallique forte et serrée avec un poids dessus, jusqu'à ce qu'il soit assez ferme pour être manié sans se rompre. Les formes doivent rester sur des tablettes séparées pour donner accès à l'air sur toutes les faces du fromage.

13e Fromage anglais de Norfolk.

Le procédé suivant est celui qui a été donné par M. MARSHAL, le savant agronome qui avait réuni les meilleurs documens sur la fabrication des fromages.

Aussitôt que le caillé est formé, qu'il offre assez de consistance pour se séparer du petit-lait, la fille de la laiterie relève ses manches, plonge ses mains jusqu'au fond du baquet, et avec une écuelle de bois remue vivement le caillé et le sérum; elle quitte ensuite l'écuelle, et, par le mouvement circulaire de ses bras et de ses mains, agite violemment toute la masse, en ayant soin de diviser et de rompre avec ses doigts jusqu'aux plus petits morceaux de caillé, afin qu'il ne reste pas de petit-lait dans aucune portion de la masse. Cette opération peut durer de 10 à 15 minutes.

Quelques instans suffisent, après qu'elle est terminée, pour que le caillé tombe au fond. La fille enlève alors le petit-lait avec son écuelle, ou bien passe ce petit-lait à travers un linge, et remet le caillé qui reste sur le linge dans le baquet. Quand ce caillé est égoutté autant que possible, elle le coupe en morceaux cubes de 2 à 3 pouces de côté, puis étend un linge sur le moule, y écrase le caillé en le pressant et le battant avec les mains, remplit le moule bien comble, ramène le linge sur le caillé, et met sous la presse. En automne, lorsque le temps est humide et froid, on échaude le caillé, ce qui se fait avec un mélange d'eau et de petit-lait chaud et bouillant qu'on verse dessus. Supposons qu'on mette en forme le fromage à 7 heures du matin, on retourne entre 8 et 9 heures; on lave le linge, et on remet le tout dans le moule. Le soir, on sale, on met un linge sec, et on porte à la presse. Le lendemain matin, on ôte le linge, on presse à nu dans le moule, et le soir on retourne; enfin, le 3e jour au matin, on enlève définitivement de la presse et de la forme.

Lorsque les fromages ont acquis assez de fermeté, il faut les brosser avec un petit balai, et les tremper souvent dans du petit-lait. Quand ils sont secs, on les frotte avec un linge sur lequel on a étendu du beurre frais. Cette opération est répétée tous les jours pendant plusieurs semaines, jusqu'à ce que les fromages soient lisses à l'extérieur, qu'ils aient pris une belle teinte dorée, et que la chemise bleue commence à paraître. Suivant la qualité des fromages et l'état de l'atmosphère, cette couche bleue ne paraît qu'au bout d'un, 2 ou 3 mois; pendant tout ce temps il faut les soi-

gner en magasin, et faire attention à ce que la peau ne devienne ni trop sèche ni trop dure.

14e Fromage anglais de Stilton.

On mêle la crème de la traite de la veille au soir avec le lait du matin, on met en présure, et quand le caillé est formé, on l'enlève sans le rompre, et en se bornant à le faire égoutter dans un tamis; puis on le presse doucement jusqu'à ce qu'il devienne ferme. Il est alors mis dans une éclisse ou espèce de boîte, parce qu'il est si crémeux qu'il se fendrait et coulerait sans cette précaution; ensuite il est placé sur des ronds de bois sec, et entouré de bandes de linge, qu'on a soin de resserrer toutes les fois qu'on le juge à propos. On le retourne chaque jour, et, quand il offre assez de consistance, on ôte le linge, on le brosse pendant 2 ou 3 mois tous les jours, et même 2 fois par jour si le temps est humide. Les fromages de Stilton passent pour n'être bons à manger qu'au bout de 2 ans; ils n'ont même de prix pour les amateurs que lorsqu'ils ont un aspect de fromages gâtés, et qu'ils deviennent bleus et moites. Il est à présumer que ces fromages reçoivent du sel, mais les ouvrages anglais ne disent pas à quelle époque.

15e Fromage anglais de Wiltshire.

Le fromage de Wiltshire se fait avec le lait du soir écrémé le lendemain matin, et qui est ensuite chauffé convenablement, puis versé, avec la crème, le lait du matin et de la présure colorée, à travers un couloir, dans un baquet, où on remue soigneusement la masse, qu'on couvre ensuite et qu'on abandonne à la coagulation. Celle-ci opérée, la fille de la laiterie introduit sa main dans le caillé, et le brise en petits fragmens. Après 15 minutes de repos, on penche le baquet, et on décante le petit-lait avec lenteur; on laisse reposer; puis, en tournant le baquet d'un quart de la circonférence, on recommence à faire couler le petit-lait, et ainsi de suite jusqu'à ce qu'il n'en reste plus, et que le caillé ait une consistance ferme. Celui-ci est alors coupé menu avec un couteau, placé dans un égouttoir carré percé de trous, recouvert d'une planche, puis d'un linge, et abandonné ainsi pendant 20 minutes, au bout desquelles on le coupe en morceaux de 2 pouces cubes; on replace la planche dessus, et on couvre d'un poids de 25 kilog. De demi-heure en demi-heure, pendant l'espace de 4 heures, l'ouvrière le coupe de nouveau, en augmentant chaque fois le poids dont elle le charge. C'est après ces opérations qu'il est placé dans un vaisseau destiné à cet usage, avec une certaine quantité de sel de bonne qualité, et coupé derechef en grumeaux très-menus. Un linge propre, rincé à l'eau chaude et égoutté, est alors placé sur la forme dans laquelle on met le caillé, en le chargeant d'un poids de 25 kilog., qu'on y laisse une heure. Ce temps écoulé, on porte à la presse, où il subit une pression d'environ 100 kilogram. pendant ½ d'heure. Ce fromage est alors retiré, retourné, enveloppé d'un autre linge rincé à l'eau chaude et égoutté, soumis à une pression supérieure, sous laquelle il reste toute la nuit. Il est nécessaire de retourner le fromage 4 fois par jour pendant 3 jours, en changeant chaque fois de linge et en augmentant la pression graduellement jusqu'à 500 kilog. Retiré enfin de la presse, le fromage est porté au saloir, frotté avec du sel, retourné chaque jour pendant une semaine ou 2, au bout desquelles il est essuyé avec un linge sec, retourné journellement pendant un mois entier, et recouvert d'un linge pour l'empêcher de se fendre.

16ᵉ *Fromage anglais de Suffolk.*

Ces fromages se fabriquent avec le lait écrémé et par les procédés généraux indiqués. Ils entrent presque toujours dans les approvisionnemens de la marine, parce qu'ils supportent mieux la chaleur que les fromages gras, et qu'ils sont moins sujets à se gâter pendant les voyages de long cours. On les tient chaudement quand ils sont nouveaux, et dans un lieu frais quand ils sont faits.

17ᵉ *Fromages de Hollande.*

Il y a 4 sortes de fromages de Hollande : 1° le *rond*, ou fromage d'Edam; 2° le *stolkshe*, ou fromage de Gouda, qui est plat et plus gros que celui d'Edam, tous deux fabriqués avec du lait non écrémé; 3° le fromage de *Leyde*, qui se fait principalement près de cette ville, et se fabrique en partie avec du lait écrémé; 4° et le *graawshe*, qu'on fabrique surtout dans la Frise avec du lait écrémé 2 fois.

Pour fabriquer le fromage d'Edam, on commence par mettre le lait en présure aussitôt qu'il a été extrait des mamelles de la vache; quand il est coagulé, la main ou une sebile de bois est passée 2 ou 3 fois dans la masse pour diviser le caillé; on laisse reposer 5 minutes, après quoi l'on recommence cette opération, en laissant reposer pendant 5 minutes. Le petit-lait est alors enlevé au moyen de la sebile, et le caillé mis dans des formes de bois d'une dimension appropriée au fromage qu'on veut faire. Cette forme, comme on en voit aussi en Angleterre, est tournée dans un morceau solide de bois, et a un trou au fond. Si le fromage ne pèse que 2 kilog. (4 livr.), il y reste 10 à 12 jours, et 14 s'il est d'un poids plus considérable. On le retourne chaque jour, en saupoudrant sa surface avec 60 gram. (2 onces) de sel purifié en gros cristaux. Il est ensuite transporté dans une autre forme (*fig.* 43 *A*) de la même dimension, qui est percée au fond de 4 trous, puis soumis à une pression d'environ 25 kilog. (50 liv.), sous laquelle il reste 2 à 3 heures s'il est petit, et 4 à 6 s'il est gros. Alors il est enlevé et porté au séchoir, et placé sur des tablettes sèches et aérées, où il est retourné journellement pendant 4 semaines, au bout desquelles il est bon à être porté au marché.

Fig. 43.

Le fromage de Gouda est aussi fabriqué avec le lait tout chaud encore de la vache.

Après en avoir graduellement enlevé la plus grande partie du petit-lait, on verse sur le caillé un peu d'eau chaude, qu'on laisse dessus pendant un quart-d'heure. En élevant la température de l'eau et augmentant sa quantité, on rend les fromages plus fermes et plus durables. On achève alors d'enlever le petit-lait avec l'eau, et le caillé est placé et comprimé dans des formes semblables à celles du fromage d'Edam, mais plus plates et plus grandes (*fig.* 43 B). On met dessus un rond en bois, et on le place dans la presse avec un poids d'environ 4 kilog. Là il est retourné fréquemment pendant les 24 heures qu'il reste en presse. Ce fromage est alors porté dans un cellier frais, et plongé dans un tonneau contenant de la saumure, le liquide ne s'élevant qu'à la moitié de l'épaisseur du fromage. — Pour faire cette saumure, on jette dans de l'eau bouillante 3 à 4 poignées de sel pour 30 pintes d'eau, et on y plonge le fromage lorsqu'elle est entièrement refroidie. Après être resté 24 heures et au plus 2 jours dans le tonneau à saumure, temps pendant lequel il a été retourné de 6 en 6 heures, le fromage est frotté d'abord avec du sel, et placé sur une planche légèrement creusée et ayant au centre une petite rigole ou gouttière pour faciliter l'écoulement du petit-lait qui s'échappe et coulé dans un petit tonneau placé à l'extrémité des tablettes pour le recevoir. On met environ 60 à 90 gram. (2 à 3 onces) de gros cristaux de sel sur la partie supérieure du fromage, qu'on retourne souvent en imprégnant chaque fois de sel la face qu'on met par-dessus. Il reste ainsi sur la planche 8 à 10 jours, selon la température extérieure, au bout desquels on le lave avec de l'eau chaude, on le râcle pour le sécher, et on le pose sur des tablettes, où il est retourné chaque jour jusqu'à sa consolidation et sa dessiccation parfaites. La fromagerie est généralement tenue close pendant le jour; mais on l'ouvre le soir, et de bonne heure le matin.

Le fromage de Leyde se fait de lait écrémé qu'on coule dans un tonneau, où on le laisse reposer 6 à 7 heures. On en verse doucement alors le quart environ dans une chaudière de cuivre, qu'on enduit à l'intérieur d'huile fine pour empêcher que le lait ne brûle ou ne se colore. Ce lait est chauffé jusqu'à ce qu'on ne puisse plus y tenir la main, enlevé du feu, et jeté dans les 3 autres quarts restans, avec lesquels on le mêle bien exactement. C'est alors qu'on met en présure. La coagulation achevée, le petit-lait est enlevé avec une écuelle, et le caillé est pressé vigoureusement et pétri avec les mains, puis mis dans un linge dont les 4 coins sont rabattus sur le milieu, et soumis à la pression pour en faire sortir le petit-lait. Le caillé est ensuite repris, jeté dans un tonneau nommé *porteltobbe*, où un homme, les pieds nus, le marche et le pétrit avec force. C'est alors qu'on   Fig. 44. y ajoute une bonne poignée de sel pur et fin pour chaque 15 kilog. (30 liv.) de fromage. Puis on le place, après l'avoir enveloppé d'un linge, dans une forme circulaire très-solide (*fig.* 44), percée à son fond de plusieurs trous, et où il reste 24 heures, pendant lesquelles on enlève le linge, et on exprime, en le tordant, le petit-lait qu'il contient, 3 à 4 fois dans les 24 heures. Cette forme est placée sur un châssis ou porteur posé sur un tonneau qui reçoit le petit-lait. Le fromage est ensuite enlevé et placé dans une autre forme également très-solide, portant un couvercle, appelée *volgert*, et soumis à une pression d'environ 360 liv. où il reste encore 24 heures.

Dans quelques endroits, surtout dans la partie méridionale de la Hollande, le sel n'est pas introduit dans le caillé. Dans ce cas, dès que le fromage est retiré de la presse, on le met dans une cuve ou baquet, où sa surface est recouverte de gros cristaux de sel, et où il est retourné journellement pendant 20 à 30 jours, suivant sa grosseur.

Quand le fromage sort de la presse, on le lave, et, dans quelques endroits, on unit sa surface en le frottant fréquemment avec du lait d'une vache qui vient de vêler, et qu'on conserve pour cet objet. On le frotte enfin avec une substance rouge appelée *kaasverf* ou *kaasmeer* (tournesol, *Croton tinctorium*), pour achever de le polir et lui donner de la couleur ; puis on le met dans une chambre fraîche ou un cellier, où il est retourné fréquemment jusqu'à ce qu'on le porte au marché. —C'est dans ce fromage qu'on introduit parfois diverses épices au moment où le caillé est mis dans la première forme.

Le fromage appelé *graawshe* est une sorte inférieure, faite avec du lait deux fois écrémé, et qu'on fabrique d'après les mêmes procédés que celui de Leyde, dans la Frise et à Groningue.

Les Hollandais observent avec scrupule une grande uniformité relativement à la forme de chaque espèce de fromage ; et quand on connaît les qualités diverses, on peut les reconnaître à la simple vue. Quant aux poids et dimensions, cela varie surtout pour les qualités fines. Il y a des fromages d'Edam, depuis 2 jusqu'à 5 kilog. (4 à 10 liv.), mais tous de la même forme. Les fromages de Gouda sont aussi très-variables dans leur volume. Ceux de Leyde, au contraire, ont presque uniformément le même volume, sous une forme déterminée et bien connue.

Les presses à fromage hollandaises sont de formes diverses, mais généralement simples. Celles pour les fromages de Leyde sont très-fortes, et consistent en général (*fig.* 45)

Fig. 45.

en un levier ayant son point d'appui sur un montant, et portant à une de ses extrémités une chaîne qui soulève une solive mobile laquelle presse sur la forme à fromage ; à son extrémité est attaché un poids de 180 kilog. Une autre presse, employée dans la fabrication du même fromage, est d'une construction plus simple (*fig.* 46); le poids est suspendu par une corde à un arbre, lequel arbre est mis en mouvement à chaque extrémité par un moulinet. La presse pour les fro-

mages d'Edam et de Gouda est encore plus simple (*fig.* 47), puisqu'elle ne se compose que d'une planche attachée par un bout à quelque objet solide, portant de l'autre un poids, et sous laquelle on place la forme à fromage.

Nous rappellerons ici qu'en beaucoup d'endroits en Hollande on coagule le lait au moyen de l'acide hydrochlorique (acide muriatique, esprit-de-sel), et que, dans ce but, on y verse, lorsqu'il est à une température de 20 à 22° cent., une cuillerée à bouche d'acide pour 10 à 20 litres de lait.

Fig. 46.

Fig. 47.

18e *Fromage de Sept-Moncel* (*Jura*).

La fabrication est à peu près semblable à celle du fromage de Hollande, avec lequel il a beaucoup d'analogie ; il a plus de saveur, il est veiné à l'intérieur comme le Roquefort. On en consomme beaucoup à Lyon, où il est très-estimé.

19e *Fromage du Cantal.*

Ce fromage, inférieur à celui de Gruyères, se fabrique en grande quantité avec du lait de vache sur les montagnes du Cantal, et en particulier sur celles de Salers. Pour sa préparation on coule le lait et on met en présure par les moyens ordinaires, et, lorsque le caillé est formé, on le divise avec la *menole* ou *fresniau* (*fig.* 40 F), espèce de bâton armé d'une planche ronde trouée, qu'on agite dans la masse, jusqu'à ce qu'elle soit bien divisée. Dans cette opération, quelques-unes des parties du caillé tendent à se précipiter, d'autres nagent dans le sérum ; on les rapproche avec la *menole*, à laquelle on adapte une épée de bois, le *mésadou* (*fig.* 40 G, H), et, par un mouvement circulaire, on parvient, au moyen de ces instrumens, à former de tout le caillé un gâteau qui se précipite. C'est alors qu'on enlève le petit-lait avec une écuelle. — Le caillé qu'on laisse au fond de la baste prend de la consistance, on le retire, on le pétrit avec les mains sur une *chèvre* (*fig.* 31), sorte de table ovale, en bois, d'une seule pièce, avec une rigole tout autour et une goulerotte pour l'écoulement du petit-lait ; on l'entasse dans une fescelle pour en exprimer le plus possible de petit-lait, puis on le met ensuite dans un baquet sur un lit de paille, qui en garnit le fond. Ce baquet est incliné pour que le petit-lait s'échappe par une ouverture ménagée à cet effet. Lorsqu'on a plusieurs gâteaux on place dessous le plus nouveau, en comprimant le tout avec un poids qu'on laisse ainsi pendant 2 ou 3 jours. S'il fait froid le baquet est placé près du feu, en ayant soin de tenir très-propre la paille qui supporte le gâteau.

Quand la *tomme*, c'est ainsi qu'on nomme le gâteau de caillé, s'est renflée, qu'il s'y est formé des yeux, l'ouvrier se replace sur la chèvre, met d'un côté une baste et puis le gâteau, et de l'autre les 3 pièces qui composent le moule. Ces 3 pièces sont 1° la *fescelle* (*fig.* 48 A) ou fond, petite boîte cylindrique, dont le fond, un peu plus élevé au centre, a 5 trous, un au centre, les quatre autres près du contour; 2° la *feuille* (*fig.* 48 B), cercle de bois de hêtre, dont les extrémités ne sont pas assemblées; 3° la *guirlande* (*fig.* 48 C), portion de cône évidé qui se place sur la feuille et termine le moule par le haut (*fig.* 48 D).

Fig. 48.

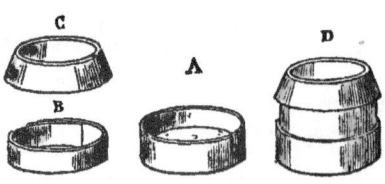

Le vacher prend un morceau de tomme qu'il pétrit dans la fescelle, après y avoir jeté une poignée de sel. Il achève de remplir la capacité de cette fescelle de tomme salée et réduite en pâte qu'il comprime exactement; il couvre d'une légère couche de sel; ensuite il engage dans la fescelle le bord inférieur de la feuille, la remplit et sale avec le même soin; enfin il place la guirlande, la remplit jusqu'au bord de pâte qu'il comprime et couvre de sel. Il recouvre le tout d'un morceau de toile et transporte sous la presse (*fig.* 49). Le petit-lait salé qui en découle sert pour humecter les fromages au magasin.

On laisse le fromage en presse pendant 24 heures; on le retourne ensuite dans le moule, et on l'y laisse encore quelques jours sous la presse en le retournant, afin que le sel pénètre partout; on le retire enfin de la presse, on le porte à la cave, où il est retourné tous les jours, humecté avec du petit-lait, salé ensuite, essuyé, nettoyé, et séché dans un endroit frais et aéré.

La presse en usage en Auvergne (*fig.* 49)
Fig. 49.

se compose d'une table soutenue par 4 pieds ; une rigole circulaire environne l'endroit où se place le fromage. La planche supérieure et mobile, chargée de grosses pierres, est établie sur 2 montans placés à une extrémité; on la soulève de l'autre, à l'aide d'un levier; on l'arrête par le moyen d'une cheville qui se place dans les trous d'un 3e montant, fixé à l'autre extrémité. On met le fromage dans le milieu de la table, on abaisse dessus, en ôtant la cheville, la planche supérieure chargée de pierres ou d'un bloc de basalte ou de granite, du poids d'environ

300 kilog. Le fromage se resserre et se comprime par le rapprochement de la fescelle et de la guirlande qui entrent dans la feuille, et le petit-lait s'écoule par les trous de la fescelle et les intervalles des 3 pieds. — Le bon fromage d'Auvergne ne se fabrique que sur les montagnes de Salers; celui qu'on prépare dans les autres lieux du Cantal est d'une qualité moins bonne.

IV. *Des fromages cuits à pâte plus ou moins dure et pressée.*

20e *Fromage de Bresse.*

On fait chauffer, jusqu'au point d'entrer en ébullition, 10 à 12 litres de lait, avec lequel on mélange, sur le feu, une pincée de safran incorporé et amalgamé préalablement avec 30 grammes (1 once) de fromage ; on retire le chaudron du feu, et on introduit la présure. Le caillé étant formé, on le brise et on le pétrit pour en séparer le sérum. Cette opération doit se faire à une chaleur modérée. Ce caillé est alors enlevé et égoutté dans une toile propre, mis en presse pendant quelques heures sous une planche chargée d'un poids de 25 kilog. (50 liv.), puis moulé et pressé de nouveau, et porté ensuite à la cave sur des planches, où au bout de 5 jours et de 6 au plus tard commence la salaison. On donne dans cette opération au fromage tout le sel qu'il peut prendre. Trois jours après la 1re salaison il est débarrassé de la toile qui l'enveloppait, pour achever de le saler sur toutes les faces, en ayant le soin de le retourner tous les jours pendant un mois dans la toile où il a été replacé chaque fois. Comme il se forme très-promptement une espèce de moisissure blanche à sa surface, il faut le nettoyer de temps en temps avant d'y remettre du sel. Après qu'il a été bien salé et bien nettoyé, ce fromage est déposé dans une chambre où on le sèche en le retournant tous les jours. Lorsqu'il est suffisamment sec, on le ratisse avec le dos d'un couteau; on le retourne encore de temps à autre pour qu'il ne moisisse pas, et on continue de le ratisser pour en tenir la peau sèche et nette. Ce n'est guère qu'au bout de 7 à 8 mois que le fromage de Bresse ainsi conduit, est parvenu à sa perfection.

21e *Fromage de Gruyeres.*

La fabrication de cette espèce de fromage a lieu surtout en Suisse, dans le canton de Fribourg, et dans nos départemens des Vosges, du Jura et de l'Ain, où se trouvent des pâturages analogues à ceux de la Suisse. Elle pourrait, si les procédés en étaient plus répandus, être pratiquée dans une foule de localités, surtout si on introduisait en même temps ces associations connues sous le nom de laiteries banales ou fruitières, auxquelles cette fabrication en Suisse a donné naissance. Nous la regardons, au reste, comme assez importante pour entrer, d'après les agronomes les plus instruits, dans des détails plus étendus, sur tous les procédés tels qu'ils sont pratiqués dans la Suisse.

La construction des bâtimens de la fromagerie dépend des localités; mais elle est toujours dirigée d'après les mêmes principes,
elle offre les mêmes dispositions, et l'intérieur (*fig.* 50) en est toujours muni des
mêmes ustensiles.

Fig. 50.

On fabrique 3 espèces de fromages : 1° le
fromage gras, dans lequel on laisse toute la
crème ; — le *mi-gras,* qui se fait avec la
traite du matin et celle de la veille écrémée ; — le *maigre,* qui se fabrique avec le lait
écrémé. — La seconde espèce est celle que
l'on trouve le plus fréquemment dans le commerce ; elle entre dans les approvisionnemens
de la marine et des armées.

Le fruitier qui fabrique en Suisse le fromage de Gruyères a 2 vases de présure ; l'un
contient une infusion de caillette fraîche, et
l'autre une infusion de caillette ancienne.
L'essai de la présure se fait en versant quelques gouttes de la plus forte dans une cuillerée de lait chauffé. Si la coagulation est
instantanée, la présure est trop forte, et on
l'affaiblit avec la seconde, au point qu'une
partie de cette présure mêlée à six de lait à
26° C., opère la coagulation en 20 secondes
environ. La présure de cette force s'emploie
à la dose de 1/500e partie en hiver, et de 1/600e
en été. Une caillette donne de la présure
forte pour 6 fromages de 25 kilog. (50 liv.),
après cela elle passe au second pot et fournit
de la présure faible pour la même quantité
de fromage. L'infusion se fait avec la *cuite,*
c'est-à-dire du petit-lait chaud à 36°. L'habitude donne au fruitier un indice certain sur
la quantité de présure à mettre suivant la
saison et la nature du lait plus ou moins gras.
La présure étant préparée, on coule dans la
chaudière la traite du matin ; on y ajoute la
traite du soir précédent écrémée, en tout ou
en partie, suivant la richesse du lait ; seulement, si on s'aperçoit que le lait d'une terrine ait passé à l'aigre, on n'en fait pas usage.
190 litres de lait rendent un fromage de 25 kil.
(50 liv.).

Aussitôt que le lait est dans la chaudière,
on place celle-ci en faisant tourner la potence
(*fig.* 31) sur un feu modéré pour élever la

température du liquide jusqu'à 25° C.; quand
il y est arrivé, on retire de dessus le feu et on y
jette la présure, qu'on mêle en agitant en tous
sens ; on laisse reposer loin du foyer ; 15 à 20
minutes, suivant la saison, suffisent pour
cailler le lait. Quand la coagulation est complète, que le petit-lait est bien séparé de la
partie caséeuse, on enlève à la surface du
liquide la pellicule qui le recouvre.

Après cette opération on brise avec soin le
caillé, en le coupant dans tous les sens avec
la grosse cuillère ou un tranchant de bois, et
quand il est réduit en morceaux gros comme
des pois on prend le brassoir (*fig.* 40 B C) pour
achever la division et le réduire en pulpe.
Pour cela on plonge l'instrument dans le lait
jusqu'au fond de la chaudière, et en le tournant, tantôt en rond, tantôt en ovale, on
imprime à toute la masse du liquide un mouvement de tourbillon irrégulier. Tout en
brassant, on replace la chaudière sur le foyer,
et sans cesser un instant de brasser on conduit le feu de manière à ce que le liquide arrive en 20 ou 25 minutes à 33° C.; alors on
retire la chaudière du feu et on continue de
brasser pendant environ 1/4 d'heure.

L'opération est achevée quand le caillé est
réduit en grains d'un blanc jaune, qui, lorsqu'on les presse dans la main, se collent et
forment une pâte élastique qui craque sous
la dent quand on la mâche.

Quelques minutes après qu'on a cessé de
brasser, le fromage se dépose au fond de la
chaudière, sous la forme d'un gâteau, d'une
consistance assez ferme. Pour concentrer
cette masse et lui donner la forme d'un pain
relevé, le fruitier passe sa main tout autour
du gâteau, repoussant le bord vers le milieu ;
ensuite il prend sa toile, roule en 2 ou 3 tours
un de ses bords sur une baguette flexible, et
passe cette baguette sous le pain, en faisant
tenir les deux coins opposés de la toile à un
aide placé au côté opposé ; quand la toile est
bien arrangée sous le pain, le fruitier, par un
coup de bras adroit, fait tourner cette masse
de manière à ce que la surface qui touchait le
fond se trouve dessus ; après cela, tirant la
toile par les quatre coins, il sort le fromage
du petit-lait, le laisse égoutter quelque temps
sur la chaudière, et le place dans le moule
enveloppé de sa toile. Sans perdre un instant,
il repasse une seconde toile dans la chaudière
pour recueillir les particules de fromage qui
se sont détachées de la masse ; il réunit ces
débris dans le fond de la toile et en fait une
pelote qu'il fait entrer dans le centre de la
masse. Il replie les bouts de la toile sur le
fromage, le charge d'une planche, et fait porter sur cette planche le poids de la presse ;
le fromage ne doit pas dépasser le cercle de
plus d'un pouce.

Au bout d'une demi-heure on soulève le
poids, on ôte le plateau et le cercle, on remet une toile propre, on retourne, on place
dans le moule rétréci, on remet le couvercle,
et on replace sous la presse le fromage, qui
ne dépasse plus le cercle que de 3 lignes. Dans
les six premières heures on a soin de resserrer successivement le moule, et que le
fromage soit soumis à une pression très-forte
qui le débarrasse de tout son petit-lait. Ce
soin est la base de la fabrication suisse, dont

le but est d'obtenir un fromage compact, d'une pâte rousse, grasse, qui se perce de grands trous. Si on néglige cette opération, on a un fromage blanc à petits trous.

Ces procédés sont ceux de la fabrication des fromages maigres ou mi-gras. Pour le fromage gras, on verse dans la chaudière la dernière traite en la sortant de la mesure. On enlève la crême de la traite ancienne, afin de la mêler très-également au lait nouveau, et pour cela, on la verse dans le couloir et on la fait couler à petit filet dans la chaudière. On met une plus forte dose de présure. En 10 minutes on fait arriver le lait à 36° C., et après avoir retiré la chaudière du feu on brasse pendant une demi-heure, et on presse le caillé avec le plus grand soin. Le fromage gras cède moins à la compression que les deux autres.

Chaque jour avant de commencer le travail, on sort du cercle le fromage fait la veille, et on le porte au magasin. Quelques heures après l'y avoir placé, on le saupoudre de sel très-sec, pilé très-fin ; ce sel absorbe l'humidité, et ne tarde pas à se fondre en gouttelettes. Pour étendre cette saumure très-également, on frotte le dessus et les côtés avec un torchon de laine ; le lendemain, quand toute la saumure a été absorbée, on tourne le fromage et on recommence la même opération. Il est essentiel de ne pas tourner le fromage avant que la saumure soit absorbée ; si on néglige cette attention, la peau ne prend pas de consistance et se fend ; chaque jour on tourne le fromage et on le charge de sel. La quantité de saumure qui peut être absorbée en 24 heures, et qui varie suivant l'état de sécheresse ou d'humidité du local, donne la mesure de la dose de sel qu'on doit mettre à chaque salaison.

Un fromage est assez salé quand il cesse d'absorber la saumure, et que sa surface conserve une humidité surabondante ; sa couleur devient alors plus intense, et sa croûte prend de la consistance. — La quantité de sel absorbée est de 4 à 4 ½ pour cent de son poids. Cette absorption dure 3 mois en hiver et 2 mois en été. Quand les fromages sont salés, on peut les mettre en piles de 2 ou 3 pièces, en ayant soin de les retourner de temps en temps en les frottant avec un torchon.

On reconnaît la qualité du fromage de Gruyères au moyen de la sonde, de l'odorat et du goût. Les yeux, quand il est bien fabriqué, doivent être grands, clair-semés ; la pâte d'un blanc jaunâtre, douce, moelleuse, délicate, d'une saveur agréable et se fondant aisément dans la bouche.

22e Fromage Parmesan.

C'est dans le Milanais que se fabrique la plus grande quantité de ce fromage si renommé, et dont la fabrication n'offre pas plus de difficulté que celle des autres. Il suffit en effet, pour l'imiter, d'avoir du bon lait, et d'apporter toute l'attention convenable aux diverses opérations.

Ce fromage se fait avec le lait écrémé. Le premier soin est donc de laisser reposer le lait dans un endroit frais, pour que la crême se sépare, sans toutefois que le lait aigrisse. La température de la laiterie doit être constamment de 10°. Les vases dont on se sert dans le Lodésan pour recevoir le lait sont en cuivre étamé, de 50 cent. (18 po.) de diamètre sur 8 à 9 cent. (4 po.) de profondeur. On peut les remplacer par des vases en fer-blanc ou en zinc. Deux cents litres de lait sont au moins nécessaires pour une cuite, parce qu'il y a plus d'avantage de faire un gros fromage qu'un petit. Tout le lait doit être écrémé. On emploie, autant que possible, le lait d'une seule traite, ou tout au moins d'un seul jour. Comme pour le Gruyères, il faut goûter le lait avant de s'en servir, et rejeter celui qui serait d'une saveur aigre ou désagréable.

On réunit le lait de tous les vases dans une chaudière de forme particulière (*fig.* 51), mais mal adaptée à cet objet ; on chauffe ce lait jusqu'à 20 ou 25° C., en ayant soin de l'agiter avec un bâton (*fig.* 40 E). La contenance de la chaudière varie de 200 à 300 et 400 litres.

Fig. 51.

Lorsque le lait est parvenu à la température convenable, on met la présure, on agite pour opérer le mélange, et on retire du feu pour donner au caillé le temps de se former. La présure en usage dans le Lodésan est une caillette de veau de lait salée et desséchée avec le caillé qu'elle contenait. La manière dont on l'emploie est moins commode que celles qui ont été indiquées ; l'essentiel est de mettre la dose nécessaire pour que le caillé se forme promptement. Cette dose varie suivant les saisons.

Aussitôt que le caillé est formé, on le rompt d'abord avec une épée ou couteau de bois ; ensuite on le brasse avec un bâton à chevilles (*fig.* 40D), et enfin l'ouvrier écrase avec la main les morceaux qui échappent à l'instrument. On remet le tout sur le feu, en continuant de brasser sans interruption et vivement, l'ouvrier écrasant toujours à la main les morceaux qui viennent à la surface. Lorsque le tout paraît réduit en une bouillie visqueuse, on ajoute la poudre de safran peu à peu, et en remuant en tous sens jusqu'à ce que la masse ait acquis la teinte désirée ; on donne alors un petit coup de feu pour terminer la cuisson. Dans ce coup de feu la température ne monte guère au-delà de 40 ou 45°. C'est par l'habitude et par le tact que l'ouvrier reconnaît que le caillé a perdu son élasticité, et qu'il a acquis une certaine viscosité ou disposition à s'agglutiner et à se réunir en masse ; on retire alors la chaudière du feu, on cesse d'agiter, et on laisse précipiter le fromage au fond du vase. Pour retirer ce fromage, on place au fond de la chaudière une toile sur laquelle on réunit le fromage, en procédant à peu près comme pour celui de Gruyères. Le fromage enlevé, on le laisse égoutter dans la toile, sur la chaudière ou dans un baquet, et lorsqu'il s'est débarrassé en partie de son petit-lait, on le place dans le moule, et on le couvre pour le charger de pierres. Pendant 2 ou 3 et même 5 jours on le change de toile et on le presse fortement; ensuite on le porte au magasin pour y être salé.

La salaison s'opère comme celle du Gruyères. On applique le sel sur les 2 faces et sur le contour, et on continue cette opération, en retournant les fromages, pendant 30 ou 40 jours. On met ordinairement 2 ou 3 fromages l'un sur l'autre pour faciliter la salaison. Lorsque le fromage a pris tout son sel, on le râcle, on le frotte d'huile d'olives, et on le place isolément sur des tablettes dans un local qui ressemble beaucoup à ce que nous appelons un cellier. Ceux que j'ai vus sont des chambres bâties au rez-de-chaussée, bien enduites sur toutes leurs faces et plafonnées; elles ont au nord une ouverture fermée par une porte en fer à jour; et, pour empêcher la chaleur de pénétrer, on les couvre pendant la journée d'un paillasson qu'on enlève le soir, ou qu'on laisse la nuit pendant l'hiver. Ces magasins ne sont ni trop humides ni trop secs, et sont suffisamment aérés. On visite de temps en temps les fromages, on les huile, et on les retourne, en ayant soin de tenir les tablettes très-propres.

La fabrication du Parmesan diffère peu de celle du Gruyères; seulement la cuisson du premier se fait à une température un peu plus élevée, et la pression est plus forte. Ce fromage est long à s'affiner; il est plus sec, et sa saveur est différente. On fait aussi du fromage Parmesan demi-gras, c'est-à-dire avec la traite de la veille écrémée et celle du matin pure ou avec sa crème. Suivant M. Huzard, la première qualité se fabrique avec le lait écrémé. Les fromages Parmesan sont de la grosseur de ceux de Gruyères, moins larges et plus épais; leur poids est de 30 kilog. (60 liv.).

§ II.—Fromage de lait de brebis.

23e Fromage de Montpellier.

Dans les 1ers jours d'avril on commence à sevrer les agneaux, qui ont alors près de 4 mois. Le soir, on les sépare de leurs mères, qu'on ne leur rend que le lendemain vers midi, après qu'elles ont été soumises à la mulsion.

C'est avec le lait de cette traite qu'on fabrique ce qu'on appelle les *fromageons*. On met en présure, et, dès que le caillé est formé, on le brise et on le pétrit pour le déposer dans des formes de grès de 16 cent. (6 po.) de diamètre, 27 millim. (1 po.) de profondeur, et percées de trous fins pour l'écoulement du petit-lait. Au bout d'un 1/2 quart-d'heure au plus, le fromage affermi est retourné, et on répète cette opération jusqu'à ce qu'il soit assez ferme pour pouvoir le déposer sur la paille ou du jonc; on le saupoudre ensuite de sel fin, et on le met en vente.

Quand on veut conserver les fromageons, on les expose sur des claies à l'air frais; on les retourne soir et matin jusqu'à parfaite dessiccation, et lorsqu'ils ne contiennent plus d'humidité, on les met dans des boîtes qu'on dépose dans un endroit sec. Pour l'usage, on les fait tremper dans une eau légèrement salée jusqu'à ce qu'une épingle enfoncée dans la pâte cesse d'y rester adhérente. C'est le moment de les retirer alors, de les faire égoutter, et de les frotter avec un peu d'eau-de-vie et d'huile. On les empile dans des pots de grès bouchés avec soin. Au bout d'un mois ils sont excellens à manger.

§ III. — Fromage de lait de chèvre.

24e Fromage du Mont-d'Or (Puy-de-Dôme).

Voici les détails intéressans que M. Grognier a donnés sur la fabrication de ces fromages.

On trait les chèvres 3 fois par jour pendant l'été; de grand matin, à midi, et le soir à la nuit. Quand il fait froid, on met en présure le lait tout chaud; dans l'été, on laisse refroidir pendant une ou 2 heures, suivant la température. La présure se prépare avec des caillettes de chevreau, et tantôt du petit-lait, tantôt du vin blanc, quelquefois du vinaigre. Une cuillerée à bouche de présure de petit-lait suffit pour 15 pots de lait. Le lait ainsi présuré se caille dans l'été au bout d'un quart-d'heure, et au bout d'une 1/2 heure en hiver. On le met alors dans des espèces de boîtes de paille, ou dans des vases de terre percés et troués comme des écumoires. C'est dans ces boîtes que les fromages prennent leur forme. On les place de manière que le petit-lait puisse s'écouler aisément. C'est au bout de 1/2 heure en été et 2 heures en hiver que l'on sale ces petits fromages; on les retourne 5 à 6 fois dans la journée, plus souvent l'hiver que l'été. Ils deviennent fermes en 24 heures pendant cette dernière saison, et dans l'autre seulement au bout de 3 ou 4 jours. Quand ils sont raffermis, on les place dans des paniers à claire-voie suspendus au plancher au moyen d'une poulie, et c'est toujours dans un endroit frais qu'on les conserve. On les raffine quelquefois en les humectant avec du vin blanc, les recouvrant d'une pincée de persil, et les mettant entre 2 assiettes. On les expédie ainsi, 10 ou 12 jours après leur fabrication, dans des boîtes à dragées, pour Lyon et diverses parties de la France.

§ IV. — Fromages de laits mélangés.

25e Fromage du Mont-Cénis (Savoie).

Ce fromage ne se fabrique pas avec du lait de vache seul, on lui associe du lait de brebis et de chèvre. La proportion dans le nombre des animaux, suivant M. Bonafous, à qui nous devons ces détails, n'est pas fixe, mais elle est approximativement de 4 brebis pour une vache, et d'une chèvre pour 10 brebis. Dès que la traite du soir est faite, on coule le lait à travers une passoire en bois (*Voy.* pag. 6, *fig.* 13); on le laisse reposer 12 heures environ dans un lieu frais, et le lendemain on lève la crème et on le réunit avec la traite du matin, mais à laquelle on laisse toute sa crème. Quelquefois même on n'écrème aucune des 2 traites pour préparer des fromages plus gras, d'un goût plus exquis, mais d'une conservation plus difficile. Si la température est froide on verse le lait du soir dans une chaudière, et à l'aide d'un feu modéré on le réchauffe jusqu'à 25° C. ; on met alors en présure, dont la dose peut varier suivant diverses circonstances. La proportion la plus ordinaire est d'une cuillerée à bouche pour 50 lit. de lait. La présure étant bien mêlée au lait en agitant dans tous les sens, avec une petite fourche en bois, ou une branche de sapin, on recouvre le baquet d'une toile, et on laisse reposer 2 heures environ pour que le sérum se sépare de la matière caséeuse. Si la fraîcheur de l'air ralentit trop long-temps l'action de la présure, on expose le lait à une douce chaleur. Lorsque le caillé a la consistance nécessaire, l'ouvrière décante le petit-lait, plonge ses mains au fond du baquet, rassemble le caillé, le rompt en aussi petits morceaux que possible, par le mouvement continuel, vif et pressé de ses bras ; elle agite et soulève la masse, la brasse fortement, l'exprime et la pétrit jusqu'à ce qu'elle n'adhère plus aux parois du baquet. Après cette opération, qui n'exige pas moins d'une heure, elle fait écouler le petit-lait en inclinant doucement le baquet.

On retire alors la pâte du baquet et on la divise en 2 parties égales : l'une est aussitôt immergée dans du petit-lait pour être réunie à la moitié de la pâte du jour suivant, et ainsi de suite, on réserve toujours une moitié de la pâte pour le lendemain ; l'autre partie, que l'on enveloppe d'une toile légère, est déposée dans un cercle de fer mince, ou dans un cerceau flexible qu'on ouvre ou rétrécit à volonté, afin de l'introduire dans un moule de bois, dont le fond est percé de trous. On recouvre le moule avec un plateau de la même forme, et d'un diamètre un peu plus grand, et on laisse égoutter 24 heures sur un baquet. Le jour suivant on enlève le plateau et le cercle, on défait la toile, on en remet une autre, on renverse le fromage, on le replace dans le cercle rétréci, et on soumet à une pression plus forte, en plaçant le tout sous une presse (*fig.* 52) qui achève d'exprimer le petit-lait. Le fromage y reste pendant 3 jours et quelquefois 5 ou 6 dans les jours froids. Durant cet intervalle on le retourne tous les matins, en augmentant progressivement la pression à chaque pressée.

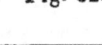

Fig. 52.

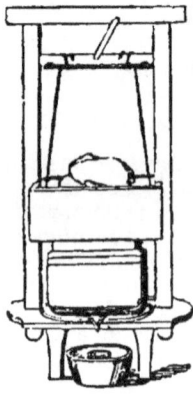

Lorsque le fromage a acquis le degré de siccité convenable, on le transporte à la cave pour le saler et le mûrir. La quantité de sel varie selon l'exposition et la température locale, ou suivant le degré d'humidité que le fromage a retenu. La dose moyenne est de 2 ½ kilogram. par fromage du poids de 12 à 14 kilog. ; on prend de préférence du sel gris, et après l'avoir broyé, on saupoudre les fromages en frottant leur surface avec la main. Tous les 2 jours pendant environ 2 mois, on répète cette opération en les retournant chaque fois. Pour mûrir ces fromages, on les dépose sur un lit de paille étendue à terre, que l'on renouvelle de temps en temps. On a soin de les retourner chaque jour en les changeant de face. Le fromage éprouve alors une espèce de fermentation lente et se persille intérieurement. Le temps nécessaire à cette maturation varie de 3 à 4 mois. La forme des fromages est celle d'un pain cylindrique, d'environ 33 cent. de diamètre, sur 12 à 14 cent. de hauteur ; leur poids diffère, quand ils sont mûrs, de 10 à 12 kilog.

26° *Fromage de Sassenage (Isère)*.

Le fromage de Sassenage se fabrique avec un mélange de lait de vache, de brebis et de chèvre ; on coule ces laits dans un chaudron qu'on place sur le feu ; lorsque le mélange commence à monter, on retire le chaudron du feu, on verse le tout dans un baquet. Le lendemain on écrème ce lait, auquel on ajoute autant de nouveau lait qu'on enlève de crème ; on introduit la présure, en ayant soin d'agiter la masse jusqu'à ce que le caillé soit bien formé ; quand la coagulation est terminée, on divise le caillé pour en séparer le petit-lait ; on décante ce petit-lait, et le caillé est porté dans un moule percé de trous, et de la grandeur qu'on veut donner au fromage ; trois heures après on retourne le fromage, ce qui se fait en le renversant doucement dans un moule de même dimension. Lorsque ce fromage est assez ferme, il est salé d'abord d'un côté, ensuite de l'autre, puis autour. Quand il a reçu suffisamment de sel, on le place sur des tablettes très-propres, où il est retourné matin et soir, en le changeant de place, et en évitant de le remettre sur une planche humide. Cette opération est continuée jusqu'à ce que les fromages soient bien secs ; puis on les pose sur de la paille pour les affiner ; là ils sont retournés de temps en temps et visités pour enlever les moisissures et les vers qui auraient pu s'y développer.

27° *Fromage de Roquefort (Aveyron)*.

Ce fromage, qui se fait dans le village dont il porte le nom, doit son excellente qualité à la disposition naturelle des caves dans lesquelles on le dépose pour son affinage, et en partie, d'après les observations de M. Girou de Buzareingues, à la méthode usitée dans le pays pour traire les brebis. On exprime le lait avec force, et lorsqu'on ne peut plus en obtenir par la pression, on frappe sans ménagement les mamelles du revers de la main, répétant cette opération à plusieurs reprises, jusqu'à ce qu'on n'obtienne plus rien. Ceux qui sont témoins pour la 1re fois de cette vigoureuse mulsion, en sont alarmés pour la santé des brebis, qui n'en reçoit cependant aucun dommage.

Le Roquefort se fait avec un mélange de lait de brebis et de chèvre ; le 1er lui donne plus de consistance et une meilleure qualité, le second lui communique de la blancheur.

—On trait les animaux matin et soir, on mêle les 2 traites, on coule le lait à travers une étamine ; ce lait est reçu dans un chaudron de cuivre étamé, où on le fait quelquefois chauffer pour l'empêcher de s'aigrir ou pour enlever un peu de crême, afin que le fromage ne soit pas trop gras ; on ajoute ensuite la présure, on remue avec une écumoire et on laisse reposer. Lorsque le caillé est formé, une femme le brasse fortement, le pétrit et l'exprime avec force ; il en résulte une pâte qu'on laisse reposer, qui se précipite et occupe le fond du chaudron. On incline le vase pour décanter le petit-lait qui surnage, on met ensuite le fromage dans les formes ou éclisses dont le fond est percé de petits trous, en ayant l'attention de pétrir et comprimer le caillé à mesure qu'on en remplit le moule ; on le laisse égoutter en le chargeant d'un poids pour mieux extraire le petit-lait. Le fromage ne reste pas au-delà de 12 heures dans la forme, pendant lesquelles il est retourné plusieurs fois. Dès qu'il paraît débarrassé de tout le petit-lait, on le porte au séchoir. Là les fromages sont posés sur des planches les uns à côté des autres, sans se toucher, et retournés de temps à autre pour qu'ils se dessèchent mieux, plus promptement et sans s'échauffer. Comme ils sont sujets à se fendre, il faut les envelopper d'une sangle de grosse toile, qu'on change toutes les fois qu'on le juge convenable. La dessiccation ne dure pas plus de 15 à 20 jours, surtout si on a soin, quand on les change, de les replacer sur une planche propre et bien sèche.

CHAPTAL observe avec raison que les procédés de la fabrication du Roquefort pourraient être améliorés ; ceux que l'on suit pour la préparation des fromages anglais nous paraissent en grande partie applicables à la fabrication de cette espèce de fromage. Une présure d'une force plus constante, une meilleure méthode pour diviser ou rompre le caillé, une forme de moules mieux appropriée, et dans le genre de ceux du Gloucester ou de Hollande (*fig.* 43 et 44), une pression plus convenable au moyen de presses qui en exprimeraient tout le petit-lait, l'emploi des toiles à fromages, telles sont les améliorations qu'on pourrait introduire dans cette fabrication importante. Il faudrait aussi adopter une méthode plus uniforme afin d'avoir moins de diversité dans la qualité de ces fromages. qui offriraient, d'ailleurs, moins de déchets dans le travail des caves.

Ces fromages se fabriquent dans un rayon de 7 à 8 lieues autour de Roquefort, et la plus grande fabrication a lieu depuis le mois de mai jusqu'à la fin de septembre. Les propriétaires des caves les achètent en toutes saisons, et arrivés aux entrepôts de Roquefort, les fromages sont triés suivant leurs qualités, qui sont appréciées par des experts qui n'ont d'autre guide qu'une grande habitude. — Le poids est ordinairement de 3 à 4 kilog. (6 à 8 liv.). On les paie aux fermiers en gros, au prix de 40 à 42 fr. le quintal. Le lait de brebis donne 20 pour 100 de fromage en poids, à l'état brut. Le déchet dans les caves est à peu près d'un quart.

Les caves de Roquefort sont adossées con-tre un rocher calcaire qui entoure le village ; quelques-unes sont même placées dans les crevasses ou grottes qui y sont naturellement ou artificiellement pratiquées; un simple mur du côté de la rue est souvent tout ce que l'art a dû faire pour clore ces caves. Leur grandeur n'est pas énorme ; il en est même de très-petites. On aperçoit dans toutes des fentes dans le rocher, par où s'introduit un courant d'air frais qui détermine le froid glacial qu'on y éprouve, et qui fait tout leur mérite; car il n'y a de bonnes caves que celles dans lesquelles ces courans sont établis. Ces courans se dirigent du sud au nord. Il y a un petit nombre de caves qui reçoivent des courans de l'est; mais les meilleurs sont ceux du sud. Plus l'air extérieur est chaud, plus ces courans sont froids et forts, et ils sont toujours assez sensibles pour éteindre une bougie qu'on présente à l'ouverture. L'air introduit par ces crevasses du rocher s'échappe par la porte des caves, et y forme un courant continuel. Le froid qu'il produit est tel, que Chaptal a observé qu'au 21 août 1787 un thermomètre marquant à l'ombre et en plein air 23° R., était descendu à 4° au-dessus de zéro après un quart-d'heure d'exposition dans le voisinage d'un courant rapide. La température de ces caves varie selon leur exposition, la chaleur extérieure ou le vent qui souffle. Le vent du sud semble accroître leur fraicheur. Ces caves, plus ou moins petites et étroites, sont à plusieurs étages ; elles sont divisées de bas en haut par des planches étagères qui sont destinées à recevoir les fromages.

Aussitôt que les fromages sont arrivés dans les caves, on procède à la salaison. Cette opération consiste à jeter une petite pincée de sel sur les fromages, qui sont placés les uns sur les autres par piles de 5; on les laisse ainsi 36 heures, au bout desquelles on les frotte bien tout autour pour imprégner de sel toute la circonférence ; on les réentasse jusqu'au lendemain, où on les sale de nouveau; le jour suivant on les frotte encore, et on les remet en piles pendant 3 jours. Après ce temps, ils sont portés dans les entrepôts, où on les râcle et on les pèle. La râclure se vend, sous le nom de *rhubarbe*, à raison de 15 à 20 francs les 50 kil. On en obtient 7 à 8 p. 0/0 du poids du fromage. Les fromages ainsi râclés sont rapportés dans la cave, où ils restent empilés pendant 15 jours, au bout desquels ils sont posés de champ sur les tablettes, sans se toucher. Quinze autres jours après, ils jettent un duvet blanc qu'on râcle ; remis sur les tablettes, ils se duvettent de nouveau de bleu et de blanc, qu'on enlève en les râclant. Après 15 autres jours, ils se couvrent d'un duvet rouge et blanc. Le fromage est fait dès ce moment, mais on a soin de le râcler de 15 jours en 15 jours jusqu'à la vente. On juge de la qualité du fromage par la sonde. Le fromage de 1re qualité offre une pâte douce, fine, blanche, agréable au goût, légèrement piquante et marbrée de bleu. Après 4 mois de cave et un déchet d'un cinquième au moins, le fromage se vend de 60 à 70 francs le quintal ; il a coûté environ 40 fr. pris chez le fermier. Les bénéfices seraient très-considérables s'ils n'étaient diminués par la rente du capital employé à l'acquisition des caves. On fabrique annuellement à Roquefort 900,000 kilog. de fromage, qui forment un commerce de 6 à 700,000 fr. Quoiqu'il soit difficile de trouver une localité aussi propice que celle de Roquefort pour la construction des caves à fromages, on parvient cependant à l'imiter parfaitement, en plaçant des fromages dans des caves très-froides, dont on entretient la fraîcheur par des moyens artificiels. Nous avons mangé du fromage de Roquefort fabriqué aux environs de Paris, dont les qualités approchaient beaucoup de celles du véritable fromage de ce nom. On prétend même qu'il s'en fabrique aux environs de Roquefort qui sont très-bons, et passent dans le commerce sous le même nom.

ART. V. — *Préparations avec le caillé et des substances végétales.*

1er *Serai vert du canton de Glaris (Schabsieger).*

Le serai vert ou fromage de Glaris mérite de fixer l'attention des cultivateurs français. Ce produit, à bon marché dans le pays, est cependant vendu assez chèrement au loin, où il est recherché ; sa fabrication est facile, et elle se distingue en ce qu'il entre dans ce fromage de la poudre de mélilot bleu (*Trifolium melilotus cœruleus*). Lorsque le lait est trait, on le descend dans des caves, où il reste 4 jours ; ces caves sont rafraîchies par des sources ou des fontaines, et les terrines qui le contiennent sont plongées de quelques pouces dans cette eau fraîche. Lorsqu'on veut faire le fromage, on monte le lait, on l'écrème, puis on le verse dans un chaudron, en y mêlant du petit-lait aigri ou un acide faible, tel que le jus de citron, pour le coaguler. On met alors le chaudron sur le feu, et on chauffe fortement, en agitant le caillé avec force. Lorsque le petit-lait est tout-à-fait séparé, on retire le fromage du feu, puis on le place dans des formes d'écorce de sapin percées de trous, afin de le laisser égoutter pendant 24 heures. Après ce temps, on sort ces fromages, pour les placer près du feu, dans de plus grandes formes, où ils éprouvent, par l'influence d'une douce chaleur, un mouvement de fermentation. Au bout de quelques jours, on les retire, puis on les place dans des tonneaux perforés, sur le couvercle desquels on charge des pierres qui doivent comprimer fortement le serai. Il reste quelquefois dans cet état jusqu'à l'automne, moment où on le porte au moulin à broyer. Alors, sur 50 kil. (100 liv.) de serai, on prend 2 kil. 1/2 (5 liv.) de mélilot pulvérisé et 4 à 5 kil. de sel fin bien sec et décrépité. Lorsque le mélange de ces 3 substances est bien fait, on en remplit des formes enduites de beurre ou d'huile, qui ressemblent à un cône tronqué, de la contenance de 2 à 5 kil., et on le comprime fortement à l'aide d'un tampon de bois ; 8 ou 10 jours après, on sort le serai des formes ; on le fait sécher avec précaution, afin qu'il ne se gerce pas.

La fabrication du serai vert pourrait se faire avec avantage dans les pays dont le beurre est le commerce principal. Le mélilot bleu est une plante annuelle, indigène, qu'on peut cultiver dans toute la France ; elle croît sur les montagnes jusqu'à 1400 mètres au-dessus du niveau de la mer. Pour préparer cette poudre, on fait dessécher la plante, et on la réduit en poussière aussi fine que du tabac à priser. Les fromages de Glaris pèsent 4 à 5 kilog. (8 à 10 liv.) ; ils se vendent dans le pays 20 à 30 cent. la livre. La 1re qualité s'exporte au prix de 50 à 75 cent. la livre.

2e *Fromage de pommes-de-terre.*

On en fabrique de 2 espèces en Allemagne ; la plus estimée se fait comme il suit. On choisit une bonne qualité de pommes-de-terre ; on les fait cuire, à moitié seulement, à la vapeur ; on les pèle, on les râpe, ou on les réduit en pulpe. Trois parties de cette pulpe sont ajoutées à 2 de caillé frais, et pétries ensemble. On laisse reposer pendant 3 ou 4 jours, suivant la température, et on en forme ensuite des petits pains, qu'on sale et qu'on fait sécher.

On fait un très-bon fromage avec une partie de pulpe de pommes-de-terre et 3 de caillé de lait de brebis. Ce fromage est d'une grande ressource dans quelques vallées de la Savoie, où on en fabrique d'après les procédés que nous avons décrits. Il a le précieux avantage de s'améliorer en vieillissant, et de ne pas être sujet aux vers.

3e *Fromage de Westphalie.*

Il est fabriqué avec du lait écrémé ; mais, avant d'enlever la crème, on la laisse sur le lait jusqu'à ce que celui-ci ait acquis une saveur aigrelette. La crème, étant enlevée, le lait dépouillé est placé près du feu, où il ne tarde pas à se coaguler spontanément. Le caillé, mis dans un sac de grosse toile, est chargé de poids pour en exprimer le petit-lait, et quand il est aussi sec que possible, on le brise et on le broie entre les mains. Ainsi broyé, l'ouvrier le jette dans un baquet propre, où il le laisse 8 ou 10 jours, plus ou moins, suivant que l'on désire des fromages forts ou doux. Pendant cette opération, qu'on appelle maturation, le fromage éprouve un commencement de fermentation active, et se recouvrirait d'une croûte épaisse si l'on n'avait pas le soin de l'enlever du baquet avant la formation de celle-ci. Le fromage est alors moulé en pains ou cylindres, avec une forte addition de sel et beurre, et un tiers de caillé frais, pour arrêter la fermentation. On y mêle aussi quelquefois du poivre, du girofle et autres épices en poudre. Comme les pains sont petits, ils sèchent promptement en plein air, et sont bientôt mûrs pour la consommation.

Pour satisfaire au goût des amateurs, on les suspend, lorsqu'ils sont presque secs, dans une cheminée dans laquelle on brûle du bois. Là on les laisse se mayencer pendant plusieurs semaines, et par cette opération leur saveur et leur odeur sont singulièrement améliorées. Ces fromages s'exportent rarement au dehors.

ART. VI. — *Brocotte, recuite, seral, ricotte, etc.*

Il reste encore dans le petit-lait qui a fourni

le fromage une quantité plus ou moins grande de parties butireuses et caséeuses qui peuvent fournir du beurre et un fromage de qualité inférieure, qu'on nomme *brocotte, recuite, serai, ceracée*, ou *ricotte*, suivant les pays.

Une fois le beurre de petit-lait enlevé, il faut, pour obtenir la réunion des parties caséeuses, avoir recours à l'ébullition et à un acide plus fort que la présure ordinaire. On se sert pour cela de vin blanc, de cidre, et mieux de vinaigre et de petit-lait aigri, qu'on appelle *aisy*.

Pour obtenir *l'aisy*, on place près du foyer 2 tonneaux dans lesquels on met du petit-lait dépouillé, qu'on nomme *la cuite*, et qui ne tarde pas à passer à l'aigre ou fermentation acéteuse. Pour préparer la *brocotte* et le *serai Suisse* dans les fromageries où l'on ne fait pas cuire les fromages, on met le petit-lait dans un chaudron sur le feu; et dans les fruitières de Gruyères, dans la chaudière, après la cuite du fromage. Quand le liquide est arrivé au 50° cent. (40 R.), on ajoute le lait de beurre et le lait suspect qu'on n'a pas cru devoir mêler dans la chaudière pour le fromage, et le tout étant en pleine ébullition, on y verse l'aisy à la dose de 10 p. 0,0 en mesure, et plus s'il est nécessaire. On pousse le feu, et le serai ne tarde pas à paraître à la surface. Par la cuisson, cette matière forme peu à peu une croûte bien agglomérée; et lorsque la séparation est bien complète, on retire la chaudière du feu, on enlève une écume mousseuse qui est à la surface, puis, avec l'écumoire, on sépare la croûte en gros morceaux, qu'on jette dans le moule placé sur l'égouttoir. Par le refroidissement, le serai s'affaisse, se resserre, et lorsqu'il est complètement froid, il forme une masse cohérente qui conserve la forme du moule après sa sortie.

Une partie de la cuite ou liquide restant sert à remplir les vases où se conserve et se forme l'aisy. Quand un tonneau a fourni de la présure pendant quelques jours, il se manifeste au fond un dépôt qui donne à l'aisy une mauvaise odeur. Pour prévenir cet effet, on a soin de renouveler ce liquide avant cette époque. En filtrant la cuite on préviendrait peut-être cet inconvénient. Dans tous les cas, le petit-lait qui reste après cette préparation sert de boisson dans une partie de la Suisse, et son goût, quand on y est accoutumé. est assez agréable.

Le serai frais est un aliment très-salubre, nourrissant et de facile digestion; on le mange avec ou sans apprêt dans une partie de la Suisse, où il tient lieu de pain. En le salant, on fait du serai un fromage qui se conserve plusieurs mois et même une année. Pour saler le serai, on le met, au sortir du moule, sur une planche, entre 2 lits de sel, à la dose de 6 à 7 p. 0/0. Ainsi salé, on le place sous le manteau d'une cheminée ou dans un lieu très-sec. Quand le sel est entièrement absorbé, et que, par l'évaporation, le serai est diminué d'un tiers, on l'envoie au marché, où il se vend à raison de 10 à 15 cent. la livre. Le serai, relativement à sa valeur, consommant beaucoup de bois, ne peut être fabriqué avantageusement que là où le combustible est abondant et à très-bon marché.

La *ricotte* de Naples se fait à peu près comme le Gruyères. On mêle au sérum qui reste après la cuisson du fromage 1/10ᵉ de lait frais et pur; on ranime le feu; on remue doucement pour que la ricotte surnage et se rassemble à la surface, et, à la 1ʳᵉ apparence d'ébullition, on verse l'acide qui doit opérer la coagulation. A cet effet, on emploie ou du jus de citron, ou du vinaigre fort, ou du petit-lait aigri, à la dose de 1/15ᵉ ou 1/16ᵉ de la préparation; on remue le tout, et, au moment où il se forme un bouillon sensible, on retire du feu la chaudière. C'est de ce point précis saisi à propos que dépend la bonté de la ricotte, qui, trop cuite, cesserait d'être moelleuse. Bientôt le milieu de la chaudière se couvre d'une mousse blanche, que l'on enlève à l'écumoire, et qui est très-délicate, mais ne se conserve pas. La ricotte forme une couche de 2 à 3 doigts d'épaisseur; on la recueille et on la fait égoutter dans une forme. Ce fromage est très-bon mangé chaud et pendant les premiers jours de sa fabrication. Salé et séché convenablement, il devient dur, se râpe facilement, et est très-bon pour la préparation du macaroni.

ART. VII. — *Conservation des fromages accidens auxquels ils sont sujets.*

La conservation des fromages est un point des plus importans, surtout pour ceux qui sont destinés à être embarqués. Leur consistance et leur état de fermentation plus ou moins avancé dans les magasins ou chambres à fromage, doivent servir de guide. Le mode de fabrication entre aussi pour beaucoup dans leur durée. Les fromages qui ont reçu de la présure trop fraîche, et dont le petit-lait n'est pas totalement séparé, sont sujets à lever, et conservent dans leur intérieur des trous ou larges réservoirs d'air, qui donnent à la pâte un aspect spongieux et désagréable. Lorsque cet accident arrive pendant la fabrication, et si la fermentation est considérable, on place le fromage dans un lieu frais et sec, on le perce avec des brochettes de fer dans les endroits où il lève le plus; l'air ou les gaz s'échappent par ces ouvertures, le fromage s'affaisse, et l'intérieur présente moins de cavités. — Pour prévenir cet accident, les Anglais se servent d'une poudre, qui se vend sous le nom de poudre à fromage; elle se compose d'une livre de nitre et une once de bol d'Arménie en poudre, et intimement mélangés. Avant de saler le fromage, et lorsqu'on est sur le point de le mettre en presse, on le frotte avec une once de ce mélange; une dose plus forte produirait un mauvais effet.

Le rôle que joue le sel est fort important. Nous avons vu en effet que le caséum à l'état sec se conservait indéfiniment, mais il ne possède alors qu'une saveur fade, insipide et peu agréable. L'addition du sel d'un côté et la préparation ou maturation en magasin de l'autre, opérations qui demandent le plus de soins et de surveillance, ont pour but de procurer une fermentation lente ou une réaction graduelle entre les principes élémentaires du fromage. Cette réaction marche d'autant plus rapidement que le fromage est plus mou, et que le local est plus chaud et humide. Plus la fermentation a été lente, plus la saveur du fromage est franche, douce et agréable. C'est au moment précis où cette réaction entre les élémens a produit des combinaisons agréables au goût qu'il faut consommer le fromage: plus tôt, il n'est pas fait; plus tard, il est dans un état plus ou moins avancé de décomposition. Lorsque le fromage est suffisamment passé, on le met dans un endroit frais et pas trop humide, dans une bonne cave qui ne contient aucune liqueur en fermentation ; celles où le vin se garde bien conservent également bien le fromage, mais celui-ci et le vin s'excluent réciproquement.

Quelques fromages à pâte molle et affinés, comme ceux d'Epoisse, de Langres, de Brie, les Géromé, etc., se mettent dans des boîtes de sapin ou de hêtre. En fermant ces boîtes complètement, et leur donnant une couche ou deux de peinture à l'huile, les fromages se conserveraient plus long-temps et en meilleur état. CHAPTAL prétendait qu'il en est du Roquefort comme du vin de Bourgogne, qu'on ne peut se faire une idée exacte de l'excellence de ce fromage que dans le pays même, au moment où il sort des caves. Il se décompose, en effet, facilement dans le transport, et c'est pourquoi on le met en vente avant sa parfaite maturité. Ne pourrait-on pas conserver à ces fromages les qualités qui en font le mérite, en les enfermant isolément dans une boîte vernie ou peinte, et exactement fermée?

Les fromages de Hollande sont généralement enduits d'une couche de vernis à l'huile de lin: cette préparation est sans doute une des principales causes de leur inaltérabilité dans les voyages de long cours ; leur petit volume y entre peut-être aussi pour quelque chose. — En faisant les fromages de Gruyères moins gros, et en les couvrant du même vernis, ils tiendraient tout aussi bien la mer. Le vernis forme une couche unie, solide et sèche qui s'oppose à l'accès de l'air et de l'humidité qui sont les agens les plus actifs de la fermentation. Quant à l'action de la chaleur, on peut s'en garantir en couvrant le fromage avec une couche de charbon en poudre. Telles sont les précautions que je crois convenables pour conserver et faire voyager les fromages. En général, ceux qui font le commerce des fromages doivent les examiner souvent pour ne pas éprouver des pertes plus ou moins considérables.

Les *insectes* qui attaquent les fromages sont :

1° Le *ciron* ou mitte des fromages (*Acarus siro*), qui les dévore lorsqu'ils sont à demi secs. Ces animaux sont d'autant plus dangereux qu'ils éclosent sous la croûte, puis se répandent dans l'intérieur où ils causent des pertes considérables. Quand on a soin de brosser souvent les fromages avec une vergette, de les essuyer avec un linge, de laver à l'eau bouillante les tablettes sur lesquelles ils reposent, on parvient à se débarrasser des cirons. Mais le plus sûr moyen est, après avoir frotté les fromages avec une saumure, de les laisser sécher et de les enduire avec de l'huile;

c'est ainsi qu'on traite le Gruyères lorsqu'il est attaqué par cet insecte destructeur.

2° Les *larves* de la mouche vert doré(*Musca cesar*), de la mouche commune (*Musca domestica*), de la mouche stercoraire, et surtout de la mouche de la pourriture (*Musca putris*). Ces larves s'introduisent dans le fromage, et y font beaucoup de dégâts. La présence de ces animaux vermiculaires, qui annonce un état avancé de putréfaction, cause beaucoup de répugnance à la plupart des consommateurs; quelques personnes, au contraire, préfèrent le fromage dans cet état, parce qu'il est plus fort ou d'une saveur plus relevée.

On fait périr tous ces animaux par le vinaigre, la vapeur de soufre brûlé, le chlore, et des lavages au chlorure de chaux. Lorsque le magasin contient ces insectes en abondance, on enlève les fromages, on gratte, et on lave les tablettes avec de l'eau tenant en dissolution du chlorure de chaux; on rince de même le plancher, et on blanchit les murs à l'eau de chaux. On recommande aussi une fumigation de chlore; mais nous pensons que les lavages sont suffisans. Lorsque les casiers sont secs, on replace les fromages, qui ont été préalablement lavés avec une eau légèrement chlorurée, séchés, essuyés avec un linge, ou grattés au besoin, et ensuite frottés, comme il a été dit, avec un drap imbibé d'huile.

Si les fromages sont trop passés, c'est-à-dire sont parvenus à un état de décomposition très-avancée, on les met dans la poudre de chlorure sec ou dans du charbon en poudre imbibé d'une petite quantité de chlorure de soude qui enlève leur mauvaise odeur, et on se hâte de les livrer à la consommation avant qu'ils soient complètement pourris. Quant à la moisissure, il suffit, pour s'en délivrer, de râcler le fromage, de l'essuyer et le frotter d'huile.

Pour donner au fromage de Gloucester nouvellement fabriqué le goût et l'apparence de fromage ancien, on enlève avec la sonde, sur les deux faces et dans le centre, et en pénétrant jusqu'au milieu, des cylindres de fromage, qu'on remplace par de semblables cylindres pris dans un fromage passé et de bonne qualité; on tient le fromage ainsi préparé au magasin, et dans peu de jours il a acquis la saveur du vieux Gloucester.

Ce procédé est applicable à tous les fromages veinés, tels que le Sept-Moncel, le Roquefort, etc. M. GIROU DE BUZAREINGUES condamne avec raison le mélange de pain moisi que quelques fabricans mettent au centre de la pâte pour avancer les fromages en cave; une pelote d'ancien fromage remplirait mieux l'objet. Ce pain donne aux fromages un goût tout-à-fait désagréable.

ART. VIII. — *Conclusion.*

On peut se convaincre par tout ce qui a été exposé dans cette analyse des meilleurs travaux sur les fromages, et notamment de la collection de Mémoires publiés par M. HUZARD fils (1), que la fabrication des fromages n'offre aucune difficulté que les fermiers ne puissent surmonter; mais les établissemens les plus importans, ceux que nous recommandons surtout aux montagnards, sont les fruitières, ou associations pour la fabrication du lait. Celui qui possède un trop petit nombre de vaches participe à tous les avantages de la fabrication en grand des fromages. Plus d'un pays a besoin de cette branche d'industrie pour faire sortir les habitans des campagnes de la misère et de l'état de malpropreté dans lesquels ils végètent.

Rien ne s'oppose donc à ce que chaque nation cherche à s'affranchir de l'étranger pour cette denrée, et dans peu sans doute chacune pourra soutenir la concurrence. C'est principalement sur la fabrication des fromages de Hollande, de Chester et de Parmesan, que nous nous plaisons, avec la Société royale et centrale d'agriculture, à attirer l'attention des fermiers. Ceux qui suivront les préceptes qui ont été exposés dans ce précis seront certains de réussir, au moyen de quelques tâtonnemens, qui leur donneront par la suite ce tact, cette habitude que, dans cette industrie comme dans toute autre, on ne peut obtenir que par une pratique raisonnée. Que l'habitant des campagnes ne perde pas de vue les préceptes suivans, qui renferment tout le secret de la fabrication des fromages.

Fabrication, autant que possible, en grandes masses, parce que le fromage a une qualité moyenne et marchande, qu'il est sujet à moins d'accidens, qu'il se dessèche moins vite, et se corrompt plus difficilement.—Emploi d'un lait de bonne qualité, et sans altération. —Usage d'une présure non altérée et d'une force constante, autant que possible.— Coagulation du lait à une température de 27° à 29° cent. (23 à 24 R.), selon la saison, avec une dose de présure convenable, ni trop forte, ni trop faible. — Division exacte du caillé avec les précautions nécessaires, soit pour un fromage à froid, soit pour le fromage cuit. — Séparation, aussi complète que possible, du petit-lait, au moyen d'une pression graduée, et plus forte sur la fin. — Salaison du fromage, après sa pression et sa dessiccation, avec du sel pur et sec.—Soins attentifs dans le magasin pour faire passer le fromage et le faire arriver à point. — Surveillance de tous les jours. — Et par-dessus tout, la plus grande propreté de tous les vases et ustensiles, et de l'opérateur lui-même.

MASSON-FOUR.

SECTION IV. — *Emploi des résidus du laitage.*

Les divers résidus qu'on obtient dans les laiteries sont du lait écrémé, du lait de beurre, du petit-lait et des eaux de lavage.

1° Le *lait écrémé* peut être débité dans les environs ou à la ville, employé à la ferme pour la nourriture des serviteurs, ou bien servir à celle des veaux ou des porcs, ou bien enfin converti en fromage maigre ou en serai. En Flandre, près des grandes villes, le lait aigre, battu en masse et dont on a extrait le beurre, est vendu aux blanchisseurs.

2° Le *lait de beurre* sert, avec les assai-

sonnemens convenables, à faire de la soupe aux gens de la ferme; on l'ajoute quelquefois au lait écrémé pour l'employer dans la fabrication du pain ou celle du serai; ou bien on en humecte le son, les grains, etc., qu'on donne aux oiseaux de basse-cour. On le distribue aussi aux porcs avec le précédent.

3° Le *petit-lait*, après qu'on en a extrait le beurre et le serai, qu'on nomme *cuite*, sert de boisson, comme on le voit dans plusieurs montagnes de la Suisse, ou en médecine, surtout dans les affections de poitrine et les maladies inflammatoires. On en fait encore l'aisy ou petit-lait aigri, qui sert à séparer le serai. On l'emploie pour préparer et délayer la présure, laver les ustensiles dans quelques cas de la fabrication du fromage, pour faire un vinaigre faible employé dans les usages culinaires dans quelques pays; pour le blanchiment des toiles fines de lin, pour la nourriture des cochons, enfin pour obtenir par son évaporation le sucre de lait impur du commerce.

4° Les *eaux de lavage* des ustensiles et du beurre ne sont bonnes qu'à être données aux cochons.

SECTION V. — *Des fruitières ou associations rurales pour la fabrication du lait.*

Les habitans des parties montueuses de la Suisse ont imaginé et perfectionné des espèces de sociétés entre cultivateurs qui s'associent pour apporter, tous les jours, dans une laiterie commune le lait produit par leurs troupeaux, et faire transformer ce lait en beurre, fromage et serai. Ces sociétés, qui sont connues sous le nom de *Fruitières,* ont été également établies dans les villages de la plaine, et se sont introduites en France dans quelques cantons voisins de la Suisse, où elles se sont promptement multipliées.

Dans les Fruitières suisses, suivant M. C. LULLIN, à qui nous empruntons ces détails, chaque associé apporte soir et matin son lait à la laiterie commune. Le fruitier le mesure, et tient note de la livraison sur un bâton fendu en deux, dont une moitié reste à la fruiterie, et l'autre est emporté par l'associé. A la fin du mesurage de la seconde traite, le fruitier additionne les livraisons de chaque associé; celui qui a livré le plus de lait a le produit en fromage de la fabrication de ces 2 traites. On additionne toutes les livraisons; on soustrait de cette somme le lait fourni par celui qui a eu le produit, et il doit le reste à la société. Chaque jour le lait qu'il apporte est reçu en déduction de sa dette, et lorsqu'il a payé cette dette il redevient créancier de la société. Sa créance s'augmente tous les jours de chacune de ses livraisons, et le jour où sa créance est plus forte que celle d'aucun des autres associés, il a de nouveau le produit de la fruitière, et ainsi de suite; chaque associé étant alternativement débiteur et créancier de la société, et celle-ci cheminant, en payant chaque jour son plus gros créancier.

Ce mode de comptabilité simple et commode, et qui a été adopté après avoir successivement employé sans succès différentes méthodes, deviendra plus facile à saisir par le tableau suivant du compte d'une fruitière de 10 associés pendant 3 jours.

ASSOCIÉS.	1er jour. 1re traite.	2e traite.	Somme.	Doit.	Avoir.	2e jour. 1re traite.	2e traite.	Somme.	Doit.	Avoir.	3e jour. 1re traite.	2e traite.	Somme.	Doit.	Avoir.
Joseph.	4	5	9		9	8	10	18		17	9	9	18		45
Jacob.	7	8	15		15	7	8	15		30	7	8	15		45
Etienne.	3	4	7		7	3	3	8		11	3	3	6		18
François.	2	2	4		4	2	2	4		8	2	2	4		11
Pierre.	8	9	17		17	7	8	15		33	8	9	17		49
Ami.	1	1	2		2	1	1	2		4	1	1	2		6
Jacques.	9	10	19		19	8	11	19		38	10	11	21	129	93
André.	14	16	30		30	13	15	28	122		14	15	29	93	
Moïse.	3	4	7		7	4	5	9		16	4	5	9		25
Robert.	30 35	4	65	110		29	36	65		46	30	37	67		22

Tour dévolu à Robert qui reçoit. . . . 175 lit. A déduire sa livraison 65 — Il redoit. . . . 110 lit.	à André. . 280 lit. à déduire. 58 — Redoit. 122 lit.	à Jacques. 188 lit. à déduire. 59 — Redoit.. 129 lit.

Un acte de société, fait sous seing privé quand tous les associés savent écrire, et dans le cas contraire devant un notaire, lie ces associations et impose à chaque associé des règles et des devoirs réciproques sous des peines pour ceux qui les enfreindraient. — Dans ces actes il est généralement stipulé que les intérêts de la société sont administrés par une commission composée d'un certain nombre de membres et d'un président, élus par les associés. Cette commission répartit les frais d'établissement et de fabrication, fait les conventions avec le fruitier, surveille l'exécution des clauses de la société, prononce sur les violations du réglement, inflige les peines de ces violations, et prononce sans appel dans les discussions entre co-associés.

Un réglement arrêté par la commission indique les conditions et soins à observer pour la livraison de tout le lait récolté par chaque associé, sauf la quantité nécessaire à son ménage. Il fait connaître les moyens employés pour le mesurage, pour le compte journalier, et pour reconnaître les mélanges avec de l'eau, ou fraudes quelconques, et indique le mode de répartition des produits ou *fruits* de la vache entre les associés. Enfin il énumère les peines contre toute violation, et ajoute plusieurs dispositions utiles pour la durée de la société, la rigoureuse exécution de ses clauses et les avantages qu'elle promet à chacun des sociétaires.

Le *fruitier* est ordinairement un homme aux gages de la société, qui souvent est chargé de payer certains objets, tels que toiles, torchons, tabliers, lumière, etc., dont des soins intéressés peuvent diminuer la consommation sans nuire au succès du travail. Quelques fruitiers demandent à être payés à tant la livre de produits qui sortent des ateliers; mais cette méthode ne paraît pas être la meilleure.

Les *fruitières sont d'autant plus avantageuses* que le nombre des associés est plus considérable, et en les établissant on cherche à y réunir 300 ou 400 lit. de lait par jour dans la bonne saison. Quand on dépasse beaucoup cette quantité, on est obligé de faire 2 froma-

ges par jour pendant l'été, ce qui ne peut avoir lieu avec un seul homme que pendant un temps très-court de l'année.

Le *nombre des vaches* des fruitières varie de 50 à 100, suivant les localités, c'est-à-dire par la distance des hameaux et la facilité des routes.

Le *produit des vaches* en fruitières paraît dépendre des soins qu'on a d'elles et de la qualité et quantité des fourrages; mais, généralement, ce produit est assez considérable, et supérieur à celui qu'on peut retirer d'un petit nombre de vaches, dont il est difficile de transformer le lait en produits d'un écoulement facile et avantageux.

Ces associations rurales sont surtout utiles dans tous les pays, et les avantages qu'elles procurent sont fondés sur les faits suivans : 1° le beurre est d'autant meilleur que la crème avec laquelle on le fait est plus fraîche; 2° le fromage n'est bon que lorsqu'il est fabriqué en grandes masses, et qu'il n'entre pas dans sa composition de lait altéré; 3° il est d'autant meilleur qu'il est conservé dans un lieu adapté à cet usage, et soigné dans ce lieu avec intelligence; 4° le travail sur de petites quantités de lait permet difficilement d'obtenir le serai; 5° les manipulations y sont confiées à une seule personne, qui, par une fabrication journalière, est dispensée des soins minutieux qu'exige la conservation du lait et de la crème; 6° en opérant sur de grandes masses, on emploie des procédés perfectionnés inapplicables à de petites quantités, et qui fournissent des fromages d'excellente qualité; 7° la fabrication est dirigée par des hommes qui en font leur unique occupation, et qui acquièrent dans les procédés de leur art une grande pratique et du discernement.

Ces associations, qu'il serait à désirer de voir établir dans un grand nombre de cantons de la France, ont aussi pour résultat de faire participer la plus mince quantité de lait aux avantages des manipulations en grand, de convertir les produits des troupeaux en un comestible d'un transport et d'une vente faciles, de débarrasser du soin des laiteries, de laisser beaucoup de temps pour les autres travaux de la ferme, d'augmenter le nombre des vaches ainsi que leur grosseur, de provoquer des progrès sensibles dans tous les genres de culture, enfin de procurer des gains considérables par la qualité supérieure des produits qu'on y fabrique.

SECTION VI.—*Produits et profits de la laiterie.*

Il y a trop de différence, dit THAER, dans les races de vaches et dans les individus, trop d'inégalité dans la nourriture et l'entretien, trop de variations dans la manière de traiter les produits de la laiterie et d'en tirer parti, ainsi que dans leur prix, pour qu'on puisse rien dire de général sur le produit, et moins encore sur le profit en argent qu'on peut retirer d'une vache à lait. Il y a des exemples de vaches qui, par une laborieuse activité, dans le voisinage des villes populeuses, ont produit une recette annuelle de plus de 600 fr., d'autres où le produit en lait d'une vache ne s'est peut-être pas élevé à 10 fr.; et nous pouvons ajouter aux observations du savant agronome, qu'il est même des cas où la laiterie peut ne laisser aucun produit net, et constituer le fermier en perte.

§ 1er. — Produit de la laiterie.

I. *Lait*. La quantité de nourriture que consomme une vache à lait dépend de la race, de l'âge, de l'individu, etc., et ne peut être déterminée d'une manière générale. Pour une vache adulte, de taille moyenne, la ration la plus convenable paraît être de 9 à 10 kil. (18 à 20 liv.) de bon foin sec, ou l'équivalent en fonrrage vert, graines, tourteaux, tubercules, résidus de brasseries ou distilleries, etc. En partant de cette donnée, fournie par l'observation, nous avons réuni dans le tableau suivant la quantité de lait fournie par des vaches de divers pays, soumises à des régimes très-variés, de tailles et de races fort différentes, mais généralement consistant en animaux de choix, en bonne santé, et dirigés avec intelligence. Nous avons à ce tableau ajouté une colonne qui fait connaître le nombre de litres fournis par chaque espèce de vaches pour 100 kilog. de foin sec consommé, ou pour toute autre nourriture équivalente, avec indication de l'agronome à qui nous empruntons ces documens.

	Quantité de lait fourni en une année en Litres.	Litres de lait fournis pour 100 kil. de foin sec consommés.
Belgique (environs d'Anvers), vaches hollandaises de haute taille; bonne nourriture à l'étable avec des soupes, équivalant approximativement à 13 kilog. de foin sec (SCHWERZ).	2557.60	52.08
Belgique, en moyenne, vaches de tailles diverses; pâturages gras, bonne nourriture à l'étable, équivalant à 12 kilog. 40 de foin (SCHWERZ).	2254	49.55
Saxe (Moosen), vaches de Voigtland du poids vivant de 235 à 280 kil.; nourriture à l'étable, verte en été, variable en hiver, égale en moyenne à 9 kil. 40 de foin (Dr SCHWEITZER).	1527.20	44.51
Autriche (Carinthie), vaches de Murzthaler de 375 kil. poids vivant; bonne nourriture à l'étable (BURGER).	1564	42.85
Hollande (dans le bas pays), vaches de grande taille; riches pâturages d'été et bonne nourriture d'hiver à l'étable, estimée à 12 kil. 40 de foin (SCHWERZ).	1932	42.45
Prusse (Mœglin), vaches de race indéterminée; nourriture à l'étable, verte en été et égale à 10 kil. de foin sec; sèche en hiver et égale à 9 kil. 40 de foin (THAER).	1505.50	41.82
Suisse (Hofwyll), vaches de la plus grosse taille, de 600 kil. et plus poids vivant; nourriture à l'étable à discrétion, évaluée à 17 kil. 5 de foin sec (D'ANGEVILLE).	2662	41.60
Suisse (Hofwyll), vaches de 600 kil. poids vivant; nourriture à l'étable équivalant à 14 kilog. foin sec (SCHWERZ).	2097.60	40.75
France (Lompnès, Ain), vaches de petite taille, de 275 kil. poids vivant; nourriture à l'étable, bon foin à raison de 6 kil. 31 par jour (D'ANGEVILLE).	915	39.60
France (Roville, Meurthe), vaches du pays, de moyenne taille; nourriture, 10 kil. de foin par jour (MATHIEU DE DOMBASLE).	1416	38.80
Saxe (Altenbourg), vaches du pays, de forte taille; nourriture à l'étable équivalant à 14 kil. de foin (SCHMALZ).	1950.40	37.80
Suisse, terme moyen, vaches de 450 à 500 kil. poids vivant; nourriture à l'étable, 12 kil. 50 de bon foin (D'ANGEVILLE).	1700	37.30
MOYENNE.....	1840	42.43

D'après ce tableau on voit : 1° que, terme moyen, une vache choisie, bien soignée et nourrie convenablement au pâturage ou à l'étable, quelle que soit sa race ou sa taille, doit rendre environ 40 lit. de lait pour 100 kilog. de bon foin sec consommé ou l'équivalent en autre nourriture; 2° qu'une vache de taille moyenne, bonne laitière et bien nourrie, doit donner environ 1800 lit. de lait pendant le cours de l'année. Or, on sait que, terme moyen, les vaches ne fournissent guère du lait de bonne qualité que pendant 40 semaines ou 280 jours; ce qui donne 45 lit. par semaine ou près de 6 litres et demi par jour.

Cette quantité de lait fournie journellement varie beaucoup avec le pays, le climat, la nourriture, la race et surtout la saison. THAER, par exemple, estime que les vaches des environs de Berlin, et dans les établissemens ruraux les mieux dirigés, ne donnent que 4 lit. 68 de lait par jour. Les vaches des environs de Londres en moyenne en fournissent 5 lit.; et, suivant M. GROGNIER, celles des montagnes du Lyonnais, qui ne reçoivent qu'une chétive nourriture en hiver, 2 lit. seulement, quoique de race bressane. Dans d'autres localités les vaches rendent moins encore quand elles ne reçoivent pas des soins attentifs et une nourriture saine et abondante. D'un autre côté, dans les pays les plus favorables à la santé de ces animaux, dans ceux où on les choisit de bonne race et féconds, où on leur donne une nourriture abondante et de bonne qualité, et où ils sont dirigés et soignés avec sagacité, on obtient, surtout dans la saison la plus favorable, des produits bien supérieurs. Les meilleures vaches laitières des environs de Paris, Lyon, Londres, etc., donnent par jour 8 à 10 lit. de lait au moins; celles de la Campine, 14 à 15 (SCHVERZ). Les fermiers flamands, qui procurent à leurs vaches en hiver une bonne nourriture cuite, ou des résidus de brasseries en quantité convenable, et de bons pâturages en été, obtiennent de chacune 18 à 21 lit., et au-delà (AELBROECK). M. D'ANGEVILLE cite des vaches suisses qui donnent 22 lit., et M. AITON assure que les bonnes vaches hollandaises, du poids de 275 à 350 kil., donnent 10 à 12 lit. 2 fois par jour, et davantage quand elles sont nourries avec des résidus de distilleries. Les bonnes vaches normandes du même poids donnent, dans les bons herbages de la vallée d'Auge, 24 lit. et au-delà depuis le commencement de mai jusqu'à la fin de juillet, et 16 lit. depuis cette époque jusqu'à la fin d'octobre. M. W. Cramp, dans le comté de Sussex, a possédé une vache qui pendant 8 années a fourni, terme moyen, 5,540 lit. de lait par an et jusqu'à 25 lit. par jour pendant les mois d'avril et de mai. La race anglaise de Teeswater donne communément 30 lit., et dans le comté de Suffolk les vaches, qui sont de petite taille, mais excellentes laitières, donnent pendant 2 ou 3 mois 22 à 23 lit., les bonnes 27 et les meilleures 36 lit. au commencement de juin (Arth. Young). Thaer croit que 28 lit. est la plus grande quantité fournie par des vaches nourries à l'étable. M. de Crud fait mention de vaches qui à l'étable ont atteint 40 lit., mais qui étaient des individus remarquables par leur haute stature et leur fécondité. Enfin Thaer dit que des personnes dignes de foi lui ont assuré que certaines vaches rendaient dans les meilleurs pâturages des contrées basses, de 42 à 47 lit. dans le moment de la plus grande abondance.

Une brebis de 2 à 3 ans, soumise 2 fois par jour à la mulsion, donne journellement du 20 avril au 18 juillet 375 à 400 grammes de lait par jour, et en moyenne pour l'année 36 à 40 lit. (Schwerz). — Les bonnes chèvres bien nourries au vert peuvent, pendant 4 à 5 mois, donner 2 à 3 lit. de lait par jour.

II. *Beurre.* — La quantité de lait nécessaire pour faire un ½ kilog. de beurre, dépend de la richesse du lait, de la manière de former et de recueillir la crème, et de la méthode adoptée pour le battage. Nous consignerons ici les résultats obtenus dans divers pays par les méthodes les plus usuelles.

	Litres.
Salzbourg, dans les Alpes (Burger),	9. »
Suisse, Hautes-Alpes (Hæpfner),	9.75
Angleterre, bonnes vaches de Devonshire,	10. »
France, Roville, vaches nourries de regain et 2 livres de tourteaux de graine de lin, 10 à 11 lit. moyenne (Mathieu de Dombasle),	10.50
Angleterre, Sussex (W. Cramp),	11.35
Suisse, Hofwyll (Schwerz),	13. »
Suisse (Dick), moyenne,	13.25
Saxe, Altenbourg (Schmalz),	13.30
Weimar (baron de Reidesel),	14. »
Wurtemberg (Pabst), moyenne,	14. »
Prusse (Thaer), moyenne,	14.05
Voigtland (Schweitzer),	14.50
Holstein (Lengerke), moyenne,	14.70
Saxe-Basse (Meyer), moyenne,	14.70
Belgique (Schwerz), moyenne,	15. »
Angleterre, Gloucester, moyenne,	15. »
Flandres (Aelbroeck), 15 à 16, moyenne,	15.50
France, Roville, vaches nourries au foin et 30 kil. de résidus de distilleries de pommes-de-terre (Mathieu de Dombasle), 16 à 18, moyenne,	17.
Suisse, Glaris (Steinmuller).	17.60
Saxe, Mark (Gérike).	18.40
Suisse, Hofwyll (Schubler).	19.50

Moyenne, 14 lit.

Ainsi terme moyen on doit compter que 14 lit. (15 pintes) de lait sont nécessaires pour obtenir 500 grammes de beurre délaité convenablement. Un lait dont il ne faut que 9 à 10 lit. pour faire la même quantité de beurre est d'une très-grande richesse, et on en rencontre plus communément qui en exigent 16 à 17 litres.

Plusieurs agronomes ont fait connaître la quantité *de beurre fournie par jour* par les vaches. Ainsi, dans le Devonshire, on estime terme moyen que les vaches ordinaires donnent 226 gram. (7 onces 3 gros) de beurre par jour; à Epping, dans le Sussex, cette quantité varie suivant la saison, de 258 à 389 gram. (8 onc. 3½ gros à 12 onc. 6 gros), et en moyenne s'élève à 343 gram. (11 onces). Dans la Campine une vache bien nourrie donne 430 gram. (14 onces) par jour (Schwerz). Chaque vache hollandaise au pâturage donne près de 500 gram. (1 liv.) (Aiton). Une vache normande dans les bons herbages en donne autant, et les meilleures jusqu'à 4½ kil. (9 liv.) par semaine. Quelques cultivateurs flamands évaluent à 650 gram. (1 liv. 5 onces 2 gros) le beurre qu'une bonne vache peut produire en un jour, et il y en a qui en donnent 860 gram. (Aelbroeck). M. Schwerz cite une bonne vache hollandaise qui pendant 6 jours qu'il l'observa donnait 1 kil. de beurre par jour.

Cette manière d'estimer le produit d'une vache est peu rigoureuse, parce que le produit par jour varie avec la saison, l'état de santé de l'animal, la température, etc., et bien d'autres circonstances imprévues. Il y a plus d'exactitude à faire connaître le produit annuel, ainsi que plusieurs praticiens instruits en ont donné l'exemple. — Dans les environs de Berlin les vaches rendent terme moyen par année 44 kil. de beurre (Thaer); celles du Holstein, 37 à 52 kil. (Langerke); à Roville, environ 50 kil. (Mathieu de Dombasle); les vaches de Suffolk, dans la laiterie du duc de Richmond, 60 à 67 kil.; en Angleterre, terme moyen 68 kil., et les bonnes vaches 82 kil.; en Hollande 70 kil.; en Flandre, terme moyen avec une nourriture peu abondante, 65 kil., avec une nourriture plus copieuse et meilleure, 86 kil.; à Epping, des troupeaux mélangés de vaches des races de Devon, Suffolk, Leicester, Holderness et d'Ecosse, 96 kil.; savoir, 70 kil. 70 pendant 26 semaines, et 25 kil. 80 pendant 14 semaines. Dans les Polders de la Belgique et de la Hollande, les bonnes vaches donnent jusqu'à 130 kil. de beurre par an (Schwerz). Enfin M. W. Cramp de Lewes, dans le comté de Sussex, a eu une vache qui pendant l'espace de 8 années a donné 1952 kil. de beurre, ou 244 kil. par an, terme moyen.

En calculant sur 1800 lit. de lait comme produit moyen d'une vache, et 14 lit. pour produire 500 gram. de beurre, on voit qu'en moyenne une bonne vache doit donner environ 64 kil. de beurre par an.

III. *Crême.* La quantité de crême contenue dans le lait est extrêmement variable, et nous avons fait connaître les causes des variations qu'elle présente. La pesanteur spécifique ne peut donner aucun indice à cet égard, et Schubler a trouvé, par exemple, qu'un lait de 1,031 de pesanteur spécifique contenait 19 pour cent de crême, tandis qu'un autre lait qui pesait 1,034 n'en contenait que 7 pour cent. Cette crême elle-même, prise à différentes époques de l'année, chez divers animaux, dans divers pays, est bien loin de posséder la même richesse. M. Berzélius n'a retiré en Suède que le tiers du beurre recueilli en Suisse par Schubler d'une même quantité de crême. En moyenne, on peut estimer à 15 pour cent en volume la quantité de crème fine qu'on récolte sur le lait de vaches de bonne race et bien entretenues, et que 15 lit. de cette crème donnent 3 kil. 57 de beurre, c'est-à-dire qu'il faut 2 lit. 08 de crème pour obtenir 500 gram. de beurre. Dans les expériences sur la température la plus convenable pour battre le beurre, de MM. J. BARCLAY et Al. ALLAN, on a trouvé que 68 lit. 15 de crème, du poids spécifique de 811 gram. au litre, ont donné 13 kil. 375 de beurre, ou que 2 lit. 04 de crème ont fourni 500 gram. de beurre. Dans d'autres expériences faites par miss BRADSHAW dans le comté de Sussex, 1 lit. 50 de crème a suffi pour donner 500 gram. de beurre.

IV. *Fromage et serai.* — *Pour produire un poids donné de fromage,* on emploie des quantités très-diverses de lait. Cette quantité dépend des animaux, des soins qu'on leur donne, de la saison, des herbages, de la qualité de la nourriture qu'on leur administre, du mode de fabrication des fromages, de leur état, leur nature, leur espèce, et de beaucoup d'autres circonstances d'autant plus difficiles à apprécier qu'on manque d'expériences précises sur cette partie de l'industrie agricole.

En Suisse, on calcule ordinairement qu'il faut pour fabriquer 1 kil. de fromage, façon Gruyères, de
9 à 12 lit. de lait pour le fromage gras ;
12 à 16 ———— pour le fromage mi-gras ;
15 à 18 ———— pour le fromage maigre ;
20 à 30 litres de petit-lait pour 1 kilog. de serai (PABST). — 1998 lit. de lait envoyés en fruitière ont produit 135 kil. de fromage (14 lit. 80 de lait pour 1 kil. de fromage), 38 kil. de beurre et 88 kil. de serai (C. LULLIN). — 915 lit. de lait mis en fruitière à Lompnès, départ. de l'Ain, représentent 89 kil. de fromage gras (10 lit. 28 de lait pour 1 kil. de fromage), façon Gruyères, poids de vente, et 22 kil. de serai pesé à un mois de la fabrication. — Dans le comté de Gloucester, on calcule que 454 lit. 34 de lait frais donnent 50 kil. 82 de fromage dit double Gloucester, 1re qualité (8 lit. 94 de lait pour 1 kil. de fromage), et 2 kil. 27 de beurre de petit-lait, ou bien 15 kil. 41 de beurre, et 33 kil. 55 de fromage de 2e qualité (13 lit. 75 de lait pour 1 kil. de fromage). — Un litre de lait donne un peu moins d'un fromage et demi de Neufchâtel salé de 120 à 130 gram. (DESJOBERTS). — Le lait de brebis du Larzac donne 20 p. 0/0 de fromage, et 20 kil. de lait donnent un fromage de Roquefort du poids de 4 kil. (GIROU DE BUZAREINGUES). *Quant au poids total de fromage qu'une vache peut donner annuellement,* il varie suivant la proportion et la richesse du lait qu'elle fournit et par les mêmes causes. Le poids total en moyenne du fromage donné par chaque vache sur les montagnes d'Aubrac (Aveyron) est de 62 kil., celui du beurre de 3 kil. 5 (GIROU). Nous avons déjà vu que les petites vaches de M. D'ANGEVILLE, dans le départ. de l'Ain, ne donnent en fruitière que 89 kil. de fromage et 22 de serai. — Dans le Jura, on calcule que pendant les 6 mois d'herbe les vaches procurent 90 kil. de fromage façon Gruyères, et M. BONAFOUS dit que 100 kil. sont le produit annuel moyen de chaque vache dans le pays de Gruyères. — Dans un troupeau des mieux soignés, qui ne faisait pas d'élèves, et ne se recrutait que de bêtes achetées, et par conséquent choisies, qui était abondamment nourri à l'écurie de fourrage de 1re qualité, M. C. LULLIN a trouvé, en Suisse, que chaque vache en fruitière a rendu 2,219 lit. de lait, qui pouvaient fournir 150 kil. de fromage façon Gruyères, 42 kil. de beurre et 100 kil. de serai. — Dans le Cantal, la belle race des vaches de Salers donne au moins 100 kil. de fromage, et on en voit qui en donnent 150 kil. et même davantage. Les autres vaches du Cantal, étrangères à cette race, donnent de 65 à 70 kil.; les moindres de toutes, celles de Murat, en donnent à peine 60, et très-peu n'en fournissent que 50 kil. (GROGNIER). — En Angleterre, cette quantité varie suivant les districts à fromages; quelques fermiers considèrent 125 kil. comme le produit annuel et moyen; d'autres le font monter jusqu'à 200 kil. M. RUDGE, dans son rapport sur l'agriculture du Gloucester, établit que dans ce comté le produit annuel est de 175 à 225 kil., et que le produit moyen d'un troupeau de 20 bêtes est 200 kil. par tête. D'un autre côté, MARSHALL assure que dans les contrées du centre de l'Angleterre ce produit ne dépasse jamais 150 kil. quand le lait est écrémé, et qu'en moyenne on ne compte guère que sur 100 kil. — Dans les fermes du comté de Chester qui ont 25 vaches, on fait pendant les mois de mai, juin et juillet, un fromage de 27 à 28 kil. par jour. — En Hollande, suivant les fermiers, chaque vache donne 1 kil. 50 à 2 kil. de fromage de Gouda par jour, et 30 vaches fournissent environ 150 kil. de fromage de lait écrémé de Leyde par semaine (J. MITCHELL). — On évalue, dans le Larzac, à 8 ou 9 kil. la moyenne du fromage fourni par chaque brebis (GIROU). — Les chèvres du Mont-d'Or donnent pendant 6 à 7 mois de l'année au moins 2 fromages de ce nom par jour (GROGNIER). Tandis que les chèvres laitières du dép. des Hautes-Alpes, qu'on ne trait que dans la saison opportune, ne donnent, l'une portant l'autre, que 7 ¼ kil. de fromage chacune par an (LADOUCETTE).

V. *Beurre de petit-lait.* — Il n'est pas facile de déterminer la quantité de beurre que peut donner le petit-lait, parce qu'elle dépend de la nature du lait, des soustractions de matière butireuse et des transformations que les manipulations lui ont fait subir avant d'être transformé en sérum. Suivant TWAMLEY et d'autres agronomes, en Angleterre et en quelques localités de la France, etc., on a remarqué qu'il fallait 100 lit. de petit-lait vert pour donner 1 kil. de beurre. — En Hollande, on compte que chaque vache donne 448 à 672 gram. de ce beurre par semaine; et suivant M. DESMARETS, 20 vaches, en Auvergne, donnent environ 50 kil. de beurre de petit-lait dans l'année. — Dans des expériences faites avec soin en Allemagne, et rapportées par M. PABST, on voit que 30 lit. de petit-lait n'ont donné en hiver que 117 gram. 50 de beurre (260 lit. pour 1 kil. de beurre), mais qu'en été on a retiré 176 gram. (170 lit. pour 1 kil.) de la même quantité de petit-lait.

VI. *Quelques autres faits observés,* et qui se lient à l'économie de la laiterie, serviront peut-être à faciliter les calculs de cette branche de l'industrie agricole, et à leur donner plus de précision. — En Angleterre, on a reconnu que 725 lit. de lait produisent dans un veau une augmentation de poids de 50 kil. Cette augmentation a lieu en 7 semaines, époque à laquelle on le livre ordinairement au boucher, et sa consommation en lait a lieu dans le rapport suivant : 1re semaine, 45 lit.; 2e, 72; 3e, 90; 4e, 110; 5e, 125; 6e, 137; 7e, 146 : total, 725. On considère également, dans le même pays, que *l'étendue en prairies ou en herbages ordinaires* nécessaire pour ajouter 50 kil. en viande au poids d'un bœuf, employée à nourrir une vache, fournirait 1500 lit. environ de lait, qui, convertis en fromage, en donneraient 95 kil., indépendamment de la quantité de chair qu'on obtiendrait en nourrissant les cochons avec le petit-lait. — Le nombre des porcs qu'on peut engraisser avec les résidus d'une laiterie dépend de la nature de ces résidus, et suivant que c'est du lait écrémé aigri, du lait de beurre ou du petit-lait. On a trouvé par expérience, en Angleterre, que 2 vaches suffisent pour entretenir un porc de 2 ans de lait aigre écrémé, jusqu'à ce qu'il soit mis à l'engrais, et qu'il en faut 4, dans la saison favorable, pour porter un porc de 20 kil. à 120 kil., ce qui fait 25 kil. par vache, qui allaite en outre son veau. Quand on ne donne aux porcs que le lait de beurre ou le petit-lait, on leur en administre 10 à 12 lit. par jour. En Auvergne, on entretient avec le petit-lait un nombre de porcs égal au tiers de celui des vaches (GROGNIER), et dans les fruitières suisses, 12 porcs pour 100 vaches (C. LULLIN), etc. —— D'après les résultats d'essais nombreux, on peut admettre en principe que le poids du foin et de la paille consommés en nourriture, et celui d'une litière qui, en absorbant toute l'urine, n'excède cependant pas les besoins, sont doublés dans leur transformation en fumier. (THAER.)

§ 11. — Profits de la laiterie.

Avant de donner des exemples de la manière dont doivent être calculés les dépenses et les profits d'une laiterie, nous rappellerons ici en peu de mots quelques principes généraux qui servent à les assurer ou à les étendre, ou à faire mieux apprécier ceux qu'on est en droit d'attendre d'une bonne administration.

Pour retirer des bénéfices d'une laiterie, on aura donc égard aux conditions suivantes :

1° *La localité.* Nous avons déjà dit (p. 1re) que c'était elle qui servait à déterminer sous quelle forme il était le plus avantageux de débiter les produits de la laiterie. Mais cela ne suffit pas encore, et il faut de plus que, dans cette localité, il y ait pour ces produits un marché toujours ouvert, placé à une distance modérée, d'un accès facile, où l'on trouve en tout temps un écoulement prompt des denrées de ce genre, à un prix satisfaisant et qui ne subisse pas des variations trop étendues dans le cours de l'année.

2° *Des animaux de choix.* C'est une condition fort importante; et un fermier soigneux doit bannir impitoyablement de ses étables toute vache qui n'est pas bonne laitière, qui consomme au-delà de ce qu'elle rapporte ou ne paie pas sa nourriture. Il en sera de même pour celles qui donnent des produits de mauvaise qualité ou peu riches en principes.

3° *La perfection des produits.* En général on doit s'efforcer de fabriquer des produits excellens, parce que, sans coûter beaucoup plus de travail, ils peuvent se débiter à un prix bien plus élevé, et que leur réputation peut les faire rechercher au loin, c'est-à-dire dans un marché beaucoup plus étendu. Néanmoins il faut souvent consulter à cet égard le goût et les caprices des pays environnans où s'écoulent ces denrées; mais il est toutefois certain qu'une bonne fabrication étend toujours la consommation.

4° *Le bon marché de la nourriture.* Il faut s'efforcer, par tous les moyens, de diminuer le prix de la nourriture, qui ne doit pas toutefois cesser d'être saine et abondante. C'est ainsi qu'on doit rechercher avec empressement les résidus des féculeries, des fabriques de sucres de betteraves, des distilleries, etc.; dont le bas prix procure une nourriture économique aux animaux et favorable à la production du lait.

5° *La condition de l'éducateur.* Le fermier doit être propriétaire ou au moins locataire des pâturages ou terres qui servent à la pâture des vaches ou à la production des denrées qu'elles consomment; et il doit s'acheter à lui-même l'herbe, le foin, ou autres denrées consommés par ses animaux, au prix de la ferme ou de revient, et non pas au prix du marché, comme on le fait généralement par erreur quand on établit le compte des frais et recettes de la laiterie. — Ceci demande une explication. Un cultivateur ne retire généralement de bénéfice des produits de son exploitation que lorsque ceux-ci, portés sur le marché, passent dans d'autres mains. Or, le foin consommé chez lui ne doit pas, quand il se l'achète à lui-même, lui procurer ce bénéfice; et s'il vend son foin au prix du marché, puis qu'il vende ensuite son lait avec avantage, il aurait eu un double bénéfice de ses avances, ce qui est difficile, ou au moins ce qui arrive rarement. Il faut donc qu'il choisisse entre le bénéfice qu'il peut faire sur le foin ou celui que lui procurera le lait, après que le foin aura été vendu au prix de la ferme ou de revient et converti en lait; en un mot il ne doit réaliser des profits qu'après que les produits de sa ferme, soumis par lui à diverses transformations, auront été apportés sur le marché, et passeront dans d'autres mains qui le rembourseront avec avantage de toutes ses avances. Cette observation mérite attention, parce que, faute d'y avoir eu égard, plusieurs agronomes ont à tort constitué en perte le compte de la laiterie dans les établissemens ruraux dirigés, du reste, avec sagacité.

6° *Consommation sur lieu.* Il y a presque toujours beaucoup d'avantage à faire consommer dans la ferme, surtout par la famille et les serviteurs, la plus grande quantité possible de laitage, qui remplacera avec avantage d'autres objets de consommation d'une valeur plus grande, ou qu'on ne peut se procurer qu'à un prix plus élevé et argent comptant.

Nous allons présenter ici, pour exemple, le *détail des dépenses et des profits*, pendant une année, dans un établissement de laiterie aux environs de Paris, où tout est conduit avec économie et intelligence, et qui débite journellement son lait dans la capitale.

Dépenses.

20 vaches du poids moyen de 300 kil., à raison de 250 fr., prix moyen par tête, au total 5,000 fr.

1° Intérêt de cette somme à raison de 5 p. % par an	250
2° Intérêt de cette même somme pour chances, maladies, épizooties et dépérissement annuel à raison de 10 p. % par an.	500
3° Nourriture tant en foin qu'en fourrage vert, racines, tubercules et résidus de féculerie à raison de 53 c. par jour et par tête de vache.	3,869
4° Paille consommée et litière, à raison de 3 kil. par jour et par tête, et au prix de 18 fr. les 500 kil. . . .	784
5° Loyer de la vacherie, de la grange, de la laiterie, impôt compris. . . .	450
6° Ustensiles divers pour la laiterie, à raison de 300 fr., intérêt de cette somme à 20 p. % pour détérioration, casse, etc.	60
7° Un taureau coûtant annuellement en nourriture, intérêt du prix d'achat compris.	160
8° Un vacher et une servante pour la laiterie à raison de 150 fr. chaque par an.	300
9° Nourriture de ces deux serviteurs sur le pied de 70 c. par jour. .	511
10° Soins du vétérinaire, médicamens, etc.	120
11° Sel pour les vaches à raison de 30 gram. (1 once) par jour et par vache.	110
12° Frais de transport du lait. . . .	226
Total des dépenses. . .	7,340
Par tête de vache. . . .	367

Recettes.

200 voitures de fumier frais de 600 kil. chaque à raison de 1 fr. 75 c.	350
20 veaux vendus après leur naissance à raison de 10 fr.	200
37,234 litres de lait débité à Paris à raison de 30 c. le litre.	11,170
Total des recettes. . . .	11,720
Dépenses.	7,340
Profits.	4,380
Par tête de vache. . . .	219

Nous puisons un *second exemple* dans l'excellent mémoire que M. GROGNIER a donné sur le bétail de la Haute-Auvergne, et particulièrement sur la race bovine de Salers. Ces animaux, généralement d'une belle taille, sont dirigés sur les montagnes ou pacages vers la fin de mai, et en descendent vers les premiers jours d'octobre. Après y être restés ainsi pendant environ 160 jours, ils redescendent dans les plaines et sont introduits dans les prés, où ils restent la nuit comme le jour pendant environ un mois. Ils rentrent ensuite à l'étable, où l'hivernage dure 4 ½ à 5 mois, au bout desquels ils sortent pour pâturer pendant un mois les mêmes prés qu'à l'automne avant de se rendre sur la montagne.

Une bonne vache de montagne, à Salers, vaut 130 fr., dont l'intérêt à 10 p. %, y compris les chances et non-valeurs, est de.	fr. 13
25 quintaux métriques de foin pour l'hivernage, récoltés sur les propriétés du pasteur, à 2 fr. *le quintal métrique.*	50
Estivage ou pâture sur la montagne, sur la propriété du pasteur.	13
Dépaissance dans les prés pendant environ 50 jours aux mêmes conditions.	14
Sel.	10
Total des déboursés. . . .	100

Produits.

Un quintal métrique de fromage *produit sur la montagne.*	90
Un veau que la vache nourrit seule jusqu'à 2 mois.	30
Plus-value du veau que 2 vaches nourrissent sur la montagne tout en faisant du fromage, 40 fr.; pour chacune. . . .	20
Beurre de montagne ou de petit-lait.	6
Nourriture d'une portion des cochons attachés à la vacherie.	6
Fumier pendant l'hivernage. . . .	15
Production du lait pendant l'hivernage.	5
Lait qu'on tire avant la mise-bas à l'étable.	5
Total du produit. . . .	177
Déboursés.	100
Balance en bénéfice, ou produit net d'une vache à Salers.	77

F. M.

CHAPITRE II. — DES MOYENS D'UTILISER LES ANIMAUX MORTS.

SECTION Iʳᵉ. — *Considérations sur les débris des animaux.*

Toutes les industries qui s'occupent du traitement des substances animales en France manquent de matières premières ou s'en procurent à grands frais chez les nations étrangères; presque en aucune localité les substances animales ne suffisent à l'engrais de nos terres, et partout, sans exception, elles peuvent y être avantageusement employées.

Cependant, ces matières utiles sont incomplètement recueillies dans les lieux où se presse une forte population agglomérée, et totalement perdues dans la plupart des petites villes, des villages et des hameaux.

Les gens des campagnes, industrieux à re-chercher une multitude de débris presque sans valeur, négligent, ou plutôt ils repous-sent avec horreur et anéantissent, en les en-fouissant dans la terre, des débris animaux qui pourraient leur procurer des ressources importantes.

La répugnance profonde que l'on éprouve généralement pour les cadavres des animaux morts, est un des principaux obstacles à la réalisation des vues utiles qui vont suivre, et cette répugnance est souvent rendue in-vincible par la crainte de l'insalubrité qu'on attribue aux matières plus ou moins putri-des; nous devons donc nous efforcer de dé-truire les idées fausses sur ces objets et sur quelques arts industriels improprement ap-pelés *insalubres*. Ces préjugés, démentis par les nombreux rapports de savans distingués, sont cependant encore empreints dans une foule de réglemens administratifs.

Si l'on examine en particulier chacune des industries qui traitent des matières ani-males et présentent les plus fortes émana-tions parmi celles rangées dans la première classe des établissemens dits *insalubres* ou *incommodes*, on reconnaîtra qu'elles n'ont jamais donné lieu à aucune maladie parmi les nombreux ouvriers qu'elles occupent, ni même chez les habitans du voisinage. Des enquêtes les plus minutieuses ont eu lieu, sous ce rapport, relativement aux boyaude-ries, aux fonderies d'os, aux fabriques de colle-forte et de produits ammoniacaux, aux tanneries, aux manufactures de poudrette, enfin aux clos d'écarrissage qui réunissent toutes les causes de putridité, et notamment à Montfaucon Il est facile de démontrer ainsi cette importante proposition, que les gens des campagnes n'ont *aucun danger à craindre en s'occupant d'utiliser les débris des animaux morts*, lors même qu'une putré-faction avancée les forcerait à opérer en plein air.

Cette assertion est vraie dans tous les cas observés, à une seule exception près; mais l'affection morbide y relative, à laquelle ont succombé les animaux, peut être caractéri-sée d'une manière tellement précise, qu'elle ne donnera jamais lieu à des méprises fâ-cheuses. La maladie connue sous le nom de *charbon* (anthrax) se décèle par une tumeur gangreneuse, circonscrite, élevée en pointe, sur laquelle se forme une ou plusieurs phlyc-tènes (vulgairement dites *cloches*), accompa-gnée d'une vive douleur, d'une chaleur ar-dente; les pustules élevées sur le sommet de ces tumeurs (ou *boutons*) se convertissent rapidement en escarres (ou *croûtes*) noirâ-tres, qui, semblables à du charbon éteint, ont reçu le nom de *charbon*. Les animaux atteints du charbon montrent une tristesse profonde; leurs flancs s'agitent fortement; on observe, en différentes parties de leur corps, surtout au poitrail et près des cô-tes, des grosseurs qui leur causent beau-coup de douleur, et qui rendent, au toucher, des sons analogues au bruit d'une peau sèche. Après la mort, qui arrive au bout de quinze à trente heures, la langue est noire, le sang et la chair sont d'une couleur brune foncée.

Il faut éviter de toucher un animal mort du charbon, surtout lorsqu'une blessure à la main pourrait favoriser ou déterminer la contagion. Si l'on n'était pas bien assuré de reconnaître le charbon aux indices précé-dens, il conviendrait de consulter un méde-cin-vétérinaire; cette précaution ne devrait jamais être négligée lorsqu'il sera possible de la prendre; enfin, dans le cas où il reste-rait des doutes sur la nature de la maladie, on devrait s'abstenir de dépecer l'animal. Si l'on avait reconnu la qualité contagieuse de la maladie, on enterrera l'animal mort à 1 pied 1/2 environ sous terre, et pour le conduire à la fosse, on pourrait se ser-vir d'un crochet fixé au bout d'un long manche. On remarquera d'une manière quelconque la place où on l'aura enterré. Il conviendra d'y semer du grain, afin de profiter de cette puissante fumure souter-raine : au bout de deux ans, on videra la fosse et on trouvera les os complètement décharnés et propres aux usages que nous indiquerons plus loin.

S'il est démontré que dans le dépècement des animaux morts du charbon, des affections mortelles peuvent être contractées par l'opé-rateur, il ne paraît pas moins certain que ces accidens sont extrêmement rares; car on n'en a pas constaté un seul parmi les écarris-seurs qui, à Montfaucon, abattent annuelle-ment 10,000 à 11,000 chevaux, et la chair provenant d'une partie de ces mêmes ani-maux, et de ceux qui ont succombé à diverses maladies épidémiques ou contagieuses, n'a jamais causé d'indisposition chez les indivi-dus qui l'ont consommée comme substance alimentaire.

Enfin, nous ajouterons qu'à peine est-il douteux que la solution de chlorure de chaux, obtenue actuellement à si bas prix en France, imprégnée dans une blouse dont se recou-vrirait l'opérateur, versée sur ses mains et sur l'animal au moment de l'ouverture, in-troduite même alors dans l'intérieur du ca-davre, laissât planer la moindre crainte de danger. Une des sources des plus fortes in-ductions en ce sens résulte sans doute des expériences faites récemment sur des vête-mens de pestiférés par une commission de médecins.

L'animal dépecé avec ces précautions, ou seulement coupé en quatre morceaux, puis soumis en vase clos à la vapeur à 120 degrés, serait facilement désossé, et sans doute d'une innocuité complète dans tous les usages plus loin indiqués. Les intestins et vidanges éten-dus et recouverts de 6 à 10 pouces de terre alimenteraient une riche végétation. Il faut donc espérer que l'on aura bientôt la certi-tude de pouvoir tirer parti de tous les ani-maux morts, sans aucune exception.

Les *animaux morts des suites de maladies, ou atteints par la foudre,* de même que ceux qui succombent après un excès de fatigue, éprouvent plus facilement les effets de la putréfaction. Il est donc nécessaire de les dépecer le plus tôt possible, et de traiter im-médiatement toutes leurs parties par les agens et les moyens indiqués dans cet arti-cle.

Au fur et à mesure que l'on met à découvert les parties internes des animaux chez lesquels la putréfaction s'est manifestée, il est convenable de faire sur ces parties les aspersions de chlorure de chaux (1), ou, à défaut, de fréquens lavages à l'eau de chaux, ou même avec de l'eau simple.

Section ii.—*Dépècement des animaux.*

A cela près d'un fort petit nombre d'exceptions, que nous indiquerons plus loin, tous les animaux morts de maladies ou abattus et saignés (2) doivent être dépecés de la même manière. On coupe le plus près possible de leur racine les crins, et l'on arrache les fers des pieds lorsqu'il y a lieu. L'animal étendu à terre, ou sur une table, est maintenu sur le dos, le ventre tourné vers l'opérateur : celui-ci, à l'aide d'un couteau bien affilé, pratique une incision longitudinale dans toute l'épaisseur de la peau, et même un peu plus avant, depuis le milieu de la mâchoire inférieure, traversant en ligne droite le cou, la poitrine, et le ventre jusqu'à l'anus ; il incise de même la peau des quatre membres dans le sens de leur longueur, en coupant à angle droit la première incision, et s'arrêtant près de chacune des extrémités, où il fait une incision circulaire.

Saisissant alors de la main la moins exercée un des côtés de la peau dans l'incision longitudinale, il la détache successivement sur le ventre, la poitrine, le cou, les jambes, et les parties latérales à l'aide de coupures qui s'insinuent entre la peau et la chair ; on doit avoir le soin surtout, si l'on manque d'habitude et que l'animal soit maigre, de diriger le tranchant de la lame vers la chair, dont on entame toujours quelques portions, afin d'éviter que la peau ne puisse être endommagée.

Dès que toutes les parties ci-dessus indiquées sont *écorchées*, on retourne l'animal sur le ventre, afin d'achever de le dépouiller. La queue, fendue longitudinalement par la première incision, est développée ; sa partie intérieure, osseuse et charnue, est tranchée aussi loin que possible de sa racine, afin de laisser plus d'étendue à la peau : on continue, comme nous l'avons dit, de séparer celle-ci de toute la région du dos, à laquelle elle adhère encore ; arrivé vers la tête, on tranche les oreilles près de leur insertion, et l'on termine l'opération en dépouillant toute la partie postérieure de la face.

Dans les localités où la proximité des tanneries, mégisseries, maroquineries, etc., permet d'expédier à ces établissemens les peaux toutes fraîches, on laisse sans la dépouiller toute la partie interne de la queue ; les oreilles, et même les lèvres peuvent également être laissées adhérentes à la peau, de peur de l'endommager en les extrayant : les écorcheurs

de profession le font à dessein pour rendre la peau plus lourde, parce qu'elle se vend au poids.

Lorsque l'animal a été dépouillé comme nous venons de le dire, on enlève tous les intestins, les viscères de la poitrine et le diaphragme, que l'on dépose non loin de là ; on désarticule les quatre pieds, après avoir relevé les tendons, afin d'éviter de les couper en tranchant le jarret et le genou ; on désarticule ensuite les membres postérieurs (jambes de derrière) en coupant les muscles qui leur correspondent le plus près possible de l'insertion aux os du bassin ; les extrémités antérieures (jambes de devant) sont séparées de même, et l'on s'occupe alors d'enlever toutes les chairs sur ces diverses parties , en mettant à part les plus beaux morceaux lorsqu'ils sont susceptibles de servir d'aliment : les chairs extraites entre les côtes, dans les vertèbres du cou, et dans toutes les parties anfractueuses de la tête, sont en petits lambeaux ou raclures (3).

Extraction de la graisse.—En dépeçant un animal, on doit rechercher la matière grasse sous la peau autour du cœur, des intestins, près des parois internes entre le péritoine et les parties inférieures de l'abdomen, dans l'épaisseur du mésentère et du médiastin, enfin entre les gros muscles : c'est dans ces derniers que sa découverte est plus difficile et exige une certaine habitude pour être enlevée promptement. Nous n'insisterons pas ici sur les usages de la graisse (la conservation des cuirs, le graissage des essieux, la fabrication des savons, etc.), qui sont d'ailleurs la plupart bien connus.

Enlèvement des tendons et leurs usages. — Les tendons sont ces parties fibreuses, résistantes, qui attachent les muscles aux os ; on les connaît généralement, dans la campagne surtout, sous le nom de *nerfs :* de là viennent ces locutions vulgaires de membres nerveux et celles relatives à divers objets , tels que bois, fers, etc., qui ont du nerf. Ces indications suffisent sans doute pour mettre à la portée de tous ce que l'on désigne par le nom de tendons. — C'est surtout près des extrémités que les tendons, mieux isolés, sont plus faciles à extraire. Pour les enlever, on les tranche au rez de leur point d'attache, en passant la lame du couteau entre eux et l'os, et enlevant avec eux les petits lambeaux de la peau restés adhérens aux pieds, et qui sont propres aux mêmes usages.

On peut généralement les utiliser, soit, lorsqu'ils sont assez longs, en les clouant humectés sur des bois qu'ils relient fortement, soit, desséchés et de toutes dimensions, en les vendant aux fabricans de *colle forte,* ou en les faisant cuire à l'étouffée, puis les employant, avec le liquide gélatineux qu'ils fournissent ainsi, à rendre les pommes-de-terre ou recoupes plus nutritives pour les

---

(1) L'eau de javelle, étendue de 2 ou 3 fois son volume d'eau, peut remplacer la solution de chlorure de chaux dans cette application, comme dans beaucoup d'autres.

(2) Lorsque dans un seul endroit on abat et l'on saigne un grand nombre d'animaux, comme dans les clos d'équarrissage et dans les abattoirs, on doit recueillir tout le sang dans des baquets ou autres vases pour le traiter comme nous le dirons plus loin.

(3) Nous verrons plus loin dans le traitement ultérieur des chairs, comment on peut, par une forte cuisson à la vapeur ou dans l'eau, détacher des os toutes les parties qui y sont adhérentes.

animaux de basse-cour, et notamment les porcs.

Dislocation des sabots, onglons, ergots, et leurs emplois. — On parvient de plusieurs manières à séparer des os des pieds la substance cornée qui la recouvre chez les chevaux, bœufs, moutons, etc. L'une des plus simples consiste à mettre ces parties dans l'eau, et les y laisser jusqu'à ce que la substance molle, pulpeuse, qui est interposée entre l'os interne et l'ongle, soit distendue et presque délayée; en cet état, il suffit d'insérer une lame de couteau dans cet intervalle amolli en partie, pour opérer la séparation.

SECTION III.—*Conservation, préparation et emploi de la chair, du sang et des os.*

Chair musculaire; sa préparation, ses usages. — Des essais réitérés sur la chair des chevaux les plus maigres et qui avaient succombé à un état maladif bien marqué, nous donnent la conviction que l'on ne court aucun risque, et que l'on recueillera, au contraire, des avantages certains en animalisant la nourriture des animaux de basse-cour avec cette viande cuite et légèrement salée; à cet effet, on la coupe en tranches, on la place dans l'eau, et l'on maintient celle-ci à l'ébullition pendant trois ou quatre heures dans une chaudière recouverte, dont la vapeur ne s'échappe qu'avec peine, le couvercle étant chargé d'un poids et posé sur un bourrelet de vieux linge.

Il n'y a aucun danger d'explosion dans ce mode de coction, connu sous le nom de *cuisson à l'étouffée* (1).

La viande est alors facile à diviser, à l'aide d'un couteau, d'un hachoir (*fig.* 53), ou mieux

Fig. 53.

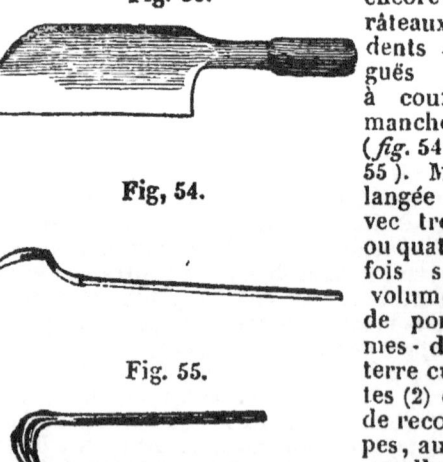

Fig, 54.

Fig. 55.

encore de râteaux à dents aiguës et à courts manches. (*fig.* 54 et 55). Mélangée avec trois ou quatre fois son volume de pommes-de-terre cuites (2) ou de recoupes, auxquelles on peut ajouter l'eau employée pour la coction, elle constitue une excellente nourriture pour les chiens, les porcs et les oiseaux de basse-cour; simplement émiettée et mêlée avec deux ou trois fois son volume de grain, les poules la mangent avidement : ce régime paraît les exciter à pondre; du moins

trois essais, à des distances éloignées, ont donné ce résultat.

Cuisson des squelettes incomplètement décharnés. — Nous avons indiqué les moyens de dépecer les animaux et d'extraire la plus grande partie de la chair adhérente aux ossemens; cette dernière opération est assez longue et difficile à pratiquer dans les cavités irrégulières, les intervalles et les anfractuosités des os de la colonne vertébrale, du cou et des côtes; elle deviendrait même impossible, en raison des frais de main-d'œuvre, pour l'exploitation d'un certain nombre d'animaux disponibles à la fois dans les établissemens d'équarrissage. Nous avons constaté en grand, dans notre fabrique, l'efficacité du procédé suivant, applicabble dans cette circonstance.

On construit une chambre voûtée (*fig.*56) en

Fig. 56.

briques très-cuites, réunies par des joints minces en mortier de chaux et ciment; un encadrement et une porte ou obturateur en fonte, la ferment hermétiquement, à l'aide de boulons à clavettes. Après qu'on y a entassé le plus grand nombre possible de carcasses charnues, on ouvre le robinet d'un tuyau en communication avec une chaudière, afin d'y introduire un jet de vapeur en quantité suffisante pour produire une pression constante de deux ou trois pieds d'eau; en moins de trois heures la coction est terminée, et l'on peut diriger, à l'aide de robinets, la vapeur dans une seconde chambre disposée comme celle-ci.

Les chairs adhérentes aux ossemens s'en détachent alors avec la plus grande facilité, surtout avant que le refroidissement soit complètement effectué; l'eau condensée sur ces débris d'animaux entraîne les parties dissoutes par l'élévation de la température, notamment de la *gélatine* avec la graisse rendue fluide. Cette dernière substance est facile à séparer, puisqu'elle acquiert de la consistance en refroidissant, et qu'elle surnage. On peut l'épurer ensuite par une fusion suffisamment prolongée. Quant au liquide gélatineux, il est très-convenable, soit pour animaliser les alimens des animaux domestiques

(1) Le degré de cuisson utile pour rendre la viande suffisamment friable, s'obtient très facilement, à l'aide de la vapeur, sous une pression de deux atmosphères. L'appareil digesteur, pour l'extraction de la gélatine des os, serait également propre à cet usage.
(2) Les pommes-de-terre cuites sont plus nourrissantes que crues, parce que les enveloppes de la fécule sont alors rompues.

et notamment des porcs, soit pour être mélangé avec de la terre sèche, et former ainsi un engrais actif.

De quelque manière que l'on ait fait cuire et divisé la viande, on pourra la rendre susceptible d'une longue conservation en la faisant ensuite dessécher le plus possible au four, ou sur des plaques en fonte ou en tôle chauffées avec précaution, et, dans ce cas, en la remuant de temps à autre.

Cette opération utile, soit pour expédier au loin, soit pour conserver une provision disponible dans les momens opportuns, permet de porter plus loin la division; il suffit, en effet, alors, de broyer cette matière devenue friable, sous le pilon, ou dans un moulin à meules verticales, ou même à l'aide d'une batte en bois, comme on écrase le plâtre (1).

Préparation et usage du sang. — Cette substance, dont on ne tire généralement aucun parti, relativement à la plupart des animaux tués dans les campagnes, et même dans les boucheries isolées et quelques abattoirs publics, est cependant une de celles qui peuvent être le plus facilement applicables aux besoins de toutes les localités. Le sang des animaux qui périssent de mort violente, et probablement même de ceux qui meurent de maladie, peut *entrer dans la confection des alimens salubres et substantiels,* tout aussi bien que celui du cochon, auquel cet emploi est exclusivement réservé dans notre pays.

On prépare en Suède pour les gens peu fortunés, un *pain très-nutritif avec le sang des animaux* de boucherie et la pâte ordinaire de farine de blé; il n'y aurait pas plus d'inconvéniens à destiner au même usage le sang de la plupart des autres animaux; mais, dans tous les cas, pourquoi ne consacrerait-on pas *à la nourriture des animaux de basse-cour* un pain de cette sorte? Il suffit, pour le préparer, d'apprêter la pâte comme à l'ordinaire, en employant, au lieu d'eau, un mélange liquide de moitié eau, moitié sang. Cette sorte de pain, coupé en tranches et desséché au four, constitue une très-bonne matière d'approvisionnement, et permet de tirer parti d'une grande quantité de sang dont on pourrait disposer à la fois.

Il est toujours préférable de se servir, pour cette préparation, de sang frais; mais, y employât-on même du sang un peu fermenté, il n'en résulterait pas plus d'accidens que de la clarification du sucre opérée avec du sang corrompu, car les gaz de la putréfaction se dégagent par la température de la cuisson du pain, comme dans l'évaporation des sirops.

L'un de ces procédés, décrit dans un brevet de MM. Payen et Bourlier, fut d'abord appliqué à la fabrication des produits ammoniacaux; il consiste, à faire coaguler le sang par une température de 100°, soit directement à feu nu, soit à la vapeur; on extrait par une forte pression la partie liquide, puis

on fait dessécher à l'air libre, ou dans un séchoir à l'air chaud (*fig.* 57), le coagulum divisé.

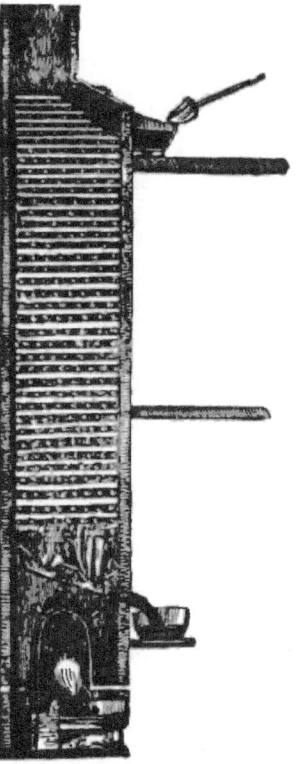

Fig. 57.

L'autre procédé mis en usage pour préparer selon la méthode de M. Gay-Lussac la substance albumineuse sèche, dissoluble, propre aux clarifications, consiste à séparer d'abord la fibrine du sang, puis à répandre le liquide à diverses reprises sur des piles aérées de bûches menues, en bois dur, disposées entre les montans d'un bâtiment de graduation (*fig.*58), ou encore dans

Fig. 58.

toutes les capacités d'un séchoir à courant d'air chauffé au-dessous de 50°.

Un 3ᵉ procédé consiste à mettre dans une chaudière (*fig.* 59) en fonte ou en tôle une quantité de sang suffisante pour occuper une hauteur de six à huit pouces; chauffer jusqu'à l'ébullition, en agitant sans cesse avec une spatule en fer, une petite pelle de fer, ou tout autre outil analogue.

Le sang ainsi traité se sépare en deux parties, l'une liquide dans laquelle l'autre se

(1) Une partie des tendons intercalés dans la chair, ainsi que les cartilages, résistent à ces moyens de pulvérisation. Il est facile de les séparer à l'aide d'un crible: on peut les réserver pour être vendus aux fabricans de bleu de Prusse ou de produits ammoniacaux. On parvient à les diviser pour les utiliser comme engrais en les faisant dessécher de nouveau dans le four jusqu'au point où légèrement torréfiés ils deviennent friables.

coagule en gros flocons (1); ceux-ci perdent

Fig. 59.

peu à peu la plus grande partie de l'eau qui les mouille, et se divisent de plus en plus par l'agitation continuelle qu'on leur fait éprouver. Lorsque *le sang est ainsi réduit en une matière pulvérulente humide*, on peut achever sa dessiccation en modérant le feu et remuant toujours, ou retirer cette substance et la faire dessécher complètement en l'agitant sans cesse sur la sole du four après la cuisson du pain. Il convient alors d'augmenter la division en l'écrasant le plus possible à l'aide d'une batte, ou mieux sous la roue d'un manége.

Nous avons aussi indiqué, tome Ier, page 93, un autre procédé fort simple pour dessécher au four le sang mêlé avec de la terre.

On met *le sang sec* en barils, caisses ou sacs, que l'on conserve dans un lieu à l'abri de l'humidité; on en fait usage pour l'engrais des terres ou pour nourrir les animaux, de la même manière que de la viande hachée et desséchée, dont nous avons parlé plus haut.

Issues, vidanges et déchets des boyaux. — Nous ne conseillons pas de faire dessécher ces matières animales, parce que cela offrirait d'assez grandes difficultés, relativement aux vidanges des intestins, qu'une partie des produits gazeux de la fermentation, déjà commencée dans les déjections, serait perdue et infecterait jusqu'à une grande distance les endroits où l'on voudrait opérer cette dessiccation. Quant aux déchets de boyaux, foie, poumons, cœur et cervelle, ils peuvent, sans inconvéniens, être desséchés de la même manière que la viande (*voy.* les procédés décrits plus haut), et donner une substance presque d'égale valeur pour les mêmes emplois, ou être employés comme nous l'indiquons t. Ier, p. 94, pour l'engrais des terres.

Préparation et emplois des os. — Toutes les parties creuses, de même que les portions spongieuses des os récemment tirés des animaux,

Fig. 60.

contiennent une matière grasse que l'on peut en extraire en lui ouvrant un passage et la faisant liquéfier sous l'eau par la chaleur : un billot fait avec le moyeu d'une roue hors de service, une hache (*fig.* 60), bien trempée, une scie à main, et une chaudière ou marmite, sont les seuls ustensi-

les indispensables pour cette opération.

On coupe en tranches de 2 à 6 lignes d'épaisseur toutes les parties celluleuses des *os gras;* ce sont notamment les bouts arrondis qui se rencontrent dans les articulations ou jointures; le corps de l'os est concassé d'un coup de tête de la hache et laisse la moelle à nu; les côtes sont seulement fendues en deux, ainsi que la partie inférieure des mâchoires, ce qui ouvre un passage suffisant à la graisse logée dans une large cavité. Non-seulement les os entiers que l'on a extraits des animaux, mais encore ceux qui ont accompagné la viande alimentaire dans le pot-au-feu, ou rôtis, etc., sont utilisés de la sorte. Il est seulement indispensable qu'on évite d'attendre trop long-temps avant d'en tirer parti; car la graisse se fixerait dans le tissu osseux, dès que celui-ci, par une dessiccation spontanée, ne serait plus imprégné de l'eau qui s'oppose à l'infiltration de cette substance grasse.

On doit traiter à part, et avec plus de précaution, les os qui, en raison de leurs formes, leurs dimensions, et lorsqu'ils n'ont pas été endommagés, peuvent être vendus aux tabletiers; ils se nomment *os de travail.* Ce sont 1° les os plats des épaules de bœufs et de vaches (*fig.* 61) (ceux-ci ne doivent être divisés que dans leur bout arrondi et sur les bords également spongieux, en sorte que la plus grande partie de la table soit conservée intacte); 2° les os cylindriques des gros membres de bœufs et de vaches; (*fig.* 62); on en sépare, à l'aide d'une scie, les bouts, de manière à ouvrir la cavité cylindrique qui renferme la moëlle, en ménageant tout le reste du corps de l'os : les bouts spongieux séparés sont tranchés en trois ou quatre fragmens pour ouvrir les cellules; 3° les parties compactes et les plus larges des côtes (*fig.* 63) de ces mêmes animaux : on coupe à la hache, en

Fig. 61

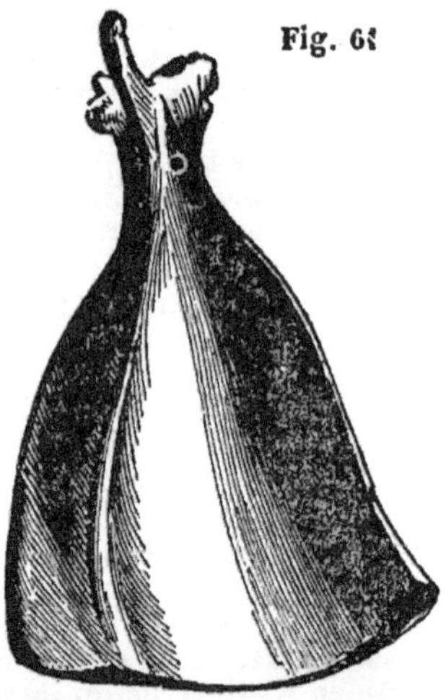

Fig. 62.

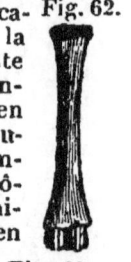

Fig. 63.

Fig. 64.

(1) Cette coagulation, déterminée par la chaleur, rend plus lente et plus régulière la décomposition du sang dans la terre; en sorte qu'il fournit un engrais préférable à celui que donne le sang liquide.

cinq ou six fragmens, les bouts spongieux, tout le reste est réservé; 4° enfin, les os de la partie inférieure des membres (jambes) des bœufs, vaches, moutons, chevaux (*fig.* 64), sont encore traités chacun à part, et d'abord préparés à la scie, comme les os cylindriques ci-dessus indiqués.

Tous les os ainsi préparés se traitent en-suite de la même manière que nous allons décrire; mais les os des jambes, lorsqu'ils sont débouillis séparément, donnent des produits gras différens et plus estimés; ce sont *les huiles* dites de *pieds de bœufs*, de *pieds de moutons* et de *pieds de chevaux* : les deux premières s'emploient avec avantage pour la friture et le graissage des pièces de mécanique en fer, fonte ou cuivre; la der-nière est fort recherchée comme huile, pour alimenter la combustion dans les lampes des émailleurs, souffleurs de verres et fabricans de perles fausses.

On verse dans une chaudière (*fig.* 65),

Fig. 65.

ordinaire-ment en fonte, de l'eau jus-qu'à la moi-tié de sa capacité; on la fait chauffer jusque près de l'é-bullition, et l'on y ajoute des os coupés, jusqu'à ce que ceux-ci ne soient plus re-couverts d'eau que d'un quart environ de la hauteur totale, à laquelle ce liquide ar-rive : on continue à chauffer jusqu'à l'ébul-lition, en remuant dans la chaudière de temps à autre avec une forte pelle en fer trouée comme une écumoire; on laisse alors en repos. La graisse continue à se dégager des cavités qui la renferment, et vient sur-nager à la superficie. Après environ une demi-heure on couvre le feu, on apaise l'ébulli-tion par une addition d'eau froide, et l'on écume toute la matière grasse fluide, venue à la superficie, avec une cuiller peu pro-

Fig. 66.

fonde, mais large (*fig.* 66) (comme une petite poêle). On détermine encore un mouvement d'ébulli-tion, on agite les os, afin que le changement de position permette à la graisse, engagée dans leurs interstices, de monter à la sur-face et d'être enlevée de même à la cuiller. Toute la graisse est pas-sée au tamis au fur et à mesure qu'on l'enlève, et recueillie dans un baquet.

On puise ensuite tous les os avec une pelle (*fig.* 67) trouée pour les jeter hors de la chaudière.

Fig. 67.

On ajoute dans celle-ci une quantité d'eau

correspondante à celle du liquide enlevé par l'évaporation et l'imbibition des os; on ra-nime le feu et l'on recommence une deuxième opération semblable.

La graisse de tous les os hachés et concas-sés est seulement refondue et mise immé-diatement en barils, pour être livrés aux fa-bricans de savon; on peut l'employer en cet état pour assouplir les cuirs des chaussures et des harnois; chauffée avec précaution jus-qu'à ce que, par une ébullition lente, toute l'eau interposée soit évaporée, on en obtient une graisse brune très-convenable pour lu-bréfier les essieux de roues de charrettes, de charrues, des vis, axes et tourillons, des pres-soirs, etc.

Une troisième sorte d'os est mise à part sans en extraire de matière grasse. Elle com-prend : 1° les os de têtes de bœufs (*fig.* 68), dits

Fig. 68.

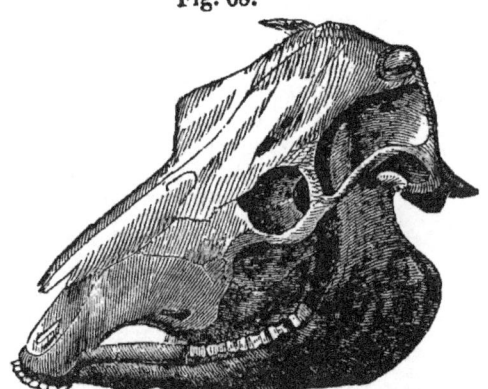

canards; 2° les parties osseuses, légères, qui remplissent l'intérieur des cornes, dites *cor-nillons* (*fig.* 69); 3° celles du même genre qui sont insérés dans les onglons des bœufs, va-ches (*fig.* 70); 4° les os plats et minces des épaules de moutons (*fig.* 71).

Fig. 69.

Fig. 70.

Fig. 71.

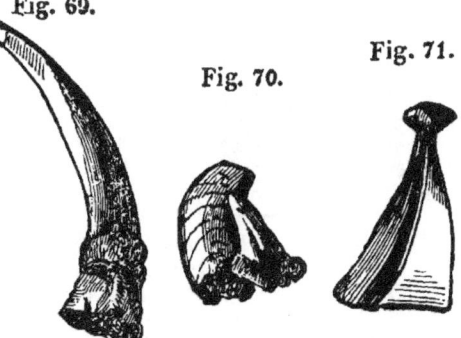

Tous ces os, ainsi que ceux des jambes de moutons (trop minces pour servir à la ta-bletterie, mais dont on a scié les bouts, afin d'en faire sortir la graisse), se vendent avec avantage aux fabricans de gélatine ou de colle d'os, qui les traitent, soit par l'acide hydrochlorique, soit par l'eau ou la vapeur, à la température et sous la pression corres-pondant à deux ou trois atmosphères.

Nous avons vu comment sont traitées sé-parément les deux sortes d'os, d'où résultent les *os de travail* et les *os hachés,* les uns et les autres privés de graisse. Les derniers se vendent aux fabricans de charbon animal et de produits ammoniacaux; les fermiers peuvent les utiliser directement pour l'engrais des terres en les réduisant en poudre grossière dans un *moulin à cylindres cannelés.*

Exposés pendant deux heures à la vapeur chauffée sous trois atmosphères de pression, ils deviennent très-faciles à diviser sous le marteau ou dans un moulin à meules verticales en fonte.

Broiement des os.—L'expérience a démontré qu'il est nécessaire de diviser les os pour en extraire convenablement la graisse et la gélatine : nous avons dit plus haut comment elle doit être obtenue, nous supposons donc ici que les os en sont privés.

Le moyen le plus simple et le moins dispendieux de premier *établissement pour broyer les os* en menus fragmens consiste à les frapper à l'aide d'une masse sur un billot encadré ; voici la description des ustensiles relatifs à ce procédé :

(*Fig.* 72.) Plan et élévation du billot en bois dans lequel est encastrée une plaque de fonte taillée en pointes de diamant.

(*Fig.* 73.) Plan et élévation du cadre en bois qui entoure la plaque en fonte pour retenir les os lorsqu'on les frappe avec la masse.

(*Fig.* 74.) Masse en bois dur, garnie en dessous d'une plaque de fer taillée en pointes de diamant aciérées, ou d'un grand nombre de clous à forte tête pointue.

Fig. 74.   **Fig. 73.**

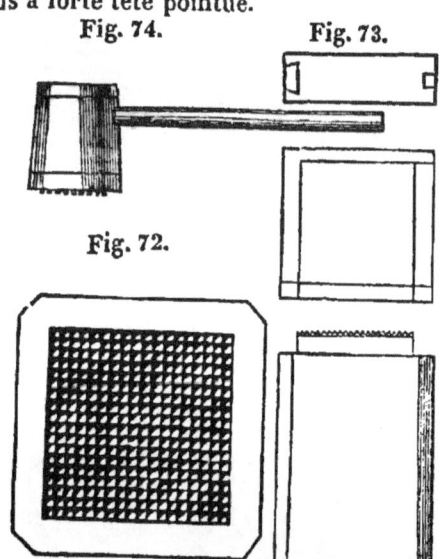

Fig. 72.

On s'est encore servi de *machines à pilons;* ceux-ci étaient terminés par une plaque en fer taillée en pointes de diamant, comme la masse que nous venons de décrire, et le fond du mortier présentait des barres en fer placées de champ, entre lesquelles les menus fragmens d'os se dégageaient sous la percussion.

La *machine préférée en Angleterre* consiste en deux cylindres à cannelures dentées (*fig.* 75).

On termine le broyage en faisant repasser les os ainsi concassés entre deux autres paires de cylindres cannelés, en tout semblables, mais plus rapprochés et à dentures plus fines. Une machine à vapeur est ordinairement appliquée à faire mouvoir ces trois paires de cylindres, qui exigent une grande force mécanique. (*Voyez* pour l'emploi des os broyés, liv. Ier, pag. 94.)

Fig. 75.

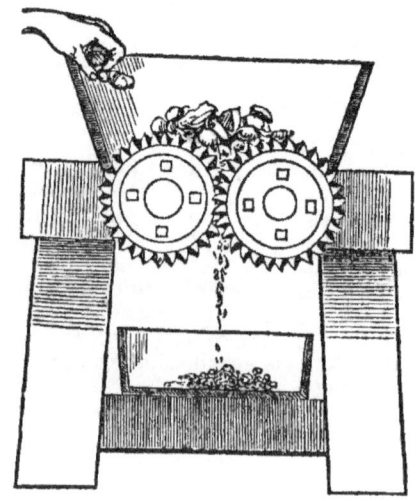

SECTION IV. — *Préparation et emploi de quelques autres produits des animaux.*

Nous allons entrer dans quelques détails sur l'emploi que l'on pourrait faire de quelques autres produits qu'on retire des animaux morts et des préparations qu'on pourrait leur faire subir pour augmenter encore leur utilité ou les profits qu'on peut en tirer.

Crins, poils, laines, plumes. — Toutes ces substances peuvent être conservées par les mêmes moyens; on les fait dessécher au four, après s'être assuré préalablement que la température n'y est plus assez élevée pour opérer sur elles quelque altération; il suffit ensuite de les emballer dans des caisses, des barils ou tout autre vase bien clos et le plus sec possible; on aura plus de chances encore d'une bonne conservation, en les mettant en contact avec le gaz du soufre en combustion avant de les tirer du feu : pour cela, on fait, en écartant ces matières, une place nette au milieu de la sole, on y pose deux briques, et l'on place dessus un pot à fleur ou tout autre vase en terre ou en fonte, percé de quelques trous au fond, dans lequel on a mis un morceau allumé (la moitié, par exemple) d'une mèche soufrée. Dès que le soufre cesse de brûler, on se hâte d'emballer les substances qui ont été exposées à son action. Si l'on voulait prolonger pendant plusieurs années la conservation de ces objets, il serait bien de renouveler, avant les chaleurs de l'été, la dessiccation et le soufrage que nous venons d'indiquer.

L'emploi des plumes est généralement connu, même dans les campagnes; mais il est assez rare que l'on y emploie les procédés susceptibles de prévenir leur prompte détérioration. Nous donnerons plus loin la préparation des plumes à écrire, et nous ajouterons seulement ici que les plumes défectueuses et toutes celles qui ne peuvent servir ni pour les lits ni pour écrire seront aisément utilisées comme un excellent engrais, en les mettant dans des sillons creusés près des plantes et les recouvrant de terre.

Les crins longs, tels que ceux de la queue des chevaux dits à tous crins, doivent être mis à part comme ayant beaucoup plus de valeur que les crins courts; ces derniers ne servent qu'à filer des cordes, à rembourrer des coussins, meubles de siége, selles de chevaux, etc., tandis que les premiers s'emploient dans la confection des étoffes de luxe dont le prix est assez élevé : la fabrication des étoffes de crin acquiert beaucoup d'extension, et déjà la matière première lui manque en France. Si les habitans des campagnes préféraient faire usage des crins plutôt que de les vendre, il leur serait très-facile de les filer, soit par eux-mêmes ou par des gens du métier, en cordes d'une grande solidité, très-durables lors même qu'elles sont exposées aux intempéries des saisons; sous ce rapport, les cordes de crin sont très-convenables pour étendre le linge, auquel, d'ailleurs, elles ne communiquent pas de traces brunes, comme cela arrive avec les cordes de chanvre altérées par l'humidité. S'ils voulaient préparer le crin pour rembourrer quelques meubles, ils l'exposeraient à la vapeur de l'eau bouillante en tresses, qui, après le refroidissement, conservent les formes ondulées, utiles pour le rendre élastique.

Les soies de cochon, que l'on extrait, en quelques endroits, après l'échaudage de ces animaux, peuvent être assimilées aux crins courts et vendus comme tels aux bourreliers et fabricans de meubles ou aux apprêteurs de crins.

La *bourre,* ou poils de diverses peaux, enlevée à l'aide d'une macération dans l'eau de chaux, sert à la sellerie grossière et à fabriquer les feutres pour doublage des vaisseaux; mais cette matière de peu de valeur ne peut guère être obtenue que chez les tanneurs : il en est de même des déchets des peaux tondues. Au reste, beaucoup de peaux de petits animaux, n'ayant de prix qu'en raison de leurs poils, et les autres pouvant être vendues sans en être débarrassées, il convient, en général, aux gens des campagnes que toutes les peaux qu'ils pourront se procurer en dépouillant les animaux morts soient conservées avec leurs poils, comme nous le verrons plus loin.

Fers, clous. — Les bœufs, chevaux, ânes, mulets sont souvent munis de fers plus ou moins usés lorsqu'ils meurent ou sont abattus. Les vieux fers qui ne peuvent être forgés seuls sont encore très-utiles aux forgerons; on les chauffe fortement trois ou quatre à la fois, on les soude en les corroyant ensemble au marteau, et les fers neufs, ainsi que les autres ouvrages de forge qui en résultent, sont fibreux, d'excellente qualité, et aucunement sujets à casser. Ce fer corroyé est très-propre au service de la grosserie (ferremens de charronnage), en raison de sa grande ténacité. Les clous arrachés des pieds de ces animaux s'emploient utilement, sous le nom de *rapointés,* pour hérisser les pièces de bois qui doivent être recouvertes de plâtre ou de mortier; on s'en sert dans plusieurs provinces, et surtout en Auvergne, pour ferrer les sabots et rendre cette chaussure plus durable; ils peuvent servir à fixer les loques, au moyen desquelles on palisse les arbres à

fruit le long des murailles et à quelques autres usages des clous à tête.

Cornes, sabots, ergots, onglons, etc. — Tous ces produits des animaux sont formés d'une même substance : aussi ont-ils plusieurs usages communs; leur couleur et leurs dimensions les font seules différer d'utilité dans quelques emplois. Le premier soin à prendre après les avoir rassemblés est donc de les assortir suivant ces caractères physiques. Ainsi, on mettra ensemble tous ceux de ces objets qui offriront à peu près la même nuance et la même grandeur; ceux qui, étant à la fois le moins colorés et les plus grands, n'ayant d'ailleurs aucune sorte de défectuosité, auront la plus grande valeur; réciproquement, les plus petits et les plus colorés, comme ceux qui offriront des déchirures, des trous, des entailles ou des formes trop irrégulières, ne pourront se vendre qu'à un prix moindre; toutefois, parmi les plus grands, on mettra à part ceux qui seront sans défaut, et on réunira en un seul lot tous les défectueux; les cornes et les sabots peu colorés, mais difformes, seront aussi mis de côté; enfin, on réunira tous les petits ergots et les rognures ou fragmens de très-petites dimensions.

Tous les sabots, cornes, onglons entiers se vendent aux *aplatisseurs,* qui les préparent pour la fabrication des peignes et autres objets en corne; ceux qui sont défectueux ne sont propres qu'à la préparation de la poudre et râpure de corne blonde ou brune; enfin, les déchets, menus fragmens et petits ergots s'emploient par les fabricans de prussiate de potasse : il est probable qu'on trouvera moyen de les employer dans la tabletterie, et qu'alors il sera utile de les assortir suivant leur nuance.

La préparation de la poudre et de la râpure de corne est si simple et si facile, que les habitans des campagnes ne peuvent manquer de s'y livrer avec fruit : il suffit, en effet, de saisir l'objet qu'on veut diviser ainsi, entre les mâchoires d'un étau, sous le valet d'un établi, ou même entre deux morceaux de bois serrés par une corde, puis d'user la corne ainsi maintenue, à l'aide d'une forte râpe; la râpure ou corne divisée est recueillie, et lorsque l'on en a amassé une certaine quantité, on peut la vendre aux tabletiers : il conviendrait de la tamiser préalablement, afin de donner plus de valeur à la poudre plus fine, et de tirer ainsi un parti plus avantageux de la totalité. On doit éviter avec soin de répandre de l'huile ou des matières grasses sur cette poudre, et même d'y mêler tout autre corps étranger, qui, pouvant s'opposer à son agglomération, la rendrait impropre à la fabrication d'objets en *corne fondue.*

Quant aux fragmens de cornes, de sabots et d'ongles, trop peu volumineux pour être employés entiers ou réduits en râpures, on parviendra facilement à tirer parti de ces débris en les nettoyant à l'eau froide, les divisant grossièrement à l'aide d'un hachoir, couperet ou couteau, les mêlant avec un quart de leur volume de râpure de cornes, passant le tout dans de l'eau bouillante ou de la lessive faible pendant une ou deux heures, puis les maintenant comprimés pendant une heure dans un cercle de fer entre deux disques chauds en même métal. On atteindra la température convenable en faisant chauffer presque au rouge naissant ces disques, qui doivent avoir de six à neuf lignes d'épaisseur; puis les plongeant pendant une seconde dans l'eau froide au moment de s'en servir.

Le cercle ou moule, dont nous venons d'indiquer l'usage, sera tout trouvé en employant ces demi-boites de roues enfoncées dans le gros bout des moyeux; elles seront même très-propres à cet usage. Après un long service, la forme conique de leurs parois facilitera la sortie de la *galette* qu'on y aura moulée.

Les deux disques en fer seront découpés dans des rognures de tôle ou forgés avec quelques morceaux de ferraille.

On pourrait obtenir une pression suffisante à l'aide de coins en bois serrés dans l'intervalle de deux pièces de bois; mais on se procurera sans peine une presse plus commode et peu dispendieuse, soit en faisant usage d'un *étau* de serrurier dans les momens où il est libre, soit en taraudant avec la filière d'un fort boulon le haut (renforcé en cet endroit) d'une bande de roue contournée en forme d'étrier; on serrerait le boulon avec une clef ordinaire; quelques fragmens de fer ou de fonte posés sur le disque supérieur recevraient la pression directe et la transmettraient à la matière renfermée dans le moule.

Les galettes ainsi préparées seront facilement réduites en râpure et vendues avec avantage aux tabletiers et fabricans de boutons, ainsi que nous l'avons dit plus haut.

Ce dernier travail pourrait occuper des enfans et même des aveugles. La même presse, dont nous venons d'indiquer la construction simple, servirait à l'aplatissage ci-après décrit des grands morceaux de cornes propres à la confection des peignes.

Aplatissage des cornes et ergots.—On prend toutes les cornes et ergots susceptibles de donner des morceaux d'une étendue de deux à trois pouces au moins, en tous sens; on supprime d'un trait de scie le bout plein des cornes; on les fend, de même que les ergots, à l'aide d'une scie à main ou d'un ciseau mince à tranchant, dans leur courbure interne; on les plonge dans l'eau, qu'on fait chauffer à l'ébullition pendant environ une demi-heure; elles sont alors assez amollies pour être ouvertes et développées à l'aide de tenailles ou de coins en bois; on les soumet, ainsi étendues, à l'action de la presse entre des plaques en fer un peu plus grandes que ces cornes, développées et chauffées comme nous l'avons dit. On peut mettre en presse à la fois cinq ou six cornes, en ayant le soin d'interposer entre chacune d'elles une plaque en fer; on conçoit que, pour cette opération, la virole ne saurait être employée, puisque l'étendue des morceaux comprimés doit varier librement, afin qu'ils s'aplatissent sans obstacle.

Les cornes aplaties se placent avec avantage chez les fabricans de peignes et les tabletiers; elles trouvent un débouché très-facile à différens prix, suivant leur nuance et leurs dimensions.

Peaux. — Cette partie est l'une de celles qui ont le plus de valeur dans les animaux morts : en effet, depuis les peaux de taupes et de rats, que les tanneurs apprêtent pour certaines fourrures, celles de lapins, de lièvres, dont les chapeliers extraient le poil, jusqu'aux plus grands cuirs, aux toisons les plus estimées et aux fourrures les plus précieuses, toutes les peaux peuvent se vendre avantageusement. Lorsque les établissemens manufacturiers dans lesquels on travaille les peaux sont peu éloignés, on peut les y porter toutes fraîches; les plus grandes s'y vendent au poids.

La conservation, et, par suite, le transport des peaux à des distances assez considérables sont faciles; il suffit généralement d'en éliminer le plus possible les substances charnues ou grasses adhérentes, puis de les étendre à l'air jusqu'à ce que leur dessiccation soit complète; cependant, lorsqu'il s'agit de les garder long-temps, et surtout afin de pouvoir en accumuler une quantité de quelque valeur jusqu'au moment de les expédier, il est utile de les imprégner d'une substance antiseptique; à cet effet, on peut suivre l'un des procédés économiques suivans :

1° Les peaux destinées aux tanneurs se conservent assez long-temps, et même se transportent humides (dites à l'état vert), en les imprégnant d'un lait de chaux léger fait en délayant environ une demi-livre de chaux éteinte en pâte dans deux seaux d'eau.

2° Lorsque les peaux sont desséchées, on les suspend dans un cabinet clos; on place dans une des encoignures un tesson de vase en terre contenant quelques copeaux saupoudrés de soufre; on les allume, puis on ferme la porte le plus hermétiquement possible; l'acide sulfureux, qui s'introduit (à l'aide d'un peu de vapeur d'eau) dans les poils et le tissu de la peau, les défend assez long-temps de toute altération spontanée, comme des attaques des insectes : ce moyen sera d'autant plus efficace, que l'on pourra enfermer les peaux dans des vases mieux clos, immédiatement après cette fumigation. Il serait utile, dans certains cas, de renouveler cette opération peu coûteuse.

3° Lorsque les peaux seront à demi sèches, on les plongera dans un vase contenant une solution de sel marin ou d'alun en quantité suffisante pour qu'elles y soient complètement plongées.

La solution de sel marin et d'alun se fait en délayant dans l'eau froide du sel de cuisine ou de l'alun en poudre, que l'on y ajoute successivement par poignées, en agitant de temps à autre, jusqu'à ce que la solution soit complète. Il faut employer environ un douzième du poids des peaux en sel, ou moitié de cette quantité en alun : un vase en grès, un seau, un baquet, etc., sont propres à cette opération.

Lorsque les peaux ont été trempées ainsi pendant trente-six à quarante-huit heures, on les étend à l'air sec ou dans un lieu chauffé par un poêle pour les faire dessécher, et on les renferme dans des caisses ou des tonneaux, et on les garde dans un endroit sec jusqu'au moment de les expédier. Si l'on devait trop tarder, il conviendrait de les exposer à la *vapeur* de la combustion du soufre, comme nous l'avons indiqué ci-dessus. Les peaux de bœufs, bouvillons, vaches, génisses, chevaux, mulets, ânes, veaux, se vendent aux tanneurs et hongroyeurs; celles de chèvres, chevreaux, de moutons (tondus), d'agneaux, cerfs, biches, etc., sont achetées plus particulièrement par les mégissiers. Les maroquiniers achètent en général les plus belles parmi celles de chèvres et de moutons.

Les peaux de moutons, desquelles on n'a pas extrait la laine par la tonte, se vendent aux négocians laveurs de laine; celles des lapins, des lièvres sont livrées aux chapeliers sans autre préparation que d'avoir été desséchées, étendues à l'air, le poil en dedans, et avec le soin d'éviter que le sang et tout autre liquide animal se répandent sur les poils.

La plupart des autres peaux se vendent aux fourreurs.

Débourrage des peaux. — Les peaux à poils ras (celles des chevaux, bœufs, ânes, mulets, etc.), qui ne s'emploient généralement que débarrassées de leurs poils, peuvent être *débourrées* facilement par les gens de campagne; il leur suffira, en effet, de plonger ces peaux dans de la lessive qui a servi au lessivage du linge, et de les y laisser macérer jusqu'à ce que le poil s'arrache très-facilement. Si l'on a l'occasion de changer le liquide une fois ou deux pendant la macération, celle-ci sera plus promptement terminée et les poils seront plus propres; ceux de bœufs, ainsi traités, seront mieux disposés à servir pour rembourrer les selles, comme pour fabriquer des couvertures grossières et le feutre des doublages de navires.

A défaut d'eau de lessive, on peut se servir d'un lait de chaux contenant environ trois kilogrammes de chaux pour cent kilogrammes d'eau.

Dès que la macération sera amenée au point convenable, on rincera les peaux en les changeant plusieurs fois d'eau ou les exposant à un courant d'eau vive; puis on raclera sur une table ou un large tréteau toute la superficie extérieure avec un racloir à pâte ou tout autre outil analogue.

Les peaux débourrées seront étendues à l'air, desséchées et expédiées ou conservées par les moyens que nous avons indiqués précédemment. Avant de les faire dessécher, il serait bien, afin de les rendre plus souples, de les mettre tremper, pendant deux ou trois jours, dans de l'eau blanche faite avec une poignée de recoupes délayées dans un demi-seau d'eau.

A défaut d'autre usage, le débourrage des peaux forme un excellent engrais.

Apprêt et assainissement des plumes de lit. — Nous avons vu que les plumes destinées à remplir des enveloppes (lits de plumes, traversins, oreillers, etc.) peuvent être rendues faciles à conserver en les faisant sécher et soufrer au four; on atteindra plus sûrement encore le même but en les soumettant à l'action de la vapeur sous la pression de deux atmosphères et à la température correspondante, puis les faisant sécher et soufrer à l'étuve.

Ce procédé s'applique avec beaucoup d'avantage à l'assainissement des plumes de lits, qu'un long usage a fait pelotonner et un peu putréfier; elles reprennent à peu près leur volume primitif et sont assainies: dans tous les cas, il est convenable de battre les plumes avec des baguettes lisses pour en éliminer la poussière.

Graisse. — Lorsque la matière grasse a été extraite par la dissection, comme nous l'avons dit plus haut, on la taillade en petits fragmens gros comme des amandes environ; on en remplit une chaudière ou marmite, sous laquelle on allume du feu: à mesure que la graisse fond, elle s'écoule des cellules ouvertes du tissu adipeux; la température, en s'élevant, dilate et fait crever celles que le couteau n'avait pas tranchées. A l'aide d'une écumoire, on enlève successivement les lambeaux de tissu cellulaire, en exprimant à chaque fois la graisse qu'ils recèlent encore par une pression opérée avec un corps arrondi, le fond d'une cuiller, par exemple.

Si l'on pouvait réunir de grandes quantités de matière grasse pour les fondre ainsi, il serait utile d'avoir une presse, afin d'extraire moins imparfaitement ce qui reste engagé dans ces fragmens écumés; dans tous les cas, ces derniers sont encore utilisés pour animaliser la nourriture des chiens.

Lorsque la graisse est ainsi épurée et fluide, on la décante à l'aide d'une cuiller, on la passe à travers un tamis dans un baril ou dans un pot de grès; ce dernier doit être échauffé graduellement avec les premières cuillerées qu'on y introduit, afin d'éviter qu'il ne se casse par un changement brusque de température.

Un procédé pour fondre le suif, qui est encore préférable sous le rapport de la quantité et de la qualité du suif qu'il donne, a été indiqué par M. D'ARCET; il consiste à mettre dans la chaudière, outre la substance grasse, de l'eau et de l'acide sulfurique dans les proportions suivantes:

Suif. . . . . 1500 grammes.
Eau. 750
Acide sulfurique. 24

On fait bouillir le tout ensemble, on laisse déposer lorsque toutes les cellules sont assez attaquées; on décante l'eau à la partie inférieure ou le suif qui surnage, on passe celui-ci au tamis.

Si l'on voulait éviter les émanations très-incommodes dégagées pendant cette opération, il faudrait recouvrir la chaudière d'un *chapiteau*, adapter au bec de celui-ci un *serpentin*, et opérer ainsi à vase clos la fonte du suif; on soutirerait le liquide aqueux par la vidange (ou robinet) inférieure; on enlèverait ensuite le chapiteau pour terminer l'opération, comme nous l'avons dit ci-dessus.

Boyaux. — Les *intestins grêles* ou boyaux longs et droits, ainsi que les *cœcums* ou boyaux courts, naturellement fermés d'un bout, les uns et les autres provenant des bœufs, vaches, moutons, chevaux, servent à la fabrication des *boyaux insufflés* que l'on exporte en Espagne, de la *baudruche* que les batteurs d'or emploient, des *cordes harmoniques*, des *cordes à mécaniques*, des *cordes à raquettes* et *à fouets*, des cordes dites *d'arçon*, etc. On ne peut se livrer à ces industries que dans les localités où se rencontrent un assez grand nombre d'animaux abattus pour alimenter constamment le travail de plusieurs ouvriers ; mais partout on peut s'occuper utilement de préparer les boyaux, de manière seulement à ce qu'ils puissent être transportés jusqu'aux établissemens qui doivent les utiliser.

Dès qu'un animal est mort et qu'on a enlevé sa peau, comme nous l'avons indiqué, on doit se hâter de vider les boyaux désignés ci-dessus et de les plonger dans l'eau fraîche, afin de les bien rincer ; on enlève ensuite la graisse restée adhérente, en les raclant légèrement avec un couteau, afin d'éviter de les couper. Pour faciliter cette opération relativement aux grands boyaux, on attache un bout de 4 à 5 pieds à un bâton fixé horizontalement à 6 pieds de hauteur au-dessus du sol, et lorsque ce bout est dégraissé on le fait descendre en le remplaçant par la portion suivante du même intestin, et ainsi de suite, jusqu'à ce que toute la longueur ait subi cette sorte de nettoyage. On rince encore les boyaux, on les passe entre les doigts en les comprimant, afin de faire sortir le plus d'eau possible ; on les étend sur des cordes pour les faire sécher. Lorsque leur dessiccation est à demi opérée, on les expose, dans une chambre close, au gaz du soufre en combustion, comme nous l'avons indiqué plus haut ; on les étend de nouveau pour achever de les faire sécher, on les plie tandis qu'ils sont encore souples ; on les expose une seconde fois à la vapeur du soufre, et, après cette opération, on les emballe dans des caisses pour les expédier.

Les pis de vache coupés au rez de la tétine, et préparés de la même manière, peuvent se vendre aux personnes qui s'occupent de fabriquer des biberons pour l'allaitement artificiel.

Les intestins et leurs débris, ainsi que la chair musculaire et toutes les issues, excepté la vidange, peuvent encore être utilisés, durant tout le cours de l'été, par le développement de ces larves désignées sous le nom de *vers blancs* ou *asticots* dans les localités où les pêcheurs à la ligne, qui s'en servent pour amorcer le poisson blanc et garnir leurs hameçons, en font une consommation assez grande, ou lorsqu'on peut les envoyer aux personnes qui s'occupent d'élever et de nourrir des faisans ou des poissons ; ces vers peuvent être employés à la nourriture des poules et autres oiseaux de basse-cour, en ayant le soin de leur donner alternativement des alimens végétaux ; ils favorisent singulièrement le développement des dindons, petits-poulets, et de tous les jeunes oiseaux élevés dans les basses-cours, et remplacent, avec des avantages marqués, les œufs de fourmi pour cet usage, de même que pour élever les perdreaux, les petites cailles, les rossignols, les fauvettes. Voici comment on favorise la production de ces vers à Montfaucon près Paris. On forme sur la terre une couche de détritus des boyaux, d'autres issues et de viande,

ayant de 5 à 6 pouces d'épaisseur : on la recouvre de paille posée légèrement et en petite quantité seulement, dans le but de défendre de l'ardeur du soleil la superficie des matières animales. Bientôt les mouches, attirées par l'odeur, s'abattent sur la paille, qu'elles traversent pour aller déposer leurs œufs à la surface des débris des animaux. Quelques jours après, on trouve à la place des matières étalées une masse mouvante d'asticots mêlés d'un résidu semblable au terreau ; on sépare à la main quelques lambeaux de matières animales ; on emplit à la pelle des sacs de ces vers, qui s'expédient ainsi et se vendent à la mesure.

Les pêcheurs à la ligne en font une grande consommation dans certaines localités, et les paient souvent assez cher. Un des emplois les plus utiles que l'on puisse faire des asticots consiste à les donner aux poissons des étangs ; ceux-ci se développent et s'engraissent très-promptement avec cette nourriture. On peut obtenir ainsi 2 et 3 fois plus de poissons dans le même étang, et 8 à 10 fois plus de produits ; car le défaut seul de nourriture diminue le nombre de poissons, lorsque parmi eux il ne s'en trouve pas de voraces, et qu'ils sont à l'abri des différens animaux ichthyophages.

Conversion des tendons et rognures de peaux en colle-forte. — La fabrication de la colle-forte est une de celles qui peuvent très-facilement être mises à la portée des gens de campagne, et dont les produits sont consommés dans presque toutes les localités. On fait tremper dans un lait de chaux (formé d'un kil. de chaux vive éteinte en bouillie et délayée dans 50 kil. d'eau environ) les matières premières ci-dessus désignées, aussitôt qu'on les a extraites de l'animal, ou même desséchées, suivant les procédés décrits ; on renouvelle le lait de chaux tous les huit jours pendant un mois, et ensuite une fois par mois en hiver et deux fois en été. En préparant le lait de chaux plus faible de moitié, c'est-à-dire dans la proportion d'un de chaux pour 100 d'eau, on peut prolonger leur conservation de cette manière jusqu'au moment de la saison favorable, et même pendant plus d'une année, si l'on veut attendre qu'on en ait amassé une quantité un peu considérable pour se livrer à leur traitement ; toutefois, dans le deuxième mois, ces matières sont prêtes à être mises en œuvre.

Lorsqu'on veut commencer la fabrication, on vide les vases (baquets, tonneaux, fosses glaisées ou cimentées, etc.) de toute l'eau de chaux qu'ils contiennent, après l'avoir agitée pour mettre la chaux en suspension ; on enlève les matières animales dans des mannes en osier, et on les lave le plus exactement possible, soit en les agitant dans plusieurs eaux claires, soit, et mieux encore, en les exposant à un courant d'eau vive, et les retournant de temps à autre pendant 24 ou 36 heures.

On les étend ensuite à l'air sur le pavé ou sur un pré ras, en couches aussi minces que possible, et on les retourne une fois ou deux en 12 heures, pendant 2 ou 3 jours.

Alors on procède à la cuisson, en emplissant

comble une chaudière (*fig.* 76) avec ces substan-

Fig. 76.

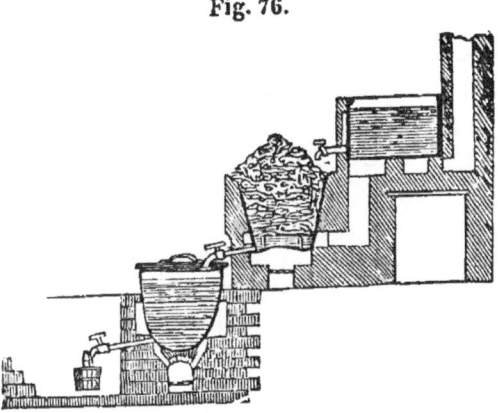

ces, y ajoutant de l'eau jusque près des bords supérieurs et faisant chauffer à petit feu d'abord, puis soutenant ensuite à la température de l'ébullition; les matières s'affaissent peu-à-peu, et finissent par entrer en totalité dans la chaudière; on les soulève de temps à autre, pour éviter qu'elles ne s'attachent au fond (un faux fond en tôle, soutenu sur des pieds d'un à 2 pouces et percé de trous comme une écumoire, est fort utile pour éviter cet inconvénient). Dès que presque tous les lambeaux ont changé de forme et sont en partie dissous dans le liquide, on éteint le feu, on met un balai de bouleau devant le tuyau du robinet, puis on soutire au clair dans une chaudière maintenue chaude par des corps non conducteurs qui l'enveloppent (des chiffons de laine, de la cendre ou de la poussière de charbon); un second dépôt s'opère dans ce vase, et lorsque le liquide n'est plus trop chaud pour qu'on y tienne le doigt plongé, on tire encore au clair; on passe au tamis, en emplissant avec ce liquide gélatineux des caisses (*fig.* 77) de 3 à 4 pouces de haut, disposées dans un endroit frais et dallé ou carrelé en pente, afin qu'on y opère facilement les lavages.

Fig. 77.

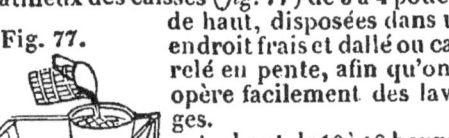

Au bout de 10 à 18 heures, suivant la température de l'air extérieur, la colle est prise en gelée consistante; on l'extrait des caisses en passant une lame de couteau mince et mouillée autour de ses parois latérales et un fil de cuivre tendu, entre deux montans verticaux, au fond, puis retournant la caisse sur une table mouillée. Il reste sur celle-ci un pain rectangulaire de gelée, qu'on divise en plaques de 4 à 8 lignes d'épaisseur, au moyen d'un fil de cuivre tendu sur une monture (*fig.* 78)

Fig. 78.

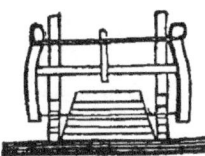

de scie, et guidé par les entailles de règles graduées en divisions égales. Ces plaques

sont posées sur des filets (*fig.* 79) ou des

Fig. 79.

canevas en toile tendus dans un châssis en bois, et on place ces châssis, à mesure qu'ils sont chargés de colle, horisontalement au-dessus les uns des autres, également espacés de 3 pouces (*fig.* 80), et disposés en étages

Fig. 80.

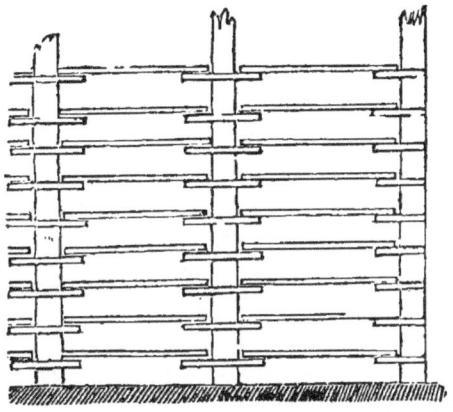

dans un bâtiment aéré ou séchoir. Les plaques sont retournées de temps à autre; elles se dessèchent peu-à-peu et forment la *colle-forte*, dont les usages sont bien connus des menuisiers, ébénistes, apprêteurs d'étoffes, chapeliers, fabricans de papiers, peintres, etc.

On continue d'épuiser les marcs restés non dissous en remplissant la chaudière d'eau bouillante, fournie par une chaudière fig. 76 que la cheminée de la fabrique entretient constamment chaude, jusqu'à la hauteur qu'ils occupent, portant toute la masse à l'ébullition, qu'on soutient pendant 3 heures environ : au bout de ce temps, on soutire le liquide; celui-ci peut quelquefois être traité comme la première solution et donner de la colle-forte de 2ᵐᵉ qualité. Pour s'en assurer, on en prend dans la chaudière une très-petite quantité (plein une demi-coquille d'œuf ou une cuiller à bouche); on l'expose pendant ¼ d'heure à l'air, et si au bout de ce temps le liquide est pris en gelée consistante, on soutire et on traite, comme la première fois, la solution contenue dans la chaudière.

On achève alors le lavage du marc en versant par-dessus de l'eau bouillante aux ¾ de la hauteur de la chaudière, portant à l'ébullition pendant environ 2 heures, et soutirant tout le liquide qui peut s'écouler par le robinet. On enlève alors le résidu solide de la chaudière, et on le soumet, soit à l'action d'une forte presse, soit dans des sacs en grosse toile, sous un plateau de bois chargé de pavés ou autre corps pesant. Tout le liquide soutiré et celui obtenu par expression sont employés à dissoudre une nouvelle quantité de substances animales préparées, en recommençant une opération, comme nous l'avons dit ci-dessus. Tous les ustensiles doivent être soigneusement lavés chaque fois que l'on s'en est servi.

Les marcs dont on a extrait ainsi le plus possible de gélatine sont ensuite divisés avec de la terre et répandus pour servir d'engrais; on peut obtenir de la gelée ou de la gélatine alimentaire par l'opération que nous venons de décrire, faite avec le plus grand soin, en employant des matières premières fraîches, extraites des moutons, bœufs, vaches, veaux, chèvres, agneaux, lapins, etc. (celles qui proviennent des chevaux recèlent une matière huileuse, et développent un goût désagréable).

Relativement à cette dernière préparation, il convient de laver les substances aérées avec 2 ou 3 fois leur poids d'eau bouillante, avant de les faire dissoudre dans la chaudière.

Il est très-facile de préparer en petit la colle-forte, la gelée et la gélatine par le procédé ci-dessus décrit : on substitue, dans ce cas, à la chaudière un chaudron ou une grande marmite; l'opération reste d'ailleurs entièrement la même.

SECTION V.—*Valeur et produits des animaux morts.*

Afin de fixer les idées sur les avantages que les habitans des campagnes peuvent réaliser en utilisant les animaux morts, nous présenterons comme exemple le tableau de la valeur acquise au cadavre d'un cheval de volume moyen par les plus simples préparations, en mettant en regard la valeur des mêmes parties extraites d'un cheval d'un volume moyen et d'un cheval de taille un peu plus forte et en bon état, comme il s'en trouve dans les campagnes un grand nombre qui périssent par accident.

Tableau des produits obtenus des matières fraîches par les plus simples opérations.

	CHEVAL de volume moyen.			CHEVAL en bon état.		
	Poids en kil.	Prix du kil.	Valeur en fr.	Poids en kilog.	Prix du kil.	Valeur en fr.
	kil. gr.	fr. c.	fr. c.	kil. gr.	fr. c.	fr. c.
Peau fraîche ou passée dans un lait de chaux léger.....	34 »	» 40	13 60	37 »	» 50	18 50
Crins courts et longs (1)...	1 »	1 »	» 10	» 220	1 40	» 30
Sang cuit et pulvérulent calculé, soit en raison de la quantité de nourriture qu'il remplace pour les chiens ou les poules, soit comme engrais...	9 »	» 70	2 70	10 »	» 30	3 30
Fers et clous..	» 450	» 22	» 22	1 800	» 50	» 90
Sabots supposés réduits en râpures.....	1 500	1 20	1 80	1 860	1 20	2 23
Viscères et issues employés à faire naître des asticots pour l'engrais des volailles (2), ces vers comptés pour leur équivalent en nourriture des poules....	8 »	» 20	1 60	9 »	» 20	1 80
Vidange des boyaux comme fumure.....	20 »	» 05	1 »	22 »	» 05	1 10
Tendons trempés dans un lait de chaux et desséchés.....	» 500	» 60	» 30	» 625	» 60	» 3.
Graisse fondue.	4 150	1 20	4 96	31 5	1 20	47 80
Chair musculaire cuite et divisée pour servir de nourriture aux poules, chiens, etc., ou comme engrais approprié aux cultures lucratives......	100 »	» 55	55 »	130 »	» 35	45 50
Os bien décharnés pour le noir animal....,	46 »	» 05	2 30	48 05	» 05	2 42
Valeur totale des produits...			63 60			114 16

Les frais de préparation de ces matières premières se réduisent à la valeur d'une faible quantité de combustible, qui, d'ailleurs, dans les temps froids, est encore utilisée pour le chauffage; du reste, ils se composent seulement de main-d'œuvre, et il y a dans les campagnes une si grande quantité de temps perdu ou laissé aux dangers de l'oisiveté pour les enfans et les jeunes gens, durant les soirées d'hiver et les intervalles où les champs réclament peu de soins, que des occasions de travail utile sont plutôt des bienfaits que des charges onéreuses. C'est donc environ une valeur de 60 francs, au moins, que pourraient trouver les gens des campagnes dans le dépècement d'un cheval; et combien de fois n'ont-ils pas ignoré qu'en prenant si peu de peine ils auraient pu en

	CHEVAL de volume moyen.		CHEVAL en bon état.	
	kil.	gr.	kil.	gr.
Peau..........	34	»	37	»
Sang.........	18	500	20	810
Crins courts et longs........	»	100	»	220
Fers et clous..........	»	450	1	800
Sabots...........	1	500	1	860
Viscères et issues, boyaux, foie, cervelle, etc...........	38	»	39	»
Tendons........	2	»	2	100
Graisse.........	4	150	31	500
Chair musculaire (viande)......	164	»	203	»
Os décharnés complètement après cuisson............	46	»	48	500
Poids totaux des cadavres....	306	700	385	790

(1) Leur valeur est très-variable en raison de la proportion de crins longs, qui seuls ont du prix pour la confection des étoffes.

(2) On peut sans peine, cependant, mettre à part les intestins grêles et les faire sécher pour la fabrication des cordes à mécaniques, rouets, etc., et en tirer ainsi plus de profit.

tirer des produits équivalens à une centaine de francs! Un bœuf, une vache, dont le poids s'élève souvent jusqu'à 400 kil., leur donneraient plus de profit encore, et nous pourrions démontrer que le dépècement de la plupart des animaux moins volumineux offrirait aussi des résultats fort utiles.

A. PAYEN.

CHAPITRE. III. — APPRÊT DES PLUMES A ÉCRIRE.

L'apprêt des plumes à écrire est un art simple, dont les matières premières sont partout sous la main de l'homme des champs; nous avons pensé qu'il serait facile de l'exercer sans beaucoup d'avances et avec avantage dans les campagnes.

SECTION PREMIÈRE. — *Des plumes à écrire.*

On se sert, pour écrire et pour dessiner, des plumes de plusieurs oiseaux. Celles qu'on prépare ordinairement pour cet objet sont les plumes d'oie, de cygne, d'outarde, de dindon et de corbeau. Les premières sont celles dont on fait le plus communément usage pour l'écriture; elles sont recueillies au printemps par les gens de la campagne ou par les conducteurs de troupeaux d'oiés, qui les vendent aux apprêteurs.

Pour l'écriture, on ne recueille que les plumes des ailes chez les oies. Ces plumes sont de deux sortes : 1° celles qui tombent naturellement lors de la mue de ces oiseaux, au mois de mai ou juin; 2° celles qu'on arrache sur ces animaux après qu'ils sont privés de la vie. Les premières sont généralement meilleures et préférables aux autres.

Les naturalistes ont observé que les ailes des oiseaux sont en partie formées par un certain nombre de grandes plumes ou pennes, qu'ils ont nommées *rémiges.* Ces rémiges ont été divisées par eux en *primaires,* qui sont au nombre de 10 à chaque aile, et adhérentes au métacarpe de l'oiseau; en *secondaires,* qui garnissent l'avant-bras ou cubitus, et dont le nombre n'est pas fixe; en *scapulaires,* ou plumes moins fortes attachées à l'épaule ou humérus; et enfin en *bâtardes,* qui garnissent l'os qui représente le pouce. Parmi ces plumes, les primaires sont à peu près les seules qu'on apprête pour l'écriture, et parmi celles-ci il n'y a que 5 plumes qui conviennent à cet usage : 1° celle qu'on nomme *bout-d'aile,* qui est la plus ronde, la plus courte et la moins bonne; 2° les 2 qui suivent le bout-d'aile, et qui sont les meilleures; 3° enfin les 2 qui viennent ensuite, et sont d'une qualité inférieure à ces dernières.

En examinant une plume, on observe qu'elle est composée d'un tube ou *tuyau* creux et arrondi qui en constitue la partie inférieure; d'une *tige,* prolongement du tuyau, mais qui est presque quadrangulaire et est remplie d'une substance blanche, légère et spongieuse. Cette tige est légèrement arquée, convexe sur sa face supérieure, et marquée inférieurement d'une cannelure profonde. Elle est garnie de 2 *barbes* composées elles-mêmes de *barbules* entrelacées les unes dans les autres.

Les barbes d'une plume ne sont pas égales, l'une est plus courte que l'autre, et les barbules de la plus petite en sont plus fermes et plus solidement entrelacées l'une à l'autre.

Les tiges des plumes ont une double courbure légère et naturelle; les plumes extraites de l'aile droite, en supposant qu'on les tient dans la position que prend la main en écrivant, sont infléchies à gauche, et celles de l'aile gauche infléchies à droite. Ces dernières sont préférables pour écrire, parce qu'elles prennent naturellement une position plus commode dans la main qui les dirige. Il est facile, de suite, de reconnaître ces dernières plumes à la taille, puisque, lorsqu'on leur fait subir cette opération, l'entaille que le canif y pratique n'est pas placée à droite, mais à gauche de la ligne médiane de la plume.

Une bonne plume à écrire doit être de grosseur moyenne, plutôt vieille que nouvellement apprêtée. Elle n'est ni trop dure ni trop faible; elle a une forme régulière et arrondie pour ne pas tourner elle-même entre les doigts, elle est nette, pure, claire, transparente ou à peu près, élastique et sans aucune tache blanche, qui l'empêcherait de se fendre avec régularité. En l'appuyant sur le papier, elle doit porter d'aplomb sur le point où on a dû pratiquer le bec. Elle doit se fendre nettement et en ligne droite, sans être aigre et cassante, et ne pas s'émousser facilement par l'usage.

SECTION II. — *Apprêt des plumes.*

Le tuyau de la plume est composé d'une substance de nature cornée ou albumineuse, susceptible d'attirer l'humidité de l'atmosphère, de se ramollir d'abord dans l'eau chaude ou quand on l'approche des corps élevés à un certain degré de température, puis de prendre après le refroidissement, et par suite de l'effet de la chaleur, une dureté et une fermeté plus grandes qu'auparavant.

Ce tuyau est *recouvert naturellement par une membrane* mince, imprégnée d'une matière douce et grasse, et, à l'intérieur, il renferme une substance fine, légère et celluleuse, qui se dessèche après que la plume a été arrachée, et qui porte le nom d'*âme* de la plume.

Le *but* de l'apprêt des plumes est : 1° de les débarrasser complètement de la matière graisseuse qui les enduit, et qui empêcherait l'encre de s'y attacher et de couler; 2° de rendre par la chaleur la substance du tuyau compacte, polie, élastique, plus propre à résister à l'usage, et plus facile à fendre avec netteté; 3° de donner au tuyau une forme arrondie et bien parallèle à un axe qui passerait par le centre de la plume; 4° enfin, de lui enlever ses propriétés hygrométriques, pour qu'elle ne s'amollisse pas dans l'encre, et soit d'un service plus prolongé. On désigne sous le nom de *plumes hollandées,* celles qui ont été ainsi préparées, parce que les

Hollandais ont été les premiers à découvrir le mode véritable de cette préparation.

Le *procédé hollandais* le plus simple, celui qui est le plus généralement en usage, et qui, avec quelques modifications devenues nécessaires, paraît donner encore de bons résultats, consiste à passer à plusieurs reprises les plumes dans du sable chaud ou des cendres chaudes, pour amener la matière grasse du tuyau à l'état de fusion, et donner plus de fermeté à celui-ci, et à le frotter ensuite avec une étoffe ou à le gratter avec le dos d'un couteau, pour enlever cette matière grasse fondue et lui donner le poli.

Quelquefois, on passe vivement et à plusieurs reprises les plumes au-dessus de charbons ardens, mais non flambans, et on les frotte avec un morceau d'étoffe de laine pour les débarrasser de la membrane grasse, les polir et les arrondir.

Ces méthodes sont difficiles à pratiquer avec certitude, parce que, dans les 2 cas, on ignore la température qu'on applique à la plume, et que la chaleur, n'étant pas régularisée, est tantôt trop élevée et tantôt trop faible. Dans le second il faut beaucoup d'adresse et d'habileté pour ne pas brûler les plumes, et pour les chauffer bien également.

On a régularisé le procédé hollandais en établissant le bain de sable sur un poêle ou une étuve, et en le maintenant constamment par des dispositions convenables à une température de 50° R. On plonge alors la plume, de toute la longueur du tuyau, dans ce bain de sable, et on l'y laisse pendant un certain temps, au bout duquel on la retire pour la frotter de suite et fortement avec le chiffon de laine.

D'autres apprêteurs font usage d'une méthode plus compliquée, mais qui paraît donner aussi de bons résultats.

Pour hollander les plumes, on en plonge le tuyau dans une chaudière d'eau presque bouillante (*fig.* 81 *A*) contenant en dissolution une petite quantité de potasse, d'alun ou de sel commun.

Fig. 81.

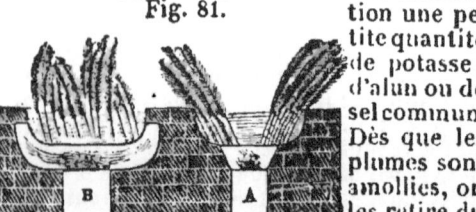

Dès que les plumes sont amollies, on les retire du bain et on les gratte à leur surface avec le dos d'une lame de couteau.

Ces opérations sont répétées jusqu'à ce que le tuyau soit devenu transparent, et qu'on ait enlevé toute la matière grasse qui l'enduisait. C'est alors qu'on les plonge une dernière fois pour les amollir, puis les arrondir entre le pouce et l'index, et qu'on leur donne de la fermeté au moyen d'une immersion dans du sable chaud, de l'argile ou de la cendre chaude. Ces corps lui enlèvent les dernières portions de graisse et les rendent plus dures et plus brillantes. Un mélange de sable et d'argile est ce qui convient le mieux; la cendre n'est pas aussi bonne. L'apprêt se fait d'une manière convenable et sûre en opérant de la manière suivante : On chauffe le mélange de sable et d'argile sur une plaque

de tôle, ou mieux, dans un vase de fonte (*fig.*81*B*),jusqu'au point où l'eau d'une bouilloire, enfoncée au milieu du bain, commence à bouillir. On enlève cette bouilloire, et on pique dans le sable chaud les plumes qui peuvent y rester plongées pendant un quart d'heure environ. On les enlève ensuite et on les frotte vivement avec une flanelle.

M. Scholz, de Vienne, a proposé de préparer les plumes à la vapeur, et de leur donner ainsi toutes les qualités des meilleures plumes de Hambourg. Voici sa manière d'opérer. Dans une chaudière (*fig.* 82) munie d'un double fond en toile métallique, il place, le tuyau en bas, des plumes de toutes les qualités. Il verse ensuite de l'eau dans la chaudière jusqu'à ce que le liquide vienne presque affleurer la pointe des plumes. Il ferme la chaudière au moyen d'un couvercle qui clôt hermétiquement, la pose sur le feu, et laisse ainsi les plumes exposées pendant 24 heures à la vapeur de l'eau bouillante. Au bout de ce temps il les retire, et le lendemain il en ouvre légèrement l'extrémité, en retire la moelle, les frotte avec l'étoffe de laine, et les met sécher dans un lieu modérément chaud. Le jour suivant elles sont transparentes comme du verre, et dures comme de la corne ou des os, sans être aigres ou cassantes.

Fig. 82.

Nous décrirons encore un procédé qui est usité en Allemagne, et paraît donner des produits aussi estimés que les plumes de Hambourg ou les meilleures plumes anglaises. On fait tremper à froid les plumes pendant 10 à 12 heures dans une lessive formée d'une partie en poids de bonne potasse et 10 parties d'eau pure, et seulement après avoir filtré la dissolution. La matière grasse qui enduit le tuyau est convertie en un savon soluble. Ainsi préparées, on les plonge pendant 5 minutes dans l'eau pure, de l'eau de pluie de préférence, chauffée jusqu'au point d'ébullition, puis on les en retire pour les rincer à l'eau froide, et les faire sécher au milieu d'une atmosphère sèche et légèrement chaude. Il ne s'agit plus maintenant que de les raffermir et de les polir. Pour cela, on prend une chaudière (*fig.* 83), ou une caisse de cuivre ou de tôle, d'une longueur et d'une largeur arbitraires, mais assez profonde pour que les plumes, placées debout, et réunies en paquets lâches et séparés, dont chacun n'en contient pas plus de 15, soient encore éloignées de 3 à 4 pouces du fond. On prévient encore mieux le contact des plumes sur ce fond en ajustant, quelques pouces au-dessus, un châssis à claire-voie, un treillis, ou mieux une toile métallique, sur lesquels les plumes repo-

Fig. 83.

sent. On ferme alors la chaudière avec un couvercle au milieu duquel est un trou dans lequel glisse un thermomètre disposé de manière que sa boule soit au milieu de la chaudière, et que la majeure partie de son échelle s'élève en dehors au-dessus du couvercle. Tout étant disposé, on porte la chaudière sur un fourneau contenant quelques charbons allumés, et on chauffe l'air qu'elle contient, et qui baigne les plumes, jusqu'à la température de 60° R.

Lorsque les plumes sont assez amollies pour fléchir lorsqu'on les frotte un peu vivement avec le dos d'un couteau, on prend chacune d'elles en particulier de la main gauche, et on l'appuie sur le genou garni d'un linge de laine, ou sur une table couverte en drap, puis on la presse avec le dos d'un couteau qu'on appuie à l'origine ou extrémité supérieure du tuyau, en faisant glisser la plume en arrière sous la lame qui la presse, et en lui rendant en même temps la forme ronde qu'elle avait auparavant. On opère encore plus facilement en la faisant passer vivement, et à plusieurs reprises, dans un morceau de drap ou de flanelle, pour enlever l'épiderme et la polir.

Quand on désire des plumes très-fermes, on peut les soumettre 2 fois de suite à cette opération, mais il faut avoir l'attention de ne commencer la 2° que quand les plumes ont entièrement perdu la température élevée que leur avait donnée la 1re.

On a essayé beaucoup d'autres procédés pour la préparation des plumes à écrire. C'est ainsi qu'on s'est servi des acides nitrique et sulfurique ; mais ces acides, quoique très-affaiblis, altèrent beaucoup la substance de la plume, la rendent aigre et sujette à se fendre irrégulièrement, etc.

Sect. iii. — *Coloration, assortiment, empaquetage.*

On a commencé depuis quelques années à donner au tuyau des plumes à écrire des couleurs diverses. Les couleurs les plus communes sont le jaune, le bleu et le vert.

Pour donner aux plumes une couleur jaune, on les plonge dans un extrait aqueux de safran jusqu'à ce qu'elles aient atteint la nuance désirée. Pour les teindre en bleu, on fait une dissolution d'une partie d'indigo broyé très-fin dans 4 parties d'acide sulfurique concentrée, puis on étend d'eau la dissolution, on ajoute un peu d'alun en poudre, et c'est dans ce liquide qu'on plonge les plumes, et qu'on les y laisse séjourner jusqu'à ce qu'elles aient acquis la teinte convenable. On teint les plumes en vert en mettant pendant quelque temps celles qui sont déjà teintes en bleu dans la dissolution jaune ci-dessus, etc.

On parvient, dit-on, à donner aux plumes cette couleur jaunâtre qui les fait rechercher, et qui est un indice d'ancienneté, en les faisant tremper pendant quelque temps dans un bain d'acide hydrochlorique très-étendu.

En général, ces opérations de teinture ne se font qu'après que les plumes ont reçu l'apprêt, c'est-à-dire ont été dégraissées et polies. Une fois apprêtées, les plumes sont *assorties* suivant leur poids ou leur grosseur, ou bien leurs qualités, ou suivant qu'elles proviennent de l'aile gauche ou de l'aile droite. Quand elles ont été assorties, on les *assemble en paquets* de 25, dont 4 font le cent. Ces paquets, qui sont maintenus par une ficelle roulée plusieurs fois autour des plumes à la naissance du tuyau, sont assez difficiles à former d'une manière régulière. Ils doivent être carrés, c'est-à-dire composés de 5 rangs, chacun de 5 plumes. Quelques fabricans mettent ordinairement les plus belles à l'extérieur, et les médiocres dans l'intérieur du paquet. Pour suppléer à l'habileté des ouvriers, on a inventé une petite machine en Allemagne que nous ne connaissons pas encore, et qui empaquète 20 à 24 mille plumes par jour avec beaucoup de régularité.

Les qualités des plumes à écrire se distinguent par la couleur des ficelles qui servent à lier les paquets, et par la couleur du papier qui réunit les paquets de cent.   F. M.

CHAPITRE IV. — Incubation artificielle.

L'incubation artificielle est l'art de faire éclore et d'élever en toute saison toutes sortes d'oiseaux de basse-cour ou d'agrément, et particulièrement des poulets, par le moyen d'une chaleur artificielle et sans le secours de mères couveuses. Cet art, pour être pratiqué, exige la connaissance des appareils au moyen desquels on supplée à la chaleur de la poule, et celle des méthodes les plus certaines pour élever les poulets nés dans ces appareils.

Section Ire. — *Des appareils pour faire couver les œufs.*

Ces appareils sont des couvoirs, des fours ou des étuves de diverses espèces.

D'après le témoignage des écrivains de l'antiquité et des temps modernes, les Egyptiens, depuis un temps immémorial, ont exercé et conservé la pratique de l'art de faire éclore et d'élever les poulets dans des fours en briques appelés MAMALS, dont nous ne donnerons pas la description, parce que c'est un procédé imparfait, et qui n'est pas applicable dans notre pays.

Dans le siècle dernier, RÉAUMUR essaya, ce qu'on avait déjà tenté aussi avant lui, de faire éclore des poulets d'une manière économique au moyen de fours ou tonneaux chauffés par la chaleur qui se dégage de la fermentation du fumier. Ce savant a fait, à ce sujet, des expériences nombreuses qui sont restées comme le témoignage de sa sagacité et de sa patience, mais qui n'ont fourni aucun procédé réellement applicable. Nous passerons donc à la description d'appareils plus modernes.

§ 1er. — Couveuse artificielle.

Parmi les appareils simples dont on pourrait faire choix aujourd'hui pour faire éclore des poulets, un des plus commodes est une petite *couveuse* artificielle. Cette couveuse, dont on voit la coupe par le milieu dans la *fig.* 84 est composée de 2 vases cylindriques

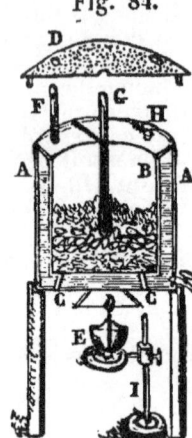

Fig. 84.

en fer-blanc, l'un A, de 27 cent. (10 po.) de diamètre, sur 33 centim. (1 pi.) de hauteur, et l'autre B plus petit, mais dans un rapport tel, qu'en le plaçant dans le grand il reste entre eux, en tous sens, un vide de 27 millim. (1 po.), qui doit contenir l'eau chaude destinée à élever la température des œufs placés dans le petit vase. Six petits tuyaux C de 2 à 3 millim. (1 lig.) de diamètre, percés à la partie inférieure de l'appareil, et s'ouvrant au dehors, amènent l'air nécessaire à l'incubation dans le vase intérieur B. On place au fond de ce dernier un lit de coton, puis les œufs au nombre de 20 ou 25, enfin un autre lit de coton pour les préserver du refroidissement, et on ferme l'appareil au moyen d'un couvercle D percé d'un grand nombre de trous très-fins. Quand on fait usage de l'instrument, il faut qu'il perde, par le contact de l'air extérieur, précisément autant de chaleur qu'il en reçoit par l'influence d'une petite lampe E placée au-dessous, et c'est à quoi on arrive par une étude de quelques jours, au moyen d'un thermomètre F plongé dans l'eau, et qu'on peut faire glisser au dehors dans le bouchon de liége qu'il traverse, et d'un autre thermomètre G dont la boule est placée au milieu des œufs, et dont on peut facilement lire les indications sans ôter le couvercle et découvrir les œufs. On remplit l'intervalle des deux vases avec de l'eau chauffée à 36° R. (45 cent.), au moyen de l'orifice H fermé par un bouchon, et on allume la lampe. Si la température s'élève on fait descendre la lampe le long du pied I sur lequel elle peut glisser; si elle s'abaisse, on la rapproche, et l'on arrive bientôt à déterminer la distance qui convient à l'appareil et à la lampe. Les lampes à huile étant sujettes à charbonner leur mèche, et à donner une combustion imparfaite, et par conséquent une chaleur inégale, il vaut mieux faire usage d'une lampe à alcool et à mèche d'amiante. On obtient ainsi une flamme égale à peu de frais, et qui ne brûle pas 2 onces d'alcool en 24 heures.

§ II. — Caléfacteur-couvoir de M. Lemare.

Un autre appareil plus commode que le précédent, est le couvoir dont on voit la vue perspective, et la coupe par le milieu dans la *fig.* 85. Il se compose de deux parties qui s'emboîtent l'une sur l'autre. La partie inférieure est formée, 1° d'un cercle ou cylindre extérieur en bois A dont le fond est en carton; 2° du réservoir en cuivre ou en zinc B destiné à contenir l'eau qui doit entretenir la chaleur convenable : de ce réservoir partent 2 tubes; l'un C terminé par un robinet, et sur lequel est soudé un tube vertical D qui s'élargit à la partie supérieure et par lequel on introduit l'eau; l'autre est un petit tube recourbé qui sert à faciliter l'introduction de l'eau dans le réservoir à la partie supérieure duquel il est soudé.

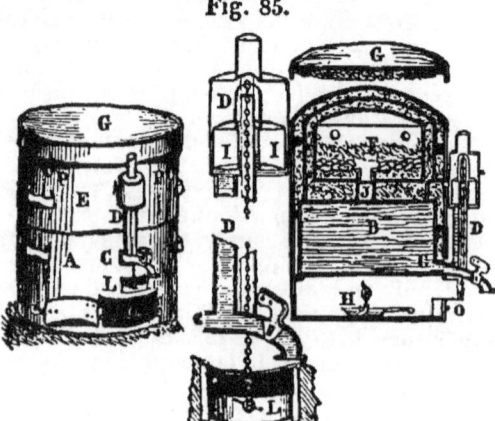

Fig. 85.

La partie supérieure E est un double corps rempli avec de la ouate dans toute sa circonférence. Le centre contient le panier aux œufs F; autour de ce panier règne un espace vide qui permet à la chaleur du réservoir de se répandre sur les œufs. Le tout est terminé par un couvercle ouaté G. A cet appareil on ajoute un thermomètre de Réaumur, une lampe à cric et un paquet de mèches.

Le régulateur du feu, qui est fondé sur le principe de la dilatation de l'eau, et dont on voit une coupe sur une plus grande échelle dans la fig. se compose d'un flotteur I, cylindre creux plus léger que l'eau, qui se meut dans le grand tube, et d'un registre L attaché au flotteur par une chaînette, qui passe par un tube d'un petit diamètre soudé d'un bout sur le robinet, et de l'autre qui traverse le flotteur auquel il sert de guide. La descente de ce registre est bornée par une coulisse inférieure, et sa montée par une autre coulisse semblable.

Pour se servir du caléfacteur-couvoir, on remplit d'eau chaude le réservoir en cuivre par le tube D. On couvre l'appareil et on introduit un thermomètre par les trous P pratiqués à la partie latérale et supérieure. Quelques heures après on visite le thermomètre sans découvrir le couvoir. Si celui-ci est encore à une température trop élevée, par exemple 40°, on l'abandonne encore quelque temps, et ce n'est que lorsque le thermomètre ne marque plus que 35 à 36° Réaumur, qu'on met les œufs. Ces œufs et le panier causeront beaucoup de refroidissement; dès-lors on visite souvent le thermomètre, et ce n'est que lorsqu'il est descendu à 29 ou 30° qu'on allume la lampe.

On verse doucement un verre d'eau dans le tube D, jusqu'à ce qu'il soit rempli à un pouce près; alors son registre L est monté à son arrêt supérieur, et ne laisse au passage de l'air que le plus petit espace; et c'est, au contraire, le plus grand qu'il doit livrer, puisque le thermomètre ne marque que 30°. On soutire donc par le robinet un petit filet d'eau qu'on laisse couler jusqu'à ce que le registre soit presque entièrement descendu à son arrêt inférieur, c'est-à-dire qu'il laisse libre toute l'ouverture. La combustion de la lampe H devenant plus active, la chaleur s'accroîtra, l'eau augmentera de volume, le registre montera et diminuera proportionnellement à cette dilatation le passage de l'air, et arrivera à son plus haut degré d'ascension ou en approchera. Le thermomètre aussi aura monté de 1 ou 2°; mais le passage de l'air étant rétréci, la combustion se ralentira, l'eau moins dilatée laissera tomber le flotteur et avec lui le registre, et l'effet contraire se produira, et ainsi de suite.

La lampe s'introduit sous le réservoir par une petite ouverture O qu'on tient fermée avec une porte. A la partie supérieure du réservoir B, est soudé un tube court J, qui passe par un trou pratiqué au fond du panier, et qui est destiné à soutenir un petit godet dans lequel on met un peu d'eau.

La mèche de la lampe doit être mouchée une fois le matin et une fois avant qu'on se couche. Il suffit aussi d'y mettre de l'huile deux fois par jour. On visite également le tube régulateur de temps à autre, pour voir s'il ne s'est pas évaporé un peu d'eau, et vérifier si le point le plus élevé et le plus bas de la dilatation de l'eau correspondent bien à la plus petite et à la plus grande ouverture du registre.

Au reste, dit M. LEMARE, ces couvoirs ont réussi, quoiqu'ils ne fussent pas munis de régulateurs du feu, et la chaleur s'y conserve très-bien.

§ III. — Étuve Bonnemain.

Les couvoirs déjà décrits ne sont guère propres qu'à une incubation pratiquée sur une petite échelle; quand on veut faire de cet art l'objet d'une spéculation étendue, il faut avoir recours à des étuves plus vastes, et établies sur un plan différent. Celle qui a donné les résultats les plus avantageux est l'étuve de BONNEMAIN, qui s'est occupé, en France, avec succès, de l'incubation artificielle.

Cette étuve est construite sur le principe de la circulation de l'eau, principe fondé sur cette observation qu'on est à même de répéter chaque jour, que dans une chaudière remplie d'eau, et sous laquelle on allume du feu, les premières portions du liquide qui sont échauffées deviennent plus légères et montent à la surface, tandis que les portions qui sont restées froides à la surface vont au fond prendre la place de celles qui s'élèvent. Ce phénomène se renouvelle tant qu'il y a inégalité dans la température des différentes couches d'eau. Ainsi, si à la chaudière fermée A (*fig.* 86), on adapte un tuyau B, qui s'élève à une certaine hauteur, et redescende ensuite en faisant diverses sinuosités D, jusque près du fond de la chaudière dans laquelle il rentre en C, qu'on remplisse d'eau tout l'appareil, et qu'on allume du feu sous la chaudière, les

Fig. 86.

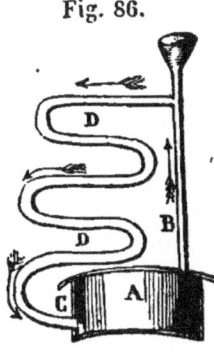

1res portions d'eau imprégnées de calorique et devenues plus légères, monteront à la partie supérieure de cette chaudière, puis dans le tube B, où, dépouillées en partie de leur chaleur par l'air environnant, elles s'écouleront par le tuyau D, et rentreront en C dans la chaudière. Cette circulation continuera tout le temps qu'il y aura du feu sous la chaudière, et si l'on suppose que les tubes rampent dans l'intérieur d'une chambre ou d'une étuve, l'air intérieur s'échauffera par son contact avec les parois des tubes chauds, et on pourra ainsi élever d'autant plus la température qu'on augmentera davantage l'étendue ou la surface des tuyaux. Un appareil de cette nature, employé à chauffer un espace quelconque, se nomme un *calorifère à eau chaude*. On conçoit qu'on pourrait, par des moyens à peu près analogues, faire circuler dans les tubes de l'air chaud ou de la vapeur d'eau bouillante, comme M. BARLOW l'a fait en Angleterre pour un établissement d'incubation artificielle.

L'étuve de Bonnemain se compose d'une chambre carrée ou oblongue, dont les parois sont en briques, et qui est chauffée par des séries de tuyaux faisant partie d'un calorifère à eau chaude. Sur la chaudière A (*fig.* 87) de

Fig. 87.

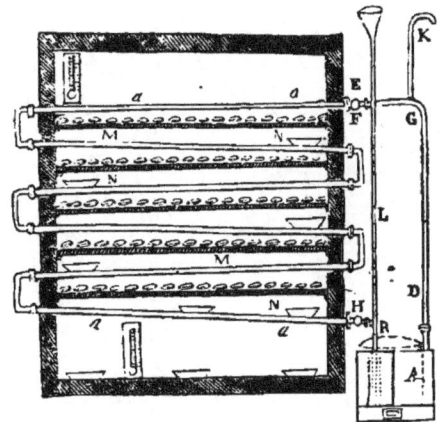

ce calorifère, est implanté un tuyau vertical D G réuni avec un tuyau horizontal E F, auquel sont soudés des ajutages à vides B, qui s'adaptent à un égal nombre de tubes *a a* introduits dans la paroi de l'étuve. Ces tubes traversent celle-ci sous une pente insensible, et vont sortir par le côté opposé, où . après s'être deux fois recourbés, ils rentrent, 8 à 9 po. au-dessous, dans l'étuve qu'ils traversent de nouveau pour ressortir et rentrer encore. Enfin, après avoir fait dans l'étuve 2 ou 3 circulations semblables, ils se réunissent de nouveau au dehors dans un seul tube transversal H, auquel est adapté un tuyau R qui descend latéralement dans la chaudière jusque près de son fond : ce tuyau, dans sa partie plongée dans la chaudière, est entouré par une enveloppe pleine d'air qui empêche que l'eau descendante ne soit échauffée avant d'atteindre le fond. Il serait sans doute plus convenable de ne faire rentrer ce tuyau que près du fond de la chaudière. Un tube ouvert K, élevé au-dessus du point le plus haut du tuyaû DG, sert au dégagement de l'air contenu dans l'eau ; un autre tube L adapté à l'une des parties inférieures, mais qui monte au niveau des tubes de circulation les plus élevés, est surmonté d'un entonnoir par lequel on remplit l'appareil, et sert en même temps de tube de sûreté. On conçoit facilement comment l'eau échauffée dans le calorifère s'élève dans le tuyau D, circule dans tous les tubes, et est ramenée à la chaudière par le tuyau R, quand elle a été dépouillée par l'air de la majeure partie de sa chaleur. Ce mouvement, une fois commencé, doit se prolonger tant que l'eau continue à s'échauffer dans le calorifère, et être d'autant plus actif, que l'eau est à une température plus inégale dans le calorifère et dans les tubes.

Le calorifère A proprement dit, dont on voit 2 sections verticales dans les figures 88, 89, et les plans au niveau de la grille et à la

Fig. 89.   Fig. 88.

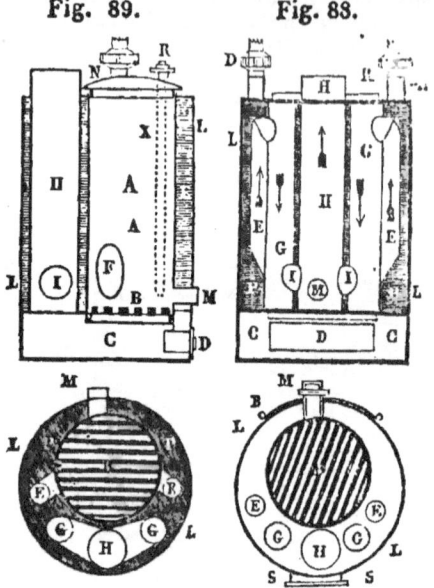

Fig. 90.   Fig. 91.

partie supérieure dans les figures 90 et 91, est ainsi construit : A fourneau, B grille, C cendrier, D porte du cendrier, E E tuyaux par lesquels la fumée monte en sortant de l'orifice F du foyer ; G G autres tuyaux par lesquels redescend la fumée pour remonter ensuite en passant par les ouvertures I, et s'échapper par le gros tuyau H ; L enveloppe extérieure du calorifère ; toute la capacité P comprise entre cette enveloppe et les parois extérieures des tuyaux est remplie d'eau ; M bouche dont l'ouverture correspondante sert à allumer le feu et à nettoyer la grille ; N couvercle du fourneau. Quand on veut mettre le calorifère en activité, on enlève le couvercle, on remplit le foyer à moitié ou aux 2/3 de charbon de bois, on replace le couvercle, puis on ôte le bouchon M, et l'on introduit par cet orifice quelques charbons embrasés. Lorsque le feu commence à s'allumer, on replace le bouchon, et on ouvre la porte D du cendrier jusqu'à ce que le tirage se soit établi ; puis on ferme toutes les issues. Les produits de la combustion qui se dégagent du foyer s'introduisent par l'orifice F dans les 2 tuyaux ascendans EE, redescendent dans les

tuyaux GG, et passent, à l'aide des ouvertures II, dans le gros tuyau H d'où ils se rendent dans la cheminée. Ainsi, dans le chemin que suivent les produits gazeux de la combustion, on voit qu'ils communiquent à l'eau une grande partie de leur chaleur et sortent de la cheminée à une température peu élevée.

Lorsqu'on veut faire éclore des poulets dans cet appareil, on allume le feu dans le calorifère, et dès qu'on a obtenu dans l'étuve le degré de température de l'incubation, qu'on mesure au moyen des thermomètres placés à l'intérieur, on range les œufs les uns près des autres sur des tablettes à rebords MM, *fig.* 87, qui sont fixées au-dessous de chaque jeu de tubes ; et pour entretenir l'air dans l'état de moiteur nécessaire, on pose à l'intérieur quelques assiettes NN remplies d'eau.

Pour conserver la température de l'étuve au degré déterminé sans nécessiter une surveillance continuelle, M. Bonnemain adapte à son appareil un régulateur du feu qui maintient la température à demi-degré de Réaumur près, et qui est fondé sur ces deux principes de physique : 1° la chaleur dilate les métaux ; 2° les métaux soumis à une même température n'éprouvent pas tous une même dilatation. Voici comment ces principes ont servi à établir le régulateur.

Une tige en fer X (*fig.* 92), taraudée à son extrémité inférieure, s'engage dans une embase de cuivre Y renfermée dans une boîte ou tube de plomb terminé par une rondelle de cuivre Z. Ce tube est plongé dans l'eau du calorifère à côté du tuyau G (*fig.* 88, 89). La dilatation du plomb étant plus grande à température égale que celle du fer, aussitôt que la température s'est élevée au degré voulu, l'alongement du tube met en contact la rondelle Z avec le talon A du levier courbé A B D ; alors le plus léger accroissement de chaleur alonge de nouveau le tube, et la rondelle soulevant le talon du levier, fait abaisser d'une quantité plus considérable son extrémité D. Ce mouvement abaisse à son tour l'extrémité du balancier E qui le transmet agrandi à la tringle de fer V. Celle-ci est attachée à la moitié inférieure R d'un registre à bascule SS, contenu dans une boîte, formant saillie à l'extérieur, et est mobile autour d'un axe U qui diminue en se fermant l'accès de l'air vers le foyer et ralentit la combustion. La température s'abaissant alors dans le calorifère, le tube X se contracte et dégage le talon du levier. Le contre-poids G, fixé au balancier E, en fait relever l'extrémité en soulevant le bout D du levier autant qu'il en faut pour faire porter

Fig. 92.

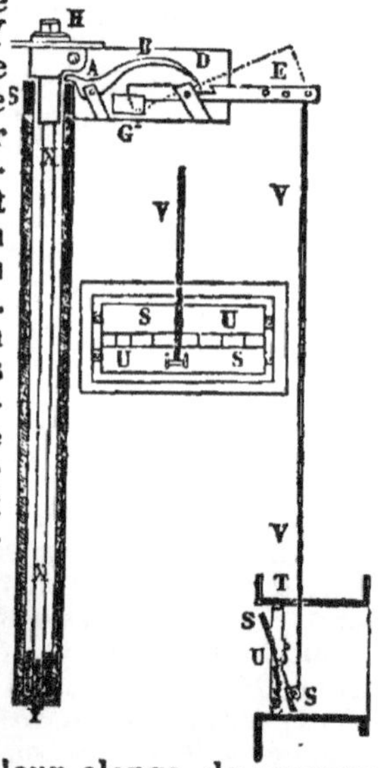

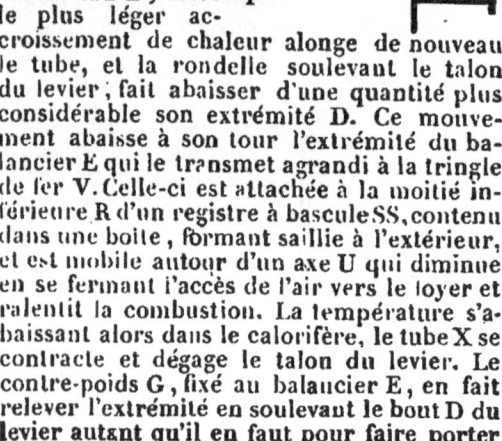

le talon de ce levier sur la rondelle Z du tube; le registre à bascule S, entraîné dans ce mouvement, s'ouvre et offre une plus grande section de passage à l'air qui active de nouveau la combustion : ainsi la température est régularisée dans le calorifère, et par conséquent les tubes qui circulent dans l'étuve y portent constamment la même quantité de chaleur dans un temps donné.

Mais cette condition ne suffit pas encore pour entretenir dans l'étuve une température constante, puisque la température atmosphérique varie beaucoup. Pour balancer cette influence, l'inventeur a terminé la tige en fer X qui maintient le régulateur par une tête de boulon H (*fig.*93): une aiguille adaptée à celle-

Fig. 93.

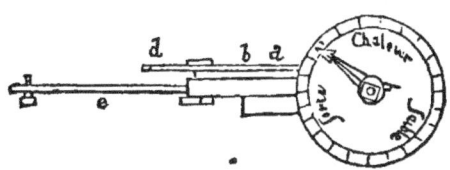

ci permet de faire tourner la tige et par conséquent la vis Y qui est à l'autre bout, qui abaisse ou élève le tube de plomb. Dans le premier cas, le talon s'abaissant, fait ouvrir le registre à bascule, et il faut une température plus élevée pour le fermer en dilatant le tube; on obtient donc ainsi une température régulièrement plus haute. Si, au contraire, on élève le tube en tournant l'aiguille dans un autre sens, le registre offre une ouverture moindre et se ferme à une température moins haute; on obtient donc dans ce cas une température constamment plus basse. Il est facile de déterminer ainsi à l'avance le degré de température que l'on veut donner à l'eau du calorifère et des tubes; et pour faciliter le moyen on trace des divisions sur un cadran placé sous l'aiguille, et on inscrit les mots *chaleur faible* et *chaleur forte*, qui indiquent le sens dans lequel on doit tourner pour obtenir l'un ou l'autre effet.

Le calorifère à eau chaude de Bonnemain a été appliqué en Angleterre avec succès au chauffage des serres, et a reçu dans sa forme des modifications qui en ont simplifié et facilité l'usage. Revenu en France avec le nom de *thermosyphon*, M. MASSEY, inspecteur des jardins de la couronne, l'a fait construire au potager du roi à Versailles pour le chauffage des bâches et serres de cet établissement. Sous cette nouvelle forme il ne sera pas moins utile à ceux qui se livreront en grand à l'incubation artificielle.

Le thermosyphon (*fig.* 94) est formé de deux

Fig. 94.

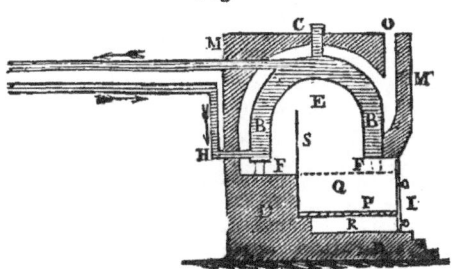

calottes hémisphériques en cuivre, ou plutôt c'est une espèce de cloche à double paroi, dont l'intervalle B forme la chaudière proprement dite et que l'on remplit d'eau par le tuyau C, qu'on bouche ensuite avec un tampon. Cette chaudière est placée sur un fourneau D en briques, de manière que c'est sa concavité E qui forme la voûte du fourneau; elle est soutenue par trois ou quatre pieds étroits F. afin que la fumée puisse circuler tout autour La paroi extérieure de la chaudière est percée, près de sa partie supérieure, d'un trou pour recevoir le bout du tuyau de circulation en cuivre ou en zinc, placé bien horizontalement, et qui, après avoir fait un double coude, revient parallèlement à lui-même, se plie deux fois à angle droit, et rentre en H au point le plus bas de la chaudière. Le fourneau D se compose de deux portes I, l'une pour le foyer Q, l'autre pour le cendrier R, qui sont séparées par une grille P. Les chefs du potager du roi ont apporté à cet appareil un perfectionnement notable : c'est une plaque en tôle S placée verticalement et qui divise le foyer en deux parties inégales. Cette plaque ne touche pas à la chaudière, et a l'avantage que la flamme, en frappant contre la partie la plus élevée de la paroi intérieure de cette chaudière, échauffe davantage l'eau dans cette partie et détermine une circulation plus facile. La chaudière étant en place, on l'entoure d'une maçonnerie M en brique, mortier ou plâtre, en laissant tout autour entre cette chaudière et la bâtisse quelques pouces de distance pour la circulation de la fumée qui s'échappe enfin par la cheminée O. Une petite soupape soudée à l'extrémité des tuyaux à l'endroit où ils font le coude, permet de remplir les tuyaux, de voir l'eau et de mesurer sa température si on le juge convenable.

La figure 95 représente un autre thermosy-

Fig. 95.

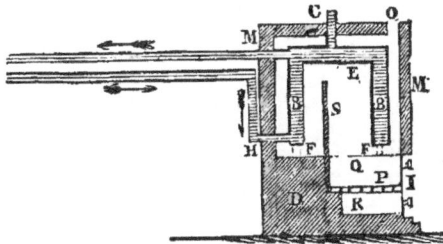

phon, plus simple encore, imaginé par MM. MASSEY et GRISON; les mêmes lettres désignent les mêmes objets que dans la figure précédente. On peut adapter à ces thermosiphons les régulateurs des appareils précédens, et faire circuler la fumée dans des conduits particuliers où elle se dépouille encore de la plus grande partie de son calorique au profit de l'étuve.

§ IV. — Couvoir Sorel.

On doit à M. SOREL un appareil de ce genre qui paraît réunir tous les avantages et qui se distingue surtout par la manière fort ingénieuse et très-précise employée pour régler la température.

Ce couvoir est représenté en coupe par le

milieu dans la *fig.* 96. Il se compose d'une

Fig. 96.

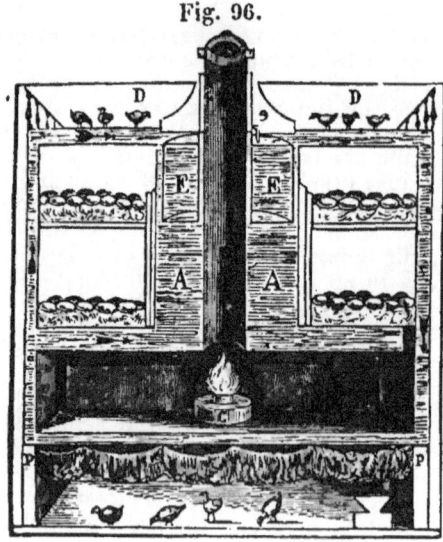

chaudière en cuivre, en forme de cylindre A, percée à son milieu, pour livrer passage à la cheminée B qui s'élève au-dessus d'elle, et par laquelle s'échappent, non pas par la partie supérieure qui est fermée, mais par des trous percés sur la circonférence, les produits ou gaz de la combustion qui se dégagent d'une lampe ou d'un petit feu de charbon placé dans le foyer C. La chaudière s'évase tant à sa partie inférieure qu'à sa partie supérieure, pour former à chacune d'elles des disques creux dans lesquels l'eau chaude se répand. Ces deux disques communiquent aussi entre eux par un certain nombre de colonnes ou tubes verticaux et creux, placés de distance en distance autour de l'appareil. Ces colonnes descendent jusque sur le plancher du foyer C qui est lui-même à double fond et dans lequel l'eau peut aussi se répandre. La face supérieure de la chaudière qui forme couvercle peut s'enlever à volonté tant pour remplir le vase d'eau que pour ajuster le flotteur. Ce flotteur E est un vase renversé, placé dans la partie moyenne de la chaudière, et surmonté d'un cylindre qui embrasse la cheminée le long de laquelle il peut monter et descendre librement; il s'élève ainsi jusque près de son extrémité.

Voici maintenant la manière de se servir de l'appareil, et le jeu du flotteur.

On enlève le couvercle de la chaudière et on y verse de l'eau chaude. Cette eau se répand dans les colonnes et le double fond du foyer. Quand la chaudière est remplie et que le plateau inférieur de son disque supérieur est couvert d'eau, on ajuste le flotteur. Pour cela on le plonge dans la chaudière; cependant, comme un vase renversé ne peut se remplir de liquide par suite de l'air qui résiste, on ouvre un bouchon fermant un petit tube *e* qui surmonte le flotteur, et on laisse écouler l'air, lequel s'échappe ainsi à mesure que le flotteur descend. Mais, avant que tout cet air soit échappé, on referme le bouchon, et le flotteur se maintient en équilibre dans le liquide au moyen du petit volume d'air qui s'y trouve emprisonné. C'est

cet air qui sert à régler la température. En effet, quand l'eau de la chaudière acquiert, par l'intensité de la combustion dans le foyer, une chaleur plus considérable que celle qu'on a voulu déterminer, l'air placé sous le flotteur y participe très-promptement, se dilate, et par l'augmentation de son volume, refoule l'eau et rend le flotteur plus léger. Celui-ci monte aussitôt dans le liquide, et en s'élevant bouche les trous qui surmontent le tuyau de la cheminée et intercepte ainsi le courant d'air; la combustion étant alors moins active, la température de l'eau baisse et reprend celle qui a été fixée. Le contraire aurait lieu si la température s'abaissait, le flotteur descendrait et permettrait, au moyen d'un plus grand accès d'air, d'avoir une combustion plus vive.

Ce moyen, aussi simple qu'ingénieux, se règle avec une extrême précision et pour toutes les températures qu'on désire; c'est la quantité d'air qu'on laisse sous le flotteur qui détermine son degré de sensibilité. Seulement, quand on est arrivé par quelques essais faciles à faire fonctionner le flotteur à peu près à la température requise, on achève de déterminer le point précis au moyen de quelques anneaux légers de métal dont on charge sa partie supérieure, ou qu'on lui enlève suivant le besoin. Lorsqu'on est parvenu à ce point, la chaleur dans le couvoir se maintient à 31° ou à 32° à volonté, pendant 24 et 36 heures, sans varier de $\frac{1}{2}$ ou même de $\frac{1}{4}$ degré pendant tout cet intervalle. Avant de placer dans le couvoir les œufs, qui se posent, comme on le voit dans la figure, sur le fond de la chaudière et sur une tablette en bois garnies de ouate de coton, on le fait marcher pendant quelque temps, et lorsqu'il est arrivé à une marche constante, on enfourne les œufs et on referme les portes ou coulisses dont l'appareil est muni.

Ce que ce couvoir présente encore d'intéressant, c'est qu'il est à circulation d'eau chaude; en effet, l'eau chaude, en s'élevant à l'extrémité supérieure de la partie cylindrique de la chaudière, se déverse sur le disque qui la couronne. Là elle perd une petite quantité de son calorique, et pressée d'ailleurs par celle qui monte incessamment, elle ne trouve d'autre issue que quelques-unes des colonnes creuses par lesquelles elle descend jusque dans le double fond du plancher du foyer sans communiquer dans son passage avec le disque inférieur de la chaudière, ainsi qu'on le voit dans la partie droite de la figure par la direction des flèches. Mais bientôt, appelée par le vide qui se fait dans la chaudière, elle remonte par la colonne opposée et rentre par le disque inférieur, qui en cet endroit lui présente une ouverture. On voit par là qu'il y a une répartition très-égale de température dans toutes les parties de l'appareil, comme on peut s'en convaincre au moyen des thermomètres, qu'on place en divers endroits.

Pour entretenir la moiteur nécessaire à la santé et au développement des poulets dans les œufs, la chaudière est entourée d'une double enveloppe en cuivre, dans l'intervalle de laquelle on verse un peu d'eau qui, par son évaporation lente, donne à l'air la quantité de vapeur nécessaire à la température.

La partie supérieure de la chaudière peut également pendant l'incubation recevoir des œufs placés sur du coton, mais dès que les poulets sont éclos, on enlève la ouatte et on la recouvre d'une toile cirée pour en former une cage D, où l'on tient ces jeunes animaux pendant un jour ou deux avant de leur donner à manger.

Sous le plancher du foyer est une poussinière garnie d'une peau de mouton P sous laquelle les poulets sont logés chaudement jusqu'à ce qu'on puisse les laisser vivre en plein air.

Tout l'appareil, qui est carré, octogone ou mieux de forme ronde, est entouré d'une enveloppe en bois ou en carton, dans laquelle il y a un certain nombre de portes à coulisses pour placer, retirer et retourner les œufs, enlever les poulets, enfin pour tous les travaux du couvoir. Un certain nombre de trous très-fins, pratiqués à diverses hauteurs, servent à fournir l'air nécessaire à la combustion, ainsi qu'à la ventilation intérieure. Enfin des ouvertures un peu grandes, garnies d'un verre mastiqué, permettent de voir dans l'intérieur de l'appareil sans qu'il soit nécessaire d'ouvrir chaque fois les portes à coulisses.

§ V. — De quelques autres méthodes d'incubation.

On a essayé encore quelques autres méthodes pour faire éclore des poulets. Ainsi on a cherché à profiter de la chaleur perdue des fours de boulangers, de pâtissiers, des fours banals des villes et villages, etc., et on pourrait employer avec avantage celle qui se dissipe en pure perte chaque jour dans les fours, les fourneaux, les machines à vapeur, et dans une foule d'établissemens industriels, où l'on entretient continuellement du feu, et qui pourraient fournir une température égale, constante et très-économique.

On a également fait des essais dans de simples chambres chauffées par un poêle et garnies de tringles, où l'on suspend les paniers d'œufs plus ou moins près du foyer de chaleur, suivant le besoin. Ces chambres toutefois exigent des attentions continuelles pour être gouvernées convenablement.

Enfin M. D'ARCET a proposé de profiter de la chaleur des eaux thermales pour faire éclore artificiellement des poulets et des pigeons. Cette idée ingénieuse a déjà été mise par lui avantageusement en pratique à Vichy en 1825, et en 1827 à Chaudes-Aigues.

SECTION II. — *Règles pratiques sur l'incubation des œufs et l'éducation des poulets.*

§ Iᵉʳ. — De l'établissement des appareils; choix des œufs.

L'appareil destiné à l'incubation des poulets sera placé dans un endroit calme, retiré, à l'abri des vents, des changemens subits de température, et surtout du bruit et des ébranlemens fréquens, qui sont contraires au développement parfait des embryons.

Quand on fera éclore des poulets pour les livrer régulièrement à la consommation, il sera convenable de ne garnir les appareils le premier jour que du nombre d'œufs nécessaires pour subvenir au débit journalier, et d'en ajouter chacun des jours suivans une quantité égale pendant les 20 premiers jours, puis ensuite de remplacer par des œufs les poulets éclos, afin d'obtenir journellement un même nombre de poulets, et d'avoir un travail régulier pendant toute l'année.

On doit faire choix des œufs les plus frais et rejeter tous ceux qui sont âgés de plus de 15 à 20 jours. Les œufs vieillissent plus tôt en été qu'en hiver. On doit préférer les plus gros parce qu'ils donnent les poulets les plus forts et les plus vigoureux. On rejettera ceux qui ont deux jaunes, ainsi que ceux qui en sont privés ou qui présentent d'autres accidens semblables. Tout œuf qui, vu par transparence à la lumière, a dans son intérieur un vide très-grand, qu'on peut rendre sensible par le balottement, est déjà ancien et n'est plus propre à être couvé. Il n'y a aucun signe appréciable pour s'assurer si des œufs ont été fécondés ou non ; la chaleur de l'incubation, qui donne aux matières transparentes et claires contenues à l'intérieur des œufs féconds, un aspect louche et opaque après un certain temps, peut les faire reconnaître. Un œuf non fécondé reste clair après plusieurs jours d'incubation, et quelquefois même tout le temps qu'elle dure, sans manifester des symptômes appréciables de putréfaction.

Les expériences entreprises par M. GIROU DE BUZAREINGUES, sur la reproduction des animaux domestiques, ont prouvé : 1° que dans une même basse-cour et avec une même race de volaille, les plus fortes femelles procréent un plus grand nombre relatif de femelles que les plus petites; 2° qu'il n'y a pas de rapport certain entre le sexe du poulet et la forme de l'œuf; 3° que l'éclosion des œufs les plus petits est plus hâtive que celle des œufs les plus gros.

§ II. — Manière de diriger l'incubation.

Les œufs ayant été choisis, on inscrit le quantième du mois sur le petit bout, et on les range dans le couvoir ou l'étuve, avec les précautions indiquées. Les œufs étant placés, on ferme les ouvertures et les issues pendant un certain temps pour faire remonter la température, que l'introduction des œufs et l'ouverture de l'appareil, ont dû faire baisser, et, au bout de ce temps, on consulte les thermomètres pour la régler et la maintenir ensuite au point convenable.

Une fois les œufs introduits, il y a quatre circonstances auxquelles il faut avoir égard pour bien diriger l'incubation : la température des appareils, l'évaporation d'une portion des parties liquides de l'œuf; la respiration des poulets et leur développement normal.

La *température*, d'après tous les essais de Réaumur, doit être, autant que possible, de 32° R. (40 cent.) du thermomètre. Suivant ce savant, il y a plus à craindre pour les poulets d'une chaleur trop forte que d'une chaleur trop faible; cependant une chaleur momentanée de 38° R. (47 cent.) et même 40 R. (50 cent.), ne parait pas leur être funeste, surtout s'ils sont encore éloignés du terme de leur naissance ; ces hautes températures sont plus redoutables aux poulets qui sont près de naitre. Une chaleur supérieure à 32° qui règne dans l'étuve ou le couvoir pendant tout le temps de l'incubation, fait éclore les poulets un et quelquefois plus de deux jours avant le vingt-unième. Une température trop faible parait généralement moins dangereuse pour les poulets à tous les âges, même quand elle se prolonge un certain temps. Enfin, ajoute-t-il, une température qui pendant toute la durée de l'incubation a été de 31° R. (38° 50 cent.), ou un peu moins, fait éclore les poulets quelquefois un jour plus tard que sous la poule.

Ces résultats, que Réaumur devait à l'observation dans des essais d'incubation faits dans ses fours, ne sont pas entièrement d'accord avec ceux annoncés par quelques personnes qui se sont occupées depuis lui de l'art de faire éclore artificiellement les poulets. Suivant les uns, la chaleur doit être entre 28° et 32° R., descendre rarement à 28°, monter encore plus rarement à 32°, et en moyenne, rester autant que possible à 30°. M. Lotz, qui s'est beaucoup occupé en Allemagne d'incubation artificielle, assure que, d'après sa pratique, sur plusieurs sortes d'œufs d'oiseaux, la chaleur doit être progressive : modérée d'abord, et commençant le premier jour par 4° R., elle doit s'élever successivement de jour en jour jusqu'au milieu de l'incubation, où il faut la porter à 24° (30° cent.), et depuis cette époque jusqu'à la fin, à 30° ou 31°, sans s'élever jusqu'à 32° R. D'un autre côté, Chaptal a cité un homme fort ingénieux de Montpellier, qui, en se livrant à cette industrie, avait, dit-il, remarqué qu'à mesure que le poulet se développait dans l'œuf, et que la circulation du sang s'établissait, la chaleur naturelle de l'animal augmentait. En conséquence de cette observation, il éloignait insensiblement chaque jour du poêle ou calorifère qui chauffait son étuve, les paniers suspendus à des tringles qui contenaient ses œufs.

Ce qu'il y a de certain aujourd'hui, au milieu de ces opinions contradictoires, c'est que l'incubation *peut avoir lieu et réussir* depuis 24° R. (30° cent.) jusqu'à 36° R. (45° cent.), mais que la température la plus convenable, celle qui donne les poulets en plus grand nombre, les plus sains et les mieux conformés, est celle de 31° à 32° R. pendant toute la durée de l'incubation. Les physiologistes ont en effet remarqué qu'une température qui n'est pas convenable, ou qui offre des alternatives fréquentes, développait trop rapidement, ou arrêtait dans sa marche le développement du système sanguin-respiratoire, et que dans le premier cas le poulet s'atrophiait, ou périssait asphyxié dans le second, ou enfin présentait des disproportions bizarres dans les diverses parties de son corps. La pratique au reste peut enseigner promptement le meilleur mode d'opérer.

Les œufs, abstraction faite de leur coquille, perdent par l'incubation, suivant Réaumur, du 5ᵉ au 6ᵉ de leur poids par l'*évaporation* ou *transpiration* insensible qui s'opère à travers la coquille d'une partie des fluides aqueux qu'ils contiennent. M. Geoffroy-St.-Hilaire, en pesant des œufs entiers au commencement et à la fin de l'incubation, a trouvé, à peu de chose près, que cette perte de poids s'élevait au 6ᵉ; et M. Dumas, dans des expériences très-précises, dit que ses œufs ont subi une diminution à peu près égale au 7ᵉ de leur poids. Ainsi, en ayant égard à ces résultats et à ceux obtenus par Prout sur des œufs non couvés, un œuf perd par l'incubation huit fois autant de son poids qu'il en perd pendant le même temps dans les circonstances ordinaires. Si cette évaporation nécessaire à l'évolution et à la respiration du poulet ne peut se faire à cause de l'humidité de l'atmosphère où les œufs sont plongés, ou si elle se fait trop rapidement par suite de la sécheresse de l'air qui les environne, on a remarqué, quand cet état avait duré long-temps, qu'il se produisait alors des altérations très-variées dans le développement des poulets; que l'incubation échouait, ou que ces animaux naissaient mal conformés et non viables. Il faut donc, autant que possible, entretenir dans les appareils une atmosphère imprégnée d'une quantité de vapeur moyenne et conforme à sa température en se servant de vases remplis d'eau qu'on place dans les couvoirs et surtout dans les étuves.

D'après les observations de plusieurs savans modernes, au bout de 15 à 20 heures d'incubation et jusqu'à la fin de cette opération, le poulet *respire*, et dès la 30ᵉ heure il possède les principaux organes qu'il doit conserver à l'état adulte. Cette respiration a lieu au moyen de l'air qui se tamise au travers de la coquille et qui arrive au contact des membranes vasculaires de l'animal. En entravant, en suspendant ou en viciant cette respiration, on arrête le développement du poulet, ou bien les diverses parties de son corps se développent d'une manière inégale. On conçoit ainsi qu'il est nécessaire d'environner les œufs d'une atmosphère pure et fréquemment renouvelée si on veut avoir des poulets bien conformés, ou si on ne veut pas les voir périr dans l'œuf.

Tous les jours les ovipares dans l'incubation *retournent* régulièrement leurs œufs, ramènent ceux du centre à la circonférence, et réciproquement. On doit imiter cette pratique et retourner chaque jour les œufs d'un demi ou d'un quart de tour, les changer de place, c'est-à-dire mettre dans les endroits les plus chauds ceux qui étaient dans les places les plus froides des appareils, et réciproquement. Par cette manœuvre la respiration du poulet, qui s'exécute par toute la surface de la coquille, a lieu d'une façon plus parfaite, et la nutrition s'opérant d'une manière régulière dans toutes les parties de l'embryon, on a des poulets plus vigoureux et mieux conformés.

La plupart des appareils que nous avons décrits ayant des régulateurs du feu, une ou plusieurs visites dans les 24 heures sont suffisantes, surtout dans les premiers temps de l'incubation. Mais il faut plus d'attention quand il survient des variations brusques de température dans l'atmosphère, ou quand on a été obligé par une cause quelconque de changer ou de modifier l'allure des couvoirs, ou enfin les jours qui précèdent la naissance des poulets et ceux où ils éclosent.

§ III. — Naissance des poulets.

Le terme moyen auquel les poulets éclosent est le 21ᵉ jour de l'incubation; ce terme, au reste, suivant les observations des naturalistes, peut varier beaucoup, par des causes, la plupart inconnues, comme on le verra par le tableau suivant des termes extrêmes et moyens de l'incubation des oiseaux domestiques.

OISEAUX DOMESTIQUES.	TERME le plus faible.	TERME le plus ordinaire	TERME le plus fort.
Dindes couvant des œufs de .... { Poules.	17	24	28
Canes.	24	27	30
Dindes.	24	26	30
Poules couvant des œufs de .... { Canes.	26	30	34
Poules..	19	21	24
Canes	28	30	32
Oies.	27	30	33
Pigeons.	16	18	20

Quelques faits mieux observés auraient peut-être rendu aisément compte de ces anomalies; ainsi M. Dumas a eu l'occasion de se convaincre plusieurs fois et d'une manière positive, que les œufs qui ne sont pas récemment pondus se développent plus tard que les autres, et de rappeler que l'incubation ne commence réellement que du moment où le jaune a acquis la température de 30 à 32 R.

Le poulet a besoin d'un rude travail avant que de naître. D'abord il pratique, en frappant sur sa coquille au moyen d'une petite proéminence cornée dont le bout de son bec est armé, une fêlure simple et courte, ce qu'on appelle *bécher*. Cette fêlure sous ses coups s'étend, se multiplie, s'agrandit; quelquefois l'écaille tombe et laisse à découvert la membrane qui tapisse l'intérieur de la coquille; en même temps on entend de petits piaulemens qui témoignent de l'impatience de ces animaux pour sortir de leur prison. Enfin, cette coquille étant fracturée, l'animal déchire ses enveloppes membraneuses et sort de l'œuf tout mouillé et se soutenant à peine sur ses jambes. Au bout de quelques heures il se sèche, se tient droit sur ses pattes, et est revêtu d'un duvet fin et léger.

Les poulets naissent ordinairement par leur propre force; mais quand ils restent dans leur coquille 24 heures ou plus après qu'elle a commencé à paraître béchée, c'est un signe qu'ils ont besoin de secours étranger pour les en dégager. Le poulet peut être trop faible pour achever l'ouvrage qui lui reste à faire, et on lui rend alors un grand service en cassant la coquille dans toute la circonférence de l'endroit où elle a commencé à être brisée, et en frappant dessus à petits coups

avec un corps dur. Dès que cela est fait, les efforts du poulet suffisent pour séparer l'une de l'autre les deux parties de la coquille.

Quelquefois l'introduction de l'air dans la coquille a séché les portions du blanc de l'œuf qui humectait les plumes appliquées contre la membrane, et le poulet se trouve fixé à sa place; pour le tirer de cette position, on peut briser la coquille en morceaux; mais il vaut mieux, pour ne pas le faire souffrir, mouiller avec le bout du doigt ou avec un linge fin, légèrement humecté, tous les endroits où le duvet est collé; le poulet se dégage alors lui-même.

§ IV. — Premiers soins à donner aux poulets.

Les poulets qui viennent de naître dans les fours, les couvoirs ou les étuves, s'y ressuient peu-à-peu, et au bout d'une heure ou deux cherchent à faire usage de leurs jambes. Pour qu'il ne leur arrive aucun mal, on les dépose presque aussitôt dans une boîte ou un panier de forme indifférente, qu'on replace dans le four, l'étuve, ou la mère artificielle, où on peut les laisser ainsi 24 ou 36 heures sans songer à eux et sans qu'ils soient pressés par la nécessité de manger. On leur en fait naître l'envie en jetant devant eux quelques miettes de pain, soit seules, soit mêlées à des jaunes d'œufs durs et des grains de millet; plusieurs essaient sur-le-champ de faire usage de leur bec, et au bout de 24 heures on les verra tous becqueter les miettes et les grains qu'on aura mis à leur portée. Si on a soin de placer dans leur boîte un petit vase rempli d'eau tiède, on en verra qui iront y plonger le bec et avaler, en élevant la tête, la goutte d'eau qu'ils y auront puisée. Dès qu'ils auront montré du goût pour manger et pour boire, on sortira la boîte de l'étuve et on en relèvera le couvercle; la lumière leur donnera de la gaîté, de l'agilité et de l'appétit, surtout si le soleil brille sur l'horison et qu'on les expose à ses rayons. Lorsque l'air n'est pas extrêmement doux et que le soleil ne luit pas, après les avoir laissés jouir du grand air pendant un quart d'heure, on les fera rentrer dans l'étuve, pour les en retirer au bout de 2 à 3 heures, et leur faire faire un 2ᵉ repas. On leur en fera faire 5 à 6 pareils par jour; plus on les multipliera, mieux ils se porteront. Après qu'ils ont mangé et respiré un air plus pur, la chaleur leur est nécessaire.

Le traitement du 2ᵉ jour et des suivans doit être semblable à celui du 1ᵉʳ, et on le continuera plus ou moins, suivant la saison. En hiver, on pourrait les tenir au four pendant un mois ou 6 semaines, mais il vaut mieux, au bout de 3 à 4 jours, cesser de les y faire rentrer, afin de les élever avec moins de sujétion.

§ V. — Des chapons conducteurs des poussinières et mères artificielles.

Les poulets éclos dans les fours ou les couvoirs sont privés de leur mère et doivent cependant, une fois qu'on les a habitués à vivre à l'air libre, être garantis du froid et de l'humidité, surtout pendant la nuit. Ce qu'il y a de mieux à faire dans une ferme quand on n'a qu'un petit nombre de poulets, et ainsi que cela se pratique quelquefois dans les campagnes, c'est de confier ceux nouvellement nés à un chapon, qui s'affectionne à eux autant que l'aurait pu faire la poule qui leur aurait fait voir le jour. Le chapon conducteur ne le cède en rien en talens et en assiduité à la poule la plus attachée à ses poulets et la plus attentive à les soigner. Un seul chapon peut suffire à élever autant de poulets qu'en élèveraient 3 ou 4 poules, et en conduit bien 40 à 50. D'ailleurs il reçoit tous ceux dont on veut bien le charger, et il lui est indifférent quel âge ils aient, surtout quand par des leçons on lui a donné une éducation convenable.

Lorsqu'on n'a pas de chapon conducteur, il faut préparer aux poulets un nouveau logement où ils puissent jouir d'un air chaud et salubre. Ce logement ou *poussinière* est une cage ou mieux une boîte proportionnée au nombre des poulets qu'on veut y faire vivre, ainsi qu'à leur âge. Cette boîte est à peu près trois fois aussi longue que large, et est munie d'un couvercle à charnière. Une des longues faces de la boîte est grillée du haut en bas, dans toute sa longueur, en fil de fer ou en barreaux de bois, comme les cages d'oiseaux. La poussinière qui n'est destinée qu'à loger 50 poulets nouvellement nés, sera assez spacieuse, si elle a 3 pieds de long, 1 pied de large et autant de hauteur.

Pour réchauffer les poulets et leur tenir lieu des ailes de la poule, la poussinière est garnie d'une *mère artificielle*. Cette mère est une sorte de pupitre (*fig.* 97) dont le bout le

Fig. 97.

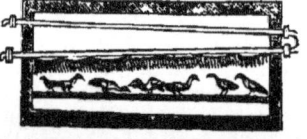

plus bas est encore assez élevé au-dessus du plan sur lequel la mère est posée, pour qu'un petit poulet puisse passer dessous sans trop fléchir les jambes. Toute sa surface intérieure est tapissée de peau de mouton ou d'agneau, bien fournie de laine douce. La petite charpente de cette mère est un châssis fait en toit; ce châssis laisse à la peau fourrée qui est tendue à sa surface inférieure, une flexibilité qu'elle n'aurait pas si ce toit était fait d'un ais, et il est posé de chaque côté sur une planche mise de champ, plus haute à sa partie antérieure, ou plutôt il est porté sur 4 pieds, dont les postérieurs sont très-courts. Une hauteur de 2 pouces leur suffit si la mère est destinée à des poulets nouvellement nés. Les 2 pieds antérieurs ont alors assez de 4 pouces; on leur en donne davantage et on augmente proportionnellement celle des pieds postérieurs, à mesure que les poulets deviennent plus grands, ou si la mère est destinée à des poulets plus âgés.

Cette mère peut *occuper* toute la largeur de la poussinière. Sa longueur est arbitraire; il suffit d'en avoir une de quinze pouces, si elle n'est destinée qu'à recevoir quarante ou cinquante jeunes poulets à la fois. Ceux de la poussinière ne sont pas long-temps à connaître à quoi la mère peut leur être utile; ils savent se rendre dessous toutes les fois qu'ils songent à prendre du repos et à se mettre chaudement.

Les poulets seraient *encore plus chaudement* sous la mère artificielle si une de ses extrémités était fermée; elles peuvent l'être l'une et l'autre par un rideau de flanelle qui oppose peu de résistance à ceux qui veulent entrer et sortir; mais, dit Réaumur, il faut bien se garder d'en fermer l'une des deux avec un corps arrêté fixement, attendu que les poulets ayant l'habitude de s'entasser les uns sur les autres, les plus forts montent sur les plus faibles, et les écrasent si ceux-ci ne trouvent pas à s'échapper par l'ouverture la plus basse de la mère. On voit au reste que l'inclinaison du châssis favorise le classement des poulets, les plus petits s'avançant plus avant que les plus gros.

Malgré la fourrure et l'entassement des poulets, il est rare, surtout dans la saison froide, qu'il règne en tout temps dans la capacité de la mère une chaleur suffisante. Pour pouvoir y entretenir une température qui doit être environ de 15 à 18 degrés, Réaumur conseille dans ce cas de placer en dessous une boîte contenant une chaufferette, remplie de braise couverte de cendre. Il vaut mieux introduire dans cette boîte un vase de grès, de fer ou d'étain, rempli d'eau bouillante, qu'on renouvelle 3 fois par jour dans les temps les plus froids. En été et dans une partie du printemps et de l'automne, l'eau chaude renouvelée le soir suffira pendant toute la journée. Un thermomètre placé dans la mère sert à déterminer la température qui règne dans son intérieur.

Dans le système d'incubation de Bonnemain, on chauffe la poussinière en introduisant dans son intérieur, au-dessus des châssis qui portent la peau de mouton, les tubes qui ont circulé dans l'étuve, et au moment où ils vont se rendre de nouveau dans le calorifère, (*fig.* 98); ce qui suffit pour y entretenir une chaleur douce et constante.

Fig. 98.

La mère doit être placée à une des extrémités de la poussinière, mais elle n'en sera pas assez proche pour la toucher, et on aura soin de laisser entre elle et le bout un dégagement capable de contenir quelques poulets.

La poussinière sera garnie de juchoirs placés à diverses hauteurs, de petites trémies pour contenir les grains et la nourriture des poulets, et d'un vase rempli d'eau, mais à ouverture étroite, afin que ces jeunes animaux ne puissent se mouiller les pieds ou quelques parties de leur plumage. Dans les essais d'incubation artificielle faits en Angleterre, on lui a donné un double fond mobile comme aux cages d'oiseaux, pour favoriser le nétoiement quotidien, et chaque jour on répandait sur ce fond une couche de terre sableuse, pulvérulente et séchée au four.

Pendant la nuit, et dans tous les jours où le temps est rude, les poussinières doivent être mises à couvert dans une chambre bien close qu'on chauffera même en hiver, ou, ce qui est plus simple, elle sera rapprochée des fours ou des foyers où l'on entretient une chaleur constante. Mais lorsque les jours ne sont ni froids ni pluvieux, on ne doit pas hésiter à mettre les poussinières au grand air, en faisant choix des endroits à l'abri du vent et exposés aux rayons solaires.

Nous n'avons parlé que des poussinières pour les petits poulets ; de beaucoup plus grandes, mais sur le même modèle, sont nécessaires pour ceux d'un âge plus avancé. On pourrait construire des poussinières à compartimens qu'on enlèverait à mesure que les poulets deviendraient plus forts. Dans tous les cas, quand ces boîtes ont de grandes dimensions, il faut les monter sur des roulettes pour les faire facilement changer de place.

Si on exploitait un peu en grand l'incubation artificielle, il serait à propos de faire construire, aussi économiquement que possible, une grande poussinière qui consisterait en un bâtiment rond ou octogone, ayant au centre un poêle pour le chauffer, et un assez grand nombre de compartimens où les poulets seraient réunis par âge, chose importante si on ne veut pas exposer les plus jeunes élèves à être écrasés ou affamés par les plus gros. Des portes à coulisses pratiquées sur le devant permettraient aux poulets de venir s'ébattre pendant la chaleur du jour dans de petits jardins correspondans à chaque compartiment. Pour les oies et les canards. on établirait de petits bassins dans ces jardins, qu'on pourrait d'ailleurs orner et ombrager de plantes ligneuses qui n'ont rien à redouter de ces jeunes animaux.

§ VI. — Nourriture des poulets.

Les poulets nés par des moyens artificiels ne se nourrissent pas autrement que ceux éclos sous la poule.

On est assez dans l'usage de leur offrir pour première nourriture du jaune d'œuf durci et mis en miettes ; cette nourriture est chère. Souvent on mêle le jaune d'œuf avec du pain émietté ; mais on peut s'en tenir à ne leur donner que de la mie de pain seule. Ils sont en état, dès les premiers jours, de digérer des graines, et on peut mêler du millet à la mie de pain qu'on leur donne. Outre le millet, qu'ils aiment beaucoup, on peut leur donner de la navette, du chenevis, du froment, du seigle, de l'avoine, du sarrazin, du maïs mondés ou concassés grossièrement, du caillé égoutté avec soin et coupé en petits morceaux, des pommes-de-terre cuites à l'eau ou à la vapeur, réduites en farine grossière; et qu'on laisse légèrement sécher à l'air, etc., etc.

On peut encore leur faire des pâtées avec de l'orge crevée dans laquelle on fait entrer de la mie de pain et du lait; leur distribuer des pâtées faites avec les restes du pot-au-feu ou la desserte de la table, des matières grasses, des os concassés ou broyés finement, comme CHAPTAL l'a vu pratiquer avec succès à Montpellier, des viandes ou matières animales communes, soit rôties ou bouillies, soit crues, hachées et mêlées avec du grain, des criblures, des vannures, etc. Les vers de terre, les asticots sont aussi fort du goût des poulets, et on fera bien de leur en donner quand on pourra s'en procurer en grande quantité et à bas prix (*Voy.* t. III, p. 74). On peut aussi leur distribuer des plantes potagères crues et du mouron ; mais il faut leur donner cette nourriture avec discrétion, et ne pas en faire leur principal aliment.

Les soins à donner aux autres oiseaux de basse-cour qu'on ferait naître par des moyens artificiels sont à peu près les mêmes que ceux mis en usage pour les poulets. Il faudrait seulement varier la nourriture suivant les espèces, et apporter quelques modifications au régime d'après les mœurs ou les habitudes propres à chacune d'elles.

VII.—Considérations économiques sur l'incubation artificielle.

L'incubation artificielle est avantageuse à pratiquer dans tous les lieux où il est nécessaire de faire éclore de jeunes poulets dans les saisons où les poules ne couvent pas, ou bien dans les circonstances locales où il s'agit de produire régulièrement un grand nombre de poulets au milieu d'un petit espace. Dans les grandes villes, près des centres de grande consommation et des lieux où la volaille peut se débiter à un prix élevé et où les produits des couvaisons naturelles ne suffiraient pas aux besoins, on réalisera sans doute des profits en faisant éclore ainsi ces jeunes animaux. En outre, une consommation beaucoup plus étendue de la chair des oiseaux de basse-cour par le peuple des villes et des campagnes pourrait encore rendre cette industrie plus lucrative. Mais il faut se rappeler que partout elle doit toujours être exercée d'après les principes de la plus stricte économie, et qu'elle ne pourrait être entreprise d'une manière profitable dans les endroits où le combustible et les salaires sont à des prix élevés, et surtout dans les lieux où on ne pourrait se procurer à très-bas prix tous les matériaux nécessaires à la nourriture et à l'engraissement de ces oiseaux. Au reste, l'art de faire éclore les poulets n'offre pas de difficulté ; ce qui est difficile, c'est de les préserver des épidémies qui frappent tous les rassemblemens d'animaux de même espèce, et de pouvoir les élever à un prix inférieur à celui des poulets élevés dans les campagnes. L'expérience, le temps et les lieux peuvent seuls décider des avantages qu'on peut retirer de cette industrie.　　　　　F. M.

CHAPITRE V. — LAVAGE DES LAINES.

On donne le nom de *laine* à des poils d'une nature particulière qui recouvrent la peau des moutons. Ces poils, appelés *brins*, se rapprochent ordinairement les uns des autres, près de leur extrémité supérieure, pour former des groupes réguliers ou des touffes auxquels'on a donné le nom de *mèches*. C'est l'ensemble des brins ou des mèches qui constitue la *toison* de l'animal.

Tous les brins de la laine, telle qu'on la recueille par la tonte sur le dos des moutons, sont revêtus d'un enduit gras naturel auquel on a donné le nom de *suint*. Cet enduit masquant la blancheur de la laine, ainsi que son éclat, et formant, dans les opérations de la teinture, un obstacle à l'application des mordans et des matières colorantes, il est nécessaire de l'en débarrasser pour approprier cette substance filamenteuse à nos besoins ; ce sont les manipulations que l'on fait subir à la laine pour la débarrasser de son suint, qu'on désigne sous le nom de *lavage des laines*.

Les lavages que reçoit la laine avant d'être cardée ou peignée, puis filée et tissée, sont de 2 sortes. Les 1ᵉʳˢ lui sont donnés par les éleveurs ou propriétaires de troupeaux, ou par les laveurs de laine, et les 2ᵉˢ, plus connus sous le nom de *dégraissage*, par les fabricans, avant de la mettre en œuvre. Cette dernière manipulation, n'étant pas du ressort de l'agriculture, ne doit pas nous occuper ici ; quant à l'autre, nous entrerons à son égard dans tous les détails nécessaires pour la faire bien comprendre aux cultivateurs.

Depuis un petit nombre d'années il s'est formé, dans diverses localités de la France où le commerce des laines a quelque activité, des établissemens, connus sous le nom de *lavoirs de laines*, qui achètent pour leur propre compte la laine aux éleveurs, l'assortissent, la trient, la lavent et la revendent aux fabricans. D'autres établissemens, sous le nom de *lavoirs à façon*, se sont aussi élevés dans le but de recevoir en dépôt la laine récoltée par les cultivateurs, de l'assortir, de la trier sel n ses qualités et de la laver, puis de la vendre aux manufacturiers, au profit des entreposans, moyennant une légère indemnité. Ces derniers établissemens ont rencontré dans leur marche des difficultés qui les ont empêchés de s'étendre, malgré les avantages qu'ils semblaient promettre.

En France, les laines communes et fines indigènes sont, la plupart du temps, lavées avec ou sans triage avant la vente ; il n'en est pas de même des laines des races perfectionnées qui sont toutes vendues en suint. Cependant, en livrant ses toisons en cet état, le propriétaire ignore la qualité de sa laine, la proportion des diverses sortes qu'elle contient, ainsi que son rendement au lavage. Il manque ainsi des connaissances nécessaires pour classer son troupeau, pour déterminer quels sont les animaux qui donnent des profits et ceux dont l'entretien offre de la perte. Il n'a plus de guide pour se diriger dans la voie des améliorations, ou pour suivre les changemens que réclament les goûts ou les besoins du public.

Quand la laine est triée et lavée, les propriétaires, au contraire, connaissent avec exactitude son rendement au lavage, soit en 1ʳᵉ, 2ᵉ ou 3ᵉ qualités, ainsi que le mérite absolu de leurs récoltes. A l'aide des indications qu'ils obtiennent ainsi, ils peuvent classer les bêtes qui composent leurs troupeaux, n'admettre à **reproduction que celles dont la finesse leur**

est bien connue, ou dont les toisons jouissent des qualités qu'on recherche dans le commerce. D'ailleurs, les laines superfines perdant en général jusqu'à 75 p. %, au lavage, les frais de transport, qui en définitive retombent toujours à la charge du producteur, sont beaucoup moindres pour les laines lavées préalablement. Enfin, connaissant mieux sa laine, le nourrisseur sait ce qu'il vend, et ne peut plus être dupe du marchand, qu'une longue habitude et des achats journaliers rendent fort expert dans la connaissance de ces produits.

En Allemagne les laines sont toujours soumises à un lavage à dos, et en Espagne à un triage consciencieux et à un bon lavage en toison, qui ont contribué à faire rechercher les produits de ces pays par les peuples étrangers.

Le parti le plus sage, pour les propriétaires de troupeaux, serait donc d'avoir recours aux lavoirs à façon, quand ces établissemens lui offriront les sécurités désirables, ou bien de procéder eux-mêmes au lavage de la laine qu'ils récoltent dans leurs domaines.

Le lavage des laines sur le dos des animaux n'offre pas de difficulté, et est souvent suffisant, surtout pour les laines communes, pour procurer à l'éleveur les avantages dont nous venons de parler ; mais quand on veut laver les laines en toison pour fixer d'une manière plus précise leur véritable valeur commerciale, dès-lors il faut les soumettre aux opérations d'assortiment, de triage et de lavage, qui exigent qu'on joigne à beaucoup de pratique une longue expérience, puisque la connaissance des laines ne s'acquiert qu'en se livrant avec sagacité et pendant long-temps à ce travail. Cependant, comme un éleveur, à moins qu'il ne soit propriétaire d'immenses troupeaux, comme en Espagne, n'aurait ainsi par an qu'une quantité trop petite de laine pour apprendre et faire avantageusement le classement et le lavage lui-même, nous pensons qu'il serait peut-être plus utile pour tous les propriétaires de troupeaux d'une commune, d'un canton ou d'un arrondissement, de fournir à frais communs un lavoir banal, d'après les principes des fruitières suisses (*voy.* t. III, p. 57), où l'on s'occuperait du classement, du triage et du lavage de leurs laines, pour leur propre compte, et où les marchands et fabricans, comme dans un dépôt central, trouveraient réunies des laines de toute finesse et de qualités diverses. C'est afin de mettre les éleveurs et les propriétaires à même d'assortir, de trier et de laver à frais communs leurs laines, et de former de pareils lavoirs, ou seulement pour leur apprendre quels sont le but et les détails de ces opérations, que nous allons entrer dans les développemens nécessaires pour éclaircir ce sujet.

Pour exercer avantageusement cette branche intéressante de l'industrie agricole il faut apprendre : 1° à connaître les qualités et les défauts de la laine ; 2° à l'assortir et à la trier ; 3° les divers procédés de lavage.

SECTION Iʳᵉ. — *Qualités et défauts de la laine.*

Nous ferons ici connaître les qualités qu'on doit surtout rechercher dans les laines fines ou de 1ᵉʳ choix, parce que ces sortes de laines devant les réunir presque toutes au plus haut degré, il sera facile, d'après ce que nous en dirons, de juger de la nature des laines plus communes; ensuite, nous procéderons, d'après les mêmes principes, à l'énumération des défauts; seulement nous rappellerons auparavant que les laines françaises peuvent être divisées en laines indigènes, laines de mérinos métis, laines de mérinos purs, et laines longues des moutons anglais, importés en France, ou de leurs métis.

§ Ier. — Qualités de la laine.

Nous pensons qu'il est superflu d'entrer dans des détails techniques sur la structure du brin de la laine, sur son mode de croissance et autres objets dont la connaissance est de peu d'utilité dans la pratique; ce que nous croyons devoir rappeler ici, c'est que les laines indigènes, métis ou mérinos pures, ont des caractères propres et spéciaux qui ne permettent pas à un œil exercé de les confondre.

Ceci posé, voici les qualités qu'on doit surtout rechercher dans les laines de 1er choix, d'après les agronomes français et allemands les plus habiles dans cette matière :

1° La *finesse*. C'est la qualité principale de la laine, et celle qui lui donne généralement la plus haute valeur vénale. La finesse est le plus souvent un indice des autres qualités précieuses qu'on recherche dans ce produit; elle se mesure par la grandeur du diamètre de chaque brin; une laine est d'autant plus fine que ce diamètre est plus petit. Les laines fines de mérinos sont ordinairement *ondées* ou *ondulées*, c'est-à-dire forment sur leur longueur un certain nombre de courbures ou ondulations; en général, plus ces ondulations sont petites, basses, étroites et multipliées, plus la laine a de finesse.

2° L'*égalité du brin*. On entend par ces mots que le brin est uniforme et d'un diamètre parfaitement égal à l'extrémité, au milieu ou à sa racine. C'est une qualité précieuse pour la fabrication des beaux tissus, qui ne se rencontre guère que chez les troupeaux perfectionnés et accompagne presque toujours la grande finesse.

3° Le *parallélisme des brins*. On désigne ainsi la structure identique, la netteté et l'uniformité dans la croissance et la longueur des brins. Ces brins, rapprochés par groupes de 10 à 15, uniformément ondés, se suivant parallèlement dans toutes leurs ondulations depuis leur racine jusqu'à leur extrémité, doivent se réunir en groupes pour former près de celle-ci une mèche bien distincte et dans laquelle on n'aperçoit pas des poils ou brins courant ou se dirigeant au hasard. Une toison bien nourrie, c'est-à-dire celle où les brins se pressent et se tassent ainsi parallèlement, offre un des caractères d'une laine très-perfectionnée.

4° L'*élasticité*. Toutes les laines sont élastiques, mais non pas de la même manière. Une laine dont le brin est grossier, dur et roide, reprend presque instantanément son volume primitif quand on la presse en masse d'une manière quelconque; une laine fine, au contraire, ne reprend le sien qu'avec une certaine lenteur. En tirant un brin de laine entre les doigts, jusqu'à le rompre, on remarque dans les laines fines que les bouts rompus se retirent sur eux-mêmes en reformant leurs ondulations primitives, tandis que les bouts d'une laine commune traitée de la même manière, restent à peu près droits et ne reprennent plus leur forme première. En masse, la laine fine comprimée peut être réduite proportionnellement à un plus petit volume que la laine commune. L'élasticité est une qualité précieuse pour la fabrication, et qu'il faut apprendre soigneusement à apprécier.

5° La *longueur*. C'est un caractère qu'on peut prendre en considération. Généralement la finesse et les autres qualités précieuses de la laine ne se sont guère rencontrées jusqu'ici que dans des laines qui ne sont ni courtes ni longues, c'est-à-dire dont le brin étendu a de 2 et demi à 4 pouces de longueur. Les fabricans d'étoffes foulées préfèrent les laines fines et courtes; l'éleveur, au contraire, devrait s'efforcer d'obtenir des laines fines et longues. Le brin moelleux et transparent d'une laine fine s'alonge ordinairement, par suite de ses ondulations, des deux tiers environ de la longueur de la mèche.

6° Le *moelleux* est une qualité qui donne aux étoffes un toucher soyeux, plus recherché quelquefois que la finesse. Une laine est d'autant plus douce et moelleuse que le brin en est plus fin, plus rond, plus égal, et les ondulations plus petites. C'est par le toucher qu'on juge de cette qualité. On appelle *revêche* une laine qui manque de moelleux et de douceur.

7° La *souplesse*. Une laine élastique et moelleuse cède au plus léger effort de pression, et une laine souple, tirée suivant le sens de sa longueur, s'alonge jusqu'à un certain degré avant de se rompre. Il arrive parfois que les laines d'une moindre finesse sont plus souples que des laines très-fines. Cette propriété repose sans doute sur la structure organique du brin.

8° La *légèreté* est une qualité qui, dans la laine des animaux bien portans, doit, selon les règles, accompagner la finesse, la douceur, le moelleux et la blancheur du suint. Elle est très-recherchée des fabricans, puisqu'avec un même poids de laine saine on fabrique une plus grande surface d'étoffe, et que le produit est plus léger et mieux conservé. L'éleveur doit toutefois veiller à ce que les toisons de ses animaux ne deviennent pas trop légères, et s'efforcer de suppléer à la légèreté spécifique du brin par la densité et le tassé de la toison. Il ne faut pas confondre cette qualité avec la légèreté des laines mortes ou d'animaux malades.

9° Le *lustre*, l'*éclat* ou le *brillant*. Presque toutes les laines possèdent cette propriété, mais elle se rencontre à un degré éminent dans la laine des mérinos. Ce sont les laines de ce genre les plus fines, les plus moelleuses, celles où les brins courent bien parallèlement, qui la possèdent au plus haut degré et chez lesquelles elle se conserve en grande partie après toutes les manipulations en fabrique. Une laine matte désigne un animal malade.

10° Le *nerf* ou la *force*. C'est la résistance plus ou moins forte que le brin oppose à la rupture quand on y suspend un poids, ou bien lorsqu'on le prend entre le pouce et l'index de chaque main et qu'on écarte celles-ci assez vivement l'une de l'autre. Il est vrai que, plus une laine est grosse, plus elle oppose de résistance ; mais la laine fine proportionnellement à son diamètre en oppose davantage, et à grosseur égale, un fil de laine fine filée est plus fort qu'un fil de laine commune. A finesse égale, on doit donner la préférence à la laine qui a le plus de nerf.

11° La *faculté de feutrer*. C'est une propriété qui dépend de la structure des brins de la laine. Les laines qui possèdent au plus haut degré cette qualité donnent aussi à la filature les fils les plus beaux, les plus égaux, à grosseur égale les plus fins et les plus solides, et après la foule les draps les mieux corsés. Cette qualité ne se rencontre guère dans toute sa perfection que dans les toisons où les mèches sont courtes et tassées; elle s'allie très-bien à une grande douceur et à beaucoup de moelleux.

12° La *pureté* ou la *netteté*. On doit donner la préférence aux toisons pures et propres, et où le sable, la poussière, les impuretés de toute nature n'ont pas absorbé le suint et enlevé à la laine sa douceur et sa souplesse. On entend aussi quelquefois par ces mots, que dans une toison les mèches sont composées de brins bien égaux, entre eux et non pas de poils les uns fins et les autres de nature grossière, comme on le voit parfois chez les métis des premières générations.

13° La *mollesse*. C'est une propriété distincte de la souplesse, de la douceur et du moelleux, et qu'on apprécie au moyen du toucher. On la recherche dans les laines feutrantes pour les draps les plus fins, et c'est une qualité nécessaire dans les laines de peigne pour la fabrication des cachemires, des mérinos, bombasins, etc.

§ II. — Défauts de la laine.

1° *Laine feutrée*. On nomme ainsi les toisons où les brins, au lieu de croître parallèlement, s'enchevêtrent et s'enlacent les uns dans les autres, de manière à former une sorte de feutre qu'on ne peut ouvrir sans rompre la laine. C'est un grave défaut qui rend cette substance impropre à la fabrication des étoffes. Les mérinos purs présentent rarement cette imperfection; on la trouve parfois chez les métis et fréquemment chez les moutons communs.

2° *Laine fourchue*. C'est le résultat d'une maladie chez l'animal, ou du passage subit d'une nourriture pauvre, prolongée pendant long-temps à une nourriture abondante, salubre et de bonne qualité, ou réciproquement. La laine, arrêtée dans sa croissance, meurt à son extrémité, mais elle reste unie près de sa racine avec la nouvelle laine qui pousse et forme ainsi un brin double dont les deux filamens se séparent au moindre effort.

3° *Laine morte*. C'est le résultat de la vieillesse chez les moutons, ou d'une maladie de l'animal, pendant laquelle la laine cesse de croître et meurt. Dans ce dernier cas, lorsque la santé se rétablit, l'ancienne laine est chassée par la nouvelle et se détache avec facilité. Ni l'une ni l'autre de ces deux laines n'ont de prix pour le fabricant; l'une a perdu ses qua-

lités et prend mal la teinture, l'autre est ordinairement trop courte lors de la tonte, et se perd au lavage, etc.

4° *Laine inégale*. Cette laine est à son extrémité plus grosse, moins ondulée et moins élastique que dans le reste du brin, et souvent est morte dans cette partie de sa longeur. Un mauvais régime chez les moutons en est souvent la cause. On la rencontre aussi souvent chez les métis des 4 premières générations.

5° *Laine vrillée*. La laine vrillée, tordue ou cordonnée, est celle dans laquelle les brins, tournant sur eux-mêmes, s'enlacent les uns dans les autres pour former de petits cordons ou écheveaux, dont la réunion forme des sortes de mèches spirales, terminées par un nœud ou bouton; ce défaut rend cette laine peu propre à la carde. C'est aux épaules qu'il faut surtout la chercher dans une toison.

6° *Poils roides* ou *Percanino* des Espagnols. Ces poils, qu'on rencontre quelquefois même dans les plus belles toisons, sont courts, pointus, luisans, lisses, d'un blanc brillant et plus gros près de leur racine. Ils ne jouissent d'aucune des propriétés de la laine et s'en séparent en grande partie au lavage, au battage, etc. Ils n'ont d'autre désavantage que de diminuer la quantité de la bonne laine sur le dos de l'animal, et d'augmenter inutilement le poids des toisons.

7° Les *jarres* ou *poils de chien*. Les jarres sont des poils longs qui s'élèvent au-dessus de la toison et qu'on remarque surtout aux aines, aux cuisses, à la queue et aux plis du cou; ils sont dépourvus de douceur et ne prennent qu'imparfaitement la teinture. C'est un des plus grands défauts des toisons quand on les rencontre en grande quantité, et une laine jarreuse ne peut servir qu'à des ouvrages grossiers.

8° *Laine bourrue*. On donne ce nom à des brins qu'on rencontre surtout chez les métis des 1ers degrés, et qui, par suite de leur plus fort diamètre et de leurs ondulations irrégulières, manquent de moelleux. Ils s'élèvent en quantité plus ou moins grande au-dessus des mèches et nuisent beaucoup, en fabrique, à l'égalité, à la douceur et à l'uniformité des produits manufacturés.

9° *Laine plate*. Cette laine, en fabrique, se prête mal au filage et nuit à la bonté, au feutrage et à la solidité des étoffes; elle manque d'ailleurs en partie de douceur, d'éclat et de moelleux; il suffit pour la reconnaître, quand le toucher est exercé, de rouler quelques brins entre les doigts.

10° *Laine maigre*. C'est la suite de la mauvaise nourriture des moutons. Cette laine, au premier coup-d'œil, paraît être fine, mais elle manque des qualités recherchées dans les fabriques; elle est faible, sèche, tendre, matte, terne, et a perdu sa douceur et son élasticité.

11° *Laine brouillée*. On donne ce nom aux toisons dans lesquelles les brins se croisent et s'entrelacent, et, par suite de l'inégalité de leurs ondulations, ne croissent pas dans une direction parallèle. Cette laine a peu de valeur, parce qu'elle est difficile à travailler, qu'elle ne peut donner des produits de 1re qualité et prend mal les couleurs claires.

12° *Laine sèche* et *cassante*. La sécheresse et la facilité à se rompre dénotent généralement une laine grossière et d'une forme irrégulière; elle ne fournit que des étoffes roides, sans élasticité et dépourvues de moelleux.

13° *Laine faible* et *tendre*. On la recueille sur des animaux malades, faibles, jeunes ou morts, ou bien c'est une laine de bonne nature qui, après la tonte, a été abandonnée dans un lieu humide et a perdu ses qualités; elle n'a presque aucune valeur.

14° *Laine colorée*. Ce n'est pas, à proprement parler, un défaut, mais un accident qui enlève aux laines fines une partie de leur valeur, surtout pour celles destinées aux étoffes les plus belles et teintes en couleurs délicates et claires. On a remarqué que la laine de couleur était généralement plus grosse, plus dure et moins souple que celle qui est blanche.

Section II. — *Classement et triage des laines.*

Deux opérations sont nécessaires pour assortir et classer les laines suivant les qualités ou les propriétés qui les font rechercher dans les arts et les manufactures. La 1re est le *classement* des moutons, ou bien le classement de leurs toisons, après qu'on les en a dépouillés, opération qu'on nomme quelquefois *déchiffrage* ou *détrichage* des toisons. La 2me est le *triage* ou séparation des diverses portions de ces mêmes toisons, suivant les qualités commerciales de chacune de ces parties.

Avant d'entrer dans des détails sur le classement et le triage des laines, nous allons donner un aperçu sommaire des noms sous lesquels on distingue les différentes espèces sur le marché de Paris.

On partage d'abord les laines en plusieurs espèces, savoir : *laines de toison*, ou laines enlevées au moyen de la tonte sur des moutons vivans; *laines de moutons gras*, ou celles qui ont été enlevées en toutes saisons sur les moutons, avant de les livrer à la boucherie; *laines de peaux*, ou dépouille de la peau des moutons qui ont été abattus, et qui diffèrent des suivantes en ce qu'elles sont recueillies en suint; *laines d'abat, pelures, pelades*, ou laines enlevées sur les peaux des moutons livrés au boucher, au moyen de la chaux : elles n'ont plus ce moelleux et ce nerf que conservent les laines vivantes; *laines mortes, morines*, celles abattues sur la peau d'animaux morts d'accident ou attaqués de maladies.

Les laines sont en *suint, surges* ou *en gras*, quand elles n'ont pas été passées au lavage; *lavées à dos* ou *sur pied*, quand elles ont subi cette opération sur le dos des moutons; et *lavées, blanches*, ou en *blanc*, quand les toisons ou les laines triées ont été soumises au lavage. Les pelures assorties par qualités par les laveurs, et épurées par le lavage, sont connues sous le nom d'*écouailles*.

En général les laines, quelle que soit leur origine ou leur nature, sont assorties par *qualités*. Ces qualités portent, soit des noms, soit des numéros, dont l'ordre est déterminé suivant la finesse du brin; ainsi, parmi les laines indigènes on distingue la *prime*, c'est-à-dire la laine la plus belle et la plus fine, qu'on récolte sur la toison de nos moutons indigènes; viennent ensuite les 1re, 2e, 3e, 4e *qualités,*

qui décroissent ainsi successivement jusqu'aux laines les plus communes. Dans les laines fines on fait encore un plus grand nombre de qualités. Ainsi, on désigne sous le nom d'*extra-prime* ou d'*extra-fine* la laine superfine des races améliorées de moutons français ou étrangers; telles sont les laines du troupeau de Naz (Ain), ou des troupeaux qui en sont issus; celles des moutons de la Saxe, de la Bohème, de la Silésie ou de la Moravie importés en France, ou croisés avec nos métis ou nos merinos de pur sang. Après cette laine vient la *prime*, qui est encore une laine de choix, récoltée sur quelques parties du corps des mérinos fins, ou sur nos métis, puis une série de qualités désignées sous le nom de 1er, 2e, 3e, 4e, 5e, etc., qu'on abat sur des mérinos moins fins, sur des métis dont la toison n'a pas encore atteint un haut degré d'amélioration, etc.

§ 1er. — Classement des moutons ou des toisons.

Pour être à même de classer des moutons ou leurs toisons, il faut d'abord connaitre les principales espèces de laines que produit le sol français. Nous n'avons pas la prétention de classer toutes les laines françaises, travail immense et très-difficile, mais nous pensons que comme 1re division elles peuvent être rangées sous les quatre catégories suivantes.

1° Les *laines indigènes*. Ces laines comptent un très-grand nombre de variétés que nous chercherons toutefois à réduire aux trois suivantes.

Les *laines grossières* provenant de moutons indigènes abâtardis, malheureusement très-répandus encore sur notre sol. Les toisons de ces animaux sont généralement composées d'une laine grossière, inégale, sans ondulations, roide, jarreuse, la plupart du temps brouillée, et qui n'est guère propre qu'à la grosse draperie, aux tapis et moquettes, à la grosse couverture, aux lisières des draps et communs, à la grosse bonneterie et passementerie, enfin aux matelas bons et ordinaires.

Les *laines communes, moyennes* et *bonnes* sont aussi très-nombreuses en France, et connues sous le nom de beauceronnes, picardes, sologne, médoc, béarnaises, bayonnaises, etc.; elles servent à la fabrication des draps pour l'habillement des troupes, des londrins pour les échelles du Levant, l'Asie et les Amériques, ainsi que pour les couvertures ordinaires et mi-fines, les molletons, les grosses flanelles, les serges, les cadis, les tricots, la bonneterie et la passementerie, etc. Ces laines sont généralement, ainsi que les précédentes, lavées sans triage et conservées en toisons.

Les *laines mi-fines, fines* et *superfines* ou *refins indigènes*, récoltées les 1res dans les départemens de l'Hérault, de l'Aveyron, de l'Aude, des Pyrénées-Orientales, etc., et les autres dans le Gard, les Bouches-du-Rhône, le Var, Vaucluse, et dans les anciennes provinces du Poitou, du Berry, de la Champagne et la Sologne, etc. Ces laines, suivant leur degré de finesse, peuvent souvent être classées avec celles des métis de mérinos et brebis communes des 1re, 2e, 3e ou 4e générations. elles servent à la fabrication des draps mi-fins et autres tissus, et ne sont pas généralement livrées au commerce en suint, mais lavées.

2º **Les** *laines des métis* ou *laines indigènes perfectionnées,* qui diffèrent beaucoup entre elles suivant le degré de perfectionnement où le métis est arrivé, c'est-à-dire depuis le 1er croisement où une amélioration sensible se manifeste déjà, jusqu'au 30e, où les animaux, si l'on a observé avec rigueur les principes raisonnés de la propagation avec des béliers superfins, sont parvenus à la fixité du type et à la constance du sang, et donnent des produits au moins aussi beaux que ceux des mérinos superfins. Nos métis, avec les races espagnoles, fournissent déjà aux 2e et 3e croisemens des laines comparables aux plus belles ségoviennes, sorianes et estramadures; aux 3e ou 4e, des laines aussi belles que les léonaises, et aux 4e, 5e et 6e, des produits presque aussi perfectionnés que les mérinos purs.

3º Les *laines de mérinos* de pur sang, qui sont celles qui réunissent les qualités les plus précieuses pour la fabrication des draps superfins et des étoffes les plus belles. Ces laines, ainsi que les précédentes, sont maintenant répandues avec assez d'abondance sur le sol de la France, mais toutefois avec les différences qu'apportent la race, la variété, la famille et le régime.

4º Les *laines longues et lisses* des moutons anglais des races de Leicester, Dishley, Lincoln, Teeswater, Romney-Marsh, importées récemment en France, ou celles de leurs métis, entre autres ceux obtenus depuis peu à Alfort par M. YVART avec des brebis artésiennes et mérinos, et qui servent surtout à la fabrication des étoffes rases.

Les quatre catégories précédentes seront généralement suffisantes, pour classer des troupeaux, à l'éleveur ou propriétaire qui possède diverses races de moutons et qui vend sa laine en suint; mais quel que soit le degré d'amélioration d'un troupeau, il y a toujours des différences sensibles entre les toisons des animaux qui le composent, et si on veut séparer ces divers degrés de finesse, il faut procéder à une classification plus précise et plus détaillée.

Dans les trois classes de laines indigènes on pourra aisément former des lots de tous les animaux qui se rapprochent le plus par la finesse de leurs toisons. Dans la catégorie des métis on peut subdiviser encore ces animaux suivant le point de perfection où ils sont arrivés, ou bien suivant la quantité de laine prime qu'ils peuvent donner. Ainsi à la 4e génération un métis adulte issu de béliers superfins donne en moyenne, dans les établissemens bien dirigés, 25 p. % de prime, 50 p. % de 1re qualité, et 25 de 2e et 3e. Après 16 à 20 générations, et toujours avec des béliers superfins, un métis donnera 20 p. % d'extra-prime, 50 de prime, 20 de 1re et 10 de 2e qualité. Quand on ne veut pas multiplier les divisions, on peut simplement classer ces moutons en métis fins, 2e, 3e, 4e croisemens, et en métis surfins, 4e, 5e, 6e croisemens.

Quant aux mérinos proprement dits, on peut les classer : 1º en moutons de race superfine, tels que ceux du troupeau de Naz, ou des troupeaux de Beaulieu (Marne), de Pouy (Yonne), de Pontru (Aisne), etc., qui en sont issus, ou les moutons descendus des races de la Saxe, dites électorales, importées en France, tels que le troupeau de Villotte (Côte d'Or), etc.; 2º en mérinos purs ou moutons des plus beaux troupeaux de la France, mais qui n'ont pas encore atteint le degré de perfection des précédens, tels que ceux de M. de Polignac dans le Calvados, le troupeau de Rambouillet, etc.; 3º en mérinos ordinaires issus directement de races espagnoles et fournissant des laines semblables à celles de ce pays. Parmi ceux-ci on pourrait distinguer les animaux qui descendent des races léonaises, ségoviennes ou sorianes, qui sont les 3 types qui fournissent les laines les plus fines et qu'on a le plus fréquemment importées en France pour la propagation. La première surtout, qui est la plus perfectionnée, présente encore plusieurs variétés parmi lesquelles celles appelées Infantado, Guadaloupe, Paular, Negretti, Escurial, etc., sont les plus nobles et les plus belles, mais offrent des différences appréciables dans les caractères physiologiques, ainsi que dans la nature des toisons.

Dans les bergeries les mieux tenues de la Saxe et de la Bohème, après que les animaux ont été classés suivant une des catégories précédentes, ou leurs subdivisions, on les sépare encore en brebis, moutons, béliers et agneaux, qu'on lave et qu'on tond séparément. Non seulement la brebis l'emporte sur le mouton et celui-ci sur le bélier pour la finesse de la laine, mais on peut établir comme un fait constant que les plus vigoureux ou les plus jeunes le cèdent sous ce rapport aux plus faibles et aux plus âgés.

Les manufacturiers, indépendamment de la finesse, classent ordinairement les toisons suivant l'emploi que l'on fait de la laine dans les arts. Dans ce système on peut comprendre dans une 1re division toutes celles dont la laine est fine, courte (2 à 4 po.) et ondée, qu'on nomme aussi *laine de carde,* et qui, par la facilité avec laquelle elle se feutre, est éminemment propre à la fabrication des étoffes drapées; telles sont celles de la plupart des mérinos ou de leurs métis et d'un grand nombre de moutons indigènes.—Dans la 2e division on range les *laines de peigne, laines lisses, laines longues* et *brillantes,* qui sont celles qu'on destine à la fabrication des étoffes rases, telles que burats, étamines, bouracans, camelots, popelines, bombasins, étoffes pour gilets, flanelles, passementerie, etc. Ces laines sont généralement à mèches longues (5 à 22 po.), d'un aspect soyeux, brillantes, sans ondulations, susceptibles d'acquérir et de conserver par le peignage et la chaleur un parallélisme parfait entre les brins et ne se prêtant qu'avec difficulté au feutrage. Telles sont les laines fournies par nos moutons de la Picardie, de l'Artois, de la Flandre, du pays de Caux, de la Champagne, de la Bourgogne, du Soissonnais, et par les moutons anglais récemment introduits, ou celles des moutons d'Oostfrise. Dans ces laines la finesse du brin a moins d'importance que la longueur.—On peut former une 3e division pour les laines qui réunissent la longueur à un certain degré de finesse, et qui sont destinées à la fabrication de ces tissus moelleux et solides connus sous le nom de *mérinos.* On distinguera encore dans cette division les laines propres à la fabrication des châles, au broché, etc., et à la bonneterie d'Estame, ou objets de bonneterie qui sont le produit de laines longues et lisses préparées à la filature par le peignage.—Enfin on peut établir une 4ᵉ division pour des laines propres à la chapellerie et qui, comme celles de Brême ou bien celles récoltées sur les moutons provenus du croisement de nos races indigènes avec des béliers égyptiens ou abyssins, se feutrent avec autant d'énergie que les laines ondées, lesquelles donnent un feutre ras, tandis que celles-là ont l'avantage de laisser ressortir l'extrémité des brins pour former le poil du feutre. Ces laines seraient aussi très-propres à la passementerie, à la confection des lisières des beaux draps noirs de Sédan, et à remplacer ce qu'on appelle le poil de chèvre d'Angora dont on fabrique des étoffes légères, etc.

Après que les moutons auront été rangés suivant les catégories ou divisions que nous avons fait connaître précédemment, on procédera à la tonte; mais on peut très-bien attendre après cette opération pour classer les toisons. Quoi qu'il en soit, si l'éleveur n'entreprend pas lui-même le lavage de ses laines en toison, il les exposera pendant quelques jours à l'air sur une prairie bien propre et par un beau temps, ou dans des endroits suffisamment aérés, pour les faire sécher ; ensuite il les mettra en paquets, puis en balles pour les expédier ou les livrer aux marchands, bénéficieurs, laveurs de laines, ou fabricans.

Pour mettre la laine en paquets on étend la toison sur une table, la face qui tenait au corps de l'animal en dessous, et on replie tous les bords sur le milieu de l'autre face. On fait du tout un paquet qu'on arrête en alongeant quelques parties de laine que l'on noue ensemble, ou qu'on lie avec des ficelles, de la paille ou de l'écorce de tilleul. Les toisons disposées de cette manière sont livrées, ou emballées, ou bien mises en tas jusqu'au temps de les vendre.

Dans les lavoirs à façon, chez les marchands de laine qui s'occupent principalement de l'assortiment et du lavage des laines fines, où l'on reçoit des laines de troupeaux divers qui diffèrent par leurs caractères et leurs propriétés, et où l'on fait enfin un très-grand nombre de qualités diverses pour répondre à tous les besoins des arts et à toutes les demandes du commerce, on doit procéder à l'assortiment et au triage avec plus de soin que les propriétaires.

Les qualités les plus importantes pour les laines de premier choix, celles qui doivent servir de base à l'assortiment, sont la finesse, l'égalité du brin, le moelleux, l'élasticité, le nerf et la qualité feutrante. Généralement la finesse est la qualité qu'on recherche le plus dans la laine; mais l'égalité du brin a une telle importance pour les étoffes feutrées, qu'à égalité de finesse, et même à finesse un peu inférieure, on donne la préférence à la laine dont le brin est égal dans toute sa longueur. Après ces qualités, c'est pour les uns le moelleux et pour d'autres le nerf ou la qualité feutrante qui donnent le plus de valeur à la laine, suivant l'emploi auquel on la destine.

Pour se guider dans l'assortiment des toisons, outre les caractères de la bonne et de la mauvaise laine que nous avons fait connaître, on peut avoir recours à quelques autres signes extérieurs, parmi lesquels nous citerons les suivans.

La *structure de la toison*. Cette structure est ordinairement caractéristique dans les bêtes fines, et avec l'examen du brin elle fournit les notions les plus exactes sur les qualités de la laine. Suivant les éleveurs allemands, une belle toison est celle qui présente une grande homogénéité, et qui est uniforme depuis le chignon jusqu'au bout de la queue, celle où les brins sont fins, moelleux, finement ondulés, uniformément et régulièrement développés, courant bien parallèlement entre eux, puis se réunissant vers leur extrémité au nombre de 2,000 à 3,000 pour former une mèche distincte, courte, ronde, obtuse au sommet et égale sur toute l'étendue de la toison.

Les *ondulations du brin.* La laine est d'autant plus finement ondulée qu'elle est elle-même plus fine, et le nombre de ces ondulations peut même servir à déterminer le degré de sa finesse. Nous trouvons dans les auteurs allemands la table suivante des ondulations contenues dans une longueur d'un pouce pour des laines de la Saxe de diverses qualités:

Super-electa . . 30—36—40 ondulations.

Electa 1ᵉʳ choix	28 à 34	—
— 2ᵉ choix	25 à 27	—
Prime 1ᵉʳ choix	22 à 24	—
— 2ᵉ choix	19 à 21	—
Seconde	16 à 18	—
Troisième	12 à 15	—
Quatrième . . .	10 à 12	—

Il y a toutefois des laines d'une grande finesse qui restent lisses et ne forment pas d'ondulations.

Le *tassé de la toison.* Les mérinos allemands ont la laine moins tassée que les mérinos français; cependant le tassé est un caractère qui indique généralement que l'animal est d'une race fine et qu'il était dans une bonne condition au moment où il a été dépouillé. Une toison peu fournie et peu tassée indique qu'une laine est commune, ou que l'animal sur lequel on l'a enlevée était malade ou succombait sous les coups de la vieillesse.

La *couleur de la laine.* La laine grasse varie dans sa couleur suivant celle du suint, qui est tantôt blanc, tantôt jaune paille, tantôt jaune foncé et même brun et rouge ; néanmoins les éleveurs allemands donnent la préférence aux laines fines dont le suint est de couleur claire et de nature huileuse, parce que non seulement elle se blanchit mieux, mais, suivant eux encore, parce qu'elle prend mieux les couleurs, surtout les plus claires, et qu'elle a plus d'éclat. Bien entendu qu'il ne s'agit ici que des laines fraîchement tondues, puisque, après un certain temps, le suint prend par l'exposition à l'air une couleur jaunâtre ou brune, plus ou moins foncée. Quant aux laines lavées, la blancheur et l'éclat sont avec la finesse les propriétés les plus recherchées.

Dans le classement on ne doit assortir que des toisons où se trouve de la laine d'une égale finesse, et la laine fine ne peut guère être associée qu'avec la laine fine. On réussira d'autant mieux dans le classement qu'on assortira des laines d'animaux d'une même variété, d'une même race, d'une même famille ou d'un même troupeau. On conçoit que l'on ne devrait pas classer ensemble des laines courtes et longues, des laines ondées et des laines lisses, des laines moelleuses et souples avec celles qui sont sèches et cassantes, une laine plate avec une laine ronde; qu'il faut, autant que possible, que les laines qu'on assortit se rapprochent sous le rapport de la nuance, de la couleur, etc., etc. Cependant on fait parfois, pour les besoins des arts, des mélanges où l'on cherche, en réunissant des toisons de qualités diverses, à obtenir une laine de qualité moyenne, plus propre et mieux adaptée à la fabrication des tissus qu'on désire obtenir.

§ II. — Triage des laines.

Excepté dans les races de mérinos très-perfectionnées, telles que les races de la Saxe, dites électorales, celle de Naz, etc., où la majeure partie de la toison est d'une finesse presque égale, même celles des pattes, une toison, la plupart du temps, renferme diverses qualités de laines qu'il s'agit de séparer. C'est le travail nécessaire pour cette séparation auquel on a donné le nom de *triage*. Cette opération est assez délicate et exige infiniment d'aptitude et d'exercice pour juger et mettre à part dans une toison les diverses qualités qu'elle peut renfermer. Un triage rigoureux donne cependant de la valeur aux laines; le défaut de triage ou un triage négligé est au contraire une cause de discrédit.

Pour procéder régulièrement au triage, on commence par jeter sur le plancher d'une pièce propre et bien éclairée toutes les toisons assorties d'une même division; on les délie, si elles sont en paquets, puis on les déroule et les étend sur une table. Toutes les loquettes ou mèches et portions détachées sont mises à part. Si les toisons sont trop serrées ou tassées, on les ouvre avec un instrument de fer appelé *fourchette*, à pointes courtes, écartées et recourbées, en évitant toutefois de briser la laine. Cela fait, on épluche ou nettoie la toison, c'est-à-dire qu'on enlève toutes les portions où la laine a subi quelque altération grave, ainsi que les crottins ou bien les corps étrangers d'un certain volume qui s'y rencontrent quelquefois. Tous ces rebuts, qui contiennent de la laine, sont recueillis pour être lavés à part ou avec les *dessous de claies* ou ordures qui passent à travers les claies au battage. Après cela on sépare encore de la toison toutes les portions colorées, puis celles souillées par l'urine ou les excrémens et qui sont connues sous le nom de *jaunes*. Enfin, ce travail terminé, on déchire la toison pour séparer les diverses qualités qu'elle présente, et qui sont jetées, chacune à part, dans des boîtes, des cases ou bien des compartimens formés par des claies, en ayant le plus grand soin de ne pas mêler les qualités.

Voici maintenant les principes qui peuvent servir de guide dans le triage des toisons de toute nature.

Dans les toisons très-communes on ne distingue guère que trois qualités, la *mère-laine*, sur le cou et le dos; la *seconde* laine sur les côtés du corps et sur les cuisses, et la *tierce*, sur la gorge, le ventre, la queue et les jambes.

Ce triage ne suffit pas, dès qu'il s'agit de moutons à laine fine, et depuis long-temps les Espagnols en avaient adopté un autre d'autant plus commode que leurs troupeaux étant fort nombreux et tous les animaux qui composent chacun d'eux étant à peu de chose près uniformes sous le rapport des toisons, la laine enlevée sur telle ou telle partie se trouve par cela seul classée commercialement. Les Espagnols appellent :

1° *Rafinos* ou 1re classe, la laine qui se trouve sur le dos, l'épaule, les flancs et les côtés du cou;

2° *Finos* ou 2e classe, la laine du chignon et de l'arête supérieure du cou, celle qui se trouve au bas des hanches et de la partie du genou de devant au commencement de l'épaule, et celle du ventre et de la gorge;

3° *Terceros* ou 3e classe, la laine du jarret de derrière à la hanche, du genou de devant jusqu'au pied et de la partie inférieure de la gorge;

4° *Cayda* ou 4e sorte, la laine des extrémités ou les portions prises des fesses aux extrémités de derrière, entre les cuisses, etc.

A l'imitation des Espagnols, les Saxons ont classé les diverses qualités de leurs belles toisons en quatre classes principales, savoir :

1° L'*électa*, qu'on trouve sur le dos, les flancs, les hanches, l'épaule de devant et les côtés du cou;

2° La *prime*, qu'on recueille sur les cuisses de devant, le ventre, l'arête supérieure du cou, la tête et la gorge;

3° La *seconde*, celle qu'on rencontre aux cuisses de derrière et aux jambes de devant, du genou à l'épaule, à la partie inférieure de la gorge, le chignon et la queue;

4° La *troisième*, celle qu'on trouve sur les jambes de derrière, entre les cuisses, au scrotum et aux parties de la génération.

Les établissemens de lavage en Allemagne forment un bien plus grand nombre de qualités, et la plupart du temps subdivisent les précédentes en 1er et 2e choix; ainsi dans le 1er, ils ont de la laine *super-électa* et *électa; dans le 2e de la prime de 1er et 2e choix, et ainsi de suite.

On a reproché depuis quelque temps en France aux laveurs et négocians en laine, le nombre de qualités diverses qui ont été introduites dans le commerce et qui tendent à apporter de la confusion ou à favoriser la fraude, et on a pensé qu'à l'imitation des Espagnols, trois qualités, indépendamment des rebuts ou caydas, seraient suffisantes pour tous les besoins des arts. Nous laissons aux gens de l'art à décider cette question, et nous préférons donner quelques détails sur la répartition des diverses qualités sur le corps des moutons perfectionnés.

THAER, dans ses Annales de Mœglin, nous a fait connaître les résultats d'observations très-précises qu'il a faites sur des races de mérinos pour distinguer les diverses qualités de laine que présente la toison des moutons de cette race. « La partie du corps, dit-il, où la laine croît le plus régulièrement, est à 2 ouces de l'échine *a* (fig. 99) en descendant,

Fig. 99.

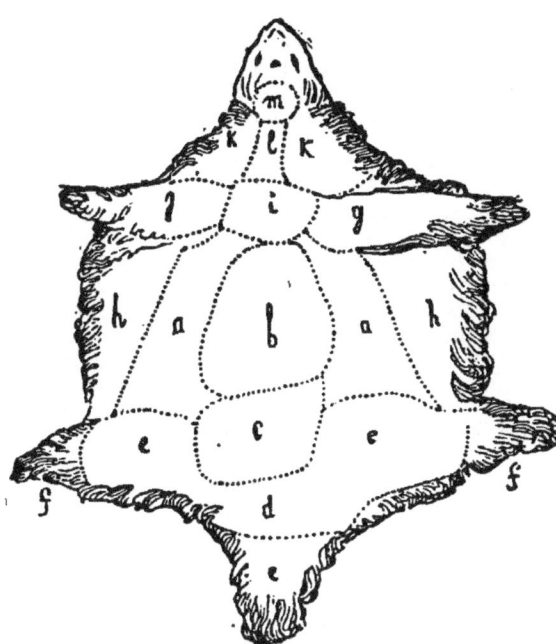

ou à 2 pouces de l'omoplate, dans la direction du garrot à l'ombilic. Dans la plupart des individus et dans les races pures sans exception, la laine est dans cet endroit à la fois la meilleure et la plus fine de toute la toison. A environ 3 pouces plus en arrière, on trouve sur le dos *b* la qualité moyenne de la laine. Sur la croupe *c* et dans les parties voisines, la finesse est un peu plus marquée, mais .a laine est plus courte, moins tassée et moins nette. En général, elle paraît en ces endroits avoir moins de nerf et une teinte matte et blafarde. Vers la naissance de la queue *d* en descendant, la laine se montre un peu plus longue, elle est plus frisée et s'échappe en pointe. La finesse est encore moindre. A environ un pouce au-dessous de la naissance de la queue *e* commence une ligne qui forme la limite naturelle entre la laine de la toison supérieure et la laine toujours décroissante de la cuisse. Au jarret *f* se trouve en majeure partie la laine la plus commune de toute la toison. A l'épaule *g*, de même que près du genou, la laine gagne en finesse et est très-frisée. Celle du ventre *h* est rarement bonne, elle est trop mince et sujette à se tordre; malgré sa finesse, qui égale celle des meilleures qualités, elle est de peu de valeur. La laine du garrot *i* se fait remarquer par sa disposition à se cordonner; moins elle est tassée, plus elle est disposée à se tordre, et quand elle est dure, ses extrémités sont presque toujours défectueuses. Des deux côtés du cou *k* la laine est d'une belle venue, elle cède peu à celle des meilleures parties; elle est en général plus longue que ces dernières. Dans les toisons un peu drues elle a un lustre qui lui est propre. La qualité de la laine des parties supérieures de l'arête du cou *l* va toujours en décroissant. Dans plusieurs individus, la laine de la nuque *m* décroît sensiblement en proportion de celle des autres parties du cou. Elle égale ordinairement celle de la partie supérieure de l'arête du cou; toutefois, dans les toisons très-serrées, elle se rapproche davantage de la laine des parties latérales de celui-ci.» Ces différences entre la qualité de la laine sur différentes parties du corps, ainsi que les limites où elles sont circonscrites, sont variables avec les races, les familles et même d'individu à individu, et il est des troupeaux, tels que ceux dits de race électorale et le troupeau de Naz, etc., où la laine est presque uniformément belle sur toutes les parties du corps.

Nous avons fait connaître plus haut les divisions par qualités qui sont adoptées en France pour les laines indigènes et les laines fines, nous ajouterons seulement ici que les pelures en général sont partagées en 4 classes : *commune, haut fin, bas* ou *fin,* et *métis* ou *mérinos,* suivant leur finesse, et que les laines fines de ce genre lavées, c'est-à-dire les écouailles, sont classées par qualités d'après la méthode employée pour les laines de toison. Il en est de même des *jaunes,* des *crottins,* des *pailleux,* etc., qui, triés et lavés, se divisent en 2 ou 3 qualités.

§ III. — Des moyens pour mesurer la finesse des laines.

D'après les détails dans lesquels nous venons d'entrer, on conçoit sans peine que le classement et le triage des laines se font généralement d'après l'ensemble de leurs qualités ou suivant les besoins, mais que la plupart du temps c'est la finesse du brin qui sert à fixer le mérite respectif et la valeur des laines. Quelque exercé que soit l'œil ou la main du propriétaire ou du marchand de laine, il est difficile de juger de la finesse de ces filamens, surtout aujourd'hui que les laines ont acquis une grande ténuité, sans faire usage d'un instrument qui grossisse le brin et serve en même temps à en mesurer le diamètre. Un assez grand nombre d'instrumens de ce genre ont été inventés et désignés sous les noms de *mensurateurs des laines,* de *micromètres* et d'*ériomètres;* les plus connus sont ceux de Dollond, de Lerebours, de Voigtlander, de Schirmer, etc. Tous exigent beaucoup d'habitude pour être employés convenablement, et il est très-difficile dans leur usage d'éviter de graves erreurs. Un autre instrument de ce genre, dû à M. Kœbler, et dans lequel on mesure par un procédé mécanique l'épaisseur de 100 brins à la fois, n'est pas susceptible de donner une grande exactitude. Enfin l'ériomètre de Skiadan, qui mesure la finesse de la laine en cent millièmes parties d'un pouce, paraît donner avec promptitude des appréciations exactes; mais son mécanisme est compliqué, et il a en outre le défaut, ainsi que les autres instrumens de ce genre mentionnés précédemment, d'être d'un prix élevé et peu à la portée des cultivateurs.

Nous avons pensé qu'avec un microscope composé, disposé d'une certaine façon, on parviendrait à mesurer la finesse des laines avec un degré d'exactitude bien suffisant pour tous les essais d'améliorations auxquels un propriétaire voudrait se livrer, ou pour juger de la valeur respective des diverses espèces de laines, et M. CHARLES CHEVALIER (1), jeune opticien très-instruit, à qui nous avons demandé quelques renseignemens à cet égard, nous a indiqué plusieurs moyens de se servir de cet instrument qui remplissent parfaitement le but proposé.

Le premier nécessite l'emploi d'un microscope horizontal et d'une chambre claire : il est très-exact ; mais, comme il est compliqué et qu'il demande du soin et quelques calculs, il ne nous a pas páru d'un usage assez simple pour être décrit ici. Quant à un autre moyen qui peut être mis en usage même avec les microscopes les plus communs, nous allons en donner la description. A B C D (*fig.*100) est

Fig. 100.

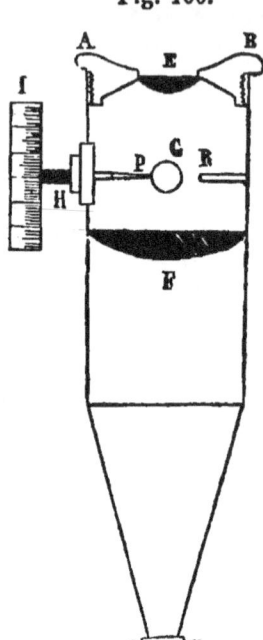

le corps ou tube d'un microscope composé, garni de ses verres ; C D la lentille ou l objectif, et E, F les verres composant l'oculaire double du microscope. H est une vis très-fine dont on connaît exactement l'écartement du pas, et dont l'extrémité de la tige P est terminée en pointe très-déliée. I tête de la vis ou cadran divisé en parties égales, par exemple en 100 parties. P pointe très-déliée de la vis, placée au foyer de l'oculaire E, auquel on applique l'œil. L'objet L placé devant l'objectif C D, dans le cas actuel, est un brin de laine dont on ne voit que la coupe transversale ; G est l'image de cet objet grossi et tel qu'il est vu dans l'oculaire

On voit que tout ici est disposé comme dans un microscope composé ordinaire, à l'exception de la vis H placée sur le côté du tube de l'oculaire et pénétrant dans son intérieur.

Maintenant, rien n'est plus facile que de

mesurer un brin de laine soumis au microscope ; en effet, si l'on met en contact la pointe P de la vis H avec le bord de l'image G produite par l'objectif C D dans l'intérieur de l'oculaire double E, F, puis qu'on tourne la vis de manière à ce que son extrémité pointue P traverse entièrement cette image en tenant compte du nombre de tours et de fractions de tours qu'on aura fait faire à la vis pour lui faire parcourir le diamètre de l'image, comme on connaît avec exactitude l'écartement du filet de cette vis ou la hauteur de son pas, il est évident qu'il sera très-facile de déterminer la grosseur de l'objet ; car si le pas de la vis est de 1/4 de millimètre et sa tête divisée en 100 parties, il est clair qu'à chaque révolution entière on comptera 1/4 de millimètre, et à chaque division du cadran 1/400 de millimètre, ce qui donne un moyen très-facile et très-exact de connaître le diamètre ou la finesse des laines. Ainsi une laine, pour laquelle il aura fallu tourner la vis de 8 divisions, aura pour épaisseur 8/100 de 1/4 de millimètre ou 2/100 de millimètre, c'est la finesse des mérinos ordinaires ; et une autre où il aura fallu la tourner de 1/5 de tour aura pour diamètre 20/400 ou 5/100 de millimètre, épaisseur d'une laine ordinaire.

Un autre procédé, encore plus commode, consiste à placer seulement dans l'oculaire E, F, sur le diaphragme R, un verre divisé en parties égales. Ces divisions devront correspondre au grossissement du microscope, c'est-à-dire que si, par exemple, cet instrument grossit 100 fois en diamètre, chaque division, pour représenter 1/10 de millimètre placé devant l'objectif, devra avoir sur le verre placé dans l'oculaire un écartement d'un centimètre ; mais, comme ce large espace peut être facilement partagé en dix parties, il en résultera des subdivisions représentant chacune des centièmes de millimètre. Maintenant, si à la place de la division en dixièmes de millimètre que nous supposons placée en L sous la lentille, on met un fil de laine, il sera facile de juger de son diamètre en le comparant aux espaces tracés sur le verre du diaphragme de l'oculaire, de manière à avoir des mesures exactes à 1/50 et même à 1/100 de millimètre près. On conçoit qu'il serait possible, par ce moyen, d'avoir des mesures encore beaucoup plus petites en augmentant le grossissement de l'instrument, et en employant des divisions encore plus fines.

SECT. III. — *Lavage des laines.*

Nous avons dit que le but du lavage des laines était de les débarrasser d'une espèce de graisse qui les enduit, à laquelle on a donné le nom de *suint*, et qui les empêche de recevoir les couleurs qu'on veut leur appliquer. Il importe, avant de décrire les procédés de lavage, de connaître la nature et les propriétés de cette graisse, afin de mieux apprécier les procédés employés pour en débarrasser la laine.

(1) Ingénieur opticien au Palais-Royal, n° 163.

§ 1ᵉʳ. — Du suint.

Le suint est une substance grasse, onctueuse et odorante, dont la source ne paraît pas encore avoir été déterminée d'une manière précise par les physiologistes. Cette substance a été analysée par VAUQUELIN qui l'a trouvée composée : 1° d'un savon à base de potasse qui en constitue la plus grande partie ; 2° d'une petite quantité de carbonate de potasse ; 3° d'une quantité notable d'acétate de potasse ; 4° de chaux dans un état de combinaison inconnu ; 5° d'une trace de chlorure de potassium (muriate de potasse) ; 6° enfin, d'une matière odorante d'origine animale.

Toutes ces matières, selon ce chimiste, sont essentielles à la nature du suint, et ne s'y trouvent pas par accident, puisqu'il les a constamment rencontrées dans un grand nombre de laines d'Espagne et de France ; mais il y a aussi trouvé d'autres matières insolubles, telles que du sous-carbonate de chaux, du sable, de l'argile, des ordures de toute espèce qui y sont évidemment accidentelles.

Le suint étant, comme on vient de le voir, un véritable savon à base de potasse, il semble qu'il n'y a rien de mieux à faire pour dessuinter les laines que de les laver dans l'eau courante ; mais, ajoute VAUQUELIN, il y a dans les laines une *matière grasse* qui n'est pas en combinaison avec l'alcali, et qui, restant attachée à la laine, lui conserve quelque chose de poisseux, malgré les lavages à l'eau les mieux soignés.

Cette matière grasse, qui peut en grande partie être enlevée par des lotions savonneuses ou alcalines, n'a pas été examinée par ce chimiste ; mais M. CHEVREUL, dans un travail subséquent, est parvenu, en soumettant, dans un digesteur distillatoire, de la laine d'agneau mérinos dessuintée à l'eau pure, à l'action de l'alcool et de l'éther, à en débarrasser complètement cette laine. Il a ainsi séparé 17 p. o/o en poids de la laine dessuintée d'une matière grasse qui, elle-même, a été réduite en 2 autres substances grasses dont l'une ressemble, à la température ordinaire, à la cire par sa consistance, et l'autre est filante comme de la térébenthine.

D'après ces travaux, le but du lavage à . paraît donc être de débarrasser la laine son suint et de l'excès de la matière grasse qui la rend poisseuse et moins propre aux usages auxquels on la destine. Les agronomes allemands, qui ont fait une étude toute particulière de l'éducation des moutons et de la laine, ont depuis long-temps distingué le suint de la matière grasse qui nous occupe. « Le suint, dit M. B. PETRI, se compose de 2 substances bien distinctes, le suint proprement dit (*die schweiss*), et la matière grasse (*die fette*). Le 1ᵉʳ est une sécrétion de la peau de l'animal dont on peut, dans la plupart des cas, débarrasser la laine par un lavage à froid ; la 2ᵉ, au contraire, est une excrétion du brin lui-même, et ne peut être enlevée que par l'eau chaude mêlée à du savon, à de l'urine putréfiée ou de l'eau de suint. Le 1ᵉʳ est une substance inorganique attachée à la laine, l'autre en est une partie organique. La matière grasse se montre sous plusieurs couleurs, telles que le blanc, le jaune paille, le jaune foncé, parfois le brun et le rouge. Toutes ces nuances disparaissent en grande partie par le lavage, et la laine paraît uniformément blanche après cette opération. On la rencontre encore sous plusieurs états ; tantôt elle est molle, gluante, poisseuse ; tantôt elle ressemble à du beurre et à de l'huile, tantôt enfin elle a un aspect qui la rapproche de l'un ou de l'autre de ces 2 états. A l'état poisseux, elle a le désavantage de ne pas pouvoir être enlevée par le lavage à l'eau froide, qu'elle rend très-difficile en retenant avec force les impuretés. Il est même rare qu'avec une graisse poisseuse on trouve dans la laine une grande finesse, de la douceur, de la légèreté et du moelleux. Avec la consistance d'une huile, au contraire, la matière grasse a l'avantage de ne pas retenir les impuretés au lavage, d'être en grande partie enlevée par l'eau froide, et d'annoncer et d'accompagner souvent dans la laine la finesse, la douceur, le moelleux et l'élasticité. »

« La matière grasse, sur un même animal, est surtout abondante dans les endroits où croît la plus belle laine, tels que les côtés, le cou et le dos, tandis que dans les autres parties du corps, comme l'intérieur des cuisses, les pieds, le jarret et la nuque, où l'on ne récolte qu'une laine de moindre valeur, elle est peu abondante. Cette graisse paraît être propre à la race des mérinos, car la laine des moutons communs en est exempte. Sa quantité paraît augmenter ou diminuer suivant l'état de santé de l'animal. La laine des métis ne l'acquiert que par suite du croisement des brebis indigènes avec les mérinos. Quant à sa couleur, elle paraît être, suivant les apparences, le résultat du régime qu'on fait suivre à ces animaux, puisqu'en Espagne, chez les moutons transhumans ou voyageurs, de race léonaise, elle est généralement blanche, ce qui n'a pas lieu chez les moutons sédentaires ou *estantes* de la même famille. » — On remarque aussi que les moutons de la Crau et de la Camargue, qui voyagent tous les ans des plaines d'Arles aux montagnes du Dauphiné, présentent également un suint blanc.

§ II. — Opérations qui précèdent le lavage.

Les laines ayant été triées avec soin, il ne reste qu'à les éplucher et à les battre avant de procéder au lavage.

Pour *éplucher* les laines, on jette sur le plancher d'un atelier bien propre, une des qualités qui ont été formées au triage, puis on en prend une certaine quantité ou poignée, qu'on pose sur une claie en bois élevée sur deux tréteaux ; on l'étend, on l'ouvre et éparpille au moyen de la fourchette de fer, puis on enlève à la main les mèches vrillées ou feutrées, les pailles, le crottin et toutes les grosses impuretés.

Cela fait, on procède au *battage*, qui a pour but de faire sortir la poussière et de séparer toutes les petites ordures que la main n'a pas détachées. Ce battage s'opère sur la claie au moyen de 2 baguettes lisses de bois, dont on frappe alternativement la laine avec les 2 mains, en ayant soin, pour dégager les baguettes de la laine, non pas de les relever perpendiculairement, ce qui enlèverait en même temps des flocons de celle-ci et les projetterait au loin, mais de retirer les bras en arrière pour dégager du tas de laine la baguette avant de la relever.

On pourrait se servir pour ce battage des machines appelées *loups* dont on fait usage dans les fabriques de draperies; la laine en serait mieux ouverte et plus pure.

Quel que soit le mode de lavage qu'on adopte pour les laines, il faut, autant que possible, faire choix d'une eau pure, claire et courante. Une eau dormante qui est propre peut aussi très-bien servir à cet usage.

Les eaux qui cuisent bien les légumes, qui dissolvent facilement le savon, doivent obtenir la préférence. On doit éviter l'emploi des eaux dures, crues, calcaires, séléniteuses, non seulement parce que les sels calcaires qu'elles contiennent décomposent le suint, qui est un savon animal, mais parce que les nouveaux sels insolubles qui résultent de cette décomposition se précipitent et se fixent sur la laine, l'incrustent, altèrent son éclat, la rendent, quoique fine et douce, rude au toucher ou cassante, et nuisent sensiblement à ses bonnes qualités.

On remédie en partie à la dureté et à la crudité des eaux en les exposant pendant 8 ou 10 jours à l'avance au soleil et à l'air, en y jettant de l'urine humaine putréfiée ou bien des cendres de bois. Dans les eaux séléniteuses, c'est-à-dire qui contiennent du plâtre ou gypse en dissolution, une très-petite quantité de carbonate de soude suffit pour faire disparaître leur dureté. De même, en ajoutant un peu d'ammoniaque à celles qui sont crayeuses, on parvient à les rendre douces.

§ III. — Des divers modes de lavage des laines.

Il y a deux modes distincts de lavages, celui qui se fait à l'eau froide et celui qu'on exécute à l'eau chaude.

1° *Lavages à froid.*

Le lavage à froid peut se faire sur le dos des moutons, c'est ce qu'on nomme *lavage à dos* ou *sur pied*, ou bien avoir lieu après que leurs toisons ont été enlevées, classées, triées, épluchées et battues. Ce lavage, ainsi que nous l'avons dit en parlant du suint, est souvent suffisant pour les laines communes qu'il purifie complètement quand il est exécuté avec soin; mais, pour les laines fines de mérinos, il n'enlève la plupart du temps que le suint proprement dit, et laisse, au moins en très-grande partie, la matière grasse dont il faut ensuite se débarrasser en fabrique par l'opération que nous avons nommée dégraissage.

A. *Lavage à dos.*

Nous ne discuterons pas ici les avantages ou les inconvéniens du lavage à dos, dont nous traitons autre part dans cet ouvrage, nous voulons faire connaître seulement les méthodes qui devraient être employées quand on adopte ce mode de lavage.

Pour *opérer le lavage à dos*, on fait entrer chaque mouton, dit DAUBENTON, dans une eau courante jusqu'à ce qu'il en ait au moins à mi-corps; le berger est aussi dans l'eau jusqu'aux genoux; il passe la main sur la laine et la presse à différentes fois pour la bien nettoyer. Dans les cantons où l'on n'a pas d'eau courante, ou quand on ne possède qu'un petit nombre de bêtes, on peut les laver dans des baquets ou auges dans lesquelles ils plongent, ou en versant l'eau avec un pot sur la laine des moutons en même temps qu'on la presse avec la main.

Dans tous les lieux où l'on a dans le voisinage soit une mare, un étang ou une rivière, on doit préférer d'y plonger presqu'en entier les animaux, en les y frottant et nettoyant avec soin. Quand on est à portée d'une chute ou d'un moulin à eau, on peut placer successivement les moutons sous la vanne de décharge; la rapidité du courant suffit seule pour nettoyer leurs toisons.

Pour *exécuter en Ecosse le lavage à dos* (*fig* 101), on fait choix d'un ruisseau assez profond

Fig. 101.

pour qu'un homme ait de l'eau environ jusqu'à la moitié des cuisses. Trois laveurs au moins et cinq au plus sont placés à peu de distance les uns des autres dans l'eau, le 1er à la partie inférieure du courant ou aval, et le dernier à la partie supérieure ou amont. Ainsi disposés, on passe un mouton au 1er laveur qui de la main gauche le saisit par la cuisse gauche, le retourne aussitôt, la main droite le tenant par la nuque. Alors ce laveur agite à plusieurs reprises l'animal dans l'eau, en le tournant, tantôt d'un côté, tantôt de l'autre, et en lui imprimant en même temps et successivement un mouvement doux en avant et en arrière. Pendant ce mouvement composé, la laine battue par l'eau s'ouvre, se nettoie et se rabat, tantôt d'un côté, tantôt de l'autre. Après un certain temps ce laveur passe l'animal au 2e laveur qui est au-dessus de lui et celui-ci, après avoir répété la même opération, le transmet au 3e, et ainsi de suite jusqu'au dernier qui, après avoir examiné la peau et l'état de propreté de la laine, s'il les juge suffisamment nets, plonge le mouton dans l'eau jusque par-dessus la tête, le retourne et l'aide à gagner le rivage.

Afin de prévenir les graves indispositions qui résultent pour les laveurs de l'immersion prolongée des jambes dans l'eau froide, ainsi que la négligence qu'on apporte souvent dans l'opération du lavage, M. YOUNG a proposé de former, au moyen d'un petit barrage, soit dans une eau courante, soit dans un étang, un bassin dans lequel les moutons pourraient, par des plans inclinés ou surfaces en pente, descendre par une extrémité et remonter par l'autre; au milieu, la profondeur serait assez grande pour qu'ils fussent obligés de nager. Le fond de ce bassin serait pavé, et 6 à 7 pieds seraient une largeur suffisante. A l'endroit où les moutons commenceraient a perdre pied, on placerait plusieurs tonneaux ouverts à peu près comme les tonneaux de blanchisseuses, dans lesquels les laveurs, placés à sec, pourraient saisir, au passage, les moutons de la main gauche, puis de la droite, ouvrir et presser la toison mèche par mèche sans la brouiller, et enlever ainsi et exprimer la plus grande partie des impuretés et des ordures qui abandonneraient la laine avec le suint.

Les lavages dont nous avons parlé ci-dessus ont besoin d'être *répétés plusieurs fois* si l'on veut que la laine soit nette et de bon débit. Ils enlèvent à la laine environ 20 à 30 p. 100 de son poids, et la plupart du temps ils sont suffisans pour les moutons communs; mais les mérinos ont des toisons si tassées, qu'il est nécessaire de procéder pour eux au lavage d'une manière différente. A cet égard le mode employé en Saxe et en Silésie nous semble le plus convenable.

Pour *opérer le lavage saxon,* on fait choix d'un endroit peu profond dans un fleuve ou un ruisseau dont le fond est garni de sable ou de cailloux, et où le courant a une certaine force. La profondeur doit être assez considérable pour que l'animal ne puisse toucher le fond et se blesser. Un barrage en planches soutenues par des pieux ou toute autre disposition est nécessaire pour qu'il n'arrive pas d'accident aux moutons. Tout étant disposé et le temps favorable, la veille du soir où doit avoir lieu le lavage, on fait plonger 2 ou 3 fois, selon le besoin, tous les mérinos dans l'eau jusqu'à ce que leur toison soit bien imbibée, opération qu'on nomme *trempage,* puis on les reconduit à la bergerie aussi rapidement que possible, afin d'un côté qu'ils n'aient pas le temps de sécher, et de l'autre pour que la laine et l'humidité qu'elle contient reprennent promptement la température du corps, circonstance qu'on favorise en fermant dans l'étable toutes les issues qui pourraient donner lieu à des courans d'air et au refroidissement des moutons.

Le jour suivant, on transporte également avec rapidité le troupeau au bord du ruisseau pour procéder au lavage en l'exposant le moins long-temps possible à l'air, pour que les toisons ne sèchent pas, car, dans ce dernier cas, les impuretés qui sont retenues par la matière grasse de la laine ne se détachent plus au lavage à froid, et ont même beaucoup de peine à être enlevées par le dégraissage en fabrique.

La température, l'état de l'atmosphère, la race des animaux, servent à déterminer le nombre de fois qu'il faut faire passer les moutons dans le bain, à quelques momens d'intervalle, pour les nettoyer complètement. Les mérinos superfins sont plus difficiles à laver que les métis ou les moutons communs. Trois à quatre fois suffisent souvent pour certains troupeaux, tandis que d'autres ont besoin d'être soumis six à neuf fois à cette opération. Dans tous les cas, on parviendra plus promptement au but si plusieurs laveurs se passent de main en main les moutons dans le bain, ouvrent, nettoient et lavent convenablement la toison, aident les animaux à sortir du bain, et les empêchent de fléchir sous le poids de l'eau qui surcharge leur toison, de tomber et de se salir.

On a cherché à améliorer cette méthode, et on y est parvenu de la manière suivante :

Dans un bassin ou lavoir de forme oblongue, placé près d'un cours d'eau, construit en planches ou en maçonnerie (*fig.* 102), où l'on

Fig. 102.

peut facilement admettre et vider l'eau, et de plus qui est d'une grandeur proportionnée au nombre des moutons qu'on veut laver, on pratique à chacune des extrémités une vanne disposée de telle manière que le bassin ne contienne que 2 à 3 pi. d'eau. Aux **deux bouts,** la profondeur doit aller en diminuant insensiblement pour que les moutons puissent descendre et remonter facilement. Suivant M. PETRI, dans un bassin de ce genre de 12 pi. de large, 60 de long, avec un nombre suffisant de travailleurs et une abondance convenable d'eau, on peut laver par jour de 900 à 1000 moutons.

Le *trempage* a lieu comme précédemment en faisant traverser le bassin à la nage par les moutons, sans laisser écouler d'eau, mais en renouvelant seulement celle qu'ils enlèvent avec leur toison. Pendant ce passage une partie du suint se dissout et forme, avec l'eau du bain tiédie par le soleil, une sorte de dissolution savonneuse qui contribue au nettoyage de la laine dans les immersions suivantes. Cette première opération sert, comme on voit, à humecter et à pénétrer la laine, ainsi que les malpropretés qu'elle contient.

Dès que le dernier mouton sort du bain, on reprend le premier qui avait passé, puis dans le même ordre tous ceux qui l'ont suivi, et on leur fait traverser le bassin une 2ᵉ fois. L'eau du bain a dans ce moment acquis toute sa propriété dissolvante et détache la plus grande partie des impuretés des toisons. A cette 2ᵉ opération succède une 3ᵉ immersion après laquelle, malgré les malpropretés qui flottent dans le bain, la laine est assez blanche et nette. Quand elle est terminée, les moutons sont reconduits promptement à la bergerie, où on les maintient chaudement sur une litière de paille fraîche et épaisse.

Après le bain on ouvre la vanne d'aval ou de chasse, on vide le bassin qu'on remplit ensuite d'eau nouvelle et pure, qui se renouvelle sans cesse par la vanne d'amont qu'on laisse entr'ouverte à cet effet.

Le lendemain matin dès l'aube du jour on procède au lavage. Des laveurs disposés sur 2 rangs et avec de l'eau jusqu'à la ceinture, se passent les moutons de main en main en sens inverse du courant, chacun pressant la laine et en exprimant le liquide trouble qu'elle contient, et ainsi de suite jusqu'au dernier placé près de la vanne où l'eau affluente est la plus propre et la plus pure. Si les localités permettent de déverser l'eau dans le bassin par un certain nombre de filets tombant de quelque hauteur, on place au-dessous de ces petites chutes les moutons au moment de les faire sortir du bassin, pour achever de donner à leur toison une blancheur et une pureté parfaites, sans qu'il soit besoin, comme dans le procédé précédemment décrit, de faire passer les animaux un grand nombre de fois dans le bain de lavage.

Le trempage paraît être aux auteurs allemands une opération si nécessaire pour un bon lavage, qu'ils conseillent, faute de bassins ou lavoirs, de l'exécuter dans des fosses creusées en terre, garnies de planches et remplies d'eau, dans des cuves, des auges, ou tout autre grand vase quelconque; quant au lavage définitif, il faut, autant que possible, le donner à l'eau courante ou au moins dans une eau dormante très-propre.

Le lavage saxon enlève une plus ou moins grande quantité de suint et de matière grasse, selon qu'il est plus ou moins bien fait. Les laines superfines de la Saxe, traitées ainsi, ont un rendement de 38 p. 0/0, parce que les toisons sont ordinairement très-propres et légères. Elles subissent encore un déchet de 30 p. 0/0 lors du triage et dégraissage à chaud.

En France, où les laines fines se vendent la plupart du temps en suint, on fait peu d'usage du lavage à dos; en outre, la toison des mérinos français étant plus tassée que celle des mérinos saxons, la laine se lave plus difficilement, les moutons sont plus longtemps à sécher, ce qui est préjudiciable à leur santé.

B. *Lavage à froid des laines en toison.*

Pour procéder à ce lavage à froid, on jette la laine dans des cuves d'eau à la température de l'atmosphère, et on l'y laisse tremper environ 24 heures. Elle pourrait, si elle était très-malpropre et impure, y rester 3 ou 4 jours sans que le brin éprouve d'altération. Lorsque l'eau a bien pénétré partout, on procède au lavage, qui se fait avec rapidité, en enlevant la laine, la déposant dans des paniers ou corbeilles, qu'on plonge à plusieurs reprises dans une eau courante, en ayant l'attention de soulever de temps à autre la laine avec un bâton lisse, mais sans la tourner. Quand elle est ainsi suffisamment lavée, on la dépose sur des claies ou des tables faites en lattes minces, croisées et polies où elle s'égoutte. De là elle est transportée sur un gazon bien propre, sur un plancher en bois ou des toiles placées au grand air où elle achève de se sécher; on peut aussi se servir pour cet objet de claies ou de filets élevés au-dessus du sol, ce qui facilite encore l'évaporation de l'eau.

Quand le local ne permet pas de laver la laine dans l'eau courante, on peut y procéder dans des cuves de 4 à 5 pi. de longueur, 2 ou 4 de largeur et 2 de profondeur. Si l'on peut disposer d'un filet d'eau qui renouvelle sans cesse le liquide de ces cuves, la laine en sortira plus pure et plus blanche. Dans une semblable cuve un homme peut laver un quintal de laine par jour.

Dans le lavage à froid des laines, celles-ci perdent à peu près autant que dans les bons lavages à dos, c'est-à-dire qu'il faut encore les dépouiller de 15, 20 ou 25 p. 100 de leur poids pour les mettre en état de recevoir la teinture.

2° *Lavages à chaud.*

Les lavages à froid ne sont guère pour les laines fines qu'une sorte de dépuration déjà fort utile pour faire apprécier les qualités de la laine, la débarrasser de ses impuretés et de son suint, mais qui n'ont pas le même but que le lavage à chaud, destiné en général à les purger de toutes les impuretés qu'elles contiennent, et à dépouiller le brin de l'excès de matière grasse qui l'enduit. Le lavage à chaud peut aussi se faire de plusieurs manières; nous citerons seulement celles usitées dans les pays où la production des laines fines a le plus d'activité.

A. *Lavage à dos et à chaud.*

«Le lavage à dos et à froid, dit la Société d'agriculture de l'Irlande, ne paraît pas suffisant pour purifier les laines quand les brins et les mèches sont agglutinés par une grande quantité de fiente, ou quand le suint est fort abondant. Il vaut mieux, dans ce cas, avoir un grand cuvier, rempli d'eau à la température du sang humain (32° R.), dans lequel on plonge l'un après l'autre les moutons jusqu'à ce que la laine en soit bien ouverte. On les lave ensuite dans l'eau de rivière comme à l'ordinaire. Ce procédé ne serait pas d'une exécution difficile ni dispendieuse; la chaleur du corps des moutons suffirait pour conserver la température du bain, et dans tous les cas quelques chaudronnées d'eau bouillante pourraient rendre à celui-ci la chaleur qu'il aurait perdue. »

Le célèbre BAKEWELL, dans son ouvrage sur la laine, est aussi d'avis que tous les mérinos et leurs métis devraient être lavés de cette manière. « Il est impossible de nettoyer convenablement, dit-il, la toison de ces animaux par une simple immersion dans l'eau des rivières, par suite du tassé de leur toison. Le travail, et les frais que nécessiterait ce lavage dans des cuviers avec de l'eau chaude aiguisée d'un peu de lessive de potasse ou de soude, se trouveraient complètement compensés par l'excellent engrais que fourniraient les eaux de lavage. »

« En Suède, dit le baron SCHUTZ, on fait souvent usage de grands cuviers qu'on remplit d'une partie de lessive de cendres de bois tirée à clair, de 2 parties d'eau tiède et d'une petite quantité d'urine. Les moutons sont d'abord plongés dans ce bain; quand ils en sortent, on les fait entrer dans un second, à la même température, mais où l'on n'a mêlé à l'eau qu'une bien moindre quantité de lessive; enfin ils sont retournés sur le dos et rincés dans un 3e cuvier contenant de l'eau claire et chaude, et le lavage se termine toujours, après que le mouton est sorti de ce dernier bain et est sur ses jambes, en versant sur lui une quantité suffisante d'eau pure, et en exprimant en même temps avec les mains toutes les parties de sa toison. »

B. *Lavages des laines à chaud.*

Il y a plusieurs modes de lavages des laines à chaud : nous nous contenterons d'indiquer les suivans, en rappelant qu'il y a généralement 3 opérations distinctes dans ce mode de lavage, savoir : l'*échaudage*, qui consiste à plonger la laine dans un bain quelconque; le *lavage*, qui se fait dans une eau pure ou courante, et le *séchage*.

1° *Lavage espagnol.*

L'Espagne, qui a régénéré nos troupeaux, nous avait aussi enseigné une manière particulière de laver les laines et de les amener au degré d'épuration qu'elles doivent avoir avant de subir les opérations ultérieures en fabrique.

Le plus considérable et le mieux organisé des établissemens formés en Espagne pour nettoyer les laines, était celui d'Alfaro, à peu de distance de Ségovie, dont M. POYFÉRÉ DE CÈRE, qui l'avait visité avant sa destruction, nous a laissé une description exacte.

Ce lavoir se composait d'un bassin elliptique alimenté d'eau par des réservoirs et suivi d'un canal revêtu de madriers. Les berges du bassin et du canal étaient revêtues en ma-

çonnerie. On descendait dans le lavoir par 3 marches, et à l'extrémité du canal se trouvait une bonde pour vider à volonté les eaux, un bourrelet de 16 pouces de hauteur pour retenir les eaux dans le canal, et une cage en bois couverte d'un filet à mailles très-serrées pour arrêter les laines qui pouvaient être entraînées par le courant par-dessus le bourrelet. Près du bassin était une chaudière montée sur un fourneau et destinée à fournir de l'eau chaude à des cuves où l'on mettait les laines en immersion. Des grillages en lattes servaient à recevoir et à faire égoutter les laines à la sortie des cuves, et un massif en talus avait la même destination quand elles sortaient du lavage; voici les opérations qu'on faisait dans ce lavoir, telles que les décrit M. Poiféré de Cère dans son mémoire.

« L'eau étant donnée au lavoir et les laines ayant été triées, on remplit les cuves d'eau chaude jusqu'aux 2/3 de leur hauteur; cette eau est tempérée par de l'eau froide versée à volonté. Un homme pour en faire l'essai y plonge une jambe et y fait ajouter de l'eau chaude ou de l'eau froide jusqu'à ce que le degré de chaleur soit tel qu'il puisse le supporter sans être brûlé; il donne alors le signal de mettre la laine en immersion : la durée de cette immersion se règle sur l'intervalle qu'il faut pour vider la 2e et la 3e cuve avant de revenir à la 1re, et chaque fois on renouvelle entièrement l'eau du bain, ce qui est un des traits principaux du lavage espagnol. Un ouvrier descend dans une cuve, retire une certaine quantité de laine, et en remplit des paniers d'osier déposés sur le bord du grillage à égoutter. Des enfans, se tenant à des cordelles, montent sur la laine contenue dans les paniers, et la pressent de leurs pieds pour en exprimer l'eau du suint dont elle est imbibée, la versant alors sur le grillage où 3 enfans la ramassent, la divisent et la déposent sur le bord du lavoir. Un ouvrier, c'est l'homme important pour le lavage, placé sur une des marches du lavoir, prend la laine poignée à poignée, la divise encore et la laisse tomber dans le bassin. Deux hommes placés dans ce bassin et appuyant leurs mains sur une traverse solidement fixée dans les parois intérieures, agitent alternativement la jambe droite et gauche pour refouler l'eau et diviser les flocons de la laine. Il y a 11 à 12 pouces d'eau dans le lavoir. Quatre ouvriers placés dans le canal et s'appuyant de leurs mains sur les bords, répètent le mouvement des 2 hommes précédens. Quatre autres ouvriers aussi placés dans le canal ramassent la laine à mesure qu'elle est entraînée par le courant; ils en forment des paquets ou *peces* sans la tordre ni la corder, en expriment l'eau et la jettent sur le plancher des bords du lavoir, où un enfant la reprend et la jette sur l'égouttoir ou massif en pente. Deux autres enfans la relèvent et la font successivement passer à un ouvrier qui la ramasse pour la déposer en tas sur le sommet de l'égouttoir, où elle reste pendant 24 heures. Après cela on la porte sur une prairie voisine, qui a été ratissée et même balayée avec soin, et sur laquelle on l'étend en petites parties jusqu'à ce qu'elle soit bien sèche, ce qui exige ordinairement 3 à 4 jours. La laine qui échappe aux

4 derniers ouvriers est entraînée dans la cage en bois où 3 hommes la remuent avec les pieds à mesure qu'ils la rassemblent, et en forment de petits tas qu'ils expriment avec les mains et qu'ils jettent sur le plancher où 2 enfans la reçoivent dans de petits paniers, l'expriment et la portent sur le grand tas au sommet de l'égouttoir. »

Quand la laine ne rend plus d'eau, les ouvriers, avons-nous dit, la portent sur le pré, où ils la laissent en petits monceaux. Le lendemain on la remue en prenant une portion de laine qu'on secoue à la main. On la laisse ainsi une ou 2 heures, ensuite on l'étend sur le pré, et on la retourne 3 fois dans le jour jusqu'à ce qu'elle soit sèche. Tandis que la laine est étendue ou qu'on la retourne, les *apartadores* ou trieurs en retirent la laine défectueuse et celle dont la qualité ne répond pas à sa classe.

On voit que, dans le mode de lavage espa-gnol, la laine est simplement soumise à l'action de l'eau chaude sans addition d'aucune matière alcaline ou savonneuse. On estime que la température du bain, qui est beaucoup trop élevée, est d'environ 60° R., et que la laine des mérinos du pays ainsi traitée, et qui est alors dite en surge, perd 50 p. 0/0 de son poids et conserve encore 15, 20 et 25 p. 0/0 de matière grasse qu'il lui faut enlever par le lavage en fabrique.

2° *Lavage français.*

En adoptant en France le lavage espagnol, nous l'avons amélioré sous le rapport de la santé des ouvriers, perfectionné sous celui de la pureté et qualité des produits, et simplifié relativement aux manipulations et à la mise de fonds. En effet, il suffit aujourd'hui, pour entreprendre le lavage des laines fines, d'avoir un magasin pour les laines en suint, un

Fig. 103.

hangard (*fig.* 103) pavé ou dallé, placé au bord d'une eau courante, légèrement en pente vers l'eau, et sous lequel est placée une chaudière montée sur son fourneau et munie d'un robinet, quelques cuviers, et des paniers ou corbeilles. Des baguettes de bois lisses ou des petites fourches, des brouettes, des toiles à sécher et une chambre ou magasin à empiler, emballer et conserver la laine jusqu'à la vente, sont encore nécessaires.

Pour opérer le lavage tel qu'il est pratiqué aujourd'hui, on commence par remplir la chaudière d'eau pure. Cette eau est portée à la température de 30° à 40° R.; lorsqu'elle y est parvenue on en fait écouler une partie dans une cuve placée au-dessous, et on y plonge de la laine qu'on laisse ainsi tremper pendant 18 à 20 heures sans la remuer. Une partie du suint de cette laine se dissout, et cette première eau qui est, à proprement parler, une dissolution de savon à base de potasse, devient le principal agent du dessuintage. Cette dissolution est versée dans des cuves, et on y ajoute autant d'eau chaude qu'il en faut (un quart environ) pour porter le bain à une certaine température que la main par l'exercice apprend facilement à mesurer. On estime que cette température ne doit pas dépasser 45° R. pour les laines primes, 40° pour la 1re qualité, 30° pour la 2e, 25° pour la 3e, etc., et que pour les laines communes elle doit à peine être tiède, parce que ces dernières contiennent moins de suint et sont plus faciles à épurer. Le bain étant à la température fixée, on y plonge la laine à dessuinter par petites portions, et on l'y soulève continuellement à l'aide d'une petite fourche ou de baguettes lisses, afin d'en ouvrir les mèches et de les pénétrer de liquide. Si on la retournait, elle se cordonnerait. Au bout d'un demi-quart d'heure, ou un quart-d'heure au plus, la laine est suffisamment dessuintée ; on l'enlève alors avec la petite fourche ou les baguettes, par flocons d'un sixième de livre chacun, pour la déposer dans des mannes, paniers ou corbeilles d'osier qu'on tient suspendus un instant au-dessus des cuves, afin de perdre le moins possible d'eau saturée de suint; là elle s'égoutte pendant quelques momens, puis elle est transportée dans les corbeilles au lavoir placé sur les bords d'une eau courante. Depuis quelque temps les laveurs font usage de mannes en cuivre perforées de trous, ce qui prévient la perte assez notable de laine qui s'échappait quelquefois par les ouvertures des paniers d'osier.

Les avis paraissent partagés sur le moment où il faut plonger la laine dessuintée dans les eaux de lavage. Les uns assurent que plus la laine est encore chaude quand on la lave à l'eau courante, plus elle s'épure. Des laveurs et filateurs m'ont assuré au contraire qu'ils laissaient constamment refroidir la laine avant de la laver, parce que, disent-ils, elle devient plus blanche, et que n'ayant pas été saisie par la différence de température, elle a plus de douceur et se file plus aisément. Ce qu'il y a de certain, et ce qui paraît avoir été constaté par M. CHE-VREUL, c'est que les laines qui ne sont lavées qu'après avoir été refroidies complètement prennent mieux la teinture et ne blanchissent pas par le frottement et l'usure lorsqu'elles sont confectionnées en draps et en habits.

Quoi qu'il en soit, les paniers remplis de laine sont passés aux laveurs placés soit sur le bord de l'eau, soit dans un bateau, soit dans un tonneau défoncé d'un bout et enterré dans le massif du quai ou au milieu même du courant; ceux-ci prennent les paniers, les plongent dans l'eau jusque près des bords, les tiennent ainsi suspendus au moyen de cordes accrochées au bateau ou au tonneau, puis, à l'aide de la fourche ou des baguettes lisses, ils promènent vivement la laine, la soulèvent et l'ouvrent le plus possible, mais sans jamais la retourner, la brouiller ou en déterminer le feutrage. Lorsque la laine est suffisamment épurée, ce que l'on juge par sa teinte uniforme dans tous les brins, par sa blancheur, par l'eau qui en découle lorsqu'on la soulève et qui ne doit pas être colorée, ou parce que cette laine surnage à la surface sous forme de nuage, on l'enlève par poignée au moyen des baguettes, et on la jette dans des paniers ou sur des claies où elle s'égoutte, ou bien on la dépose sur des brouettes qui servent à la transporter au lieu où doit se faire le séchage.

Ce séchage s'opère ordinairement à l'air libre. Pour cela on étend la laine sur un gazon bien propre et bien fourni, ou bien sur un lit de cailloux de rivière de moyenne grosseur lavés avec soin, ou enfin sur des claies. Dans un grand nombre de lavoirs des environs de Paris, les laines fines sont séchées sur des toiles étendues sur le gazon ou sur des filets suspendus par les extrémités. Cette dernière méthode donne la faculté de rassembler et rentrer très-promptement la laine s'il survient une pluie ou un orage. La plupart des agronomes conseillent d'étendre la laine mouillée à l'ombre, parce que, disent-ils, le soleil gâte et durcit le brin en le desséchant trop promptement; cependant des laveurs des environs de Paris, qui font sécher les laines les plus belles au soleil, ne paraissent pas en avoir éprouvé d'inconvénient, et sont peu disposés à renoncer à une méthode qui accélère le travail et le rend plus complet.

Pendant que la laine est sur les cailloux ou sur le gazon, on la retourne souvent avec des fourches de bois et on la rentre le soir pliée dans de grandes toiles. Si une journée d'exposition sur le séchoir ne suffit pas, on l'étend de nouveau le lendemain; ainsi de suite tous les jours jusqu'à parfaite dessication.

Quand les laines ont été enlevées des cuves, on recommence une 2e opération, en ajoutant de l'eau de suint pour remplacer celle qui a été entraînée par la laine, et de l'eau chaude pour faire remonter au degré voulu la température du bain; seulement quand l'eau devient trop bourbeuse, on la soutire et on la remplace par de nouvelle eau de suint.

Pour sécher promptement la laine, surtout dans la saison avancée, et en même temps la rendre plus blanche en exprimant la plus grande quantité possible d'eau de lavage qui entraîne toujours avec elle quelque saleté, on peut la tordre dans des toiles, la fouler dans les paniers, ou la mettre dans des caisses percées de trous, et la soumettre ainsi à l'action d'une petite presse. Les instrumens de ce genre que nous avons fait connaître dans les figures 45, 46, 47, 50 et 52 du tome III, et dont la forme est très-simple, pourraient être employés à cet usage.

Après que la laine est bien sèche, on peut encore l'*éplucher* à la main pour en retirer les pailles ou autres saletés qui n'ont pas été enlevées par le lavage et qui altèrent encore sa pureté. Alors on la transporte dans le magasin, où elle est empilée dans de grandes cases en planches jusqu'à ce qu'elle soit emballée et expédiée. Par le lavage français, la laine fine de mérinos, dépouillée de son suint et d'une grande partie de sa matière grasse, perd 66 à 75 p. 0/0 de son poids, et conserve encore 4, 5, 6, 7 p. 0/0 et au-delà de matière grasse, suivant la nature de la laine et le soin apporté dans les manipulations, ou les habitudes du laveur.

Un bon laveur n'est pas une chose commune, et un ouvrier qui est habile dans cet art doit livrer des laines propres et bien purgées, blanches, non cordées, nouées ou cassées, et d'une nuance uniforme.

Depuis bien long-temps on fait usage dans le midi de la France, et surtout dans le Languedoc, d'un excellent mode d'échaudage pour les laines, sans avoir recours à d'autre moyen de dessuintage que le suint lui-même, parce qu'on a reconnu que tous les autres agens durcissaient le brin et altéraient sa qualité.

Pour cela on emploie une grande chaudière remplie d'eau qu'on fait chauffer de 40 ou 60° R. suivant que la laine est plus ou moins difficile à nettoyer. Au-dessus de 60° la laine serait altérée. On se sert de 2 filets à mailles serrées comme ceux employés par les teinturiers en laine. Lorsque l'eau se trouve au degré de chaleur convenable à la laine qu'on veut dégraisser, on jette dans la chaudière un des filets chargé de 30 kilog. de laine en suint. On commence ordinairement la 1re jetée avec les basses qualités, soit patins, ou cuisses, pour garnir le bain de suint. Le bain ainsi garni, on commence une 1re mise de laine fine, et on juge s'il est au degré nécessaire par le prompt dépouillement du suint. Lorsque la laine est dans la chaudière on la remue avec un bâton, et après 5 ou 6 minutes de séjour on relève le filet avec un tour placé sur la chaudière et semblable à celui des teinturiers. Pendant que cette 1re mise égoutte, on jette le 2e filet, dans lequel on met autant de laine que dans le 1er; et durant l'intervalle que cette laine reste dans la chaudière, on porte la 1re mise aux laveurs.

Dans le Midi, les paniers de lavage sont ronds, en fer ou en chêne; d'autres sont en carré long entourés d'un filet à mailles serrées. Le fond de ceux-ci est en planches de chêne pour que la laine ne puisse s'échapper.

Pour bien épurer une laine, 3 laveurs ayant chacun un panier devant eux se placent au milieu d'un courant d'eau. La distance entre eux est de 3 pieds, et ils sont séparés l'un de l'autre par un plateau sur lequel ils se passent la laine successivement. Chacun tient une fourche bien polie à 3 cornes recourbées, dont le manche a 4 pieds de long. Le 1er laveur prend une ou 2 livres de laine à la fois, la met dans son panier, la retourne et la remue avec sa fourche, faisant en sorte de ne pas la cordonner, et lorsqu'il l'a remuée un certain temps, il la remet au 2e qui la lave, la remue à son tour, puis la passe au 3e qui la lave encore jusqu'à ce qu'elle soit bien épurée et que l'eau en découle claire ; alors il la jette sur le gravier. Chaque laveur donne à peu près à la laine 3 à 4 tours à droite et autant à gauche. Dans le midi on lave aussi à la jambe dans la belle saison ; les laveurs sont dans les paniers et font faire avec la jambe 3 ou 4 tours à gauche, puis autant à droite, à la laine qu'ils se passent de l'un à l'autre. Le 3e laveur achève le lavage en mettant la laine lavée par lavée dans un grand panier ovale qui peut en contenir 60 environ et que 2 hommes portent à l'étendage.

Le séchage ne diffère pas de la méthode espagnole que nous avons décrite ci-dessus. Quand la laine est sèche, on la met en piles, puis en balles.

On voit que dans le lavage français c'est le bain d'eau de suint qui est l'agent le plus actif de cette épuration, et un laveur attentif doit veiller avec soin à la conservation de ce liquide, pour former le bain soit quand on manque de laines en suint, soit pour dégraisser celles manquées au 1er lavage, donner un supplément de suint aux agnelins, aux laines mal nourries ou lavées par la pluie, pour laver les pelures à la chaux, auxquelles il rend de la douceur et du moelleux, soit enfin pour achever le dégraissage chez le fabricant avant la mise en teinture, ou pour le foulage des draps et autres étoffes de laine. Au reste, l'opération de l'échaudage exige qu'on la fasse avec intelligence, et le laveur se rappellera que les laines offrent plus ou moins de résistance à l'action du bain, suivant qu'elles sont plus ou moins chargées de suint, que cette matière a plus ou moins de consistance, que la laine est restée un temps plus ou moins long en balles, et a fait un plus long voyage ; il observera aussi que le bain de suint varie suivant son activité et sa force ; qu'il y a un degré de température variable pour chaque espèce de laine, etc. ; tous détails dans lesquels nous ne pouvons entrer ici, mais que la pratique enseignera aisément.

3° *Lavage Russe ou Davallon.*

En 1828 M. Davallon a introduit en France un lavoir qu'il avait déjà établi à Odessa, et qui paraît offrir de notables avantages.

Fig. 104.

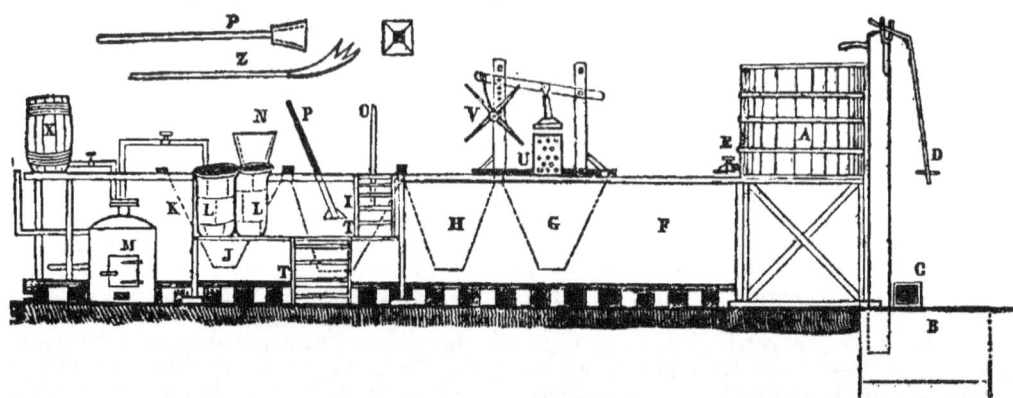

Ce lavoir (*fig.* 104) est composé 1° de 2 réservoirs supérieurs A, ayant 1 toise cube chacun, placés en tête d'un canal lavoir. L'un de ces réservoirs contient de l'eau propre, et l'autre de l'eau de suint, dont il est alimenté par une pompe D qui la puise dans une citerne B au moyen d'un tuyau d'aspiration descendant à peu près jusqu'au milieu de sa profondeur. Tous deux versent les liquides qu'ils contiennent dans le canal par les robinets E. — 2° Un canal-lavoir F, K, long de 36 pieds, de 4 1/2 à 5 de profondeur, et d'une largeur de 22 pouces, construit en bois, solidement établi sur des charpentes, et fortement arcbouté par des liens. Ce canal est divisé en 6 parties. La division F ou d'amont reçoit des réservoirs A l'eau propre et celle de suint qui s'y mélangent. Une vanne qu'on peut élever ou abaisser à volonté sert à introduire dans le reste du canal ces eaux mélangées qui cou-

lent par la partie supérieure de cette vanne. Ce canal est divisé en 4 cases G, H, I, J formées par des enclayonnages en osier assez serrés pour que la laine ne passe pas facilement à travers. Ces cases ont la forme de trémies ; chacune d'elles est de la largeur du canal et de la longueur de 6 pieds. Après la case J ou en aval du canal, dans la division K, est placée une 2e vanne par-dessus laquelle se déverse le trop-plein des eaux qui s'écoulent dans une rigole qui fait le tour du lavoir et les conduit en C dans la citerne B. Les vannes sont placées pour que l'eau ne trouve pas d'issue dans le fond du canal, parce que son écoulement, au moins en forte quantité, par-dessous les vannes ou sur les côtés, relèverait les boues du fond, et troublerait la propreté du bain. — 3° Deux ou trois chaudières L placées sur les bords du canal et en aval à droite contenant au moins chacune six hectolitres. C'est dans ces chaudières, auxquelles on adapte un double fond troué, que se fait le bain des laines. La chaleur doit y être portée de 28° à 35°, soit par le chauffage direct, soit par la vapeur d'une autre chaudière M alimentée d'eau par un réservoir X. Il faut aussi savoir qu'il existe, de côté et d'autre du canal, ainsi qu'on le voit Fig. 105. dans la coupe transversale (*fig.* 105) du canal, un plancher *ee* recouvert d'une couche de bitume légèrement en pente, auquel on monte par les escaliers T (*fig.* 104), qui sert tout à la fois au service du lavoir, et pour ramener dans le réservoir les eaux de suint que le lavage fait jaillir. C'est aussi sur ce plancher prolongé à droite que sont placées les chaudières L et la presse dont nous parlerons plus bas.

On procède à l'opération du lavage de la manière suivante : Les laines sont plongées dix ou douze minutes dans le bain chaud ; pendant ce temps on les retourne avec une fourche, de manière que celles qui se trouvent dans le fond du bain reviennent à la partie supérieure. Un ouvrier prend alors la laine avec une fourche, la place dans une caisse carrée N, trouée sur toutes ses faces et au fond ; un châssis placé sur la chaudière L sert à soutenir cette caisse ; l'ouvrier, après y avoir mis une certaine quantité de laine, place dessus une planche de même largeur que la caisse, il la presse, et l'eau qui en sort rentre dans le bain. Cette pression opérée, il jette la laine dans la trémie ou case J qui se trouve en face des chaudières où se fait le bain.

Un ouvrier placé du côté opposé, armé d'un pilon P de forme pyramidale, d'un pied carré à sa base, creux, et par conséquent très-léger, enfonce ce pilon dans la caisse et au centre, le relève rapidement, et continue avec célérité ce mouvement alternatif qui agite l'eau et par conséquent la laine qui se trouve dans la case ; il suffit de continuer ce mouvement pendant quelques minutes, mais plus ou moins suivant la finesse de la laine. Il place ensuite le pilon à sa gauche, s'arme du bâton lisse O ou d'une fourche Z qui est à sa droite, retire avec ce bâton la laine de la case J pour la jeter dans la deuxième case I. L'ouvrier qui est posté à cette deuxième trémie, au fur et à mesure que la laine y est jetée, l'agite vivement à l'aide de son pilon, jusqu'à ce que la première trémie ait été entièrement vidée dans la sienne. Aussitôt que l'ouvrier de la trémie J a fait passer la laine qu'elle contenait dans celle I, il lui en est fourni de nouvelle sortant du bain, et qu'il travaille comme ci-dessus. L'ouvrier de la trémie I, dès que toute la laine du n° 1 lui est fournie, prend son bâton et la fait passer dans la trémie H ; l'ouvrier de la trémie H fait la même opération, et transporte la laine dans la trémie G. L'ouvrier placé près de celle-ci, armé d'une fourche, en retire la laine au fur et à mesure qu'elle lui est jetée par l'ouvrier n° 3 ; il la place sur un plancher troué : l'eau qui s'en égoutte rentre dans le canal. Un ouvrier relève cette laine et la met dans une presse pour éliminer la plus grande partie de l'eau qu'elle retient, et qui s'écoule dans le canal. Cette presse se compose d'une caisse U percée d'une multitude de trous, et sur laquelle, quand on l'a rempli de laine, on place un pilon qu'on abaisse au moyen d'un levier, et dont on augmente l'effet par un treuil V qui sert à en exprimer fortement tout le liquide.

Dans ce nouveau mode de lavage on opère d'une manière continue ; un des ouvriers qui s'arrêterait un seul instant entraînerait la suspension de travail de tous les autres. Il faut 4 laveurs, un homme au bain de la laine, un 6° ouvrier à la presse, enfin un ouvrier pour les chaudières ; en tout 7 hommes qui peuvent préparer 1500 kil. de laine par journée de travail. Si on agit sur de la laine grossière, on en prépare une plus grande quantité, par la raison qu'on l'agite moins longtemps avec le pilon. L'eau circule dans toute la longueur du canal, et traverse ainsi les cases trouées, sans que l'action du pilon, qui dans chaque case la relève à plus d'un pied, la rende trouble dans le bassin ; au contraire, les matières dont la laine est chargée se précipitant au fond pour ne plus se relever. Les matières légères qui surnagent sont entraînées hors du lavoir. Les laines frappées perpendiculairement par le pilon ne sont ni nouées, ni cordées, cassées ou feutrées ; les filamens ou les mèches ont conservé leur position naturelle, et elles ressemblent à des laines lavées à dos. Il ne se perd aucune portion de laine. Le savon à base de potasse et les sels qui recouvrent la laine se dissolvent et forment l'eau de suint, tandis que la matière grasse insoluble se rassemble à la surface et est expulsée hors du lavoir. L'eau de suint, recueillie et enlevée par la pompe au milieu du réservoir, ne porte dans le réservoir supérieur qu'une eau savonneuse, douce, claire et pure, et très-propre à nettoyer la laine. Le lavage peut s'opérer à divers degrés de dessuintage, soit en retirant la laine dans la 1re, la 2e ou la 3e case. On obtient une uniformité de nuance de la laine. Cette opération est facile, et tout individu peut y concourir. Il y a économie de main-d'œuvre et de combustible. Ce lavoir peut être placé dans toute position. Il n'exige qu'un emplacement d'environ 50 pieds de longueur et 20 de largeur. Un mètre à 1 mètre et demi cube d'eau suffit pour laver 1500 kil. de laine. Enfin, les matières qui se précipitent dans le fond du lavoir peuvent être employées utilement comme engrais.

Section iv. — *Conservation des laines.*

La laine doit être conservée dans un magasin à l'abri du soleil et de la chaleur qui diminue son poids, des dangers du feu, de l'humidité, et de la poussière. Elle se conserve mieux en suint et simplement lavée que dégraissée. On ne doit l'emmagasiner que lorsqu'elle est bien sèche, l'humidité la gâterait très-promptement, et seulement après qu'elle a perdu la chaleur que lui a communiquée le soleil, et qui l'altèrerait dans les piles.

Le plus redoutable ennemi qu'on ait à craindre quand on conserve long-temps les laines en magasin, est l'insecte connu sous le nom de teigne des draps (*Tinea sarcitella*, Fab.), qui est un petit papillon d'un gris argenté avec un point blanc de chaque côté du thorax. C'est sous forme de larve ou chenille que la teigne fait ses ravages en dévorant la laine et en se formant un fourreau de soie ayant le plus souvent la forme d'un fuseau. Ses excrémens ont la couleur de la laine qu'elle a rongée.

Ces insectes voltigent depuis le commencement d'avril jusqu'en octobre, et déposent sur la laine de petits œufs qui éclosent en octobre, novembre ou décembre, suivant la température. Les chenilles restent engourdies pendant l'hiver, mais au printemps elles grossissent et mettent une grande activité à dévorer la laine et à former leurs fourreaux qui ont 4 à 5 lignes de longueur. Lorsqu'elles ont pris tout leur accroissement, elles quittent la laine, se retirent dans les coins du magasin, se suspendent au plancher pour se transformer en chrysalide. Au bout de 3 semaines environ, elles percent leur enveloppe et sortent sous la figure d'un papillon.

Il est difficile de se garantir entièrement des dommages causés par les teignes; mais on peut les éviter en partie. Faites enduire en blanc, dit DAUBENTON, les murs et plafonner le plancher du magasin, afin de mieux apercevoir les papillons qui s'y reposent. Placez les laines sur des claies soutenues à 1 pied du carrelage, puis, avec un bâton terminé à son extrémité par un bouton rembourré, frappez sur les laines pour en faire sortir les teignes qui s'envolent et vont se poser sur les murs ou le plafond où il est facile de les tuer, en appliquant sur elles l'extrémité du bâton rembourré. Un enfant suffit pendant les 3 mois de la ponte pour soigner un magasin.

On a aussi conseillé de placer dans les magasins de laines en suint quelques mauvaises toisons de laine lavées sur lesquelles les teignes feront leur ponte de préférence. On brûle ensuite ces toisons avant que les chenilles subissent leur métamorphose.

L'odeur du camphre et de l'essence de térébenthine ou de quelques autres substances d'une odeur très-pénétrante, paraissent éloigner ces insectes, mais ne préservent pas entièrement de leurs ravages. Les vapeurs sulfureuses très-concentrées les font périr; mais ce procédé n'est pas praticable dans un grand magasin, et, d'ailleurs, il fait contracter aux laines une odeur fort désagréable. On pourrait, comme les drapiers, conserver les laines dans des sacs d'une toile à tissu très-serré, ou dans des caisses calfeutrées avec soin, etc.; ces moyens sont dispendieux et n'offrent pas une entière sécurité, et il vaut mieux battre les laines dans les magasins et tuer les papillons. En Allemagne on emploie avec succès des fumigations ammoniacales que les teignes paraissent redouter beaucoup, et quand la laine est empaquetée on couvre les sacs d'une certaine quantité de tiges d'absinthe ou de mélilot en fleur.

SECTION V. — *Vente et emballage des laines.*

La manière dont les laines sont livrées au commerce varie suivant les pays. Par exemple, les laines communes et lavées de la Beauce, de la Picardie, de la Sologne, et les pelures, sont vendues en tas et sans emballage; au contraire, les laines fines indigènes, celles des métis, des mérinos, les écouailles, sont emballées dans des sacs de toile pour les préserver de tout accident et les expédier au loin.

Pour emballer la laine en toison, on prend un sac formé de grosse toile à emballage, et on le suspend entre deux poteaux, en maintenant la partie supérieure ouverte avec un cerceau. Un homme descend dans ce sac, et on lui passe les toisons empaquetées séparément, qu'il place également et uniformément dans toutes les parties du sac, en les foulant d'une manière uniforme à la circonférence avec un de ses pieds, tandis que son autre jambe reste fixe au milieu du sac, afin de ne laisser ni de vides ni de poches où l'eau, pendant le transport, pourrait pénétrer et séjourner. Le sac, à l'extérieur, doit avoir, après l'emballage, une forme aussi ronde que possible; mais il ne faut cependant pas fouler trop la laine, parce qu'on éprouverait ensuite trop de difficultés, surtout au bout de quelques mois, pour la diviser, l'assortir et la trier, et qu'en outre dans certaines races, telles que celles Infantado et Negretti, la matière grasse se durcit et colle ensemble les brins des toisons.

En général, les laines en toison ou simplement lavées, et qui ne sont pas destinées à être transportées au loin, sont peu foulées à l'emballage; on doit au contraire presser davantage et donner plus de fermeté aux ballots de laine dégraissée qui doivent éprouver un transport lointain.

L'emballage des laines lavées se fait de la même manière que celui des toisons, en les transportant dans le sac par poignées ou brassées, qu'on foule à mesure qu'elles sont introduites.

En Espagne, la laine étant séchée est étendue sur une claie ou espèce de grillage de bois bien uni, par petites portions, pour que les trieurs la repassent. Lorsque ce repassage est terminé, on la porte à la balance, et on la pose ensuite sur *l'estrive*. On donne ce nom à 4 grosses cordes où sont suspendues les toiles des balles. Un homme entre dans la balle et un autre lui passe la laine qu'il foule bien avec les pieds.

Les sacs ou balles se font avec de la toile de Picardie. En Allemagne, surtout pour les laines superfines transportées à l'étranger, on fait le sac double pour mieux les garantir, ou bien le sac est en coutil et enveloppé d'une autre toile commune.

Le poids des balles varie avec les pays. Les laines communes de la Beauce, de la Picardie, etc., sont en balles cordées de 100 à 150 kilog.; les laines fines indigènes du Roussillon, du Berry et de la Provence, en balles et ballots de 50 à 100 kil.; les laines mérinos, en balles rondes et longues de 100 à 120 kilogrammes, etc.

Quand les balles sont remplies, on en coud

i'ouverture, on les pèse, on marque dessus la qualité ou la classe, le poids brut et le tare, et on pratique sur un des côtés une petite ouverture qui sert à prendre des échantillons et à juger de la qualité renfermée dans chaque balle.   F. M.

CHAPITRE VI. — CONSERVATION DES VIANDES.

La chair des animaux que l'homme fait naître, élève et abat ensuite pour en faire sa nourriture, ne peut guère être conservée au-delà de peu de jours, à la température moyenne de nos climats, sans éprouver un commencement de décomposition qui la rend insalubre et la fait rebuter comme aliment. Cependant, comme il est fréquemment impossible de se procurer chaque jour dans les campagnes de la viande fraîche, et qu'il importe toutefois, pour entretenir la santé et la vigueur nécessaires aux travaux des champs, de faire usage habituellement d'une nourriture animale, on a dû depuis longtemps s'occuper des moyens de s'opposer à la décomposition des substances animales, et de les conserver, sinon dans leur fraîcheur primitive, au moins dans un état où elles pussent fournir encore un aliment agréable, sain et restaurant à toutes les époques de l'année. Aussi a-t-on fait usage, depuis les temps anciens, de divers procédés de conservation qui remplissent plus ou moins bien le but proposé. Néanmoins, comme la plupart de ces moyens sont généralement connus, et qu'il n'entre pas dans le cadre de cet ouvrage de donner ceux qui ne sont propres qu'à conserver les viandes pendant un petit nombre de jours et pour l'usage habituel des ménages, nous les passerons sous silence; mais nous nous attacherons à décrire en détail ceux d'entre eux qui, pouvant faire l'objet d'une grande industrie, se rattachent très-bien à l'agriculture, et qui sont en même temps les plus propres à conserver les viandes pendant un temps prolongé et sous toutes les latitudes du globe, soit pour la nourriture des agriculteurs, soit pour celle des armées en campagne, soit enfin pour alimenter les marins dans leurs voyages lointains. Ces moyens se réduisent à peu près à la *salaison des viandes* et à leur *boucanage*, qui sont les plus anciennement connus, et qui donnent les résultats les plus constans et les plus sûrs. Nous ajouterons quelques autres procédés plus récens, mais qui, n'ayant pas pour la plupart été exploités avec l'étendue convenable, n'ont pas encore reçu la sanction du temps.

SECTION I. — *De la salaison des viandes.*

La salaison des viandes a pour but de les imprégner d'une certaine quantité de sel qui absorbe successivement les parties liquides à mesure qu'elles se séparent des chairs, pénètre celles-ci, s'y incorpore, et les garantit par ses propriétés antiseptiques de toute altération ultérieure.

Les viandes qu'on sale le plus communément pour les approvisionnemens sont celles du porc et du bœuf; néanmoins, celles de tous les animaux sont susceptibles de recevoir la même préparation et de se conserver par le même moyen. La salaison de la chair de porc n'offre pas de difficultés; celle de la viande de bœuf réclamant plus de soin, d'attention et de pratique, c'est particulièrement la préparation de cette dernière que nous allons décrire, en nous attachant de préférence à celle des viandes destinées aux approvisionnemens de la marine, comme exigeant dans leur salaison la réunion de toutes les conditions qui assurent une bonne et longue conservation. Dans cette description nous ferons surtout connaître les procédés usités en Irlande et en Angleterre, pays où l'on prépare le mieux les salaisons.

§ Iᵉʳ. — Salaison des viandes en Irlande

Nous emprunterons la plupart des details que nous allons donner sur le travail de la salaison des viandes en Irlande, au traité qu'a publié, en danois, M. C. MARTFELT, et qui a été traduit en français par M. BRUUN-NEERGAARD.

L'abattage des bœufs destinés aux salaisons en Irlande, commence au 1ᵉʳ septembre et dure jusqu'au 1ᵉʳ janvier; mais le plus grand nombre est tué depuis le milieu d'octobre jusqu'au 15 novembre, parce que, pendant cette époque, l'animal est en meilleur état, et qu'il commence ensuite à dépérir à mesure que l'herbe devient rare. Le bœuf doit, dans les derniers six mois, avoir été engraissé sur un bon pâturage, être âgé de plus de 5 ans et n'en avoir pas plus de 7. On tue aussi des vaches grasses pour la salaison, et leur viande est vendue aux consommateurs qui recherchent le bon marché.

Quand le bétail vient de loin et qu'il est échauffé, ou dans un état de fatigue et d'abattement, on le place dans un endroit très-propre et bien aéré pour qu'il puisse, avant d'être tué, reprendre toute sa vigueur. On le laisse ainsi 3 jours pendant lesquels on ne lui donne que de l'eau.

L'animal doit être tué et dépouillé proprement. Après qu'il a été abattu on le laisse refroidir pendant un jour. Pour les viandes destinées aux approvisionnemens de la marine et celles qui doivent composer la cargaison des navires du commerce, on retranche les parties saignantes du cou, et on dépèce ensuite l'animal en morceaux proportionnés à la ration journalière des matelots. En général, aucun morceau ne doit avoir moins de 4 livres ni plus de 12. Les morceaux de poitrine, pour les cargaisons, sont aussi grands qu'on peut les saler. On fait des incisions aux plus grosses pièces pour que le sel y pénètre mieux.

Il faut prendre garde que les os longs dont le canal central est rempli de *moelle* n'entrent dans les barils avant d'en avoir extrait ce corps graisseux. A cet effet, on vide soigneusement avec un instrument de bois les os qui en contiennent avant de passer la pièce au saleur. Les barils pour la marine royale anglaise doivent contenir 56 morceaux de 4 livres chacun, et par conséquent 224 livres de bœuf salé.

Le *couperet* dont le boucher irlandais se sert est d'une seule pièce. Son tranchant est d'environ 2 pieds et sa hauteur de plus d'un pied; le manche a environ la même longueur. Cet instrument est si lourd qu'il sépare presque par son propre poids le morceau de viande sur lequel il tombe. On peut juger de l'activité de ce boucher quand on apprend qu'il dépèce ordinairement, en 8 heures de travail, 30 bœufs du poids de 450 livres chacun.

A mesure que la viande est dépecée, elle est remise à ceux qui la salent, en observant qu'aucune viande saignante ne passe du boucher au saleur.

L'endroit où l'on sale est ordinairement un *hangar* placé dans une cour ou un *local* disposé à cet effet dans une maison; dans tous les cas, on a reconnu qu'une libre circulation d'air était nécessaire pour ce travail. Le *saloir* est disposé en carré long pour que les ouvriers puissent commodément faire passer la viande de l'un à l'autre; ses côtés ont environ 1 pied de hauteur. La viande y est jetée de gauche à droite jusqu'à ce qu'on la mette dans les barils placés dans la partie la plus élevée du saloir.

On se sert en Irlande de 2 sortes de *sels*, savoir : 1° le sel anglais provenant des mines de sel gemme de Liverpool ou des marais salans de Limington. Ce sel, qui est blanc et léger, pénètre facilement la viande par le frottement, et hâte la formation de la saumure; 2° le sel portugais, ou de Lisbonne, qui est pur, blanc, transparent, d'un grain fin, lourd, se conservant très-sec par un temps humide, et plus fort que le précédent.

En général, il faut que le sel qu'on emploie soit pur, parce que s'il est gris et sale, il ôte à la viande sa belle couleur; qu'il soit exempt de parties terreuses ou bien d'hydrochlorates de chaux et de magnésie, sels déliquescens, c'est-à-dire qui attirent l'humidité de l'atmosphère, se résolvent en liqueur, font corrompre la viande, et ont dans tous les cas l'inconvénient de lui donner une saveur amère et désagréable. Il n'est pas nécessaire que ce sel soit très-fort; au contraire, les sels de force moyenne sont les meilleurs. Si le sel est trop gros, il faut le broyer.

La *proportion* de sel que les meilleurs saleurs observent est de 22 parties en poids sur 100 de viande. De ces 22 parties 12 sont de sel anglais et 10 de sel de Lisbonne. Pour frotter la viande on se sert en totalité d'un mélange de 12 de sel anglais et de 8 de sel de Lisbonne; ce qui reste de ce dernier sur les 22 parties est répandu sur les pièces en les déposant dans les barils, parce qu'on n'emploie, pour cette dernière opération, que du sel de Lisbonne pur. Au reste, la quantité des sels consommés dans la salaison et les proportions dans lesquelles on les mélange, dépendent de leur force, de leur pureté et de leurs qualités, ainsi que de la destination des viandes salées.

Le nombre des *ouvriers* dans un atelier de salaisons se fixe naturellement d'après la quantité de viande à saler. Ils travaillent 8 heures par jour, et, dans cet espace de temps, 4 ouvriers irlandais salent 30 bœufs du poids de 450 livres chaque, ou 40 vaches, ou bien 100 cochons. Le métier d'ouvrier saleur s'apprend facilement avec un peu d'exercice.

Pour mieux faire pénétrer le sel dans la viande, on se sert, à Dublin et autres lieux, de *forts gants* de peau; à Belfast et Cork, d'une sorte de manique ferrée composée de 2 ou 3 morceaux carrés de cuir de semelle, de la largeur de la main et dépassant un peu l'extrémité des doigts. Ces morceaux de cuir sont posés l'un sur l'autre et garnis extérieurement avec des têtes de clous assez longs pour être rivés de l'autre côté et posés fort près les uns des autres. Une lanière de cuir fixée derrière, en forme de poignée, et dans laquelle l'ouvrier passe la main, sert à tenir solidement cet instrument qu'on appelle *gant*.

Pour *procéder à la salaison*, on commence par saupoudrer de sel les morceaux de viande; ce sel pénètre dans la viande à force de frotter, et la sature parfaitement. Pour cela, les ouvriers, placés à côté les uns des autres devant le saloir, se passent successivement les morceaux de viande qu'ils frottent avec le sel au moyen du gant dont nous venons de parler. Le premier ouvrier est celui qui frotte le plus la viande; tous cependant la frottent plus ou moins. On est obligé de frotter plus long-temps et plus fort la viande de bœuf que celle de porc. Quand la pièce de viande est parvenue au dernier ouvrier, qui est ordinairement le plus habile, il la retourne en tous sens et examine bien l'ouvrage des autres: s'il y trouve quelque défaut ou une veine qui n'ait pas été ouverte, il l'ouvre et y fait entrer du sel en frottant : dans tous les cas, il frotte la pièce à son tour. De ses mains, et sans observer aucun ordre pour la grosseur des morceaux, la viande passe dans les tonneaux de salaison, où on l'entasse autant que possible, mais sans y ajouter d'autre sel. On la laisse ainsi à découvert dans un endroit propre et aéré au moins pendant 8 à 10 jours pour que la saumure la pénètre parfaitement.

Les *barils* ou *tonneaux* dont on fait usage pour embariller les viandes salées doivent être faits avec soin en chêne sec, et cerclés en noisetier ou châtaignier, comme les tonneaux pour contenir les vins. Il faut veiller à ce qu'ils n'aient ni fentes ni ouvertures par lesquelles l'air ou les liquides pourraient s'échapper, et qui auraient pour inconvénient, non-seulement de faire couler la saumure, mais encore de laisser pénétrer l'air et de faire éprouver à la viande un commencement de décomposition. Avant de s'en servir, surtout quand ils sont neufs, ils doivent être lavés avec beaucoup de soin et frottés à l'intérieur avec du sel et du salpêtre. On peut consulter d'ailleurs, sur la construction et la préparation des tonneaux, ce que nous avons dit à la page 28 du présent tome.

Lorsque la viande est restée dans les barils le temps nécessaire pour que le sel la pénètre et se résolve en saumure, on la retire pour l'embariller de nouveau. La viande, ainsi macérée, a moins de volume et de poids que quand on l'y a placée; on compte qu'un tonneau de viande a perdu ainsi 14 livres de son poids.

Quand on a versé dans un baquet toute la saumure qui était dans les tonneaux, on garnit ceux-ci d'un lit du meilleur sel de l'épaisseur d'un doigt; puis on y place la viande le plus régulièrement possible, en répandant de ce sel entre chaque couche ainsi qu'entre les pièces.

On observe un ordre régulier dans *l'embarillage :* les morceaux de qualité inférieure occupent le fond, les médiocres viennent ensuite, les meilleurs se placent en haut et les flancs couvrent le tout. En un mot, l'embarillage a lieu dans l'ordre suivant : le chignon, la croupe, le collier, le jarret de derrière, le filet d'aloyau, l'aloyau, le bas de l'épaule, l'épaule, les côtes, la poitrine, le flanchet, les flancs.

Quand la viande est placée dans cet ordre, et en laissant le moins possible d'interstice, on la comprime avec un poids de 50 livres jusqu'au moment où l'on ferme le tonneau. A cette époque, on la presse fortement de nouveau pendant quelques minutes, pression qui est fort essentielle, et on clôt immédiatement après.

On fait ensuite un trou à l'un des fonds, et, au moyen d'un tube de verre passé dans un bouchon, on souffle pour s'assurer que le tonneau ne fuit pas; s'il ne s'en dégage pas d'air, il est jugé en bon état et propre à bien tenir la saumure. On ferme alors le trou avec un bouchon de liége bien sain et passé au feu. Si, au contraire, le tonneau laisse échapper l'air, on cherche la fente et on la bouche avec du jonc, de l'étoupe goudronnée, etc. On ouvre alors la bonde, qu'on a jusque là tenue soigneusement fermée, et on remplit le tonneau de saumure. On peut se servir de celle qui provient des premières préparations, à moins qu'elle ne soit gâtée, cas auquel on en fait de nouvelle. On verse dans le tonneau autant de *saumure* qu'il peut en contenir ; mais moins il en entre, plus la salaison a été bien faite, plus la viande est bien imprégnée de sel, pressée convenablement, et de bonne conservation.

En Irlande, on ne fait pas cuire la saumure, mais dans quelques autres pays on lui fait subir cette opération avant de la verser dans les tonneaux. Pour cela, on recueille toute celle qui provient de l'embarillage provisoire, et on la met dans un grand chaudron de cuivre. Comme elle contient une quantité assez notable de sang et de sérum, l'ébullition fait monter en écume ces substances à la surface, où on les enlève avec une cuillère de fer. On ajoute un peu d'eau pure, et on continue à faire bouillir et à écumer ainsi, jusqu'à ce que la saumure soit bien pure et transparente. On la laisse alors refroidir pour s'en servir comme nous avons dit ci-dessus, et on y ajoutant un peu de sel si elle n'était pas assez forte. On juge de sa force en y jetant un œuf frais ou un morceau de viande salée, qui doivent surnager si elle a le degré de densité convenable. Si l'on est obligé d'augmenter la dose du sel, il faut le faire avec précaution, parce qu'une saumure trop salée a pour inconvénient de durcir la viande.

Après avoir introduit la saumure dans le tonneau, on le retourne à plusieurs reprises sur ses deux fonds, pour faire pénétrer le liquide; on y verse encore de la saumure s'il peut en recevoir davantage, puis on

le bondonne. On laisse les tonneaux en cet état pendant 15 jours; après ce temps, on les examine de nouveau : l'on y verse de la saumure s'ils en ont besoin; enfin on souffle dedans une dernière fois pour s'assurer que l'air n'a aucune issue, cas dans lequel on y remédie avec soin; puis on les expédie.

Pour la salaison du *cochon*, on donne la préférence, en Irlande, aux *porcs* qui ont été nourris avec des vesces, des pois, des haricots, de l'avoine, etc., parce que le lard et la chair en sont plus fermes et d'une conservation plus facile. On tue ordinairement les porcs depuis le mois de décembre jusqu'en avril. Leur dépècement ne diffère guère de celui du bœuf que par la grosseur des morceaux, qui, proportion gardée, ne sont que de moitié. On place 112 morceaux dans un baril pour la marine royale. Le nombre des morceaux, pour les cargaisons des navires de commerce, n'est pas fixe. Les sels sont les mêmes que pour le bœuf, et le mélange s'en fait dans la même proportion. La manière de saler ne diffère qu'en ce qu'on frotte un peu moins le lard.

§ II. — Salaison des viandes en Angleterre.

Le travail des ateliers de salaison pour la marine, en Angleterre, diffère en quelques points de celui qui se fait en Irlande, et M. FOULLIOY a donné sur le premier des détails intéressans que nous reproduirons en partie.

En Angleterre, de même qu'en Irlande, les salaisons ne s'apprêtent qu'en hiver, entre les mois de novembre et de mars, et lorsque le temps est froid. Les *bœufs* sont choisis grands, épais, gras et exempts de maladie. On donne la préférence à ceux qui ont vécu en liberté dans les pâturages. La chair en est plus ferme, la graisse mieux répartie, et d'ailleurs ces animaux sont plus sains et mieux portans que ceux nourris à l'étable et qui sont privés d'air et d'exercice.

Lorsqu'un bœuf a été *abattu*, que les vaisseaux jugulaires ont été ouverts et qu'on a favorisé l'écoulement complet du sang, le muffle est écorché et la tête emportée. On ne souffle pas l'animal, mais on a soin de lier l'œsophage, afin de prévenir l'écoulement des matières qui souilleraient la viande. La bête étant tournée sur le dos, le ventre est ouvert et vidé avec précaution et les membres sont convenablement dégagés. L'animal est ensuite suspendu, et les bouchers achèvent ainsi commodément de l'écorcher au moyen de crochets. Ils divisent la poitrine ou sternum, détachent tous les organes contenus dans cette cavité, fendent ensuite la colonne vertébrale par derrière, et séparent le bœuf en 2 moitiés qu'on laisse suspendues pendant un jour pour en faire écouler l'eau et les mucosités. On extrait alors les os longs des membres, et les chairs sont ensuite livrées aux hommes chargés de les saler.

Tout est disposé dans un vaste atelier, pour que les diverses parties de l'opération se succèdent sans interruption et avec rapidité. La comptabilité se règle en même temps avec autant de facilité que d'exactitude dans un établissement de ce genre, où peu d'hommes apprêtent jusqu'à 24 bœufs par jour. Voici quelle est la division du travail.

Les moitiés de bœuf sont présentées aux balances *aa* (*fig.*106); le maître de la boucherie I

Fig. 106.

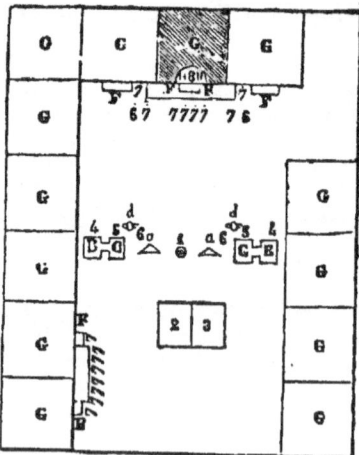

déclare à haute voix leur poids, qui est enregistré à l'instant par l'agent du fournisseur 2 et par celui du commissaire 3; elles sont ensuite portées en B B, où des bouchers 4,4 détachent l'épaule et pratiquent, depuis l'os de la hanche jusqu'en bas, trois sections qui partagent le demi-bœuf en 4 bandes longitudinales. Celles-ci, poussées au point C C, y sont subdivisées par les bouchers 5 5 en morceaux de 8 livres qu'on jette, au fur et à mesure, dans des paniers *dd* destinés à en recevoir chacun une dizaine seulement. Les hommes 6,6 dont l'office est de transporter ces paniers, doivent, chaque fois qu'ils s'en saisissent, crier la quantité de morceaux qu'ils enlèvent. Lorsqu'on finit de débiter un demi-bœuf, si le nombre des pièces qu'il a produites s'éloigne de 42, qui est celui que doit contenir chaque baril ou tierçon, la différence est annoncée à l'agent du commissaire, qui l'inscrit et le répète à haute voix. Les paniers sont portés à des hommes 7, 7, 7 qui salent la viande et bordent une table portative E F placée devant les caisses carrées G. Ils ont les mains garnies de gants de grosse flanelle, et, prenant à poignée le sel commun, ils en frottent fortement les pièces de bœuf une à une et sur toutes les faces. Chaque homme peut frotter une pièce par minute, ce qui produit, dans une journée de 8 heures de travail, 480 pièces ou 3,840 livres, qui équivalent à environ 15 demi-bœufs.

Les caisses carrées G G qui environnent l'atelier sont assez vastes pour contenir 8 bœufs. Leur fond, placé au-dessus d'un réservoir, est percé d'un grand nombre de trous, excepté toutefois à l'endroit H H, où se tient l'ouvrier 8 exclusivement chargé de l'arrimage. Cet homme dispose artistement les pièces de bœuf autour de lui de façon à s'en former un rempart demi-circulaire. Quand il se retire il laisse, au point qu'il occupait, une espèce de puits où la saumure s'épanche et où elle est prise 1 ou 2 fois par semaine pour être versée sur la viande. Le bœuf, ainsi arrangé, reste en repos pendant 7 jours; les soins se bornent à l'arroser une ou deux fois de la saumure qui s'est amassée dans le puits. Au bout de la se-

maine on le transporte dans la caisse adjacente, en plaçant au fond les couches superficielles, et réciproquement. Une seconde période de 7 jours suffit alors pour le rendre propre à être mis dans les barils où se complète le système qui doit assurer sa conservation.

De la même manière qu'en Irlande, on se sert en Angleterre de 2 qualités de *sels*, qui sont blanches et en cristaux, et provenant toutes deux des marais salans. L'un est celui qu'on nomme *sel commun*, qui sert particulièrement à frotter la viande, et contient une petite quantité de matière terreuse et le double de sulfate de chaux et de magnésie de l'autre sel. Celui-ci, qui est nommé *bay-salt* ou sel de baie, parce qu'on le recueille dans la baie de Vigo en Galice, est beaucoup plus pur, en gros cristaux, et très-sec; ce qui le rend propre à être interposé entre les couches de salaisons. Ce sel persiste à l'état cristallin pendant plusieurs années, et on le considère comme l'agent conservateur le plus efficace. Au lieu de le pulvériser on le brise en petits fragmens, et on y ajoute une certaine portion de *salpêtre* ou sel de *nitre* dans la proportion de 10 onces pour 42 pièces ou 336 livres de bœuf que doit contenir chaque baril.

Au bout de la seconde période de 7 jours, la viande est propre à être mise dans les *barils;* à cette époque, on a consommé en général une livre de sel commun par pièce de bœuf, dont on présume que 2/3 restent adhérens à la viande, ou combinés avec elle, tandis que l'autre tiers s'est écoulé en saumure. C'est alors qu'on brise en petits fragmens le *bay-salt*, et qu'on y ajoute la proportion voulue de nitre. On forme, pendant l'embarillage, 3 couches de ce sel, d'environ 8 lignes d'épaisseur, l'une au fond du baril, l'autre au milieu, et la 3e sous le couvercle. Quand on a ainsi couvert le fond d'un tierçon ou baril cerclé alternativement en fer ou en feuillards, d'une couche ou mélange de sel et de nitre, deux hommes y placent successivement les pièces de bœuf, de manière à ne laisser entre elles aucun intervalle; dès qu'ils ont déposé ainsi 2 couches, ils les condensent en les frappant avec une *masse* qui pèse 25 livres, pour ne laisser aucun espace vide. Les ouvriers continuent leur travail jusqu'à ce qu'ils atteignent le milieu de la barrique; là une nouvelle couche de sel et de nitre est étendue et forme une barrière capable d'empêcher l'altération d'une moitié de la salaison de se propager à l'autre moitié. On achève de combler le baril en se servant toujours de la masse. Quand on est arrivé à la place que le couvercle occupera, on verse sur la viande une forte saumure, et on étale enfin la 3e couche de sel et de nitre, et le baril est fermé, puis emmagasiné dans un lieu frais.

Le porc, dont la chair résiste mieux que celle du bœuf à l'action du sel marin, s'apprête suivant le même procédé que le bœuf; seulement on divise l'animal en pièces de 6 livres, qui entrent au nombre de 53 dans les tierçons.

§ III. — Résumé des principes sur la salaison des viandes.

L'art de préparer les salaisons n'a pas encore acquis en France le degré de perfection où il est arrivé dans les pays dont nous venons de faire connaître les procédés. Il serait cependant très-facile de leur donner toutes les qualités qui distinguent celles-ci, en observant les préceptes suivans :

1° On choisit, pour les salaisons, des bœufs engraissés dans de bons pâturages et dans l'âge où la viande a acquis toute sa saveur, sa fermeté et sa densité, et ceux dans lesquels la graisse est le mieux répartie dans les chairs. La France offre partout des bestiaux qui remplissent parfaitement ces conditions. Les animaux tenus constamment à l'étable, et nourris soit avec des alimens verts, soit même avec des alimens secs, ont une chair moins consistante, et chez eux la graisse est presque entièrement accumulée sous la peau. Quelque grasse que soit la vache, sa chair ne supporte pas bien l'action du sel, et ne fournit pas de viandes salées de longue durée et de bonne qualité.

2° Il faut abattre l'animal de manière à le faire souffrir le moins possible, le saigner comme les porcs, ne pas le souffler, et le dépecer le plus proprement qu'on pourra. On enlèvera les os, qui, selon la remarque de PARMENTIER, ont l'inconvénient de ne pas prendre le sel, de contenir de la moëlle, substance graisseuse qui passe facilement à l'état de putréfaction et entraîne l'altération de toutes les salaisons environnantes. En outre, ce sont les chairs qui touchent immédiatement les os qui se gâtent le plus facilement. Ces os, d'ailleurs, s'opposent à ce que les morceaux soient placés régulièrement dans les barils, et laissent des intervalles qu'on ne peut plus combler, même en tassant la viande; ce qui est une cause d'altération.

3° On choisira un sel pur, léger, fin, pour frotter la viande, la pénétrer en peu de momens, et saturer toutes les parties liquides qui s'en écoulent pour former la saumure; puis on fera usage d'un sel plus fort, plus dense et plus sec, et se dissolvant lentement, pour embariller la viande. Les sels marins de Martigues (Bouches-du-Rhône), de Saint-Gille (Vendée), ceux qu'on recueille dans le golfe de Gascogne, et auxquels les salaisons du département des Basses-Pyrénées doivent, dit-on, leur réputation, et beaucoup d'autres, sont très-propres à cet objet. La quantité des deux sels employés sera de 22 p. 100 en poids de la viande, dont 12 de sel léger et 10 de sel fort.

4° On ajoutera au sel 2 à 3 pour cent de nitre ou salpêtre sec et épuré dont la moitié sera mélangée au sel destiné à frotter la viande. Cette portion a pour but de conserver à celle-ci une belle couleur rouge qui éloigne toute idée de corruption. L'autre portion entrera dans le sel de l'embarillage et servira à maintenir la viande dans un état prolongé de fraîcheur.

5° L'embarillage sera fait avec un soin extrême en comprimant fortement les viandes, en les couvrant de la quantité nécessaire de sel et en remplissant bien exactement les barils d'une saumure pure et bien saturée, de manière à ne pas être obligé de les ouvrir pour remplir les vides qui se seraient formés au bout de quelques mois. Ces barils seront propres, construits avec exactitude, et ne présenteront ni fentes, ni ouvertures, par où l'air pourrait s'introduire. On les fermera avec précaution, et on les enduira, si cela paraît nécessaire, d'une couche de poud ou où de plâtre.

En général, la supériorité des salaisons est moins due à la qualité des viandes qu'au sel qu'on emploie, et surtout à l'excellence des moyens mis en usage pour les préparer. Celles qu'on prépare suivant les méthodes décrites ci-dessus doivent se conserver pendant cinq années consécutives, même quand elles sont transportées dans les climats les plus chauds du globe.

Le sel et le salpêtre ne sont pas les seuls corps qu'on fasse entrer dans la salaison des viandes; on se sert encore, surtout pour celles qui sont destinées aux usages domestiques, de sucre, de baies de genièvre, de feuilles de laurier, etc., dont on détermine la dose suivant le goût et les habitudes des consommateurs.

Les méthodes pour la salaison des viandes dont nous venons de présenter les détails, peuvent servir de même à conserver la chair de mouton, d'agneau, de chèvre et de veau; celle des oiseaux de basse-cour, surtout des oies et des canards. Nous ferons seulement observer que quand ces viandes sont destinées à l'économie domestique, et par conséquent à être consommées au bout de peu de mois et transportées à de petites distances, il est inutile d'employer des doses aussi fortes de ingrédiens conservateurs. La plupart du temps, 8 à 10 pour cent de sel sont suffisans pour une bonne conservation de ménage.

Des procédés à peu près analogues sont usités pour saler les poissons, tels que la morue, le hareng, la sardine, l'anchois, le saumon etc. Nous nous contenterons de rapporter ici celui que les Hollandais emploient pour la salaison des harengs, dont ils font un commerce si considérable.

Aussitôt que les harengs sont hors de la mer, le caqueur hollandais leur coupe la gorge, en tire les entrailles, laisse la laite ou les œufs, les lave en eau douce et leur donne la *sauce*. Pour cela il les met dans une cuve pleine d'une forte saumure d'eau douce et de sel marin, où ils demeurent douze à quinze heures. Au sortir de la sauce on les fait égoutter, puis on les range par lits dans les *caques* ou barils dont le fond est couvert d'une couche de sel. Lorsque la caque est pleine, on recouvre d'une couche de sel, et on ferme exactement les barils, pour qu'ils conservent la saumure et ne prennent pas l'évent; sans quoi les harengs ne se conserveraient pas. Dès qu'on a débarqué, on procède à la deuxième salaison, qui s'opère comme il suit : on défonce les barils, on en retire les harengs, qui sont jetés dans une cuve où ils sont lavés et nettoyés dans leur propre saumure: après quoi on les encaque dans de nouveaux barils, les têtes à la circonférence et les queues au centre, en les comprimant fortement avec le secours d'une machine, de façon qu'un baril en prend un tiers en sus de ce qu'il contenait primitivement.

Nous nous sommes étendus suffisamment dans un chapitre précédent sur l'emploi qu'on peut faire des débris des animaux morts. L'industrie qui nous occupe ayant à sa disposition, quand elle est exploitée en grand, une grande quantité de ces débris, on doit chercher à en tirer le meilleur parti possible en suivant les règles que nous avons prescrites à cet égard. Nous ajouterons seulement ici qu'il est quelques parties des animaux, telles que le cœur et le foie, qu'on ne comprend pas ordinairement dans les approvisionnemens de l'armée ou de la marine, qui pourraient de même être salées et vendues aux pauvres gens; que le fiel peut être recueilli pour être envoyé aux dégraisseurs, ou pour entrer dans la fabrication de quelques compositions employées par les peintres à l'aquarelle ou en miniature, ou les enlumineurs; que la vessie est souvent vendue avec profit pour préparer ces poches dans lesquelles on conserve le tabac à fumer; qu'enfin les os calcinés à blanc et pulvérisés, entrant aujourd'hui dans la composition de poteries façon anglaise, peuvent être vendus avec quelque avantage aux fabriques où l'on prépare ces sortes de vases, etc.

SECTION II. — *Du boucanage des viandes.*

On donne le nom de *Boucanage* à l'art de fumer la viande, c'est-à-dire de la rendre propre à être conservée en l'exposant pendant un certain temps à l'influence de la fumée du bois en combustion.

Nous n'entrerons pas ici dans des détails scientifiques sur les principes très-variés qui entrent dans la composition de *la fumée* de bois en combustion ou de la suie, ni sur la nature de ceux de ces principes auxquels ces corps doivent la faculté de conserver les substances animales. Nous dirons seulement que cette faculté est due probablement à l'acide pyroligneux, à l'acide carbonique, ainsi qu'à quelques substances empyreumatiques, entre autres à une huile récemment découverte et qu'on a nommée *Créosote*, qui se forment pendant la combustion, et qui, en se déposant sur les corps exposés au courant de la fumée, pénètrent leur substance, et par leurs propriétés antiseptiques, leur odeur et leur goût, les mettent en état de résister à la décomposition et à l'abri de l'attaque des insectes.

La *viande fumée* de Hambourg jouit d'une haute réputation, et nulle part on ne la fume aussi bien. C'est le procédé usité dans cette ville et ses environs que nous allons d'abord décrire, en prenant pour guide M. C. MART-FELT qui l'a observé avec soin, et comme étant à la fois le plus convenable et le plus économique.

C'est ordinairement parmi les *bœufs* les plus gras du Jutland et du Holstein, parmi ceux qui sont vieux sans être d'un âge trop avancé, qu'on choisit les animaux dont la chair doit être fumée. Ce choix contribue beaucoup au succès du boucanage. On tue les bœufs et on fume la viande dans les derniers mois de l'année. La *salaison* a lieu dans la cave même de la maison. On se sert de sel de bonne qualité, mais qui n'est pas trop fort, car la viande qui a été fumée, recevant ainsi un second préservatif contre la putréfaction, n'a pas besoin d'un sel trop énergique qui lui

enlève toujours une grande partie de sa saveur. Pour conserver autant que possible une belle couleur rouge à la viande salée, on la saupoudre après cette opération avec une certaine quantité de nitre; ensuite on la laisse huit ou dix jours dans cet état.

Les foyers où l'on produit la fumée sont placés dans les *caves* où se fait la salaison; mais la *chambre* où l'on rassemble cette fumée est au 4ᵉ étage; ces foyers sont au nombre de deux, parce qu'un seul ne serait pas suffisant pour fournir la fumée nécessaire quand la chambre est complétement remplie de viandes. Les deux tuyaux, ou conduits de cheminée, se rendent dans cette chambre chacun d'un côté opposé, et débouchent l'un vis-à-vis de l'autre. Au-dessus de celle-ci, il existe une autre chambre faite en planches, laquelle reçoit la fumée par une ouverture pratiquée au plafond de la précédente.

Dans la 1ʳᵉ chambre, la fumée est plus que tiède, sans être très-chaude; dans la 2ᵉ, elle n'est que tiède et presque froide. Les morceaux de viande salée sont suspendus à une distance de six pouces les uns des autres, rapprochés le plus possible de l'orifice des conduits, le côté vif ou saignant de la chair tourné vers cet orifice. A l'aide de bouchons ou de registres, on peut à volonté augmenter ou diminuer le volume de la fumée introduite dans la chambre.

On pratique 2 trous au mur, un vis-à-vis de chaque orifice de cheminée, et l'autre au plafond. C'est par ces trous que passe le superflu de la fumée. Cette disposition tient la fumée en circulation, et la viande en reçoit de nouvelle à chaque instant, sans que la même, chargée d'humidité ou dénaturée par un trop long séjour, touche pour ainsi dire la viande plus d'une fois. Le plancher supérieur n'est élevé au-dessus de l'inférieur que de 5 pieds ½, et la grandeur du local est calculée sur la quantité de viande qu'on veut y boucaner.

On entretient la fumée nuit et jour au même degré de chaleur, et l'on calcule le temps que la viande doit y rester exposée, d'après la grosseur et l'épaisseur des morceaux, en sorte que quelques-uns ont besoin de 5 à 6 semaines, d'autres seulement de 4. Les variations de température apportent aussi quelque différence dans la durée de l'opération; par exemple, pendant les gelées, la fumée pénètre mieux que dans les temps humides. On fume quelquefois aussi en été, mais ce ne sont que de petites pièces, parce que la fumée les pénètre plus facilement, et qu'elles n'ont pas besoin d'être suspendues aussi long-temps; mais alors il faut bien prendre garde que la viande ne devienne aigrelette et ne se gâte.

Les boudins, les langues, les andouilles et autres petites pièces sont suspendus dans la chambre supérieure, sur des bâtons, par des ficelles qu'on peut enlever en même temps que les morceaux. On les laisse ainsi plus ou moins de temps exposés à la fumée, suivant leurs diverses grosseurs; ceux d'environ 4 à 5 pouces de diamètre ont besoin d'y rester 8 à 10 semaines. La fumée arrive dans cette chambre par le trou pratiqué au plafond de la chambre inférieure dont nous avons parlé; elle s'échappe par 2 ou 3 ouvertures pratiquées dans le toit.

On ne brûle, dans cette opération, que du bois ou des copeaux de chêne ; ce bois doit être très-sec et n'avoir jamais contracté de goût de moisi ni d'humidité, parce que la qualité de la fumée a beaucoup d'influence sur l'odeur et le goût de la viande, et que le moindre de ses défauts se communiquerait aux pièces fumées. On ne fait pas usage du hêtre, parce que, assure-t-on, il donne trop de chaleur ; quant aux autres bois, ils ne sont pas en usage à Hambourg.

En Espagne et en Italie, on brûle, pour produire la fumée, le tronc, les branches et feuilles des orangers et citronniers, ainsi qu'un grand nombre de plantes sèches odorantes, telles que la sauge, le thym, la marjolaine, le romarin, renfermant des huiles essentielles, qui, vaporisées par la chaleur, se déposent sur la viande et lui communiquent une odeur et une saveur agréables. En Allemagne, on ajoute aussi, dans le même but, au chêne, au hêtre sec et au bouleau, qu'on emploie pour produire la fumée, des branches ou des baies de genevrier en petite quantité, des feuilles de laurier, de romarin, etc.

Si on voulait se livrer, dans nos établissemens ruraux, à l'industrie du boucanage des viandes sur une échelle étendue, on pourrait construire des chambres différentes des chambres hambourgeoises et mieux appropriées à la célérité des travaux et à la bonne préparation des produits. Les *fig.* 107 et 108 représentent la

Fig. 108.   Fig. 107.

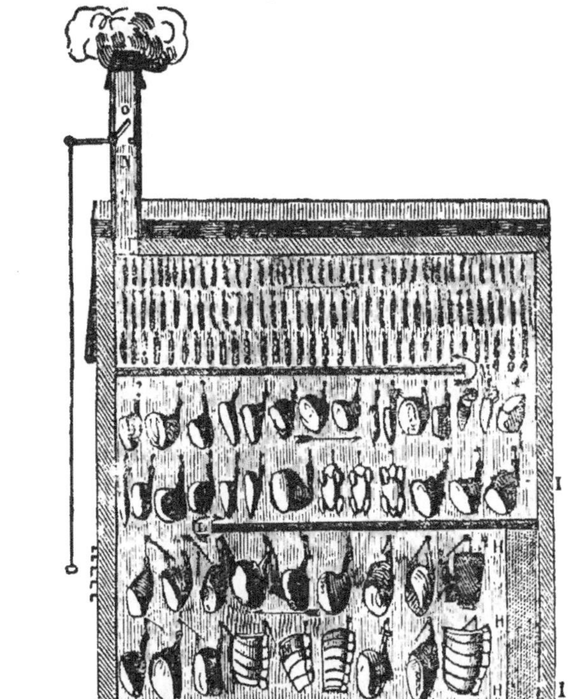

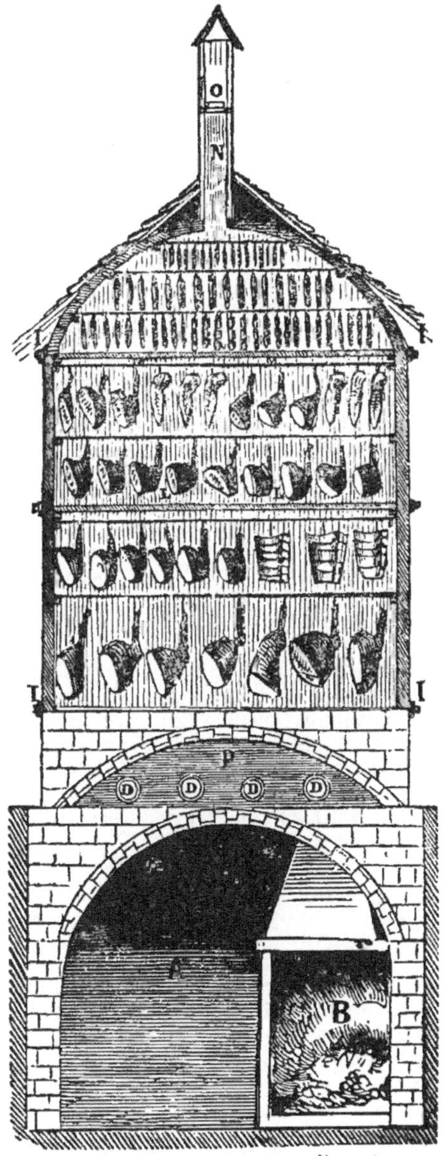

coupe d'une construction de ce genre dans 2 sens perpendiculaires l'un à l'autre, et par le centre ; nous allons faire connaître la manière dont on doit disposer et construire ces appareil. Dans un cellier ou dans une cave A de 10 pieds de longueur, 7 de hauteur et 6 de largeur, construite en pierre, ou mieux en briques, et voûtée, est placée, à l'un des angles, une cheminée à manteau B, dans laquelle on allume le feu qui doit produire la fumée nécessaire au boucanage. On entre dans cette cave par une porte placée au bas de l'escalier C, qui est en face de la cheminée. Au-dessus de cette cave, et à fleur de terre, s'élève une 2ᵉ voûte P de 2 pieds de hauteur, ouverte a ses 2 extrémités, et sous laquelle sont placés 4 tuyaux DD circulaires et en fonte, ou bien autant de conduits quadrangulaires en briques cimentées et revêtues, à l'intérieur, d'un enduit de plâtre, ou si plement réunies par un mortier de terre grasse. Ces tuyaux sont disposés comme on le voit dans la *fig.* 109,

Fig. 109.

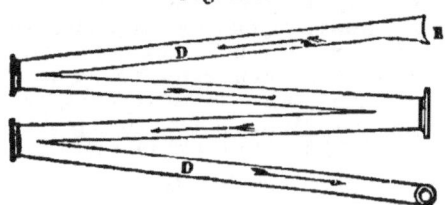

et ont chacun 10 pieds de longueur. A chacune des extrémités où les tuyaux de fonte se réunissent, ils sont fermés par des tampons à vis qu'on enlève à volonté pour pouvoir nettoyer l'intérieur et les débarrasser de la suie qui les obstrue. Si les tuyaux sont en briques, en plâtre ou en ciment, on ménage à ces extrémités des portes qu'on peut ouvrir à volonté pour procéder au nettoyage. D'après cette disposition, on voit que la fumée qui s'est formée dans la cheminée B s'élève sous le manteau qui perce la voûte de la cave, puis entre en E (*fig.* 109) dans les tuyaux D, les parcourt dans le sens des flèches, et que, parvenue à l'extrémité, elle s'élève verticalement dans le tuyau G, qui perce à son tour la 2ᵉ voûte, et pénètre enfin dans la chambre placée au-dessus, après avoir passé à travers un tambour H revêtu d'un canevas de toile qui règne dans toute la largeur de la chambre, et est de toute la hauteur du 1ᵉʳ étage. Là elle se sépare des parties grossières qu'elle aurait pu entraîner dans son cours. Cette fumée a donc parcouru environ un espace de 50 pieds avant d'être admise dans la chambre, et n'arrive dans celle-ci que beaucoup refroidie et à l'état tiède, comme l'exige la bonne préparation des viandes. Cette chambre II est construite en planches bien jointes et à recouvrement, ou, ce qui vaut mieux, en briques cimentées avec de l'argile; elle est voûtée dans ce dernier cas, et consolidée par des liens en fer et des cercles boulonnés placés à l'extérieur. On peut lui donner pour dimensions 10 pieds de hauteur sous clé, autant de longueur, et 6 pieds de largeur. Dans l'intérieur d'une pareille chambre, on peut fumer 4 à 5,000 kilog. de viande en une seule fois. Cette chambre est divisée dans sa hauteur en 3 étages inégaux, par 2 planchers ou diaphragmes L et M. Le 1ᵉʳ étage, ou l'inférieur, peut avoir 4 pieds de hauteur, le 2ᵉ, ou celui du milieu, 3 ½ pieds, et le supérieur 2 ½. Les diaphragmes sont des planchers mobiles reposant sur des tringles fixées dans les parois de la chambre, et ils sont composés, comme on le voit dans la *fig.* 110, d'une série de planches bien jointes et réunies à rainure et languette. Ils peuvent être enlevés à volonté pour faciliter le chargement de la chambre, puis rétablis à mesure que les pièces à boucaner sont suspendues à leur place. Ces planchers ne s'étendent pas sur toute la longueur de la chambre (*fig.* 108). Le premier L n'a guère que

8 pieds de longueur, et laisse par conséquent à l'opposé du tambour H, par où s'introduit la fumée, une ouverture de 2 pieds sur toute la largeur de la chambre. Le 2ᵉ plancher a la même longueur que le 1ᵉʳ; mais l'ouverture qu'il laisse dans la chambre est placée à l'extrémité opposée de celle du premier, disposition faite pour faciliter la circulation de la

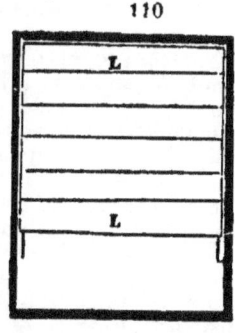

110

fumée. En effet, celle-ci, en s'échappant des mailles du canevas H, se répand dans l'étage inférieur qu'elle parcourt en entier en touchant et enveloppant toutes les pièces de viande qu'il renferme; parvenu au bout de la chambre, elle s'élève par l'ouverture que laisse le plancher L, parcourt la longueur du 2ᵉ étage, monte par l'ouverture du 2ᵉ plancher M, se répand de même dans le 3ᵉ étage, et s'échappe enfin par la cheminée N placée sur la voûte de la chambre, à l'opposé de l'ouverture du 2ᵉ plancher. Cette cheminée, qui peut être double, est munie d'une trappe O, qu'on ouvre ou qu'on ferme au degré voulu, au moyen d'une corde munie d'un anneau qu'on accroche à des clous fichés dans le mur, soit pour favoriser le tirage, soit pour faire séjourner plus long-temps la fumée sur les viandes. Le 1ᵉʳ étage est destiné à recevoir les plus grosses pièces, telles que les jambons, les gros gigots, les pièces de bœuf de forte dimension, etc.; on peut en placer 2 rangs au moyen de tringles en bois, glissant à volonté de part et d'autre sur des liteaux qui règnent à diverses hauteurs sur les parois les plus longues de la chambre. Les pièces sont suspendues à ces tringles par des ficelles ou par de forts crochets en fil de fer étamé. Le 2ᵉ étage a également 2 rangs qui sont composés de petits gigots, de jambonneaux, d'oies, de langues et de petites pièces de bœuf. Quant au 3ᵉ étage, il est composé de 3 rangs chargés, en commençant par le rang le plus bas et en montant jusqu'au plus élevé, de gros saucissons, d'andouilles, de boudins, de cervelas, de saucisses, etc. On voit que la grosseur des pièces diminue régulièrement à mesure qu'on s'élève dans la chambre, ou plutôt à mesure que la fumée se refroidit et contient une moindre quantité de principes actifs. Le chargement de cette chambre est très-facile. En effet, on entre par la porte placée sur la petite face opposée au tambour H, on monte sur le plancher L, on démonte le plancher M et on fait glisser toutes les tringles derrière soi. On commence alors à suspendre les petites pièces dans l'étage supérieur, en commençant sous la cheminée N, en reculant successivement et replaçant les planches à mesure qu'on recule. Ceci terminé, on descend et on démonte le plancher L, puis on charge simultanément le 2ᵉ et le 1ᵉʳ étages, en replaçant peu-à-peu ce dernier plancher, et reculant jusqu'à la porte qu'on ferme enfin et qu'on enduit de terre grasse sur les fissures quand tout est bien rempli. Le déchargement de la chambre se fait par une manœuvre contrairé et en enlevant, dans un ordre inverse, toutes les viandes fumées contenues dans la chambre. La porte dont nous avons parlé est une ouverture qui règne sur toute la hauteur de cette chambre, mais qui est fermée par plusieurs trappes à coulisse s'ouvrant à différentes hauteurs. Il est utile de ménager, dans les parois de la chambre, et à chaque étage, des ouvertures qu'on ferme ensuite avec des châssis à vitres mobiles, bien joints, soit pour voir ce qui se passe dans l'intérieur, soit pour l'aérer au besoin. Une pareille ouverture sera aussi pratiquée près du tambour en canevas H, pour pouvoir, de temps à autre, le battre avec une baguette, et empêcher que la suie déposée n'obstrue ses mailles et ne fasse refluer la fumée. Une soupape P, placée sur le tuyau vertical G, sert à régler la quantité de fumée dont on a besoin, et des thermomètres suspendus à l'intérieur devant les fenêtres servent à déterminer la température aux différentes hauteurs de la chambre. Si la cheminée placée dans le cellier n'était pas assez grande, on pourrait en construire une de toute la largeur de cette pièce, ou en établir 2 avec une double série de tuyaux conducteurs de la fumée, comme dans les chambres hambourgeoises.

Dans les fermes et dans les ménages, quand on n'a qu'une petite quantité de lard ou de viande à fumer, on peut, ainsi que cela se pratique presque partout, les suspendre dans la cheminée; alors il est avantageux d'envelopper les pièces à fumer dans de la toile, ou bien de les rouler préalablement dans de la farine ou du son, pour empêcher les portions les plus grossières de la fumée de se déposer sur les viandes, et ne permettre qu'aux plus subtiles de les pénétrer.

Donnons encore ici quelques notions utiles pour fumer les viandes.

On préférera pour les jambons qui doivent être fumés, ceux des porcs engraissés avec des glands, des pois, des fèves, des haricots, du maïs et autres grains. La chair des cochons nourris avec des résidus de distilleries, de brasseries ou des herbages, est moins propre à être boucanée. Il faut, avant d'exposer les pièces dans la chambre ou la cheminée, les frotter fortement avec un mélange de 8 parties de sel à gros grains et sec et une de nitre, bien pulvérisées et mêlées avec soin. On les entasse ensuite dans un tonneau, où on les laisse 8 à 10 jours, au bout desquels on les en retire pour les faire plonger autant de temps dans une saumure, à laquelle on ajoute quelques feuilles de laurier. Ainsi préparés, on les retire et on les fait sécher en les exposant deux jours à l'air, puis on les soumet au boucanage, qui est terminé au bout de quelques jours si on agit dans une chambre. On peut de la même manière préparer et fumer les morceaux de lard, les gigots de mouton, et même de la viande de veau.

En Angleterre on fait souvent usage du procédé ci-après. On met les pièces de cochon, les gigots de mouton, le bœuf ou les langues tremper pendant toute une nuit dans une dissolution de sel dans l'eau pour en extraire le sang et les parties solubles. On les en retire ensuite pour les faire égoutter et les frotter chaque jour pendant une semaine, avec un mélange fait dans la proportion de 10 parties de sel et 1 de salpêtre. Au bout de ce temps, ils ont donné une quantité de saumure suffisante pour couvrir la moitié de ce qui est salé. On ajoute à cette saumure, en supposant qu'on opère sur 24 jambons, 1/4 de livre de sel ammoniac, réduit en poudre très-fine, et une livre de belle moscouade. On incorpore avec la saumure et, après quelques minutes de battage, on verse celle-ci sur les jambons qu'on retourne 7 à 8 fois, à 2 jours de distance. Après cette époque on les enlève, on les lave et on les pend dans un endroit sec pendant une semaine. Alors on les transporte dans la chambre à fumer ou dans la cheminée, où on fait un feu de bois de chêne que l'on recouvre aux 3/4 de sciure et de feuilles de genièvre mêlées ensemble et humectées d'eau. On laisse les pièces exposées à l'action de la fumée de 1 à 8 jours, au bout desquels on les retire et on les soumet à l'action d'une température modérée et à un courant d'air. Lorsqu'elles sont desséchées, on les emballe dans des caisses, en mettant une couche de sel au fond, puis une couche de jambons et une couche de sel de 3 pouces d'épaisseur, et ainsi de suite jusqu'à ce que les caisses soient remplies.

C'est par des procédés tout-à-fait analogues qu'on peut fumer les oiseaux de basse-cour, surtout les oies. Après les avoir vidées et nettoyées soigneusement, on les sale, soit en coupant la carcasse en 2 portions, soit en la conservant entière, en ayant soin, dans ce dernier cas, de la frotter de sel aussi bien à l'intérieur qu'à l'extérieur. On plonge ensuite les oies, ainsi préparées, dans la saumure pendant le temps convenable, puis on les fait égoutter et sécher, et on les suspend dans la chambre, enveloppées d'une toile. Elles sont entièrement fumées en 6 ou 8 jours, au bout desquels on les expose pendant quelques jours à l'air libre, puis on les frotte avec du son, et on les conserve dans un lieu sec et frais.

Les mêmes moyens réussissent fort bien pour fumer les boudins, les andouilles et les saucisses, etc.; seulement, en les enveloppant d'un linge, on leur donne un goût plus fin et une plus belle apparence.

Les poissons, après avoir été salés, peuvent également être fumés. Les saumons et les anguilles doivent être coupés par tronçons, ce qui n'est pas nécessaire pour les autres poissons. Le temps du boucanage dépend de la grosseur; il varie depuis 3 ou 4 jours jusqu'à 3 ou 4 semaines. On sait que les harengs fumés, dits harengs-saurs, ne sont autre chose que ces poissons passés à la saumure, puis exposés dans des cheminées pendant 24 heures à la fumée d'un feu de menu bois.

Un boucanage lent et prolongé, une combustion peu active avec un dégagement modéré de fumée, sont préférables à une fumée abondante et un fumage rapide, parce que, dans le 1er cas, les principes empyreumatiques ont le temps de pénétrer la viande avant qu'elle soit sèche. On peut empêcher la suie de s'attacher à la viande en enveloppant les pièces avec des torchons, ou en les roulant et les enduisant dans du son, qu'on enlève après l'opération.

SECTION III. — *Autres moyens de conserver les viandes.*

Lorsqu'on prépare le charbon de bois en vases clos, c'est-à-dire en soumettant du bois renfermé dans des vases de métal, à l'action du feu, et en recueillant les produits de la distillation, ainsi que nous l'indiquons plus loin, on obtient un produit liquide qu'on a nommé *acide pyroligneux* et qui est en grande partie composé d'acide acétique, d'huiles empyreumatiques et de goudron. Cet acide, surtout par la créosote qu'il contient, possède à un haut degré des propriétés antiseptiques, et est par conséquent éminemment propre à conserver les substances animales. De la viande plongée pendant quelque temps dans l'acide pyroligneux et séchée à l'air libre, ne manifeste plus de tendance à se pourrir; elle perd en partie, au bout de quelques jours, l'odeur des huiles empyreumatiques et ressemble à de la chair boucanée; seulement elle se dessèche davantage, gonfle moins à la cuisson et est moins tendre.

M. SANSON a proposé d'apprêter en peu de momens la viande qu'on veut conserver, en la plongeant dans une saumure faite avec de la suie brillante, qu'on peut recueillir près du foyer. Les essais qui ont eu lieu à Munich, en 1824, ont constaté, en effet, qu'un jambon de 8 livres dont la préparation avait duré seulement 8 heures, ouvert au bout de 1 à mois, avait été trouvé parfaitement conservé. La saumure se fait en délayant une partie de fumée dans 6 parties d'eau froide. Quelques minutes seulement, d'après ce procédé, suffisent pour préparer les petites pièces, telles que langues, saucisses, etc. Il paraît aussi qu'on a par là l'avantage sur la fumigation ordinaire de mieux conserver le poids, le volume et le suc des viandes, et de pouvoir faire cette sorte de préparation dans toutes les saisons de l'année; mais on ne peut nier que par ce moyen de conservation la viande n'acquière une amertume et une âcreté auxquelles il est difficile de s'accoutumer, et qui, même d'après les découvertes de la chimie moderne, pourraient bien avoir une influence dangereuse sur la santé, si on consommait en grande quantité les viandes ainsi préparées.

On peut avantageusement employer la dessiccation à la conservation des viandes, et des essais de cette nature, pour rendre la viande des animaux propre à servir aux approvisionnemens de la marine et de l'armée, avaient été tentés depuis long-temps; mais un des procédés les plus simples en ce genre est celui proposé par M. FRICHOU, et qui consiste à soumettre les viandes à la dessiccation au moyen d'un courant d'air, élevé à une température de 20° à 25°, qui leur enlève l'eau qu'elles contiennent.

La partie principale de l'appareil que M. FRICHOU a proposé pour dessécher les viandes, est un conduit horizontal ayant intérieurement 1m 20 de hauteur, 0m 80 de large et 10 à 12 mèt. de long. Au plafond, on place une suite de tringles de fer glissant dans des coulisses et portant des crochets pour suspendre les viandes. Celles-ci entrent par une extrémité et sortent par l'autre, en traversant l'appareil dans toute sa longueur, de sorte que l'opération est continue; les ouvertures sont hermétiquement fermées par des portes. A la partie antérieure on fait arriver un courant d'air au moyen d'un ventilateur ordinaire ou de toute autre machine soufflante; cet air s'échappe du côté opposé par un tuyau vertical. On porte sa température au degré convenable en le forçant de traverser des tuyaux chauffés par un fourneau extérieur, et on peut augmenter sa puissance siccative, avant d'élever sa température, en le faisant passer dans un espace peu élevé sur du chlorure de calcium (muriate de chaux). Le conduit est construit en briques ou en bois; les tuyaux à air sont en fonte. Un appareil de ce genre desséchera dans 24 heures, et à peu de frais, un quintal de viande.

Les viandes ainsi desséchées doivent être *soumises à une pression* considérable pour leur faire occuper un plus petit volume; ensuite on les emballe dans des caisses qu'on peut recouvrir à l'intérieur d'un enduit de charbon.

Préparées de cette manière, les viandes de bœuf paraissent bien se conserver; elles sont compactes, même un peu sonores; la couleur est noirâtre à la surface et rouge à l'intérieur; en cet état elles fournissent un aliment très-substantiel dont la saveur rappelle celle des saucissons crus. Cuites dans l'eau, elles reprennent seulement une partie de leur volume, et ne diffèrent du bouilli ordinaire qu'en ce qu'elles sont un peu filamenteuses et que la saveur n'en est pas aussi agréable que celle de la viande fraîche. Le bouillon, assure l'inventeur, diffère peu de celui de la viande ordinaire de bœuf, et a presque toute son odeur et sa saveur.

Depuis long-temps la Société d'encouragement de Paris avait proposé un prix pour la découverte d'un moyen de conservation des viandes qui, tout en desséchant ces substances convenablement, leur permît de reprendre par la coction dans l'eau une souplesse et une saveur analogues à celles du bouilli de ménage, de donner un bouillon sain et agréable, et d'offrir sous toutes les latitudes une nourriture substantielle aux marins. Un grand nombre de concurrens se sont présentés, mais aucun d'eux n'a rempli les conditions du problème, surtout celles relatives au renflement et à la saveur agréable de la chair.

Un des concurrens, M. DECHENEAUX, professeur de chimie à Sorèze, a eu l'idée de faire sécher les pieds de veau, qui se sont parfaitement conservés, et qui, employés sur mer dans les pays les plus chauds du globe, ont donné d'aussi bons résultats que des pieds de veau frais. Ce qui prouve que la conservation des substances gélatineuses offre beaucoup moins de difficulté que celle de la viande ou chair musculaire. M. MURLOYE a aussi adressé des viandes qui se sont assez bien conservées dans les hautes latitudes, et ont fourni par la cuisson un bouillon limpide, de couleur brune, d'un goût assez agréable, mais différant sensiblement de celui du bœuf frais; la viande bouillie était sèche et dure, se détachant en longs filamens presque sans saveur. Son procédé consiste à saisir la viande par de l'eau bouillante, dans laquelle on la plonge; puis, après l'avoir laissée se ressuyer, à la plonger dans du vinaigre affaibli. bouillant; et ensuite à la laisser sécher à l'air sans autre précaution. Il paraît que par ce moyen on conserve surtout parfaitement les parties grasses des viandes, qui restent blanches et sans altération.

Une des plus grandes difficultés qu'ont rencontrées jusqu'ici ceux qui ont préparé des viandes pour les marins, a été de préserver ces substances desséchées de la moisissure et de la piqûre des insectes. M. Derosne à cette occasion s'est livré à quelques essais qui lui ont permis de remédier facilement à cet inconvénient en renfermant les viandes sèches dans un milieu qui ne permettrait pas aux larves des insectes de vivre, et qui absorberait lui-même l'humidité qui pourrait se trouver dans le peu d'air existant lors de la fermeture des boîtes de métal ou de bois bien sec et verni à l'intérieur, dans lesquelles on renfermerait ces viandes, ou même celle qui pourrait encore être renfermée dans ces viandes incomplètement desséchées. Le corps ou milieu dont il a fait choix et qu'on avait déjà maintes fois appliqué à cet usage, est le charbon très-divisé, soit pur, soit combiné avec des substances terreuses, tel qu'on le trouve dans le noir animal ordinaire, dans les noirs schisteux de Menat et dans les noirs terreux faits artificiellement. Les expériences ont été faites avec du noir schisteux de Menat, qui, par ses propriétés absorbantes, paraît plus propre à cet objet que le noir animal ou le charbon végétal réduits en poudre. Des viandes ont été complètement séchées sans l'emploi de la chaleur, en les mettant simplement en contact avec du noir de Menat très-sec et réduit en poudre impalpable. On s'est borné à renouveler les couches charbonneuses au fur et à mesure que dans les 1ᵉʳˢ jours elles se trouvaient saturées d'humidité. Par ce procédé simple on a amené facilement à l'état complètement sec des viandes qui contenaient à l'état naturel 62 à 63 pour 100 d'humidité, et on les a rendues aussi sonores que du bois. Conservées dans cette même poudre de charbon, ces viandes au bout de 18 mois n'offraient pas la moindre trace de moisissure ou de piqûre de vers, et elles ont fourni par décoction dans l'eau un bouillon d'une saveur agréable, mais participant de la saveur du bouillon fait avec le petit-salé ou la viande rôtie.

Il est constant, d'après les efforts qui ont été faits jusqu'ici, que l'on peut parvenir à conserver les viandes sans le secours de la salaison et du boucanage, en les faisant dessécher par divers moyens, mais qu'il est très-difficile de conserver à la chair desséchée une proportion d'eau telle et tellement répartie que l'on puisse en obtenir des mets aussi agréables et aussi tendres qu'avant la dessiccation. Toutefois, notre savant collaborateur, M. Payen, a pensé qu'il était possible de procurer, avec de la viande sèche, aux gens des campagnes, aux soldats et aux marins, du bouillon de viande avec la saveur toute spéciale qui le rend si agréable au goût, ainsi qu'avec toutes ses autres propriétés utiles. Voici les expériences sur lesquelles sont fondées ces prévisions, et qui pourraient mettre sur la voie pour la découverte d'un procédé usuel et pratique. Si l'on soumet la chair musculaire d'un animal récemment abattu à une élévation brusque de température, au moyen d'un corps qui, comme l'eau, a une grande capacité pour la chaleur, on fait gonfler et rompre un très-grand nombre de cellules qui contiennent les sucs de la viande : celle-ci peut alors laisser écouler, sous l'influence d'une forte pression, plus des 8/10 du liquide qu'elle renferme. Si l'on fait alors dessécher ces sucs par un courant d'air chauffé de 5o à 60 degrés, puis qu'on renferme le produit dans des flacons bien secs, on les conservera pendant plusieurs années sans craindre les variations atmosphériques. Comme la température, pendant la préparation de ces sucs, n'aura pas été élevée au point de développer ni d'enlever le principe aromatique, celui-ci se produira lorsqu'on dissoudra et fera chauffer à 100 degrés la substance sèche conservée. Un à 2 centièmes suffiront pour donner à l'eau la saveur et les qualités du bouillon. Le résidu de chair musculaire pressé sera desséché avec la plus grande facilité dans une étuve à courant d'air chaud, et donnera de son côté, employé en quantité suffisante, un bouillon fort agréable; mais la viande cuite ainsi aura conservé trop de cohésion et perdu trop de sucs sapides pour être aussi tendre et d'un goût aussi agréable que le bouilli ordinaire.

Il ne nous reste plus qu'à parler du procédé de M. Appert, appliqué à la conservation des substances animales, et dont plusieurs années d'expériences et d'essais ont suffisamment constaté l'efficacité. Tout le monde connaît ce procédé, qui consiste : 1° à renfermer dans des bouteilles ou bocaux, et dans des boîtes de fer-blanc ou de fer battu, les substances que l'on veut conserver; 2° à boucher ou souder ces différens vases avec la plus grande précision, opération d'où dépend surtout le succès; 3° à soumettre ces substances, ainsi renfermées, à l'action de l'eau bouillante d'un bain-marie, pendant plus ou moins de temps, selon leur nature; 4° à retirer les bouteilles ou boîtes du bain-marie au temps prescrit pour chacune des substances.

Nous ne pouvons entrer ici dans les détails sur la nature des bouteilles et des bocaux, sur les bouchons, le bouchage, le ficelage, le lut et la confection des boîtes; ni sur la construction du bain-marie et la manière de l'appliquer aux bouteilles ou boîtes qui renferment les diverses substances alimentaires; nous renvoyons, pour avoir des renseignemens étendus sur cette matière, à l'ouvrage que M. Appert a publié lui-même sous ce titre : *Le livre de tous les ménages, ou l'art de conserver pendant plusieurs années toutes les substances animales et végétales*, en regrettant seulement que ce procédé ingénieux, pratiqué un peu en grand, ne soit pas d'une exécution plus facile et d'une application plus économique. F. M.

CHAPITRE VII. — ÉDUCATION DES VERS-A-SOIE.

SECTION Iʳᵉ. — *Histoire naturelle du ver-à-soie.*

§ Iᵉʳ. — Description du papillon, de la chenille et de la chrysalide du ver-à-soie.

Le *papillon* que produit le ver-à-soie appartient à une famille très nombreuse, désignée, par les entomologistes, sous les noms de *Bombycites* ou *Bombyciens*. Il fait partie du genre *Bombyx* proprement dit, et il a été distingué sous le nom de *Bombyx mori*, Bombyx à soie. L'insecte parfait ou le papillon dont la *fig.* 111 A représente le mâle et la *fig.* 112 B la femelle, est reconnaissable aux caractères suivans : antennes pectinées, moins dans les femelles que dans les mâles, d'un brun plus ou moins clair ; ailes blanches avec quelques lignes transversales brunes, les supérieures débordées par les inférieures dans le repos, et recourbées en faucille, surtout dans le mâle.

Fig. 111 A, 112 B et 113.

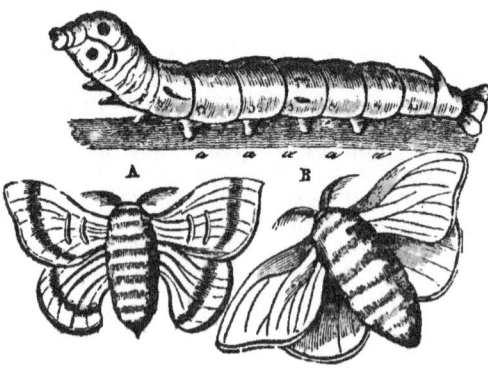

La *chenille* (*fig.* 113) que l'on nomme vulgairement *ver-à-soie*, est pourvue de poils et d'une couleur noirâtre en sortant de l'œuf ; mais elle devient successivement lisse et de plus en plus blanchâtre à mesure qu'elle subit les changemens de peau et qu'elle se rapproche du moment où elle devra filer sa coque pour se métamorphoser. C'est dans cet état qu'elle est représentée de profil dans notre figure.

La *chrysalide* n'offre rien de remarquable, elle retrace les formes des principales parties extérieures du papillon. D'abord d'un jaune pâle, elle se colore de plus en plus en jaune brunâtre lorsqu'arrive l'époque de la sortie ou de l'éclosion du papillon. Au reste, les caractères extérieurs du *Bombyx mori* à ses divers états de chenille, de chrysalide et d'insecte parfait, sont trop généralement connus pour qu'il soit nécessaire d'insister sur leur description. Peut-être trouvera-t-on plus convenable que nous nous étendions davantage sur les particularités que présente son organisation intérieure. C'est, au reste, un point qui a été négligé par les nombreux auteurs qui ont écrit sur l'éducation des vers-à-soie.

§ II. — Anatomie du ver-à-soie.

L'anatomie du Bombyx à soie, tant à son état de larve qu'a celui d'insecte parfait, est assez bien connue, grâce aux travaux de quelques naturalistes anciens, parmi lesquels on doit surtout distinguer MALPIGHI, à cause de l'exactitude et de la délicatesse de ses dissections. Nous tâcherons de faire connaître cette structure, en lui empruntant les principaux détails que nous allons donner.

Occupons-nous d'abord de l'organisation intérieure de la chenille, nous passerons ensuite à l'étude de quelques organes spécialement propres au papillon.

Quand on ouvre une chenille de *Bombyx mori*, et ces dissections doivent toujours être faites dans l'eau, de telle sorte que ce liquide recouvre entièrement l'objet dont on poursuit l'étude ; quand on ouvre disons-nous, une chenille de *Bombyx mori*, on voit que sa *peau*, composée de plusieurs couches, est tapissée intérieurement de *divers muscles* qui, les uns droits, les autres obliques en sens inverses, sont destinés à imprimer aux anneaux du corps les mouvemens variés qu'ils exécutent. Des *petits muscles* spéciaux se fixent aux *pattes* proprement dites, et à ces autres *pattes en couronne* pourvues de petits crochets, à l'aide desquels la chenille s'accroche et se tient fixée sur les feuilles dont elle se nourrit, ou sur tout autre corps étranger

Son *canal intestinal* (*fig.* 114) est un tube

Fig. 114.   Fig. 115.

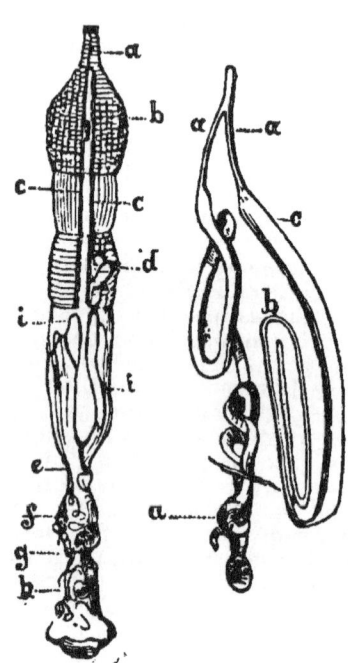

droit qui débute par un œsophage court *a* ; vient ensuite le *ventricule chylifique b*, dont les parois sont garnies antérieurement de fibres musculaires transversales très nombreuses, parmi lesquelles on en remarque deux longitudinales *cc*, qui semblent brider les autres. Il reçoit de nombreuses *trachées* dont quelques-unes sont indiquées en *d* ; postérieurement il se rétrécit en *e*, et là commence l'intestin *f*, qui est court. Un nouvel étranglement existe en *g* et indique l'origine du *cœcum h*.

L'intestin reçoit, à l'endroit où se termine le ventricule, l'insertion *i i* de petits vaisseaux variqueux repliés un grand nombre de fois sur eux-mêmes, et que les anatomistes modernes ont désignés sous le nom de *vaisseaux biliaires*. Ils semblent se prolonger sur l'intestin, car les petits canaux qui forment à sa surface de nombreuses circonvolutions, sont, à ce qu'il paraît, la continuation de ces vaisseaux biliaires. Toutefois Malpighi n'a pu s'assurer positivement de cette continuation.

Un des organes dont la structure doit piquer davantage la curiosité est sans contredit celui qui produit la soie. La chenille du *Bombyx mori* est pourvue d'une *filière* qui s'aperçoit en arrière de la bouche; c'est par son extrémité que sort, sous forme de très-petite gouttelette, le *liquide soyeux* qui aussitôt se solidifie et forme le fil de soie dont est formé le cocon. A cette filière aboutissent deux organes intérieurs (*fig.* 115), qui, réunis en un seul à l'extrémité de la filière, se montrent bientôt isolément. Ce sont des *tubes* ou *canaux* rétrécis en avant *a a* et en arrière *b*, renflés dans leur m lieu *c*, repliés sur eux-mêmes, et dont les parois sécrètent la liqueur soyeuse. Ces organes sécréteurs sont d'autant plus développés que la chenille est plus âgée, et ils ont atteint leur complète turgescence au moment où elle commence à construire son cocon.

La *respiration* du ver-à-soie a lieu à l'aide de *trachées élastiques*, toujours béantes, qui ont la plus grande analogie de structure avec celles qu'on remarque dans la plupart des chenilles. Elles prennent leur origine de chaque côté du corps (*fig.* 113 *aa*) aux *stigmates* qui manquent au 2ᵉ et au 3ᵉ anneau. Ces ouvertures ont une composition particulière qu'on reconnaît en grossissant l'une d'elles au microscope (*fig.* 116). Un cercle

Fig. 116.

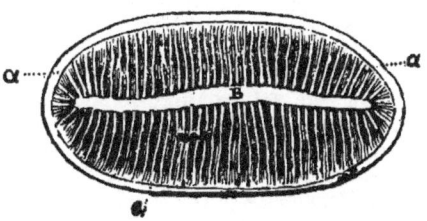

corné *aa* en constitue le tour, et l'orifice proprement dit est réduit à une fente longitudinale B, très-étroite, bordée de petites lanières membraneuses *c*; le but de cette structure est facile à saisir. L'air entrant dans le corps par ces ouvertures, il était nécessaire qu'aucune substance étrangère ne pût y pénétrer en même temps; les espèces de cils *c* que l'on remarque ont pour fonction de s'opposer à cette introduction. Le *tronc* des vaisseaux trachéens (*fig.* 117), qui part de l'intérieur de chaque stigmate, est très-court *a a*; bientôt il donne naissance à un vaisseau longitudinal

b b b b b qui s'abouche à un vaisseau semblable, fourni par le tronc de la trachée contiguë.

Mais, indépendamment de ces deux espèces de tiges arborescentes qui règnent de chaque côté dans toute la longueur du corps, et qui communiquent entre elles en avant et en arrière, chaque petit tronc qui part directement du stigmate fournit immédiatement des *ramuscules*, dont les uns *c cc* vont se distribuer aux muscles, les autres *d d* aux viscères, et un assez grand nombre *e e* au vaisseau dorsal ou cœur *f f*.

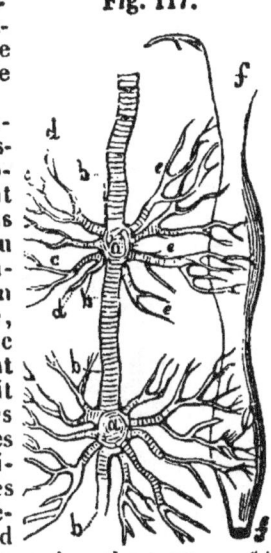

Fig. 117.

La *circulation* est nulle, comme cela a lieu, au reste, chez tous les insectes; c'est-à-dire qu'il n'y a pas de système artériel, et encore moins de système veineux complet, par conséquent aucune trace d'artère ou de veine. Malpighi croit bien avoir aperçu quelques vaisseaux, mais il ne les a pas vus partir du cœur. Ce *cœur*, ou plutôt ce *vaisseau dorsal*, qui s'étend de la tête à l'anus et qui occupe la ligne moyenne du corps, est placé immédiatement sous la peau; ses mouvemens de systole et de dyastole s'aperçoivent très-bien à travers les tégumens; ils ont lieu d'arrière en avant, et les contractions se faisant successivement sur certains points de sa longueur, il en résulte une série d'étranglemens qui circonscrivent autant de loges distinctes; Malpighi pense que celles-ci sont en même nombre que les anneaux du corps, ou du moins que chaque paire de stigmates. On a représenté ici deux de ces sortes de loges formées par les étranglemens du cœur (*fig.* 117 *f f*).

Le *vaisseau dorsal* est entouré, ainsi que les autres viscères, d'un tissu membraneux, formé par de nombreux globules, et qui n'est autre chose que le *tissu graisseux*, très-abondant chez toutes les larves; il sert à la nutrition des organes qui devront se développer durant les métamorphoses de l'animal.

Le *système nerveux* n'offre rien de bien particulier; il se compose, comme dans tous les animaux articulés, d'une série de *ganglions* appliqués immédiatement contre la paroi du ventre, au-dessous du système digestif. Malpighi a compté 10 de ces ganglions; et en y comprenant, comme il le fait, le ganglion cérébral ou sub-œsophagien, et deux bulles qui se voient en arrière des yeux, le nombre total serait de 13.

Quant au papillon, il mérite surtout d'être étudié sous le rapport de la génération, les organes reproducteurs n'existant avec tout leur développement et ne pouvant fonctionner que dans ce dernier état qu'on nomme l'état parfait.

Les *organes générateurs* du *Bombyx mori*

mâle (*fig.* 118) se composent extérieurement
Fig. 118.

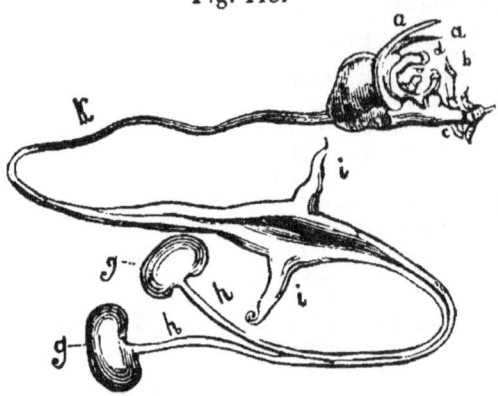

de diverses pièces copulatrices *a a b c d*,
au milieu desquelles se voit l'*anus e*, et postérieurement le *pénis f*. A l'intérieur, il
existe deux *testicules g g*, ou sortes de petites
poches ayant chacun un canal déférent *h h*,
se joignant entre eux et se réunissant dans
leur trajet à deux *vésicules séminales i i* et au
canal éjaculateur commun *k* assez long. Un
bord grêle et se renflant insensiblement,
aboutit à la base du pénis.

Les *organes générateurs femelles* présentent extérieurement (*fig.* 119) une composition
assez remarqua-
ble. Du dernier
anneau du corps
A, on fait sortir
par la pression
une masse mem-
braneuse dans
laquelle on aper-
çoit inférieure-
ment un corps
en demi-lune
semi-corné B,
au milieu du-
quel est la fente
de la *vulve* C ;
plus loin on re-
marque l'*anus*
D, entouré de tubercules charnus *e e*, F F ;
intérieurement (*fig.* 120), on observe la struc-
F. . 120.

Fig. 119.

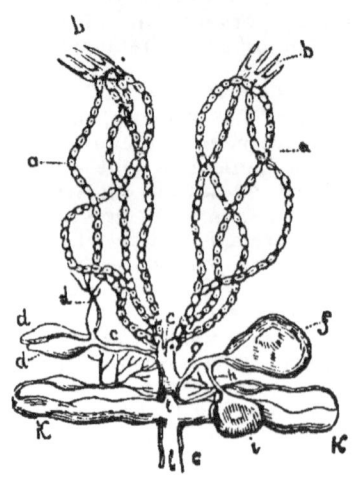

ture très-remarquable des parties essentielles. Les 2 *ovaires* se composent chacun de
tubes alongés *a a*, fixés à leur sommet par
une sorte de lanière quadrifide *b b*. A leur
base, ces tubes se réunissent d'abord entre
ceux, puis à ceux du côté opposé, pour for-
un canal commun *c c* qui aboutit à l'ouverture
anale. Ce canal commun est l'*oviducte*, dont
l'étude, très-simple en elle-même, se complique un peu par la présence de certains organes qui s'insèrent sur son trajet. Le premier de ces organes est formé par la réunion
de trois vésicules *d d d* dont l'une se prolonge en des espèces de tubes ramifiés. Les
vésicules aboutissent à un canal commun *e*
qui s'ouvre dans l'oviducte *c* près de son origine. Cet organe paraît destiné à verser dans
ce conduit un liquide particulier. Le second
appareil est d'une plus grande importance :
il se compose d'une grosse vésicule *f* pourvue de deux canaux étroits : l'un *g* se termine
dans l'oviducte ; le second *h* aboutit à l'ouverture vulvaire *i* que nous avons déjà fait connaître en parlant de la structure des parties
extérieures de la femelle (*fig.* 119 C). Cette
poche renferme un corps semi-concret et
transparent. Enfin, on remarque deux vésicules *k k*, placées transversalement sur l'o-
viducte, grosses, terminées par des digita-
tions et s'ouvrant dans ce conduit par un
canal *l* très-court. Ces deux vésicules , qui
communiquent entre elles, sont remplies
d'un liquide qui s'écoule dans l'oviducte lorsqu'on les comprime.

L'usage de ces derniers organes, ainsi que
celui des vésicules *d d d*, dont nous avons
déjà parlé, paraît être de fournir quelque liquide propre à lubréfier les œufs ou à se mélanger avec la liqueur séminale ; mais la vésicule *f*, située entre celles-ci, a un rôle bien
plus important à remplir : elle reçoit immédiatement la liqueur fécondante du mâle, qui,
dans l'acte de la copulation, introduit son
pénis par l'ouverture *i*, que nous avons indiquée et qui correspond à la fente *c* de la *fig.* 119 ;
puis ensuite l'organe mâle pénètre dans la vésicule *f* par le canal *h* ; plus tard, c'est-à-dire
lors de la ponte, cette liqueur, convenablement élaborée, s'écoule par le canal *g* et féconde les œufs à mesure qu'ils passent dans
l'oviducte *c*, devant l'orifice de ce canal. J'ai
retrouvé un fait analogue dans un grand
nombre d'insectes, et c'est à cause de ces
fonctions que j'ai nommé cette poche *vésicule copulatrice*. Nous renvoyons sur ce point
à nos différens travaux.

Nous pourrions nous étendre davantage
sur l'organisation des Bombyx, en compul-
sant quelques écrits postérieurs à ceux de
MALPIGHI, tels que le mémoire de BIBIENA
publié en 1767, quelques observations sur le
système nerveux, par sir EVERARD HOME ;
mais nous n'ajouterions pas des faits très-
importans à ceux que nous venons de faire
connaître.

§ III. — Espèces diverses de vers-à-soie.

Outre l'espèce dont il vient d'être question, le genre Bombyx en renferme plusieurs
autres qui filent également des coques ; mais
ces coques sont imparfaites et d'une soie

trop grossiere pour qu'on ait pu jusqu'ici en tirer parti; cependant il faut en excepter deux espèces qui, au Bengale et dans les contrées voisines, fournissent une soie très-recherchée, dont on fait un très-grand usage, et qui mérite, à cause de cela, que nous en parlions, parce qu'il serait peut-être avantageux et possible de les transporter en Europe et de les y acclimater. Ces deux espèces sont les *Bombyx mylitta* et *cynthia*.

Le *Bombyx mylitta* (*Bombyx mylitta* de FABRICIUS, ou la *Phalena paphia* de CRAMER (1), est un papillon (*fig.* 121) d'une grande taille

Fig. 121.

qui égale celle de notre Bombyx grand-paon. Il est jaune ou quelquefois d'un jaune fauve; une bande d'un gris bleuâtre se remarque sur le dos du corselet, et s'étend le long du bord antérieur des ailes supérieures; celles-ci, dont le bord externe est très-échancré dans les mâles, présente deux raies transversales roussâtres, et une raie blanchâtre vers le bord postérieur; leur milieu est occupé par une tache en forme d'œil oval, dont le centre est coupé par une ligne roussâtre; les ailes postérieures sont arrondies et presque semblables, pour les couleurs, aux antérieures.

La *chenille* (*fig.* 122 *a*) a quelque rapport

Fig. 122.

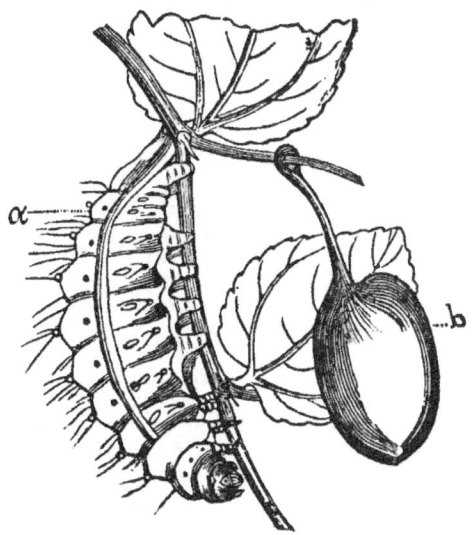

avec celle de notre Bombyx grand-paon; son corps est vert avec de petits tubercules poilus: une raie jaune, qui commence au 3ᵉ anneau et se continue jusqu'au dernier, se re-

marque de chaque côté de son corps; la tête et les pattes sont rouges. Cette chenille vit sur le *Rhamnus jujuba* (Byer des Indous), dont elle mange les feuilles. Elle se nourrit aussi du *Terminalia alata glabra* ROXB. ou *posseem* des Indous. Arrivée au terme de sa croissance, elle se file une *coque b* à fils très-serrés, d'une couleur brunâtre, d'une forme alongée et obtus aux deux bouts; au bout supérieur, les fils se continuent et s'accollent entre eux pour former une véritable tige ou pédicule, très-consistant, élastique, et qui est fixé à un rameau de la plante au moyen d'un véritable anneau qui l'embrasse exactement.

On retire de cette coque une *soie brunâtre* qui, dévidée, a l'apparence de filasse qu'on nomme dans le pays *tusseh-silk;* on en fait des étoffes qu'on nomme *tusseh doothies*. L'histoire de cette espèce curieuse a été donnée en 1804 par William ROXBURG, dans les Mémoires de la Société Linnéenne de Londres (2). Et tout récemment nous avons obtenu de nouveaux renseignemens par M. LAMARRE PIQUOT, qui a rapporté et donné au Muséum d'Histoire naturelle de Paris des cocons renfermant des chrysalides encore vivantes. Les papillons sont éclos vers le mois d'avril, mais sur le petit nombre qui est né il ne se trouvait que des femelles. D'après les renseignemens qu'a obtenus ROXBURG, il parait que cette espèce ne peut être conservée dans l'état de captivité comme notre ver-à-soie. Toutes les tentatives qu'ont faites jusqu'ici les Indous pour obtenir l'accouplement et la ponte des papillons femelles ont été infructueuses. Ils vont chercher dans les bois les chenilles au moment où elles viennent d'éclore, et les transportent près de leur demeure, en les plaçant sur les plantes dont elles se nourrissent et qu'ils font croître dans le voisinage de leurs habitations.

La seconde espèce de Bombyx (*fig.*123) ori-

Fig. 123.

ginaire du Bengale, et dont la soie est employée dans ce pays, a été désignée sous le nom de *Bombyx cinthia* par FABRICIUS. Elle est aussi figurée dans CRAMER (3) et dans DRURY (4); mais peut-être ces deux figures appartiennent-elles à des espèces différentes. Les ailes antérieures, un peu en faucille, présentent une tache ocellée noire, près de l'extrémité. Leur couleur est gris-brun avec une tache en croissant vers le milieu; une

(1) *Pap. exotiques*, pl. 146, fig. A, pl. 147, fig. A B, pl. 148, fig. A.
(2) Tome VII, p. 33, et pl. 2.
(3) *Pap. exotiques*, pl. 29, fig. A.
(4) *Insectes exotiques*, tom. 2, tab. 6, fig.

raie blanche anguleuse se remarque vers la base.

La *chenille* (*fig.* 124), décrite et figurée par

Fig. 124

ROXBURG (1), vit sur le *Ricinus palmachristi*, que l'on nomme communément dans le pays *arrindy* ; on l'élève en domesticité. On fait des vétemens avec sa soie. Ils sont d'une solidité telle qu'ils durent au-delà de la vie moyenne, et qu'il est très-ordinaire de les voir passer de mère en fille.

Le *cocon* (*fig.* 125) est blanc ou jaunâtre ;

Fig. 125.

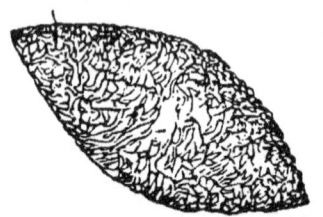

pointu aux deux bouts, il a 2 pouces de long. Les fils de ce cocon sont tellement délicats, qu'on ne peut les dévider; on se contente de les filer à la main comme du coton ou du chanvre.

Il paraît qu'on connaît en Chine ces deux espèces, ou au moins des variétés, et qu'on tire de leur soie un parti avantageux.

V. AUDOUIN.

SECTION II. — *De la nourriture du ver-à-soie.*

§ Ier.--Considérations générales et physiologiques.

Le ver-à-soie, comme chacun sait, fait sa nourriture de la feuille du mûrier; à sa naissance et dans son premier âge il demande une *nourriture légère* et de facile digestion; son économie intérieure est dirigée vers l'accroissement de ses organes, et fort peu sans doute vers le but de sa carrière, la formation de la soie. Donnons-lui donc d'abord de jeunes feuilles à peine éclses, et surtout des feuilles de sauvageons. Celles-ci sont le produit brut de la nature et les plus analogues au jeune sujet; une feuille bien développée serait d'ailleurs trop dure et trop nourrissante. Il faut que la nourriture et l'estomac suivent une marche simultanée; l'agriculteur doit chercher à imiter, à seconder la nature, et jamais à la forcer.

Je conseillerai au propriétaire de mûriers d'en avoir toujours à l'*état de sauvageon* un nombre suffisant pour la consommation de sa chambrée, au moins jusqu'à la 3e mue. Ces mûriers seront plantés à des abris et à l'exposition la plus chaude, afin que la pré-

cocité de leur végétation puisse permettre de faire la chambrée avant l'époque des fortes chaleurs. Je dis à dessein à l'époque des fortes chaleurs, parce que ce sont elles, et non la haute température, que craignent les vers-à-soie; ceci s'expliquera lorsque nous traiterons de leur éducation.

Les personnes qui n'ont point encore de mûriers sauvageons dans l'exposition indiquée, et auxquelles il tarderait de mettre ce précepte en pratique, planteront, en attendant, des mûriers nains contre des murs bien crépis et à la plus chaude exposition, ces arbres doivent avoir un tronc très-court, un pied au plus, car la précocité est en raison inverse de la hauteur de la tige.

Il ne faut pas s'attendre que le mûrier, ramené par force à de si petites proportions, puisse vivre long-temps; aussi n'est-ce pas comme moyen d'exploitation, mais comme mesure expectative que je conseille de le tenir si bas, et seulement pour attendre le moment où l'arbre en plein vent, qui doit durer des siècles, aura acquis l'accroissement nécessaire pour être sans inconvéniens privé de ses feuilles.

§ II — Des feuilles qu'on a proposées pour remplacer celles du mûrier.

On a fait, dit-on, beaucoup d'expériences pour résoudre ce grand problème; c'est surtout dans le Nord qu'on l'a tenté, mais, presque toutes ces expériences ont complètement échoué, ou au moins n'ont qu'imparfaitement réussi. Les vers-à-soie mis sur les feuilles de rosier sauvage, de ronce, d'érable, de maïs, etc., meurent plutôt que d'en manger; ils peuvent vivre à la vérité de la feuille de scorsonère et même filer des cocons; mais, dans une éducation faite toute entière avec cette feuille, il meurt une bien plus grande quantité de vers, et les cocons produits sont moitié plus petits et moitié moins pesans.

Je ne nie pas ni accorde que le ver-à-soie ne puisse prendre une autre nourriture que celle de la feuille de mûrier; si d'autres l'assurent, je me tais: mais de ce que l'insecte peut exister, en tirera-t-on la conséquence qu'il filera de la soie, et de la soie de bonne qualité? je ne puis l'admettre. Ces insectes et son arbre ont été découverts en même temps et dans le même pays, et l'un sur l'autre; la nature les a donc créés l'un pour l'autre, comme la cochenille et le nopal.

Si l'on manquait de feuilles avec l'espoir de s'en procurer plus tard, le mieux et le seul parti serait de faire jeûner la chambrée; si l'on n'avait pas l'espérance de s'en procurer, comme il arrive souvent après une grèle ou une forte gelée blanche, il n'y a rien à tenter, on jette les vers-à-soie.

§ III. — De la cueillette de la feuille.

Il faut cueillir la feui le *après que le soleil ou la chaleur a dissipé l'humidité de la nuit,* du brouillard ou de la pluie, et cesser avant que la fraîcheur du soir ou la pluie commencent.

(1) *Transact. de la Soc. Linn. de Londres*, tom. **VII**, tab. **3.**

La *feuille mouillée est très-préjudiciable* aux vers-à-soie, elle leur occasione un dévoiement qui les affaiblit et les retarde s'il dure peu, les fait périr s'il se prolonge. Dans l'intérêt même de l'arbre, on évite le *ramasser* (c'est l'expression vulgaire) quand il est mouillé, car alors son écorce attendrie cède facilement au frottement et à la pression des échelles, des pieds et même des mains des ramasseurs; il en résulte des déchirures par où l'eau pénètre, comme elle le fait aussi, quoique plus insensiblement, par les petites plaies qu'occasione l'arrachement des feuilles. J'ai vu une plantation tout entière périr peu-à-peu, pour avoir été *ramassée* plusieurs années consécutives pendant un temps de pluie.

La *cueillette* se fait au moyen de longues échelles que l'on applique contre le mûrier. Le ramasseur s'attache un sac à sa ceinture, se tient d'une main aux branches et de l'autre cueille la feuille: pour cela il empoigne une branche sans la serrer, puis fait couler la main de bas en haut, toujours dans le sens de la branche, et arrache les feuilles sans effort.

Quelques éducateurs ont prétendu qu'il fallait cueillir les feuilles l'une après l'autre, ou même les couper avec des ciseaux et les laisser choir tout naturellement dans des draps étendus par terre. Je conviens que cette méthode est fort supérieure à celle que j'indique, et je la conseille même fortement à tous ceux qui font une chambrée sur la table de leur cabinet; mais, je le demande, quel est le village ou la population tout entière suffirait à une chambrée qui consomme par jour 30 ou 40 quintaux de feuilles! Laissons donc de côté ces idées théoriques, et faisons ramasser notre feuille selon l'ancien usage.

Le ramasseur ne doit mettre les pieds sur l'arbre que lorsque les échelles ne peuvent plus y atteindre; les plus longues n'ont guère plus de 25 pieds, au-delà elles seraient trop difficiles à manier. Lorsqu'il a rempli le sac pendu à sa ceinture, il le vide *dans un drap*: ce drap doit toujours être étendu à l'ombre: si cela ne se peut et que l'ardeur du soleil soit un peu forte, il faut *recouvrir avec un autre drap* la feuille ramassée, car elle est très-sensible au hâle. Par la même raison, dès que le drap est plein, on doit le transporter au magasin, où nous allons le suivre pour traiter de la conservation de la feuille.

§ IV.—De la conservation de la feuille au magasin.

Le *magasin* est un appartement au rez-de-chaussée, ordinairement au-dessous de la magnanerie; il doit être pavé, voûté et bien aéré, principalement du côté du nord si la localité le permet, et être assez vaste pour contenir une quantité de feuilles suffisante pour deux jours au moins. Avant d'y introduire la feuille on a soin de balayer parfaitement le pavé, et de l'arroser ensuite afin de produire de la fraîcheur. Cela fait, la feuille est répandue sur le pavé en l'agitant le plus possible. Plus elle doit rester en magasin, moins on doit l'amonceler; un pied d'épaisseur est assez, si on veut la conserver plus d'un jour. Ces précautions prises, on ferme les ouvertures qui pourraient laisser pénétrer les rayons du soleil ou les animaux.

Quoique la feuille la plus nouvellement ramassée soit la meilleure, il est prudent d'*en avoir toujours en magasin* pour un jour d'avance, et même plus, si le temps est à l'orage ou à la pluie. Elle demande alors la plus grande surveillance: on doit la changer de place, la remuer, l'agiter avec des fourches au moins quatre fois par jour en commençant de très-grand matin et finissant à dix ou 11 heures du soir; plus elle est déjà restée de temps au magasin, plus il faut répéter cette opération et la faire avec soin.

Toutes ces précautions sont prises pour éviter la fermentation. Si on s'aperçoit que la feuille jaunit et s'échauffe, elle commence à s'altérer; dans cet état elle n'est point encore délétère, et, à défaut d'autre, on peut s'en servir immédiatement; mais si elle est sensiblement chaude, si elle perd de sa belle couleur verte, elle n'est plus bonne qu'à faire du fumier.

La feuille la plus forte, la plus dure, la plus foncée en couleur et que nous nommons *langue de bœuf*, est la meilleure pour la conservation et le transport.

On est souvent forcé de cueillir et transporter la feuille malgré la pluie; alors on a soin, en l'emballant, de la *presser* autant qu'on peut. Arrivé au magasin, on laisse les ballots dans cet état pendant une ou 2 heures pour provoquer un commencement de fermentation qui absorbera l'eau de la pluie; aussitôt que l'on reconnaît que la chaleur est produite, on défait les ballots, on agite la feuille comme nous avons dit plus haut, on l'étend sur une grande surface, on établit un courant d'air, et dès que la feuille est refroidie on la donne aux vers: elle ne se conserverait pas.

Ce moyen est d'une exécution très-délicate; la réussite dépend d'ailleurs de beaucoup de circonstances, telles que la qualité, l'espèce de la feuille, le temps qu'elle est restée en route, etc. Je ne voudrais donc pas qu'on y eût trop de confiance, et je le considère seulement comme une tentative pour sauver la chambrée.

Le *hâle* qui dessèche et la *fermentation* qui putréfie sont les seules altérations à craindre pour la feuille ramassée, et avec les soins que j'indique on peut la conserver plusieurs jours; mais, je le répète encore, il vaut mieux que les vers soient privés de nourriture que de les forcer à en prendre d'avariée. Ce cas arrive souvent, et, l'année dernière, j'ai vu plusieurs chambrées jeûner pendant 36 heures et donner ensuite un assez bon produit.

§ V.—Distribution économique de la feuille.

La distribution doit se faire *à des heures réglées*; on ne doit donner chaque fois que la nourriture que le ver peut consommer; l'expérience est une règle plus sûre que toute autre. En effet, comment peut-on déterminer qu'il faut telle ou telle quantité de feuille à tel ou tel âge par once de graine? Ne sait-on pas qu'à chaque mue il périt beaucoup de vers; que dans une magnanerie la mortalité est plus grande que dans l'autre, que le tonnerre, les rats, les souris et beaucoup d'accidens, diminuent d'une manière très-irrégulière le nombre de nos précieux insectes? Déterminer la quantité de feuille qu'il leur faut devient donc impossible. Tout ce qu'il est important de savoir pour l'économie, c'est que la feuille soit entièrement consommée, et que, le repas fini, le ver témoigne par sa tranquillité qu'il n'a plus besoin de rien. Néanmoins, malgré l'impossibilité de fixer d'une manière rigoureuse la quantité de feuille que mange le ver, il faut savoir à peu près quel poids de graine on peut faire éclore, pour concorder avec la quantité de feuilles dont on peut disposer. La base la plus généralement adoptée est celle qui assigne à chaque once de graine 15 quintaux de feuille. Je dois observer que jusqu'à la 4ᵉ mue le ver mange de la feuille plus ou moins développée; alors on l'estime au poids qu'elle aurait si elle était *faite.* Quatre jours après la 4ᵉ mue, le ver n'a encore mangé que la moitié de sa feuille.

§ VI. — Des diverses qualités de feuilles.

Cette comparaison trouvera sa place naturelle à l'article de la culture du mûrier; il suffit de dire ici un mot pour guider le magnanier qui, n'en ayant pas une assez grande quantité, est obligé de s'en procurer d'étrangère à son exploitation.

J'ai déjà dit que la plus nouvellement cueillie était la meilleure; on aura donc égard à la distance à parcourir, et on se souviendra que celle qui a le plus de corps, la couleur la plus foncée, supporte mieux le transport.

Celle qui est plus légère, plus souple, plus luisante, est la plus soyeuse; on lui doit donc la préférence si elle est voisine de la magnanerie et qu'elle soit promptement consommée. Presque tous les agronomes s'accordent à placer au 1ᵉʳ rang la feuille sauvage; je dois cependant faire observer que le prix de la feuille étant ordinairement établi d'après son poids, il y a une grande perte à acheter celle-ci, car le sauvageon donne une plus grande quantité de fruits que le mûrier greffé: il y a quelquefois une perte de 15 à 20 p. 0/0; de plus le sauvageon ne fournit pas des jets longs et droits, mais au contraire courts et tordus; en un mot il buissonne, d'où il résulte que la cueillette en devient plus pénible, plus longue et par cela même plus coûteuse.

Toutes choses égales, je donne la préférence à la feuille qui provient d'un *endroit sec et élevé.*

Une autre considération qui doit guider l'acheteur, c'est la *manière dont l'arbre est cultivé.* — S'il est en *plein vent,* à haute tige, sa sève est plus élaborée, sa feuille plus nourrie et plus soyeuse. — Le *nain* donne une feuille plus précoce, mais moins parfaite; elle convient dans les premiers âges.

Le *multicaule,* la *prairie de mûriers,* ne fournissent que des jets en quelque sorte herbacés; la feuille en est donc plus chargée d'eau de végétation, c'est la plus éloignée de la nature, la moins bonne.

Février 1834.   Oct. DE CHAPELAIN,
    Propriétaire correspondant dans la Lozère.

SECTION III. — *De la magnanerie en général.*

Dans les départemens méridionaux de la France, où les vers-à-soie sont généralement appelés *magnans,* on désigne, selon les cantons, les bâtimens destinés à leur éducation, sous les dénominations de *magnanerie, magnanière, magnassière* ou *magnanderie.* Le nom du principal ouvrier chargé du soin de ces insectes varie aussi selon les provinces: là c'est le *magnanier,* ici le *magnadier,* ailleurs le *magnodier* ou le *magnassier.*

Jusqu'à présent peu de propriétaires ont fait construire des bâtimens dans l'intention seule d'en faire des magnaneries, et cela à cause des grands frais que nécessiteraient des constructions uniquement destinées à l'éducation des vers-à-soie. Le plus souvent on profite de tout ce dont on peut disposer en bâtimens, et on les accommode le mieux qu'il est possible pour recevoir ces insectes pendant le temps qu'ils doivent les occuper, ce qui est d'une assez courte durée, car ce n'est qu'à commencer du quatrième âge que les vers ont besoin d'un grand emplacement; jusque là il est presque toujours facile de leur trouver assez d'espace pour les loger à l'aise; effectivement, au moment où ils terminent leur 3ᵉ âge, les vers n'occupent guère que la 6ᵉ partie de l'espace qui leur sera nécessaire à la fin du 5ᵉ. Aussi dans les villes, comme dans les campagnes, la plus grande partie de ceux qui font de petites éducations se contentent, pendant la saison des vers-à-soie, de se resserrer dans la plus petite portion de leur logement pour consacrer tout le reste à ces insectes; il n'est pas même rare de voir, dans les campagnes, les paysans déménager de la seule chambre qu'ils aient, pour y loger les vers de 2 ou 3 onces de graine, et, pendant ce temps-là, aller coucher dans leur grenier ou même au bivouac, quand ils ne peuvent disposer, dans leur maison, de cette espèce de réduit.

§ 1ᵉʳ. — Situation, exposition.

Lorsqu'on voudra faire *construire des bâtimens* uniquement consacrés à l'éducation des vers-à-soie, il faudra avoir soin de choisir un emplacement convenable, comme une colline ou un coteau, où l'air soit habituellement sec, agité, plutôt frais que chaud, et où les brouillards ne soient pas fréquens. On conseille d'éviter le voisinage des grandes routes sur lesquelles passent de grosses voitures, parce que celles-ci produisent, dit-on, des commotions qui étonnent les vers-à-soie et les troublent lorsqu'ils mangent et lorsqu'ils travaillent. Nous avons d'assez forts motifs pour croire que ces influences ne sont pas aussi nuisibles aux vers qu'on le dit. Il sera bon que la *principale exposition* du bâtiment soit au levant ou au couchant; celle du nord est trop froide, celle du midi est trop chaude, et il faut toujours éviter avec soin les températures extrêmes, et surtout une exposition qui pourrait être sujette à des changemens brusques, car rien n'est aussi contraire à la santé des vers. Il est encore avantageux que la principale entrée de l'atelier ne communique pas immédiatement avec l'air extérieur, mais qu'elle soit précédée d'un petit vestibule ou d'une petite antichambre. La *fig.* 126 représente un bâtiment propre à une magnanerie et vu par le côté.

Fig. 126.

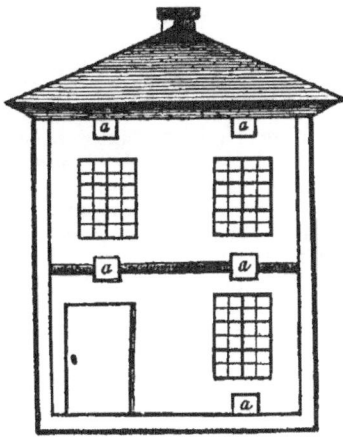

§ II. — Construction, dispositions intérieures, étuve, grand atelier.

La *grandeur* d'un bâtiment destiné aux vers-a-soie doit être proportionnée à la quantité qu'on se propose d'en élever, et c'est sur la place que les insectes occupent dans le dernier âge qu'il faut calculer. Ainsi, à cette époque de leur vie, il faut, aux vers d'une once de graine, 220 à 250 pieds carrés, selon que l'éducation est moins ou plus favorable. Cela posé, et en supposant des tablettes de 5 pieds de largeur, on voit qu'il en faudra 50 pieds en longueur pour chaque once de graine. En espaçant ces tablettes à 2 pieds sur la hauteur, c'est-à-dire en formant 6 étages, y compris le plancher, placés sur 4 rangs parallèles, et en laissant ce qu'il faut d'espace, ou 2 pieds tout autour, pour circuler facilement, une chambre (*fig.* 127 *c c c*) de

Fig. 127.

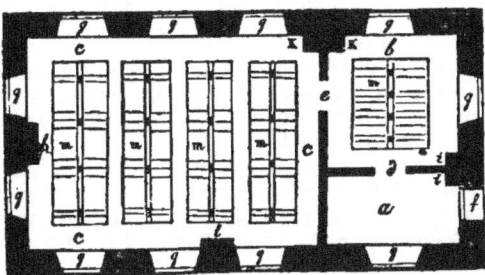

16 pieds de largeur et de 30 de longueur sur 12 de hauteur, pourra suffire à l'éducation de 6 onces de graine, puisqu'elle contiendra 6 fois 240 pieds carrés de tablettes. Mais, pour les raisons que nous avons dites plus haut, cette chambre, que nous appellerons le *grand atelier*, ne doit être occupée par les vers que pendant les 2 derniers âges; il est inutile, avant ce temps, de les loger dans un local aussi vaste.

Pendant le 1er âge, où les vers d'une once de graine n'ont besoin, au plus, que de 10 pieds carrés d'espace, il est plus avantageux de les laisser dans l'étuve dont il va être parlé ci-après, et où ils seront nés, parce qu'on maintient plus facilement et plus économiquement la chaleur convenable dans cette petite chambre que dans une beaucoup plus grande.

Dans le 2e âge et surtout dans le 3e, les vers exigent tous les jours d'être plus espacés, ce qui ne permet plus de les laisser dans l'étuve où ils seraient trop à l'étroit. Ainsi, à la fin du 3e il ne faut pas moins de 46 pieds carrés aux mêmes vers qui, au moment de leur 1re mue, pouvaient tenir sur un peu moins du quart de cet espace. Au commencement du second âge donc, on devra les établir dans un *local intermédiaire* entre l'étuve et le grand atelier, comme une pièce de 10 pieds sur 12 (*fig.* 127 *b*), dans laquelle sont 2 poêles, l'un en *i*, commun avec l'étuve, et l'autre en *k*, commun avec le grand atelier; des tablettes *m* y seront disposées de la manière qu'il a été dit; mais comme l'espace est plus étroit, il ne pourra y avoir qu'un seul corps de tablettes placé au milieu de la chambre et ayant sur un côté 8 pieds de longueur sur 5 de largeur de l'autre côté. Ce corps à six étages, comme dans le grand atelier, offrira une surface de 240 pieds carrés, et pourra par conséquent suffire, à peu de chose près, jusqu'à la fin du 3e âge, aux vers de 6 onces de graine. Si on en a davantage, le surplus sera laissé dans l'étuve. Plus tard, lorsque les vers auront été transportés dans le grand atelier, cette seconde chambre pourra encore contenir à elle seule les vers d'une once de graine. Par une 1re porte *d* elle communique à l'étuve, et par une 2e *e* avec le grand atelier.

D'après ce qui vient d'être dit, il faut donc, pour loger convenablement les vers de 6 onces de graine, un bâtiment composé de 3 chambres (*fig.* 127), ayant ensemble 42 pieds de longueur sur 16 de largeur et 12 de hauteur, sans y comprendre l'épaisseur des murs; ce bâtiment doit être percé de 4 croisées *g g g g* sur chacune de ses faces les plus larges, dont l'une exposée au levant et l'autre au couchant, si cela est possible. Deux autres croisées *g g* pourront être pratiquées dans le grand atelier du côté du nord, et l'entrée sera faite de préférence au midi. C'est aussi de ce côté que seront placées, en avant du grand atelier, la petite chambre destinée à former une étuve dans laquelle on fera éclore les œufs de vers-à-soie, et la chambre *b* intermédiaire entre l'un et l'autre.

Cette *étuve* (*fig.* 127 *a*), pour laquelle il ne reste dans cette distribution que 6 pieds de largeur sur 10 de longueur, sera suffisante pour faire éclore 10 à 20 onces et même beaucoup plus de graine, et elle pourra contenir aisément tous ceux de 6 onces pendant le 1er âge, puisqu'à la fin de cette époque de leur vie les vers de chaque once de graine n'occupent au plus que 10 pieds carrés, et que dans l'emplacement de l'étuve, tel que nous venons de le fixer, il sera facile, en établissant de petites tablettes tout autour et dans toutes les parties qui ne sont ni portes, ni fenêtres, ni le poêle, d'en placer 150 à 160 pieds carrés, ce qui, à la rigueur, pourrait contenir les vers produits par 15 onces de graine. Les tablettes de l'étuve, à cause de l'espace resserré, ne devront avoir que 15 à 18 pouces de largeur; mais on pourra les tenir plus rapprochées sur la hauteur en plaçant les étages à 15 pouces seulement les uns des autres.

On dira plus loin quel degré de chaleur il faudra donner à l'étuve pour y faire éclore la graine. Cette chaleur sera entretenue par un poêle placé en *i*, commun avec la chambre intermédiaire, et réglée par un thermomètre dont il sera aussi parlé ci-après. Il suffira d'indiquer ici que l'étuve, telle que nous l'avons fait figurer, a sa porte d'entrée en *f*, donnant sur un vestibule extérieur non compris dans le plan, une 2ᵉ porte *d*, par laquelle on communique avec la chambre *b*, et enfin une fenêtre *g*.

L'étuve et la chambre moyenne auront d'ailleurs, l'une et l'autre, des *soupiraux* ou *ventilateurs*, ainsi qu'il va être expliqué. C'est principalement pour le grand atelier que les ventilateurs sont nécessaires, parce que, quoique éclairé et suffisamment aéré par 8 croisées, il peut arriver souvent, à cause des mauvais temps produits par le froid, le vent ou le brouillard, qu'on ne puisse ouvrir les croisées, et cependant il est nécessaire, pour que les gaz insalubres ne s'accumulent pas dans l'atelier, d'y entretenir constamment la libre circulation de l'air, ce qu'on fait par le moyen de soupiraux qui sont des ouvertures d'un pied carré de largeur, lesquels s'ouvrent et se ferment à volonté au moyen d'une coulisse. Ces soupiraux doivent être pratiqués de distance en distance dans l'épaisseur des murs, les uns près du plancher supérieur, les autres un peu au dessus de l'inférieur (*fig.* 126. *a a a a*); et pour que les 1ᵉʳˢ puissent donner du jour, ce qui a quelque avantage, au lieu de les fermer avec un panneau plein, on les fait d'un petit châssis garni de verre; les autres soupiraux seront pratiqués au niveau du pavé, au-dessous des fenêtres; enfin, on peut aussi en ouvrir dans le pavé même pour faire arriver l'air de la pièce qui se trouverait immédiatement au-dessous. On réglera le nombre des soupiraux de manière à les mettre en rapport avec l'étendue de l'atelier, et on ménagera leur place de sorte que l'air auquel ils donneront entrée ne frappe pas directement sur les claies ou tablettes sur lesquelles les vers seront placés.

Nous avons vu un peu plus haut qu'un bâtiment de 42 pieds de longueur, sur 16 de largeur et 12 de hauteur, serait nécessaire pour élever à l'aise les vers de 6 onces de graine. Sans doute qu'en serrant un peu plus les tablettes, on pourrait loger ceux produits par 7 onces de graine; mais nous ne croyons pas qu'il soit possible d'en mettre davantage, sans compromettre la santé de ces insectes, et par conséquent sans courir le risque que l'éducation n'ait pas le succès désirable. Nous devons ajouter, pour ceux qui voudront faire élever exprès un bâtiment de l'étendue qui vient d'être dite, qu'il leur sera plus avantageux, au lieu de le construire à un seul étage, de le faire faire à deux, parce que les frais de fondation et de couverture seront les mêmes dans les deux cas, et qu'en augmentant leur dépense d'un tiers au plus peut-être, ils auront un bâtiment qui leur offrira le double en étendue, et dans lequel ils pourront par conséquent élever les vers de 12 onces de graine au lieu de 6, et chaque once de graine pouvant produire 100 à 120 livres de cocons, il s'ensuivra que dans le bâtiment à deux étages ils pourront récolter 12 à 1400 livres de cocons, tandis que celui à un seul étage ne pourrait leur en produire que 6 à 700.

Dans le cas où l'on ferait construire exprès une magnanerie à deux étages, il serait inutile que le second fût partagé comme nous l'avons indiqué pour le premier; ce second étage devra ne former qu'un vaste atelier dans lequel on pourra établir, parallèlement les unes aux autres, 6 rangées de claies à peu près de la même manière qu'il a été dit plus haut.

Nous ne pouvons trop engager les personnes qui voudront se livrer à l'éducation des vers-à-soie, à *profiter de toutes les constructions déjà faites* qui pourront se trouver à leur disposition, en les appropriant seulement à la circonstance, parce que les frais qu'il leur faudrait faire pour élever des bâtimens neufs pourraient souvent les entraîner dans des dépenses qui absorberaient une grande partie de leurs bénéfices subséquens. Avec une très-légère dépense on peut fermer, par des cloisons mobiles, des hangars qui seront favorablement exposés, et les rendre propres à servir de grand atelier; les *granges*, qui sont ordinairement vides à l'époque où se font les éducations de vers-à-soie, pourraient aussi être appropriées de manière à y loger ces insectes pendant le 4ᵉ et le 5ᵉ âge; enfin nous ne voyons pas pourquoi des bergeries ne seraient pas aussi converties de la même manière pour former de grands ateliers; et pour leur donner ce nouvel emploi, il ne faudrait guère faire parquer les moutons qu'une 20ᵉ de jours.

§ III. — **Instrumens et ustensiles nécessaires dans une magnanerie.**

1° *Poêles.*

La chose la plus nécessaire dans une magnanerie, est un ou plusieurs *poêles* par le moyen desquels on puisse élever la température de l'étuve, de la chambre ou de l'atelier, toutes les fois qu'elle est trop froide, ce qui arrive le plus souvent à l'époque de l'année où se font les éducations de vers-à-soie, et surtout dans les premiers jours. Un poêle d'un petit volume peut servir à chauffer l'étuve; mais dans une chambre plus grande, et surtout dans le grand atelier, il faudra dans l'une un poêle, et dans l'autre deux poêles d'une grande dimension. Leur place est indiquée dans le grand atelier (*fig.* 127 *ccc*), l'une en *k* et l'autre en *i*, sans compter une cheminée dont nous avons marqué la place en *h*. Ces poêles doivent être en brique ou en terre cuite; la tôle ou la fonte ne valent rien, parce que ces matières ont l'inconvénient de s'échauffer trop promptement et de se refroidir de même, et en outre, quand elles sont échauffées un peu fort, elles produisent une odeur désagréable qui peut être nuisible aux personnes et aux vers. Nous donnons ici la figure d'un poêle tel que DANDOLO le conseille, fait en briques ou en terre cuite (*fig.* 128); il chauffe

Fig. 128.

beaucoup mieux la pièce ou l'atelier dans lequel il est établi, parce qu'il est construit de manière à recevoir l'air extérieur qui n'entre dans ces chambres qu'après avoir été échauffé dans le poêle même. L'air raréfié, qui entre chaud, chasse l'air intérieur, et opère ainsi une sorte de ventilation. On peut, si l'on veut, boucher les trous qui servent de passage à l'air raréfié lorsqu'il y a du feu dans le poêle; ces mêmes trous peuvent servir pour introduire l'air froid, lorsque le feu du poêle est éteint.

2° *Thermomètres.*

Après les poêles, l'instrument le plus indispensable dans une magnanerie est un bon *thermomètre*, ou pour mieux dire, il en faut plusieurs, qu'on doit avoir soin de placer dans les différentes parties de l'atelier, afin de s'assurer si le degré de chaleur est partout le même. La 1re place du thermomètre est aussi dans l'étuve, où sans lui il serait impossible de régler d'une manière exacte les divers degrés de chaleur qui ont été reconnus les plus favorables à l'éclosion. Les thermomètres à mercure sont préférables à ceux préparés à l'esprit-de-vin. Tous les auteurs qui ont écrit sur les soins à donner aux vers-à-soie ont établi les degrés de chaleur qui convenaient à ces insectes d'après l'échelle de RÉAUMUR, en sorte qu'on ne se sert dans les magnaneries que du thermomètre de ce physicien.

Une autre espèce de thermomètre qui est encore d'un usage assez moderne, est celle qu'on a nommée *thermométrographe*, destinée à indiquer le degré de chaleur le plus haut ou le plus bas auquel s'est élevée ou est tombée la température dans un espace de temps donné; mais cet instrument étant un peu compliqué, sans être d'ailleurs d'une application rigoureuse, on le remplace aujourd'hui avec avantage par deux *thermomètres simples,* l'un appelé *thermomètre maxima* (*fig.* 129,), destiné à indiquer le plus grand degré de chaleur, et l'autre désigné sous le nom de *thermomètre minima* (*fig.*130), dont l'usage est de faire connaître la plus basse température qui s'est fait sentir. Chacun de ces instrumens doit être disposé horizontalement.

Le premier (*fig.*129), qui est à mercure, con-

Fig. 129.

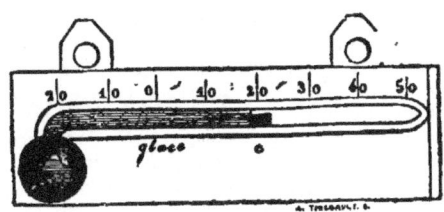

tient un petit brin d'acier *c* ou *curseur*, qui est poussé par le liquide, tant que celui-ci est dilaté par la chaleur, et qui reste fixe, au point où le mercure s'est avancé au moment où la température a été la plus élevée; mais celle-ci venant à baisser, le mercure rétrograde en se condensant, et laisse l'indicateur d'acier au *maximum* où il était parvenu; il est donc facile, 5 ou 6 heures après que l'action de la chaleur est passée, de connaître à quel degré le plus élevé elle est parvenue, en regardant le point auquel correspond le bout du petit indicateur tourné vers le mercure. Après en avoir fait l'observation, il suffit de relever perpendiculairement l'instrument pendant un instant en lui imprimant une légère secousse; le curseur retombe à la surface du mercure, et on replace le thermomètre dans sa position horizontale pour les observations subséquentes.

Le thermomètre *minima* (*fig.* 130)', est

Fig. 130.

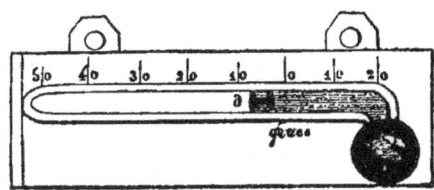

à l'esprit-de-vin, et le petit curseur *d* est en émail. C'est un cylindre de 2 lignes, ou à peu près, de longueur, terminé à chaque extrémité par une petite tête comme celle d'une épingle. Ce petit corps plonge toujours dans l'esprit-de-vin, mais lorsqu'on dispose l'instrument pour l'observation, il faut que sa tête supérieure soit au niveau de la liqueur, le tube étant placé perpendiculairement; alors le thermomètre *à minima* est établi horizontalement; et si, par suite du refroidissement de l'atmosphère, l'esprit-de-vin rétrograde vers la boule de l'instrument, le petit curseur suit son mouvement, et il demeure au point le plus bas où aura descendu la liqueur, qui d'ailleurs peut monter de nouveau sans porter son influence sur le petit indicateur que sa pesanteur spécifique, plus considérable que celle de l'esprit-de-vin, retient au point fixe où la condensation de cette liqueur l'avait entraîné, et où on le trouvera plusieurs heures après qu'une chaleur plus considérable s'étant répandue dans l'atmosphère, aura dilaté l'alcool et l'aura forcé de remonter vers la partie supérieure du tube. Ainsi le degré le plus bas auquel la température sera descendue, se trouvera indiqué tout juste vis-à-vis la place qu'occupe la tête supérieure du curseur. L'observation étant faite, on détache le thermomètre *minima*, on le renverse doucement en le plaçant un instant verticalement, sa boule tournée en haut, et le petit indicateur vient aussitôt occuper sa place d'attente à l'extrémité de l'esprit-de-vin. Dans l'usage ordinaire de ces 2 instrumens, on dispose le matin le thermomètre *maxima* pour savoir à quel plus grand degré de chaleur il s'élèvera dans le courant de la journée. Le thermomètre *minima* doit, au contraire, être préparé tous les soirs pour connaître le minimum de la température dans le moment le plus froid de la nuit ou de la matinée. L'indication positive de ce moment, de même que l'heure précise où la chaleur a été la plus forte, ne peuvent d'ailleurs être constatées par les 2 instrumens, si on n'a pas soin d'y porter de temps en temps les yeux, pour observer l'instant précis où le liquide remonte dans l'un et descend dans l'autre ; mais ils peuvent être tous les deux très-utiles aux éducateurs de vers-à-soie, pour s'assurer de l'exactitude du magnanier qu'ils emploient ; ils leur indiquent d'une manière rigoureuse les *minima* et les *maxima* de la température de l'atelier pendant leur absence.

3° *Hygromètres.*

Une des choses les plus nuisibles dans une chambrée de vers-à-soie étant l'humidité, il est nécessaire de connaître, aussi exactement que possible, dans quel état, sous ce rapport, se trouve l'air de la chambrée ou de l'atelier. L'air atmosphérique est en général sec lorsque les vents soufflent du nord et de l'est, et humide lorsqu'ils viennent du midi ou du couchant ; mais, pour le connaître d'une manière plus positive, on se sert des *hygromètres*, dont nous avons donné la description T. 1er, p. 6, 7, *fig.* 10, 11.

L'expérience a prouvé qu'on n'a rien à craindre pour les vers-à-soie tant que l'hygromètre de Saussure ne dépasse pas 65° ; mais toutes les fois qu'il en marque 70° et au-delà, il faut faire dans la cheminée de l'atelier du feu avec des bois légers bien secs ; la flamme qui s'en élève met en mouvement les colonnes d'air environnantes et leur imprime une douce agitation qui sèche l'atelier. En même temps qu'on fait des feux de flamme pour dissiper l'humidité, on peut ouvrir plusieurs ventilateurs pour chasser l'air pesant et le remplacer par celui du dehors qui ne peut jamais être aussi humide. Quand un atelier a beaucoup d'étendue, il serait avantageux d'y placer 2 hygromètres à une certaine distance l'un de l'autre, afin de mieux connaître les degrés d'humidité des diverses parties de la chambre. L'hygromètre peut encore servir à annoncer divers phénomènes atmosphériques et à se garantir de leur influence.

4° *Armoire incubatoire, couveuse artificielle, boîtes pour mettre les œufs à éclore, etc.*

Les œufs de vers-à-soie laissés à la nature écloraient spontanément lorsque la température de l'atmosphère s'élèverait à 12° ou à peu près ; mais alors leur éclosion se prolongerait pendant plusieurs semaines, et il ne serait pas possible d'entreprendre des éducations régulières. Pour obvier à cet inconvénient, on a cherché à hâter l'éclosion des vers en appliquant à leurs œufs une chaleur artificielle, et la 1re dont on fit usage fut celle

du fumier ; mais la difficulté de ménager convenablement la chaleur par le fumier entassé, et surtout d'écarter l'influence des exhalaisons qui s'en élèvent, fit bientôt renoncer à ce moyen ; on trouva beaucoup plus commode d'employer, pour couver la graine, la chaleur du corps humain. Cette méthode, imaginée d'abord en Italie, se répandit dans les autres parties de l'Europe méridionale où les vers-à-soie furent portés, et elle fut pendant long-temps la seule en usage ; ce n'est que depuis assez peu de temps qu'on lui a substitué de nouveaux moyens, et encore aujourd'hui, dans les campagnes, les personnes qui n'élèvent pas une grande quantité de vers-à-soie font éclore la graine par l'influence de la chaleur humaine. Ce sont ordinairement les femmes qui sont chargées de l'éclosion ; elles distribuent la graine dans de petits nouets de toile contenant chacun une once de graine, qu'elles placent autour de leur ceinture pendant le jour et sous le chevet de leur lit pendant la nuit. Ces nouets sont ouverts une fois par jour, dans les commencemens, pour aérer la graine et la remuer ; dans les derniers jours on les visite et on les remue deux fois dans les 24 heures, pour s'assurer du moment où les vers commencent à paraître. L'usage de ce moyen pour hâter l'éclosion des œufs diminue tous les jours, et les personnes qui se livrent à des éducations de plusieurs onces de graine les font éclore dans l'étuve dont nous avons parlé plus haut, ou se servent d'une armoire particulière inventée depuis quelque temps, dite *armoire incubatoire* ou *couveuse artificielle* (*fig.* 131), dans laquelle on place les œufs ;

Fig. 131.

ils y reçoivent la chaleur convenable, entretenue par une lampe à l'esprit-de-vin, et qui est réglée et graduée au moyen d'un thermomètre dont la partie inférieure plonge dans l'armoire, tandis que l'extrémité supérieure est saillante par le haut de l'armoire, afin de pouvoir juger du degré de chaleur que l'on active ou diminue à volonté, en augmentant ou diminuant le foyer du calorique. Cette armoire s'ouvre en un des côtés et elle est divisée intérieurement en plusieurs étages de tablettes. Dans plusieurs cantons et particulièrement aux environs d'Anduze, dans les Cévennes, on se sert d'une autre *boîte* dont la chaleur est entretenue par un bain-marie.

Pour placer les œufs dans l'armoire incubatoire où ils doivent éclore, on a de petites boîtes (*fig.* 132) en carton ou en bois très-mince,

Fig. 132.

doublées intérieurement en papier; on les distribue dans ces boîtes selon leur grandeur respective, de manière que chaque once de graine occupe environ 10 pouces carrés d'espace, et on a soin chaque jour de les remuer avec une cuiller en forme de spatule faite en fer, en étain ou en buis; une cuiller ordinaire peut, dans tous les cas, servir à cet usage sans qu'elle soit faite exprès.

On pourrait aussi se servir avec avantage, pour faire éclore leurs vers-à-soie des divers couvoirs dont nous avons donné la description à l'article *Incubation artificielle*, T. III, p. 79 et suiv.

5° *Tablettes de transport, tablettes et claies, cabanes, etc.*

Dans les ateliers pourvus de tous les ustensiles propres à une éducation de vers-à-soie on a une ou plusieurs *tablettes de transport.* (*fig.* 133). Ce sont de petites planches en

Fig. 133.

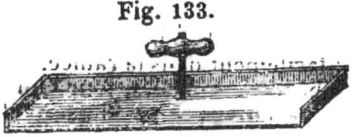

bois léger, larges d'un pied, longues de 2, garnies de 3 côtés d'un rebord également en bois mince, haut de 12 à 15 lignes, et munies dans leur milieu d'un manche surmonté d'une poignée, afin qu'elles soient plus faciles à transporter partout où il est besoin. Toutes les fois qu'on veut s'en servir, on les garnit de papier sur lequel on met les vers qu'on a besoin de changer de place, et en faisant ensuite glisser le papier par le côté de la tablette qui n'a pas de rebord, les vers se trouvent changés avec beaucoup de facilité d'une place à une autre; on évite par ce moyen de les blesser, comme pourraient le faire les ouvriers s'ils étaient obligés de les toucher immédiatement avec les mains. A défaut de tablettes, de simples planches peuvent servir au transport.

Les *tablettes* sur lesquelles les vers-à-soie passent leur vie jusqu'au moment où ils les quittent pour filer leur soie, sont établies soit autour de la chambre ou de l'atelier, le centre seulement restant libre, soit au contraire, ce qui est préférable pour la meilleure circulation de l'air, en laissant tout autour 2 pieds, ou à peu près, libres pour le service de l'atelier, et en faisant occuper aux tablettes tout ce qui reste dans l'intérieur; ces planches (*fig.* 127, *m m m m*) sont alors établies sur 2 ou 3 rangs, ou plus, selon la largeur de l'atelier. Dans ce dernier cas, des montans faits en bois carré de 3 pouces d'épaisseur, doivent être solidement établis à 3 pieds à peu près les uns des autres, fixés d'un bout dans le plancher infé-

rieur, et de l'autre sur les solives du supérieur. Ces montans doivent être garnis de traverses ou forts tasseaux sur lesquels on établit les tablettes faites en bois blanc de 6 lignes d'épaisseur. Dans un atelier tel que celui dont nous avons donné les dimensions (*fig.* 127, *c c c*), où fait 5 étages de tablettes, non compris le plancher; le tout établi solidement, surtout les supérieures, sur lesquelles il sera nécessaire d'appuyer les échelles pour porter la nourriture aux vers qui, dans le 5° âge, y seront établis; car, pour la facilité du service, les tablettes les plus élevées, de même que celles qui reposent sur le plancher, ne doivent être employées que dans les derniers jours, lorsque tout le reste de l'atelier est déjà garni de vers. A la rigueur, on peut très-bien placer les vers sur ces tablettes, telles que nous venons de dire qu'on devait les construire, en les recouvrant et les garnissant auparavant de feuilles de papier grand et fort; mais dans plusieurs endroits, les tablettes ne sont pas pleines, elles ne forment pour ainsi dire que des espèces de supports sur lesquelles on établit des *claies* faites en roseaux ou en osier (*fig.* 134), et c'est sur ces claies, garnies également de papier (*fig.* 134 A), qu'on place les vers-à-soie.

Fig. 134.

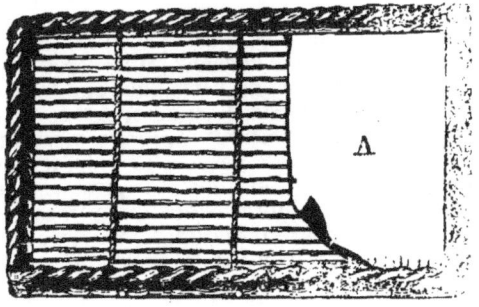

Dans tous les cas, les tablettes ou les claies doivent être munies, tout autour, d'un rebord en bois mince de 2 ½ à 3 pouces de hauteur, afin de prévenir la chute des vers qui se trouvent sur les bords, et qui sans cela sont très-sujets, dans les 2 derniers âges surtout, à tomber de leurs tablettes sur le plancher.

Le *nettoiement* des tablettes ou des claies est une chose nécessaire toutes les fois qu'on délite les vers ou qu'on les enlève de leur litière pour les mettre dans une nouvelle place. On appelle *litière* les débris des feuilles qui, depuis quelques jours, leur ont servi de nourriture. Pour bien nettoyer l'ancienne place que les vers ont occupée, on se sert d'un *petit balai* court, fait de manière qu'il puisse enlever les feuilles à demi pourries et les excrémens qui pourraient rester attachés à la surface supérieure des claies, lorsqu'on a enlevé la masse de la litière. Dans les pays méridionaux où l'on cultive le grand millet, on fait le plus souvent ces petits balais avec les sommités de cette graminée, qui sont divisées en de nombreux pédoncules d'une consistance assez raide. Dans les endroits où cette plante n'est pas cultivée, on pourra employer à sa place de la bruyère, des rameaux de genêt ou des menus brins de bou-leau.

Plusieurs *échelles* sont nécessaires dans une magnanerie pour distribuer la feuille aux vers qui sont placés sur les tablettes supérieures, auxquelles on ne peut atteindre autrement. Nous conseillons simplement, tant pour l'intérieur des magnaneries que pour la cueillette des feuilles, des échelles simples et doubles, à échelons ronds ou plats, comme on les aura, et telles qu'on les trouve d'ailleurs partout, parce qu'elles nous ont paru faciles à approprier aux différens services dont il est question.

Des *paniers* de différentes grandeurs sont nécessaires pour porter et distribuer la feuille du mûrier dans les différentes parties de la magnanerie, et la distribuer aux vers sur les tablettes. Ces paniers doivent être légers et, de préférence, faits en osier; leur forme importe peu, mais en général il faut qu'ils soient pourvus d'une anse, et que celle-ci soit munie d'un crochet par lequel on puisse les suspendre toutes les fois que cela sera nécessaire, soit au rebord des tablettes, soit aux échelons supérieurs des échelles, quand on les emploie pour porter la nourriture avx vers placés sur les tablettes élevées.

Lorsque les vers sont parvenus à cet état qu'on appelle la *maturité*, ils cessent de manger, ils quittent la litière, courent çà et là sur le bord des tablettes, en levant de temps en temps la partie supérieure de leur corps, comme pour chercher une place propre à faire leur cocon; ces signes annoncent qu'ils sont tout prêts à commencer ce travail. Dès qu'un certain nombre de vers indique ainsi que la fin du 5e âge est arrivée, il faut s'occuper sans retard de leur procurer les moyens de faire leurs cocons. On a imaginé, pour leur rendre ce travail plus facile, de leur construire des *cabanes* ou *haies* (*fig.* 135)

Fig. 135.

sur lesquelles ils pussent monter. Ces cabanes se font avec de petits faisceaux composés de rameaux effilés, flexibles et secs, liés seulement par le bas et par leur gros bout. Dans le midi, on prend ordinairement, pour composer ces petits faisceaux, des rameaux de la bruyère arborescente, de l'alaterne ou du genêt; mais dans les pays où ces espèces

ne se trouvent pas, ou sont rares on peut employer à leur place d'autres espèces de bruyère, ou des rameaux de bouleau cueillis à la fin de l'hiver, avant le développement des feuilles. Quelle que soit l'espèce dont on forme les faisceaux, ceux-ci doivent être d'un tiers au moins plus longs que l'espace qui se trouve entre deux tablettes, afin que la partie qui forme la base de chaque poignée étant appuyée sur les tablettes, la portion supérieure, dont toutes les brindilles doivent rester libres et divergentes, puisse être plus ou moins forcée et recourbée en berceau par le plancher de la tablette qui se trouve au-dessus. On place ainsi sur chaque tablette, après l'avoir auparavant bien nettoyée, le nombre de faisceaux nécessaires, en les espaçant à 3 ou 4 pouces les uns des autres, et en les disposant de manière à former, par le haut, des espèces d'arcades ou berceaux, et en laissant d'ailleurs assez d'espace d'un berceau à l'autre, pour que les vers qui ne montent pas tout de suite puissent encore être à l'aise dans le bas des tablettes, et continuer à y recevoir leur nourriture jusqu'au moment où ils quitteront la litière. En construisant les cabanes, il faut avoir bien soin qu'elles ne débordent jamais les tablettes sur lesquelles elles sont appuyées, afin que les vers auxquels il arrive de tomber après y être montés, ne fassent pas des chutes de trop haut, et que, tombant sur les tablettes, ils puissent de nouveau remonter facilement dans la ramée, tandis que s'ils tombaient en dehors, leur chute les e - poserait davantage à se blesser, et ils ne pourraient plus retrouver le chemin des cabanes.

On a conseillé un *petit châssis* à peu près semblable à la tablette de transport dont on a déjà parlé, pour mettre les papillons mâles et femelles lorsqu'ils sont accouplés, et un *chevalet* sur lequel est tendu un linge pour y placer les femelles après qu'elles sont fécondées, et sur lequel elles doivent faire la ponte de leurs œufs. Ces deux ustensiles, qu'on trouve figurés dans les ouvrages de Dandolo et de M. Bonafous, ne nous ont pas paru nécessaires. Nous nous sommes toujours servis, pour placer nos papillons, d'un petit meuble à plusieurs tiroirs ayant chacun 2 pieds de longueur, 1 pied de largeur et 3 pouces de hauteur. Nous mettons dans différens tiroirs : 1° les papillons accouplés; 2° les femelles séparées des mâles après avoir été fécondées; 3° les mâles gardés pour les donner aux femelles qui n'ont point encore subi l'accouplement. Les tiroirs dans lesquels nous plaçons les femelles fécondées ou accouplées sont garnis, dans le fond, d'un morceau de toile ou d'étoffe de laine ou de coton suffisamment grand, sur lequel les femelles pondent leurs œufs. Le tiroir dans lequel il n'y a que des mâles n'est garni que de papier. D'après cette manière de faire, ces papillons sont toujours tenus dans une obscurité complète, excepté dans les momens fort courts où l'on ouvre les tiroirs pour effectuer les accouplemens, les surveiller ou en operer la séparation, et rien ne peut détourner les femelles du travail de la ponte.

L'obscurité parait être favorable au papillon du ver-à-soie, qui est un insecte nocturne. La petite chambre qui a servi d'étuve, et qui, depuis long-temps, n'a plus d'emploi à l'époque de la naissance des papillons, est un lieu convenable pour cet objet. A ces tiroirs, placés dans un meuble particulier, on peut, à la rigueur, substituer des boites carrées, en bois mince ou même en carton, d'égale largeur et longueur; 5 à 6 de ces boites, placées les unes sur les autres, seront suffisantes pour faire 6 à 8 onces de graine, et, pour intercepter le jour à la supérieure on la recouvrira d'une grande feuille de carton. Pour se procurer une plus grande quantité de graine, il vaudra mieux avoir un meuble, qu'on peut faire faire depuis 8 jusqu'à 12 tiroirs, et même plus.

LOISELEUR-DESLONCHAMPS.

§ IV. — Purification de l'air des ateliers.

Les causes occasionelles des maladies qui affectent le ver-à-soie, ont été l'objet des recherches des naturalistes qui en ont étudié les symptômes, la marche, ainsi que les altérations qu'elles produisent. Tous leurs travaux nous portent à conclure que, dans l'état actuel de nos connaissances, il est plus difficile de guérir les maladies de cet animal que de les prévenir.

Les moyens de prévenir les maladies ne consistent pas seulement dans le choix de la feuille du mûrier, dans l'ordre des repas et la quantité de nourriture appropriée à chaque période de la vie de ces insectes, dans une température convenablement graduée, et dans l'espace progressif qu'on doit leur faire occuper à mesure qu'ils se développent; ils reposent plus encore dans les soins nécessaires pour les préserver des émanations produites par la fermentation de leur litière et des matières excrémentitielles.

Dans le but de détruire ces funestes émanations, que la circulation d'un grand volume d'air, la propreté, les soins, et la surveillance ne suffisent pas toujours pour éloigner, les habitans des campagnes essaient vainement de faire brûler des feuilles odoriférantes, de l'encens ou des baies de genièvre; les vapeurs qui en proviennent masquent plutôt qu'elles ne détruisent les mauvaises odeurs de l'air atmosphérique ambiant, et les seules fumigations efficaces dans ce cas, sont celles qui peuvent changer la nature des émanations répandues dans les ateliers, les décomposer et faire contracter à leurs principes des combinaisons nouvelles qui ne soient pas douées de principes nuisibles.

Guidé par cette théorie, M. PAROLETTI fut le premier en 1801 à appliquer le *chlore* à l'assainissement des ateliers. Depuis lors, DANDOLO et ses nombreux imitateurs ont constaté par une longue expérience les effets salutaires de ce gaz dont l'usage est devenu vulgaire chez les cultivateurs éclairés. Ce dernier agronome avait aussi recommandé le procédé de SMITH, consistant à charger l'atmosphère de vapeurs *d'acide nitreux*, qui se dégagent du nitrate de potasse (salpêtre) arrosé d'acide sulfurique (huile de vitriol); et une pratique de plusieurs années me porte à croire que ces vapeurs, moins irritantes que celles du chlore, ont plus d'efficacité dans les ateliers peu spacieux.

Cependant, quel que soit le pouvoir désinfectant du chlore et des vapeurs nitreuses, ils n'exercent pas d'action sur l'acide carbonique qui, en se dégageant en grande quantité des matières végétales et animales, rend l'air qui lui sert de véhicule moins propre aux fonctions respiratoires. Il fallait rechercher un procédé capable d'agir simultanément sur l'hydrogène, partie constituante des miasmes, et sur l'acide carbonique, isolés ou combinés entre eux. Dans ce but, j'ai fait choix du *chlorure de chaux*, dont on connait bien aujourd'hui la propriété de désinfecter l'air et de ralentir la putréfaction, et j'ai tenté des expériences comparatives afin de m'assurer de son efficacité pour assainir les ateliers de vers-à-soie. Ces expériences ont eu un succès décisif, et les résultats que j'ai obtenus me paraissent assez remarquables pour fixer l'attention des éducateurs de vers-à-soie et les déterminer à employer le chlorure de chaux à l'assainissement de leurs ateliers; la facilité avec laquelle on le prépare, le prix modique auquel il revient, contribueront sans doute à en introduire bientôt l'usage dans notre économie agricole.

Pour procéder à l'assainissement d'un atelier de vers-à-soie, il suffit de placer au milieu de cet atelier un baquet ou une terrine contenant une partie de chlorure de chaux sur trente parties d'eau environ, *ou 30 grammes (1 once) de chlorure sur 1 litre d'eau, pour chaque quantité de vers provenant d'une once de graine;* on agite la matière, et, quand elle est précipitée, on tire à clair, on renouvelle l'eau, et l'on réitère l'opération 2 ou 3 fois dans les 24 heures, suivant que le besoin d'assainir l'air est plus ou moins impérieux. On ne change le chlorure que lorsqu'il cesse de répandre de l'odeur.

Mais, en recommandant ce nouveau mode de désinfection, je ne saurais trop inviter aussi les cultivateurs à ne pas négliger de faire pénétrer dans les ateliers un courant d'air qui chasse celui qu'ils contiennent, et de faire fréquemment des feux de flamme, de manière à lui procurer une expansion qui le détermine à céder sa place à l'air extérieur; tant il est vrai qu'une ventilation bien dirigée me semble encore préférable aux moyens que la chimie, dans l'état actuel de nos connaissances, peut offrir aux éducateurs de vers-à-soie.　　　　　BONAFOUS.

SECTION IV. — *Soins à donner aux vers-à-soie, ou éducation dans les différens âges.*

§ Ier. — Éclosion de la graine, naissance des vers.

Pour avoir des éducations de vers-à-soie qui soient productives, la première chose à faire est de se procurer de bonne *graine;* c'est ainsi qu'on appelle ordinairement les œufs de ces insectes, probablement à cause de la ressemblance qu'ils présentent avec de menues graines. Celle qu'on peut avoir de sa propre récolte doit toujours être considérée comme la meilleure, parce qu'on est plus sûr de ses qualités, et que quelquefois on est trompé en l'achetant ailleurs; cependant, lorsqu'on en est dépourvu, il faut s'en procurer en la faisant venir des pays les plus avantageusement connus sous le rapport des soies qu'ils fournissent au commerce.

C'est une erreur de croire, ainsi que cela a lieu dans plusieurs cantons où l'on se livre à l'éducation des vers-à-soie, qu'il faut de temps en temps changer la graine d'un canton pour celle d'un autre. Ce préjugé n'a pu prendre naissance que dans les cantons où l'on ne donne pas les soins convenables aux vers; car il n'y a que cela qui puisse faire dégénérer la graine, qu'on peut au contraire améliorer jusqu'à un certain point par de bons soins; ainsi, en 1824, des vers nourris de mûrier rouge nous donnèrent des cocons dont le cent ne pesait que 1 once 6 gr. La graine de ces cocons ayant été conservée, nous sommes parvenus à l'améliorer et à la régénérer de telle sorte qu'en 1827 les vers qui en étaient descendus firent des cocons dont le cent pesait déjà 6 onces 1 gr. 24 grains, et en 1829, cent cocons, toujours de la même race, pesèrent jusqu'à 6 onces 4 gros.

La graine se conserve ordinairement attachée sur des morceaux de linge ou d'étoffe de coton ou de laine, sur lesquels elle a été pondue, jusqu'au moment où l'on veut la vendre, ou quelque temps avant de la soumettre à l'incubation pour la faire éclore. Elle se vend au poids, et le prix d'un once varie depuis 3 jusqu'à 5 fr. et même plus, selon que la récolte précédente a été plus ou moins abondante. Dans presque tous les pays où l'éducation des vers-à-soie est en pratique, l'once de graine ne fait que les 4/5 de celle de Paris ou du poids de marc; l'once d'Italie est encore plus faible; elle ne contient que 39,138 œufs, selon Dandolo, celle du midi de la France environ 40,000, et celle du poids de marc à peu près 50,000.

On peut conserver la graine *et reculer assez long-temps l'époque de son éclosion* en la plaçant dans des caves ou des carrières, dont la température soit basse et varie peu; des expériences nombreuses nous ont démontré, dans les essais d'éducation multiples auxquels nous nous sommes livrés, que dans les glacières on peut la conserver au moins tout l'été, et durant un temps que nous n'avons pu déterminer. Dans tous les cas, afin de préserver la graine de l'influence de l'humidité, il est essentiel de placer les linges sur lesquels elle est collée, dans des bocaux dont on lute bien hermétiquement l'orifice.

Pour *détacher plus facilement la graine* des linges ou des morceaux d'étoffe sur lesquels le papillon femelle l'a fixée, on les plonge dans une suffisante quantité d'eau à la température de 10 ou 11° R. et on les retire après les y avoir laissés 5 à 6 minutes, ce qui suffit pour dissoudre la substance gommeuse qui tient les œufs attachés aux linges. Alors, on applique ces derniers sur une table en les tenant bien tendus, et avec un couteau de bois ou d'os, ou même de fer qui soit très-émoussé et qu'on passe en l'appliquant du plat entre l'étoffe et les œufs, on détache ceux-ci avec beaucoup de facilité. Au fur et à mesure qu'on en a détaché une certaine quantité, on la dépose dans un vase rempli d'eau à la même température, jusqu'à ce qu'il

n'en reste plus sur les linges ou l'étoffe. Cela fait, on agite doucement cette eau avec la main en cherchant à séparer les œufs qui pourraient être collés les uns aux autres. Dans cette opération, tous ceux qui surnagent ne valent rien, on les enlève et on les jette; tous ceux qui vont au fond sont féconds. Quand on juge que ces derniers sont suffisamment lavés et nettoyés, on décante avec précaution l'eau qui les recouvre, afin de n'en pas perdre, et tout ce qui est au fond du vase est retiré et mis sur un ou plusieurs tamis serrés ou sur des linges, ou seulement dans des assiettes que l'on incline à moitié afin d'en faire égoutter l'eau. Dans un lieu sec, un peu aéré, la graine est assez sèche au bout d'une journée; cependant, de peur qu'elle n'ait encore un peu d'humidité, il vaut mieux la laisser exposée à l'air pendant 2 ou 3 jours, en la remuant plusieurs fois pendant ce temps, pourvu que la température du lieu où elle est ne soit pas à plus de 9 ou 10°. Si on a une grande quantité de graine, il faut recommencer l'opération à plusieurs reprises, parce qu'on ne peut guère faire subir la préparation indiquée ci-dessus à plus de 8 à 10 onces à la fois. Il est toujours bon d'ailleurs qu'elle soit faite un mois environ avant de mettre à éclore, et dans un moment où l'embryon est encore dans le plus grand repos: si on la faisait, au contraire, trop près de l'éclosion, cela pourrait nuire à cette fonction. Jusqu'au moment de préparer l'incubation, la graine peut être gardée dans des assiettes, dans de petites boîtes plates où les couches aient 4 à 5 lignes d'épaisseur, ou enfin enveloppée dans du papier. La graine ainsi convenablement préparée et bien sèche peut aussi être distribuée dans de *petites boîtes* par 2 à 4 onces, où elle ne souffre pas de pression, et être envoyée partout où elle sera demandée.

Boissier de Sauvages dit que la graine se détache toujours assez facilement de l'étoffe sur laquelle elle a été pondue, sans qu'il soit besoin d'employer les lavages; mais nous croyons qu'on doit en la détachant en briser davantage; d'ailleurs, la graine reste malpropre, et enfin les œufs clairs et inféconds ne peuvent facilement être séparés, et comme ils restent mêlés aux bons, on n'est jamais à même d'apprécier au juste la quantité de bonne graine qu'on a mise à éclore.

Dans l'état de nature, la graine commence à *éclore spontanément lorsque la température s'est maintenue pendant environ 15 jours entre 10 et 12°*; mais alors les vers naissent les uns après les autres pendant plusieurs semaines de suite, et il n'y a pas moyen de faire d'éducation régulière et profitable. Pour obvier à cet inconvénient, on conserve la graine à la plus basse température qu'il est possible jusqu'au moment où l'on voit que les bourgeons du mûrier, qui doivent servir à la nourriture des vers, commencent à se développer; alors on dispose la graine qu'on veut faire éclore ainsi qu'il a été dit plus haut, soit pour lui faire subir l'incubation au nouet, soit pour la placer dans la couveuse artificielle, l'armoire incubatoire ou l'étuve proprement dite. Ce qui a été déjà dit sur l'éclosion au nouet est suffisant; mais nous devons ajouter quelque chose sur la manière d'opérer par les autres procédés, et sur les degrés de chaleur qu'il est convenable d'entretenir dans les appareils dont il vient d'être question, ainsi que dans l'étuve où la chaleur doit être portée successivement et ensuite soutenue aux degrés convenables.

Dandolo *fixe à* 13 *jours le temps nécessaire pour faire éclore les vers* en exposant pendant ce temps la graine dans l'étuve aux degrés de chaleur ainsi qu'il suit: les deux 1ᵉʳˢ jours la température est fixée à 14°, le 3ᵉ jour elle est portée à 15°, le 4ᵉ à 16°, le 5ᵉ à 17°, le 6ᵉ à 18°, le 7ᵉ à 19°, le 8ᵉ à 20°, le 9ᵉ à 21°, les 10ᵉ, 11ᵉ et 12ᵉ à 22°, et le 13ᵉ l'éclosion des vers commence. Celle-ci s'annonce dans les derniers jours par le changement de couleur des œufs; ils étaient d'abord d'un gris cendré un peu foncé, ils s'éclaircissent et prennent peu-à-peu une couleur cendrée claire, de laquelle ils passent enfin au blanc sale.

Il paraît d'ailleurs que l'éclosion plus rapide ou plus ralentie *dépend de circonstances atmosphériques* qui ne sont pas encore bien connues, car M. Bonafous, dans un mémoire sur une éducation de vers-à-soie faite en 1822, dit avoir fait éclore ses œufs en 10 jours, en commençant également par donner à l'étuve une chaleur de 14° et en ne l'élevant qu'à 20 et 21° les 9ᵉ et 10ᵉ jours.

Un auteur antérieur aux deux précédens, Boissier de Sauvages, dit que les graines éclosent en 4 à 5 jours en les exposant à 30 ou 32°; mais qu'alors il y en a une grande partie qui manque. Le même dit encore qu'ayant suspendu un petit paquet de graine à sa fenêtre sur un mur exposé au midi où la chaleur directe du soleil faisait monter le thermomètre à 45°, pendant qu'il descendait la nuit à 15, ce qui fait une différence de 30° de chaleur du plus au moins, cependant tous les œufs produisirent des vers, quoique fort à la longue.

A la fin d'avril 1830, après avoir transporté, dans une chambre où le thermomètre a été maintenu pendant 4 jours à 14°, de la graine qui, les jours précédens, n'était qu'à 10° et même au-dessous, nous avons tout-à-coup, le 5ᵉ jour, élevé la température à 26°, 27°, et le 4ᵉ jour, après que la graine eut été exposée à cette chaleur constante, les vers commencèrent à éclore en grande quantité; dès le 3ᵉ jour même il en était né plusieurs. Nous avions opéré sur plus de 2 onces de graine; l'éclosion fut très-abondante pendant 4 jours, et les vers étaient très-bien portans.

Quoi qu'il en soit, les vers qui naissent le 1ᵉʳ jour sont ordinairement peu nombreux, et on néglige de les recueillir; mais on commence le 2ᵉ à les relever, en employant les moyens que nous allons détailler; on en fait 4 ou 5 levées dans le courant de la journée. La naissance des vers est toujours plus abondante depuis le lever du soleil jusqu'à 2 ou 3 heures après midi, elle se ralentit ensuite beaucoup dans le reste de la journée, et pendant la nuit elle devient tout-à-fait nulle. La totalité des vers met au moins 3 à 4 jours à naître; tant que l'éclosion paraît assez nombreuse, on recueille les vers, et on ne cesse de le faire que lorsqu'ils deviennent trop rares pour que cela en mérite la peine.

Au moment où l'on commence à voir sortir les petits vers de leurs œufs, on leur donne de petits rameaux garnis de jeunes feuilles de mûrier dont le développement coïncide toujours avec celui des vers quand leur éclosion n'a pas été trop hâtée. Si l'on plaçait les rameaux immédiatement sur la graine, il arriverait souvent, lorsque les vers seraient montés dessus, et lorsqu'on voudrait les relever pour en substituer de nouveaux, qu'on enlèverait en même temps des œufs non encore éclos; pour obvier à cet inconvénient, on couvre toute la graine de chaque boîte avec un morceau de canevas, ou mieux encore d'un morceau de papier un peu fort, sur toute la surface duquel on a pratiqué avec une grosse épingle des trous nombreux formant comme un petit crible. Ce papier doit être appliqué sur la graine par le côté où l'on a fait entrer l'épingle, et on recouvre sa surface supérieure de jeunes bourgeons de mûrier détachés de leurs branches, ou même de petits rameaux garnis de leurs feuilles. Si on ne prenait cette précaution dès qu'on voit un certain nombre de jeunes vers sortir de la graine, ceux-ci, aussitôt après leur naissance, se répandraient de tous côtés, errant à l'aventure, cherchant à satisfaire l'appétit qu'ils ont déjà. Guidés par l'instinct et par l'odeur des feuilles de mûrier placées sur le papier criblé qui est au-dessus d'eux, ils en traversent rapidement les trous pour aller prendre leur nourriture. Quand l'éclosion se fait bien, souvent en une heure tous les bourgeons de mûrier sont tellement garnis de vers, que toute verdure a disparu; on n'aperçoit à sa place qu'une sorte de fourmilière noirâtre où les petits insectes sont par milliers. Alors on enlève avec précaution les rameaux ou les bourgeons de mûrier, tout chargés qu'ils sont de vers, en les prenant, surtout si ce sont de simples bourgeons, avec de petites pinces plates et légères dites *brucelles*, et en ayant la précaution de ne presser que très-modérément l'instrument, et on les dépose sur une petite tablette de transport garnie de papier, pour aller ensuite, lorsque la levée est terminée, les placer sur les tablettes (*fig.* 136) où doit commencer leur

Fig. 136.

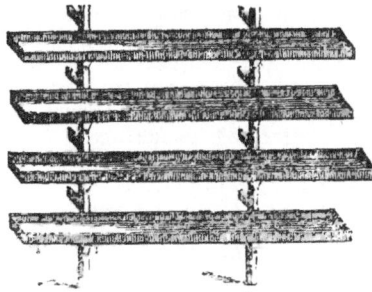

éducation. Aussitôt que cela est fait, on remet sur le papier-crible d'autres bourgeons ou d'autres rameaux de mûrier qu'on enlève encore 2 ou 3 heures après lorsqu'ils sont couverts de nouveaux vers, et on continue ainsi à en faire des levées successives jusqu'à ce que l'éclosion des œufs soit entièrement achevée, ou au moins jusqu'à ce que les vers des dernières levées deviennent trop peu nombreux pour mériter d'être recueillis.

§ II. — Premier âge.

Le ver-à-soie, *au moment de sa naissance,* a 1 ligne 1/4 de longueur, et il pèse 1/110 de grain poids de marc. Tout son corps est hérissé de poils et il paraît noirâtre à la vue simple; avec la loupe on reconnaît que sa tête est écailleuse, d'un noir plus luisant que le reste du corps, qui est composé de 10 anneaux. A cette époque, tous les vers nés d'une once de graine peuvent facilement tenir dans un espace de 2 pieds carrés; mais, au lieu de les mettre tous ensemble en les disposant sur les tablettes, on les divise sur plusieurs places de manière qu'il ne soit pas nécessaire de les remuer jusqu'au moment de la 1re mue, et de sorte qu'ils puissent alors y occuper 9 à 10 pieds carrés. Comme tous les vers ne sont pas nés en même temps, et que si on leur donnait à tous une quantité égale de feuilles de mûrier à manger, les 1ers avanceraient davantage que les derniers, il faut chercher à les rendre égaux, au moins ceux qui sont nés le même jour. On y parvient en éloignant les époques des repas pour les 1ers éclos, tandis qu'on les rapproche pour les derniers, de manière qu'à la fin de la journée ils aient tous reçu autant de nourriture les uns que les autres. Quant aux vers qui sont nés à 1 ou 2 jours de distance, comme il n'est pas possible de les rendre égaux à ceux éclos le 1er jour, on les place sur des tablettes différentes que l'on distingue par des numéros, parce que, pendant toute l'éducation, ces derniers vers seront toujours en retard des 1ers d'un nombre de jours égal au temps pendant lequel leur naissance a été différée.

Pendant tout le 1er âge *on donne chaque jour aux vers 4 repas,* qu'on leur distribue à des intervalles égaux. Si on a fait coïncider le commencement de l'incubation avec le développement des feuilles de mûrier, celles-ci pourront être données aux vers telles qu'on les aura cueillies sur les arbres; elles se trouveront proportionnées à la grosseur des vers; mais si l'éclosion a été retardée, et que les feuilles soient devenues un peu grandes, on les coupera en petits morceaux, ce que l'on fait facilement en en prenant de petites poignées et en se servant de ciseaux ou d'un couteau: par ce moyen on multiplie le nombre des bords par lesquels les petits vers se mettent le plus ordinairement à les manger; cependant nous avons vu souvent les plus petits vers attaquer les feuilles par leur milieu même.

Dandolo et M. Bonafous se sont donné la peine de peser ce que les vers d'une once de graine consomment de feuilles pendant les différens âges de leur existence; ils ont trouvé que, pendant le 1er cette quantité montait à 7 livres en tout, et d'après cela ces auteurs prescrivent le poids de ces feuilles pour chaque journée et chaque repas; mais il nous a paru que c'était compliquer les embarras de l'éducation que de s'astreindre à avoir toujours la balance à la main pour distribuer chaque repas. La consommation ne peut d'ailleurs être invariable, elle est soumise à la bonne santé des insectes.

La durée du 1er *âge* n'est que de 5 jours,

d'après Dandolo et M. Bonafous, et cela à une température constante de 19°. — Nous nous croyons forcés de dire que jamais, dans aucune des nombreuses éducations que nous avons faites, nous n'avons pu obtenir de semblables résultats; ce n'a été qu'à une chaleur de 21° à 22° que nous avons vu le 1er âge se terminer en 5 jours; autrement il s'est toujours étendu à 6, 7, 8 jours, et même beaucoup au-delà, lorsque la température n'a été que de 18°, 17°, 16°, et au-dessous. Quoiqu'il en soit, il est hors de doute qu'il y a économie de temps et de feuilles à tenir les vers dans une température un peu élevée et constamment la même, sans compter que l'on perd moins de vers que lorsqu'on fait traîner l'éducation en ne donnant pas assez de chaleur.

La 1re *mue s'annonce* par l'éclaircissement de la couleur des vers; au moment où ils s'endorment, ils deviennent luisans et comme bouffis. Quand on voit les vers engourdis, on diminue la quantité de feuilles; on n'en donne qu'à peu près ce qu'il en faut pour ceux qui restent éveillés et mangent encore; lorsqu'on les voit tous endormis, on peut pendant un jour entier ne leur rien donner du tout jusqu'à ce qu'ils aient fait leur 1re mue, c'est-à-dire qu'ils aient quitté leur 1re peau pour en revêtir une nouvelle. Cette mue, ainsi que les 3 autres qu'ils doivent encore subir, est une époque critique pour les vers, et il y en a toujours plusieurs qui succombent. Quelque soin que l'on prenne pour traiter tous les vers également bien, il y en a aussi toujours quelques-uns dont la mue est précoce, et d'autres pour lesquels elle est tardive, de manière que le temps de la mue n'est jamais moindre d'un jour 1/2 à 2 jours et même 2 jours 1/2. Les différentes mues ne sont pas d'ailleurs égales entre elles; la 1re est plus courte que la 2e; celle-ci que la 3e; enfin, celle qui dure le plus long-temps est la 4e, et c'est aussi, en général, celle dans laquelle il périt le plus de vers.

§ III. — Deuxième âge.

Aussitôt après la 1re mue, commence le 2e *âge;* les vers pèsent alors 1/8 à 1/9 de grain; ils ont 3 lignes 1/2 à 4 lignes de longueur; tout leur corps paraît chargé d'une sorte de poussière; il est tacheté régulièrement de mouchetures d'un brun foncé ou d'un brun roussâtre, placées sur un fond blanchâtre ou grisâtre. Dès qu'on s'aperçoit que les vers revêtus de leur nouvelle peau ont repris toute leur vivacité, on doit sans retard les enlever de la litière qui s'est formée sous eux par les débris des feuilles qui ont servi à leur nourriture. Pour rendre ce déplacement plus facile, on étend, sur les petites chenilles, de jeunes rameaux de mûrier garnis de leurs bourgeons et de leurs feuilles, et 2 à 3 heures après, lorsque l'on voit que les vers sont montés de leur litière sur ces rameaux et qu'ils en sont tous chargés, on les transporte sur d'autres parties de tablettes où on les distribue de manière à ce qu'ils soient disposés sur un espace d'environ 20 pieds carrés, ce qui est l'étendue dont ils auront besoin jusqu'à la fin de leur 2e âge. Comme il y a toujours des retardataires qui n'ont point accompli leur mue en même temps que les autres, au lieu de jeter la litière hors de l'atelier, on laisse passer 4 à 5 heures, et lorsqu'au bout de ce temps on voit un nombre assez considérable de vers ayant enfin achevé leur 1ʳᵉ mue, on les recouvre de nouveaux rameaux comme la 1ʳᵉ fois, afin de recueillir ces vers en retard. Le moyen de faire regagner à ces derniers le temps perdu par eux, c'est de leur donner le lendemain et le jour suivant un repas de plus qu'à ceux qui ont l'avance, et ce moyen doit être employé par la suite pour tous les retardataires des différentes mues.

Quant à ceux qui peuvent encore être *restés sur la litière*, comme ils ne sont ordinairement qu'en petit nombre, et que leur long retard annonce peu d'énergie vitale, on les jette ordinairement hors de l'atelier avec la vieille litière. Quatre repas en 24 heures continueront à être donnés aux vers pendant tout le 2ᵉ âge qui, à la température de 18 à 18° 1/2, ne dure que 4 jours selon Dandolo et M. Bonafous, et pendant lequel les vers d'une once de graine mangent 21 livres de feuilles mondées; mais, de même que nous avons déjà dit que nous avions vu le 1ᵉʳ âge durer plus que ces auteurs ne l'indiquent, de même aussi nous avons observé que le 2ᵉ âge se prolongeait toujours plus de 4 jours, et nous répétons ici cette observation pour la dernière fois, afin de n'y plus revenir pour les âges suivans, mais en leur appliquant la même remarque. Supposant donc la durée du 2ᵉ âge invariable, les vers devront s'endormir le 4ᵉ jour; à la fin du suivant ils seront réveillés, auront fait leur 2ᵉ mue, et on les relèvera alors de leur litière de la manière prescrite.

§ IV. — Troisième âge.

Mesurés et pesés aussitôt après leur changement de peau, les vers en commençant leur 3ᵉ *âge* ont 7 lignes de longueur et pèsent chacun 1 grain. Leur couleur est à peu près la même que dans le 2ᵉ âge, mais plus claire; quelques-uns sont mouchetés de brun foncé sur les anneaux inférieurs de leur corps; le 4ᵉ à compter de la tête est marqué de 2 lignes figurées comme des croissans étroits. Le 3ᵉ âge, d'après les auteurs déjà cités, dure 7 jours, et pendant ce temps les vers consomment 70 livres de feuilles. La chaleur de la chambre peut être un peu diminuée, il suffit qu'elle soit de 18° d'abord, et ensuite de 17 seulement. Dans les deux âges précédens les vers ont pu rester d'une mue à l'autre sur leur litière, sans en être changés; mais, comme la durée du 3ᵉ âge est plus longue, et que les vers étant plus gros font une plus grande consommation de feuilles et rendent par suite des excrémens plus considérables, il faut, au milieu de cet âge, avoir soin de les déliter par les moyens déjà indiqués, et la vieille litière étant jetée hors de l'atelier, on approprie la place que les vers ont occupée, c'est-à-dire environ 32 pieds carrés, afin qu'elle puisse servir de nouveau; ce qui doit se faire d'ailleurs à chaque fois qu'on enlève une ancienne litière. Le 6ᵉ jour du

3ᵉ âge les vers s'endorment, occupant alors 46 pieds carrés, et ils s'éveillent le 7ᵉ jour ayant fait leur 3ᵉ mue.

§ V. — Quatrième âge.

Déjà les vers ont changé 3 fois de peau en prenant toujours à chaque fois un accroissement plus considérable. Cette fois ils ont 1 po. de longueur (*fig.* 137), et le poids de

Fig. 137.

chacun d'eux est de 4 grains. Leur couleur générale est blanchâtre, mais chaque anneau de leur corps est tiqueté d'une multitude de petits points grisâtres; les 3 anneaux supérieurs sont toujours plus clairs que les suivans, et les 2 traits en croissant que porte le 4ᵉ, sont devenus plus larges, roussâtres, avec une ligne blanche dans le milieu. Pendant le 4ᵉ âge, dont la durée est de 7 jours comme le précédent, les vers provenant d'une once de graine auront besoin d'occuper depuis 60 jusqu'à 110 pieds carrés, et c'est alors, afin de pouvoir facilement leur donner tout l'espace qui va leur devenir nécessaire dans cet âge et surtout durant le suivant, qu'il faut les transporter sans délai dans le grand atelier. Pendant cet âge la consommation des feuilles augmente tous les jours d'une manière sensible. Cette consommation, d'après les auteurs cités plus haut, est fixée à 240 livres, qui sont encore distribuées en 4 repas chaque jour, en faisant attention qu'on va toujours en augmentant la quantité de chaque repas jusqu'au 4ᵉ jour, qui est celui où les vers mangent le plus; car ensuite leur appétit diminue jusqu'au moment où ils vont faire leur 4ᵉ mue; alors, de même que la veille de toutes les autres mues, le besoin de manger s'éteint totalement, et, l'on peut pendant 24 heures leur supprimer la plus grande partie de la nourriture ordinaire. Quant à l'accroissement d'appétit que les vers éprouvent jusqu'au milieu de leur 4ᵉ âge, une augmentation semblable a lieu dans tous les autres âges; on la nomme *petite frèze* dans les 4 1ᵉʳˢ âges, et *grande frèze* dans le 5ᵉ.

La température de l'atelier pendant le 4ᵉ âge n'a pas besoin d'être au-dessus de 16 à 17°; les vers ayant plus de force n'ont pas besoin d'autant de chaleur que dans les âges précédens où ils étaient plus faibles, et quand il arrive que l'air extérieur est naturellement aussi chaud que l'intérieur, on se dispense de faire du feu dans les poêles et les cheminées de l'atelier, et on peut alors ouvrir toutes les fenêtres, surtout si l'atmosphère est calme. Au 4ᵉ jour de cette époque il faut avoir soin de déliter les vers ainsi qu'on l'a fait dans la période précédente. Le 6ᵉ jour les vers s'endorment pour la dernière fois, afin de faire leur 4ᵉ et dernière mue; c'est pour eux la plus critique et aussi 'a plus longue; bien peu de vers n'y emploient que 24 heures, beaucoup ne l'achèvent qu'en 30 heures et même plus.

§ VI. — Cinquième âge.

Comme nous avons toujours supposé jusqu'à présent, pour la facilité de l'explication, que toutes les mues se faisaient régulièrement et sans retard, nous dirons que le 7e jour du 4e âge étant passé, les vers ont opéré leur 4e mue et qu'ils sont entrés dans leur 5e âge. Si on les examine alors, on les trouve entièrement changés et presque méconnaissables; ils ont 20 à 22 lignes de longueur (*fig.* 138), et pèsent 14 à 17 et même jus-

Fig. 138.

qu'à 20 grains; leur peau est presque partout blanchâtre tirant à la couleur de chair, sans taches, mais elle paraît comme recouverte d'une poudre très-fine. Telle est la couleur la plus ordinaire des vers; cependant on rencontre presque toujours, dans une éducation un peu nombreuse, quelques vers qui diffèrent d'une manière très-sensible de ceux qui viennent d'être décrits; ces vers, au lieu d'être blanchâtres, sont d'un gris foncé et presque noirâtre, avec peu ou point de taches blanches.

Au reste, à l'époque dont il est question, on voit dans tous les vers, d'après la couleur de leurs 8 pattes postérieures, quelle sera *la couleur de la soie qu'ils fileront;* ces pattes sont jaunes pour la soie de cette couleur, et blanches si le fil de l'insecte est blanc. Déjà, pendant le 4e âge, ces signes de la couleur future de la soie pouvaient être entrevus, mais ils sont beaucoup plus distincts au commencement du 5e.

Aussitôt que les vers ont fait leur 4e mue, on les change de tablettes en les espaçant toujours davantage. C'est alors aussi qu'il faudra avoir ample provision de feuilles, car la consommation que les vers vont en faire pendant leur 5e âge sera énorme; elle devra être au moins 4 fois plus considérable qu'elle n'a été pendant tous les âges précédens, puisque les quantités que nous avons annoncées précédemment ne se montent encore qu'à 300 et quelques livres, et que plus de 1400 vont leur devenir nécessaires. La place que les vers occupent sur les tablettes et la quantité de feuilles qu'ils mangent dépendent essentiellement de leur nombre, et ce nombre lui-même est soumis à l'état de santé des vers, qui dépend non seulement des bons soins apportés dans l'éducation, ce dont, il est vrai, on est toujours maître, mais plus encore sans doute de l'état de l'atmosphère extérieure dont il est toujours très-difficile, pour ne pas dire impossible de modifier les influences à l'intérieur de l'atelier. On voit donc d'après cela qu'il est dif-

ficile de prévoir la *quantité de vers qu'on perdra* dans le courant d'une éducation; car, quelque heureuse qu'elle puisse être, il mourra toujours des vers par une cause ou par l'autre. DANDOLO, sous le rapport de la conservation, paraît avoir obtenu des succès inconnus avant lui; mais on serait probablement dans l'erreur si l'on croyait qu'il fût facile d'arriver toujours aux mêmes résultats que lui. La preuve en est que même en ne faisant que des éducations peu nombreuses, et dans lesquelles par conséquent, toutes chances égales d'ailleurs, il est plus facile d'obtenir des succès, cependant on va voir par le tableau que nous allons donner des résultats de 39 éducations, combien le produit en a été variable.

Dans 7 éducations nous avons eu perte de 1/2
3 . . . . des 2/5
13 . . . . de 1/3
8 . . . . de 1/4
4 . . . . de 1/5
1 . . . . de 1/6
1 . . . . de 1/7
1 . . . . de 1/8
1 . . . . de 1/9

D'après cela, lorsqu'on procède par 10 onces de graine, par exemple, la quantité de vers à loger et à nourrir pendant le 5e âge, pourra varier de 10 à 50 et même à 100 mille, si la perte totale doit être d'1/5e, d'1/4, d'1/3 ou même de moitié, ce qui, dans les grandes éducations, est ce qui arrive le plus souvent. Il est donc très-difficile de pouvoir peser la quantité de feuilles donnée à chaque repas aux vers pendant toute une éducation. Si on le fait, ce ne peut être qu'un objet de curiosité pour se rendre compte de ce que les vers ont consommé dans telle ou telle éducation, mais cela ne pourra pas servir rigoureusement pour une éducation postérieure, parce que, si elle était moins heureuse, les vers auraient du superflu, et dans le cas où elle serait plus prospère, les vers n'auraient pas assez de nourriture.

Qu'on se borne donc, en délitant les vers au commencement du 5e âge, à les *espacer convenablement* sur les tablettes de manière à ce qu'ils n'y soient pas gênés, et qu'on leur *donne de la feuille 5 fois par jour, en les en couvrant largement* au moment de chaque distribution. Comme, à cette époque de leur existence, ils font beaucoup de litière, il faut les changer de place le 4e et le 7e jour, toujours en élargissant l'espace, de manière que les vers d'une once de graine pourront occuper successivement 150, 200 et 250 pieds carrés. Au fur et à mesure qu'on délite les vers, on doit procéder au *nettoiement* des tablettes et des claies. Chaque jour on s'aperçoit alors des progrès que font les vers; on les voit pour ainsi dire croître à vue d'œil. Le 5e, le 6e et le 7e jour du 5e âge sont le temps de la *grande frèze,* ou celui où les vers mangent le plus; ils ont alors une faim dévorante, ils font en mangeant un bruit que l'on a comparé à celui d'une forte pluie. Il est bon à cette époque de leur donner un 6e repas. Après cela l'appétit des vers commence à diminuer, et le 8e et le 9e jours, ils sont parvenus à leur plus grand développement ; ils sont tout-à-fait blancs ; leur longueur est généralement de 36 lignes, et chez quelques-uns elle est même de 40 ; leur poids le plus ordinaire est de 72 à 80 grains, et quelquefois de 100 grains et plus. Dès-lors les vers mangent beaucoup moins, ils cessent aussi de croître, et même ils paraissent diminuer un peu, parce qu'ils rendent une plus grande quantité d'excrémens, ils commencent, selon l'expression vulgaire, *à se vider*. Cela est déjà un 1ᵉʳ signe que les vers approchent de leur *maturité*, et qu'ils vont bientôt faire leurs cocons. On reconnaît que cette maturité est complète aux signes suivans : 1° les vers montent sur les feuilles sans les ronger, et ils lèvent souvent la tête comme pour indiquer qu'il leur faut autre chose ; 2° ils quittent les feuilles et courent le long des claies en cherchant à grimper ; 3° les anneaux de leur corps se raccourcissent, et la peau de leur cou paraît toute ridée ; 4° leur corps devient d'une certaine mollesse et la peau, surtout celle des anneaux inférieurs, acquiert une demi-transparence et prend une teinte légèrement jaunâtre, particulièrement dans les vers qui doivent filer de la soie jaune ; 5° si l'on regarde les vers avec attention, on voit qu'ils traînent après eux un fil de soie qui sort de leur bouche, et dont on peut tirer un assez long bout sans le rompre ; 6° enfin le ver tout entier annonce par sa couleur celle de la soie qu'il produira, et on peut connaître en l'ouvrant s'il devait devenir papillon mâle ou femelle ; ceux destinés à être mâles ne contient qu'une liqueur jaunâtre, ceux qui doivent former des femelles sont pleins d'œufs. Quand on a reconnu à ces signes que le temps où les vers doivent filer leurs cocons est très-prochain, on doit s'occuper du nettoiement des claies en délitant les vers pour la dernière fois.

A part deux circonstances où le ver cherche en naissant sa nourriture, et, quand il est mûr, une place commode pour y faire son cocon, il est très-sédentaire sur la litière ; la faim même ne l'en éloigne pas ; nous avons vu plusieurs fois des vers abandonnés sans nourriture, y mourir après plusieurs jours de jeûne, sans avoir essayé d'en franchir les limites. Avant le sommeil qui précède les mues, quelques vers qui sont au bord des claies s'éloignent à 1 ou 2 pouces tout au plus pour s'endormir à l'écart ; mais, la mue faite, ils redescendent promptement sur la litière.

§ VII. — Formation des cocons.

Le nettoiement des claies étant terminé, il faut s'occuper sans retard de *préparer aux vers les moyens de filer leurs cocons* avec facilité, ce qu'on fait en leur construisant des haies, des cabanes ou des rames, ainsi que l'on dit selon les pays ; c'est ce qui a été expliqué plus haut.

Lorsque les vers commencent à monter sur les cabanes, on n'a pas besoin de conserver dans l'atelier plus de 17° de chaleur ; il convient en outre que l'air soit aussi sec que possible, et, si l'état de la température extérieure le permet, on peut ouvrir partout portes et fenêtres dans les heures les plus chaudes de la journée.

On croit assez généralement que le *tonnerre est contraire aux vers-à-soie*, et on redoute d'après cela les orages au moment où ils montent sur les cabanes. La preuve que le tonnerre et les commotions les plus fortes imprimées à l'atmosphère même de l'atelier dans lequel ils sont, ne peut leur être nuisible, c'est que des coups de fusil ont été tirés dans une magnanerie au moment de la montée, sans produire aucun effet fâcheux. Nous avons vu nous-même, le 26 juillet 1824, des vers, étant alors à la fin de leur 5ᵉ âge, manger avec la plus grande avidité sans paraître ressentir aucune influence d'un violent orage qui dura environ 1 heure, et pendant lequel les coups redoublés du tonnerre n'étaient pas une minute sans se faire entendre, et pendant lequel la foudre tomba 3 à 4 fois à peu de distance de la maison de campagne où nous étions. Des vers qui avaient déjà commencé leur cocon, le continuèrent aussi sans aucune interruption. Quelque temps auparavant nous avions transporté à la campagne une centaine de vers, alors dans leur 3ᵉ âge ; nous leur fîmes *faire un voyage* de 20 lieues sur l'impériale d'une diligence sans qu'ils en éprouvassent la moindre fatigue, et, à notre retour, qui eut lieu 2 jours après l'orage, quelques-uns de nos vers qui étaient sur le point de filer furent mis par expérience dans des cornets de papier fermés par le haut, puis renfermés dans une boîte qui fut placée, comme la 1ʳᵉ fois, sur l'impériale de la diligence, où elle fit 20 lieues, et malgré les innombrables secousses éprouvées pendant dix heures sur une route pavée, tous les cornets ayant été ouverts à la fin du 3ᵉ jour, nous trouvâmes que tous les vers avaient fait de beaux et bons cocons, dont l'un pesait lui seul 53 grains.

A compter du moment où les vers commencent à jeter leur *bave* ou *bourre*, c'est-à-dire les 1ᵉʳˢ fils de leur soie (*fig.* 138), ceux qui

Fig. 139.

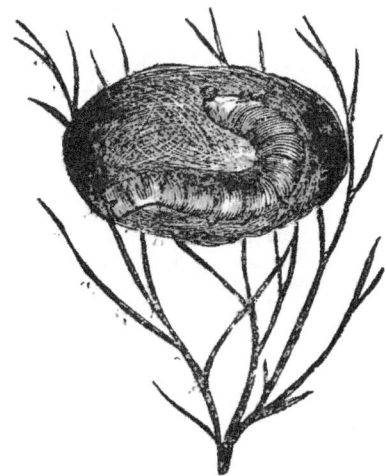

sont sains et vigoureux terminent leur cocon en 3 ou 4 jours au plus. La première journée de la montée sur les cabanes on voit rarement un grand nombre de vers occupés à ourdir leur cocon, c'est le 2ᵉ et le 3ᵉ jour qu'ils quittent la litière de toutes parts, et qu'on les voit grimper à la suite des uns des autres, cherchant une place commode pour leur ouvrage. Plusieurs se fixent tout de suite sans monter bien haut, ce sont les meilleurs, d'autres courent çà et là, parcourent plusieurs branches, quittent les places les plus commodes, ont peine à s'arrêter, et finissent quelquefois par retomber sur la litière. Le 4ᵉ ou le 5ᵉ jour après que les premiers vers montés aux cabanes ont déjà terminé leurs cocons et que les derniers sont encore occupés de ce travail, il ne reste plus que quelques retardataires dont on peut sans doute espérer encore quelque chose, mais sur lesquels il ne faut pas compter comme sur les 1ᵉʳˢ; le retard que ces vers mettent à filer leur cocon annonçant chez eux moins de vigueur, on les enlève de dessous les cabanes et on les réunit sous des cabanes particulières, placées dans une autre chambre où l'air soit sec et la température à 18 ou 19°. Enfin. on peut former dans le même lieu des cabanes plus basses sous lesquelles on dépose les vers faibles ou ceux qui sont tombés du haut des ramées, et on leur donne de la nourriture tant qu'il est besoin, en ayant soin de les resserrer et de rétrécir la place qu'ils occupent à mesure que leur nombre diminue sur la litière. Aux plus faibles on prête le secours de cornets de papier, ou, ce qui est encore plus facile et moins embarrassant, on les met dans une grande corbeille, en les couvrant d'une couche légère de copeaux de menuisiers ou de menus rameaux de bruyère, et on en fait ainsi autant de lits qu'il est nécessaire.

Aussitôt après qu'il ne reste plus de vers à nourrir sous les cabanes, on procède au *dernier nettoiement* des claies et des tablettes, dont les vers d'une once de graine peuvent, ainsi qu'il a déjà été dit, avoir occupé pendant les derniers jours, depuis 200 jusqu'à 250 pi. carrés, selon que l'éducation a été moins ou plus prospère.

§ VIII. — Sixième âge : récolte des cocons; choix pour la reproduction.

Chacun des âges précédens a commencé toutes les fois que la larve du ver-à-soie a changé de peau ; d'après cela le 6ᵉ âge ne commence réellement que lorsque le ver ayant filé son cocon, se raccourcit au fur et à mesure, et se métamorphose à la fin en *chrysalide* après avoir dépouillé sa peau de larve. La *fig.* 140 représente en A le cocon terminé et en B la chrysalide hors du cocon. Ce 6ᵉ âge se passe tout entier dans le cocon, et la métamorphose n'est point visible, à moins qu'on ne fende le cocon au moment où elle va s'opérer, ce qui a ordinairement lieu le 4ᵉ ou le 5ᵉ jour après que le ver a commencé à filer. Quelques vers, dans toutes les éducations, ne font point de soie, ils restent dans la litière ou descendent des cabanes après y être montés, avoir erré pendant quelque temps sur les branches, et ils opèrent leur métamorphose à nu sans être enveloppés d'un cocon. On ne garde jamais ces chrysalides, on les jette ordinairement hors de l'atelier. Il

Fig. 140.

B   A

serait curieux de savoir, en en conservant pour avoir les papillons, si les œufs de ces derniers donneraient naissance à des vers dégénérés qui ne fileraient point, ou si, ne participant point à l'infirmité de leurs pères, ils produiraient de la soie comme les autres vers.

Revenons à ceux que nous avons laissés filant leurs cocons. Quatre jours après que le dernier ver est monté, on met à bas tous les petits fagots qui ont servi à faire les cabanes, et on en *détache à mesure tous les cocons* qu'on jette dans de grandes corbeilles, en ayant soin de mettre de côté tous ceux qui sont imparfaits, mal conformés, mous ou qui sont doubles, c'est-à-dire qui sont l'ouvrage de deux vers ayant filé en commun. Ces derniers se reconnaissent facilement à leur grosseur et à leur poids beaucoup plus considérables.

Si toutes les époques de l'éducation se sont passées heureusement, une once de graine pourra produire 100 et même jusqu'à 120 et 130 livres de cocons ; mais ces dernières récoltes sont fort rares; on s'estime heureux lorsque le produit s'élève au 1ᵉʳ poids qui vient d'être dit ; car il arrive assez souvent qu'on ne retire que 80 et même que 70 livres. Quant aux cocons eux-mêmes, ils sont fort beaux lorsque 250 à 260 pèsent une livre poids de marc. — Il résulte des observations faites pendant de nombreuses années dans les pays où l'on se livre depuis long-temps à l'éducation des vers-à-soie, qu'on a eu de bonnes récoltes lorsque les vents du nord ont régné durant l'existence des vers, et qu'elles ont été médiocres ou mauvaises lorsque, pendant le même temps, les vents ont soufflé souvent du sud ou du nord-ouest.

Dès qu'on a séparé les cocons des rameaux qui formaient les cabanes, ou aussitôt qu'on a *déramé* ou *décoconné*, comme on dit encore selon les provinces, on *choisit les cocons* destinés à la propagation de l'espèce. Quatorze onces de cocons fournissent communément une once de graine. D'après cela on met ordinairement à part autant de livres de cocons qu'on veut faire d'onces de graine, et dans le choix qu'on en fait on donne la préférence à ceux qui sont plus durs, mieux conformés; ceux qui joignent à ces qualités d'avoir une espèce d'anneau ou de cercle rentrant qui les serre dans le milieu (*fig.* 140 ci-dessus), sont regardés comme très-bons.—Il n'y a pas de signes bien certains pour distinguer le sexe des cocons; cependant on a cru remarquer que les plus petits, pointus aux deux bouts et serrés dans le milieu, renfermaient souvent des mâles, tandis que les plus ronds, les plus gros, peu ou point serrés dans le milieu et communément plus pesans, contenaient très-ordinairement des femelles: il faut donc choisir parmi ceux qui réunissent ces derniers signes, au moins la moitié et même les deux tiers des cocons qu'on veut garder pour graine; on aura toujours assez de mâles.

Il est prouvé par l'expérience que lorsqu'on a fait choix de cocons qui étaient tous d'une couleur uniforme, on en obtenait une race de vers qui donnaient exactement des cocons de la même couleur; mais comme beaucoup d'éducateurs de vers-à-soie ne prennent pas ce soin, on a le plus souvent, dans une seule éducation, des cocons de plusieurs couleurs et de plusieurs nuances. Ainsi dans les 2 couleurs principales, le jaune et le blanc, on distingue des cocons d'un jaune très-foncé et d'autres plus pâles; il y en a qui paraissent fauves clairs ou de la couleur du nankin des Indes, et dont la nuance est aussi plus ou moins intense. Les blancs ne sont pas moins variables, depuis le blanc le plus pur dit blanc *sina* ou de Chine, dont quelques éducateurs se sont appliqués à conserver la race aussi pure que possible, jusqu'au blanchâtre sale et à la teinte soufrée dont les cocons sont dits *verts*. Nous regardons ces derniers comme appartenant à une modification du blanc, parce que les vers qui les filent ont les pattes blanches, et parce que cette race est très-difficile à maintenir dans une éducation subséquente; car, quelque soin qu'on ait pris de ne conserver que les cocons les plus foncés, il s'en trouve toujours un grand nombre qui passe au blanchâtre.

La *bourre* qui se trouve plus ou moins abondante sur la surface des cocons réservés pour la reproduction doit être soigneusement enlevée, parce qu'elle pourrait gêner les papillons lors de leur sortie, et parce que, tel faible qu'en soit le produit il n'est pas à négliger. Cela étant fait, on place ces cocons dans des tiroirs ou dans des boîtes, et par lits de l'épaisseur de deux cocons, dans une chambre dont la température ne soit pas moindre de 15 ni plus forte que 18°, si cela est possible, et on attend la sortie des papillons.

Au lieu de choisir pour ainsi dire au hasard les cocons pour graine, ne vaudrait-il pas mieux, dans le courant de l'éducation, prendre les vers qui auraient toujours fait leurs mues les premiers, qui auraient par conséquent *montré plus de vigueur*, et les faire filer à part? Il ne serait pas difficile d'essayer si ce nouveau moyen ne donnerait pas des produits plus avantageux; peut-être en obtiendrait-on une race de vers améliorés.

Quant à la masse de cocons qui fait le véritable produit de l'éducation et qu'on doit conserver pour en retirer la soie, comme cette opération ne peut se faire tout de suite, il faut tuer les chrysalides dans les cocons mêmes, afin que ceux-ci ne soient pas percés par les papillons. La simple exposition des cocons pendant 3 à 4 heures à un soleil très-ardent suffit pour faire périr la chrysalide; mais ce moyen, à cause de l'incertitude du climat, est souvent insuffisant, ce qui fait qu'on le met rarement en usage. On préfère ordinairement employer la *chaleur des fours* que l'on applique assez souvent sans règle bien précise. Les cocons, placés dans de grandes corbeilles, sont mis dans le four après qu'on a retiré le pain, et on les y laisse plus ou moins long-temps suivant le degré de chaleur, ce dont les ouvriers qui en ont l'habitude peuvent seuls être juges. Comme il n'est pas rare que cette chaleur étant appliquée trop forte cause des accidens qui nuisent à la qualité de la soie et à son produit, on a proposé plusieurs autres méthodes: l'emploi des substances volatiles, comme le *camphre;* celui des *gaz* non respirables et délétères, comme l'*acide carbonique,* le *gaz acide sulfureux;* mais jusqu'à présent les divers essais faits en ce genre n'ont pas encore présenté des résultats assez positifs. M. Fontana a aussi proposé d'étouffer les chrysalides par la vapeur de l'eau bouillante, ou en les plongeant dans l'eau bouillante elle-même; mais, quelques précautions qu'on prenne pour les faire sécher ensuite sur des claies bien aérées, et quelque favorable que soit la saison, le ramollissement du tissu des cocons et l'humidité qui les pénètre font promptement tomber la chrysalide en putréfaction, et sont d'ailleurs très-nuisibles à la qualité et à la beauté des cocons, qui par suite sont souvent tachés; de sorte que l'application d'une chaleur sèche a été en définitive reconnue le meilleur moyen pour faire périr les chrysalides. Pour obvier à l'inconvénient des fours, ce qu'on a imaginé de mieux est un *étouffoir* qui consiste en une espèce d'armoire divisée en étages formées de caisses plates de cuivre ou de fer-blanc, dans lesquelles on introduit les cocons. La vapeur qui sort d'une chaudière enveloppe chacune de ces caisses qui sont hermétiquement fermées, et les cocons n'éprouvent aucune altération, ni dans leur couleur, ni dans leur tissu. On dit que la chaleur doit être élevée à 75° dans cet appareil; mais nous ne croyons pas qu'il soit nécessaire de porter la chaleur si haut, car, dans un essai que nous avons fait en exposant dans une petite étuve, seulement à une chaleur de 50 degrés, quelques centaines de cocons, il n'a fallu qu'une heure pour en faire périr toutes les chrysalides. Une étuve dans laquelle il est toujours assez facile de graduer la chaleur à volonté, pourrait donc aussi être employée pour étouffer les chrysalides dans les cocons. En opérant plus en grand, il serait peut-être nécessaire d'en élever la chaleur à 60 degrés au lieu de 50 qui nous ont suffi pour un petit nombre de cocons. Dans une assez petite étuve, comme celle dont on a donné les dimensions plus haut, on pourrait facilement étouffer 2 ou 3 mille livres de cocons.

L'éducateur de ver-à-soie qui ne tire pas lui-même la soie des cocons qu'il a produits, *doit les vendre le plus tôt possible*, car chaque jour qu'il les garde après avoir fait périr les chrysalides, ses cocons diminuent de poids, et cette diminution est assez rapide pour que le 3e jour seulement il y ait déjà environ 1/20e en moins, le 12e jour 1/8e. Un mois après la perte est énorme, elle est de près d'un tiers; plus tard encore elle serait de moitié, et enfin des deux tiers.

§ IX. — Septième âge : Naissance des papillons, accouplement et fécondation, ponte, conservation de la graine.

Les papillons *sortent des cocons* qui ont été conservés pour graine, 18 à 20 jours après que les vers ont commencé à filer, si le lieu dans lequel ils sont est à 16 ou 18°; mais, si la température est plus élevée, il ne leur faut que 15 à 16 jours; à un moindre degré de chaleur, au contraire, ils ne subiront cette dernière métamorphose qu'en 22 à 24 jours, et même plus. C'est le plus souvent depuis 5 à 6 heures du matin jusqu'à midi que les papillons viennent au jour, rarement sortent-ils dans la soirée et presque jamais pendant la nuit, quoique ces insectes appartiennent à la classe des papillons nocturnes. Dans l'intérieur du cocon même, l'insecte parfait déchire la peau mince dans laquelle il est enveloppé, et débarrassé pour ainsi dire de ses langes, il perce un des bouts de son cocon qu'il a préalablement amolli en l'humectant d'une liqueur particulière, ordinairement jaunâtre, qu'il dégorge par la bouche, et il sort après avoir pratiqué un trou en heurtant fortement avec sa tête jusqu'a ce que le tissu cède à ses efforts réitérés. Nous avons dit qu'il fallait disposer les cocons horizontalement et par lits de deux d'épaisseur, parce que lorsque le papillon est parvenu à porter sa tête et ses pattes antérieures en dehors de son cocon, il est facilité pour en sortir tout-à-fait, en s'accrochant par ces mêmes pattes aux autres cocons qui se trouvent devant lui. Aussitôt après que les papillons sont entièrement sortis, ils évacuent par l'anus, avec une sorte d'éjaculation, un autre *liquide* à peu près semblable au premier, et qui n'en est probablement que le superflu.

Dès-lors, si on laisse aux mâles la liberté, ils cherchent les femelles pour s'accoupler avec elles. L'*accouplement complet* s'annonce par des tremblemens du mâle uni à la femelle (*fig.* 141). Alors on peut prendre avec précaution l'un des deux par les ailes, et les placer réunis dans des tiroirs ou des boîtes garnis dans leur fond de morceaux de linge ou d'étoffe. Lorsqu'on a rempli une de ces boîtes ou un de ces tiroirs de mâles et de femelles accouplés ensemble, on en met de même dans un second, dans un 3e, et ainsi de suite jusqu'à ce que tous les papillons soient successivement nés et accouplés. La copulation durerait naturellement 20 à 24 heures, et nous l'avons même vue se prolonger jusqu'à 2 et 3 jours entiers; mais, comme on a observé que l'accouplement prolongé, loin d'être

Fig. 141.

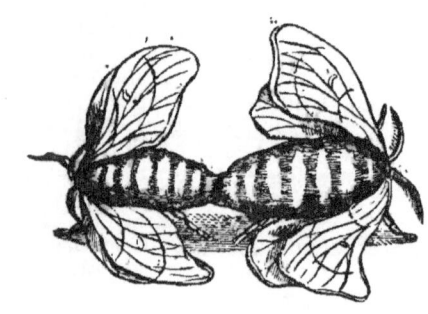

avantageux, nuit au contraire à la ponte, parce que la femelle épuisée périt souvent avant d'avoir répandu tous ses œufs, on est dans l'usage d'abréger l'accouplement, et on sépare ordinairement le mâle de la femelle au bout de 8 à 10 heures; on peut même ne les laisser que 6 heures ensemble, et par ce moyen un mâle pourra facilement suffire à 2 et 3 femelles dans la même journée. Nous avons fait l'expérience de plusieurs papillons qui ont fécondé successivement jusqu'à 10 et 12 femelles; l'un d'eux même en a fécondé jusqu'à 17, et la graine, fécondée par le dix-septième accouplement, s'est trouvée être aussi bonne que celle provenant du 1er. —Quand les accouplemens durent naturellement trop long-temps, on désunit, comme nous l'avons dit, les conjoints au bout de 6 à 8 heures, et, pour les séparer on les saisit, l'un de la main droite, l'autre de la gauche, par les ailes; en les tirant doucement en sens inverse. Beaucoup de couples se désunissent assez facilement par ce moyen; mais il en est quelques-uns qu'il faut laisser à euxmêmes parce qu'ils sont trop intimement unis, et qu'on pourrait les blesser en les tiraillant trop violemment.

Aussitôt que les femelles sont séparées des mâles, on place les 1res dans des *tiroirs* séparés garnis de linge ou d'étoffe, afin qu'elles y fassent la ponte de leurs œufs, et si, lorsqu'on a opéré la séparation, il reste beaucoup de cocons qui n'aient pas encore produit leurs papillons, on met les mâles en réserve pour les employer au besoin.

Chaque femelle *pond environ* 500 œufs (*fig.* 142) dont elle fait ordinairement la plus grande partie dans les premières 36 heures, quelquefois même en beaucoup moins de temps.

Les papillons, ne prenant aucune nourriture, ne tardent pas à s'épuiser; ils meurent pour la plupart du 10e au 12e jour; mais, le plus souvent, dès que les mâles ont fécondé les femelles, et dès que celles-ci ont fait leur ponte, on les jette aux poules qui les mangent avec avidité. Au moment où les *œufs* sortent du corps de la femelle, ils sont presque blancs; quelques heures après ils deviennent d'un

Fig. 142.

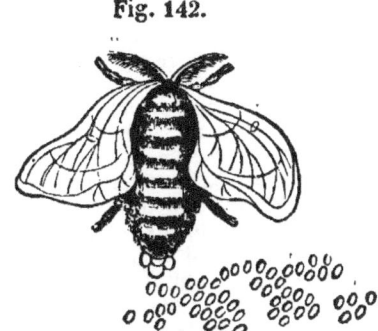

jaune pâle. Du second au 3e jour le jaune prend une teinte un peu plus foncée; le 4e, cette couleur passe au gris roussâtre et on commence à apercevoir une petite dépression dans le centre de l'œuf dont la forme générale est lenticulaire. Le 7e jour les œufs sont d'un gris roussâtre plus foncé, et on s'aperçoit, en les regardant à la loupe, qu'ils sont tous tachetés de petits points d'un gris encore plus foncé; la dépression qui est dans leur centre est plus forte et paraît former une légère cavité ou fossette. Les jours suivans les œufs ne changent plus. Dès-lors les morceaux de linge ou d'étoffe, sur lesquels les œufs ont été pondus, peuvent être pliés et serrés pour être conservés jusqu'à l'année suivante et jusqu'au moment où il sera nécessaire de les détacher pour en préparer l'éclosion. La seule précaution qu'il y ait à prendre pour leur *conservation*, c'est de les enfermer dans des tiroirs ou dans une armoire où ils soient à l'abri des souris, et de les placer dans la pièce la plus froide de la maison.

On avait cru jusqu'à ces derniers temps qu'il fallait préserver les œufs des vers-à-soie de la gelée; mais ils *peuvent supporter des froids* très-violens sans être altérés en aucune manière. Dans l'hiver de 1829 à 1830, qui a été si rigoureux, nous avons laissé pendant plusieurs jours de suite des œufs exposés à un froid de 10°, et cela ne les a pas empêchés d'éclore à la fin du mois d'avril suivant, absolument de la même manière que ceux qui avaient été préservés de la gelée. Pendant le même hiver, M. Poumarède, de la Rogne, département du Tarn, a laissé encore plus longtemps des œufs sur une fenêtre au nord, le thermomètre marquant de 10 à 18° au-dessous de 0. Cependant ces œufs ont éclos au printemps suivant, de même que ceux qui avaient été hivernés; seulement leur éclosion n'eut lieu qu'1 ou 2 jours plus tard. Il résulte de ces 2 observations que la graine de vers-à-soie n'a pas besoin d'être hivernée; mais, pendant l'été, il est indispensable de la préserver des grandes chaleurs; car on nous a rapporté qu'en 1825, de la graine ayant été placée dans une mansarde exposée au midi, et où la chaleur fut pendant plusieurs jours de suite de 28 ou 30° et peut-être plus, une bonne partie de cette graine produisit des vers qu'on trouva morts quelque temps après, quand on fut pour examiner dans quel état elle se trouvait.

§ X. — Éducations multiples.

Jusqu'à présent on a mal compris les éducations multiples; Dandolo dit que les tentatives qu'il a faites à ce sujet lui ont prouvé que ce serait le vrai moyen de détruire les mûriers, et, en conséquence. la race des vers-à-soie. Ayant fait de nombreuses expériences, qui toutes ont été favorables à l'opinion contraire, nous protestons formellement contre ce qu'a dit cet auteur recommandable, quoique plusieurs autres, depuis, aient aussi été de son avis. Nous croyons d'ailleurs être le premier qui ayons trouvé un procédé facile de multiplier les éducations et de le faire avec sûreté et avantage. L'expérience nous a prouvé qu'on pouvait faire chaque année 5 récoltes différentes de cocons; mais les 2 dernières étant plus difficiles et aussi moins productives, nous nous sommes bornés, en dernier lieu, à expliquer comment les 3 premières pouvaient se faire. Obligés d'abréger beaucoup ici ce que nous avons à dire à ce sujet, nous renvoyons les personnes curieuses de plus longs détails, au mémoire intitulé : *Mûriers et vers-à-soie*; chez madame Huzard. Paris, 1832.

Pour *faire 3 récoltes chaque année*, il faut avoir soin de se munir d'une triple provision de graine, dont la 1re n'a besoin d'aucune préparation particulière, étant destinée à éclore à l'époque ordinaire; mais la 2e et la 3e portion doivent être mises, chacune séparément, dans un bocal bien bouché et même luté avec soin, afin que l'humidité n'y puisse pénétrer; aussitôt que la température de la chambre où la graine a passé l'hiver paraît devoir s'élever au-dessus de 8 à 9 degrés, on place un des bocaux dans une cave, la plus froide qu'on pourra trouver, et le second dans une glacière. La graine du 1er bocal sera destinée à faire la 2e éducation, et les œufs enfermés dans le second serviront à faire la 3e.

La 1re éducation étant commencée comme à l'ordinaire, on retire de la cave les œufs qui doivent servir à faire la seconde, 10 à 12 jours après que les 1ers vers sont éclos, et on ménage l'éclosion des seconds de manière à ce qu'elle arrive lorsque les 1ers nés feront leur 4e mue. On comprend. sans qu'il soit besoin de le dire, qu'il est facile de placer la nouvelle graine dans l'étuve qui est restée vide depuis quelques jours. Les vers y écloront et y seront traités ainsi que leurs aînés l'ont été 24 à 25 jours auparavant, et ils les remplaceront dans la chambre moyenne et enfin dans le grand atelier, lorsque celui-ci se trouvera vide après la 1re récolte, et ils y feront de même leurs cocons, dont le produit formera la 2e récolte.

Quant à la 3e, elle ne présente rien de plus difficile; elle commence de même lorsque les vers de la 2e sont au 10e ou 12e jour de leur existence, en sortant d'abord de la glacière le bocal dans lequel la graine est renfermée. Comme, à cette époque de la saison, la chaleur est souvent assez vive, pour ne pas produire dans la graine une révolution trop subite, c'est de grand matin que nous faisons quitter la glacière à la graine, et, le plus tôt possible, nous la plaçons dans une cave où nous la laissons 1 jour ou 2. De là nous la faisons passer dans un des endroits les plus frais de la maison, puis nous l'exposons à la température ambiante, enfin nous la mettons dans l'étuve afin de déterminer son éclosion d'une manière aussi simultanée que possible. Peut-être plusieurs de ces précautions sont-elles inutiles ? Le reste va tout seul ; les vers de cette 3e éducation trouveront vides les différentes places de la magnanerie au fur et à mesure que leur accroissement obligera à leur donner plus d'espace. Aussi rien n'est plus facile que de faire, dans la durée de 3 mois, 3 éducations également productives, et, dans un local où l'on ne pourrait élever naturellement que 300,000 vers-à-soie, on pourra en avoir successivement jusqu'à 900,000, ce qui, nécessairement, devra tripler les bénéfices.

Les *inconvéniens* qu'on a reprochés aux éducations multiples ne sont nullement fondés ; ce n'est que parce qu'on s'y était d'abord mal pris pour les faire qu'elles pouvaient présenter beaucoup de difficultés. Ainsi la méthode proposée par BERTEZEN, il y a un peu plus de 40 ans, et reproduite dans ces derniers temps par M. MORETTI, professeur d'économie rurale à Pavie, avec une race de vers à 3 récoltes, était dans ce cas, et nous en avons fait sentir les difficultés presque insurmontables dans les *Annales de la Société d'horticulture*, t. VII, p. 165 ; mais nous croyons que la nôtre en est tout-à-fait exempte, et nous regrettons beaucoup que des circonstances indépendantes de notre volonté nous aient empêché de multiplier nos essais sur ce sujet ; mais nous ne pouvons qu'engager les propriétaires qui se trouveront à même de continuer nos expériences, de le faire avec courage. Nous croyons pouvoir leur faire espérer des succès et des profits que nous n'avons fait qu'entrevoir.

Au reste, nous devons dire, avant de terminer, que pour faire plusieurs éducations de vers-à-soie chaque année, il faut commencer par *multiplier ses plantations de mûriers* de manière à avoir des arbres différens pour chaque éducation, afin que les mûriers ne soient dépouillés de leurs feuilles qu'une fois par an, ainsi que cela se pratique ordinairement.

Quant aux moyens de se procurer de la feuille jeune et tendre pour les vers qui éclosent au moment où les bourgeons de mûrier ont déjà une certaine longueur et où la plupart de leurs feuilles se trouvent trop dures pour des vers qui viennent d'éclore ou qui sont dans les 3 premiers âges, cela est beaucoup moins difficile qu'on ne pourrait le croire. Pendant ces 3 premiers âges, les vers ne consomment que peu de feuilles : il ne leur faut, pendant tout ce temps, qu'à peu près la 16e partie de ce qui leur sera nécessaire dans les 2 derniers âges, et ce 16e de nourriture, ou environ 100 liv. de feuilles pour les vers de chaque once de graine, se trouve facilement dans les sommités des bourgeons développés depuis la feuillaison des arbres ; il ne s'agit que de le faire choisir par des femmes ou des enfans, en

leur faisant prendre seulement les 2 feuilles supérieures pour les vers du 1er âge, ensuite les 3 dernières pour ceux du second, et enfin les 4 dernières lorsque le 3e âge est arrivé ; si ces feuilles se trouvent d'ailleurs un peu grandes, on les fait couper en morceaux plus menus. Parvenus au 4e âge, les vers peuvent manger toute espèce de feuilles. Quant à ce qui reste après en avoir retiré les sommités, et ce reste est toujours le plus considérable, il est donné aux vers de la 1re éducation, qui sont alors dans le 4e et dans le 5e âge.—Le moyen de nourrir les vers de la 3e éducation est encore plus facile, parce qu'à l'époque où ils naîtront, les bourgeons de la 2e sève du mûrier commenceront à se développer ; on n'aura qu'à les faire cueillir, ils suffiront de reste à la nourriture de cette 3e éducation pendant tout le temps qu'elle pourra durer.—Une considération importante, à laquelle il ne faut pas manquer d'avoir égard, c'est que, comme les arbres qui auront servi en dernier lieu n'auront pas le temps suffisant pour réparer leurs pertes après la cueillette de leurs feuilles, il sera bon de les laisser reposer l'année suivante ; par conséquent, pour faire 3 éducations chaque année, il faudra avoir des mûriers en assez grande quantité pour que le quart de ces arbres, toujours le dernier dépouillé, puisse se reposer l'année suivante. Avec ces précautions, nous croyons pouvoir garantir le succès de la méthode que nous proposons.

LOISELEUR DESLONGCHAMPS.

SECTION V.—*Maladies des vers-à-soie.*

Le ver-à-soie est un animal très-robuste, soit par sa nature, soit par la simplicité de son organisation ; mais, réduit à l'état de domesticité, il contracte souvent, malgré l'énergie de sa constitution, diverses maladies, qui paraissent entièrement dues au régime hygiénique défectueux qu'on lui fait suivre, et aux erreurs que l'on commet dans la manière de le diriger.

Les *causes* des maladies des vers-à-soie sont nombreuses, mais souvent très-difficiles à démêler ; néanmoins, les suivantes paraissent, être celles qui exercent le plus d'influence sur sa santé : — Lorsque le lieu destiné à la naissance des papillons, à leur accouplement et à la ponte, est trop chaud, trop froid ou humide, et que l'endroit où l'on conserve les œufs et où on les fait éclore est aussi trop humide, et que l'on garde ceux-ci trop entassés ; — Lorsque l'embryon prêt à devenir ver à une température modérée, est exposé tout-à-coup à des changemens brusques de température, et que les vers, après leur naissance, sont soumis subitement à une température plus basse ou plus élevée que celle où ils sont nés ; — Quand l'air de l'atelier est humide et chaud, stagnant, insalubre ; que les vers sont entassés sur les claies et ne peuvent ni manger librement, ni respirer un air renouvelé ; que les claies exhalent des miasmes dangereux ; que la litière non renouvelée s'échauffe, entre en fermentation, dégage en abondance du gaz acide carbonique et des émanations très-insalubres ; — Lorsque la feuille du mûrier est de mauvaise qualité, non appropriée à l'âge de l'insecte, qu'elle est rare et donnée en petite quantité, ou que dans une saison pluvieuse on la lui distribue non séchée et encore tout empreinte d'humidité; — enfin, surtout, lorsque, parvenus au 5e âge, la transpiration trachéale et cutanée, les fonctions de la digestion ou de la nutrition sont troublées par une cause fortuite ou par la négligence dans les soins journaliers, ou un écart de régime, etc.

L'organisation, tant anatomique que physiologique, du ver-à-soie a encore été trop peu étudiée pour qu'on puisse, avec quelque certitude, assigner les véritables causes, le siége, la marche et le traitement des maladies qui l'attaquent pendant sa vie. Ces affections, d'ailleurs, paraissent ne pas être les mêmes dans tous les climats, ou au moins ne pas y offrir les mêmes symptômes, et les observateurs ont mis si peu de soin dans l'étude de leur diagnostique, et leur ont même assigné des noms si arbitraires, qui varient avec le pays, qu'il est quelquefois difficile de débrouiller le chaos de toutes celles qui ont été reconnues jusqu'ici. Nous allons toutefois faire connaître celles qui se présentent le plus fréquemment, en prenant pour guide les auteurs français et surtout les écrivains italiens qui ont étudié avec soin les affections pathologiques du ver à-soie.

1° La *muscardine*, appelée aussi *la rouge* (*male del segno, calcinaccio, calcino* des Italiens). C'est une affection très-grave qui attaque le ver à tous les âges, souvent après qu'il a formé son cocon, lorsqu'il va se transformer en chrysalide, et même après cette transformation. Dans les 4 1ers âges, on ne remarque guère que quelques individus isolés qui en sont atteints, mais vers la fin du 5e la maladie attaque parfois un très-grand nombre de vers et fait les plus grands ravages dans les magnaneries.

On a long-temps disputé sur la *nature* de cette maladie, et on a fait à ce sujet, en Italie, de nombreuses expériences. Il paraît à peu près démontré aujourd'hui qu'elle n'est pas épidémique, mais contagieuse, et que la contagion se propage uniquement par le cadavre; c'est-à-dire que la maladie se transmet d'un individu à un ou plusieurs autres par le contact médiat ou immédiat du cadavre des individus morts de la muscardine. Ce qui rend indispensable la désinfection complète de l'atelier où elle a régné, ainsi que celle de tous les ustensiles, avant d'entreprendre une autre éducation.

Les *caractères* de cette maladie sont les suivans: on voit d'abord paraître sur le corps des vers de petites taches pétéchiales, d'un rouge vineux, qui grandissent peu-à-peu, deviennent confluentes, jusqu'à ce que tout le corps soit d'un rouge uniforme plus foncé que celui des taches primitives. Pendant que ces signes se manifestent, les vers perdent leur faculté locomotrice, et s'arrêtent; les tissus de leur corps, perdant leur élasticité et leur mollesse, deviennent résistans sous les doigts jusqu'au moment où l'animal meurt et reste endurci dans la posture où il se trouvait à cet instant. Quelques heures après la mort, le corps se revêt d'une efflo-

rescence blanchâtre que BRUGNATELLI a démontrée être un phosphate ammoniaco-magnésien, mêlé à un peu d'urate d'ammoniaque et à une petite quantité de matière animale. Le cadavre ne tarde pas alors à se dessécher et à devenir friable.

Quelquefois les vers attaqués de la muscardine vont jusqu'à la montée et meurent avant d'avoir terminé leurs cocons, qui sont mous, mal tissus et de peu de valeur, et connus sous le nom de *chiques, casignons*, etc. Parfois, aussi, ils parviennent à compléter leur travail, et ne périssent qu'après leur transformation en chrysalide; mais celle-ci se solidifie et ne présente plus qu'une matière jaunâtre désorganisée. Au bout de quelques jours, cette matière se dessèche, et la momie se recouvre de l'efflorescence saline blanchâtre. En cet état on lui donne, en France, le nom de *dragées*; et, en secouant le cocon, elle rend un son sec qui fait juger, avec certitude, la chrysalide est calcinée.

On n'a pas encore trouvé, malgré quelques annonces pompeuses, de remède efficace contre la muscardine. L'observation rigoureuse des principes généraux d'hygiène peut seule en affranchir une magnanerie.

2° *Atrophie, rachitisme* (*atrofia, gracilita, gattina, covetta, macilenza*), maladie qui consiste, aux 1ers âges, dans un développement lent du corps; le ver attaqué reste plus court et plus petit que ses camarades. Deux causes donnent lieu à cet état pathologique: la 1re est l'altération de la semence, ou une couvaison ou éclosion mal dirigée : cet état est incurable. Quant à la 2e, elle est due à un défaut de soin pendant les mues, à l'entassement des vers sur les claies, surtout dans les 1ers âges, cas dans lequel ils ne peuvent prendre une égale quantité de nourriture et profiter uniformément. En séparant les vers malades, et en leur donnant une nourriture délicate et choisie, et des soins attentifs, ils ne tardent pas à rattraper le temps perdu, et, parvenus au 5e âge, ils filent un bon cocon. Faute d'attention et quand on les laisse avec les autres, ils périssent souvent affamés ou écrasés.

3° La *gangrène, noir foncé* (*cancrena, negrone*). Suivant M. le docteur I. LOMENI, la gangrène n'est que la terminaison de 3 autres maladies dont nous allons parler. Elle a pour caractère distinct de réduire le ver en un liquide noir, très-fétide, que la peau amincie retient à peine et qu'elle laisse bientôt écouler à la moindre distension. C'est un état de sphacèle qui attaque et détruit l'humeur de la soie, et dont les caractères ne laissent pas de doute sur l'existence antérieure d'une inflammation universelle, lente ou aiguë, qui a donné naissance ou entretient les 3 maladies conduisant à la gangrène. Ces maladies sont les suivantes: A. *Atrophie.* Nous venons de voir qu'elle est due à une altération de la semence ou à une couvaison ou éclosion mal dirigée. Cette affection, développée, offre les symptômes suivans: petitesse de la taille, indolence dans tous les mouvemens, diminution et perte de l'appétit qui porte les malades à abandonner et à repousser toute nourriture. Ils quittent tout-à-coup le lit et se placent hors de la claie ou sur ses bords;

là ils vivent encore 2 ou 3 jours sans manger, puis finissent par mourir le corps vide, mou et d'un blanc sale ; peu d'heures après, ils noircissent et exhalent une odeur très-fétide. Cette maladie, quoiqu'elle s'offre dans les 5 1ᵉʳˢ âges, fait ses plus grands ravages dans le 4ᵉ et au commencement du 5ᵉ. Elle n'admet aucun moyen de guérison.

B. *Grasserie, jaunisse (giallume, itterizia, gialdone).* La jaunisse se manifeste, au contraire, par l'augmentation de volume du corps et la proéminence des anneaux, aux côtés desquels commencent à se montrer quelques stries parallèles, jaunâtres, pâles d'abord, mais très-visibles ensuite. La tuméfaction croît souvent au point que la peau se crève spontanément en quelques points, ce qui, au reste, arrive au moindre attouchement, et qu'il en découle une humeur jaunâtre, la plupart du temps dense et opaque. Les vers atteints, qu'on connaît sous le nom de *vaches, gras, jaunes,* etc., ne cessent pas de manger, si ce n'est dans les dernières périodes du mal. La jaunisse se montre quelquefois au 2ᵉ âge, mais elle est plus commune au 5ᵉ et surtout dans les derniers jours, quand apparaissent les premiers signes de la maturité.

On croit que la jaunisse a pour origine une saison pluvieuse, de grandes variations atmosphériques, un abaissement prolongé de la température, qui troublent les fonctions vitales et la digestion.

Aucun moyen n'est encore connu pour guérir la grasserie, même dans les 1ᵉʳˢ symptômes. L'animal atteint périt la plupart du temps, et son cadavre ne tarde pas à manifester les caractères de la gangrène. Dans le département de Vaucluse, pour en garantir les vers, on les saupoudre, dit-on, avec de la chaux vive en poudre, au moyen d'un tamis de soie, puis on leur jette ensuite des feuilles arrosées de quelques gouttes de vin.

C. *Apoplexie, mort subite (apoplessia, suffocamento).* Cette maladie, qui se développe surtout vers la fin du 5ᵉ âge, est précédée de la perte de l'appétit et d'une évacuation de toutes ou presque toutes les matières ingérées dans l'estomac. Les vers attaqués, dont on ne peut soupçonner l'état maladif, meurent tout-à-coup, et comme frappés de la foudre. Ils restent immobiles, avec toute leur fraîcheur, dans l'attitude qu'ils avaient sur la claie au moment où ils ont été suffoqués, ce qui a donné lieu aux noms différens sous lesquels on les désigne de *morts-plats, morts-blancs, tripes* ou *tripés.* La gangrène succède promptement à la mort. On croit que l'apoplexie, dont on ignore l'origine, se montre plus fréquemment dans les années où la saison est très-variable et la nourriture de mauvaise qualité.

La gangrène, quelle que soit son origine, fait périr non seulement le ver, mais détériore encore le cocon de ceux qui sont parvenus à filer et à se changer en chrysalide. On reconnaît ces cocons à leur odeur, à leur légèreté et à l'état d'imperfection où ils sont ; l'animal, vaincu par le mal, cesse de filer avant d'avoir terminé son travail. Ces cocons, désignés sous le nom de *chiquettes* ou *falloupes,*

fournissent une petite quantité de soie, de couleur pâle et terne, et d'une odeur peu agréable.

Les vers atteints par la gangrène ou la grasserie parviennent quelquefois à se transformer en papillons, mais ceux-ci sont souvent privés d'ailes et impropres à la génération. Le duvet qui recouvre leur peau est de couleur sombre et sale, et cette peau, parfois dénudée de son duvet, est brune et terne. Telle est souvent l'apparence des phalènes qui sortent des chiquettes et des falloupes.

Quelquefois la chrysalide, au lieu de se résoudre en une humeur noire qui tache le cocon, se dessèche au point qu'il n'en reste plus que l'enveloppe adhérente à l'intérieur du cocon. C'est, sans doute, une autre espèce de gangrène qu'on pourrait désigner sous le nom de gangrène sèche, pour la distinguer de l'autre, qui est la gangrène humide.

4° *Marasme, vers-courts, harpians, harpions, passés* ou *passis (riccione).* Cette maladie est propre aux derniers jours du 5ᵉ âge. Elle paraît être due aux mêmes causes que la gangrène, et c'est, comme dans celle-ci, un changement substantiel de l'humeur de la soie ; mais le cadavre dans celle-ci ne noircit pas et ne tombe pas en sphacèle. Le ver malade est court, ridé, engourdi, paresseux, d'une couleur brunâtre et montrant déjà les linéamens de la future chrysalide. Cette maladie a divers degrés d'intensité, et tous les vers ne meurent pas sans filer. Ceux surtout qu'on place dans des cornets de papiers filent un cocon d'une assez bonne qualité.

5° *Hydropisie, luzette, luisette, clairette (idropisia, lusarola, scoppiarola).* Une locomotion lente, peu d'appétit, le corps enflé, surtout la tête, la peau très-luisante et presque diaphane, ce qui a fait donner à ceux attaqués le nom de *vers-clairs,* sont les symptômes de cette maladie qui a le plus communément pour cause l'exposition des vers à un excès d'humidité atmosphérique, leur alimentation avec des feuilles trop aqueuses ou humides, couvertes d'eau de pluie ou de rosée, mal séchées après le lavage, etc. On a cherché à guérir l'hydropisie qui se développe ordinairement depuis l'avant-dernière mue jusqu'à la montée sur les rameaux, par des fumigations aromatiques de vinaigre, de styrax ou de romarin, ou en aspergeant les feuilles de mûrier avec un vin généreux ; mais ces remèdes sont peu efficaces, et le meilleur moyen, pour ne pas perdre toute la famille, est d'écarter les causes qui produisent l'affection ; sans cela, les insectes attaqués ne tardent pas à être frappés de la mort, qui se manifeste par l'épanchement d'une grande quantité de sérosité, ce qui a lieu, presque constamment, par la rupture de la peau, surtout près de la tête ou des parties voisines.

6° *Diarrhée (flusso, diarrea).* Les symptômes de cette maladie sont à peu près les mêmes que ceux de la précédente, mais le gonflement et la diaphanéité sont beaucoup moindres. Outre les causes de l'hydropisie qui occasionent la diarrhée, M. le docteur LOMENI croit que cette maladie a encore pour origine un embarras gastrique ou intestinal provenant, soit des organes eux-mêmes qui font mal leurs fonctions, soit de l'insalubrité des alimens; telles seraient des distributions de feuilles affectées de la rouille. Cet embarras se transforme, en peu de jours, en un flux ventral qui amène promptement la mort. Dans tous les cas, l'observation des principes que nous avons posés dans ce chapitre, et l'attention de rejeter les feuilles qui sont tachées, mettent une magnanerie à l'abri des attaques de cette maladie.

7° Les vers-à-soie sont encore sujets à quelques autres affections, telles que la *touffe*, mal produit par une chaleur excessive qui suffoque les vers, unie à l'insalubrité des litières. Quelques éducateurs promènent autour des claies une pelle chaude sur laquelle ils répandent du vinaigre dont la vapeur réveille les insectes. Une bonne ventilation, des aspersions d'eau fraîche sur le pavé pendant les grandes chaleurs, le changement des litières, quelques moyens préservateurs contre la chaleur directe des rayons solaires, ont presque toujours du succès dans ce cas. — Les *hémorrhoïdes* surviennent lorsque le ver, en quittant sa tunique pendant la mue, ne peut se débarrasser, aux stigmates et à l'anus, des tuyaux d'ancienne peau qui les obstruent et causent des grosseurs ou varices qu'on peut comparer à des hémorrhoïdes. On a indiqué comme remède de donner un bain d'eau fraîche aux malades; le ver, se trouvant alors rafraîchi, expulse abondamment des matières fécales qui entraînent les tuyaux. Mais ce remède ne paraît guère applicable en grand.—Les chutes, des violences extérieures, ou une pression trop forte entre les doigts quand on les saisit, occasionent souvent chez les vers des tumeurs, dans lesquelles s'extravase et se solidifie la matière soyeuse; c'est ce qu'on nomme *perle soyeuse*. Les vers qu'on touche trop souvent sont atteints de flaccidite, c'est-à-dire que leur corps est mou; ils perdent lentement la vie lorsque la pression a été assez considérable pour meurtrir, léser ou déchirer leurs organes.

On voit, d'après ce tableau des maladies les plus communes chez les vers-à-soie, que la plupart sont incurables, et que c'est par des soins, de l'activité, de la vigilance, et plutôt par des moyens hygiéniques que thérapeutiques, qu'on peut les prévenir et les combattre avec succès dès leur début. Ces moyens hygiéniques se composent de pratiques simples et faciles à observer, mais très-propres à bannir des ateliers ces redoutables affections pathologiques qui exercent tant de ravages chez les éleveurs négligens et ignorans, et leur font éprouver des pertes considérables. Nous les résumons dans les préceptes suivans :

Maintenir les papillons dans un local sec, à une température de 16° à 19° centig.; ne pas entasser les œufs, mais les étendre sur une surface suffisante, puis n'exposer ces œufs qu'à une température de 14° ou 15° qu'on élève ensuite peu-à-peu jusqu'à ce que l'éclosion soit accomplie. — Maintenir les vers naissans à la température de 19° environ ; les préserver du froid et des vents insalubres, froids et secs; les distribuer sur un espace proportionné à leur nombre, et suffisant pour qu'ils puissent vivre et respirer en liberté. — Renouveler fréquemment l'air des ateliers, ou entretenir des courans qui l'agitent, l'entraînent doucement et avec lenteur; le purifier par les moyens que nous avons indiqués p. 133, lorsqu'il a acquis des qualités délétères. — Entretenir une température égale dans l'atelier; allumer de la flamme à propos, quand l'air est humide ou l'arroser pendant les grandes chaleurs ou les temps secs et orageux. Admettre autant que possible la lumière solaire à l'intérieur, quand elle n'élève pas trop la température. —Préserver l'intérieur de la magnanerie des variations brusques de température, et généralement de toutes les secousses ou phénomènes atmosphériques accidentels. — Ne distribuer que des alimens sains, non humides, de bonne nature, et conformes en qualité et en quantité à l'âge de l'insecte, et les donner avec une parfaite régularité. — Entretenir la plus grande propreté et enlever avec soin et ponctualité les litières avant qu'elles entrent en fermentation. — Séparer généralement les vers malades de ceux qui sont sains, et exercer une surveillance active et continuelle. — Enfin, redoubler d'attention à l'époque des mues et à celle de la montée sur les rameaux.

Il n'y a jamais de maladies, dit Dandolo, lorsque l'œuf a été bien fécondé, bien conservé, et qu'on a observé rigoureusement les préceptes exposés par les plus habiles éducateurs.   F. M.

Section VI. — *Préparations de la soie.*

Nous avons déjà vu (p. 121) quels sont les organes dont le ver-à-soie fait usage pour transformer en un fil continu le liquide visqueux qui est contenu dans un appareil qui le sécrète en particulier. Nous sommes entrés aussi dans les détails nécessaires pour faire connaître la manière dont on amène cet insecte à former ce fil et à en faire une sorte de peloton qu'on nomme cocon. Dans cet état, ce fil précieux ne saurait être d'un usage bien étendu dans les arts, et il est nécessaire, au moyen de pratiques particulières, de dévider ce peloton en un fil continu, de le doubler et le tordre pour le rendre propre à la fabrication des tissus de toute espèce. Les travaux qu'on exécute pour cet objet prennent le nom général de *moulinage des soies*. Ces travaux sont d'une très-grande importance, puisque, indépendamment de la nature et de la qualité du fil en cocon, ils contribuent beaucoup par leur bonne exécution à élever la valeur de la soie, et à donner aux étoffes cette force, ce moelleux et cet éclat qui les font rechercher.

Le moulinage des soies se partage en 2 opérations principales : l'une appelée *tirage de la soie*, qui peut être exécutée facilement dans les campagnes par ceux qui élèvent des vers-à-soie ; l'autre, le *moulinage* proprement dit, qui exige généralement de grandes machines, et est plutôt du ressort des fabriques. Nous nous étendrons peu sur celle-ci, mais nous entrerons, relativement à l'autre, dans des détails plus étendus; notre intention, toutefois, n'étant pas ici d'enseigner un art qui, comme bien d'autres, exige une étude et une longue pratique, mais de donner aux agriculteurs une idée des travaux auxquels il faut se livrer pour filer et préparer la soie.

§ Ier.—Du tirage de la soie.

1° *Opérations qui précèdent le tirage.*

Le cocon, tel qu'on le recueille sur les rameaux, après que le ver a terminé son travail, se compose à l'extérieur d'une certaine quantité de fils, jetés dans diverses directions, et formant un réseau lâche, mou, transparent, auquel on a donné le nom de *bourre*, qu'on peut dévider, et qui, lorsqu'il est enlevé, laisse un corps ovoïde, creux, ferme et élastique, formé d'un fil continu, peloté régulièrement, dont la longueur varie de 227 à 357 mètres (700 à 1100 pi.). C'est cette partie du cocon, lorsqu'elle est dévidée, qui porte exclusivement le nom de *soie*.

La 1re chose à faire quand on a recueilli les cocons ou quand on les a reçus, c'est de faire périr les chrysalides afin qu'elles ne se transforment pas en papillons et ne percent pas le cocon, ce qui lui enlèverait toute sa valeur. Cette opération, à laquelle on donne le nom d'*étouffage*, a déjà été décrite par nous, et nous avons donné (p. 141) les diverses méthodes qui ont été proposées dans ce but, telles que l'emploi des gaz délétères, de l'eau bouillante, du camphre, de la chaleur des fours, des étuves, etc. Nous n'avons donc plus à nous en occuper ici :

Une fois que les chrysalides ont été étouffées, on doit, aussitôt qu'on le peut, dévider les cocons; mais cette opération étant impossible à exécuter en même temps sur un grand nombre de cocons, surtout quand on se livre un peu en grand à l'éducation des vers-à-soie, il faut alors porter ceux-ci au grenier pour les *faire sécher parfaitement*, afin que les animaux morts qu'ils renferment ne se corrompent pas dans la coque et ne gâtent pas la soie.

Avant de procéder au tirage, il est essentiel de faire une opération qu'on nomme *triage*, et qui consiste à classer les cocons suivant leurs qualités. Ce triage est d'autant plus nécessaire qu'il sert à séparer les diverses qualités de soie suivant qu'elles sont propres à la fabrication de telle ou telle étoffe ou de telle partie des tissus, il contribue à maintenir la bonne réputation de la soie des magnaneries où il est pratiqué avec soin et bonne foi.

Dans le triage, les cocons appelés *doupions*, c'est-à-dire ceux qui renferment deux chrysalides dans un seul cocon, ceux qu'on nomme *chiques* ou *falloupes*, ou dont les vers sont morts avant d'avoir accompli entièrement leur travail; les cocons tachés, percés, et en un mot, tous ceux qui diffèrent des autres par des accidens particuliers, sont d'abord mis soigneusement de côté pour en former une soie à part, ou de la filoselle.

Les fileurs soigneux séparent aussi les cocons des divers pays et localités; car la variété des expositions, l'état du sol, de la culture, de l'atmosphère, le régime, etc., ont une très-grande influence sur les qualités de la soie. Par exemple, dans les pays où l'air est pur, sec et un peu raréfié, le cocon est plus grenu et a plus de densité, en même temps que le brin est plus fort. Dans les localités basses, au contraire, le cocon est plus gros, la soie en est plus grossière; elle est à un titre moins élevé, et à une force relative moins grande. Dans cet état, on lui donne la préférence pour la trame, tandis que la première est plus propre pour la chaîne. On peut mettre ensuite à part les cocons blancs, puis classer les autres suivant leurs couleurs et qualités. Ce triage se fait le plus communément par 3 qualités différentes : 1° les cocons fins ou ceux dont le tissu présente une superficie à grains très-fins; 2° les demi-fins, dont le grain est plus lâche et plus gros; 3° les cocons satinés qui n'ont pas de grain et dont la surface est mollasse et spongieuse. Chacune de ces qualités est jetée dans une manne d'osier particulière.

Si on ne procède pas tout de suite au tirage des cocons, il faut les reporter au grenier sur des clayons, les y retourner et visiter tous les 2 ou 3 jours, afin de prévenir la fermentation, et pour empêcher qu'ils ne soient attaqués par les rats ou les insectes.

Quand on veut *dévider la soie des cocons,* on commence par les débarrasser de la bave ou bourre qui les enveloppe, ce qui se fait de la manière la plus simple, en enlevant a la main cette bourre, jusqu'à ce qu'on parvienne à cette partie du cocon où le fil se trouve peloté régulièrement.

2° *Appareil de tirage.*

Le tirage de la soie, avons-nous dit, consiste à développer le fil du cocon dans toute sa longueur; or, on ne peut dérouler le peloton qu'en faisant dissoudre une matière gommeuse qui enduit le fil et colle l'une à l'autre les divers zigzags qu'il forme. L'eau froide n'ayant pas une action suffisante pour opérer cette dissolution, il faut avoir recours à l'eau élevée à une certaine température. Cette température varie avec l'état des cocons, et on la détermine selon leur âge, leur dureté, leur finesse, la qualité et la destination de la soie. Les cocons, récemment récoltés, dont la gomme n'est pas encore endurcie, ne demandent pas une eau très-chaude, tandis que les vieux cocons creux, secs et serrés, exigent presque de l'eau bouillante. L'eau trop chaude nuit beaucoup à l'éclat de la soie.

Le fil du cocon est si délié et offre si peu de résistance; qu'en cet état il ne pourrait guère être employé dans les arts: on est donc obligé d'en réunir un certain nombre qu'on tire ensemble. La gomme qui liait les circonvolutions du peloton, ramollie dans le bain d'eau chaude, sert alors à unir les différens brins qu'on file ensemble, et à donner à ce nouveau fil, lorsqu'il est sec, une consistance et une union qu'on ne peut plus altérer, même par l'eau, à moins qu'elle ne soit bouillante. — Non seulement le tirage à l'eau chaude donne aux brins de l'adhérence entre eux, mais par suite du ramollissement de la partie gommeuse et des divers frottemens combinés que la soie éprouve, celle-ci acquiert de la rondeur, de l'égalité et un aspect lisse et lustré, qualités essentielles pour la beauté des tissus brillans fabriqués avec cette matière.

L'opération du tirage de la soie n'est pas aussi simple qu'on pourrait le croire au premier abord et exige au contraire beaucoup d'adresse, d'intelligence et surtout une expérience qui ne s'acquiert que par une pratique constante de plusieurs années. Cependant c'est de la bonne exécution du tirage que dépend en grande partie la beauté et la bonne qualité de la soie.

Pour *procéder au tirage* de la soie, une ouvrière, qu'on nomme la *tireuse* ou *fileuse*, s'asseoit devant une bassine en cuivre plate et remplie d'eau chauffée par le foyer d'un fourneau sur lequel ce vase est placé. La bassine et le fourneau lui-même sont établis devant une machine destinée à tirer la soie et qu'on nomme un *tour*. L'eau de cette bassine étant portée à la température nécessaire pour ramollir la matière de nature gommeuse qui enduit et colle le fil du ver-à-soie, la fileuse y jette une ou deux poignées de cocons bien débourrés et les agite fortement ou les fouette avec les pointes coupées en brosse d'un balai de bouleau ou de bruyère; c'est ce qu'on nomme *faire la battue*. Lorsque, par cette battue ainsi que par la chaleur de l'eau, elle est parvenue à faire paraître les *baves*, c'est-à-dire à démêler et accrocher les bouts des brins de la soie de chaque cocon, elle étire à la main .a 1ʳᵉ couche qui est formée d'un fil grossier qu'on nomme *côte*, et lorsque cette enveloppe est enlevée et que la soie pure commence à venir, elle recueille entre ses doigts tous les brins, les divise en 2 portions égales composées d'autant de brins qu'il en faut pour composer le fil qu'elle veut tirer, les tord légèrement entre le pouce et l'index, les fait passer dans des filières, ainsi que nous l'expliquerons plus bas, les croise un nombre déterminé de fois, puis les livre à une autre ouvrière nommée *tourneuse* qui les accroche à une des lames de l'aspe ou dévidoir du tour qu'elle met aussitôt en mouvement au moyen d'une manivelle pour rassembler le fil à mesure qu'il se dévide et en former des *flottes* ou *écheveaux*.

3° *Atelier de Gensoul.*

Le mode simple décrit ci-dessus pour dévider le cocon est encore en usage dans un assez grand nombre de localités; il offre cependant plusieurs défauts graves, et dès qu'on s'occupe de l'éducation des vers-à-soie sur une échelle un peu étendue, il faut donner la préférence à un appareil imaginé par M. GENSOUL, à l'aide duquel on applique au tirage de la soie le chauffage à la vapeur. Voici la description de cet appareil.

La *fig.* 143 est une coupe longitudinale de

Fig. 143.

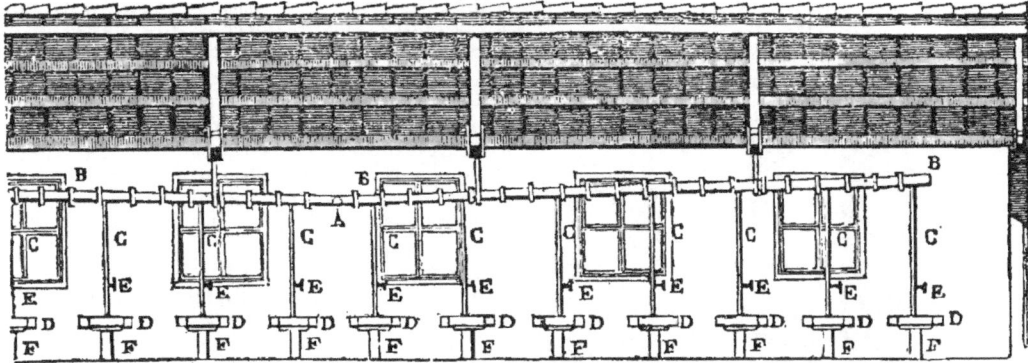

l'atelier de tirage dans lequel se trouvent 14 appareils. Nous n'en avons représenté qu'environ la moitié, ce qui est suffisant pour faire concevoir l'autre moitié qui se répète exactement depuis A jusqu'en B. — La *fig.* 144 est

Fig. 144.

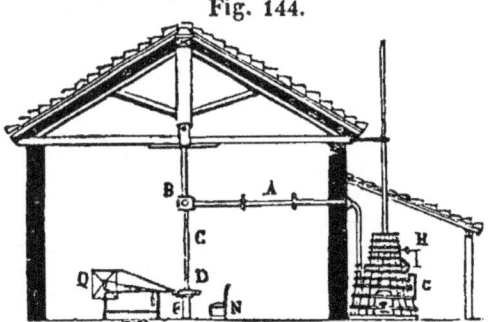

une coupe verticale selon la largeur du même bâtiment. Le tuyau A est en fonte, il est adapté sur la chaudière et traverse le mur à 2ᵐ 60 (8 pi.) au-dessus du sol, comme on le voit *fig.* 147 sur une plus grande échelle. Un long tuyau carré en bois BB conduit la vapeur dans la longueur de l'atelier. Les extrémités de ce tuyau sont plus élevées de 65 cent. (2 pi.) que le milieu, afin que la vapeur qui se condense puisse retomber dans la chaudière. 14 tuyaux appelés rameaux descendent verticalement du tuyau B pour conduire la vapeur dans l'eau des bassines ou auges D, jusqu'à 9 millim. (4 lig.) du fond. Ces tuyaux sont en cuivre, ils ont 20 millim. (9 lig.) de diamètre; ils doivent entrer de 14 millim. (6 lig.) dans l'intérieur du tuyau B, afin que l'eau formée par la vapeur condensée ne puisse, en s'en retournant dans la chaudière, descendre dans les bassines. Chaque tuyau ou rameau est muni d'un robinet E (*fig.* 143). On peut faire usage des rameaux *fig.* 145. Le 1ᵉʳ a la forme d'un T renversé bouché aux extrémités inférieures et percé de petits trous dans la partie horizontale. Le 2ᵉ porte à sø

Fig. 145.

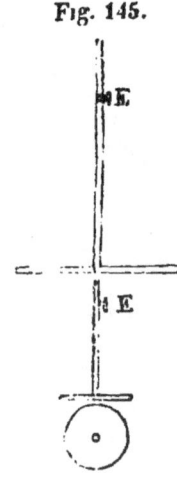

Fig. 146.

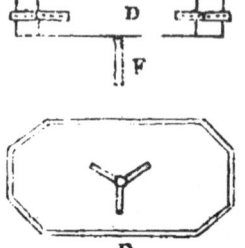

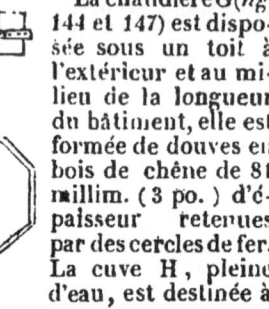

Fig. 147.

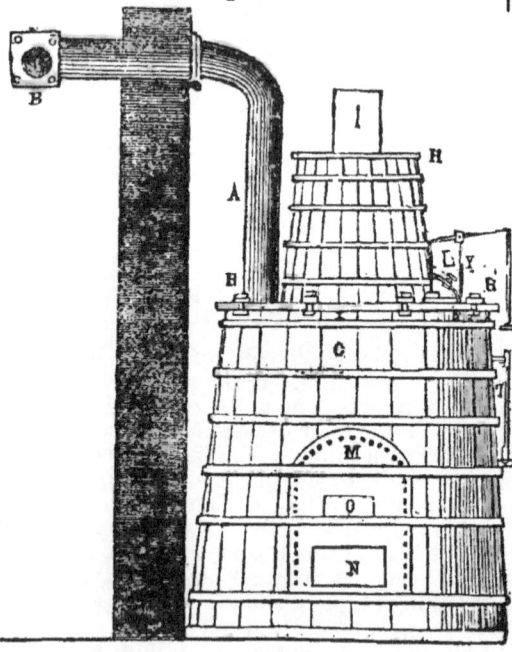

Fig. 148.

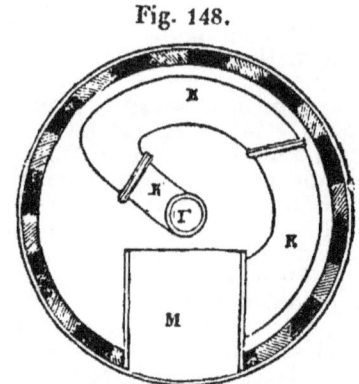

partie inférieure une plaque ou disque de cuivre servant à empêcher le bouillonnement de l'eau.

Les *bassines* D (*fig.* 146) sont en bois de sapin de 40 millim. (18 lig.) d'épaisseur, 975 millim. (3 pi.) de long et 488. millim. (18 po.) de large; elles sont portées par des supports en bois F, et retenues par des vis. Sur le fond est fixé pareillement avec des vis un petit tasseau en bois dans lequel entre le bout du rameau afin qu'il ne puisse pas vaciller.

La chaudière G (*fig.* 144 et 147) est disposée sous un toit à l'extérieur et au milieu de la longueur du bâtiment, elle est formée de douves en bois de chêne de 81 millim. (3 po.) d'épaisseur retenues par des cercles de fer. La cuve H, pleine d'eau, est destinée à

remplacer l'eau de la chaudière à mesure qu'elle s'évapore par l'effet de l'ébullition. La *fig.*148 représente la coupe horizontale de cette chaudière prise un peu au-dessus du tuyau KK qui conduit la fumée. Ce tuyau est en serpentin, il s'élève au centre de la cuve, traverse pareillement la cuve H dans son centre, sort au-dessus en I, et porte la fumée dans le tuyau de la cheminée. La cuve H porte à

son fond un petit tuyau en cuivre muni d'un robinet L qu'on ouvre lorsqu'il est nécessaire d'alimenter la chaudière. Le tube d'épreuve en verre T indique constamment la hauteur de l'eau dans la chaudière et, lorsque son niveau s'abaisse trop, on ouvre le robinet L qu'on referme lorsqu'on a introduit l'eau. La chaudière G est hermétiquement fermée par un bon couvercle en bois, solidement retenu par de fortes traverses et des boulons à écrous en fer R. Le fourneau M ne présente rien de particulier; on voit en O la porte du foyer par laquelle on introduit le combustible et en N celle du cendrier. R est une soupape de sûreté et Y la tige d'une autre soupape placée dans l'intérieur de la chaudière, qui est constamment poussée contre le fond par un ressort à boudin. On tient cette soupape ouverte en mettant un poids sur sa tige afin de laisser entrer l'air au moment de la condensation qui a lieu lors du refroidissement de l'appareil. Il faut, pour éviter tout accident, que l'ouvrier chargé de la conduite du feu ouvre tous les soirs cette soupape Y et la laisse ouverte jusqu'au lendemain lorsqu'il va allumer le feu.

On voit en Q (*fig.* 144) le tour à filer dont nous allons parler plus bas et la chaise N sur laquelle la tireuse est assise.

Cet appareil offre les avantages suivans : d'abord on peut faire usage dans le foyer commun de houille ou charbon de terre, ce qui ne pouvait avoir lieu dans l'ancien mode de chauffage où il y avait un foyer sous chaque bassine, parce que la fumée du charbon se répandait dans l'atelier, ternissait la soie et nuisait à sa qualité. On n'a plus qu'à entretenir un seul feu, et l'appareil ne consomme guère au-delà du tiers du combustible employé précédemment dans les ateliers montés d'après l'ancienne disposition. Les robinets placés sur les rameaux permettent de porter en peu d'instans la température de l'eau de la bassine au degré voulu, et de l'y maintenir avec égalité et une régularité parfaite. On remplace les bassines de cuivre par des vases en bois, et on ne risque plus ainsi, dans l'intervalle des battues, quand on dépose les cocons montans sur les bords de la bassine pour les mettre à l'abri du balai, de les brûler par l'effet de la chaleur du métal. L'eau des bassines, renouvelée sans cesse par de l'eau extrêmement pure, puisqu'elle est distillée, donne à la soie plus de perfection, de pureté et d'éclat, ce qui convient surtout aux soies blanches dont le beau lustre est souvent altéré par l'impureté des eaux ou par la chaleur qu'elles éprouvent dans une bassine exposée à feu nu, et dont il était très-difficile de régler convenablement la température. La tireuse n'est plus incommodée par la chaleur du foyer et par la vapeur du charbon qui s'en dégage, et la tourneuse, qui n'est plus chargée de l'entretien du feu, peut donner tout son temps et son attention à son travail.

Quand on ne fait pas usage de l'appareil Gensoul, ou bien quand il faut renouveler dans celui-ci l'eau des bassines, on doit avoir l'attention de se servir d'eau pure, légère et douce. Les eaux de rivière et de pluie sont les plus convenables pour le tirage. Celles qui sont crues et dures forment avec la gomme une sorte de savon calcaire qui se précipite sur la soie, la rend dure et nuit à la perfection de ce brillant produit.

La *chaleur* de l'eau dans les bassines doit être de 75° de Réaumur pour faire la battue; mais une fois que les bouts ont été trouvés et croisés, on abaisse cette température à 65° ou 70° au plus, qui est celle à laquelle on doit continuer le tirage. Cette chaleur suffit d'un côté pour ramollir la gomme et pour dérouler le fil, et de l'autre pour lier les brins tirés ensemble et n'en faire qu'un seul fil. Les cocons doubles exigent pour leur dévidage une température plus élevée.

4° *Conditions pour un bon tirage.*

La machine dont on fait usage pour tirer la soie se nomme, avons-nous dit, un *tour* Les mécaniciens ont inventé plusieurs machines de cette espèce; mais la plus généralement répandue est celle qui porte le nom de *tour de Piémont* avec les perfectionnemens que Vaucanson, Villard, Tabarin et autres ont apportés à sa construction. Avant de décrire cette machine, disons un mot des conditions qu'il faut remplir pour obtenir un bon tirage.

La soie est ordinairement dévidée en *fils* ou *bouts* composés d'un certain nombre de *brins* ou fils de cocons réunis, arrondis et agglutinés par la chaleur et les différens frottemens auxquels on les soumet. La fileuse file ordinairement 2 de ces bouts à la fois. Tirés à part d'abord, ils sont ensuite croisés entre eux un certain nombre de fois, et enfin écartés et enroulés séparément sur l'aspe ou dévidoir du tour.

Voici les conditions principales :

Le fil doit, autant que possible, *être parfaitement égal* dans toute son étendue. Pour cela il faut que la fileuse rattache avec soin les brins cassés, qu'elle fournisse de nouveaux cocons à mesure qu'il y en a qui sont épuisés par le dévidage. Comme les brins de soie sont plus faibles et plus déliés vers la fin qu'au commencement, elle doit, quand les cocons tirent à leur fin, augmenter le fil d'un ou deux nouveaux brins pour lui rendre la force et l'épaisseur qu'il commence à perdre à mesure que le dévidage avance. Soutenir l'égalité du brin est une des principales qualités d'une bonne fileuse.

La croisure des fils doit être égale, régulière et soutenue. La croisure est d'une nécessité absolue pour unir d'une manière inséparable les brins qui forment les fils, pour en détacher une grande quantité d'eau qui se dissipe en vapeur, pour que ces fils sèchent plus promptement sur l'aspe, et que chacun d'eux ne se colle pas quand on fait monter l'une sur l'autre ses diverses circonvolutions. Par la croisure, les fils acquièrent le nerf et la force nécessaires pour être mis en œuvre et la consistance qui les rend propres à l'usage auquel on les destine. En outre, elle rend les soies nettes, les déterge, les arrondit également comme pourrait le faire une filière, de façon qu'il ne passe ni bouchon, ni bavure, ni aucune inégalité de grosseur, conditions nécessaires pour former de bonnes soies ouvrées et de beaux tissus. Enfin c'est elle qui, par le frottement en hélice qu'elle fait éprouver aux fils, les empêche de se rompre, de s'écorcher et de devenir bourrus. On croise 18 à 23 fois et plus les soies les plus fines, et un plus grand nombre de fois, à proportion de leur grosseur, les soies communes.

Les circonvolutions des fils, en se déposant sur l'aspe, ne doivent *pas se coller les unes aux autres,* ce qui rendrait l'opération subséquente du dévidage impossible ou au moins occasionerait un déchet considérable. La soie, en sortant de la bassine, est enduite de sa gomme amollie par la chaleur, et si les divers tours que le fil fait sur l'aspe se touchaient dans leur longueur, ils se colleraient, ce qu'en terme de l'art on appelle *bouts baisés.* On a évité cet inconvénient dans le tour piémontais et dans tous ceux qu'on a proposés depuis sur son modèle, au moyen d'un mécanisme particulier appelé *va-et-vient,* que nous expliquerons plus bas, et qui constitue le *réglage,* c'est-à-dire qui fait enrouler le fil en zig-zag sur l'aspe, de manière que ce fil se distribue sur une partie de la longueur de cet aspe et ne vient se coucher de nouveau sur l'écheveau qu'après un certain nombre de révolutions.

Il faut éviter le *vitrage ;* on donne ce nom à un arrangement vicieux des fils sur l'aspe causé par le mouvement trop souvent répété du va-et-vient, qui ne donne pas à ces fils un temps suffisant pour sécher avant qu'on puisse coucher dessus un nouveau fil. On remédie aisément à ce défaut en modifiant le mécanisme. Ainsi, dans les anciens tours du Piémont, le fil ne repassait sur lui-même qu'après 875 révolutions de l'aspe; dans les nouveaux tours, ce nombre ayant paru trop limité, il ne se croise plus ainsi qu'après 2,601 révolutions, nombre bien suffisant pour lui donner le temps de sécher. On voit donc que cette disposition des fils facilite le second dévidage, prévient les ruptures et par suite les nœuds qui rendent les fils inégaux dans leur grosseur, nuisent à la beauté de l'organsin, au tissage régulier et à la perfection des étoffes.

La fileuse doit faire attention qu'il ne se forme pas de *mariages.* En terme d'art, on donne ce nom à un défaut qui provient souvent de la croisure ou de bourillons qui montent, ou bien de ce qu'un des fils étant plus fort que l'autre, le fait casser et l'entraîne avec lui sur le même écheveau, ce qui forme un fil double que l'aspe enveloppe sur une certaine longueur avant que la fileuse s'en aperçoive. Pour porter remède à cet inconvénient, les nouveaux mécanismes permettent de faire et de refaire avec une merveilleuse facilité la croisure, de renouer les fils et d'enlever les mariages.

5° *Tour à tirer la soie.*

Le tour de Piémont, perfectionné par Vaucanson, Villard, Tabarin et autres, dont on voit une coupe verticale dans la *fig.* 149 et dont la *fig.* 150 représente une vue perspective prise

Fig. 149.

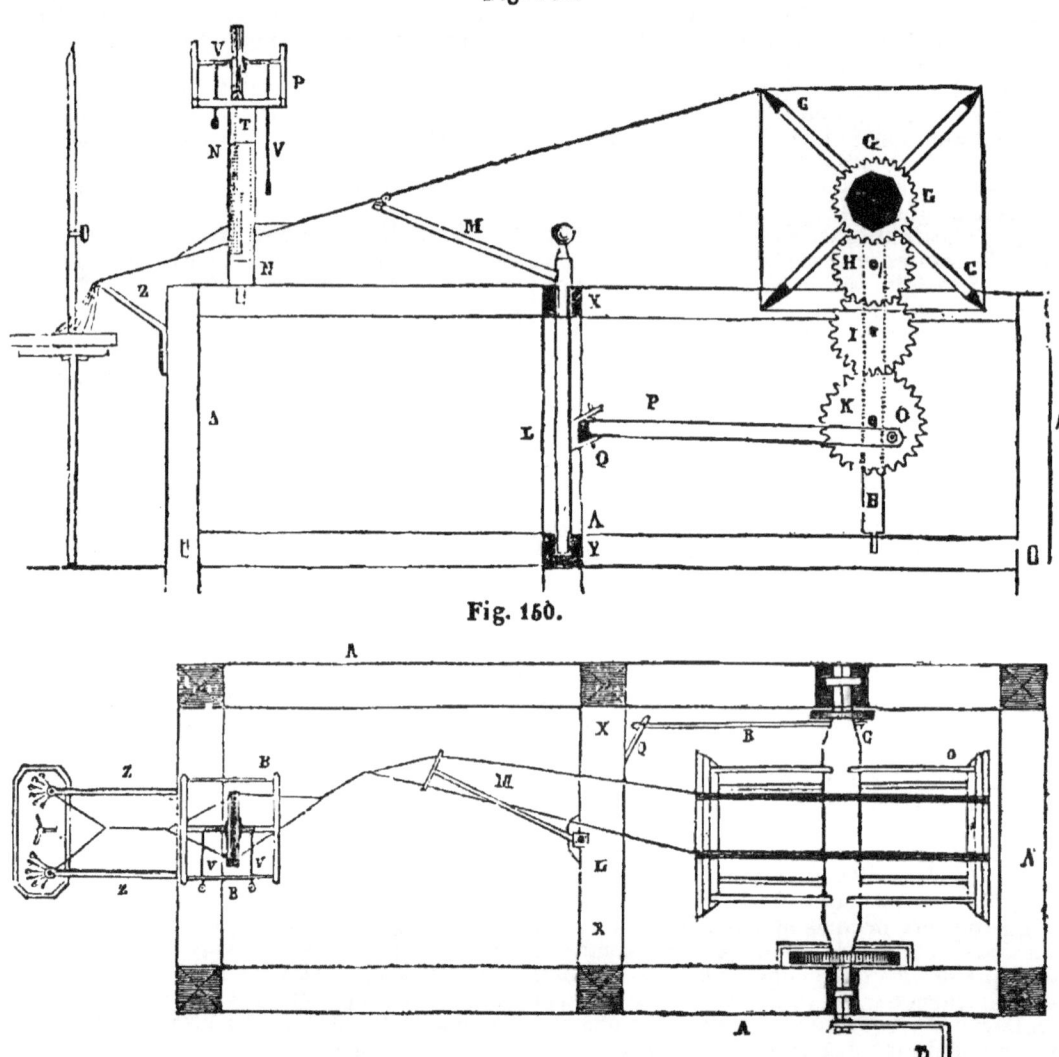

Fig. 150.

par-dessus, se compose aujourd'hui d'un bâtis en bois A A à l'extrémité duquel sont 2 montans qui soutiennent l'aspe ou dévidoir C, sur les lames duquel la soie se forme en écheveau. D est la manivelle qui fait tourner celui-ci et dont l'arbre porte une roue dentée E, *fig.* 151, qui engrène dans un pignon F monté sur l'arbre du dévidoir, ce qui facilite et accélère le mouvement de celui-ci. Sur l'autre extrémité de l'arbre ou axe de cet aspe, est également monté (*fig.* 149) un second pignon G qui engrène dans un système de roues dentées, H I K se commandant l'une

Fig. 151.

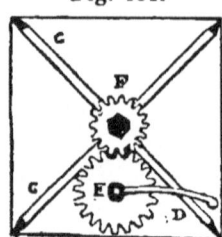

l'autre, et combinées de telle manière qu'elles ne se retrouvent dans la position initiale d'où elles sont toutes parties au commencement du mouvement qu'après 2,601 révolutions. C'est cette disposition qui produit le *va-et-vient* et par suite le *reglage* ou distribution en zigzag du fil sur l'aspe. Sur le milieu du bâtis du tour sont 2 traverses X et Y, portant des cavités dans lesquelles peut tourner librement un arbre ou axe vertical L. Cet arbre, du côté du système des roues dentées, a un bras Q dont l'extrémité, terminée en fourchette, reçoit le bout d'une bielle P; l'autre extrémité est percée d'un œil qui entre sur une cheville excentrique O, portée par la roue K. Au-dessus de la traverse supérieure X, l'arbre L porte un autre bras incliné à l'horizon M, terminé par 2 potences sur lesquelles sont placés 2 *guides* ou *griffes* en fil de fer ou en verre, au travers desquels passe la soie avant de s'enrouler sur l'asple. — On voit aisément ainsi comment la roue K, par ses révolutions, tire et pousse successivement la bielle P, puis le bras O, imprime à l'autre bras M ce va-et-vient, ou mieux ce mouvement alternatif en arc de cercle qui sert à distribuer le fil sur l'asple, et ne lui permet de se coucher sur lui-même qu'après le nombre établi de révolutions.

Dans l'ancien tour de Piémont, la fileuse, après avoir assemblé ses fils, et les avoir passés à travers les filières placées au-dessus de la chaudière, les roulait entre le pouce et l'index pour leur donner la croisure, les séparait ensuite, les passait à travers les guides du va-et-vient et les livrait à la tourneuse qui les attachait aux lames de l'asple et mettait aussitôt ce dernier en action.

Cette disposition présentait des inconvéniens : elle laissait à la discrétion des ouvrières le nombre de tours à donner à la croisure, et ne pouvait mettre à l'abri de leur négligence sur ce point. La croisure donnée aux fils dans un seul sens ne faisait frotter l'un contre l'autre que la moitié de leur surface, ce qui ne leur donnait pas le degré de pureté et d'éclat des soies bien tirées.

Pour remédier à ces inconvéniens, VAUCANSON imagina la double croisure, qui a été perfectionnée depuis par d'autres mécaniciens, et qui offre l'avantage aujourd'hui de former deux croisures, dont l'une est en sens inverse de l'autre, et de fixer invariablement le nombre de tours de cette croisure, sans qu'il soit à la liberté de la fileuse de croiser plus ou moins. Voici la construction de la *croisade* perfectionnée, telle qu'elle est employée dans les ateliers français.

Sur le devant du tour est placée cette *croisade* qu'on voit en coupe dans la *fig.* 149, par-dessus dans la *fig.* 150, et de face par-devant dans la *fig.* 152. Elle se compose de 2 mon-

Fig. 152

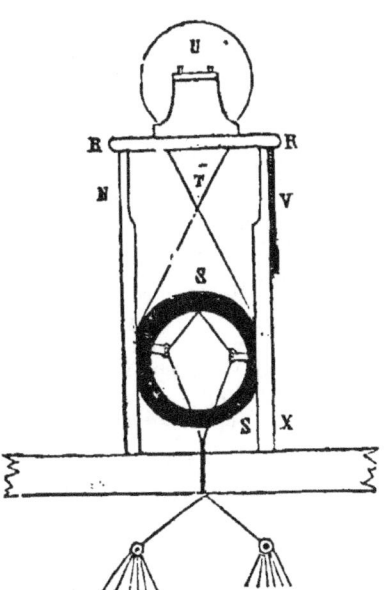

tans verticaux ,et égaux N N qui supportent un châssis quadrangulaire R R. Ces montans

ont, sur leur face intérieure, une rainure profonde dans laquelle peut tourner, monter ou descendre librement, mais sans ballotter, une *lunette* à gorge S S, qui porte 2 guides implantés sur sa circonférence intérieure. Cette lunette est suspendue à une corde sans fin croisée T, qui passe sur une poulie U, laquelle a le même diamètre que la lunette et est traversée par un arbre reposant sur des coussinets fixés sur le châssis R. Sur chacune des faces de cette poulie est attachée une corde V tendue par des poids, et dont l'une est enroulée autour de l'arbre quand l'autre pend de toute sa longueur. On conçoit qu'en tirant la corde enroulée on fait tourner la poulie, et par suite la lunette, d'un nombre de révolutions égal aux enroulemens que la corde faisait sur l'arbre ; en même temps, la corde pendante, qui était restée jusqu'ici développée, s'enroule à son tour sur cet arbre d'un nombre de tours égal à celui dont l'autre se déroule, mais en sens contraire. On voit ainsi que si les 2 fils de soie, en sortant de la bassine et des *barbins* Z Z placés au-dessus, sont passés successivement à travers les filières de la lunette, puis des griffes du va-et-vient, et qu'on déroule ensuite en la tirant une des cordes de la croisade, ces fils vont se croiser en avant et en arrière de la lunette et en sens contraire, d'un nombre de tours identiquement égal à celui que la corde aura fait faire à la poulie U, et pour que le mécanisme soit entièrement à l'abri de la négligence de l'ouvrière, ce mouvement de déroulement, une fois commencé, continue seul au moyen de contrepoids, jusqu'à ce que la corde tirée soit entièrement développée.

Le nombre des enroulemens de la corde dépend de celui des tours qu'on veut donner à la croisure. Mais quel que soit ce nombre, il est très-facile, quand un brin de soie casse, quand il se forme un mariage, etc., d'y porter remède. On n'a qu'à tirer la corde enroulée pour défaire la croisure, à renouer ou rétablir les bouts défectueux, reformer la croisure en tirant la seconde corde et continuer le travail avec une perte très-légère de temps et peu de déchets.

§ II. — Du moulinage des soies.

1° *Des moulins.*

Les soies, après avoir été tirées, reçoivent avant d'être tissées diverses préparations qui sont plutôt du domaine des fabriques et des manufactures, mais qu'il est important pour l'éducateur de vers-à-soie de connaître.

La 1ʳᵉ de ces opérations est le *dévidage* qui a pour but de transporter, sur de petits *guindres* ou sur des *bobines*, les fils enroulés sur les asples, ce qui se fait à la main au moyen d'un rouet ou par le secours de machines qui, en dévidant un grand nombre de fils à la fois, accélèrent le travail.

La 2ᵉ opération à laquelle on soumet la plus grande partie des soies est celle du *moulinage* proprement dit, et qui consiste à faire éprouver aux fils un certain degré de torsion, afin de leur donner la force nécessaire pour résister au travail du tissage. Cette torsion se donne le plus généralement au moyen d'une grande machine appelée *moulin*. Le plus communément employé est le *moulin de Piémont*. Vaucanson avait aussi inventé pour cet objet une machine que sa complication a fait abandonner. D'autres mécaniciens, plus heureux, tels que MM. Belly, Beauvais de Lyon, Bugaz de St.-Chamond (Loire), Durand, aux Blaches (Ardèche), Amaretti de Verceil, etc., en ont proposé d'autres qui ont été mis avec succès en activité dans le midi de la France.

Le moulin de Piémont est une sorte de grande cage circulaire, tournant de gauche à droite sur un axe central et vertical, et mue par un homme, des animaux, un cours d'eau ou par le secours de la vapeur. Cette machine a depuis 11 jusqu'à 15 pieds et au-delà de diamètre et 7 à 15 pieds de hauteur. Suivant sa grandeur, elle est divisée en 2, 3 ou 4 *vargues* ou étages, qui portent un certain nombre de *fuseaux* ou broches munies d'ailettes et de bobines, comme dans les métiers à filer le coton ou la laine, et sur lesquelles la soie, déroulée de dessus les guindres ou les bobines où elle a été reportée par le *dévidage*, s'enroule et se tord en même temps au degré déterminé par diverses pièces du mécanisme. Le nombre des guindres et des broches et bobines mis en mouvement varie suivant la grandeur du moulin. Ceux de 11 pi. ont ordinairement 12 guindres pour chaque vargue et 72 broches; ceux de 15 pi., 16 guindres et 96 broches, etc. Ces différentes parties reçoivent le mouvement du moulin lui-même au moyen de dispositions particulières, celui des broches ayant lieu de droite à gauche.

Telle est à peu près l'idée qu'on peut se faire du moulin de Piémont qui, pour être décrit, exigerait un très-grand nombre de planches. Nous allons maintenant donner une idée des diverses espèces de soies qu'on prépare avec ce moulin ou d'autres semblables, et de quelques produits de ce genre qu'on trouve communément dans le commerce.

2° Des principales espèces de soies tirées et ouvrées et du pliage.

On nomme soie *grége* ou *grèze* la soie qui n'a été soumise à aucune autre opération que celle du tirage, et qui est le produit immédiat du cocon, quel que soit le nombre des brins, qui peut varier de 2 à 20 et au-delà. La soie *ouvrée* est celle qui a subi une préparation quelconque qui la rend propre à différens emplois dans les manufactures. La soie *crue* ou *écrue* est celle qui, suivant sa destination, a, sans avoir subi de débouilli, été tordue et retordue au moulin. La soie *cuite* a, au contraire, été débouillie dans l'eau chaude pour en faciliter le dévidage; quant à la soie *décreusée*, c'est celle qui a été débouillie au savon pour lui enlever le vernis de nature gommeuse qui l'enduit, lui donner ainsi plus de mollesse et de douceur, et la rendre plus propre au blanchiment et à la teinture.

Avant d'aller plus loin, disons ce que c'est que le *titre* de la soie. On entend par ce mot le poids de la soie sur une longueur déterminée qui, indépendamment de la beauté du fil, sert à déterminer sa valeur vénale. La longueur choisie est 400 aunes (475 mèt. 40), et c'est le poids en grains anciens de cette longueur de soie qui détermine le titre. Ainsi la soie dont une pelotte ou écheveau de 1200 aunes pèse un gros, est au titre de 24 deniers; si elle pesait un gros et 24 grains, elle serait au titre de 32 deniers, et à celui de 48 si elle pesait 2 gros.

La principale espèce de soie qu'on travaille au moulin est *l'organsin*, qui est un fil composé de 2 bouts de soie grége, quelquefois de 3 et même de 4, qui sont d'abord tordus séparément au moulin, tors auquel on donne le nom de *premier apprêt* ou *filage*, et qui se donne à droite et varie suivant la qualité, la nature ou la destination de la soie. A ce 1er apprêt succède le *doublage*, opération qui consiste à réunir au nombre de 2, 3 ou 4, sur des guindres ou sur des bobines, les fils tordus, soit à la main, au moyen d'un rouet, soit avec des machines appropriées à cet objet et appelées *moulins à doubler*. Ces fils de soie réunis sont alors reportés au moulin à organsiner pour recevoir le *second apprêt* ou *tors* qui se donne à gauche, et qui roule les uns sur les autres les fils assemblés, de manière qu'ils ne paraissent n'en composer qu'un seul. C'est le fil, lorsqu'il a subi cette 2e torsion, beaucoup moins considérable que la 1re, qui reçoit le nom d'organsin, et qu'on emploie principalement pour la chaîne dans la fabrication des étoffes de soie.

La *trame*, dont le nom indique l'usage, c'est-à-dire qu'elle est employée à faire la trame des étoffes, est une soie montée à 2 ou 3 bouts qui n'ont pas subi de 1er apprêt, et dont le tors, qui se donne comme le 2e apprêt de l'organsin et dans le même sens, est très-léger et sert seulement à réunir les fils, en leur conservant la mollesse nécessaire à cette sorte de soie.

Le *poil* est une soie grége à un seul bout qui a subi l'apprêt au moulin. Cet apprêt varie avec la finesse de la soie; le principal emploi de cette soie, connue dans le commerce sous le nom de *poil d'Alais*, est pour la passementerie, la rubannerie, la broderie, etc.

On fait usage en France de plusieurs espèces de soies gréges: 1° les *soies fermes*, parmi lesquelles on distingue la *grège d'Alais* et de *Provence*, qui se compose de la réunion de 12 à 20 cocons, et se distingue en plusieurs qualités qui sont converties en soies ovalées de différentes grosseurs, en soies à coudre, en soies plates et cordonnets; la *grège du Levant*, dite *Brousse*, la *grège de Valence*, toutes deux tirées de 15 à 25 cocons, et la *grège de Vérone*, tirée de 15 à 30 cocons qui, avec la *grège de Reggìo*, dite *San-Batilli*, servent au même usage que celle d'Alais, puis les gréges de Bengale, de la Chine, etc.; 2° les *soies fines* (grége blanche et jaune de France), employées à la fabrication des rubans, gazes, baréges, etc., et ouvrées en trames et organsins.

Parmi les soies ouvrées on distingue l'*organsin de Piémont*, monté à 2 ou 3 bouts et qui s'emploie pour chaîne; l'*organsin du pays*, monté de même dans le Vivarais et en Provence, et qui sert au même usage; les *trames doubles* qui, outre leur destination ordinaire, servent encore dans la passementerie et la bonneterie; la *trame double* (nankin) du bourg de l'Argental (Ardèche), qui est une soie d'un blanc supérieur, employée à la fabrication des blondes.

La *soie ovale* ou *ovalée* réunit plusieurs bouts de soie grége (2 à 12 et quelquefois 16) qui sont faiblement tordus au moyen d'une petite machine nommée *ovale*. Cette soie sert à faire des lacets, des broderies, à coudre des gants et dans la bonneterie.

La soie *plate* est une grége commune assemblée par 20 à 25 brins et employée pour broder la tapisserie. La *grenadine* est une grége ouvrée à 2 bouts et très-serrée, généralement employée à faire les effilés ou à la fabrication des grosses dentelles des environs du Puy, et du tulle bobin. La plus fine sert à faire les blondes noires. La *grenade* ou *rondelettine* est montée à 2 bouts très-tordus; elle s'emploie dans la passementerie et la fabrication des boutons; il en est de même de la *demi-grenade* ou *rondelette* pour la fabrication de laquelle on emploie communément les doupions.

La *soie ondée* dont on se sert pour nouveautés est montée à 2 bouts dont l'un est gros et l'autre fin. Le gros bout reçoit un premier apprêt à droite ou à gauche à volonté; le bout fin est avec ou sans apprêt, en observant, lorsqu'il y a de l'apprêt, que ce soit en sens inverse de celui du gros bout. Ces 2 bouts sont ensuite doublés pour recevoir le 2ᵉ apprêt toujours en sens inverse de celui du gros bout. C'est aussi par des procédés particuliers qu'on apprête en *crèpe* la soie grége ou cuite ou teinte en couleur, ou avec brin cuit et brin cru, pour la fabrication de l'étoffe de ce nom; et en *marabouts* pour la fabrication des rubans de gaze.

Les soies gréges et ouvrées sont soumises dans le commerce à un mode particulier de *pliage*, qui n'est pas toujours le même pour les diverses espèces et pour celles des diverses provenances. Généralement ces soies sont réunies en *matteaux* composés de 4, 5, 6, 7 ou 8 *flottes*, *échets* ou *écheveaux*, tordus et pliés de façon qu'ils ne se dérangent pas. On assemble quelquefois un certain nombre de ces matteaux pour former des *masses*, et c'est avec ces masses ou ces matteaux qu'on compose des *balles* qu'on recouvre de toile et dont le poids est très-variable. Par exemple, les soies gréges fines de France sont pliées en matteaux de 490 à 595 millimètres, pesant 90 à 100 grammes, réunis en masses de 1 à 10 et emballés en toile fine écrue recouverte de toile commune, les balles pesant de 60 à 75 kilog. L'organsin du pays est plié en matteaux tortillés attachés à un des bouts par un fil de soie, pesant de 60 à 70 gram., et en balles de 75 kilog. environ, etc.

3° *Bourre* ou *filoselle, fantaisie, blanchiment et teinture des soies.*

Les diverses parties des cocons qui n'ont pu être dévidés, les déchets qu'on fait au dévidage, soit par les bouts baisés ou les mariages, les bourres qui nuisent à l'égalité des soies, etc., ne sont pas rejetés, et dans cette industrie tout trouve un emploi utile et avantageux.

Toute l'enveloppe grossière qui entoure le cocon et qui est connue sous le nom de *filoselle, bourre de soie, fleuret, bave*, etc., les cocons tachés ou gâtés par une cause quelconque, et qui forment ordinairement une matière dure, sèche, tenace et cassante, sont jetés dans l'eau où on les laisse macérer pour dissoudre la plus grande partie de la matière gommeuse dont ils sont imprégnés. On les soumet ensuite à la presse pour en faire sortir le plus d'eau gommée possible, on remet dans de nouvelle eau, et c'est en répétant ces opérations qu'on parvient à dégommer complètement. Alors on exprime l'eau à la presse, on fait sécher, on bat fortement, on enduit légèrement d'huile et on carde. C'est en travaillant ainsi cette bourre à plusieurs reprises qu'on la met en état d'être filée, tissée ou tricotée.

On file la bourre, soit au rouet et à la quenouille, soit au fuseau comme le chanvre et le lin, soit par machine, comme la laine et le coton. Dans cet état celle qui est cardée et filée à 1, 2 ou 3 tirages, ou montée à 2 bouts pour chaîne ou trame par des machines, prend le nom de *fantaisie fine* et sert à la bonneterie, à la fabrication des châles de Lyon dits de *bourre de soie*, et à celle d'un assez grand nombre de belles étoffes. Celle qui est filée à la main s'appelle *fantaisie commune* et sert, à Nîmes, à la passementerie, à la fabrication des bas, à la tapisserie, etc. On connaît aussi, sous le nom de *fleuret monté*, des déchets de soie écrue, cardés et montés très-retors dans les environs de Lyon, où ils forment ce qu'on appelle des *galettes* qui servent à la passementerie et à former la chaîne des galons d'or et d'argent. *Les déchets* de cardes, battus et cardés de nouveau, sont transformés en *ouate* de soie. On mélange quelquefois la bourre ou la soie avec la laine ou le duvet de cachemire, et on les file ensemble. Ce dernier article, qu'on travaille surtout à Lyon, porte le nom de *Thibet*.

Les *peaux*, ou dernière enveloppe du ver dans le cocon et qui reste dans les bassines sans avoir pu être dévidée, sont traitées de même que la bourre et employées au même usage. On ouvre aussi quelquefois ces peaux et on les découpe avec des instrumens appropriés pour la fabrication des fleurs artificielles. Les *côtes* et *frisons*, sorte de soie grossière de plusieurs pieds de longueur que la fileuse tire à la main de dessus les cocons jetés dans la bassine avant de trouver la bonne soie, sont, de même que la bourre, cuits, blanchis, cardés et filés, et transformés en fantaisie.

La soie ouvrée destinée à faire des tissus raides est simplement blanchie, au moyen de l'acide sulfureux, dans des soufroirs adaptés à cet objet. Quant à celle qu'on emploie pour la fabrication des tissus moelleux et doux, elle est soumise à une opération particulière pour lui enlever le vernis naturel qui la recouvre et lui donne encore de la raideur. Cette opération, qui se nomme *décreusage*, consiste principalement en trois préparations : 1° le *dégommage* ou ébullition dans de l'eau pure contenant 10 p. 0/0 de savon blanc; 2° la *cuite* ou immersion de la soie enfermée dans des sacs dans un second bain d'eau, mais qui ne contient qu'une moindre quantité de savon; 3° l'*azurage*, qui consiste à donner à la soie un léger reflet agréable au moyen du rocou ou de l'indigo.

Lorsque la *soie décreusée doit être blanchie,* soit parce qu'on la destine à confectionner des tissus qui doivent être blancs, soit parce qu'on veut la teindre en couleurs claires, brillantes et aussi pures que possible, on l'expose, dans un soufroir, à l'action de l'acide sulfureux humide. Enfin, les soies ainsi préparées sont mises en œuvre par le fabricant d'étoffes, ou envoyées au teinturier pour recevoir les couleurs dont les nuances peuvent varier à l'infini.

F. DEBY.

CHAPITRE VIII. — ÉDUCATION DES ABEILLES.

SECTION Ire.—*Histoire naturelle des abeilles.*

§ Ier. — Espèces, variétés.

De tous les insectes connus jusqu'à ce jour, l'abeille est sans contredit le plus utile à l'homme par le miel et la cire qu'elle lui fournit. Aussi s'en est-il occupé de temps immémorial et a-t-il étudié avec beaucoup de soin son histoire pour la bien cultiver et pour rechercher les moyens d'en obtenir d'abondantes récoltes. Nous allons entrer ici dans les détails nécessaires pour soigner avec avantage ces insectes précieux dans tous les départemens de la France.

Il y a beaucoup d'espèces d'abeilles, mais il n'y en a qu'une indigène des parties tempérées de l'Europe qui soit cultivée. On la nomme simplement abeille et mouche à miel (*Apis mellifica,* Lin., Fab.). On en connaît quatre variétés dont celle nommée *petite hollandaise* a obtenu la préférence dans la culture, parce qu'elle est plus active, plus douce et plus facile à apprivoiser.

§ II. — Famille ou essaims d'abeilles.

Un essaim contient 1° *une mère ou reine;* 2° plusieurs milliers d'abeilles *neutres* ou *ouvrières;* 3° quelques centaines de *mâles.* L'abeille étant un insecte généralement connu, il est inutile de le décrire, et il suffira ici de faire connaître les formes et les couleurs qui distinguent les mères, les ouvrières et les mâles.

Fig. 153.

L'abeille ouvrière (*fig.* 153) est petite, et sa taille varie suivant la grandeur de l'alvéole dans laquelle elle a été élevée. Sa couleur est d'un roux brunâtre. Sa trompe est longue. Ses pattes ont des brosses, et les deux de derrière, plus longues que les autres, ont une palette ou petite cavité. Enfin, son aiguillon est droit et a 6 dentelures.

La mère abeille (*fig.*154), un peu plus grande et plus grosse que l'ouvrière, s'en distingue au premier coup-d'œil par son ventre ou abdomen beaucoup plus alongé quand elle est pleine, ce qui est son état ordinaire. Elle est plus rousse, mais ses pattes, plus longues, sont d'une couleur plus claire et dénuées de brosses et de palettes. Elle a deux ovaires, organes qui sont avortés dans l'ouvrière. Enfin son aiguillon est plus long, recourbé vers le haut, et il n'a que 4 dentelures.

Fig. 154.   Fig. 155.

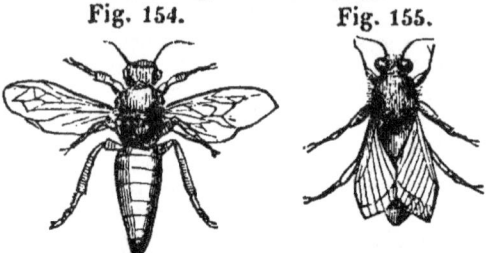

Le *mâle* (*fig.* 155), moins long que la mère, a le corps plus gros, plus aplati que l'ouvrière et d'une couleur noirâtre. Ses mâchoires et sa trompe sont plus petites; ses pattes n'ont ni brosses, ni palettes, et il n'a pas d'aiguillon. Son abdomen est, en grande partie, rempli par les organes de la génération qui se retournent et s'élèvent en sortant, et dans cet état ressemblent un peu à une tête de chèvre avec ses cornes. Le grand bruit qu'il fait en volant lui a fait donner le nom de *faux bourdon.*

§ III.—Mœurs et gouvernement des abeilles.

L'abeille a un caractère fort doux et elle est rarement l'agresseur dans les combats qu'elle livre. Très-active et uniquement occupée de ses travaux, elle se contente d'être sur la défensive et d'avoir à l'entrée de l'habitation une garde qui veille à la sûreté de la famille, et qui la prévient du danger si elle craint une attaque. Dans ce cas les abeilles sortent en foule et ne craignent de combattre ni l'homme ni les animaux les plus redoutables, et de les poursuivre à une certaine distance. La crainte de la mort ne les arrête pas, quoiqu'il en périsse souvent un grand nombre dans ces attaques, parce qu'elles laissent ordinairement leur aiguillon dans la plaie qu'elles ont faite, et perdent leur gros intestin qui tient fortement à cet aiguillon. Cependant il est des circonstances où elles prennent l'offensive; ainsi, quelques heures avant l'orage, la moindre chose les irrite, et il est alors dangereux de les approcher, et surtout en faisant du bruit. Le nectar des fleurs du châtaignier les agite également beaucoup. L'odeur des personnes à cheveux rouges et de celles dont les pieds exhalent une forte odeur, les incommode au point que lorsque ces personnes s'approchent près d'un essaim, une ou deux abeilles volent aussitôt près de leur visage, et par un mouvement vif de gauche à droite et de droite à gauche, accompagné d'un son très-aigu, semblent les menacer. Il faut alors se retirer pour éviter leur aiguillon. Enfin, si elles manquent de vivres, elles se décident à attaquer un autre essaim bien approvisionné.

Les abeilles sont très-laborieuses et très-actives. Douées d'un odorat très-fin, on les voit sortir, dès la pointe du jour, de leur habitation, pour se rendre directement, d'un vol rapide, vers les fleurs sur lesquelles elles comptent trouver du nectar qu'elles avalent, et du pollen ou de la propolis qu'elles placent dans la palette de leurs pattes de derrière. Pendant qu'elles s'approvisionnent, d'autres s'occupent des travaux de l'intérieur. Elles ne souffrent pas de bouche inutile.

Leurs yeux sont disposés de manière à voir pendant la nuit comme pendant le jour. Aussi travaillent-elles à ces deux époques à la confection de leurs rayons.

Elles sont susceptibles d'attachement et reconnaissent ceux qui les soignent. Leur amour pour leur reine ou mère est tel qu'elles se sacrifient au besoin pour la sauver du moindre danger.

Quant à leur instinct, leurs travaux démontrent qu'il est très-développé, comme les faits suivants le prouveront. Leur cri ou chant très-varié leur donne les moyens de s'entendre.

Leur gouvernement est maternel. C'est une mère de famille constamment dans l'habitation, qui surveille les travaux de ses enfans, qui s'occupe une partie de la journée de reproduire son espèce et qui ne demande en échange que le simple nécessaire. Ses sujets sont tous égaux. Ils s'occupent indifféremment, à l'exception des mâles, de tous les ouvrages utiles à la société, et ils jouissent en commun des provisions qu'ils ont déposées dans leurs magasins.

§ IV.—Travaux des abeilles.

Dès qu'un essaim a choisi pour son habitation, soit un trou d'arbre, soit un creux de rocher, son premier soin est de le nettoyer et d'en boucher tous les trous et crevasses, à l'exception d'une ouverture qui servira pour entrer et sortir. Pendant ce travail une partie des ouvrières s'attache, avec les crochets dont leurs pattes sont munies, au sommet du local, et d'autres s'accrochant aux 1ʳᵉˢ, elles forment comme un ovale ou une grappe de raisin.— Bientôt le groupe se subdivise pour commencer le travail des rayons, qui représentent des rideaux séparés de façon à laisser un intervalle de quatre lignes entre eux. Ces dispositions faites, elles emploient les matériaux qu'elles ont apportés, et bientôt un grand nombre d'ouvrières se rendent dans les forêts ou les champs, jusqu'à une lieue de distance, pour butiner sur les fleurs, pour se procurer de l'eau et même d'autres substances qu'elles recherchent sur les fumiers, dans les urines et au bord des mares. Lorsqu'elles sont suffisamment chargées et remplies, elles ren-

trent dans l'habitation et se suspendent à un des groupes. Elles y restent immobiles pendant que le nectar dont elles se sont gorgées se change en miel dans leur premier estomac ou en cire dans le second, suivant les besoins de la famille ; alors elles dégorgent leur miel, soit pour le distribuer aux ouvrières, soit, plus tard, pour le déposer dans les magasins. Elles en font autant d'une partie de la cire qu'elles rendent sous la forme de bouillie et qui est employée sur-le-champ pour lier entre elles le surplus de la cire qu'elles ont confectionnée et qui sort de leur abdomen entre les écailles, sous la forme de petites plaques. Ainsi elles produisent à volonté du miel ou de la cire avec le nectar comme avec la miellée, le sucre et toutes les matières sucrées.

Quant à la *propolis*, substance nécessaire pour attacher les constructions au haut et sur les côtés de l'habitation, des ouvrières la détachent des pattes de celles qui l'apportent, parce qu'elle y tient fortement. Elles en garnissent les parties supérieures où elles veulent commencer et suspendre leurs constructions, car elles construisent de haut en bas.

Ce travail achevé en partie, elles s'occupent de *faire un 1ᵉʳ rayon*. Lorsqu'il a 3 ou 4 pouces de longueur, elles en commencent un 2° et bientôt un 3ᵉ qu'elles placent à droite et à gauche du premier, et ainsi de suite jusqu'à ce que toute l'habitation en soit remplie.

Les *rayons*, qu'on nomme aussi *gâteaux*, dont on voit le plan dans la *fig.* 156, la coupe *fig.* 157 et la vue perspective *fig.* 158, sont pla-

Fig. 156.　　　　Fig. 157.

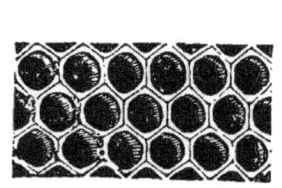
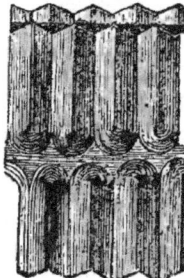

Fig. 158.

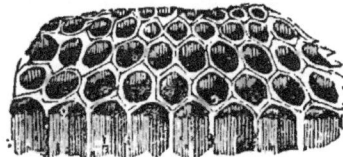

cés parallèlement et à 4 lignes de distance ; ils sont faits avec de la cire et sont composés de cellules hexagones, alongées, nommées *alvéoles*, de 5 2/3 lignes de profondeur sur 2 2/5 lignes de diamètre. Les alvéoles sont construits horizontalement et un peu penchés du côté du fond. Placés des deux côtés du rayon, ils sont disposés de manière que leur fond couvre le tiers du fond de trois alvéoles placés de l'autre côté, ce qui donne plus de solidité.

Les parois des alvéoles n'ont que 1,6ᵉ de ligne, mais les bords de leur ouverture sont fortifiés par un petit cordon de cire. Les *rayons* ont ainsi 11 1/3 lignes d'épaisseur. Ils sont destinés : 1° à élever des ouvrières auxquelles ils servent de berceau, 2° à y placer du miel et du pollen. Mais s'il existe dans l'habitation des parties qui ne sont pas propres à la première destination, les ouvrières font des alvéoles qui varient de longueur suivant l'emplacement et qui peuvent avoir jusqu'à un pouce de profondeur. Elles terminent quelques rayons des côtés par des alvéoles de même forme que les 1ers, mais de 6 1/2 lignes de profondeur sur 3 1/2 lignes de diamètre, ce qui réduit un peu la distance entre les rayons qui est généralement de 4 lignes. Ces alvéoles sont destinées à l'éducation des mâles et servent ensuite de magasin.

Les ouvrières laissent au milieu des rayons du centre, pour le passage d'un rayon à l'autre, *une ouverture* d'environ 1 1/2 pouce à 2 pouces dans laquelle elles construisent des alvéoles qui ont en dedans un pouce de longueur sur 3 1/2 lignes de large : ces alvéoles sont ovales-oblongs, très-polis dans l'intérieur, et leurs parois ont plus d'une ligne d'épaisseur; ils sont isolés, verticaux, ont l'ouverture en bas et suspendus de manière à figurer la cupule du gland avec son pédoncule, lorsqu'ils ne sont faits qu'à la moitié de leur longueur, ce qui a toujours lieu jusqu'à la ponte dans ces alvéoles. Ils servent de berceau pour les reines ou mères qui peuvent y développer facilement tous leurs organes.

Les ouvrières concourent en commun à tous ces travaux et s'entr'aident. On en voit en outre qui se mêlent dans leurs rangs uniquement pour leur donner de la nourriture en dégorgeant le miel de leur estomac sur leur trompe.

Indépendamment de ces alvéoles, les ouvrières font quelques *travaux accidentels*. Si des ennemis plus forts et plus gros les attaquent de temps à autre, elles bouchent l'ouverture de l'habitation et n'y laissent que quelques trous suffisans pour leur entrée et leur sortie. Un gros insecte ou un petit quadrupède vient-il à s'introduire dans l'habitation, elles l'attaquent, le tuent, et ne pouvant le traîner dehors, elles l'enveloppent d'une couche de cire suffisante pour arrêter la putréfaction, ou au moins pour empêcher les miasmes putrides de corrompre l'air de la ruche. Elles s'entendent pour tous ces travaux et se reconnaissent si bien malgré leur grand nombre, qu'une ouvrière étrangère qui entrerait dans l'habitation serait attaquée et tuée sur-le-champ, si elle ne pouvait s'échapper.

Pour se procurer les *matériaux et les approvisionnemens* nécessaires, des ouvrières sortent, au printemps, depuis l'aurore jusqu'au crépuscule; mais pendant les chaleurs fortes de l'été, elles restent sédentaires de midi à deux ou trois heures.

§ V. — Ponte, incubation, larves, nymphes.

Si la mère abeille est fécondée, elle commence tout de suite sa *ponte*. Si elle ne l'est pas, elle s'élance dans les airs de 11 à 3 heures, pour rencontrer un mâle. Elle rentre une demi-heure après avec les organes du mâle qui se sont détachés de son corps par l'effort que la femelle a fait pour s'en séparer après la fécondation, opération qui suffit au moins pour un an. Elle commence sa ponte 2 jours après. C'est alors qu'elle devient souveraine de l'habitation. Vierge, les ouvrières ne paraissaient y faire aucune attention; féconde, elles lui donnent une garde qui l'accompagne partout, et de temps en temps une ouvrière vient lui fournir sa nourriture, qu'elle a l'art de varier, soit pour rendre cette reine plus féconde, soit pour diminuer sa ponte, soit pour la faire cesser. *Cette ponte continue en France* jusqu'à l'automne, et elle se prolonge même plus tard si, la saison étant belle, les abeilles trouvent du nectar et du pollen. Mais si elles ne pouvaient recueillir que de la miellée, elles arrêteraient la ponte, après avoir consommé leurs provisions de pollen, cette substance leur étant indispensable pour la nourriture de leurs petits.

La mère fait sa ponte en se promenant sur les rayons, en enfonçant son abdomen pour y déposer un œuf dans les alvéoles, après les avoir examinés pour s'assurer qu'ils sont propres. *L'incubation* ne dure que 3 jours, à raison de la chaleur du centre de l'habitation qui est de 27 à 29° R. (34 à 36° cent.). Il sort de ces œufs un petit ver (*fig.* 159) sans pieds blanc, mou et ridé, et roulé sur lui-même : on le nomme *larve*. Des Fig. 159. ouvrières s'empressent de lui apporter une nourriture consistant en une bouillie composée de miel et de pollen dont elles varient les proportions suivant l'âge de cette larve.

La larve prend tout son accroissement en 5 à 6 jours. Alors les ouvrières bouchent l'alvéole avec une couche mince et un peu bombée de cire. La larve renfermée garnit son alvéole d'une toile fine à laquelle elle travaille 36 heures. Trois jours après, elle est métamorphosée en *nymphe* très-blanche, et 7 1/2 jours ensuite, ou 20 jours après la ponte, en insecte parfait ou abeille ouvrière, époque à laquelle elle sort de l'alvéole après en avoir crevé le couvercle. — *Des ouvrières la brossent* sur-le-champ, lui donnent de la nourriture et nettoient l'alvéole dont elles ne détachent pas la toile. Il en résulte que ces toiles s'accumulant par des pontes successives dans les alvéoles du centre, ceux-ci diminuent ainsi d'étendue au point d'être réduites de 1/4 et même de 1/3, et que les dernières ouvrières élevées dans ces alvéoles sont plus petites que les premières. D'où il suit que, passé la 1re année, les ouvrières varient plus ou moins de taille et de grandeur. — Vingt-quatre à 36 heures après la sortie de l'alvéole, la jeune ouvrière peut se livrer aux mêmes travaux que ses compagnes et aller dans la campagne.

Lorsque la saison continue à être favorable pour la cueillette du nectar et du pollen, le ventre de la mère s'alonge beaucoup et elle commence une *ponte d'œufs de mâles*. Les ouvrières traitent les larves des mâles avec les mêmes soins que celles des ouvrières. Cependant ces larves mettent 5 jours de plus pour devenir insectes parfaits. La ponte des mâles est plus ou moins considérable suivant la force des essaims.

Cette ponte est à peine terminée que la mère en commence une d'ouvrières. Alors aussi, en s'approchant des *alvéoles destinés aux mères*, elle y pond un œuf chaque jour ou tous les 2 ou 3 jours. Cet œuf ne diffère en rien de ceux qu'elle dépose dans les alvéoles d'ouvrières, car l'expérience a démontré qu'on pouvait tirer un œuf d'un alvéole d'ouvrière pour le mettre dans un alvéole royal, et qu'on obtenait une jeune mère, et qu'en faisant l'opération inverse, on avait des ouvrières.

L'expérience a également prouvé que si la mère abeille d'une habitation vient à périr, les ouvrières la remplacent en choisissant un ou deux œufs ou larves de moins de 3 jours, et en démolissant autour 2 ou 3 alvéoles pour en construire un grand. Nous présentons ici (*fig.* 160 A) le dessin très-curieux d'un rayon que

Fig. 160.

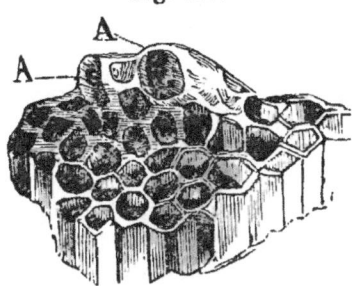

nous possédons, dans lequel les abeilles ont transformé des cellules d'abeilles ouvrières en alvéoles de mères. Ainsi, d'une part la grandeur de l'alvéole, de l'autre une plus grande quantité d'une nourriture différente de celle donnée aux larves d'ouvrières, produisent cette métamorphose. La différence de nourriture a tant d'effet dans ce changement, que si les ouvrières en ayant trop, en donnent à des larves dans de petits alvéoles, il en sort de petites mères, mais qui ne pondent que des mâles et qui sont détruites par la mère principale lorsqu'elle les rencontre.

Les ouvrières ont le plus grand soin des *larves des mères*, qu'elles veillent jour et nuit avec facilité parce que leurs alvéoles sont isolés. C'est à la fin du 16ᵉ jour, depuis la ponte, que la jeune mère parvient à l'état d'insecte parfait.

§ VI.—Essaimage, hivernage.

C'est à cette époque que la famille prend la résolution d'envoyer une partie de sa population *former un nouvel etablissement*. Plusieurs raisons la déterminent à cette séparation. Le nombre des ouvrières a considérablement augmenté; il y a déjà une partie des mâles parvenus à l'état d'insectes parfaits, et des nymphes de mères sont sur le point d'achever leur métamorphose, si elles ne l'ont déjà fait; trois causes indispensables sans lesquelles les abeilles, ne pouvant compléter une nouvelle famille, nommé *essaim*, ne pourraient former une colonie ou *essai-*

mer. Nous entrerons plus tard, relativement à l'essaimage, dans les détails nécessaires pour le bien connaitre et le diriger.

Les abeilles continuent cependant de ramasser ce qu'elles trouvent dans les campagnes. A défaut de nectar, elles recueillent la miellée qui couvre les feuilles de plusieurs espèces d'arbres, et elles tirent parti des fruits sucrés, soit tombés et un peu crevés par leur chute, soit percés par de petits animaux, par des oiseaux et par des insectes, car elles ne les attaquent jamais lorsqu'ils sont entiers. Elles mettent aussi de l'ordre dans leurs provisions. Dès qu'elles n'ont plus de pollen, elles arrêtent la ponte de leur mère par le changement de nourriture.

Les travaux ne cessent que lorsqu'une température pluvieuse et froide vient les interrompre. Alors elles ne sortent de leur habitation que lorsqu'un beau soleil réchauffe de temps à autre l'atmosphère. Elles y passent tranquillement l'hiver en usant sobrement de leurs provisions. Si le froid augmente beaucoup, elles s'engourdissent et restent dans cet état sans manger jusqu'à ce que la chaleur vienne les vivifier et leur rendre leur activité.

On a vu que les mâles ou faux-bourdons ne vivaient que quelques mois; *les ouvrières n'ont pas beaucoup plus d'un an d'existence*, parce que, pendant leurs travaux, elles sont la proie de plusieurs espèces d'oiseaux et d'insectes qui en détruisent un grand nombre, et que des orages subits et de très-forts coups de vent en font périr un grand nombre. Les mères au contraire peuvent vivre plusieurs années, parce qu'elles ne courent de dangers que lorsqu'elles sortent pour se faire féconder.

Tels sont les *faits principaux* de l'histoire naturelle des abeilles, ceux dont la connaissance est essentielle aux cultivateurs pour établir leur culture sur des principes certains qui puissent les dédommager de leurs avances et payer avantageusement leurs travaux.

SECTION II. — *Culture des abeilles*.

Il y a 3 considérations importantes pour réussir dans une bonne culture d'abeilles. La 1ʳᵉ est relative aux avantages et aux inconvéniens des *lieux* où l'on veut placer un certain nombre d'essaims. La 2ᵉ consiste dans la forme et dans la matière des paniers ou boîtes nommées *ruches* qui servent de logement aux abeilles, et dans la manière de les garantir autant que possible des orages, du vent et de l'humidité. La 3ᵉ est le *mode de culture* pour en tirer le plus grand profit possible.

ART. 1ᵉʳ.— *Cantons plus ou moins favorables*.

Tous les terrains ne fournissent pas aux abeilles la même quantité de nectar, de pollen et de miellée. Cela *dépend des plantes* qui y croissent spontanément ou que l'homme y cultive. Or le nombre des essaims doit être proportionné aux moyens de nourriture et d'approvisionnement des abeilles.

Dans les *cantons couverts de prairies* naturelles et artificielles, de bois formés d'essences diverses pour l'époque de la floraison, et dont les fleurs très-multipliées produisent beaucoup de nectar et de pollen, enfin de jardins fruitiers et de jardins d'agrément, on peut réunir jusqu'à cent essaims dans un rucher, et si ces cantons sont rapprochés de collines ou montagnes couvertes de plantes odoriférantes, on les considère comme les meilleurs pour la quantité et la qualité du miel. — Si le terrain ne réunit qu'une partie de ces avantages, le nombre des essaims doit être réduit. — On ne peut en établir qu'un petit nombre dans les lieux *où l'on cultive en grand des céréales et des vignobles* et dans lesquels les prairies et les arbres sont rares.

Les cultivateurs ont des moyens sûrs d'*améliorer* ces derniers terrains en y plantant un certain nombre d'arbres, tels que les chênes, mélèzes, robiniers, sophoras, féviers, et quelques pins ou sapins; en ajoutant à leurs céréales la culture de prairies artificielles, comme trèfle, luzerne, sainfoin ou chicorée, et en semant quelques pièces de terre de plantes oléagineuses, ou en garnissant les environs du rucher de sarriète vivace, lavande, marjolaine, romarin, réséda et thym. La culture du sarrasin est très-utile dans les terres dénuées d'arbres, et conséquemment de miellée, parce que sa floraison est tardive et que cette plante a toujours des fleurs jusqu'au moment de la récolte.

ART. II. — *Des ruches et des ruchers.*

Les ruches sont des paniers faits avec de la paille de seigle, avec de l'osier ou des branches d'autres essences de bois bien souples, ou ce sont des boîtes de bois légers dits bois blancs, de bois résineux (les meilleurs de tous), et enfin de liège. On les fabrique, dans certains cantons, avec des parties de tronc d'arbres creusés. Leurs formes et leurs dimensions varient suivant la qualité des terrains. Dans les meilleurs pour la culture des abeilles, on leur donne 2 pieds cubes. Elles ne doivent contenir qu'un pied et demi dans les cantons médiocres, et seulement un pied dans les mauvais.

§ 1er. — Des ruches simples.

On nomme *ruches simples* celles d'une seule pièce, sans division dans l'intérieur. Les cultivateurs les faisant eux-mêmes en paille, en vannerie ou en bois, il est inutile de les décrire; on doit seulement remarquer : 1° que plus les rouleaux de paille qu'on dispose en spirale sont serrés et réunis avec l'écorce de la ronce commune, moins on laisse de vide entre les brins d'osier ou d'autres bois, et plus les ruches sont solides et durent longtemps; 2° que lorsqu'on ne recouvre pas avec des surtouts de paille les ruches fabriquées avec des planches, il est utile que le dessus soit en pente sur le derrière, qu'il déborde pour écarter l'eau de pluie, et qu'il ait une couche de peinture grossière; ce dernier précepte est applicable à toutes les ruches en bois. On fait aussi dans le milieu de la couverture un trou d'un pouce de diamètre pour y placer un petit vase que les abeil-

les remplissent de miel. On bouche ce trou avec un morceau d'ardoise, de bois ou de fer-blanc quand on enlève le vase.

Ruche en vannerie (*fig.*161) de bois de bourdaine, d'osier, etc.: A manche, B entrée des abeilles. Ruche en paille (*fig.* 162): A poignée

Fig. 161.   Fig. 162

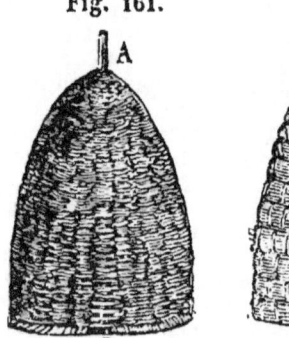

qu'on remplace par un manche lorsqu'on met à manger aux abeilles sur le plateau ; B ouverture dans laquelle on place le petit vase de fer-blanc dont le fond est garni de trous et le dessus couvert d'un bouchon en bois. Ruche en bois (*fig.*163): A entrée des abeilles s'il n'y en a pas une sur le plateau.

Fig. 163.

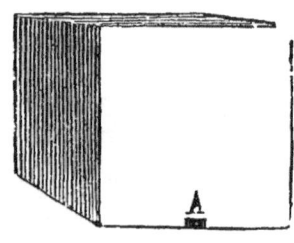

§ II. — Ruches composées.

On fabrique les ruches composées de paille ou de bois. Les 1res sont ordinairement de 2 pièces ; la pièce supérieure A (*fig.* 164) a la forme d'une demi-sphère plus ou moins aplatie, et est de la contenance du quart au 5e de la ruche. On la nomme *capote* ou *couvercle*; elle a dans son extrémité supérieure un trou de 2 pouces de diamètre dans lequel on place le petit vase de ferblanc dont le fond est percé de petits trous: ce vase sert pour donner de la nourriture aux abeilles. Souvent

Fig. 164.

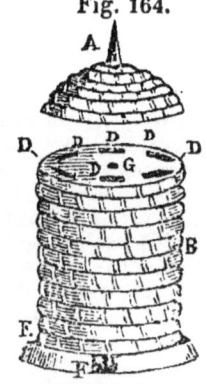

ce trou est rempli par un morceau de bois arrondi de 8 pouces, dont on se sert pour manier le couvercle, lequel dans sa partie inférieure a le diamètre du corps de la ruche qui doit être le même pour toutes les ruches d'un établissement. Ce corps de ruche B est un cylindre couvert d'une planche mince G qu'on y attache avec du fil de fer recuit. Cette planche a dans son pourtour des ouvertures DD de 3 ou 4 lignes sur 3 pouces de long pour le passage des abeilles. On place dans le milieu du corps de la ruche deux tringles pour soutenir les rayons ou gâteaux. Si le plateau E sur lequel on pose la ruche n'a pas de passage pour y pénétrer, on fait une coupe F de 2 1/2 pouces de long sur 5 lignes de haut au bas de la ruche. Cette ruche est nommée *ruche villageoise*, ou *ruche à la Lombard* si le corps de la ruche est divisé en 2 parties.

Les *ruches en bois* se divisent de plusieurs manières :

1° Sur la *hauteur*. C'est la *ruche à hausse de* PALTEAU avec des modifications faites par BLANGI, BOISJUGAN, CUINGHIEN, DUCARNE DE MASSAC, BEVILLE et M. MARTIN. Ce sont (*fig.* 165) 3 ou 4 tiroirs ou hausses superposées, BB,

Fig. 165.

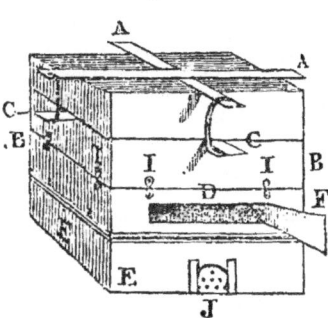

le fond en dessus, garnis d'ouvertures sur les côtés pour le passage des abeilles et recouverts par une planchette de même diamètre, maintenue par des barres AA fixées elles-mêmes en CC. On maintient ces hausses avec des crochets ou des chevilles II, du fil de fer ou même avec de la ficelle ou de l'osier. On place ces attaches au même point à toutes les hausses pour pouvoir les changer de place ou les mettre d'une ruche à une autre ; toutes les hausses doivent être de même dimension pour toutes les ruches d'un rucher. M. RAVENEL a fait de ces ruches en paille (*fig.* 166) ;

Fig. 166.

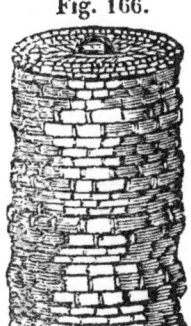

elles sont rondes comme les ruches villageoises, et les rouleaux sont doublés aux points de jonction.

On peut faire à chaque hausse, par-derrière, une ouverture D d'un pouce de haut sur 2 ou 3 de large. On la ferme avec du verre qu'on recouvre d'une planchette mobile ou volet F. M. MARTIN a enlevé les côtés des hausses, et les a remplacés par 4 fortes chevilles d'une longueur proportionnée à la hauteur qu'il veut donner à chaque hausse. Ainsi, ces hausses sont entièrement ouvertes de 4 côtés ; il recouvre le tout avec une toile forte et peinte, placée sur 4 cadres réunis plus larges que les côtés des hausses ; la couverture est en toiture à 4 pans terminés en pointe. Au moyen d'une ficelle placée à la partie supérieure ou pointe et d'une poulie placée plus haut, on peut soulever cette couverture et voir les abeilles et leurs travaux. Les abeilles peuvent aussi prolonger leurs rayons en dehors des hausses.

2° Sur la *profondeur* ou *longueur*, c'est la *ruche de* SERAIN. On la compose (*fig.* 167) de

Fig. 167.

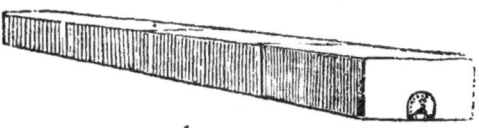

2 ou 3 boites sans fond mises les unes derrière les autres, avec des trous à chaque boîte pour la communication.

3° Sur la *largeur*, c'est la *ruche de* GELIÉU modifiée par HUBER, BOSC. puis par *moi-même*. C'est une boîte (*fig.* 168) coupée en 2 parties égales sur la largeur ; chaque partie a une cloison avec des ouvertures de communication. Bosc en a retranché les cloisons ; HUBER, au lieu de 2 parties, en a fait autant qu'il a désiré de rayons de cire. Ainsi, cha-

Fig. 168.

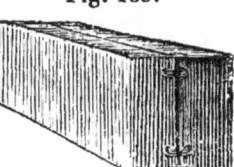

que segment représente un cadre dont le bois a 15 lignes 1/4 de large ; c'est une mesure qu'il faut établir pour les ruches coupées sur la largeur ; il faut autant de fois 15 lignes sur la largeur, plus 4 lignes, qu'on y veut de rayons ; on ajoute 4 lignes, parce qu'il a 9 ou 11 passages sur 8 ou 10 rayons. J'ai modifié cette ruche (*fig.* 169), 1° en supprimant le fond ;

Fig. 169.

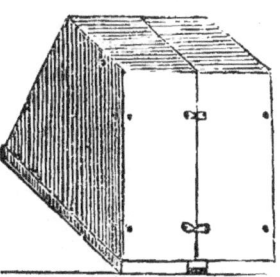

2° en rétrécissant sa partie supérieure d'un tiers sur la profondeur, et en augmentant sa base d'un tiers, ce qui double la profondeur du bas de la ruche ; 3° en donnant à la couverture assez de pente pour l'écoulement des eaux de pluie au dehors et de celles produites par la condensation des vapeurs dans l'intérieur. Il suffit à cet effet d'élever le derrière plus que le devant de la ruche. On maintient l'écartement du devant et du derrière des 2 parties de la ruche au moyen d'une tringle de 6 lignes qui traverse les planches, et qu'on y assujétit avec un petit coin. On met la tringle à 4 ou 6 pouces de hauteur, avec l'attention de la placer sous un rayon, non sous un sentier, pour qu'elle ne bouche pas le passage des abeilles. On cloue une autre tringle à angle droit sur cette tringle pour soutenir les rayons. On peut faire un trou à chaque partie de la couverture pour y placer un vase de verre. On nomme cette ruche la *ruche perfectionnée*, pour la distinguer de celle de Bosc dont je lui avais donné primitivement le nom. On en réunit les parties comme on l'a dit pour les ruches à hausse. Les ruches du même rucher doivent avoir les mêmes dimensions.

La fig. 170 représente la *ruche à expériences*, divisée en 8 segmens sur la largeur ; elle est fermée sur les côtés par un châssis vitré, recouvert d'un volet si la ruche est dans un ru-

Fig. 170,

cher couvert; si elle est en plein air, il ne faut pas de volet, mais on recouvre la ruche d'une boîte aux côtés de laquelle on place des planchettes à coulisse pour inspecter la ruche sans déranger la boîte.

Il faut dans les ruches divisées sur la largeur, *diriger le premier travail* des abeilles pour n'être pas exposé à briser des rayons lorsqu'on écarte les deux parties de la ruche. A cet effet, on suspend à chaque partie de la couverture, à 2 lignes des points de jonction, un morceau de rayon d'un pouce de hauteur sur 4 à 5 de longueur ; on l'y maintient avec du fil de laiton recuit. On a l'attention, en plaçant ces morceaux, de les mettre dans leur position naturelle, de manière que le bord des alvéoles soit plus élevé que le fond. Les abeilles prolongent perpendiculairement ces morceaux de rayon. Cette précaution n'est nécessaire que pour les ruches entières qui n'ont pas servi, car il suffit qu'un côté d'une ruche soit plein ou même ait servi pour que la propolis employée à attacher des rayons dirige le placement des nouveaux rayons à construire.

Si on désire une ruche pour les expériences, on peut prendre la ruche perfectionnée, la diviser en autant de segmens qu'on veut de rayons, maintenir la partie inférieure de chaque segment avec une tringle, et remplacer les planches des côtés par des châssis vitrés recouverts d'un volet si la ruche est dans un rucher; si elle est en plein air, il ne faut pas de volets, mais on recouvre la ruche d'une boîte, comme nous l'avons dit ci-dessus.

Toutes les ruches doivent *être pesées et numérotées* avant de s'en servir.

On place ces ruches sans fond sur des *plateaux* composés de planches, de plâtre coulé, d'ardoise épaisse, ou de pierre. La surface doit en être unie. Ces plateaux, de l'épaisseur d'un à 2 pouces, ont 2 pouces de large et 5 de long de plus que les ruches. On y creuse sur le devant, au milieu, un passage en pente douce de 2 1/2 pouces de large sur un pouce de profondeur au bord du plateau, profondeur qui se réduit à zéro dans l'intérieur de la ruche et qui a au moins 7 à 8 lignes au point d'entrée et de sortie des abeilles, c'est-à-dire à 2 pouces du bord. Ces plateaux, qui sont soutenus par 4 *pieux* de bois d'autant plus longs que le terrain est plus humide, ont ordinairement 3 1/2 pieds. On enfonce la partie inférieure de ces *supports*, qui est terminée en pointe, d'environ 1/2 pied en terre ; ceux de devant le sont de 10 à 12 lignes plus que les autres, afin de donner un peu de pente au plateau pour l'écoulement des eaux. Il faut que le plateau déborde les supports d'un pouce au moins. On fera bien de consolider ces plateaux au moyen de quatre chevilles qui les traverseront et qui entreront dans les supports. On peut remplacer ceux-ci par une pierre, un tronc d'arbre, ou un cône ou cylindre de terre cuite rempli de terre.

Les ruches sont couvertes, au moins dans les pays pluvieux, par un *surtout* ou *chemise*, ordinairement de paille de seigle dont on coupe les épis, qu'on lie fortement dans la partie supérieure, et qu'on ouvre pour le placer sur la ruche en donnant plus d'épaisseur du côté d'où viennent les pluies. On peut le maintenir au moyen d'un cerceau sur lequel on le fixe. Dans les pays chauds, on doit augmenter l'épaisseur de la couverture des ruches si on ne se sert pas de surtouts, parce que le bois s'échauffant, pourrait, s'il était mince, amollir beaucoup la propolis et détacher les rayons lorsqu'ils sont remplis de miel ou de couvain.

§ III. — Des ruchers.

1° *Ruchers en plein air.*

Un rucher en plein air est un terrain sur lequel on place les ruches à une petite distance de l'habitation, du côté opposé à la cour des volailles lesquelles mangent les abeilles qui viennent y boire ou se poser sur le fumier. Si le terrain est grand, on peut mettre beaucoup de distance entre les ruches, et garnir les intervalles d'arbrisseaux et de plantes qui produisent beaucoup de nectar. Si l'espace est petit, on plante en avant des ruches, et on met celles-ci (*fig.* 171 et 172) sur 2

Fig. 171 et 172.

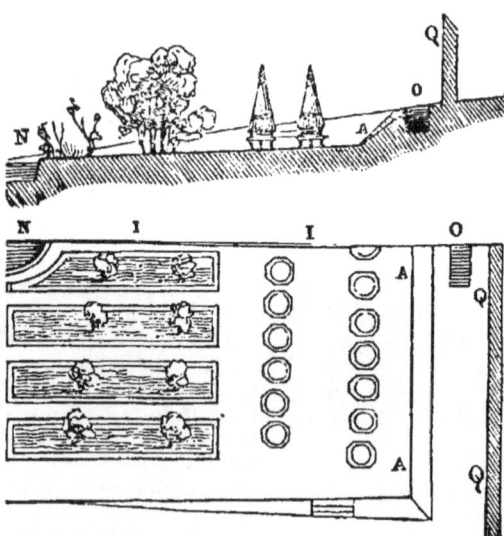

rangs, à 5 à 6 pieds de distance entre les rangs et 3 pieds entre les ruches, à l'exposition du levant ou du midi, en les abritant par un mur Q du côté du nord ou de l'ouest. On ne laisse pousser aucune plante sous les ruches ni à 2 pieds, et si le sol est humide, on enlève dans cette partie 6 pouces de terre qu'on remplace par du gros sable. Quand on a un courant d'eau, on établit un bassin supérieur O, soutenu par un talus en gazon A et un bassin inférieur N, qui reçoit les eaux du bassin supérieur par 2 ou 3 filets très-minces

II, courant sur le terrain et où les abeilles ne peuvent se noyer. A défaut de courant d'eau dans le rucher ou aux environs, on enfonce un ou deux baquets rez-terre. On y jette 6 pouces de terre pour y planter du cresson d'eau, et on les remplit d'eau. Enfin, on détruit autant que possible tous les insectes et les petits oiseaux dans le rucher, lequel doit être clos de murs, d'un treillis ou au moins d'une forte palissade. Si la température du canton était très-humide, il faudrait placer les ruches sur des arbres, et à défaut dans des greniers.

2° *Ruchers abrités et couverts.*

Dans les lieux où les forts coups de vent, les orages, les pluies prolongées et la grêle sont fréquens, on établit son rucher sous des appentis longs et ouverts, ou seulement fermés du côté d'où viennent ces météores; c'est ce qu'on nomme *ruchers abrités* (*fig.* 173);

Fig. 173.

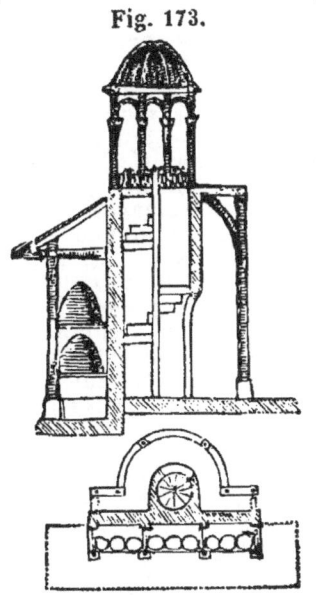

ou bien dans des bâtimens clos de toutes parts, appelés *ruchers couverts* (*fig.* 174).

Fig. 174.

Leur longueur ou leur dimension est relative au nombre des ruches dont on fait 2 rangs l'un sur l'autre. Ces ruchers fermés ont une petite croisée et une porte à une de leurs extrémités, mais seulement une croisée à l'autre. On fait sur le devant un petit passage pour les abeilles de chaque ruche, et on y met une planchette qui déborde de 3 à 4 po. Il y a 2 ½ pi. entre chaque ruche et la même distance entre le rang du bas et le rang supérieur. L'épaisseur des ruches en bois peut être réduite d'un tiers parce qu'elles sont à couvert. Tous les ruchers doivent être à une certaine distance des lieux où l'on fait beaucoup de bruit, des chemins très-fréquentés, des marécages et des établissemens qui produisent des exhalaisons nuisibles, et même des raffineries, où les abeilles périssent par milliers dans les chaudières. On détruit autant qu'on le peut les nids de guêpes et surtout de frélons des environs des ruchers, et s'il y a de fausses teignes, on met dans 2 ruches vides des morceaux de vieux rayons pour les attirer, les faire pondre et les y détruire.

ART. III. — *Mode de culture des abeilles.*

§ Iᵉʳ. —Achat et transport des abeilles.

On achète les abeilles : 1° à l'*essaimage* si on adopte une ruche différente de celle du canton, et on évite ainsi les fausses teignes ou *galléries* (*Galleria cereana.* Fab.), s'il y en a dans le rucher où on achète. Les 1ᵉʳˢ essaims, qui peuvent peser jusqu'à 6 livres au plus et ordinairement 4 à 5, valent le double des seconds essaims, plus légers et venant plus tard; le grand nombre des ouvrières, et 8 à 15 jours d'intervalle entre la sortie des essaims secondaires produisent une différence considérable pour l'approvisionnement de l'hiver en miel.

2° *Au printemps* et non à l'automne, pour éviter les pertes qui peuvent avoir lieu jusqu'au retour de la belle saison. A cette époque on connaît la valeur de l'essaim par le poids de la ruche qui donne celui du miel et de la cire après en avoir déduit celui de la ruche et des abeilles. On ne peut se tromper que dans l'achat des vieilles ruches qui contiennent quelquefois du pollen ou *rouget* dans beaucoup d'alvéoles.

Les acquéreurs voisins du lieu d'achat les font transporter le soir même de l'essaimage. Après la rentrée des abeilles, on soulève doucement et sans bruit la ruche pour la poser sur une toile claire ou un canevas qu'on relève tout autour et qu'on y serre avec de la ficelle. Un seul homme peut en porter 2 ou 4 sur l'épaule, attachées à un bâton. Mais si on a fait un achat considérable, qu'on enlève le tout à la fois, et qu'on soit à quelques lieues, on garnit bien de paille une voiture, et on pose dessus de fortes gaules qui laissent de l'air entre la paille et les ruches. A l'arrivée on met de suite les ruches à leur place, et une demi-heure après on tire la serpillière; et si ce sont des essaims nouveaux, on la remplace par une assiette contenant une demi-livre de miel couvert d'une toile très-claire ou d'un papier épais auquel on fait des coupures étroites et alongées, ou même de brins de paille croisés. Le transport n'a lieu que la nuit.

§ II. — Soins généraux à donner aux abeilles.

Visiter souvent les abeilles pour qu'elles connaissent les apiculteurs, le faire sans bruit, parler bas, point de mouvemens brusques; se baisser si une abeille annonce par un bourdonnement particulier et par son vol devant l'apiculteur l'intention de l'attaquer, et ne se relever que lorsqu'elle s'est retirée; ne soulever ni ouvrir les ruches que lorsque les soins l'exigent, et toujours doucement; détruire dans ces visites les araignées, les limaces, ainsi que les fausses teignes qu'on trouve entre le surtout et la ruche; brûler les guêpiers et les fourmilières avec le feu ou l'eau bouillante; enfin, faire la chasse à la famille des rats et aux oiseaux.

§ III. — Vêtement des apiculteurs.

Les abeilles sont en général assez douces et n'attaquent que ce qu'elles considèrent comme nuisible.

On *s'oppose aux piqûres* des abeilles en se couvrant : 1° d'un pantalon à pied ou d'une paire de guêtres pour recouvrir le soulier et le bas du pantalon ; 2° d'un gilet qui ferme bien ; 3° de gants épais, assez longs pour être liés sur la manche; 4° d'un camail de coutil ou de toile cirée qui enveloppe la tête et le cou, et qu'on serre dans le bas pour que les abeilles ne puissent pas piquer ces parties. On fait devant la figure, pour pouvoir respirer, une ouverture suffisante pour y mettre un masque bombé, composé avec de la toile fine de laiton, dont les mailles permettent de voir et empêchent les abeilles de passer. A défaut de camail, les dames peuvent employer la gaze blanche, en l'écartant un peu de la figure. Ainsi vêtu, on opère tranquillement et sans crainte d'être piqué par les abeilles ou de les tuer.

Comme on ne prend pas ces précautions dans les visites de simple inspection, on doit avoir soi un flacon d'*alcali volatil*. Dès qu'on est piqué, on s'empresse d'arracher l'aiguillon de la plaie et d'y verser une goutte de ce liquide. Les autres alcalis peuvent au besoin le remplacer, même la chaux vive, et à défaut un peu d'huile ou de miel. On presse et on suce la plaie, si on le peut, avant de rien mettre dessus.

§ IV. — Soins à donner aux abeilles à l'entrée de la mauvaise saison.

Dès qu'il n'y a plus de fleurs, de feuilles et de fruits pour fournir de la nourriture aux abeilles, on doit peser toutes les ruches. On défalque de leur poids, celui de la ruche, plus 5 livres pour les abeilles et 2 livres pour la cire. Le surplus doit être du miel dont il faut 12 à 15 livres par essaim *fort* ou *faible*, fait étonnant, mais constaté par l'expérience. Ce poids est une moyenne proportionnelle, car plus l'hiver est doux, plus les abeilles consomment de miel.

On ne *prend pas de miel* aux essaims qui n'ont que 20 à 25 livres, parce que les abeilles aussi bien approvisionnées seront plus actives au printemps, qu'elles seront moins exposées à manquer de vivres pour elles et leurs vers, s'il survient, dans cette saison, un vent très-sec qui enlève le nectar à mesure que les fleurs en produisent, ou un temps pluvieux qui délaie cette substance; qu'elles fourniront plus tôt des essaims et produiront une récolte plus abondante de miel. En effet, plus les abeilles sont dans l'abondance à l'entrée du printemps, plus le renouvellement d'une ponte considérable a lieu; plus les abeilles multiplient, plus elles recueillent de miel et peuvent en déposer dans les magasins, puisque s'il faut la récolte journalière de 10 à 15,000 ouvrières pour la consommation de l'essaim, c'est-à-dire pour la nourriture des vers et des abeilles, et qu'il y ait 30,000 ouvrières dans une ruche, la moitié de leur récolte peut être économisée, pendant qu'un essaim qui n'a que 10 à 15,000 ouvrières ne peut pas faire une réserve en miel s'il a un fort couvain à nourrir, et est exposé à la disette s'il survient un mauvais temps.

Si les ruches contiennent moins de 12 livres de miel au moment de la visite, et que le temps ne soit pas froid, on leur donne le soir, comme on l'a dit plus haut, des sirops faits avec des fruits sucrés et préparés d'avance, ou du miel commun jusqu'à la concurrence d'une livre qu'elles ramassent pendant la nuit. On continue jusqu'à leur complet approvisionnement. Si la température est froide la nuit, on donne le sirop ou le miel un peu tiède, le matin, après y avoir mêlé un peu de vin ou du cidre, et pendant qu'on le chauffe on saupoudre le plateau avec du sel de cuisine; mais en donnant la nourriture le matin, il faut pousser la ruche en arrière pour réduire la hauteur de l'entrée et empêcher que les ouvrières des ruches voisines ne viennent s'emparer d'une partie du miel.

Si on avait trop retardé cette opération, et que le froid et l'humidité eussent augmenté, *on donne alors aux abeilles des rayons remplis de miel* dont on enlève les couvercles avec une lame mince. On les pose à plat sur le plateau qu'on a préalablement saupoudré de sel.

Si on se servait de la ruche perfectionnée, ou autres divisées sur la largeur, et qu'on eût des essaims fortement approvisionnés et d'autres qui ne le fussent pas assez, *on cherche à égaliser leurs vivres*. On donne à l'essaim mal approvisionné la moitié de la ruche qui a beaucoup de miel, et on remplace cette moitié par celle de l'autre ruche. Mais pour réussir on prend les précautions suivantes : Après s'être vêtu pour se garantir des piqûres, on enlève le surtout de la forte ruche, et on défait les crochets qui réunissent ses 2 parties. On frappe 2 ou 3 coups contre le côté de la ruche qu'on veut laisser en place pour y attirer la reine. Des abeilles veulent-elles sortir, on les en empêche au moyen de vieille toile ou serpillière roulée au bout d'un petit bâton, et dont on met à l'entrée de la ruche, l'extrémité à laquelle on a mis le feu, mais sans flamme. C'est ce qu'on nomme *fumeron*. La fumée qu'on souffle dans l'entrée s'oppose à la sortie des abeilles et les détermine à environner la reine. Elles y font un bourdonnement qu'on nomme *bruissement*. Alors on soulève la moitié de la ruche qu'on veut emporter. On passe dessous le fumeron qu'on secoue pour produire plus de fumée afin d'en chasser les abeilles qui y restent. Ensuite on enlève cette moitié pour la remplacer par une moitié vide dont on s'est muni. On la rapproche d'abord par le derrière en poussant sur les joints de la fumée pour écarter les abeilles et ne pas en écraser. On apporte la moitié pleine auprès de la ruche faible à laquelle on l'adapte par le même procédé. Ensuite on revient à la ruche forte à laquelle on retire promptement la moitié vide pour la remplacer par celle de la ruche faible. On fournit facilement du miel aux ruches villageoises et aux ruches à hausses en échangeant leur couvercle ou hausse supérieure, s'ils sont vides, contre un couvercle ou une hausse qui contient du miel et qu'on a conservé à cet effet.

Bientôt le froid augmente d'intensité et annonce la gelée, la neige et le givre. Alors il est utile *de tourner l'entrée des ruches* au nord-est pour empêcher les abeilles de sortir, ou de les transporter dans un lieu obscur et sec qui ait une ouverture du côté des vents secs. C'est le temps de surveiller les souris, les rats, les pic-verts, les mésanges, surtout lorsque les ruches sont de paille ou d'osier, parce que les abeilles engourdies sont sans défense.

La méthode employée ci-dessus pour travailler sans danger une ruche et qu'on nomme *état de bruissement,* est toujours celle qu'il faut suivre quand on veut se rendre maître des abeilles.

§ V.—Opérations au commencement du printemps.

Dès que la *saison se radoucit,* que les saules, marsaults, coudriers fleurissent, et que les abeilles ranimées commencent leurs mouvemens, on visite de nouveau les ruches pour nettoyer les plateaux et y répandre un peu de sel, couper 2 ou 3 pouces du bas des rayons, pour peu qu'il y ait de la moisissure, enfumer les ruches pour en renouveler l'air, et enfin couper 1 ou 2 rayons des côtés s'ils sont vides, et qu'on y soupçonne des œufs ou larves de fausse teigne. Ensuite on remet chaque ruche dans sa position ordinaire après s'être assuré de son approvisionnement.

Aux *premiers beaux jours,* on place devant les ruches des assiettes remplies d'un sirop tiède qui contient un peu de liqueur fermentée, comme du vin, etc., pour les préserver, conjointement avec le sel, de la diarrhée qui peut les attaquer dans cette saison, surtout si le temps ou la température du canton est humide. C'est principalement dans ces cantons que la fausse teigne multiplie le plus et que l'abeille est moins active. On place en conséquence 2 ruches vides sur le plateau desquelles on met des débris de vieux rayons de cire pour attirer et détruire ces parasites. C'est aussi le meilleur moment pour faire la chasse aux guêpes et frelons avec des filets dits *échiquiers.*

La saison est-elle favorable aux abeilles, on les *visite* 1 *ou* 2 *fois* par semaine pour s'assurer à la simple vue s'il y a de l'activité dans les travaux. Seulement, dans les cantons où les fausses teignes sont communes, on soulève les surtouts pour tuer celles qui s'y cachent pendant le jour; et si on aperçoit des ruches dont les abeilles font peu de mouvemens, on les lève un peu par-derrière pour vérifier s'il n'y a pas des crottes de fausses teignes sur le plateau, ou de leurs fils entrecroisés entre les rayons. Dans ce cas, après avoir mis les abeilles en état de bruissement, on enlève les rayons des côtés ou partie de ces rayons qui sont attaqués par ces insectes; on nettoie le plateau et on remet la ruche en place. Si les dégâts étaient considérables, il vaudrait mieux transvaser les abeilles et leur donner le soir du miel pour commencer des rayons dans leur nouvelle ruche. On nettoie tout de suite l'ancienne, et on y passe le feu, et après avoir extrait le miel, on fait tout de suite fondre les rayons pour détruire les œufs et les vers des fausses teignes, ainsi que les rayons mis dans des ruches vides pour attirer cette vermine, ruches qu'on visite en même temps que les autres. S'il y avait du couvain on le rendrait aux abeilles, soit en le suspendant, soit en posant les rayons verticalement sur deux petites fourches de bois fendues dans le haut ou de fil de fer dont l'extrémité inférieure est enfoncée dans un morceau de planche de 4 à 5 pouces de long sur 2 1/2 pouces de large pour y poser au besoin 2 morceaux de rayons. Le tout préparé est placé sur le plateau dans la direction des rayons.

Mais s'il survient *dans cette saison des pluies* qui durent plus de 8 jours, qui empêchent les abeilles de sortir, ou des vents secs qui enlèvent le nectar à mesure de sa production, et forcent les ouvrières, qui ne trouvent que du pollen à consommer le miel en provision, il faut redoubler de vigilance, s'assurer s'il reste du miel dans les ruches, ou si les ouvrières en manquent, ne pas leur épargner le sirop ou le miel, car la consommation en est considérable à cette époque pour le couvain. Si on négligeait de le faire, on serait exposé à perdre une partie de ses essaims, les uns parce que la famine les détruirait, les autres parce que le couvain qui aurait péri entrerait en putréfaction et occasionerait non seulement la mort des ouvrières de la ruche, mais pourrait encore entraîner la destruction du rucher en y développant une maladie épidémique. Il ne sortirait pas des ruches des essaims précoces qui sont la richesse de l'apiculteur, et on trouverait dans beaucoup d'alvéoles des ruches conservées du pollen découvert qui durcit, dont les abeilles ne peuvent faire usage, et qui par son poids trompe sur la quantité de miel contenu dans les ruches. Le sirop et le miel qu'on leur donne jusqu'au retour de la saison favorable ne sont qu'une avance que les abeilles rendront plus tard avec un grand bénéfice. Dès que le temps change, on enlève les ruches mortes, on tire des ruches conservées le couvain qui a péri, et on en extrait, s'il est possible, la cire. Dans le cas contraire, on enterre le tout pour empêcher les ouvrières d'en approcher.

Les amateurs des ruches villageoises dont les corps ont 3 ans, profitent du moment de la grande abondance du nectar pour les renouveler. A cet effet ils tirent le couvercle et le remplacent par une planchette; ils soulèvent le corps de la ruche pour placer dessous un autre corps ; ils garnissent les points de contact des 2 corps avec du pourget (mélange de chaux, de bouse de vache, d'argile et d'un peu d'eau), et s'il y a une cirée au corps supérieur, ils la bouchent. Ils peuvent également faire cette opération sur quelques ruches avant le commencement de la ponte, lorsqu'ils désirent augmenter la récolte et diminuer la production des essaims. Dans ce dernier cas ils laissent le couvercle.

§ VI. — Essaimage.

I. *Essaims naturels.*

Pendant la saison dont nous venons de parler, la multiplication des abeilles est considérable ; aussi un bruit sourd se fait-il entendre, et il augmente chaque jour d'intensité. Bientôt on voit sortir de quelques ruches, de 11 heures à 3 heures, des mâles ou faux bourdons ; c'est un indice que la mère a pondu depuis 8 à 10 jours dans les alvéoles de reine, et *qu'il sortira avant peu un essaim.* On dispose en conséquence des ruches qu'on nettoie bien et qu'on parfume en les frottant avec des plantes aromatiques ou avec l'extrémité de tiges fleuries. On prépare également un sac dans lequel on fixe deux cerceaux pour en écarter les parois, et placés assez loin de l'ouverture pour qu'on puisse le fermer à volonté ; 2 grands balais ou une petite pompe à main comme celle des jardiniers, un seau plein d'eau, 1 fumeron ou 2, une ou 2 longues perches terminées par un crochet à l'extrémité supérieure, un plumasseau et à défaut une petite branche à feuilles souples, une branche d'un pied et demi dont la tête, de 6 à 10 pouces de long, est taillée en boule alongée, un plateau, un couvercle de ruche, un ou 2 paillassons de jardinier ou un ou 2 grands torchons, un camail et du sable fin, enfin un peu de miel pour en délayer au besoin avec de l'eau.

Tout cet attirail disposé, on place quelques-unes des ruches sur des plateaux, ou on les suspend à des arbres autour du rucher. On peut même en mettre dans les places des ruchers qui sont vides. Alors il ne reste plus qu'à faire une garde exacte pour épier la *sortie des essaims* qui peut avoir lieu depuis 10 heures du matin jusqu'à 3 heures du soir dans les temps ordinaires, mais qui peut commencer depuis 9 heures jusqu'à 4 par de fortes chaleurs.

On laisse l'essaim sortir tranquillement et se balancer dans l'air ; ce n'est que lorsqu'il *prend une direction contraire* à celle qu'on désire, qu'on s'empresse de lui lancer du sable et de l'eau et qu'on fait beaucoup de bruit, non seulement pour empêcher les ouvrières d'entendre et de suivre leurs conducteurs, mais encore pour prévenir les voisins qu'il est sorti un essaim. Le bruit, l'eau, le sable sont un orage pour l'essaim qui s'arrête et se place, soit contre une branche d'arbre, soit contre un mur, et quelquefois se pose à terre. On garantit les abeilles des rayons du soleil, s'il est possible, pendant qu'elles se groupent en formant une boule ou une grappe de raisin.

Lorsqu'une *grande partie des ouvrières est réunie*, si elles sont à terre, on pose une ruche dessus, en la soulevant d'un côté de deux pouces pour l'entrée des abeilles, et on intercepte les rayons solaires qui donnent sur la ruche. On accélère l'entrée des ouvrières avec de la fumée ou le plumasseau, et dès qu'on voit des abeilles se placer à l'entrée de la ruche et y battre des ailes pour rappeler celles qui sont dehors, on les laisse tranquilles jusqu'à ce que le calme soit rétabli dans l'essaim.

Si les abeilles se *groupent contre une branche* qu'on puisse secouer, on place la ruche, l'ouverture en haut, le plus près possible de l'essaim, et on donne à la branche une ou deux secousses promptes pour en détacher l'essaim qui tombe dans la ruche. S'il reste encore beaucoup de mouches contre la branche, on les fait tomber avec le plumasseau. On pose ensuite la ruche auprès de l'arbre sur un plateau, un paillasson ou une toile, en la retournant bien doucement, ce qui n'empêche pas la plupart des abeilles de rouler et de sortir de la ruche, dont elles ont bientôt couvert les parois extérieures. On agit comme ci-dessus pour les faire rentrer, mais si la mère est retournée sur la branche, bientôt des ouvrières y retournent et y forment un groupe autour d'elle. On les ramasse comme auparavant, mais dans le couvercle, dont on fait tomber les abeilles, soit dans la ruche qu'on a retournée, soit sur le plateau après avoir seulement penché la ruche en arrière. Dès que des ouvrières sonnent le rappel, l'opération est terminée, et on se contente de faire de la fumée sous la branche pour chasser les ouvrières qui y reviennent, et si elles s'obstinent à y revenir, on frotte la branche avec de la chélidoine, de la camomille puante ou de l'éclair, dont l'odeur les chasse.

Lorsque la branche est trop grosse pour être secouée, on *oblige les abeilles à se bien réunir*, soit avec la fumée ou avec le plumasseau, et en passant les barbes d'une forte plume entre l'essaim et la branche, on les fait tomber dans la ruche. Quand l'essaim s'est placé entre deux ou trois branches et qu'on peut poser dessus la ruche qu'on a aspergée d'eau miellée, on y fait entrer l'essaim ; mais si on ne peut faire usage de la ruche, ce qui a lieu surtout lorsque l'essaim s'est niché dans un trou d'arbre ou de mur, alors, après avoir trempé l'extrémité ou branchage de la grande branche dans l'eau miellée, on la pose sur le trou, on l'y enfonce et on la tourne bien doucement, et quand une grande partie des abeilles s'y est attachée, on la secoue dans la ruche.

Les essaims, et principalement les essaims secondaires, *s'écartent quelquefois* du rucher. Le sac est alors plus commode pour les rapporter, parce qu'après les y avoir fait entrer on le ferme pour rapporter l'essaim, et si on a été obligé d'employer la branche miellée pour le recueillir, on la place dans le sac dans lequel on la suspend, avec l'attention, en nouant celui-ci pour le fermer, d'en laisser sortir quelques pouces.

Si les abeilles qui sont placées sur une branche *la quittent pour retourner à la ruche-mère*, ou si, entrées dans la ruche, elles n'y sonnent pas le rappel et en sortent peu-à-peu, c'est la preuve que la reine n'est point avec l'essaim; dans ce cas, elles ressortiront de la ruche-mère le lendemain ou le surlendemain. Mais, lorsque l'essaim n'abandonne la ruche qu'un jour ou deux après leur entrée, c'est qu'elle ne leur convient pas; il est indispensable de les mettre dans une autre, et de flamber et frotter la première avant de l'employer de nouveau. Quoique les essaims sortis soient ordinairement fort doux, la prudence exige qu'on prenne des gants et qu'on mette son camail. On porte l'essaim à la place qu'on lui destine, aussitôt que l'ordre est établi dans la ruche et qu'on ne voit plus que quelques ouvrières rôder autour.

Quelquefois 2 *essaims sortent à la fois* et se posent sur la même branche. S'ils sont faibles, on les oblige à se rapprocher et à se confondre pour n'en former qu'un bon; mais s'ils sont forts, on emploie le fumeron et le plumasseau pour les écarter et les faire tomber au même instant dans 2 ruches qu'on pose à terre, en plaçant plus près de l'arbre celle dans laquelle il y a moins d'abeilles. Deux essaims se mêlent quelquefois dans l'air ou sur l'endroit qu'il ont choisi, et ne forment qu'un groupe. On les fait tomber dans une ruche pour les verser ensuite sur un paillasson ou un linge étendu à terre, et aux extrémités duquel on a mis 2 ruches, y compris celle dont on a chassé les abeilles. On sépare le tas d'abeilles en 2 parties pour les diriger vers les ruches soulevées d'un pouce du côté du linge et les y faire entrer; et si le rappel sonne aux 2 ruches, l'opération a réussi. S'il n'avait lieu qu'à une ruche, c'est que les deux reines y seraient entrées, et tout serait à recommencer, à moins qu'on n'eût à sa disposition une jeune reine qu'on donnerait à l'autre ruche, ou un grand alvéole contenant une nymphe qu'on y placerait. Si, en séparant les 2 essaims, on aperçoit une des reines, on la prend avec facilité parce qu'elle ne se sert de son aiguillon qu'autant qu'on lui fait mal, et on la met sous un gobelet pour la donner à une des ruches, dès qu'on sonnera le rappel à l'autre.

J'ai dit que lorsque 2 *faibles essaims sortent* et se rapprochent, il faut les réunir; mais si on les ramasse dans 2 ruches, on pose l'une sur son plateau et l'autre à terre auprès. Le soir, on retourne cette ruche, on pose l'autre dessus, et d'un fort coup on détache l'essaim de la ruche supérieure; on met celle-ci de côté pour prendre l'autre et la placer sur le plateau où on a mis une assiette qui contient une demi-livre de miel; on la retourne bien doucement en la posant. Le lendemain on vérifie s'il y a une reine morte au pied de la ruche; s'il n'y en a pas, on lève la ruche par-derrière pour examiner s'il s'est formé 2 groupes, ce qui obligerait à recommencer le soir l'opération, parce que 2 essaims travaillant séparément dans une ruche dont les dimensions sont pour un seul essaim, donnent en général de mauvais résultats. Si on voulait réunir 2 essaims sortis à 3 ou 4 jours d'intervalle, on mettrait le plus ancien en état de bruissement; on aspergerait la ruche avec de l'eau miellée après l'avoir retournée; ensuite on y ferait tomber le nouvel essaim, et on le replacerait sur le plateau qu'on aurait garni d'une demi-livre de miel.

Ces opérations sont utiles dans les cantons très-favorables aux abeilles, parce qu'on peut sans danger en laisser sortir 2 essaims, surtout si on trouve à en vendre; mais, dans les arrondissemens médiocres il ne faut permettre que la sortie d'un essaim, parce que la ruche-mère, trop affaiblie en ouvrières, ne peut s'approvisionner d'autant de miel ni se défendre aussi bien contre ses ennemis. Or, c'est une règle certaine que 12 *ruches fortes donnent plus de profit que* 24 *médiocres.* Ainsi, dans les cantons médiocres, il faut faire rentrer dans la ruche-mère les essaims secondaires le soir même de leur sortie.

II. *Essaims forcés, artificiels et par séparation.*

On vient de voir toutes les peines qu'il faut se donner pour ramasser les essaims; mais, comme dans un grand rucher il peut en sortir plusieurs à la fois, que d'une autre part la saison peut retarder la sortie et donner le temps à la reine-mère de tuer toutes les jeunes reines, ce qui pourrait empêcher l'essaimage pendant un mois et plus, et conséquemment ne procurer que des essaims plus à charge qu'utiles, on a pris le parti de prévenir ces inconvéniens en les faisant soi-même dès qu'on s'aperçoit, par la sortie des mâles et par le bruit qu'on fait dans les ruches, que l'époque de l'essaimage est arrivée. On y parvient de plusieurs manières :

1° *En forçant les abeilles d'abandonner leur ruche.* Pour y parvenir, on a un tabouret de la hauteur d'une chaise, recouvert d'une planche au milieu de laquelle on a fait un trou assez grand pour y faire entrer la partie supérieure d'une ruche d'une seule pièce, qu'on y place, l'ouverture en haut, après avoir mis les abeilles en état de bruissement. On en met une vide à sa place pour amuser les ouvrières qui reviennent des champs. On couvre la ruche en expérience par la ruche préparée et destinée pour l'essaim, on la maintient aux points de jonction par une ligature, assez large pour couvrir le bord des 2 ruches et même les entrées faites dans leur parois. 3 ou 4 minutes après, on frappe avec des baguettes la ruche pleine, en commençant par sa pointe, pour remonter très-lentement jusqu'à la ruche vide, et on continue jusqu'à ce qu'on entende un fort bourdonnement dans cette dernière ruche. Alors, pendant qu'on continue les coups, une personne défait la ligature et lève doucement la ruche vide et seulement assez pour voir de quel côté les abeilles montent. On soulève alors cette ruche du côté opposé pour s'assurer s'il y a assez d'abeilles pour former un bon essaim, et lorsqu'il y en a suffisamment, on enlève cette ruche pour la mettre en place, après avoir posé une demi-livre ou mieux une livre de miel sur le plateau. On diminue l'entrée de la ruche, ou même on la ferme pendant un quart-d'heure. On donne du miel, parce que, prises à l'improviste, les abeilles ne se sont pas gorgées, au lieu que les essaims naturels s'approvisionnent pour 3 jours.

Si *la reine y est montée* avec les ouvrières, dès que ces dernières sont libres il en sort plusieurs; mais, bientôt, d'autres abeilles sonnent le rappel, et les premières rentrent. Dans le cas contraire, il n'y a point de rappel, l'opération est manquée et à recommencer, et les ouvrières sortent peu-à-peu pour retourner à la ruche-mère, ce qu'elles font, à moins qu'on n'ait une jeune reine, dont on a miellé les ailes, à leur donner, et après l'entrée de laquelle on ferme la ruche pendant un quart d'heure.

Quant à la *ruche-mère* qu'on a tout de suite remise en place, les ouvrières qui reviennent des champs y entrent, et si la mère y est restée, l'ordre s'établit tout de suite; mais si elle est avec l'essaim, beaucoup d'ouvrières sortent, volent autour jusqu'à ce que la vue des nymphes de reine ou, à leur défaut, d'œufs ou de vers d'ouvrières de moins de 3 jours, déterminent les abeilles qui sont dans l'intérieur à battre le rappel pour rétablir l'ordre, ce qui fait connaître que l'opération a réussi.

2° Si on veut *agir sur les ruches villageoises ou à hausse,* on les met dans leur position naturelle sur le tabouret; mais cet instrument doit alors avoir son ouverture fermée avec un morceau de toile de fil de laiton. On garnit ses côtés avec de la serpillière qu'on y cloue tout autour, excepté sur le devant, où la toile n'est attachée que dans le haut pour qu'on puisse mettre sous le tabouret un fumeron ou un réchaud contenant des charbons en feu, sur lequel on a jeté des débris de toile ou de la bouse de vache desséchée. On tire le couvercle à la ruche villageoise ou la hausse supérieure de la ruche à hausse. On place sur la 1re le corps d'une ruche vide qu'on recouvre du couvercle de la ruche-mère, si cette dernière contient beaucoup de miel. On en fait autant à la ruche à hausse; on met alors le fumeron ou le réchaud sous le tabouret. Les coups de baguette, joints à la fumée, réduisent à moitié, au moins, le temps nécessaire pour faire monter l'essaim. Ensuite on agit comme ci-dessus, sauf le miel qu'on ne donne pas à l'essaim, à moins qu'on ne soit forcé de rendre le soir le couvercle ou la hausse aux ruches-mères, si elles n'en ont pas d'autres. On fait ces essaims depuis 9 heures du matin jusqu'à 3 heures du soir.

3° Quant à ceux qu'on *forme par séparation* avec les ruches qu'on divise sur la largeur, il faut, la veille, les ouvrir pour s'assurer de quel côté sont les alvéoles de reine. On rapproche les 2 parties sans les attacher, et le lendemain, depuis la pointe du jour jusqu'à la nuit, après avoir attiré par quelques coups la reine du côté qu'on veut emporter, et avoir mis les abeilles en état de bruissement, on sépare les 2 parties de la ruche, on applique à chacune une partie vide. On apporte celle qui contient la mère de l'autre côté du rucher et on laisse l'autre en place. Les 2 ruches, ayant moitié du couvain et des provisions, n'ont besoin de rien.

4° Les *mauvais temps* ou d'autres causes exposent quelquefois les apiculteurs qui laissent sortir les essaims à n'en avoir qu'un petit nombre, quoique leurs ruches soient trop garnies d'abeilles, et qu'une partie soit forcée de passer la nuit sous le plateau où elles se forment en groupe. Alors ils peuvent former des essaims de la manière suivante. Ils prennent une ruche bien préparée qu'ils emmiellent un peu; s'ils ont de jeunes reines, ils en prennent une dont ils emmiellent les ailes pour l'empêcher de voler. Ensuite, après avoir retourné la ruche, ils passent une plume entre le plateau et un groupe d'abeilles pour détacher ce dernier et le faire tomber dans la ruche, puis ils en font autant à d'autres groupes, le tout très-promptement, jusqu'à ce qu'ils trouvent l'essaim assez fort. Alors ils le mettent tout de suite en place avec une livre de miel; ou bien, s'ils ont une ruche très-forte en abeilles qui n'essaime pas, après avoir disposé une ruche comme ci-dessus, on la met de onze heures à midi à la place de la ruche qu'on emporte dans la partie la plus éloignée du rucher. Les abeilles qui reviennent chargées de provisions, après être entrées et sorties de la ruche, se décident à y rester à la vue du couvain ou de la reine qu'elles nettoient, et elles sonnent le rappel. Alors l'essaim est formé.

Quelquefois, un essaim *sort sans avoir trouvé un lieu* pour se fixer, et il s'abat dans le rucher pour se réunir à un autre essaim. Si ce dernier est faible et de l'année, on l'y laisse entrer; mais si cet essaim est fort et de l'année précédente, on s'oppose à la réunion, parce que, dans le 1er cas, les 2 essaims pourraient en donner un qui sortirait trop tard pour réussir, et que cependant on n'empêcherait pas toujours sa sortie en augmentant les dimensions de la ruche; dans le 2e cas, il y aurait un combat entre le nouvel essaim et l'ancien qui ferait périr beaucoup d'abeilles, et la destruction pourrait être très-grande si les abeilles des ruches voisines se joignaient aux combattans. Pour prévenir cette perte, on diminue beaucoup l'entrée de la ruche attaquée, on y répand de la fumée, et on présente au nouvel essaim une ruche bien préparée et emmiellée dans laquelle il finit par entrer.

III. *Essaims secondaires.*

On ne doit faire ou *laisser sortir un second essaim* d'une ruche, que lorsque le canton leur est très-favorable et qu'on en a besoin pour soi ou pour la vente. S'il en sort un, il faut le ramasser, et, à la nuit tombante, le jeter devant la ruche où les ouvrières rentrent. Ensuite, on met les abeilles en état de bruissement, et on les y tient quelque temps, si la forme de la ruche ne permet pas de voir les alvéoles de reine et de les enlever. Les jeunes reines développées profitent du moment pour s'échapper de leurs alvéoles; elles s'attaquent jusqu'à ce qu'il n'en reste qu'une de libre dans la ruche, et on trouve les autres le lendemain matin au pied de la ruche. On enlève en outre un ou 2 rayons de chaque côté, qu'ils soient vides ou pleins de miel, et on coupe l'extrémité inférieure des autres rayons. La destruction des jeunes reines et le vide produit dans la ruche empêchent ordinairement les seconds essaims de se former. Aussi doit-on, pour en prévenir la sortie, faire ces opérations, 4 à 5 jours après le départ du 1er essaim; mais on doit les retarder de 15 à 20 jours dans les ruches perfectionnées auxquelles on a pris une moitié pleine pour la remplacer par une vide. Au surplus, l'augmentation du bruit indique dans toutes les ruches l'intention des abeilles d'essaimer. Quand on a tiré des rayons des ruches perfectionnées, on ne manque jamais de changer leurs côtés de place pour que le vide fait par l'enlèvement des rayons des côtés soit au centre des ruches, parce que les ouvrières s'occupent tout de suite d'y construire des rayons pour le remplir, ce qu'elles ne font pas toujours dans les vides des autres parties des ruches.

§ VII.—Soins à donner aux abeilles pendant l'été et combats entre elles.

Les soins à donner aux abeilles ne consistent qu'en une *simple visite* pour s'assurer si elles sont également en activité dans toutes les ruches. S'il y a peu de mouvement dans une ruche, c'est que les provisions sont complètes : alors on leur prend quelques rayons de miel, ce qui les oblige au travail pour remplacer ce qu'on leur a enlevé; ou bien ce sont les fausses teignes qui y commettent leurs ravages, ce qu'on reconnaît facilement à leur odeur infecte et à leurs excrémens qui couvrent le plateau. On s'empresse de les détruire.

Quelquefois, les abeilles *redoublent d'activité* parce qu'elles trouvent beaucoup de nectar et de pollen, le bruit augmente dans les ruches: c'est l'indice d'un *nouvel essaimage*. Dans ce cas, on s'oppose à la sortie des essaims par les moyens indiqués, et on coupe le bas des rayons qui contient du couvain de mâle, parce que ces essaims tardifs épuisent la mère-ruche, réussissent rarement, et obligent à leur donner de la nourriture pour l'hiver. On surveille les abeilles, et si un essaim partait malgré les précautions prises, on le ferait rentrer le soir même, attendu qu'un essaim sorti d'une ruche n'y est plus admis passé le 3e jour, et qu'il y a un combat, ce qui a également lieu dans les 2 circonstances suivantes.

Une *reine meurt-elle* sans que les ouvrières puissent s'en procurer une autre, si elles n'ont pas de provisions, elles veulent se réunir à un autre essaim qui les repousse, et la terre est bientôt couverte de milliers d'abeilles mortes; mais, quand la ruche contient du miel, des ouvrières en prennent et viennent se placer sur le plateau de la ruche qu'elles ont choisie. La garde sort pour les chasser; mais au lieu de fuir, elles dégorgent leur miel sur la langue qu'elles développent. Les ouvrières de la ruche s'en emparent, et plusieurs suivent les étrangères. Bientôt les 2 essaims se confondent en dépouillant la ruche sans reine, et la réunion se fait sans combat.

Si l'on s'aperçoit promptement de cet effet et qu'on ait de jeunes mères de quelques jours, ou la possibilité de se procurer un morceau de rayon contenant des œufs ou des vers de 3 jours au plus, surtout s'il y

a encore des mâles, on *peut sauver cette ruche*. Pour y parvenir on l'emporte à une certaine distance; on lui donne la jeune reine ou le morceau de rayon, et on bouche l'entrée pendant une heure, ainsi que celle de l'autre ruche. Après ce temps on remet la 1re en place. Au cas qu'on ne puisse pas lui fournir une reine ou du couvain, ou bien qu'il n'y ait plus de mâles, on tient la ruche fermée jusqu'au soir, avec une toile claire qui en recouvre la partie inférieure, et on la remet sur son plateau élevée de 1 à 2 pouces. La nuit, on met les abeilles du faible essaim en état de bruissement, on détourne ensuite la ruche pour poser dessus l'autre ruche sans la toile, et on force les abeilles à monter. Si c'est une ruche perfectionnée, on oblige les abeilles d'une ruche à repasser du côté gauche et celles de l'autre du côté droit, et on réunit ces deux parties qu'on enfume et qu'on remet sur le plateau avec une livre de miel. Si on n'a aucune de ces ressources et qu'on veuille profiter du miel, on étouffe les abeilles et on emporte la ruche.

Mais si la ruche sans reine ne contient pas de provisions, et qu'on n'ait pas d'essaim faible, on ferme la ruche où les ouvrières veulent entrer, et on leur donne un peu de miel pour les faire rentrer dans la leur et les réunir ensuite à un autre essaim.

Quelquefois le *nectar et la miellée viennent à manquer* dans le canton, ce qu'on reconnaît facilement au peu de mouvement qui a lieu dans le rucher. On visite les ruches et on donne des provisions aux essaims qui en manquent, si on désire les conserver; dans le cas contraire, on les étouffe. Mais si l'essaim qui n'a pas de vivres attaque une autre ruche, il faut tout de suite fermer l'entrée de la ruche attaquée, jeter de la fumée devant, et donner un peu de miel aux assaillantes dans leur ruche pour les y faire rentrer, ensuite leur en mettre de nouveau à la nuit si on veut les conserver, ou les étouffer tout de suite. A cet effet on a fait fondre d'avance du soufre, où on a plongé à 2 ou 3 reprises des cartes ou de petits morceaux de toile; on met le feu au bout soufré qu'on enfonce dans la ruche par l'entrée qu'on bouche aussitôt.

§ VIII. — Voyage des abeilles pendant l'été.

On *transporte* les abeilles d'un lieu dans un autre, lorsque les ouvrières ne trouvent plus rien autour du rucher. Si on les fait voyager par terre et en voiture, il faut redoubler d'attention pour ne pas les étouffer. A cet effet, on emploie de la toile claire, on mouille la couche du fond de la voiture, et on en sépare les ruches de 2 pouces au moins. On couvre la voiture d'une toile pour garantir les ruches des rayons du soleil. Quant aux *voyages par eau*, il suffit de les ranger dans les bateaux, ainsi qu'à terre, dans le même ordre que dans le rucher, chose facile lorsque les ruches sont numérotées.

§ IX. — Transvasement.

Le transvasement s'opère en juillet et août, d'après la saison plus ou moins favorable à une bonne récolte de nectar. Après s'être assuré que le corps de ruche qu'on a ajouté à une ruche villageoise, ou la hausse *placée sous les autres dans une ruche à hausses*, est bien remplie, on attire la reine dans le bas de la ruche par quelques coups, et on met les abeilles en état de bruissement. On enlève à la 1re la ruche supérieure, et on couvre le corps inférieur d'une calotte vide, et à la seconde on prend les deux hausses supérieures et on la recouvre avec la planchette. On emporte la ruche ou les hausses dans un atelier un peu sombre, auquel une ouverture entr'ouverte est ménagée, et on frappe la ruche, retournée pour la sortie des abeilles, ou les hausses, avec des baguettes pour en chasser les ouvrières. S'il y en avait beaucoup, il faudrait retirer la calotte pleine de miel pour la remplacer par une calotte vide; et en frappant le corps de ruche, et, pour opérer plus vite, en faisant entrer un peu de fumée pendant qu'on donne les coups, on oblige les ouvrières à monter dans la calotte qu'on met à la place de la calotte vide qu'on avait placée provisoirement sur la ruche restée en place. On recouvre également au besoin les deux hausses par une vide pour la porter sous la ruche. A la visite pour vérifier l'état des ruches à l'automne, on donne à ces ruches la quantité suffisante de sirop ou de miel, si les ouvrières n'ont pu recueillir de quoi passer l'hiver.

SECTION III. — *Récolte du miel et de la cire.*

On voit par les articles précédens, qu'à l'époque fixée pour cette opération une partie de la récolte est déjà en magasin. Cette *époque varie* suivant les lieux et les végétaux qui couvrent leur surface, parce que la saison n'est pas en même temps favorable dans tous les cantons pour recueillir le nectar, et que tous les végétaux ne fleurissent pas simultanement. D'une autre part, il y a des végétaux dont le nectar fournit un miel d'une médiocre qualité, et celui que les ouvrières font avec la miellée est inférieur à ce dernier.

Dans les temps ordinaires un premier essaim s'approvisionne au moins suffisamment pour passer l'hiver et recommencer les travaux du printemps. Ainsi *la récolte doit se faire après l'essaimage*, à moins qu'une température contraire ne s'y oppose. Les ruches doivent être alors bien garnies de miel, si on n'a laissé dans l'année précédente sortir qu'un essaim, si les abeilles ont été constamment dans l'abondance à l'entrée du printemps, et si une saison malheureuse n'a pas détruit une partie du nectar.

La récolte est facile à faire dans les ruches villageoises, à hausses et perfectionnées. On pèse les ruches la veille pour s'assurer de leur poids, et on détache, sans les changer de place, toutes les parties à enlever ou à séparer pour faire la récolte. Le lendemain, après avoir attiré la reine par quelques coups dans le milieu du bas de la ruche et avoir mis les abeilles en état de bruissement, on détache avec une lame de couteau, ou un ciseau de menuisier ou de serrurier, la calotte ou la hausse collée par sa partie inférieure avec de la propolis. Si ces parties sont en outre attachées par les rayons, on passe entre la calotte

et le corps de ruche, ou entre les deux hausses, un fil de fer ou mieux encore une feuille de fer-blanc de la largeur et longueur des planchettes. On enlève alors la calotte ou la hausse pour remplacer la 1re par une hausse vide et la seconde par une simple planchette, parce qu'on met une hausse vide sous la ruche. C'est aussi le cas, si on veut préparer le transvasement d'une ruche villageoise, de placer dessous un corps de ruche et de ne mettre qu'une planchette en place de la calotte. On a le soin de recouvrir les calottes et les hausses d'une serviette aussitôt qu'on les détache, pour empêcher les abeilles d'y venir, comme on a le soin de rendre obscur le magasin où on les dépose en laissant seulement une ouverture pour la sortie des abeilles restées entre les rayons. On pourrait prendre deux hausses si le poids de la ruche était considérable.

Quant aux ruches perfectionnées, 15 ou 20 jours plus tard, après avoir attiré la reine au milieu, on retire la planche de l'ancien côté, et avec une lame mince de couteau on détache un rayon qu'on dépose dans un vase après avoir chassé les ouvrières qui sont dessus, avec une plume. On recouvre tout de suite d'une serviette et on reprend un ou deux autres rayons pleins de miel, qu'on distingue de ceux qui contiennent du couvain, parce que les alvéoles dans ces derniers sont bombés et que la couverture n'est pas blanche comme celle plate qui recouvre le miel. Ensuite on change les côtés de place pour que le vide se trouve au milieu.

Les *ruches d'une seule pièce s'opèrent de 2 manières.* Dans les bons cantons, les apiculteurs qui font eux-mêmes leurs ruches qui ne leur coûtent que peu de chose, en coupent la partie supérieure jusqu'au point où ils présument qu'il y a du couvain, puis ils posent dessus la ruche neuve qui la recouvre de quelques pouces. Mais, pour récolter dans les ruches qu'on veut conserver, on est forcé de les retourner. Après les opérations préliminaires, on détache et on coupe les rayons au moyen d'une lame de couteau et de l'instrument suivant. C'est une lame mince d'acier d'un pouce de longueur, de quatre lignes de large, mince et coupant des deux côtés. Sa tige en fer, ronde, de trois lignes de diamètre, assez longue pour aller jusqu'au haut du troisième rayon et ayant un manche de bois, fait un angle droit avec la lame dont les tranchans sont horizontaux. C'est avec cet instrument qu'on sépare de la ruche les rayons qu'il faut ensuite couper dans leur longueur avec la lame du couteau, parce que les deux baguettes qui traversent la ruche pour les soutenir s'opposeraient à ce qu'on pût les tirer. On agit de même si on veut prendre quelques rayons dans le corps des ruches villageoises, en les enlevant des deux côtés.

Si les abeilles trouvaient le nectar en assez grande abondance pour donner lieu à une seconde récolte, on opérerait comme la première fois avec l'attention de prendre les rayons dans la ruche perfectionnée du côté opposé, c'est-à-dire dans la partie de la ruche où on en a déjà enlevé, pour en renouveler entièrement la cire, parce que les alvéoles anciens contiennent moins de miel, que les ouvrières qu'on y élève sont plus petites, et que les fausses teignes les attaquent davantage.

Dans les cantons où les fruits et les combustibles sont à bas prix, et où la valeur des sirops est conséquemment très-inférieure à celle du miel, on peut *prendre plus de miel* aux abeilles pour le remplacer par du sirop qu'elles savent transformer en miel.

Telle est la marche à suivre pour la récolte du miel et de la cire dans les cantons favorables à la vente des essaims; mais si on n'avait pas cet avantage, on serait malheureusement forcé de *détruire l'excédant des essaims* que les environs du rucher ne peuvent nourrir et tenir dans une abondance suffisante pour les ouvrières et les apiculteurs. En les multipliant outre mesure, on s'exposerait à tout perdre, et on ne tirerait aucun profit. Dans ce cas, à l'époque de la seconde récolte, ou lorsque, après la première, on s'aperçoit que les mouvemens diminuent dans les ruches, on choisit dans son rucher les meilleures ruches nécessaires pour compléter le rucher, en préférant les nouveaux essaims aux anciens, à valeur égale. Ce choix fait, on pourrait y ajouter une, 2 ou 3 ruches pour remplacement en cas d'une perte qu'il est bon de prévoir, et ensuite, quelque attaché qu'on puisse être à ces insectes aussi utiles qu'industrieux, on sera dans la nécessité absolue d'étouffer le surplus de ses essaims.

SECTION IV. — *Du miel et de la cire.*

§ 1ᵉʳ.—Manipulation du miel.

Pour manipuler le miel et la cire, lorsqu'on a un rucher d'une certaine étendue, il faut une chambre nommée *laboratoire*, ayant 2 croisées qui ferment bien et qui aient des volets. Ou bien, si on peut disposer convenablement d'un local, on le compose (*fig.* 175)

Fig. 175

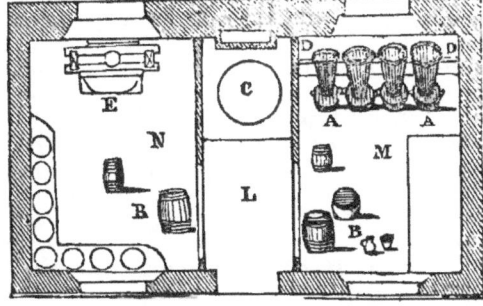

d'une pièce d'entrée L, d'un laboratoire M et d'une chambre N où se trouve la presse. Une des vitres doit pouvoir s'ouvrir au besoin, et la porte doit avoir dans le haut une ouverture fermée par une planchette à coulisse. Ces dispositions sont nécessaires pour renouveler l'air et pour chasser au besoin les abeilles. A cet effet, on a aussi une ouverture dans un volet en face de la vitre mobile, pour ne laisser pénétrer la lumière que par ce point, de manière que les ouvrières, qui sont dans l'obscurité, se retirent promptement et directement par ce passage au lieu de se tuer contre les carreaux de vitre. On bouche la cheminée et on se sert d'un fourneau pour empêcher les abeilles de venir par milliers se précipiter et périr dans la chaudière lorsqu'on fait la cire. Dans ce laboratoire, on a : 1° un ou plusieurs *cuviers* A d'une dimension relative au nombre des ruches, au fond desquels on adapte un tuyau de 3 à 4 pouces sur 1 pouce de diamètre, muni d'un bouchon; 2° plusieurs *pots* et *barils* B B de proportions diverses, une *chaudière* C, des *moules* pour couler la cire, une *cuillère* de même contenance que les moules et une ou deux *spatules*; 3° plusieurs *paniers* D d'un diamètre un peu plus petit que l'ouverture des cuviers: le fond de ces paniers, qui a 12 à 15 po. de diamètre. et dont les côtés sont droits, est composé de brins d'osier placés parallèlement à une demi-ligne de distance; des *tringles* assez fortes pour soutenir les paniers sur les cuviers, et plusieurs morceaux de toile claire nommée *canevas*; 4° enfin un petit *pressoir* E ou une petite *presse à coin.*

On *prépare son miel* en prenant les rayons un à un, avec l'attention d'en chasser les abeilles. dont on a dû faire partir la presque totalité lorsqu'on a porté les calottes ou les hausses, etc., dans le laboratoire, en fermant les volets et en ouvrant un peu le carreau mobile; on enlève des rayons les abeilles mortes, le couvain et le pollen ou *rouget,* parce que tous ces objets donneraient un mauvais goût au miel. On peut mettre à part, pour l'usage de la table, quelques rayons nouveaux reconnaissables à la blancheur de leur cire.

Si on veut faire du *miel vierge,* on choisit les rayons récens et ordinairement blancs dans lesquels il n'y a point eu de couvain ni de pollen. Ces rayons, plus lourds que les autres parce qu'ils sont entièrement pleins de miel, n'étant pas diminués par les toiles filées par les vers, sont placés droits dans un panier posé sur le cuvier, après qu'on a enlevé, avec une lame mince de couteau, la fine couche de cire qui ferme les alvéoles. Il faut que le bas des rayons dans la ruche soit en haut dans le panier, pour que l'inclinaison des alvéoles, dirigée vers le fond, facilite l'écoulement du miel. Si on veut donner une odeur à ce miel, on met au fond du panier des fleurs d'oranger ou de robinier, ou d'autres substances.

On met dans un autre panier, pour faire du *miel de deuxième qualité,* les autres parties de rayon, qu'on écrase avec la main au-dessus du panier dans lequel on fait tomber le miel et tous les débris des alvéoles.

Ces deux opérations faites, on laisse couler le miel dans les baquets, et, pendant ce temps, on enferme les *rayons qu'on veut conserver* dans des vases de terre vernissée qu'on couvre bien. Ce miel est le meilleur de toute la récolte, il se conserve plus longtemps et peut se manger avec la cire, qui corrige sa propriété relâchante.

Le miel de 1ʳᵉ qualité, ou miel vierge, étant écoulé, on en brise les rayons qu'on mêle avec le miel de 2ᵉ qualité. Il faut remarquer que pour que ces 2 qualités de miel se séparent en grande partie de la cire, et pour achever de les en extraire au moyen de la presse, il faut que le laboratoire ait de 24 à 25° de chaleur du thermomètre de Réaumur.

Dès que le miel ne coule plus et qu'on a assez de rayons brisés pour *remplir le seau de la presse,* on met dans ce dernier un très-fort canevas assez grand pour le doubler par-dessus la cire sur la longueur et la largeur. Alors on jette les débris de cire dans le seau qu'on remplit bien en foulant la cire avec les mains. On recouvre avec le canevas; on met un baquet ou cuvier sous la presse, et on fait faire quelque tours à sa vis, jusqu'à ce que le miel coule bien. Quand l'écoulement diminue, on augmente peu à peu la pression, jusqu'à ce qu'elle soit suffisante. On opère ainsi sur tous les rayons, moins ceux qui sont vides, avec l'attention, si on a beaucoup de rayons, de ne pas mêler ceux qui sont blancs avec ceux qui ont pris de la couleur, parce que ces derniers, ne pouvant se blanchir dans certains cantons, coloreraient la cire des blancs et nuiraient à sa valeur. On peut remplacer la presse ordinaire par celle à coin. A défaut des moyens de forte pression, on place tous ses débris dans des vases qu'on fait entrer dans un four dont la chaleur soit à environ 40° pour amollir la cire. Si on n'a ni pressoir ni four, on dispose une étuve qu'on maintient à la température ci-dessus. Enfin si on est dénué de toutes ces ressources, on jette les débris de cire dans une chaudière exposée à un feu doux et sans flamme. On les remue continuellement pour échauffer la cire sans la fondre et sans la laisser s'attacher contre le fond de la chaudière, où elle pourrait brûler, brunir et communiquer un goût désagréable au miel. Quand la cire est amollie par l'emploi d'un des moyens ci-dessus, on en met dans une toile forte et claire, on l'y pétrit et on la comprime par une forte torsion pour en extraire le miel qui n'est que de 3ᵉ qualité. On laisse ce miel dans le cuvier 3 ou 4 jours pour qu'il s'épure, et on enlève l'écume qui le recouvre quelquefois, ainsi que le miel de 2ᵉ qualité; ensuite on le met en baril.

Si on trouve du *miel candi* dans les rayons, on le sépare pour le jeter dans une chaudière placée sur un feu assez doux pour ne pas élever l'eau qu'elle contient à plus de 40°. On manie et on remue le miel dans l'eau, puis on sépare, par la pression, la cire du liquide qu'on expose à un feu doux le temps nécessaire pour le réduire en sirop.

Le miel est une *nourriture fort saine,* mais un peu relâchante, et qui, par cette considération, est très-utile pour les enfans en bas âge. Il sert de remède contre plusieurs maladies, et l'expérience a prouvé qu'en mettant un peu de miel dans la pâte faite avec la farine d'un blé mal purgé d'ergot, il peut préserver de la gangrène sèche.

§ II. — Emploi du miel.

Le *miel est un agent conservateur* pour les substances qu'on en couvre, et il peut être employé sous ce rapport pour le transport au loin de greffes, d'œufs, de graines et même de certains fruits. On s'en sert pour améliorer les vins dans les années mauvaises pour la maturité du raisin, et dans les cantons qui n'en produisent que de médiocre. A cet effet on en fait bouillir avec un quart de son poids d'eau, et on le verse chaud dans le moût.

Tous les *restans de miel* peuvent aussi être utilisés. Ainsi, après la dernière pression de la cire, comme il y reste encore du miel, on brise le marc et on l'émiette. On verse dessus l'eau qui a servi à laver les instrumens, dans le rapport d'une partie sur dix de marc; on y joint les écumes des miels des 2ᵉ et 3ᵉ qualités, et, après 24 heures, on presse. Le miel obtenu par cette opération est mêlé d'eau qu'on fait évaporer à un feu doux si on veut se servir de ce miel de dernière qualité, soit pour soigner les bestiaux, soit pour nourrir les abeilles auxquelles on ne le donne qu'après l'avoir fait bouillir, écumé et mêlé avec un peu de liqueur fermentée.

Si au contraire on veut en faire de l'*hydromel,* on brise de nouveau le marc et on y jette de l'eau en quantité plus ou moins grande, suivant qu'on désire que la liqueur soit un véritable hydromel ou produise un *petit cidre.* On presse de nouveau; on mêle cette eau avec le miel obtenu par l'avant-dernière pression; on fait bouillir pendant plus d'une heure, après quoi on met l'hydromel refroidi en futaille ou en bouteille, suivant la quantité. C'est une liqueur commune, mais fort saine.

Quant au mélange plus chargé d'eau, après qu'il est froid on le verse dans des futailles ou dans une cuve couverte pour l'y laisser fermenter, et si on désire rapprocher cette liqueur d'une bière légère, on y met quelques branches de genièvre, ou l'extrémité de branches d'épicéas ou de sapinette du Canada (*hemlock spruce*).

On fait encore une espèce d'*hydromel plus vineux* et qui peut remplacer le vin ordinaire. A cet effet, on prend 12 livres du miel de 3ᵉ qualité, 36 livres d'eau; on fait bouillir cette eau dans laquelle on a mis infuser 3 onces de fleur de sureau pendant un quart-d'heure. On y mêle alors 2 onces de tartrate acidule de potasse, et 4 à 5 grains d'acide borique. Lorsque le tout commence à refroidir, on y délaie le miel et 2 livres de levure de bière; on place ce mélange pendant 15 jours dans une futaille couverte et dans un lieu à la température de 20°, et l'opération est terminée. Si on désirait que la liqueur fût plus spiritueuse, on y ajouterait une demi-livre d'eau-de-vie. On double ou on triple la quantité de chaque substance, si on veut faire le double ou le triple du vin.

Enfin on fait avec le miel *un vin de liqueur* agréable. Il suffit de mêler 3 parties d'eau bien pure avec une partie de miel de 1ʳᵉ qualité. On le fait bouillir à petit feu et en remuant bien et en écumant jusqu'à évaporation suffisante pour qu'un œuf frais surnage. On a préparé une ou plusieurs futailles dans lesquelles on a mis les substances dont on veut donner le goût et l'odeur à la liqueur qu'on verse bouillante jusqu'à la bonde. On couvre cette dernière. La liqueur, placée à 18 ou 20° de chaleur, fermente pendant près de 2 mois et rejette beaucoup d'écume. On tient la futaille toujours pleine avec un peu de liqueur conservée à cet effet. Après la fermentation on met une bonde, on place là futaille dans un lieu frais, et on continue à remplir tous les 15 jours, jusqu'à ce que la liqueur ait acquis sa qualité. Alors on met en bouteille, qu'on laisse pendant un mois debout, les bouchons à moitié enfoncés. Enfin on achève de boucher les bouteilles, et on les couche.

La préparation du *sirop de miel* est maintenant très-connue. Il suffira de dire qu'on ajoute une partie d'eau à cinq parties de miel, et qu'on purifie avec le charbon. Ce sirop peut remplacer celui de sucre dans les liqueurs et les confitures.

§ III. — Manipulation de la cire.

Le marc du miel qui contient la cire est de nouveau émietté et jeté dans une chaudière remplie au tiers d'eau chaude à 40 ou 50°. On laisse au moins 3 doigts ou 2 po. de vide, et on remue. Lorsque l'eau bout, on diminue le feu, et si la cire s'élève trop on y jette un peu d'eau froide pour l'empêcher de se répandre au dehors. On continue un feu doux jusqu'à ce que le marc soit bien divisé et la cire fondue. On verse alors le tout dans le seau de la presse garni du fort canevas très-clair et d'un second plus fin par-dessus, après avoir mis sous le pressoir un cuvier ou un baquet qui contienne un peu d'eau tiède. On prend les extrémités du canevas qu'on soulève un peu à droite et à gauche pour faire écouler une partie de l'eau et de la cire, et on plie les extrémités par-dessus, dès que la chose est possible, pour commencer la pression. On détache la cire qui se fige sur la maye, et on continue la pression jusqu'à ce qu'il ne coule plus de cire.

Dès que la cire est assez refroidie dans le cuvier pour pouvoir être maniée, on la pétrit par petites poignées qu'on jette dans un baquet à moitié plein d'eau chaude; là on la pétrit de nouveau et, par ces 2 pétrissages, on débarrasse en grande partie la cire des substances étrangères qu'elle contenait encore.

Il ne s'agit plus que de la fondre avec un peu d'eau pour la *mettre dans des moules*, en enlevant avec une écumoire les saletés qui pourraient encore s'élever à la surface. Lorsqu'elle est à moitié refroidie, on la détache des bords des moules si elle paraît se crevasser à la superficie. Dès qu'elle est froide, on la retire des moules pour la rafisser par-dessus, s'il y a des matières étrangères. Cette cire peut alors être livrée au commerce.

Toutes ces opérations terminées, on peut faire fondre les *débris de cire* provenant du ratissage et des écumes pour en former un pain de cire grossière qui peut servir à frotter les planchers.

Si on n'avait pas de pressoirs, on pourrait employer les moyens suivants pour *extraire la cire du marc*. On fait un sac de canevas proportionné à la grandeur de sa chaudière; on le remplit de marc bien pressé, et, après avoir fermé exactement son ouverture en la liant avec de la ficelle, on le plonge dans la chaudière qui contient de l'eau tiède. Des tringles de bois d'un pouce carré placées au fond de cette chaudière, ou bien une planchette garnie de trous, empêchent le sac de porter au fond et la cire de brûler. On met sur le sac un poids assez lourd pour l'empêcher de surnager, attendu qu'il est nécessaire qu'il soit recouvert d'un pouce d'eau au moins. La cire fond peu à peu à mesure que la chaleur augmente, et elle couvre la superficie de l'eau. On l'enlève avec une espèce de cuillère et on la jette dans un baquet où il y a de l'eau chaude pour la manier comme on l'a dit plus haut. Dès qu'il ne s'élève plus de cire, on enlève le poids, on retourne le sac, on le presse en tous sens et on remet le poids: ce remaniement produit un peu de cire.

Si on n'a que 4 à 5 ruches et conséquemment qu'un *peu de miel et de cire*, après avoir exprimé le miel de la cire, par la torsion dans un canevas, on émiette le marc et on le jette sur une toile devant les ruches. Les ouvrières l'ont bientôt couvert et enlevé le peu de miel qui y reste. On met alors les débris dans de l'eau tiède, on les y laisse pendant 24 heures: puis, après les avoir bien maniés, on les fait fondre dans le sac comme on l'a dit plus haut. On évite par cette marche une dépense inutile d'instrumens.

Aussitôt après l'extraction du miel ou de la cire, il faut enlever le marc des canevas ou des sacs, parce qu'il serait très-difficile de l'en retirer s'il se refroidissait, surtout après qu'on a extrait la cire, car il devient dur comme du bois et brûle comme lui. Ce marc, en outre, a une vertu détersive, et les vétérinaires s'en servent pour les foulures des chevaux. On peut aussi le concasser, à défaut de vieux rayons, pour mettre sous des ruches vides, afin d'y attirer les galléries de la cire qui y viennent pondre et qu'on y détruit facilement.

§ IV. — Blanchiment et emploi de la cire.

Pour *blanchir* la cire et la débarrasser de ses impuretés, on commence par la fondre dans une chaudière qui contient de l'eau, puis on la fait couler en filet mince sur un cylindre de bois que l'on fait mouvoir avec lenteur horizontalement, et qui est plongé à demi dans une cuve remplie d'eau. La cire se fige aussitôt et se réduit en lanières minces qu'on expose ensuite au soleil en la plaçant sur des toiles étendues sur des cadres, et en la couvrant au besoin pour la mettre à l'abri des vents et des brouillards. Le soleil et la rosée blanchissent peu à peu la cire, qui doit être arrosée avec de l'eau quand il ne tombe pas de rosée. Cette opération doit être répétée plusieurs fois, et quand la cire est bien blanche, on la fond et la coule dans des moules pour en faire des bougies, des cierges, etc. On peut aussi blanchir très-promptement la cire par sa fusion avec une solution de chlore ou de chlorure de chaux, mais dans ce cas elle absorbe du chlore, dont l'odeur se manifeste quand on la fond et qui empêche les bougies de bien brûler.

Les arts font une grande *consommation de cire*, et la chirurgie et la **pharmacie** l'emploient avec succès.

SECTION V. — *Produit d'un rucher.*

Rien n'est plus difficile à *fixer que le produit annuel d'un rucher*, parce que la recette brute varie beaucoup, suivant que le canton est plus ou moins favorable pour fournir aux abeilles une abondante récolte; que la température influe beaucoup sur cette abondance, et que le miel varie de qualité et conséquemment de valeur suivant la bonté du nectar, qui n'est pas le même dans toutes les fleurs et qui perd de sa qualité par le mélange de la miellée. Une bonne culture détermine aussi une augmentation de produit. D'une autre part, c'est le produit net qui est à considérer. Il faut déduire au moins les frais de dix années, de la recette de dix années, et diviser ce qui reste en dix parties pour établir une recette annuelle moyenne; ces frais varient également dans les divers départemens de la France, parce que le prix du bois, de la paille et celui de la main-d'œuvre, diffèrent beaucoup. Le produit moyen et net d'une ruche n'est donc pas le même partout, et on ne peut guère l'établir que par cantons.

Mes calculs à Versailles pendant 20 années fixent le *produit net d'une ruche à* 12 fr. par an après la déduction des frais et des pertes des essaims. M. LOMBARD avait porté ce bénéfice à 24 fr. à Paris, mais j'ignore s'il en avait déduit les frais. Je préférerais, dans tous les cas, m'être trompé en moins qu'en plus, pour ne pas donner de fausses espérances à ceux qui se livreront à la culture de ces insectes intéressans, et qui seraient encouragés par un produit plus considérable que celui sur lequel ils doivent compter.

Je terminerai ce précis en faisant observer que si je n'ai pas indiqué les travaux des apiculteurs mois par mois, comme la plupart des auteurs, c'est parce que la culture des abeilles se règle: 1° par la température si variée du nord au midi de la France, température qui, dans le même canton, est souvent plus ou moins avancée d'un mois, d'une année à l'autre; 2° par les végétaux indigènes à certains arrondissemens et ceux qu'on y cultive, qui ne sont pas les mêmes partout. Ce précis, fait pour toute la France, ne pouvait donc contenir que des préceptes applicables dans tous ses départemens. Ceux qui désireraient de plus grands détails, se procureront le *Traité complet théorique et pratique sur les abeilles, chez madame Huzard, libraire, rue de l'Éperon*, n. 7, à Paris.

FÉBURIER.

Fig. 179.   Fig. 178,   Fig. 180.

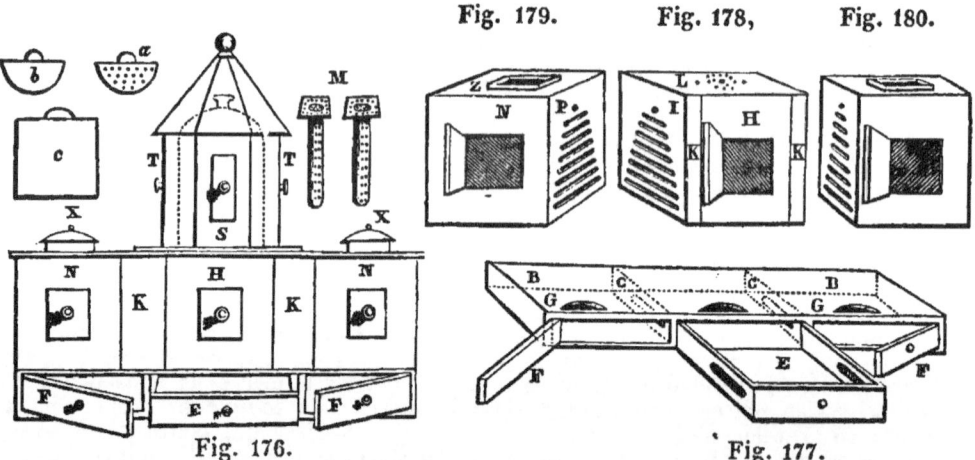

Fig. 176.   Fig. 177.

Depuis la rédaction de l'article ci-dessus par notre savant collaborateur, on a fait connaître en France une nouvelle ruche ainsi qu'un nouveau procédé pour gouverner les abeilles. Ce procédé, dû à un Anglais, M. NUTT, habitant du Lincolnshire, qui l'a mis en pratique avec succès depuis environ une dizaine d'années, paraît offrir l'avantage de donner du miel de première qualité en plus grande abondance, de faciliter sa récolte, de maintenir les abeilles dans un état de santé et d'activité constantes, et enfin, par des moyens particuliers et l'agrandissement progressif du domicile de ces insectes, de prévenir la sortie des essaims.

Donnons d'abord la description de la ruche de M. NUTT, nous passerons ensuite à l'application qu'il en a faite.

L'ensemble de la ruche se compose au moins de 6 parties, mobiles et indépendantes. Ces parties sont: 1° le socle; 2° le pavillon central; 3° trois à 4 boîtes latérales; 5° une boîte octogone; 6° une cloche en verre. Toutes ces pièces sont assemblées dans la *fig.* 176 où elles forment la ruche complète, mais avec 2 boîtes latérales seulement.

Le socle (*fig.* 177), destiné à supporter toutes les autres pièces, est composé ainsi qu'il suit : AA', planches qui en forment le fond et le dessus et qui ont 15 pouces de largeur, 3 pieds 6 pouces de longueur et 9 lignes d'épaisseur. BBB, 3 côtés latéraux et postérieur, de 3 pouces de hauteur. CC, 2 planches qui divisent le socle en 3 portions égales et sont perforées chacune d'un trou longitudinal de 3 pouces de longueur et 9 lignes de hauteur. Ces trous sont destinés à permettre aux abeilles de passer des faux tiroirs dans le tiroir E de la ruche du milieu; c'est dans ce tiroir que l'on place la nourriture, dans un petit plat recouvert d'une mousseline grossière. FF sont 2 portes à charnière pour fermer les 2 parties latérales du socle ou faux tiroirs; la partie du milieu l'est par le tiroir E, dont les côtés portent aussi un trou longitudinal correspondant à ceux percés dans les cloisons CC. Dans le fond supérieur du socle sont percées 3 ouvertures semi-circulaires, GGG, par lesquelles les abeilles passent, soit directement dans des faux tiroirs latéraux, soit dans le tiroir, puis à travers les trous longitudinaux des faux tiroirs et des cloisons, d'où elles s'échappent dans la campagne. Ces faux tiroirs sont des espèces de vestibules qu'on peut fermer à volonté au moyen des portes FF, et qui servent, comme on le verra, à la ventilation dans la ruche.

Le pavillon central (*fig.* 178), est une boîte carrée sans fond, d'un pied de diamètre et de 10 pouces de hauteur. La face H est percée d'une petite fenêtre de 3 pouces sur 3, vitrée à l'intérieur et fermée intérieurement par un volet à charnière. Les côtés I sont percés d'ouvertures horizontales parallèles de 7 lignes de hauteur et à 1 pouce de distance les unes des autres. Les ouvertures diminuent successivement de longueur depuis la plus basse, qui a 8 à 9 pouces, jusqu'à la plus élevée qui n'en a plus que 1. Le dessus L est aussi percé au centre d'un trou d'un pouce de diamètre et de plusieurs autres de 7 à 8 lignes, placés autour du premier. Le derrière de cette boîte est plan et uni; par-devant il y a en KK 2 planchettes destinées à cacher la jointure des boîtes latérales, lorsque celles-ci, ainsi que le pavillon, sont placées sur le socle. C'est sur ce pavillon qu'est posée la cloche de verre S (*fig.*176), de 8 à 9 pouces de diamètre et 12 à 15 pouces de hauteur, qu'on recouvre d'une boîte octogone T, surmontée d'un chapeau et percée de 3 fenêtres vitrées ayant chacune un petit volet. La cloche repose sur une planche percée de trous correspondans à ceux du fond supérieur du pavillon central, pour établir la communication entre celui-ci et la cloche. Entre cette planche et ce fond on peut glisser aisément une feuille de fer-blanc quand on veut interdire toute communication entre ces compartimens divers de la ruche.

La boîte latérale (*fig.* 1179) a 1 pied de diamètre et 9 pouces de hauteur. Les faces N ont une petite fenêtre vitrée et à volet, de 4 1/2 pouces sur 3. Le fond C n'a pas de fenêtre; le côté P est muni d'ouvertures horizontales décroissantes et correspondantes à celles percées dans les parois latérales du pavillon central. Le dessus Q porte un trou carré de 4 à 5 pouces, autour duquel est un encadrement de 2 1/2 pouces de hauteur Z, que l'on bouche avec un couvercle mobile X, et à fond rentrant. C'est dans ce trou que l'on introduit le tuyau en fer-blanc M (*fig.* 176) perforé de trous de 9 pouces de longueur et 1 de diamètre, destiné à recevoir un thermomètre et couronné par une plaque également perforée qui porte sur la gorge intérieure du trou Z. La boîte latérale (*fig.* 180) est identiquement semblable à la précédente, et ses ouvertures longitudinales correspondent de même à celles de la paroi latérale du pavillon qui la regarde.

On voit toutes les pièces de la ruche as-

semblées dans la *fig.* 176 et il ne nous reste plus qu'à ajouter qu'on place sur les trous semi-circulaires GGG du socle, qui font communiquer les boîtes avec le tiroir et les faux tiroirs, de petits morceaux de fer-blanc, *a,* percés de trous pour le passage des abeilles, ou pleins *b,* quand on veut les fermer entièrement, et que c'est aussi avec des feuilles de fer-blanc pleines *c,* qu'on introduit ou qu'on enlève entre les boîtes et le pavillon, qu'on intercepte ou rétablit la communication entre les différentes parties.

La construction de cette ruche étant bien comprise, voici *la manière nouvelle de gouverner les abeilles.* On peuple le pavillon central comme une ruche ordinaire et quand on y place d'abord un essaim toutes les communications avec les autres boîtes doivent être interceptées; on ouvre seulement la feuille de fer-blanc qui établit la communication entre ce pavillon et le tiroir, et on laisse ce tiroir entr'ouvert. Les abeilles se livrent à leurs travaux, rentrent dans le tiroir, de là montent dans la boîte comme elles le feraient dans une ruche ordinaire, mais avec cet avantage que les animaux nuisibles ne peuvent y pénétrer aussi aisément que dans les autres ruches. Quand les symptômes de l'essaimage se manifestent, il faut, dit M. Nutt, prévenir la fuite de l'essaim en élargissant le domicile des abeilles, et pour cela on tire la feuille de fer-blanc qui sépare le pavillon de la cloche de verre, et les abeilles, trouvant l'espace nécessaire, n'essaiment pas et demeurent dans cette nouvelle portion de la ruche. Lorsqu'au bout de 15 à 20 jours on reconnaît aux mouvements qui ont lieu dans la ruche qu'il va sortir un essaim secondaire, on agrandit encore le domicile en tirant la feuille de fer-blanc qui interceptait la communication entre le pavillon et l'une des boîtes latérales, et le surplus de la population s'installe dans cette dernière au lieu de chercher à essaimer au dehors. Enfin, si les mêmes symptômes apparaissent une 3ᵉ fois, on ouvre la communication entre le pavillon et la seconde boîte latérale, et les abeilles s'y établissent de nouveau. Avant d'établir la communication il faut frotter l'intérieur des boîtes, surtout dans le voisinage des ouvertures de communication, avec un peu de miel liquide, et comme il devient nécessaire, par suite de l'élargissement du domicile des abeilles et de leur nombre croissant, de leur ouvrir de nouveaux passages, on enlève les feuilles de fer-blanc qui bouchaient les trous semi-circulaires du socle et on les remplace par les feuilles percées de trous par lesquels les abeilles passent dans les faux tiroirs pour se répandre dans la campagne.

Ce qu'il y a de remarquable, assure M. Nutt, dans ces ruches, c'est que l'essaim peuple d'abord dans le pavillon du milieu et *continue à peupler* même après qu'on a élargi le domicile des abeilles. La cloche, les 2 boîtes latérales servent aux abeilles à apporter la récolte, à l'emmagasiner, et non pas à déposer des œufs et à élever du couvain. Cette particularité explique comment le miel qu'on obtient est toujours blanc, sans mélange de pollen qui, dans les ruches ordinaires, s'échauffe, fermente et colore le miel.

Pour *faire la récolte* du miel dans cet appareil on enlève la boîte octogone qui recouvre la cloche en verre, on passe entre celle-ci et la planche mobile qui recouvre le pavillon central un fil de métal pour détruire l'adhérence qui existe entre ces 2 parties, puis on glisse une feuille de fer-blanc sous la cloche et on l'enlève. On transvase le produit, on replace la cloche sur le pavillon et on tire la feuille de fer-blanc pour rétablir la communication. Il faut faire attention dans cette opération de ne pas enlever la reine dans la cloche, et s'il en était ainsi, ce qu'on reconnaît facilement à l'agitation des abeilles qui viennent se grouper sur cette cloche il faudrait replacer celle-ci et attendre un autre moment favorable et un beau jour pour faire la récolte. Quand on a opéré avec succès on place doucement la cloche à l'ombre, à 12 ou 15 mètres de la ruche, en la couvrant d'une étoffe noire et la soulevant un peu pour permettre la sortie des abeilles qui ne tardent pas à l'abandonner et à retourner à la ruche-mère.

On en agit de même quand on veut récolter le miel des boîtes latérales; seulement il faut, la nuit qui précède cette récolte, ouvrir en entier les portes F qui ferment les faux tiroirs, pour que les abeilles, frappées par le froid, émigrent dans le pavillon du milieu où la température est plus élevée.

Un des points les plus curieux de la nouvelle méthode de M. Nutt est *l'emploi de la ventilation et du thermomètre* dans le gouvernement des abeilles. Cet habile apiculteur avait remarqué, ainsi que beaucoup d'autres observateurs l'avaient fait avant lui, que les abeilles, surtout dans les temps chauds, agitaient continuellement leurs ailes sans changer de place et avec vivacité pour rafraîchir l'intérieur de la ruche et y opérer une douce ventilation. L'abbé Della-Rocca, afin de prévenir l'élévation de température qui a lieu quelquefois dans les ruches, soit par suite de la chaleur de l'air intérieur, soit par l'accumulation de la population, avait conseillé de procurer cette ventilation en pratiquant dans la ruche quelques ouvertures pour aérer les abeilles, mais il ignorait le parti avantageux qu'on peut retirer d'une ventilation bien entendue et c'est ce que M. Nutt paraît avoir observé avec soin et mis à profit. Afin de régler la température dans l'intérieur de la ruche, M. Nutt se sert d'un thermomètre qu'il suspend dans le tuyau de fer-blanc perforé M (*fig.* 176) ; ce tuyau est placé sur l'ouverture Z pratiquée au sommet des boîtes latérales et s'appuie, au moyen de la plaque carrée qui le surmonte, sur la gorge pratiquée sur cette ouverture. Le tout est recouvert du tampon X qui est mobile, de manière qu'en le soulevant on puisse lire le degré marqué par le thermomètre. La règle générale est de ne pas laisser la température intérieure de la ruche tomber au-dessous de 20° C. (16° R.) et monter au-delà de 25 à 30° C. (20 à 24° R.), qui est celle qui convient le mieux aux abeilles. Dès que cette dernière est dépassée,

il faut ventiler en ouvrant le couvercle X; il s'établit alors un courant d'air qui entre par les faux tiroirs, traverse la ruche et vient sortir par l'ouverture supérieure des boîtes. En hiver, où les abeilles doivent être engourdies, une température même assez basse ne leur est pas nuisible; il ne faut pas craindre de placer la ruche dans un lieu sec, tranquille et d'une température constamment froide.

Voici maintenant les avantages que procure une ventilation ménagée avec soin, suivant les expériences de M. Nutt.

L'air est renouvelé dans l'intérieur de la ruche et la chaleur y est modérée; les abeilles en sont plus vives et plus actives, et ne sont pas obligées d'employer leur temps à battre des ailes ou forcées de passer en dehors de la ruche, en grappes ou en boules, pendant 20 à 30 jours de la plus belle saison, le temps que, dans le nouveau mode, elles emploient en travaux utiles et productifs pour l'homme.

L'essaimage ayant lieu, suivant la plupart des observateurs, par suite de la haute température qu'une population abondante produit au sein de la ruche, on prévient aussi par la ventilation la fuite des essaims, surtout quand on augmente en même temps l'étendue de la demeure des abeilles.

En donnant de l'air frais à la ruche par les boîtes latérales, on contraint la reine à demeurer constamment dans le pavillon central, où elle continue à procréer et où se trouve la température la plus favorable a la ponte et à l'éducation des larves. Les autres travaux de la ruche n'exigeant pas une température aussi élevée, les abeilles ne déposent dans la cloche et dans les boîtes latérales que du miel et pas de pollen qui, étant destiné à la nourriture du couvain, est transporté par elles dans la boîte du milieu; ce qui donne un produit de meilleure qualité et fort abondant.

M. Nutt qui, dans son ouvrage, a donné un journal assez exact de ses observations sur l'effet de la température et le produit dans les ruches de son invention, fait connaître qu'en 1826 un seul essaim d'abeilles lui a donné en plusieurs récoltes le produit énorme de 296 livres anglaises (134 kilog.) de miel, savoir : le 27 mai, une cloche de 12 livres et une boîte de 42 livres; le 9 juin, une boîte, 56 livres; le 10 juin, une cloche, 14 livres ; le 12 juin, une boîte, 60 livres; le 13, une boîte, 52 livres; et en juillet une boîte, 60 livres; en tout 296 livres. Mais il n'a pas fait connaître quelle était approximativement la population de son rucher, la qualité et l'abondance du nectar qu'on trouve dans le canton où il était placé, élémens qui auraient permis d'établir avec plus d'exactitude le surcroît de produit uniquement dû à sa ruche et à sa méthode de gouvernement des abeilles, ainsi que les avantages qu'elles présentent l'une et l'autre sur celles déjà en usage. Dans tous les cas cette méthode mérite qu'on l'essaie en France, en faisant usage du même appareil, afin de confirmer ou d'apprécier avec certitude les succès qu'elle a présentés entre les mains de l'inventeur.   F. M.

CHAPITRE IX. — DE LA FABRICATION DES VINS.

SECTION Ire. — *Du vin et de sa nature.*

Sous la dénomination de vins prise dans l'acception la plus stricte de ce mot, on comprend les boissons ou liqueurs obtenues par la fermentation du moût ou suc de raisins. Les chimistes modernes ont généralisé cette expression et comprennent dans la classe des vins toute liqueur sucrée qui a subi la fermentation vineuse. Cette extension scientifique a jeté de la confusion dans la classification des vins et donné à la fraude des moyens nouveaux pour altérer les qualités des vins proprement dits, et les faire déchoir de leur ancienne réputation. Elle a contribué à donner une nouvelle direction au goût des consommateurs et par conséquent à nuire aux intérêts du commerce qui fait la principale richesse des contrées *viticoles* de nos départemens.

Le but que je me propose dans ce résumé, est d'exposer tous les faits avérés par la pratique et d'en tirer des règles générales applicables à chaque localité, au moyen de tables calculées d'après la composition élémentaire du moût du suc exprimé du raisin. Je donnerai aussi la description et l'usage des instrumens qui doivent former le laboratoire de l'œnologue ou œnotechnicien fabricant de vin. On verra dans ce travail ce qui a été fait et on jugera par-là qu'il reste encore beaucoup à faire pour compléter l'art de la vinification.

SECTION II. — *Division ou distinction générale des vins.*

Il existe un très grand nombre de variétés de vins qui diffèrent entre eux par la couleur, le bouquet ou parfum, la saveur et la consistance.

Couleur. Les vins sont en général blancs ou rouges, suivant qu'ils proviennent de raisins blancs ou noirs. L'intensité de couleur varie; les uns sont rosés, pelure d'ognon, les autres d'un rouge vif; quelques-uns, nommés *teinturiers*, sont même d'un rouge brun foncé, et sont employés aujourd'hui en grande quantité pour colorer des mélanges de vins rouges et blancs. Paris est sans doute le lieu où il se fait la plus grande consommation de ces derniers vins.

Saveur et consistance. Les vins sont liquoreux ou secs. Les *vins liquoreux* et doux sont ceux dans lesquels le suc n'a pas été décomposé complètement; ils sont plus ou moins forts et spiritueux; tels sont les vins de Frontignan, Lunel, Rivesaltes, Condrieux, etc.; ces vins en outre ont en général une saveur particulière due aux raisins d'où ils proviennent et qui sont de la classe des raisins muscats, et plus de consis-

tance que les autres vins. *Les vins secs* sont ceux dans lesquels tout le sucre a disparu. Cette classe, divisée par JULIEN en vins secs proprement dits et en vins moelleux, comprend un grand nombre de variétés de liquides, depuis les vins fins ou de choix jusqu'aux vins les plus communs.

Les vins mousseux, sont des liquides ordinairement blancs, dont la fermentation a été incomplète et qui ont retenu en combinaison de l'acide carbonique lequel, en se dégageant, donne naissance à une mousse blanche qui s'élève sur le vin en produisant une sorte d'ébullition ou effervescence qui fait le principal mérite des vins de Champagne et de ceux qu'on traite par des procédés analogues.

Telles sont les *trois qualités principales* qui résultent du travail par la fermentation. Dans le commerce on distingue les vins par le nom du pays et du clos de vigne qui les produit; ainsi on dit vins de Bourgogne, de Champagne, de Bordeaux, du Midi, du clos Vougeot, de Château-Laffitte, d'Arbois, etc.

Les *qualités du raisin,* et par conséquent celles des vins, dépendent de plusieurs circonstances dont il est important de tenir compte, telles que la nature du sol et du sous-sol, le climat, l'exposition, le mode de culture, la variété ou espèce de cépage, et la marche des saisons aux époques qui ont la plus grande influence sur la formation et la maturité du fruit. Il est peu de pays où ces observations aient été faites avec soin et la statistique œnologique de l'arrondissement de Beaune par le docteur MORELOT est, à notre avis, un travail qui mérite une attention particulière sous ce rapport. Il serait à désirer que ce savant archéologue et viticole ait des imitateurs, surtout dans nos vignobles les plus renommés; on parviendrait ainsi à se procurer pour chaque localité des renseignemens certains sur l'influence des circonstances favorables à la production. J'aurais encore voulu trouver dans cet intéressant ouvrage des analyses quantitatives des sucs de raisins de diverses qualités. Ce sont des renseignemens de la plus haute importance quand on compare les différens vins, ainsi que l'influence des causes locales ou accidentelles et des méthodes de vinification.

Les opérations principales pour la confection des vins sont : la récolte des raisins ou vendange, — l'égrappage, — le foulage, — la mise en cuve ou cuvage, — la cuvaison ou marche de la fermentation, — le décuvage, — le pressurage, — l'entonnaison, — la mise en cave et les soins à prendre jusqu'à ce que le vin soit refroidi et jusqu'au premier soutirage. A cette époque le vin est fait, mais il n'est pas encore prêt à boire; il exige pour se parfaire et se conserver d'autres opérations non moins importantes que les premières.

Section III. — *De la vendange.*

§ 1er. — De la vendange proprement dite.

Parmi toutes les opérations successives auxquelles donne lieu la transformation du suc du raisin en liqueur fermentée ou en vin, la vendange, c'est-à-dire le mode et les soins qu'on apporte à recueillir le raisin, a une influence bien grande sur la nature et la qualité des produits. Malheureusement, c'est en général celle qui est la plus négligée, en raison de circonstances qu'il me parait difficile d'écarter. Tout le monde sait et convient que ce sont les bons raisins, c'est-à-dire les raisins mûrs, qui font les bons vins; mais en même temps on n'ignore pas que cette maturité parfaite n'arrive pas au même moment pour toutes les espèces de cépages; que l'époque n'est pas la même sous tous les climats et toutes les années; que par conséquent, si on veut obtenir des vins de quelque mérite, il est de toute nécessité de cueillir le raisin à diverses reprises, de le trier ou de séparer des grappes les grains dont la maturité n'est pas complète ou qui sont pourris; d'associer les espèces lorsqu'on en cultive plusieurs dans le même vignoble, de ne commencer la récolte qu'après que le soleil aura dissipé la rosée, de couper le raisin net et sans secousse, de le manier avec précaution pour qu'il ne s'égrène pas, et de le transporter de la vigne au lieu où doit se faire le vin sans qu'il éprouve aucun cahot qui le comprime, l'écrase et en exprime le jus. Ces conditions, je l'avoue, sont difficiles à obtenir, mais elles ne sont pas impossibles. Lorsque les moines de Citeaux étaient en possession du fameux clos de Vougeot (Côte-d'Or), c'était en grande partie avec toutes ces précautions que se faisait la récolte de ce domaine précieux; une cloche annonçait aux vendangeurs l'heure d'entrée dans la vigne; survenait-il un brouillard, un nuage qui cachait le soleil ou menaçait de la pluie, ou tout autre accident, la même cloche rappelait les ouvriers au logis et toute récolte était suspendue jusqu'à ce que le temps redevint favorable.

Ce n'est en effet qu'*avec des soins* analogues et tout particuliers qu'on parviendra à obtenir ces vins exquis qui ont une réputation universelle, mais dont la qualité finirait par décroître si on ne faisait une sérieuse attention à toutes les conditions, même celles qui paraissent indifférentes, de la fabrication. Les vendanges n'étaient autrefois, pour les propriétaires, qu'une époque de plaisirs et d'agrément; le vigneron était le seul fabricant, toute la surveillance du maître se bornait à ce que ce dernier ne détournât à son profit aucune portion des raisins ou de vin fabriqué. Il en est tout autrement aujourd'hui; le propriétaire dirige lui-même la vinification, et son intérêt est d'obtenir les produits les plus parfaits possibles et ceux dont il pourra retirer le plus grand bénéfice. Dans plusieurs de nos départemens, dans ceux même qui sont les moins favorisés par le climat, on obtient ainsi des qualités de vin particulières par des procédés que je ferai connaître et qui confirment les préceptes que j'ai énoncés ci-dessus.

§ II. — Signes auxquels on reconnaît la maturité du raisin.

La queue de la grappe devient brune; la grappe est pendante; la pellicule du grain est mince, translucide, non cassante sous la dent; sa couleur prend une teinte plus foncée. Lorsqu'on enlève la fleur ou poussière blanche qui couvre la baie, la peau est lisse et parait presque noire; les pépins n'adhèrent pas au parenchyme et leur couleur est moins verte; la grappe laisse facilement échapper le grain; la pulpe offre une saveur douce, sucrée, agréable, sensiblement acidule. Quant aux raisins blancs, on reconnaît la maturité à l'aoutement du bois, à la transparence de la grappe, à la saveur sucrée et à des taches brunes. Lorsqu'on laisse le raisin sur le cep jusqu'à ce que la maturation soit arrivée au plus haut degré, les grains se détachent facilement, la peau est sphacélée et se sépare du grain à la moindre pression.

§ III. — Des instrumens et ustensiles nécessaires pour la vendange.

La *serpette* et le *couteau* doivent être défendus pour la coupe des raisins; ils sont lourds, et fatiguent la main, donnent au sarment et à la grappe une secousse qui fait tomber les grains de raisin et les feuilles qu'il faut éviter de mêler à la vendange. Le *sécateur* dont on se sert aujourd'hui dans beaucoup de vignobles est le meilleur et le seul instrument qu'on doive confier aux mains des vendangeurs; il coupe net, sans effort ni secousse, et il est plus expéditif; on le voit représenté dans les *fig.* 181 et 182. Il se trouve partout; son

Fig. 182.   Fig. 181.

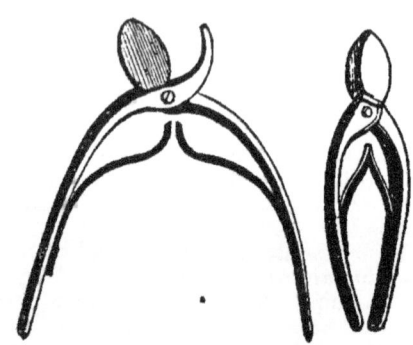

prix ordinaire est de 5 francs, mais dans une fabrication en grand on pourrait l'établir à 3 francs et peut-être à moins, parce qu'il n'est pas nécessaire qu'il soit d'une grande dimension. Comme il serait difficile d'obtenir des vendangeurs qu'ils fissent l'acquisition d'un sécateur, c'est une dépense à la charge du propriétaire, dont il sera amplement dédommagé par la célérité du travail et la conservation de ses raisins. A défaut de cet utile instrument, on ne doit permettre aux vendangeurs que l'usage de *ciseaux* bien affilés qui, après le sécateur, offrent le moins d'inconvéniens. L'ouvrier qui emploie le **sécateur ou les ci-**

seaux soutient le raisin de la main gauche et le coupe de la droite; il le dépose ensuite dans un petit *panier* en osier qu'on nomme *vendangereau*; si les raisins sont bien mûrs, on recommande de placer le panier dessous le cep, pour ne rien perdre. Dans le pays où les raisins n'ont pas assez de fermeté pour se maintenir en entier et où l'on peut craindre que le jus ne s'écoule en pure perte, au lieu de vendangereau, on se sert d'une *petite teille* de forme ronde ou ovale (tom. III, p. 5, *fig.* 3 et 4), faite en sapin ou autre bois léger; dans la première il existe une douve plus longue avec un trou pour saisir le vase et faciliter le transport; dans la seconde on laisse deux douves pareilles vis-à-vis l'une de l'autre, dans lesquelles on passe une ficelle ou petite corde qui sert d'anse. On peut y adapter aussi une anse en osier ou autre bois flexible.

Lorsque les vendangeurs sont introduits devant la vigne, on les range sur une même ligne, faisant face aux ceps, et chacun d'eux s'avance droit devant lui, coupant tout ce qui se présente, jusqu'au bout de la pièce de vigne, où chacun retourne dans le même ordre, pour revenir au point où il est parti, si cela est nécessaire. Lorsque les paniers ou les seaux sont pleins, des porteurs, qu'on nomme *vide-paniers*, versent les raisins dans des grands paniers ou des *hottes* en bois qui sont placés derrière les vendangeurs et près des sentiers. Lorsque les vignes sont autour de la maison ou cuverie, les raisins sont portés dans ce bâtiment par les hommes qui les chargent sur leurs épaules, s'ils sont en paniers, ou les portent sur leur dos, au moyen de bretelles, s'ils sont déposés dans des hottes ou *tendelins*. Lorsque les vignes sont éloignées, on vide les paniers dans un *cuvier* de forme ovale, arrangé sur une voiture ou charrette, et qu'on nomme *balônge*. Ces voitures, attelées d'un ou deux chevaux, suivant la capacité de la balonge, transportent le raisin au pressoir, bâtiment plus ou moins spacieux où sont placées les cuves. Quelquefois on place les paniers sur des charrettes, et on les empile les uns sur les autres. Mais de tous ces moyens de transport, le meilleur est celui à dos d'homme ou bien à dos de mulet, quoiqu'ils ne soient pas toujours praticables. Les balonges et les hottes sont bonnes pour les raisins qui ne donnent que des vins communs, tandis que, pour les vins fins, les vins blancs mousseux, faits avec les raisins noirs, on ne saurait prendre trop de précautions pour qu'ils arrivent intacts de la vigne à leur destination.

M. BOUSCAREN a proposé, pour transporter la vendange, l'emploi d'une *toile forte* qui, relevée devant, derrière et sur les côtés, se place sur une charrette comme un hamac de matelot; elle est fixée par des ficelles ou petites cordes à des têtières ou ridelles qui sont elles-mêmes fortement maintenues sur la charrette et bridées de manière à ce qu'elles ne puissent pas se rapprocher. Au-dessous de la toile on établit un bon lit de paille pour que le fond n'éprouve aucun frottement; cette toile ainsi disposée devient raide et imperméable à l'eau, en ayant soin de l'arroser plusieurs fois deux jours avant de s'en servir. Depuis trois ans, une semblable toile remplace avec avantage,

chez M. BOUSCAREN, une cuve en bois et coûte moitié moins; elle ne fuit pas, elle est moins pesante qu'un vase en bois, et avec son secours, 2 mules portent 10 hectolitres de vendange. Cette méthode de transport me paraît digne de fixer l'attention de ceux qui fabriquent des vins de primeur, et qui ont intérêt à ce que les raisins arrivent dans un état intact à la cuverie. Cette toile réunit, à l'avantage d'une longue durée, celui de se conserver d'une année à l'autre sans se détériorer ni prendre de mauvais goût, comme les vaisseaux qui demandent tous les ans de nouvelles réparations. On pourrait garnir avec cette toile les paniers à vendange et des tombereaux suspendus dans le genre des seaux à incendie, et on remarquait à l'exposition de l'industrie française en 1834 des seaux en toile à voiles, fabriqués à la mécanique par M. GUÉRIN, qui, remplis de liquide, n'en laissent pas échapper une seule goutte et qui seraient encore propres à la récolte de la vendange. Mais dans tous les cas on doit mettre la plus stricte économie dans l'achat de ces sortes d'ustensiles, et les dépenses de ce genre qui sont un peu élevées ne conviennent guère qu'à de riches propriétaires ou à ceux qui fournissent des vins de prix. Le revenu de la vigne est si éventuel dans le centre et dans le Nord de la France qu'on ne doit pas s'étonner que les petits propriétaires abandonnent la culture du plant fin et préfèrent la quantité à la qualité Les accidens et les maladies auxquels la vigne est sujette, la rareté des bonnes années, la concurrence des vins du Midi, enfin le manque de débouchés ont porté un préjudice notable au commerce des vins fins de Bourgogne, Champagne, Bordeaux, etc.

§ IV. — Epoque de la vendange, triage et autres soins.

La vendange se fait du 8 au 20 septembre dans le Médoc, les départemens de l'Hérault, des Bouches-du-Rhône et dans presque tout le midi; dans ceux de l'Indre et de la Loire, de Loir-et-Cher, du Loiret, de la Marne, de la Côte-d'Or, de Saône-et-Loire, de l'Yonne et les autres départemens, sauf quelques exceptions que je ferai connaître en passant revue les diverses qualités de nos vins, on commence la récolte du 20 au 30 septembre dans les années précoces, et plus ou moins avant dans le mois d'octobre si l'année est tardive. Ainsi il y a peu de différence entre le Nord et le Midi, ce qui ne doit pas étonner si on considère que dans le Midi la végétation de la vigne est suspendue par la sécheresse et les grandes chaleurs de l'été, et qu'elle ne reprend d'activité qu'aux premières pluies, ou lorsque les nuits devenant plus longues, les rosées sont plus abondantes; en revanche, dans le Midi, les raisins ont presque toujours atteint leur maturité et les beaux jours que l'on peut encore espérer, permettent d'attendre le moment le plus favorable à cette opération. Dans le centre et le Nord surtout, on est forcé de cueillir avant la maturité complète, parce qu'on a déjà des nuits froides et qu'on peut craindre les pluies continuelles et les gelées, qui nuisent surtout aux raisins qui sont encore verts. Le meilleur remède à cet inconvénient est de trier les raisins et de faire plusieurs cuvées; on est toujours certain de cette manière de fabriquer un vin passable, auquel on appliquera les procédés d'amélioration qui seront indiqués. La meilleure manière d'opérer le *triage* des raisins est celle que donne M. ROUGIER DE LA BERGERIE. On établit au lieu où se charge la vendange, une ou plusieurs tables triangulaires, ayant un rebord de 7 à 8 pouces sur les côtés et dont chaque angle, porte sur une banne, un grand panier ou un tonneau défoncé. On verse les raisins sur ces triangles et des personnes préposées en font le triage convenable selon le degré de maturité; on extrait des grappes les grains verts, secs ou pourris, et on assortit les espèces suivant l'usage ou la qualité de vin désirée. Cette opération me paraît indispensable toutes les fois que par une circonstance quelconque, on se trouve dans l'impossibilité de couper les raisins à plusieurs reprises.

Autant que possible, il faut vendanger lorsque le *soleil a dissipé la rosée ou desséché le raisin et la terre*, s'il a plu la veille ou quelques jours auparavant. Il faut employer à cette opération un nombre suffisant de vendangeurs pour qu'elle soit faite avec célérité.

Dans quelques pays on place la vendange dans un tonneau qu'on fonce ensuite; on la laisse ainsi quelques jours avant de la fouler; dans d'autres, on étend le raisin sur des claies ou sur le plancher, dans un lieu sec et chaud.

On sait que tous les fruits pulpeux, tels que les pommes, les poires, acquièrent, lorsqu'on les laisse en tas après la récolte, dans un lieu sec et d'une température modérée, une maturité qui leur manquait au moment où on les a recueillis; le raisin est dans le même cas. C'est ainsi qu'à Clamecy, à Limoux et aux environs de Saumur, on garde les raisins en tas, pendant 5 ou 6 jours avant de les fouler. Ils éprouvent dans cette situation une maturité qui convertit en sucre les principes qui dominent dans le verjus. Ce procédé de saccharification était connu des anciens Grecs et se pratique encore dans plusieurs îles de l'Archipel, en Espagne, en Italie, et il se recommande aux œnologues qui ont un local convenable, une espèce de cépage qui en mérite la peine, et qui désirent au moins présenter sur leur table un vin du cru digne de recevoir les éloges des gourmets et des connaisseurs.

Dans plusieurs vignobles de la Bourgogne, on foule le raisin à demi, pour en conduire une plus grande quantité à la fois; dans la Franche-Comté, on l'égrappe à la vigne. Cette méthode peut bien ne pas avoir de graves inconvéniens lorsque le raisin est mûr et que la température atmosphérique est assez élevée; mais si le raisin a besoin d'être trié, si la saison est froide, on amène alors à la cuve un moût qui entre très lentement en fermentation; dans tous les cas, cette pratique est vicieuse et ne convient tout au plus que pour les vins ordinaires et les gamais.

Je crois utile de rappeler ici aux viticoles que, 15 jours ou plus avant la vendange, ils doivent visiter les instrumens et vases destinés au service de la récolte et à la fabrication du vin. Les paniers, teilles, balouges, hottes ou baquets *seront soigneusement lavés* à grande

eau, lessivés avec un peu d'eau de chaux ou de cendres, pour enlever le goût de moisi qui se communique si facilement au vin et dont il est difficile ensuite de le débarrasser. Cette saveur est même si persistante qu'on s'en aperçoit encore quelquefois au goût dans de l'eau-de-vie qui provient d'un vin moisi. Pendant plusieurs années je me suis servi avec succès, pour affranchir les tonneaux du goût de moisi, d'acide sulfurique étendu de 12 ou même 20 parties d'eau en poids, ou bien le double en volume. Après avoir lavé les futailles avec ce mélange, on les rince ensuite avec un lait de chaux ou une lessive de cendres, puis avec de l'eau fraîche; on laisse sécher ou bien on mèche et on ajoute un peu d'eau-de-vie de bon goût. Les cuves se nettoient de la même manière.

La récolte étant faite en temps opportun, avec les précautions qui ont été recommandées selon les circonstances météoriques, et la vendange étant amenée à la cuverie, il ne s'agit plus que de la *disposer à se convertir en vin* et de la préparer pour être mise dans la cuve ou la futaille dans laquelle doit s'opérer la fermentation. Dans ce but, nous allons traiter en premier lieu des manipulations relatives aux vins rouges, la fabrication des vins blancs offrant quelques différences essentielles dont nous traiterons à part.

§ V. — De l'égrappage.

Cette opération a pour objet de *séparer les grains de la rafle* et cette séparation peut être totale ou partielle.

Est-il utile ou non d'égrapper en tout ou en partie? C'est une question qui depuis longtemps a divisé et divise encore aujourd'hui les viticoles et les œnologues. Nous pensons que la pratique est le seul guide à consulter et à suivre dans cette occasion. On a observé que la rafle active la fermentation, qu'elle donne au chapeau une perméabilité nécessaire pour le dégagement de l'acide gazeux qui se produit, et qu'elle renferme un principe acerbe, astringent, qui contribue à la conservation des vins qui ne contiennent qu'une petite quantité d'alcool ou d'esprit de vin. Quant aux vins destinés à la distillation, l'égrappage est inutile. La rafle introduit dans la liqueur une plus grande quantité de ferment qui favorise la décomposition complète et la transformation en alcool de la matière sucrée. Dans les années propices, la rafle est sèche, ligneuse et ne cède pas aussi facilement ses principes à la liqueur en fermentation; l'égrappage est plus avantageux lorsque le raisin n'a pas acquis une maturité parfaite. Lorsque le moût n'a qu'une saveur douce, sucrée, sans mélange prononcé d'acidité et d'astringence, on laisse la rafle en plus grande quantité; si on opère la vinification en vaisseaux clos, on doit laisser moins de grappes que dans le cas où la fermentation a lieu en cuves non couvertes et dure peu de jours. Sans vouloir établir une loi ou règle générale, je pense que l'égrappage ne doit pas être pratiqué en totalité, et dans les pays où le raisin cuve sans grappe, on a sans doute des motifs plausibles qu'une longue pratique a sanctionnés. Nous conseillons cependant à ceux qui enlèvent la rafle en totalité et à ceux qui la maintiennent en totalité de se livrer à quelques expériences comparatives dont nous indiquerons la marche plus bas. Sur 70 ou 75 départemens qui fabriquent du vin, il ne s'en trouve, suivant M. Cavoleau, que 34 où l'on égrappe la vendange.

§ VI. — Manière d'égrapper.

Pour égrapper le raisin, on se sert, dans beaucoup de localités, d'une fourche à trois dents (*fig.* 183, 184) que l'ouvrière tourne ou

Fig. 184.   Fig. 183.

agite circulairement dans un petit cuvier où sont déposés les raisins. Par ce mouvement rapide, elle détache les raisins de la grappe, et ramenant celle-ci à la surface, l'a sépare avec la main.

On procède aussi à l'égrappage avec un crible en fil de fer ou en osier dont les mailles ont 9 à 14 millimètres (4 à 6 lignes de diamètre); ce crible est surmonté d'un bourrelet d'osier, serré et placé sur des tasseaux, au-dessus d'un cuvier ou d'une cuve. L'égrappeur agite pardessus et avec les mains, les raisins que l'on y dépose et tourne dans tous les sens, jusqu'à ce que la grappe soit totalement dépouillée de grains. On doit avoir soin de ne jamais mettre les raisins en trop grande quantité, afin que les grains puissent passer plus commodément. Un bon ouvrier peut, au moyen de ce procédé, égrapper 7 à 8 muids de raisins par jour (16 à 18 hectolitres).

Un instrument que nous avons vu dans le midi de l'Allemagne nous paraît très propre à hâter cette besogne. Cet égrappoir (*fig.* 185) se compose d'une trémie A où l'on jette les grappes et d'un demi-cylindre B, dont les bases ou fonds sont formés de deux planchettes. La surface convexe est à claire-voie et formée par des baguettes rondes de bois, de 8 à 9 lignes de diamètre et assez rapprochées l'une de l'autre pour ne laisser passer que les grains pressés et rompus. Un volant à deux ailes G (*fig.* 186), dont l'axe porte une manivelle M, est placée dans ce cylindre. L'égrappoir se monte sur une cuve au moyen de deux barres D de bois qui le soutiennent au-dessus. On introduit les grappes dans la trémie et on imprime un mouvement demi-circulaire de va et vient à la manivelle les grains rompus se

Fig. 186.

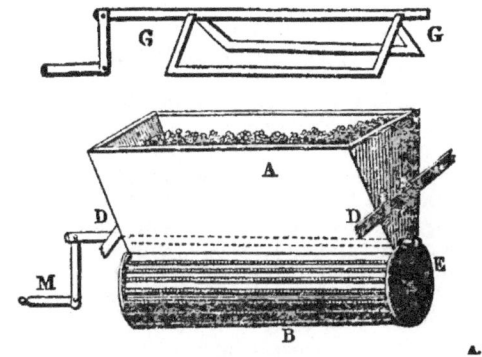

Fig. 185.

détachent de la grappe et passent à travers l'espace des baguettes; la rafle reste dans le cylindre. Quand l'opération est terminée, on ouvre une petite porte E, placée sur une des bases de ce cylindre, et on retire les rafles. Les grappes ainsi traitées sont parfaitement égrenées en peu d'instans, et les grains sont pressés sans qu'il soit nécessaire de les toucher avec les mains ou les pieds. Un enfant peut mettre toute la machine en action.

§ VII. — Du foulage.

Si les viticoles sont divisés sur la question de l'égrappage, ils sont tous d'accord sur la nécessité de fouler la vendange, pour obtenir une fermentation prompte, uniforme et régulière, et d'une certaine quantité de raisin plus de vin de première qualité.

Dans quelques pays on *foule le raisin* dans un baquet et on le verse au fur et à mesure dans la cuve. Dans quelques autres on *jette la vendange* dans la cuve à mesure qu'elle arrive de la vigne, et lorsque cette cuve est pleine, on fait descendre 2 ou 3 hommes nus qui foulent les grains avec les pieds et écrasent avec les mains ceux qui surnagent. Cette dernière méthode est presque abandonnée partout, et avec raison.

On se sert assez communément aujourd'hui pour cette opération d'une *caisse carrée*, ouverte par le haut et dont le fond est percé d trous en forme de liteaux qui laissent entre eux un petit intervalle; cette caisse est placée sur deux pièces de bois qui reposent sur les bords de la cuve elle-même; dans son intérieur est un vigneron dont les pieds sont armés de gros sabots. Il piétine alors vivement la vendange, le suc exprimé coule dans la cuve; ensuite, au moyen d'une porte latérale à coulisses, il fait tomber le marc dans la cuve, ou le rejette au dehors si le moût doit fermenter seul. Il continue cette manœuvre jusqu'à ce que la cuve soit pleine ou que la vendange soit épuisée.

On a inventé et proposé diverses machines pour fouler les raisins plus complètement et plus promptement que par la pratique ordinaire. Celles de MM. Gay et de Bournissac de Montpellier sont peu répandues, parce qu'on les a trouvées trop dispendieuses. Dans la fouloire de M. Gay, il est à craindre que les grappes brisées, découpées et hachées par les lames du battage, ne se trouvent trop divisées et ne communiquent plus facilement leur principe acerbe au moût où elles trempent, lorsque la fermentation se prolonge. Les meules de M. de BOURNISSAC peuvent écraser trop ou trop peu, suivant l'écartement qu'elles conservent; elles agissent d'ailleurs sur les pepins qu'elles broient, ce qui donne au vin une plus grande âpreté.

La machine inventée par M. GUÉRIN de Toulouse est recommandée par M. LOUIS DE VILLENEUVE dans son *Manuel d'agriculture*. Depuis plusieurs années elle fait chez lui le service des vendanges avec le plus grand succès et une notable économie. Elle est simple, expéditive, et ne coûte que 54 à 70 fr. Sa construction est facile et peut être exécutée partout. Je la recommande avec d'autant plus de confiance que j'ai fait moi-même usage avec succès d'une machine semblable pour écraser des cerises et d'autres fruits à baies dans une distillerie. La fouloire de M. GUÉRIN a beaucoup d'analogie avec celle de M. LOMENI, auteur d'un excellent traité sur la fabrication du vin; la seule différence, c'est que dans la première les cylindres sont unis, tandis que dans l'autre ils sont cannelés. Avant de passer à la description de ces appareils, nous croyons devoir rappeler que l'on pourrait employer avec avantage pour le foulage des raisins le moulin qui a été décrit liv. III, pag. 32, fig. 35 et 36. Il suffirait d'augmenter la longueur du cylindre, et de laisser un peu plus d'intervalle entre les chevilles pour que la grappe ne soit pas froissée et les pepins écrasés. Il serait peut-être encore utile d'arrondir un peu les chevilles au lieu de les laisser angulaires; celles-ci, en passant entre celles de la trémie, conserveraient une distance suffisante pour ne livrer passage à aucun grain entier de raisin. Cette machine, au reste, ressemble à celle qui a été exécutée par M. THIEBAULT DE BERNEAUD; mais elle mérite la préférence sur celles-ci, en ce que les chevilles sont en bois et ne peuvent communiquer un goût étranger et aucune couleur au moût.

La fouloire de M. GUÉRIN, que la fig. 187

Fig. 187.

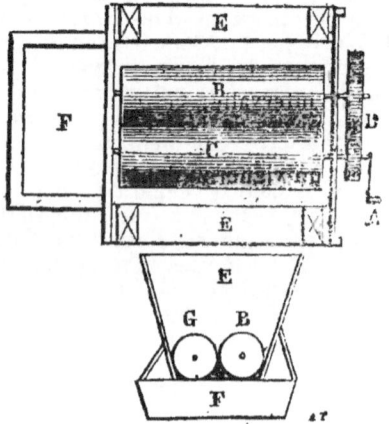

Fig. 188.

représente vue d'en haut, et dont la figure 188 offre une coupe perpendiculaire, est composée de 2 rouleaux ou cylindres en bois, B G,

placés sur le même plan; il est essentiel que leur parallélisme soit exact. Ils agissent comme des laminoirs par pression et frottement; ils sont mis en mouvement par le moyen de 2 roues dentées D de différens diamètres, pour communiquer à l'un des rouleaux un mouvement plus accéléré. Chaque cylindre porte une des deux roues dentées; la manivelle A est adaptée à l'axe de la plus petite. La grande roue a 25 cent. (10 po.) de diamètre; la petite n'a que 16 cent. (6 po. 1/2). Les cylindres occupent le fond d'une trémie E, dans laquelle on jette les raisins égrappés; cette trémie est placée au-dessus d'un baquet F ou de la cuve elle-même.

La fouloire dont nous allons donner la description est représentée dans l'ouvrage que M. LENOIR a publié sur la culture de la vigne et la vinification; nous remarquons seulement ici que dans la fouloire de M. GUÉRIN, la vendange à besoin d'être égrappée, tandis que dans celle de MM. LOMENI et LENOIR on peut jeter les raisins tels qu'ils arrivent de la vigne, seulement après le foulage on sépare, au moyen d'un crible en osier, ou un filet en ficelle, la quantité de rafles qu'on désire enlever suivant la maturité. La fouloire de M. LENOIR, qui nous parait réunir toutes les conditions désirables, est représentée en élévation dans la fig. 189, et par-dessus dans la fig. 190. Elle se compose d'un bâti AA, d'une

Fig. 189.

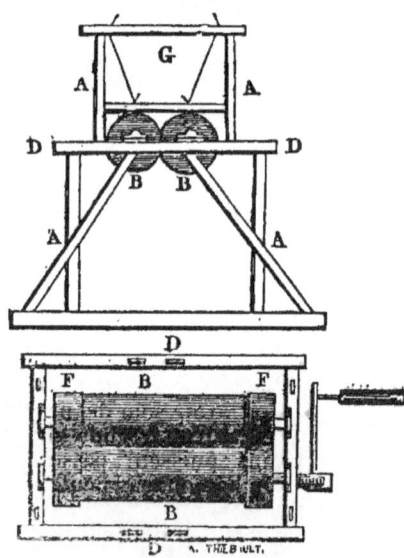

Fig. 190.

trémie G, et de 2 cylindres accolés, en bois, BB, de 9 po. 8 lig. de diamètre, avec des tourillons en fer tournant dans des coussinets posés sur la partie DD du bâti. Ces cylindres sont cannelés dans le sens de la circonférence. FF sont des renflements d'une ligne et demie à 2 lignes aux extrémités de chaque cylindre. Ces renflemens doivent être en contact. Il existe alors un intervalle de 3 à 4 lignes, entre les cylindres ou rouleaux, et en pratiquant de légères cannelures ou dents transversales sur la périphérie de ces renflemens, il suffit d'imprimer le mouvement à un seul des cylindres pour que l'autre tourne en sens contraire, ce qui dispense d'un engrénage. L'essentiel c'est que les cylindres soient bien cintrés; il serait très avantageux que les coussinets de l'un des cylindres fussent mobiles, afin de faire varier à volonté leur écartement qui doit être proportionné à la grosseur des raisins et surtout à la force des rafles. On peut obtenir cette mobilité en fixant le coussinet sur une platine de fer un peu large, qu'on engage dans une coulisse à rainures latérales; le coussinet peut être poussé ou tiré par une vis de rappel ou par des coins. Cette machine pourrait être établie dans une pièce située à un étage supérieur à la cuverie; au-dessus et vis-à-vis de chaque cuve on pratiquerait une ouverture carrée, munie d'une espèce d'entonnoir ou tuyau en bois par lequel la vendange écrasée

coulerait dans la cuve; et comme le bâti est monté sur des roulettes ou galets, on le transporterait facilement et successivement au-dessus de chaque ouverture. L'entonnoir s'enlèverait et servirait pour toute la cuverie, les ouvertures du plancher ayant les mêmes dimensions. Après le foulage, on fermerait les ouvertures du plancher au moyen d'une planche de même grandeur appuyée sur des rainures ou munie de rebords sur les côtés.

Voici maintenant la description de la fouloire de M. LOMENT, représentée dans les fig. 191 à 195, et qui se compose essentiellement de 2 cylindres assemblés dans un bâtis en bois, sur des axes en fer. Les 2 cylindres AA, (fig. 191 et 195) ont 1 mèt. de longueur

Fig. 194.   **Fig. 191.**

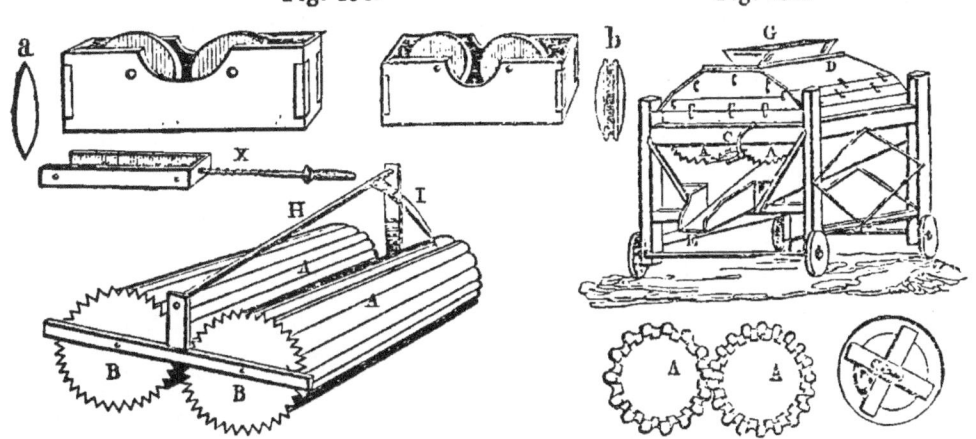

Fig. 195.   **Fig. 193.**   **Fig. 192.**

sur 0ᵐ 6 de diamètre; leur squelette est formé de trois cercles de bois dur composés de 4 arcs de cercles assemblés comme des jantes de roues, et consolidés par un croisillon (fig. 192). Ces 3 cercles sont traversés dans leur centre par un axe en fer, et placés l'un au milieu de cet axe et les 2 autres aux extrémités; ils portent sur leur circonférence des liteaux en chêne, assemblés les uns près des autres, et présentant dans le sens de leur longueur des cannelures arrondies (fig. 193) au nombre de 30 sur toute la surface convexe des cylindres, et cloués aux cercles avec des chevilles en bois. Chaque cylindre porte une roue d'engrenage en noyer BB(fig. 195), d'un diamètre égal à ceux-ci, et dont la périphérie est refendue de 90 dents triangulaires. L'axe du cylindre postérieur reçoit une manivelle C. La rotation de cet axe a lieu sur des coussinets formés de boîtes en fer (fig. 194) logées dans la traverse qui supporte les cylindres, et qui renferment chacune 2 galets d'un alliage de 45 parties de cuivre et de 15 d'étain pur. Deux de ces galets a à chaque extrémité, sont à surface convexe et les deux autres b en gorge de poulie, tant pour faciliter la rotation que pour loger le bourrelet de ces axes et empêcher les cylindres de prendre un mouvement horizontal. Les coussinets qui supportent le cylindre à manivelle sont fixés dans le bâti; ceux de l'autre cylindre sont mobiles dans une rainure où ils reposent et peuvent être avancés ou reculés au moyen de vis en fer, à tête carrée X, appelées *registres* (*fig.* 194), qui sont placées aux an-

gles extérieurs du bâti, et peuvent être tournées au moyen d'une clé. Un couvercle en demi-cercle et mobile, à charnière, D, enveloppe tout le mécanisme ; sous les cylindres est un dégorgeoir ou auge inclinée sur le devant E, pour recevoir et faire écouler les raisins foulés. Dans la partie supérieure du couvercle il y a une trémie G, munie d'un *régulateur* pour régler sur l'introduction des raisins entre les cylindres. Ce régulateur (*fig.* 195) se compose d'une petite pièce de bois triangulaire H, dont l'angle aigu est en haut; cette pièce est pourvue de 2 pivots qui reposent sur des coussinets fixés sur 2 montants. Ces montants n'ont pas même hauteur, de manière que le régulateur se trouve placé obliquement dans la trémie ; il porte perpendiculairement à son axe une petite queue I, cannelée par-dessous, s'appuyant sur la surface d'un des cylindres, et qui, en se relevant, et retombant sur les dents ou cannelures de ce cylindre, quand celui-ci tourne, en reçoit un mouvement oscillatoire qui répand les raisins sur la longueur des cylindres et régulièrement des 2 côtés. Un conducteur, formé d'une planche à rebords, sert à charger la trémie sans perdre de raisins. Enfin des barres de fer, tournées à leur extrémité pour recevoir quatre rouleaux, qu'on adapte au besoin, servent à transporter partout la machine.

Le foulage du raisin, à l'aide de cette machine, n'emploie qu'un tiers ou encore moins de temps que celui avec les pieds. Les raisins mûrs, en outre, sont parfaitement crevés, les grains verts, imparfaitement mûrs, restent intacts ; les rafles se dépouillent de leurs grains et les pepins restent entiers. On foule, d'après les expériences faites par l'Institut de Milan, 3,813 kilog. de raisin en une heure, ou 45,756 kil. dans une journée de 12 heures ; ainsi en 8 jours, on peut opérer sur 366,048 k., qui produiront à peu près 2,142 hect. de vin.

Cette machine peut encore servir dans la fabrication du vin délicat à séparer la grappe ; il suffit de prendre avec des râteaux les rafles dans les baquets où on recueille le moût ; on les jette dans un filet à mailles serrées, placé sur l'ouverture de la cuve.

Un agronome d'Asti, contrée assez renommée pour ses vins, a confirmé les avantages qu'on était en droit d'attendre de cette fouloire. Il est vrai qu'il n'a pas foulé par son moyen une aussi grande quantité de raisin que celle indiquée ci-dessus, mais la différence provient de la perte de temps occasionnée par l'arrivée et le départ des tonnes de vendange. L'expérience a de plus appris à cet agronome que la manivelle doit être tournée régulièrement pour éviter les accidens, et que le raisin doit aussi être versé d'une manière régulière dans la trémie. Il trouve l'effet de la foulerie parfait lorsque les cylindres sont placés dans un parallélisme exact et juste à la distance requise pour que les grains de raisins mûrs ne puissent passer sans être écrasés, tandis que la grappe elle-même reste intacte. Il trouve aussi que la fermentation s'établit 2 ou 3 jours plus tôt dans le moût obtenu par la machine que dans celui que donne le procédé ordinaire. Il a remarqué en outre que les raisins écrasés à la machine fournissent une plus grande quantité de vin clair de première qualité, et une moindre quantité de second vin, par le pressurage. En effet, d'après une expérience comparative, sur 150 décalitres de raisins foulés avec la machine il a obtenu :

Vin clair.	84,50
Vin roux ou de pressurage.	6,50
Marc de raisin.	58,40
TOTAL.	149,40

tandis que 150 décalitres de raisins foulés avec les pieds n'ont produit que

Vin clair	79,72
Vin roux	6,24
Marc	63,64
TOTAL.	149,60

Suivant l'agronome piémontais, un avantage inappréciable qui résulte de cette fouloire, c'est la propreté qu'on obtient par son emploi, qui, mieux que tout autre manière, empêche la présence de toute substance étrangère et d'un goût désagréable dans le vin ; enfin, quant à la couleur, il assure n'avoir observé aucune différence entre le vin produit par les raisins foulés selon l'ancienne manière et celui qui a été fabriqué avec la vendange foulée par la nouvelle machine. Du reste, il est présumable que l'œnologue d'Asti a opéré sur des raisins blancs, car le vin rouge provenant de raisins écrasés par la machine doit être plus coloré que celui obtenu par le foulage avec les pieds.

En donnant aux cylindres de la fouloire de M. LENOIR les dimensions indiquées pour ceux de la machine LOMENI, et en pratiquant des cannelures arrondies dans le sens de l'axe, on obtiendra un appareil qui donnera sans doute les mêmes résultats que celui-ci, sans que la grappe coure le risque d'être trop comprimée, comme elle l'est par les cylindres à surface unie, et qui, n'étant pas assez distans, risquent en outre de broyer les pepins. Lorsqu'ils sont trop éloignés, au contraire, ils laissent passer des grains non écrasés, inconvéniens qui n'ont pas lieu avec des cylindres cannelés.

Nous croyons avoir traité avec assez de détails de l'opération du foulage, qui est d'une grande importance, ainsi que nous l'avons vu ; d'ailleurs, il est d'autant plus essentiel que la vendange soit bien foulée, lorsqu'on fait cuver en vases clos, que le chapeau est alors moins dense et plus facile à refouler dans la cuve par l'agitateur, ainsi qu'on le verra dans la section suivante.

Les fouloires mécaniques ne sont connues que dans peu de vignobles et dans les pays où l'on fabrique une grande quantité de vins communs ou pour la distillation. Leur adoption devrait être générale, surtout lorsqu'on coupe à la fois une grande quantité de raisins dans une même journée, comme en Bourgogne où l'on est soumis aux bans de vendange. La fouloire à rouleaux unis convient pour les raisins égrappés totalement ; celles à chevilles ou à cylindres cannelés serviront pour la vendange non égrappée ou égrappée partiellement, et seront employées avec avantage pour le foulage des raisins blancs, qui sera ainsi terminé d'une manière bien plus expéditive que celui opéré avec les pieds. Elles conviendront peut-être aussi pour obtenir des raisins noirs le premier moût destiné à la fabrication des vins mousseux, et elles fouleront aussi plus complètement les raisins à demi desséchés qui donnent les vins de paille et les vins doux liquoreux. La construction de ces appareils n'est pas dispendieuse et les propriétaires seront amplement dédommagés des frais de leur construction ou d'acquisition par l'économie de temps et de main d'œuvre qui en résultera pour eux, ainsi que par la supériorité des produits.

Le foulage est la dernière opération de la vendange dans le sens général de ce mot ; le moût est maintenant amené à l'état où il doit être pour être converti en vin par la fermentation en cuve ou cuvaison.

SECTION IV. — *Du cuvage ou mise en cuves.*

§ Ier. — Des cuves diverses.

Avant de placer les raisins dans la cuve, dans les conditions les plus favorables pour en obtenir une fermentation régulière, il convient de décrire ces vases vinaires et de parler du local où ils sont placés.

Les *cuveries* sont en général très mal disposées, du moins en Bourgogne. Ce sont des bâtimens très élevés où le pressoir est placé, et assez spacieux pour que les voitures qui amènent la vendange puissent entrer, s'approcher des cuves et y vider les ballonges. Ces bâtimens reçoivent du jour et de l'air par une porte haute et large qui reste presque constamment ouverte ou qui ferme mal, de sorte que si la saison est froide et pluvieuse, la fermentation est ralentie ou marche très mal; en outre, si plusieurs vignerons manœuvrent avec le même pressoir, ce qui arrive le plus souvent, il y a encombrement; les opérations sont faites à la hâte ou avec négligence; dans ce cas il est impossible de se livrer à des procédés d'amélioration ou d'obtenir des produits soignés.

Pour opérer convenablement, il faut un local destiné uniquement à la préparation du vin, où chaque instrument, tel que la fouloire, l'égrappoir, etc., soit placé commodément pour ne gêner en rien l'arrivée et le travail des raisins. Dans les endroits où l'on amène la vendange tout écrasée, ce qui se pratique souvent pour les vins communs, on place les cuves contre le mur, vis-à-vis une fenêtre, par laquelle le raisin est déchargé de dehors dans la cuve; par ce moyen on évite la confusion. Chaque vigneron a sa cuve désignée et peut travailler à loisir; les voitures vont et circulent sans accident pour les cercles des cuves, qui éprouvent souvent de la part des roues des froissemens qui les déchirent et les brisent.

Les *cuves* sont ordinairement en *bois*, de forme ronde ou carrée; on en construit aussi en *maçonnerie*. Les cuves en bois de chêne sont assemblées et maintenues ordinairement par des cercles en bois de châtaignier ou de chêne, mais aujourd'hui on préfère les cercles en fer qui sont plus solides et moins dispendieux.

La *contenance* des cuves est sujette à varier depuis 12 pièces de 228 litres chaque (27 hectolitres 36) jusqu'à 30 à 36 pièces (68 à 82 hectolitres). Il est bon d'en avoir de plusieurs dimensions. Il faut donner à la cuve la forme d'un cône tronqué, c'est-à-dire qu'elle soit plus large dans le bas qu'à son sommet. Elle doit être portée sur des madriers et munie d'un robinet à sa partie inférieure pour opérer le décuvage. Je crois, que pour augmenter la durée de ces vaisseaux, on ferait bien de les couvrir à l'extérieur d'une ou plusieurs couches de peinture à l'huile, afin de boucher les pores du bois et les préserver de l'humidité extérieure; on se servira, si l'on veut, pour le même objet, d'un vernis composé de cire jaune et d'essence de térébenthine récente ou rectifiée. L'huile volatile se vaporise et la cire reste en couche mince sur le bois; on frotte alors avec un tampon de laine qui donne le poli; ce vernis a besoin d'être renouvelé de temps à autre. Les cuves sont ouvertes ou fermées, selon l'intention où l'on est d'opérer la fermentation à l'air libre ou hors de son contact.

Nous sommes loin de condamner, comme quelques œnologues, les *cuves en maçonnerie;* les reproches qu'on leur fait, de résister aux variations de température, sont au contraire en leur faveur; on peut d'ailleurs les échauffer intérieurement avant de les remplir, d'après les méthodes qui seront indiquées plus bas. Quant à l'action de l'enduit sur le vin, elle n'est sensible que la 1re année, et lorsque le béton est bien composé elle se réduit à peu de chose; c'est, à mon avis, le meilleur vaisseau vinaire et le plus économique que puisse se procurer le propriétaire d'un vignoble étendu, surtout dans les pays où le vin est destiné à la distil-

lation. Quant aux vins délicats et de prix, on donnera toujours la préférence aux cuves en bois.

Les personnes qui ne veulent pas faire la dépense de nouvelles cuves peuvent se servir des anciennes en leur adaptant des couvercles mobiles, qui remplissent parfaitement le but qu'on se propose. Ces couvercles mobiles ont d'ailleurs l'avantage de rendre plus promptes et plus faciles les opérations du remplissage et de l'enlèvement du marc. Dans les vignobles renommés, où l'on n'emploie que des cuves de 5 à 6 pièces, les couvercles mobiles ont obtenu la préférence sur les couvercles joints et jablés avec les mêmes soins que le fond qui sont adoptés par plusieurs propriétaires; dans ce dernier cas on peut ménager au bas de ces cuves une porte pour retirer les marcs.

Les *avantages des cuves fermées* sont aujourd'hui assez bien reconnus pour nous dispenser d'entretenir nos lecteurs de la longue discussion qui s'éleva lorsque parut l'appareil de mademoiselle GERVAIS. Cet appareil, qui n'était point nouveau, n'a eu d'autre résultat que de rappeler l'attention des œnologues sur la nécessité de la fermeture des cuves, et a été remplacé avantageusement par d'autres inventions plus simples et plus commodes.

Avant de passer à la description des cuves, nous dirons que les raisins après avoir été égrappés et foulés de la manière indiquée précédemment, sont versés dans la cuve jusqu'à la hauteur convenable. On laisse ordinairement un vide de 5 à 6 pouces jusqu'au couvercle, à raison de l'augmentation de volume qu'éprouve la masse par la chaleur que développe la fermentation, ou par le dégagement des gaz qui la rend plus légère et la soulève à la surface. On replace ensuite le fond mobile, qu'on lute avec une pâte composée d'argile et de foin ou d'étoupes hachés, pour empêcher le dégagement de l'acide carbonique et de la partie aromatique du vin, et on abandonne le tout à la fermentation spontanée.

Voici maintenant la description de plusieurs cuves. La fig. 196 représente une cuve en

Fig. 197.

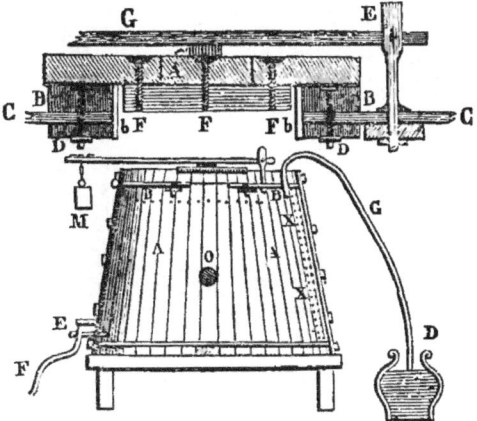

Fig. 196.

bois, AA, cerclée en fer, ayant 7 pieds de diamètre inférieur, 6 de diamètre supérieur, autant de hauteur totale et 5 pieds 6 pouces entre les 2 fonds qui sont tous deux jablés avec soin. Un couvercle mobile, dont nous donnons plus bas la disposition, ferme l'ouverture, de 18 pouces de diamètre, ménagée au milieu du fond supérieur. Un tuyau de fer-blanc G, de 18 lignes de diamètre, sert d'issue à l'acide carbonique qui se dégage pendant la fermentation, et plonge de 6 à 12 lignes dans un vase D contenant de l'eau. E est un robinet pour vider la cuve. On place devant son ouverture, dans la cuve, un fagot de sarment, pour empêcher les pellicules et les pépins de s'y engager, et à son ouverture extérieure est attaché un tuyau de cuir ou de toile sans couture F, qui conduit le vin jusqu'au fond des tonneaux. La cuve est portée sur une selle carrée, de 2 pieds 4 po. de hauteur. O est une ouverture de 2 1/2 à 3 pouces, fermée par un tampon assujéti avec une bride mobile, en fer, pour évacuer l'acide carbonique après le décuvage et avant d'entrer dans la cuve; Un tuyau de fer blanc XX, percé de trous, sert à introduire à diverses profondeurs un thermomètre pour connaître la température de la cuve.

Voici maintenant la disposition du couvercle de cette cuve (*fig.* 197). A sont 2 couches de bois de 15 lignes d'épaisseur, posées à contre-fil et assemblées à chevilles ou avec des vis ou des boulons FF. Sur les bords de l'ouverture sont des doubles châssis BB, de 15 lignes d'épaisseur sur 3 à 4 po. de large, l'un au-dessus, l'autre au-dessous du fond C; ces châssis sont liés entre eux et au fond par des boulons DD. Les côtés de l'ouverture sont revêtus avec des planches minces *bb*. Une fourchette en fer E supporte l'extrémité du levier G, portant le poids M, qui opère la pression sur le couvercle; c'est sur une pièce mobile qu'on place au milieu du couvercle que le levier opère cette pression. Le châssis supérieur est garni de bandes de cuir, collées, pour opérer une fermeture hermétique.

Nous avons représenté dans la fig. 198 une

Fig. 198.

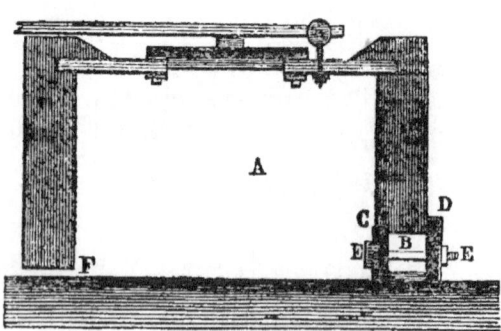

cuve carrée en maçonnerie A, de 8 pieds de diamètre ou de côté et 6 pieds de profondeur, sous le plancher. B est une ouverture de 12 à 15 po. qui sert à évacuer les marcs après le décuvage et qui est fermée par une porte intérieure C, composée de couches de planches de chêne de 15 lignes d'épaisseur, assemblées à chevilles et à vis, et par une porte extérieure en bois D, de 18 lig. à 2 po.

d'épaisseur. Un fort boulon à écrou E sert à serrer les deux portes. F est un tuyau portant un robinet servant au décuvage. L'ouverture du fond supérieur a 2 pieds de diamètre et est pratiquée dans le fond supérieur en bois de la cuve, qui est épais de 18 lignes et encastré de 6 po. dans la maçonnerie des parois. Le couvercle de l'ouverture est semblable à celui de la cuve précédente. Les parois de cette cuve ne peuvent avoir moins de 18 pouces d'épaisseur; il est préférable de leur donner 2 pieds. Les meilleurs matériaux sont la pierre meulière, la brique bien cuite et le béton. La meulière et la brique doivent être couvertes d'un enduit de chaux et ciment de tuileaux de 15 à 18 lignes d'épaisseur, y compris 3 à 4 lignes de mortier fin, composé des mêmes substances.

On voit dans la fig. 199 une cuve en maçon-

Fig. 199.

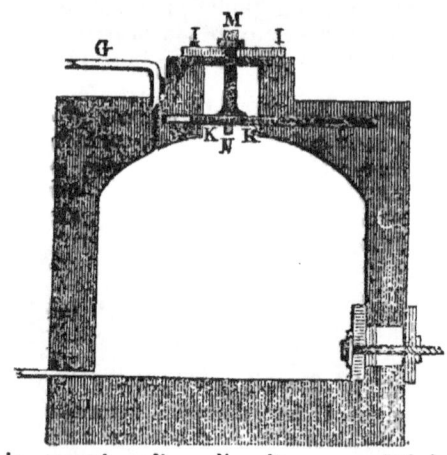

nerie, voutée, d'un diamètre ou côté de 8 pieds et profonde de 6 pieds, depuis la naissance de la voûte jusqu'au fond. L'épaisseur des parois est de 2 pieds; la porte d'extraction du marc ainsi que le tuyau de décuvage sont disposés comme dans la cuve précédente. Dans la voûte est pratiquée une ouverture de 2 pieds de côté, devant laquelle une barre KK, qui est percée d'un trou taraudé et reçoit un boulon à vis M N, est engagée par les 2 bouts dans un carneau de la maçonnerie, assez profond pour que la barre puisse y entrer lorsqu'elle est séparée de son boulon. I est le couvercle de l'ouverture, composé de 2 couches de bois de 15 à 18 lignes d'épaisseur. Pour manœuvrer cette fermeture, on fait sortir la barre K de son carneau et on engage son extrémité dans l'ouverture opposée. On visse dans l'écrou de la barre le boulon MN et on pose le couvercle qu'on serre fortement avec l'écrou. G est un tuyau pour le dégagement de l'acide carbonique. On peut aussi engager dans la maçonnerie un tuyau de 4 lignes, descendant jusqu'au milieu de la cuve, pour tirer de temps en temps un peu de vin et juger de la marche de la fermentation.

Nous décrirons encore ici une cuve en bois, employée avec succès depuis 4 ans en Bourgogne, qui paraît réunir plusieurs avantages. A (*fig.* 200) est la cuve placée sur un support ou selle B. Son fond mobile s'appuie sur des liteaux, et est mastiqué tout autour avec le lut indiqué ci-dessus. Ce fond est

Fig. 200.

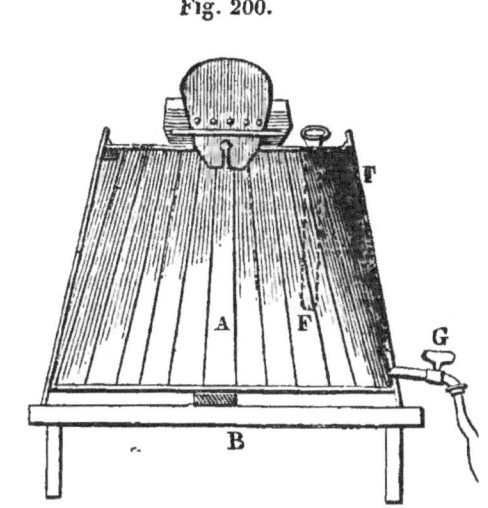

percé de 2 ouvertures ; l'une, de 10 pouces de diamètre, reçoit une bonde hydraulique dont nous donnerons plus loin une description ; l'autre, de 1 1/2 à 2 pouces de diamètre, donne passage à un long tube en fer-blanc F, percé de petits trous et qu'on peut boucher avec un tampon. Ce tube sert à introduire un thermomètre pour examiner les variations de température qui ont lieu pendant les diverses périodes de la cuvaison, ou à recevoir une pipette pour se procurer des échantillons du vin, examiner ses qualités, la marche de sa fermentation et déterminer l'instant du décuvage. G est un robinet muni d'un tuyau de toile sans couture, qui plonge jusqu'au fond du tonneau où coule le vin, pour empêcher l'aération du liquide pendant le décuvage.

Nous terminerons par la description de la cuve en bois, à double fond, fermée, de M. Beauregard, d'Angers. Cette cuve est de la contenance de 12 barriques de 228 litres, non compris le marc et le vide nécessaire, ce qui équivaut à 14 barriques ; elle est représentée en perspective dans la fig. 201 et coupée par le milieu dans la fig. 202 ; A est le cou-

Fig. 203.　　　　　Fig. 204.

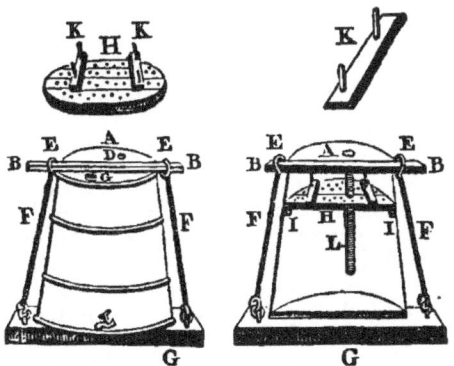

Fig. 201.　　　　　Fig. 202.

vercle de la cuve ; B, barre servant à maintenir le couvercle ; C, trou destiné à donner issue au gaz, sur lequel on place une bonde hydraulique ; D, tuyau percé, pour introduire un thermomètre et la chantepleure ; E, bou-

cles qui retiennent la barre et qui l'assujétissent par les verges de fer à l'extrémité inférieure de la sellette G, sur laquelle repose la cuve H, fond percé à l'intérieur de la cuve qu'on voit séparément dans la fig. 203 et qui retient la vendange, et laisse passage au moût ; II, tasseaux pour tenir le fond ; KK (fig. 204), barres pour maintenir le fond percé ; les chevilles dont elles sont surmontées contreboutent au couvercle et empêchent que le fond ne soit soulevé par la vendange gonflée par la fermentation ; L, tuyau de fer-blanc, pour l'introduction du thermomètre. Cette cuve est préférable à celle indiquée par Chaptal ; M. Beauregard l'emploie depuis plusieurs années, et son vin est de beaucoup supérieur à celui fait par la méthode ordinaire.

§ II. — Composition du moût ou suc de raisin avant la fermentation.

Pour bien comprendre les phénomènes de la conversion du moût en vin, il est indispensable de connaître sa composition élémentaire, afin de pouvoir assigner à chacun des élémens le rôle qu'il joue dans la réaction qui a lieu pendant la vinification. Il résulte d'une analyse récente de M. Sébille-Auger, de Saumur, à laquelle on peut ajouter pleine confiance, qu'on y rencontre les principes suivans :

1° *Sucre de raisin*, anciennement connu sous le nom de mucoso-sucré ; 2° *fécule*, ou principe amilacé ; 3° *mucilage*, ou gomme ; 4° *albumine* végétale ; 5° *gluten ;* 6° *extractif*, mélange peu connu ; 7° *tannin*, ou principe astringent ; 8° *matière colorante* bleue, d'une nature particulière et qui rougit par les acides ; 9° *tartre* ou bitartrate de potasse des chimistes ; 10° *acide malique* ou *sorbique*, en moindre proportion dans les raisins bien mûrs ; 11° *eau*, en plus ou moins grande quantité, avec quelques traces d'acide *citrique* et *acétique ;* de plus, M. Berzelius et autres chimistes admettent encore dans le vin du bitartrate de chaux, du bitartrate d'alumine et de potasse, du sulfate de potasse et du chlorure de soude.

De tous ces principes immédiats qui se trouvent en solution ou suspendus dans le moût, le plus important est le sucre ou mucoso-sucré, puisque c'est lui qui se convertit en alcool et constitue la vinosité, la force du vin ; les autres substances ne sont, pour ainsi dire, qu'accessoires et ne font que modifier la saveur. C'est de la manière et des diverses proportions dans lesquelles toutes ces matières se trouvent mélangées que proviennent les nombreuses variétés de vins qui sont fabriqués dans les différentes contrées où l'on cultive la vigne.

§ III. — De la densité des moûts et de la quantité de sucre qu'ils contiennent.

La première opération à faire pour connaître la bonne ou la mauvaise qualité d'un moût est de *s'assurer de la quantité de sucre* qu'il contient ; néanmoins, nous nous hâtons d'avertir que sa densité ou son poids, comparé à celui de l'eau pure sous un même volume, n'est pas toujours une mesure certaine de cette quantité, parce que le poids du moût peut varier par la présence des autres substances qui accompagnent le sucre, surtout dans les mauvaises années.

Le procédé le plus exact, pour prendre la *densité du moût*, serait de le peser avec une bonne balance, comparativement avec de l'eau distillée à une température de 15° C. L'essentiel dans la pratique ordinaire, c'est que l'eau et le moût soient pesés dans les mêmes conditions et dans des circonstances identiques. Toutefois, comme cette pesée, pour être faite convenablement, offrirait des difficultés peut-être insurmontables pour les propriétaires et les vignerons, nous conseillons, pour plus de facilité, de se servir dans la pratique de l'*aréomètre de Baumé* qui, dans ce cas, peut servir de pèse-vin ou pèse-moût, et pour faciliter l'usage de cet instrument et apprendre à apprécier ses indications, nous allons présenter, d'après M. TABARIÉ, le tableau des degrés de son échelle et les densités correspondantes des liquides que désignent ces degrés à la température de 10° de Réaumur ou 12° 50 du thermomètre centigrade.

N 1° *Table des pesanteurs spécifiques ou densités correspondantes à chaque degré de l'aréomètre de Baumé, à la température de + 10° Réaumur, 12, 5 centigrades, la densité de l'eau à cette température étant supposée égale à 1000.*

DEGRÉS.	DENSITÉ.	DIFFÉRENCE.	DEGRÉS.	DENSITÉ.	DIFFÉRENCE.
1	1008	0	28	1241	11
2	1015	7	29	1252	11
3	1022	7	30	1263	11
4	1029	7	31	1274	11
5	1036	7	32	1285	11
6	1043	7	33	1296	11
7	1051	8	34	1308	12
8	1059	8	35	1320	12
9	1067	8	36	1332	12
10	1075	8	37	1345	13
11	1083	8	38	1358	13
12	1091	8	39	1371	13
13	1099	8	40	1384	13
14	1107	8	41	1397	13
15	1116	9	42	1410	13
16	1125	9	43	1424	14
17	1134	9	44	1438	14
18	1143	9	45	1453	15
19	1152	9	46	1468	15
20	1161	9	47	1483	15
21	1170	9	48	1498	15
22	1180	10	49	1514	16
23	1190	10	50	1530	16
24	1200	10	51	1546	16
25	1210	10	52	1563	17
26	1220	10	53	1580	17
27	1230	10	54	1598	18

La densité du sucre sec est de... 1600

Rien n'est plus facile, au moyen de cette table, que de *connaître la densité* d'un moût. En effet, on plonge l'aréomètre dans le liquide ramené à la température de 10° R., ce qui est toujours possible, soit, par un temps plus froid, en le chauffant, soit, par une température plus chaude, en le plongeant quelques momens dans une eau de puits ou de source, et on observe le point ou degré auquel l'instrument descend dans le moût. On consulte ensuite la table pour connaître la densité qui correspond à ce degré de l'instrument. Ainsi un moût où l'aréomètre plonge jusqu'au 10e degré a pour densité 1075.

Les moûts les plus denses ne dépassent guère 15 à 17° aréométriques, et nous avons poussé néanmoins notre table jusqu'à 54°; notre intention, en lui donnant cette étendue, a été de mettre à même ceux qui achètent des sirops de sucre de raisin ou de dextrine de s'assurer de leurs densités avec l'aréomètre. Ces sirops sont quelquefois si épais, que leur viscosité embarrasse la marche de l'instrument. Dans ce cas, on pourrait leur rendre un peu de fluidité en les chauffant, mais l'élévation de température rendrait les indications fautives et l'on doit au contraire ne pas élever les liquides au-dessus de 10° R., température pour laquelle la table a été calculée. Pour éviter de faire dans ce cas des corrections toujours longues et difficiles, il suffit de prendre un décilitre ou un volume quelconque de sirop à essayer, que l'on dissout dans un volume égal d'eau de pluie ou de rivière filtrée; on plonge l'aréomètre dans ce mélange, et on observe le degré auquel il s'enfonce. Je suppose qu'il s'arrête à 24 degrés; je consulte la table, et je vois que la densité correspondante est de 1200; je multiplie par deux les chiffres qui suivent l'unité, c'est-à-dire 200, ce qui me donne 400, ou 1400 pour la densité du sirop; je cherche dans la table le degré qui correspond approximativement à cette pesanteur spécifique, et je trouve que mon sirop pèse 41 degrés 1/2 à peu près.

Il ne suffit pas de connaître, comme nous l'avons dit, la densité d'un moût de raisin ou d'un sirop pour apprécier leur valeur ou leur mérite comme liquides propres à fournir de l'alcool, il faut *évaluer le poids réel de matière sucrée* qu'ils renferment par litre ou par hectolitre de liquide. C'est dans le but d'obtenir ce résultat que j'ai inventé un pèse-moût (*fig.* 205), auquel j'ai donné le nom de *mustimètre*, dérivé de *mustum*, moût ou vin doux, afin qu'il ne soit pas confondu avec le gleuco-œnomètre qui n'a d'autres rapports avec lui que la forme, et dont les indications sont aussi inexactes que sa dénomination est impropre. Le mustimètre n'est autre chose qu'un aréomètre ordinaire ou pèse-sirops, mais gradué avec soin et donnant pour chaque degré la densité ou pesanteur spécifique du moût dans lequel il est plongé. Les principales divisions ont été vérifiées avec des liquides dont la densité a été prise avec une balance très sensible et par la double pesée. Le zéro correspond à la densité de l'eau pure ou distillée; elle est exprimée par 1000; les autres divisions inférieures de 5 en 5 jusqu'à 20 donnent la pesanteur spécifique d'un liquide plus lourd que l'eau; les degrés au-dessus de zéro indiquent des liquides plus légers. Au lieu de placer dans la tige de l'instrument deux échelles qui auraient donné d'un seul coup d'œil tous les résultats désirés , nous avons préféré donner une *table* qui sera collée sur une planche, et que l'on couvrira d'un vernis à l'alcool pour la préserver de l'humidité.

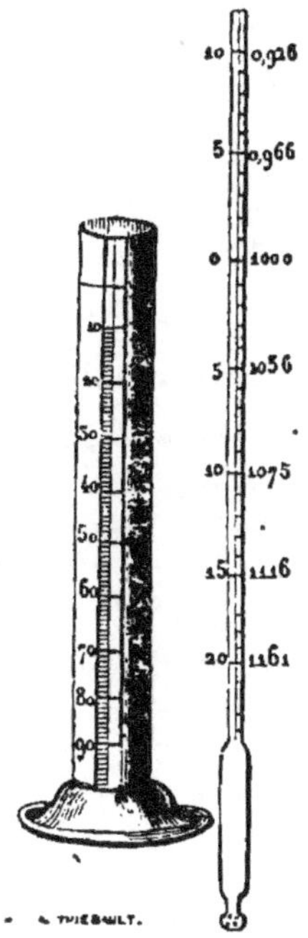

Pour *essayer un moût de raisins*, on le passe à travers un linge, une chausse de laine, ou tout simplement on le filtre à travers du papier sans colle, après l'avoir laissé reposer, pour le séparer, autant que possible, des corps étrangers qui ne sont que suspendus. On le verse ainsi dépuré dans une éprouvette, et l'on plonge dedans le mustimètre. Le degré auquel il s'arrête indique sa densité. Je suppose que l'instrument se fixe à 10 degrés; je consulte la table ci-après, et je vois que la pesanteur spécifique du moût est égale à 1075, c'est-à-dire qu'un litre d'eau pesant 1000 grammes, un litre de moût à dix degrés pèsera 1075 grammes; un hectolitre sera du poids de 107 kil. 500 grammes, et donnera par l'évaporation à siccité un réside de 20 kilogram. Cet essai doit être fait à une température de + 15° C. (12° de R.) Nous ne donnons pas de table de correction, parce qu'il est facile de ramener le moût à la température voulue; celle des cuveries, à moins que la saison ne soit très froide , approche beaucoup de 15°. L'erreur commise pour une différence d'un ou deux degrés est insignifiante dans un travail en grand comme celui de la vendange.

Pour ceux qui voudraient vérifier les nombres qui sont indiqués dans la seconde colonne, ou calculer les quantités de matière sucrée contenue dans un sirop d'une densité supérieure à celle de 20 degrés, nous donnerons la formule suivante dont nous avons fait usage, et qu'on doit à M. DUBRUNFAUT.

$$Q = \frac{(D - 1000) \times 1000}{(1600 - 1000)}$$

et qui se traduit ainsi en langage ordinaire. La densité du moût (D) diminuée du nombre 1000, et le reste multiplié par 1000 , puis divisé par 1600 , du sucre solide diminuée de 1000, exprime la quantité réelle de sucre (Q), en volume, contenue dans ce moût.

Ainsi un moût marque 5° et a 1036 (D) pour densité, je retranche de 1036 le nombre 1000, il reste 36 qui, multiplié par 1000, donne un produit de 36,000, que je divise par 1600, moins 1000 ou 600, le quotient est 60 qui exprime la quantité de centimètres cubes de sucre contenus dans un litre de moût à 5° aréométriques, ou la quantité de décimètres cubes contenus dans un hectolitre.

Nous n'avons par ce moyen que la quantité de sucre en volume. Pour *l'avoir en poids* ,

Fig. 206. Fig. 205.

rien n'est plus facile; il suffit de multiplier le nombre obtenu, 60 par exemple, par le nombre 1,6 qui exprime le poids d'un centimètre cube de sucre solide, celui de l'eau étant 1. Le produit 96 indique que dans chaque litre ou 1000 centimètres cubes de moût à 5°, il y a 96 grammes de sucre solide, ou 9 kil. 600 gr. par hectolitre.

C'est d'après cette formule qu'a été dressée la table suivante, qui facilitera beaucoup ces calculs.

N° 2. *Table indiquant le poids d'un hectolitre de moût, ainsi que celui d'extrait qu'il contient pour chaque degré du mustimètre ou pèse-moût.*

DEGRÉS.	POIDS D'UN HECTOLITRE en kilogrammes.		POIDS DE L'EXTRAIT SEC en kilogrammes.	
	kil.		kil.	
1	100	800	1	128
2	101	500	4	000
3	102	200	5	856
4	102	900	7	728
5	103	600	9	600
6	104	300	11	456
7	105	100	13	600
8	105	900	15	728
9	106	700	17	856
10	107	500	20	000
11	108	300	22	128
12	109	100	24	256
13	109	900	26	400
14	110	700	28	528
15	111	600	30	928
16	112	500	33	328
17	113	400	35	728
18	114	300	38	128
19	115	200	40	528
20	116	100	42	928

§ IV. — Du tartre et de la manière de le doser.

Dans nos 2 tables, nous avons établi nos calculs dans la supposition que le moût ne contenait en matière solide que du sucre, mais nous avons vu qu'il y entrait beaucoup d'autres principes, et en particulier du tartre qui, en s'ajoutant au sucre, en impose sur la quantité de matière sucrée que renferme le moût. C'est la quantité de tartre contenue dans ce moût, qu'il s'agit de doser pour la retrancher de la matière sucrée; les autres principes pouvant être négligés sans inconvénient. Pour cela j'ai construit un instrument que j'ai nommé *tartrimètre*, et qui, je crois, sera utile aux œnologues.

Le tartre, tel qu'il se dépose dans les tonneaux, est un mélange de bitartrate de potasse, de 5 à 7 pour 0/0 de tartrate de chaux, de matière colorante, de lie et autres corps qui se déposent pendant la clarification des vins. Si on verse dans une liqueur contenant du tartre en dissolution une solution de potasse à l'alcool ou de carbonate de potasse, il se fait une solution de tartrate neutre de potasse et il se précipite un peu de tartrate de chaux. La quantité de liqueur potassique qu'il a fallu employer pour saturer le tartre donne, avec une approximation bien suffisante dans la pratique, la quantité de tartre contenue en dissolution dans la liqueur. C'est sur cette réaction qu'est fondé l'emploi de cet instrument.

Sa construction sera facilement comprise, surtout par ceux qui ont quelques connaissances du calcul des équivalens chimiques. Je me suis servi de la table la plus exacte et la plus récente, celle qui a été donnée par M. BAUDRIMONT, et je suis parti des principes suivans : 100 gram. de carbonate de potasse sec sont composés, en nombres ronds, de 32 d'acide carbonique et de 68 de potasse. 100 gram. de tartrate neutre de potasse sont formés, en nombres ronds, de 58 d'acide tartrique et de 42 de potasse. Si 42 parties de potasse saturent 58 d'acide tartrique, les 68 contenues dans le carbonate de potasse sec satureront 93,9 d'acide tartrique, ou 94 sans fraction ; 10 gram. de carbonate de potasse satureront 9 gram. 4 d'acide tartrique.

Le tartrimètre (fig. 206) est une éprouvette graduée en cent parties égales ; on la remplit jusqu'au zéro d'une solution de 10 gram. de carbonate de potasse sec dans l'eau pure, qui ne contient aucun sel calcaire. Chaque degré indiquera 94 milligrammes d'acide tartrique. Pour se servir de l'instrument, on verse dans un vase assez spacieux un décilitre de moût de raisin ; on remplit le tartrimètre de la solution de potasse préparée d'avance dans la proportion indiquée ; on verse doucement sur le moût et par parties cette dissolution, et on remue à chaque affusion avec une spatule de bois pour faire dégager l'acide carbonique. Lorsque l'effervescence diminue, on verse l'alcali avec précaution, en ayant soin, chaque fois, d'examiner la division à laquelle on s'arrête. On essaie la liqueur vineuse avec un papier bleu de tournesol, et lorsque celui-ci ne rougit plus, on cesse de verser la liqueur alcaline ; et, comme il arrive que l'on peut outrepasser le point de saturation, on lit sur le tartrimètre la division qui a précédé la dernière affusion. Je suppose que l'on se soit arrêté à 11 degrés, on ne prend que 10 pour degré réel.

Les degrés du tartrimètre indiquent la quantité de tartre contenue dans un hectolitre de moût ; cette quantité est calculée d'après les principes suivans : le tartre est un sel acide qui contient une proportion de base et deux d'acide ; c'est l'acide surabondant dont la potasse s'empare pour former un sel neutre. Le bitartrate de potasse est composé de 74 parties d'acide et 26 de base. La moitié de 74 est de 37 ; ainsi l'on peut considérer le bisel comme formé de 63 parties de tartrate neutre et de 37 d'acide libre. Chaque degré du tartrimètre équivaut à 94 milligrammes d'acide, qui équivalent à 254 milligrammes de tartre ; et comme nous avons opéré sur un décilitre, le litre contiendra 2 gram., 54 et partant l'hectolitre 254 gram. de tartre. La proportion de tartre étant connue, on la déduira de l'indication donné par le mustimètre pour l'extrait sec ; le reste sera le sucre, le tannin, la matière colorante, etc.

Comme les mêmes réactions se manifestent quand on emploie le carbonate de soude cristallisé, et qu'il est plus facile de se procurer ce sel dans le commerce que le carbonate sec de potasse, nous avons donné dans le tableau Nº 3 la quantité de tartre en kilog. indiquée par le tartrimètre, suivant qu'on fait usage de l'un ou l'autre de ces 2 sels.

Nº 3. *Tableau destiné à faire connaître la quantité de bitartrate de potasse ou tartre contenue dans un hectolitre de moût pour chaque degré du tartrimètre (1).*

SOLUTION DE 10 GRAMMES DE CARBONATE				
DE POTASSE SEC.		DE SOUDE CRISTALLISÉ.		
DEGRÉS.	QUANTITÉ de tartre en kilogrammes.	DEGRÉS.	QUANTITÉ de tartre en kilogrammes.	
	kil. gr.		kil. gr.	
0	0 0	0	0 0	
1/2	0 127	0/2	0 54,50	
1	0 254	1	0 109	
2	0 508	2	0 218	
3	0 762	3	0 327	
4	1 016	4	0 436	
5	1 270	5	0 545	
6	1 524	6	0 654	
7	1 778	7	0 763	
8	2 032	8	0 872	
9	2 286	9	0 981	
10	2 540	10	1 090	
20	5 080	20	2 180	
30	7 620	30	3 270	
40	10 160	40	4 360	
50	12 700	50	5 450	
60	15 240	60	6 540	
70	17 780	70	7 630	
80	20 320	80	8 720	
90	22 860	90	9 810	
100	25 400	100	10 900	

§ V. — Mesure expérimentale des moûts et quantité d'alcool fournie par les matières sucrées.

Je ne connais au sujet de la mesure expérimentale des moûts qu'un petit nombre de travaux que je vais faire connaître.

M. JULIA FONTENELLE a donné le poids spécifique des moûts des principales espèces de vignes du Roussillon, et y a joint le degré alcoométrique et la quantité d'eau-de-vie qu'on a retiré de chacun d'eux à l'aréomètre de Baumé. Voici la table que les 2 séries d'expérience de ce chimiste ont permis d'établir.

(1) Les deux instrumens décrits se trouvent chez l'auteur, rue du Battoir-Saint-André-des-Arcs, nº 12. Ils ne seront livrés au commerce qu'après avoir été vérifiés par M. MASSON-FOUR, qui signera l'instruction que l'on recevra avec l'instrument. Le prix est de 8 fr. chaque, sous garantie.

PLANTS.	POIDS spécifique.	DEGRÉ des 23 p. 0/0 d'alcool qu'on a obtenu de chaque moût.
Vignoble Enjalric.		
Terret.	12 5	18 5
Ribeirenc.	14 0	19 0
Blanquette.	14 5	19 5
Piquepouille gris.	14 0	19 0
Caragnane.	15 0	19 5
Grenache.	16 0	20 0
Mélange des moûts.	14 4	20 0
Vignoble Julia.		
Terret.	13 0	19 0
Ribeirenc.	14 3	20 0
Blanquette.	14 5	20 0
Piquepouille gris.	14 5	19 8
Caragnane.	15 0	20 0
Piquepouille noir.	16 0	21 0
Grenache	16 0	20 5
Mélange des moûts.	14 55	21 5

Ces mêmes vins distillés plusieurs années après leur fabrication ont fourni des quantités d'alcool plus fortes.

M. DE FAYOLLES a pris en 1823 la pesanteur spécifique du moût de 35 variétés de raisins du département de la Dordogne. Ces pesanteurs ont varié pour les raisins noirs dans le rapport de 7 à 13, 5, et pour les blancs de 8 à 14, 5. Les moûts les plus pesans ont toujours donné les vins les plus généreux, et les raisins blancs des vins plus spiritueux que les rouges.

Nous citerons maintenant une expérience de ce genre faite à Dijon, par notre confrère, à l'académie de cette ville, feu DE GOUVENAIN, savant œnologue et dont les résultats se rapprochent des précédens.

DENSITÉ DU MOUT.	RÉSIDU SOLIDE p. 100 de moût.	EAU-DE-VIE obtenue en volume, à la distillation à 19°5 de Baumé.
1070	18 4	19 p. 0/0
1079	20 9	21 11
1083	21 6	21 8

On trouverait sans doute dans les manuscrits de ce chimiste un plus grand nombre d'expériences qui seraient d'autant plus importantes, qu'on peut compter sur leur exactitude ; mais des intérêts de famille ont empêché jusqu'ici la publication des intéressans travaux que cet estimable œnologue avait entrepris dans ce genre.

D'après ce qui précède, ainsi que d'après les observations que j'ai recueillies, on peut établir de la manière suivante les *différentes quantités d'alcool* que l'on peut obtenir des espèces diverses de sucre.

M. GAY-LUSSAC a déterminé par la théorie qu'un quintal métrique de sucre de canne ou 100 kilog. se convertit, par la fermentation vineuse, en 64 lit., 90 d'alcool absolu, à 0, 792 de densité, mesurée à 15° C. — Les distillateurs ne retirent par leurs procédés que 30 lit. d'alcool de 100 kilog. de fécule. — 100 kilog. de sucre de fécule, de la fabrique de M. MOLLERAT, n'ont fourni à M. SEBILLE-AUGER, de Saumur, que 30 lit. d'alcool absolu. 100 kilog. de sirop de dextrine, de la fabrique de M. FOUCHARD, à Neuilly, de 33 à 34 degrés, rendent 18 lit. d'alcool. — 100 kilog. de matière sèche de moût de raisin donnent, par la distillation, de 53 à 55 lit d'alcool. Ce calcul a été établi par plusieurs expériences de DE GOUVENAIN, de M. SEBILLE-AUGER et sur des observations qui me sont propres.

Si nous discutons actuellement les résultats de MM. DE GOUVENAIN, JULIA FONTENELLE et que nous les comparions aux recherches qui ont été faites en Angleterre pour asseoir l'impôt sur les eaux-de-vie, nous trouverons quelques anomalies dont nous rendrons raison plus bas.

DE GOUVENAIN a opéré sur un moût dont la densité était de 1083, contenant par conséquent, 22 kilog. d'extrait sec, d'après la table n° 2. Or l'évaporation ou la dessiccation n'a donné à l'auteur de ces recherches que 21 kil. 60 ; ce moût a produit, à la fermentation, 11 lit. d'alcool absolu, ce qui équivaut à 50 lit. pour 100 de matière solide. M. JULIA FONTENELLE a retiré 12 lit. 50 d'un moût à 14 degrés, ou 28 pour 0/0 de sucre, ce qui fait 44 lit. 60 pour 100. Les distillateurs anglais soumettent à la fermentation un moût de grains qui contient 29 kilog. pour 0/0 de matière sucrée et retirent 14 kilog. 50 d'un alcool à 0,825 de densité, ou 35° 1/2 de Cartier, 89 de l'alcoomètre centigrade, équivalant à 15 lit. 62, alcool absolu, ou 54 lit pour 100 de matière sucrée.

Enfin, si nous consultons les valeurs données par M. HERPIN pour la graduation de son maltimètre, nous trouvons qu'un moût dont la densité est de 1060 contient 14 kilog. de matière sucrée, et rend, si la transformation est complète, 14 lit. pour 0/0 d'alcool à 56 degrés centigrades, ou 7 litres 84 alcool absolu, ce qui équivaut à 56 lit. pour 100 kilog. d'extrait sucré de moût de bière.

En résumant toutes ces données, nous pouvons établir les rapports qui suivent, pour les *quantités d'alcool absolu* que l'on peut produire avec des moûts composés de 100 kilog. des diverses sortes de sucre. — Sucre de canne purifié, 64 lit. 90. — Sucre de fécule, 30 lit. — Sirop de dextrine, à 34 degrés, 18 lit. — Le même, à 40 degrés, 22 lit. — Moût de raisins, desséché, 50. — Le même, de Languedoc, 44 lit. 60. — Extrait de malt, ou moût de grain, 54 lit. — Le même, 56 lit.

Pour connaître l'*influence de la maturation* sur la formation du sucre dans le raisin, DE GOUVENAIN a fait une expérience que je crois devoir rapporter.

Le 10 octobre, dix jours avant celui qui avait été fixé pour la vendange aux environs de Dijon, il fit cueillir des raisins blancs qui furent exprimés de suite. Le moût pesait 1070 à 10° R., il saturait 6/100°, à un alcalimètre particulier qu'il s'était formé, et donnait un résidu sec de 184/000°. Le vin provenu de ces raisins non complètement mûrs avait une pesanteur spécifique de 0,99675, il saturait 6/100° d'alcali, donnait un résidu de 20/1000° et a rendu 19/100° en volume d'eau-de-vie à 19°.

Le 21 octobre, jour de la vendange, le moût des raisins blancs du même cépage avait acquis une densité de 1083,50, saturait 5/100°, et son résidu était de 216/1000°. Le vin qui en est provenu saturait 5/100°, le résidu était de 21/1000°. Il a rendu 21,5 à 21,8 pour 0/0 d'eau-de-vie à 0,935, ou 18° 80 de Cartier, ce qui équivaut à 11 pour 0/0 d'alcool absolu.

Ainsi, 10 jours de maturité ont élevé de 13 millièmes et demi la densité, diminué l'acidité de 1/100°, et augmenté le résidu de 32/1000°; la différence en alcool a été 1,50 en sus, pour le dernier vin, ou celui des raisins mûrs ; cette quantité d'alcool convertie en sucre équivaut à 2 gram. 600 par hectolitre, ce qui démontre combien il importe d'obtenir, autant que possible, une maturité complète, et de ne vendanger que lorsqu'on y sera parvenu, ou le plus tard que l'état de l'atmosphère et les circonstances locales le permettront. On a dû remarquer que la quantité de tartre ne paraît pas diminuer dans l'acte de la fermentation; cependant il se dépose avec la lie, et les vins vieux en contiennent beaucoup moins que ceux qui sont récens.

M. SCHUBLER a pesé pendant un grand nombre d'années les moûts des différens vins du Wurtemberg et dans différentes circonstances. Nous nous contenterons de rapporter ici les résultats que l'expérience lui a fait connaître sur la valeur comparative des moûts, d'après leur pesanteur spécifique, et la nature des vins qu'on est en droit d'en attendre.

Pesant. spécif.

1030 Moût de raisins acides et non parvenus à maturité.

1040 Raisins non mûrs, donnant un vin faible qui n'est pas de garde.

1050 Moût aqueux et médiocre.

1060 Moût léger et de qualité moyenne.

1070 Bon moût et au-dessus de la moyenne.

1080 Moût très bon, et qui est celui des bons vins de table de la France et de l'Allemagne.

1090 Moût distingué, des vins de la Neker et du Rhin.

1100 Moût supérieur des bonnes années dans le centre de la France et le midi de l'Allemagne.

1110 Moût très riche des vins du midi de la France, d'Italie et d'Espagne.

Il est à désirer que ces expériences soient reprises par quelques chimistes œnologues et conduites de manière à constater, non-seulement la pesanteur spécifique des moûts des différens vignobles, dans des années différentes, ainsi que les quantités de tartre et de sucre, mais encore celles d'albumine et de gluten à diverses époques de maturation.

SECTION V. — *De la cuvaison ou fermentation dans la cuve.*

§ Iᵉʳ. — De la fermentation en général.

Nous allons d'abord étudier ce qui se passe dans la méthode de cuvaison la plus généralement en usage, en supposant, comme le cas s'est présenté dans l'année 1834, que toutes les circonstances sont favorables, c'est-à-dire que le raisin est bien mûr, la vendange faite par un beau temps, la température de la cuverie assez élevée, le jour et les nuits tempérés ; que le raisin est égrappé en proportion de sa maturité et de celle de sa rafle, foulé convenablement, mis dans la cuve et abandonné à lui-même avec le contact de l'air. Ceci posé, voyons ce qui a lieu.

La liqueur se *trouble et s'échauffe*, il se dégage des bulles de gaz ou d'air qui viennent crever à la surface, puis la température augmente, le gaz s'échappe avec bruit et ramène à la surface les rafles et les pellicules qui forment au-dessus du fluide une masse plus ou moins cohérente qu'on nomme le *chapeau*. La fermentation est alors ce qu'on appelle *tumultueuse*. Elle dure plus ou moins de temps selon la nature du moût, le rapport du sucre au ferment et la température. Pendant tout ce travail, on observe que le liquide se colore en rouge, qu'il perd sa douceur, qu'il acquiert une saveur chaude, piquante, une odeur vive, agréable, qui se fait sentir dans l'atelier, en un mot qu'il devient *vineux;* alors la température diminue, la liqueur s'éclaircit, le chapeau s'affaisse, ses bords se détachent de la cuve, il tend à s'immerger dans le vin; c'est le moment de décuver ou de tirer le vin de la cuve. Il ne faut pas attendre que la température soit descendue jusqu'à celle de l'air ambiant, parce que le bois dont la cuve est construite étant mauvais conducteur de la chaleur, le refroidissement serait trop lent et que le vin perdrait en qualité.

Telle est la *marche que suit la cuvaison,* toutes les fois que la saison est favorable et le raisin de bonne qualité. Mais il s'en faut de beaucoup que cette marche soit toujours aussi régulière. Une infinité de circonstances peuvent la faire varier et exercent une grande influence sur les résultats. Pour nous mettre à même d'apprécier les causes qui retardent ou accélèrent la fermentation vineuse ou *alcoogénique,* nous allons examiner les phénomènes qui se succèdent pendant la vinification, les conditions indispensables pour qu'elle ait lieu, les réactions chimiques qui s'exercent entre les élémens du moût, afin d'en déduire, autant que nos connaissances nous le permettront, une théorie exacte de la conversion du mucoso-sucré en alcool. Cette théorie, une fois établie, nous fournira les moyens d'arriver aux véritables principes de l'amélioration des vins et de renverser des doctrines dangereuses ou des calculs spécieux qui reposent sur des hypothèses ou des erreurs et en imposent aux personnes crédules.

§ II. — Idées théoriques sur la fermentation vineuse.

La conversion du mucoso-sucré en alcool ou fermentation alcoogène, quoique s'opérant d'une manière spontanée, est une *opération qui doit être entièrement dirigée par l'art,* si l'on veut parvenir à des résultats fixes et déterminés. Le but que l'on se propose est d'obtenir un vin de garde qui se transporte sans se détériorer, et qui assure aux viticoles une denrée d'un débouché certain avec un bénéfice honnête et capable de compenser les dépenses de la culture de la vigne, la chance des mauvaises années, ainsi que les frais de fabrication et d'entretien du vin.

Les *substances indispensables* pour opérer la fermentation vineuse sont : le sucre ou le mucoso-sucré, l'eau et le ferment, auxquelles on peut ajouter le tartre.

Les *matières sucrées* ne fermentent pas tant qu'elles restent dans les plantes, isolées des autres principes, et tenues hors du contact de l'air ou de l'oxigène. Quelques chimistes pensent que l'acide carbonique peut, dans quelques circonstances, remplacer l'air; je connais peu d'expériences concluantes à cet égard, quoique cette opinion ait quelque probabilité. HENRY a prouvé que le moût de bière entre en fermentation saturé d'acide carbonique. M. DOBEREINER appuie sur ce fait d'expérience, et DE GOUVENAIN dit avoir observé des fermentations sans le contact de l'air.

Une *dissolution aqueuse de sucre* pur ne peut fermenter seule, il lui faut le contact d'une substance azotée. Le *gluten* jouit au maximum de cette propriété : il subit dans ce cas un changement qui nécessite la présence de l'air. Les réactions qui ont lieu à cet égard sont encore peu connues. On pense qu'elles appartiennent aux phénomènes électro-chimiques, en raison de la chaleur qui se dégage.

Il paraît certain que le ferment n'est pas préexistant dans le suc des fruits, et que c'est la première combinaison qui se fait aux dépens du gluten, de l'albumine ou de toute autre substance azotée. Le gluten et l'albumine végétale sont suspendus ou en partie dissous dans le moût avec le sucre et l'acide tartrique. Dans le premier moment de la fermentation, le gluten se précipite et passe à l'état de ferment par son contact avec l'oxigène. Cette action une fois commencée, la décomposition du sucre a lieu et se continue jusqu'à l'épuisement de cette substance ou du ferment. Tout me porte à croire que la présence du sucre, ou d'une matière susceptible de se convertir en mucoso-sucré, telle que la fécule, est nécessaire pour la conversion du gluten en ferment.

On peut se procurer d'une manière simple le *ferment* ou levure pure. Cette matière, d'après M. DOBEREINER, encore hydratée et broyée avec du sucre de cannes ou de raisin, se transforme en sirop. La privation totale de son eau d'hydratation lui enlève la vertu fermentescible. Elle se perd de même par une ébullition prolongée, par un séjour dans l'alcool, par une quantité infiniment petite d'acide sulfurique, d'acide nitrique ou acétique concentré. Les alcalis, les sels qui cèdent facilement leur oxigène opèrent le même effet. Le gaz sulfureux, les sulfates, la moutarde, les huiles volatiles qui contiennent du soufre, les plantes crucifères et le charbon arrêtent aussi plus ou moins complètement la fermentation.

Pendant et par suite de la fermentation une partie du ferment est décomposée ou le corps subit une altération qui le rend inerte; il se produit en même temps de l'alcool aux dépens du sucre, et il résulte des observations que j'ai faites qu'il se forme de l'ammoniaque et de l'acide hydrocyanique, et que la saveur de certains vins délicats dépend jusqu'à un certain point d'une petite quantité de cyanogène qui se forme pendant la réaction.

Lorsque l'on fait fermenter du sucre pur, dissous dans l'eau, il *ne se forme pas de levure*, une partie du ferment employé est au contraire décomposée. Si on ajoute du ferment à une solution de sucre ou de mucoso-sucré contenant les élémens du ferment, il se forme de la levure, à moins que le sucre n'absorbe le levain, au fur et à mesure de sa production, c'est ce qui arrive dans la fabrication du vin et du cidre, etc.

J'ai réuni ces faits d'observation et d'expérience pour en déduire les perfectionnemens que l'on peut introduire dans les divers procédés de fabrication des vins. Nous allons maintenant reprendre et discuter les pratiques anciennement suivies, celles qui ont été modifiées d'après les conseils des chimistes; enfin nous ferons connaître les méthodes erronées, et nous appliquerons les connaissances acquises à des améliorations réelles.

§ III. — De l'emploi des cuves ouvertes, de l'avantage des cuves fermées et du chauffage des moûts.

La méthode la plus anciennement suivie, celle qui se pratique encore le plus généralement, est *la fermentation dans les cuves ouvertes*. Quelquefois cependant on les couvrait avec des planches ou des couvertures, mais toute cette opération était dirigée avec tant de négligence qu'on pouvait dire avec raison que c'était l'année qui faisait le vin, et non pas le vigneron; observation vraie dans la plupart des pays où la vinification était conduite d'après une certaine routine que l'expérience et les années avaient pour ainsi dire sanctionnée. Dans quelques vignobles renommés on opérait avec plus de soin, et la qualité du vin en était meilleure. Aujourd'hui que la science est venue éclairer les phénomènes et la marche de la fermentation, on s'est jeté aveuglément dans une nouvelle route, et l'on s'est empressé d'adopter, sur parole, les conseils de la théorie. Nous chercherons à apprécier à leur juste valeur toutes les modifications proposées, et dans ce but nous commencerons par nous expliquer sur les inconvéniens des cuves découvertes.

Lorsque la fermentation n'est pas de longue durée, lorsqu'elle est prompte, tumultueuse et facilitée par une température convenable de l'atmosphère, il y a *autant d'avantage à opérer en vase ouvert qu'en vase clos*, surtout si le vase où se fait la fermentation n'est pas trop large du haut. C'est ce qui arrive pour les vins fins et légers de Bordeaux et de Bourgogne dans les bonnes années. Aujourd'hui surtout que l'on égrappe et que l'on foule, le chapeau est plus compacte, il n'a pas le temps de se dessécher, et le suc est mieux garanti du contact de l'air. Si la marche de la fermentation ne se ralentit pas, il est inutile de fouler ou de plonger le chapeau dans le vin. En tous cas, au lieu de faire entrer des hommes nus dans la cuve, au risque de compromettre leur vie ou leur santé, il serait préférable de placer des traverses sur les cuves, d'y faire monter les ouvriers et de plonger le chapeau au moyen d'un plateau de bois troué, surmonté d'un manche de plusieurs pieds.

Nous avons vu que du moment où les *circonstances venaient à varier*, la fermentation ne marchait plus régulièrement et que le produit n'était plus le même. Examinons en particulier chacune des circonstances qui peuvent influer sur cette marche, et cherchons les moyens de ramener notre vendange aux conditions normales.

La première condition est la *maturité du raisin* ; elle dépend de la température de la saison et de l'état de l'atmosphère au moment de la vendange. Essayez un peu de suc au mustimètre et au tartrimètre, puis examinez l'état de la grappe, égrappez vos raisins en raison de la maturité, foulez de suite, et remplissez la cuve. Prenez note de la température de la cuverie et de celle de l'intérieur de la cuve, au moyen de bons thermomètres dont vous aurez soin de vous munir.

A une température au-dessus de 6° R., la fermentation s'établit difficilement, et marche avec lenteur; celle de 13° à 15° est plus favorable pour les vins légers. La fermentation, une fois commencée, a lieu avec vivacité et se termine promptement. Dans le Midi, et lorsque le moût est très sucré et ne renferme qu'en petite proportion les élémens du ferment, il faut une température initiale plus élevée; elle peut aller jusqu'à 16 ou 18°. C'est ce qui a lieu aussi dans les pays chauds pour la fabrication des vins secs, tels que ceux de Madère. Ainsi la température initiale nécessaire pour une bonne fermentation paraît être en raison de la proportion de sucre et de ferment; mais si ce moût est mis dans la cuve par un temps froid, si la cuverie, ouverte à tous les courans d'air, est de même à une basse température, ce qui est assez ordinaire, il faut obvier à cet inconvénient.

Si la cuverie était construite de manière à pouvoir être chauffée, je placerais le fourneau d'une chaudière à bascule à l'entrée dans un local séparé, et par des tuyaux placés dans l'intérieur de mon fourneau, je dirigerais un courant d'air chaud dans la cuverie. Voilà pour l'air ambiant; mais le liquide ne s'échaufferait que lentement. On a proposé plusieurs moyens, mais le seul à mon avis qui soit praticable, c'est de tirer une partie du moût qu'on fait chauffer et qu'on amène à l'ébullition. Il est facile du reste de calculer la proportion du moût à chauffer : un hectolitre de moût bouillant contient 100 degrés de chaleur; je suppose que la température n'est dans la cuve que de 8° et je veux la ramener à 15°, la différence est de 7°; alors je retranche 15 de 100, et je divise le reste 85 par 7, ce qui me donne 12. Ainsi un hectolitre de moût bouillant, que je recommande en passant d'écumer, amène à 15° de chaleur 12 hectolitres

de vendange, qui étaient d'abord à la température de 8° (1). Cette méthode suivie avec succès par M. Sebille-Auger est la plus expéditive. On peut faire une chaude en moins d'une heure, et par conséquent échauffer une cuverie assez promptement. On versera le liquide bouillant au moyen d'un entonnoir dont la douille plongera jusqu'au fond. La cuve étant une fois réchauffée, on conserve la chaleur en la couvrant avec des planches ou un couvercle en paille que l'on fabrique comme le surtout des ruches pour les abeilles, et qu'on monte sur un châssis afin de le manier plus facilement.

La chaudière à bascule des raffineurs de sucre est l'appareil le moins embarrassant et le meilleur marché de tous ceux qui sont aujourd'hui en usage pour l'évaporation ou le chauffage des moûts. La figure 207 représente le plan du fourneau et de la chaudière, et la figure 208 la coupe verticale. AA maçonnerie du

Fig. 208.   Fig. 207.

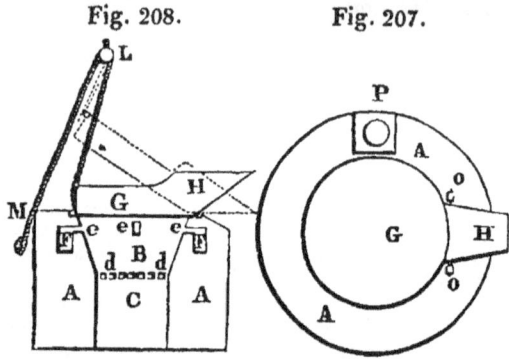

fourneau. G chaudière à bascule, diamètre 1 mètre (3 pieds); profondeur 18 à 24 cent. (6 à 8 po.) et 33 cent. (12 po.) vers le bec. H bec de 63 cent. de long (21 po.); ce bec a 54 cent. (18 po.) de large à sa naissance et 24 cent. (8 po.) à l'extrémité. P cheminée. O O pitons à scellement dans lesquels sont engagées les extrémités d'un boulon fixé à la naissance du bec de la chaudière, et mobile dans des boucles qui y sont clouées. B foyer. C cendrier. *dd* grille. *eee* carneaux pour livrer passage à la fumée. F F conduits qui reçoivent la fumée qui passe par les carneaux latéraux. L poulie atachée au plancher. Une corde ou chaîne passée dans un anneau, s'enroule sur la poulie et retombe en M. On peut donner à cette chaudière la forme d'un carré long. Je crois même cette disposition préférable, en ce qu'elle est plus commode à chauffer et moins sujette à donner le goût de brûlé, parce que les parois latérales et les parties angulaires du fond ne reçoivent pas l'action immédiate de la chaleur.

(1) Voici les formules nécessaires pour opérer les calculs : soit *a* la température du moût chauffé, *b* celle de la vendange, *c* le degré de chaleur que l'on veut obtenir, *x* le nombre d'hectolitres échauffés au degré voulu. On a d'abord $x = \dfrac{a-c}{c-b}$. Connaissant le nombre d'hectolitres de vendange contenus dans la cuve et sa température, combien faut-il d'hectolitres de moût chauffé pour l'amener à 15° ? *a* quantité de vendange, *b* sa température, *c* chaleur à 15°, *d* moût bouillant. On aura... $x = \dfrac{a\ (c-b)}{d-c}$ par exemple : *a* = 25 hect., *b* = 8°, *c* = 15°, *d* = 100°; ce qui donne $x = \dfrac{25 \times (15-8)}{100-15}$

$= \dfrac{175}{ } = 2$ hectolitres. Ces deux formules suffiront pour tous les cas qui peuvent se présenter.

Ce premier inconvénient d'un *moût de faible densité* une fois corrigé, nous sommes arrivés à une première condition de bonne saison de vendange. Cette opération n'occupe pas le vigneron, une femme peut chauffer le moût jusqu'au moment de le couler. Ceux qui se serviront des cuves couvertes que nous avons indiquées, ne seront pas dispensés de réchauffer leur moût en cas de besoin.

Quant à l'*addition de sucre* ou autre matière sucrée, elle se fait dans le moût bouillant et écumé. Je discuterai plus bas les avantages et inconvéniens de cette pratique, dont on a plus abusé que profité, et qui, adoptée sans discernement, sans guide assuré, a fini par améliorer quelques vins communs, mais gâter les vins les plus renommés et discrédité cette branche de commerce chez l'étranger.

On a beaucoup exagéré les pertes qui ont lieu par la fermentation en *cuves ouvertes* et les avantages qu'on obtient des *cuves couvertes*. Nous allons réduire les uns et les autres à leur juste valeur, et je ne vois pas que l'on doive rejeter complètement l'ancienne méthode qui a fabriqué du bon vin très long-temps avant que l'on soupçonnât les vrais principes théoriques de la vinification. Reste seulement à bien distinguer les années où l'on peut l'employer sans danger, et avec les légères modifications que les préceptes qui seront indiqués plus loin rendront faciles.

DANDOLO établit, d'après l'expérience, que 3,000 kilog. de bon moût peuvent contenir 450 kilog. de matière sucrée, ou 15 kilog. par 100 ou quintal métrique; c'est un moût à 8° au mustimètre, tartre déduit ou 10° tout compris. Ces 450 kilog. de mucoso-sucré peuvent donner 157 kilog. d'acide carbonique gazeux, qui, réduit en volume, équivalent à 66 mètres et demi cubes qui peuvent tenir en vapeur invisible 60 kilog. de liquide enlevés à la cuve; et comme c'est principalement l'alcool et l'arome qui s'échappent en raison de leur volatilité, il s'ensuit, dit-il, qu'une cuve à l'évaporation de laquelle on ne mettrait aucun obstacle, ne fournirait qu'un vin bien appauvri; ce qui est loin de la réalité.

M. GAY-LUSSAC a démontré que la perte en alcool entraîné par l'acide carbonique ne s'élèverait pas à 1/2 pour 0/0 de l'alcool produit. DE GOUVENAIN a trouvé une quantité plus faible encore. L'eau que j'ai retirée par le conduit d'un réfrigérant Gervais placé sur une cuve de 26 hectolitres de vendange, était peu alcoolisée; elle a déposé une quantité notable de carbonate de fer. Le volume et la force du vin n'avaient pas été diminués d'une manière sensible, d'où je persiste à croire que dans les bonnes années et pour les vins légers, tels que les premières qualités de Bourgogne et du Bordelais on peut, jusqu'à un certain point, s'en tenir à l'ancienne méthode, c'est-à-dire aux cuves ouvertes. Mais hors ce cas malheureusement trop rare, je suis d'avis d'avoir recours à la science et aux procédés d'amélioration dont je vais donner connaissance avec impartialité, n'ayant d'autre intérêt que celui du pays.

Dans les cuves ouvertes, si l'*atmosphère est sèche* et chaude, *le chapeau se dessèche*, l'air le pénètre, et si la fermentation est longue il se forme de l'acide acétique, et lorsqu'on le plonge par le foulage, il communique au vin une dis-position à passer à l'ascence. Si *l'air est humide* et froid, la partie supérieure du chapeau est imbibée d'eau, qui détrempe la grappe, et il se développe une fermentation acide et putride et un commencement de moisissure. Une telle masse immergée dans le vin, à quelque époque que ce soit, ne peut produire qu'un funeste effet.

On obvie à ces graves inconvéniens, en se servant des *cuves couvertes*, telles que celles qui ont été décrites précédemment.

La cuvaison en vases plus ou moins complètement clos réunit les avantages suivans.

1° La *température intérieure est conservée* et le moût, avant de passer à la fermentation alcoogène, se mûrit. Par la chaleur et sous l'influence du tartre, il se forme du mucoso-sucré; la vendange verte éprouve une maturité analogue à celle qu'elle aurait reçue sur le cep si la saison eût été favorable.

2° L'air n'ayant pas d'accès, son influence défavorable, s'il est humide et froid, est nulle, le *chapeau n'éprouve aucune réaction acide ou putride*.

3° Le *dégagement d'acide carbonique est ralenti* par la pression plus ou moins grande qu'il éprouve suivant la hauteur de la colonne d'eau à travers de laquelle il est contraint de passer; il presse légèrement sur la masse qui constitue le chapeau; celui-ci reste humecté par suite de cette espèce de trempe, et lorsque la fermentation est prolongée, les matières qui composent le chapeau cèdent une plus grande partie de leur principe acerbe, et le vin est d'abord plus dur et plus âpre; c'est pourquoi il faut égrapper davantage pour une cuvaison à vase clos que pour une fermentation à cuve ouverte.

Le *foulage*, si on le juge nécessaire, s'exécute avec un plateau percé de trous; c'est un moyen simple et facile. M. SEBILLE-AUGER se sert pour cet usage d'un agitateur à ailes verticales; il n'a pas remarqué que cette agitation ou brassage communiquât au vin d'autres qualités que celles que possédait celui foulé à la manière ordinaire. Au reste chacun trouvera, suivant les circonstances du pays, un moyen de fouler le chapeau en cas de besoin.

4° Dans la cuve couverte on *peut laisser plus long-temps le vin et le marc* sans qu'il en résulte d'autre inconvénient que celui de la solution des principes de la grappe. Je pense que pour des vins de prix, le mieux est de décuver lorsque le vin est parfait et ne gagne plus en spirituosité.

Plusieurs œnologues ont observé que la couleur du vin fabriqué en vaisseau clos était moins foncée que celle du produit vineux obtenu par les procédés ordinaires. M. LOMENI pense que cette espèce de décoloration est due à l'absorption d'une trop grande quantité d'acide carbonique qui agit sur le principe colorant du vin. Pour obvier à cet inconvénient, l'œnologue italien conseille de laisser une issue au gaz de la fermentation pendant la première période de la décomposition du sucre. Il suffit, pour cet effet, de laisser ouverte la bonde hydraulique pendant les premières heures du travail de la cuve; le gaz qui se forme établit au-dessus du moût une atmosphère qui le garantit du contact de l'air. Comme il ne se décompose qu'une partie du mucoso-sucré, on n'a pas à craindre l'évaporation de l'alcool qui est insignifiante. Si l'on désire que le dégagement de l'acide carbonique soit lent, quoique libre, on place sur le tube de la bonde un couvercle en forme d'entonnoir, dont le bec occupe le haut; cette construction a l'avantage de condenser une partie des vapeurs aqueuses. Aussitôt que la fermentation tumultueuse est presque terminée, on enlève l'entonnoir-couvercle et on place celui de la bonde pour établir la fermeture complète. Il faut avoir soin de brasser la vendange avant de décuver, mais il est bon de ne tirer le vin que lorsque le liquide est éclairci.

§ IV. — Des procédés d'amélioration des moûts.

Examinons actuellement les procédés d'amélioration du moût, sous le double rapport de l'économie et du résultat; en les discutant séparément on pourra comparer, expérimenter et choisir le plus avantageux.

Ce qui *manque le plus ordinairement au moût de raisin*, au moins dans la partie moyenne et le nord de la France, c'est le mucoso-sucré, et par conséquent ce qui manquera au vin ce sera l'alcool. Est-il plus convenable de sucrer le moût, ou bien d'alcooliser le vin? C'est une question sur laquelle on a émis et fait valoir des opinions contradictoires, que quelques-uns ont résolue en combinant les deux moyens. D'abord supposons qu'on veut augmenter la proportion du mucoso-sucré. Quelle espèce de substance sucrée ou sucre doit-on employer? C'est ce que nous allons essayer de décider.

Les deux substances qui méritent incontestablement la préférence, sont le sucre de canne pur et raffiné et le moût concentré par l'évaporation. Lorsque vous aurez essayé votre suc de raisin au mustimètre et au tartrimètre, vous *calculerez la quantité de sucre qu'il faudra ajouter* pour lui donner une densité déterminée; par exemple, si le moût ne marque que 6°, vous aurez 11 kilog. 456 d'extrait sec qui ne donneront qu'un vin contenant 5 pour 0/0 d'alcool pur ou absolu. Pour obtenir un vin à 10 pour 0/0, il faudra donc 20 kilog. de sucre; ce sera donc 9 kilog. que vous aurez à faire fondre dans chaque hectolitre de moût, sans comprendre le marc : le prix moyen du sucre est de 2 fr. le kilog., votre hectolitre de vin aura donc à supporter, en sus des frais ordinaires de sa production, une dépense de 18 fr. Pour se résoudre à cette dépense il faut que le vin soit de bonne qualité et qu'il se vende à un bon prix; ce ne sera donc pas sur un vin à 30 ou 40 fr. l'hectolitre que l'on pourra opérer ainsi. Si vous ne mettez que la moitié environ de cette dose de sucre, ce qui se pratique ordinairement, vous ne dépensez que 9 à 10 fr. pour l'hectolitre, ou 20 fr. par pièce de 228 : or, il est arrivé souvent que le vin ainsi amélioré n'a obtenu qu'une faible augmentation de prix, qui n'a pas pu indemniser le propriétaire.

Les *vins sucrés* ont *en outre le défaut* de ne pas achever leur fermentation dans la cuve, de travailler à certaines époques de l'année, d'exiger plus de temps pour être prêts à être bus, de conserver une saveur sucrée ou d'acquérir une vinosité qui masque le bouquet et leur donne le goût de ce qu'on nomme *vin*

chaud. Il est vrai qu'on donne par ce moyen aux vins fins une qualité qui les rapproche des vins du Midi, et comme la fermentation acéteuse ne commence qu'après l'entière décomposition du sucre, les œnologues ont observé que les vins sucrés étaient moins sujets aux maladies que ceux de la même année qui n'avaient pas été additionnés.

L'*addition du sucre* ayant lieu dans les années froides, je pense que si on opérait en cuves fermées et avec un moût échauffé au-delà de 15 à 16°, on aurait une fermentation plus régulière. Si on ajoute du sucre, il est bon de moins égrapper que pour un moût non sucré; sans cela, le sucrage en cuve ouverte ne peut avoir un bon résultat. Il est certain, d'après M. DUBRUNFAUT et par suite d'observations directes qui m'appartiennent, que le sucre passe à l'état de mucoso-sucré avant de se convertir en alcool; pour cela il demande une température soutenue et la présence du tartre. Cette observation suffit pour diriger ceux qui voudront persister dans cette méthode qui exige beaucoup de discernement.

L'*évaporation du moût* produit un très bon effet sous tous les rapports; mais elle ne convient qu'aux viticoles qui auront la chaudière à bascule ou un autre appareil quelconque. Le temps viendra peut-être où ces instrumens seront plus répandus, et où 1 à 2 appareils dans un canton seront suffisans pour concentrer le moût de tous les vignerons du pays. En 1829, M. SEBILLE ajouta 100 lit. de moût, provenant de 200 lit. soumis à l'ébullition et à l'évaporation, à 128 lit. de moût non chauffé. Chaque pièce représentait 328 lit.; il y avait donc 1 hectolitre de moins en volume. Si la quantité a été diminuée, la qualité en était tellement bonifiée, que le prix auquel ce vin *amélioré* a été vendu a compensé la perte et la main d'œuvre. Le vin de la même année et dans le même canton de Saumur, était à peine demandé par les acheteurs. Voilà ce que j'appelle améliorer dans la véritable acception du mot; cette amélioration est licite, elle est légale et dans l'intérêt du pays et de la viticulture.

Le *sucre de fécule*, fabriqué à Pouilly, Côte-d'Or, a été préconisé à son tour; son prix est de 80 fr. les 100 kilog. pris à la fabrique, et sous ce poids il représente 30 litres d'alcool absolu; de sorte que 3 kilog. de ce sirop n'ajoutent qu'un pour 100 de force à la vinosité d'un hectolitre et coûtent au mois 2 fr. 50 c.; je ne compte ni emballage ni frais de transport.

Le *sirop de dextrine*, de la fabrique de M. FOUCHARD à Neuilly, est venu remplacer le sucre de M. MOLLERAT. 100 kilog. de ce mucoso-sucré se vendent, en seconde qualité, 32 fr. non compris le fût et la voiture; ces 100 kilog. ne représentent à 34° de Baumé que 18 litres d'alcool absolu; ainsi cet es rit-de-vin reviendrait à peu près à 2 fr. le litre. Le sirop fin, ou la 1re qualité, est d'un prix double; il faut donc y renoncer pour l'amélioration des vins.

L'emploi de ces sucres de fécule, outre qu'il *n'est pas économique*, offre encore l'*inconvénient d'empâter les vins*, de donner beaucoup de lie et de les disposer à la graisse ou à l'amer, et surtout à l'acide.

Je dirai franchement que ces moyens ne conviennent en aucune manière; que, bien qu'analogues au sucre de raisin, ces sucres se comportent différemment dans la fermentation, que l'alcool qui en provient possède une saveur particulière qui altère celle du vin, que pour les vins de bonne qualité ils sont nuisibles, et que pour les vins communs ils ne servent non-seulement à rien, mais qu'ils augmentent le prix au-delà de celui auquel ces vins seront vendus. On ne doit guère, à mon avis, améliorer que les vins qui ne se consomment pas sur place et qui, par conséquent, doivent se garder.

Combinons maintenant les deux méthodes pour en déduire une plus rationnelle, plus économique, et précisons les circonstances dans lesquelles on doit y recourir.

Dans les bonnes années, si le moût contient suffisamment de mucoso-sucré, je pense que le mieux *est de ne pas ajouter de sucre,* surtout si les élémens du ferment sont en faible proportion. Dans les mauvaises années, si le raisin est vert et aqueux, je conseille la *réduction du moût par la chaleur ou l'addition d'une quantité de sucre purifié* (1), s'il s'agit de vins fins, mais seulement en proportion telle qu'il soit complètement décomposé dans l'acte de la fermentation et converti en alcool. C'est alors qu'il est important de surveiller la cuvaison, d'obtenir un travail prompt et régulier de la cuve, en élevant ou maintenant la température, qu'il est bon de consulter souvent les thermomètres qui communiquent avec le vin qui se fait, de goûter et d'essayer avec le mustimètre le vin à diverses époques de sa formation. Lorsque la densité du moût ne diminue plus d'une manière sensible, lorsque le liquide se colore, qu'il perd son goût sucré, que la température s'abaisse et que le vin tend à s'éclaircir, le moment du décuvage approche.

C'est avant cette époque qu'il faut saisir le moment pour communiquer au vin la vinosité que l'on désire, par un procédé plus simple, plus économique, plus conforme à la saine théorie, et qui, sous tous les rapports, mérite la préférence. Je veux parler de *l'addition dans la cuve d'alcool* ou esprit-de-vin. Celui que l'on doit choisir est l'esprit 3/6 du commerce, ou alcool à 33° de Cartier et 85 de l'alcoomètre centésimal.

Que veut-on obtenir dans un vin? la vinosité. Qu'est-ce qui donne la vinosité? c'est l'alcool. Et quelle espèce d'alcool convient mieux dans cette circonstance, que celui qui est produit par le vin lui-même, par le suc

de raisin? On me dira que tous les alcools ont la même constitution chimique; j'en conviens, mais il est certain qu'ils n'ont pas la même saveur. Or, pour notre opération, c'est la saveur qu'il nous importe le plus de considérer, puisque le bouquet est une qualité essentielle et recherchée. L'expérience a démontré depuis long-temps que l'alcool, ajouté au vin au moment où il est prêt à terminer sa fermentation, s'y combine sans lui communiquer une saveur d'eau-de-vie et se fond dans le liquide de la même manière que celui qui se produit par la décomposition du mucoso-sucré. J'ai vu DE GOUVENAIN bonifier des vins par l'alcool *bon goût,* et il en a fourni un exemple dans les expériences qu'il a faites à l'occasion du procédé de Mlle GERVAIS. M. SÉBILLE-AUGER a mis ce moyen en pratique avec un succès constant. La fabrication des vins cuits avec du moût bouilli et de l'eau-de-vie parle hautement en faveur de cette addition. J'ai bu des vins faits avec des moûts réduits et de l'esprit-de-vin, lesquels, après plusieurs années, avaient toutes les qualités des vins d'Espagne. L'addition de l'alcool dans la cuve est donc une méthode naturelle, expéditive, économique, plus conforme à la nature du vin, et l'on doit s'étonner qu'elle n'ait pas été adoptée plus tôt et qu'elle ne soit pas généralement suivie.

La *quantité d'alcool additionnel* se règle sur la proportion de celui qui existe déjà dans le vin et celle que l'on veut qu'il contienne. La loi permet d'ajouter l'alcool en franchise de droit, à raison de 5 pour 0/0 d'alcool absolu en volume. L'esprit-de-vin du commerce à 33° de Cartier contient 85 p. 0/0 d'alcool absolu et ne coûte qu'un franc le litre, prix moyen. Si le moût ne doit produire qu'un vin d'une richesse alcoolique de 5 pour 0/0 et que l'on désire un liquide riche à 12 pour 0/0, puisque l'on ne peut légalement ajouter que 5 pour 0/0, c'est le cas de faire fondre du sucre dans le moût, ou mieux de le concentrer pour obtenir les 2/100e en sus. Je suppose donc que le vin fait soit riche à 7/100e; la dose d'esprit 3/6 que l'on doit ajouter par hectolitre est de 5 lit. 88 centilit. ou 6 lit. en nombre rond, qui ne coûteront que 6 fr.; la pièce de 228 n'aura donc au plus à supporter qu'un surcroît de frais de 13 fr. 50 c. Si nous comparons ce procédé, pour la dépense, avec ceux qui ont été discutés plus haut, nous trouverons une énorme différence. Nos 12 lit. d'alcool absolu

(1) Formule pour l'addition du sucre ou d'un sirop dans le moût. La densité du sucre sec de canne ou de raisin est représentée par 1600, l'eau étant 1000.

Celle d'un sirop quelconque s'obtient par le mustimètre et se calcule par la table de concordance n. 2. On commence par retrancher 1000 de toutes les densités, pour abréger le calcul dont voici un exemple. Soit *a* le moût de la cuve = 25 hectolitres; *b* la densité de ce moût = 43; *c* la densité voulue = 83; *d* la densité du sucre = 600; *x* la proportion en volume de sucre qu'il faut ajouter au moût, on aura la formule:

$$x = \frac{(c-b) \times a}{d-c} = \frac{(83-43) \times 25}{600-83} = \frac{1000}{517} = 1,93.$$

Ainsi il faut ajouter 1 hect. 93 litres de sucre pour amener la densité du moût de 43 à 83. On réduit le volume en poids en multipliant 1,93 litres par 1600 grammes, on aura 308 k. 800 pour le poids du sucre employé et 193 litres pour l'augmentation de volume; c'est près de 610 fr. de dépense pour une cuve d'environ 12 pièces de 228 litres, ou 50 fr. par pièce. On consommerait dans ce cas 4 hectolitres de sirop Fouchard ou 525 kilog. qui, à 32 fr. le quintal, ne reviendraient qu'à 167 fr. et bonifieraient de 4 hect. en volume. Dans le 1er cas, la quantité d'alcool formée est de 150 litres, et dans le second elle n'est que de 90 litres. On obtiendra avec le sucre un vin riche à 10 pour cent en alcool et le sirop produira un vin ne contenant que 7 pour cent de richesse alcoolique.

représentent 18 kilog. 750 gram. de sucre ou 37 fr. 50 c. de déboursés; c'est 24 fr. de plus que par la méthode généralement suivie et préconisée.

L'*alcool ne donne pas de douceur au vin*, mais il fait tomber la verdeur d'une manière très sensible en précipitant le tartre; il lui communique de la chaleur et la faculté d'être de garde. On doit effectuer l'addition de l'alcool au moment où la fermentation tumultueuse est apaisée; on fait arriver le liquide au fond de la cuve au moyen d'un entonnoir à longue douille, et on brasse; on replace le couvercle de la bonde et on attend que la température de la cuve soit abaissée pour décuver.

En résumé, dans certaines années, on pourra *employer concurremment* le sucre et l'alcool pour améliorer les vins; dans beaucoup d'autres l'alcool seul suffira, et, dans un bien petit nombre, on ne fera aucune addition. Ce que j'ai dit, au reste, servira de guide aux œnologues; mais nous avons encore besoin d'observations bien faites et d'une série d'expériences bien conduites pour fixer notre opinion sur plusieurs points essentiels de la fabrication dans nos vignobles renommés. Je sais qu'en Bourgogne, à Beaune même, on se sert du sucre et de l'alcool; mais ce procédé n'est pas général et je ne sache pas qu'il soit pratiqué avec une exactitude rigoureuse. Les instruments que j'ai annoncés permettront de régulariser la méthode d'amélioration, et la science ne sera plus accusée d'avoir substitué une routine à une autre.

Nous allons nous occuper du décuvage ou entonnaison, opération qui se fait ordinairement avec assez de négligence, et qui comprend le pressurage ainsi que la distribution du vin de presse.

Section VI. — *Du décuvage.*

Les œnologues ne sont pas d'accord sur le *moment que l'on doit choisir pour opérer le décuvage*, c'est-à-dire pour soutirer le vin de la cuve, le séparer du marc et le distribuer dans les futailles où il doit être conservé. On ne peut donner à cet égard aucun précepte absolu et applicable dans tous les pays; la pratique locale, la qualité du vin que l'on désire obtenir, sont autant de circonstances qui font varier l'époque du décuvage. Lorsque l'on destine le vin à l'alambic, c'est-à-dire à la fabrication de l'eau-de-vie, on ne tire la cuve que lorsque le sucre est complètement converti en alcool; mais lorsqu'on recherche de la finesse, une couleur belle, mais peu foncée, on se guide sur ces caractères, et je crois que, dans ce cas, il y aurait plus de danger de décuver trop tard que de soutirer trop tôt. Si, lorsque la fermentation tumultueuse est arrêtée, on ajoute de l'alcool, on peut soutirer aussitôt que la chaleur sera diminuée et que la saveur indiquera un commencement de combinaison. Quelques personnes pensent, avec raison, qu'en mêlant l'alcool dans la cuve lorsque le marc n'est pas séparé, celui-ci absorbe une partie de l'alcool, et qu'il se fait une perte qu'on pourrait éviter. Je me hasarde de proposer un moyen que l'expérience seule pourra faire apprécier. Je voudrais que, près de la cuverie, se trouvât un cellier dont la température serait maintenue par un poêle à 15° ou

18° cent. Aussitôt que la fermentation tumultueuse serait arrêtée, je soutirerais le vin encore trouble dans un foudre de la même contenance à peu près que la cuve et avec les précautions que j'indiquerai plus bas; c'est à cette époque que j'additionnerais l'alcool avec un entonnoir à longue tige; je placerais ensuite la bonde hydraulique. Je crois qu'en entretenant quelque temps la température, la combinaison s'opérerait; en ayant soin de remplir et de cesser de chauffer, le vin pourrait rester jusqu'au premier soutirage et se bonifierait très certainement. Cette opération se ferait peut-être dans nos tonneaux ordinaires; c'est un essai qui ne donnera aucun résultat fâcheux et qui doit être tenté.

Les *signes* que l'on indique pour reconnaître le moment le plus opportun pour soutirer la cuve, sont : 1° la diminution de densité du moût qui descend jusqu'à 0 et même au-dessous. Cet indice n'est pas sûr; quelquefois le moût conserve une densité supérieure à celle de l'eau pure et le vin est fait, et la densité peut descendre à 0 et le vin n'être pas encore fait. La température et la présence de l'acide carbonique sont aussi une cause d'erreur. 2° la *saveur* qui, de douce ou sucrée, passe à un goût piquant, chaud ou vineux; l'*odeur* qui est ce qu'on nomme fragrante; 3° la *couleur*; le vin acquiert une teinte rouge plus ou moins foncée, communiquée par la matière colorante de la pellicule des raisins noirs.

Tous ces signes, comme on le voit, sont équivoques, et nous pensons, avec M. Gay-Lussac, que le moins sujet à varier est celui que l'on déduit par la *distillation*, seul moyen de s'assurer du moment précis auquel il ne se forme plus d'alcool. En effet, la véritable époque de décuver doit être marquée par la terminaison réelle de la vinification ou fermentation alcoogénique.

Au moment de la vendange, au milieu d'occupations multipliées, cette méthode, quoique la meilleure, offrira peut-être quelque embarras et ne sera pratiquée que par un petit nombre d'œnotechniciens instruits et zélés. Nous donnerons toutefois plus loin la description d'un appareil distillatoire, lorsque nous parlerons de l'analyse du vin; il nous suffira d'établir ici que le vrai moment de soutirer la cuve doit être saisi lorsque, par la distillation du liquide de la cuve, on s'est assuré que la proportion d'alcool formé n'augmente plus; cette épreuve me paraît convenir plus spécialement aux vins destinés à la fabrication de l'eau-de-vie.

La *méthode de* Brande, plus expéditive et plus commode pour essayer le vin de la cuve, est peut-être suffisamment exacte. On prend un tube (*fig.* 209) de 2 à 6 cent. de diamètre et de 20 à 25 cent. de haut; ce tube est divisé en 150 parties égales. On verse du vin de manière à remplir 100 divisions; on ajoute ensuite du sous-acétate de plomb liquide jusqu'à ce qu'il ne se forme aucun précipité; on laisse reposer; on jette ensuite par petites portions du carbonate de potasse, sec et chaud, jusqu'à ce qu'il ne se dissolve plus dans le liquide. Ce sel déliquescent s'empare de l'eau, ou, pour mieux dire, de la plus grande partie de l'eau, et forme une solution plus dense que l'eau; l'alcool existant dans le vin se trouve **séparé** par ce procédé facile et nage au-dessus de la solution de potasse carbonatée. Le nombre de degrés mesurés par la couche alcoolique donne la proportion, en volume, d'esprit à 0,825 de pesant. spécif. contenue dans les 100 mesures de vin. Comme il ne s'agit que de s'assurer de l'instant où la formation d'esprit-de-vin s'arrête, il s'ensuit que, si deux essais indiquent consécutivement le même degré, il est temps de tirer le vin de la cuve, c'est-à-dire de procéder à l'entonnage.

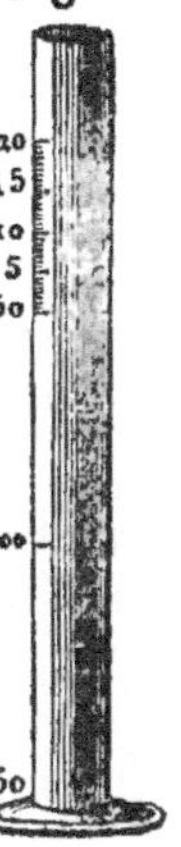

Fig. 209.

On se procurera aisément les sous-acétate de plomb et carbonate de potasse purifié chez les pharmaciens ou fabricans de produits chimiques. Cette méthode n'est pas à négliger et je la recommande. On sait que l'alcool d'une densité de 0,825 contient encore 15 centièmes d'eau; avec ce rapport on calculera la quantité d'alcool absolu ou de 0,792 de pesant. spécif. renfermée dans le liquide essayé.

Le décuvage *se fait généralement avec si peu de soins*, même dans nos vignobles renommés, qu'il est indispensable d'introduire une méthode plus convenable pour la conservation du vin. Je ne décrirai pas la routine ordinaire qui met le vin encore chaud en contact avec l'air, et même avec le marc, et occasionne une déperdition considérable d'alcool que l'on peut éviter. Le vin, ainsi secoué et aéré, est plus disposé à s'aigrir. Ceux qui opèrent avec les nouveaux appareils ont déjà réformé une grande partie des vices du soutirage ordinaire.

Lorsque les cuves sont assez élevées au-dessus du sol et qu'elles sont munies d'un robinet près du fond, on place le tonneau sous ce robinet, on adapte à la bonde un *tube en cuir* ou *en toile sans couture* (*fig.* 210) dont un bout entre dans le robinet. De cette manière le vin coule dans le fût sans être exposé au contact de l'air. Mais comme les celliers sont plus ou moins éloignés des cuveries et que les tonneaux sont placés sur les *marres* ou chantiers, d'avance et à demeure, on trouvera toujours plus commode de les remplir avec les *tines*. Dans ce cas, je voudrais que les tines (*fig.* 211) fussent foncées ou bien couver-

Fig. 210.

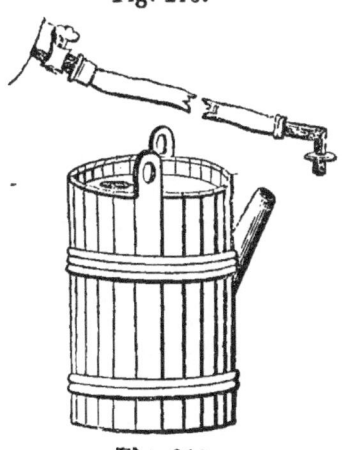

Fig. 211.

tes. Ces vases de transport contiennent ordinairement 60 à 70 litres et sont en chêne. Lorsque la cave ou cellier est placée dans le voisinage de la cuverie, le soutirage se ferait commodément au moyen d'une pompe placée sur le couvercle de la cuve et munie d'un tuyau en cuir ou en toile sans couture passant à travers le mur et dirigeant le vin dans les tonneaux à la distance désirée. Pour cela, on aurait un tuyau composé de plusieurs pièces se réunissant par des vis ou des tubes, entrant les uns dans les autres, et à baïonnette. Nous parlerons dans l'autre section des vaisseaux vinaires.

Lorsqu'on entonne le vin encore chaud, *on ne remplit point les tonneaux* de surmoût ou premier vin; on conserve du vide pour la distribution du vin de pressurage.

SECTION VII. — *Du pressurage.*

On n'enlève de la cuve, par le soutirage, que le moût tout-à-fait liquide et libre, mais il reste à s'emparer du vin que les grappes et les pellicules retiennent et que l'on présume contenir plus d'alcool que celui qui est resté fluide. Cette présomption n'a pas été vérifiée par des essais comparatifs au moyen de la distillation ou du tube de Brande.

§ Ier. — Des pressoirs.

Les pressoirs sont les machines à l'aide desquelles on exprime le marc et on en extrait le vin qu'il contient. Ces machines varient de bien des façons et opèrent d'une manière plus ou moins parfaite le pressurage. Les avantages que l'on reconnaît quelquefois dans chacune d'elles dépendent souvent plutôt de l'habitude et de la routine que du mérite réel de l'appareil.

Un *bon pressoir* doit être solide, facile à construire, peu dispendieux à établir, aisé à manœuvrer, et doit donner la plus grande quantité possible du vin contenu dans le marc.

Les pressoirs les plus généralement employés dans les pays de vignobles sont ceux qu'on nomme pressoirs à leviers ou à tesson, pressoirs à coffre simple ou double, et pressoirs à étiquets.

Les *pressoirs à levier* ou *à tesson* sont simples, mais ne produisent pas de grands effets; ils exigent en outre une place étendue pour le jeu du levier et pressent inégalement les matières soumises à la pression, ce qui force de les y présenter de nouveau et à plusieurs reprises dans différentes positions, et allonge la durée de l'opération.

Les *pressoirs à coffre simple* ou *double* sont également peu coûteux, mais ils sont lents dans leur opération et ne donnent qu'une pression très faible. Quand on veut augmenter leur force, il faut leur appliquer des engrenages métalliques très dispendieux et qui résistent difficilement au travail rude et suivi du pressurage.

Les *pressoirs à étiquet* sont simples, solides, économiques, résistent bien au travail et exigent un petit nombre d'hommes pour les faire mouvoir. Dans le système ordinairement employé, la vis du pressoir est mise en mouvement par une roue dont la périphérie est creusée en gorge, dans laquelle s'enroule l'extrémité d'une corde dont l'autre bout s'enroule aussi sur un cabestan. Ce système exige encore 4 hommes pour sa manœuvre, et la corde, qui s'use assez rapidement, finit par devenir un objet dispendieux.

Dans le pressoir dont nous donnons ici le le modèle (1) on a cherché à diminuer le nombre d'hommes dans la manœuvre et à se passer de câble. Comme tous les pressoirs, celui-ci, représenté *fig.* 212, se compose de 2 fortes ju-

Fig. 212.

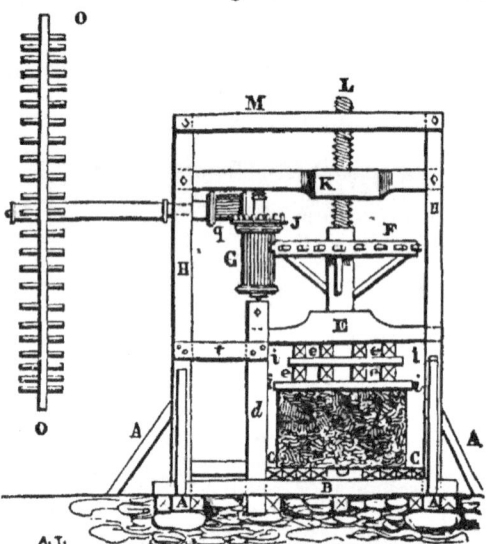

melles H, consolidées par des contrefiches AA et retenues dans le bas par les faux chantiers A, ainsi que par les chantiers B; dans le haut par le chapeau moisant M, scellé d'un bout dans le mur. Les faux chantiers sont reliés par des chaînes en moellons. Ces jumelles sont destinées à soutenir tout le système du pressoir, qui se compose ainsi qu'il suit : 1° d'une *maie* C, espèce de table ou plancher en madriers assemblés à rainure et languette, creusée en bassin et destinée à supporter le tas de marc et en même temps à recevoir le jus qui s'en écoule et qui se rend dans un vase ordinairement enfoncé un peu en terre, placé devant et appelé *barlong*, au moyen d'une rigole nommée *beron*; 2° de 2 rangées de madriers ou garnitures *ee*, placés alternativement; 3° du *mouton* E qui opère la pression au moyen d'une forte vis en bois L, mue par un engrenage et passant par le trou K. Le mouton glisse dans 2 coulisses, dont l'une est formée par les 2 jumelles principales H et l'autre par 2 petites jumelles *d*, reliées aux grandes par les traverses *t*; 4° D'un engrenage qui se compose d'un hérisson F, mené par une lanterne verticale G, surmontée d'un rouet J, ne faisant qu'un avec elle. Cette lanterne verticale est menée par une petite lanterne horizontale *q*, fixée à un arbre auquel est adaptée une roue à chevilles O.

Ce mécanisme simple, et qui ressemble à l'engrenage banal des moulins, peut être exécuté par tout charpentier; il n'emploie pour

exercer une bien forte pression, qu'un homme ou deux au plus qui agissent en grande partie par leur propre poids. On estime qu'avec un pressoir de cette espèce on peut faire, dans 15 heures de temps, un pressurage d'environ 20 pièces de 260 bouteilles chaque.

Le *pressoir à percussion* inventé par M. RÉVILLON est fondé sur le même principe que le balancier qui sert à frapper les monnaies, adapté à la presse à vis ordinaire. Cette manière d'appliquer la pression a déjà reçu de nombreuses applications et nous présenterons ici la figure d'un pressoir de cette espèce, dans le système vertical, comme plus conforme aux habitudes contractées dans nos pays de vignobles, et tels que les établit aujourd'hui M. BEUGÉ, ingénieur mécanicien à Paris, rue des Vieux-Augustins, n. 64.

Ce pressoir (*fig.* 213) est simplement une

Fig. 213.

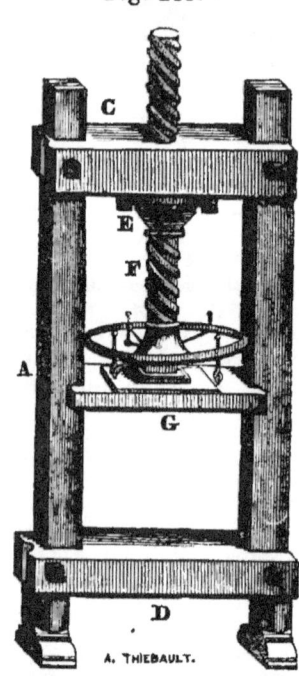

A. THIÉBAULT.

presse à vis ordinaire, formée de 2 colonnes AB d'un chapeau C et d'une semelle D, sur laquelle se place la maie; le tout fortement boulonné pour que la distance reste invariable entre ces parties qui forment le bâti de la presse. Sous le chapeau est fixé un écrou en cuivre E, dans lequel est engagée la vis F, en fer et à filets carrés. La tête de cette vis est travaillée en pivot qui appuie sur le fond d'une crapaudine fixée sur le plateau coulant ou mouton G. Sur l'arbre de la vis F on établit un volant ou roue pesante horizontale, qui peut tourner librement sur cet arbre dont il est tout-à-fait indépendant. Ce volant porte en dessous un fort taquet. L'arbre de la vis est muni d'un mentonnet tellement situé, que l'un forme arrêt sur l'autre quand le volant, dans sa rotation, les amène en contact. D'après cette disposition, on voit qu'on peut se servir du volant comme d'un levier, pour forcer la

(1) Nous empruntons cette description, ainsi que la figure, au n° 25 du journal intitulé *La Propriété*, qui contient fréquemment de très bons articles sur les constructions rurales et les machines employées en agriculture.

vis à tourner sur son axe, ce qui fait marcher le plateau G et commence la compression du corps soumis à l'action de la machine; mais lorsque la force a atteint la limite passée laquelle elle ne peut plus faire tourner la vis, parce que la résistance est devenue trop considérable, on fait rétrograder le volant en tournant d'une portion de circonférence; en ce sens le mouvement a toute liberté et la force dépensée est insignifiante; ensuite on agit sur le volant, au moyen des chevilles qu'il porte par une action vive qui lui communique de la vitesse et ramène le taquet sur le mentonnet de la vis avec toute la quantité de mouvement qui résulte de cette vitesse et de la masse qu'elle anime. Il se produit alors un choc du volant sur la vis, qui force celle-ci à tourner. On répète cette action jusqu'à refus.

Ce pressoir a une puissance très énergique; il conserve bien le degré de pression qu'on lui donne, n'exige que peu de temps, de place ou d'hommes pour le manœuvrer. Son prix est depuis 1,000 jusqu'à 3000 fr., suivant sa force.

Nous devons à la complaisance de M. Sebille-Auger, de Saumur, la description d'un nouveau pressoir en fonte (1) qui ne revient pas à un prix plus élevé que beaucoup d'autres qui lui sont inférieurs, qui est facile à établir dans toute localité, serre plus fortement que tous ceux employés jusqu'ici, n'exige point de cordages ni de fortes pièces de bois, et n'est presque sujet à aucune réparation. En substituant aux manivelles des roues à chevilles, qui pourraient avoir facilement cinq pieds de diamètre, on obtiendrait avec quatre hommes une énorme pression.

La figure 214 peut être considérée comme une coupe du pressoir angevin vu de face.

AB est l'encaissement dans lequel on met la vendange C, sur laquelle on place des aiguilles ou perches de bois D, qui supportent les madriers F, sur lesquels on place les *bélineaux* E, qui reçoivent la pression du mouton G. Cette pression est exercée par le mouvement de l'écrou sur la vis H. Cette vis, qui est taraudée dans sa partie supérieure et carrée dans le reste de sa longueur, est immobile et solidement fixée au milieu de l'encaissement AB. A cet effet elle traverse le plafond K, qui peut être en bois ou en pierre dure; elle traverse aussi une pièce de bois L dans laquelle sa partie carrée entre de force. La vis est scellée et calfatée dans le plafond de manière à ne permettre aucune infiltration de liquide. P est le trou par lequel s'écoule le moût provenant du pressurage. Au-dessous de la pièce de bois L le fer porte, en *a*, *b*, des entailles pour recevoir, à demi-épaisseur, 2 barres de fer plat réunies en dehors de la partie carrée de la vis par deux boulons *c*. On ne peut faire une tête à la vis, parce qu'elle doit

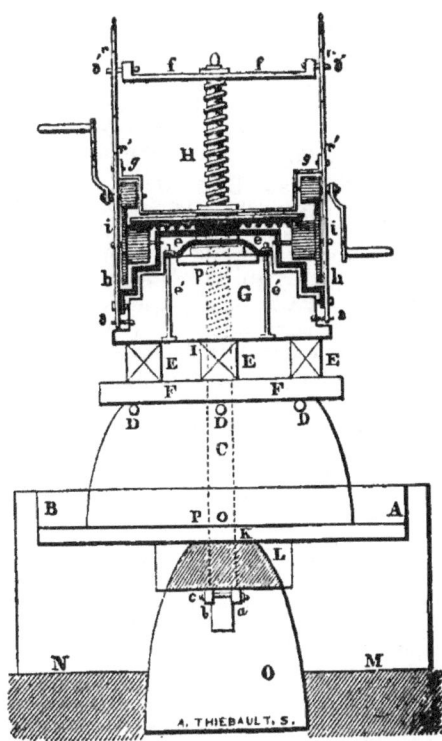

Fig. 214.

A. THIÉBAULT, S.

être introduite à sa place par la partie où devrait être cette tête. On pourrait percer des mortaises dans la vis pour y passer des clavettes; mais cette disposition, d'ailleurs plus difficile, offrirait moins de solidité. MN est la ligne de terre. O est une espèce de cave nécessaire pour pouvoir placer les barres et boulons *c*. La pièce de bois L est supportée par la maçonnerie jusqu'à ce que la vis soit placée. Alors on peut caler le bout de la vis, qui ne tend au reste à descendre que par son poids et celui de l'équipage; car, quand on serre, la pression se fait de bas en haut sur la pièce L.

Le mécanisme proprement dit consiste d'abord dans la vis et l'écrou, et ensuite dans les roues et pignons qui font mouvoir l'écrou, et dans les barres droites ou courbes qui leur servent de support. Le mouton G est supporté par la tête de l'écrou, au moyen d'une barre courbe qui est fixée à ce mouton par les boulons *e* qui le traversent. Quand les chevilles *a*, que l'on voit en place dans la figure, sont ôtées, le mouton devient libre et on peut lui imprimer un mouvement circulaire sans qu'aucune autre pièce change de place. En effet, la barre *e*, qui embrasse un collet rond pratiqué sur l'écrou immédiatement au-dessus de la tête, peut tourner tout autour de cet écrou,

(1) Ce pressoir est construit d'une manière très solide à Brissac, près Angers, par M. Héry, forgeron mécanicien, qui en est l'inventeur: il en a déjà établi un grand nombre chez différens propriétaires du département de la Mayenne. Il vend 2 fr. le kilog. de fer, fonte de fer et cuivre, et les pressoirs à tirer 11 à 12 pièces de vin (de chacune 228 lit.) pèsent 350 à 400 kilog. Tous ceux qu'il a placés depuis dix ans sont encore en très bon état et n'ont exigé aucune réparation. Si l'on voulait que la vis fût horizontale, le mécanisme pourrait encore être employé; mais alors il faudrait fixer les engrenages sur la vis qui serait mobile, au lieu de les appliquer à l'écrou qui deviendrait fixe. M. Héry a construit de ces pressoirs à vis horizontale et il y met ou une seule vis ou une à chaque bout de la caisse, à la volonté de l'acheteur.

qui reste immobile, et entraîner le mouton avec elle. Le mouvement circulaire du mouton n'a pour objet que de faciliter aux hommes du pressoir l'arrangement de la vendange sur le plafond. Pour qu'ils soient moins gênés dans le travail, il faut de plus que le mouton et tout le mécanisme soient relevés jusqu'au haut de la vis, c'est-à-dire jusqu'à ce que l'écrou touche la barre *ff*, fixée d'une manière invariable sur le haut de la vis. Comme il n'y a besoin que d'une très petite force pour remonter tout l'équipage, il est inutile de se servir de l'engrenage. Dans ce cas, on ôte les chevilles *a'*, et, empoignant l'une des barres *ir'r*, on fait tourner circulairement l'écrou et toutes les pièces qui l'accompagnent. Lorsque la vendange est arrangée, que les madriers et les *belineaux* sont placés, on fait descendre de la même manière tout l'appareil, jusqu'à ce que le mouton soit prêt de porter sur les belineaux. Alors on met en place les chevilles *a* et *a'* et on se sert des manivelles.

Les choses ainsi disposées, les pignons *g* mènent les roues *h* sur lesquelles sont fixés les pignons *i*, qui font tourner la grande roue ou couronne, dans laquelle est monté l'écrou d'une manière invariable. Cette couronne est fixée sur un plateau circulaire en bois plein, qui fait corps avec elle. Pour que les barres qui supportent les roues et les pignons n'empêchent point l'écrou de tourner, il faut que ces barres aient dans leur milieu un collet rond qui embrasse l'écrou, lequel, lui-même, doit être arrondi dans les endroits où passent les collets.

La couronne, en entraînant l'écrou et le faisant descendre sur la vis, fait tourner et presser la tête sur une pièce en fonte *p* entaillée sur le mouton et vide dans son milieu pour laisser passer la vis. Comme l'action des pignons sur la couronne tend à la soulever, on l'arrête avec des goupilles sur les quatre angles de l'écrou. Les barres *ir'r* portent sur leur plat, de *r* en *r'*, une entaille pour laisser descendre les chevilles *a'* à mesure que l'écrou et tout le mécanisme mobile descendent. Les chevilles *a* ne remuent pas de place et ne servent qu'à maintenir la partie inférieure des barres, qui pourraient fléchir sur leur champ, si elles n'étaient fixées au mouton par les chevilles *a*. Quand celles *a'* sont descendues en *r'* le pressoir ne peut plus serrer, et si l'on veut que les madriers F descendent davantage, il faut renverser le mécanisme et mettre des cales sur les belineaux E. Ce cas doit arriver rarement, parce que de *r* en *r'* la course est de 2 pieds, ce qui est pour l'ordinaire plus que suffisant. On pourrait d'ailleurs donner plus de course si la longueur des barres *ir'r* ne devait point gêner.

La vis H a 3 po. 9 lig. de diam. et 1 po. de hauteur de pas; le gros pignon à 2 po. de rayon et 5 dents; la couronne à 17 po. et 56 dents; la roue dentée *h* à 6 po. et 26 dents; le pignon de l'arbre *g* à 1 po. et 4 dents. Pour un tour de la vis la manivelle fait 72 à 73 tours.

« En admettant, dit M. SEBILLE, 120 liv. pour l'effort des deux hommes appliqués aux manivelles de l'arbre, l'effort total est de 578 milliers de liv. Si on admet que les frottemens en consomment environ moitié, il peut rester de force utile 300 milliers; si on admet enfin que le sac C a 8 pi. en carré, ou 64 pi. carrés de surface, la pression utile par pied carré est de 4700 liv. En supposant la résistance 1, la force est 4800; dans les pressoirs à casse-col cette force est comme 1 est à 1100, et dans nos pressoirs à vis en bois, avec roue sur la vis et roue de renvoie, comme 1 est à 4600, ce qui est à peu près le même rapport que celui de notre pressoir.

§ II. — Du mode de pressurage.

Le décuvage étant terminé et tout le marc porté avec des baquets ou *sapines* en sapin, munies d'une ou deux douves percées qui dépassent les autres et servent à les manier commodément, les ouvriers se réunissent pour façonner le marc, qu'on nomme *sac;* on l'équarrit aussi bien que possible avec une pelle et un balai, pour former un parallélipipède rectangle, et l'on place toutes les pièces de bois nécessaires pour le couvrir et parvenir au pressurage. Pour cela on glisse dans le marc, aux quatre angles, un morceau de bois pointu et arrondi que l'on fait saillir d'environ un ou deux pieds et qui s'appelle *servante;* on place ensuite des planches échancrées à leurs extrémités pour être maniées plus aisément; sur ces planches nommées *as* ou *ais*, on dispose trois rangs croisés de 3 madriers chacun, qui portent différens noms suivant les pays, on fait ensuite descendre la vis et on presse fortement. Le vin de cette 1re pressée est considéré comme moût et mêlé avec celui de la cuve. Le vin que le marc retient encore forme presque un quart de la cuvée; quand le tout est distribué dans les tonneaux aux trois quarts plein, on revient épuiser le sac.

On desserre la vis, on ôte les madriers et les planches, on coupe sur le marc environ huit pouces qu'on éparpille et arrange sur le sac, on replace les ais et les madriers, et on serre; c'est ce que l'on nomme la 1re *coupée.* On en pratique une 2e et une 3e en suivant le même procédé, qui ne peut différer quelle que soit la construction du pressoir dont on fait usage. On attend pour renouveler le coupage que le vin ne coule plus, et on serre à plusieurs reprises jusqu'à ce que la vis ne puisse plus descendre. Le pressoir à percussion paraît être celui qui laisse le moins de liquide dans le marc.

Le *vin de pressurage*, et surtout celui de la dernière coupe, est plus ou moins acerbe et désagréable au goût; il est quelquefois aigre ou a fréquemment une saveur acéteuse, si la fermentation a été longue, mal conduite et le chapeau exposé à l'air. Dans ce cas il est prudent de ne pas le mêler avec le vin de la cuve; mais, s'il n'est qu'acerbe, il contient alors du tannin de la grappe et il est quelquefois utile de l'ajouter au vin de la cuvée pour assurer sa conservation. Si la fermentation a eu lieu en vase ou cuve fermée, si l'égrappage a été convenablement exécuté, si le moût conserve un peu de douceur, il n'y a point d'inconvénient de faire ce mélange et à distribuer aussi également que possible le vin de pressurage dans les tonneaux que l'on achève de remplir.

On laissait jadis les tonneaux ouverts plus ou moins long-temps jusqu'à ce que le vin fût refroidi; *c'est un usage vicieux* que l'on doit proscrire. C'est le cas de poser seulement la bonde ou *bondon* sur le trou, ou, ce qui vaut mieux, de placer une des bondes hydrauliques dont nous donnerons plus bas la description. Tous ceux qui ont adopté cet appareil simple et commode se félicitent de son usage, et cette modique dépense une fois faite est bien compensée par les avantages qu'elle procure.

SECTION VIII. — *De la fabrication des vins blancs.*

La fabrication des vins blancs diffère sous plusieurs rapports de celle des vins rouges. On recherche dans ces derniers de la force et de la couleur, tandis que dans les autres on désire une blancheur ou limpidité absolue et de la douceur, qui fait le mérite de ces vins dans certains pays. Nous citerons comme exemple ceux d'Anjou qui, sans être liquoreux proprement dit, conservent cependant une saveur légèrement sucrée.

Pour fabriquer des vins blancs, on coupe les raisins blancs après l'évaporation de la rosée, par un temps sec et chaud; on les apporte avec précaution, au fur et à mesure de la récolte, et on les dépose sur la maie du pressoir: deux hommes, dont les pieds sont chaussés de gros sabots, écrasent les raisins dont le suc coule dans une cuve placée sous le goulot. On suspend à celui-ci un panier à vendange pour arrêter les pellicules, les rafles et les pepins que le jus entraîne. Le foulage, avec la fouloire de M. LOMENI (*voy.* pag. 183), nous paraîtrait plus expéditif et bien préférable. A mesure que la cuve-récipient se remplit, on enlève le moût qu'on verse dans des tonneaux jusque près de la bonde; on arrange ensuite le marc, comme pour le vin rouge, et on fait 3 serrées au lieu de 4. Quelques vignerons mettent fermenter à part le vin de pressurage, mais le plus grand nombre le distribue dans les tonneaux avec le moût vierge, en ayant soin de laisser du vide lors de la 1re entonnaison pour l'introduction de ce vin de pressurage. La fermentation a lieu dans les tonneaux comme celle de la bière, et on laisse le vin sur la lie jusqu'au 1er soutirage, que l'on opère au commencement du printemps ou dans les premiers jours de mars. Telle est la méthode suivie pour le vin blanc sec, ou du moins celle que j'ai toujours vu pratiquer en Bourgogne. M. LENOIR conseille de faire fermenter le moût en grande masse dans une cuve ou foudre et de soutirer après la fermentation tumultueuse. Je ne sais si ce procédé offrirait de bons résultats. Les vins blancs mettent plus de temps à s'éclaircir que les rouges, et leur séjour sur la lie n'a peut-être pas autant d'inconvéniens qu'on le pense. Au reste, c'est un essai qu'on peut tenter et qui donnera sans doute de bons résultats dans quelques occasions, surtout s'il est fait par un œnologue instruit.

Afin de mettre sur la voie, ceux qui désireraient améliorer leurs vins, nous croyons utile de communiquer ici les documens que nous devons à l'obligeance de M. SEBILLE-AUGER, propriétaire aux environs de Saumur. Ce qu'il a fait pour les vins de l'Anjou pourrait s'appliquer aux vins blancs des autres vignobles, seulement nous renvoyons préalablement aux préceptes que nous avons établis pour s'assurer de la qualité du moût, et c'est avec ces préceptes bien présens à l'esprit que nous passons aux procédés de la fabrication.

M. SEBILLE ne veut pas qu'on foule le raisin afin de ne pas écraser les pepins et les grains verts. On pressure le soir toute la vendange du jour, comme en Champagne, et on reçoit le moût qui en découle dans une cuve où il reste en repos. Au bout de quelques heures, 6 à 8 si la température ne dépasse pas 13° et si la vendange n'a pas été rentrée trop froide, il se forme à la surface une écume qui augmente successivement d'épaisseur; on attend qu'elle ait acquis assez de consistance pour se fendre en diverses places. On enlève avec une écumoire cette croûte grise que l'on met égoutter sur un tamis ou toile. Après quelques heures il se forme un seconde écume qu'on sépare de la même manière. Quelquefois il s'en forme une troisième; mais aussitôt que l'on reconnaît le moindre signe de fermentation, il faut se hâter de soutirer la cuve et d'entonner le moût bien clair dans les barriques où il doit fermenter. Lorsque la liqueur commence à passer trouble, on la jette avec le dépôt sur des filtres en toiles, ou, ce qui vaut mieux, en laine. Ce dernier jus se met sur un vin de qualité inférieure.

Un moyen plus expéditif de débarrasser le moût de l'excès du ferment, c'est de le chauffer au moyen de la chaudière à bascule (*voy.* pag. 194 *fig.* 207, 208). On peut ne soumettre à cette cuisson que la moitié du moût nécessaire pour remplir une barrique. Lorsque le suc de raisin arrive à une température de 70 à 75° C., l'écume commence à se former et monte à la surface; on l'enlève aussitôt qu'elle est assez consistante, et dès que l'ébullition se prononce on écume une 2e fois et on bascule la chaudière; on achève de remplir avec ce moût chaud la barrique qui contient moitié de liquide écumé ou clarifié à froid.

Ce procédé convient à merveille lorsqu'il s'agit de laisser de la douceur au vin sans addition de sucre. Quant à la force, l'alcool peut être additionné à volonté; mais si l'on veut obtenir un vin parfaitement blanc, incolore et qui flatte l'œil aussi agréablement que le palais, on clarifie le moût dans la chaudière immédiatement après avoir enlevé l'écume. Pour cet effet, on emploie par pièce 2 kilog. de noir d'os fin et 4 à 5 blancs d'œufs que l'on doit préférer au sang de bœuf (1). On obtient par ce moyen un moût tout-à-fait blanc et limpide. Il reste encore assez de ferment pour décomposer une partie du mucoso-sucré dont

(1) La clarification s'opère en versant dans la chaudière, pour 110 à 120 lit. de moût, 1 kilog. de noir délayé dans 8 à 10 lit. du même moût; on remue et on laisse reprendre le bouillon. Dès qu'il paraît on l'abaisse avec 1 ou 2 litres d'eau froide; on verse ensuite 5 blancs d'œufs délayés dans un litre d'eau et moussant le moins possible; aussitôt que l'ébullition recommence on l'arrête avec l'eau froide et cette addition se répète 2 ou 3 fois. On écume ensuite le plus complètement possible; on bascule la chaudière dans un cuvier et on recommence l'opération; on réunit le moût de plusieurs opérations dans une cuve; là il se réfroidit et se dépure, et

un tiers au moins reste intact. Un vin ainsi préparé donne peu de lie et cette lie est presque sans couleur.

Au lieu de laisser la bonde des barriques ouverte pendant la fermentation, on applique la bonde hydraulique dont il a déjà été question.

Les bornes qui nous sont prescrites ne nous permettent pas de plus longues explications ; ce que nous avons dit nous paraît suffire pour diriger les viticoles qui doivent bien se persuader qu'à l'époque où nous vivons, il faut que l'industrie cherche à satisfaire le goût des consommateurs et même à le redresser, s'il est permis de s'exprimer ainsi, en confectionnant des liquides auxquels l'art doit s'attacher à conserver leurs qualités naturelles. En s'éloignant de cette condition expresse on compromet l'existence des contrées viticoles. Le suc de raisin, quelle que soit sa nature, contient lui-même les élémens du vin, il suffit d'établir entre eux les proportions convenables pour se procurer un vin bon ou au moins passable. Généralement parlant il est inutile de recourir à des matières autres que celles fournies par la vigne ; si le moût est trop acide, on peut diminuer son acidité ; s'il est trop aqueux, la chaleur enlèvera l'eau surabondante sans avoir recours à des sucres exotiques. La dépense des appareils que nous avons indiqués sera compensée plus avantageusement, et on obtiendra des résultats plus satisfaisans par les méthodes d'améliorations que nous avons conseillées, que par l'emploi de substances dont l'addition est plus coûteuse et qui donnent des résultats moins bons. Nous ne saurions trop engager les œnotechniciens propriétaires à se procurer les ustensiles et instrumens de tous genres dont nous sommes redevables aux progrès des arts mécaniques et aux découvertes en physique et en chimie. La vinification est une manufacture, il faut que ses ateliers soient pourvus d'instrumens et appareils perfectionnés.

MASSON-FOUR.

SECTION IX. — *De la fabrication des vins mousseux.*

§ Ier. — Procédé de fabrication.

On croyait autrefois que le mousseux était une qualité particulière aux vins de Champagne : « Les sentimens sont partagés, dit l'ancienne *Maison Rustique*, sur les principes de cette espèce de vin ; les uns ont cru que c'était la force des drogues qu'on y mettait qui les faisait mousser si fortement, d'autres ont attribué cette mousse à la verdeur des vins, d'autres, enfin, ont attribué cet effet à la lune, suivant le temps où l'on met les vins en flacons. » La chimie nous a révélé cet intéressant secret, en nous faisant connaître que la mousse est produite par un *dégagement consi-*

dérable et subit de gaz acide carbonique, lequel se trouve dissous et comprimé dans le vin ; que pour obtenir du vin mousseux, il suffit de renfermer le liquide dans des bouteilles avant qu'il ait perdu tout le gaz acide carbonique qui se développe pendant la fermentation.

En effet, on a essayé avec succès, dans plusieurs de nos départemens et notamment en Bourgogne, d'y préparer des vins mousseux selon la méthode de la Champagne. Toutefois, nous devons le dire, le champagne soutient la concurrence avec la supériorité que peuvent lui donner un sol, des cépages et une culture convenables, des ouvriers exercés et habiles, enfin une pratique certaine, éclairée par une longue expérience.

L'avantage de *faire des vins mousseux avec le vin du crû* doit être une jouissance si flatteuse et si agréable pour la plupart des propriétaires de vignes, que sans doute ils accueilleront avec bienveillance la description suivante destinée à les initier aux procédés encore peu connus de la fabrication des vins mousseux et à leur faire connaître les moyens les plus avantageux et les plus simples, indiqués par une saine théorie et confirmés par notre propre expérience, pour préparer cette boisson si agréable et si recherchée. Nous supposerons dans ce qu'on va lire qu'il s'agit de préparer 200 à 300 bouteilles de vin mousseux.

Choisissez l'espèce de raisin noir réputée, dans votre vignoble, pour produire *le vin le plus généreux et le plus délicat ;* faites vendanger de très grand matin, par la rosée ; choisissez les raisins les plus sains et les plus mûrs, rejetant avec beaucoup de soin les raisins gâtés, verts ou pourris ; déposez la vendange bien délicatement, sans la froisser, dans de grands paniers ; transportez-la de suite, à dos d'homme ou de cheval, sous un petit pressoir, qui doit avoir été préalablement lavé et nettoyé. La vendange étant rassemblée sur le pressoir, ce qui doit être terminé le matin même de la vendange (1), faites serrer le pressoir et laissez couler le jus du raisin pendant 15 à 20 minutes. Alors faites desserrer et arrangez de nouveau le marc qui s'est déformé par la pression et dont une grande partie n'a pas été écrasée ; serrez une seconde fois et laissez couler le jus pendant 20 min. environ ; enlevez alors le jus qui est sorti et déposez-le dans une petite cuve.

Le marc resté sur le pressoir n'étant guère qu'à demi épuisé *peut être pressé de nouveau,* à la manière ordinaire, pour former un vin non mousseux d'assez bonne qualité, ou bien être reporté dans la cuve de vendange ordinaire pour être mêlé à de nouveaux raisins, et enfin être employé à faire un demi-vin, en y ajoutant de l'eau et faisant fermenter le tout dans une cuve ou un tonneau.

Le moût ou jus de raisin qui a été placé dans une cuve doit y rester pendant 24 à 30 heures, afin qu'il y dépose une partie des ma-

---

lorsqu'il est froid on le soutire pour l'entonner. Avec une chaudière de 150 litres on fait 15 à 16 clarifications en un jour, représentant 8 pièces de 228 litres. En ne laissant pas refroidir le fourneau on obtiendrait 12 pièces et plus en 24 heures, si la chaudière est bien servie avec des pompes portatives.

(1) Le raisin doit être cueilli de grand matin et par la rosée ; il doit être immédiatement et promptement écrasé sous le pressoir, afin que le vin ne prenne pas de couleur. Si l'on ne pouvait pressurer de suite, il faudrait placer les paniers de vendange à l'ombre, dans un endroit frais, et même les couvrir d'une toile mouillée.

tières terreuses et du ferment dont il est chargé. Alors décantez ce moût avec précaution et *mettez-le dans un tonneau* bien propre, méché, neuf ou n'ayant servi que pour du vin blanc, et n'ayant aucun mauvais goût. Ayez soin de remplir entièrement ce tonneau, afin que le vin en bouillant rejette au dehors le ferment et les impuretés dont il est chargé. Le tonneau doit être placé à demeure dans une cave ou dans un cellier frais.

Lorsqu'on met le moût en tonneau, il convient d'y *ajouter un litre d'eau-de-vie de Cognac*, de 1re qualité, par 100 lit. de moût. Cette addition d'eau-de-vie a pour effet d'augmenter la spirituosité du vin, de modérer la fermentation et de donner le bouquet.

Il faut *ouiller*, c'est-à-dire remplir le tonneau avec du même vin, 3 à 4 fois par jour, pendant le temps que durera la fermentation tumultueuse. On recueillera le vin qui s'écoule par la bonde.

Lorsque la *fermentation tumultueuse aura cessé*, remplissez le tonneau et le bondonnez comme à l'ordinaire. Du 15 au 30 décembre, par un temps clair et sec, soutirez le vin et le transvasez dans une futaille propre et soufrée; collez ensuite à la colle de poisson (environ une 1/2 once pour 200 bouteilles). Vous laisserez le vin se reposer ainsi pendant un mois environ, après quoi vous le soutirerez de nouveau dans une futaille propre et méchée. C'est à cette époque que les marchands de vin de Champagne y ajoutent de bonne eau-de-vie et ordinairement un sirop fait avec du sucre candi dissous dans du vin blanc. Cette dernière addition est indispensable pour les vins qui ont naturellement de la verdeur et de l'acidité. Il faut, dans ce cas, 5 liv. et même davantage de sucre candi pour 100 bouteilles de vin.

Laissez votre vin se reposer jusqu'à la fin de février; alors vous le collerez une seconde fois avec la colle de poisson, et ensuite le *laisserez en repos jusque vers la fin de mars* (du 20 au 30 mars), époque à laquelle vous le mettrez en bouteilles par un temps clair et sec. Ce terme est de rigueur et il ne faut guère le dépasser, sans quoi on s'exposerait à n'avoir que du vin peu ou point mousseux.

La *mise en bouteilles et la conservation* des vins mousseux exigent une foule de soins et de précautions que nous allons faire connaître et pour lesquels la Champagne fournit des ouvriers exercés et fort habiles.

Le *choix des bouteilles*, dans lesquelles on veut conserver les vins mousseux, est une chose de la plus haute importance; elles doivent être très fortes, d'une épaisseur égale, avoir le goulot très étroit et de forme conique, afin que le bouchon puisse en être facilement et vivement expulsé par la force expansive du gaz carbonique, à l'instant même où l'on brise les liens qui retiennent le bouchon. Les *bouchons* doivent être fins et de 1re qualité. Il faut rejeter les bouchons poreux et défectueux, ainsi que ceux qui ont déjà servi.

On *remplit ordinairement les bouteilles* jusqu'à 2 travers de doigt au-dessous du bouchon. Nous conseillerons aux personnes qui voudraient ne faire qu'une petite quantité de vin mousseux (200 à 300 bouteilles) de les

remplir seulement aux trois quarts pour les raisons que nous indiquerons plus loin. On enfonce avec force le bouchon dans le goulot de la bouteille, au moyen d'un petit maillet de bois, et on assujétit solidement ce bouchon avec un lien de fil de fer recuit. Il faut voir et apprendre sur une bouteille venant de Champagne la manière dont le bouchon est ficelé et assujéti. On peut au reste en prendre une idée par la fig 215.

Fig. 215.

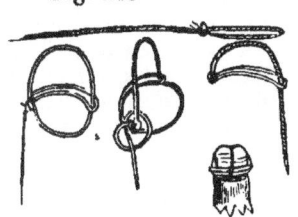

Cette opération étant terminée, on *met les bouteilles en tas* dans une cave bien fraîche, ayant soin de placer des lattes entre les rangs de bouteilles pour les séparer et les soutenir. Les tas doivent être isolés, solides, peu élevés et montés d'aplomb.

Comme la fermentation du vin n'est pas encore achevée à l'époque de la mise en bouteilles, *elle continue dans l'intérieur du verre*, et il se dégage de la liqueur, par l'effet de cette fermentation, une quantité considérable de gaz acide carbonique, lequel ne pouvant s'échapper reste emprisonné dans l'intérieur de la bouteille et est forcé de se dissoudre, au moins en partie, dans le vin. Aussitôt que l'on ouvre la bouteille, ce gaz s'échappe de toutes part du liquide où il est renfermé sous la forme de bulles; c'est ce que l'on nomme la *mousse*. Six semaines ou 2 mois environ après la mise du vin en bouteilles, la mousse commence à s'y manifester avec violence, tellement qu'un nombre considérable de bouteilles sont brisées avec explosion par l'effet du dégagement du gaz acide carbonique.

En Champagne la *casse des bouteilles* s'élève ordinairement de 12 à 20 pour cent, quelquefois au-delà; elle se continue pendant tout l'été. Les tas de bouteilles y sont placés à proximité d'une petite citerne ou d'un réservoir dans lequel vient se rendre le vin qui s'écoule des bouteilles qui cassent. On recueille ce vin tous les jours et on le met de nouveau en bouteilles après l'avoir bien collé. Nous conseillerons aux amateurs, qui n'opèrent que sur de petites quantités, d'entasser solidement leurs bouteilles dans une cuve (*fig.* 216)

Fig. 216.

ou dans un tonneau défoncé par un bout, afin qu'ils puissent recueillir chaque jour le vin qui, sans cette attention, serait infailliblement perdu pour eux. Un moyen certain d'éviter ou de diminuer beaucoup la casse des bouteilles, c'est de ne les *emplir, pour la* 1ᵣₑ *année, qu'aux* 3/4; l'espace vide est ordinairement suffisant pour loger le gaz acide carbonique en excès.

Le vin mousseux, après avoir séjourné pendant un an dans les bouteilles *y forme un dépôt* qui altère la transparence et la limpidité de la liqueur et qu'il est indispensable d'enlever; c'est ce qu'on appelle en Champagne faire *dégorger* le vin. Afin de procéder à cette opération, enlevez l'une après l'autre chaque bouteille du tas, et, la tenant de la main droite par le col, à la hauteur de l'œil, le bouchon tourné en bas, imprimez à la bouteille, pendant un quart de minute ou une demi-minute environ, un léger mouvement horizontal circulaire ou de tournoiement, comme si vous vouliez la rincer. Ce mouvement a pour but de détacher le dépôt qui s'est formé dans le flanc de la bouteille et de le faire descendre lentement et sans secousse vers le goulot, ayant la plus grande attention possible de ne pas troubler le vin. Ce mouvement de rotation doit être exécuté avec beaucoup d'intelligence et d'adresse. Le dépôt étant détaché et amené vers le goulot de la bouteille, placez celle-ci sur une planche percée de gros trous ronds, dite planche à bouteilles, de manière que le bouchon soit tourné en bas. Opérez de la même manière sur chacune des bouteilles successivement, après quoi laissez-les ainsi sur la planche pendant 15 jours ou un mois. Dans quelques maisons de commerce on dépose les bouteilles dans une situation inclinée, sur la planche percée, et on fait faire aux bouteilles un quart de tour chaque jour, afin de détacher sans secousse le dépôt et de le faire descendre progressivement sur le bouchon.

Lorsque vous serez bien assuré que tout le dépôt s'est fixé sur les bouchons, sans que la limpidité du vin soit altérée, vous pouvez procéder au *dégorgement*. A cet effet, un ouvrier intelligent et habile enlève avec précaution la 1ʳᵉ bouteille placée sur la planche percée, et, la tenant dans une situation renversée, le goulot en bas, il examine au jour ou à la lumière d'une chandelle si le vin est bien clair et bien vif; alors il place la bouteille et l'appuie le long du bras gauche (*fig.* 217), saisit le goulot avec la main gauche, la paume tournée en l'air; tandis qu'avec la main droite, armée d'un crochet, il brise et détache le fil de fer qui retient le bouchon. Le vin ainsi que son dépôt sont lancés vivement au dehors de la bouteille et tombent dans un petit cuvier. Aussitôt que l'ouvrier soupçonne que le dépôt est entièrement extrait, par un tour de main vif et précis il retourne la bouteille et examine si le vin en est parfaitement clair. Dans ce cas il la donne à un autre ouvrier chargé de remplir le vide occasionné par le dépôt avec du vin bien clair. On bouche de nouveau la bouteille avec un bouchon neuf bien choisi ou un bouchon qui a déjà servi, mais qu'on trempe légèrement dans l'eau-de-vie. On ficelle une seconde fois le bouchon avec une petite ficelle de chanvre, et par-dessus celle-ci on fait une seconde ligature, fortement serrée, avec du fil de fer. On gou-

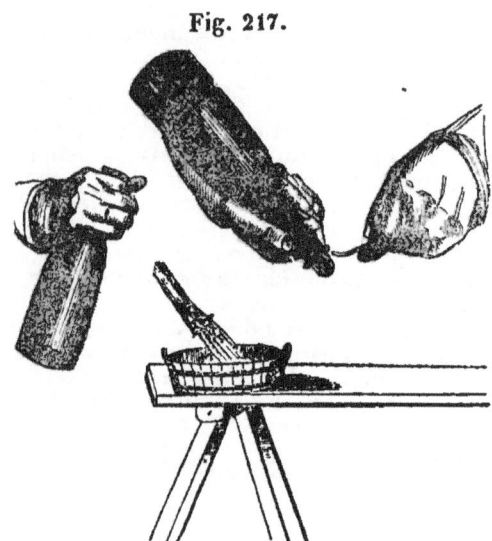

Fig. 217.

dronne ensuite le bouchon, et l'on remet les bouteilles en tas avec les précautions indiquées plus haut. Le vin ainsi préparé peut être consommé 5 ou 6 mois après le dégorgement. Lorsque l'ouvrier, en continuant son opération, trouve des bouteilles qui ne sont pas limpides ou dans lesquelles le dépôt n'a pas entièrement descendu sur le bouchon, il les replace sur la planche percée pour les faire dégorger quelques jours plus tard.

Quelquefois on *remplit les bouteilles* dégorgées avec un sirop de sucre candi et du vin blanc, auquel on ajoute de bonne eau-de-vie. Il y a des vins qui exigent un 2ᵉ et même un 3ᵉ dégorgement. On y procède comme nous venons de le dire. Il arrive aussi quelquefois que la fermentation du vin et la casse des bouteilles recommencent à la 2ᵉ année.

Telles sont les diverses opérations nécessaires pour la préparation des vins mousseux. Elles exigent, comme on a pu le voir, beaucoup d'attention et même de dépenses. Toutefois les propriétaires de vignes trouveront une économie considérable à préparer eux-mêmes le vin mousseux qui sera consommé habituellement sur leurs tables. Nous pouvons leur garantir, d'après nos expériences personnelles, qu'en suivant ponctuellement les préceptes que nous avons indiqués, ils obtiendront un succès aussi complet et aussi satisfaisant que pourra le permettre la qualité du raisin qui sera employé à cet usage.

J. Ch. Herpin.

§ II. — Observations sur les vins mousseux.

On *fabrique des vins mousseux* dans plusieurs vignobles autres que ceux de la Champagne et par des procédés différens. Cependant on est d'accord sur la manière de vendanger et de dépurer le moût par le repos, afin de séparer en partie les élémens du ferment.

On prépare des vins mousseux dans l'arrondissement d'Argentière (Ardèche), à Limoux (Aude), sous le nom de *blanquette*, à Saint-Ambroise (Gard), à Arbois (Jura), et dans l'arrondissement de Béfort (Haut-Rhin). Ces vins sont consommés dans le pays et moins répandus dans le commerce que ceux de la

Champagne. On a commencé depuis quelques années à fabriquer des vins mousseux dans la Côte-d'Or, et l'on suit les procédés de la Champagne qui ont été importés par des tonneliers de cette contrée. Les mousseux de la Côte-d'Or rivalisent avec ceux des Champenois, mais on les trouve moins doux et plus capiteux. Les vignobles de la Champagne paraissent seuls en possession de certaines qualités de raisins qui, par leur mélange, donnent les excellens vins d'Aï, d'Épernai, etc.

Il résulte de tout ce que nous savons sur les divers modes d'obtenir des vins mousseux que cette fabrication repose encore aujourd'hui sur des *procédés tout-à-fait empiriques* qui demandent beaucoup d'adresse et d'intelligence. Tout ce que la science nous a fait connaître, c'est que la mousse est due au refoulement de l'acide carbonique qui se dégage par suite d'une fermentation secondaire; les conditions et les résultats de cette nouvelle réaction n'ont pas été bien déterminés et suffisamment étudiés. Comment pourrait-on remédier aux pertes et aux inconvéniens de la casse? Quel est le moyen de supprimer l'opération du dégorgement, qui est aussi minutieuse que dispendieuse? Personne n'a jusqu'à ce jour essayé une autre méthode que celle généralement suivie. Cependant, si l'on compare les diverses pratiques usitées, on peut s'assurer que l'on obtient des vins mousseux pour peu que l'on ait l'attention d'arrêter le dégagement de l'acide carbonique, et ces vins se conservent suffisamment limpides sans avoir recours à l'opération du dégorgement. Il est aujourd'hui peu de propriétaires qui ne se procurent du vin mousseux de son crû pour sa consommation particulière.

Il y a quelques années qu'il s'était établi aux environs de Paris une fabrique de vin mousseux à l'instar de celles des eaux gazeuses; mais cet établissement n'a pas continué, parce que l'acide carbonique obtenu chimiquement donne au vin une saveur peu agréable; il n'est que comprimé, la liqueur n'offre qu'une mousse qui disparaît sur-le-champ et au bout de quelques mois elle ne se montre plus. Je connais des personnes qui, ayant acheté de ce vin, ont été surprises de n'avoir qu'un vin blanc non mousseux et de qualité inférieure.

Tout le monde connaît ce qu'on nomme le vin *fou*, dit *enragé*. Du moût renfermé dans un fût allongé, dont les fonds ont peu de diamètre, y subit sa fermentation sans rompre son enveloppe, et l'acide carbonique disparaît, à ce que prétend M. Lenoir. Si cela se passe ainsi, le gaz entre en combinaison ou s'échappe par les pores du bois. C'est pourquoi on ne peut obtenir un vin mousseux en tonneau, ou du moins je ne sache pas qu'on ait essayé ce mode de préparation. En effet, s'il était possible de faire prendre la mousse à un vin en futaille, on n'aurait plus autre chose à faire qu'à le mettre en bouteilles avec les précautions usitées pour le tirage des eaux gazeuses.

Personne ne s'est avisé de faire confectionner des *vases en grès*, couverts d'un vernis vitreux, d'une forme analogue à celle d'une jarre et de la capacité d'un hectolitre; ils seraient munis d'un robinet à la partie inférieure et bouchés hermétiquement. Le vin y serait déposé au mois de février ou de mars, après le soutirage et le collage, et y resterait jusqu'au mois d'octobre ou de novembre, époque à laquelle on le mettrait en bouteilles. Le travail étant achevé, on n'aurait plus à craindre la casse.

Une *condition essentielle*, c'est de faire en sorte que la fermentation s'opère lentement, qu'il se produise peu de gaz dans le même moment, et pour cela il faut connaître les proportions relatives des élémens qui entrent dans le vin sur lequel on opère. On n'a pas encore déterminé quelle était ou devait être la richesse alcoolique du vin au moment où on le met en bouteilles, ainsi que celle qu'il a acquise lorsqu'il est devenu mousseux et qu'il a cessé de travailler; ces données serviraient à régler les additions de sirop, de tartre ou d'alcool. La quantité de sucre non décomposé indiquerait à peu près le volume d'acide carbonique qui doit se former s'il existe assez de ferment. Je suppose à la bouteille la capacité d'un litre ou 1,000 cent. cubes. S'il reste 30 gram. ou une once de matière sucrée à décomposer, nous aurons 16 cent. d'alcool de formé, 1 et 1/2 pour 0/0 en volume, et 5 litres d'acide carbonique ou 5 fois le volume du vin. Sa pression sera égale à celle de 4 ou 5 atmosphères. L'expérience a démontré que cette pression suffit quelquefois pour faire éclater le verre, si elle est instantanée et augmentée par un développement de calorique qui tend à séparer le gaz du liquide; mais si la fermentation est lente, si l'acide se dégage bulle à bulle, il est ainsi combiné ou interposé à l'état naissant entre les molécules du vin; il forme un tout à l'état vésiculeux élastique, dont la pression s'exerce en même temps sur tous les points du vase; le verre est alors plus résistant. J'ai calculé que si l'on soumettait, dans un vase clos et résistant, du moût à 1,083 de densité, dont tout le sucre s'était décomposé, il se produirait assez de gaz pour que la pression fût égale à 36 atmosphères, précisément celle que M. Faraday a trouvée au gaz acide carbonique liquéfié; mais, outre qu'aucun vase ne résisterait à cette énorme pression, la fermentation ne peut avoir lieu à la température basse à laquelle l'acide carbonique se liquéfie. Il m'est arrivé plusieurs fois de renfermer du suc de coings, dépuré et filtré, dans des bouteilles ficelées et goudronnées qui ont été conservées dans une cave fraîche; au bout d'un an, ayant eu besoin de ce suc pour préparer le sirop de coing, j'ai trouvé un vin mousseux très agréable. Pendant plusieurs années j'ai fabriqué ce vin en ajoutant 3 pour 0/0 d'alcool et 30 gram. de sucre raffiné. On peut donc assurer que toutes les fois que l'on soumettra à la fermentation graduée un vin contenant du ferment et de la matière sucrée indécomposée, on obtiendra un vin mousseux, et lorsqu'il se trouvera une proportion d'alcool suffisante pour arrêter la fermentation, l'acide carbonique restera en combinaison vesiculeuse jusqu'à ce que l'équilibre soit rompu par une cause quelconque, telle qu'un changement de température ou une diminution de pression pour lui donner issue. Nous engageons les savans œnologues à se livrer à des recherches expérimentales qui pourront conduire à des procédés plus simples.

Quant à la fabrication des *vins de paille* et

des *vins de liqueur,* elle est suffisamment connue dans les contrées où elle se pratique, et surtout dans les vignobles qui depuis longtemps en sont en possession. Ce que nous avons dit sur la fermentation mettra sur la voie ceux qui désireraient un vin liquoreux, résultat que l'on obtiendra facilement. Toutes les fois que la proportion de la matière sucrée excédera celle que le ferment existant ou laissé dans le moût pourra décomposer, on sera assuré d'obtenir un vin doux et liquoreux. Ces liquides ne sont d'ailleurs que des boissons de luxe, enivrantes et capiteuses, qui ne sont et ne doivent être prises qu'en petite quantité.

Section X. — *De la cave, des vaisseaux vinaires et autres ustensiles.*

§ Ier. — Du cellier et de la cave.

Le *cellier* est un emplacement ménagé au rez-de-chaussée et qui se prolonge sous la maison d'habitation; il est peu éclairé, frais en automne et conservant une température au-dessus de 0 en hiver lorsqu'il est bien fermé. C'est dans ce local que l'on dépose les vins jusqu'à leur refroidissement; on les bondonne ensuite pour les transporter à la cave; quelquefois le transport n'a lieu qu'après le 1er soutirage.

La *cave* est en général plus basse que le sol; sa profondeur varie suivant la nature du terrain. On ne peut trop apporter de soin à sa construction, à la disposition de la porte, ainsi qu'au nombre et au placement des soupiraux. *La température doit être constante* autant que possible pendant toute l'année et ne pas excéder + 12° C. Elle ne doit être ni *trop sèche* ni *trop humide;* dans le 1er cas les tonneaux se sèchent et le vin perd par l'évaporation à travers les pores du fût; dans le 2e, les cercles s'humectent, le bois des tonneaux conserve une humidité qui occasionne le moisi, le vin se gâte, ou, les cercles venant à éclater, il se perd par la disjonction des douves. On fera bien d'avoir plusieurs thermomètres et hygromètres pour s'assurer de la température et de l'humidité de la cave dans toute son étendue. La longueur de la cave est illimitée; quant à la largeur, elle doit être suffisante pour que l'on puisse manœuvrer facilement et exécuter toutes les opérations qu'exige la conservation des vins. Les caves sont ordinairement voûtées; les murs sont construits en pierres ou en briques jointes avec le mortier hydraulique, lorsqu'on peut s'en procurer. Il faut, autant que possible, éviter que les murs se chargent d'humidité au point de se couvrir de végétations, qui vicient l'air de la cave et nuisent aux vins. On la placera de manière à ce qu'elle soit garantie de tout ébranlement causé par le passage des voitures ou par les machines en mouvement des usines ou les ouvriers à marteau. On éloignera des caves les écuries, les dépôts de fumier, les fosses d'aisances, les puits perdus et égoûts de toute espèce, surtout si le sous-sol est poreux. On ne doit tenir dans les caves aucune substance végétale ou animale susceptible de fermentation, telles que fleurs, légumes, jardinage, viande, fromage; on évitera surtout d'y nourrir de la volaille ou des lapins. La cave

est exclusivement consacrée à la conservation du vin et rien ne doit y entrer que le vin. Lorsque la cave n'est point pavée ou dallée, il faut qu'elle soit glaisée ou recouverte de plâtras lessivés, résidu du travail des salpétriers comme à Paris, et bien battus. Quelques-unes sont sablées, ce qui ne convient que pour les caves où l'on conserve le vin en bouteilles; un sol uni est préférable pour le maniement des tonneaux. L'ouverture d'une cave sera pratiquée au nord et munie d'une porte double; l'emplacement entre les 2 portes sert à placer les instrumens divers qui seront indiqués; c'est le petit laboratoire de l'œnotechnicien. Les conditions d'une bonne cave étant ainsi déterminées, il sera facile de les obtenir suivant les localités; nous conseillons à cet égard aux propriétaires et aux architectes, de consulter le traité de la fabrication des vins de Chaptal, qui entre dans beaucoup de détails intéressans sur ce sujet.

Ainsi ce qu'il importe le plus de rechercher dans une cave, c'est une température constante de + 12° C., une atmosphère qui se renouvelle aisément, enfin le maintien d'une humidité moyenne.

§ II. — Des vaisseaux vinaires.

Le *tonneau* est un vaisseau en bois, de forme à peu près cylindrique, mais renflé dans son milieu, à bases planes, rondes et égales, et construit avec des douves arcs-boutées et retenues par des cerceaux ou cercles. La jauge ou contenance est très variable, ainsi que les dénominations qu'il reçoit dans chaque vignoble. Il contient depuis 228 lit. jusqu'à 4, 5 et 600 lit.; passé ce nombre il prend le nom de *foudre.* La jauge la plus ordinaire pour le commerce est de 2 à 3 hectolit.; les droits étant perçus par hectolit., la contenance des fûts est ramenée à cette unité de mesure. Je voudrais que la jauge des futailles fût indiquée ou inscrite sur le fond de chacune d'elles; il y aurait moins de fraude dans le commerce des vins, fraude qui pèse principalement sur les consommateurs.

La *meilleure forme* à donner à un tonneau est celle de 2 cônes tronqués réunis par leur grande base; plus un tonneau approche de cette figure, moins il touche à la terre par des points de contact, et plus il fait voûte et offre de résistance, plus on le roule et on le retourne facilement, et moins les cercles et les osiers qui les lient sont sujets à se pourrir. L'air circule plus librement, et l'humidité s'attache moins au bois qui ne se couvre pas alors de moisissures.

On doit apporter le plus grand soin au *choix des tonneaux* et les examiner avec la plus scrupuleuse attention; toute négligence dans leur achat entraîne souvent la perte du vin. Le chêne est le bois le plus propre à la construction des futailles. Il faut veiller à ce que le merrain ne contienne point d'aubier, qu'il soit sain, non vermoulu, et qu'il ait une épaisseur convenable pour que la douve, étant façonnée, ne soit pas trop amincie vers le bouge, c'est-à-dire à l'endroit le plus élevé de sa courbure. Il faut une grande habitude pour ne pas être la dupe des tonneliers et une connaissance parfaite du bois. L'assemblage des douves qui composent un tonneau demande beaucoup d'adresse de la part de l'ouvrier pour que la jonction soit complète, que le liquide ne trouve aucune issue par laquelle il pourrait s'échapper, et que les cercles puissent être bien chassés. On examinera si le *jable* est bien fait et si de ce côté les douves de fond ne sont pas trop amincies. Les fonds étant plats offrent moins de résistance à l'expansion des gaz que le bouge; on remédie à cet inconvénient par le barrage, qui doit être examiné attentivement, surtout à l'endroit où sont pratiqués les trous qui reçoivent les chevilles. On rejettera autant que possible les barriques en châtaignier, en hêtre et en bois blanc, parce que ces bois étant plus poreux, il se fait une grande perte de vin.

Les *cerceaux* qui sont destinés à retenir les douves méritent aussi une scrupuleuse attention; les meilleurs sont en bois de châtaignier, ensuite viennent ceux de coudrier, de saule-marsault, de frêne, etc. C'est par l'écorce et l'aubier que les cercles périssent, mais il ne me paraît guère possible de les obtenir en cœur de bois, en raison de la flexibilité qu'ils exigent. En somme, la meilleure substance pour cercler serait le fer en bandes, s'il n'était trop dispendieux, à cause du grand nombre de tonneaux de peu de contenance. Il ne convient guère que pour les grandes barriques ou les foudres qui restent à demeure dans les caves. Le prix des tonneaux, étant compris dans celui du vin, se trouve à la charge du vendeur ou propriétaire. L'essentiel, quand on expédie, est de n'employer que des cercles neufs et de l'osier frais. La durée des cercles sera toujours assez longue pour attendre la mise en bouteilles des vins qui se vendent au dehors.

Les *bondons* qui servent à fermer les tonneaux doivent être en chêne, parfaitement ronds et pour cela faits au tour. Une fois frappés dans le trou de la bonde, ils ne dépasseront pas la hauteur des cercles les plus près du centre, afin de ne pas gêner le roulage du tonneau. Les bondons en bois blancs ou tendres seront refusés autant que possible; on ne les emploiera qu'en cas de besoin, mais jamais pour les tonneaux destinés au transport.

Les *foudres* ne diffèrent des tonneaux que par leurs dimensions; ils sont construits en chêne, dont les planches ont une épaisseur convenable selon la capacité. L'un des fonds est muni d'une porte à coulisses retenue par une vis de pression; c'est par cette ouverture qu'un homme peut s'introduire pour nettoyer l'intérieur de ce vaisseau. Comme les portes des caves n'ont que la largeur nécessaire pour entrer un tonneau ordinaire, les foudres se montent sur place; leur grandeur est proportionnée à la largeur et à la hauteur de la voûte. On est quelquefois obligé de pratiquer dans la voûte une ouverture extérieure au moyen de laquelle on coule le vin dans les foudres. Il paraît que l'usage de ces grands tonneaux nous vient du Nord; en Bourgogne, ces réservoirs ne sont bien construits que par des tonneliers allemands qui sont aussi chargés de la confection des cuves. Les foudres sont cerclés en fer et les cercles sont recouverts de plusieurs couches de peinture à l'huile. On ferait bien, je crois, de les peindre

du côté du bois, et peut-être d'enduire d'un vernis de cire et d'huile de térébenthine l'endroit auquel ils s'appliquent avant de les poser. On ne peut fixer de limites à la capacité des foudres.

On réussit mieux encore à conserver le vin en remplaçant ces vases de bois par des foudres en pierre, à chaux et ciment, dont les murs ont assez d'épaisseur pour résister à la pression. Nous citerons à cet égard les foudres établies en 1828 à Gyé-sur-Seine, en ciment hydraulique de Pouilly, par M. P. L. Douce, qui en a décrit la construction de la manière suivante.

« Mon premier soin fut de chercher des pierres d'un grain dur, serré, compacte et capables de contenir les liquides sans déperdition. Le fond sur lequel je voulais établir mes foudres étant nivelé, je fis poser sur toute la surface un 1er pavé sur une couche de ciment ordinaire. Les dimensions de ces pavés étaient de 3 po. d'épaisseur, de 2 à 3 pi. de longueur sur une largeur de 12, 15 à 18 po.; ils étaient simplement piqués, dressés à la règle et non polis; les bords en étaient coupés carrément et non en biseau. Je ménageai entre chaque pavé un joint de 4 à 5 lig. que je fis remplir avec du ciment de Pouilly. Cette 1re opération terminée, je fis poser un 2e pavé semblable au précédent; mais au lieu de ciment ordinaire je le fis poser sur un bain de ciment de Pouilly, de manière à couper tous les joints. Ces joints furent remplis avec le même ciment. C'est sur ce fond que j'ai commencé la construction d'un groupe de 6 foudres, ayant chacun 18 pi. 6 po. de long, autant de large, et 9 pi. 3 po. de hauteur. Les pierres de taille ont 8 po. d'épaisseur, de 4 à 9 1/2 pi. de longueur, sur 15 à 18 po. de hauteur.

« Mes 6 foudres sont disposés l'un contre l'autre sur 2 rangées de 3 foudres chacune. Aux angles supérieurs sont les ouvertures destinées au passage d'un homme; elles sont fermées par une pierre de 4 po. d'épaisseur, de 1 pi. de large et 15 po. de long, scellée avec du ciment romain que l'on emporte au ciseau lorsqu'on veut ouvrir, soutirer ou nettoyer, et qu'on replace avec facilité quand on veut remplir. Au milieu de cette pierre est un trou pour recevoir un entonnoir ou une bonde. Le mur de séparation entre 2 rangs de foudres est élevé de 1 1/2 po. de plus que les autres murs latéraux, afin que le remplissage fait à ce point culminant donne la certitude que toute la surface est remplie. La construction est aussi prompte que facile. Chaque pierre étant en place, et posée debout sur des calles, est inclinée sur le côté pendant qu'un ouvrier pose le ciment. La pierre est remise d'aplomb et l'on a soin de refouler à la truelle le ciment dans les joints; on desserre également les calles, et quand le ciment est pris on les enlève et on remplit le vide qu'elles ont laissé. Quant aux joints perpendiculaires, on les remplit sur les côtés avec un peu de ciment, et quand il est pris, à l'aide d'une petite trémie de tôle et d'une lame de fer qu'on introduit dans le joint de haut en bas, on garnit tout le vide avec exactitude. Pour plus de sûreté, quand la construction est terminée, on gratte tous les joints sur quelques lignes de profondeur et on répare tous les défauts et boursoufflures.

« Avant de couvrir mes fondres j'ai fait poser un 3e pavé dans l'intérieur de chacun d'eux. Ce pavé est taillé avec plus de soin que les deux 1ers, et c'est lors de la pose et par la différence des épaisseurs que je ménage la pente de mes fonds et un petit réservoir de 15 lig. de profondeur sur 1 p. carré, destiné à puiser les lies et bas vins lors du soutirage et de la livraison. Je pratique le soutirage au moyen d'une simple pompe aspirante en bois; 5 heures me suffisent pour vider un foudre contenant 100 pièces.

« Chacune de mes cases est recouverte par 3 grandes pierres de 7 à 8 po. d'épaisseur; c'est à l'angle de celle qui touche les murs de division que je pratique l'ouverture pour le passage d'un homme. Les joints se remplissent avec du ciment de Pouilly. Ma construction étant terminée, j'ai fait boucharder la surface entière des murs, des pavés et fonds supérieurs, de manière à enlever toutes les bavures du ciment et à ne laisser que l'épaisseur des joints, qui se trouve réduite à quelques lignes; cette légère partie du ciment est la seule qui se trouve en contact avec le vin. Avant de remplir mes foudres, je me suis borné à faire laver toute leur surface intérieure avec de l'eau, puis avec du vin et ensuite avec de l'eau-de-vie. Mon vin est resté pendant 2 ans très bien conservé et sans avoir contracté aucun mauvais goût. »

§ III. — Des bondes et ustensiles divers.

Les bondes ou soupapes hydrauliques, dont on commence à faire un usage étendu en France, ont pour but de permettre aux vins d'achever leur fermentation hors du contact de l'air, de retenir dans ces liquides une certaine quantité d'acide carbonique, sans toutefois opposer un obstacle trop difficile à vaincre à la haute pression que ce gaz peut acquérir. Décrivons ici quelques-uns des appareils les plus ingénieux de ce genre.

1° La *bonde ordinaire de la Bourgogne et de la Champagne* est un cylindre de fer-blanc dont le fond est traversé par un cylindre plus petit, soudé sur ce fond et ouvert aux 2 extrémités. Ce 2e cylindre s'élève un peu au-dessus des bords supérieurs du 1er et est coiffé par un tube plus large, fermé à sa partie supérieure. On verse de l'eau dans l'espace annulaire entre les 2 cylindres jusqu'aux 2/3 de la hauteur de l'appareil. Les gaz qui se dégagent du tonneau sont forcés, pour s'échapper en dehors, de vaincre une pression de 1 à 2 po. d'eau et cessent de s'écouler dès que l'équilibre est rétabli, sans qu'il y ait un seul instant contact du vin avec l'air extérieur.

2° La *bonde de* M. SEBILLE-AUGER est construite en fer-blanc ou en tôle vernie; elle se compose d'une virole AA (*fig.* 218), qui entre dans le trou de la bonde; d'un cylindre B, qui en est la continuation, et d'un entonnoir CD qui, jusqu'à la ligne OO, contient de l'eau qui forme la fermeture hydraulique. La virole est percée, sur sa circonférence, de 4 trous ou fentes M, qui servent à donner passage à l'air du tonneau quand on le

remplit. La bonde est surmontée d'un couvercle (*fig.* 219) qui glisse sur le cylindre et

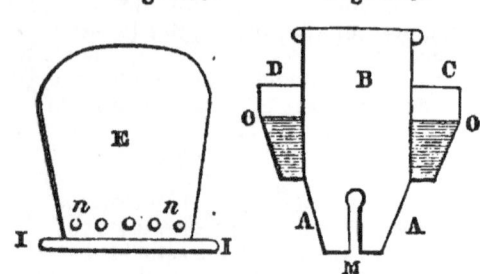

Fig. 219.   Fig. 218.

dont le bord II entre jusqu'au fond de l'entonnoir. Au-dessus du rebord du couvercle sont des trous nn par lesquels l'air peut pénétrer dans le tonneau, lorsque le vide qui s'y fait équivaut à une colonne d'eau plus haute que le cylindre B; l'introduction de quelques bulles d'air rétablit l'équilibre et l'eau retombe dans l'entonnoir. C'est par ces mêmes trous que, lors de la fermentation, l'acide carbonique se dégage à travers l'eau. Ces bondes peuvent être fabriquées au prix de 2 fr. On les place sur les tonneaux de vin blanc en fermentation et on les assujétit sur le trou de bonde avec un lut composé de blanc d'œuf et de craie en poudre ou blanc de Meudon. Pour les vins rouges, c'est après l'entonnaison qu'on met les bondes hydrauliques, qui peuvent rester pendant l'hiver, jusqu'au 1er soutirage au moins. M. SEBILLE pense même qu'il n'y a pas d'inconvénient à les laisser plus long-temps, lorsque les caves sont fraîches et qu'on a soin de tenir les tonneaux pleins.

3° *Bonde de* M. PAYEN. Ce chimiste a fait connaître une bonde hydraulique très propre à s'opposer complètement à l'introduction de l'air dans les vases vinaires, malgré les mouvemens irréguliers dus à la fermentation. Cette bonde est construite sur le principe des tubes de sûreté à boule des chimistes, mais avec les modifications nécessaires pour la rendre usuelle et peu fragile. Elle est en fer-blanc (*fig.* 220) et a la forme d'un vase conique creux, fermé aux deux bases. Intérieurement elle est séparée en 2 par un diaphragme a qui descend près de la base inférieure. Celle-ci est percée d'un trou c, sur lequel est adapté un tube b qui monte jusque près de la base supérieure, laquelle est elle-même percée d'un trou 6 de l'autre côté du diaphragme a. Voici l'usage de cette bonde. On verse par le trou 6, et jusqu'en ee, une certaine quantité d'une dissolution faible et limpide de potasse ou de cendres de bois pour que la bonde ne s'oxide pas intérieurement, et on place cette bonde dans l'ouverture du tonneau jusqu'à oo. En cet état le trou c communique avec les gaz qui se dégagent de la liqueur vineuse renfermée dans le tonneau et le trou 6 avec l'air extérieur. Si, par suite des mouvemens dus à la fermentation, il y a aug-

Fig. 220.

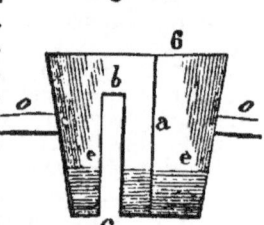

mentation de pression intérieure, les gaz s'é-lèvent par le tube *b*, pressent sur le liquide placé à gauche du diaphragme et le font re-monter dans la partie droite jusqu'à ce que ce gaz ayant refoulé tout le liquide passe sous le diaphragme, s'élève dans l'eau et s'échappe par le trou 6. Si, au contraire, il y a diminu-tion de pression dans le vase vinaire, l'air at-mosphérique intérieur, pressant de tout son poids, refoule à son tour le liquide placé à droite du diaphragme, le fait monter à gau-che, jusqu'à ce que passant sous ce diaphrag-me, il vienne se mêler par le tube *b* avec les gaz de l'intérieur pour y rétablir l'équilibre. Si ces variations de pression sont peu consi-dérables, une différence de niveau assez faible entre la droite et la gauche du diaphragme suffit pour égaliser les pressions.

4° *Bonde à soupape et à ressort de* M. SEBILLE-AUGER. Cette bonde est très propre à garantir du contact de l'air, à faciliter le transport des vins dont la fermentation n'est pas achevée, ainsi qu'à empêcher les fonds de pousser lorsque la fermentation se rétablit à cer-taines époques de l'année. A (*fig.* 221), bonde ordinaire, en bois, percée à son centre pour recevoir de force la partie inférieure de la bonde en cuivre qui est percée et rodée en I pour que la soupape C puisse s'y ajuster par-faitement. Cette soupape est pourvue d'une tige M, pour maintenir en place le ressort à bou-din D, qui appuie à l'une de ses extrémités sur la soupape, et par l'autre sur le fond d'une boîte E, fixée à la bonde de cuivre et montée comme une baïonnette sur cette bonde. Son fond est percé pour laisser passer la tige de la soupape, afin que celle-ci puisse se soule-ver quand le dégagement d'acide carbonique est assez fort pour vaincre la pression du res-sort. On voit en T des trous percés dans la boîte pour laisser sortir ce gaz. Ce petit appa-reil devient très propre au transport des vins encore en fermentation, en plaçant la tige M et le ressort de la soupape (qui alors seraient étamés) en dedans de la barrique, de manière à ce que rien ne déborde la bonde en bois, comme dans la fig. 222. Dans ce cas la tige M

se monte à vis sous la soupape C, après avoir passé le ressort. Un anneau N, monté égale-ment à vis sur la soupape, sert à la soulever dans le cas où le ressort serait trop fort ou ne jouerait pas bien. Pour rouler la barrique on dévisse l'anneau N. Au moyen de cette bon-de on évite l'emploi des fausses. On voit en P une plaque de cuivre attachée au-dessous de la bonde en bois et percée d'un trou pour laisser passer la tige ; elle sert à butter le res-sort et à maintenir la direction de la soupape. Ces bondes pourraient être établies à 2 fr., si on se contente d'une boîte en fer-blanc.

Ustensiles divers. On doit avoir dans la cave des *chantepleures* de plusieurs grandeurs, pour goûter les vins. Cette pratique est préférable à celle de piquer avec le foret chaque fois que l'on a besoin d'examiner le vin. La cave sera aussi munie : 1° de *brocs* en bois de chêne pour remplir les tonneaux ; 2° d'*entonnoirs* en bois et à douille en fer battu, étamé ou verni au copal ; 3° de *tuyaux* ou *boyaux* en toiles, sans couture, terminés à chaque bout par un canon en bois, dont le diamètre remplit le trou de la cannelle ; 4° de *soufflets* d'une construction particulière, bien connus en Bourgogne et en Champagne, dont nous par-lerons plus bas et qui servent à transvaser les vins d'un tonneau dans un autre. Le sou-tirage au soufflet ayant l'inconvénient de mê-ler de l'air au vin, on peut donner la préfé-rence à la *pompe* ou au *syphon*. Le plus com-mode est le *syphon à pompe et à robinet* de M. COLLARDEAU ; 5° de divers *syphons*; 6° de l'*entonnoir* de M. HERPIN pour remplir les tonneaux ; 7° de *mèches soufrées*, avec les ap-pareils pour opérer le méchage et le mutisme.

Le syphon à pompe est représenté dans la fig. 223. Pour en faire usage on plonge la branche A dans le vase qu'on veut vider, on ferme le robinet, et on verse un peu d'eau dans le tube EF pour amorcer le piston G. Alors on élève rapidement ce piston à plu-sieurs reprises, si cela est nécessaire, et sans crainte de faire rétrograder dans le piston l'air qu'on a fait sortir, puisque celui-ci porte 2 soupapes à boules, l'une E, adaptée au tube, l'autre G, au piston, et quand on a aspiré ainsi l'air du syphon, le liquide monte et coule par le robinet, qu'on ouvre en ayant soin d'incliner le syphon, de manière que cette ou-verture soit plus bas que le niveau du li-quide dans le vase qu'on veut vider. Quand ce vase est placé à la même hauteur que ce-lui qu'on veut remplir, le syphon va bien en commençant ; mais il arrive un moment où l'égalité des hauteurs des niveaux arrête son effet. Alors on ferme le robinet et on fait

Fig. 222. Fig. 221.

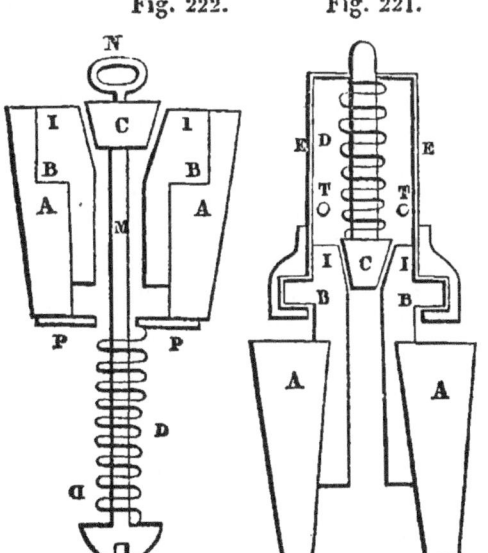

Fig. 224. Fig. 223.

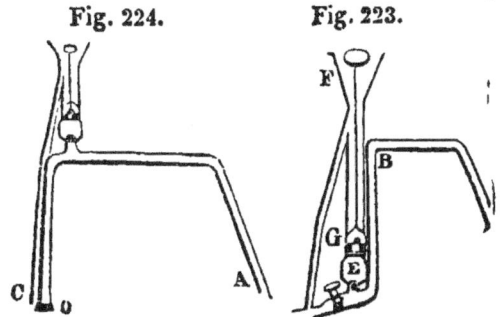

jouer la pompe; le liquide s'élève dans le tube EF et dans l'entonnoir F, d'où il retombe en dehors du robinet par le dégorgeoir. Pour les tonneaux dont la bonde est généralement étroite, on place la pompe au-dessus du syphon (*fig.* 224) et on remplace le robinet par un obturateur O, mû par un mécanisme fort simple.

Les mèches soufrées ne sont autre chose que des bandes de grosse toile de fil ou de tissu de coton, ou même de papier sans colle, que l'on plonge dans du soufre fondu. Cette opération étant répétée, une couche de soufre plus épaisse s'attache à la mèche. Quelques mèches sont recouvertes d'une poudre aromatique composée de cannelle, iris de Florence, etc., mêlée avec des feuilles de violettes séchées, addition qui me paraît tout au moins inutile.

J'ai observé qu'en plongeant dans le tonneau un morceau de mèche allumée, suspendu à un fil de fer tenant à la bonde, une partie du soufre brûlait tandis que l'autre, entrant en fusion, coule dans le tonneau et donne ensuite au vin une saveur peu agréable. Je propose, pour obvier à cet inconvénient, un appareil très simple (*fig.* 225), qui

Fig. 225.

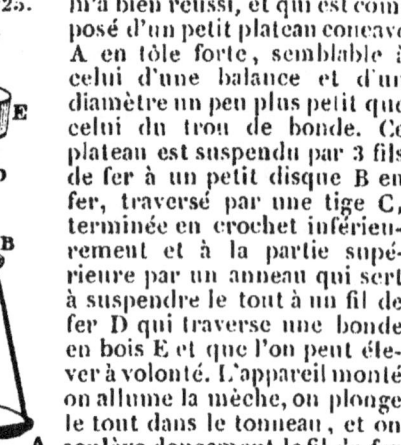

m'a bien réussi, et qui est composé d'un petit plateau concave A en tôle forte, semblable à celui d'une balance et d'un diamètre un peu plus petit que celui du trou de bonde. Ce plateau est suspendu par 3 fils de fer à un petit disque B en fer, traversé par une tige C, terminée en crochet inférieurement et à la partie supérieure par un anneau qui sert à suspendre le tout à un fil de fer D qui traverse une bonde en bois E et que l'on peut élever à volonté. L'appareil monté on allume la mèche, on plonge le tout dans le tonneau, et on soulève doucement le fil de fer jusqu'à ce que l'on arrive à l'anneau supérieur du plateau. On conçoit que ce dernier reçoit le soufre fondu de la mèche; le gaz sulfureux produit par la combustion se répand seul dans le vase.

Un autre appareil pour cet objet a été inventé par Rozier et indiqué par Chaptal; je l'ai modifié de la manière suivante : dans une bonde ordinaire A (*fig.* 226), on pratique 2 ouvertures, une qui reçoit le tube F de la cheminée du petit fourneau B et qui descend près du fond du tonneau, et l'autre qui livre passage à un petit tube D ouvert aux 2 bouts. Au-dessus du dôme du fourneau B est fixée une tige en fer portant 2 crochets latéraux, auxquels on suspend la mèche. Lorsque le tube F est engagé dans le tonneau, on fixe la bonde A, on allume les morceaux de mèches soufrées, on ferme la porte G, et l'air pour la combustion entre par une ouverture ronde e, à laquelle on peut adapter un soufflet si on le juge convenable. Le gaz sulfureux s'introduit seul dans le tonneau, chasse l'air qui s'échappe par le tube D; aussitôt que l'acide sulfureux sort par le tube le tonneau est suf-

fisamment méché. Pour qu'il en contint da-

Fig. 226.

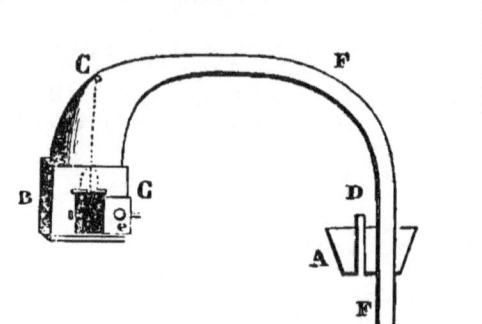

vantage, il faudrait opérer une pression en donnant au tube D la forme d'un syphon dont une branche plongerait dans l'eau. Dans ce cas, on se servirait d'un soufflet pour activer la combustion du soufre et chasser le gaz sulfureux dans la futaille.

On garnit encore la cave de *petits baquets* qui se placent sous les tonneaux en cas de coulure, et on a toujours à sa disposition un assortiment de *bondes* en liège ou en bois pour fermer le trou qui reçoit la cannelle, ainsi que du *vieux linge* ou même du *papier gris* sans colle; bien entendu qu'on n'oubliera pas la *tasse en argent*, le *foret* et la *pince*, ainsi que des *faussets* pour goûter ou faire goûter les vins.

Les tonneaux doivent être *placés bien horizontalement* sur des chantiers élevés de 6 à 7 po. Au lieu de coins en bois pour les arrêter, il vaut mieux se servir de pierres ou de morceaux de brique; on doit avoir soin que les tonneaux et les chantiers ne touchent pas les murs, et lorsque l'espace manque on est dans l'habitude d'engerber, c'est-à-dire de placer les pièces les unes sur les autres. Cette méthode est vicieuse et ne permet pas de soigner les vins convenablement.

§ IV. — Affranchissement des tonneaux, foudres et cuves.

Avant de mettre le vin dans les tonneaux, il est essentiel, après les avoir choisis, de les préparer de manière à ce qu'ils n'altèrent pas le vin et sur tout qu'ils ne lui communiquent point de mauvais goût. Lorsque l'on se sert de futailles neuves, on commence par les *échauder*, afin d'enlever la partie extractive et colorante du bois. On ajoute à l'eau bouillante 1 ou 2 livres de sel de cuisine. L'eau chaude, à la dose de 10 ou 12 lit., doit séjourner quelque temps sur chaque fond et être vidée avant qu'elle ne soit complétement refroidie. On passe une 2e fois de l'eau bouillante, si on le juge nécessaire; on vide, on rince avec soin à l'eau froide, on égoutte, on mèche, si le vaisseau ne sert pas de suite, et on bondonne exactement. Si au lieu de moût il doit recevoir du vin nouveau, on le passe 2 fois à l'eau bouillante, on mèche au soufre pour le vin blanc et à l'alcool pour le rouge. Pour mécher à l'alcool, on place dans le plateau de la bonde à mécher (*fig.* 225) des étoupes imbibées d'alcool auquel on met le feu.

Si l'on emploie des tonneaux qui ont déjà servi, il est indispensable de les examiner avec la plus scrupuleuse attention. Lorsqu'une barrique est *futée* ou moisie le mieux serait de la rejeter; mais, dans les années abondantes, les tonneaux sont rares, à un prix élevé et on emploie tout ce qu'on trouve. S'ils n'ont pas de mauvais goût on les échaude avec une décoction de feuilles de pêcher auxquelles on ajoute quelques pampres; si on leur reconnaît une odeur suspecte on les échaude avec un lait de chaux, récemment préparé, ou une forte lessive de cendres. M. BESVAL de Nancy a fait usage avec succès de la vapeur pour affranchir un foudre; ce moyen est très bon, lorsqu'on peut disposer d'un appareil convenable. Le procédé le plus sûr et le plus efficace, celui que j'ai mis souvent en usage et conseillé depuis long-temps, consiste d'abord à échauder les barriques, foudres ou cuves, ensuite à les rincer avec un mélange de 9 parties d'eau de rivière et 1 d'acide sulfurique; on introduit le mélange et on remue le tonneau dans tous les sens, de manière à ce que toute la surface intérieure soit complètement mouillée par le liquide. Si c'est un foudre ou une cuve, on le lave avec un balai ou une brosse en crin, en ayant soin que la liqueur acide ne jaillisse pas sur l'opérateur, qui se garantira surtout les yeux. Au bout de quelque temps on rejette l'eau acidulée, on lave à l'eau froide, puis avec un lait de chaux clair ou une lessive de cendres, et on rince enfin à l'eau claire; on égoutte, on passe quelques litres d'alcool ou de bonne eau-de-vie, si le tonneau doit recevoir du vin vieux; s'il n'est pas rempli de suite il est méché et bondonné exactement. MASSON-FOUR.

SECTION XI. — *Des soins à donner au vin.*

§ Ier. — Ouillage.

Le vin, au sortir de la cuve, est ordinairement déposé dans des tonneaux et placé dans une cave ou un cellier frais. Là, le vin achève de se faire; pendant la 1re quinzaine de jours il écume et bouillonne fortement et il s'en dégage beaucoup de gaz carbonique; mais après ce terme, la fermentation se ralentit et finit par devenir *insensible*, bien qu'elle ne soit pas entièrement terminée.

Dans plusieurs localités *on remplit chaque jour* le tonneau contenant le vin, afin que, par l'effet de la fermentation, l'écume et les impuretés qui se portent à la surface du liquide soient expulsées et rejetées au dehors par l'ouverture de la bonde; c'est ce que l'on appelle *ouiller*.

Dans d'autres endroits, au contraire, on a grand soin *de ne pas remplir entièrement le tonneau;* l'on y laisse un espace vide d'environ 6 à 8 po., suffisant pour contenir l'écume, laquelle se dépose à la longue et tombe au fond du tonneau, lorsque la fermentation se ralentit. Dans ce cas on ferme la bonde soit avec un linge chargé de sable ou de feuilles de vigne, soit avec une tuile, soit enfin avec une soupape. Quelquefois on place le bondon et l'on pratique à côté une petite ouverture

dans laquelle on introduit la cheville de bois, que l'on nomme *fausset.* Cette ouverture reste débouchée pendant les 1ers jours après la mise du vin en tonneaux. On ne remplit entièrement les vases que quand le bouillonnement a cessé et que la fermentation dite *tumultueuse* est achevée.

Les *bondes* ou *soupapes hydrauliques*, dont on fait usage dans plusieurs vignobles et dont l'invention première est due à CASBOIS, professeur à Metz, ont pour objet de retenir dans les tonneaux une quantité notable de gaz carbonique, tout en permettant la sortie de l'excédant de ce gaz qui pourrait, si la futaille était bien close, faire éclater les fonds et occasionner des accidens graves.

On a construit des soupapes hydrauliques de différentes formes, et on en a décrit plusieurs à la page 210. Nous citerons encore la suivante comme l'une des plus simples; elle se compose (*fig.* 227): 1° d'un tube A en fer-blanc, d'un pouce à un pouce et demi de diamètre, d'environ un pied de hauteur, recourbé en forme de syphon et portant à l'une de ses extrémités B un cône en fer-blanc que l'on introduit dans l'ouverture de la bonde, et aboutissant par son autre extrémité C au fond d'un petit vase ou réservoir V qui contient

Fig. 227.

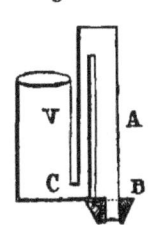

environ un litre et que l'on remplit d'eau. Pour faire usage de cet appareil, il suffit d'en velopper d'un linge fin le cône B du tube, de le fixer solidement dans l'ouverture de la bonde, et de remplir d'eau jusqu'aux trois quarts le petit vase V. Bientôt on entend les bulles de gaz carbonique s'échapper avec bruit à travers l'eau qui prend une légère odeur vineuse et contracte une saveur acidule.

On peut aussi faire usage d'un simple tube en fer-blanc A (*fig.* 228), d'un pouce à un pouce et demi de diamètre, en forme d'U renversé, dont une extrémité B se trouve introduite et lutée dans l'ouverture de la bonde et l'autre extrémité C plonge de 2 ou 3 po. dans un vase V contenant de l'eau.

Fig. 228.

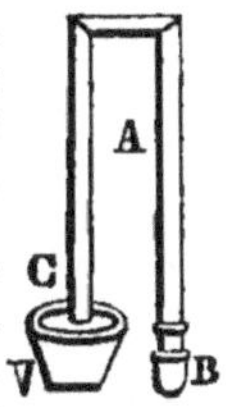

Les œnologues sont partagés sur la préférence que l'on doit accorder à l'un ou à l'autre des 2 procédés d'ouillage que nous avons indiqués plus haut. Dans le 1er cas, c'est-à-dire lorsque l'on *ouille* et que l'on remplit tous les jours les tonneaux, on débarrasse le vin d'une portion d'impuretés et de ferment qui, en restant dans la liqueur, la rendent trouble pendant long-temps et peuvent y occasionner diverses altérations. Dans le second cas, on évite un travail assez considérable, et le vin fait par ce moyen se clarifie bien, quoiqu'à la longue; mais ce qui est très important, lorsqu'on fait usage de ce dernier procédé, c'est que l'on peut alors fermer le tonneau assez hermétiquement, empêcher le contact de l'air atmosphérique avec la liqueur, retenir une portion d'acide carbonique et d'alcool, qui s'échapperaient autrement, et les forcer à se recombiner avec le vin; tandis que dans l'autre cas, on est obligé de laisser le tonneau débouché pendant 8 ou 10 jours. En outre, le vin qui s'écoule hors du tonneau avec l'écume pendant tout le temps que dure l'*ouillage* est non-seulement perdu pour le propriétaire, mais encore il a le désagrément d'humecter le sol de la cave, d'y entretenir une constante humidité, qui fait pourrir les cercles, et donne au vin une odeur désagréable.

On a cependant cherché à remédier à ces inconvéniens en adaptant à la bonde un conduit en fer-blanc, qui dirige dans une auge de bois, placée entre 2 tonneaux, tout le vin qui se dégorge pendant la fermentation et celui même qui sans ce petit appareil serait perdu dans les remplissages qui se répètent si souvent à cette époque. Ce moyen a produit un bénéfice d'une pièce de vin sur vingt-cinq.

Il est donc d'une grande importance de pouvoir *réunir et combiner* les 2 procédés dont nous venons de parler, c'est-à-dire de pouvoir faire sortir du tonneau l'écume, le ferment et les impuretés du vin sans perdre de liquide, tout en conservant le gaz carbonique qui augmente la qualité du vin.

Tel est l'objet d'un instrument que nous avons indiqué il y a quelques années (1) et dont l'usage commence à s'introduire dans nos vignobles.

Cet instrument réunit les qualités suivantes: 1° il facilite la sortie de l'écume et des impuretés de la liqueur fermentante, car il vaut beaucoup mieux faire sortir l'écume et les impuretés de la liqueur que de les faire repasser à travers le vin, pour qu'elles aillent rejoindre la lie; 2° il empêche la déperdition du vin qui sort avec l'écume et que ce vin ne s'évente; 3° il produit l'effet d'une soupape servant à retenir le gaz dans le tonneau; 4° il donne la facilité de remplir le tonneau à volonté, sans toutefois laisser échapper le gaz.

Cet instrument se compose de trois parties: 1° d'un long tube ou entonnoir A (*fig.* 229), par lequel on verse le vin pour remplir le tonneau; il est fermé à la partie supérieure par an bouchon de liége; 2° d'un tube recourbé B F, destiné à donner issue à l'écume et au gaz, ces deux pièces traversant un bouchon conique en fer-blanc, que l'on place dans l'ouverture de la bonde du tonneau; 3° d'un flacon D, ou réservoir dans lequel s'amassent l'écume et le vin; ce flacon a deux ouvertures *g*, *h*, fermées par des bouchons de liége. Un couvercle *i* ferme la partie supérieure de ce flacon.

Fig. 229.

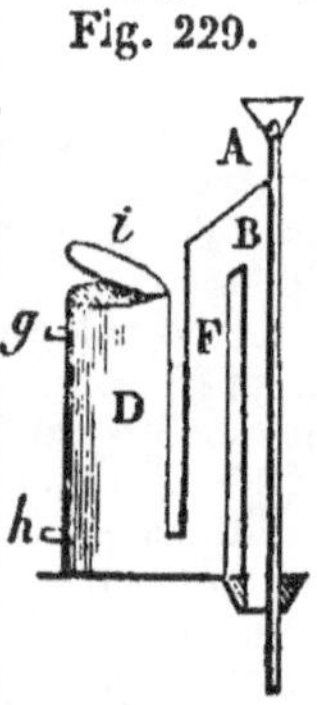

Pour faire usage de cet appareil, on l'enfonce dans la bonde du tonneau jusqu'au bouchon; on le fixe solidement et on lute ensuite bien exactement le pourtour de la jointure du bouchon avec du suif ou avec du lut de farine de graine de lin, etc. On ôte alors le bouchon de l'entonnoir A et l'on verse par

cet entonnoir du vin dans le tonneau, jusqu'à ce que le tonneau soit plein; on referme avec soin l'entonnoir et l'on met, dans le réservoir D, du vin jusqu'au tiers de sa hauteur. On conçoit maintenant que le vin en travaillant fera monter le gaz carbonique et l'écume par le tube recourbé aboutissant à la partie inférieure du flacon D. Comme ce flacon renferme une certaine quantité de vin qui est a la même hauteur dans le tube recourbé, le gaz, pour s'échapper, sera obligé de refouler la colonne de vin contenue dans la seconde branche F du tube recourbé, et de passer à travers le liquide qui exercera toujours sur lui une pression de plusieurs pouces et formera ainsi une sorte de soupape hydraulique. L'écume chassée par le vin du tonneau passera à travers les tubes, et viendra à la surface du vin contenu dans le flacon.

En remplissant le tonneau on ne donnera pas pour cela issue au gaz; car l'extrémité inférieure de l'entonnoir étant plongée dans le vin, le gaz ne pourra pas s'échapper par cette ouverture.

Dans les 1ers jours *il faudra remplir* au moins 2 fois par jour, et mettre une écuelle ou une assiette au-dessous du flacon D, afin que le vin qui pourrait s'échapper par le tube *g*, que l'on a eu soin de déboucher, ne soit pas perdu; on le mettra dans un tonneau à part, ou bien on l'emploiera pour le remplissage. On enlèvera aussi l'écume contenue dans le flacon D.

Lorsque la fermentation tumultueuse sera passée, on ouvrira le bouchon *h*, pour faire sortir du flacon D le vin qui y sera contenu, et on y mettra de l'eau à la place. On laissera ainsi l'appareil jusqu'à ce que l'on puisse bondonner les tonneaux; on peut même laisser continuellement cet appareil sur le tonneau, car il ferme aussi hermétiquement que le ferait un bondon.

L'appareil doit être construit en fer-blanc. Voici ses dimensions: hauteur totale du tube A, 52 centimètres (19 po. 3 lig.); au-dessous du bouchon, 16 cent. (6 po.); au-dessus du bouchon, 32 cent. (un pied); diamètre du tube A, 9 millim. (4 lig.); hauteur de l'entonnoir, 27 mill. (1 po.); largeur de l'entonnoir à la partie supérieure, 54 mill. (2 po.); hauteur du bouchon conique, 33 mill. (15 lig.); diamètre du bouchon, à sa partie supérieure ou la plus large, 48 mill. (22 lig.); diamètre du bouchon à sa partie inférieure, 36 mill. (16 lig.); hauteur du flacon D, 189 mill. (7 po.); diamètre du flacon, 8 cent. (3 po.); diamètre du tube recourbé B, 27 mill. (1 po.); la seconde branche F du tube recourbé, 54 mill. (2 po.) de hauteur de plus que le flacon D. Les tuyaux *g* et *h*, 27 mill. (1 po.) de longueur et 6 1/2 mill. (3 lig.) de diamètre. Le couvercle *i* du flacon peut être à charnière et se rabattre librement sur l'ouverture du vase. On peut le remplacer par un morceau de toile placée sur ce flacon.

Lorsque le *bouillonnement du vin dans les tonneaux a cessé* et que la fermentation tumultueuse est apaisée, on enlève les soupapes

(1) Description de plusieurs instrumens nouveaux pour conserver et améliorer les vins, par J.-Ch. Herpin. Paris, 1823, in-12.

destinées à la conservation du gaz, on remplit entièrement la futaille et on la ferme exactement au moyen du bondon.

On laisse le vin dans cet état, ayant soin de remplir les futailles tous les quinze jours ou tous les mois au plus tard; car le vin qui est dans les tonneaux s'échappe par les pores du bois, il diminue par l'évaporation, et après quelques semaines un vide plus ou moins considérable dans la futaille.

La couche supérieure de vin qui est alors en contact avec l'air se recouvre de moisissure, de fleurs, de pourriture; ce vin se tourne en vinaigre ou il se gâte. Lorsque l'on remplit une futaille en y versant du vin avec une cruche, comme cela se pratique d'ordinaire, on *fait rentrer, on refoule dans le bon vin, le vin gâté* qui se trouve au-dessus, et on l'y enfonce d'autant plus profondément que l'on verse de plus haut. On peut facilement se convaincre que ce mélange nuisible a lieu comme nous le disons, si l'on fait attention à ce qui se passe lorsque l'on verse du vin sur de l'eau dans un vase de verre. Quoique la pesanteur spécifique du vin soit moindre que celle de l'eau, on voit néanmoins tout le liquide prendre à l'instant une teinte uniforme.

Pour éviter en partie, dans le remplissage des vins, le grave inconvénient que nous signalons, on pourrait faire usage d'un *entonnoir ayant un long tube* qui plongerait de quelques pouces dans le vin du tonneau. En versant avec précaution le vin par cet entonnoir, le tonneau se remplirait sans secousses, et le vin gâté sortirait par l'ouverture de la bonde. Voici l'instrument que nous proposons et qui nous paraît remplir son objet d'une manière exacte et avantageuse.

Il se compose 1° d'un tube vertical ou entonnoir A *(fig.* 230), par lequel on verse le liquide destiné à remplir le tonneau; 2° d'un tube coudé B, destiné à la sortie de la couche de vin gâté; ces deux pièces traversent un bouchon conique en fer-blanc C, que l'on entoure de linge et que l'on place dans la bonde du tonneau; 3° d'une tringle de fer D, portant un bouchon E, destiné à fermer l'orifice inférieur de l'entonnoir.

Pour *faire usage* de cet instrument, on enfonce la tringle et le bouchon dans le tube, de manière à en fermer l'ouverture inférieure, on introduit dans le tonneau l'instrument jusqu'au cône C, que l'on a garni de linge, et on le fixe solidement dans le trou de la bonde. On emplit ensuite l'entonnoir avec du vin; alors on relève le bouchon de quelques pouces, au moyen de la tringle, et l'on continue à verser le vin dans l'entonnoir. Lorsque le tonneau est plein, la couche de vin gâté passe par le tuyau B et s'écoule au dehors. On doit en laisser sortir une certaine quantité que l'on met dans un tonneau à part ou que l'on emploie pour faire du vinaigre. On enfonce alors le bouchon dans l'entonnoir, au moyen de la tringle, et l'on retire l'instrument du tonneau que l'on bondonne comme à l'ordinaire.

On voit que le *remplissage se fait ainsi d'une manière parfaite.* Le vin de remplissage est ralenti dans sa chute par le bouchon qui est resté dans le tube et il s'écoule lentement; le liquide s'élève peu à peu dans la futaille; le vin gâté est soulevé et transporté au dehors sans aucune secousse, et sans se mélanger nullement avec le vin du tonneau ou avec celui du remplissage.

Cet appareil est construit en fer-blanc. La longueur du tube A doit être de 40 à 48 cent. (15 à 18 po.); son diamètre à la partie supérieure est de 10 cent. (4 po.), le corps du tube est de 18 millim. (8 lig.); enfin l'ouverture inférieure est de 5 mill. (2 lig. et 1/2). Le tube B doit avoir de diamètre 9 mill. (4 lig.) et de longueur 8 à 10 cent. (3 à 4 po.) Le cône C doit avoir de diamètre, à sa partie supérieure ou la plus large, 48 mill. (22 lig.), à sa partie inférieure 33 mill. (15 lig.); il est fermé de toutes parts. La tringle doit traverser le bouchon et le maintenir en dessus et en dessous au moyen de deux petites rondelles de métal. A la place de la tringle et du bouchon, on pourrait mettre au bas   Fig. 232. du tube un morceau de taffetas gommé ou de vessie, qui s'ouvrirait de dedans et en dehors, et ferait l'office d'une soupape ou valvule. Les figures 231, 232, représentent cette disposition. La 1re (231) est le plan de l'extrémité inférieure de l'entonnoir. La 2e (232) est la coupe de la partie inférieure de l'instrument.

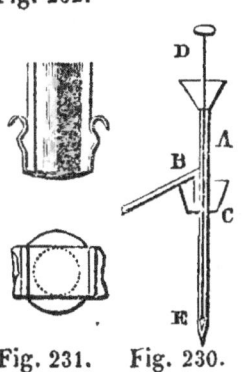

Fig. 231.   Fig. 230.

§ II. — Soutirage.

Lorsque la fermentation s'est apaisée, dit CHAPTAL, et que la masse du liquide jouit d'un repos absolu, *le vin est fait;* mais il acquiert de nouvelles qualités par la clarification; on le préserve par cette opération du danger de *tourner.*

Cette clarification *s'opère d'elle-même par le temps et le repos;* il se forme peu à peu un dépôt dans le fond du tonneau et sur les parois, qui dépouille le vin de tout ce qui est dans une dissolution absolue ou de ce qui y est en suspension; ce dépôt qu'on appelle *lie,* est un mélange confus de tartre, de fibres, de matière colorante et surtout de ce principe végéto-animal qui constitue le ferment.

Mais ces matières, quoique déposées dans le tonneau et précipitées du vin, sont susceptibles de *s'y mêler encore par l'agitation,* le changement de température, etc.; et alors, outre qu'elles nuisent à la qualité du vin qu'elles rendent trouble, elles peuvent lui imprimer un mouvement de fermentation qui le fait dégénérer en vinaigre.

C'est pour obvier à cet inconvénient qu'on *transvase le vin* à diverses époques, qu'on sépare avec soin toute la lie qui s'est précipitée. Cette opération s'appelle *soutirer, traverser, transvaser, déféquer* les vins. Le soutirage consiste principalement à tirer le vin de dessus sa lie et à le transvaser dans une futaille bien nettoyée.

Dans quelques contrées (Issoudun, etc.), le *vin reste pendant plusieurs années* (même 10 et 12 ans) dans le fût où il a été primitivement déposé après la récolte. On n'y touche plus.

si ce n'est pour *remplir;* il ne sort de la futaille que pour être livré à la consommation. La lie déposée au fond des tonneaux où le vin a été conservé pendant plusieurs années est dure et consistante. Souvent le vin dont nous parlons a contracté un léger goût d'amertume ou de *pousse;* on lui donne le nom de vin *bouté.*

Dans nos 1ers vignobles on est généralement dans l'usage de *soutirer ou de transvaser les vins au moins une fois par an.* Le soutirage a lieu ordinairement au mois de mars et au mois de septembre; on doit choisir un temps sec et froid pour exécuter cette opération; car les temps humides et les vents du sud peuvent troubler les vins.

Le soutirage doit toujours se faire avec beaucoup de *soin et de propreté;* on doit prendre garde surtout que le vin soit le moins possible en contact avec l'air atmosphérique et à ce que la lie ne soit point agitée pendant l'opération; car, outre que le vin s'évente à l'air, c'est-à-dire qu'il perd une quantité considérable de parties spiritueuses et aromatiques, le contact de l'air et les mouvemens de la lie le disposent à s'aigrir.

Le soutirage *s'exécute ordinairement* à l'aide de seaux; mais on doit employer de préférence les syphons (pag. 211) ou des tubes, soit en cuir soit en fer-blanc, ou de longs entonnoirs plongeant presque au fond du tonneau, qui permettent de transvaser le liquide sans l'agiter et surtout sans l'exposer à l'action dangereuse de l'atmosphérique. En Champagne et dans d'autres pays vignobles on fait usage du moyen suivant: On a, dit CHAPTAL, un tuyau de cuir en forme de boyau, long de 4 à 6 pi., ou davantage, et d'environ 2 po. de diamètre. On adapte des tuyaux de bois aux deux bouts. Ces tuyaux vont en diminuant de diamètre vers la pointe. On les assujétit fortement au cuir à l'aide de gros fil; on ôte le tampon de la futaille que l'on veut remplir et l'on y enchâsse solidement une des extrémités du tuyau; on place un bon robinet à 2 ou 3 po. du fond de la futaille que l'on veut vider et l'on y adapte l'autre extrémité du tuyau. Par ce seul mécanisme, la moitié du tonneau se vide dans l'autre; il suffit pour cela d'ouvrir le robinet et l'on y fait passer le restant par un procédé simple. On a des soufflets d'environ 2 à 3 pi. de long et 15 à 18 po. de largeur; on adapte l'extrémité du soufflet dans l'ouverture de la bonde du tonneau que l'on veut vider. Une petite soupape de cuir s'applique contre le bout du soufflet et s'y adapte fortement pour empêcher que l'air n'y reflue lorsque l'on ouvre le soufflet. Quand l'on pousse l'air, au moyen du soufflet, on exerce une pression sur le vin, qui l'oblige à sortir d'un tonneau pour monter dans l'autre. Lorsqu'on entend un sifflement à la cannelle on la ferme promptement; c'est une preuve que tout le vin a passé.

Les auteurs font un éloge pompeux du procédé que nous venons de décrire. Ce procédé est avantageux, il est vrai, lorsqu'on veut faire passer le vin d'un vase supérieur dans un vase inférieur; mais, lorsqu'on se propose de faire monter le vin au-dessus de son niveau, il faut, comme nous l'avons dit, adapter à la bonde un soufflet, à l'aide duquel on introduit avec force dans le tonneau une grande quantité d'air qui exerce une pression sur le vin et qui l'oblige à sortir d'un tonneau pour monter dans l'autre; c'est alors que ce procédé devient éminemment défectueux. En **effet**, on emploie d'un côté tous les moyens de soustraire le vin au contact de l'air, et de l'autre, on comprime, on presse de l'air dans le vin, on les force à se mêler. Ce mélange est sans doute infiniment nuisible à la liqueur.

On peut *diminuer et même faire cesser les inconvéniens* que nous signalons en employant le gaz sulfureux au lieu d'air, au moyen de l'appareil suivant. Ajustez à la soupape A (*fig.* 233) du soufflet, un tube de cuir, muni d'une douille qui s'adapte au baril. Ce baril a trois ouvertures: l'une *e* pour recevoir la douille du tube de cuir; l'autre D qui doit rester ouverte; la troisième *c* qui est fermée par un bouchon ou méchoir auquel est attachée une mèche ou une ficelle soufrée que l'on allume lorsque l'on veut faire usage de l'appareil.

Fig. 233.

On conçoit maintenant que le soufflet au lieu d'aspirer de l'air commun, aspirera le gaz sulfureux, ou plutôt l'air privé de son oxigène, contenu dans le baril, et le portera dans le tonneau. Cette addition ne peut qu'être extrêmement utile pour la conservation du vin.

Nous avions émis, dans le mémoire précité, quelques observations critiques sur le soutirage des vins, lesquelles paraissent avoir été accueillies et mises à profit en plusieurs endroits et notamment dans le royaume lombardo-vénitien (1). Nous croyons devoir rappeler succinctement ces observations.

Le soutirage est-il le meilleur moyen pour parvenir au but que l'on se propose? Non, il s'en faut de beaucoup; car le *vin soutiré plusieurs fois s'affaiblit considérablement,* et après une certaine époque, chaque nouveau soutirage en accélère la décrépitude. Ajoutons à cela les inconvéniens immenses qu'entraîne le soutirage: d'autres tonneaux, beaucoup d'ouvriers, une perte de temps considérable, et par conséquent une dépense très forte. Tout le monde connaît les nombreux inconvéniens de cette pratique, surtout lorsqu'on est obligé de transvaser des foudres d'une vaste capacité et qui n'ont besoin d'aucune réparation.

L'objet du soutirage est de séparer le bon vin de la lie. Et pourquoi ne pas *faire sortir la lie seule et laisser le vin dans le tonneau?* Le moyen en est très simple. Supposons une ouverture, une bonde, un robinet à la partie inférieure du ventre du tonneau, c'est-à-dire dans celle où les lies se réunissent. Si l'on débouche cette ouverture la lie s'échappera la première; lorsqu'elle sera sortie, ainsi qu'une

---

(1) *Huber.* Sulla fabricazione dei vini. Milano. 1824.

partie du vin épais, on refermera cette ouverture, et voilà cette opération terminée; on n'aura plus qu'à remplir le tonneau avec du nouveau vin.

Cette opération, comme l'on voit, est très simple; elle n'est ni longue ni coûteuse. Toutefois, l'appareil ou le robinet dont nous parlons ne peut guère être appliqué avec avantage aux vaisseaux qui contiennent moins de huit hectolitres. Pour les futailles d'une dimension ordinaire, on peut facilement enlever la lie déposée au fond du vase à l'aide d'un *siphon* en fer-blanc, préalablement rempli de vin, et que l'on fait plonger au fond du tonneau, ou le syphon à pompe (pag. 211). On peut aussi employer avec avantage une *petite pompe* en fer-blanc, semblable à celle qui sert pour les huiles, que l'on introduit par la bonde et que l'on enfonce jusqu'au bas de la futaille. En faisant agir cette pompe, on enlève peu à peu la lie déposée au fond du tonneau, et ensuite une portion de vin trouble; après quoi l'on retire la pompe, l'on remplit et l'on ferme la futaille comme à l'ordinaire.

De ces trois nouveaux procédés de soutirage de la lie, que nous avons proposés il y a quelques années, le dernier moyen, la pompe foulante, est celui auquel on parait donner la préférence en Italie et la plupart des ferblantiers de Milan construisent aujourd'hui de nos pompes à enlever la lie.

§ III. — Soufrage.

L'un des plus puissans moyens de conservation des vins est le *soufrage*, qui consiste à imprégner soit les futailles soit le vin lui-même d'une quantité plus ou moins forte de vapeurs sulfureuses (gaz acide sulfureux). Ce moyen a pour objet d'empêcher ou de retarder la fermentation vineuse et d'expulser des tonneaux l'air atmosphérique dont le contact sur le vin pourrait le faire passer à l'état de vinaigre. Pour faire cette opération, on introduit par l'ouverture de la bonde d'un tonneau vide une mèche soufrée, c'est-à-dire une bandelette de toile enduite de soufre et allumée. On y suspend cette mèche par un fil de fer et l'on ferme légèrement la bonde; ou, mieux, on fait usage du petit appareil décrit à la pag. 212. L'air intérieur se dilate d'abord et s'échappe avec sifflement. Lorsque la combustion est terminée, le tonneau est plein de gaz sulfureux; néanmoins les parois du vase sont à peine acides. On remplit ensuite le tonneau.

D'autres fois on soufre le vin lui-même; c'est ce qu'on nomme aussi *muter*, faire du vin *muet*. Ce vin muet ne fermente pas et sert à soufrer les autres vins.

Le soufrage rend d'abord le vin trouble et le décolore légèrement; mais la couleur ne tarde pas à revenir et le vin s'éclaircit.

Pour faire le vin muet, on verse dans un tonneau méché à refus un quart de moût (environ 50 à 60 lit.); on bonde et on agite fortement; on ouvre; on brûle sur le vin 4 à 5 mèches; si elles refusent de brûler, on chasse l'air en introduisant la douille d'un soufflet, si on ne se sert pas du fourneau méchoir. Après avoir versé 50 lit. de nouveau moût, on agite comme pour la 1re fois. On recommence l'o-

pération pour verser une autre portion de moût, et lorsque la barrique est remplie, à 5 ou 6 po. au-dessous de la bonde, on achève de la remplir avec un moût qui a été muté à part dans un petit baril. Quelques personnes mutent ainsi par petites portions dont elles emplissent un tonneau fortement méché. Avec le fourneau méchoir, dont le tube plongerait dans 50 à 60 lit. de moût déféqué, écumé à froid ou bouilli, et placé dans un baril de capacité double, on saturerait ce liquide d'acide sulfureux sans être incommodé par cette vapeur.

M. J.-Ch. Leucus a trouvé dans le *noir animal* un très bon moyen de conserver le moût de raisin. Mêlez avec un litre de moût 6 gram. de charbon animal en poudre et 10 gram. si le moût contient beaucoup de matières ou élémens du ferment. Cette dose donne 2 kilog. pour une pièce de 230 lit. Lorsque le liquide est décoloré et s'est éclairci, on le soutire dans un autre vaisseau qui doit être tenu plein et bien bouché. Ce moût n'entre pas en fermentation, même dans un vase ouvert; le charbon s'est emparé de l'albumine et du gluten qui donnent naissance au ferment et de celui qui a pu se former par le contact de l'air. Ce ferment, combiné au charbon, n'a pas perdu ses propriétés, car si on laissait cette combinaison dans le moût celui-ci recommencerait à fermenter; il faut donc séparer le dépôt aussitôt que le vin muet est clair. Cette opération doit se faire à froid. Le moût clarifié à chaud avec le noir entre en fermentation.

Cette méthode est bien préférable au mutage par le soufre, qui laisse au vin une saveur peu agréable et qui ne préserve pas le moût de la fermentation lorsque l'été est très chaud; ce qui oblige de renouveler le mutage si on aperçoit quelques signes de fermentation.

§ IV. — Collage.

Le soutirage ne suffit point pour débarrasser le vin de toutes les impuretés qu'il contient, et surtout des matières qui restent suspendues dans le liquide. C'est au moyen du *collage* ou de la *clarification* que l'on donne au vin ce brillant, cette limpidité qui fait l'un des principaux agrémens de cette liqueur.

On *colle toujours les vins* avant que de les mettre en bouteille. On emploie ordinairement, pour clarifier les vins, la colle de poisson, les blancs d'œufs, liquides ou desséchés, la gélatine ou la colle forte transparente et même la gomme arabique. Les proportions de ces substances varient suivant la densité du liquide et selon qu'il est plus ou moins chargé d'impuretés. Lorsqu'on *emploie la colle de poisson* (la dose varie de 2 gros à une demi-once par hectolitre) on la déroule avec soin, on la coupe par petits morceaux, on la fait tremper dans un peu de vin; alors elle se ramollit et forme un liquide épais et gluant que l'on verse dans le tonneau. On agite fortement le vin au moyen d'un bâton fendu en quatre, que l'on introduit par la bonde et que l'on fait mouvoir rapidement. On laisse ensuite reposer pendant 10 ou 15 jours. La colle se précipite lentement à travers le liquide et entraîne avec elle les impuretés qui troublent la liqueur.

Quand on *emploie les blancs d'œufs*, on les fouette avec un petit balai, et lorsqu'ils sont en mousse, on les verse dans le tonneau ; quelquefois on y laisse les coquilles ; le carbonate qu'elles contiennent paraît diminuer un peu l'acidité naturelle du vin.

J. CH. HERPIN.

§ V. — **Sur un mode accéléré de traitement des vins.**

Le vin s'améliore ou se parfait dans les tonneaux que l'on a soin de tenir constamment pleins ; c'est l'eau qui s'évapore seule à travers le bois. La proportion d'alcool augmente dans les vins ainsi vieillis. SOMMERING a découvert que le vin se fait très bien dans un vase de verre bouché avec une vessie, et que l'amélioration de ce liquide était très prompte dans les caves, quand il était soumis à une température de 18 à 25° centigrades. C'est d'après ce principe qu'une vaste étuve a été construite près de Chassagne, village sur les confins des dépts de la Côte-d'Or et de Saône-et-Loire, pour donner ainsi en quelques mois, ou même quelques jours, aux vins des qualités qu'ils n'auraient acquises qu'au bout de quelques années. Les vignerons qui sont dans l'habitude de conduire toutes les semaines leur vin sur l'étape, à Dijon, ont recours à ce mode de chauffage pour se procurer promptement des vins propres à la consommation. Je n'ai pu me procurer aucun document particulier sur ce vaste établissement et je ne suis pas à même de discuter sur son utilité ou ses inconvéniens ; je sais seulement qu'il se fait une forte évaporation. Avant de se prononcer sur ce mode de traitement, il faudrait un examen chimique du vin à son entrée et à sa sortie de l'étuve, et une indication exacte de la température qu'il y éprouve et du temps qu'il reste exposé à cette opération de chauffage.

SECTION XII. — *Des maladies des vins.*

Pendant leur séjour à la cave et jusqu'à ce qu'ils soient prêts à boire, les vins éprouvent quelques altérations qui constituent ce qu'on appelle les *maladies* des vins ; voici les principales :

1° La *graisse*. Cette maladie est celle qui se présente le plus souvent ; elle attaque surtout les vins peu spiritueux, et principalement ceux qui contiennent peu de tannin et de tartre. Cette altération peut être attribuée à une action particulière du ferment sur le sucre non décomposé et sur les autres principes du vin. Elle est peut-être due à un phénomène analogue à celui qui est connu sous le nom de *fermentation glaireuse*, phénomène en tout semblable à celui que j'ai souvent observé dans les mélanges pharmaceutiques qui constituent les potions dans lesquelles il entre de l'éther sulfurique.

Les *vins gras sont lourds, filans* comme de l'huile ; quand on les verse dans un verre ils tombent sans faire de bruit. Quelquefois ils guérissent d'eux-mêmes ou par le battage qui sépare la graisse et la fait sortir du tonneau sous forme d'écume ; dans ce cas on tient le fût aussi plein que possible ; on remplit et l'on continue le battage jusqu'à ce qu'il ne

sorte plus d'écume. Lorsque ce moyen ne réussit pas, on a recours à d'autres plus efficaces.

Puisque c'est l'absence de l'alcool, le manque de tartre et de tannin qui sont les causes principales de cette maladie, l'on doit parvenir à sa guérison en rendant au vin ces trois substances ou l'une d'elles séparément. Les vins qui ont plus de 7 à 8 centièmes d'alcool ne sont pas sujets à la graisse ; il en est de même des vins rouges qui, quoique moins spiritueux, contiennent du tartre et du tannin. L'alcool précipite l'albumine et le mucilage, le tannin agit sur le gluten ou du moins sur un de ses principes, la *gliadine*, avec laquelle il forme un précipité insoluble. Si l'on emploie un acide, on se sert du jus de citron ou d'acide tartrique ; 30 à 40 gram. du 1ᵉʳ et moitié d'acide tartrique suffisent pour une barrique de 228 lit. de vin gras ; on augmente la dose s'il est nécessaire. M. HERPIN a proposé la crème de tartre ; mais on donne la préférence au tannin indiqué par M. FRANçois. On trouve le tannin dans l'écorce et les copeaux de chêne, les noix de galles, le sumac, les cornes, les nèfles et les pepins de raisins dans lesquels M. DŒBEREINER a reconnu l'existence d'une grande quantité de ce corps. On peut préparer soi-même ou se procurer du tannin sec chez les pharmaciens. Pour préparer une teinture de tannin, on fait bouillir pendant une heure, sur un kilogr. de noix de galles ou de pepins de raisins concassés, 100 gram. de potasse et on ajoute, après refroidissement, un litre d'alcool pour conserver cette teinture qui s'emploie à la dose de 300 gram. sur une barrique. Le plus sûr moyen est de se servir du tannin sec, à la dose de 200 gram., dissous dans 2 lit. d'eau ou de vin.

2° La *pousse*. Une fois tourné au gras le vin ne tarde pas à passer à la *pousse* ou au *poux*. Dans cet état sa couleur est louche, tire au brun et se fonce après quelques minutes d'exposition à l'air. La saveur est désagréable, rebutante, c'est un mélange d'amertume et de pourriture. Les vins rouges tournent au poux sans graisser. Cet accident est dû à une décomposition putride spontanée de l'acide tartrique. Dans cet état il se dégage de l'acide carbonique ; la potasse, devenue libre, réagit sur l'albumine et le gluten et il se forme de l'ammoniaque. Un remède simple est d'ajouter par tonneau 30 gram. d'acide tartrique ; l'acide carbonique se dégage et le vin se guérit. Pour les vins tournés récemment, on leur ajoute de l'alcool et on mèche fortement. C'est par le bas du tonneau que l'altération commence, et, si on l'observe à temps, il devient facile de séparer avec le robinet, la pompe ou le syphon le vin gâté de celui qui ne l'est pas. Dans tous les cas, le vin poussé, rétabli de quelque manière que ce soit, est de peu de valeur et de mauvaise garde. Généralement ce vin donne très peu d'eau-de-vie. On a observé que les vins qui contiennent seulement 3 p. 0/0 d'alcool passent rarement à la pousse.

3° L'*amer*. Cette maladie n'attaque et ne peut en effet attaquer que les vins dont le sucre est complètement décomposé ; les vins rouges seuls sont sujets à cette altération que l'on observe particulièrement dans les vins fins de Bourgogne; dans ceux ci le tannin paraît y avoir disparu. Quelquefois les vins amers, ceux en bouteille principalement, se rétablissent seuls. Dans ce cas, de très clairs qu'ils étaient ils deviennent troubles. Dès qu'ils s'éclaircissent de nouveau ils sont guéris. Ceux qui sont en fûts se traitent de la manière suivante: Après avoir brûlé dans un tonneau, sain et bien lavé, 2 à 3 po. carrés de mèche soufrée, mettez-y 3 à 4 livres de bonne lie fraîche de vin blanc nouveau qui n'a pas été collé; roulez le tonneau et versez-y un 1/2 litre de bon alcool, doucement et de manière à ce qu'il reste à la surface de la lie; allumez l'esprit-de-vin et s'il est trop faible pour s'enflammer, ajoutez-en un autre 1/2 litre, ayant soin de choisir le plus fort possible. Aussitôt que l'alcool est enflammé, bouchez le tonneau que vous tiendrez exactement fermé pendant 24 heures. Introduisez ensuite un kilog. de sucre raffiné en poudre; remplissez avec votre vin amer et tenez parfaitement bondé; en peu de jours il s'établit une fermentation qui fait disparaître l'amertume; ordinairement on attend 15 jours, mais quelquefois il faut un temps plus long. Si le tonneau n'est pas muni d'une bonde à soupape et à ressort, il est essentiel de le surveiller pour lui donner vent, si la fermentation faisait pousser les fonds; ce vin, ainsi guéri, est chaud, agréable, mais il a perdu en grande partie son bouquet.

4° L'aigre. On reconnaît facilement qu'un vin tourne au bisaigre, quand on lui trouve du feu. Si le tonneau est muni d'une bonde hydraulique, l'eau remonte dans le haut et laisse accès à l'air. Cette maladie n'attaque que les petits vins, ceux dont la richesse alcoolique est moindre de 6 à 7 centièmes; elle n'arrive que lorsque le sucre est complètement décomposé et semble indiquer que les vins ont été négligés, laissés en vidange ou tenus dans une mauvaise cave. C'est par le haut du tonneau que le vin commence à s'aigrir. Le meilleur remède est l'emploi du tartrate neutre de potasse, qui se convertit en tartrate acidule dont une partie se précipite. Il reste en dissolution de l'acétate de potasse. On met à peu près 2 à 3 décilitres de cette solution syrupeuse par pièce de vin. On peut aussi clarifier, avec du lait à haute dose, en donnant la préférence au lait écrémé; le fromage se précipite entraînant avec lui l'acide acétique. En évaporant le lait écrémé, et le réduisant de moitié ou des 3/4, on diminue la dose de petit-lait qui reste dans le vin. Il faut avoir soin de ne mêler au vin le lait réduit qu'après son entier refroidissement. Lorsque le vin est éclairci on le soutire; s'il n'est pas complètement guéri, on le traite comme le vin amer, en ajoutant au sucre 250 gram. ou une 1/2 livre d'alun en poudre et 2 à 3 litres de bon alcool. Si la dégénérescence est trop avancée et si le vin n'est pas d'un prix élevé, le mieux est de le vendre au vinaigrier.

5° L'évent. Le goût d'évent ou de piqué se guérit par le procédé que nous venons d'indiquer pour le bisaigre.

6° Le goût de fût et de moisi. Cette maladie est une des plus tenaces et la plus difficile à guérir. Aussitôt que l'on s'aperçoit que le vin contracte un goût de fût, on le soutire dans un tonneau bien affranchi. On a proposé, comme moyen le plus efficace, l'emploi de l'huile d'olive récente; on mélange cette huile avec le vin par une forte agitation, on laisse ensuite reposer; l'huile vient surnager et s'est emparée du goût de moisi, on soutire le vin et on le colle avec un peu d'alun (1). Le vin ainsi rétabli est employé à des coupages et mis de suite en consommation.

Les autres altérations des vins sont moins à craindre et plus faciles à corriger.

Les vins blancs qui jaunissent sont décolorés au moyen du mutage; on les soutire et on les clarifie au lait et à la colle de poisson.

Les vins rouges se décolorent par la vétusté; mais lorsqu'avant l'âge ils se troublent et deviennent noirâtres, c'est un indice de maladie. Ils sont alors soutirés, mis dans une cave fraîche et on leur ajoute de l'alcool si on le juge convenable.

Les vins qui déposent doivent être transvasés avec précaution. Ceux que les chaleurs surprennent sont transportés dans un lieu plus frais, frappés de glace, ou mutés, pour arrêter la fermentation. L'acide sulfureux décolorant les vins rouges, on les soutire et on ajoute de l'alcool; on pourrait refroidir les vins en les faisant passer dans un serpentin à plaques, entouré de glace ou d'eau de puits dans laquelle on met du sel. Quant aux vins surpris par la gelée, le plus court et le meilleur parti est de séparer la partie liquide des cristaux de glace qui ne contiennent que de l'eau. Les vins gelés sont spiritueux, chauds et capiteux; ils gagnent en vieillissant. On les mêle avec des vins plus faibles et prêts à boire.

Les vins verts et plats sont corrigés par le coupage avec des vins qui ont des qualités opposées.

Il faut, autant que possible, prendre des mesures convenables pour prévenir les maladies des vins. Il y aura toujours moins de dépenses et moins de perte par suite des mesures qu'on prendra, que par les opérations qu'il faudra faire en cherchant à les guérir. Lorsqu'on connaît la cause de la dégénérescence des vins, rien ne s'oppose à ce que, par des soins convenables, un examen attentif de ces liquides, une surveillance presque continuelle, surtout pendant la pousse et la floraison de la vigne ainsi qu'à l'époque de la vendange, on ne parvienne à prévenir toutes les maladies qui les attaquent. Il faut savoir se rendre maître de la fermentation insensible, comme de celle de la cuve; alcooliser les vins faibles, ajouter du tartre ou du tannin à ceux qui en manquent, et, s'il est besoin, du sucre ou du ferment; enfin avoir recours au vin muet et à la lie fraîche du vin blanc.

---

(1) On a conseillé, pour la désinfection des tonneaux futés, l'usage du chlore gazeux et du chlorure de chaux; mais l'odeur de chlore est difficile à faire disparaître. Le charbon animal en poudre grossière enlève, dit-on, le goût de moisi; nous donnons la préférence à l'huile, pourvu qu'elle n'ait aucun goût, parce qu'elle n'agit en aucune manière sur les principes du vin.

SECTION XIII. — *De l'essai des vins.*

La détermination de la quantité d'alcool en volume contenu dans les vins, par la méthode de BRANDE, et le tube œnalcoométrique, p. 198, est suffisante pour les cas auxquels nous l'avons appliquée; mais lorsqu'il s'agit d'une appréciation exacte, c'est à une distillation d'essai qu'on doit avoir recours de préférence. On a proposé, pour cet effet, plusieurs appareils qui conviennent assez bien, mais que les inventeurs ont établi à un prix qui nous paraît trop élevé. Comme nous voulons généraliser le procédé de l'essai des vins par distillation, nous allons décrire un alambic très simple, peu dispendieux, et qu'un ferblantier ou chaudronnier, même de village, pourra exécuter sans aucune difficulté.

L'appareil (*fig.* 234) se compose d'une cu-

Fig. 234.

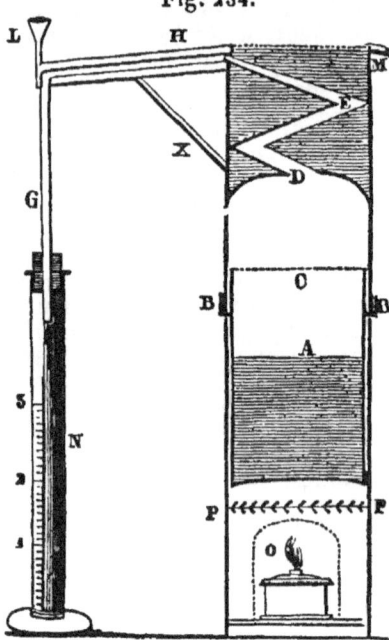

curbite A, cylindre droit auquel on donne 9 cent. (3 po.) de diamètre et 12 cent. (4 po.) de hauteur; en BB est soudée tout autour une petite gouttière de 2 cent. de large et autant de hauteur, qui laisse l'espace nécessaire pour recevoir la 2ᵉ partie de l'appareil ou le chapiteau C, cylindre de même diamètre à peu près que la cucurbite sur laquelle il entre à frottement juste dans la rigole ou gouttière BB. Ce chapiteau, qui a 5 cent. (1 1/2 po) de haut, est percé dans la partie supérieure d'un trou D, sur lequel est soudé un serpentin plat en zig-zag E. Ce serpentin est fixé dans un cylindre réfrigérant, de 12 cent. de hauteur, auquel le chapiteau C sert de fond et est adapté par son bec dans un tube G, coudé et légèrement incliné. Ce tube passe à travers un autre tube carré H, qui l'enveloppe, qui est d'un côté soudé dans une échancrure carrée du réfrigérant, et de l'autre est soutenu par un support X, également soudé au même réfrigérant. En L un petit entonnoir sert à verser un filet d'eau froide pour opérer la condensation des vapeurs alcooliques; l'eau échauffée

s'échappe par le bec M. L'éprouvette N sert de récipient, pour l'eau-de-vie et de mesure pour le vin à distiller; elle est divisée en 3 parties de chacune un décim. La cucurbite entre dans un fourneau en tôle PP, dans lequel est une lampe à esprit-de-vin O, introduite par une ouverture ménagée à cet effet.

Actuellement rien de plus facile que l'essai d'un vin quelconque. On en mesure 3 décilitres dans l'éprouvette et on le verse dans la cucurbite A. On place ensuite le chapiteau C avec ses accessoires; on applique une bande de toile ou de papier enduit de colle à froid ou du lut sur les jointures BB; on remplit d'eau le réfrigérant et le tube réfrigérant H, qui contient le tube G qui plonge dans l'éprouvette. Si celle-ci est un peu large, on la bouche avec un liége à travers lequel passe ce tube. Le tout ainsi disposé, on allume la lampe et on chauffe le vin qui ne tarde pas à bouillir. Les vapeurs passent d'abord dans le serpentin; de là l'alcool ou partie spiritueuse se rend, par le tube latéral, dans le récipient. On rafraîchit l'eau des réfrigérans au moyen de l'entonnoir L. Aussitôt que l'on a obtenu un décilitre de liqueur distillée, c'est-à-dire d'eau-de-vie, on arrête la distillation en retirant la lampe. On prend ensuite, avec l'alcoomètre, le degré de l'eau-de-vie (*voy.* l'art. *distillation des eaux-de-vie*) préalablement refroidie à 15°C. En distillant le vin au tiers, on est presque certain que ce qui reste dans l'alambic ne contient plus d'alcool. Si l'eau-de-vie provenant de la distillation porte 24° de l'alcoomètre centésimal ou 13° 3/4 de l'aréomètre de CARTIER, en divisant par 3 on obtiendra la richesse alcoolique du vin essayé qui, dans ce cas, sera égale à 8; ce qui indiquera que le vin contient 8 p. 0/0 d'alcool en volume ou bien 10 en eau-de-vie à 10° de Cartier.

Table de la quantité d'alcool absolu et d'alcool d'une pesanteur spécifique de 0,825 contenue dans plusieurs espèces de vins de France.

VINS.	ALCOOL CONTENU de la pesanteur spécifique de	
	0,825	0,792
Hermitage blanc.	17,43	16,21
Id. rouge.	12,32	11,46
Côte-Rôtie.	12,32	11,46
Frontignan blanc.	12,79	11,90
Lunel.	15.52	14,43
Roussillon blanc.	17,09	15,81
Id. rouge.	18,13	16,87
Bourgogne.	14,57	13,55
Id.	16,60	15,54
Bordeaux.	15,10	14,04
Champagne.	13,80	12,83
Id. mousseux.	12,89	11,90
Id. rouge.	11,93	11,10
Sauterne.	14,22	13,22
Vin de Grave.	13,37	12,43
Barsac.	13,86	12,88
Anjou blanc.	14,00	13,20

Les petits vins des environs de Paris ne contiennent, suivant M. GAY-LUSSAC, que 5 p. 0/0 d'alcool; j'en ai distillé quelques-uns qui n'ont rendu que 3 centièmes. Les vins qui renferment moins de 6 à 7 ne sont pas de garde et il faut une richesse de 15 à 16 pour qu'un vin souffre le voyage. Ceux qui se transportent avec moins de danger, par eau ou par mer, sont les vins qui abondent le plus en tannin; aussi les vins de Bourgogne sont-ils trop délicats pour se bien comporter dans les traversées et ils ne conviennent pas pour les voyages de long cours. La plupart des vins du midi sont plus ou moins chargés d'alcool suivant les localités, et se rapprochent, sous ce rapport, des vins de l'Italie. Aujourd'hui on les recherche principalement pour les coupages; ils soutiennent les vins faibles mais enlèvent le bouquet aux vins fins et délicats, tels que ceux de la Bourgogne.

Section XIV. — *Mise en bouteilles.*

Nous avons vu que le vin s'améliore ou, comme l'on dit ordinairement, se fait dans les tonneaux; mais lorsqu'il est parvenu à un certain âge il tend alors à se décomposer, et c'est cette décomposition que l'on doit chercher à retarder autant que possible : l'époque n'est pas la même pour tous les vins; ceux qui sont forts, corsés, se conservent plus long-temps en futailles que ceux qui sont fins et délicats. La décomposition étant plus rapide dans les tonneaux en raison de la masse, il est de fait qu'elle sera plus lente dans les bouteilles; et c'est pour cette raison qu'on *tire le vin en bouteilles* lorsqu'il est suffisamment amélioré: c'est le meilleur moyen de le boire sans altération jusqu'à la fin; tandis que si on le tire du tonneau au fur et à mesure du besoin, il éprouve par son contact avec l'air un commencement d'acétification qui nuit à sa qualité.

La mise en bouteilles est une *opération simple et facile*, mais qui exige cependant certaines précautions que l'on néglige trop souvent au détriment du vin; ainsi il faut avoir égard à l'époque de l'année, au choix des bouteilles et des bouchons, à la préparation du goudron, au mode de tirage, enfin au rangement des bouteilles.

On ne met le vin en bouteilles qu'au bout de 13 ou 14 mois après la vendange, et quelquefois après la 2e et 3e année selon la qualité de la vendange, ou suivant que l'année a été bonne ou mauvaise. On colle le vin avant de le tirer et l'on choisit un temps sec et frais. On doit éviter de mettre en bouteilles aux saisons de l'année où le vin travaille. Rien de plus mauvais que du vin tiré en sève, surtout le vin rouge, c'est-à-dire pendant la pousse de la vigne et la vendange, l'automne et l'hiver sont les époques les plus favorables pour cette opération, si l'on tient à obtenir un vin de garde. Lorsqu'on voudra conserver du vin en perce sans altération, jusqu'à la dernière goutte, on y versera une quantité suffisante d'huile d'olives ou d'huile douce récente, qui formera à la surface une couche mince destinée à garantir le vin du contact de l'air.

La *bouteille* est, comme l'on sait, un vaisseau de verre ou de grès servant à contenir des petites quantités de vin ou autres liquides; sa forme varie suivant les pays: en Angleterre, le cou est court, écrasé et le corps cylindrique dans toutes ses parties; en France, la forme est arbitraire, chaque vignoble renommé a pour ainsi dire la sienne; ainsi les bouteilles de Bordeaux diffèrent de celles de la Bourgogne et de la Champagne. Quant à la contenance elle n'est pas moins variable, ce qui favorise la fraude. Les bouteilles marchandes doivent contenir trois demi-setiers ou 0,75 de litre; la plupart de celles de nos débitans à la bouteille ne renferment que 6 à 6 1/2 décilitres, c'est un litre de gagné sur 10 bouteilles. La couleur du verre n'influe en rien sur la bouteille, pourvu que la vitrification soit parfaite, la masse homogène, sans bulles, stries ou cordes. L'embouchure de ce vase doit être plus large à l'extrémité de une à deux lignes de plus qu'au-dessous de l'anneau ou le bouchon doit pénétrer; son ouverture bien ménagée est ronde sans saillie; son cou a 4 po. de longueur au plus; le ventre doit avoir une courbure régulière et conserver une forme cylindrique ou conique pour faciliter le rangement; le verre doit être à cet endroit d'une épaisseur égale; le cul bombé en dedans d'une épaisseur moyenne, ne doit pas former, comme cela n'est que trop commun, un cône rentrant qui occupe la moitié de la hauteur et constitue une véritable fraude. Il faut refuser les bouteilles dont le verre contient trop de fondans ou substances alcalines; ce que l'on reconnaît en les essayant avec une eau acidulée par l'acide nitrique ou sulfurique qui dissout les matières non combinées.

On commence à donner une attention plus sérieuse au choix et à la fabrication des bouteilles, et la Société d'encouragement a proposé un prix à ce sujet; il faut espérer que ce concours provoquera des essais qui amèneront de bons résultats. MM. DARCDE, propriétaires de la verrerie d'Haumont près Maubeuge, et BLUM frères, d'Épinal près Autun, ont déjà offert des bouteilles bien confectionnées et qui ont soutenu une pression de 21 à 24 atmosphères à la presse de M. COLLARDEAU; et si, comme M. HACHETTE l'a constaté par expérience, une bouteille pleine de vin mousseux confectionné n'a pas éprouvé dans le moment de sa plus grande fermentation une pression qui surpasse 4 atmosphères, on doit penser que la condition de soutenir une haute pression continue n'est pas la seule qui puisse offrir une garantie assurée contre la casse dans la fabrication des vins mousseux. La qualité du verre, la situation des bouteilles droites ou couchées, l'épaisseur des parties, les variations de températures, sont autant de causes dont on doit se rendre compte, si l'on veut chercher le moyen de remédier à cette perte qui augmente le prix du vin.

Nous devons à M. COLLARDEAU l'invention d'une machine destinée à l'essai des bouteilles dont on veut constater la force de résistance. Cette pompe ou *casse-bouteille* est composée d'une griffe à l'aide de laquelle une bouteille, préalablement remplie d'eau, est pincée par son goulot. Une presse hydraulique, dont la communication avec la bouteille est établie par la pression d'une vis sur un obturateur, permet d'en éprouver immédiatement la résistance. Cet ingénieux appareil d'un savant physicien est désormais indispensable à ceux qui se livrent à la fabrication des vins mousseux et aux recherches expérimentales qui tendent à perfectionner ce genre d'industrie (1).

Que les bouteilles soient neuves ou non, le premier soin *est de les laver.* Cette précaution est indispensable surtout pour celles qui sont fabriquées et recuites dans les fourneaux où l'on chauffe avec la houille, dont la poussière s'attache à la surface; pour peu qu'il s'en introduise dans l'intérieur ou qu'il en reste, elle détériorerait le vin. Ce lavage doit avoir lieu jusqu'à ce que l'eau sorte propre et claire de la bouteille. L'on doit préférer la méthode usitée en Champagne, où cette opération se fait avec de l'eau tirée d'un cuvier monté sur un trépied et muni d'un robinet. On lave d'abord l'extérieur avec une éponge, et ensuite on coule de l'eau dans l'intérieur et on rince à la chaîne en fil de fer préparée à cet effet et dont les bouts de chaque chaînon sont armés de pointes qui détachent par le frottement les matières étrangères attachées à la surface intérieure; on place ensuite les bouteilles, le goulot renversé, sur des planches trouées, afin de les faire égoutter. On peut y passer du vin ou de l'eau-de-vie.

Si l'on tient à tirer le vin *hors du contact de l'air,* on se sert de la *cannelle aérifère* de M. JULLIEN. Les bouteilles une fois remplies, il ne s'agit plus que de les boucher.

Les *bouchons* dont on se sert se font avec du liége. Il n'y a pas d'économie à se servir de mauvais bouchons qui peuvent occasionner la perte du vin. Un bon bouchon ne doit point avoir de noir; il doit être rond, taillé net et sain; un bouchon mou ne vaut rien; il en est de même d'un liége dur et poreux; on rejetera celui qui est aussi gros par un bout que par un autre. Le bouchon bien fait a 18 lig. de hauteur sur 9 à 10 lig. de diamètre; la partie inférieure est plus étroite de 2 lig. que la partie supérieure. Lorsqu'on bouche la bouteille le bas du bouchon doit entrer avec quelque peine dans son ouverture; c'est à la palette à faire entrer le reste. Avant de placer le bouchon il convient de le mouiller avec du vin ou de l'eau-de-vie faible. Ceux qui les imbibent d'eau ont tort, parce que ce liquide donne naissance à des fleurs ou *chênes* qui surnagent sur la liqueur et sont désagréables à la vue sans nuire cependant à la qualité du vin. On conserve les bouchons dans un endroit sec et non à la cave.

On a proposé plusieurs *machines pour boucher les bouteilles* et prévenir les accidens qui n'arrivent que trop souvent quand on se sert d'une batte en bois pour faire entrer le bouchon dans la bouteille qu'on tient à la main; nous décrirons de préférence celle qu'on doit à M. ZETTA, de Varèze en Lombardie, parce qu'elle nous semble la plus simple et la plus commode. Cette machine est composée d'un bâtis quadrangulaire en bois (*fig.* 235) dans la traverse supérieure A duquel est logé un pignon B qui fait mouvoir la crémaillère C, dont

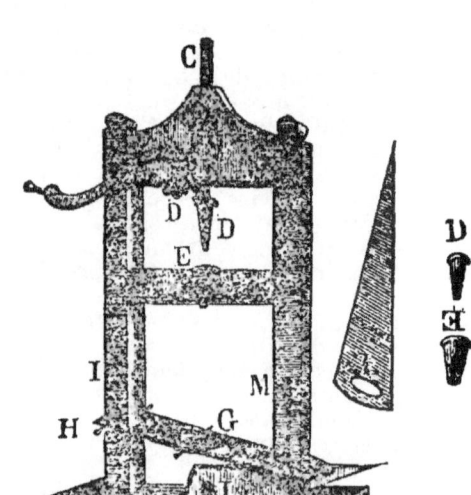

Fig. 235.

l'extrémité inférieure porte un cône solide en bois D. Cette crémaillère en descendant fait pénétrer ce cône dans un cylindre court, conique et creux E, placé dans une ouverture de la traverse F, qui sert de point d'appui. On a plusieurs cônes de rechange, de divers diamètres, qu'on substitue les uns aux autres suivant le diamètre du col des bouteilles à boucher et la grosseur du bouchon. G est un cercle de bois mobile sur 2 broches de fer qui traversent le plan H, lequel se fixe avec une tige de fer à la hauteur voulue dans le montant I percé de trous à cet effet et dont on règle ensuite l'inclinaison par le secours du coin L en bois qui entre à frottement dans une rainure pratiquée dans l'autre montant M, et de manière que le col de la bouteille vienne toucher l'extrémité inférieure du cône creux E, et que son ouverture se trouve au-dessous de celle de ce cône. Pour se servir de la machine on introduit les bouchons, frottés très légèrement d'huile d'olive superfine, dans le cylindre creux E; on amène le col de la bouteille sous ce cylindre; on tourne le pignon au moyen de la manivelle dont son arbre est muni; la crémaillère s'abaisse et le cône solide qui la termine enfonce de force le bouchon sans endommager la bouteille et sans risquer de briser celle-ci, parce que le cylindre creux qui porte sur la traverse reçoit tout l'effort de la pression à laquelle il résiste mieux que le verre. Cette machine fonctionne avec célérité et exactitude, et la bouteille étant bouchée, on n'a plus qu'à la goudronner ou à la coiffer d'une capsule métallique comme nous allons l'expliquer.

Pour empêcher toute *communication entre le vin et l'air extérieur,* on obvie à la perméabilité du liége et on préserve le bouchon de toute humidité en le couvrant d'un mastic ou goudron, composé de poix-résine, de poix de Bourgogne, de térébenthine et de cire; on y ajoute quelquefois du suif. Le tout est coloré par du noir d'os, du vert-de-gris, de l'ocre, du minium, du vermillon, etc. Le goudron bien fait ne doit être ni trop mou, ni trop cassant; on l'applique à une chaleur modérée; trop chaud il se boursoufle et enduit mal, trop froid il n'adhère pas; ce qui arrive aussi lorsque la bouteille est humide. On peut adopter la formule suivante: Poix-résine, 1 kilog. (2 liv.); térébenthine et cire jaune, de chaque 100 gram. (3 onces); ocre rouge ou ciment fin, suffisante quantité pour donner de la couleur et de la consistance. On fond la résine dans un vase de terre à un feu doux; on la chauffe jusqu'à ce que l'eau soit évaporée; on ajoute ensuite la cire, puis la térébenthine, et enfin la matière colorante bien desséchée; on tient ce mastic en fusion tranquille au bain-marie, et on trempe dedans le cou des bouteilles jusqu'au-dessous de la bague ou de l'anneau.

M. Durné vient de proposer un nouveau moyen très simple pour remplacer le fil de fer, la ficelle et le goudron employés jusqu'à ce jour pour le bouchage des bouteilles de vins mousseux, vins fins, français et étrangers, ainsi que les eaux gazeuses. Il emploie à cet effet des capsules métalliques très ductiles, et cependant assez résistantes, qui enveloppent le bouchon et s'appliquent exactement sur le verre; elles sont étranglées au-dessous de la bague. Cette nouvelle méthode de boucher s'exécute au moyen d'une machine très simple et expéditive. Elle se compose (*fig.* 236) d'un châssis en bois monté sur 2 pieds.

Fig. 236.

Le bouchon, recouvert de la capsule, est enfoncé dans le cou de la bouteille placée sur une planche par la pression d'une vis A. Une corde passée préalablement autour du cou et que l'on tend au moyen de la pédale B, forme un premier étranglement de la capsule; on l'achève en saisissant avec la main la bouteille après avoir desserré la vis de pression sans lâcher la corde. Lorsqu'on veut déboucher la bouteille, on coupe la capsule qui est molle et l'on évite l'inconvénient de se salir ou de s'écorcher les mains, ainsi que de mêler dans le vin des fragmens de mastic ou de goudron. Le bouchon est parfaitement garanti du contact de l'air et de l'humidité. On peut, si on le désire, se procurer des capsules portant le nom du négociant et celui des vins de toutes qualités. Le dépôt de M. Durné et compagnie est rue Cassette, n° 22, à Paris. Le prix des capsules est de 50 fr. le mille. Ce mode est plus économique et plus commode que l'emploi du fil de fer et de la cire à bouteille.

Nous devons à M. Deleuze, rue Philippeaux, n° 11, l'invention d'un syphon vide-Champagne qui mérite d'être connu et peut recevoir d'autres applications; c'est un robinet de petite dimension, dont la queue, percée de petits trous, est façonnée en forme de tire-bouchon de manière à pouvoir être introduite dans la bouteille à travers le bouchon. Si on ouvre le robinet en inclinant la bouteille, le vin est chassé avec force à travers le syphon et tombe dans le verre sans se répandre au dehors sur la table ou sur les convives. On est maître de régler son émission.

Lorsque les bouteilles ont été remplies, bouchées, ficelées et goudronnées ou revêtues d'une capsule métallique, on *les range à la cave*, où l'on en forme des piles ou tas d'une longueur ou d'une hauteur indéterminées. Les bouteilles doivent, autant que possible, être couchées horizontalement, afin que le bouchon soit constamment mouillé par le vin. Quelques personnes placent les bouteilles dans des espèces de caveaux et les couvrent d'une couche de sable. Je donne la préférence aux tas isolés, et c'est pourquoi je recommande les empiloirs ou casiers fabriqués par M. Maxon, rue des Enfans-Rouges, n° 13, et rue Porte-Foin, n° 1. Ils offrent l'avantage de ranger les bouteilles d'une manière commode, régulière et solide. Ces casiers sont placés bien horizontalement et on peut facilement retirer isolément chaque bouteille sans nuire à la masse. Chaque qualité de vin peut avoir son casier à part ou seulement un rang du casier. Les bouteilles étant isolées ne portent pas les unes sur les autres; et lorsqu'il s'en casse, rien ne se trouve dérangé dans la pile lors même que la forme des bouteilles ne serait pas régulière.   Masson-Four.

CHAPITRE X. — DE LA FABRICATION DES EAUX-DE-VIE.

SECTION Ire. — *De l'eau-de-vie, de l'esprit-de-vin et des matières dont on les retire.*

Nous avons vu dans le chapitre précédent que toutes les liqueurs qui contiennent du sucre ou qui peuvent être converties en matières sucrées sont susceptibles d'éprouver une réaction chimique, appelée *fermentation vineuse* ou *alcoolique*, et sont transformées en vins qui doivent en grande partie leurs propriétés à l'*alcool* qui s'est formé aux dépens du sucre pendant la fermentation.

On peut, par la distillation des vins de raisins ou autres, extraire l'*alcool* qui s'y trouve tout formé et qu'on obtient mélangé d'une plus ou moins grande quantité d'eau.

C'est sous 2 *états différens de concentration* qu'on rencontre le plus communément l'alcool étendu d'eau dans le commerce. Le 1er, connu sous le nom d'*eau-de-vie* et qui sert de boisson, contient généralement 50 à 60 pour 0/0 d'alcool pur à la température de 15° C. Le 2e est appelé *esprit* et contient environ 70 à 80 pour 0/0 d'alcool réel à la même température.

On peut extraire de l'eau-de-vie d'un *grand nombre de substances diverses.* Les unes contiennent immédiatement le principe sucré et entrent aussitôt après leur extraction en fermentation, lorsque la température est favorable ; les autres exigent un traitement particulier pour être transformées en matières sucrées susceptibles d'éprouver la fermentation alcoolique.

Les substances qui contiennent immédiatement le principe sucré sont ordinairement des *sucs* extraits de diverses parties des végétaux, telles que le fruit, la tige ou la racine ; quant à celles qui exigent un traitement particulier pour être transformées en matières sucrées, ce sont communément des corps qui contiennent en plus ou moins grande quantité de l'amidon, et qu'on désigne sous le nom de *matières* ou *substances amylacées.*

Les *sucs des fruits* dont on recueille de l'eau-de-vie après la fermentation alcoolique, sont ceux du raisin ou le *vin* ordinaire, qui est le liquide le plus généralement employé en France ; puis ceux des pommes ou des poires ou le *cidre* et le *poiré*, du prunier cultivé (*prunus domestica*), du cerisier-merisier (*cerasus avium*) dont on retire la liqueur connue sous le nom de *kirsche*, du framboisier (*rubus idœus*), du fraisier commun (*fragaria sylvestris*), de l'airelle myrtil (*vaccinium myrtillus*), des mûriers (*morus alba* et *nigra*), du genevrier commun (*juniperus communis*), de l'arbousier commun (*arbutus unedo*), du sorbier des oiseleurs (*sorbus aucuparia*), etc.

Les *sucs des tiges* de végétaux sont en 1ᵉʳ lieu ceux qu'on extrait de la canne à sucre (*arundo saccharifera*), qui contient 12 à 16 pour 0/0 de sucre et donne immédiatement par la fermentation et la distillation, dans les Indes-Occidentales, la liqueur connue sous le nom de *rhum.* On peut ranger encore dans cette catégorie l'eau chargée de sucre qu'on soumet à la fermentation, ainsi que les *mélasses* qui donnent le *taffia*, les *écumes*, les *eaux du bac*, *eaux-mères*, *eaux grasses* ou *petites eaux* des établissemens où on fabrique et raffine les sucres ; en second lieu, ce sont la sève, qu'on extrait de la tige de l'*érable*, du *bouleau*, puis celle de quelques espèces de *palmiers* qui fournit dans les Indes la liqueur alcoolique appelée *arack.*

Les *racines* sont la betterave, qui contient 7 à 8 pour 0/0 de sucre, puis le suc du panais (*pastinaca sativa*), de la carotte (*daucus carota*), du navet (*brassica napus*), du navet de Suède (*brassica rutabaga*), qui, par une addition d'orge germée, passent promptement et d'une manière régulière à la fermentation alcoolique.

Quant aux *substances amylacées*, qui exigent l'emploi de procédés particuliers pour être transformées en matières sucrées susceptibles d'entrer en fermentation, ce sont :

1° Les *graines*, telles que le froment, le seigle, l'orge, l'avoine, puis le sarrasin, le riz, qui fournit le *rack*, et le maïs, ainsi que quelques graines de légumineuses, comme haricots, pois, lentilles, etc.;

2° La *pomme de terre*, ou la fécule qu'on en extrait, qu'on peut saccharifier par divers procédés ;

3° Les *fruits féculens*, tels que ceux du marronnier d'Inde, du châtaignier, du chêne, etc.

Une substance produite par les animaux, le miel délayé dans l'eau, éprouve facilement la fermentation vineuse et donne de l'eau-de-vie à la distillation.

Toutes les eaux-de-vie n'ont pas le même goût et la même qualité. Celle de cidre, par exemple, a en général un mauvais goût dû à l'acide malique dont une partie passe avec l'eau-de-vie à la distillation. Les eaux-de-vie de grains, distillés avec les marcs, ont une saveur désagréable qu'on masque en les rectifiant sur des baies de genièvre et en ajoutant, comme en Angleterre, un peu d'essence de térébenthine, etc.

Les eaux-de-vie qu'on rencontre le plus communément dans le commerce sont celles de vin, de grains ou de fécule. Nous allons entrer dans quelques détails relativement à la fabrication des unes et des autres.

Section II. — *De la fabrication des eaux-de-vie de vin.*

§ Iᵉʳ — De la brûlerie.

Le local dans lequel on opère la distillation des vins se nomme une *brûlerie;* les vases au moyen desquels elle se fait, *appareils distillatoires;* l'homme qui en conduit les opérations et qui dirige les ouvriers est le *bouilleur;* le *distillateur* est le négociant ou fabricant qui achète des vins, les distille et vend des eaux-de-vie. Beaucoup de fabricans sont à la fois distillateurs et bouilleurs.

Une *brûlerie* établie d'après les meilleurs principes doit être composée d'une *cave* pour déposer les vins jusqu'au moment où on les distille, d'un *cellier* pour emmagasiner les eaux-de-vie et les esprits depuis le moment de leur fabrication jusqu'à celui où ils doivent être livrés au commerce, d'un *atelier* ou *brûlerie* dans lequel se font tous les travaux de la distillation, et enfin de *hangars* ou *appentis* où on répare les tonneaux et où le combustible est déposé.

On a fait connaître dans l'article précédent toutes les conditions que doit remplir une *cave* pour que les liquides spiritueux s'y conservent en bon état, et on est entré dans des détails étendus sur les vases les plus propres à conserver ces liquides, ainsi que sur la manière de les soigner et d'empêcher qu'ils ne perdent leur spirituosité ; ce qui nous dispense de revenir sur ce sujet.

Le *magasin* ou *cellier* qui reçoit les futailles d'eau-de-vie et d'esprit doit être voûté et en partie enfoncé en terre ; les murs en seront épais pour y conserver à l'intérieur une température fraîche et uniforme ; les portes et les ouvertures qu'on jugera nécessaire d'y pratiquer seront tournées vers le nord et disposées de manière à pouvoir y établir un léger courant d'air ; elles fermeront avec exactitude. Les futailles seront établies sur des chantiers en maçonnerie semblables à peu près à ceux usités pour les vins de Champagne mousseux, et qui permettent de vérifier avec facilité le coulage des pièces et de recueillir les parties du liquide qui s'en sont échappées.

L'*atelier* sera proportionné dans ses dimensions à la nature et au nombre des appareils qu'on veut y faire fonctionner. Tout y sera disposé de la manière la plus convenable pour que la main-d'œuvre et les manipulations y soient aussi simples et aussi peu multipliées que possible; tout doit y être dans un ordre parfait et disposé pour marcher sans interruption, avec célérité et régularité. On y prendra toutes les précautions convenables, soit dans la construction de la brûlerie, soit dans le roulement des travaux, pour éviter les incendies malheureusement fréquens et très dangereux dans ces sortes d'établissemens.

Une brûlerie a besoin, pour condenser les vapeurs dans les appareils distillatoires, d'une *grande quantité d'eau*, et on doit, quand on le peut, la placer près d'un courant d'eau, une source ou une fontaine. Lorsqu'on ne peut pas remplir cette condition il faut y suppléer de la manière la plus économique, au moyen d'un puits et du travail des animaux ou, dans les localités qui le permettent, par un puits foré qui fournira la quantité d'eau nécessaire.

§ II. — Du choix des vins propres à brûler.

« Tous les vins, dit CHAPTAL, et généralement les liqueurs fermentées ne fournissent ni la *même quantité* ni la *même qualité* d'eau-de-vie. Les vins du Midi donnent plus d'eau-de-vie que ceux du Nord; on en retire jusqu'à 1/3 des 1ers, le produit moyen est de 1/4, tandis que dans les vignobles du centre c'est le 5e, et dans le Nord du 8e au 10e. Dans le même pays de vignoble, on observe souvent une très grande différence dans la spirituosité des vins. Les vignes exposées au midi et placées dans un sol sec et léger produisent des vins très chargés d'alcool, tandis qu'à côté et dans une exposition différente et sur un terrain humide et fort, on ne récolte que des vins faibles et peu riches en alcool. La force des vins peut se déduire de la proportion d'alcool qu'ils contiennent, mais leur bonté, leur qualité, leur prix dans le commerce ne peuvent se calculer d'après cette base; le bouquet, la saveur qui en font rechercher la plupart sont des qualités étrangères et indépendantes de la quantité d'alcool qu'ils renferment. En général les vins riches en alcool sont forts et généreux, mais ils n'ont ni ce moelleux ni ce parfum qui font le caractère de quelques autres. »

Les vins blancs ne donnent pas généralement une quantité d'alcool plus grande que les rouges, mais elle est plus sucrée et de meilleur goût. Ces vins sont en outre moins chers que les rouges, parce qu'ils sont moins généralement employés comme boisson, et que, se dépouillant plus tôt, on peut sans inconvénient les distiller peu de temps après la vendange.

D'après les principes que nous avons établis sur la transformation des matières sucrées en alcool, on voit que le moment le plus favorable pour soumettre les vins à la distillation est celui où le goût sucré a disparu, celui où tout le sucre qu'ils contenaient a été transformé en alcool par la fermentation insensible qui continue encore quelque temps, en un mot, comme disent les distillateurs, celui où la *fermentation est terminée*. Ce principe est surtout applicable aux vins faibles et médiocres qui, une fois arrivés au terme, perdent, quoique avec lenteur, une partie de leur alcool; pour ce qui regarde les vins généreux ou bien fermentés et bien dépouillés, on

peut les distiller en tout temps. Les vins qui ont commencé à tourner à l'aigre fournissent peu d'eau-de-vie et elle est de mauvaise qualité.

Au reste, dans le choix des vins qu'on veut soumettre à la distillation, on se laissera guider par l'expérience qu'on a acquise relativement à chaque localité. On les soumettra simultanément à l'inspection, à l'odorat, à la dégustation, puis à quelques essais qui non-seulement feront connaître la quantité d'eau-de-vie qu'ils rendront, mais pourront en outre éclairer sur les qualités de ce produit.

Dans ces sortes d'essais, au reste, on fera une *distinction* entre les vins vieux et les vins nouveaux. Dans les *vins vieux* bien fermentés et bien dépouillés, les matières sucrées ont presque toutes été transformées en alcool; on n'a donc besoin que de les soumettre aux petits alambics d'essai, dont nous avons parlé, pour connaître immédiatement leur degré de spirituosité. Quant aux *vins nouveaux*, il faut procéder d'après le principe suivant. L'instant le plus favorable pour faire les achats étant celui de la décuvaison, à cette époque les vins nouveaux n'ont pas encore achevé leur fermentation et ils tiennent encore en suspens une quantité plus ou moins considérable de matière sucrée. Pour déterminer la quantité d'eau-de-vie que fourniront ces vins à la distillation, il est donc nécessaire d'abord d'en faire l'essai au moyen des petits appareils dont nous venons de parler, et en second lieu de les traiter comme un moût de raisin et d'après les règles qu'on a posées (pag. 187) pour déterminer la quantité de sucre qu'ils contiennent encore et par conséquent celle d'alcool qu'ils sont susceptibles de fournir quand leur fermentation sera terminée.

SECTION III. — *De la fabrication des eaux-de-vie de fécule.*

ART. 1. — De la fécule, de la diastase et de la dextrine.

La *fécule* ou *amidon* est une substance qu'on trouve à l'état libre dans les cellules d'un grand nombre de végétaux et qui se présente au microscope sous la forme de *grains* arrondis, durs et transparens qui affectent des formes différentes et divers diamètres, suivant les végétaux dont on extrait la fécule ou l'âge de la plante.

Chaque *grain de fécule est composé* d'une *enveloppe* ou *tégument* et d'une substance intérieure à laquelle on donne le nom d'*amidone*. On peut, par divers procédés, faire rompre les tégumens des grains de fécule; alors l'amidone s'échappe dans le liquide qui sert de véhicule et se sépare des tégumens qui peuvent être éliminés complètement.

L'amidone est convertie en grande partie en sucre par divers procédés que nous ferons connaître dans un autre chapitre. Nous dirons seulement ici qu'on détermine, après la rupture des grains de fécule, la saccharification de l'amidone au moyen d'une substance nouvellement découverte par MM. PAYEN et PERSOZ, et à laquelle ces chimistes ont donné le nom de *diastase*.

La *diastase* existe dans les semences d'orge

et de blé germés, et dans les germes de la pomme de terre. On peut l'en extraire par un procédé simple et facile(1).

L'orge germée contient une proportion de diastase d'autant plus forte que les grains éprouvent le plus simultanément possible la germination et que les progrès de celle-ci ont le plus développé la gemmule, jusqu'à une longueur égale à celle de la graine. Chez les brasseurs l'orge germée contient souvent moins d'un millième de son poids de diastase, et rarement plus de 2 millièmes.

L'amidone constitue au moins les 995/1000ᵉˢ du poids des fécules; les 4 ou 5 millièmes restant sont composés : 1° de 2 millièmes environ d'une huile essentielle, dans laquelle réside le principe du goût particulier des fécules, de carbonate et phosphate de chaux, de silice et accidentellement de plusieurs oxides; 2° de 2 à 3 millièmes de tégumens qui, d'après les expériences récentes de M. PAYEN, sont eux-mêmes composés d'amidone, douée de plus de cohésion que les parties intérieures et dont l'huile essentielle et les autres corps qui adhèrent à leur surface augmentent encore la résistance à l'action de la diastase.

ART. II. — Des eaux-de-vie de grains.

La fabrication de l'eau-de-vie de grains est une branche d'industrie très répandue dans le nord de l'Europe et en Angleterre; elle a commencé, depuis un certain nombre d'années, à se propager en France, où on la considère, ainsi que dans les pays précédens, comme *très utile à l'agriculture*. En effet, les denrées qu'on traite pour en extraire l'eau-de-vie profitent au cultivateur de 3 manières : d'abord il retire en eau-de-vie le prix de la denrée qu'il a employée, avec un bénéfice de fabrication; il retire ensuite le prix des bestiaux qu'il a nourris avec les résidus; enfin il produit une masse d'engrais qui, en augmentant pour l'année suivante la récolte des grains qu'il destine à la vente, accroît le bénéfice de la distillation et laisse ses terres dans un état d'amélioration toujours croissant.

Les *grains qu'on traite principalement pour en extraire de l'eau-de-vie sont ceux des céréales*, c'est-à-dire du froment, du seigle, de l'orge et de l'avoine.

Les graines des plantes céréales sont composées d'une enveloppe qui forme le son, et d'une partie intérieure qui, réduite en poudre sous la meule, prend le nom de *farine*. Cette farine, dans les 4 sortes de grains que nous venons de nommer, contient elle-même divers principes dont les proportions varient non-seulement dans chacune d'elles, mais encore pour chacune, suivant le climat, la variété, le terrain et quelques causes accidentelles. Ces principes sont l'amidon, qui en forme la majeure partie, le gluten, qui s'y trouve en quantité variable, l'albumine, le mucilage, une petite portion de matière saccharine, et dans quelques-uns du phosphate de chaux et divers sels.

Parmi ces principes c'est l'amidon ou fécule qui jouit de la faculté d'être saccharifiée et de donner lieu à la fermentation alcoolique et à la production d'eau-de-vie. Le gluten et l'albumine végétale possèdent la propriété de transformer l'amidon en une matière sucrée, mais cette transformation s'opère beaucoup mieux au moyen de l'acide sulfurique, des alcalis, ou mieux de l'orge germée et de la diastase.

En Allemagne, où l'on s'est beaucoup appliqué à la distillation des eaux-de-vie de grains, on a calculé que les différentes graines fournissaient les quantités d'eaux-de-vie suivantes, de 19 à 20° de Cartier.

100 kilog. de froment donnent	40 à 45	lit.
Seigle	36 à 42	
Orge	40	
Avoine	36	
Sarrazin	40	
Maïs	40	

Ainsi toutes ces semences, prises au poids, donnent, terme moyen, pour 100 kilog. de grains, 40 litres d'eau-de-vie à 50° de l'alcoomètre centésimal (19° de Cartier). Le résultat est fort différent quand on les *prend à la mesure*, car elles n'ont pas toutes le même poids à mesure égale, et le froment, par exemple, pèse ordinairement à peu près le double de l'orge.

Quand on veut extraire de l'eau-de-vie des graines céréales, il convient de faire choix de celles qui sont à meilleur marché. On fait principalement usage du *seigle* et de l'*orge*. On emploie quelquefois des mélanges de grains, tels que froment, avoine et orge, seigle froment et orge, etc., qui paraissent à peu près inutiles, mais toujours, comme on voit, avec addition d'une certaine quantité d'orge qui détermine la liquéfaction de la fécule contenue dans les grains et sa conversion en sucre.

Le *maltage*, ou la conversion du grain en malt ou en drèche, se fait comme nous l'expliquerons dans la fabrication de la bière. Tantôt on malte toute la masse du grain à saccharifier, tantôt on n'en malte qu'une partie et l'on emploie l'autre à l'état cru. Le 1ᵉʳ moyen donne plus facilement des solutions claires; le 2ᵉ exige moins de travail et est plus productif; mais les produits en sont moins purs et moins agréables. Quand on sacchari-

(1) Voici le procédé économique auquel M. PAYEN s'est arrêté pour préparer la diastase. On écrase dans un mortier de l'orge fraîchement germée, on l'humecte avec environ la moitié de son poids d'eau et on soumet le mélange à une forte pression. Le liquide qui en découle est mêlé avec assez d'alcool pour détruire sa viscosité et précipiter la plus grande partie d'une matière azotée qui accompagne la diastase et que l'on sépare à l'aide de la filtration. La solution filtrée, précipitée par l'alcool, donne la diastase impure; on la purifie à 3 autres solutions dans l'eau, et précipitations par l'alcool en excès alternativement. Enfin une dernière fois recueillie sur un filtre, elle est enlevée humide, desséchée en couche mince sur une lame de verre par un courant d'air chaud (45 à 50°), broyée en poudre fine et mise en flacons bien bouchés. Elle peut d'ailleurs se conserver long-temps à l'air sec. Quand on a fait agir la diastase sur de la fécule mise dans une grande quantité d'eau, élevée à une température de 60 à 65° C., il y a d'abord rupture des enveloppes des grains de fécule, puis transformation de l'amidone ou matière intérieure des grains en une substance fluide composée *de gomme et de sucre*, à laquelle on a donné le nom le *dextrine*.

fic l'orge seule, on en prend 1/3 germée et 2/3 non germée. Au moins ce sont là les proportions usitées en Allemagne. En Angleterre c'est 1/4 d'orge germée et 3/4 au moins non germée. Si on fait usage à l'état cru du froment ou du seigle, ou d'un mélange des deux grains avec ou sans addition d'avoine, on regarde 1/8 à 1/4 d'orge malté comme suffisant pour opérer la saccharification.

On a conseillé, dans le *mouillage* des grains à malter et dans le trempage des grains crus, de renouveler l'eau à plusieurs reprises, pour enlever autant que possible aux enveloppes des graines l'extractif qu'elles contiennent et qui donne aux eaux-de-vie un goût peu flatteur. Cependant M. ROSENTHAL a démontré récemment qu'on perdait ainsi au moins 8 p. 0/0 de malt et qu'il était bien préférable de ne faire qu'un trempage peu prolongé, puis de faire germer en arrosant à plusieurs reprises le tas de grains avec de l'eau tiède, de manière seulement à l'humecter et à le remuer pour répartir la chaleur.

Le grain germé ne doit être que modérément séché sur la touraille et converti seulement en malt pâle ou jaune ambré; en poussant plus loin la dessiccation on caraméliserait une partie de la matière sucrée, ce qui nuirait au bon goût des eaux-de-vie. C'est dans la fabrication des eaux-de-vie de grains qu'on reconnaît tous les avantages des tourailles chauffées à la vapeur.

Au reste, pour éviter ces appareils et le travail de la dessiccation, M. DŒRFFURTS vient de proposer, pour la distillation, de ne pas faire sécher le grain germé et de l'écraser encore à l'état mou entre deux cylindres. Il assure que les germes ne communiquent aucun goût à l'eau-de-vie, que la fermentation est aussi active, la mouture très facile, et qu'on obtient ainsi une plus grande quantité de liquide spiritueux.

Plusieurs procédés sont en usage pour opérer le brassage ainsi que pour diriger la fermentation et la distillation des grains. Nous décrirons ici les méthodes allemande et anglaise, et nous y ajouterons quelques détails sur une 3e qu'on pourrait appeler méthode française, puisqu'elle est basée sur des découvertes récentes dues à des chimistes français.

§ 1er. — Méthode allemande pour distiller les grains.

En Allemagne, et dans tout le Nord de l'Europe, on est dans l'habitude d'exposer à la fermentation alcoolique le moût qu'on a obtenu du brassage du malt dans l'eau chaude, sans le tirer à clair, et d'introduire ce moût fermenté avec son marc dans la chaudière des appareils distillatoires.

L'opération du brassage se fait comme il suit. Supposons qu'on veuille mettre en fermentation 100 kilog. de malt concassé et de farine de grain cru; on fait chauffer de l'eau dans une chaudière; quand cette eau est à 55° C. en été et 60° en hiver, on en prend environ un hectolitre qu'on verse peu à peu sur la farine placée dans une cuve, on pétrit et agite continuellement jusqu'à ce que cette farine en soit bien pénétrée dans toutes ses parties et qu'il n'y reste plus aucun grumeau. Ce pétrissage ayant été continué pendant une demi-

heure ou 3 quarts-d'heure, on introduit dans la cuve environ 2 hectolitres d'eau presque bouillante (85 à 95° C), suivant la saison; on brasse fortement la pâte dans l'eau, jusqu'à ce que le tout ne forme plus qu'une masse bien homogène. La cuve est couverte soigneusement pour y conserver la chaleur, et abandonnée 2 à 3 heures pendant lesquelles on brasse à plusieurs reprises.

On *étend alors le moût avec de l'eau froide* jusqu'à ce que la température de ce liquide soit tombée à 20 ou 25° C, suivant la température de la saison. La quantité d'eau ajoutée ainsi est à peu près égale à 5 fois le poids de la farine d'orge germée ou de grain cru employée, de façon que le moût a environ au total 8 fois le poids du malt. Pendant cette addition on remue continuellement la masse pour que la température soit répartie uniformément.

On peut jeter dans le moût un peu de *craie* ou y suspendre, dans un linge, un peu de *marbre* ou de la *pierre à chaux* réduits en morceaux gros comme des noisettes, tant pour saturer l'acide acétique qui s'est formé dans l'acte de la germination du grain que pour s'opposer à la formation de cet acide pendant la fermentation.

Aussitôt que le moût est arrivé, par l'addition de l'eau froide, à la température convenable, on le *met en levure*. On peut faire usage pour cet objet de la levure qui surnage dans la fabrication de la bière ou de celle qui se dépose au fond de la cuve guilloire; ordinairement en Allemagne, pour la distillation des eaux-de-vie de grain, on donne la préférence à la seconde, quoiqu'il en faille le double de la 1re. Pour 100 kilog. de grain malté et cru on prend 8 kilog. de levure bien fraîche de dépôt ou 4 kilog. de celle qui surnage; on mêle d'abord cette levure avec un peu de moût chaud et avant qu'il soit étendu d'eau, de façon qu'elle commence à fermenter au moment de la mise en levure; puis on la mêle aussi uniformément que possible dans le liquide. On couvre alors la cuve et on abandonne le moût à la fermentation.

Cette *fermentation* est dirigée comme nous l'expliquerons au chapitre de la fabrication de la bière. Nous dirons seulement ici qu'au bout d'une heure environ elle a commencé à se manifester et qu'après 5 heures le *chapeau* est déjà formé. A cette époque la température du moût s'est élevée à 36 ou 40° C; au bout de 36 heures elle est à son plus haut point d'activité; après ce temps le chapeau tombe, la température s'abaisse, les matières solides tenues en suspension se précipitent, la liqueur s'éclaircit la masse passe au repos et la fermentation est terminée en 48 ou 60 heures.

Suivant M. KŒLLE, il est avantageux, pour rendre plus complète la fermentation du moût, au moment où le chapeau tombe, de *brasser fortement le liquide* après y avoir ajouté un peu d'eau chaude pour le réchauffer. La fermentation se prolonge encore quelque temps, quoique avec peu d'énergie, et est plus complète.

Quand on juge qu'elle est achevée, on laisse le vin de grains reposer pendant quelque temps jusqu'à ce qu'il se manifeste à la surface un commencement de réaction acide; le but de cette pratique est de s'assurer que la fermentation alcoolique est terminée et que tout le sucre a été transformé en alcool. L'art consiste à saisir, pour la distillation, le moment où la liqueur contient le plus d'esprit, ce qui a lieu ordinairement 60 à 72 heures après la mise en levure. Ce point une fois reconnu, on transporte toute la masse dans les appareils et on procède à la distillation.

En été, et surtout au printemps, on prévient l'altération des moûts en y jetant des morceaux de charbon de bois, un peu de sel marin, ou bien de la magnésie ou de la craie, s'il s'est formé de l'acide acétique.

Les *avantages* de la méthode allemande sont qu'elle nécessite peu de main-d'œuvre, et l'emploi d'un petit nombre de vaisseaux, qu'elle n'exige par conséquent que peu de capitaux, et fournit une plus grande quantité d'eau-de-vie; mais elle a plusieurs *inconvéniens* graves. D'abord, la grande quantité de matières étrangères mêlée au moût fait que la fermentation n'y marche pas d'une manière aussi parfaite et aussi uniforme que dans un moût tiré à clair; la quantité de matière à distiller est plus considérable et exige des appareils distillatoires et des foyers plus grands; les dépôts ou marcs causent beaucoup d'embarras pour les transporter à l'alambic et les en retirer, et ils contribuent à donner un mauvais goût à l'eau-de-vie, d'abord par certains principes que contient l'enveloppe du grain ou de la fécule, ensuite parce que les marcs s'attachent facilement au fond de la chaudière, brûlent, et donnent aux produits distillés ce goût de *brûlé* ou *d'empyreume* qui leur enlève beaucoup de leur valeur. Enfin on éprouve plus de difficultés à se servir des appareils de distillation continus, qui offrent cependant de notables avantages.

Ces inconvéniens sont assez graves pour engager les propriétaires d'établissemens ruraux qui voudraient se livrer à la distillation des grains à abandonner cette méthode, malgré sa simplicité, et à lui préférer celles qui permettent de traiter des solutions claires semblables au moût des brasseurs ou des distillateurs anglais, dont nous allons faire connaître les procédés.

§ II. — Méthode anglaise pour distiller les grains.

« Cette méthode, suivant M. Dubrunfaut, consiste à *traiter les grains dans une cuve à double fond*, pour en faire un extrait à peu près à la manière des brasseurs. Le grain étant mélangé dans la proportion de 80 kilog. de seigle cru et moulu grossièrement sur 20 de malt d'orge concassé, on dépose dans cette cuve à double fond une couche de courte paille de 2 centim. d'épaisseur, on étend par-dessus 200 kilog. des grains mélangés; alors on fait arriver, par le conduit latéral qui communique avec l'espace ménagé entre les deux fonds, 400 litres d'eau à la température de 45 à 50° C, pendant qu'un homme ou deux, armés de râbles, sont occupés à brasser fortement. Ce brassage dure 5 à 10 minutes environ; puis ils abandonnent la matière à elle-même pendant un quart-d'heure ou une demi-heure, afin qu'elle se pénètre d'eau.

« Immédiatement après cette trempe les ouvriers reprennent leurs râbles et recommencent à brasser la masse. pendant qu'on y fait arriver de nouveau, par le conduit latéral, 800 litres d'eau bouillante. Le brassage, cette fois, doit durer un quart-d'heure environ; puis on laisse en repos pendant une heure au moins. A cette époque, le grain qui se trouve noyé dans l'eau doit être précipité au fond de la cuve et être recouvert d'une couche de liquide clair. On ouvre un robinet qui communique avec l'espace entre deux fonds, et comme le fond supérieur forme une espèce de filtre par les trous coniques qu'il forme à sa surface et la couche de paille qui le recouvre, tout le liquide s'écoule par le robinet et est transporté dans les cuves à fermentation.

« Cette première extraction faite, on amène, toujours par le même conduit, 600 litres d'eau bouillante, et les ouvriers brassent encore pendant un quart-d'heure; on laisse reposer une heure et l'on soutire cette extraction comme l'autre, pour la mettre en fermentation. Le grain qui reste sur le double fond après ces deux extractions est assez bien épuisé de la substance fermentescible que l'eau a emportée à l'état de dissolution.

« Le liquide déposé dans les cuves à fermentation est mis en levain quand la température est tombée à 20 ou 30° C., suivant la capacité des cuves, et l'on obtient ainsi un vin sans dépôt qui peut être soumis avec avantage à la distillation.

« Si l'on trouvait que le grain resté sur le double fond ne fût pas suffisamment épuisé, on pourrait lui faire subir une 3e extraction. »

Nous ajouterons ici quelques observations qui pourront être utiles.

1° La pratique seule peut apprendre à bien diriger la fermentation alcoolique dont la marche dépend, comme on l'a déjà vu, de l'élévation ou de l'abaissement de la température; c'est au praticien à employer suivant les saisons, les moyens propres à entretenir dans la cuve celle à laquelle cette fermentation marche avec régularité sans être ni lente ni trop tumultueuse. L'activité de la fermentation dépend encore de la masse qu'on soumet à cette action chimique, de la densité du moût ou de la quantité de matière solide qu'il contient, de l'état du malt qui a fourni le moût, les grains germés donnant en général un moût qui fermente plus vite que celui de grains crus, etc.

2° Dans la fabrication de la bière on a pour but de conserver dans la liqueur fermentée une certaine quantité de sucre, c'est le contraire dans la distillation du grain; tout le sucre doit y être transformé en esprit.

L'eau-de-vie extraite par le procédé précédent est plus pure que celle distillée sur les marcs; elle a un goût plus agréable et peut être recueillie au moyen des appareils continus; mais elle exige une plus grande quantité de vaisseaux, plus de main d'œuvre et plus de capitaux.

§ III. — Méthode française pour l'extraction des eaux-de-vie de grains et de fécule.

Les travaux récens des chimistes sur la nature de l'amidon et la découverte de la diastase et de ses propriétés, que nous avons fait connaître au commencement de cette section, ont jeté un grand jour sur le phénomène de la saccharification des grains et permettent aujourd'hui de diriger cette opération de la manière la plus simple et la plus avantageuse. Graces à leur secours, on transforme aujourd'hui en un instant la fécule en dextrine, qui contient une quantité considérable de sucre, et on ne soumet à la fermentation et à la distillation que des solutions parfaitement claires et homogènes, donnant des eaux-de-vie exemptes d'empyreume et du goût particulier aux eaux-de-vie de grains. Dans l'article qui traite de la fabrication de la bière nous indiquons (sect. II, § II) comment on opère pour obtenir cette transformation. Nous dirons seulement ici que lorsqu'on a obtenu des liquides clairs, on étend le moût ou solution de dextrine et de gomme, soit avec des solutions faibles, soit avec de l'eau froide, pour le ramener à une densité de 6° de l'aréomètre de Baumé et à la température de 20 à 25° C. Arrivé à ce point, on peut le mettre en levain et diriger la fermentation comme nous l'avons indiqué pour les moûts ordinaires.

Cette transformation de la fécule en dextrine réussit moins bien, suivant M. LUEDERS-DORFF, avec la farine de céréales qu'avec leur amidon, et celle-ci passe plus difficilement à l'état fluide et donne moins de sucre que la fécule de pommes de terre.

M. LAMPADIUS a observé qu'il est de toute nécessité que le malt d'orge soit récent pour faire crever les graines de fécule et liquéfier la dextrine; au bout de 4 ou 5 semaines il a perdu cette propriété.

ART. III. — Des eaux-de-vie de pommes de terre.

La pomme de terre est *très propre à fournir de l'eau-de-vie* par la distillation; en effet, elle contient 20 à 25 p. 0/0 de matière solide dans lesquels la fécule entre pour 62 à 88 p. 0/0, c'est-à-dire que 100 kilog. de pommes de terre fraîchement récoltées contiennent 16 à 18 kilog. d'amidon.

Divers procédés ont été proposés pour saccharifier la fécule qu'on extrait de ce tubercule; nous les ferons connaître dans le chapitre qui traitera de la fabrication de l'amidon et des divers produits qu'on peut extraire de la pomme de terre. Nous dirons seulement qu'une fois la fécule transformée en dextrine et celle-ci en sucre, on étend convenablement la solution, on fait fermenter, puis on distille par les moyens qui vont être indiqués.

La *quantité d'eau-de-vie* qu'on retire des pommes de terre dépend de leur état et de leur qualité. Elles en donnent d'autant plus qu'elles sont fraîchement récoltées. Les pommes de terre germées ou altérées n'en fournissent qu'en petite quantité, et le produit des dernières tient en dissolution un principe d'un goût amer et désagréable.

L'impossibilité de distiller les pommes de terre toute l'année, les frais assez considérables qu'occasionne le transport de ces tubercules, ont fait rechercher s'il ne serait pas avantageux et économique d'obtenir leur partie féculente à l'état sec. C'est ainsi qu'on les a soumises à la presse, qu'on les a cuit à la vapeur, puis qu'on les a fait sécher et conservées en cet état. M. PRECHTL de Vienne, après les

avoir lavées, râpées grossièrement et soumises à un appareil construit sur les principes du filtre-presse de M. REAL, leur a enlevé ainsi leur eau de végétation puis les a fait sécher au grand air. De cette manière il est parvenu à les conserver parfaitement pendant longtemps; quand on veut s'en servir on les mout comme le grain et on les travaille de même. Enfin on a transformé les pommes de terre en fécule, en amidon, en sirop de dextrine, etc.

C'est au distillateur à calculer, suivant les localités où il se trouve, ses ressources, l'étendue de son exploitation, etc., sous quelle forme il est plus économique pour lui d'acquérir, pour les soumettre à la distillation, les matières amylacées et féculentes.

SECTION IV. — Des appareils distillatoires et de la manière de les diriger.

La distillation a pour but en général de *séparer des produits volatils* de ceux qui ne le sont pas ou qui le sont moins dans les mêmes circonstances. Dans la distillation des liqueurs fermentées, l'alcool à divers degrés de densité est le liquide qu'il faut séparer. On détermine ordinairement la séparation des produits par le moyen de la *chaleur* convenablement ménagée, qui réduit en vapeur le plus volatil d'entre eux; cette vapeur est ensuite condensée et ramenée à l'état liquide par un abaissement de température. On peut encore opérer la distillation à de basses températures en diminuant la pression atmosphérique que supporte la vapeur; celle-ci, ne trouvant plus d'obstacle à sa volatilisation, se vaporise et est condensée comme précédemment. La plupart du temps la distillation se fait sous le poids ordinaire de l'atmosphère.

Cette opération s'effectue au moyen de vases qui prennent le nom d'*appareils distillatoires*. Les appareils de ce genre inventés jusqu'ici sont nombreux; nous nous contenterons de décrire d'abord les plus simples et par conséquent ceux qui paraissent les mieux appropriés à l'économie rurale, puis nous ferons connaître les appareils perfectionnés employés avec avantage dans les grandes exploitations.

On peut diviser les appareils distillatoires en deux grandes sections. Les uns sont *discontinus*, c'est-à-dire qu'après chaque chauffe on est obligé de les ouvrir pour les nettoyer et recommencer une autre opération; les autres sont *continus* et marchent sans interruption jusqu'à ce que l'encrassement des vases ou le manque de matière 1re détermine à arrêter leur marche.

ART. 1er. — Des appareils discontinus.

Les appareil discontinus peuvent marcher à feu nu, au bain-marie, à la vapeur ou au bain de sable; souvent même ces moyens sont combinés. Les plus simples sont ceux qui à chaque chauffe sont chargés de liquide froid et où l'eau sert à condenser la vapeur. D'autres pour éviter la perte du calorique, échauffent en même temps le vin froid ou le moût, ou bien rectifient simultanément les liquides spiritueux qu'ils produisent. Donnons des exemples des uns et des autres.

§ Ier. — Appareil discontinu à feu nu ordinaire.

L'appareil le plus simple est *l'alambic* ordinaire, vase de cuivre solidement étamé à l'intérieur et composé ordinairement de 3 pièces distinctes. Voici celui dont la forme est regardée comme la meilleure. Les trois pièces sont :

1° La chaudière A (*fig.* 237) espèce de chau-

Fig. 237.

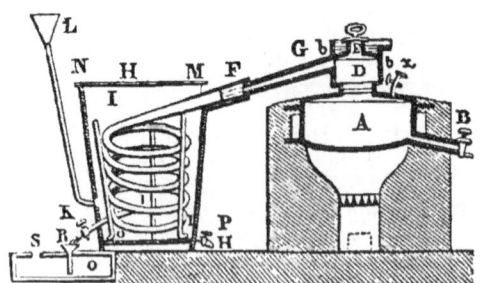

dron de forme cylindrique fermé par 2 fonds convexes et qui porte des rebords par lesquels il s'appuie sur la maçonnerie du fourneau dans lequel il est noyé. Au niveau de son fond part un gros tube B, fermé par un robinet qui sort au dehors du massif du fourneau et sert, après une chauffe, à faire évacuer les marcs et la vinasse. Cette chaudière porte un robinet *x* pour l'essai des vapeurs, et sur son fond supérieur une gorge qui en rétrécit l'ouverture.

2° Le *chapiteau* D, ou couvercle de la chaudière cylindrique, qui porte par le bas une gorge qui entre juste dans celle de la chaudière, et est fermé en haut par une calotte sphérique soudée en *bb* au-dessous de son bord supérieur, ce qui forme un anneau qu'on remplit d'eau pour opérer une fermeture hermétique. Au milieu de cette calotte est une ouverture E qu'on ferme avec un bouchon en métal et qui sert à charger le moût dans la chaudière. Sur le côté de ce cylindre est soudé un gros tuyau G légèrement conique, qu'on nomme *bec du chapiteau.*

3° Le *réfrigérant* ou *condenseur* H dans lequel les vapeurs alcooliques, après s'être élevées de la chaudière, être montées dans le chapiteau et en avoir traversé le bec, viennent se condenser par le refroidissement qu'on leur fait éprouver.

Le *réfrigérant le plus en usage* est celui qui est connu sous le nom de *serpentin*, et qui consiste en un long tube H, contourné en hélice, qui, par son orifice supérieur F, s'ajuste avec le bec du chapiteau, et qui, par l'inférieur, verse la liqueur condensée dans le vase destiné à le recevoir. Ce serpentin est enfermé dans une *cuve* M N O P, remplie d'eau, qu'on renouvelle continuellement. Cette eau, fournie par un réservoir supérieur, est versée dans l'entonnoir L, coule par le tube qu'il surmonte et entre par la partie inférieure de la cuve. A mesure qu'elle s'échauffe elle s'élève à la surface, où un tuyau de trop plein M la conduit hors de l'atelier. H est un robinet par lequel on vide entièrement l'eau de la cuve.

M. Gedda a inventé un condenseur (*fig.* 238) qui se compose de 2 cônes, A A, B B, tronqués,

Fig. 238.

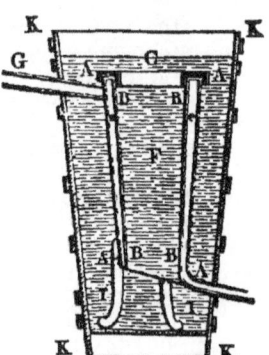

renversés, ajustés l'un à l'autre et réunis par les 2 bouts. Ces cônes laissent entre eux un intervalle *e e*, où se fait la condensation, et qui est fermé en haut et en bas par des anneaux soudés aux parois des cônes. Voici les proportions relatives de ce réfrigérant. En désignant par D le diamètre du cône extérieur A à la partie supérieure, la hauteur de ce cône sera 2 1/2 D, le diamètre supérieur du cône intérieur 7/10 D, les diamètres inférieurs de ces cônes 4/7 D et 1/2 D. Ainsi l'espace entre les 2 cônes est supérieurement 3/10 D et inférieurement 1/14 D. G est le tube qui reçoit le bec du chapiteau, I I les pieds qui sont au nombre de 3 et K K la cuve remplie d'eau froide. Les plus grands condenseurs de ce genre ont environ 2 mètres de hauteur et servent pour des alambics d'environ 3 mètres cubes de capacité.

Ce condenseur présente dans un petit espace une *grande surface* pour la condensation, mais il a, comme le serpentin, *l'inconvénient de ne pouvoir être nettoyé facilement.* De plus les vapeurs, s'y condensant promptement dans la partie supérieure, tombent aussitôt à l'état fluide dans le fond, où elles s'écoulent dans le récipient sans être suffisamment refroidies. On a cherché à perfectionner cet appareil en le combinant avec le serpentin ou en élevant sa partie supérieure au-dessus de la cuve à eau froide, afin que les vapeurs, refroidies seulement par le contact de l'air, se déposent en un liquide qui coule lentement et se refroidit ensuite le long des parois.

Un *condenseur plus commode* est celui qui est représenté dans la fig. 239 et qui se com-

Fig. 239.

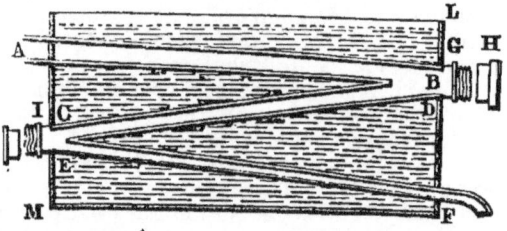

pose de 3 tubes cylindriques A B, C D, E F, d'un mètre chacun de longueur, soudés l'un à l'autre sous un certain angle et se communiquant sans interruption. Le tube A B a un diamètre égal à celui du chapiteau ; par l'autre extrémité il est uni avec l'extrémité D du tuyau C D en bec de flûte. Les 2 parties assemblées sont soudées à un bout de tuyau cylindrique G qui porte un pas de vis extérieur. Ce tuyau est fermé par une boîte ou couvercle H taraudée intérieurement pour s'ajuster sur le tuyau G. On place un cuir entre cette boîte et l'embase du tuyau, afin de fermer hermétiquement les 2 tuyaux à la fois; les 2 tubes CD, E F sont ajustés de même. Tout l'appareil est soudé aux points A, G, I, F dans une bâche de cuivre ou de zinc M, L de 20 à 24 cent. de largeur, et remplie d'eau froide qui se renouvelle par le fond pendant la distillation.

Les vapeurs entrent par le tube A B; là elles se condensent; le liquide coule lentement dans le tube D C, qui est un peu incliné, de là dans le tube E F, où elles tombent refroidies dans le récipient par le bec F. Si l'on craignait qu'un trajet de 2 mètres ne fût pas assez long pour refroidir entièrement la liqueur, on pourrait ajouter 2 tubes de plus.

Cette disposition donne la facilité de nettoyer les tuyaux lorsqu'on a distillé; il suffit pour cela de dévisser les obturateurs H et I, et, à l'aide d'une brosse en crin et d'eau, de frotter l'intérieur des tuyaux.

C'est d'après ce principe, mais d'une manière plus simple, qu'est construit le condenseur de M. KOELLE, représenté dans les fig. 240, 241, et qui se compose d'une série

Fig. 241.   Fig 240.

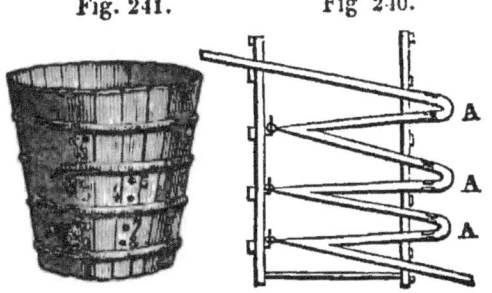

de tubes courbés sous un angle aigu et au sommet de l'angle desquels est un anneau qui s'accroche à des clous à crochet placés à différentes hauteurs dans la bâche à eau froide. Les extrémités ouvertes de ces tubes, qui sortent en dehors des parois de cette bâche, sont réunies deux en deux par des bouts de tuyaux courbes, comme on le voit en A A, et afin de placer un plus grand nombre de tuyaux dans le cuvier, on ne les met pas les uns au-dessus des autres, mais on les dispose en zig-zag, comme le représente la série des nos dans la fig. 241.

Nous renvoyons à l'article *bière* pour la description d'un réfrigérant fort ingénieux de l'invention de M. NICHOLS, et qui, avec de légères modifications, peut être adapté à la condensation des vapeurs alcooliques.

On calcule ordinairement qu'un condenseur, quand la distillation marche avec régularité et l'eau de condensation, qu'on renouvelle, étant à la température moyenne de 10° C., doit présenter une surface de condensation égale à peu près au double de celle de la partie de la chaudière exposée au feu.

Une pièce, qui fait aussi partie des appareils distillatoires, est le *bassiot* ou *baquet* O (*fig.* 237), petit baquet à double fond, dont le supérieur est percé de 2 trous. L'un R reçoit l'eau-de-vie et la verse dans l'intérieur, on lui donne la forme d'un entonnoir; l'autre S sert à laisser échapper l'air à mesure que le bassiot se remplit et à puiser de la liqueur quand on veut essayer son degré de spirituosité. Quand le bassiot est plein on le vide dans

des tonneaux. Dans les grands appareils on emploie des tonneaux pour recevoir l'eau-de-vie ou l'alcool.

1° *Distillation des vins.*

Une fois qu'on a fait choix du vin qu'on veut distiller dans un appareil à feu nu, on procède de la manière suivante.

On commence d'abord par laver la chaudière avec le plus grand soin; cette opération préliminaire est de la plus haute importance. « Une *extrême propreté*, dit M. S. LENORMAND dans son *art du distillateur*, doit présider à toutes les opérations du bouilleur. Il doit visiter souvent et avec soin tous les vases qu'il emploie dans la brûlerie, ne pas permettre qu'on remplisse les chaudières sans être assuré qu'elles ne renferment aucune partie couverte de vert-de-gris; c'est un des points les plus importans. Pour y parvenir d'une manière plus assurée, il doit, aussitôt qu'une *chauffe* est terminée et dès l'instant qu'il a fait couler la *vinasse* ou résidu de l'opération qui vient de finir ou tout au moins à la fin de la journée et au moment de quitter les travaux, y verser de l'eau par la douille supérieure, l'y laisser séjourner en l'agitant avec un écouvillon, la faire couler ensuite au dehors et y passer une seconde eau pour enlever tous les résidus. La chaudière est propre lorsque l'eau sort limpide.

« Ce n'est pas tout encore, et le bouilleur doit souvent ôter le chapiteau ou les pièces qui surmontent la chaudière, et ouvrir celle-ci pour éviter la formation ou enlever une *croûte* qui se forme sur les parois intérieures par la précipitation du tartre de la lie, de l'extractif et des sels à base calcaire que les eaux dont il se sert tiennent souvent en dissolution. Cette croûte entraine la prompte destruction de la chaudière et communique d'ailleurs à l'eau-de-vie le goût de *feu* ou de *brûlé* qui nuit beaucoup à sa bonne qualité. On remédie à cet inconvénient sans nuire, dit-on, à la bonté des produits, en versant dans la chaudière, par hectolitre de vin qu'elle contient, 125 gram. de fécule, transformée en empois avec de l'eau tiède, puis étendu de 2 litres de vin. On verse l'empois dans la chaudière, dont le liquide est déjà chaud, et en même temps on agite avec un bâton, afin que le mélange soit complet. On suit avec avantage ce procédé et la croûte ne se forme pas.

« Ce que nous avons dit de la chaudière *est applicable à tous les autres vases*. Le chapiteau, le condenseur doivent souvent être nettoyés et continuellement visités.

« Une seconde condition importante, c'est qu'il ne se fasse *aucune fuite par les jointures* des différentes pièces. On ne saurait apporter trop de soin à cet égard, parce qu'un appareil qui fuit donne lieu à des pertes qui, en se renouvelant sans cesse, finissent par devenir notables. Plusieurs pièces des grands appareils actuels sont terminées par des collets que l'on assujétit par des pinces ou griffes en fer, qui prennent entre leurs lames les collets de 2 pièces contiguës. On interpose entre les collets des rondelles de papier gris frit dans l'huile, ou des feuilles minces de plomb. Quelques coups de marteau sur les griffes suffisent pour opérer une fermeture exacte. Dans tous les cas, toutes les jointures des appareils doivent être lutées avec le plus grand soin, au moyen de bandes de linge trempées dans des blancs d'œufs et saupoudrées avec un mélange de chaux vive, éteinte avec un peu d'eau et mélangée d'un tiers de son poids de craie en poudre fine.

On prépare aussi un bon lut avec parties égales de farine de seigle et de craie en poudre très fine; ou bien 1 partie de cette farine avec autant de sablon très fin. On délaie ce mélange dans des blancs d'œufs pour en former une bouillie épaisse qu'on applique sur les bandes de toile dont on recouvre les jointures.

Du moment que la chaudière est bien nettoyée on y *verse le vin;* on la remplit à peu près aux 3/4, ce qu'on reconnaît facilement au moyen d'une petite *jauge* en bois, qu'on plonge dans le liquide. Dès que la chaudière est remplie on s'occupe de mettre en train ou de *donner le coup de feu.* A cet effet on allume un feu vif dans le fourneau pour hâter l'ébullition; on place le bassiot pour recevoir les produits; on ferme l'ouverture du chapiteau avec son bouchon à vis; on verse de l'eau dans l'anneau qui l'entoure et on lute avec soin toutes les autres jointures.

Dès que la chaleur commence à pénétrer, il se dégage beaucoup d'air par l'extrémité inférieure du condenseur, et peu à peu les vapeurs s'élèvent. On juge du chemin qu'elles font dans toutes les capacités de l'appareil par la chaleur que prennent successivement tous les conduits qu'elles parcourent. Il passe d'abord un alcool qui n'a ni goût ni odeur agréable. On sépare ce 1er produit pour le distiller une seconde fois. L'alcool qui succède est très concentré et de bonne qualité; il se nomme *eau-de-vie première,* et on en détermine le titre par l'alcoomètre en établissant à demeure cet instrument à l'ouverture du bassiot, ce qui permet de juger du degré de l'alcool pendant tout le temps de l'opération.

L'alcoomètre se maintient à peu près au même degré pendant quelque temps; mais peu à peu l'eau-de-vie perd de sa force. Lorsqu'il est tombé au-dessous de 50° de l'alcoomètre (19° Cartier) on ne recueille plus que de l'eau-de-vie mêlée de plus ou moins d'eau, qu'on nomme *eau-de-vie seconde* ou *petites eaux.* Quand cette eau-de-vie a passé pendant quelque temps et ne contient presque plus rien de spiritueux, on ouvre de temps à autre le petit robinet placé sur la chaudière et on présente une allumette enflammée aux vapeurs qui en sortent en renouvelant cet essai jusqu'à ce que les vapeurs ne s'enflamment plus. Dès ce moment l'opération est terminée; on couvre le feu pour faire écouler la vinasse, nettoyer la chaudière et la remplir de nouveau.

La quantité de bonne eau-de-vie qu'on recueille est d'autant plus considérable qu'on a mieux ménagé le feu et qu'on a entretenu le même degré de fraîcheur à l'eau des condenseurs.

On peut ménager le combustible et le temps en plaçant entre l'alambic et le condenseur un baquet de la contenance de la chaudière, qu'on remplit de vin, qu'on chauffe pendant le cours de la distillation précédente jusqu'à 55 ou 60° C., par un tour de serpentin qui circule dans le baquet avant de se rendre au condenseur. De cette manière la distillation recommence presque aussitôt.

Les distillateurs appellent *chauffe* une opération entière, c'est-à-dire depuis l'instant où ils chargent l'appareil jusqu'à celui où ils font écouler la vinasse.

On *redistille séparément* l'eau-de-vie seconde, à un feu doux, pour l'obtenir en totalité à un plus haut point de concentration. Cette opération s'appelle *repasse.* On mêle quelquefois la repasse avec le vin pour en opérer de nouveau la distillation.

A mesure que les bassiots qui reçoivent l'eau-de-vie sont pleins, on les vide dans des futailles de bois de chêne qu'on tient dans le cellier pour éviter l'évaporation. Le séjour que fait l'eau-de-vie dans le bois neuf lui fait acquérir une couleur jaunâtre qui n'altère pas sa qualité. L'eau-de-vie en vieillissant perd le goût de feu qu'elle a souvent quand elle est fraîche ; elle devient plus agréable et plus suave.

2° *Distillation des marcs de raisins.*

Les marcs de raisins qu'on destine à la distillation sont d'autant plus propres à cet usage qu'ils sont restés plus long-temps en contact avec le vin; ils fournissent alors plus d'alcool, et cette quantité, dans les années favorables, peut aller du 10e au 8e, tandis que des vins pressés aussitôt après la récolte on n'en peut extraire au-delà du 12e au 10e.

Quand on ne distille pas les marcs de suite, il faut les *préserver du contact de l'air* qui les ferait tourner à l'aigre et détruirait l'alcool. Pour cela, après qu'ils ont été pressés, on les entasse dans des cuves où ils sont foulés avec les pieds de manière à les condenser le plus possible. Les cuves étant pleines, on les recouvre d'une couche de terre molle. Alors il s'opère, au bout de 15 jours, une nouvelle fermentation qui augmente encore la richesse alcoolique des marcs. Dans des vases peu poreux ils peuvent se conserver plus long-temps sans altération et même pendant une partie de l'année.

Lorsqu'on veut commencer la distillation, on *enlève le chapeau de terre ainsi que la surface du marc* qui est ordinairement moisie, desséchée ou aigre, et tout ce qui se trouve altéré; et chaque fois que l'on puise pour charger la chaudière on recouvre le reste d'une étoffe quelconque. La chaudière est chargée de manière que les marcs et le liquide qu'on y introduit laissent entre le chapiteau un espace pour l'ébullition et les vapeurs. On met ordinairement un seau d'eau pour 2 seaux de marc. Cette quantité de liquide est nécessaire pour empêcher les marcs de s'attacher à la chaudière. Quand on a des vins faibles ou gâtés, des vins de grains, de fécule, ou tous autres liquides pouvant donner de l'alcool, il est avantageux de les employer, au lieu d'eau, à cette distillation. Le feu doit être toujours égal et conduit avec beaucoup de soin, un coup de feu pouvant déterminer de suite la brûlure au fond de la chaudière.

Dans quelques parties de l'Allemagne les chaudières qui servent à distiller les marcs de grains ou de raisins portent un agitateur qu'on met en mouvement de temps à autre.

surtout au commencement de l'opération, pour empêcher les matières épaisses de toucher le fond et les tenir en suspension dans le liquide.

3° Distillation des moûts de grains et de fécule.

Pour procéder à la distillation des moûts de grains avec le marc, on les agite pendant quelque temps, puis on les transporte dans la chaudière qu'on remplit au 2/3 de sa hauteur. On allume le feu, qu'on répartit aussi également que possible sous la chaudière, et en même temps le bouilleur, de moment en moment, brasse le moût avec un agitateur pour empêcher les parties épaisses de se rassembler au fond et de brûler. Arrivé au point d'ébullition et après le dégagement du gaz acide carbonique, on ferme le chapiteau, on dispose le condenseur et on lute toutes les ouvertures. Dès que la distillation commence on soutient le feu et on l'entretient de manière que l'opération marche avec activité et régularité. On continue ainsi jusqu'à ce que les portions qui passent ne marquent plus que quelques degrés à l'aréomètre; on fait alors écouler les marcs qu'on donne aux bestiaux.

Le liquide qu'on obtient ainsi, et qu'on nomme *flègme*, est une eau-de-vie étendue d'eau qui ne marque pas plus de 15 à 20° de l'alcoomètre (12 à 13° Cart.). Outre le goût d'empyreume qu'il possède, il contient souvent une certaine quantité d'acide acétique; aussi, exposé à l'air, il ne tarderait pas à être converti en vinaigre si on ne le soumettait à la *cohobation* ou *rectification*. Dans ce but, on le remet dans le même appareil, ou mieux on le transporte dans un autre plus petit, où on le distille à un feu doux. La liqueur qui passe d'abord est de l'eau-de-vie 1ᵉ qu'on recueille à part; celle qui coule ensuite est plus faible, et en fractionnant les produits on finit par obtenir un liquide peu alcoolique qu'on redistille, avec les flègmes, à l'opération suivante.

Quand on distille des eaux-de-vie destinées pour boisson, telle que celle dite *genièvre*, il faut arrêter la distillation dès que les flègmes ne marquent plus que quelques degrés centésimaux, parce que c'est vers la fin que les acides et les huiles empyreumatiques, qui altèrent leur qualité, passent à la distillation. Aussi les derniers jets, lorsqu'on pousse l'opération jusqu'à ce que le liquide ne marque plus rien, sont-ils infects et nauséabonds, et est-on obligé, dans ce cas, lorsqu'on procède à la rectification ou à une nouvelle opération, de placer un godet sous l'orifice du serpentin pour recueillir et rejeter une certaine quantité d'eau acidule et infecte qui précède le véritable produit de la distillation.

Pour empêcher la déperdition notable d'alcool qu'on éprouverait si le jet était à l'air libre, on enveloppe d'une caisse en fer-blanc, qui s'ouvre par un volet, l'issue du serpentin et l'entonnoir, et on ajoute dans celui-ci un morceau de flanelle qui sert de filtre et sépare une matière floconneuse qui contient de l'oxide de cuivre provenant de l'appareil et empêche les corps étrangers d'obstruer le tuyau conducteur.

A la fin de chaque opération on nettoie tous les appareils, car c'est dans ce genre de distillation que la propreté paraît être une condition des plus importantes.

4° Distillation des mélasses de betteraves.

Les mélasses qu'on recueille dans la fabrication des sucres, mises en fermentation, donnent un volume égal au leur de bonne eau-de-vie. Il arrive quelquefois qu'au moment où la cuve où on les dépose après les avoir mises en levain semble marcher convenablement, la fermentation cesse subitement sans qu'il soit possible de la rétablir. M. Tilloy conseille alors de battre dans une chaudière 150 kilog. de mélasse avec 2 fois autant d'eau et d'y ajouter peu à peu 7ᵏ,5 d'acide sulfurique préalablement étendu d'eau. On brasse fortement le mélange, on fait bouillir une demi-heure, puis on fait écouler dans une cuve dans laquelle on verse 5 à 6 fois autant d'eau qu'on a employé de mélasse. On délaie dans ce liquide une quantité convenable de levure et la fermentation marche régulièrement. La quantité d'acide varie suivant la composition de la masse; le mélange doit seulement être légèrement acide. Une fois la fermentation alcoolique terminée, on distille comme pour le vin.

La plupart des autres matières sucrées et fermentées se distillent les unes comme les vins, les autres comme les grains, les marcs ou les mélasses.

§ II. — Appareil discontinu à feu nu avec rectification simultanée à la vapeur.

L'alambic ordinaire présente plusieurs vices inhérens à l'appareil lui-même. D'abord il faut modérer le feu avec assez d'habileté pour ne faire monter que les parties alcooliques; un coup de feu trop fort fait monter une masse de fluides aqueux et ne donne qu'une eau-de-vie faible qu'on est obligé de distiller une seconde fois pour la porter au degré convenable. En second lieu il est difficile d'extraire les dernières portions d'eau-de-vie contenues dans le vin sans qu'elles soient chargées d'une immense quantité de parties aqueuses. L'eau-de-vie a souvent un goût de brûlé et est rarement très limpide; la condensation y étant imparfaite, il y a déperdition de vapeurs alcooliques qui se répandent en pure perte dans l'atelier. Enfin on consomme une quantité considérable de combustible et on ne peut obtenir d'alcool 3/6 ou autre que par une nouvelle distillation.

C'est surtout dans la distillation des moûts de grains et des marcs que ces défauts sont le plus sensibles. La nécessité de laisser refroidir les flègmes avant de les soumettre à la rectification, puis de les réchauffer pour cette opération, occasionne une dépense énorme de combustible et une déperdition fort considérable en alcool dans les transvasemens. On a cherché de bien des manières à remédier à ces défauts et à s'opposer à ces pertes; nous ne pouvons donner ici toutes les combinaisons qui ont été inventées; mais avant de passer à la description des grands appareils employés de nos jours, nous ferons connaître un appareil simple inventé par M. Pistorius et employé avec beaucoup de succès pour les moûts de grain qu'il distille et rectifie en même temps. Voici la description de cet appareil.

Entre un alambic ordinaire M (*fig.* 242) et son réfrigérant N, on place un autre alambic

Fig. 242.

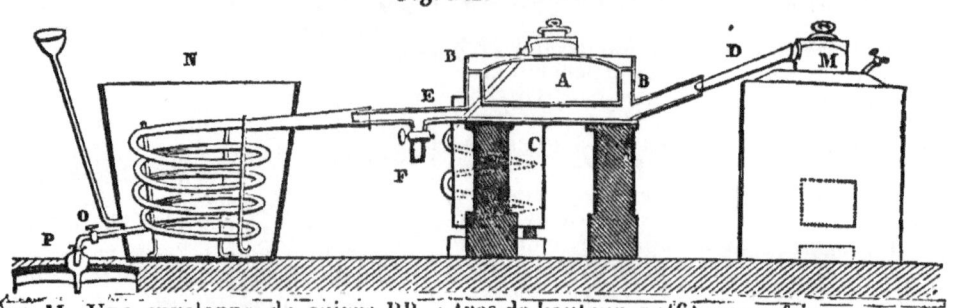

chaudière M. Une enveloppe de cuivre BB, sorte de chaudière cylindrique, entoure la chaudière qui s'y trouve suspendue à 5 ou 6 centimètres tant des parois que du fond au moyen des rebords de son couvercle qui sont soudés sur la paroi intérieure de l'enveloppe. Celle-ci reçoit d'un côté dans une douille le bec D du chapiteau, et de l'autre elle porte près de son fond un tuyau E qui entre dans l'ouverture supérieure du serpentin. Ce tuyau est un peu incliné pour favoriser l'écoulement des liquides qui se rassemblent entre la chaudière A et son enveloppe. L'intervalle entre les 2 vases A et B forme déjà une sorte de condenseur où une grande partie des vapeurs soulevées dans l'alambic M viennent se liquéfier. Cette condensation donne lieu à un dégagement de calorique qui chauffe les flègmes qu'on a versés dans la chaudière A et qui distillent ainsi à une douce chaleur. Afin d'éviter encore la perte du calorique, on peut adapter au tuyau E un bout de tuyau à robinet F par lequel on soutire les flègmes peu alcoolisés qui se sont condensés entre les 2 fonds, et qu'on verse encore bouillans dans la chaudière à rectification.

Au moyen de cette disposition on diminue beaucoup la perte en alcool ; on obtient par le robinet O du réfrigérant une eau-de-vie presque rectifiée, et par le serpentin C un produit infiniment plus pur et d'un degré supérieur à celui recueilli par les procédés ordinaires.

On peut disposer l'appareil d'une *manière encore plus avantageuse;* pour cela il n'y a qu'à donner au fond de l'enveloppe de la chaudière A (*fig.* 243) la forme d'une calotte sphé-

Fig. 243.

rique, et souder au point le plus bas un tuyau R en forme d'S de 12 millimètres de diamètre intérieur. Ce tuyau se relève et pénètre dans la chaudière à travers le couvercle. Lorsqu'il s'est assemblé une certaine quantité de flègmes sur le fond sphérique, on ferme le robinet H ; la pression qui s'établit dans l'appareil, dès qu'elle équivaut à peu près à celle d'une colonne d'eau de 20 à 24 centimè-

rectificateur A muni d'un appareil séparé de condensation C. La chaudière A est plate; son diamètre est 6 à 7 fois plus grand que sa hauteur et sa capacité la moitié de celle de la chaudière M. Une enveloppe de cuivre BB,

tres de hauteur, suffit pour faire monter ces flègmes dans la chaudière à rectification.

F. M.

§ III. — Appareil au bain-marie, de M. Chaussenot.

Cet appareil, qui marche au bain-marie et avec diminution de la pression atmosphérique, peut s'appliquer avec succès à la distillation des eaux-de-vie et liqueurs d'un goût délicat, et surtout à celle des eaux aromatiques. L'auteur s'occupe de simplifier encore sa construction, tout en ménageant les moyens de graduer à volonté les progrès de la condensation des vapeurs. Dans l'état actuel il se compose des pièces suivantes.

A (*fig.* 244), chaudière contenant le liquide

Fig. 244.

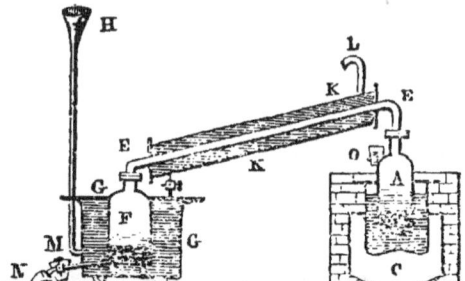

à distiller; elle plonge dans un bain-marie, chauffé par le foyer du fourneau C. Un tube à double courbure EE met en communication la capacité de la chaudière A avec celle d'un vase et récipient condenseur F. Celui-ci, plongé dans une enveloppe G qui reçoit de l'eau froide par un entonnoir H, se remplit complètement, et laisse passer l'eau par un tube dans la double enveloppe K du tube à double courbure E; enfin, un trop plein L porte au dehors l'excès du liquide réfrigérant.

Conduite de l'appareil. L'appareil étant ainsi monté et la chaudière A remplie aux 2/3 de la substance à distiller (vin ou mélange d'eau et d'une substance aromatique), on allume le feu dans le foyer C, et dès que le bain-marie est chauffé à 40° environ, on remplit de vapeur d'eau toutes les capacités F, E, A, à l'aide d'un petit bouilleur N, qui s'adapte pendant quelques instants au robinet M. La vapeur en excès sort bientôt avec un sifflement par le robinet O. (Ces 2 derniers robinets sont constamment plongés dans l'eau que maintient autour d'eux une petite capsule qui s'y trouve adaptée; cette ingénieuse disposition garantit la fermeture hermétique qui est indispensable.) Dès qu'on est certain que tout l'espace précité est bien rempli de vapeurs, on ferme à la fois les deux robinets, et l'on démonte le petit bouilleur.

Le *vide* commence à s'établir; on l'entretient en faisant couler de l'eau froide par l'entonnoir H dans le fond de la double enveloppe G du récipient. Celle-ci s'échauffe peu à peu en s'élevant autour de ses parois, et de plus en plus en montant ensuite dans l'enveloppe K par le tube 1; puis elle sort, après avoir utilisé toute sa faculté réfrigérante, par le trop plein L. Le vide incomplet établi de cette manière dans toutes les capacités A, E, F, détermine une distillation active à une température de 40 à 50°, et comme celle-ci est donnée par l'intermédiaire du bain-marie, elle est également répartie, et ne saurait caraméliser aucune des substances distillées. Aussi obtient-on dans cet appareil des eaux aromatiques (de roses, de fleurs d'oranger, etc.) ou des eaux-de-vie plus suaves que par aucun autre procédé.

L'habitude anciennement contractée d'un arôme moins fin et même légèrement empyreumatique pour certaines eaux-de-vie peut encore les faire préférer; mais l'usage de liqueurs plus suaves, qui commence à se répandre, fera de plus en plus attacher de l'importance aux appareils du genre de celui-ci; on ne saurait en douter en observant quelle répugnance nous inspirent aujourd'hui les boissons alcooliques à odeur nauséabonde, à saveur âcre, que préfèrent encore certaines populations du Nord.

§ IV. — Appareil discontinu à feu nu et à la vapeur, avec rectification simultanée de l'alcool et chauffe-vin.

Cet appareil, de l'invention de M. P. ALÈGRE qui l'a nommé *rectificateur*, et qui est propre à distiller toute espèce de liquides ou de matières pâteuses, et à sécher le malt, est employé à Paris et dans les environs, notamment pour la distillation des sirops de fécule. La préférence que lui ont accordée de bons praticiens nous engage à le faire connaître.

La figure 245 présente une vue extérieure, et la figure 246 une coupe de l'appareil; *a*; fourneau; *b*, porte du fourneau; *c*, cendrier; *d*, grille du fourneau; *e*, chaudière inférieure;

Fig. 246.   Fig. 245.

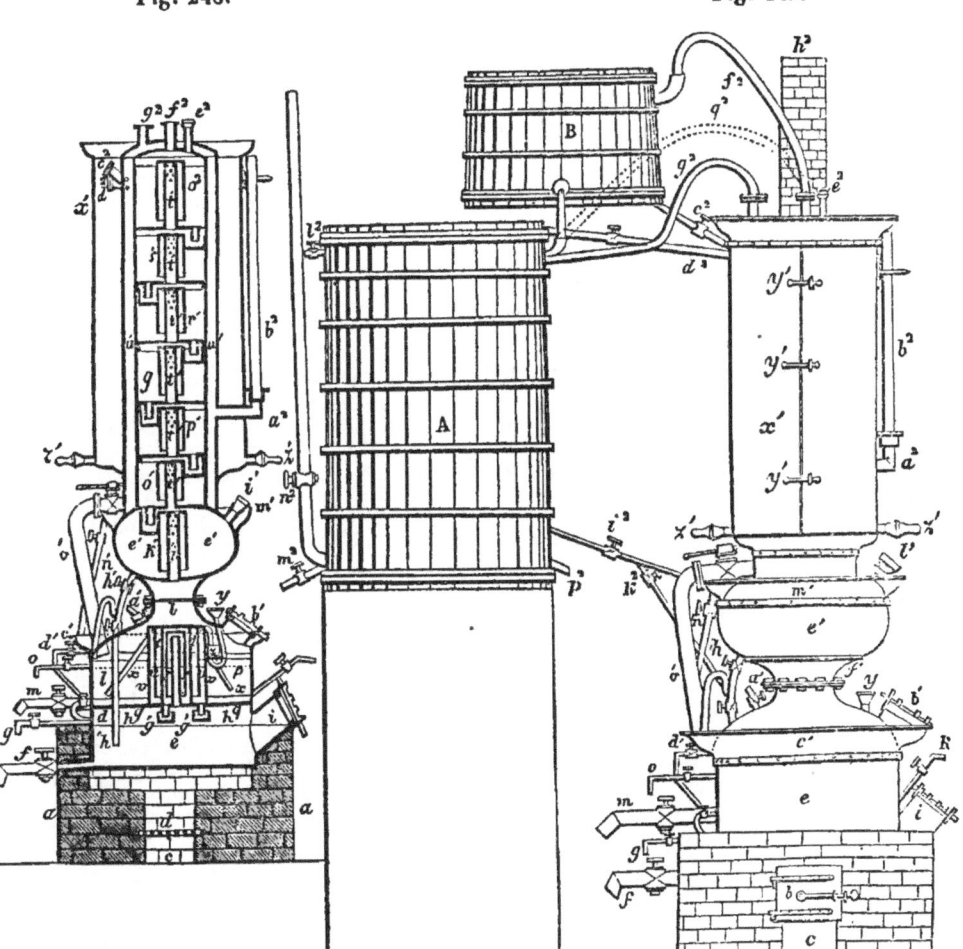

f, robinet de la chaudière, dit *vidange; g*, robinet adapté à la même chaudière, pour indi- | quer le trop plein; *h*, ligne ponctuée indiquant le niveau de l'eau ou du vin dans la chaudière *c*, quand on distille; *i*, tubulure adaptée sur la chaudière *c;* on la tient hermétiquement fermée à l'aide d'un couvercle bridé qu'on n'ouvre que lorsqu'on veut nettoyer l'intérieur de la chaudière; *k*, robinet d'épreuve pour la distillation du vin; *l*, chaudière *supérieure* superposée; *m*, robinet de vidange de la chaudière *l*; *n*, tuyau courbe portant robinet, et établissant la communication entre les deux chaudières *c*, *l*; *o*, robinet du trop plein de la chaudière *l*; *p*, ligne ponctuée indiquant, dans la chaudière *l*, la superficie du liquide à distiller; *q*, fond qui sépare les deux chaudières *c*, *l*; *r*, tuyau principal ajusté verticalement au centre du fond *q*; il est ouvert des deux bouts, et s'élève vers le collet de la chaudière *l*; *s*, cylindre creux ouvert par le bas, et fermé à son extrémité supérieure; il sert d'enveloppe au tuyau *r*; son bord inférieur repose sur 3 pieds d'un pouce de hauteur, soudés sur le fond *q*, le fond de ce cylindre ne touche pas tout-à-fait le bord supérieur du tuyau *r*; *t*, 3e cylindre creux dont le bord inférieur est soudé sur le fond *q*; ce cylindre, qui enveloppe les 2 précédens, est ouvert par le haut, et son bord supérieur s'élève d'environ 15 lignes au-dessus du cylindre *s*; *u*, 4e cylindre creux, ouvert par le bas, fermé par le haut, et enveloppant le 3e cylindre *t*. Le bord inférieur de ce cylindre est, comme celui du cylindre *s*, porté sur 3 pieds d'un pouce de haut, soudés sur le fond *q*; son fond supérieur s'élève d'un demi-pouce au-dessus du bord du cylindre *t*; *v*, 5e et dernier cylindre creux, servant d'enveloppe à tous les autres; son bord inférieur est soudé sur le fond *q*, et le fond supérieur du tube *u*, agrandi, sert aussi à le boucher par le haut. Ces 5 cylindres sont placés les uns dans les autres, comme le représente la fig. 246, de manière que la vapeur puisse aisément les parcourir successivement. L'intervalle qui sépare chacun de ces cylindres de son voisin, est d'environ un pouce: *x*. tubes placés à égale distance autour de la partie supérieure qui bouche les 4e et 5e cylindres, *u*, *v*; ils sont courbés obliquement, et descendent jusqu'à 2 pouces du fond *q*, qui sépare les chaudières. La fig. 246 ne laisse voir que 2 de ces tubes; il faut supposer qu'il y en a un 3e après la partie qui est enlevée; *y*, tube de sûreté pour empêcher l'absorption de la substance contenue dans la chaudière supérieure par les 3 tubes plongeurs *x*. Ce tube traverse le collet de la chaudière *l*, son extrémité supérieure, qui a la forme d'un entonnoir, est en contact avec l'atmosphère, et son autre extrémité communique avec l'espace cylindrique formé entre les 2 cylindres *u*, *v*. Ce tube est recourbé de manière à ce qu'il touche par le milieu, à peu près, de sa longueur la superficie de la matière renfermée dans la chaudière *l*; il est interrompu, dans sa moitié qui s'approche du centre de l'appareil, par un renflement *z*, formant un cylindre creux qui peut contenir environ 2 litres d'eau, introduits par l'entonnoir.

a', robinet d'épreuve de la chaudière supérieure; *b'*, tubulure pratiquée sur la chaudière *l* de la même manière que l'est la tubulure *i* sur la chaudière inférieure *c*; elle s'ouvre aussi lorsqu'on veut nettoyer l'intérieur de la chau-

dière supérieure; *c'*, bassin circulaire placé sur le collet de la chaudière supérieure et formant réfrigérant; *d'*, tuyau à robinet conduisant l'eau du bassin réfrigérant *c'* dans la chaudière inférieure; *e'*, vase de forme elliptique réuni au collet de la chaudière supérieure par les brides et boulons *f; g'*, deux tuyaux plongeant dans un petit vase ou godet, et servant à l'écoulement du liquide aqueux qui retombe dans la chaudière inférieure; *h'*, tuyau à robinets et à double branche pour conduire à volonté les liquides aqueux du vase elliptique *e'* dans l'une ou l'autre chaudière; *i'*, tube qui s'élève verticalement dans l'intérieur du vase *e'* jusqu'à la distance d'un pouce à peu près de la paroi supérieure de ce vase; il est bien bouché en haut par un fond, et tout près de ce fond le tube *i'* est percé horizontalement de plusieurs petits trous; *k'*, cylindre creux qui recouvre et enveloppe le tube *i'*; il est muni en haut d'un fond qui repose sur le tube *i'*, et son bord inférieur descend jusqu'à un pouce de distance du fond du vase elliptique *e'*; *l'*, tubulure pratiquée sur le vase elliptique pour permettre de le nettoyer intérieurement; elle se ferme avec un bouchon en bois; *m'*, bassin placé sur le vase *c'*; il sert de réfrigérant; on vide ce bassin au moyen du tube à robinet *n'*. *o'*, *p'*, *q'*, *r'*, *s'*, *v²*, six compartimens, ou diaphragmes rectificateurs montés les uns sur les autres, et formant par leur réunion une colonne cylindrique. Ces compartimens communiquent l'un à l'autre au moyen des 6 petits tubes *t'*, disposés dans leurs cases chacun de la même manière que le tube *i'* l'est dans le vase elliptique *e'*. Ils sont, comme ce dernier, enveloppés chacun d'un cylindre en forme de chapeau, et leur extrémité supérieure est percée d'une grande quantité de petits trous. Le fond de chaque compartiment *t'* a, comme le montre la figure, un petit tuyau logé dans un godet et servant à écouler les petites eaux condensées qui descendent d'un compartiment dans l'autre et finissent par se rendre dans le vase elliptique *e'*, lequel à son tour les conduit dans l'une ou l'autre des 2 chaudières par les 2 branches du tuyau à robinets *h'*. Ce passage de la condensation s'effectue en même temps que les vapeurs alcooliques s'élèvent et parcourent, en se rectifiant, les 6 compartimens et les doubles tuyaux qui se trouvent dans chacun d'eux; *u'*, long cylindre vertical enveloppant les 6 compartimens *t'*, et laissant entre ces compartimens et lui un intervalle annulaire de 6 pouces. Ce cylindre, au moyen du liquide qu'on y introduit, sert de réfrigérant. Le liquide est évacué par le gros tuyau *v'*, qui le fait passer à volonté dans la chaudière supérieure. *x'*, cylindre formé de deux pièces assemblées à charnière, s'ouvrant et se fermant à volonté; on le tient fermé par des loquets *y'*, (*fig.* 245), que l'on ouvre quand on veut. L'espace ouvert par le haut et compris entre cette enveloppe et le cylindre *u'* peut servir à recevoir le grain qu'on veut sécher après qu'on l'a fait germer. La surface de cette enveloppe est criblée de petits trous qui livrent passage aux vapeurs humides qui s'échappent du grain, et sa base repose sur un rebord saillant soudé au cylindre *u'* et qui lui sert en même temps de fond. *z'*, 2 ouvertures pratiquées à la base de l'enveloppe x', par lesquelles on retire le grain lorsqu'on le juge à propos.

a^2 tube recourbé à angle droit; l'un de ses bouts est en communication avec l'intérieur du cylindre réfrigérant u', et dans l'autre bout, qui a la forme d'un godet, est logée l'extrémité d'un tube conique b^2 en verre, qui sert à indiquer la hauteur du liquide dans le cylindre u'; c^2, tuyau à robinet, servant à introduire la substance qu'on veut distiller dans le cylindre réfrigérant u'. Quel que soit le liquide qu'on y introduise, il s'y prépare, en augmentant de température, pour descendre ensuite dans la chaudière supérieure; si c'est une substance farineuse, elle reste dans cette chaudière pour y être distillée, et si c'est du vin on le fait descendre dans la chaudière inférieure en ouvrant le robinet h'. d^2, tuyau à robinet servant à introduire le vin lorsqu'on veut en distiller dans le cylindre u'; e^2, tube par lequel on introduit de l'eau dans le cylindre formé par les compartimens t' pour nettoyer dans toute son étendue ce cylindre central qu'on nomme *rectificateur*; f^2, tuyau par lequel s'élèvent les vapeurs spiritueuses rectifiées pour se rendre dans le serpentin et s'y condenser; g^2, tuyau servant à dégager la faible portion de vapeur qui se forme dans le cylindre u' et qui va se rendre dans le petit serpentin, placé avec le grand, où elle se condense et sort en esprit par son extrémité inférieure au bas du tonneau A. h^2, cheminée ayant un registre au moyen duquel on règle l'intensité du feu, que l'on doit diminuer pendant qu'on charge.

1° *Conduite de la distillation.* Quand l'appareil est disposé pour la distillation, comme on le voit *fig.* 245, tous les robinets doivent être fermés, excepté celui qui indique le trop plein. On *commence l'opération* par remplir d'eau le tonneau A, dans lequel sont placés le petit et le grand serpentin; on remplit ensuite, avec la substance qu'on se propose de distiller, la cuve B, où se trouve un 3° petit serpentin qui aboutit au grand serpentin du tonneau A; on charge d'eau froide la chaudière inférieure par l'ouverture i, puis on allume le feu.

Il faut laisser l'eau se distiller jusqu'à ce que la substance qui est dans le tonneau B se trouve à 30° R. environ; alors on ferme le robinet du tuyau c^2 et on laisse continuer la distillation. On remplit de nouveau le tonneau B pour remplacer la quantité de substance qui en est sortie pour se rendre dans la colonne cylindrique; on ouvre les 2 robinets du tuyau h', pour que l'eau qui s'est condensée dans le cylindre rectificateur et dans le vase elliptique e' se vide; on ouvre en même temps les robinets i^2 et k^2, *fig.* 245, pour remplir d'eau froide, arrivant du tonneau A, le réfrigérant c' de la chaudière supérieure et celui m' du vase e'. Ces réfrigérans étant pleins, on ferme les robinets, on ralentit le feu en le couvrant de charbon mouillé et en fermant momentanément le registre de la cheminée.

Cette 1° chauffe étant faite avec de l'eau dans l'intention de laver l'intérieur de l'appareil, il faut ouvrir les robinets des tuyaux f, g, n, et l'ouverture i pour vider les 2 chaudières. Par ce moyen toute l'eau de lavage qui s'était accumulée dans la chaudière inférieure sort de là par le robinet f; pendant l'écoulement, on introduit un balai par l'ouverture i de la chaudière inférieure, afin de bien la nettoyer et de faire sortir tout ce qu'elle contient.

Cette chauffe à l'eau a aussi pour but de *chauffer l'intérieur de l'appareil et la substance à distiller* qui se trouve dans le cylindre u' et le cylindre rectificateur, ainsi que celle qui est dans la cuve B. Lorsque l'appareil est neuf, cette opération est nécessaire pour enlever la résine et d'autres corps provenant des soudures. Elle ne devra se répéter qu'autant qu'on pensera que l'appareil en a besoin, et lorsqu'après avoir suspendu la distillation pendant quelques jours on voudra la reprendre. Quand la distillation se fait sans interruption, il est inutile de laver les chaudières; lorsque l'on cesse de distiller, il faut, pour la propreté et la conservation de l'appareil, le remplir d'eau que l'on vide quand on veut recommencer à travailler. Les chaudières étant vides, on ferme les robinets f, n, et l'on remplit d'eau la chaudière inférieure jusqu'à ce qu'elle sorte par le tuyau g, qu'on referme de suite, puis on active le feu en ouvrant la soupape de la cheminée: on ferme aussi l'ouverture i et les robinets du tuyau h', et l'on ouvre le robinet du tuyau o et celui du tuyau v', pour faire passer dans la chaudière l la matière qui se trouve dans le cylindre u', jusqu'à ce que cette chaudière soit pleine, ce qui est indiqué par le tube o du trop plein; en ferme le robinet de ce tube aussitôt qu'on a vu couler la substance; on ferme également celui du tuyau v', et l'on ouvre celui du tuyau c^2, afin de faire passer la substance qui est dans la cuve B dans le cylindre u' jusqu'à ce que le cylindre soit rempli, ce qu'on voit aisément par le tube de verre b^2; alors on ferme le robinet du tuyau c^2, puis on remplit de nouveau la cuve B avec la substance qu'on distille. Il faut avoir soin que l'eau du tonneau A soit toujours froide, ce qu'on obtient en ouvrant les robinets l^2 et n^2, *fig.* 245. Ce dernier est supposé arrêter l'eau qui arrive d'un réservoir quelconque plein d'eau froide, établi dans un endroit convenable pour le service de l'appareil. L'eau froide qui arrive dans le fond de la cuve A chasse l'eau chaude qui se trouve à sa superficie et la fait sortir par le robinet l^2. Un tuyau à robinet m^2 sert à évacuer à volonté l'eau de la cuve A.

Les choses étant en cet état, *la charge se trouve faite*, et pendant le temps qu'on a employé à la faire, le feu ayant toujours été actif, l'eau qui se trouve dans la chaudière inférieure est mise en ébullition. La vapeur élevée de cette chaudière chauffe le fond de la chaudière supérieure, qui renferme la substance à distiller, monte dans le tuyau r, parcourt tous les cylindres s, t, u qui enveloppent ce tuyau et les échauffe; elle entre ensuite par le haut dans les trois tuyaux obliques x, qu'elle échauffe aussi, et arrive dans le fond de la chaudière supérieure où elle communique sa température à la substance qu'elle traverse; quelle que soit la nature de cette substance, elle se met en ébullition, et les vapeurs alcooliques qui s'en dégagent s'élèvent, passent dans le vase elliptique e' et sont conduites par les tuyaux i', k', où commence leur analyse qui se continue en parcourant successivement les six compartimens o', p', q', r', s', o^2 et leurs doubles tuyaux, qui forment le cylindre rectificateur.

Les *parties les plus légères* qui ne sont pas condensées s'élèvent dans le tuyau f^2 et passent dans les deux serpentins, où elles se condensent, et sortent en alcool par le tuyau p^2 en formant un filet qui coule dans le récipient, tandis que les parties aqueuses, qui se sont condensées pendant leur marche, ne pouvant pas continuer leur ascension, descendent par les tuyaux d'écoulement pratiqués au fond de chacun des 6 compartimens du cylindre rectificateur. Au fur et à mesure que ces liquides se rapprochent de la source du calorique, leur partie la plus spiritueuse se sépare et s'élève, pendant que la portion aqueuse descend dans le vase elliptique. Cette marche ascendante et descendante continue jusqu'à ce que la substance en distillation se trouve entièrement dépouillée d'alcool, ce dont on s'assure en présentant devant le robinet d'épreuve a', que l'on ouvre, une flamme aux vapeurs qui s'en échappent. Si ces vapeurs ne s'enflamment plus, on est certain qu'il n'y a plus d'alcool; alors la chauffe est terminée et l'on peut en recommencer une autre.

Comme pour faire cette 1re chauffe on remplit la chaudière inférieure d'eau froide, elle dure environ 3 heures; mais les opérations suivantes n'exigeront pas plus de 2 heures, parce que l'eau de la chaudière inférieure se trouvera toujours chaude, aussi bien que tout l'appareil.

Pour *opérer la seconde chauffe* on commencera par ouvrir l'ouverture b' et les robinets des tuyaux m, o, pour vider la chaudière supérieure et en faire sortir le résidu de la matière distillée. Pendant que ce résidu s'écoule, on introduit dans la chaudière supérieure un balai par l'ouverture b', afin de remuer et de chasser au dehors tout le résidu; ensuite on ferme le robinet du tuyau m et l'ouverture b', on ouvre le robinet du tuyau v' pour charger la chaudière supérieure avec la substance chaude contenue dans le cylindre u'. Lorsque cette *chaudière est remplie*, on ferme les robinets des tuyaux o et v'; on charge de nouveau le cylindre u' en ouvrant le robinet du tuyau c^2, qu'on referme aussitôt que le cylindre est plein; on ouvre les deux robinets du tuyau h', pour que les petites eaux accumulées dans le vase e' pendant la chauffe précédente passent dans la chaudière inférieure, dont le robinet du trop plein g doit se trouver ouvert, permettant ainsi de voir quand la chaudière est pleine. Si les petites eaux du vase e' ne suffisent pas pour remplir la chaudière e, on ouvre le robinet du tuyau d' du réfrigérant c' de la chaudière supérieure, en sorte que l'eau chaude qu'il contient y passe et achève de la remplir; alors on ferme le robinet d' et celui du trop plein g, et l'on active le feu.

Peu de temps *après que le filet s'est établi*, on ouvre le robinet du tuyau n', afin que l'eau chaude du réfrigérant m' du vase elliptique e' descende dans le réfrigérant c' de la chaudière; on ferme ensuite et l'on ouvre les robinets des tuyaux i^2 et k^2, pour remplir d'eau froide le réfrigérant du vase elliptique et achever de remplir celui de la chaudière. Dans cet état, la seconde chauffe est en activité; elle est terminée deux heures après que la charge a été faite. Toutes ces opérations se répètent à chaque chauffe, quelle que soit la substance farineuse soumise à la distillation.

2º *Mode de dessication des grains.* Lorsqu'on veut dessécher du malt ou du grain, on l'introduit par le haut dans l'espace annulaire compris entre le cylindre u' et l'enveloppe x', où la chaleur le dessèche; on le fait ensuite sortir par les ouvertures z' lorsqu'on le juge assez sec, et on le remplace par d'autre. Cette méthode est économique, parce qu'on profite du calorique de l'appareil, et qu'on évite par-là de faire un feu particulier pour cette opération.

3º *Distillation du vin.* Quand on veut distiller du vin, on enlève l'enveloppe x', en ouvrant les trois loquets y' qui la tiennent fermée. La cuve B et son petit serpentin, devenant aussi inutiles, sont également supprimés, et l'on adapte un tuyau que l'on voit ponctué en q^1 (*fig.* 245); un bout de ce tuyau tient à la bride du tube f^2 de la colonne, et l'autre bout tient à l'ouverture saillante du grand serpentin de la cuve A.

L'appareil étant disposé de cette manière, on commence par *remplir de vin du tonneau* A le cylindre u' et la chaudière inférieure e, en faisant usage des robinets comme nous l'avons indiqué précédemment. La chaudière supérieure reste vide pendant la première chauffe; on allume le feu et l'opération commence.

Lorsque le *vin est en ébullition*, les vapeurs s'élèvent et suivent les mêmes routes que celles qui ont été indiquées et arrivent par le tuyau ponctué q^2 au grand serpentin du tonneau A, où elles se condensent. La chauffe se continue jusqu'à ce que tout le vin contenu dans la chaudière inférieure soit entièrement dépouillé de son alcool, ce que l'on reconnaît en présentant une lumière au robinet k, qu'on ouvre pour que les vapeurs en sortent. Si elles ne s'enflamment pas, on est assuré qu'il n'y a plus d'esprit-de-vin. Dès lors la chauffe étant terminée, on ralentit le feu, en le couvrant de charbon mouillé et en fermant la soupape de la cheminée.

Pour *commencer une seconde chauffe*, on ouvre les robinets des tuyaux g et k pour laisser communiquer l'air extérieur avec la chaudière inférieure; ensuite on ouvre le robinet du tuyau f pour faire sortir de la chaudière la vinasse qu'elle contient, et on le ferme lorsque la chaudière est vide. Immédiatement après on ouvre les robinets des tuyaux n et v', pour que le vin qui est dans le cylindre u' descende dans la chaudière supérieure, et de là passe par le tuyau n dans la chaudière inférieure, qui doit toujours se remplir jusqu'à la hauteur du trop plein g. On ferme les robinets des tuyaux g, n, k et v', et l'on ouvre le robinet supérieur du tuyau h', pour faire passer dans la chaudière supérieure les eaux faibles que contient le vase elliptique e', puis on referme ce robinet. Dans cet état de choses le cylindre u' se vide, la charge est faite, l'on active le feu.

Si, avec cette chauffe, on veut *faire de l'eau-de-vie de 54 à 60° de l'alcoomètre centésimal* (20 à 22° Cartier), on laisse le cylindre *u'* tel qu'il est, c'est-à-dire vide; et si l'on veut *de l'esprit de 86 à 90°* (33 à 36° Cart.), on le remplit de vin, en ouvrant le robinet du tuyau *d²*. Pour remplacer le vin qui sort du tonneau A, on ouvre le robinet *n²*, qui laisse passer le vin froid venant du réservoir, qu'on suppose être placé convenablement dans le local.

Chaque chauffe, après la 1ʳᵉ, ne dure qu'une heure au plus.

Avec l'appareil que l'on vient de décrire, quelle que soit la nature de la matière qu'on distille, on peut obtenir au premier coup de feu, et à volonté, de l'eau-de-vie ou de l'esprit, depuis 54° (20° Cart.) jusqu'à 87° (34° Cart.), et même 92° (37° Cart.), sans que les produits soient atteints des mauvais goûts de *cuivre*, de *brûlé* ni d'*empyreume*.

Art. II. — *Des appareils continus.*

Ces appareils, dont on doit la première idée à Édouard Adam, ont été depuis perfectionnés par d'autres inventeurs. Le plus remarquable aujourd'hui, sous ce rapport, est celui de M. Cellier-Blumenthal, amélioré par M. Ch. Derosne, qui offre, pour ainsi dire, la réunion de tous les autres. Dans son état actuel, les combinaisons sont telles qu'on y met à profit toute la chaleur émise par la condensation des vapeurs, soit pour chauffer le vin ou les moûts, soit pour la rectification simultanée de l'alcool; qu'il fournit de 1ᵉʳ jet de l'alcool aux divers degrés de concentration demandés par le commerce, et qu'il offre en outre le précieux avantage de la continuité. Le vin est introduit dans cet appareil par un filet constant; il se dépouille, chemin faisant, de tout l'alcool qu'il contient et qui se déverse par l'extrémité opposée, en telle sorte que si le liquide soumis à la distillation n'était pas susceptible d'encrasser les vases, il marcherait sans interruption.

Voici cet appareil (*fig.* 247) tel que l'établit aujourd'hui M. Derosne.

Description. 1° AA', 2 chaudières qui doivent être encaissées dans la maçonnerie; 2° B, colonne de distillation; 3° C, colonne de rectification; 4° D, condensateur chauffe-vin; 5° E, réfrigérant; 6° F, vaseau de vendange ou régulateur d'écoulement, surmonté d'un robinet *h'* à flotteur *l'*; 7° G, réservoir. La chaudière A a une vidange *a* munie d'un robinet *b; c* est un tube terminé par une douille dans laquelle on introduit un tube de verre *d*, ajusté avec du mastic sur la vidange *a* et servant d'indicateur. *h* ouverture de la chaudière fermée par un couvercle muni d'une soupape de sûreté *e; g*, autre ouverture qui se raccorde avec le tube *f* et conduit, au moyen d'un second raccord *g', i'*, la vapeur de A dans A'. *a' b' c' d'*, tube indicateur et vidange de la chaudière A'. Cette vidange plonge jusque près du fond de la chaudière A par le tube recourbé *i*.

(*Fig.* 248). Vue de l'intérieur de la *colonne de distillation* B, sortie du manchon qui la contient. Cet appareil se compose de 10 couples de calottes mobiles, *o* et *v*, présentant alterna-tivement leur concavité en haut et en bas, et portant, sur leur surface, des fils de cuivre soudés et disposés en rayons pour transmettre le liquide goutte à goutte d'une calotte supérieure à l'inférieure. Les 10 couples portent de petites douilles qui sont enfilées le long de très forts fils de fer *q*, qui les maintiennent les uns au-dessus des autres. Au-dessus de ces 10 couples il s'en trouve un particulier qui sert à recevoir 2 tubes *r, s* (*fig.* 247 et 249), dépendant de la pièce supérieure. Le manchon B porte en outre une douille *l* correspondante à une douille semblable *t* dans la colonne C, lesquelles reçoivent l'indicateur *n; h'* et *m* sont les collets rabattus de la colonne.

Le *rectificateur* ou *colonne de rectification* C, qu'on voit en coupe dans la *fig.* 249, livre passage d'abord au tube *r*, qui se rend au chauffe-vin D; *y* et *y'* sont aussi des tubes s'ajustant par des brides avec d'autres tubes dépendans du chauffe-vin. Ils descendent, le 1ᵉʳ jusqu'au dernier réservoir du rectificateur, d'où il se relève jusqu'au 5ᵉ, et le 2ᵉ tube jusqu'au 3ᵉ réservoir, pour se relever au-dessus du 2ᵉ; au point de courbure chacun doit être muni d'un robinet *z z'*, pour prendre à volonté le titre du liquide ramené dans le rectificateur. Celui-ci se rétrécit supérieurement en un tube *t* qui s'ajuste avec un tube semblable du chauffe-vin. A l'intérieur il est occupé par 6 réservoirs fixes composés de plaques circulaires *u'*, percées à leur centre d'un trou sur lequel est soudé un manchon. Ce manchon est emboîté de manière à laisser assez d'intervalle entre leurs parois pour un couvercle *x'* soutenu au-dessus du manchon et à une certaine distance au moyen de bandes métalliques soudées sur la plaque d'une part et sur le bord du couvercle de l'autre. Chacune des plaques est en outre percée sur un côté d'un trou plus petit dans lequel s'élève une petite portion de tube *s s*, de même hauteur que le manchon. C'est par ces tubes que la vapeur est admise dans l'espace laissé entre chaque réservoir; *v, u, x*, indicateur du rectificateur.

Le *chauffe-vin* D, vu en coupe (*fig.* 250), renferme un serpentin horizontal *s*, dont chacun des 10 tours est percé à sa partie la plus basse d'un trou auquel on a soudé un tube 1, 2, 3, 4, etc., se rendant au dehors dans un conduit commun *b; a*, prise de liquide du conduit *b* qui se raccorde à un prolongement *a'* qui communique à volonté avec *y'* au moyen d'un robinet; *c, d*, autres prises à robinets aboutissant au tube *e* raccordé au tube *f; t', p*, tubulures s'ajustant avec celle *t* du rectificateur et celle *u* du réfrigérant; *i*, tubulure donnant passage au vin qui, par le conduit *g*, laisse couler le vin dans le tube *r; h, k*, tubulure à robinet, servant à vider le chauffe-vin à la fin d'une opération. Le chauffe-vin est un cylindre terminé par des calottes convexes et percé supérieurement de 3 ouvertures fermées par des couvercles *l, m, n*, entrant à frottement; une cloison *q* le partage en 2 portions D, D', dans le rapport de 2 à 1. Cette cloison ne laisse de communication entre ces 2 portions que par une ouverture ménagée à la partie inférieure; dans la portion D, est un conduit demi-cylindrique, criblé de trous; le vin s'y déverse par le tube o.

Fig. 250.

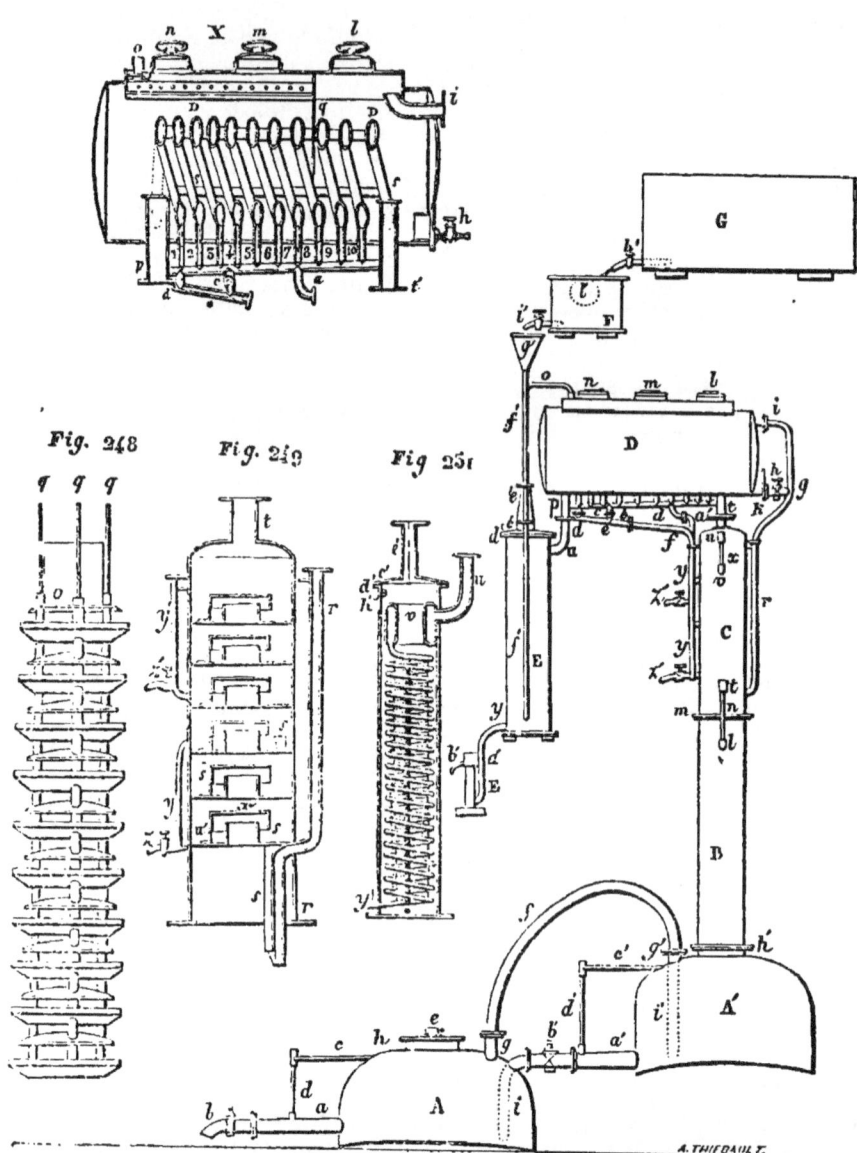

Fig. 248 Fig. 249 Fig 251

Fig. 247.

Le *réfrigérant* E, dont on voit l'intérieur (*fig.* 251), n'offre rien de particulier; c'est dans le réservoir r que le liquide ou la vapeur se rend avant d'arriver dans le serpentin; *y'* est la sortie de ce serpentin ajustée avec le tube *a'* du vase E' (*fig.* 247), d'où l'alcool s'écoule par le dégorgeoir *b'*; *c'*, *d'*, couvercle portant un tube *e'*, sur lequel se raccorde le tube *o*; *h'*, robinet pour l'évacuation du liquide chaud; *f*, tube amenant le vin du réservoir au bas du réfrigérant; il est terminé par un entonnoir *g'*, dans lequel tombe le vin du seau de vendange F par le robinet *i'*.

TRAVAIL DE L'APPAREIL. La chaudière A étant remplie jusqu'à 2 à 3 po. au-dessous de la partie la plus élevée de l'indicateur, la chaudière A' ayant 3 à 4 po. de vin, on porte le liquide de A à l'ébullition. En même temps on ouvre le robinet *i'* de F; le vin tombe dans

l'entonnoir *g'*, arrive au fond du réfrigérant E, le remplit, vient sortir par *o* dans le chauffe-vin, se répand dans le conduit criblé, s'élève dans D et D', jusqu'à la hauteur de *i*, qui le déverse par *g* et *r*, dans la colonne B, dont il parcourt tous les compartimens. Mais le vin de A étant parvenu à l'ébullition, la vapeur passe par *g*, *f*, *g'* et *i'*, dans la 2e chaudière A' qui, chauffée par les vapeurs et par les gaz qui s'échappent du foyer, est bientôt mise en ébullition. La vapeur qu'elle produit se dégage par *h'*, pénètre dans la colonne B, y rencontre le vin qui en parcourt tous les compartimens, change avec lui son calorique contre de l'alcool, arrive dans C, où elle s'alcoolise encore davantage, entre dans le chauffe-vin, se dépouille en partie des vapeurs aqueuses qui l'accompagnent et qui reviennent par le tube *a'* ou par les tubes *c*, *d* dans la colonne de rectification, à moins que, ces tubes étant fermés, elle ne prenne sa direction en passant de plus en plus à l'état liquide, vers le réfrigérant E, qui la rend à une température peu élevée au-dessus de celle de l'air par le tube *b'* du vase E'.

MANŒUVRE DE L'APPAREIL. *Mise en train.* On commence par emplir les chaudières A et A' comme nous l'avons dit. On adapte les différentes pièces dans l'ordre décrit, et, tous les robinets étant fermés, on ouvre le robinet *i* de F. Le vin suit la marche tracée et quand on s'aperçoit, par l'indicateur *d'*, qu'il est parvenu en A', on ferme *i* et on met le feu sous la chaudière A. La vapeur suit la route que nous avons indiquée et on obtient de l'eau-de-vie ou de l'alcool, suivant la richesse du vin, par le dégorgeoir *b'*. On laisse couler ce 1ᵉʳ produit qui a un goût de cuivre désagréable, et lorsqu'il coule de bon goût, on continue la distillation si on veut se borner à recueillir de l'eau-de-vie, et lorsque le chauffe-vin D est chaud au point de ne plus y tenir la main, on ouvre *i* de F et l'opération est en train. Si au contraire on veut obtenir de l'esprit, après avoir laissé couler tout ce qui a le goût de cuivre, on ouvre les robinets de rétrogradation *c* et *d*, par où le liquide condensé reflue sur C pour enrichir d'alcool les vapeurs qui s'y trouvent, s'analyser avec elles et revenir enfin se condenser dans les dernières portions du serpentin ou dans le réfrigérant. Arrivée à ce point, l'opération est également en train. La partie D étant chaude, on ouvre également *i* de F et la continuité s'établit.

Vidange des chaudières. Lorsque l'indicateur de A' indique que cette chaudière est près d'être pleine, on fait sortir une partie du liquide de A par son robinet *b*, de manière à ne laisser que 6 po. de liquide au-dessus du tuyau de décharge; puis, *b* étant fermé, on ouvre *b'* et on laisse écouler le liquide dans A jusqu'à ce que A' n'en conserve plus que 5 à 6 po.; on ferme *b'* et on continue le travail.

Marche de l'appareil. Pour juger de ce qui se passe dans l'appareil on consulte les indicateurs et on manœuvre les robinets *z* et *z'* de C. Lorsque la distillation est très abondante, que le degré de spirituosité diminue rapidement et que le liquide monte en *m*, au-delà du milieu de l'indicateur, il y a trop de vapeurs aqueuses fournies par A; il faut diminuer le feu en poussant le registre dans la cheminée. Lorsque le liquide de cet indicateur se colore, il est urgent de diminuer le feu, sans quoi on verrait le liquide à distiller arriver dans le serpentin avec les produits de la distillation. Pour cela, on pousse le registre ou bien on augmente l'écoulement du vin. C'est sur le jeu des robinets *a*, *e*, *d*, qu'est fondé le système de rectification qui permet d'obtenir avec les matières les plus pauvres les esprits les plus forts. Par exemple, si *a* rend 38°,alcoométriques (16° Cart.), *e* pourra en rendre 46 à 53 (18 à 20 Cart.) et *d* 65° (24 Cart.) et au-delà. Veut-on augmenter la richesse en alcool fournie par les ouvertures, on pourra faire retour en B du liquide *a*; par suite, les ouvertures *c*, *d*, laisseront couler un liquide mieux analysé et plus riche. On augmentera encore la richesse alcoométrique en ouvrant le robinet *c* et bien plus encore en ouvrant *d* qui ra-

mèneront tous deux le liqu... dans C par les tubes *e*, *f*, *y*. Pour obtenir les 3/6 (85° alcoomét.) du commerce on a reconnu que, généralement parlant, il faut laisser les 3 robinets ouverts. Veut-on diminuer la spirituosité du produit, il n'y a qu'à fermer *d* d'abord, puis *e*.

Terminaison de la distillation. N'ayant plus à distiller que ce qui reste dans l'appareil, les réservoirs G et F étant épuisés, on vide A et on le remplit du liquide de A'; on suspend un instant le feu et on fait arriver en A' le liquide de D en ouvrant le robinet *h* de D. On vide en même temps le réfrigérant E. On amène alors de l'eau en G, on délute le tube *g* de D et on le détourne de manière que l'eau ne puisse rentrer par *r* dans B. On ouvre les robinets de G et de F et on recommence à chauffer. L'eau remplit alors les fonctions du vin pour la condensation. On continue ainsi en rafraîchissant avec de l'eau froide. Si vers la fin de l'opération, on ne veut pas obtenir une trop grande quantité d'eau-de-vie faible et de petites eaux, on peut augmenter la proportion d'eau en D et laisser ouverts tous les tubes de rétrogradation. Lorsque ce qui arrive en *b'* de E' ne marque plus sensiblement de degrés, on termine la distillation.

RECTIFICATION. Cet appareil, quoique spécialement destiné à la distillation des vins et des liquides fermentés, peut très bien servir à la rectification des eaux-de-vie et conserve encore dans ce genre de travail une grande supériorité sur les autres appareils. Mais alors les eaux-de-vie ne présentent pas une masse de liquide suffisante pour condenser les vapeurs produites en plus grande abondance que dans la distillation des vins, l'emploi de l'eau devient indispensable. Il y a 2 manières de procéder à la rectification: par la continuité en ajoutant à l'alcool une quantité d'eau telle que le mélange ne fût pas plus riche que les vins les plus alcooliques, c'est-à-dire qu'il ne contint pas au-delà du 5ᵉ de son volume en eau-de-vie à 60° C (22° Cart.) et sans continuité, ce qui paraît préférable, et en se servant de l'eau pour remplir F, E, D, comme nous l'avons dit pour terminer la distillation, cette eau s'épanchant quand elle aura été chauffée par le tube *i*.

On se fera une idée assez précise des avantages que réalise l'emploi des appareils continus, ou du moins à concentration simultanée de l'alcool en échauffant le vin, si l'on se rappelle que les distillations successives exigent en combustible (*houille*) une quantité au moins égale au poids de l'eau-de-vie obtenue et jusqu'à 8 fois le poids de l'alcool, à 36° ou esprit rectifié, tandis qu'aujourd'hui on ne consomme en houille qu'un dixième environ de la quantité de l'alcool à 36° ou un cinquième de l'eau-de-vie à 22° qu'on obtient.

PAYEN.

SECTION V. — *Désinfection des eaux-de-vie de vin, marcs et fécule.*

Les eaux-de-vie de vin, distillées avec soin, ont ordinairement un goût pur, franc, aromatique et agréable; mais celles qui ont été extraites sans précaution et les liquides spiritueux qu'on retire des matières pâteuses ont souvent une odeur particulière et une saveur insupportable.

Nous avons déjà parlé (pag. 226) de l'huile essentielle qui se développe dans la fermentation des matières sucrées, laquelle, lors de la distillation, accompagne les 1res et les dernières vapeurs et donne aux produits de cette opération un goût détestable. Nous avons vu qu'en fractionnant les produits et en cherchant à ne recueillir que des produits d'un degré alcoométrique élevé, on obtenait en général des eaux-de-vie de vin exemptes de ce mauvais goût.

L'*eau-de-vie de marc de raisin* a ordinairement une saveur insupportable due à la présence d'une huile volatile qui existe, selon M. AUBERGIER, dans les pellicules de ce fruit. Cette huile a un goût extrêmement âcre et quelques gouttes suffisent pour gâter une eau-de-vie parfaitement pure.

Tout le monde sait que les *eaux-de-vie de grains ou de pommes de terre* possèdent une odeur et une saveur qu'on désigne sous le nom de *fousel*. On sait également aujourd'hui qu'une huile particulière est le principe qui leur communique cette odeur, ainsi que la saveur qu'on leur reproche. Dans ces derniers temps M. PAYEN a prouvé que c'est la fécule, et sa partie tégumentaire seule, qui renferment cette substance huileuse. M. DUMAS, qui a étudié la composition d'une huile de cette nature, qu'on recueille dans la fabrication des eaux-de-vie de pommes de terre, a trouvé, après des rectifications ménagées, que c'était un liquide limpide, incolore, d'une odeur nauséabonde particulière, bouillant à 13°,5 C, et que c'était un corps de la famille des camphres ou des huiles essentielles analogues.

On a cherché, par une *infinité de moyens,* à faire disparaître le mauvais goût des eaux-de-vie de marc, de grain ou de fécule; mais peu d'entre eux ont eu du succès; nous devons même dire que la découverte de la dextrine et de la diastase rend aujourd'hui, au moins pour les eaux-de-vie des 2 dernières espèces, ces moyens inutiles. Néanmoins, comme on distillera encore long-temps par les anciens procédés, nous allons faire connaître quelques-uns des moyens proposés par les chimistes pour détruire le goût particulier des eaux-de-vie de grain.

Les uns ont introduit dans l'eau-de-vie des odeurs agréables ou des substances qui en masquent en partie le goût empyreumatique; mais il est toujours resté un goût particulier et le liquide est quelquefois devenu trouble. D'autres ont distillé l'eau-de-vie sur du *charbon de pin ou de sapin,* ou bien ont filtré à plusieurs reprises les eaux-de-vie infectées à travers un lit épais de *braise récente concassée et lavée.* On a fait aussi usage du charbon animal pour le même objet. Pour réussir par ces moyens, il faut que le charbon soit bien brûlé, bien pulvérisé, qu'il reste long-temps en macération avec l'eau-de-vie avant la distillation et qu'il soit employé en grande quantité. Plusieurs savans ont recommandé le *chlorure de chaux,* qu'on mêle au liquide spiritueux avant la rectification. Pour cela on délaie le chlorure dans l'eau et, la solution étant filtrée, on l'ajoute à l'eau-de-vie et on laisse reposer le mélange. La difficulté est de trouver la quantité juste pour que le chlorure opère avec succès et qu'il ne laisse pas par son excès un goût tout aussi désagréable que celui qu'on voulait enlever. En général il suffit d'un demi-millième environ du poids de l'eau-de-vie en chlorure pulvérulent pour réagir sur l'huile odorante que celle-ci contient. Un essai préalable sur de petites quantités est au reste indispensable pour s'assurer de la dose nécessaire du chlorure désinfectant. M. WITLING a mélangé 2 onces de chlorure dissous à 300 litres d'eau-de-vie et en a chargé l'alambic. Le 1er liquide qui a passé avait l'odeur du chlore et a été mis à part; l'eau-de-vie qu'il a obtenue ensuite était, assure-t-il, parfaitement exempte de goût ou d'odeur de chlore, ou d'empyreume.

Les moyens indiqués ci-dessus ont donné en apparence des eaux-de-vie pures et dépouillées du fousel; il paraît toutefois, surtout quand on emploie le charbon animal, qu'elles reprennent, au bout d'un certain temps, une odeur d'huile animale fort désagréable, ou que l'ancien goût d'empyreume finit par reparaître. Ces moyens sont donc insuffisans. Le procédé de KLAPROTH, qui consiste à distiller les eaux-de-vie de marcs et de fécule avec de l'*acide sulfurique concentré et du vinaigre,* offre plus de chances de succès. Par ce moyen on enlève non-seulement une partie du mauvais goût aux eaux-de-vie, mais elles acquièrent une saveur d'éther acétique fort agréable. Néanmoins ces liqueurs, pour un palais exercé, décèlent encore leur origine et ne peuvent guère être employées pour l'usage des liqueurs fines et de la table. M. WOEHLER propose de les rectifier sur du *manganésate de potasse* (*caméléon minéral*), et assure qu'alors elles ont un goût tout aussi pur et aussi flatteur que les eaux-de-vie de vin les mieux préparées. Voici les proportions qu'il indique pour désinfecter 100 litres d'eau-de-vie.

Acide sulfurique concentré, 300 grammes.
Vinaigre fort, 1200 *id.*

Laissez digérer pendant 24 heures, distillez au bain-marie, puis rectifiez sur 600 gram. de manganésate de potasse.

SECTION VI. — *De la mesure du degré de spirituosité des eaux-de-vie.*

Les liquides spiritueux, connus dans le commerce sous les noms *d'eau-de-vie* et *d'esprits,* sont des mélanges, à proportions variables, d'eau et d'alcool parfaitement pur. Leur valeur dépend, en général, de la quantité d'alcool qu'ils renferment.

Les *aréomètres* ou *pèse-esprits,* tels que ceux de BAUMÉ et de CARTIER, dont on se servait pour mesurer le degré de concentration des liquides spiritueux, étant des instrumens fautifs qui ne donnaient aucune notion sur la quantité d'alcool réel contenu dans ces liquides et ne tenaient pas compte des changemens que la température apporte dans leur volume, ont été abandonnés et ont fait place à l'*alcoomètre centésimal* de M. GAY-LUSSAC, qui fait connaître d'une manière exacte la quantité d'alcool que les spiritueux contiennent à toutes les températures.

Pour *déterminer cette quantité,* M. GAY-LUssac a pris pour terme de comparaison l'alcool pur en volume, à la température de 15° C (12° R), et en a représenté la force par *cent centièmes* ou par *l'unité*; conséquemment, la force d'un liquide spiritueux est le nombre de centièmes, en volume, d'alcool pur que ce liquide renferme à la température de 15° C. *L'instrument* qui sert à mesurer cette force a été désigné par le nom d'*alcoomètre centésimal*, et est, quant à la forme, un aréomètre ordinaire. Il est gradué à la température de 15° C. Son échelle est divisée en 100 parties ou degrés dont chacune représente 1/100e d'alcool; la division 0 correspond à l'eau pure et la division 100 à l'alcool pur ou absolu. Plongé dans un liquide spiritueux à la température de 15°, il fait connaître immédiatement sa force. Par exemple, si, dans une eau-de-vie supposée à cette température, il s'enfonce jusqu'à la division 50, il avertit que la force de cette eau-de-vie est de 50/100es, c'est-à-dire qu'elle contient 50/100es de son volume d'alcool pur. Dans un esprit où il s'enfoncerait jusqu'à la division 86, il indiquerait une force de 86/100es en alcool.

La *chaleur* faisant varier le volume des liquides spiritueux, l'alcoomètre doit s'enfoncer davantage dans ces liquides quand ils sont chauds que quand ils sont froids, et réciproquement. La chaleur altère donc en même temps les indications de l'alcoomètre et le volume du liquide. Les variations qui résultent de ces 2 causes réunies peuvent s'élever à plus de 12 p. 0/0 de la valeur du liquide de 0° à 30e de température. Il faut donc, dans les essais, avoir soin de mesurer la température du liquide à essayer au moyen d'un petit thermomètre qu'on y plonge.

Pour corriger les *indications relatives à la température et au volume* des liquides spiritueux, M. Gay-Lussac a dressé des tables qui font connaître avec exactitude *la richesse en alcool des liquides spiritueux*, ou le nombre de litres d'alcool pur, à la température de 15°, que contiennent 100 litres d'un liquide spiritueux, pour chaque indication de l'alcoomètre (0° à 100°), et à toutes les températures de 0° à 30°.

Par exemple, en consultant ces tables on voit qu'une eau-de-vie dont la force apparente donnée par l'instrument est de 48° à la température de 0°, a une force réelle de 53° 5, qui est la force qu'accuserait l'alcoomètre, si la température de l'eau-de-vie, au lieu d'être 0°, eût été de 15°, de même une eau-de-vie marquant toujours 48°, mais à la température de 27°, n'a en réalité, suivant la table, qu'une force de 43° 4.

On suit absolument la même marche et on fait usage des mêmes tables pour ramener les esprits à leur véritable force, quand leur température est au-dessous ou au-dessus de 15°.

On trouve encore dans ces tables la correction que doit subir le volume des liquides spiritueux, lorsque la température de ces liquides est différente de 15°, et avec leur secours on apprend par exemple que 1000 litres mesurés à la température de 2° d'une eau-de-vie dont la force apparente est 44°, a pour force

réelle 19°; et qu'à la température de 15° son volume, au lieu d'être 1000 litres, serait 1009 litres. Tandis que 1000 litres d'une autre eau-de-vie, mesurés à la température de 25°, et ayant une force apparente de 53°, n'ont en réalité qu'une force de 49° 3, et que leur volume ramené à 15° se réduit à 993 lit. Les mêmes calculs servent aussi à déterminer le volume à 15° des liquides plus spiritueux que l'eau-de-vie, après qu'on a ramené leur force apparente à la force réelle.

Ces tables, fort commodes et qui sont contenues dans l'*instruction pour l'usage de l'alcoomètre centésimal* publié par M. Gay-Lussac (1), permettent d'effectuer ces calculs avec une grande rapidité, et en outre, de résoudre plusieurs problèmes qui se présentent fréquemment dans le commerce des eaux-de-vie, entre autres celui du *mouillage*, c'est-à-dire la quantité d'eau ou d'un liquide spiritueux plus faible qu'il faut ajouter à un esprit d'une force connue pour le convertir en un liquide spiritueux d'une force donnée et plus faible, etc.

L'aréomètre de CARTIER étant encore d'un usage étendu, nous allons donner, d'après M. Gay-Lussac, la concordance de cet instrument avec l'alcoomètre centésimal, en supposant que les indications du premier de ces instrumens, qui est ordinairement gradué à la température de 12° 5 C (10° R), sont ramenées à 15° C (12° R), température pour laquelle est gradué le second.

1° *Évaluation des liquides spiritueux en degrés de* CARTIER *et en degrés centésimaux à 15° de température* (2).

Degr. de Cart.	Degr. centés.	Degr. de Cart.	Degr. centés.	Degr. de Cart.	Degr. centés.	Degr. de Cart.	Degr. centés.	Degr. de Cart.	Degr. centés.	Degr. de Cart.	Degr. centés.
10	0,0	16	37,9	22	59,5	28	74,8	34	86,9	40	95,9
1	1,3	1	39,1	1	60,2	1	75,3	1	87,3	1	96,2
2	2,6	2	40,2	2	60,9	2	75,9	2	87,7	2	96,5
3	3,9	3	41,4	3	61,6	3	76,4	3	88,1	3	96,8
11	5,3	17	42,5	23	62,3	29	77,	35	88,6	41	97,1
1	6,7	1	43,5	1	63,	1	77,5	1	89,	1	97,4
2	8,3	2	44,5	2	63,7	2	78,	2	89,4	2	97,7
3	9,9	3	45,5	3	64,4	3	78,6	3	89,8	3	98,
12	11,6	18	46,5	24	65,	30	79,1	36	90,2	42	98,2
1	13,2	1	47,4	1	65,7	1	79,6	1	90,6	1	98,4
2	15,	2	48,3	2	66,3	2	80,1	2	91,	2	98,7
3	16,8	3	49,2	3	67,	3	80,7	3	91,4	3	98,9
13	18,8	19	50,1	25	67,7	31	81,2	37	91,8	43	99,2
1	20,6	1	51,	1	68,3	1	81,7	1	92,1	1	99,5
2	22,5	2	51,8	2	68,9	2	82,2	2	92,5	2	99,8
3	24,3	3	52,6	3	69,6	3	82,7	3	92,9	3	100,0
14	26,1	20	53,4	26	70,2	32	83,2	38	93,3	44	
1	27,9	1	54,2	1	70,8	1	83,6	1	93,6	1	
2	29,5	2	55,	2	71,4	2	84,1	2	94,	2	
3	31,1	3	55,8	3	72,	3	84,6	3	94,3	3	
15	32,6	21	56,5	27	72,6	33	85,1	39	94,6	45	
1	34,	1	57,2	1	73,1	1	85,5	1	94,9		
2	35,4	2	58,	2	73,7	2	86,	2	95,2		
3	36,6	3	58,8	3	74,3	3	86,5	3	95,6		

(1) L'alcoomètre de M. Gay-Lussac se vend chez M. Collardeau, rue du Faubourg-Saint-Martin, n. 56, le prix de celui de la régie est de 2 fr. 50 c., et celui de l'instruction 3 fr.

(2) Les petits chiffres 1, 2, 3 entre les degrés de Cartier représentent des quarts de ces degrés.

2° *Évaluation de la force des liquides spiri-*
tueux en degrés centésimaux et en degrés de
Cartier à 15° C.

Degr. centés.	Degr. de Cartier.	Degr. centés.	Degr. de Cartier.	Degr. centés.	Degr. de Cartier.	Degr. centés.	Degr. de Cartier.
0	10,00	26	13,98	52	19,56	78	29,46
1	10,19	27	14,12	53	19,88	79	29,93
2	10,38	28	14,26	54	20,18	80	30,41
3	10,57	29	14,42	55	20,50	81	30,89
4	10,75	30	14,57	56	20,84	82	31,39
5	10,93	31	14,73	57	21,16	83	31,89
6	11,11	32	14,90	58	21,48	84	32,41
7	11,29	33	15,07	59	21,81	85	32,96
8	11,45	34	15,24	60	22,15	86	33,51
9	11,62	35	15,43	61	22,51	87	34,07
10	11,76	36	15,63	62	22,87	88	34,64
11	11,91	37	15,83	63	23,24	89	35,25
12	12,07	38	16,02	64	23,61	90	35,87
13	12,22	39	16,22	65	23,98	91	36,50
14	12,36	40	16,43	66	24,35	92	37,15
15	12,50	41	16,66	67	24,73	93	37,81
16	12,63	42	16,88	68	25,11	94	38,52
17	12,77	43	17,12	69	25,51	95	39,29
18	12,90	44	17,37	70	25,93	96	40,09
19	13,02	45	17,62	71	26,34	97	40,92
20	13,17	46	17,88	72	26,77	98	41,82
21	13,30	47	18,14	73	27,22	99	42,75
22	13,42	48	18,42	74	27,65	100	43,84
23	13,55	49	18,69	75	28,09		
24	13,70	50	18,97	76	28,54		
25	13,84	51	19,26	77	28,99		

SECTION VII. — *Du commerce des eaux-de-vie et des esprits.*

Les eaux-de-vie les plus estimées sont celles dites de Cognac, reconnaissables à leur *bouquet* particulier; le goût et l'âge établissent les différences dans le prix de ces liquides, qu'on divise en *eau-de-vie nouvelle, eau-de-vie ras-sise* et *eau-de-vie vieille.* Après les eaux-de-vie du canton de Cognac, viennent celles de La Rochelle, Marmande, Montpellier, Pro-vence, etc. Ces eaux-de-vie sont ordinaire-ment expédiées dans des barriques contenant 456 à 685 lit. (60 à 90 veltes), ou dans des fûts plus petits, de 152 à 167 lit. (20 à 22 vel-tes); elles sont censées marquer 58°8 à 59° 5 à l'alcoomètre (21° 3/4 à 22° Cart.), à la tem-pérature de 15° C.

Le commerce de Paris ne roule guère que sur des eaux-de-vie de ce degré et sur les es-prits de 85 à 86° alcoométriques (33 à 34° Cart.), appelés *trois six.* Les esprits les plus répandus sont ceux de la Saintonge, de La Rochelle, de Montpellier, de Provence, et les esprits fins de fécule.

A Paris, la vente des eaux-de-vie et des es-prits se fait à l'hectolitre ou par 27 veltes (205lit.,45). Ainsi, quand le cognac rassis est coté 180 fr., c'est le prix des 27 veltes qu'on entend toujours.

Dans le midi de la France, où l'on prépare une très grande partie des eaux-de-vie du commerce, on distingue 2 sortes d'eaux-de-vie; la *preuve de Hollande* ou eau-de-vie du commerce, qui doit porter 19 à 20° Cart. (50 à 53° alcoom. cent.), et la *preuve d'huile,* qui marque communément 23° (62° alcoom. cent.). On reconnaît jusqu'à 11 qualités d'esprits, qu'on désigne d'une manière assez incorrecte au moyen d'une fraction qui sert à faire con-naître grossièrement la quantité d'eau qu'ils contiennent. Les titres de ces esprits sont loin d'être constans; mais voici une table qui in-dique la fraction par laquelle on les désigne, ainsi que le degré qu'ils doivent marquer à l'aréomètre de Cartier et à l'alcoomètre cen-tésimal à la température de 15° C., pour être au titre.

fract.	Cart.	Alcoom. cent.	fract.	Cart.	Alcoom. cent.
4/5	24	65° »	5/9	31°	81°,2
3/4	25	67,7	6/11	32	83,2
2/3	27	72,6	3/6	33	85,1
3/5	29	77 »	3/7	35	88,6
4/7	30	80 »	3/8	37 à 38	91 à 93

Ces anciennes dénominations devraient être abandonnées; on éviterait ainsi, en cotant le titre des esprits à l'alcoomètre centésimal, une foule de contestations qui s'élèvent dans le commerce de ces liquides et les opérations dites de *réfaction* pour faiblesse du titre.

F. M.

CHAPITRE XI. — DE LA FABRICATION DES VINAIGRES.

SECTION Ire. — *Du vinaigre et de sa formation.*

§ Ier. — Phénomènes et conditions de l'acétification.

Le vinaigre est un liquide d'une odeur agréa-ble, d'une saveur pure, fraîche, aromatique, plus ou moins acide , d'une couleur qui varie avec les matières qui ont servi à le préparer, et qu'on emploie pour l'assaisonnement des alimens ou pour composer quelques prépara-tions en usage pour la toilette, dans la méde-cine ou l'art vétérinaire.

Le vinaigre se compose principalement d'*a-cide acétique et d'eau*, dans des proportions qui diffèrent suivant la force ou la qualité de ce liquide, mais qui, terme moyen, sont de 5 centièmes d'acide acétique pur pour 95 d'eau. Outre l'acide et l'eau, le vinaigre contient en-core *plusieurs autres substances* qui sont varia-bles selon la nature de la liqueur qui a servi à sa préparation.

Tous les liquides qui contiennent du sucre ou des matières qui peuvent être converties en sucre, tous ceux qui ont éprouvé la fermentation spiritueuse et qui contiennent de l'alcool, sont susceptibles d'être convertis en vinaigre. Cette transformation, à laquelle on a donné le nom d'*acétification*, repose sur ce fait, qu'un liquide spiritueux exposé pendant quelque temps au contact de l'air atmosphérique et à un certain degré de température devient acide, perd l'alcool qu'il contenait et aux dépens duquel se forme le vinaigre.

Plusieurs conditions paraissent nécessaires pour que les liqueurs spiritueuses soient transformées en vinaigre. Les principales sont :

1° Le *contact de l'air*. C'est un fait bien connu que les liqueurs fermentées, telles que le vin, la bière, le cidre, etc., peuvent être conservées pendant long-temps dans des vases pleins et bien bouchés, sans qu'il s'y montre la moindre apparence d'acidité, même quand ces liquides reposent sur leur lie; mais on sait aussi que ces mêmes liqueurs, abandonnées pendant quelque temps au contact de l'air, à un certain degré de température, ne tardent pas à devenir aigres et à manifester une réaction acide prononcée.

2° Une *certaine température*. La température exerce une grande influence sur la marche de l'acétification. Les liquides spiritueux peuvent commencer à s'acidifier à une température de 10° C; mais alors l'acétification marche avec une extrême lenteur. A 23° C (18° R) elle se développe déjà avec plus de rapidité; dans les conditions ordinaires, celle de 30° à 35° C (24° à 28° R) paraît être la plus favorable. Nous verrons plus loin que l'expérience a démontré que la température devait varier suivant la méthode adoptée pour la préparation du vinaigre.

3° La *présence d'un ferment*. De l'alcool étendu d'eau et exposé à l'air à une température convenable donne à peine, au bout de plusieurs jours, quelques traces d'acidité; mais si on ajoute à la liqueur de la levure de bière ou tout autre ferment, elle ne tarde pas à se convertir en vinaigre.

Pendant la transformation d'une liqueur spiritueuse en vinaigre, l'air qui est en contact avec cette liqueur est décomposé; *son oxigène est absorbé*, et en même temps il se *dégage de l'acide carbonique*, d'autant plus abondamment que l'acétification marche avec plus de rapidité.

Le contact de l'air atmosphérique et l'absorption de son oxigène étant nécessaires à la formation du vinaigre, on voit combien il est important, pour accélérer cette opération, de soumettre à ce contact la *surface la plus étendue possible* de liquide. Plus la surface de ce liquide est grande, plus elle est frappée par l'air et moins il faut de temps pour le convertir en vinaigre. Néanmoins, il ne faudrait pas que l'accès de l'air fût trop rapide, surtout avec une température élevée, parce qu'alors il s'évapore beaucoup d'alcool et qu'on n'obtient qu'un vinaigre plat et sans force.

Une liqueur spiritueuse, exposée à une température convenable et à laquelle on ajoute du ferment, se trouble peu à peu. Bientôt on remarque à l'intérieur et sur les parois des vases où s'opère l'acétification des substances filamenteuses, qui se meuvent en tous sens et s'élèvent à la surface. En même temps cette surface se recouvre d'une écume légère, qui s'épaissit peu à peu et finit par se précipiter au fond, en formant une masse élastique et mucilagineuse, transparente, connue sous le nom de *mère du vinaigre*. Pendant ce mouvement, la température du liquide s'élève au-dessus de celle de l'air environnant et la formation de l'acide acétique ne tarde pas à se manifester au goût et à l'odorat. Lorsque toute la partie spiritueuse de la liqueur est transformée en vinaigre, le mouvement s'apaise, la température retombe à celle de l'air ambiant et le liquide s'éclaircit peu à peu.

Les *fermens dont on fait le plus communément usage* sont la levure de bière, le levain aigre des boulangers, du pain nouvellement cuit, humecté avec du fort vinaigre et qu'on conserve quelque temps avant de s'en servir, les vieilles et les jeunes pousses des vignes, le marc de raisin aigre, la mère du vinaigre qui, à l'état de pureté, est dépourvue de cette propriété, mais qui la doit uniquement à l'acide acétique qu'elle contient dans ses pores; enfin l'acide acétique lui-même, qui est un ferment propre à déterminer l'acétification des liqueurs vineuses.

§ II. — Différentes sortes de vinaigres.

On *prépare du vinaigre* avec différentes liqueurs spiritueuses ou des dissolutions de corps capables d'éprouver la fermentation alcoolique. Ces vinaigres ainsi préparés prennent, suivant la nature des liquides ou corps qui ont servi à leur préparation, le nom de vinaigre de vin, d'alcool, de cidre, de poiré, de bière, de raisins de caisse, de petit-lait, de miel, etc.

Quoique ne différant pas les uns des autres sous le rapport du principe acide qui leur sert de base et qui est de l'acide acétique, les vinaigres préparés avec ces diverses substances *n'ont pas tous au goût une saveur analogue*. Non-seulement ils diffèrent sous le rapport de la force, de la saveur et de l'odeur, suivant la pureté des matières employées à les fabriquer, mais encore, suivant la nature de ces matières, ils conservent un goût particulier et caractéristique qui les fait aisément reconnaître. C'est ainsi que le vinaigre de vin contient toujours du tartre; ceux de cidre, de poiré, qui sont fort répandus dans le commerce, ainsi que celui de miel, de l'acide malique, celui de grains germés, des phosphates de chaux et d'alumine, et celui de bière, un principe amer qui est dû au houblon, etc.

Les *vinaigres de vins méritent à tous égards la préférence* sur tous les autres, surtout pour l'usage de la table; mais on ne peut guère les établir à bas prix que dans les pays de vignobles. Quelques fabricans ou propriétaires sont dans l'usage de consacrer à la fabrication du vinaigre les vins tournés, poussés ou avariés; sans doute c'est une manière de tirer parti de ces vins, mais en général, on ne peut espérer de fabriquer des vinaigres clairs, d'un goût agréable et d'une odeur suave, qu'avec des vins de bonne qualité. Les vins faibles et acides donnent des vinaigres peu riches, tandis que les vins chargés d'alcool, quand on sait conduire convenablement l'acétification, donnent les vinaigres les plus forts et les meilleurs.

Il y a aujourd'hui deux manières principales de fabriquer le vinaigre : l'une dite *méthode ancienne* et l'autre appelée *méthode accélérée*. La fabrication du vinaigre de vin d'Orléans nous servira pour faire connaître la 1re méthode, et celle du vinaigre d'alcool pour décrire la seconde.

SECTION II. *Méthodes pour la fabrication du vinaigre.*

§ Ier. — Méthode ancienne.

A. *Vinaigrerie et ustensiles divers.*

Le *bâtiment* ou la partie de l'habitation destinée à fabriquer le vinaigre se nomme une *vinaigrerie.* C'est ordinairement un cellier ou bien une salle voûtée, au rez-de-chaussée, où sont placés les vaisseaux propres à cette fabrication. Si on se rappelle les conditions nécessaires pour l'acétification, on comprendra aisément que l'air doit pouvoir facilement et promptement s'y renouveler, au moyen d'ouvertures ou de ventilateurs. Ces ouvertures sont disposées de telle façon qu'on puisse les fermer dès qu'on a renouvelé l'air, tant pour ne pas abaisser la température de l'atelier que pour ne pas provoquer une évaporation inutile de l'alcool. Cet atelier devant être chauffé une partie de l'année, pour élever la température dans son intérieur au point voulu pour le succès de l'opération, il est inutile, pour ne pas accroître sans nécessité les frais de chauffage, de lui donner plus d'élévation qu'il n'en faut; au contraire on doit préférer les salles dont le plancher est surbaissé. Quand on n'a pas le choix à cet égard, il faut élever les vaisseaux les uns au-dessus des autres, l'acétification marchant ordinairement plus rapidement dans le haut, où la température est plus élevée, que dans la partie basse, où elle est moindre.

La vinaigrerie doit être *construite en matériaux mauvais conducteurs* du calorique; les meilleures seraient celles construites en pierres ou en briques, et revêtues à l'intérieur de planches rabotées et peintes à l'huile. Pour entretenir dans ce lieu la chaleur convenable, on se sert ordinairement de poêles de fonte; il serait de beaucoup préférable de les chauffer au moyen de la vapeur ou de la circulation de l'eau chaude. On parviendrait ainsi plus économiquement et plus aisément à entretenir dans l'atelier une chaleur égale et régulière, sans provoquer une évaporation quelquefois considérable de la partie alcoolique, causée par la chaleur violente des poêles en fonte et sans danger pour le feu.

Les *vaisseaux* employés pour l'acétification sont des tonneaux qu'on nomme mal à propos *mères.* Aujourd'hui, ce sont des futailles de 230 litres au plus, très solides et cerclées en fer. L'expérience a prouvé que ceux de chêne sont les meilleurs; seulement quand ils sont neufs il faut avoir l'attention d'y faire séjourner pendant quelque temps de l'eau bouillante pour dissoudre la matière extractive du bois de chêne, qui donnerait un mauvais goût au vinaigre. Les tonneaux sont percés, à la partie supérieure du fond antérieur, de 2 trous; l'un, auquel on donne le nom d'*œil*, a 2 po. de dia-

mètre; il sert à les charger et à retirer le vinaigre lorsqu'il est fait; l'autre, beaucoup plus petit, se trouve placé immédiatement à côté : il est destiné à donner issue à l'air pendant qu'on les charge. Tous deux servent à son renouvellement pendant la marche de l'acétification. Ces tonneaux, pour ménager l'espace, sont disposés sur 4 rangs et reposent sur des traverses de sapin d'un po. d'épaisseur. Ces traverses portent elles-mêmes sur des montans en bois debout également en sapin et de même épaisseur.

Les autres *vaisseaux ou ustensiles* d'une vinaigrerie sont des cuves pour tirer le vin à clair, des futailles pour conserver le vinaigre, des seaux, des brocs, des entonnoirs en bois, des syphons en étain ou en verre, et des thermomètres.

Voici maintenant une idée sommaire des travaux de l'atelier.

B. *Procédé de fabrication.*

Avant de verser le vin dans les tonneaux où se fait l'acétification, on le *clarifie* de la manière suivante. Les cuves à tirer à clair sont des vases fermés pouvant contenir 12 à 15 pièces de vin. Le fond supérieur porte à son centre une ouverture de 4 à 5 po. de diamètre, qu'on peut boucher avec un couvercle de bois. Cette ouverture est destinée à recevoir un large entonnoir. L'intérieur de la cuve est rempli de copeaux de hêtre pressés et bien foulés. On verse du vin sur ces copeaux; on laisse séjourner pendant quelque temps, puis on soutire doucement par une canelle placée à la partie inférieure de la cuve. La lie se dépose sur les copeaux et le vin sort clair.

Lorsque les tonneaux sont neufs, on commence par se procurer du meilleur vinaigre; on le fait bouillir, on en *remplit au tiers tous les vaisseaux*, et on laisse reposer une semaine. C'est sur cette première portion, qui devient la vrai *mère* du vinaigre, qu'on ajoute successivement le vin à acidifier. Dans le *travail* ordinaire on met d'abord sur le vinaigre, qui occupe le tiers du tonneau, un broc de 10 litres de vin blanc ou rouge tiré à clair et qui n'a été ni collé ni soufré; huit jours après on en ajoute un 2e, puis un 3e et un 4e, toujours en observant le même intervalle de temps. C'est huit jours après cette dernière charge qu'on retire environ 40 litres de vinaigre et qu'on recommence les additions successives. Il est nécessaire que le vaisseau soit toujours au moins à moitié vide, si on veut que l'acétification n'éprouve aucun ralentissement; mais comme une partie du tartre et de la lie gagne toujours la partie inférieure du tonneau, s'y amasse et finit par s'opposer à la fermentation, il vient un moment où on est forcé d'interrompre pour enlever ce résidu et vider entièrement le vaisseau.

On ne doit *enlever du vinaigre* dans les tonneaux, à l'époque fixée ci-dessus, que lorsque l'acétification a marché régulièrement, ce qu'on reconnaît à quelques *signes* particuliers. Ainsi, on plonge dans la liqueur un bâton blanc, recourbé à une extrémité, et on le retire horizontalement; s'il se trouve chargé d'une écume blanche, épaisse, à laquelle on donne le nom de *travail*, l'opération est terminée ; mais si le travail, au lieu d'être blanc et perlé, est rouge, les fabricans, qui se contentent de ce moyen imparfait, regardent l'acétification comme non achevée et cherchent à la faire marcher, soit en ajoutant de nouveau vin, soit en augmentant la chaleur de l'atelier.

L'acétification ne *marche pas toujours d'une manière régulière* dans tous les tonneaux ni dans toutes les parties de l'atelier, et elle présente quelquefois sous ce rapport des anomalies singulières et dont il est difficile de se rendre compte. Les moyens qu'on peut employer contre ces inconveniens sont de renouveler plus souvent l'air de l'atelier, d'élever sa température, de changer les tonneaux de place, en mettant ceux qui sont paresseux dans les endroits les plus chauds, de vider entièrement ceux qui refusent de marcher et de les remplir avec le meilleur vinaigre, etc.

Quand le vinaigre a été soutiré, on le dépose dans des futailles pour le conserver et pour l'expédier ; mais souvent, malgré les précautions qu'on a prises de tirer le vin à clair, le vinaigre est encore trouble et a besoin lui-même d'être clarifié. On le filtre alors de la même manière que le vin.

Les *vins nouveaux* sont moins propres que ceux qui sont plus âgés à être transformés en vinaigre ; les premiers sont encore susceptibles d'éprouver un reste de fermentation spiritueuse qui empêche le développement de l'acétification ; aussi les fabricans n'emploient-ils que des vins qui ont au moins une année. D'un autre côté, les vins trop vieux et dépouillés deviennent difficilement acides. Les vins faibles et pauvres en matières sucrées ne fourniraient pas des vinaigres assez forts ; on peut leur ajouter de la mélasse, du sucre, du miel, de l'eau-de-vie, etc. Au contraire, plusieurs vins du midi de la France résisteraient pendant long-temps à l'acétification ; il faut, avant de les verser dans les tonneaux, les étendre de plus ou moins d'eau chaude, dans laquelle on a délayé de la levure de bière, laisser la fermentation alcoolique se développer, puis, quand elle est terminée, verser le liquide dans les tonneaux à vinaigre.

La *température* la plus convenable pour convertir le vin ou les autres liquides alcooliques en vinaigre, par cette méthode, paraît être celle des 30° C (24 à 25° R). C'est au moins celle à laquelle travaillent ordinairement les vinaigriers d'Orléans, celle qui fait marcher rapidement l'acétification, tout en donnant du vinaigre aussi fort que les températures plus basses.

La méthode ancienne de fabriquer le vinaigre est, comme on voit, *assez lente,* mais elle occasionne une déperdition peu importante en alcool par l'évaporation ; elle n'exige pas une température aussi élevée que la suivante et par conséquent une consommation aussi considérable de combustible. On pourrait toutefois lui donner une marche plus rapide par des moyens simples, soit, par exemple, en exposant le liquide sur une plus grande surface au contact de l'air, en le divisant dans un grand nombre de vaisseaux plus petits, en brisant plus souvent la pellicule que le ferment forme à sa surface, en opérant des transvasemens, en faisant couler de temps à autre le liquide en cascade, depuis les vases les plus élevés jusqu'aux

plus bas, et le remontant avec des pompes en poussant de l'air dans les tonneaux pour chasser l'acide carbonique et en combinant ces moyens avec une élévation de température, l'emploi d'un bon ferment, l'addition de liqueurs renfermant de l'alcool, etc.

§ II. — Méthode accélérée.

A. *Des tonneaux de graduation.*

On vient de voir que, par la méthode précédente, l'acétification dans les tonneaux, où l'air n'est en contact qu'avec la surface du liquide, n'est guère complète qu'au bout de plusieurs semaines. Cependant le rôle que joue l'oxigène de l'air dans la transformation des liqueurs alcooliques en vinaigre devait faire présumer qu'on accélèrerait beaucoup l'opération en multipliant les points de contact entre ces liquides et l'air atmosphérique. C'est sur cette simple observation qu'est fondée la méthode accélérée de faire le vinaigre qui paraît être due à M. Schuzembach ou à M. Dinglen, et qui a fait depuis peu de grands progrès en Allemagne. D'après cette méthode, l'acétification est complète au bout de 3 jours et peut même s'opérer en 20 heures. Cette célérité repose en grande partie sur la forme et les dispositions des vaisseaux qu'on emploie et dont voici la description.

Un *poinçon* ou *tonneau* AA (*fig.* 252) de 2 mè-

Fig. 252.

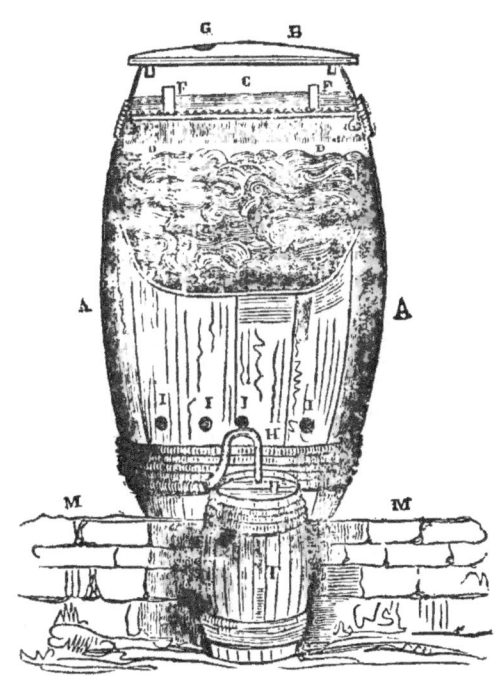

tres de hauteur, un mètre de diamètre et pouvant contenir 14 à 15 hectolitres, est surmonté d'un couvercle B, qui ferme exactement, mais qu'on peut enlever à volonté. Ce tonneau est en chêne et fortement cerclé en fer. A un demi pied du haut il est muni intérieurement d'un cercle très fort en chêne ou en hêtre qui porte un *fond mobile* C. L'espace au-dessous de ce fond est destiné à l'acétification du liquide, et pour que celui-ci soit le plus possible en contact avec l'air atmosphérique, on a disposé l'appareil de la manière suivante. Le fond mobile C est percé comme un crible de trous de 3 à 4 millimètres de diamètre et distans les uns des autres de 35 à 40 mill. Dans chacun de ces trous est passée une *ficelle* DD de 16 à 17 cent. de longueur, qui pend dans l'intérieur du tonneau et est retenue par le haut à la surface supérieure du fond au moyen d'un nœud. Ce nœud doit être d'une grosseur telle, qu'il permette seulement à un liquide versé sur le fond de s'écouler goutte à goutte, et pour empêcher l'infiltration sur les bords du cercle intérieur, on garnit et on bourre les jours ou fentes avec du coton, de l'étoupe ou du vieux linge.

L'espace inférieur du tonneau est presque entièrement rempli de copeaux minces de hêtre rouge, bien sains, tassés et non foulés. Le liquide qui filtre le long des ficelles tombe goutte à goutte sur ces copeaux, coule sur eux avec lenteur et arrive au fond du tonneau où il se rassemble. Ces copeaux, avant d'être placés dans le tonneau, ont été échaudés à l'eau bouillante, séchés, puis arrosés à plusieurs reprises avec de bon vinaigre chaud. Pour le renouvellement continuel de l'air, ce vase est percé, à environ 30 à 35 cent. de son fond inférieur, de 8 *trous* II, également espacés, de 16 à 18 millim. de diamètre, percés dans une direction plongeant vers l'intérieur et par lesquels l'air pénètre, sans que le liquide qui coule le long des parois intérieures puisse s'échapper au dehors. Pour que l'air dépouillé de son oxigène, par suite de la formation de l'acide acétique, puisse être porté au dehors de l'appareil, il y a dans le fond percé 4 grandes *ouvertures* pratiquées à des distances égales entre elles et dont la surface totale est un peu moindre que celle des 8 trous II pratiqués près du fond du tonneau. Sur ces ouvertures sont établis des tubes en verre FF qui s'élèvent de quelques cent. au-dessus du fond, afin que les premières ne laissent pas écouler le liquide qu'on verse sur celui-ci. C'est par ces ouvertures tubulées que l'air chargé d'acide carbonique s'échappe, et afin d'en favoriser l'expulsion au dehors, on perce dans le couvercle B une autre ouverture G, de 60 à 65 millim. de diamètre, qui sert en même temps, au moyen d'un entonnoir, à remplir de nouveau après que celui versé précédemment a filtré de la première capacité du tonneau dans la seconde et s'est rassemblé dans la partie inférieure.

Pour être à même de connaître la *température* à l'intérieur de l'appareil, on a percé dans les parois, vers le milieu, un trou incliné, de dehors en dedans, et fermé par un bouchon dans lequel glisse un thermomètre. Pendant le travail, la boule et une grande partie de l'échelle de ce thermomètre sont poussés à l'intérieur.

Enfin, pour *faire écouler le liquide* qui se rassemble au fond du tonneau et avant qu'il ait atteint les trous II qui renouvellent l'air, on perce un peu au-dessus de ce fond une ouverture qui reçoit un bouchon au travers duquel passe un tube de verre en forme de syphon H, et disposé de telle façon que sa courbure n'atteint pas tout-à-fait les trous I et que l'ouverture de sa branche la plus courte se

trouve à environ 8 centim. au-dessous du plan des trous.

Le liquide qui s'écoule lentement par le syphon est reçu dans un tonnelet T, et le tonneau lui-même est établi sur un bâtis en bois ou un petit massif en maçonnerie M, de 30 à 40 cent. de hauteur. Un vaisseau ainsi établi s'appelle un *tonneau de graduation*.

B. *Manière de faire usage des tonneaux de graduation.*

Quand on a établi son tonneau de graduation comme nous l'avons enseigné ci-dessus, on le met en activité de la manière suivante.

D'abord on *chauffe la vinaigrerie* à 40 ou à 45° C (32 à 35° R), jusqu'à ce que le thermomètre du tonneau de graduation marque au moins 25° C (20° R). On laisse alors tomber le feu, et, par l'ouverture G du couvercle, on verse un mélange, à la température de 62 à 63° C (50° R), de 8 parties d'eau-de-vie, 25 d'eau de pluie ou de rivière, 15 de bon vinaigre et autant de bonne bière blanche bien claire. Il faut avoir l'attention de ne chauffer que l'eau ou tout au plus l'eau et le vinaigre, et d'y ajouter la bière et l'eau-de-vie froides. On ne verse de ce mélange que ce qui est nécessaire pour en couvrir de 6 à 8 centimetres le fond percé, et on ajoute peu à peu le reste à mesure que le liquide s'écoule dans la partie inférieure du tonneau. On ranime alors le feu et on entretient pendant toute l'opération une température de 40° C.

Le liquide qui a traversé une 1re fois le tonneau de graduation n'est pas encore complètement acidifié et ne forme guère *qu'un vinaigre faible*, qui se rassemble dans le tonneau T, où il doit être repris pour être repassé une 2e et même une 3e fois, jusqu'à ce que tout son alcool soit converti en vinaigre. Plus il contient d'alcool et plus cette conversion est longue et difficile, mais aussi plus le vinaigre sera fort. Pour la hâter, on ferait bien de ne pas mêler la 1re fois toute l'eau-de-vie au mélange, mais de l'ajouter à mesure qu'on repasse une 2e ou 3e fois, surtout si on veut préparer de très fort vinaigre.

Quand on a fait usage de l'appareil pendant plusieurs jours, *il n'est plus nécessaire d'ajouter du vinaigre et de la bière* au mélange d'eau-de-vie et d'eau, parce que les parois du tonneau, les copeaux qu'il renferme et les ficelles, sont couverts ou saturés d'acide acétique et en tiennent lieu, toutefois, il faut toujours avoir la précaution d'élever jusqu'à 40 à 45° C la température du liquide qu'on y verse.

Lorsque l'acétification du liquide est terminée et qu'il est converti en vinaigre, on recueille celui-ci dans le tonnelet et on le verse dans des futailles pour le conserver à la cave ou l'expédier.

On a particulièrement reproché à la méthode accélérée d'occasioner une *évaporation* de la partie alcoolique du mélange acidifiable. En effet, comme il règne toujours dans le tonneau de graduation une température de 40 à 45° C, il est impossible, surtout avec le renouvellement continuel de l'air, qu'il ne s'échappe pas en vapeur une partie de l'alcool. Il serait facile d'obvier à cet inconvénient en faisant traverser à l'air qui s'échappe par l'ouverture du couvercle un tube réfrigérant convenablement refroidi, qui condenserait toutes les vapeurs alcooliques; d'ailleurs, il ne paraît pas que cette évaporation, par suite de la prompte conversion des liquides en vinaigre, soit aussi considérable qu'on l'avait annoncé. Seulement nous recommandons d'*entretenir un courant d'air* dans l'atelier ou de diriger au dehors l'air qui se dégage des tubes de verre, et qui a perdu une si grande quantité de son oxigène qu'il éteint les bougies et pourrait devenir dangereux s'il était respiré par ceux qui conduisent les travaux.

Pour éviter la *perte de temps et les frais* qui résultent de la nécessité où l'on est d'élever la température du mélange, on peut établir au-dessus du tonneau de graduation un autre tonnelet muni d'un robinet et disposé de telle façon que le liquide qu'il contient coule directement dans le tonneau; comme ce petit vaisseau se trouve continuellement plongé dans les couches d'air les plus chaudes de l'atelier, ce mélange acquiert promptement la température voulue, sans qu'il soit besoin d'employer pour cela du combustible. On pourrait même établir 2 tonnelets et remonter dans l'un le liquide qui a déjà passé à travers le tonneau, tandis que le mélange qu'il faut acidifier coulerait encore dans le tonneau par le robinet de l'autre. Ce dernier, avant d'être vide, donnerait au premier le temps de s'échauffer et de porter le liquide qu'il contient à la température voulue, ce qui établirait une sorte d'opération continue.

Quand on ne fait usage pour le mélange que d'eau et d'eau-de-vie, sans addition de matières sucrées ou mucilagineuses, le vinaigre qu'on obtient dans le tonnelet inférieur est *parfaitement clair* et propre à être employé aux usages domestiques; mais quand on emploie la bière, le moût de cidre, de poiré ou d'eau-de-vie de grain, etc., en un mot, tous les liquides qui contiennent des parties mucilagineuses et étrangères, le *vinaigre* recueilli dans le tonnelet est *louche* et doit être déposé dans un vaisseau à clarifier, placé dans un cellier ou mieux dans une chambre, d'une température modérée, attenant à l'atelier. Ce vaisseau est une cuve ou un tonneau debout et défoncé par une extrémité, et, comme le tonneau de graduation, rempli de copeaux de hêtre. En 2 ou 3 jours le vinaigre a déposé sur les copeaux les matières étrangères qu'il contenait et peut être soutiré.

Ordinairement le vinaigre qui sort des tonneaux de graduation est *limpide* et *incolore*. On peut le colorer en jaune avec un peu de caramel, ou en rouge avec les baies de l'airelle myrtille (*vaccinium myrtillus*, L.). Quand on veut lui donner la saveur particulière au vinaigre de vin, on dissout à peu près 250 gram. de tartre et 500 gram. de sucre dans 100 litres de vinaigre.

Dans les ménages où l'on trouverait trop coûteux l'établissement d'un tonneau de graduation, on peut, avec un ou deux tonneaux défoncés, établir à peu de frais un appareil de ce genre qui fonctionne très bien.

Le docteur KASTNER, qui a étudié avec soin la fabrication accélérée du vinaigre, fait usage de 2 tonneaux de graduation marqués n° 1 et n° 2 et emploie, pour former le liquide acidifiable, les 3 mélanges suivants : 1° dans un grand tonneau on verse 4 parties en volume d'eau-de-vie, marquant à 15° du thermomètre centigrade, 65° à l'alcoomètre de M. GAY-LUSSAC ou 24° à l'aréomètre de CARTIER (pesanteur spécifique 0,907), et 3 parties de vin de malt (1) qu'on brasse bien ensemble; 2° deux parties du mélange précédent et 2 parties d'eau de pluie ou de rivière douce et pure; 3° deux parties du 1er mélange et 8 1/2 parties de vinaigre. On conduit ensuite l'opération de la manière ci-après.

On verse avec précaution dans chacun des 2 tonneaux de graduation, par l'ouverture du couvercle, une quantité du 3e mélange suffisante pour couvrir le fond percé. La température de la vinaigrerie étant à 40° C, ce mélange filtre lentement à travers les ficelles et les copeaux, et se rassemble enfin dans le tonnelet où, après une heure, il y a déjà 10 à 12 litres de liquide aigre. Si ce liquide n'est pas suffisamment acidifié, on le chauffe et on le verse de nouveau dans le tonneau, en répétant l'opération jusqu'à ce qu'il soit converti en bon vinaigre. Parvenu à ce point dans les 2 tonneaux, le procédé se modifie ainsi : on verse, au lieu du 3e mélange, dans le tonneau n° 1, une quantité équivalente du 2e mélange, et, quand celle-ci s'est rassemblée dans le tonnelet, on la reprend et on la verse non plus dans le tonneau n° 1, mais dans le n° 2; dans le 1er on ajoute une nouvelle quantité du 2e mélange. Le liquide qui coule dans le tonnelet du tonneau n° 2 est maintenant converti en vinaigre et peut être transvasé dans les tonneaux où on le conserve; mais si son acétification n'était pas complète, il faudrait le faire repasser, d'abord par le n° 1, puis par le n° 2. De cette manière les 2 tonneaux de graduation sont toujours en activité et transforment ordinairement, quand l'opération est bien conduite, en 17 heures de temps, c'est-à-dire depuis 5 heures du matin jusqu'à 10 heures du soir environ, 80 ou 85 litres des mélanges en bon vinaigre. Avec 10 tonneaux de graduation

(1) Pour préparer ce vin de malt M. KASTNER indique le procédé suivant. On mout grossièrement ensemble 40 kilog. de malt d'orge séché à l'air, dont nous enseignons la préparation dans le chapitre de la fabrication de la bière, et 20 kilog. de malt de froment également desséché. On en fait une pâte avec 1 hectolitre et demi ou 2 hectolitres d'eau chaude à 50° C; puis on démêle la masse pâteuse dans 4 hectol. d'eau bouillante en brassant le tout jusqu'à ce qu'il ne reste plus le moindre grumeau On laisse alors reposer pendant 3 à 4 heures dans une cuve couverte, puis on soutire le moût sucré, et lorsqu'il est refroidi à 17 ou 18° (14° R), on y jette 7 kilog. de bonne levure de bière qu'on mêle exactement, et on abandonne le mélange à la fermentation alcoolique pendant 2 ou 3 jours ou plus, suivant la température extérieure. Quand elle est terminée, la liqueur fermentée est soutirée par un robinet placé à quelques pouces du fond de la cuve et est exempte par conséquent de la lie qui couvre le fond ou de la levure qui surnage. Ce vin peut être conservé long-temps en cet état dans des vaisseaux fermés.

ainsi conduits on pourrait en 24 heures fabriquer 6 à 7 hectolitres de vinaigre.

§ III. — Méthodes diverses de fabrication.

Les pays du Nord qui ne produisent pas de vin, ou qui ne recueillent que des vins peu riches en alcool, fabriquent du vinaigre par le procédé suivant. On étend 140 litres de bonne eau-de-vie de 11 à 12 hectol. d'eau bien pure. Le ferment, ou mère du vinaigre, consiste en un demi-kilog. de levure, 28 à 30 litres de vinaigre, 14 kilog. de miel et 3 kilog. de tartre égrugé, mélange qu'on maintient pendant quelques jours à une douce température en le remuant avec soin, puis qu'on ajoute au liquide ci-dessus en brassant la liqueur en tous sens. Celle-ci est alors abandonnée dans des tonneaux à l'acétification qui commence au bout de 2 ou 3 jours et est achevée après 2 ou 3 semaines, plus ou moins, suivant la température du lieu où est déposé le liquide. Le dépôt qui reste, après qu'on a fait écouler le vinaigre, mêlé à du miel et à du tartre, sert de nouveau de mère. Le vinaigre ainsi obtenu approche assez de celui qu'on prépare avec le vin.

On *prépare aussi du vinaigre* de cette manière, en étendant d'eau l'eau-de-vie jusqu'à ce que le mélange n'en contienne plus que 6 p. 0/0, et en y ajoutant par hectolitre de liquide 30 litres de vinaigre chaud, très fort, et 1 à 1 et 1/2 kilog. de sirop de sucre. On remplit de ce liquide de petits vases dans lesquels l'acétification s'accomplit au bout de 5 à 6 semaines.

Pour les *besoins des ménages* on peut préparer du vinaigre en prenant 1 1/2 litre d'eau-de-vie, 14 à 16 litres d'eau, 70 gram. de tartre, 200 gram. de sucre et 100 gram. de levain, qu'on mêle bien, puis qu'on abandonne dans des cruches dans un lieu dont la température est assez élevée. Quand le vinaigre est fait on soutire, on clarifie avec de la poudre de charbon ou des blancs d'œufs, et on conserve pour l'usage.

Nous ferons observer ici qu'avant d'employer l'eau-de-vie à la fabrication du vinaigre on doit la débarrasser du goût de brûlé et d'empyreume qu'elle possède quelquefois, et surtout qu'il faut lui enlever cette saveur désagréable que possèdent toujours les eaux-de-vie de marc et de grain, et qui donnerait au vinaigre un goût peu flatteur. Il en est de même quand on fait usage pour cette fabrication des *petites eaux*, ou eau-de-vie qui distille la 1re, et qui n'a ni un goût ni une saveur agréables. Celles employées à faire du vinaigre doivent au moins marquer 10° à l'alcoomètre de M. GAY-LUSSAC, et suivant WESTRUMB 150 litres de ce liquide ajoutés à 2 kilog. de levure, 4 kilog. de sucre brut ou de miel, et 4 à 5 kilog. de tartre, donnent par le procédé ci-dessus un assez bon vinaigre.

Dans tout le midi de la France les agriculteurs, les propriétaires de vignes, ainsi que tous ceux qui ont des caves, ont plusieurs barils d'environ 80 à 100 litres, dans lesquels ils versent les lies des vins qu'ils ont laissé déposer; ils y ajoutent les restes des vins de bouteilles, celles qui ont tourné à l'aigre, en un mot tous les vins impropres à la boisson. On soutire le vinaigre toutes les fois qu'on en a besoin, et on remplace par une même quantité de liqueur spiritueuse.

Dans les pays du Nord on prépare dans les campagnes des vinaigres de bière dans de petits tonneaux de bois munis d'un couvercle luté. En exposant la bière contenue dans ce tonneau à l'action de la chaleur, par exemple sur un poêle, la formation du vinaigre est terminée en 15 jours. L'air pénètre à travers les pores et les jointures du bois pour déterminer l'acétification, tandis que l'évaporation est considérablement diminuée par cette disposition.

Pour préparer le *vinaigre de marc de raisin, de cidre ou de poiré*, on délaye le marc qui a déjà passé au pressoir avec de l'eau chaude, et on abandonne le liquide à la fermentation alcoolique. Aussitôt que celle-ci est terminée, on transporte la liqueur dans les tonneaux à vinaigre, ou dans ceux de graduation, en y ajoutant de la mère de vinaigre pour déterminer l'acétification rapide. On emploie aussi souvent au même usage le *moût de cidre ou de poiré* fait avec des fruits non mûrs, tombés ou à moitié pourris, ou même des moûts de bonne qualité préparés comme nous le dirons plus bas en décrivant la fabrication de ces boissons. Seulement il faut observer que le vinaigre de pommes ou de poiré, contenant beaucoup de mucilage, passe facilement à la fermentation putride si on n'a pas le soin de le filtrer sur des copeaux de hêtre. On peut aussi, pour éviter cette décomposition et lui donner de la force, ajouter un peu d'eau-de-vie à la liqueur qui sert à le préparer.

Les *fruits sauvages*, tels que ceux de l'airelle myrtille (*vaccinium myrtillus*, L.), de la ronce des haies ou frutescente (*rubus fruticosus*, L.), du sorbier des oiseaux (*sorbus aucuparia*, L.), du sorbier domestique ou cormier (*sorbus domestica*, L.), et les groseilles, les mûres, etc., peuvent fournir aussi du vinaigre après qu'on a soumis le jus qu'on en retire à la fermentation alcoolique.

Quand on veut préparer du vinaigre avec du *sucre*, du *miel*, de la *mélasse*, des *raisins secs*, il faut les dissoudre ou les faire macérer dans une suffisante quantité d'eau, ajouter au liquide de la levure de bière, et abandonner le tout à la fermentation alcoolique dans un lieu chaud. Cette fermentation terminée, on traite la liqueur comme nous l'avons enseigné plus haut. L'addition d'un peu de tartre donne au vinaigre obtenu le goût de vinaigre de vin, et celle de quelques cuillerées de caramel, de la couleur.

M. DOEBEREINER a donné la recette suivante pour préparer un bon *vinaigre avec le sucre*. Dans 180 litres d'eau bouillante on dissout 5 kilog. de sucre en poudre et 3 kilog. de tartre; le liquide est versé dans une cuve à fermentation, et quand il s'est refroidi jusqu'à 25 ou 30° C, on y ajoute 4 litres 1/2 de levure de bière blanche. On brasse bien la masse, on recouvre la cuve légèrement, on l'abandonne, et lorsqu'au bout de 6 à 8 jours, par une température de 20 à 25° C, la fermentation est terminée et que le liquide s'est éclairci, on le soutire et on le transforme en vinaigre dans les tonneaux ordinaires ou dans ceux de graduation, en y ajoutant préalablement 12 à 15 litres de bonne eau-de-vie, et, quand les tonneaux sont neufs, 16 à 17 litres de fort vinaigre pour développer l'acétification.

Toutes les *substances amilacées*, c'est-à-dire qui contiennent de l'amidon, telles que les farines de froment, d'orge, d'avoine, sont susceptibles, comme nous l'avons dit (t. III, page 224) et comme nous le verrons encore à l'article qui traitera de la fabrication de la bière, d'éprouver, au moyen de certains procédés, la fermentation alcoolique. Il en est de même de la pulpe de pommes de terre qu'on peut saccharifier et faire fermenter, comme nous l'enseignerons au chapitre qui traite des fécules et de l'amidon. Une fois la fermentation alcoolique de ces substances terminée, on en sépare la levure en les soutirant et on conserve jusqu'à clarification complète. Le liquide étant clair, on y ajoute 10 à 15 p. 0/0 de vinaigre bouillant et on le traite comme nous avons enseigné dans cet article. Quand l'acétification est terminée, on tire le vinaigre à clair et au moyen de la colle de poisson, ou par l'addition d'eau-de-vie, ou en le faisant encore une fois bouillir, on le dépouille de toutes les parties albumineuses ou mucilagineuses qui s'y trouvaient suspendues, et enfin on y ajoute une certaine quantité de tartre.

En Allemagne, où l'on prépare beaucoup ces sortes de vinaigres, ainsi que des vinaigres de bière, on compte que 50 kilog. de malt d'orge, ou bien 40 kilog. de malt de froment, unis à 20 d'orge, donnent 2 1/2 à 3 hectol. de vinaigre, et qu'il faut 1 hectol. 30 de pommes de terre pour en obtenir la même quantité de vinaigre au même degré de force.

Quand on distille le bois en vases clos, et même quand on emploie le mode ordinaire de carbonisation du bois, on recueille une liqueur brun-foncé et infecte qui se compose d'eau, d'acide acétique en quantité quelquefois considérable, d'huiles pyrogénées, et d'un liquide volatil particulier. La liqueur ainsi obtenue est appelée *acide pyroligneux*. On a cherché à obtenir à l'état de pureté l'acide qu'elle contient, soit pour s'en servir à la préparation de certains sels employés dans les arts, soit pour remplacer le vinaigre dans les usages domestiques. Il est facile d'obtenir l'acide à un état de pureté tel qu'on puisse s'en servir dans les arts, mais pour qu'on puisse en faire usage dans la préparation des alimens, il a fallu jusqu'ici le soumettre à des opérations très dispendieuses qui en ont beaucoup élevé le prix, ce qui nous dispense d'entrer à cet égard dans plus de détails. Nous ajouterons seulement que l'acide purifié et suffisamment étendu à une saveur plus forte que le vinaigre obtenu par la fermentation, même quand ils contiennent tous deux la même quantité d'acide réel, ce qui tient à ce que le vinaigre ordinaire renferme plusieurs corps organiques combinés avec l'acide, qui, sans nuire à ses qualités, diminue l'intensité de sa saveur. D'ailleurs, l'acide purifié est dépourvu de l'odeur suave et de la saveur franche et particulière du vinaigre de vin, malgré les substances qu'on y ajoute pour imiter celui-ci.

Le vinaigre de vin est employé très fréquemment à la préparation de nos alimens; souvent on le combine pour cet objet avec différentes substances plus sapides et aromatiques. Il entre aussi dans une foule de préparation. usitées pour la toilette ou employées dans la médecine, mais ces combinaisons ou préparations sont du ressort du vinaigrier-moutardier, du parfumeur et du pharmacien, et il est inutile par conséquent de nous en occuper.

SECTION III. — *Mesure de la concentration des vinaigres.*

Nous avons dit au commencement de ce chapitre que le vinaigre devait son acidité à de l'*acide acétique*. Cet acide pur peut être obtenu par la distillation de différens acétates ou sels composés d'une base et d'acide acétique, ou par la distillation sèche du bois. En cet état il est incolore; mais il ne possède plus l'odeur suave, la saveur pure et fraîche du bon vinaigre, qui doit en partie ses qualités aux substances qu'il contient en dissolution, et, suivant M. BERZÉLIUS, à un peu d'éther acétique et à un corps volatil particulier qui lui donne le goût particulier qui le distingue.

Néanmoins, la quantité d'acide acétique que contient le vinaigre ou son degré de concentration servant en grande partie à fixer la valeur vénale de ce liquide, il est important de savoir la mesurer.

La *densité* de l'acide acétique n'étant pas beaucoup supérieure à celle de l'eau, il faudrait des instrumens bien délicats pour s'assurer avec exactitude de sa pesanteur spécifique. On voit ainsi que les aréomètres ordinaires sont peu propres à mesurer la concentration des vinaigres. Bien plus, M. MOLLERAT a démontré que la densité de cet acide n'était pas une preuve de sa force; que lorsqu'il était concentré et qu'on y ajoutait de l'eau, cette densité allait en croissant, mais que, passé un certain terme, l'eau qu'on y ajoutait diminuait sa pesanteur spécifique. Enfin, les corps dissous dans le vinaigre, qui diffèrent par leur nature et leur quantité suivant les matières dont on le fabrique, contribuent à augmenter sa pesanteur spécifique et à rendre erronées les indications des acétomètres, tels que celui des Anglais et celui que les marchands de vinaigre de Paris emploient pour connaître le degré de concentration de ce liquide.

Pour parvenir à des résultats plus exacts, on a donc été obligé d'avoir recours à d'autres méthodes d'essai, et la saturation de l'acide par des bases a paru propre à parvenir à ce but. J. et CH. TAYLOR ont proposé de neutraliser l'acide acétique par la chaux éteinte, d'autres par le carbonate de potasse ou de soude, DESCROIZILLES par la soude caustique, etc. La 1ʳᵉ méthode n'a pas été sanctionnée par l'expérience; quant à la seconde, elle présente des difficultés, et il n'est pas facile de déterminer avec exactitude combien il faut de carbonate de potasse ou de soude pour saturer une quantité donnée de vinaigre. Enfin, dans la 3e, la liqueur d'épreuve est difficile à préparer et à conserver.

La manière la plus simple de mesurer la concentration des vinaigres consiste à se servir d'ammoniaque caustique d'une densité ou d'un titre connu, et c'est là-dessus qu'est fondé l'acétimètre de M.-F.-J. OTTO, dont voici la description.

Un tube (*fig. 253*) fermé par un bout, de 32 cent. de longueur et 13 à 14 millim. de diamètre, porte, près de sa partie inférieure, un trait de lime A, niveau auquel s'élève à la température de 15°C (12°R) un gramme d'eau distillée. L'espace entre A et 0 contient 10 gram. de la même eau à cette température; de B en C, de C en D, et ainsi de suite, le tube est partagé en parties égales subdivisées elles-mêmes en plus petites. Les 1res peuvent contenir chacune 2,080 gram. d'eau ou 2,070 gram. d'ammoniaque liquide, contenant 1,369 p. 0/0 d'ammoniaque. Cette quantité de 2,070 gram. de liqueur ammoniacale, à ce titre, est suffisante pour saturer un décigramme d'acide acétique hydraté. Comme les divisions, à partir de C répondent à des centièmes, on peut les désigner aussi par les chiffres 1, 2, 3, etc.

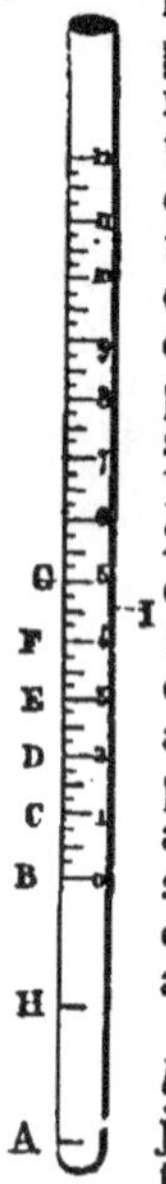

Voici la *manière de se servir de l'instrument*. On verse dans le tube jusqu'en A une teinture bleue de tournesol faite pour cet objet avec un gram. de tournesol en pain et 4 gram. d'eau, puis on ajoute jusqu'en B le vinaigre à essayer, dont il faut environ 10 gram. Toute la liqueur du tube devient aussitôt rouge. Maintenant on prend la liqueur ammoniacale d'épreuve au titre annoncé ci-dessus, et on la verse par partie, avec précaution, en secouant chaque fois et en fermant l'extrémité du tube avec le doigt. On continue ainsi lentement jusqu'à ce que la teinture bleue de tournesol soit rétablie. La hauteur du mélange liquide dans le tube donne en centièmes le degré acidimétrique du vinaigre. Par exemple, si la liqueur s'élevait jusqu'en I, le vinaigre essayé contiendrait 4 1/2 p. 0/0 d'acide acétique.

L'*avantage de cette méthode* est qu'elle peut être exécutée par tout le monde, en peu d'instans et sans beaucoup de connaissances préalables. D'ailleurs, il est facile de se procurer toujours de la liqueur d'épreuve au même titre, puisque la quantité absolue d'ammoniaque qu'elle renferme s'apprécie très exactement au moyen du poids spécifique. On n'obtient pas, il est vrai, ainsi une exactitude rigoureuse, mais le procédé est bien suffisant dans la pratique et donne de meilleurs résultats que tous ceux proposés jusqu'à ce jour, surtout quand il s'agit de vinaigre d'eau-de-vie et de tous ceux qui sont dépouillés de matières mucilagineuses.

Pour que les praticiens puissent facilement eux-mêmes titrer leurs liqueurs d'épreuve, M. OTTO, d'après des essais qui lui sont propres, a dressé la table suivante des quantités d'eau qu'il faut ajouter à une liqueur ammo-niacale d'une densité quelconque pour l'amener à contenir 1,369 p. 0/0 d'ammoniaque.

LIQUEUR AMMONIACALE.		QUANTITÉS qu'il faut prendre pour former une liqueur d'épreuve contenant 1,369 p. 0/0 d'ammoniaque.	
Contenant en ammoniaque dans 100 part.	d'une pesanteur spécifique de	de la liqueur ammoniacale.	d'eau distillée.
12,009	0,9517	114,08	886,02
11,875	0,9521	115,3	884,7
11,750	0,9526	116,5	883,5
11,625	0,9531	117,8	882,2
11,500	0,9536	119,0	881,0
11,375	0,9549	120,0	880,0
11,250	0,9545	121,7	878,3
11,125	0,9550	123,0	877,0
11,000	0,9555	124,5	875,5
10,954	0,9556	125,0	875,0
10,875	0,9559	126,0	874,0
10,750	0,9564	127,3	872,7
10,625	0,9569	129,0	871,0
10,500	0,9574	130,4	869,6
10,375	0,9578	132,0	868,0
10,250	0,9583	133,5	866,5
10,125	0,9588	135,0	865,0
10,000	0,9593	137,0	863,0
9,875	0,9597	138,0	861,4
9,750	0,9602	140,4	859,6
9,625	0,9607	142,2	857,8
9,500	0,9612	144,0	856,0
9,375	0,9616	146,0	854,0
9,250	0,9621	148,0	852,0
9,125	0,9626	150,0	850,0
9,000	0,9631	152,0	848,0
8,875	0,9636	154,0	846,0
8,750	0,9641	156,4	843,6
8,625	0,9645	158,7	841,3
8,500	0,9650	161,0	839,0
8,375	0,9654	163,5	836,5
8,250	0,9659	166,0	834,0
8,125	0,9664	168,5	831,5
8,000	0,9669	171,0	829,0
7,875	0,9673	173,8	826,2
7,750	0,9678	176,6	823,4
7,625	0,9683	179,5	820,5
7,500	0,9688	182,5	817,5
7,375	0,9692	185,6	814,4
7,250	0,9697	188,8	811,2
7,125	0,9702	192,0	808,0
7,000	0,9707	195,6	804,4
6,875	0,9711	199,0	801,0
6,750	0,9716	202,8	797,2
6,625	0,9721	206,6	793,4
6,500	0,9726	210,6	789,4
6,375	0,9730	214,7	785,3
6,250	0,9735	219,0	781,0
6,125	0,9740	223,5	776,5
6,000	0,9745	228,0	772,0
5,875	0,9749	233,0	767,0
5,750	0,9754	238,0	762,0
5,625	0,9759	243,4	756,6
5,500	0,9764	249,0	751,0
5,375	0,9768	254,7	745,3
5,250	0,9773	260,8	739,2
5,125	0,9778	267,0	733,0
5,000	0,9783	273,8	726,2

Fig. 253.

On fait usage de cette table de la manière suivante. On prend avec un aréomètre, à la température de 13° R, la pesanteur spécifique de l'ammoniaque liquide dont on peut disposer. Supposons qu'on la trouve de 0,9650; en cherchant ce nombre dans la 2e colonne de la table, on voit vis-à-vis, dans la 1re colonne, le nombre 8,5, qui indique la quantité absolue d'ammoniaque contenue dans 100 parties de ce liquide. Maintenant pour en faire de la liqueur d'épreuve, la 3e et la 4e colonnes nous apprennent que, sur 1000 parties en poids, ou si on veut 1000 grammes, il faut prendre 161 parties ou grammes (3e colonne) de cet ammoniaque liquide et y ajouter 839 parties ou gram. (4e col.) d'eau distillée. Cette liqueur d'épreuve est alors versée dans des flacons qu'on conserve bien pleins et bien bouchés pour s'en servir au besoin, en exposant le moins possible au contact de l'air cette dissolution ammoniacale.

Pour les vinaigres très faibles on réussit mieux en étendant encore la liqueur d'épreuve avec son volume d'eau distillée. Alors, il faut prendre la moitié du résultat indiqué par l'instrument pour le degré acidimétrique du vinaigre. Pour les vinaigres trop forts, au contraire, il faut les étendre d'une fois leur volume d'eau, ce qui est facile avec l'instrument, lequel porte en H une marque qui partage en 2 parties égales l'espace entre A et B; seulement, après l'épreuve il faut avoir soin de doubler le nombre donné par l'instrument pour avoir le véritable degré d'acidité du vinaigre.

SECTION IV. — *Falsification et conservation des vinaigres.*

Les vinaigres *sont quelquefois falsifiés*, et ce sont ordinairement les acides minéraux, tels que le sulfurique, le nitrique ou l'hydrochlorique, qu'on choisit pour cette falsification. Quand on a le goût tant soit peu exercé, il est assez facile de découvrir cette fraude, et d'ailleurs le vinaigre ainsi sophistiqué a une saveur âpre et dure, et de plus attaque fortement les dents, ce qui n'arrive jamais avec le vinaigre pur et préparé convenablement.

Il faut déjà posséder quelque habitude des manipulations chimiques pour constater la présence des acides minéraux dans le vinaigre et déterminer la quantité de ces acides qui a été ajoutée. Néanmoins, comme les indications à l'aide desquelles on reconnaît leur présence peuvent être encore utiles, nous allons, d'après M. BERZELIUS, les faire connaître en peu de mots.

« Pour constater la présence de *l'acide sulfurique*, on verse dans le vinaigre du nitrate de baryte qui forme avec l'acide sulfurique un précipité insoluble dans l'acide hydrochlorique. — On reconnaît la présence de *l'acide nitrique* en versant dans le vinaigre quelques gouttes d'acide sulfo-indigotique, qui perd à l'instant même sa couleur bleue et passe au jaune. — Enfin, si le vinaigre contient de l'acide hydrochlorique, le nitrate d'argent y fait naître un précipité insoluble dans l'acide nitrique. Il est bon d'ajouter que, dans les vinaigres qui contiennent du tartre, le précipité produit par les sels de baryte et d'argent est soluble dans l'acide nitrique. — Suivant KUNX, tout vinaigre qui contient une quantité très petite d'acide minéral est troublé par une dissolution de tartrate d'antimoine et de potasse (tartre émétique). »

Le vinaigre, après qu'il a été tiré au clair, *doit être conservé* dans des vases propres, bien pleins et bouchés soigneusement, qu'on dépose dans un lieu tranquille, obscur et frais.

Lorsqu'il est *en contact avec l'air*, il s'y forme des animaux infusoires connus sous le nom *d'anguilles de vinaigre*, et appelés par les naturalistes vibrion du vinaigre (*vibrio aceti*), et qui sont quelquefois assez gros pour être aperçus à la vue simple. Ces animaux pouvant faire corrompre le vinaigre, il faut les tuer en faisant passer ce liquide à travers un serpentin d'étain entouré d'eau élevée à la température de 90° ou 100°. Ces animalcules périssent par l'action de la chaleur; après quoi on filtre le vinaigre pour le rendre limpide, et ils ne s'y montrent plus. Lorsqu'on opère en petit, on chauffe le vinaigre dans des cruches ou dans des bouteilles qu'on place dans un vase plein d'eau, où on les laisse jusqu'à ce que cette eau entre en ébullition.

Conservé dans des vases où il est en contact avec l'air qui peut se renouveler ou lorsqu'il est en vidange, le vinaigre perd de sa transparence, et peu à peu il s'y rassemble une masse cohérente, gélatineuse et transparente, qui paraît glissante et gonflée quand on la touche, et que les fabricans désignent improprement sous le nom de mère du vinaigre. Elle est produite aux dépens du vinaigre, et celui-ci s'affaiblit d'autant plus qu'il se forme une quantité plus considérable de cette substance. Celle-ci est en quelque sorte, suivant M. BERZELIUS, le produit de la putréfaction du vinaigre; elle ne prend pas naissance dans le vinaigre très concentré, mais dans le vinaigre étendu, et elle se forme d'autant plus facilement que celui-ci est plus faible. On prévient la décomposition qui ne manque pas d'avoir lieu après ce dépôt en filtrant le vinaigre à travers une chausse, ou mieux une couche un peu épaisse de poussier de charbon.

Enfin le vinaigre bien préparé, contenant un peu d'éther acétique et un corps volatil particulier qui lui donnent en partie l'odeur et la saveur qui le font rechercher, il importe de lui conserver ces principes en ne l'exposant pas à une température élevée, à l'action de la lumière et au contact prolongé de l'air.

F. M.

CHAPITRE XII. — *De la fabrication du cidre, poiré, cormé.*

Dans les pays où l'on ne fait pas usage de *cidre*, on comprend sous ce nom générique le jus fermenté extrait des pommes, des poires ou des cormes; mais dans les pays à cidre, les propriétés bien différentes de ces trois espèces de boissons forcent à les distinguer sous les noms spéciaux de *cidre*, de *poiré* et de *cormé*, suivant qu'ils sont extraits, le premier des pommes seules, le 2e des poires et le 3e des cormes, quoique la plupart du temps ce dernier soit un mélange de ces fruits et de poires.

Section Ire. — *Considérations chimiques sur les cidres.*

Dans l'état actuel de la science, il serait difficile de donner la composition exacte des différentes espèces des cidres, et nous ne connaissons point encore d'analyse complète de ces boissons. Cependant on sait que presque tous les cidres contiennent les mêmes principes dont les proportions doivent varier, ce qui ne peut être douteux d'après la différence du goût et des propriétés de ces liquides dans tel ou tel état, et suivant qu'ils ont été fabriqués de telle ou telle manière et dans telle ou telle contrée. Quoi qu'il en soit, on peut affirmer que dans tous les cidres on retrouve : 1o du sucre en bien plus grande quantité, surtout quand ils sont doux, que dans les vins et les bières ; 2o de l'*alcool*, dont la proportion a été trouvée, par M. Brande, de 9,87 p. 0/0 en volume ; 3o du *mucilage* ou *matière gommeuse*, dont la quantité varie pour ainsi dire avec chaque espèce de cidre et en raison de son âge ; 4o un *principe extractif amer* qui paraît résider principalement dans le tissu cellulaire et l'enveloppe du fruit, principe qui détermine souvent dans certains cidres une saveur désagréable ; 5o une *matière colorante* particulière, abandonnée probablement par l'enveloppe et la pulpe, dont le jus ne peut être extrait sans que les fruits n'aient subi une légère macération, et dont la couleur augmente en effet en raison de la prolongation de cette macération. Cet effet, du reste, a lieu pour les cidres comme pour les autres boissons, car tout le monde sait qu'on peut faire du vin blanc avec du raisin rouge en ne laissant pas macérer le jus sur le marc. Les cidres contiennent encore du *gluten* et de l'*albumine végétale*, que M. Proust et M. Bérard ont trouvé dans les pommes, principe nécessaire à la fermentation alcoolique ; de l'*acide malique* ; du *gaz acide carbonique*, surtout dans les cidres mousseux, et enfin diverses substances salines et terreuses.

A défaut d'une analyse positive des cidres, nous allons présenter ici le résultat de trois analyses comparatives des poires et pommes, faites il y a quelques années par M. Bérard.

PRINCIPES.	POMMES ET POIRES		
	Mûres et fraîches.	Conservées.	Molles ou blettes.
Chlorophyle résinoïde	0,08	0,01	0,04
Sucre	6,45	11,52	8,77
Gomme.	3,17	2,07	2,62
Fibre végétale. . .	3,80	2,19	1,85
Albumine végétale.	0,08	0,21	0,23
Acide malique . .	0,11	0,08	0,61
Chaux	0,03	0,04	traces
Eau.	86,28	83,88	62,73
	100,00	100,00	76,85

Dans ces analyses, dans lesquelles les poires et les pommes sont considérées comme contenant exactement les mêmes élémens, M. Bérard paraît avoir oublié de tenir compte du *tannin* ou de l'*acide gallique*, dont la présence se manifeste presque toujours, quand on coupe des pommes ou des poires, par la couleur noire que prend le couteau ; et de l'*acide pectique* ainsi que du *malate de potasse*, qui cependant entrent dans la composition de tous ces fruits, comme l'a fait remarquer M. Berzelius, et qui doivent tendre aussi à faire varier le goût des fruits et des cidres. D'un autre côté, les résultats de ces analyses servent à démontrer que les fruits nouvellement cueillis ne sont pas dans une condition aussi favorable pour la fermentation que ceux qui ont ressué, c'est-à-dire qui ont été conservés quelque temps, et que les fruits mous, ou qui commencent par leur blessissement à toucher aux premiers degrés de la décomposition putride, se trouvent, malgré le préjugé contraire des agriculteurs même instruits des campagnes, être les moins propres à la fabrication des cidres, puisqu'ils perdent non-seulement 23 p. 0/0 de leurs élémens, mais encore plus de 2 p. 0/0 de ceux de ces élémens qui leur sont le plus utiles, pour donner une marche régulière à la fermentation de leur jus. Cet effet paraît tenir à l'action de l'air sur les fruits ; ceux-ci, en effet, étant composés d'un tissu cellulaire qui ne forme que 2 à 4 p. 0/0 de la masse, et renfermant un jus qui est une dissolution de gomme, de sucre, d'acide malique et d'albumine, il en résulte que, lorsque le fruit mûrit séparé du végétal auquel il tenait, le poids de son parenchyme diminue, tandis que celui de la gomme et du sucre augmente, et que l'eau s'évaporant le jus se concentre ; ce qui force le fruit à diminuer de volume et à se rider. Il faut donc avant tout rejeter impitoyablement les fruits blets ou mous, et éviter autant que possible de s'en servir, tant par économie que dans le but d'avoir une bonne qualité de cidre.

Section II. — *De la fabrication du cidre.*

§ Ier. — Récolte des fruits.

La première chose à faire pour obtenir de bon cidre est de *surveiller la récolte des fruits*. Lorsque l'époque de la faire approche, il faut, à mesure que les fruits mûrissent, empêcher les bestiaux d'aller sous les arbres ; ces animaux, étant très friands de cette nourriture, mangent les fruits que les vers ou les vents ont fait tomber, ce qui ne laisse pas quelquefois d'être une perte importante. Les cochons surtout recherchent ces fruits avec avidité, de même que les moutons, pour lesquels ils deviennent assez souvent un aliment dangereux. Les grands quadrupèdes, tels que les bœufs, les vaches, les chevaux, les mulets et les ânes, augmentent encore la perte en s'adressant aux branches inférieures des arbres, qu'ils brisent en broutant les jeunes bourgeons et en arrachant les fruits qui ne veulent pas tomber. Il est donc essentiel, autant que possible, d'entourer tous les champs plantés d'arbres à cidre, de haies ou de fossés de défense.

Au moyen de ces précautions, les fruits arrivent peu à peu à leur maturité parfaite. On *reconnaît facilement cette maturité* à l'odeur agréable, à la couleur à fonds jaunâtre, à la chute spontanée des fruits, même par un temps calme, et au beau noir de leurs pepins.

Pendant les deux mois qui précèdent cette maturité, qui *arrive en septembre, octobre* ou *novembre*, suivant la plus ou moins grande précocité des diverses variétés de fruits, il faut préalablement *enlever chaque jour ceux qui sont tombés,* afin qu'à l'instant de la récolte on ne trouve plus que des fruits sains sous les arbres.

Cette *récolte* doit se faire par un temps sec et par un beau soleil, depuis dix heures du matin jusqu'à six heures du soir. Pour forcer les fruits à se détacher, un homme monte sur chaque arbre, s'avance avec précaution sur toutes les branches qui peuvent le supporter, et les secoue de toutes ses forces; mais comme les fruits les moins mûrs, malgré cet ébranlement, restent fixés à leurs pédicules, on les en détache en frappant légèrement les branches avec de grandes gaules de 12 à 15 pieds de longueur. Il faut prendre bien garde, surtout dans les mauvaises années, de ne pas frapper ces branches trop fortement, autrement on briserait les bourgeons de l'année suivante; on forcerait l'arbre, par cette taille factice, à pousser à bois, et l'on se priverait d'une abondante récolte de fruits, qui généralement, tous les 2 ou 3 ans, vient compenser la stérilité des années précédentes. Cette précaution de ne pas frapper trop fort avec ces gaules a encore pour but de ne pas meurtrir les fruits; car cette meurtrissure, rompant les cellules des tissus et réunissant le jus sur un seul point, y provoque une fermentation putride qui ne tarde pas à entraîner la pourriture entière du fruit meurtri. Afin d'éviter plus efficacement le froissement obligé des fruits en tombant à terre, les théoriciens ont proposé d'étendre sous les arbres des nattes ou des draps; malheureusement cet attirail complique le travail et élève beaucoup trop le prix de la main-d'œuvre pour qu'il soit admissible, surtout quand il s'agit de dépouiller souvent un millier d'arbres qui, quoique proches les uns des autres, sont loin d'être également chargés de fruits.

Ces fruits une fois à terre sont *ramassés suivant leur espèce,* sous chaque arbre, par des personnes qui les mettent au fur et à mesure dans des paniers, puis dans des sacs que l'on charge ensuite sur des chevaux, des ânes ou sur des charrettes, pour les transporter à la ferme, où ils sont vidés dans des greniers, ou mieux sous des hangars, dans des cases fermées seulement sur les côtés avec des planches, et en tout semblables à celles que l'on fait dans les écuries pour placer les chevaux rétifs et méchans. Dans chacune de ces cases, dont on peut augmenter ou diminuer à volonté les dimensions et le nombre, ou destiner à telle variété de fruits que l'on veut, on jette ordinairement à part les pommes et poires tombées et journellement recueillies; puis après la récolte on met dans chacune des cases, également à part, les pommes aigres, les douces, les amères, les fruits précoces, ceux de maturité moyenne et les tardifs, ceux des terres fortes ayant du fonds, ceux des terres fortes ayant peu de fonds, ceux

des vallées humides, ceux des terrains marneux ou crayeux, et enfin ceux des cantons élevés. Les poires se divisent seulement en quelques groupes, savoir : les poires âcres, acides, amères et douces. Une fois les fruits mis ainsi dans leurs cases, sous le hangar, on les couvre de paille à l'approche des gelées, dont l'action les affadit et rend leur jus impropre à la fermentation alcoolique.

Afin de permettre aux cultivateurs de régulariser leur récolte, nous donnerons ici l'époque de la maturité des espèces diverses de pommes, et nous dirons qu'en Normandie les *espèces précoces* ou bonnes à recueillir en *septembre* sont : l'ambrette, guillot-roger, longue-queue, blanc-doux, blanchet, doux-de-la-lande, haze, gros-blanc, épicé, renouvelet, petit-ameret, belle-fille, petit-rethel, aumale, aufriel, girard, rouge-bruyère, musel, doux-vairet, doux-à-mouton, gay, cocherie, flagellée, castor, railé, louvière, moussette, l'enteau-gros, papillon, groseiller, doux-agnel, queue-de-rat, berdouillère, janvier, gannel, jaunet, douce-morelle, quatre-frères, peau-de-vache, peau-de-vieille, douce-morelle-d'aumale, grande-vallée, paradis, amer-doux-blanc, menuet, blanc-mollet, quenouillette, court-d'aleaume, greffe-de-monsieur, orpolin-jaune, fosse-varin, doucet-pomme-de-lièvre, doux-aux-vèques. — Les *pommes de maturité moyenne* ou bonnes à être cueillies en *octobre* sont : les binet, gros-doux, grosse-queue, avoine, blangy, blagny, girouette, cimetière-de-blangy, étiolé-long-pommier, chargiot, verte-ente, clos-ente, douce-ente, fréchin, fréquin, fraiquet, petit-court, grande-sorte, bonne-sorte, saint-philbert, gros-amer, gros-amer-doux, belle-mauvaise, avocat, mouronnet, gros-bois, herouet, varelle, gros-écarlate, écarlate, doucelle, gros-rouget, rouge-pottier, rouget, cunoué, queue-nouée, ennouée, piquet, menuet, souci, chevalier, blanchette, jean-almi, turbet, becquet, gros-binin, gros-binet, gros-doux-moussette, amer-mousse, noron, cusset, roi, gallot, pépin-percé, pépin-doré, pépin-noir-dameret, cape, doux-ballon, épicé-moyen, doucet-doux-dagorie, feuilles-de-côte, hommei, colin-jean, colin-antoine, guibour, préaux, de-rivière, amer-doux-vert, barbarie, sauvage-acide, pomme-de-bois, boquet. — Les *pommes tardives* ou propres à être cueillies en *novembre* sont : haute-bouté, messire-jacques, alouette-rousse, alouette-blanche, bedane, bedengue, bec-d'angle, bouteille, petite-ente, duret, œil-de-bœuf, coqueret-vert, sauge, marin-onfroy, rebois, germaine, jean-huré, sonnette, marie-picard, gros-charles, de-suie, adam, à-coup-venant, tard-fleuri, boulmont, muscadet, rouge-mulot, saint-martin, doux-martin, sapin, gros-doux, sauvage-douce, notre-dame-sauvage, camière, ros, prepetit, grimpe-en-haut, long-bois, haut-bois, menerbe, saux, petas, doux-bel-heure, reinettes, rousse, fossette, aufriche, cendres, massue, chenevière, orange, ozanne, belle-ozanne et varaville. — Dans ce catalogue nous avons placé divers noms pour des espèces analogues, afin qu'on pût toujours les reconnaître dans les pays où elles se rencontrent. Cependant il y manque encore beaucoup de noms, chaque contrée s'enrichissant tous les ans de variétés nouvelles.

§ II. — *Qualité des cidres et choix des fruits.*

La qualité des cidres dépend beaucoup du système généralement suivi dans leur fabrication, et est surtout, comme celle des vins, essentiellement modifiée suivant la variété des fruits employés et le terroir sur lequel ceux-ci ont végété. Que le cidre soit pur ou mouillé d'eau, il porte toujours, d'après la quantité d'alcool qu'il contient, les noms de *gros cidre*, de *cidre moyen* ou mitoyen, et de *petit cidre*.

Les *gros cidres* contiennent beaucoup de matière sucrée, peu de mucilage et quelquefois assez d'acide carbonique; chez eux, tout se change en liquide alcoolique; ils se parent lentement, durcissent souvent, mais peuvent se conserver 6 ou 7 ans en bouteilles. On les obtient généralement en Normandie avec les seuls fruits suivans, parmi les pommes précoces : l'amer-doux, court-d'aleaume, jaunet et gannel; parmi les pommes de seconde saison : barbarie, blangy, chevalier, doux-bel-heure, épicé-feuillu, hérouel, petit-court, saint-philbert, turbet et varaville; parmi les tardives : adam, bouteille, massue, petite-ente, rebois, sauvage et suie. — Mais le *cidre excellent* se fait avec les espèces qui suivent, parmi les précoces : fosse-varin, renouvelet-haze; parmi les pommes de seconde saison : avoine, béquet, blanchette, cu-noué, fréquin, gallot, guibour, menuel et ozanne; parmi les pommes tardives : avec aufriche, camière, de-cendres, doux-martin, duret, fossette, germaine, jean-huré, marin-onfroy, saux. — Le *cidre moyen*, qui forme la boisson la plus ordinaire des pays à cidre, se compose soit en coupant les gros cidres avec de l'eau, ce qui se fait à tort après leur fermentation dans toutes les villes, pour éviter les frais d'entrées, soit en mélangeant les pommes qui donnent seules du gros cidre avec celles qui produisent le cidre léger. Ce *cidre léger*, clair, agréable, mais qui n'est d'aucune durée, peut, sans avoir été mouillé, s'obtenir avec les seules pommes que voici; parmi les précoces : l'ambrette, cocherie, flagellé, doux-agnel, épicé, pomme-de-livre, greffe-de-monsieur, groseiller, guillot-roger, quenouillette, railé, saint-gilles; parmi celles de seconde saison avec : à-coup-venant, douce-ente, doux-aux-vêques, grimpe-en-haut, hommei, long-pommier, pepin-percé, piquet, préaux, rivière, rouget; parmi les pommes tardives avec : bédane, boulement, gros-charles, gros-doux, haute-boute, messire-Jacques, œil-de-bœuf, reinette-douce, rousse, sauge, sonnette, tard-fleuri. — Le *petit cidre*, résulte aussi du pressurage des marcs mêlés préalablement avec de l'eau : il diffère suivant la nature des pommes dont ce marc est extrait, le degré de pression qu'il a éprouvé et la quantité d'eau dans laquelle on l'a délayé. On donne le nom de *cidre médiocre* à celui qu'on obtient, parmi les pommes précoces, avec : l'ameret, doux-vairet, ente-au-gros, muscadet, orpolin, peau-de-vache; parmi celles de seconde saison, avec l'avocat, blanc-mollet, cappe, côte, cusset, damelot, doux-ballon, jean-almi, mouronnet, moussette, roi, souci; parmi celles tardives avec : chenevière, petas, ros et sapin. — Enfin le *mauvais cidre* est toujours le résultat du pres-

surage des seules variétés suivantes; parmi les pommes précoces : le castor et louvier; parmi celles de seconde saison : colin-antoine, doux-dagorie, paradis et vacelle. — Ces six variétés peuvent donc très bien être supprimées partout où elles se rencontrent, à moins que des raisons particulières ne forcent à les conserver. — Quelques grandes classes de pommes donnent également un cidre jouissant de qualités spéciales; ainsi les *pommes acides* rendent beaucoup de jus, mais ne font qu'un cidre sans force, peu agréable et qui presque toujours se tue, c'est-à-dire se noircit; les *pommes douces* au contraire produisent en général un cidre clair, agréable, mais fade et sans vigueur; enfin les *pommes amères* et *âcres au goût* donnent un cidre épais, riche en couleur et en force et se conservant longtemps.

Nous avons dit que le terroir pouvait aussi avoir de l'influence sur la qualité des cidres; en effet, cette influence est telle que : les *terres fortes, élevées, éloignées des vents de mer*, produisent un cidre coloré, fort en alcool et de bonne garde; les *terres fortes, ayant peu de fonds*, donnent un cidre moins fort, moins coloré et d'une moins longue conservation; les *terres humides* et les *vallées* donnent un cidre conservant le goût du sol, s'altérant facilement et peu généreux, quoique toujours épais; les *terrains légers* et *pierreux*, et ceux *des bords de la mer*, offrent des fruits mal nourris comme leurs arbres, produisant un cidre faible, sujet à tourner à l'aigre, et pourtant agréable; les *terrains marneux* et *crayeux* laissent presque toujours au cidre de leur crû un goût de terroir; enfin les *cantons élevés, cailloûteux* et *exposés au midi*, fournissent un cidre délicat, léger, savoureux, des plus agréables, en même temps riche en alcool et de longue garde; tels sont les cidres de la commune de Saint-Nicolas, près Alençon. Ce sont les cidres par excellence quand ils sont faits avec des fruits bien choisis, et donnant ordinairement eux-mêmes de bon cidre.

Généralement *l'âge influe pareillement sur tous les cidres*, mais rarement il leur donne de la qualité et presque toujours il les détériore; deux ou trois ans est le temps qu'on peut raisonnablement les garder; plus tard ils deviennent durs; cependant certains gros cidres des environs de Caen et de la vallée d'Auge ont besoin de plusieurs années pour bien se parer et devenir buvables. — La *température* aussi agit sur cette boisson, et il est facile de concevoir qu'une année pluvieuse et froide affadira les fruits et le jus qu'ils produiront. Les opérations qui suivent le triage et le choix des fruits changent également la qualité des cidres, suivant qu'elles sont faites de telle ou telle manière. Aussi allons-nous entrer dans quelques détails sur les meilleurs procédés à suivre pour fabriquer cette boisson.

Avant de décrire ces opérations, nous dirons un mot d'une préparation préalable qu'un malheureux préjugé empêche de faire avec soin dans presque toute la Normandie; je veux parler de *la recherche et du rejet de tous les fruits pourris* que l'on trouve dans les tas. C'est à tort que les paysans se figurent que ces fruits pourris **rendent plus de jus**, et en effet, si nous nous reportons à l'analyse précédente de M. Bérard, nous voyons qu'en devenant molles, les pommes et les poires, au lieu de 100 parties de jus qu'elles auraient dû contenir, n'en possèdent plus dans cet état que 77 à peine. Mais à part cet inconvénient très grave sous le rapport économique, puisqu'il fait perdre près de 25 p. 0/0 à l'agriculteur, les fruits pourris en causent un bien plus grave encore; c'est celui de communiquer au cidre un goût de pourri auquel le palais des indigènes peut bien être accoutumé, mais qui dégoûte celui des étrangers. Malheureusement, l'usage et la croyance dans les campagnes sont en opposition avec la saine théorie, au point que les personnes même qui devraient servir de guides aux autres recommandent encore aujourd'hui d'ajouter toujours dans le pressurage au moins 2/3 de pommes pourries, sous le vain prétexte et d'après l'absurde préjugé que les *pommes pourries améliorent la qualité du cidre*, et surtout qu'elles l'empêchent de se tuer ou de noircir en prenant l'air. Cette erreur est d'autant plus préjudiciable que, d'après l'analyse citée ci-dessus, comme on a pu le remarquer, non-seulement en pourrissant les fruits perdent une certaine quantité de jus, mais la proportion de leur sucre diminue tellement, à mesure que leur blessissement avance, qu'il ne doit plus en rester que des traces lorsque cette espèce de fermentation est arrivée à son maximum et que les fruits sont entièrement pourris. Alors, le jus retiré de pareils fruits n'a plus qu'une saveur détestable, qui donne au suc des bons fruits un goût de pourri que la fermentation, ni le remaniage, ni le temps ne peuvent faire disparaître. Les pommes pourries empêchent en outre le cidre de s'éclaircir, et, en agissant alors comme un levain, elles en déterminent l'acétification. Tout prouve aujourd'hui que l'infériorité de beaucoup de cidres des environs d'Evreux, de Rouen et du pays d'Auge, est due en grande partie à l'emploi des fruits gâtés ou pourris.

Les faits que nous venons d'avancer, non-seulement d'après le témoignage de M. Girardin, professeur de chimie à Rouen, mais aussi d'après ce que nous avons nous même précédemment imprimé dans notre *Traité de la fabrication des cidres*, publié en 1829, s'applique également aux fruits qu'on ramasse au pied des arbres avant la maturité, et dont la chute prématurée est provoquée soit par les grands vents, soit par la piqûre des insectes, soit enfin par la surabondance des fruits sur les branches. Ces pommes ou poires tombées, toujours de mauvaise qualité, demandent nécessairement à être brassées à part, parce qu'elles donnent un jus qui tourne promptement à l'aigre.

Quant à l'emploi dégoûtant que l'on fait des fruits pourris pour empêcher le cidre de noircir à l'air, il est facile de le remplacer par une addition de mélasse ou de cidre concentré au tiers, ce qui ne donnera pas de mauvais goût à la liqueur. Enfin, si l'on fait usage des pommes pourries pour procurer au cidre de la couleur, c'est inutile; car on peut toujours donner cette couleur, soit en augmentant la dose des fruits qui donnent le cidre le plus coloré, soit en laissant cuver 10 ou 12 heures ensemble le

jus ou moût avec le marc, en ayant soin de remuer le tout d'heure en heure, soit en donnant après coup cette couleur au cidre par l'addition fort innocente de la quantité de caramel nécessaire pour l'amener à la nuance désirée.

§ III. — Pilage, tours à piler, cylindres à écraser.

Les fruits, après avoir été choisis et assortis d'après leur *solage*, c'est-à-dire d'après leur nature, on en opère le pressurage, qui consiste d'abord à les *écraser*, puis à *mettre en presse* leur marc pour en extraire le jus qu'il contient.

La première opération, celle à laquelle nous donnerons le nom d'*écrasage*, se fait de plusieurs manières, savoir : dans le *tour à piler*, dans l'auge à pilons et dans les cylindres. Les *cylindres* usités en Picardie et en Angleterre (*fig.* 254) se composent de 3 rouleaux

Fig. 254.

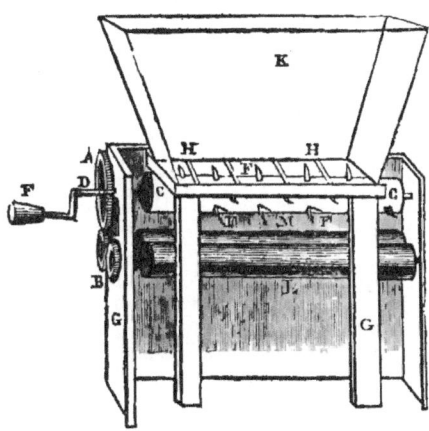

de bois tournant en sens contraire, au moyen d'un système de roues d'engrenage. Le cylindre supérieur C, ainsi que la roue dentée A qui le termine, est traversée par un axe D formant un coude, et peut, par le secours de ce bras, donner le mouvement à toute la machine quand on tourne la manivelle E, qui termine le bras D. Des lames de couteau FFFF sont solidement fixées par une de leurs extrémités dans le cylindre supérieur C, lequel en tournant force le tranchant de ces lames à passer entre des barres parallèles HHH d'une grille servant de fond à une trémie K, dans laquelle on met les fruits que l'on veut écraser. Dès lors on conçoit facilement qu'en tournant la manivelle E, le bras D fait tourner le cylindre supérieur C, qui, au moyen de sa roue dentée A, fait également tourner les 2 cylindres cannelés inférieurs M L, au moyen des petites roues BB, avec lesquelles la roue A engrène. Ces petits cylindres saisissent entre eux les morceaux de pommes déjà coupés dans la trémie par les couteaux, et les écrasent autant qu'on le désire, puisqu'ils sont montés de manière à pouvoir se rapprocher ou s'éloigner à volonté l'un de l'autre. Tout ce système est, comme le tarare à vanner, monté sur un bâtis G, clos de tous les côtés par des planches qui ne peuvent laisser passer le moindre morceau de pomme entre elles et les cylindres cannelés. Cette méthode n'est pas mauvaise, et est même très expéditive, quand les cylindres cannelés sont en bois et qu'on ne les rapproche pas de manière à écraser les pepins; car sans cela on produit le plus mauvais effet en donnant lieu à l'extraction de l'huile de ces pepins, qui communique au cidre un goût d'empyreume fort peu agréable.

Le *tour à piler*, très connu dans toute la Normandie, n'est peut-être pas plus expéditif que les cylindres, et coûte assez cher de premiers frais d'établissement, en même temps qu'il demande pour son service un homme et un cheval; mais on y est habitué, et son grand avantage est d'avoir succédé dans ce pays à la méthode très peu expéditive de l'auge à pilon. Ce tour (*fig.* 255) se

Fig. 255.

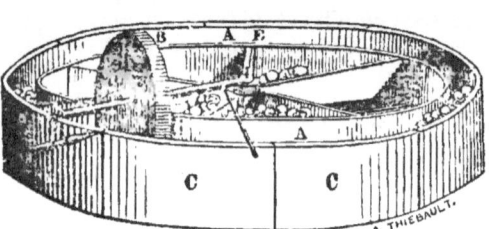

compose d'une grande auge circulaire AA, de 18 à 20 mètres de tour. Cette auge, souvent faite de 4 à 5 morceaux de pierre de taille ou de granit, est beaucoup meilleure en bois; car, lorsque l'auge et la roue verticale B, qui doit tourner dedans, sont également en pierre, le fruit est trop écrasé, les pepins même le sont aussi, leur huile odorante se mêle au cidre et lui communique par son âcreté le goût désagréable dont nous venons de parler. Cette auge circulaire, qui ne doit jamais être éloignée de plus de 12 ou 15 p. de la machine à presser le marc, est formée de plusieurs arcs de cercle CCCC en pierre ou en bois, rapprochés et liés ensemble par un ciment ou un mastic, de manière à former un cercle parfait. La cavité ou auge AA doit être plus large dans le haut que dans le fond et avoir une profondeur d'un pied sur une largeur dans le haut d'un pied, et de 6 po. seulement dans le fond. L'auge est habituellement assemblée au moyen de ciment de brique et de chaux; on fera toujours bien de remplacer celle-ci par de la chaux hydraulique partout où l'on pourra s'en procurer, ou mieux encore par un ciment de résine, de brique pilée et de limaille de fer, en faisant entrer cette limaille dans la proportion du tiers de la brique. Pour appliquer ce ciment, on le coule chaud dans les fentes de jonction, et on l'égalise avec un fer chaud. C'est dans cette auge qu'on jette le fruit et qu'on fait tourner une ou deux roues verticales B en granit et mieux en bois d'orme tortillard. Cette roue a ordinairement 5 p. de hauteur sur 6 po. d'épaisseur, et elle tourne dans l'auge au moyen d'un arbre horizontal appuyé dans le milieu de la longueur sur un pivot E solidement assujéti dans un massif en maçonnerie, au point central de l'aire qui se trouve entouré par l'auge circulaire. Cet arbre de couche traverse le centre de la roue

verticale et la dépasse de 5 à 6 p., de manière qu'on puisse attacher à cette espèce de bras un palonnier pour y atteler un cheval, qui en marchant et en tirant ce bras de l'arbre après lui fait tourner la roue, laquelle alors écrase les fruits placés dans l'auge. Cette marche de la roue faisant remonter les fruits et leur marc le long des parois de l'auge, le conducteur du cheval le suit par-derrière, et avec un bâton fait continuellement retomber ce marc au fond de l'auge.

Indépendamment de ces 2 méthodes pour écraser les fruits, on en connaît encore une 3ᵉ dans la Basse-Normandie. C'est la plus simple de toutes, c'est celle de nos ancêtres, et pourtant c'est encore celle qui donne le cidre le plus délicat; malheureusement elle ne fait pas assez d'ouvrage et ne peut être employée que dans les contrées où la main-d'œuvre est à bon marché. Cette méthode consiste à employer simplement l'auge à pilons. Cette auge est en bois, longue ordinairement de 5 ou 6 p., creusée dans une pièce de 18 à 20 po. d'équarrissage, de manière que la cavité soit arrondie dans le fond; les parois de ce fond et des bords ont habituellement de 3 à 4 po. d'épaisseur. Quant aux pilons, ils sont composés chacun d'une masse de bois arrondie à la partie inférieure, afin de s'emboîter avec le fond de l'auge, et surmontée d'un manche vertical, afin que le manœuvre, quand l'auge est à moitié pleine de fruits, puisse lever ce pilon et les écraser en l'aidant autant que possible à retomber avec force. Ordinairement ces masses des pilons sont en cormier, en charme ou en bois de poirier.

Dans le Devonshire et le comté de Sommerset, en Angleterre, on se sert simplement pour cet objet de 2 cylindres en bois.

Enfin, un nouvel instrument est actuellement proposé par M. Rosé, de Paris. Cet instrument, que ce mécanicien construit pour une centaine de francs, pourra, dans les campagnes, être aisément établi pour 25 ou 30 fr., par le plus simple charron, en remplaçant par des roues en bois celles qui sont en fonte, par conséquent en perdant un peu de la solidité et de la durée. C'est tout simplement un moulin à cylindres sans couteaux (*fig.* 256), qui

Fig. 256.

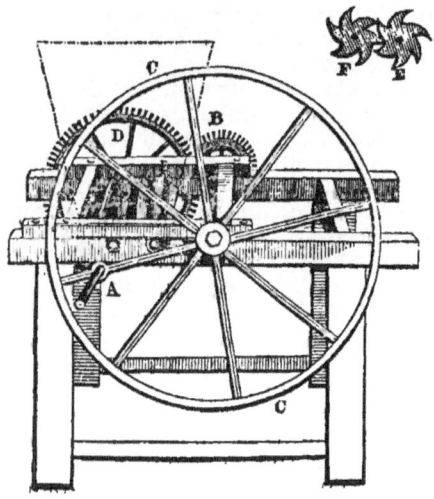

peut être mis en mouvement par un seul homme et écraser un hectolitre de pommes en 10 minutes. Il se compose de 2 cylindres cannelés à dentures à rochets, de 8 po. de diamètre chacun, avec 6 cannelures de 2 po. de hauteur; l'un de ces cylindres E est entraîné par l'autre cylindre F, monté sur le même axe qu'une grande roue dentée D de 28 po. de diamètre, laquelle reçoit le mouvement d'un pignon de 9 po. 4 lig. B, porté lui-même sur l'axe d'un volant C, que l'on fait tourner au moyen d'une manivelle A placée sur l'un de ses rayons. Le tout est monté sur un fort bâtis, et les cylindres sont couverts d'une trémie. Dans le moulin construit par M. Rosé, les cylindres cannelés sont en fonte, mais le cidre est si facilement altérable par le fer que nous ne pouvons trop recommander de faire simplement ces cylindres en bois.

§ IV. — Pressoirs.

Les fruits étant écrasés et les morceaux réduits à la grosseur d'une noisette, on expose le marc qui en résulte à l'action d'une forte presse, afin d'en obtenir le plus de jus possible. Les pressoirs à vin (V. pag. 199) et la plupart des presses en général peuvent servir à ce travail; ainsi les presses à vis en fer, celles hydrauliques verticales et horizontales, celles de Révillon et autres, sont toutes parfaitement applicables à la fabrication du cidre. On peut même dire que la plus mauvaise et la plus coûteuse est peut-être celle adoptée généralement en Normandie; nous allons cependant en donner la description par suite de l'usage étendu qu'on en fait encore dans ce pays. Elle se compose d'un gros sommier de chêne A (*fig.* 257) de 18 p. au moins d'équarrissage dans toute

Fig. 257.

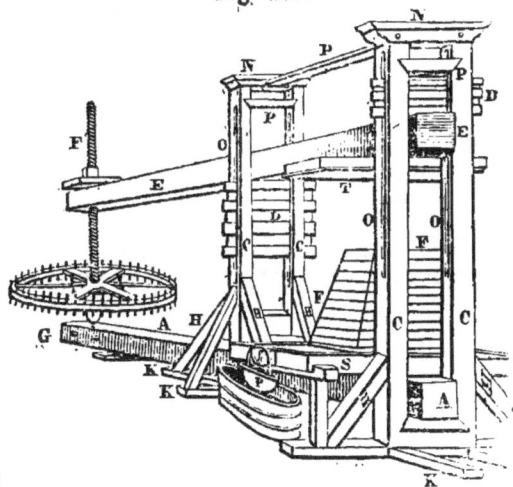

sa longueur, qui est de 25 à 30 pi. Sur ce sommier inférieur, souvent appelé *brebis*, on place un tablier formé de grosses planches de 4 po. d'épaisseur, creusées ordinairement de 2 po., afin de laisser tout autour de ce tablier un rebord de 2 po. de hauteur pris dans l'épaisseur du bois. Ce travail fort coûteux paraît inutile, et un rebord de même épaisseur, appliqué après coup autour d'un tablier et formé de planches unies de 2 po., ferait le même effet. Ces planches étant fortement **liées ensemble par des étriers et des boulons**

à écras, on calfeutre leurs joints avec de la filasse et du suif, et de la résine fondue que l'on y applique au pinceau et qu'on unit avec un fer rouge. Des entailles SS, faites sous les 2 côtés de ce tablier, lui permettent de s'emboîter sur les 2 chevalets qui le soutiennent, et sur lequel on l'assujétit avec des coins. Ce tablier recouvre la brebis A, et des 2 côtés de cette brebis s'élèvent en avant et en arrière 4 jumelles CC, de 6 po. d'équarrissage, liées 2 à 2 le plus solidement possible par un chapeau NN, puis par des entretoises assemblées, ainsi que les chevalets, sur des patins KK, et consolidées par des jambes de force H H. Une pièce de bois P maintient les 2 chapeaux. Entre ces jumelles, placées de chaque côté du tablier, passe le sommier supérieur, ou *mouton* E E, pareil dans ses dimensions à la brebis, et portant par-dessous un plateau T qui presse sur la motte. À son extrémité se trouve une vis F, fixée par le bas dans la brebis par une clef G qui traverse une crapaudine inférieure. Quant à la partie supérieure de cette vis, elle passe par une ouverture faite à l'extrémité du sommier supérieur, et le force, en tournant dans les pas de vis de son écrou, à se rapprocher ou à s'éloigner de la brebis, et à produire ainsi la force de pression que peut donner un levier de cette épaisseur et de cette longueur. Des fentes ou mortaises O O pratiquées dans les jumelles servent à placer des clefs D, qui supportent le mouton, l'empêchent d'un côté de fatiguer la vis quand on ne presse pas, et de l'autre servent d'arrêt à sa tête E.

Le marc, quand ce mouton est soulevé, est *placé sur le tablier*, et soutenu en couches de 6 po. d'épaisseur au moyen d'un lit de paille mis entre chaque couche dans la moitié de sa longueur, et dont l'extrémité, qui dépasse la motte, est ensuite remployée du dehors en dedans, toujours par-dessus la dernière couche de marc. La motte F, composée d'une quantité suffisante de ces couches pour s'élever à 3 pieds, s'égoutte sous son propre poids pendant un jour, ce qui produit, comme pour le raisin, le cidre de la *mère goutte*. En Angleterre, au lieu d'élever ainsi la motte avec de la paille, on se sert de tissus de crin; on peut se servir aussi d'un tonneau fortement cerclé et percé sur ses parois d'une foule de trous, tonneau dans lequel on met le marc, qu'on couvre d'un disque entrant dans le tonneau à la manière d'un piston. Ce moyen permet d'employer les grandes presses de la Louisiane et des États-Unis, adoptées pour l'emballage du coton.

Dès que la motte est affermie et que le jus qu'elle a laissé égoutter naturellement s'est dégagé en passant à travers un panier P rempli de paille, pour tomber dans un cuvier, on imprime le soir et le matin à la motte une *pression graduée*, mais de plus en plus forte. Une fois que, par suite de ce pressurage, la motte est desséchée, on relève le mouton, on rejette le marc dans l'auge à piler, et l'on se met à le triturer de nouveau, en y ajoutant 25 litres d'eau par pilée de 100 kilogram. de fruits. Les paysans pauvres, et qui ont besoin de boisson pour eux-mêmes, mettent en presse ce marc ainsi mouillé, puis le remouillent encore une fois de 35 litres d'eau, et mêlent ensemble ces deux dernières espèces de cidre, en conservant la première pour la vente. Cependant, pour la boisson ordinaire de leur tables, les personnes mêmes les plus aisées en Normandie font d'abord extraire de 100 kilo. de fruits le jus qu'ils peuvent rendre sans les mouiller, ce qui constitue le gros cidre que souvent, à l'exemple des personnes moins à leur aise, on vend aux aubergistes des villes; ensuite elles font rebrasser le marc avec 25 litres d'eau. D'autres fois, et c'est l'usage le plus général, on réunit le liquide obtenu par ce rebrassage avec le jus du pressurage sans eau, et cela forme la boisson la plus ordinaire. Malheureusement les impositions indirectes frappant sur les petits cidres aussi fortement que sur les gros, ceux-ci sont introduits purs dans les villes, mais n'y sont alors ainsi coupés qu'après la fin de la fermentation, d'où résulte une boisson toujours plus plate que celle coupée avec la même quantité d'eau au sortir du pressoir, opération qui donne un mélange beaucoup plus intimement mêlé par la fermentation.

Il devrait paraître inutile de recommander aux personnes instruites de veiller à ce que, dans ces divers mélanges, soit en pilant, soit après coup, on n'ajoute que de *l'eau propre de source ou de rivière*; cependant c'est une recommandation qu'il est important de faire aux agriculteurs de la haute Normandie, qui conservent encore le préjugé de croire que les eaux de mares, que celles des rivières troubles, que celles enfin même des fosses à fumier sont les meilleures et donnent des qualités à leur cidre; c'est en partie à cette erreur qu'ils doivent le goût détestable qu'a quelquefois cette boisson, goût qui, réuni à celui de pourri, est souvent tellement prononcé à Rouen, qu'à moins d'une longue habitude il est impossible d'en faire usage Il faut donc rejeter au contraire les eaux malpropres, alors les cidres, on peut le certifier, y gagneront en goût et en qualité.

Habituellement en·Normandie on *calcule* que 2340 kilogrammes de pommes doivent rendre 1000 litres de cidre pur et 600 litres résultant du rebrassage du marc mouillé. Ces 1600 litres mêlés ensemble donnent un fort bon cidre qui peut souvent passer pour du gros cidre, mais dans les mauvaises années cette même quantité de fruits est mouillée de manière à rendre jusqu'à 3000 litres de cidre mitoyen très bon, beaucoup plus sain que le gros cidre, et pouvant encore durer 2 et 3 ans. Si l'on veut établir ses calculs non d'après le poids, mais d'après la mesure des fruits, on peut considérer comme positif qu'il faut 6 mesures de fruits pour en faire une de gros cidre, et qu'il n'en faut que·3, et au plus 4, pour en avoir une de cidre mitoyen.

Le jus ınsi exprimé ne présente pas toujours *la même densité;* ainsi, l'eau prise pour terme de comparaison, et étant supposée sous un volume donné peser 1000, on a trouvé que du moût ou jus qui n'avait pas fermenté offrait pour différentes espèces de pommes à couteau les densités suivantes. Moût de pommes de reinette verte, 1084, de reinette d'Angleterre, 1080, de reinette rouge, 1072, de reinette musquée, 1069, de fenouillet ravé, 1064, de la pomme orange, 1063, de reinette de

Caux, 1060, de reinette rousse, 1059, et de reinette dorée, 1057. Le moût de poires diverses s'est élevé dans les mêmes circonstances de 1054 à 1074.

Cette densité des moûts est importante à connaître, puisque, plus ces moûts auront une pesanteur spécifique élevée, plus ils contiendront en dissolution de matière sucrée, et plus ils seront propres à fabriquer des cidres ayant un haut degré de spirituosité, et par conséquent des cidres plus agréables, plus forts, et d'une plus longue conservation. Cependant cette densité n'est pas la mesure exacte de la quantité de matière sucrée contenue dans le liquide, et il faut déduire, du poids de matière supposée sèche que cette densité indique, l'acide malique, toujours contenu en assez grande quantité dans les moûts de pommes et de poires. Pour être à même de faire ces calculs, il faudrait se servir d'un instrument de l'invention de M. MASSON-FOUR, et qui est destiné à faire connaître avec facilité la richesse des moûts de cidre, tant en acide malique qu'en matière sucrée sèche, et par conséquent en alcool. Cet instrument, auquel il a donné le nom d'*acido-cidrimètre*, est un aréomètre ordinaire, divisé seulement d'une manière particulière. En se reportant aux explications que ce savant estimable a données sur la graduation et l'emploi de son mustimètre, et du tartrimètre qui l'accompagne (V. p. 188), on pourra se former une idée exacte de la construction de ce nouvel instrument. Dans tous les cas, nous allons présenter ici une table de la quantité d'acide malique contenue dans les moûts d'après l'indication de l'acido-cidrimètre, en faisant usage, comme liqueur d'épreuve, d'une dissolution de carbonate de potasse sec ou de carbonate de soude cristallisé.

TABLEAU *destiné à faire connaître la quantité d'acide malique contenue dans un hectolitre de jus de pommes ou moût de cidre.*

SOLUTION DE 10 GRAM. DE CARBONATE			
DE POTASSE SEC.		DE SOUDE CRISTALLISÉ.	
DEGRÉS.	Proportion d'acide malique.	DEGRÉS.	Proportion d'acide malique.
	Kilo. Gram.		Kilo. Gram.
0	0,	0	0,
1/2	0, 41,55	1/2	0, 26,66
1	0, 83,11	1	0, 53,33
2	0,166,22	2	0,106,66
3	0,249,33	3	0,159,99
4	0,332,44	4	0,213,33
5	0,415,50	5	0,266,66
6	0,498,66	6	0,319,99
7	0,581,77	7	0,373,33
8	0,664,88	8	0,426,66
9	0,747,99	9	0,479,99
10	0,831,11	10	0,533,33
20	1,662,20	20	1,066,66
30	2,493,30	30	1,599,99
40	3,324,40	40	2,133,33
50	4,155,00	50	2,666,66
60	4,986,60	60	3,199,99
70	5,817,70	70	3,733,33
80	6,648,80	80	4,266,66
90	7,479,90	90	4,799,99
100	8,311,11	100	5,333,33

Dans ce tableau on n'a pas tenu compte de la petite quantité de ferment, de matières colorantes ou salines contenues dans les moûts, dont le poids, toujours assez peu considérable, n'altère pas sensiblement les résultats dans la pratique.

Voici maintenant l'usage que l'on peut faire de ce tableau. Supposons que du moût de pomme, filtré au papier gris, ait une densité de 1022, le tableau n. 2, p. 189, nous apprendra que ce moût contient par hectolitre 5 kilog. 856 gram. de matière solide. Ce moût essayé à l'acido-cidrimètre a marqué 2 degrés, en employant comme liqueur d'épreuve le carbonate de potasse. En nous reportant au tableau précédent, nous voyons qu'un moût de 2° contient par hectolitre 166 gram. 22 d'acide malique. En déduisant cet acide de la quantité de matière sèche, ou 5 kil. 856, contenue dans l'hectolitre, nous aurons pour résultat 5 kilog. 689 gram. 78 centigram. pour la quantité de matière sucrée sèche contenue dans un hect. de ce moût, et comme nous savons déjà (V. p. 191) que 100 kilog. de matière sucrée sèche, extraite du raisin, donnent 50 à 55 lit. d'alcool absolu, nous pourrons, en supposant que le moût de cidre se trouve dans des circonstances à fort peu près identiques à celles du jus de raisin, connaître par une simple règle de proportion la quantité d'alcool que fournira la fermentation complète de ce moût. Le calcul étant fait, nous apprendrons qu'un moût de pommes de 1022 de pesanteur spécifique, et qui marque 2 degrés à l'acido-cidrimètre, donnera un cidre qui contiendra 2 lit. 85 centilitres à 3 lit. 13 centilitres d'alcool absolu par hectolitre.

§ V. — Fermentation du moût.

Le jus des fruits obtenu par le pressurage ayant été recueilli dans un grand baquet, on l'en retire à pleins seaux pour le transvaser dans des tonneaux dont l'orifice de la bonde est simplement couvert d'un linge mouillé. En peu de jours il s'établit une 1re fermentation, appelée fermentation tumultueuse, qui soulève le linge placé sur le trou de la bonde, et, dans son mouvement, rejette au dehors plusieurs matières fermentescibles; peu à peu il se forme un chapeau qu'il est bon de ne pas rompre, pour empêcher l'air atmosphérique de venir frapper la surface du cidre et de le faire aigrir, raison qui doit faire prendre la précaution de tenir constamment le tonneau rempli parce que, disent les paysans normands, le *cidre ne se conserve pas en baissière*, c'est-à-dire dans un vaisseau où se trouverait du vide. Pour donner plus de qualité au cidre on facilite quelquefois cette 1re fermentation en remplissant un tonneau défoncé de rubans de hêtre vert nouvellement varlopés, sans les fouler; puis, le fond de ce tonneau étant replacé, on y verse le moût, qui entre promptement en fermentation.

Il est aussi fort essentiel, quand on tient à la qualité, de *soutirer le cidre* à la fin de la fermentation tumultueuse, et un mois après le 1er soutirage. C'est alors qu'on le met dans des tonneaux de 7 à 800 litres, où il reste jusqu'à la consommation.

§ VI. — Du cidre mousseux.

Quand on veut *conserver le cidre à l'état doucereux*, on le prépare, en Normandie ainsi qu'en Angleterre, d'une manière toute spéciale. Le procédé repose particulièrement sur l'interruption forcée de la fermentation du liquide. Voici en général comment on s'y prend en Angleterre. D'abord on obtient un moût de 1re qualité avec des fruits de choix, puis on introduit ce jus comme à l'ordinaire dans un tonneau. Dès qu'il a déposé on le décante dans un autre tonneau, assez petit pour être complètement rempli, en prenant bien soin que ce transvasement ait lieu avant que la 1re ébullition cherche à se déclarer. Lorsque ce moût est resté 16 à 18 heures dans ce second fût, on approche du liquide une chandelle allumée, et si elle s'éteint, et annonce par-là un commencement de fermentation, on transvase dans un 3e tonneau. Au bout de 5 à 8 jours, lorsque la chandelle allumée s'éteint de nouveau, on transvase encore, et l'on répète ce transvasement toutes les fois que l'on obtient avec la chandelle allumée le même résultat, ce qui souvent arrive toutes les 3 semaines, surtout quand la 1re décantation a été opérée un peu trop tard.

S'il s'agit de *mettre le cidre en bouteilles* de manière qu'il se conserve *mousseux* et produise à son départ de la bouteille l'effet du vin de Champagne, on décante une seule fois le moût de pommes ou de poires avant la 1re apparence d'ébullition, dans un tonneau à l'intérieur duquel, pour paralyser la fermentation du liquide que l'on doit y verser, on fait brûler une mèche soufrée, ou mieux, pour ne pas donner de goût étranger, un peu d'alcool enflammé contenu dans une coupe et promené en tous sens; puis, au bout de 6 à 7 jours, avant que la moindre fermentation ne se déclare, on soutire dans des bouteilles de grès, comme étant plus solides et moins chères que celles en verre; on bouche, on ficelle le bouchon et l'on goudronne ensuite; on garde ces bouteilles dans une cave bien fraîche, et dès le second mois on peut servir ce liquide au dessert en guise de vin de Champagne. L'opération du mutisme par le soufrage ou l'alcoolisation des tonneaux, appliquée aux cidres que l'on veut conserver en fût dans un état doucereux, évite d'être obligé de les transvaser aussi souvent.

En Normandie, après le 2e soutirage du gros cidre de choix, on le met simplement dans des bouteilles de grès bouchées avec soin.

Le cidre préparé à la manière anglaise conserve ses propriétés et son goût agréable pendant 2 ou 3 ans, et peut, pendant l'hiver surtout, être transporté au loin.

§ VII. — Variétés de cidre.

D'après ce que l'on vient de voir, les cidres doivent nécessairement beaucoup varier dans leur goût et leur force. En effet, met-on peu d'eau, il en résulte ce qu'on nomme du gros cidre, boisson enivrante, propre seulement aux aubergistes, aux habitans des villes qui les coupent avec de l'eau, ou aux bouilleurs, qui en retirent une assez grande quantité d'eau-de-vie ; au contraire , ajoute-t-on plus ou moins d'eau, on obtient une boisson très saine sous le nom de petit cidre , ou de cidre mitoyen quand il tient le milieu entre ce dernier et le premier. D'un autre côté, veut-on boire le cidre immédiatement après sa seconde fermentation, il a une saveur douce et sucrée, et est chargé d'acide carbonique, ce qui le rend malsain en même temps que peu agréable pour les palais normands, tandis que ce goût et ce piquant font alors seulement rechercher cette boisson par les étrangers. Plus tard, c'est-à-dire pendant les 3 ou 4 premiers mois, la fermentation diminue peu à peu, l'acide carbonique se dégage, la matière sucrée se métamorphose en alcool, alors il devient légèrement amer, quelquefois acide et piquant, et laisse à la bouche un arrière-goût variable suivant le terroir; à cette époque il a une couleur plus ou moins ambrée, et il est ce qu'on nomme *paré*, état sous lequel les habitans des pays à cidre trouvent seulement cette boisson potable.

§ VIII. — Améliorations des cidres.

D'après ce qui précède on voit que c'est à tort que tous les savans ont épuisé leur science à chercher un moyen qui pût conserver la saveur sucrée aux divers cidres. Leurs améliorations n'auraient jusqu'à présent en Normandie qu'un avantage ; ce serait de pouvoir retarder la fermentation tumultueuse ou de rendre la seconde fermentation plus active, ce qui est important pour les habitans des villes, forcés la plupart du temps de couper leurs cidres après la 1re fermentation. Cette raison nous détermine à dire qu'on peut améliorer le cidre en y mêlant, après son 1er soutirage, 1/10e de cidre doux n'ayant pas subi la fermentation tumultueuse, pour soutirer ensuite le tout comme à l'ordinaire. C'est après le 2e soutirage qu'on peut transporter ce cidre surchargé de matière sucrée dans les villes , et l'y couper avec de l'eau sans crainte de le rendre plat, puisque le mélange subira une 2e fermentation. Si l'on veut le conserver doux, on réduit par une ébullition ce moût au 6e, comme l'a fait M. PAYEN, et on l'amalgame au cidre après sa 1re fermentation, ou même simplement à du petit cidre ou à de l'eau; mais ce mélange ne fait toujours qu'un cidre sucré, estimé seulement des Parisiens, et totalement repoussé des personnes habituées à boire du cidre paré. Enfin, M. DESCROIZILLES a eu l'idée, pour conserver plus long-temps ce liquide, de faire fermenter le jus et le marc ensemble, de renfermer le tout après la fermentation dans des tonneaux bien fermés, et de soumettre ensuite, au fur et à mesure des besoins, ce marc à la presse. Ce procédé peut avoir séduit son auteur, mais nous ne croyons pas qu'il ait souvent été appliqué.

SECTION III. — *De la fabrication du poiré.*

Outre le cidre proprement dit résultant du jus de pommes ayant subi la fermentation alcoolique, il existe une autre boisson composée seulement de jus de poires, qui se fabrique absolument de la même manière que celle provenant des pommes. Cependant il est bon de faire observer que, pour faire le meilleur poiré possible, il faut piler aussitôt qu'on les a cueillies les poires fondantes, qui deviennent molles dès qu'elles sont mûres, tandis qu'il est utile de bien laisser mûrir en tas les poires qui sont âpres au palais. Généralement on admet que les poires appelées le tahon rouge ou blanc, raulet, vinot, maillot, trochet, roux, raguenet, rouge-vigny, lantricotin, micr, bedou et rochonnière, donnent un poiré rougeâtre, fort en couleur et très vineux ; que celle du nom de le roux fait un poiré faible, mais sucré et agréable, et que les poires nommées carizi blanc et rouge, robert, gros-ménil, de branche, de chemin, épice-de-fer, gros-vert et sabot, fournissent le poiré le plus excellent, poiré qui sert aux marchands de vins de Paris pour couper les petits vins blancs, et qu'ils emploieraient bien davantage si son prix d'entrée était plus en harmonie avec la faible qualité de cette boisson.

Il paraît que depuis quelques années, dans les environs de Rouen, on retire une boisson exquise du fruit d'un arbre qui porte dans cette contrée le nom de *poirier-saugier*. Comme ce cidre a donné lieu à des observations spéciales de M. GIRARDIN, professeur de chimie de cette ville, nous allons rapporter ce qu'il pense, tant sur le poiré en général que sur celui de cette nouvelle espèce. « Le poiré, dit-il, dont la fabrication n'est pas aussi étendue que celle du cidre, est accusé d'avoir une action fâcheuse sur le système nerveux: Il est moins nourrissant, plus irritant que le cidre, très capiteux lorsqu'il est vieux, et il enivre promptement ceux qui n'en font pas un usage habituel. Ce liquide a néanmoins d'excellentes qualités; c'est une boisson diurétique fort agréable lorsque sa fermentation est achevée. Plus alcoolique que le cidre, le poiré de 1re qualité ressemble beaucoup aux petits vins blancs de l'Anjou et de la Sologne. Mis en bouteille après une bonne préparation (c'est-à-dire celle qu'on fait en Angleterre), il devient complètement vineux et peut alors être confondu, par les palais peu exercés, avec ces vins que nous venons de citer; et même, quand il est mousseux, il prend souvent le masque des vins légers de la Champagne. Il est très propre à couper les vins blancs de médiocre qualité, qu'il rend plus forts et meilleurs. Souvent même les détaillans vendent le poiré pour du vin blanc. Malheureusement tous les poirés ne possèdent pas ces bonnes qualités, et la plupart étant faits avec des poires d'une âcreté extrême conservent un goût âcre qui les rend alors désagréables à boire. Il est à regretter que l'on apporte si peu de soins à une liqueur qui pourrait être la source d'un assez grand revenu pour les fermiers. En effet, en raison de la plus grande abondance du sucre dans les poires que dans les pommes, le jus fermenté des premières produit généralement beaucoup plus d'esprit que celui des secondes, et de bien meilleure qualité. Terme moyen, le poiré donne 1/10e de son volume d'eau-de-vie à 20 ou 22 degrés, eau-de-vie qui peut convenir à presque tous les emplois de celle du vin. Le poiré produit en outre un vinaigre bien supérieur à celui du cidre. Enfin, les poires fournissant moitié plus de jus que les pommes, il faut conséquemment moins de poires pour avoir la même quantité de liqueur, et les poiriers ordinairement rapportent plus de fruits que les pommiers; et comme ils sont plus élevés, qu'ils soutiennent mieux leurs branches, ils nuisent beaucoup moins aux moissons que les pommiers, fleurissent et se récoltent avant eux, ce qui empêche les gelées de leur nuire autant qu'aux pommiers, d'où il résulte qu'en choisissant les meilleures variétés de poires, en les brassant avec intelligence et sans ajouter d'eau, les fermiers trouveraient des bénéfices très avantageux dans la fabrication du poiré. Récemment, ajoute M. GIRARDIN, M. JUSTIN appela l'attention de l'académie de Rouen sur les fruits du *poirier-saugier*, qu'il cultive depuis plusieurs années dans sa propriété de Frêne-le-Plan. Son poiré est fort sucré, assez dense, légèrement fauve; il fermente lentement et donne après plusieurs mois de bouteilles, lorsque la fermentation a été complètement achevée, un esprit marquant 26° à l'alcoomètre centésimal à la température de 15° C, ce qui montre que, dans son état de vinosité parfaite, ce poiré renferme 8,66 p. 0/0 d'alcool anhydre ou absolu, tandis que le poiré des variétés ordinaires n'en contient que 8,33. Enfin, suivant M. le comte DOURCHES, ce poiré est le plus exquis de tous; il mousse comme du vin de Champagne, peut se conserver deux ans en futailles, et un temps indéfini en bouteilles. »

SECTION IV. — *De la fabrication du cormé.*

Dans quelques contrées de la France on voit encore des cormiers centenaires, dont les fruits ou cormes rendent, en les traitant comme les poires et les pommes, une boisson portant le nom de cormé, encore plus âcre que le poiré. Aussi, dans les pays où l'on trouve de ces fruits, on les fait servir à l'amélioration des cidres qui veulent tourner au gras, plutôt que de les employer seuls. La fabrication du cormé n'ayant rien de particulier, nous ne nous y arrêterons pas; seulement, nous engagerons à ne piler ces fruits que lorsqu'ils ont molli comme les nèfles sur la paille, car la boisson qu'ils rendent est tellement âcre qu'il vaut mieux sacrifier un peu de la quantité du jus et l'obtenir aussi adouci que possible.

SECTION V. — *Maladies des cidres.*

Les maladies des cidres les plus communes sont assurément celles qu'ils prennent tous en Normandie en vieillissant; elles tiennent à la mauvaise méthode de tirer cette boisson à la pièce au fur et à mesure des besoins, et à la mettre dans des pièces quatre fois trop grandes. Cette manière de tirer les cidres et de les laisser fort long-temps en vidange sur la lie fait subir à cette boisson diverses transformations nuisibles à leur qualité. D'abord elles lui font perdre peu à peu ses qualités sapides, et alors le cidre dans cet état d'altération *se tue*, c'est-à-dire noircit; maladie incurable à laquelle sont particulièrement exposés les cidres des pays froids et humides, maladie cependant que l'on corrige sensiblement par une addition de cassonade et de gomme. Bientôt la fermentation

alcoolique, continuellement tourmentée par l'influence de l'air atmosphérique, fait place à la fermentation acéteuse, qui donne à cette boisson une saveur légèrement acide que l'on ne peut corriger, mais qui cependant ne la rend point imbuvable pour les personnes qui y sont habituées. Peu à peu la même cause, surtout quand il y a beaucoup de lie dans le tonneau, fait succéder la fermentation putride à cette acidité, d'où il résulte alors que le cidre n'est plus propre qu'à être brûlé, c'est-à-dire réduit en une eau-de-vie à laquelle un mauvais travail laisse un goût d'empyreume désagréable, qui la fait cependant rechercher dans la basse Normandie, goût du reste qu'une rectification soignée des petites eaux sur du chlorure de chaux, ou dans des appareils distillatoires particuliers, pourrait facilement faire disparaître. Enfin, une des maladies les plus communes, et qui passe souvent encore à la fermentation putride, est le *graissage*, qui semble avoir la plus grande analogie avec la maladie des vins portant le même nom. On peut, pour les deux liquides, employer des moyens de guérison semblables. Ainsi, une addition de 3 litres d'alcool, ou de 7 onces de cachou ou de sucre, ou de 14 à 21 litres de poires concassées par pièce de 7 à 800 litres, rétablissent quelquefois le cidre qui tourne au gras.

SECTION VI. — *Sophistication des cidres; emploi des résidus.*

L'art n'est pas encore arrivé en Normandie au point de travailler les cidres d'une manière nuisible; les grandes villes seules le pratiquent. Les divers moyens de sophistication, généralement employés tant dans les villes que dans les campagnes, sont plus ou moins innocens; ainsi, pour donner de la couleur, quand celle obtenue naturellement ou par le cuvage n'a pas suffi, on ajoute pendant la seconde fermentation des teintures de fleurs de coquelicots, des merises séchées au four, des baies d'hièble ou de sureau, de la cochenille, de la cannelle, ou enfin du caramel. D'autres fois, pour donner de la douceur aux cidres, on y ajoute une certaine quantité de sirop de pommes, et à Paris on y mêle même encore à cet effet du miel ou du sucre. Veut-on les faire mousser, les Anglais jettent dans le tonneau de gros navets concassés, et, si l'on veut forcer la partie spiritueuse des petits cidres, on y mêle une certaine quantité d'eau-de-vie. Quant aux moyens de frauder les cidres de manière à les rendre nuisibles, nous n'en parlerons pas, et nous nous contenterons de dire qu'il n'en est pas un, fort heureusement, que le plus simple pharmacien de campagne ne puisse promptement découvrir et dévoiler devant les tribunaux.

Les *tourteaux* qui résultent du pressurage des marcs de pommes sont conservés dans des fosses d'où on les extrait à mesure du besoin pour la nourriture des porcs pendant l'hiver; ceux de poires sont coupés en briques, séchés à l'air et employés comme combustible.

J. ODOLANT-DESNOS.

CHAPITRE XIII. — DE LA FABRICATION DE LA BIÈRE.

On donne le nom de bière à une boisson très anciennement connue, puisqu'on en fait remonter l'origine à des temps fabuleux, qui fut long-temps désignée sous le nom de *cervoise* et ceux qui la préparaient sous celui de *cervoisiers*. Ces dénominations avaient sans doute pour étymologie le nom de Cérès, déesse des moissons; et en effet, un produit obtenu des graines de céréales forme principalement, comme nous le verrons, la base de la fabrication de la bière.

Nous nous attacherons surtout dans ce chapitre à donner les détails techniques nécessaires pour la fabrication de la bière, en faisant connaître les parties distinctes de cette opération, qui, sous le rapport théorique, seront complétées, dans le chapitre que nous consacrerons à la *fécule*, qui comprendra les connaissances récemment acquises relativement à la nature et aux transformations de ce principe immédiat des végétaux. Nous décrirons donc successivement ici le maltage des grains, leur brassage, la décoction du houblon, la fermentation et le collage ou clarification.

SECTION Iʳᵉ. — *Du maltage.*

Le *maltage* est l'opération la plus importante de la fabrication de la bière. Elle se subdivise en 3 parties : 1° la germination, 2° la dessiccation, 3° la séparation des radicelles.

On *emploie le plus généralement* l'orge ordinaire ou *escourgeon* (*hordeum vulgare*), l'orge à 2 rangs (*hordeum distichum*), l'orge à 6 rangs (*hordeum hexastichum*) pour cette fabrication. L'égalité la plus approximative des dimensions dans tous les grains est une des conditions importantes de la régularité si essentielle dans les opérations ultérieures qu'ils doivent subir, et d'ailleurs c'est en général la conséquence d'une bonne culture. On pourrait se servir d'autres graines de céréales, notamment de *blé*, de *seigle* ou d'*avoine*, de *maïs* ou de *riz*, si celles-ci n'étaient en général trop dispendieuses pour cette application.

Les brasseurs doivent éviter avec soin le *mélange*, soit de différentes variétés d'orge entre elles, soit d'une même variété récoltée sur plusieurs terrains différens, qui produiraient des irrégularités très préjudiciables dans la germination.

Les *bons grains* sont durs, *pleins*, farineux et blancs à l'intérieur; mouillés pendant quelques minutes et remués, ils ne doivent pas développer d'odeur désagréable. Les plus pesans, à mesure égale, offrent une grande probabilité d'une qualité meilleure et d'un rendement plus considérable; enfin, agités et trempés dans l'eau, ils tombent presque tous au fond du liquide.

Les halles aux chaudières, aux cuves, les germoirs, emplis, etc., dans une brasserie très bien montée, devraient être dallés en pierres dures, cimentées en mastic de bitume; cette disposition est surtout utile pour les germoirs. Un pavage au ciment peut suffire relativement aux autres ateliers, mais tous doivent offrir des pentes qui amènent les eaux à des récipiens au niveau du sol, afin qu'on

puisse opérer partout des lavages faciles, éviter ainsi le mauvais goût des levains acides ou putrides qui résulteraient de l'accumulation de divers détritus.

§ Iᵉʳ. — De la germination.

La germination des grains se divise en 5 opérations distinctes, qui consistent à mouiller, tremper et laver, étendre en couches plus ou moins épaisses, et retourner à des intervalles variables.

Le *mouillage* de l'orge a lieu dans de grandes cuves en bois ou des réservoirs en pierre. On les remplit d'eau d'abord jusques à une hauteur telle que, le grain étant ensuite versé et mélangé, il soit recouvert de quelques pouces par le liquide; tous les grains lourds tombent au fond et les plus légers surnagent. On doit enlever ces derniers avec une écumoire; car non-seulement ils ne germeraient pas et donneraient très peu de principes utiles dans la fabrication de la bière, mais ils produiraient un effet nuisible. On peut les employer à la nourriture des poules.

On *laisse tremper l'orge* dans la cuve mouilloire jusqu'à ce que tous les grains, pris au hasard, plient facilement entre les doigts et ne présentent plus une sorte de noyau dur à l'intérieur, ou s'écrasent sans craquer sous la dent; ce qui a lieu plus ou moins promptement, suivant la température de l'air, la nature de l'eau et quelques autres circonstances, mais entre 10 heures au moins et 60 au plus. Il est utile de *changer* 2 ou 3 fois l'eau dans laquelle on fait tremper le grain, soit pour enlever quelques matières dissoutes, soit pour empêcher une fermentation préjudiciable de s'établir.

Lorsque le grain a été *suffisamment imbibé*, on le *lave* encore par une dernière addition d'eau que l'on fait écouler aussitôt; afin d'enlever une matière visqueuse qui se développe surtout dans les temps chauds; on le laisse égoutter et achever son gonflement pendant 6 ou 8 heures en été, 12 à 18 heures en hiver; on le fait ensuite sortir par une large bonde pratiquée au fond de la cuve mouilloire. Il tombe sur le dallage, et on s'empresse de l'étendre d'abord en un tas de 35 à 40 cent. d'épaisseur environ.

Pendant que le grain est en tas, une partie de l'humidité s'exhale, peu à peu la température de la masse s'élève de 3 à 4 degrés, et *la germination commence*. Dans les temps de gelée il est utile de favoriser cette action en maintenant la chaleur dans le grain; à cet effet on le couvre de sacs vides ou de vieilles toiles.

Aussitôt qu'en enlevant la couche supérieure du tas on aperçoit à chaque grain *une petite protubérance blanchâtre* qui annonce les premiers progrès de la germination, on empêche une augmentation trop considérable de la température en retournant tout le tas et le répandant en couches plus minces sur le dallage du germoir.

Le *germoir* doit être le plus possible à l'abri des changemens de température; des caves sont donc très convenables pour cette destination, ou, à défaut, des celliers clos de murs épais et munis de doubles portes.

L'épaisseur de la couche de grain, d'abord très peu moindre que celle du tas, doit être de 30 cent. environ dans les temps froids, et de 25 seulement dans l'été; mais à la fin on la réduit à une épaisseur, toujours le plus égale possible, de 10 cent. au plus. On retourne le grain ainsi étendu 2 ou 3 fois par jour, et même plus, ce qui dépend de la température extérieure. On doit se proposer surtout de répartir la chaleur dans toute la masse aussi également que possible. Pour cela, il est bon de maintenir la couche plus épaisse près des portes et dans tous les endroits sujets à quelque refroidissement; il faut, au reste, éviter que la température ne s'élève trop, et avoir le soin d'aérer le grain d'autant plus fréquemment que la germination s'avance plus vite.

La *radicule* commence d'abord à sortir; le germe ou *plumule* qui doit former la tige se gonfle, et, partant du même bout par lequel la radicule sort immédiatement, s'avance par degrés lents sous la pellicule ou épisperme qui enveloppe le grain et gagne vers le bout opposé; les radicules acquièrent beaucoup plus de longueur et se divisent en 3, 5, 6 ou 7 radicelles ou petites racines.

Il est quelquefois *utile d'arroser* l'orge immédiatement avant de la retourner, et 2 ou 3 fois pendant le cours de l'opération, lorsqu'on voit qu'il y a trop de sécheresse.

Il convient mieux *d'étendre l'orge en couches plus minces* que de la faire retourner trop fréquemment, de peur d'écraser trop de grains et d'occasionner ainsi une odeur désagréable provenant de leur altération ultérieure; dans la même vue on travaille souvent pieds nus dans les germoirs.

La *germination est à son point* dès que, dans la plupart des grains, la plumule a parcouru toute leur longueur sous l'enveloppe.

Si on laissait le grain *végéter passé le terme* que nous venons d'indiquer, la tige future deviendrait visible à l'extérieur; elle s'accroîtrait rapidement, l'intérieur du grain serait alors laiteux; bientôt les principes utiles épuisés laisseraient l'enveloppe presque complètement vide.

On peut *germer moins*, c'est-à-dire terminer l'opération avant que la plumule ou gemmule ait atteint plus des 2/3 de la longueur du grain. Cette mesure est même utile lorsque l'on doit employer exclusivement l'orge germée, car on en obtient plus de produit; mais si l'on voulait se servir de *fécule* il conviendrait de pousser la germination jusques à ce que la gemmule commençât à sortir.

Le *temps* pendant lequel l'orge doit rester étendue sur le carrelage ne peut être déterminé d'avance; mais lorsque l'opération est bien conduite, il ne doit pas être moindre que dix jours ni plus considérable que vingt.

La *germination est beaucoup plus difficile* dans les temps chauds, et à peu près impossible en grand pendant les gelées; aussi doit-on faire son approvisionnement de malt depuis le mois d'octobre jusque dans les 1ᵉʳˢ jours de mai.

§ II. — Dessiccation sur la touraille.

Les brasseurs donnent le nom de *touraille*

à l'appareil (*fig.* 258) à l'aide duquel ils font des-

Fig. 258.

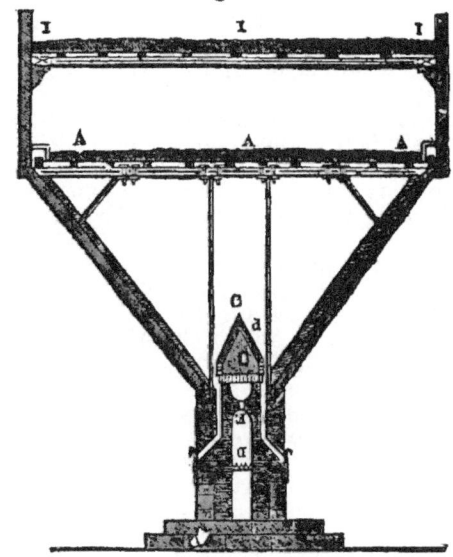

sécher, et, dans quelques circonstances, torréfier le grain germé. Dès que les grains sont suffisamment aérés, au sortir du germoir, on doit arrêter toute végétation et éviter en les desséchant les altérations spontanées qu'ils éprouveraient sous l'influence prolongée de l'humidité. La plate-forme AA de la touraille est à la partie supérieure du fourneau. Elle se compose de plaques en tôle percées de trous comme une écumoire; ces trous sont assez petits pour que les grains d'orge ne puissent passer au travers, et sont très rapprochés les uns des autres.

Une *toile métallique* serait peut-être préférable; elle exigerait moins de main d'œuvre, puisqu'il faudrait moins retourner le malt, laisserait passer et répartir plus également le courant d'air chaud, briserait mieux les radicelles et brûlerait moins de grains.

Cette plate-forme représente la base d'une pyramide quadrangulaire renversée dont le sommet est tronqué par le foyer C D du fourneau. La forme elliptique de la partie intérieure de ce fourneau, au-dessus de la grille, produit l'effet utile de réverbérer la chaleur et de concourir à brûler la fumée en élevant sa température, comme la masse de briques échauffées de la voûte qui forme un réservoir constant de chaleur à la température de la combustion. La voûte E est surmontée d'une trémie renversée *d*, en briques, soutenue par des supports en fer ou des tasseaux en briques. Cette trémie est destinée à empêcher que les petites racines, et quelques particules des grains, ne tombent sur le feu et n'y produisent de la fumée. Par cette disposition, les substances qui passent au travers de la plate-forme sont renvoyées vers des parties latérales, et recueillies dans des cavités inférieures, ménagées à cet effet.

A Paris on *emploie comme combustible*, pour la touraille, une houille dite de Fresnes, qui ne produit presque pas de *fumée;* on pourrait aujourd'hui se servir, comme en Angleterre, du coke des fabriques de gaz-light. Dans ceux de nos départemens où le bois est à meilleur marché, on emploie de préférence le hêtre, le charme et l'orme, qui produisent une flamme légère et peu de fumée. On pourrait d'ailleurs utiliser toute espèce de combustible, même les houilles grasses ou la tourbe, en remplaçant le foyer par un *calorifère* à air chaud séparant la fumée.

Le plus généralement dans les tourailles l'air extérieur est introduit par le cendrier. Il alimente la combustion, et l'air brûlé s'échappe par les trous de la plate-forme, ou les mailles de la toile, au travers du malt qu'il dessèche.

Le *feu doit être d'abord très modéré*, de manière à élever la température du malt à 50° C au plus, jusqu'à ce que le grain soit presque entièrement sec. Si l'on chauffe à une température plus élevée, à 80° par exemple, pendant que le grain est encore gonflé d'eau ou très humide, l'amidon se gonfle, s'hydrate et s'agglutine en formant empois, puis acquiert une dureté, une cohésion telle qu'il devient ensuite impossible de le dissoudre.

Lorsqu'en desséchant le malt on le chauffe *au point de le caraméliser*, il y a destruction de la *diastase* (principe de la saccharification de l'amidon et de la fécule), perte de la matière sucrée, et le goût du moût est moins agréable ; il vaut bien mieux employer le caramel pour colorer la bière.

Une *disposition nouvelle* des tourailles nous a été communiquée par M. CHAUSSENOT ; elle consiste dans l'addition d'une 2e plate-forme II au-dessus de la première, et semblable à celle-ci. Les deux plates-formes sont couvertes de grains, et l'air chaud, après avoir traversé la 1re couche, passe encore au travers de la 2e, et, se saturant davantage d'eau en vapeur, est mieux utilisé. Outre cette importante cause d'économie, on obtient une dessiccation plus méthodique et plus graduée. En effet, la 2e plate-forme reçoit toujours le grain le plus humide, et sa dessiccation commence tandis que celle de la couche inférieure finit. On risque beaucoup moins de détériorer le grain par une élévation accidentellement trop forte de température, puisque le grain le plus chauffé est celui qui contient le moins d'eau.

Pendant la dessiccation du malt on le retourne de temps à autre afin d'exposer toutes ses parties à l'action desséchante.

§ III. — De la séparation des radicelles.

Lorsque l'orge germée est suffisamment sèche et encore chaude, on la *nettoie complètement de ses radicelles*, devenues très fragiles, en la passant dans le bluteau ou *tarare*, garni d'une toile métallique.

Il ne faut pas craindre que la quantité de ces petites racines séparées *soit une cause de perte* ; elles ne contiennent ni diastase, ni amidon, ni sucre, et leur infusion ne donne qu'une eau rousse d'une saveur désagréable ; toutefois, nous devons ajouter qu'en raison de leur forme et de la proportion de matière azotée que nous y avons observée, elles constituent un engrais capable d'alléger la terre ; que, passées sous une meule encore toutes chaudes, elles se broient aisément, et peuvent alors absorber les matières fécales délayées, acquérant ainsi la qualité des plus riches engrais.

100 parties en poids d'orge employée *perdent, terme moyen*, pendant toute l'opération du maltage, 12 ; et si l'on ajoute l'eau que le grain contenait, et qui était de 13, la diminution totale s'élève à 25. Ainsi l'on obtient, pour 100 d'orge brute, environ 75 de malt sec.

La *bonne préparation du malt se reconnaît* à l'odeur agréable, la saveur sucrée, la couleur blanche intérieurement et jaunâtre à l'extérieur, au développement de la plumule, égal à la totalité de la longueur du grain, et mieux encore à son énergie sur la fécule. 100 parties en poids de celle-ci peuvent être dissoutes par 5 de bon malt dans 400 d'eau, en agitant sans cesse et entretenant au bain-marie la température du mélange entre 65 et 80°.

SECTION II. — *Du brassage.*

Cette opération peut être divisée en 6 périodes principales qui comprennent : 1° la mouture du malt ; 2° le démêlage et le brassage proprement dit ; 3° la décoction du houblon ; 4° le refroidissement ; 5° la fermentation ; 6° la clarification ou collage.

§ Ier. — De la mouture du malt.

Le broyage du malt ayant pour but de le *concasser seulement*, les meules du moulin doivent être plus écartées que pour la réduction des grains en farine ; il faut donc soulever un peu l'*anille*.

On doit laisser préalablement au malt récemment préparé le temps d'absorber un peu d'humidité de l'air, environ 4 centièmes de son poids. Le grain que l'on porterait trop sec au moulin produirait beaucoup de folle farine, dont il se perdrait une plus forte proportion, et qui d'ailleurs s'opposerait à l'infiltration de l'eau dans la 1re trempe.

Lorsque le grain n'a pas absorbé spontanément cette quantité d'eau, on y *supplée ainsi* : on l'étend en une couche de 6 po. d'épaisseur environ, sur laquelle on verse, à l'aide d'un arrosoir à large tête et à trous multipliés, une pluie fine ; on le retourne de façon à mélanger le mieux possible les parties humectées et celles qui n'ont pas été atteintes par l'eau ; on le relève en tas, et au bout de 3 heures il est prêt à passer au moulin.

La *mouture fine* est préférable lorsqu'on se propose d'appliquer le malt à la saccharification de la fécule ou de la farine de grains crus, ainsi que nous le verrons en traitant de la fécule et de la diastase.

§ II. — Du démêlage et du brassage.

De cette dernière opération paraissent être dérivés les mots *brasseur, brasserie, brasser, brassin*, etc., et elle fut ainsi nommée parce qu'elle se faisait à force de bras, comme cela se pratique encore en France, en Belgique, en Allemagne, en Russie, et dans quelques autres contrées.

En Angleterre, où la fabrication de la bière est plus importante que dans tout autre pays à superficie égale, la force motrice, appliquée dans toutes les opérations d'une brasserie, est produite par une machine à vapeur. Pour le *démélâge* (mashing) cette machine communique un mouvement de rotation à un axe vertical A (*fig.* 259), implanté au milieu d'une cuve couverte; cet axe est armé de 4 bras B, qui eux-mêmes sont garnis chacun de 10 à 12 crochets en fer. Tout le malt est ainsi mis en mouvement dans une quantité suffisante d'eau pour former une bouillie claire.

Chez nous on nomme *cuve-matière* le vase dans lequel on opère le démêlage; c'est une cuve (*fig.* 259) légèrement conique, posée sur la

Fig. 259.

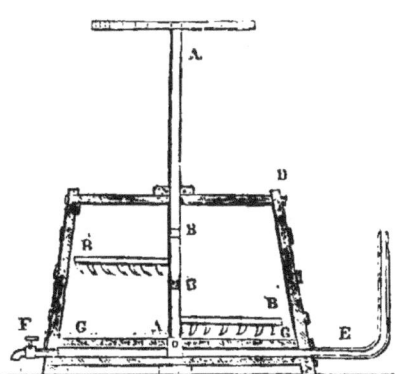

grande base et d'environ 1 mètre 70 centimètres de profondeur. A 11 ou 12 centimètres du fond est un faux fond en bois G, percé de trous, soutenu à cette hauteur par un cercle en plusieurs parties larges (semblables à celles des jantes de roues), et qui permettent de laisser un pouce de jeu entre les douves et le faux fond pour les dilatations et retraits de ce bois; afin que son gonflement ne puisse opérer l'écartement des douves. Trois ou quatre tasseaux chevillés au-dessus du faux fond l'empêchent de remonter et de se déplacer. Pour éviter que les trous du faux fond ne s'engorgent facilement, on les fait coniques, le grand diamètre tourné vers le bas Un couvercle en bois D, formé de planches doubles croisées et solidement barrées, peut à volonté être posé sur la cuve et doit la fermer le mieux possible.

On jette d'abord le malt moulu dans la cuve-matière; on introduit ensuite de l'eau chaude à 60° C environ sous le faux fond par le tube E; l'eau soulève le malt, que l'on s'occupe vivement à plonger dans l'eau à l'aide de *fourquets* en fer (*fig.* 260). On laisse le malt se pé-

Fig. 260.

nétrer d'eau pendant une demi-heure; alors on découvre la cuve, on introduit également sous le faux fond de l'eau à 90° C, et l'on procède au *vaguage*, en brassant fortement le mélange ou *fardeau* avec des *vagues* (*fig.* 261)

Fig. 261.

portant 3 ou 4 traverses doubles en bois, afin qu'ils puissent enfoncer et soulever le grain. Le mélange doit alors être échauffé à 70°. C'est entre ces limites (comme on l'expliquera dans l'article fécule et diastase) que la *saccharification* de l'amidon du grain peut se compléter et rendre ainsi la farine presque entièrement soluble.

Immédiatement *après le vaguage* on lave le haut des parois intérieures de la cuve en y projetant quelques écuellées d'eau froide; on saupoudre à la superficie du mélange une couche de fine farine de malt, afin de bien concentrer la chaleur, on referme ensuite la cuve, et l'on enveloppe les joints du couvercle avec des morceaux de drap ou de laine.

On laisse le tout ainsi pendant 3 heures; on ouvre ensuite un robinet F placé entre les 2 fonds; on sépare les 1res portions troubles que l'on reverse sur le malt; tout ce qui s'écoule ensuite du liquide sucré, dit *premiers métiers*, se rend dans un réservoir placé sous le robinet, et d'une contenance d'environ 1000 litres, nommé *reverdoir;* il est porté au fur et à mesure, à l'aide d'une pompe, dans une cuve couverte, dite *bac à moût.*

On introduit dans la cuve-matière *une nouvelle quantité d'eau égale à celle de la* 1re *trempe*, à la température de 80° C environ; on brasse encore fortement. L'allégement du malt et son adhérence aux parois sont des indices d'une bonne macération; on laisse en repos, et l'on soutire au bout de 2 heures de la manière que nous l'avons dit. On porte, à l'aide de la même pompe, ces *seconds métiers* avec les 1ers, et, dès que l'eau pour la dernière trempe est tirée de la chaudière, on y fait couler tout le moût des 2 premiers métiers réunis.

On *délaye une troisième fois* le mélange en ajoutant de l'eau presque bouillante; on laisse déposer pendant une heure, on soutire, et l'on porte la dissolution claire dans la chaudière à *petite bière.* Si le malt n'était pas suffisamment épuisé de ses substances solubles, on le lessiverait en l'arrosant avec quelques lotions d'eau bouillante, et laissant le liquide s'écouler au fur et à mesure de la filtration par le robinet.

Il ne *reste plus dans la cuve-matière* que la pellicule ligneuse qui enveloppait le grain, les débris des gemmules, une partie de l'albumine coagulée, et quelques sels insolubles et des matières légères; tout le reste est dissous.

On peut, d'après les nouvelles données décrites à l'article fécule, *réduire la quantité de malt*, le remplacer par la fécule de pommes de terre ou tout autre farine féculente, et rendre le brassage plus facile, plus simple, et souvent bien plus économique. Voici comment on peut opérer.

Une chaudière (*fig.* 262), fermée d'un couvercle, laissant près de ses bords 2 ou 3 trous d'hommes A, A, A, et plongée dans une cuve B, laisse entre ses parois et celles de la cuve un intervalle d'environ 3 pouces formant le bain-marie; un tube C de 1 po. de diamètre, se bifurquant entre les 2 fonds. y amène à volonté la vapeur d'un générateur. Un indicateur indique le niveau dans le bain-marie.

Supposons que l'on traite 1,000 kilogrammes de fécule; la double enveloppe B (le bain-marie)

Fig. 262.

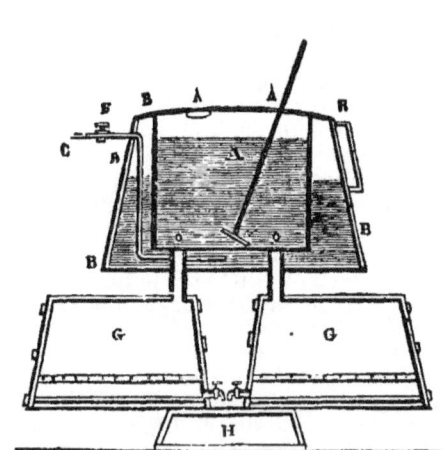

étant remplie d'eau à moitié de sa hauteur, et la chaudière A ayant reçu 45 hectol. d'eau et 200 kilog. de bon malt en poudre grossière, on ouvre le robinet F du tuyau C, qui amène la vapeur, et un homme agite avec un rable F (*fig.* 263) le liquide de la chaudière. Un ther-

Fig. 263.

momètre centigrade, plongé dans ce liquide, indique la température; dès qu'elle est arrivée à 60° au plus, on verse par un des trous A successivement toute la fécule, que l'on maintient en suspension à l'aide de l'agitateur. Lorsque la température, d'abord un peu abaissée, s'est relevée graduellement de 65 à 70°, on l'entretient à ce terme jusqu'à ce que la liquidité soit complète; alors on pousse à 75°, puis on fait couler tout le mélange, par une large bonde O, dans une des 2 *cuves-matières* G,G ; celles-ci étant bien couvertes, la température s'y maintient aisément entre 75 et 65° pendant 5 heures. Au bout de ce temps on soutire au clair dans la cuve reverdoire H tout le liquide qui peut filtrer; on le porte de là dans la chaudière. Le marc lavé donne des solutions de plus en plus faibles jusqu'à épuisement. Ces *petites eaux* servent à étendre à 6° le 1er moût, qui marque 10 à 11°, ou sont employées directement à 3° pour la fabrication de la petite bière.

Une des *améliorations* que j'ai introduites en 1816 dans la fabrication de la bière résulte de l'emploi des sirops de miel, de mélasse ou de fécule, clarifiés au charbon animal.

L'usage des sirops clarifiés dans la proportion de 1/4 à 1/5e de la substance amilacée (malt et fécule) est surtout convenable pendant les chaleurs de l'été pour les bières. Il augmente la proportion d'alcool, favorise les dépôts, et l'on parvient ainsi à éviter les résultats fâcheux des fermentations trop actives qui font tourner à l'aigre ou. donnent une odeur putride. Cette méthode est encore

bonne à suivre toutes les fois que les grains, de mauvaise qualité, imparfaitement maltés ou macérés sans les soins convenables, ont donné des moûts trop faibles; dans ce dernier cas il suffit d'ajouter la quantité de sirop utile pour donner à la solution le degré aréométrique (6° Baumé pour la bière double de Paris, et 2 1/2 à 3° pour la petite bière) qu'on aurait obtenu avec de bons grains traités convenablement.

§ III. — De la cuisson de la bière.

Reprenons la fabrication de la bière au moment où les trempes sont versées dans les chaudières sur le *houblon* (1), dans la proportion de 37 livres et 1/2 de ce dernier pour 27 septiers de malt, ce qui équivaut à environ 450 grammes par hectolitre, pour la bière ordinaire de Paris, et en obtenant un 2e produit en petite bière, qu'on fait couler sur le même houblon ; on ajoute encore 14 livres de houblon inférieur en qualité dans le moût destiné à la fabrication de cette bière.

On a *soin de faire plonger* le houblon avec des rables pendant l'écoulement du moût, et durant même son ébullition, jusqu'à ce qu'il soit bien humecté.

Dès que le moût est versé, on *élève la température*, et on la soutient près de l'ébullition jusqu'à ce qu'on ait obtenu le moût de la 2e trempe; on ajoute celui-ci au 1er, et l'on porte à l'ébullition en laissant le moins possible la vapeur se dégager, afin d'éviter une trop forte déperdition de l'huile essentielle à laquelle le houblon doit son arôme et sa saveur spéciale.

On pourrait remplacer avec de grands avantages le chauffage direct par celui dit *à la vapeur*, ou mieux encore par le procédé de circulation appliqué aux lessivages à chaud, et qu'on doit à M. BONNEMAIN (tome IV, p. 81). Il ne faut pas en effet chercher à obtenir des moûts plus forts par leur rapprochement dans la chaudière; car cette coction prolongée décompose une partie de la substance sucrée de l'orge, fait contracter à la décoction un mauvais goût par l'altération de la matière azotée, et laisse dissiper dans l'air le principe aromatique du houblon. On voit bien d'ailleurs que toute évaporation peut être rendue inutile, puisqu'on peut toujours proportionner la quantité d'eau à la force de la bière, et obtenir les moûts directement au degré convenable.

La décoction qui doit produire la bière double est opérée, ainsi que nous l'avons dit, *après que la température a été soutenue au degré de l'ébullition pendant 3 heures* environ; alors on ouvre un large robinet (de 8 cent.) adapté au fond de la chaudière; le mélange de moût et de houblon est conduit à l'aide de tuyaux en cuivre dans le *bac à repos*. C'est une caisse de 18 pouces environ de profondeur, servant à laisser déposer les corps légers, et séparée en 2 capacités par un clayonnage en bois qui retient les folioles de houblon; à l'extrémité où le liquide arrive seul se trouve un robinet à décanter.

(1) On doit conserver les sacs de houblon dans une chambre bien sèche et bien close; sans cette précaution le houblon aurait bientôt perdu une partie notable de son arôme.

Ce *robinet à décanter*, dont on voit la coupe dans la *fig.* 264, est formé d'un double tube vertical en laiton; le tube intérieur forme la clé, et tourne à l'aide d'un bout de levier emmanché au haut de sa tête; des ouvertures d'un pouce de hauteur, disposées en hélice

Fig. 264.

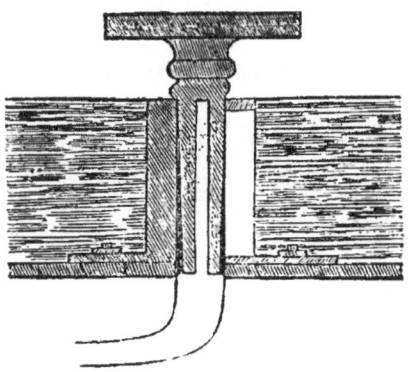

autour de cette sorte de colonne, permettent de faire écouler la nappe supérieure du liquide, éclaircie par le 1ᵉʳ temps de repos. L'ingénieuse disposition ci-dessus est due à M. Nichols. Une autre sorte de robinet à décanter consiste dans un bourrelet circulaire, ou flotteur en fer-blanc, sous lequel un cercle en canevas métallique adhérent est attaché à un entonnoir de toile formant soufflet, et terminé par un large tube qui sort sous le bac à repos, où e robinet est adapté. Dès qu'on ouvre celui-ci, le liquide, près de sa superficie, s'introduit par la bande de canevas métallique dans l'entonnoir, qui s'abaisse progressivement avec le flotteur suivant le niveau du moût.

On *opère la décantation* par l'un des 2 moyens ci-dessus, après une à 2 heures de repos. Le moût est alors à la température de 75 à 70°; il doit être refroidi davantage, et, à cet effet, on le fait écouler dans les bacs *refroidissoirs*.

Ces larges caisses plates sont construites en planches de sapin du Nord, très épaisses et solidement boulonnées. Avant de se servir de bacs neufs, il faut *étançonner* avec des pièces de bois leur fond, pour éviter que l'imbibition de l'eau ne les fasse soulever. On doit y passer de l'eau bouillante à plusieurs reprises, afin d'enlever à la surface les principes solubles du bois, qui donneraient un goût particulier à la bière, et de faire produire au bois

tout l'effet de gonflement qui peut résulter de l'action de l'humidité et de la chaleur.

Dans l'usage habituel des bacs, il faut avoir le plus grand *soin de les laver et de les échauder*, de peur que le moût de bière adhérant à leurs parois ne s'y aigrisse ou ne prenne un goût putride qui pourrait occasionner la détérioration d'un *brassin* versé ultérieurement.

§ IV. — Du refroidissement de la bière.

La température du moût doit être abaissée *au degré convenable* pour la fermentation, et ce degré varie suivant les influences de la température de l'air atmosphérique et en sens inverse. Le moût de bière doit en effet être d'autant plus *froid* que l'air extérieur est plus *chaud*, et réciproquement. On conçoit qu'on se propose ainsi de compenser les chances de refroidissement ultérieur dans les cuves à fermentation. En général, pendant les temps froids, il faut activer le plus possible la *fermentation alcoolique;* pendant les chaleurs de l'été on doit au contraire s'efforcer de modérer ses progrès, pour éviter que la bière ne tourne à l'aigre. On peut d'ailleurs diminuer les chances de cette altération en augmentant la dose du houblon; c'est aussi dans ce but qu'il importe d'opérer le refroidissement le plus promptement possible. Les bacs doivent donc être exposés à un fort courant d'air; on l'obtient à l'aide des persiennes qui les entourent ordinairement.

Nouveau système de rafraîchissoirs. De quelque manière que soient disposés les bacs, ils présentent de graves inconvéniens, et les soins les plus minutieux ne peuvent quelquefois prévenir l'altération du moût houblonné qui y séjourne trop long-temps dans les chaleurs. Leur construction est d'ailleurs fort dispendieuse, soit par elle-même, soit par la solidité qu'elle nécessite dans toutes les parties de l'étage qui supporte le poids de ces vastes réservoirs et du liquide qu'ils contiennent; enfin toute la chaleur du moût, depuis le degré de 75 à 70° centigrades jusqu'à la température de 15 à 25, utile à la fermentation, est complètement perdue.

Le *nouveau réfrigérant* de M. Nichols, qui agit sur le liquide en couches minces par évaporation et contact indirect, à l'aide d'aspersions et de courans d'eau méthodiquement dirigés, est vu monté de toutes ses pièces dans la *fig.* 265. La *fig.* 266 montre la coupe longitudi-

Fig. 265.

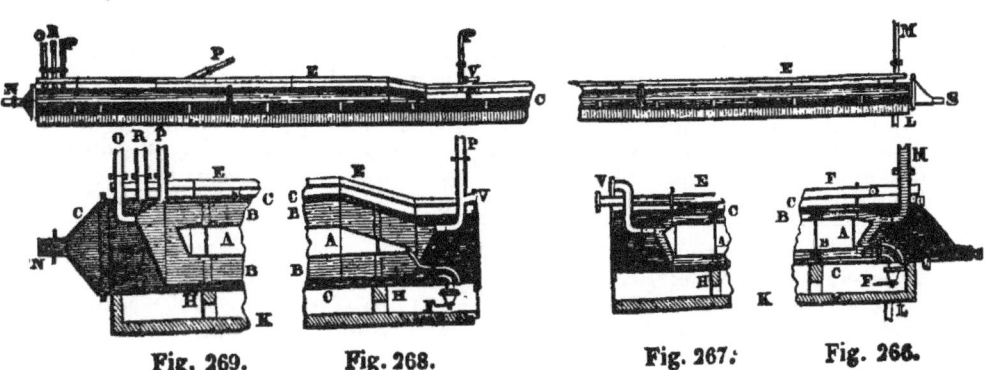

Fig. 269.   Fig. 268.   Fig. 267.   Fig. 266.

nale de l'extrémité de l'appareil du côté de l'entrée de l'eau servant à rafraichir; les *fig.* 267 et 268 la même coupe longitudinale du milieu de l'appareil au point d'assemblage des diverses parties, et la *fig.* 269 une dernière coupe longitudinale de l'extrémité du côté de l'entrée de la bière. Les mêmes lettres désignent dans ces figures les mêmes objets. Ce réfrigérant se compose de 3 cylindres concentriques en cuivre étamé, de 40 pieds de long sur un diamètre qui varie de 6 po. à 2 pieds, suivant l'importance de l'établissement. A est un 1er cylindre qui est vide et sert seulement à diminuer par l'espace qu'il occupe l'emploi d'un trop grand volume d'eau. Le second cylindre B, qui enveloppe le précédent, porte des cannelures longitudinales peu profondes; c'est entre ces 2 cylindres que passe l'eau destinée à rafraichir. Le tube extérieur C entoure le cylindre cannelé B, et c'est l'espace compris entre ces 2 cylindres qui donne passage à une mince couche de bière qui se trouve divisée par les cannelures, et par conséquent plus apte à recevoir l'effet du liquide réfrigérant. Ce cylindre C est recouvert d'une chemise de toile continuellement mouillée par l'eau, passant par un tube E, perforé de trous comme une pomme d'arrosoir. Afin de forcer l'eau et la bière à échanger leur température, ces 2 liquides marchent dans une direction opposée. L'eau froide entre par le tuyau M, placé à l'extrémité inférieure, et ressort par le tube vertical O, qui la conduit dans les chaudières ou un réservoir, en profitant ainsi de la température de 35° qu'elle a acquise par son contact avec la bière, pour s'en servir à des lavages à l'eau chaude ou à de nouvelles trempes, etc. La bière au contraire entre dans le cylindre C par le tube N, et se rend par l'autre bout en S dans la cuve guilloire, refroidie à 15°, température convenable pour une fermentation calme et régulière. De plus, pour que la direction des liquides ne fût pas constamment uniforme, les cannelures du cylindre B sont disposées de manière à se trouver opposées l'une à l'autre de 2 en 2 pieds, en laissant entre elles de petits intervalles non cannelés où le moût s'accumule et mélange ses couches pour se distribuer ensuite dans de nouvelles cannelures. FF sont des robinets pour vider l'eau; des tubes qu'on voit près de ces robinets (*fig.* 266 et 268) servent à établir la communication entre l'air extérieur et le cylindre A, et en retirer l'eau en cas de fuite. Des auges H et K servent à supporter le réfrigérant, et à recevoir les eaux d'arrosage du tube E, qu'on évacue par le tube L. P (*fig.* 265) est le conduit qui alimente d'eau ce tube E; P (*fig.* 268 et 269) des tuyaux d'évacuation de l'air de l'eau; R un tuyau semblable pour évacuer l'air de la bière; une grille en toile métallique placée en avant (*fig.* 269) dans le tube extérieur est destinée à empêcher que le passage de la bière se trouve obstrué. Le réfrigérant tout monté est raccordé au moyen de vis et de collets d'assemblage; il peut être démonté et nettoyé en une seule journée par 2 ouvriers de la brasserie. Il coûte moins que les bacs, dure plus long-temps, exige moins de réparations, et économise le local. Suivant M. Nichols, 1 hectol. et 1/2 d'eau à 10° suffit pour refroidir un hectol. de moût à 15°. Quant à l'eau appliquée extérieurement, sa quantité est environ le quart de celle employée a ce refroidissement.

Ces réfrigérans étant placés dans une position inclinée, on fait communiquer la partie haute en N avec le bac à repos; la bière passe entre les cylindres et transmet promptement, au travers du métal même, sa chaleur à l'eau qui l'enveloppe de toutes parts. En descendant entre les enveloppes le moût perd de plus en plus de sa chaleur, et, arrivé à la partie inférieure du réfrigérant, le liquide est a la température convenable, et coule immédiatement dans la cuve *guilloire*.

La température du moût au moment d'être mis en levain *diffère aussi dans les différentes sortes de bières*. Pour les bières *fortes* et de *garde*, on veut que la fermentation s'opère lentement; la température pendant la fermentation doit donc être plus basse; si l'on se propose de préparer une bière potable au bout de quelques jours, comme la bière de Paris, il faut activer la fermentation, et, à cet effet, que la température des moûts de diverses bières varie pendant les différentes saisons au thermomètre Réaumur. Le tableau suivant indique ces relations.

MOIS.	A LONDRES.		A PARIS.		
	Ale.	Porter.	Table beer (1).	Bière double.	Petite bière.
Janvier et février	15	14	19	21	20
Mars et avril.	12	13	17	20	19
Mai et juin.	11	12	16	18	17
Juillet et août	La plus basse possible (2).		15	15	14
Septembre et octobre. .	13	15	17	19	18
Novembre et décembre.	14	16	18	20	19

§ V. — De la fermentation de la bière.

Lorsque le moût de bière est dans la cuve guilloire, on y *ajoute la levure* (et le caramel, si la décoction n'est pas assez colorée), et l'on agite fortement. Quelque temps après on aperçoit une écume blanchâtre et légère s'élever à la superficie du liquide; on entend pétiller le gaz acide carbonique. La mousse augmente de volume et s'élève quelquefois d'un pied au-dessus du liquide; bientôt elle devient plus épaisse, jaunâtre, semblable à la levure : c'est en effet cette substance elle-même qui, sécrétée dans le milieu du liquide en fermentation, est entraînée à la surface

(1) Bière de table.
(2) La température de l'air dans cette saison étant toujours plus élevée que ne devrait l'être celle du moût de ces bières, on peut profiter de la fraicheur des nuits pour l'abaisser le plus possible. On parvient sans peine au même résultat, pendant la journée, au moyen du nouveau système de réfrigérans, et en se servant d'eau tirée immédiatement du puits.

par les bulles d'acide carbonique ; elle amène diverses matières insolubles qui étaient tenues en suspension dans le moût de bière.

On avait autrefois l'habitude de *faire replonger dans le liquide l'écume de levure*, et l'on soulevait le dépôt avec un râble ou *mouveron*, une ou deux fois chaque jour, pour activer la fermentation ; on appelait cela *battre la guilloire ;* mais comme cette opération refroidit le moût, rend la bière trouble et difficile à clarifier, il est préférable de l'éviter en mettant d'abord une plus grande quantité de levure.

Dans la préparation des fortes bières, et surtout pendant les chaleurs, on ajoute une *certaine quantité de sel marin* au moût en fermentation, afin de prévenir l'altération de la matière animale qui développerait un goût désagréable et ferait aigrir la bière.

On applique avec succès, depuis quelques années, un *couvercle garni de nattes en paille* sur la cuve guilloire ; on enlève à volonté une partie mobile de ce couvercle en bois, avec une corde passant sur une poulie et tirée à l'aide d'un moulinet. Les avantages de cette disposition sont ; 1° d'éviter l'altération spontanée, acide ou putride, qui, dans les cuves ouvertes, résulte surtout de l'accès libre de l'air à la superficie de l'écume et laisse un mauvais goût à la bière ; 2° de rendre la fermentation plus régulière en maintenant la température plus égale.

Les moûts des différentes espèces de bières exigent des *quantités différentes de levure* pour leur fermentation suivant la température de l'atmosphère.

On emploie communément les *proportions suivantes* (en poids) de levure pour exciter la fermentation dans la cuve guilloire.

	A LONDRES.			A PARIS.	
	Small beer (1).	Strong beer (2).	Ale. (3)	Petite bière.	Bière double.
Hiver. . .	0,0020	0,0018	0,0015	0,0025	0,0035
Printemps, et Automne	0,0015	0,0012	0,0010	0,0022	0,0030
Été. . .	0,0010	0,0010	0,0005	0,0018	0,0020

Lorsque la fermentation de la bière est suffisamment avancée dans la cuve guilloire, on *la soutire.* Cette opération pour les bières légères, n'exige aucun soin ; quelquefois on trouble tout le liquide à dessein, afin de ménager une plus forte fermentation pendant le *guillage.* Quant aux bières fortes, qui présentent des difficultés pour être bien limpides, on les tire au clair avec précaution ; on sépare les 1ʳᵉˢ portions et les dernières, qui ordinairement sont troubles, pour les faire déposer et repasser dans une fermentation suivante. Les bières de garde doivent être soutirées dans de grands tonneaux de 4 à 5 hectolitres. On laisse la bonde couverte d'un linge, afin que, pendant le temps que la

fermentation dure, le gaz acide carbonique produit puisse se dégager sans pression (4). On remplit de temps à autre le vide occasionné dans les barils par ce dégagement, avec de la bonne bière forte, etc.

Cette opération se pratique dans nos brasseries pour les bières légères que nous nommons *bière double* et *petite bière*, de la manière suivante. On soutire tout le liquide fermenté de la cuve guilloire dans des quarts d'une capacité égale à 75 litres ; leur bonde est très large (de 7 à 9 centim.), afin qu'elle livre à l'écume qui continue à se former un passage facile. Tous ces petits barils sont rangés côte à côte sur les traverses d'un bâtis en bois, à une hauteur telle qu'on puisse aisément passer dessous un baquet de 35 à 40 centimètres de haut. Les bondes de 2 quarts sont inclinées d'un même côté, afin que leur écume, poussée par la fermentation du dedans au dehors, puisse, en s'écoulant le long de leurs douves, tomber dans le même baquet. Au moyen de cette disposition, 50 baquets suffisent pour 100 quarts.

Aussitôt que la *bière est entonnée*, une écume volumineuse sort de toutes les bondes ; elle coule dans les baquets, où elle se liquéfie promptement. Quelques minutes après, l'écume devient plus épaisse, elle surnage en partie la bière dans les baquets, et se précipite en partie au fond ; en inclinant ceux-ci, on en sépare facilement le liquide intermédiaire, avec lequel on remplit les quarts.

La matière épaisse, et d'une apparence semblable à celle de la bouillie, est la *levure proprement dite ;* il s'en produit 5 ou 6 fois plus qu'il n'en faut, pour ajouter dans le brassin suivant ; aussi les brasseurs, après en avoir mis une partie en réserve pour la fermentation de leur moût, vendent-ils le reste aux *levuriers*, après l'avoir lavée et pressée dans des sacs en forte toile.

La *fermentation continue à jeter* pendant un temps plus ou moins long, suivant l'espèce de bière ou la température extérieure, etc. Pendant cet intervalle on remplit les quarts à plusieurs reprises, afin que le niveau du liquide soit assez près du bord de la bonde pour permettre à la levure de s'écouler au dehors au fur et à mesure qu'elle vient nager à la surface.

Lorsque la production de la levure diminue d'une manière sensible, c'est un signe auquel on reconnaît que la *fermentation approche d'être assez avancée.* Enfin, lorsqu'il ne s'en produit presque plus, on redresse tous les quarts, en sorte que la bonde se trouve au point le plus élevé, ce qui permet d'emplir complètement toutes leur capacité ; on se sert encore pour cela de bière claire précédemment faite. Les quarts restent dans cette situation pendant 10 ou 12 heures ; au bout de ce temps il s'est élevé sur la bonde une mousse très légère et volumineuse qui résulte d'un mouvement léger de fermentation ; les brasseurs nomment cette mousse le *bouquet.*

---

(1) Petite bière et bière faible de table qu'on boit promptement.
(2) Bière forte, brune ou pâle, faite ordinairement avant la petite bière.
(3) Bière douce, de garde.
(4) On obtiendrait mieux l'effet utile à l'aide de l'une des bondes hydrauliques décrite à l'article du vin , pag. 210 et suiv.

La bière est alors *livrable aux consommateurs;* on bouche les quarts avec leurs bondons, et on les expédie.

§ VI. — Clarification ou collage de la bière.

Toutes les bières destinées à être bues peu de jours après leur fabrication *doivent être clarifiées.* Les bières fortes, de garde, s'éclaircissent spontanément, parce qu'on peut attendre un temps assez long pour cela, sans qu'elles tournent à l'aigre; mais encore, parmi nières, il s'en trouve qu'il est nécessaire de coller. Cette opération est principalement basée sur l'emploi de la colle de poisson; on la prépare de la manière suivante. D'abord on l'écrase sous le marteau afin de rompre les fibres et de favoriser ainsi l'action de l'eau sur cette substance organisée ; on la met tremper dans l'eau fraîche pendant 12 à 24 heures, en renouvelant l'eau plusieurs fois (2 fois en hiver et 5 fois en été); on malaxe ensuite fortement la colle de poisson entre les doigts et dans 10 fois son poids de bière faite ; on passe au travers d'un linge la gelée transparente qui en résulte ; on rince le linge dans une petite quantité de bière qu'on verse ensuite dans la première *dissolution* gélatineuse; on y ajoute un vingtième en volume d'eau-de-vie commune, ou esprit étendu à 20°. et l'on conserve cette préparation en bouteilles, dans la cave, pendant 15 jours en été, ou un mois en hiver, pour s'en servir au besoin.

Lorsqu'on veut *opérer la clarification*, on mêle cette colle avec une fois son volume de bière ordinaire ; on la bat bien, et on la verse dans les barils ; on agite fortement pendant une minute la bière qu'ils contiennent à l'aide d'un bâton; celui-ci est fendu en quatre par le bout qui plonge dans le liquide. On laisse ensuite déposer pendant 2 ou 3 jours , au bout desquels on tire en bouteilles.

La *proportion de colle* préparée est de 3 décilitres par quart, ou de 4 décilitres par hectolitre de bière de table ; il en faut quelquefois le double de cette quantité pour la bière forte. La clarification que la colle de poisson opère dans la bière n'était pas expliquée avant la théorie que j'en ai donnée et qu'il est utile aux brasseurs de connaître.

La bière est *mise dans des bouteilles* que l'on tient couchées si l'on veut que cette boisson mousse; cet effet tient à ce que le bouchon constamment en contact avec le liquide, reste gonflé et ferme plus hermétiquement.· pour éviter la rupture des bouteilles, on les laisse couchées pendant 24 heures seulement, après quoi on les tient debout.

On peut *conserver la bière forte* dans des foudres complètement remplis , ou l'y laisser même sur la lie pendant l'hiver; mais dans ce cas il convient de la soutirer à la fin de mars, pour éviter qu'un nouveau mouvement de fermentation, excité par le dépôt de la levure, ne la trouble et n'y détermine le développement de l'acide acétique, qui est bientôt suivi d'un goût putride.

Si l'on veut *tirer la bière* au tonneau, de quelques dimensions qu'il soit , on ne doit pas mettre plus de 8 jours à consommer la totalité. Lorsque la quantité est trop grande , il est nécessaire de la diviser en barils de moindres dimensions complètement remplis , et entamés successivement.

La bière bien préparée se *conserve en général d'autant plus long-temps* qu'elle est plus forte, c'est-à-dire que la proportion du houblon employée est plus considérable et que l'alcool produit par la fermentation est en plus grande proportion. Cependant on peut préparer une bière légère qui se conserve très bien en employant avec le moût d'orge une quantité suffisante (2 tiers environ de la matière sucrée) de mélasse ou de sirop de pommes de terre bien dépurés (1). Ces bières bien préparées contiennent très peu de *mucilage;* mais aussi leur goût diffère un peu de celui des autres; elles sont moins douces et coulent sans humecter de la même manière la membrane muqueuse; aussi dit-on qu'elles sont *sèches et n'ont pas de bouche.*

Il paraît que l'usage consacré en Flandre de faire dissoudre par une longue ébullition *des pieds de veau* dans le moût de bière rend cette boisson plus susceptible de produire une mousse persistante plus onctueuse au palais; on conçoit que ces effets doivent résulter de la solution gélatineuse produite par la peau et les tendons de ces pieds ainsi traités.

Section III. — *Théorie de la fabrication de la bière.*

Voici en résumé la *théorie actuelle* de la fabrication et de la composition de la bière.

La germination développe dans le grain la diastase ; celle-ci réagit sur l'amidon, sépare les corps étrangers et produit en dissolvant l'amidone, de la dextrine et du sucre qui passerait dans la tige, si on laissait continuer la végétation. Une grande partie de l'amidon (probablement 66 à 70 centièmes) n'a pas éprouvé cette conversion en dextrine sucrée, mais se trouve en présence d'une quantité de diastase bien plus que suffisante pour opérer cet effet. Si donc on réunit les circonstances favorables, c'est-à-dire qu'on délaie le malt dans 4 parties d'eau et qu'on soutienne à la température de 65 à 70° pendant une heure, la conversion est complète, et l'iode n'accuse plus la présence de la matière amylacée.

L'excès de diastase peut être tel dans le grain germé que 15 fois le poids de celui-ci en fécule y ajoutée subisse, plus lentement à la vérité, les mêmes réactions.

Le liquide sucré, séparé des substances insolubles , renferme du sucre et une matière *gommeuse* (la dextrine); il est modifié dans sa saveur par la décoction du houblon; il en reçoit notamment un principe amer, et l'huile essentielle où réside l'arome qui caractérise surtout l'odeur de la bière.

Cette solution sucrée aromatique, en contact avec la levure aux températures indiquées, éprouve une fermentation dont l'effet général est de convertir la plus grande partie du sucre en alcool et en acide carbonique; substances qui modifient encore le goût de la

(1) J'ai envoyé aux colonies des bouteilles de bière préparée par ce procédé; elles y sont parvenues bien conservées,

liqueur. Une quantité plus considérable de levure se forme aux dépens de la matière azotée du grain dissoute; une partie s'élimine en écume ou dépôt.

L'ichthyocolle très divisée, puis délayée dans la bière trouble, y forme un vaste réseau membraneux qui, contracté par l'action de la levure, se resserre et entraîne dans sa précipitation ce dernier corps avec les autres matières non dissoutes; le liquide surnageant devient donc limpide.

Ce qui reste de sucre non décomposé suffit ordinairement pour donner lieu dans le liquide à la production ultérieure de 5 à 6 fois son volume d'acide carbonique; celui-ci, ordinairement contenu en grande partie par la fermeture hermétique des bouteilles, y produit une pression de 4 ou 5 atmosphères, qui occasionne une sorte d'explosion lorsqu'on débouche ces vases.

Enfin, la substance gommeuse qui réside aussi dans cette boisson lui donne une légère viscosité et rend ainsi la mousse quelques instans persistante; elle suffit encore pour humecter la langue et le palais d'une façon spéciale, ce que les connaisseurs expriment en disant que la bière n'est pas sèche, qu'elle a de la bouche; propriétés qu'ils ne retrouvent plus dans la bière faite exclusivement avec du sucre ou du sirop de fécule à l'acide sulfurique.

SECTION IV. — *De quelques bières préparées en pays étrangers.*

1° *Ale fabriquée en Angleterre.* — Pour la fabrication de cette bière on ne saurait apporter trop d'attention à tous les principes d'une fabrication bien entendue, que nous avons exposés pendant le cours de cet article. Ici l'on n'est pas assujéti à des recettes routinières et vicieuses, commandées en d'autres cas par l'habitude d'un goût particulier que les consommateurs exigent dans quelques-unes de ces sortes de boissons. On doit donc employer le plus beau malt, qui n'ait pas été altéré sur la touraille par la torréfaction, le houblon le plus récent et le mieux conservé, etc. Au reste, voici les proportions usitées pour la fabrication de cette bière : beau malt pâle d'Hereford 14 quarters (40 hectolitres); houblon du comté de Kent, 1re qualité, 112 livres (50 kilogrammes); levure fraîche lavée, 37 livres (18 litres); sel, 2 kilog.

On a observé que le temps le plus favorable à la fabrication de cette bière, et l'on peut le choisir, puisqu'elle se garde assez long-temps pour cela, est dans les mois de mars et d'avril, d'octobre et de novembre.

Cinq jours après la mise en fermentation on enlève l'écume et l'on ajoute le sel marin; on écume de nouveau 12 heures après; on répète ensuite cette opération de 12 en 12 heures, matin et soir, jusqu'à ce que la fermentation soit terminée. Le brassin, soutiré au clair, produit 34 barils, équivalant à 45 hectolitres.

2° *Porter anglais.* — Cette espèce de bière,

dont on fait une forte consommation dans la Grande-Bretagne et qui s'exporte aussi en grande quantité, se fabrique particulièrement à Londres. Là, pour un brassin de porter tel qu'on le boit ordinairement, on emploie les proportions suivantes:

7 quarters malt pâle de Kingston.
6 quart. malt ambré.
3 quart. malt brun.
En tout 16 quarters ou 45 hect.
Houblon brun du comté de Kent, 133 liv. (60 kilogr.); levure fraîche épaisse, 80 livr. (37 kilog.); sel marin, 2 kilog.

3° *Porter de garde et propre à l'expédition.*
4 quarters malt pâle d'Hereford.
3 quart. ambré jaune de Kingston.
3 quart. malt brun foncé de Kingston.
Total 10 quarters ou 28 hect.
Houblon brun commun de l'est de Kent, 100 liv. (45 kilog. 5 hectog.); levure fraîche et épaisse, 52 liv. (20 kilog.); sel marin, 2 liv. (800 grammes).

4° *Bière de table anglaise.* — On prend 12 quarters (33 hect. 84 lit.) de beau malt pâle de Suffolk; 72 liv. (32 kilog. 600 gram.) de bon houblon jaune de l'est du comté de Kent; 52 liv. de bonne levure fraîche et épaisse.

5° Dans *l'Alsace* on fait une grande consommation d'une bière préparée dans les proportions suivantes et susceptible de se conserver fort agréable pendant 3 mois. 150 kilog. de bon malt récent, traité immédiatement après avoir été moulu; 3 kilog. de houblon en hiver, et jusqu'à 6 en été, qui produisent environ 5 hectolitres de bière clarifiée.

6° *Bières résineuses.* — Parmi les différentes espèces de bières qu'on prépare dans plusieurs pays, on distingue encore celles qu'on nomme ainsi. On emploie dans ces pays diverses variétés de *sapin* pour leur préparation. Le procédé de fabrication consiste tout simplement à remplacer le houblon par 3 à 4 fois plus de ces copeaux minces, dont on obtient également dans le moût d'orge une décoction qui présente une saveur aromatique spéciale.

Les Anglais font usage, pour leur marine, d'un extrait de sapin connu sous le nom de *essence of spruce*, qu'ils ajoutent à différens moûts. On a aussi employé la *térébenthine* et le *goudron de sapin* à cet usage. Toutes ces substances ont, comme le houblon, la propriété de conserver les moûts fermentés, propriété qui parait résider dans l'huile essentielle. Celle-ci présente partout des caractères fort analogues. Quant aux propriétés anti-scorbutiques attribuées exclusivement aux bières dites *résineuses,* il est très probable que la plupart des observations faites à ce sujet auraient été les mêmes avec les bières de houblon, puisqu'elles contiennent aussi une huile essentielle persistante. Il sera bon de consulter, pour la théorie complète et les modifications économiques de cette fabrication, le chapitre relatif à l'extraction de la fécule et à ses transformations en substance sucrée, soit par l'acide sulfurique, soit par la diastase.

PAYEN.

CHAPITRE XIV. — DE LA FABRICATION DES BOISSONS ÉCONOMIQUES.

Notre intention n'est point de nous occuper ici de ce qu'on nomme la fabrication des vins factices ou sans raisins. Cette industrie, que nous condamnons dans une contrée dont le climat est favorable à la culture de la vigne et qui produit une quantité de vin au-delà de sa consommation, n'a d'autre but que d'assurer des avantages et des bénéfices à des spéculateurs frauduleux, et nous partageons cette opinion du savant MACCULLOCH que, quels que soient les procédés suivis, on ne parviendra jamais ainsi qu'à obtenir de plates imitations des vins fabriqués avec le jus de raisin. La vigne seule donne du vin proprement dit.

Nous avons exposé à l'article de la fabrication des vins, p. 192, en parlant de la fermentation, les préceptes généraux qui doivent servir de guide aux œnotechniciens ; ceux-ci feront de la théorie de la vinification ou de l'alcoolisation telles applications qu'ils jugeront convenables ; quant à nous, nous croyons avoir rempli consciencieusement la tâche qui nous était imposée, celle d'améliorer nos vins, et de faire sortir l'art de faire le vin, ou l'œnotechnie de l'empirisme et de la routine. C'est en faveur des viticoles que nous avons écrit, et dans l'intérêt du commerce que nous avons décrit les bonnes méthodes que devraient suivre les propriétaires de vignobles pour préparer et améliorer les boissons qui doivent figurer sur la table du riche ; dans ce chapitre, c'est aux classes agricoles et ouvrières que nous allons nous adresser, dans le but de leur procurer une boisson économique et salubre qui puisse remplacer jusqu'à un certain point le vin dont ils sont souvent forcés de se priver, et qui cependant est nécessaire au maintien de leurs forces et de leur santé. C'est d'après ce motif que nous allons enseigner au laboureur et à l'ouvrier à préparer des boissons spiritueuses qui répandront, je l'espère, dans le sein du ménage, la santé, la force et la gaité, et par suite le bien-être.

Ce qui vient d'être dit dans les chapitres précédens sur la fabrication du vin, de l'eau-de-vie, de la bière et du cidre, nous dispense d'entrer dans toute considération théorique, et nous nous bornerons, dans ce précis pour les boissons de ménage, à des recettes simples, d'une facile exécution et peu dispendieuses.

SECTION Irᵉ. — *Boissons vineuses fabriquées avec les fruits de chaque saison ou petits-vins domestiques.*

Je crois devoir rappeler, avant d'entrer en matière, que conformément à la loi sur les boissons, je ne considère comme *vin* que toute liqueur provenant du suc ou moût de raisins soumis à une fermentation dirigée d'après les principes que j'ai établis à l'article de la fabrication des vins.

Pour toute autre boisson qui ne provient pas de la même source, je me servirai de celle de boissons vineuses économiques, petits vins d'imitation, enfin j'emploierai le mot *piquette*, déjà usité pour la boisson préparée avec le marc de vendange sur lequel on jette de l'eau, et qui peut être appliqué à toute es-

pèce de liqueur vineuse qui contient moins de 3 à 4 centièmes d'alcool absolu et renferme une assez grande proportion d'acide carbonique qui la rend mousseuse et piquante.

§ Iᵉʳ. — Piquettes de cerises, groseilles et prunes.

Les cerises sont la 1ʳᵉ sorte de fruit que la nature nous offre sur la fin du printemps. Leur abondance et le bon marché permettent souvent de les employer à préparer une boisson. Quelques personnes se contentent de les écraser dans un baquet ou petit cuvier, avec une espèce de pilon à long manche ; elles remplissent ensuite un tonneau aux 3/4 avec cette pilée ou pulpe, et complètent le remplissage avec de l'eau jusqu'à un pouce de la bonde. Au lieu de boucher légèrement nous recommandons l'usage d'une bonde hydraulique. La fermentation s'établit bientôt, et au bout de 8 ou 10 jours ou plus, lorsque le gaz acide carbonique ne s'échappe plus, on commence à tirer, par le robinet placé près la partie basse du fond du tonneau, de la boisson pour l'usage journalier, en ayant soin de remplacer le liquide soutiré par une même quantité d'eau versée par la bonde. On continue de tirer et de remettre selon la consommation, jusqu'à ce que la liqueur devenant moins sapide on soutire enfin sans remplir. Nous donnons la préférence au procédé suivant.

On emploie un *mélange des diverses espèces de cerises* rouges et noires, celles qui sont aigres en moindre proportion. Au lieu de les piler on les fait passer entre 2 cylindres de bois légèrement cannelés, et qui peuvent s'avancer et reculer à volonté. (V. la fouloire, *fig.* 187). J'ai fait établir ce petit appareil tout en bois, jusqu'aux engrenages des cylindres que j'avais remplacés par une lanterne comme dans les moulins. C'est un véritable appareil de ménage et surtout à bon marché ; je m'en suis servi plusieurs années de suite avec des additions que j'indiquerai. Après que les cerises ont été privées de leurs queues et foulées, on met dans une petite cuve un hectolitre de cette pulpe ; on verse dessus une quantité égale d'eau bouillante, ayant soin d'opérer le mélange exactement ; on couvre le tout, et après le refroidissement, on essaie le liquide avec le mustimètre. S'il pèse moins de 4 à 5 degrés, on le ramène à ce poids par une addition de sirop de sucre, de sirop de dextrine ou de miel clarifié au charbon. Si l'on ne travaille que sur une petite quantité, on verse le tout dans un tonneau dont la bonde est suffisamment élargie et munie de l'appareil de M. SEBILLE (V. *fig.* 218). Si le moût est trop peu acide, on ajoute par hectolitre 100 gram. (environ 4 onces) de tartre cru, dissous dans un peu de moût bouillant ; l'addition de la matière sucrée se fait de la manière indiquée à l'article vin, page 196. Lorsque la fermentation est achevée, on soutire le petit vin ; on le verse dans un tonneau plus petit afin qu'il s'éclaircisse ; ensuite on le met en bouteilles de verre ou de grès bien bouchées, pour le boire au bout d'un mois ou plus, si on veut le garder. On jette sur le marc non pressé un peu d'eau qui fournit une autre boisson qui se consomme de suite.

Les habitans des campagnes qui *sont à proximité des forêts* peuvent utiliser de cette manière les petites *merises* des bois. Dans les fermes on peut planter des cerisiers dans les vergers près des habitations.

Comme les fruits contiennent plus de principes gélatineux, albumineux et extractifs que le suc de raisin, je crois que l'on s'éloignera peu de la proportion réelle en les comptant pour un degré dans l'essai au musti-mètre; au reste, chacun sera le maître d'ajouter du mucoso-sucré selon la richesse alcoolique qu'il voudra donner à sa boisson ; je conseille à la ménagère de ne pas dépasser 6 degrés.

On préparera de la même manière la *piquette de groseilles* rouges, seules ou mélangées avec des cerises, un peu de cassis ou groseilles noires. Si on désire un **petit vin** qui se conserve quelque temps, on préparera le moût en plaçant les fruits dans une chaudière sur le feu ; on les portera ainsi par degré jusqu'à l'ébullition; on soutirera le suc sans expression; on fera ensuite l'addition de sirop, si cela est nécessaire, et, après la fermentation tumultueuse, on versera dans le liquide un litre d'un mélange de parties égales d'alcool et de jus de framboises.

Le *cassis* est plus employé pour la fabrication du ratafia qui porte son nom que pour celle de la piquette. On l'ajoute, comme nous l'avons dit, pour donner du parfum aux autres boissons.

Quant à la préparation de la *piquette de prunes*, on les écrase avec les cylindres ou à la meule; on les mêle avec de l'eau et du sucre, ou du sirop. Après la fermentation on soutire la liqueur qui s'est éclaircie, et l'on met en bouteille. Le damas et la quèche, si communes dans la Lorraine et l'Alsace, doivent être préférées pour cette fabrication. Les habitans des campagnes feront bien de cultiver cette dernière espèce, qui manque rarement, et donne de bons pruneaux.

§ II. — Piquettes de groseilles à maquereaux ou fruit du groseiller épineux et de différentes baies ou fruits.

Dans les pays où cet arbrisseau se trouve dans les baies, ou bien est cultivé dans les jardins, son fruit peut servir à préparer de la boisson, soit seul, soit mélangé avec d'autres. On le prend un peu avant l'époque de la maturité, on l'écrase, et on passe le moût à travers un tamis de crin pour séparer la pellicule, qui donne une saveur désagréable; on mêle à ce moût une dissolution de tartre, s'il n'est pas suffisamment acide.

Pour préparer la *piquette de baies de sureau ou d'hièble*, on prend les baies à leur parfaite maturité; on les foule, on les mêle avec du sirop de fécule ou autre, on porte le moût à 6 degrés, puis on abandonne le tout à la fermentation. Ce petit vin ne se boit pas seul; on le mêle avec d'autres boissons auxquelles il donne de la couleur. On s'en sert en Bourgogne pour colorer le vinaigre.

On traite de la même manière les *baies d'airelle* ou *myrtille*, plante commune dans les Vosges et autres lieux montueux. Les *mûres*, ou fruits du mûrier. les *mûres de buissons*, fruit de la ronce, les grappes du *raisin d'Amérique* (phytolaca decandra), donnent par le même procédé un petit vin de teinte. On ajoute du tartre aux mûres sauvages.

Pour la *piquette de prunelles*, fruit du prunellier épineux, on cueille les prunelles à leur maturité et on les broie aux cylindres. Ces baies sont ensuite mises dans une chaudière avec de l'eau, et portées par degré jusqu'à l'ébullition. On ajoute ensuite la matière sucrée et l'on fait fermenter.

On travaille de la même manière les *cormes*, les *sorbes*, que l'on prend avant leur parfaite maturité, et que l'on mêle avec du sirop et de l'eau pour diminuer leur saveur acerbe. On se sert aussi des *cornouilles* et autres fruits acerbes qui ne doivent entrer qu'en mélange avec des fruits à suc doux. En faisant cuire ces fruits, leur goût acerbe est très affaibli; mais quand on ne veut pas les employer seuls et que l'on a à sa disposition du miel, du sirop de fécule ou du sirop fait avec du jus de pommes et de poires tombées de l'arbre avant la maturité, il sera bon de travailler ces fruits sans coction, pour ne pas détruire le ferment.

Une chose essentielle à observer, c'est de *ne pas ajouter de matière sucrée en quantité plus grande que celle qui peut être convertie en alcool,* parce qu'alors les boissons conserveraient une douceur désagréable et que l'on doit éviter. En effet, ces piquettes sont faites pour être bues dans le mois ou la saison, et non pour être gardées; elles doivent être vineuses et piquantes, et même mousser légèrement. C'est en cet état qu'elles sont plus agréables à boire.

§ III. — Piquettes de fruits secs.

Les fruits secs que l'on destine à cette fabrication sont les cerises, les pruneaux, les pommes, les poires, les myrtilles ou bluets, les raisins, etc. Quelques personnes se contentent de placer les fruits dans un tonneau et de verser dessus de l'eau bouillante ou chaude à 60 degrés. Après que la fermentation tumultueuse est terminée et le liquide éclairci, on met en bouteilles et l'on bouche exactement. Cette boisson bien préparée est agréable et mousse comme le vin de Champagne. Lorsque le moût refroidi est trop doux, on y ajoute une solution de tartre. On bonifie de même cette boisson en versant un litre de bonne eau-de-vie par hectolitre, avant la mise en bouteilles.

SECTION II. — *Boissons fabriquées avec diverses substances mucoso-sucrées, ou diverses espèces de sucre.*

On trouvera dans les chapitres qui précèdent l'énumération des diverses matières sucrées que la fermentation peut convertir en alcool, et l'indication des moyens de les obtenir isolées et dans un état de concentration suffisant pour leur conservation.

§ 1er. — Hydromels vineux.

Prenez la quantité de miel dont vous **pour-**

rez disposer: faites fondre dans 4 ou 5 parties d'eau en volume, écumez et clarifiez avec un blanc d'œuf pour chaque kilog.; jetez dans le sirop bouillant, avant la clarification, 100 gram. ou 4 onces, par kilog. de miel, de noir animal; écumez. Ajoutez ensuite 4 onces de fleurs de sureau pour 2 hectol. de moût, ramené à la densité de 4 degrés mustimétriques; c'est un gros par kilog. de miel fondu. Vous pouvez substituer à la fleur de sureau tel autre arôme que vous aurez à votre disposition, la semence de coriandre, les amandes amères, celles de noyaux de cerises, abricots, etc., les sommités fleuries d'orvale ou toute-bonne, les graines d'angélique, de fenouil, de cumin et même de genièvre.

Le sirop, amené au poids indiqué, refroidi à 15 à 18° degrés centigrades, est mis en fermentation avec de la levure ou du levain de boulanger non acide.

Si l'on veut un hydromel plus rapproché du vin, on ajoute de la crème de tartre (500 gram. par hectol.), ou des fruits acides, âpres ou acerbes.

Lorsque la fermentation tumultueuse est terminée, on soutire; on additionne de l'alcool si on le juge convenable. Quinze jours ou un mois après on colle aux blancs d'œufs, et l'on soutire en bouteilles ou en cruchons de terre qu'on laisse droits si la saison est chaude, afin d'éviter la casse, parce que ces espèces de liqueurs sont très sujettes à recommencer leur travail à diverses époques de l'année.

Cette formule suffit pour diriger la fabrication de toute espèce de boisson analogue avec la mélasse, le sirop de sucre brut, le sirop de fécule et de dextrine. Ceux qui auront lu et étudié ce qui est indiqué pour la fabrication du vin, du cidre et de la bière nous comprendront facilement et indiqueront à leurs fermiers les procédés qu'ils devront adopter suivant la saison et les localités.

La boisson la plus économique, la plus saine et la moins dispendieuse, est la suivante, que tout cultivateur jaloux de conserver la santé de ses ouvriers doit préparer aux époques de la fauchaison et de la moisson, époques auxquelles il ne doit point permettre que ses travailleurs boivent de l'eau pure. Nous donnons plusieurs formules afin que l'on puisse choisir.

1° Crème de tartre, 100 gram. (3 onces 1/2)
　Racine de réglisse 250 _id._ (8 onces)
Eau bouillante, 20 litres,
Eau-de-vie à 19 degrés, 1 litre.
On fait bouillir le sel et la réglisse jusqu'à ce que la crème de tartre soit dissoute; on retire du feu; on laisse déposer ou l'on passe dans un tamis serré; après refroidissement on verse le tout dans un baril en ajoutant l'eau-de-vie. Cette boisson se consomme de suite.

2° Crème de tartre, 　100 gram.
　Sucre brut, 　　750 _id._ (1 liv. 1/2)
　Ou sirop à 35°, 　1000 _id._ (2 liv.)
　　Eau bouillante; ce qu'il faut pour dissoudre le tout. Ajoutez ce qui manque d'eau pour obtenir 20 litres.
　　Alcool 3/6, 1 litre, ou eau-de-vie à 18°, 2 litres.
　Mettez en bouteilles bien bouchées On

peut ajouter quelques aromates, tels que fleurs de sureau, de mélilot, graine de coriandre, etc. Dans le Midi on se servira des écorces de citrons, oranges, etc.

On peut remplacer la crème de tartre par le tiers en poids d'acide tartrique ou citrique.

3° Sucre brut, 　1 kilog. 250 gram. (2 1/2 liv.)
　　Sirop à 35°, 　1 _id._ 　750 　(3 1/2 liv.)
　　Vinaigre fort, 1/2 lit.
　　Fleur de sureau ou autre, 8 gram.
　Faites fondre le sucre, ajoutez le sureau et le vinaigre, faites 20 litres de liqueur à laquelle on peut ajouter un litre d'eau-de-vie; mettez en bouteilles ou en cruchons bien bouchés, qui restent couchés 4 ou 5 jours au plus dans cet état; on les relève ensuite, et on boit cet hydromel après 8 ou 10 jours, suivant la température.

Il est inutile d'indiquer comment on peut varier la composition de cette boisson du la bourεur; quelques essais en apprendront assez aux ménagères. Dans les campagnes, on profitera de la chaleur du four, après la cuisson du pain, pour faire sécher les cerises, abricots, prunes, pommes, poires, qui ne peuvent être vendus ou consommés. Ces fruits secs bouillis dans l'eau entreront dans la composition des piquettes. Si on ne peut les faire sécher, on en formera des marmelades par une cuisson suffisante et addition d'un peu de miel ou sirop quelconque; ces marmelades délayées donneront une boisson agréable.

§ II. — Bières économiques.

De toutes les boissons, c'est celle qui, l'été, c'est-à-dire depuis le commencement de mai jusqu'au mois d'octobre, peut se préparer partout, promptement, sans embarras, ni appareils compliqués; ce qu'il y a de plus commode, c'est qu'on peut ne fabriquer que la quantité nécessaire à la consommation. Un chaudron, un baquet ou une terrine en grès, un baril ou bien une dame-jeanne, un tamis de crin ou un crible, voilà, pour cet objet, tous les ustensiles nécessaires et qui existent dans tous les ménages.

Les ingrédiens pour faire les bières ne sont pas en grand nombre: du sirop de fécule ou de dextrine, du houblon, des tiges feuillées de germandrée ou petit chêne, de la petite centaurée, de la camomille romaine, feuilles et fleurs, ou même de la tanaisie, et enfin de la levure.

En attendant que l'orge germée, la drèche ou malt, soit l'objet d'une industrie spéciale et soit répandue dans le commerce, on se procurera le sirop de dextrine à la manufacture de Neuilly; mais les frais de transport ne permettront pas, dans les lieux éloignés de la capitale, de profiter de cette découverte pour la fabrication de la bière économique. Ceux qui pourront se procurer du malt, ou le préparer eux-mêmes en petite quantité, trouveront un grand avantage dans la saccharification de la fécule. On doit employer la farine de malt dans la proportion de 5 à 10 0/0 de fécule de pommes de terre (V. bière, p. 267).

La formule suivante est pour un hectolitre.
Sirop de fécule à 35 degrés ou 1320 de densité ?

litres (un décilitre d'eau pesant 100 gram. la même mesure de sirop doit peser 132 gram.) Si on désirait avoir une bière plus alcoolique il faudrait augmenter la quantité de sirop et consulter sur la quantité d'alcool que peut fournir ce sirop, ce que nous avons dit à la page 191.

La proportion du houblon est de 600 à 1000 gram., suivant la température. On peut remplacer la moitié du houblon par autant des plantes amères sèches que nous avons indiquées. Je me suis très bien trouvé de cette substitution, et j'ai même préparé d'assez bonne bière sans houblon, en ajoutant quelques aromates.

On verse sur le houblon, ou les autres substances aromatiques et amères, 10 lit. d'eau bouillante; on laisse infuser pendant une heure ou deux dans un vase couvert; on passe à travers un tamis de crin, on exprime le marc dans un linge; puis on le fait bouillir dans 12 lit. d'eau réduits à 10 lit.; on passe avec expression. Cette décoction est ensuite mêlée avec la première infusion, et le sirop dissout dans la quantité d'eau nécessaire pour compléter les 115 lit. 1/2 de bière. On ajoute la levure et on verse le tout dans un baril ou autre vase qui doit être empli jusqu'à la bonde et placé dans un lieu dont la température doit être de 18 à 20° centig. La fermentation ne tarde pas à s'établir; le moût travaille et se couvre d'écumes qui s'échappent par la bonde, et qui sont recueillies dans un vase placé convenablement. Lorsque la liqueur a cessé de travailler, qu'elle s'est éclaircie, on la soutire dans un autre baril, qui doit être plein et bondé avec la bonde hydraulique, et qu'on descend à la cave; huit jours après on colle de la même manière que pour la bière ordinaire, et 24 heures après on met en bouteilles ou en cruchons. On ajoute à la colle un peu d'alcool ou d'eau-de-vie, 1/2 lit. du premier et le double de celle-ci, et si l'on tient à la mousse, on verse une 1/2 liv. de sirop pour 120 lit. Dans ce cas il faut bien boucher et tenir les bouteilles droites après 3 ou 4 jours de couchage. Cette boisson ne revient qu'à 10 cent. le litre; elle ne coûterait même que 5 cent. si l'on pouvait dans les campagnes fabriquer soi-même le sirop qui, par les frais de fût et de voiture, coûtera en province 40 ou 48 fr. les 100 kilog. Mais j'espère non-seulement que l'orge maltée ou la drèche se trouvera bientôt dans le commerce, mais encore que l'industrie livrera aux consommateurs une préparation de diastase au moyen de laquelle on pourra partout saccharifier la fécule de pommes de terre.

Nous renvoyons, pour la manière de se procurer du ferment, au chapitre du vin, où ce sujet a été traité dans tous ses détails, et où nous avons indiqué en outre les moyens de conserver la levure de bière. Nous conseillons aux vignerons ou aux propriétaires viticoles d'appliquer cette méthode à la conservation de la lie fraîche de vins blancs, au soutirage de mars, ainsi que des écumes qui se séparent soit par la dépuration du moût, soit par la fermentation tumultueuse qui la rejette par la bonde.

SECTION III. — *Piquette de marc de raisin ou râpé du viticole.*

Dans les pays de viticulture, les vignerons préparent pour leur usage une piquette en versant de l'eau sur le marc de raisin émietté et mis dans un tonneau. Cette boisson, passable les premiers jours, n'est plus au bout de quelque temps qu'une infusion âpre, aqueuse et désagréable, au moyen du remplissage qui se fait au fur et à mesure de la consommation. Nous conseillons la méthode suivante, au moyen de laquelle on peut se procurer une piquette vineuse et bonne à boire pendant tout l'hiver.

Prenez le marc émietté et remplissez-en aux 3/4 ou à moitié un futaille munie d'une bonde Sebille ou autre; ajoutez ensuite une solution de miel ou de sirop fécule à 3 degrés du mustimètre; agitez et laissez fermenter 8 ou 10 jours ou plus, suivant la température du lieu ou de la saison. On peut ajouter quelques fruits broyés, tels que pommes, mûres sauvages, sorbes, etc., ainsi que des aromates. Dans les pays où le genévrier est commun, comme en Bourgogne et dans la Franche-Comté, on cueille ses baies après maturité, pour en composer une espèce de confiture très cordiale connue sous le nom d'extrait de genièvre, qui est versée dans le commerce. Si l'on fait la piquette à l'époque de la cueillette du genièvre, on pile les baies on jette dessus de l'eau bouillante, et on laisse infuser; on délaie le miel ou le sirop dans cette infusion qui sert de liquide à verser sur le marc. Si on peut conserver le marc en vaisseaux bien fermés, on prépare la piquette suivant le besoin du ménage; on emploiera alors les baies de genièvre séchées, ou mieux l'extrait de genièvre préparé à la manière du raisiné de Bourgogne.

Lorsque la fermentation est achevée, on soutire cette boisson dans un autre tonneau, et on lui donne les mêmes soins qu'au vin; on verse de l'eau sur le marc, et après 3 ou 4 jours d'infusion on consomme cette boisson dans le ménage.

Lorsqu'on n'a pas à sa disposition de fruits acides, on ajoute du tartre à l'eau sirupée dans la proportion ci-dessus indiquée.

On conserve le marc de raisin jusqu'au mois de mars; ainsi, en faisant cette piquette à cette époque on obtient une boisson vineuse qui se garde jusqu'au mois de juin, et même toute l'année en la mettant en bouteilles.

MASSON-FOUR.

La piquette, lorsqu'elle est bien fabriquée et conservée avec soin, est *fort agréable à boire*, et j'ai vu bien des personnes la préférer au vin, surtout dans les chaleurs de l'été; elle est la boisson exclusive d'un grand nombre de familles pendant 3 ou 4 mois; au-delà de ce terme, c'est-à-dire en avril, le principe acétique qu'elle contient en grande proportion se développe avec force; une nouvelle fermentation s'établit dans les tonneaux, et ce qui reste encore de piquette est abandonné. Quelques personnes, voulant lutter contre une perte qui leur répugne, persistent à en boire, mais elles n'opèrent une mince économie qu'aux dépens de leur santé; on voit tous les ans des hommes très robustes éprouver de graves maladies qui n'ont pas d'autre cause.

D'après ces considérations, et dans l'intérêt des classes laborieuses des campagnes, il me paraît utile de publier le moyen facile par lequel je suis parvenu depuis plusieurs années, non-seulement à *conserver la piquette* dans toute sa pureté, mais même à la dépouiller du petit goût âpre et acide qui la caractérise ordinairement; ce moyen est tout simplement le *collage*. Cette opération est trop connue pour que j'eusse à l'expliquer, mais comme beaucoup des personnes que cet article intéresse particulièrement ne la connaissent pas, il est bon de la leur décrire.

On prend des blancs d'œufs dans la proportion de 2 ou 3 par hectolitre de boisson; on les fouette avec un petit balai jusqu'à ce qu'ils soient parfaitement convertis en écume; on les jette dans le tonneau de piquette, et on agite le mélange avec un faisceau de 4 ou 5 baguettes pendant quelques minutes; puis on bouche le tonneau. Au bout de 5 ou 6 jours les blancs d'œufs ont entraîné au fond du tonneau toutes les impuretés de la boisson;

il faut alors la transvaser pour la séparer du dépôt qui vient de se former.

L'époque la plus opportune pour le 1er collage est le moment de la floraison des vignes; on renouvellera cette opération au mois de mai et encore en août; on observera de choisir pour transvaser un temps clair.

Quand les propriétaires qui ont l'usage de faire de la piquette auront la certitude de la conserver tout l'été, ils se détermineront à en fabriquer une plus grande quantité, et ils s'y détermineront d'autant plus facilement qu'ils accorderont à celle qui aura été clarifiée une grande supériorité.

J'ajouterai, pour les personnes qui hésiteraient à adopter une méthode qu'ils ne connaissent pas, qu'il n'y a de *dépense* que quelques blancs d'œufs et une perte de temps bien légère pour opérer la décantation, et qu'à l'époque où cette opération a lieu, toute cave a des futailles vides. Mais, pour assurer la parfaite conservation d'une boisson, il faut la mettre dans de bons tonneaux; on prétend que la piquette les détériore; je puis assurer que, lorsqu'elle est clarifiée, il n'en est rien.

Oct. DE CHAPELAIN.

CHAPITRE XV. — DE LA FABRICATION DU SUCRE DE BETTERAVES.

SECTION Ire. — *Du sucre de betteraves et de culture de cette plante.*

La fabrication du sucre de betteraves est une industrie nouvelle pour la plupart de nos cultivateurs, et qui mérite de fixer leur attention. Depuis un certain nombre d'années elle a pris un prodigieux développement dans quelques-uns de nos départemens du Nord, et chaque jour elle s'étend davantage dans nos autres départemens. Nous nous proposons, dans ce chapitre, de faire connaître d'une manière succincte et précise les procédés au moyen desquels on extrait ce sucre, et d'indiquer les perfectionnemens qui ont été introduits récemment dans cet art agricole et manufacturier.

Le sucre de betteraves est sensiblement *identique avec le sucre* obtenu des cannes à sucre dans nos colonies et dans l'Inde. Les procédés au moyen desquels on obtient le premier peuvent même s'appliquer, sauf de légères modifications, au traitement du jus recueilli dans les colonies, et les améliorations les plus importantes introduites dans nos sucreries indigènes ont été exportées la plupart dans nos possessions coloniales.

Dans la culture des cannes et des betteraves, des applications en grand ont démontré que les *engrais de matière animale* produisent de très bons effets s'ils sont employés en doses convenables et s'ils ne sont pas assez rapidement altérés pour être classés parmi les fumiers chauds. Ainsi, 500 à 750 kilog. par hec-

tare de chair ou sang secs en poudre, ou 1200 à 1500 kilog. d'os pulvérisés, ou 12 à 15 hectolitres de noir animal résidu des clarifications, ou 18 hectolitres de poudrette, ou encore 12 hectolitres de *noir animalisé*(1), mêlés avec leur volume de terre du champ et répandus dans les sillons, soit avec la graine, soit sur les betteraves, ou avec les racines dans le trou du plantoir au moment du repiquage, activent très utilement la végétation et augmentent de beaucoup les produits, sans nuire en aucune manière à la qualité sucrée du jus (*voy.* l'article *Engrais*, Tom. 1er, p. 82).

M. DE VALCOURT a obtenu les meilleurs résultats du repiquage des betteraves sur ados ou billons; c'est en effet un moyen économique de donner le plus de *profondeur* en terre meuble à ces racines charnues que le fonds du sol arrête presque toujours dans une partie de leurs développemens.

Parmi les procédés d'*emmagasinement* des betteraves, l'un de ceux que j'ai indiqués consiste à les enfouir dans les silos étroits (5 à 6 pi. de large, 5 pi. de profondeur, sur une longueur indéterminée), et à les recouvrir de terre; il a obtenu généralement la préférence sur tous les autres.

Afin de mieux nettoyer et ameublir les terres, ou pour avoir une provision plus grande de betteraves lorsque le terrain à disposition ne suffit pas pour alterner les cultures, on peut *obtenir plusieurs années* de suite des récoltes de betteraves, sur le même terrain; mais dans ce cas, on ne profite pas pour la culture des céréales et autres du net-

---

(1) Cet engrais, employé dans la proportion de 15 hectolitres par hectare, a donné lieu dans la grande culture qu'on vient de fonder à Montesson, près Paris, à la production de très belles betteraves à sucre dans un sol de médiocre qualité.

toiement du sol par les façons que nécessitent et paient la culture et la vente des betteraves. Dans chacun des trois binages, il convient d'enlever les grandes feuilles couchées sur le sol ; elles servent de nourriture aux bestiaux, tandis qu'elles ne tarderaient pas à s'altérer si on les laissait aux plantes.

M. Grenet-Pélé de Thoury a cultivé pendant dix années de suite des betteraves dans la même terre, et obtenu de très heureux produits en ajoutant en proportions convenables des engrais et notamment du noir animal.

Nous allons passer maintenant aux diverses opérations qu'on fait subir aux betteraves, puis au jus qu'on en exprime, et aux sirops de plus en plus rapprochés ; enfin nous donnerons la description des principaux appareils de cuite récemment introduits dans la fabrication.

SECTION II. — *Du travail des betteraves.*

§ Iᵉʳ. — Récolte, nettoyage, lavage.

Les betteraves, dès qu'elles sont bien mûres ou même 15 jours ou 3 semaines avant, sont *arrachées, effeuillées* dans les champs, et les feuilles portées aux bestiaux, qu'elles nourrissent pendant un à 2 mois. Durant cet intervalle, on arrache et l'on porte à la râpe la quantité né-

cessaire à la fabrication journalière ; le surplus est déposé dans des silos à proximité de l'usine, pour être traité postérieurement.

Il y a un double avantage à *commencer le traitement des betteraves avant leur complète maturité :* 1° elles contiennent alors presque autant de sucre, qui est d'une plus facile extraction ; 2° le temps de l'arrachage se prolonge aisément, et les betteraves non arrachées s'altèrent moins encore que dans les silos, ne fût-ce que parce qu'elles n'ont pas encore été froissées, meurtries, ni blessées ; 3° enfin, lorsque la fabrication se prolonge au-delà de 4 mois, dans les derniers temps on en obtient beaucoup moins de sucre.

A l'entrée dans la fabrique, la *première opération à faire consiste dans un nettoyage*, dont le but est d'enlever d'abord la terre adhérente et les cailloux.

Deux moyens sont employés pour y parvenir.

Le 1ᵉʳ, plus simple, quoique moins économique dans une grande exploitation, consiste à racler avec un couteau toutes les parties couvertes de terre ; on tranche même les petites racines qui recèlent des pierrailles.

Le 2ᵉ mode de nettoyage consiste en un lavage dans un cylindre appelé *laveur*, dont on voit l'élévation de face et de profil dans les *fig.* 270, 271 la coupe longitudinale dans la *fig.* 272 et la coupe transversale dans la *fig.* 273. Ce laveur se

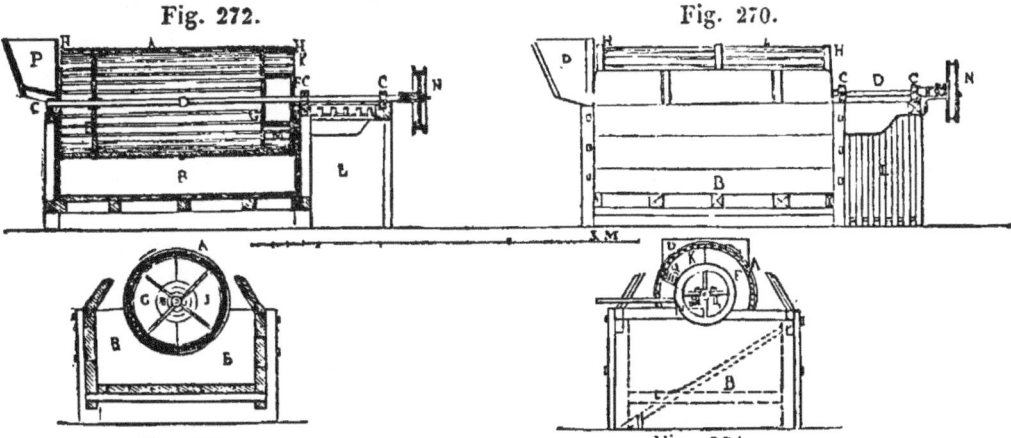

Fig. 272.

Fig. 270.

Fig. 273.

Fig. 271.

compose d'un grand cylindre creux en bois A, dont les douves sont écartées de 12 à 15 lignes à l'extérieur, et de 5 à 6 vers l'intérieur. Ce cylindre tourne sur son axe en fer, en plongeant à sa partie inférieure dans une caisse en bois B, remplie d'eau. Cette caisse doit être en bois de chêne et présenter une grande solidité ; elle repose sur des cales qui, par la différence entre leur hauteur, règlent la pente que l'on veut donner à l'appareil. Elle doit avoir une profondeur telle que la terre détachée des racines puisse s'y amasser sans venir toucher le cylindre. Dans la partie inférieure de cette caisse, et du côté de la pente, doit se trouver un trou d'homme qui permette d'y entrer pour faire évacuer chaque jour toute la vase qui s'y est accumulée. CC, petites empoises en fonte, boulonnées sur les traverses, qui forment le bâti de la caisse ; elles sont garnies de coussinets en cuivre, dans lesquels tourne l'arbre en fer D, qui traverse le cylindre A. E, cercle en fonte, soutenu par 4

rayons plats, partant d'un moyeu alésé, **calé** sur l'arbre D. F, disque ou plateau en bois, fermant entièrement l'extrémité inférieure du cylindre, sauf l'ouverture K, ci-après indiquée ; il est armé à son centre d'une large rondelle ou douille, qui est aussi calée sur l'arbre, comme le moyeu du cercle E. G, 2ᵉ fond, qui ne remplit que la moitié de la surface du cercle F, et dont l'ouverture J est toujours accessible à la betterave qui roule dans le cylindre, tandis qu'une claire-voie *a (fig.* 271) la ramène contre le plateau ou disque extérieur, qui est percé en ce point du trou K, par où la betterave s'échappe et tombe sur le plan incliné L. Les cercles MM, que l'on aperçoit autour de l'axe du cylindre dans la *fig.* 273, sont, comme on le voit dans la *fig.* 272, la projection d'une espèce de tambour ou noyau, qui n'a d'autre objet que de porter la betterave à la circonférence du cylindre creux A. Celui-ci se compose de douvettes ou de liteaux en bois refendu ; la section de ceux-ci présente des prismes dont le côté le plus large est appliqué sur le cercle en fonte E, et sur le disque ou plateau extérieur F, où ils sont vissés d'abord et consolidés par deux larges cercles en fer HH, (*fig.* 270, 272) fortement serrés et bien ajustés. L'ouverture longitudinale que ces liteaux laissent entre eux n'est que de 4 lignes à l'intérieur du cylindre, tandis qu'elle doit être d'un pouce à l'extérieur.

Le mouvement est ordinairement donné à ce laveur par une courroie qui enveloppe la poulie N; celle-ci doit être en fonte, afin de ne point se gauchir. Cette poulie tourne à frottement doux sur l'arbre du cylindre, et ne l'entraîne dans son mouvement de rotation, que quand on la fait avancer vers un embrayage qui est fixé sur ledit arbre par deux clefs. P est la trémie qui reçoit les betteraves. On voit qu'elle est construite de manière à ne pas les arrêter sur son fond; disposition utile que n'offrent pas ceux des laveurs, dont la manœuvre est souvent arrêtée par l'engorgement de la trémie.

Lorsque le cylindre fait 12 à 15 tours par minute il peut alimenter la râpe la mieux servie. Bien construit, il *nécessite peu de puissance mécanique* et consomme peu d'eau.

Il convient généralement, dans une fabrique de sucre de betteraves, de *se servir de bœufs ou de vaches* pour imprimer la puissance mécanique au laveur, aux râpes, presses, pompes, tire-sacs, etc.; car ces animaux, nourris en grande partie avec le marc pressé de la pulpe, rendent, soit en accroissement de chair musculaire, soit en produit de lait, une valeur qui représente celle de ces résidus et les utilise ainsi. Un manége attelé de six animaux, ce qui en suppose 24 à l'écurie pour se relayer, suffit pour une usine traitant 5,000,000 kilog. de betteraves.

Les betteraves, telles qu'elles arrivent des champs, sont jetées dans la trémie P, à l'un des bouts du cylindre laveur; elles s'avancent, en frottant les unes sur les autres, au milieu de l'eau, puis sortent débarrassées de la terre et des pierrailles à l'autre bout du cylindre sur le plan incliné L. On change l'eau seulement lorsqu'elle est devenue trop bourbeuse et même on peut n'enlever que le dépôt et remplir d'eau.

La sommité de la tête, où sont insérées les feuilles (petioles), qui est plus dure et moins sucrée que le reste de la betterave, doit être réservée pour les bestiaux. Il est assez important d'y joindre la *pointe du cône*, formant le bout de la tête, et que l'on tranche également au couteau, parce qu'il renferme une sorte de dépôt d'un suc salé analogue à celui des petioles.

Il reste toujours, soit dans les épluchures à la main, soit dans la vase du laveur, de petites racines qu'on doit en extraire par un lavage sur un crible, pour les donner aux animaux; car, n'offrant que trop peu de prise, les râpes ne les réduiraient pas en pulpe.

Les betteraves, nettoyées par l'un des deux procédés ci-dessus, sont *déchirées à la râpe*. Nous allons nous occuper de cette opération, en prévenant que nous indiquerons plus loin une autre machine appliquée depuis quelque temps à l'extraction du jus des betteraves.

§ II. — Du râpage des betteraves.

Plusieurs sortes d'ustensiles connus sous le nom de râpes sont destinés à *déchirer les utricules ou le tissu cellulaire* qui, dans les betteraves, contiennent le suc liquide. Les différens systèmes des râpes, désignées sous les noms des constructeurs, sont ceux de CAILLON, de PICHON, de BURETTE, d'ODOBEL et de THIERRY.

Dans des fabriques où le râpage s'est fait à bras d'hommes, la râpe de PICHON, très commode, donnait de la pulpe très fine et bien *effilochée;* on pouvait proportionner aisément l'ouvrage à la force et au nombre (2 à 4) des hommes et aussi en raison de la dureté des betteraves; car il suffit de charger plus ou moins le chariot sans fin qui les amène au cylindre dévorateur.

La râpe de THIERRY, perfectionnée dans son exécution par M. MOULFARINE, et qu'on voit en coupe verticale par-devant dans la *fig.* 274 et de côté dans la *fig.* 275, est la plus généralement employée aujourd'hui. Elle se compose d'une trémie A, posant sur le bâti en fonte B, au moyen de la semelle *a*, qui y est maintenue par 2 boulons; cette trémie est divisée en 2 parties par une cloison *b* (*fig.* 276) fondue avec elle. C, tambour ou cylindre creux, dont le corps ne fait qu'une seule pièce avec les rayons et le mamelon *c*, ajusté sur l'arbre D qu'il ne touche que vers ses extrémités. A chacun des rebords *d* de ce cylindre, on a pratiqué une rainure circulaire, dans laquelle entrent à coulisses les lames dentées *e* (*fig.* 277 et 278) et les

Fig. 278.

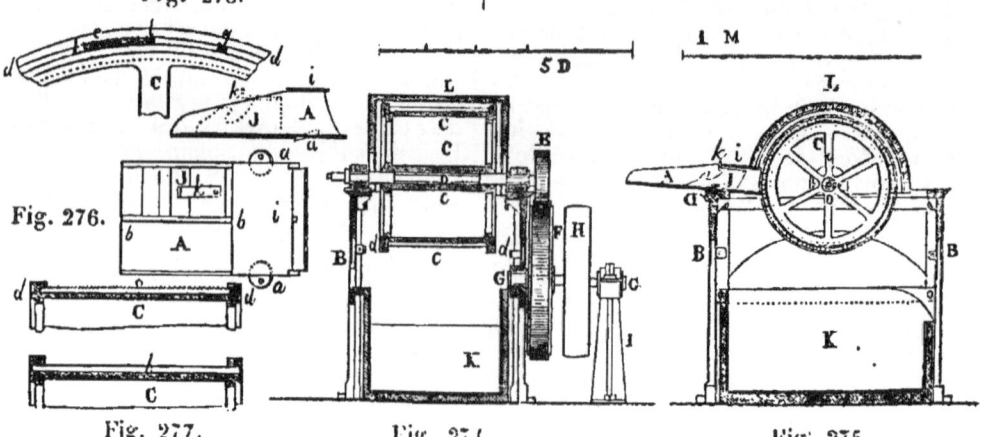

Fig. 276.

Fig. 277.   Fig. 274.   Fig. 275.

traverses en fer ou en bois *l*, destinées à maintenir leur écartement. Pour fixer ces lames et pouvoir au besoin en changer quelques-unes sans être obligé de les démonter toutes, après avoir garni le 8° de la circonférence du tambour, on place dans l'encoche *g* une des clefs *h*; puis on garnit la 2° partie, que l'on assujétit également par une nouvelle clef.

D, Axe du cylindre. Ses 2 extrémités sont disposées pour recevoir alternativement le pignon E, qui engrène la roue F, dont les dents sont en bois et qui est montée sur l'arbre G. H, poulie en bois, fixée par des chevilles sur des croisillons en fonte, et destinée à transmettre le mouvement qu'elle reçoit du moteur. I, support de l'arbre G. J(*fig.* 275 et 276), deux rabots ou *poussoirs* en bois, dont se sert l'ouvrier pour presser les racines courtes contre la surface du tambour. Ces rabots sont munis d'un arrêt *k*, qui vient buter contre le plan *i*, pour qu'ils ne touchent pas l'armure dentée du cylindre. K, caisse en bois dont l'intérieur est garni d'une feuille de métal, plomb ou cuivre, pour recevoir la pulpe extraite de la racine. L, enveloppe circulaire aussi garnie intérieurement en métal, et recouvrant la partie supérieure du tambour.

Comme *le râpage exige une grande célérité*, le moteur de cette machine doit communiquer au tambour, une vitesse de 6 à 800 tours par minute. Un homme est employé à faire marcher, avec les 2 mains, les rabots J, pour presser contre l'armure du cylindre les betteraves jetées une à une par 2 enfans placés à ses côtés.

Quelques cailloux échappés au nettoyage viennent de temps à autre ébrécher ou casser des dents; il est donc indispensable d'avoir pour chaque râpe des *lames de rechange* et un ouvrier habitué à les substituer.

§ III. — Du pressurage de la pulpe.

La pulpe, au fur et à mesure qu'elle est obtenue, était autrefois portée sur la toile sans fin d'une *presse à cylindres*, si mieux encore la pulpe ne tombait directement sur cette toile. La presse à cylindres offrait l'avantage de donner directement 50 de jus pour 100 environ de pulpe, et comme, dans toutes les opérations des fabriques de sucre, la *célérité est une des conditions les plus essentielles pour le succès*, la presse à cylindres a dû être considérée d'abord comme un des ustensiles nécessaires. Mais lorsqu'on eut reconnu que son service n'était pas indispensable, et qu'en soumettant directement la pulpe à l'action d'une *presse à vis en fer*, ou *à levier*, ou *à choc*, ou mieux encore d'une *presse hydraulique*, on pouvait simplifier l'opération sans rien perdre dans la célérité, les presses à cylindres furent supprimées.

Voici comment on opère aujourd'hui avec les presses en usage. Sur le plateau inférieur B de la presse (*fig.* 279) on pose une claie d'environ 2 pi. sur 20 po., en osier à claire-voie, ou mieux en lattes espacées de 6 lignes, réunies par des torsades en fil de laiton. La pulpe est enfermée, sortant de la râpe, dans des sacs en canevas fort AA, dont on reborde de 6 po. l'ouverture. On aplatit à l'aide d'un rouleau sur une table latérale doublée de

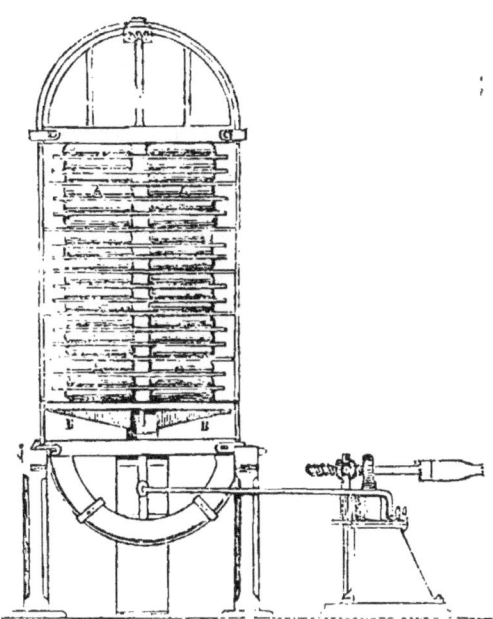

Fig. 279.

plomb ou de cuivre étamé, laissant écouler le jus dans une des chaudières à déféquer. Les sacs ainsi disposés, et contenant la pulpe pressée, doivent avoir 18 po. de large sur 22 de long, et 12 à 15 lignes d'épaisseur. On place 2 de ces sortes de galettes sur la claie, on pose une 2° claie dessus, puis on continue d'empiler successivement deux sacs aplatis, puis une claie, jusqu'à ce qu'on ait formé une hauteur de 30 po. environ; quatre montans, entre lesquels se meut le plateau inférieur, servent de guides pour empiler les sacs et claies. On serre très graduellement la presse, et l'on obtient directement ainsi 70 à 75 de jus pour 100 de pulpe fraîche. Pendant qu'une presse agit, une autre est chargée de même, en sorte que la pulpe soit toujours rapidement exprimée; une *presse donne* 6,000 *kilog. de jus en 12 heures*.

Tous les récipiens, les réservoirs, les plateaux des presses, les conduits du jus, doivent être *doublés en cuivre, laiton ou plomb;* en un mot, il convient d'éviter le plus possible de mettre le jus en contact avec des ustensiles en bois, qui absorbent un peu de ce liquide, le laissent fermenter, et entretiennent ainsi une sorte de levain susceptible d'altérer le suc qui passe ultérieurement sur ces surfaces. La même observation s'applique à tous les ustensiles employés dans la fabrication et le raffinage du sucre.

Les procédés usuels que nous venons d'indiquer pour l'extraction du jus des betteraves laissent un *marc* pesant encore 25 à 30 pour 100 du poids des betteraves, et comme celles-ci ne contiennent que 3 centièmes environ de substance ligneuse non réductible en jus, le marc de 100 kilog. de betteraves recèle encore 22 à 23 de jus, et *il importe d'autant plus d'obtenir cette portion* que ce marc a déjà supporté tous les frais de nettoyage, de râpage, etc. Un grand nombre d'essais à cet égard, fondés sur un broyage mécanique plus parfait n'ont pas encore donné de résultats utiles.

Dans quelques usines, notamment chez MM. BLANQUET, HARPIGNIES, HAMOIR, etc., on introduisit d'abord une modification utile, qui a produit 5 de jus pour 100 au-delà de ce que l'on recueillait primitivement. Cette modification consiste à *replacer dans une 2ᵉ presse hydraulique les sacs déjà pressés*, et sans autre soin qu'un changement dans l'ordre de superposition. Ainsi, au lieu de poser, comme la 1ʳᵉ fois, une claie et un sac de pulpe, on pose d'abord une claie, puis 2 des sacs déjà comprimés. Les anfractuosités des claies et les bourrelets des sacs ne correspondant plus, la pression maxime se trouve exercée sur beaucoup de parties qui ne l'avaient pas encore éprouvée, et une nouvelle proportion de jus est exprimée, qui équivaut à 5 pour 0/0 de la betterave employée.

L'heureuse idée émise par M. DEMESMAY, de *soumettre les sacs à l'action de la vapeur* après une 1ʳᵉ expression, amena un changement plus important encore, qui vient d'être mis en pratique chez MM. LANGLARD, BLANQUET, HARPIGNIES et HAMOIR, et qui, dans ces derniers temps, s'est propagé dans la plupart des usines; il a donné 15 à 16 pour 0/0 de plus que l'on n'obtenait communément, c'est-à-dire 10 à 12 pour 0/0 au-delà du produit que la modification ci-dessus indiquée avait fourni. Voici quel est l'appareil.

A A (*fig.* 280), coffre en bois doublé intérieu-

Fig. 280.

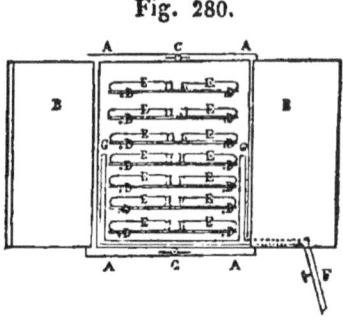

rement de cuivre mince; B, 2 venteaux de la porte du coffre, doublés de cuivre sur leur surface interne, et se fermant solidement par une barre appuyant sur leur joint commun; C, boulons à clavette pour serrer et fixer la barre; D, tringles en fer qui supportent les châssis tendus d'un grillage métallique sur lesquels on pose les sacs E, pressés une fois; F, tube à robinet amenant la vapeur dans le coffre et l'y distribuant par quelques trous à la partie inférieure, et à l'aide de 2 embranchemens GG à la partie moyenne.

Les sacs de pulpe pressés une fois, et tels qu'ils sortent de dessous les 2 presses hydrauliques, sont posés sur les châssis; chaque châssis soutient les sacs à plat, et maintient entre eux 6 lignes d'écartement, lorsqu'on pose les châssis les uns sur les autres. Au fur et à mesure que l'un des châssis est chargé, on le pose horizontalement dans le coffre en bois qui est d'une dimension suffisante pour contenir 30 châssis, en laissant entre eux et les parois un espace libre d'un pouce environ.

Afin que cet espace soit sans aucune attention réservé, les parois intérieures du coffre portent verticalement des liteaux sur lesquels les châssis viennent buter. Aussitôt que les 30 châssis chargés sont ainsi empilés les uns sur les autres, on ferme les venteaux, et alors, à l'aide du tube situé au bas du coffre, on injecte de la vapeur en ouvrant le robinet F pendant 10 minutes. L'eau de condensation, rassemblée dans la rigole des 2 plans inclinés au fond du coffre, s'écoule au dehors; quelques fissures à la jonction de la porte permettent l'évacuation de l'air et de l'excès de vapeur. Les 10 minutes écoulées, on cesse l'introduction de la vapeur, on ouvre le coffre, on en tire les châssis, dont on enlève les sacs gonflés; on replace ceux-ci, avec les précautions usitées en pareil cas, sous une presse hydraulique, qui reçoit en outre 30 autres sacs soumis dans un 2ᵉ coffre à la vapeur, pendant que l'on finissait l'injection dans le 1ᵉʳ, et que l'on en tirait les châssis.

Voici le résultat de l'emploi de cet appareil, et des presses à vis en fer.

400 kilog. de betteraves lavées ont donné :

jus des 2 1ʳᵉˢ pressées à froid,	258 kilog.
Jus obtenu d'une 3ᵉ expression, après l'injection de vapeur,	112
Résidu en pulpe,	47
Total,	417

Le jus obtenu à chaud est d'une *densité égale à celle du jus à froid*; il paraît que l'eau condensée pendant les 12 à 15 minutes que dure l'injection est compensée par l'extraction, durant la 2ᵉ pressée à froid, d'un suc plus faible, provenant sans doute d'une sorte de sève faible contenue dans le tissu vasculaire.

Il importe que *l'injection soit abondante et rapide*, afin sans doute de briser les cellules par une dilatation brusque, et d'éviter une sorte de cuisson du jus qui l'altérerait.

Afin de *faciliter la manœuvre*, et de pouvoir prolonger de 5 minutes après l'injection le séjour des sacs dans le coffre, il convient d'avoir un 3ᵉ coffre. Il devient également nécessaire de consacrer une 3ᵉ presse hydraulique à la pression des sacs chauffés. Enfin, ayant observé que les sacs sont moins chauffés dans la partie moyenne que dans le haut et le bas, MM. BLANQUET et HAMOIR se proposent de régulariser la température dans toutes les parties à l'aide d'un tube vertical, implanté sur le tube horizontal, élevé jusqu'au milieu du coffre, et qui, par des petits trous correspondans aux intervalles entre les sacs, lance la vapeur dans tous les espaces libres.

Le jus obtenu par l'action de la vapeur, traité à part, exige une *proportion moindre de chaux*; il donne d'abondantes écumes, mais formées de flocons grumeleux plus gros. Ces phénomènes s'expliquent par la coagulation d'une partie de l'albumine dans la pulpe chauffée, autour de laquelle viennent s'agglomérer les produits d'une coagulation ultérieure dans les chaudières à déféquer. Du reste, la filtration sur le noir en grains et le rapprochement ont lieu comme avec le jus extrait à froid, et les cristaux dans les formes ne semblent pas moins abondants. Enfin, le jus de 2ᵉ expression, mélangé et traité avec le jus à froid, n'apporte aucun changement dans les opérations, si ce n'est une légère diminution dans les proportions de chaux pour déféquer.

Ainsi, l'innovation que nous venons de décrire permet aux fabriques d'obtenir au moins autant de jus et de sucre de 82,36 de betteraves que l'on en obtenait de 100 parties, et par suite de réduire dans cette proportion à peu près la surface de terre et les frais de culture. Si l'on voulait conserver à la culture la même importance après l'adoption de ce moyen, on conçoit qu'il faudrait augmenter les appareils d'évaporation, de cuite, etc., dans une égale proportion. Au reste, il importe de porter le jus chaud ainsi obtenu le plus tôt possible dans une chaudière prête à déféquer, et on doit surtout se garder de le mélanger d'avance avec du jus froid, dont il hâterait beaucoup la fermentation en lui communiquant cette température douce, cause si puissante d'altérations graves.

§ IV. — De la disposition d'un atelier.

Il convient dans une usine bien disposée que les râpes et les presses soient à un étage assez élevé pour que le jus coule graduellement dans les réservoirs, chaudières et filtres, en sorte qu'une fois les betteraves montées par un *tire-sacs*, il n'y ait plus dans tout le reste de l'opération, après les avoir râpées et pressées, que des robinets à tourner pour recevoir le jus dans la chaudière à déféquer, puis le liquide successivement dans les filtres, les chaudières évaporatoires, la chaudière à cuire et les cristallisoirs. La *fig.* 281 esquisse cette disposition et suppose le chauffage à vapeur. A, râpes; B, C, D, 3 presses hydrauliques; G, treuil mû comme la râpe par le mouvement du manège E, placé sous cette partie de l'atelier; ce treuil monte les betteraves nettoyées; F, chaudière à déféquer (il y en a 2 ou 3 au moins, afin que l'une d'elles soit toujours prête à recevoir le jus); G, 1ers filtres; H, chaudières plates à évaporer; I, 2e et 3e filtres; J, réservoir à clairce; K, chaudière à cuire; L, rafraîchissoir; M, formes ou cristallisoirs dans l'empli.

Cependant cette disposition exigeant la construction coûteuse d'un étage élevé de 12 à 15 pi. très solide et l'élévation plus grande de l'eau de lavage, des ustensiles, d'un poids de betteraves considérable, et dépensant donc plus de frais de 1er établissement et de force mécanique, on préfère quelquefois *laisser les râpes et les presses au rez-de-chaussée* dans un atelier aéré, dallé, facile à laver à grande eau.

Par suite de cette dernière disposition, le jus est monté dans la chaudière à déféquer à l'aide de *pompes*, et l'on doit avoir le plus grand soin de vider et laver chaque jour tous les tuyaux, conduits et réservoirs de celles-ci

Fig. 281.

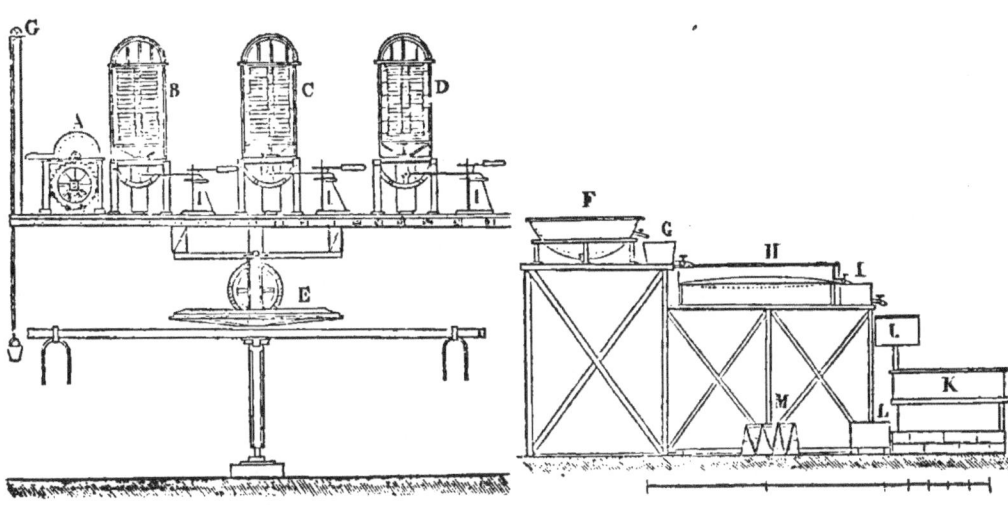

afin d'éviter l'altération du jus qui y séjournerait pendant les intervalles du travail.

§ V. — Des procédés de macération.

Cent de betteraves épluchées contiennent, terme moyen, 14 *parties de substances sèches*, 86 d'eau; sur les 14 centièmes, la portion dissoluble forme 10 à 11 pour 0/0, et le tissu organique ou la matière ligneuse environ 3 à 4; le jus constitue donc au moins les 96 centièmes du poids de la betterave. Ce qui s'oppose à ce que l'on extraie facilement le jus, c'est qu'il est selon moi renfermé dans des cellules ou utricules dont plusieurs parties ne sont pas atteintes par la râpe. M. MATHIEU DE DOMBASLE admet qu'un principe vital s'oppose à la séparation du jus, et qu'en chauffant jusqu'à l'ébullition on détruit la vitalité dans la racine de betteraves. Je suppose que cette température, déterminant la rupture des cellules, laisse le suc qui s'y trouve contenu libre de suivre les lois ordinaires de l'écoulement des liquides.

Quelle qu'en soit au reste la cause, M. DE DOMBASLE a reconnu qu'*après une coction* à 100° les betteraves, facilement coupées en tranches, peuvent, après avoir été chauffées à 100°, être lessivées *par bandes* comme les matériaux *salpêtrés* sur sept filtres en forme de tonneaux remplis de ces tranches; l'eau passée successivement se charge de plus en plus de jus tandis que, par des additions

successives de solutions de plus en plus faibles, chaque filtre épuise à son tour les tranches de betteraves qu'il contient. On soutient
la température par des tubes chauffés à l'aide
de la vapeur et plongés dans chaque filtre.

En résumé, cette méthode permet d'obtenir, en baissant seulement d'un degré environ
(sur 7 ou 8), les 90 centièmes du jus que contiennent les betteraves, au lieu de 65 à 75 que
l'on obtient communément; le râpage et le
pressurage seraient d'ailleurs supprimés et
remplacés par la division en tranches et la coction bien moins coûteuses. M. DE DOMBASLE
annonce être parvenu à traiter le jus *cuit* en
opérant la défécation à 70°, et laissant déposer
au lieu de faire monter l'écume.

M. DE BEAUJEU a modifié cet appareil en le
rendant continu, et en disposant d'un tonneau
à l'autre des tubes qui ramènent à la partie
supérieure le liquide filtré sur un tonneau
précédent. Dans les détails que nous allons
donner, nous supposerons l'application de la
chaleur restreinte aux premiers momens de
l'introduction des tranches de betteraves,
puisque cette innovation récente, due à M. DE
BEAUJEU, constitue une amélioration évi-
dente.

Pour la facilité du service, les tonneaux
macérateurs A peuvent être disposés en cercle
comme le montre la *fig.* 282, ou rangés sur
une ligne; dans tous les cas, leurs rebords
sont exactement au même niveau.

Dans l'appareil dont on voit l'élévation
dans la *fig.* 282 et la coupe verticale de 2
tonneaux ou cuves successives dans la *fig.*
283,

Fig. 282.

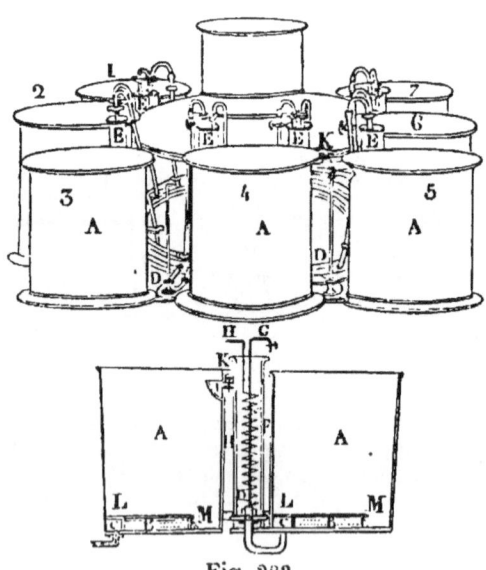

Fig. 283.

B est un demi-cylindre en tôle de cuivre, percé
d'un grand nombre de trous, et qui est ajusté
solidement sur le fond des tonneaux A. Ce cylindre est enveloppé par une caisse en bois, percée elle-même de trous pour l'écoulement du
jus sur le cylindre. C, chambre dans laquelle
se rend le jus après qu'il a traversé le cylindre;
D, robinet dans lequel le jus monte. Ce

robinet est à 3 fins et communique avec 3
tuyaux; l'un de ces tuyaux conduit le jus
dans le cylindre chauffeur E, le 2e mène le jus
saturé dans un réservoir, et le 3e sert à l'é-
coulement des eaux de lavage. E, cylindres
chauffeurs dans lesquels est un serpentin F,
chauffé par la vapeur introduite par le tuyau
à robinet G. Ces cylindres communiquent
par le bas avec la chambre C, et de l'autre
côté avec le godet I. H est un tube pour évacuer l'eau de condensation. K, petit tuyau
par lequel le jus réchauffé dans le cylindre E se rend dans le godet I. Nous devons
ajouter ici que ce système de réchauffage a
été depuis abandonné, et que la macération
se fait aujourd'hui avec de l'eau à 90°, qu'on
verse dans le 1er tonneau, et qui, en passant
successivement dans les tonneaux suivans,
épuise suffisamment les tranches de betterav-
ves, sans qu'il soit nécessaire de la réchauffer,
malgré son abaissement graduel de température.

L'appareil ainsi disposé, voici comment il
fonctionne lorsque les opérations s'y succèdent. Tous les tonneaux sont remplis de bet-
raves découpées en tranches, ou mieux en
rubans, et inégalement épuisées. Supposons
qu'on vienne de vider par son robinet inférieur
le tonneau n. 7, qui contenait le liquide le plus
chargé de suc; le tonneau n. 1, par lequel
avait commencé la circulation, sera entièrement vidé; on fermera le robinet de communication, puis on remplira ce tonneau avec
des tranches de betteraves récemment coupées; alors, en faisant arriver l'eau dans le
tonneau suivant, n. 2, le liquide passera successivement d'un tonneau à l'autre, c'est-à-
dire traversera le n. 3, puis les n 4, 5, 6, 7, et
viendra remplir les intervalles entre les tranches du tonneau n. 1, qu'on vient de charger.
Alors, pour faire rompre les cellules de ces
tranches et faciliter l'écoulement de leur suc,
on portera à environ 90° en injectant la vapeur
dans le chauffeur correspondant par le tube
correspondant, et aussitôt après on commencera à soutirer tout le liquide qui se trouvera le plus chargé de toute la série.

On fermera le robinet de ce tonneau n. 1,
et, en continuant de verser de l'eau froide dans
le tonneau n. 2, le tonneau n. 1 se remplira
de nouveau avec le liquide qui aura passé successivement dans tous les autres. Alors le n. 2
sera suffisamment épuisé; on le videra entièrement, on le remplira de tranches neuves;
puis, fermant son robinet de communication
avec le tonneau n. 3, on fera arriver l'eau
froide dans celui-ci, en sorte que le liquide,
traversant tous les tonneaux suivans jusqu'au
n. 2, remplira les intervalles vides entre ces
tranches. On fera arriver la vapeur pour rompre les cellules de ces tranches par l'élévation
brusque de la température; on soutirera le
liquide suffisamment chargé de ce n. 2, tandis
que l'on continuera de verser l'eau froide
dans le n. 3. Ce dernier étant à son tour épuisé, on le videra pour le remplir de tranches
minces, et ainsi de suite.

On voit que l'on n'échauffera jamais ainsi
que le liquide le plus chargé, et seulement
au moment de le porter à la chaudière, en
sorte que l'altération par la chaleur sera le
moins possible influente, et tandis que l'é-

puisement continuera de se faire méthodiquement et à froid dans toutes les parties de l'appareil.

MM. Martin et Champonnois ont encore
simplifié la manœuvre des appareils macérateurs en assurant la continuité de l'opération.
Le nouvel appareil qu'ils ont inventé pour cet
objet vient de donner de bons résultats dans
plusieurs fabriques; voici comment il est
construit. A (*fig.* 284), tube siphon cylin-

Fig. 284.

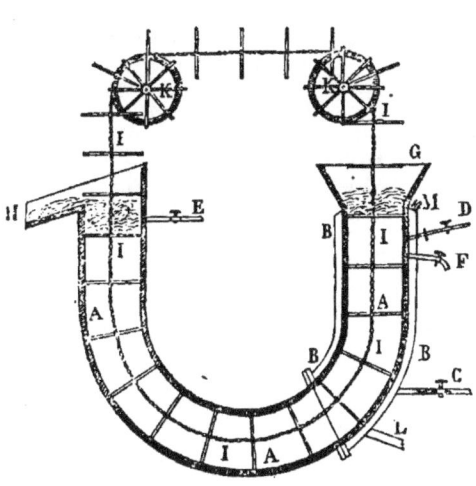

drique ou quadrangulaire dans lequel circulent les tranches de betteraves découpées
en rubans; B, double enveloppe servant
à maintenir la température élevée de cette
branche du siphon à l'aide du robinet de
vapeur C. Cette double enveloppe régnait
naguère dans toute la longueur du tube siphon;
mais il nous parut préférable qu'elle chauffât
seulement une partie de la 1ʳᵉ branche, et que
le tube E amenât de l'eau froide, afin d'altérer
moins le jus, d'après l'observation récente de
M. de Beaujeu. D, robinet d'injection de
vapeur, directement sur les tranches de betteraves; E, tube amenant l'eau d'un réservoir
pour l'épuisement des tranches; F, robinet de
décharge par lequel sort le liquide qui s'est
graduellement chargé de suc en parcourant
depuis le point E tout le siphon; G, branche
évasée par laquelle on introduit des tranches
de betteraves sur les palettes ou châssis grillés de la chaîne sans fin I I; H, plan incliné
sur lequel on fait glisser les tranches épuisées;
K, croisillons qui dans leur mouvement de
rotation entraînent la chaîne sans fin et les palettes qu'elle porte; L, retour d'eau de la
double enveloppe; M, robinet par lequel on
expulse l'air de la double enveloppe.

M. Dumas, membre de l'Institut, a indiqué
un procédé qui serait encore préférable, si
l'on parvenait à extraire du jus la même proportion de sucre; il consiste à faire chauffer
jusqu'à 50 ou 60° les tranches de betteraves
dans de l'eau acidulée avec l'acide sulfurique;
elles laissent alors 92 à 95 p. 0/0 de leur jus à
la presse hydraulique.

Jusque dans ces derniers temps on a reproché avec raison à tous les procédés de macération en usage de *faire éprouver une altération
plus ou moins grave au suc*, et de le rendre
difficile à traiter. Tout récemment M. de
Beaujeu a annoncé qu'il était parvenu à éviter
cet inconvénient en achevant d'épuiser à l'eau
froide les tranches de betteraves portées d'a-
bord un instant à la température qui doit rendre le jus libre. On conçoit en effet qu'une
température beaucoup moins long-temps élevée doit produire bien moins d'altération nuisible; enfin d'après les derniers et favorables
résultats de l'appareil Martin et Champonnois on peut espérer que le procédé des macérateurs, si économique de 1ʳᵉ mise de fonds et
de main d'œuvre, devra être définitivement
adopté.

Section III. — *Du traitement du jus des bette-raves.*

Le jus étant obtenu à froid, et porté immédiatement dans les chaudières à déféquer,
comme nous l'avons dit ci-dessus, doit être soumis successivement aux opérations ci-après désignées: 1° la 1ʳᵉ clarification ou *défécation;* 2° la
1ʳᵉ *filtration;* 3° la 1ʳᵉ *évaporation;* 4° la 2 *clarification;* 5° la 2ᵉ *filtration;* 6° la 2ᵉ *évaporation* ou *cuite;* 7° la *cristallisation;* 8° l'*égouttage:*
Nous allons décrire ces opérations avec leurs
modifications pratiques.

§ Iᵉʳ.—Des divers modes de chauffage et d'évaporation.

Le *système général de chauffage* dans les diverses opérations que nous allons décrire est
à feu nu, ou mieux encore à la vapeur. Ce dernier mode présente une économie marquée
de combustible et de main d'œuvre, puisqu'un
seul fourneau pour le chauffage d'une chaudière, ou générateur à produire la vapeur,
suffit à toutes les clarifications et évaporations; il n'y a donc qu'un seul foyer à soigner,
et au lieu de tout l'embarras résultant de
l'extinction des feux plusieurs fois par jour,
on n'a que des robinets à tourner pour amener ou intercepter la vapeur. Ce système est
à la vérité plus dispendieux de 1ᵉʳ établissement, mais il présente tant d'avantages que
déjà un grand nombre de fabriques opèrent
ainsi. En général, les autres emploient la vapeur pour cuire seulement, c'est-à-dire pour
la dernière évaporation.

Les *chaudières ainsi chauffées sont disposées
de plusieurs manières,* suivant leur destination;
celles à déféquer et clarifier ont une profondeur égale à leur diamètre. La chaudière dont
la construction est due à M. Halette, d'Arras
(*fig.* 285), est une de celles qui remplissent
le mieux les conditions si utiles d'un chauffage rapide et d'un nettoyage très facile; elle
se compose comme on le voit de 2 enveloppes
concentriques ou d'une chaudière à doubles
parois. A, chaudière enveloppante qui reçoit
la vapeur par un tube B, laisse expulser l'air
par un petit robinet C, et évacuer l'eau de
condensation par le tube de retour D. E,
chaudière à déféquer le jus et chauffée par la
vapeur qui arrive entre son fond et la double
enveloppe A; G, robinet de décharge pour le
jus déféqué ou les rinçages. Dans cette chau-

dière, la température utile à la défécation est obtenue en 25 minutes, et l'opération ne dure guère que 30 minutes.

Une disposition très simple est indiquée (*fig. 286*) pour les chaudières à déféquer et

Fig. 285. Fig. 286.

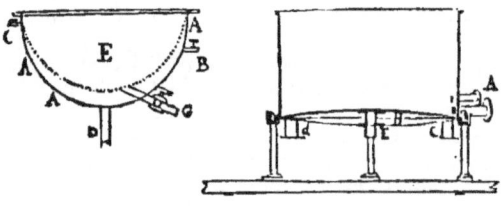

clarifier. On voit que leur fond est bombé en dedans; un robinet A permet de les vider complètement; un double fond B reçoit à volonté, par un tuyau et un robinet C, la vapeur, tandis qu'un petit robinet *d* laisse échapper l'air, et qu'un tuyau E, se prolongeant jusque près du fond de la chaudière génératrice de vapeur, y ramène l'eau condensée.

Les mêmes dispositions sont observées pour les chaudières à évaporer, à cette exception près que leur profondeur ne doit être que de quelques pouces (6 à 8), et que le fond seulement est chauffé par une double enveloppe, comme l'indiquent les coupes *fig. 287.* L'é-

Fig. 287.

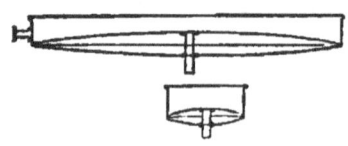

tendue de ces chaudières devant être considérable, sans exiger une grande épaisseur de cuivre, elles sont longues et étroites (de 12 à 18 pi. sur 2 pi.). On se sert plus généralement de chaudières évaporatoires à vapeur forcée, chauffées par des jeux de tubes, comme celles indiquées ci-après et connues sous le nom de *système* TAYLOR et MARTINEAU.

La dernière évaporation ou cuite peut se faire dans des chaudières semblables à celles ci-dessus décrites; cependant l'ébullition exigeant, pour être aussi vive, plus de surface de chauffe et une plus haute température, ou une moindre pression atmosphérique à la superficie du sirop, en raison de sa plus grande densité et de sa viscosité, on doit adopter l'une des dispositions suivantes.

N° 1. Le *chauffage à vapeur forcée jusqu' à 3 atmosphères* de pression, dans des tubes de 15 à 18 lig. de diamètre, distans entre eux de 6 lig., assemblés en forme de gril près du fond plat et parallèlement à celui-ci; système TAYLOR.

N° 2. Le *chauffage dans le vide relatif*; la pression atmosphérique réduite entre un tiers et un vingtième d'atmosphère, système d'HOWARD, ou d'un tiers à un quart d'atmosphère, système de ROTH et BAYVET, ou de DEGRAND.

N° 3. L'*évaporation à l'air libre* sur des surfaces très étendues, appareil à colonnes de M. CHAMPONNOIS.

N° 4. *Réunion des trois systèmes* précédens dans un évaporateur à triple effet, vaporisant 12 à 14 d'eau pour 1 de houille, appareil DEGRAND et DENOSNE.

N° 5. *Appareil d'insufflation d'air chaud*, par M. BRAME-CHEVALLIER.

Ces divers appareils seront décrits plus loin

§ II. — De la clarification ou défécation.

Il est utile de multiplier les défécations, afin que le jus soit exposé le moins de temps possible aux réactions spontanées qui l'altèrent. Deux précautions importantes doivent être apportées dans la préparation de la chaux qui sert à déféquer le jus. La *plus grande division possible de la chaux* doit être opérée par son extinction. Une fois le dosage reconnu convenable, il faut être assuré de retrouver aisément les *mêmes quantités dans les opérations ultérieures.*

Quelquefois les fabricans se contentent d'*éteindre chaque fois la quantité de chaux utile à la défécation ;* ce mode est bien plus embarrassant et présente moins de garantie d'exactitude que celui que j'ai indiqué, après en avoir constaté l'efficacité dans des exploitations en grand; voici en quoi il consiste. On doit d'abord choisir la *chaux grasse* la plus pure, puis l'éteindre en masses un peu fortes par une première immersion de quelques minutes, à l'aide de mannes à claire-voie, puis par des additions successives d'eau chaude ou tiède. On remue lentement, de manière à faire pénétrer le plus également possible l'eau dans toutes les parties qui commencent à *fuser.* Il faut ajouter ensuite assez d'eau pour obtenir un lait de chaux marquant 13 à 14° à l'aréomètre BAUMÉ, que l'on y plonge au moment où l'on vient de mettre toutes les parties en suspension en les agitant vivement; enfin on passe tout ce liquide émulsif au travers d'un tamis fin en toile métallique de fil de fer.

Le deuxième point, ou dosage régulier, s'obtiendra facilement en *mesurant toujours les mêmes volumes de lait de chaux* marquant le même degré à l'aréomètre.

On rendra la *chaux meilleure* en la laissant déposer et jetant l'eau claire surnageante; il serait même bon de répéter plusieurs fois ce *lavage*, afin d'entraîner la plus grande partie de la potasse que peut contenir la chaux, surtout celle fabriquée au bois.

On rendra toujours les *défécations plus promptes* et plus complètes en faisant chauffer le lait de chaux jusqu'à l'ébullition, au moment de le verser dans le jus.

On doit *chauffer le jus aussi vite que possible*, et dès que la température du liquide est à 60° ou lorsqu'on peut à peine y tenir le doigt plongé un instant, on verse le lait de chaux, on agite vivement quelques secondes; puis on laisse en repos, jusqu'à ce que la première apparence d'ébullition se manifeste.

La *proportion de chaux* varie entre 2, 5 et 10 pour 1000, suivant la quantité du jus, et celle-ci dépend de la variété des betteraves, de la nature du sol, des engrais, de la saison, des soins de culture, et suivant le mode d'extraction du jus. Ainsi la macération nécessite des doses quelquefois doubles de cet agent, et ces dosages ne peuvent être reconnus d'après la densité du jus; il est donc utile de faire quelques *essais préalables* de défécation en petit sur chaque sorte de betteraves à traiter, provenant d'un même champ.

Il est difficile de peser à chaque opération la quantité de chaux sèche reconnue utile par les essais ci-dessous, d'autant plus que la qualité varie, et que des proportions plus ou moins grandes des parties incomplètement éteintes ou restées en grumeaux rendent plus variable encore la quantité de chaux active. On remédiera à ces inconvéniens en éteignant à la fois, et avec les plus grandes précautions pour obtenir une grande division, *toute la chaux nécessaire au traitement des betteraves dans une campagne;* on devra ensuite employer en mesures déterminées la bouillie délayée dans l'eau de manière à marquer 13 à 14° à l'aréomètre; on sait d'ailleurs que l'on doit augmenter les doses de chaux à mesure que la saison du traitement des betteraves s'avance.

Les caractères qui annoncent dans la chaudière une *bonne défécation*, résultant d'une proportion convenable de chaux et d'un chauffage rapide, sont successivement : 1° une émanation d'ammoniaque très sensible près la superficie du liquide; 2° une séparation du coagulum en flocons tranchés nageant dans un suc clair et faciles à observer dans une cuillère d'argent; 3° une pellicule irisée se formant dès qu'on souffle sur ce liquide; 4° une écume boueuse, verdâtre, se rassemblant de plus en plus épaisse à la superficie, puis acquérant une consistance de caillé ou fromage égoutté; 5° des crevasses se manifestant dans l'épaisseur de l'écume; 6° une première irruption de jus clair dans une des fentes, annonçant l'approche de l'ébullition. Un excès de chaux offrirait ces phénomènes; mais le liquide clair conserverait une saveur âcre, que n'atténuerait qu'incomplètement sa filtration sur 3 à 4 pour 0/0 de noir en grains; enfin, un grand excès rend les écumes molles émulsives.

Dès que le *signe de l'ébullition* s'annonce, il faut se hâter de prévenir celle-ci, soit en fermant les robinets à vapeur et à retour d'eau, et ouvrant le robinet à air, soit (si l'on chauffe à feu direct) en tenant ouverts la porte du foyer et le registre de la cheminée, puis couvrant aussitôt tout le combustible ardent avec du charbon mouillé.

Quels que fussent les soins qu'on prenait dans la défécation, une partie de l'excès de chaux restée naguère en solution jusque dans la cuite et les cristallisoirs, altérait le sucre et en rendait une forte proportion incristallisable. Depuis l'emploi du charbon d'os, ce grave inconvénient a diminué de beaucoup, et le nouveau mode de filtration, l'a encore amoindri; cependant, après la 2e filtration et quelquefois après la 3e, il reste encore dans le liquide quelques traces de chaux; il reste en outre de la potasse libre, résultant de la décomposition du malate de potasse par la chaux. Dans un essai sur de petites quantités, je suis parvenu à *éliminer ces*

deux agens; peut-être le même moyen sera-t-il employé avec un succès en grand; le voici : après la 1re filtration du jus défèque sur le noir en grains, on ajoute dans le liquide clair 1 à 2 millièmes de carbonate d'ammoniaque brut; ce sel se décompose, son acide se combine à la chaux, qu'il précipite en carbonate de chaux très peu soluble, et à la potasse; l'ammoniaque libre se volatilise par suite de l'ébullition. Huit ou dix minutes avant la 2e filtration à 12° on ajoute environ un millième (toujours du poids du jus) de *sulfate de chaux*, obtenu en bouillie fine en saturant la chaux hydratée par l'acide sulfurique ou en gâchant du plâtre, et le maintenant en bouillie claire par des additions successives d'eau. Le carbonate de potasse dissous dans le jus se transforme par le sulfate de chaux en carbonate de chaux, qui se précipite, et en sulfate neutre de potasse, qui n'a pas sensiblement d'action nuisible sur le sucre. Enfin, dans la filtration sur le noir en grains, le carbonate de chaux avec le sulfate de chaux en excès, et le malate et l'oxalate de chaux, restent engagés dans les interstices du filtre; le sirop clair qui s'en écoule est mieux dégagé des agens susceptibles d'altérer la propriété cristallisable du sucre.

§ III. — Première filtration.

Reprenons les opérations où nous les avions laissées pour décrire l'innovation proposée ci-dessus.

La défécation étant faite, après 5 ou 6 minutes de repos on *soutire au clair* le suc défèque sur un filtre à noir en grains (*voy.* plus loin sa description, le mode de chargement et les avantages de ce filtre). Ce soutirage exige quelques précautions; on ouvre à demi le robinet de la chaudière, afin que l'écoulement puisse être continu, les interruptions pouvant agiter et troubler toute la masse; les premières parties écoulées troubles sont d'ailleurs reçues dans un seau à part. Dès que le liquide coule clair, on le dirige sur le filtre garni d'une toile ou sorte de *charrier*. Ce filtre est *chargé* avec le noir animal en grains qui a servi à la dernière filtration du sirop clarifié, plus un dixième environ de noir en grains neuf. Il résulte de cette manière d'opérer que le noir est dépouillé par le jus faible de la plus grande partie de sirop interposé dans le *grain*. Un volume d'eau ordinaire versé sur celui-ci déplace, en s'y substituant, le jus engagé à son tour. On épuise ainsi d'ailleurs l'action du noir sur la chaux et sur quelques principes immédiats étrangers au sucre. A la vérité, une très petite quantité de potasse (du malate), mise à nu dans le suc par la chaux, plus un léger excès de celle-ci, rendent la solution alcaline et dissolvent un peu de la matière colorante que le noir avait enlevée au sirop; mais cet inconvénient est loin de balancer les effets utiles ci-dessus indiqués.

Dès que tout le suc clair de la chaudière à déféquer est passé, on verse sur le filtre le liquide trouble mis à part au commencement de la décantation, puis on y fait couler le suc de la presse à écume.

Cette presse, à levier ou poids successifs, reçoit dans une caisse en toile métallique, un sac à ouverture large et fendue, les écumes, que l'on enlève du fond de la chaudière, à l'aide d'une large écumoire en forme d'écope.

§ IV. — Évaporation.

En sortant du filtre, le liquide clair coule dans les chaudières évaporatoires à larges surfaces, comme l'indique la vue générale pour le traitement à feu nu, (*fig.* 281) Trois ou quatre de ces chaudières reçoivent tout le liquide filtré, qui n'y occupe qu'une hauteur de 6 à 7 po.; elles l'évaporent aussitôt rapidement par une vive ébullition à feu nu, ou par la vapeur forcée dans l'appareil TAYLOR et MARTINEAU.

Dans ces derniers temps on a même appliqué à cette 1re évaporation l'appareil ROTH et BAYVET, opérant dans le vide, puis les appareils DEGRAND, et DEROSNE qui fonctionnent d'après les mêmes principes; puis enfin le système BRAME-CHEVALLIER, qui détermine l'évaporation la plus rapide au moyen de l'insufflation de l'air chaud.

Dès le commencement de l'évaporation, dans diverses fabriques, on ajoute au suc déféqué 1 pour 0/0 de son poids de *noir animal* fin. Dans ce cas, la clarification s'opère à 25° BAUMÉ environ; on le fait couler des chaudières évaporatoires dans une chaudière plus profonde à clarifier; on y ajoute du sang (1 pour 0/0 environ) bien fouetté, dans 2 fois son poids d'eau, et mêlé préalablement avec 2 seaux de sirop que l'on a laissé refroidir. On chauffe vivement, à l'aide du robinet à vapeur, et, à défaut, en allumant un feu vif. Ce chauffage doit commencer un instant avant de verser le sang étendu, et dès que celui-ci est rapidement brassé dans la chaudière, on laisse en repos l'ébullition se manifester; puis, aussitôt que celle-ci a lieu, on cesse de chauffer; on laisse reposer 2 ou 3 minutes, puis on soutire sur un filtre DUMONT de la manière suivante.

§ V. — Deuxième filtration.

Dès que l'écume albumineuse est bien formée à la superficie, on décante avec précaution à l'aide de la cannelle inférieure, et le plus possible à clair, afin d'éviter que le filtre ne s'obstrue par des flocons albumineux trop abondans.

On est plus assuré d'une *filtration rapide*, en passant d'abord la claircé dans les filtres TAYLOR. Dans ce cas, on ne laisse pas reposer un seul instant ; au moment où l'ébullition se manifeste, on vide par un large robinet tout le mélange liquide de la chaudière dans les filtres.

Depuis l'application mieux entendue des filtres DUMONT, on a essayé de supprimer complètement la clarification au sang. On filtre, dans ce cas, à trois reprises; ainsi, après la 1re filtration ci-dessus décrite du liquide désigné, on évapore sans addition de noir fin et jusqu'à 12° BAUMÉ; alors on tire au robinet tout le liquide, sur un filtre à noir en grains, on dirige dans une chaudière le liquide filtré, on évapore rapidement jusqu'à 25o, puis on filtre pour la troisième fois, mais sur un filtre DUMONT, chargé de *noir en grains neuf*. Le sirop, devenu limpide, est prêt à éprouver

la cuite; il donne plus de cristaux d'une plus belle nuance ; en effet le sang ayant été supprimé n'y laisse plus une partie de sa matière soluble et altérable, et le sirop n'est plus soumis sans évaporation à un chauffage d'une demi-heure au moins que durait la *clarification*.

Voici maintenant la description des appareils de filtration dont nous avons parlé jusqu'ici.

Filtres TAYLOR. Ces filtres, dont les détails sont représentés dans les *fig.* 288 à 291 offrent un moyen simple de multiplier les surfaces filtrantes dans une enveloppe resserrée, semblable en cela aux filtres plissés des laboratoires, etc. Un sac B (*fig.* 288) de tissu plucheux de coton, d'environ 18 pouces de large sur 3 pieds de long, est introduit et contenu dans un fourreau A, ouvert des deux bouts, en toile forte et claire. Ce dernier, bien plus étroit (6 pouces de large), maintient le premier tout irrégulièrement plissé, comme il est indiqué en A', sans que l'on prenne aucune peine pour obtenir cet effet. Le sac et l'enveloppe, ainsi l'un dans l'autre, sont adaptés aux ajustages coniques et à bourrelet C (*fig.* 289), à l'aide d'une corde, ou, plus simplement aujourd'hui, en les passant entre les parois extérieures des ajustages et un anneau de fer D, puis serrant fortement l'anneau en le faisant baisser. On conçoit que dans cette position le poids du sac et de son enveloppe, plus celui du sirop et du noir, lorsqu'on y verse le liquide de la clarification, déterminent une forte pression de l'anneau contre les tissus, l'ajustage conique et son bourrelet, rendant ainsi cette jonction très solide et hermétiquement close. Tous les ajustages, au nombre de 12 sur 2 rangs ou de 18 sur trois rangées, soutiennent ainsi autant de sacs dans leurs enveloppes A (*fig.* 290); ils sont soudés au fond d'un réservoir plat en cuivre étamé E vu en coupe dans la *fig.* 290 et par-dessus dans la *fig.* 291, soutenu par une caisse ou

Fig. 288. Fig. 290.

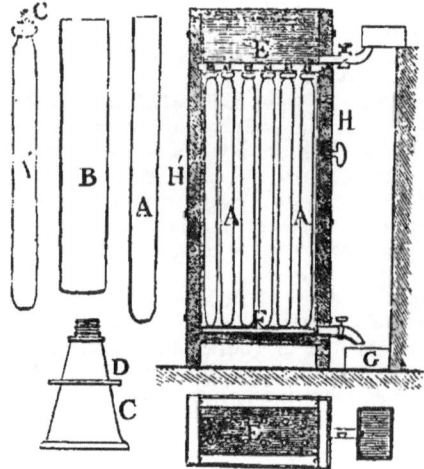

Fig. 289. Fig. 291.

coffre clos en bois doublé de cuivre mince. C'est dans ce réservoir que l'on fait couler le produit de la clarification, et le liquide est aussitôt distribué dans tous les sacs correspondans aux 12 ou 18 ajustages; un 2e récipient à claircé

F, reçoit le sirop filtré, puis le réunit dans un seul tuyau, qui le conduit au réservoir G à claire.

On voit que des panneaux H, H', doublés de feuilles en cuivre étamé, entourent de tous côtés les filtres, afin de les préserver de l'action réfrigérante de l'air ambiant. Ordinairement on n'enlève qu'un seul de ces panneaux, celui qui forme la devanture en H, pour placer les sacs, puis les ôter. Cette dernière opération se fait en soulevant chaque sac, poussant l'anneau mobile D, dégageant les bords des sacs, puis laissant descendre ceux-ci afin d'aller les verser dans la chaudière où doit commencer leur lavage par l'eau.

Filtres DUMONT. Les *fig.* 292 et 293 présen-

Fig. 292.

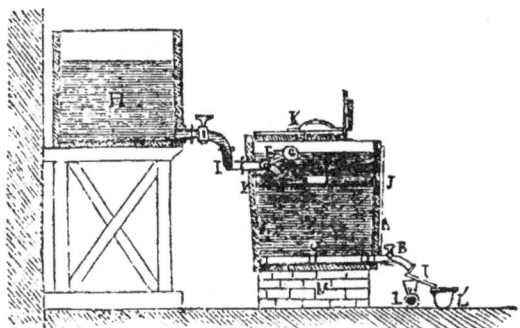

tent les détails d'un de ces filtres, l'une en coupe verticale et l'autre en coupe horizontale. A, caisse en bois doublée de cuivre mince étamé; B, cannelle en cuivre jaune soudée à la doublure; C, faux-fond percé de trous comme une écumoire et soutenu sur trois tasseaux cylindriques en tôle de cuivre; D, 2e faux-fond mobile, percé de trous comme le premier, et représenté vu par-dessus dans la *fig.* 294. Deux carrés de toile claire, de la

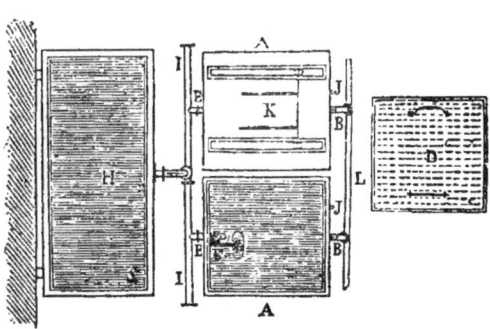

Fig. 293.   Fig. 294.

grandeur des 2 faux-fonds, doivent garnir l'un le dessus du 1er faux-fond, l'autre le dessous du faux-fond supérieur. E, cannelle engagée dans le filtre et soudée à sa doublure; la clef F est mue par un levier, à l'extrémité duquel agit une boule en cuivre G, pleine d'air, et flottant sur le sirop. Ce mode simple de régler l'écoulement maintient le sirop à 1 po. constamment au-dessous des bords du filtre, sans qu'on s'occupe d'un autre soin, une fois la filtration en train, que d'alimenter le réservoir général des filtres H et d'ouvrir le

robinet qui communique avec le tube commun I des filtres DUMONT. J, tube communiquant avec l'espace sous le premier fond et servant à dégager l'air enfermé sous ce faux-fond, et celui qui est refoulé dans les interstices du noir par l'infiltration du sirop; K, couvercle en bois revêtu à l'intérieur d'une feuille de cuivre étamé; il s'ouvre en deux parties, en sorte que l'on peut examiner ce qui se passe dans le filtre en soulevant seulement la portion antérieure, comme l'indique la *fig.* 292, par une coupe verticale. L, tuyau muni d'entonnoirs pour recueillir le produit de la filtration de tous les filtres; L' gouttière en avant du tuyau ci-dessus, dans laquelle on fait couler la claire, lorsqu'elle passe trouble, à l'aide d'un bout de gouttière à bec I, afin de la conduire dans un petit récipient particulier. On enlève le bout de gouttière I, dès que la claire coule limpide; alors elle est dirigée par les entonnoirs dans le tube L, qui conduit au réservoir à claire. M, massif en maçonnerie ou bâtis en charpente, sur lequel sont posés tous les filtres.

§ VI. — Cuite ou deuxième évaporation.

Cette opération importante s'est pratiquée de diverses manières et a donné lieu, soit dans l'extraction du sucre des betteraves, soit dans le raffinage des sucres, à plusieurs inventions brevetées. Ici nous nous bornerons à indiquer les principaux procédés en usage : cuite à la bascule, à feu nu; cuite à la vapeur forcée (TAYLOR); cuite dans le vide relatif (ROTH, BAYVET, DEGRAND et DEROSNE); appareil à colonnes (CHAMPONNOIS); rapprochement par insufflation d'air chaud (BRAME-CHEVALLIER). Quant au SYSTÈME D'HOWARD, c'est au raffinage que ce dernier mode de *cuire* le sucre est appliqué jusqu'aujourd'hui et seulement en Angleterre. C'est un des plus dispendieux de 1er établissement, d'entretien et de réparations.

L'ancienne méthode de cuite en chaudières fixes, chauffées à feu nu, réunissait les inconvéniens d'une durée longue et d'une température élevée; on y a généralement renoncé.

1° *Cuite dans la chaudière à bascule.*

Ce moyen de rapprocher les sirops au degré de *cuite* fut un perfectionnement remarquable à l'époque où M. GUILLON imagina de substituer cette sorte de chaudière aux chaudières fixes. Dans ces dernières, l'évaporation durait 30 à 45 minutes; dans celles de M. GUILLON, la cuite pouvait être faite en 6 à 8 minutes. Dans le 1er cas, l'altération, augmentée encore par la masse, était au-delà de six fois plus grande que dans le 2e; aussi s'empressat-on de l'adopter dans toutes les raffineries, puis ensuite dans les fabriques de sucre indigène, puis enfin dans plusieurs habitations coloniales où l'on extrait le sucre de cannes.

C'est encore aujourd'hui la construction la plus simple et la moins dispendieuse de 1er établissement; elle convient surtout aux petites exploitations. Nous avons décrit à la page 194 (*fig.* 207 et 208) la chaudière à bascule et nous renvoyons à cette description; nous ajouterons seulement ici qu'il y a devant et au pied de cette chaudière, dans les fabriques de sucre, un rafraîchissoir ou réservoir en cuivre, dans lequel la chaudière basculant verse successivement les cuites. Ce vase peut être posé sur des roulettes ou galets, afin de les faire passer dans l'*empli*, chambre où se disposent les *formes* dans lesquelles le sucre doit cristalliser en masse.

Le sirop filtré ou *clairce*, contenu dans un réservoir dont le fond est un peu élevé au-dessus des bords de la chaudière à bascule, se verse à volonté dans cette chaudière, à l'aide d'un robinet. Il convient, pour la rapidité de l'opération, que la *clairce* n'occupe qu'une hauteur de 18 lignes à 2 pouces. Le feu étant fort actif, l'ébullition vive s'établit en moins d'une minute dans toutes les parties de la chaudière; souvent le sirop visqueux, surtout en raison de ce que l'on n'a pas employé pour la défécation une dose suffisante de chaux, s'élève en mousse trop volumineuse, et mouillant incomplètement le fond, pourrait brûler. On diminue cet inconvénient en faisant crever avec rapidité les bulles accumulées formant la *mousse*; pour cela on jette une petite quantité (4 ou 5 grammes) de matière grasse; on se sert plus ordinairement de beurre pour obtenir cet effet; il est si prompt qu'il semble avoir quelque chose de magique. Au moment où le sirop visqueux s'élève en mousse et va déborder, on projette au milieu une boulette de beurre; à l'instant la mousse s'affaisse et la vapeur se dégage facilement. Il est parfois utile de renouveler l'emploi du beurre pendant la durée d'une cuite; le suif produirait un effet analogue, mais par sa rancidité il pourrait donner lieu à un goût désagréable. Un phénomène inverse a été observé récemment; c'est l'*immobilité des sirops à la cuite;* il paraît tenir à l'excès de chaux qui, combiné au sucre (*saccharate de chaux*) retiendrait l'eau avec une telle force qu'on ne peut que difficilement l'en séparer sans une profonde altération. L'appareil BRAME-CHEVALLIER, soit par l'agitation forcée qu'il imprime à la clairce, soit par l'acide carbonique qu'il y introduit avec l'air, remédie le mieux à ce grave accident.

Modification dans la cuite à feu nu. Afin de simplifier la construction de ses chaudières et d'y remplacer plus promptement les sirops cuits, M. GUILLON a depuis imaginé de les laisser fixes, de les disposer ainsi qu'on le voit en coupes longitudinale et transversale dans les *fig.* 295 et 296 à côté les unes des autres et

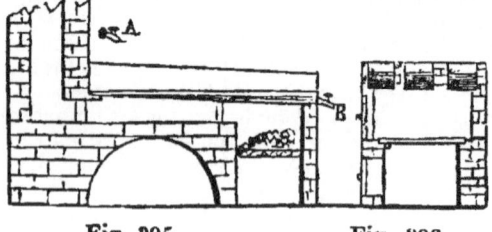

Fig. 295.   Fig. 296.

de les tenir assez étroites et longues (10 po. sur 6 à 8 pi.) pour que le sirop cuit fût chassé en une nappe uniforme par le robinet B qu'on ouvre en même temps que le robinet A. Cet ingénieux ustensile a été désigné sous le nom de *poissonnière*, et appliqué avec succès à rapprocher les clairces dans le raffinage, il

serait sans doute très convenable dans des fabrications d'essai ou de petites manufactures annexes d'exploitations rurales.

On a proposé divers moyens de reconnaître le *terme de l'évaporation*, le point de rapprochement convenable, ou *degré de cuite*, de la clairce pour que la cristallisation en masse se fît bien. Naguère encore nous avons vu, dans de grandes usines, les chaudières fixes munies de thermomètres, indiquant ce terme. On conçoit en effet que la densité du liquide augmentant avec l'évaporation de l'eau, la température de l'ébullition augmentait en même temps.

Mais déjà dans les cuites durant 30 à 45 min., les indications du thermomètre étaient trop lentes; le remplacement des thermomètres cassés soumettaient aux variations entre ces divers ustensiles; à plus forte raison ces inconvéniens, beaucoup plus graves pour des opérations faites en 6 à 10 min. devaient-ils faire renoncer à l'emploi de ce moyen. Il en fut de même des divers aréomètres essayés, plus lents encore et plus difficiles à consulter, en raison de la viscosité des sirops rapprochés; nous ne nous arrêterons donc pas plus long-temps à ces procédés imparfaits.

Le mode le plus généralement adopté, soit dans la fabrication, soit dans le raffinage du sucre, consiste à *passer horizontalement et avec célérité, une écumoire* dans toutes les parties du sirop bouillant, à relever la lame verticalement, effleurer aussitôt sa surface avec le bout de l'index, poser celui-ci sur le pouce et écarter vivement les doigts, en regardant l'effet du liquide interposé; s'il forme un filet qui, en se *rompant, se replie en crochet,* le rapprochement du sirop est à son terme. Un autre moyen simple, consiste à *souffler fortement sur la face de l'écumoire,* relevée et légèrement secouée; si alors une multitude plus ou moins grande de globules légers s'envolent en arrière, la cuite est terminée et plus ou moins rapprochée. Avec un peu d'habitude, ces procédés simples suffisent au but qu'on se propose; et d'ailleurs, quelques cuites trop rapprochées se corrigent par quelques autres poussées moins loin et que l'on y mélange à dessein.

Dès que le terme de la cuite est reconnu, on tire la chaîne de la bascule, et le sirop cuit tombe dans la chaudière dite rafraîchissoir. Le produit de 6 à 8 ou 10 opérations, étant ainsi rassemblé dans un *rafraîchissoir, on roule celui-ci dans l'empli,* et on le remplace par un autre vide; ou encore deux rafraîchissoirs contigus sont à portée de la chaudière, en sorte que, lorsque l'un est rempli, on tourne une gouttière courte qui y dirigeait les cuites, dans le sens opposé, et l'autre rafraîchissoir commence alors à se remplir.

Ce dernier mode est préférable; il permet de réunir un plus grand nombre de cuites, et de commencer le *grainage* ou cristallisation sur de plus ou moins grandes masses, ce qui modifie à volonté la cristallisation. Il évite d'ailleurs le déplacement du rafraîchissoir si l'empli est très près de l'atelier où se termine la concentration.

Lorsque l'on se propose d'épurer le sucre brut par un *claircage*, on ne réunit que 4 cuites dans le 1er rafraîchissoir; on porte directement leur produit dans les formes, afin que la cristallisation commençant et se terminant dans ces derniers vases, y soit plus régulière et laisse ensuite mieux écouler le sirop.

Pendant la cuite, les *sirops se colorent et s'altèrent* toujours plus ou moins, suivant qu'ils sont plus ou moins impurs. Les principales causes de ces altérations sont l'élévation de la température, et surtout la durée de l'opération. Quelques personnes avaient attribué la plus grande influence dans cette occasion, soit à la température élevée soit à l'action de l'air, favorisée par la chaleur. Il est d'autant plus important de réfuter ces opinions, qu'elles ont donné lieu à des dispositions inutiles pour exclure l'air en conservant la pression atmosphérique, et même à des spéculations ruineuses, fondées sur un rapprochement à basse température en augmentant la durée de l'opération. Démontrons en premier lieu, par une citation succincte des faits, que l'action d'une température douce et prolongée est beaucoup plus nuisible que celle d'une haute température, produisant une évaporation très rapide.

D'abord, il a été bien constaté que l'ébullition pendant 30 à 45 min., suivant l'ancien usage de cuire, *fonçait beaucoup plus la couleur*, et rendait incristallisable une bien plus grande proportion de sucre, que la cuite rapide en 6 à 10 min. dans la chaudière à bascule. Une évaporation lente à une température au-dessous de l'ébullition obtenue par le chauffage à la vapeur, loin de produire l'effet attendu, donna, dans de grandes exploitations, des sirops d'une couleur brune foncée, totalement incristallisables. Les essais d'évaporation lente, soit à feu direct, soit au bain-marie, furent aussi malheureux. Quant à l'action de l'air, loin de la considérer comme extrêmement préjudiciable, elle doit être regardée comme à peu près indifférente pour les sirops en concentration, et quelquefois favorable. En effet des expériences comparatives, dans l'air, dans le vide et dans l'acide carbonique ou l'azote, m'ont donné des résultats sensiblement égaux pour des températures et des durées de temps égales. Voici d'ailleurs ce que nous avons observé dans des opérations en grand, où l'on a profité de l'action de l'air atmosphérique pour accélérer l'évaporation.

M. Derosne essaya un système de *rapprochement rapide* des sucs déféqués, en se fondant sur la vitesse de l'évaporation des liquides en couches excessivement minces exposées à l'air. Des tissus imprégnés de liquide chaud, des chaudières plates à peine recouvertes d'une ligne, multipliaient considérablement les surfaces, et cependant l'action de l'air, à laquelle une si grande prise était offerte constamment, ne produisit que l'effet désiré, de hâter le rapprochement sans altérer le sucre cristallisable.

Une chaudière circulaire, plate, dans laquelle un *agitateur*, mû avec rapidité, renouvelait sans cesse et multipliait les surfaces du sirop bouillant en contact avec l'air, fut employée avec le même succès par M. Dumont, puis par plusieurs autres confiseurs.

Un *tambour ou cylindre* d'un grand diamètre, tournant horizontalement sur son axe et plongeant à peine dans le sirop bouillant d'une chaudière inférieure, emportait dans sa rotation une couche mince du liquide chaud qu'il exposait ainsi, sur une superficie très étendue, à l'action de l'air; la rapidité seule de l'évaporation parut avoir son influence utile, et une patente fut prise à Londres, pour ce nouveau mode de cuite.

Mais une démonstration plus complète encore résulte de l'application de l'air chaud, insufflé au travers du sirop, car dans ce système l'évaporation a lieu exclusivement par l'*action de l'air*, comme espace incessamment renouvelé, la température restant toujours au-dessous de celle de l'ébullition malgré la pression atmosphérique. Or, si le contact de l'air était une cause sensible d'altération, l'effet produit en ce sens dans l'appareil Brame-Chevallier devait être à son maximum, tandis qu'au contraire, il est un de ceux qui conservent le mieux au sucre ses propriétés, et notamment la faculté de cristalliser.

Il est donc bien démontré que l'action de l'air dans l'évaporation des sirops n'est pas sensiblement nuisible, et qu'il faut s'attacher, dans les opérations de ce genre, surtout aux moyens de diminuer la *température* et le *temps*.

Nous décrirons ici les principaux appareils à concentrer les sirops, et nous indiquerons les particularités dans la conduite des opérations qui leur sont relatives.

2° *Appareil de* Taylor *pour cuire les sirops par la vapeur à haute pression.*

La *fig.* 297 représente en élévation cet appareil vu du côté de l'arrivée de la vapeur; la *fig.* 298 est une coupe faite par le milieu de sa longueur; la *fig.* 299 en est un plan vu en dessus; la *fig.* 300 est une coupe horizontale, dans l'axe d'une partie des tubes dans lesquels circule la vapeur et de leurs robinets. A, chaudière en cuivre posant sur 4 colonnes en fonte, qui elles-mêmes sont fixées sur un massif en pierre. B, grands tubes en cuivre, placés à égale distance au fond de la chaudière, où ils forment une grille horizontale enveloppée par le sirop à cuire. L'un des bouts est fermé et de forme hexagonale, pour donner prise à la clef avec laquelle on les visse dans la pièce C. Cette pièce est terminée d'une part par un cône percé latéralement (*fig.* 300), comme la bague en cuivre qui l'enveloppe, pour permettre la libre communication entre les tubes extérieurs B et le tuyau coudé F; elle est supportée à l'autre extrémité par la pointe d'une vis *j* (*fig.* 299). A l'aide de cette disposition on peut relever la grille en la faisant pivoter autour de l'axe, et nettoyer le fond de la chaudière. D, (*fig.* 300), autres tubes renfermés dans les premiers, avec lesquels ils communiquent; ils sont également vissés dans le diaphragme *a*, qui sépare en 2 parties l'intérieur de la pièce C. E, robinet à double orifice, que l'on ouvre ou que l'on ferme à volonté par la clef *b*. Le 1ᵉʳ orifice *c*, sert à l'introduction de la vapeur qui arrive par le tuyau *d* de la chaudière où elle se forme, et qui se rend dans les tubes D lorsque cet orifice est ouvert, comme l'indiquent les détails des *fig.* 300, 301, 302

Fig. 299.   Fig. 298.

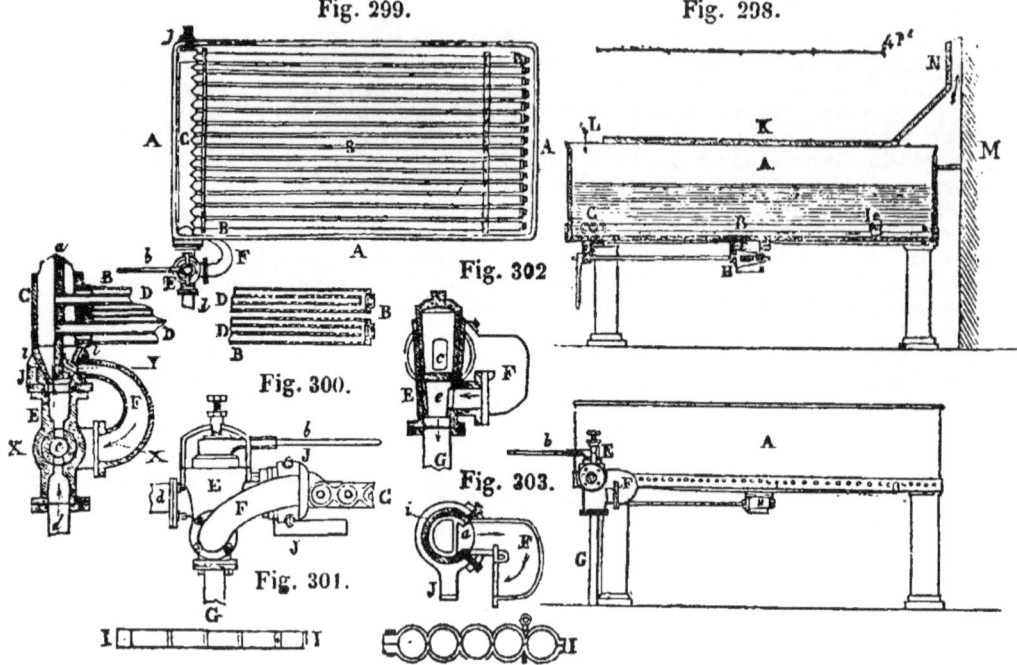

Fig. 302.

Fig. 300.

Fig. 303.

Fig. 301.

Fig. 304.   Fig. 297.

303 La vapeur, après avoir circulé dans ces tubes et ceux qui les enveloppent, sort condensée par l'ouverture *e*, pour retourner au générateur. F, tuyau recourbé établissant la communication entre les grands tubes D et le tuyau de sortie G, qui ramène à la chaudière la vapeur condensée. H, robinet placé au-dessous et au centre de la chaudière pour la vider, lorsque le sirop est cuit. Afin de faciliter cet écoulement, le fond de la chaudière est légèrement concave; dans d'autres appareils dont la chaudière se vide à l'extrémité, elle est seulement un peu inclinée.

Fig. 301. Vue extérieure du robinet E, des tuyaux d'entrée et de sortie de la vapeur, et d'un fragment de la pièce C, dégarnie des tubes qui viennent s'y fixer. *Fig. 302.* Coupe verticale suivant XX de la *fig.* 300. *Fig.* 303. Coupe suivant la ligne YY. *Fig.* 304. Détails d'une partie de la traverse 1, qui maintient l'écartement des tubes B.

Jeu de l'appareil. Lorsque le sirop qui découle du réservoir placé au-dessus de la chaudière A a rempli environ le tiers de celle-ci, on ouvre le robinet E, pour permettre à la vapeur d'entrer par l'orifice *c*, et de se précipiter dans les tubes intérieurs D; elle passe ensuite dans les grands tubes B, qu'elle traverse dans toute leur longueur, pour revenir avec l'eau condensée vers le diaphragme *a*, et se rendre de là au générateur par l'orifice *e*, que le robinet E ouvre en même temps que le premier *c*.

Cette circulation de la vapeur, qui est exprimée par la direction des flèches dessinées sur les figures, continue jusqu'à ce que le sirop, dès les premiers instans mis en ébullition, soit arrivé au terme de *cuisson*, ce qui a le plus ordinairement lieu au bout de 12 à 15 minutes; alors on ferme le robinet E, et

l'on ouvre celui H, placé sous la chaudière, pour laisser écouler le liquide, qui, aussitôt déversé, est remplacé par celui que l'on fait de nouveau arriver du réservoir, afin de recommencer une semblable opération. L'appareil, travaillant ainsi pendant une journée de 12 heures, peut cuire une quantité suffisante de sirop pour obtenir 400 pains de sucre pesant chacun 5 kilogr. Désirant éviter de répandre dans l'atelier la vapeur que produit le sirop pendant l'ébullition, M. BAYVET a recouvert la chaudière A de planches K (*fig.* 298), laissant une ouverture antérieure L, par laquelle l'air se précipite, en vertu du tirage que détermine l'échauffement produit par un corps de cheminée verticale M, dans une double enveloppe en bois N.

La densité des solutions augmentant, et avec elle la température de leur ébullition, puis enfin la pression correspondante de la vapeur, il faut que la chaudière génératrice, les tuyaux de communication, et enfin les tubes chauffeurs, soient disposés pour une production de vapeur sous la pression de 3 atmosphères.

Du reste, le degré ou terme de la cuite se reconnaît, et la mise dans les rafraîchissoirs a lieu, relativement à ce procédé, comme pour la chaudière à bascule; les avantages qu'il présente sont : 1º d'éviter plus facilement les résultats d'un coup de feu, puisqu'il suffit de fermer l'accès à la vapeur pour arrêter le rapprochement; 2º d'éviter la *caramélisation* d'une couche de sirop adhérente à la chaudière basculée, effet qui s'aggrave promptement si la *clairce* (sirop clarifié) n'est pas versée dans cette chaudière en même temps qu'elle est replacée sur le feu (1); 3º que le même foyer chauffant la chaudière à produire la vapeur, il ne faut pas enlever le *feu*, perdre une grande

(1) Le perfectionnement de la cuite à feu nu apporté chez M. GUILLON, par la construction des chaudières dites *poissonnières* ci-dessus décrites diminue beaucoup cet inconvénient.

partie de la chaleur du combustible et des parois du fourneau chaque fois que l'on cesse de *cuire;* qu'enfin, et par suite des 2 1ers avantages, les sirops moins altérés cristallisent mieux et plus abondamment.

3° *Appareil d'Howard.*

Le procédé d'Howard, évaporant aussi vite à une température plus basse, ainsi que les nouveaux systèmes précités, sont sous ces rapports préférables encore.

Le procédé d'Howard exige un appareil composé de 3 pièces principales : 1° une chaudière d'évaporation chauffée par la vapeur ; 2° un réfrigérant ; 3° une pompe à faire le vide. Il est fondé sur les mêmes principes que ceux de Roth et de Degrand. Nous nous attacherons plus particulièrement à décrire ces derniers, qui, moins dispendieux de 1er établissement, nous paraissent mériter la préférence, en France surtout, où ils ont déjà présenté de très bons résultats.

4° *Appareil de Roth et Bayvet.*

L'appareil Roth (1) dispense de l'emploi d'un moteur, le vide étant produit constamment de 21 à 23 pouces de mercure par une très petite portion de la vapeur servant au chauffage. Il se compose d'une chaudière à double fond en cuivre, assemblée avec un dôme ou coupole de même métal, hermétiquement fermée. L'espace compris entre les deux fonds est chauffé par la vapeur provenant d'un générateur qui la distribue aussi à volonté dans l'espace sous le dôme et dans le réfrigérant, pour produire le vide ; enfin, dans un serpentin ou tuyau contourné en spirale, placé sur le fond intérieur, où elle circule constamment pour activer la cuisson du sirop.

Aussitôt que, par une forte injection de vapeur, la chaudière et le tambour réfrigérant sont purgés d'air, et que le vide y est établi par la condensation, la clairce à rapprocher, contenue dans une bassine contiguë, s'y précipite.

A mesure que la vapeur est produite dans la chaudière, elle passe dans un réservoir réfrigérant, dont l'air a d'abord été chassé, puis où elle est condensée par un courant d'eau froide, qui se répand en pluie dans l'intérieur du vase. L'eau de condensation, dont la température est élevée de 40 à 45° par le calorique enlevé à la vapeur, peut être quelquefois utilisée pour divers usages. La *preuve* ou degré de cuite se prend au *filet* ou *crochet;* une sonde très simple et d'un usage commode, adaptée sur la chaudière, permet de retirer une petite portion du sirop sans laisser entrer l'air.

Dès que le sirop est cuit au degré ordinaire, en tournant un robinet on le fait écouler dans un rafraîchissoir placé au-dessous ou à côté de la chaudière. On peut à volonté réchauffer dans la chaudière ou dans le rafraîchissoir pour faciliter le commencement de la cristalisation.

Voici les avantages principaux qu'offre cet appareil :

1° Il opère avec une *grande célérité;* un appareil dont la chaudière a 6 pieds de diamètre peut suffire à une raffinerie qui fond 25 milliers de sucre par jour, comme à une fabrique où l'on évaporerait journellement 300 hectolitres de jus. Si l'on ajoute une 2e chaudière semblable de 4 pieds de diamètre, la totalité de l'évaporation, à partir de la 1re filtration, pourra se faire dans les 2 chaudières ; la plus petite ne servant qu'aux sirops clarifiés.

2° La durée d'une cuite est de 20 *minutes;* elle représente 30 pains relativement au grand modèle de 6 pieds de diamètre.

3° La température à laquelle s'opère la cuite des sirops, pour des charges moyennes, *est de 55 à 60° R.* On pourrait opérer au-dessous de ce degré, mais ce serait sans avantage bien marqué, puisqu'il faudrait diminuer la charge, augmenter la proportion d'eau de condensation, et employer plus de vapeur pour former le vide.

4° Dans ce système on ne *fait pas habituellement usage de réchauffoirs,* comme dans l'appareil d'Howard ; et après chaque opération on se contente de laisser la cuite quelques minutes dans le rafraîchissoir avant de porter dans les formes, et le grainage commençant rapidement, on opale dans le rafraîchissoir seulement, et l'on ne mouve plus dans les formes, même dans le raffinage.

5° Le nouvel appareil peut *fonctionner par la vapeur à la pression atmosphérique ordinaire,* et éviter ainsi les inconvéniens attachés à l'emploi de la vapeur à haute pression. Toutefois, cette disposition n'est que facultative ; l'appareil marche à moyenne et même à haute pression, sans qu'il en résulte aucun changement dans les conditions essentielles du système. Une tension plus élevée dans la vapeur chauffante accélère la vitesse des opérations.

6° On peut rapprocher dans la chaudière de Roth des sirops qui, à raison de leur qualité inférieure, présentaient des difficultés insurmontables pendant la cuite à l'air libre. Elle permet aussi d'extraire du sucre cristallisé de quelques mélasses qui ne sont pas susceptibles d'en donner lorsqu'on évapore dans les chaudières à l'air libre. La consommation du combustible est dans ce système à peu près la même que dans celui de Taylor.

7° Toutes les vapeurs étant condensées dans cet appareil facilitent dans l'usine une grande *propreté;* de plus, en faisant disparaître cette masse de vapeurs qui inonde ordinairement les raffineries et les sucreries de betteraves, on préserve les bâtimens d'une détérioration notable.

8° Le nouvel appareil, appliqué au raffinage, ne nécessite pas de *nettoyer les chaudières* intérieurement, et après le rapprochement des sirops dans la fabrication de sucre de betteraves les nettoyages sont très faciles, car la température à laquelle la cuisson s'opère habituellement ne fait pas adhérer les corps

---

(1) M. Bayvet, un de nos raffineurs les plus éclairés, en a fait usage depuis plusieurs années dans sa raffinerie de Paris, et a indiqué quelques perfectionnemens ; le plus notable est le chauffage simultané en dedans et en dehors, enfin MM. Roth et Bayvet viennent d'ajouter un réfrigérant qui supprime la plus grande partie de la dépense de l'eau dans les localités où l'on a peine à s'en procurer. Ce réfrigérant est décrit plus loin.

étrangers aux surfaces chauffantes en contact avec le liquide.

9º Enfin, l'avantage principal qui résulte du système évaporatoire de M. Roth appliqué aux usines à sucre, c'est que tous les *produits qu'on obtient sont d'une nuance moins foncée et de meilleur goût;* que la quantité des *sirops incristallisables est diminuée* dans une proportion sensible, si on le compare aux appareils précédemment construits. Quant à ceux établis plus récemment encore, notamment ceux de MM. BRAME-CHEVALLIER, DEGRAND, CHAMPONNOIS, ils présentent à un degré plus ou moins élevé les mêmes avantages.

La quantité d'eau nécessaire dans le travail est de 5 hectolitres par hectolitre de sirop à cuire, mais on peut réduire de plus des 9 dixièmes cette quantité d'eau à l'aide d'un réfrigérant.

Les figures 305 à 313 feront connaître les détails de la construction et la manœuvre de cet appareil, ainsi que le réfrigérant nouveau; il est indispensable que les ajustemens et toutes les clouûres tiennent parfaitement *le vide. Fig.* 305. Elévation latérale de l'appareil et coupe du récipient de condensation des vapeurs. *Fig.* 306. Vue en-dessus de l'appareil. *Fig.* 307. Tuyau tourné en spirale et placé au-dessus et près du fond supérieur de la chaudière. *Fig.* 308. Plan et coupe verticale du récipient par l'axe *g, g. Fig.* 309. Coupe de la sonde à prendre les preuves du liquide.

Fig. 309.   Fig. 311.

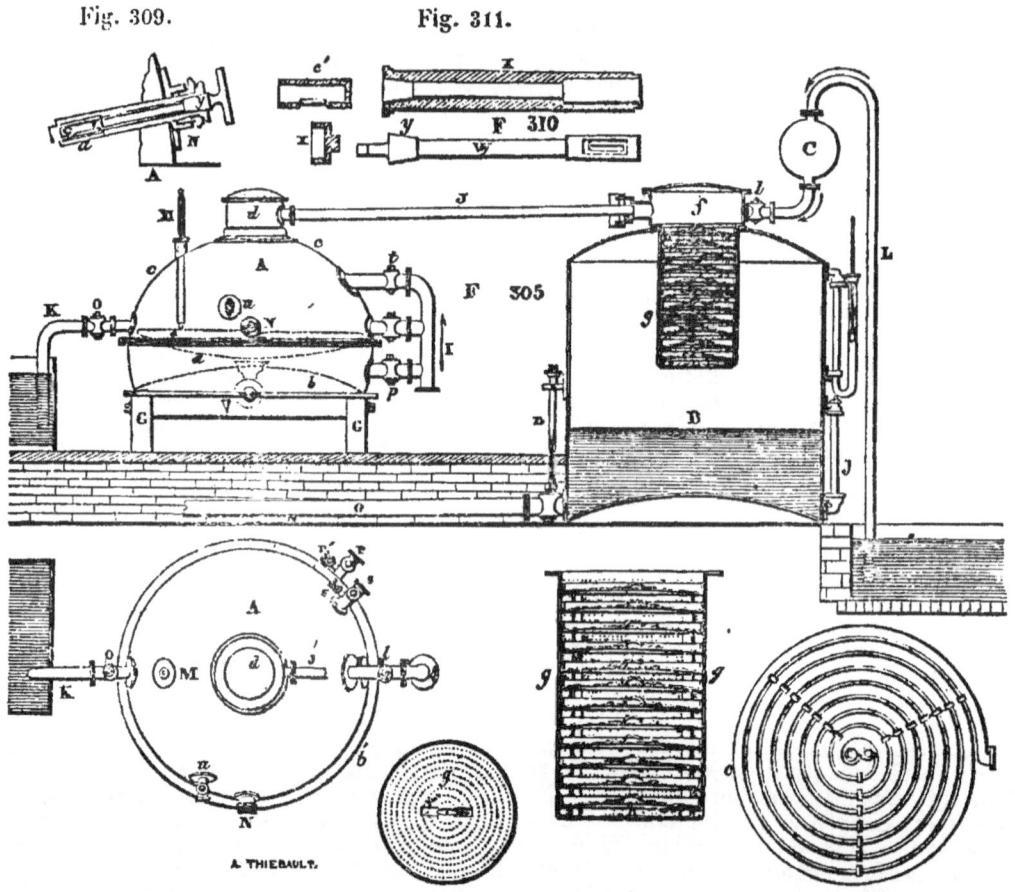

Fig. 306:   Fig.308.   Fig. 307.

Fig. 310. Le piston de la sonde vu séparément. *Fig.* 311. Coupe du tube dans lequel passe le piston. Les mêmes lettres indiquent les mêmes objets dans toutes les figures.

A, chaudière évaporatoire en cuivre; elle est formée des pièces suivantes : *a, a*, fond intérieur, *b, b*, deuxième fond ou fond extérieur. Les deux fonds sont bombés en sens inverse l'un de l'autre, et réunis au centre; *c*, coupole ou dôme de la chaudière. Ces trois parties sont assemblées par un joint commun; *d* est un chapiteau muni d'un obturateur bien ajusté. Dans l'intérieur de la chaudière est placé un serpentin formé d'un tuyau en cuivre *e*, tourné en spirale (*fig.* 307).

B, récipient en tôle ou fer laminé; *f*, chapiteau du récipient B; *g, g* (*fig.* 305 et 308), espèce de passoire formée d'un cylindre en cuivre percé de trous sur toute sa surface; dans son intérieur on voit une série de *plateaux* ou diaphragmes superposés les uns aux autres, et également criblés d'un grand nombre de trous; J, tube indicateur du niveau de l'eau; un manomètre à air libre, dans lequel une tige mobile en bois repose sur la surface du mercure indique les variations de hauteur du liquide; C, boule en cuivre; à gauche est un réservoir ou bassin à *claire*, dont tout ou partie de la capacité jaugée est égale à la charge de la chaudière; à droite le réservoir à eau froide; G, bâti en bois servant de support à la chaudière et portant sur une maçonnerie; I tuyau à triple embranchement pour l'admission dans l'appareil, de la vapeur venant d'un générateur; J, tuyau conduisant la vapeur de la chaudière A dans le récipient B; K, tuyau plongeant dans un bassin; L, tuyau descendant dans le réservoir; M, thermomètre qui entre dans la chaudière A; N, sonde pour prendre des *preuves* du sirop en ébullition; O, tuyau de décharge de l'eau de condensation; l'appareil porte en outre un robinet pour l'admission de la vapeur dans la chaudière; un robinet pour la sortie de l'eau qui a servi à la condensation, et ensuite de l'air, et qui se manœuvre avec une clé à levier *n*; un robinet pour l'admission du sirop dans la chaudière, et un robinet pour l'introduction de la vapeur entre les fonds; un autre robinet introduit la vapeur dans le tuyau en spirale *e*; *r*, *s*, robinets de retour (*fig.* 306); *t*, robinet d'aspiration; *u*, robinet pour la rentrée de l'air; *v*, robinet pour vider la chaudière.

Manœuvre de l'appareil. On commence par expulser l'air. A cet effet, on injecte la vapeur dans la chaudière en ouvrant le robinet *l*; l'air sort par le robinet du tambour; son expulsion est complète après une ou deux minutes. On reconnaît que le vide est formé lorsque, touchant la partie inférieure du récipient B, on n'y peut plus tenir la main; on ferme alors le robinet *l*, et l'on ouvre le robinet O; le sirop du bassin est attiré rapidement dans la chaudière sous l'influence du *vide* qui se forme par la condensation de la vapeur. On referme le robinet avant que le niveau du liquide dans le bassin ait mis à découvert l'orifice du tuyau plongeur K, afin qu'il ne puisse pas aspirer d'air. En ce moment il ne reste qu'à introduire la vapeur dans le double fond et dans le tuyau spiral *e*, au moyen des robinets *p* et *q*, et à ouvrir les robinets de retour *r*, *s* (*fig.* 306). Ces robinets ramènent au générateur l'eau provenant des vapeurs condensées; ils ont chacun un embranchement latéral muni d'un petit robinet à air.

Quelques secondes après l'introduction de la vapeur dans le tuyau spiral et dans le double fond, on voit remonter le flotteur du manomètre qui était descendu au moment où le sirop est entré dans la chaudière; c'est l'indice que le sirop a atteint le degré d'ébullition. On ouvre alors le robinet d'aspiration pour laisser arriver l'eau du réservoir et l'on règle son admission de manière à maintenir le flotteur du manomètre dans les limites déterminées.

Quand on juge l'opération près de son terme, on prend la preuve au moyen de la sonde N. Cet instrument consiste en un corps de pompe ou cylindre X en cuivre (*fig.* 309 et 310), présentant à l'extérieur une entrée conique; il reçoit un piston *w* de même métal. La tige de ce piston porte au-dessous de la poignée un cône *y*, ajusté dans la douille qui ferme l'entrée du corps de pompe. Une petite cavité creusée dans le piston répond à une ouverture *a*, percée dans le corps de pompe. Lorsque le piston est descendu au fond, et tourné de manière que les ouvertures coïncident, le liquide pénètre dans la cavité. La manœuvre de cet instrument consiste à tourner le piston d'un demi-tour, en appuyant sur la poignée de manière à amener sa cavité en-dessous. Dans ce mouvement d'un demi-tour, le piston

ferme le robinet cylindrique; on retire alors le piston, et, ayant pris la preuve dans la cavité pleine de sirop, on le replace dans sa première position.

Le sirop étant jugé cuit, l'ouvrier ferme les robinets *p*, *q*, *r*, *s*, *t*, et, ayant laissé rentrer l'air par le robinet *u*, il vide simultanément la chaudière par un robinet, et le récipient B par un autre robinet, pour recommencer une autre opération.

La boule C sert à opérer instantanément la condensation d'une partie des vapeurs qui remplissent l'appareil immédiatement après l'expulsion de l'air, et à provoquer la prompte aspiration du sirop dans la chaudière; elle est surtout utile lorsque le bassin est éloigné de la chaudière, et que le sirop, pour y arriver, est obligé de monter à une certaine hauteur.

La hauteur de l'aspiration de l'eau ne doit pas dépasser 5 mètres. Les *fig.* 312 et 313 montrent le

Fig. 312.

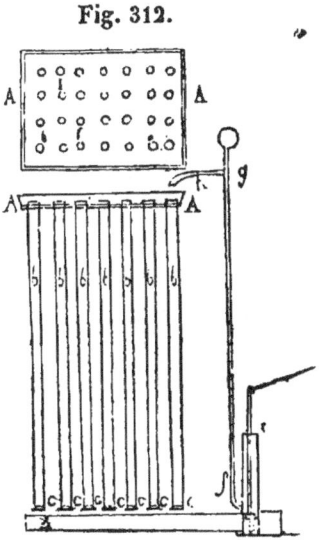

Fig. 313.

réfrigérant qui permet de faire toujours servir la même eau, et d'y ajouter l'eau de condensation que fournit la vapeur des sirops; la 1ʳᵉ est la coupe verticale de l'appareil, et la 2ᵉ la vue en dessus du plateau supérieur. Ce réfrigérant se compose donc d'un plateau à rebords AA, élevé à 15 pieds au-dessus du sol; son fond est percé de trous garnis par le bout de tubes *bb* de 15 pieds de haut et de 6 pouces de diamètre en toile forte et claire, soutenue par des cercles en plomb *c*, qui les maintiennent verticalement au-dessus d'un bassin inférieur dans lequel se rassemble toute l'eau qui s'écoule sur les tubes et *a servi à la condensation* de la vapeur dans le grand cylindre à concentrer. L'eau chaude est montée à l'aide d'une pompe *e*, et de son tuyau *f*, *g*, *k*, sur le plateau A, d'où elle se distribue le long des tubes *bb*, et les rafraîchit par suite de l'évaporation. La même pompe peut reprendre l'eau recueillie dans le bassin, afin de lui faire subir un nouveau refroidissement en le reportant une 2e fois sur le plateau supérieur. Il est convenable d'avoir à proximité 2 grands réservoirs capables de contenir chacun la quantité d'eau nécessaire au travail d'une journée, afin que le refroidissement s'y continue de manière à ce qu'il suffise de faire monter une ou 2 fois au plus l'eau sur l'appareil réfrigérant.

5° Appareil Degrand.

Les détails minutieux dans lesquels nous sommes entrés relativement à l'appareil Roth et Bayvet nous permettront d'être brefs dans la description du système Degrand. On remarquera d'abord que la chaudière est à double enveloppe et serpentin intérieur, qu'elle porte en outre une sonde d'épreuve, des jours fermés par des verres pour observer le travail à l'intérieur, un thermomètre, un robinet d'épreuve, un robinet à huile en tout semblables à ceux de la chaudière Roth, et qui n'ont pas été figurés pour ne pas compliquer le dessin ; les autres parties de l'appareil vont être décrites en expliquant la manière de conduire les opérations.

Conduite de l'opération dans l'appareil De-grand. C'est dans la chaudière A *fig.* 314 et 315 qu'on évapore les dissolutions sucrées. La vapeur chauffante est introduite dans le double fond *h* et circule dans le serpentin *h'*. L'expulsion de l'air s'effectue dès qu'on ou-

vre les robinets *m'* et *j* ; la vapeur en effet s'introduit alors dans la chaudière close et sort dans l'atmosphère en *j'*, après avoir parcouru cette chaudière, le condensateur C, et le cylindre D qui le termine, entraînant avec elle, au dehors, l'air qui y était contenu.

L'air étant ainsi chassé, on ferme les robinets *m*, *j'*, et l'on ouvre *b* ; alors le liquide (jus défequé et filtré au noir) contenu en *a* commence à s'écouler sur le condensateur C, et produit le vide. Bientôt après on aspire dans la chaudière A la charge du jus à concentrer ou de sirop à cuire ; à cet effet, on ouvre le robinet *j*, qui permet de puiser à volonté dans le réservoir *f* ou dans le réservoir G ; et quand le niveau, placé sur la chaudière, indique que la charge est complète, on arrête l'écoulement du jus ou du sirop, en fermant le robinet *j*. Mais un instant même avant que la charge soit complète, on ouvre les robinets *m*, *m'*, pour introduire la vapeur chauffante dans le système de chauffage ; l'ébullition du jus ou du sirop contenu dans la chaudière se manifeste bientôt.

La vapeur que ce jus produit est conduite au condensateur-évaporateur C par les tuyaux *l l*. Ce condensateur, ajouté par M. Derosne, se compose de deux séries de tubes horizon-

Fig. 314.   Fig. 315.

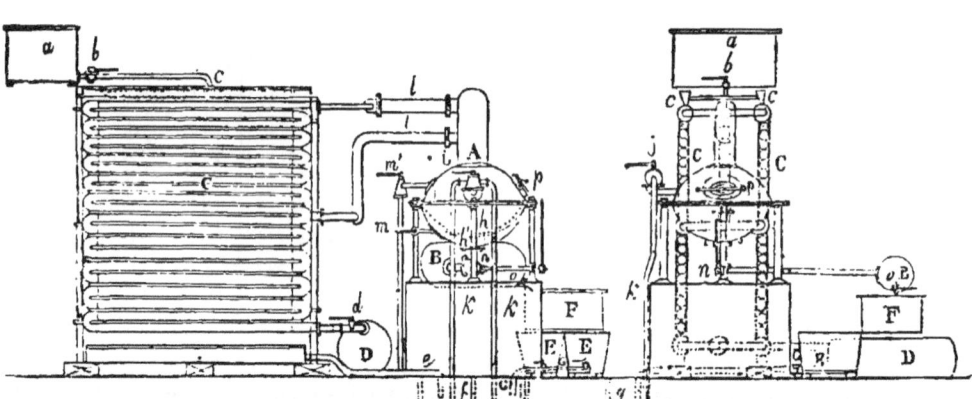

taux, assemblés dans un plan vertical, au moyen de coudes creux qui établissent une libre communication d'un tube à l'autre. Dans ces tuyaux circulent la vapeur qui se génère dans la chaudière close, et c'est sur leurs parois intérieures que s'opèrent la liquéfaction et le refroidissement. De là le nom de *condensateur*, par lequel on désigne lesdits assemblages de tuyaux. On l'appelle aussi *évaporateur*, parce qu'il accomplit une autre fonction simultanée, ci-après indiquée.

En *a* un réservoir qu'on alimente de jus défequé ; le tuyau *b*, par lequel ce jus s'écoule dans les deux trémies *c*, est muni d'un robinet qui gradue l'écoulement.

Au-dessus de chacun des assemblages de tubes condensateurs-évaporateurs est placée une des trémies *c*, qui sert à distribuer d'une manière uniforme, sur toute la surface du premier tuyau de sa série, le jus que lui fournit le réservoir *a*. Du 1ᵉʳ tuyau le jus tombe sur le 2ᵉ, et en mouille aussi la surface externe ; de là il tombe sur le 3ᵉ tube, puis

sur le 4ᵉ, et ainsi de suite, jusqu'au tube le plus bas, en sorte que tous les tubes sont constamment mouillés de jus sur toute la surface extérieure, pendant que la chaudière close lance dans leur intérieur la vapeur qu'elle génère, et dont la liquéfaction détermine sur leur face externe une évaporation qui extrait du jus un poids d'eau presque égal à celui des vapeurs liquéfiées et refroidies au dedans. Cette récente combinaison double à peu près l'effet utile, sans augmentation de la dépense en combustible.

Après avoir subi, sur le condensateur-évaporateur, un commencement de concentration, le jus est reçu sur un plan incliné, aboutissant au tuyau *e*, qui le verse dans le réservoir *f*, et c'est dans ce réservoir qu'on le puise pour alimenter la chaudière close.

Le tuyau le plus bas du condensateur-évaporateur étant en communication avec le cylindre D, l'eau de condensation est recueillie dans ce cylindre. On évacue cette eau à volonté sans laisser l'air s'introduire dans tout l'appareil et sans suspendre le travail de la vaporisation dans la chaudière close et sur le condensateur C. Pour cela, après avoir fermé le robinet *d*, on projette dans le cylindre D de la vapeur fournie par le générateur, et l'on ouvre le robinet de décharge *j* de ce cylindre, comme si on voulait le purger d'air. Lorsque l'eau qu'il contenait est évacuée, on ferme les robinets de décharge et de vapeur, et l'on ouvre de nouveau le robinet *d*.

Dans le cas où le cuiseur aurait négligé d'introduire, au moment opportun, du beurre ou tout autre corps gras dans le liquide soumis à l'évaporation, ou bien si ce liquide recélait beaucoup de gaz, et qu'il s'y prononçât une ébullition tumultueuse qu'on ne pût maîtriser en y introduisant un corps gras ou en modérant la chauffe, il y aurait projection de sirop hors de la chaudière ; mais ce sirop serait recueilli dans le cylindre D, allongé de très peu d'eau. Ce cylindre sert d'ailleurs à un autre usage ; si, durant une opération, il s'introduit un peu d'air dans l'appareil, la capacité du cylindre étant une fraction notable de la capacité totale de l'appareil, il est évident qu'en le purgeant d'air on amoindrit très sensiblement la quantité totale de l'air qu'on veut expulser ; on pourrait, en répétant cette opération plusieurs fois de suite, rétablir le vide sans suspendre la vaporisation.

Au-dessous de la chaudière A est un cylindre B, destiné à recevoir le sirop qu'on a opéré une concentration suffisante dans la chaudière évaporatoire, ou la claire, après qu'on l'y a portée au degré de cuite. Un robinet *n* est établi sur le tuyau qui unit la chaudière au cylindre, en sorte qu'on peut à volonté ouvrir ou fermer la communication entre ces deux vases clos. Le robinet *n* est fermé quand on purge d'air tout l'appareil ; par conséquent, le cylindre B ne se vide pas d'air par la même opération, mais il est muni d'un robinet qui lance à volonté de la vapeur fournie par le générateur, et d'un robinet de décharge ; on peut donc à volonté expulser l'air du récipient B, sans interrompre le travail de la chaudière évaporatoire, et lorsque celle-ci doit être déchargée, on ferme les robinets *m*, *m'*, et l'on ouvre le robinet *n* ; en même temps, que pour établir un équilibre de tension dans la chaudière et le cylindre, on ouvre le robinet adapté sur un tube de communication entre ces deux vases. C'est ainsi qu'on décharge la chaudière sans laisser l'air s'introduire dans tout l'appareil. Il en résulte qu'aussitôt qu'elle est déchargée on peut aspirer une nouvelle charge, et les opérations se succèdent ainsi rapidement.

L'appareil ci-dessus décrit convient aux fabriques de sucre de betteraves. Les deux systèmes de tuyaux condensateurs-évaporateurs étant accessibles de tous les côtés, le fabricant peut conduire à son gré la première concentration du jus. Tout nouvellement monté dans la belle fabrique de Melun, il y a déjà produit les résultats remarquables, ci-dessus indiqués. Dans les raffineries, on verse de l'eau sur le condensateur, et l'on n'est pas astreint à la même nécessité. Aussi les appareils que M. DEGRAND a fait construire pour cette destination ont-ils pour condensateur un serpentin enveloppé dans un grand tonneau ouvert des deux bouts, haut et bas, qui accélère le tirage d'air et l'évaporation, en économisant l'eau. En effet, on n'emploie à la condensation, dans ces établissemens, que l'eau provenant de l'évaporation des sirops dans la chaudière close.

6° *Appareil à colonnes de MM. Martin et Champonnois.*

L'un des appareils à vapeur les plus simples de construction est, sans contredit, celui de MM. MARTIN et CHAMPONNOIS. On voit par la *fig.* 316 qu'il se compose de 3 ou d'un plus

Fig. 316.

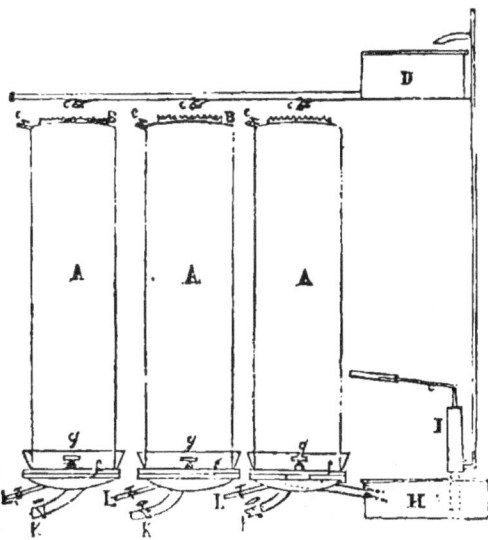

grand nombre de colonnes A A A, de 3 pieds de diamètre sur 15 pieds de haut, en tôle de cuivre épaisse d'une ligne. Chacune de celles-ci est à nu, ou recouverte extérieurement d'une toile métallique claire ; une galerie circulaire B, crénelée, reçoit d'un réservoir D, par des robinets *c c*, le sirop qui se distribue ensuite sur toute la surface de la colonne, et s'évapore en coulant en couche mince, sous la double influence de l'air extérieur et de la température élevée par la vapeur qu'envoie continuellement à l'intérieur le tube L d'une chaudière disposée à cet effet.

Le sirop rapproché se rassemble dans la gorge inférieure *f*, et coule par un tuyau à robinet *g* dans un réservoir à proximité H ; on l'y reprend à l'aide d'une pompe I, afin de le reporter sur la colonne ; 3 voyages de ce genre suffisent pour achever la concentration au degré de 28 à 30, où la dernière filtration doit avoir lieu ; et l'on conçoit que chaque particule de sirop ne se trouve soumise que 2 ou 3 minutes à la température de l'ébullition. On voit à la partie inférieure des colonnes des tubes *k*, pour le retour au générateur de l'eau condensée, et à la partie supérieure un robinet *e* pour l'introduction de l'air au moment où l'on cesse les opérations, pour que la pression atmosphérique ne comprime et ne déforme pas les colonnes.

Cet appareil fonctionne donc dans des circonstances très favorables ; il faut le nettoyer assez fréquemment. Plusieurs manufacturiers, autant pour faciliter le nettoyage que mieux répartir le sirop sur les colonnes, ont supprimé les toiles métalliques, et chargent un ouvrier de passer continuellement une brosse courbe emmanchée d'une longue tige, sur toute la superficie extérieure.

On pourrait sans doute étaler plus uniformément encore le sirop qui s'écoule en déterminant une légère friction continue par des brosses qu'un mouvement circulaire dirigerait mécaniquement autour des parois extérieures.

7° Appareil de M. Brame-Chevallier.

L'appareil de M. BRAME-CHEVALLIER, qu'on voit représenté en coupe par le milieu dans la fig. 317, et par-dessus dans la fig. 320, se com-pose 1° de 2 chaudières contenant la clairce ou le suc, 2° d'un chauffoir où l'air prend la température utile, et 3° d'une machine soufflante qui lance dans le chauffoir, puis dans le double fond des chaudières, la quantité d'air nécessaire pour opérer la concentration en quelques minutes.

Le sirop contenu dans chaque chaudière est chauffé à la vapeur, au moyen d'une double grille composée de tubes en cuivre rouge; la vapeur entre par une des extrémités des grilles et sort par l'autre extrémité avec l'eau de condensation, qui est ramenée à la chaudière par un retour d'eau.

Le chauffoir a l'apparence extérieure d'un grand cylindre, dont la base supérieure présente la forme d'une calotte bombée; dans l'intérieur de ce cylindre se trouvent, près des

Fig. 317.   Fig. 318.   Fig. 319.

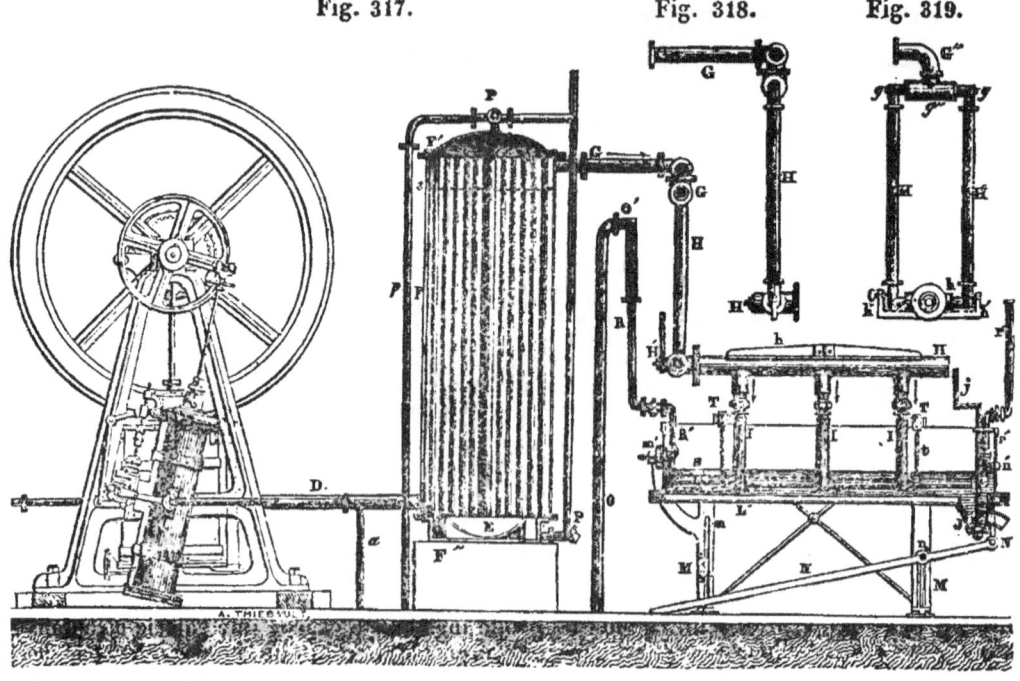

extrémités, 2 bases planes portant un grand nombre de trous correspondans, dans lesquels sont soudés des tubes ouverts par les 2 bouts; les espaces compris entre ces bases intérieures et les extrémités du cylindre sont donc en communication par le moyen des tubes; c'est là le chemin que parcourt la vapeur. Tandis que l'air est jeté par la machine soufflante dans le corps du même cylindre, entre les tubes qui l'échauffent par leur contact, au sortir du chauffoir, il arrive dans les 3 colonnes qui s'élèvent verticalement au-dessus du fond supérieur de chaque chaudière, pour se répandre ensuite dans l'intervalle qui a été ménagé entre ce fond supérieur et le fond inférieur; arrivé là avec l'augmentation de pression qu'il a reçue de la machine soufflante, l'air est forcé de s'échapper par une foule de trous très fins, dont est percé le fond de la chaudière sur lequel repose le sirop; il se divise donc en bulles très petites pour traverser de bas en haut l'épaisseur du liquide, et se trouve ainsi dans des conditions favorables pour se saturer de vapeur autant que le permet la nature de la dissolution.

La machine soufflante est mise en mouvement par une machine à vapeur oscillante, dont la disposition bien connue nous dispense d'en donner la description. Les cylindres à air DD de cette machine soufflante sont à double effet; l'air est aspiré par des ouvertures, et refoulé par des ouvertures analogues situées de l'autre côté des cylindres, et qui viennent aboutir à un conduit; c'est dans ce dernier conduit que les tuyaux D prennent l'air pour le porter au chauffoir.

Le chauffoir est un grand faisceau de tubes e, ouverts par les 2 bouts; très près de leurs extrémités, ces tubes traversent des espèces de plaques ou platines E, dans lesquelles ils sont exactement soudés (fig. 317); à la partie supérieure du faisceau, un peu au-dessous de la platine supérieure, se trouve encore un diaphragme, percé d'un grand nombre de petits trous, et destiné seulement à dévier le mouvement de l'air pour le mettre mieux en contact avec les tubes du faisceau qu'il enveloppe de toutes parts; une enveloppe cylindrique F, exactement fixée sur le pourtour des 2 platines E, vient clore hermétiquement

Fig 320.

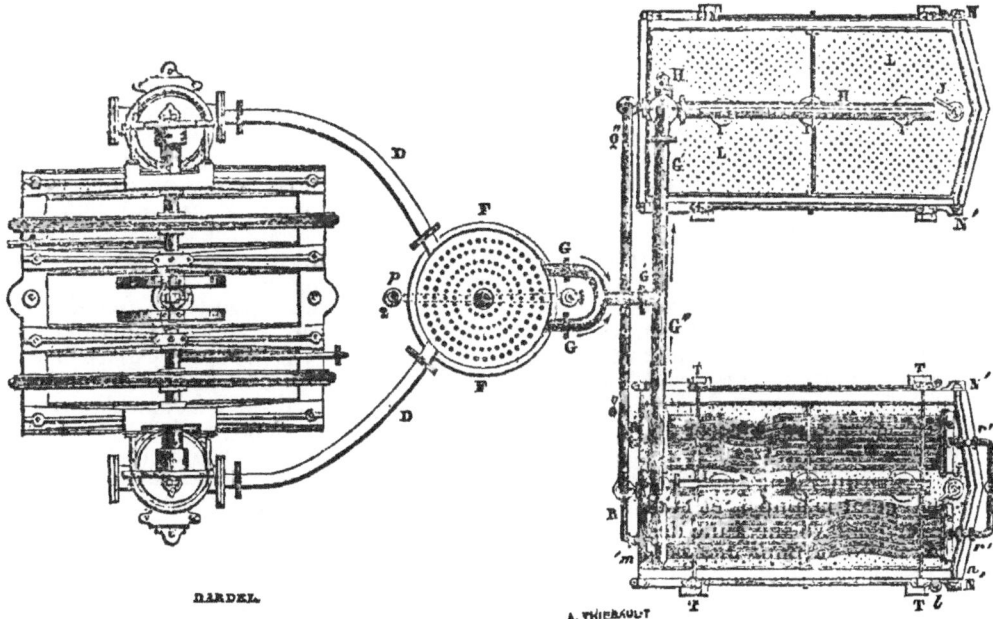

DARDEL.

A. THIEBAULT.

l'espace qui reste libre entre les tubes à vapeur *e*, et c'est dans cet espace que les 2 grands
tubes à air D introduisent l'air poussé par la
machine soufflante; les espaces réservés aux
2 extrémités du chauffoir sont destinés, l'un
à donner la vapeur aux tubes *e*, l'autre à recevoir l'eau de condensation de la vapeur qui
a servi.

L'air convenablement chauffé dans cet appareil en sort, vers la partie supérieure, par
les 2 tubes horizontaux G (*fig*. 320) pour se rendre dans le tube G', qui n'en est que le prolongement, et ensuite dans G'', aussi horizontal, mais perpendiculaire à G'. A chacune de
ses extrémités le tube G'' se recourbe de haut
en bas, comme on le voit dans la *fig*. 319,
et se termine par une boîte destinée à recevoir les 2 tubes coudés H, qui doivent être
mobiles dans cette boîte, de manière à y prendre au besoin un mouvement de rotation autour du boulon *gg*, qui les tient serrés pour
qu'il n'y ait pas de fuite d'air; les tubes H
sont pareillement coudés à leur partie inférieure pour s'adapter dans une 2ᵉ boîte *h*,
semblable à la 1ʳᵉ, et dans laquelle ils peuvent
aussi tourner. L'écartement des tubes H est
empêché par la pince *h' h'*; la boîte *h* porte un
robinet H' (*fig*. 317) qui arrête l'air quand il
est fermé, et qui lui permet de passer dans le
grand tube H; l'air descend par les 3 colonnes
I pour se répandre dans l'espace compris entre les 2 fonds L et L', d'où il ne peut plus
s'échapper que par la multitude de petits
trous dont le fond supérieur se trouve percé,
comme nous allons le voir.

Les deux chaudières étant tout-à-fait pareilles, nous décrirons seulement l'une d'entre elles; le plan (*fig*. 320) en fait voir la
forme extérieure, et, pour avoir une idée de
son ajustement. il suffit de jeter les yeux sur
la coupe (*fig*. 317). On voit qu'elle se compose du fond inférieur L', du fond supérieur
L, criblé d'une foule de trous très petits, et

d'un rebord d'environ 15 pouces de hauteur,
qui porte une large bride d'assemblage à sa
partie inférieure; on réunit solidement ces 3
pièces après avoir séparé les 2 fonds sur leur
pourtour par une épaisseur convenable. La
fig. 317 montre clairement aussi la disposition
du robinet de vidange J, qui se manœuvre au
moyen de la clef *j*.

La chaudière étant à bascule, il importe d'indiquer comment elle peut se mouvoir. A cet effet elle est entourée par un bâti à 4 pieds M, liés
entre eux par des traverses diagonales dans le
sens de la longueur de la chaudière, et par des
traverses horizontales dans le sens de sa largeur; les deux pieds qui sont opposés au robinet
de vidange se bifurquent vers le haut, et donnent naissance à des appendices sur lesquels reposent les 2 extrémités arrondies
d'un axe *m'*, solidement boulonné sur le
bord de la chaudière; cet axe seul porte le
bout dont il s'agit; l'autre bout, celui du robinet de vidange, est porté par une traverse
semblable *n'*, par 2 tiges verticales, et par
le double levier N, mobile autour de l'axe
n' N'; chacune des tiges est articulée à
l'une des extrémités de la traverse *n'*, et
à l'extrémité de l'un des leviers N; les
axes *n'* de rotation du levier sont fixés sur les
pieds correspondans du bâti. Le poids de la
chaudière et du sirop tend à faire descendre
le petit bras du levier N et à relever le grand
bras du même levier, mais une traverse, qui
s'ajuste dans la rainure *m* des pieds du bâti,
arrête le mouvement, et permet par la même
raison de niveler exactement le fond L de la
chaudière.

Quand la cuite est finie, on soulève cette
traverse; le double levier N la suit, et la chaudière s'incline du côté du robinet de vidange,
que l'on ouvre en même temps pour donner
issue au liquide. Ce mouvement de bascule
fait bien comprendre les motifs d'ajustement des tuyaux H dans les boîtes *g''* et *h*,

car il est évident que les colonnes I, boulonnées sur le fond L, se déplacent avec lui, et entraînent par conséquent le tube II'', qui ne peut suivre qu'en déplaçant les tuyaux H, et en les faisant tourner d'abord dans la boîte h, et ensuite dans la boîte g''.

Comme les grilles à vapeur ne pourraient participer au mouvement de bascule de la chaudière sans une assez grande complication d'ajustemens, on a préféré les laisser immobiles; elles sont soutenues à 2 pouces du fond L par des tiges t (fig. 317), qui sont elles-mêmes attachées aux 2 grandes et fortes traverses TT (fig. 317 et 320); les extrémités de ces traverses reposent sur les sommets des pieds M du bâti; on peut donc, sans faire éprouver à la grille le moindre dérangement, manœuvrer la chaudière au moyen du levier N, et la faire tourner autour de son axe m' jusqu'à ce que le fond L vienne rencontrer le fond des boîtes S.

On peut remarquer que, pour laisser voir plus complètement le fond L et la disposition des trous, on a enlevé sur l'une des chaudières de la fig. 320 le système des grilles et des tuyaux qui conduisent la vapeur.

Jeu de l'appareil. La chaudière étant remplie, le sirop, même peu concentré et très fluide, ne peut pas couler par les trous du fond L; ces trous, qui sont assez grands pour laisser passer l'air, sont trop petits pour laisser passer le sirop, à moins qu'il n'y ait une aspiration entre les 2 fonds, ce qui n'arrive pas; le liquide est donc à peu près comme s'il était sur une toile sans pouvoir passer au travers. On donne à la fois la chaleur et l'air pour concentrer; la vapeur, en se condensant, communique au travers des parois des grilles tubulaires sa chaleur constituante, qui, échangée ainsi en faveur de l'eau du sirop, transforme celle-ci en vapeur, et l'air, arrivant au travers des trous, et se formant en bulles qui se renouvellent sans cesse, ouvre dans la masse sirupeuse des espaces où la vapeur se répand et s'exhale librement. Le sirop lui-même, recevant par les grilles, intérieurement chauffées à 150°, autant de chaleur qu'il en perd par l'évaporation, reste à la température de 75 ou 80° centésimaux. On conçoit que, physiquement, il serait facile de l'évaporer à 50 ou 60°; mais en pratique il n'y a pas d'avantage à le faire.

§ VII. — De la cristallisation et de la recuite des sirops.

Les appareils de cuite que nous venons de décrire sont nombreux, tous sont employés dans des fabriques différentes, et il n'est pas impossible que de la comparaison de leurs effets il ne naisse encore quelque nouvelle combinaison plus avantageuse.

Les degrés de rapprochement que nous avons indiqués s'appliquent au mode de cristallisation dite confuse, ou en masse; c'est celui dont nous allons d'abord nous occuper. Nous donnerons ensuite la description de la cuite applicable à la cristallisation régulière ou lente, afin de compléter la description de ce mode d'opérer jusqu'à la confection du sucre brut livrable au commerce.

Empli. On désigne sous ce nom la pièce où sont contenus les rafraîchissoirs et les cristallisoirs; cette pièce doit être à proximité des chaudières à cuire, et entretenue à une température douce, afin que le sirop conserve la fluidité utile à la cristallisation.

Cristallisoirs. Lorsque les diverses cuites opérées au nombre de 6, 8 ou 10, sont réunies comme nous l'avons dit dans les rafraîchissoirs, on laisse leur température s'abaisser jusqu'à 50 à 55°; alors la cristallisation commence à s'opérer lorsque le jus étant d'ailleurs d'une bonne qualité, toutes les opérations ont été bien conduites.

On agite avec une grande spatule en bois, en râclant les parois afin d'en détacher les cristaux adhérens et de les répandre dans la masse; on porte aussitôt après tout ce sirop cuit dans les cristallisoirs, à l'aide de puisoirs (pucheux) et de bassins à anses. Les cristallisoirs peuvent avoir différentes formes. Lorsqu'ils présentent le sirop sur une assez grande surface, en contact avec l'air atmosphérique, la cristallisation marche plus vite. C'est en effet ordinairement à cette superficie qu'elle commence. Il semble que l'action de l'air ait une influence marquée dans cet effet; toutefois, on se contente des grandes formes, dites bâtardes, dans la plupart des fabriques. La fig. 321 indique ces vases en terre cuite; on bouche avec un linge tamponné le trou dont leur fond est percé, et on le pose sur ce fond pour les emplir, et, lorsque la cristallisation est achevée, on les débouche, puis on les place sur des pots (fig. 322). J'ai employé avec succès des cristallisoirs en forme de trémies en bois doublé de cuivre ou de plomb. Les fig. 323 et 324 montrent ces vases. Une lame ou

Fig. 321.   Fig. 324.   Fig. 323.

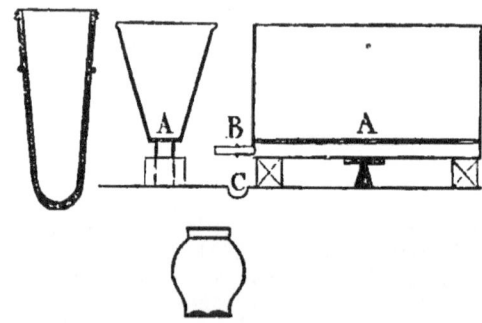

Fig. 322.

faux-fond mobile en cuivre, perforée comme une écumoire, est posée en A avant d'emplir; elle sert à soutenir les cristaux.

Quelle que soit la forme des cristallisoirs, il conviendrait que le sirop non cristallisé pût s'en écouler dans un réservoir commun. Trois dispositions concourent à faciliter cet effet.

1° Les cristallisoirs précités ont, à la partie basse et antérieure, un ajutage B, ou bout de tuyau que l'on débouche lorsque la cristallisation est achevée. On facilite encore l'écoulement, s'il s'arrête, en enfonçant une broche ou tarrière dans l'épaisseur des cristaux, et jusqu'au bout de la rigole, sous le faux-fond.

2° Les cristallisoirs sont posés sur 3 chantiers, en sorte que celui de l'un des bouts étant enlevé, le cristallisoir bascule sur le chantier du milieu; c'est dans cette position qu'on place chacun d'eux pour achever l'égouttage.

3º Une rigole ou gouttière en cuivre étamé C, disposée sous les ajutages de tous les cristallisoirs, conduit par une pente suffisante le sirop qui y tombe jusque dans un réservoir inférieur On obtient des résultats analogues en implantant les anciennes formes bâtardes dans les trous, sur un plancher percé, sous lequel des gouttières en cuivre étamé reçoivent le sirop et le conduisent vers un réservoir commun.

Recuite des 1ers sirops. Les sirops égouttés et rassemblés en quantité suffisante pour emplir un cristallisoir, peuvent quelquefois être rapprochés, afin de produire une 2e, et même une 3e cristallisation.

Ainsi, l'on obtient jusqu'à 4 *cristallisations* des jus traités sans clarification et par 3 filtrations; les recuites n'offrent rien de particulier, si ce n'est qu'elles exigent plus de précautions encore pour éviter d'altérer le sucre cristallisable qui y existe en moindre proportion; les mêmes procédés lui sont applicables, et ceux qui opèrent le plus rapidement présentent, pour ces sirops de qualité inférieure, des avantages bien plus marqués encore. En effet, on parvient à rapprocher et à faire cristalliser ensuite des sirops trop visqueux pour être rapprochés dans la chaudière à bascule sans une forte altération, en se servant des chaudières ROTH, DEGRAND, ou des appareils d'insufflation de M. BRAME-CHEVALLIER. Ces derniers ont surtout une grande efficacité lorsqu'il s'agit de sirops trop alcalins qui éprouvent difficilement l'ébullition et qu'on nomme pour cette raison *immobiles*.

Cuite relative à la cristallisation lente. Ce procédé, d'abord le plus généralement suivi, d'après M. CRESPEL DE L'ISLE, et qui a rendu des services signalés à cette industrie, est à son tour remplacé peu à peu dans les fabriques, et fort avantageusement, par la cristallisation en masse; il pourra cependant encore être utile relativement aux sirops de 2e ou 3e cuites, trop impurs pour cristalliser promptement.

Les sirops que l'on veut faire cristalliser à l'étuve ne doivent être rapprochés que jusqu'à 32º Baumé environ; on peut les obtenir ainsi directement, en clarifiant et filtrant à ce degré, qui a été reconnu le plus convenable pour soumettre les sirops à l'étuve; au-dessous. ils resteraient assez long-temps étendus d'eau pour s'altérer sensiblement et perdre en partie la propriété de cristalliser; au-dessus de ce terme, le sirop est plus coloré, la cristallisation se fait plus confusément; par suite, les cristaux sont plus petits, la mélasse plus adhérente, plus épaisse, et difficile à expulser.

Cristallisation lente. Lorsque le sirop à 32º aréométriques est refroidi à 55 ou 60º centésimaux, il est porté à l'étuve, où des cristallisoirs en tôle étamée, ayant environ 22 po. de long, 14 po. de large et 4 po. de profondeur, contenant environ 20 litres, sont disposés pour le recevoir sur des bâtis régnant autour de la pièce.

L'étuve est ordinairement construite en maçonnerie de moellons durs ou briques bien cuites, et voûtée, afin de mieux résister à l'action constante de l'air chaud, chargé d'humidité; elle a de 9 à 10 pieds de hauteur, Dans la partie supérieure, sous les voûtes. sont pratiqués plusieurs vasistas que l'on ouvre à volonté, afin de laisser des issues à la vapeur dont se charge l'air en passant sur les sirops. Le poêle ou calorifère en fonte, placé au bas de l'étuve, doit suffire pour y entretenir, à 43º environ dans le bas et 50. dans le haut, la température de l'air qui s'y renouvelle constamment, et d'autant plus lentement que les sirops très rapprochés sont en plus grande proportion. Le calorifère doit être revêtu d'une double enveloppe en briques qui, laissant circuler l'air, s'oppose cependant au rayonnement direct des surfaces métalliques sur les cristallisoirs les plus rapprochés, et par conséquent prévient un échauffement trop fort, capable de s'opposer à la cristallisation.

Tous les jours on casse avec un outil en bois la croûte cristalline formée à la superficie, qui s'opposerait à l'évaporation ultérieure. Peut-être aussi que la petite quantité de potasse libre retenue dans le sirop, soit par suite de l'action de la chaux sur le malate de potasse, soit parce que le lait de chaux employé à la *défécation* en contenait, se carbonatant à l'air, s'oppose moins à la cristallisation; le développement remarquable que prend toujours la cristallisation, dans les surfaces en contact avec l'air, permet de le supposer.

§ VIII. — Égouttage du sucre.

Les sucres cristallisés à l'étuve exigent, pour être mis sous la forme commerciale de *sucre brut*, quelques manipulations particulières. Lorsque la plus grande partie (de 50 à 60 centièmes) de la masse est cristallisée, et en suivant l'ordre de la plus grande ancienneté des cristallisoirs placés à l'étuve, on porte ceux-ci dans la *chambre à égoutter;* on les renverse sur les trémies, où ils s'égouttent, et toute la portion fluide ainsi extraite est reportée à l'étuve dans des cristallisoirs formant une 2e série, que l'on marque d'une lettre ou d'un numéro d'ordre.

On emplit des sacs en fort coutil avec le sucre solide extrait des cristallisoirs, dont on a brisé les plus grosses agglomérations; puis on soumet, en lits alternatifs avec des claies en lattes, ces sacs à l'action d'une forte *presse hydraulique* ou *à vis en fer.* La plus grande partie du sirop, engagé entre les cristaux, est ainsi expulsée. Afin d'achever cette opération, on relève le plateau de la presse, on refoule le sucre dans les sacs; ils sont ensuite remis sous la même presse, et soumis graduellement à une forte pression pendant 10 à 12 heures. On retire alors le sucre pressé, on le porte sur la presse à cylindres; là, entraîné par leur mouvement de rotation, il s'écrase entre eux. On l'y repasse 4 ou 5 fois, et par la division ainsi obtenue la nuance, de brune qu'elle était, devient blonde. On recharge ce sucre pâteux dans des sacs en toile forte plus serrée que celle des 1ers sacs, et on le soumet à la même pression. On conçoit que la division des cristaux, laissant de moins grands interstices, force l'issue d'une partie du sirop resté interposé. Après 10 ou 12 heures de cette dernière pression, on retire les sacs contenant environ 10 kilog. de sucre. Celui-ci émotté est livrable au commerce ou au raffinage. Si on l'emmagasine en tas, on doit de temps à autre le remuer à la pelle, comme on ferait du grain, afin d'empêcher qu'il ne s'agglomère en grosses masses dans l'intérieur desquelles se développe un mouvement de fermentation altérant le sucre et lui donnant une odeur particulière.

Le sirop obtenu par expression, et reporté comme nous l'avons dit aux cristallisoirs, marque à l'aréomètre Baumé de 35° 1/2 à 36° 1/2. Lorsque la cristallisation est assez avancée, on *traite cette 2ᵉ série* comme la 1ʳᵉ; la mélasse qui s'en égoutte, soit spontanément, soit à la presse, marque 38° environ; le sucre qu'on en obtient est de qualité un peu inférieure au 1ᵉʳ.

Les *mélasses* sont encore reportées à l'étuve comme les 2ᵉˢ sirops, et donnent une 3ᵉ cristallisation, que l'on traite comme ceux des 2 1ʳᵉˢ cristallisations; on a le soin de marquer cette 3ᵉ série. Le sucre cristallisé est sensiblement plus coloré et plus gras.

Lorsque les mélasses extraites marquent jusques à 42°, elles sont *à peu près incristallisables.*

Quelquefois les sucres de la 3ᵉ cristallisation sont *trop colorés et trop visqueux* pour être vendus avantageusement; il convient dans ce cas de les étendre, de les imprégner d'un peu d'eau par des aspersions, puis de les soumettre successivement à la presse à cylindre et à la presse à vis ou hydraulique; ils deviennent alors d'une nuance à peu près égale à celle des sucres obtenus en 1ʳᵉ cristallisation; le déchet qu'ils ont éprouvé est ordinairement de 18 à 21 p. 0/0. Les sirops exprimés, résultant de cette manipulation, marquent de 34 à 36°; ils peuvent être réunis aux mélasses de 2ᵉ cristallisation, dans les cristallisoirs de la 3ᵉ série.

Tous les *sacs* employés à ces expressions doivent être fortement secoués, et même ratissés, pour en extraire la plus grande partie du grain adhérent, puis lavés chaque fois dans plusieurs eaux, dont les plus chargées successivement se rapprochent dès qu'elles marquent de 20 à 21°; ensuite portées par l'évaporation à 32°; elles sont alors mises à l'étuve et donnent une cristallisation de sucre commun.

Tous les *sirops qui refusent de cristalliser,* amenés au degré de la mélasse ordinaire, 45° environ, se vendent sous cette forme aux distillateurs.

Une grande quantité de ces mélasses restait invendue, lorsqu'on lui trouva un nouveau dé-

bouche; elles servent actuellement à préparer, par fermentation dite *alcoolique et acétique,* une sorte de VINAIGRE très commun, dont le mauvais goût ne nuit en rien à son application spéciale, car il sert à remplacer, au fond des pots à fabriquer la céruse, les vinaigres ordinaires. On sait d'ailleurs que la mélasse sert à la fabrication de l'alcool et peut être avantageusement mêlée, en petite proportion, aux alimens des bestiaux (1).

Le *sucre brut,* obtenu par l'un des 2 procédés dont nous avons donné les détails, est destiné au raffinage. On remarque qu'à nuance et siccités égales, et pour un même *grain,* il produit plus au raffinage que le sucre tiré des colonies. La principale, et peut-être la seule cause, paraît tenir à l'altération que subit la dernière sorte durant la traversée.

SECTION IV. — *Disposition d'une nouvelle fabrique.*

La vue d'ensemble ci-dessous indique les dispositions générales prises dans une des fabriques le plus récemment montées à Melun, et mises en activité seulement depuis un mois.

Au rez-de-chaussée en A on voit le laveur mécanique employé lorsque les betteraves arrivent trop chargées de terre; en A' un homme charge les godets d'une chaîne sans fin A' B mue aussi par machine; en C un enfant dirige vers les coulisses de la râpe les betteraves qui tombent sur le plan incliné; un homme D est sans cesse occupé à pousser alternativement de chaque main les deux rabots qui pressent dans la coulisse les betteraves contre le cylindre dévorateur.

Un aide prend à la pelle la pulpe sous la râpe et la verse dans le sac posé sur une claie reposant elle-même sur des tasseaux qui laissent écouler le jus sur la table creuse doublée en cuivre; une femme E aplatit et égalise au rouleau l'épaisseur (réglée à 12 ou 15 lig.).

Chaque claie ainsi garnie est portée à l'une des presses hydrauliques F, que l'on charge ainsi, tandis que les trois autres fonctionnent.

La pulpe pressée est livrée directement aux nourrisseurs à un prix qui permet de négliger d'en extraire une nouvelle quantité de jus; par les moyens que nous avons indiqués, on obtient ainsi 70 à 72 de jus pour 100 de betterave.

Le jus coule directement dans celle des 4 chaudières à défécation et qui se trouve vide; un homme surveille attentivement chaque opération avec les soins précités; il soutire le jus déféqué à l'aide du robinet G G'; les premières portions troubles coulent par une gout-

(1) On a tout récemment annoncé un procédé à l'aide duquel il ne resterait plus de mélasse, et tout le sucre serait obtenu à l'état cristallisé.

Ce moyen consiste à reverser dans le jus d'une opération subséquente, et avant la défécation, la première mélasse égouttée du sucre brut, puis à continuer la fabrication comme à l'ordinaire.

On conçoit qu'il se peut faire qu'on obtienne ainsi plus de sucre, par la raison que l'on compense un excès ou un défaut de chaux d'une opération sur l'autre, et qu'on évite l'altération plus profonde qui en serait résultée dans le rapprochement de la mélasse; il y aura donc lieu d'essayer, et probablement d'employer ce moyen en grand.

Mais il n'est pas moins évident que l'on ne devra y recourir qu'un nombre très limité de fois, pas plus sans doute que 2 ou 3, car les substances solubles étrangères au sucre, notamment les sels, la portion de sucre altéré et rendu incristallisable, les matières azotées non précipitables par la chaux s'accumuleraient bientôt au point de s'opposer à la cristallisation des produits du jus auquel on aurait à tort mélangé cette mélasse.

tière H dans un filtre à poche ou taylor; dès que le liquide coule clair on le dirige dans la conduite H', d'où il se rend dans le réservoir I; celui-ci alimente une rangée de filtres DUMONT K à l'aide des robinets à flotteur. Ces filtres alimentent le réservoir L qui dessert le serpentin évaporateur M de l'appareil DEGRAND, précédemment décrit, et qui est construit actuellement par MM. DEROSNE et CAIL; la hotte N enlève les vapeurs et en débarrasse l'atelier; le jus marquant à froid 7° à 7°,5, et seulement 4,5 après la défécation et première filtration, arrive au bas de ce serpentin marquant de 9 à 10°(1); il coule dans le réservoir O, d'où l'ouvrier surveillant de la chaudière P le fait aspirer à volonté pour le concentrer jusques à 25°. Nous avons indiqué le jeu des diverses pièces de cette chaudière opérant dans le *vide*; mais il nous reste à décrire un petit ajutage propre à faciliter la vérification du degré de concentration du liquide; on voit par la *fig.* 325 qu'il se compose d'un tube

clos en cuivre, dont la partie supérieure communique à volonté lorsqu'on en ouvre un robinet avec la calotte supérieure de la chaudière; si alors on ouvre un second robinet, le liquide de la chaudière coulera dans le tube; fermant alors les deux robinets, le dernier mettra de plus le tube en communication avec l'air extérieur; il ne reste alors qu'à ouvrir un robinet inférieur pour faire écouler et recevoir dans une éprouvette le liquide tiré de la chaudière, puis en observer le degré en y plongeant un aréomètre.

Ce liquide étant à 25°, on le tire de la chaudière par les moyens indiqués pag. 297; puis on le fait couler dans le réservoir Q des deuxièmes filtres DUMONT; au sortir de ceux-ci il coule dans le réservoir S, d'où on le reprend à la fin de la journée pour terminer la cuite dans la chaudière P; les cuites tirées dans le réservoir sont portées dans le rafraîchissoir U, puis mises dans les formes V.

La chaudière à vapeur Y met en jeu la ma-

Fig. 225.

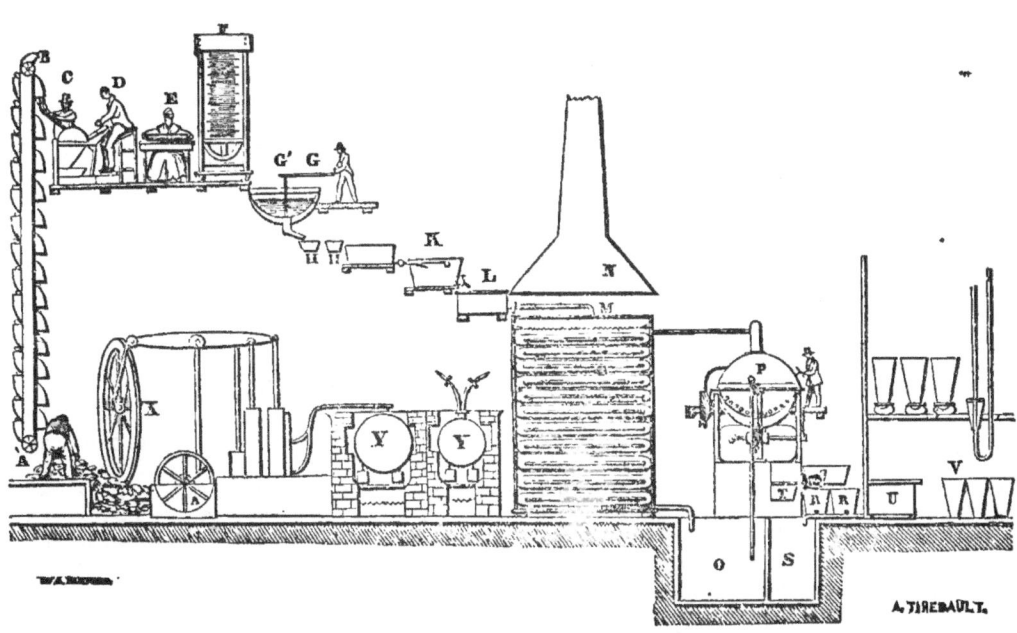

chine X qui communique le mouvement aux laveur, chaîne sans fin, râpes, presses, et une deuxième chaudière Y' fournit toute la vapeur utile au service des chaudières et évaporations. On établit en ce moment une autre grande usine dans les environs de Paris (à Montesson, près Saint-Germain); les défécations et concentrations y seront opérées à l'aide des appareils BRAME CHEVALLIER. (*Voy.* leur description, page 298).

SECTION V. — *Analyse des betteraves et théorie de leur traitement.*

On fabriquait depuis plusieurs années en grand le sucre de betteraves chez nous et cependant on ignorait encore la composition chimique de la betterave; on n'avait pas de

données positives sur les produits de ses différentes variétés, lorsque je me suis proposé de remplir ces lacunes par une analyse dont voici les principaux résultats.

Tous les principes contenus dans les betteraves varient en proportions, suivant les *variétés*, les *terrains*, les *saisons*, les *soins de la culture*, etc. C'est ainsi que, dans une terre fumée avec les boues de Paris, j'ai trouvé des betteraves donnant une égale quantité de sucre et de nitrates, tandis que généralement. la proportion du sucre est au moins vingt fois plus considérable que celle des nitrates; quelquefois même à peine trouve-t-on des traces de ces sels. Au reste, le plus ordinairement, les substances qui constituent la betterave sont dans l'ordre suivant, rangées d'après leurs plus fortes proportions. 1° *Eau*

(1) Le suc dépose sur les tubes des sels calcaires qu'il importe d'enlever en brossant fortement tous les jours une fois les surfaces métalliques; faute de ce soin l'évaporation serait considérablement ralentie.

(de 85, environ, à 90 centièmes). 2° *Sucre cristallisable*, identique avec celui des cannes (de 11 à 6 pour 100). 3° *Sucre incristallisable*. D'après mes expériences, que celles de M. Pelouze ont confirmées, il est démontré que ce sucre ne préexiste pas dans la betterave, mais qu'il est le résultat d'une altération du sucre cristallisable, soit dans les betteraves gardées, soit par les agens de la fabrication ou même de l'analyse. 4° *Albumine*, coagulable par la chaleur, etc. 5° Acide pectique (1) ou *pectine*. 6° *Ligneux*, en fibres fortes et en utricules excessivement minces. 7° *Substance azotée*, soluble dans l'alcool, analogue à l'osmazone. 8° *Matière colorante brune*, et quelquefois *rouge* ou *jaune*. 9° *Substance aromatique*, offrant une odeur analogue à celle de la vanille. 10° *Matières grasses*, l'une fluide à 10°, l'autre consistante à cette température. 11° *Malates*, acides de potasse, d'ammoniaque et de chaux. 12° Chlorure de potassium. 13° Nitrates de potasse et de chaux. 14° Oxalate de chaux. 15° Phosphate de chaux. 16° *Chlorophile*. Cette substance n'existe en proportion sensible que dans le tissu fibreux sous l'épiderme, et seulement dans les parties des racines sorties hors de terre, colorées en vert. 17° *Huile essentielle*, principe de l'odeur vireuse des betteraves, en partie soluble dans l'eau, à laquelle elle communique un goût désagréable et son odeur forte. 18° Silice, soufre, etc.

La pulpe sèche des betteraves incinérée laisse un résidu de 0,05 à 0,07 de son poids, blanc grisâtre, qui, lessivé et la solution rapprochée, donne en salin de 0,5 à 0,6 du poids des cendres, blanc, riche en sous-carbonate de potasse, employant 0,68 à 0,72 d'acide sulfurique à 66° (1845, poids spécifique) pour être complètement saturé. Les résultats variables entre les limites indiquées ci-dessus ont été obtenus de diverses variétés venues dans différens terrains.

Les betteraves sont *composées physiquement*, savoir : au centre, d'un cordon de fibres dures, longitudinales, formant un double faisceau de vaisseaux séveux contournés en hélice, auquel viennent se rattacher les fibres ou vaisseaux des petites racines latérales. Ce faisceau reçoit donc les fibres ou canaux divergens; il est enveloppé d'une couche épaisse, fusiforme, d'une substance charnue ou tissu cellulaire composé d'une multitude d'utricules remplies de suc. A cette couche succèdent alternativement une enveloppe de vaisseaux fibreux et une couche excentrique charnue, ordinairement au nombre de quatre des premiers, dont deux contournés en hélice, et trois des secondes; viennent ensuite trois enveloppes fibreuses de plus en plus colorées, et enfin la dernière, très mince, de couleur grisâtre sur toutes les betteraves et qui forme leur épiderme.

Le *suc* contenu dans les vaisseaux fibreux est incolore, d'une saveur faible, douce, et ne contient que des proportions excessive-

ment faibles des substances renfermées dans les autres parties de la racine.

Les betteraves offrent, près de leur sommité, une sorte d'*alvéole* remplie d'une masse cellulaire demi-transparente, qui diffère de texture avec le reste de la racine, par l'absence totale de vaisseaux fibreux et de grosses fibres, et dont la composition chimique est différente surtout par le manque de sucre et par une plus forte proportion de sels ; elle se rapproche par cette composition des pétioles des feuilles à leur origine. Il convient de séparer cette alvéole avec la sommité ligneuse de la *tête*, dans l'épluchage.

Des expériences faites sur *plusieurs variétés de betteraves* venues la même année dans le même terrain, semées et récoltées à la fois, etc., ont offert des résultats variables, sous le rapport du sucre cristallisé que l'on a obtenu, depuis 0,05 jusqu'à 0,09 ; cependant elles ont sensiblement conservé le même ordre, placées suivant les plus grandes proportions de sucre obtenu.

1° Betterave blanche (*beta alba*); c'est auss celle qui contient les plus fortes fibres ligneuses, le plus d'acide pectique, et qui est la plus dure. Elle ne donne que la matière colorante brune.

2° Betterave jaune (*lutea major*), de graine de Castelnaudary (2).

3° Betterave rouge (*rubra romana*), de graine de Castelnaudary.

Viennent ensuite les betteraves jaunes et rouges communes, puis enfin la disette (*beta silvestris*),

La *densité du suc* de toutes ces betteraves est d'autant moindre que la proportion du sucre est moins considérable; elle diminue dans les parties voisines de la tête; la densité du jus extrait de ces parties est moindre aussi; enfin la densité et la proportion du sucre y sont moindres encore lorsque la partie supérieure sortie de terre est restée exposée à la lumière et a pris une teinte verte prononcée. On peut conclure de ces faits que la densité du jus est (toutes circonstances égales d'ailleurs) un indice de la richesse relative en sucre, et qu'en relevant la terre près des betteraves sorties en partie on évite la déperdition du sucre.

Si l'on applique la connaissance des produits immédiats contenus dans les betterave à la *discussion des procédés* mis en usage par les fabricans de sucre indigène, on fera les observations suivantes. D'après le procédé analogue à celui des colonies, la chaux, ajoutée dans le jus au moment où la température est près de l'ébullition, sépare l'acide pectique (en formant du pectate de chaux), et avec l'aide de la chaleur une partie de l'albumine, qui viennent en écumes abondantes; l'oxalate, le phosphate et le malate de chaux, la silice et quelques matières terreuses sont en partie entraînés dans ces écumes; le liquide retient de l'albumine, un excès de chaux et de

---

(1) Cette substance gélatineuse est capable de donner une gelée consistante avec 100 fois son poids d'eau. Je l'ai trouvée dans la partie corticale, sous l'épiderme de l'*aylanthus glandulosa*, et j'ai constaté ses propriétés caractéristiques dans un mémoire à la société Philomatique, le 17 avril 1824.

(2) Des expériences antérieures faites sur les betteraves cultivées dans les mêmes circonstances, m'ont démontré qu'après, ou entre les deux variétés ci-dessus, on peut placer la betterave blanche à peau rose (sous variété de la première), puis la betterave panachée.

la potasse, provenant de la décomposition du malate de potasse, etc. Le charbon animal que l'on ajoute dans le suc décanté enlève la chaux; il reste un peu de potasse libre, qui, dans le cours de l'évaporation, altère le sucre et en rend une partie incristallisable, plus de l'albumine qui communique, en s'altérant, un mauvais goût aux sirops, sucres et mélasses. Une partie du malate de chaux, les sels solubles et les autres substances non éliminées restent dans les mélasses.

Quelques fabricans avaient l'habitude d'ajouter une petite quantité d'*acide sulfurique* après la défécation; ils saturaient ainsi la chaux et la potasse; mais un très léger excès de cet acide rendait une grande quantité de sucre incristallisable. On a généralement abandonné ce mode d'opérer.

Nous terminerons cet article par quelques détails sur le clairçage, sorte de raffinage opéré aujourd'hui dans presque toutes les fabriques de sucre indigène, et enfin nous présenterons le compte des prix coûtans du sucre brut dans quelques localités en France.

Section VI. — *Du clairçage.*

On nomme *clairçage* une épuration par filtration d'un *sirop saturé* de sucre à la température où l'on agit. Celui-ci, incapable de dissoudre du sucre, chasse au contraire, en le déplaçant, le sirop plus coloré qui salit les cristaux de sucre à leur superficie; il se substitue dans les interstices, s'égoutte à son tour, et laisse le sucre bien moins coloré.

Les *conditions essentielles* du succès sont: 1° que la *clairce* soit assez chargée de sucre cristalisable pour n'en dissoudre que très peu ou point dans sa filtration; 2° que la densité de la clairce soit à peu près la même, ou très peu moindre, que celle du sirop à déplacer; la *clairce* trop dense coulerait mal; trop étendue, elle glisserait sans entrainer le sirop ou mélasse adhérent aux cristaux. On doit donc employer à la préparation de la *clairce* des sucres d'autant plus impurs que les sucres à clairçer le sont davantage; car les sirops saturés de sucre cristallisable sont d'autant plus denses et visqueux qu'ils contiennent en outre davantage de sucre incristallisable et d'autres substances solubles; 3° que la cristallisation dans les formes soit régulière et peu serrée; elle doit commencer et finir dans le même vase; 4° que la température du lieu où se fait le *clairçage* ne varie pas trop et soit au moins de 15°.

Voici comment on opère :

1° Pour les sucres bruts de premier jet, la cristallisation opérée toute dans la forme est terminée en 15 ou 20 heures. Alors on enlève avec une racloire lisse qui recouvre chaque base des pains, on nivelle bien la superficie.

Ces grattures (ou plutôt celles d'une opération précédente) et les sucres empâtés de sirop ont servi à préparer une clairce que l'on a filtrée à 28 ou 30° bouillant, sur un filtre DUMONT, ou que l'on a rapprochée à 32° bouillant, ce qui répond à 36° et demi, environ, à 11° de température.

On verse à la fois 3 kilog. de cette clairce sur chaque forme égouttée, contenant en sucre cristallisé environ 35 kilog. si la cuite qu'on y a versée pesait 56 à 60 kilog. On renouvelle cette addition trois fois à 12 heures d'intervalle, et on laisse égoutter pendant 3 ou 4 jours. Au bout de ce temps, le sucre peut être embarrillé; il est bien plus sec et moins altérable que le sucre brut ordinaire.

2° Les sucres de deuxième cristallisation sont traités de même. La clairce que l'on y consacre doit être plus dense, 33 à 33°,5 bouillant, ou 37 à 37°,5 froid. Elle est préparée avec des sucres plus communs, dont la solution est filtrée et rapprochée comme il est dit ci-dessus.

Si l'on clairçait des sucres raffinés, il faudrait y employer des sirops de sucres presque purs, qui, saturés, ne marqueraient guère que 33° froids. C'est en effet à peu près le degré des sirops couverts du sucre raffiné.

Section VII. — *Révivification du noir animal.*

Toutes les tentatives faites jusqu'à ces derniers temps, pour *rendre au noir animal son énergie décolorante,* avaient été infructueuses ou peu avantageuses, parce qu'employant cet agent réduit en poudre fine, l'on y ajoutait du sang pour le séparer du liquide et cette substance donnait un charbon brillant, inerte qui enveloppait une partie du noir décolorant.

Depuis que la plus grande partie du noir animal est employée en grains dans les filtres DUMONT, cet inconvénient n'a plus lieu et plusieurs appareils à calcination ont réussi à faire servir un grand nombre de fois le même noir.

Ceux que l'on a employés généralement se composaient de cylindres d'un petit diamètre, (4 à 8 po.), chauffés au rouge dans des fours analogues ou même tout-à-fait semblables à ceux usités dans la fabrication du noir animal neuf.

Dernièrement un procédé plus simple et breveté a été employé par M. DEROSNE dans la belle fabrique de sucre de betteraves sise à Melun dont nous venons de parler; il consiste à sécher et calciner à l'air libre sur des plaques en fonte le noir lavé à l'eau (1).

La *fig.* 326 en donne par une coupe longitu-

Fig. 326.

dinale une idée suffisante. On voit que le foyer A chauffe directement la plaque en fonte B C sur laquelle s'opère la calcination; cette opération est facilitée par une agitation continuelle à l'aide d'une racloire, et lorsque

(1) Un lavage préalable à l'acide chlorhydrique (muriatique ou hydrochlorique) étendu, en touillant le noir dans un baquet, améliore le noir en enlevant la plus grande partie des sels calcaires déposés à sa superficie.

l'ouvrier chargé de ce soin a observé que toutes les parties se sont trouvées à la température du rouge cerise, il retire tout le noir qui chargeait la plaque et attire sur celle-ci les parties voisines qui sur la suite des plaques (de C en D) sont échauffées et desséchées; cette dernière portion du fourneau reçoit la chaleur des produits de la combustion échappée du même foyer A dans leur trajet jusqu'à la cheminée E; on recharge d'ailleurs près de l'extrémité D le noir le plus humide afin que, rapproché peu à peu de la plaque la plus chaude B C, où la calcination s'achève, il soit préparé en utilisant, autant que possible, la chaleur que la fumée entraîne.

Au fur et à mesure que les portions assez calcinées sont mises en tas et encore chaudes, on les agite fortement sur un tamis de toile métallique en fer, afin de détacher les plus fines particules contenant le plus de substances étrangères déposées à leur superficie.

Un appareil analogue, opérant d'une manière continue, fait partie d'un brevet d'invention obtenu par MM. PAYEN, BOURLIER et PLUVINET frères; la *fig.* 327 indique

Fig. 327.

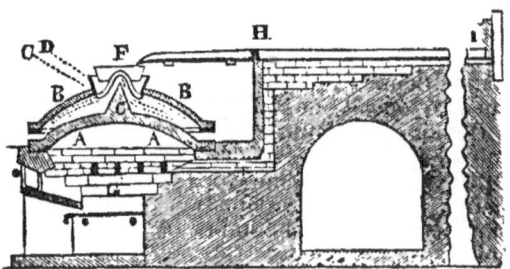

par une coupe la disposition de cet appareil.

Il se compose de deux disques convexes en fonte A et B; l'un inférieur fixe est muni à son centre d'un mamelon élevé C qui supporte une sorte d'anil D et le maintient ainsi soulevé plus ou moins à l'aide d'une vis; le plateau soulevé pivote sur ce mamelon; il est d'ailleurs percé comme la meule tournante d'un moulin, d'une ouverture centrale d'environ 4 à 5 po. de diamètre sur laquelle est fixé un rebord circulaire, et dans ce dernier est introduit librement la douille d'une courte *trémie* ou entonnoir F.

Un foyer G chauffe au rouge brun le disque inférieur, et la fumée utilise une partie de la chaleur qu'elle emporte, en desséchant sur la suite des plaques H I le noir en grains lavé et disposé comme il est dit ci-dessus.

Le noir calciné tombe spontanément autour des disques par le mouvement lent, giratoire imprimé à l'un d'eux par la force centrifuge, il se recueille soit sur le sol autour du fourneau, soit dans un étouffoir circulaire; on voit que la calcination peut facilement ainsi êtré régularisé.

SECTION VIII.—*Des frais de fabrication du sucre de betteraves.*

Nous présenterons ici un extrait de l'un des comptes dressés par les fabricans de sucre indigène qui ont obtenu des médailles au concours de la Société d'encouragement (décembre 1831).

Voici les résultats du traitement de 500,000

kilog. de betteraves, d'après M. DARDANT-MAJAMBOST, fabricant à Limoges.

Dépenses.

Betteraves, 500,000 kilog. à 16 fr. (c'est le prix auquel elles reviennent, y compris un bénéfice de 75 à 100 fr. l'hectare).

Dans cette usine on travaille 5,500 à 6,000 kilog. par jour.

Il faut 91 jours pour terminer l'opération.

	fr. c.
	8,000 »

Main d'œuvre. On emploie 18 hommes à 1 fr., 5 femmes à 30 c., 4 enfans à 25 c. Ensemble 22 fr., et environ 6 fr. de veillées pour une partie des ouvriers; en tout 28 fr. par jour, ou pour 91 jours.   2,548 »

Combustible. Il s'agit de concentrer 39 hectolitres de jus jusqu'au point de cuite, c'est-à-dire de 5° BAUMÉ à 40° environ. On peut compter sur la consommation de 100 kilog. de bois pour 3 hectolitres de jus, soit 1,300 kilog. de bois par jour. Le mètre cube pèse 487 kilog. environ, et vaut. rendu à la fabrique, 6 fr. 50 c.; il en faudrait donc deux mètres 2/3 par jour. Mais comme il n'est pas toujours très sec, on porte la dépense à 4 mètres par jour, en y comprenant les recuits, ce qui fait 26 fr. par jour, et pour 91 jours.   2,366 »

Charbon animal, environ 100 kilog. par jour à 38 fr., 1/3 neuf 2/3 revivifié.   2,368 »

Bœufs, 18, dont la nourriture est évaluée à 18 fr. par jour, coûteront, pour le temps qu'on les emploie au manége.   1,638 »

Menus frais, chaux, sang, entretien des bacs et claies, éclairage, etc.   881 »

Intérêts des capitaux et entretien. Pour 20,000 fr. en mouvement dans la fabrique pendant 6 mois, à 5 p. 0/0.   500 »

Entretien et intérêts du mobilier à 10 p. 0/0.   3,600 »

Directeur. Le chef remplissant seul cet emploi (sauf ceux de contre-maîtres, exercés par des ouvriers qui ont une haute-paie comprise dans les journées ci-dessus), cet article est ici porté pour mémoire.

Il convient d'ajouter, pour *emmagasinemens, extractions des silos, transports* à la fabrique.   900 »

Pour *loyer* des bâtimens, cours, etc.   600 »

_____
23,401 »

Produits.

M. DARDANT dit avoir toujours obtenu environ 5 kilog. et demi de sucre pour 0/0 du poids des racines; mais comme généralement on n'en obtient encore que 5, nous n'admettons à ce taux que

25,000 kilog. pour 500,000 kilog.
de betteraves, dont 18,000 kilog. à
1 fr. 50 c. à cause de sa belle qualité.   27,000 »
Et 7,000 kilog. à 1 fr. de second jet.   7,000 »
125,000 kilog. de pulpe con-
sommée dans la propriété, évaluée
à 16 fr. les 1,000 kilog.   2,000 »
Vente des mélasses et résidus   1,800 »
                                          _____
                                          37,800 »
A déduire le montant des frais   23,401 »
                                          _____
On voit qu'il reste en bénéfice   14,399 »

Lors même que l'on ne compterait le prix de tout le sucre qu'à 1 fr., le bénéfice serait encore de 5,000 fr.; et, en y ajoutant celui d'exploitations nécessaires, telles que la distillation des mélasses, la fabrication du cidre et l'extraction de la fécule de pommes de terre, comme l'a fait M. Majambost, il ne serait pas difficile d'en obtenir un surcroît de bénéfices montant à 3,500 fr., dans des circonstances assez peu favorables.

Si nous substituons aux données précédentes celles relatives aux départemens du Nord, nous obtiendrons des résultats aussi avantageux; en effet, les betteraves reviennent là à 14 fr. (1), ce qui, pour 500,000 kilog., porte le prix à 7,000; en y ajoutant pour tous frais 15,400, la dépense totale s'élève à 22,400 fr.; déduisant les pulpe et mélasse portées à 3,800 fr., il reste 18,600, et si l'on obtient, à 5 p. 0/0, 25,000 kilog., qui coûtent 18,600 fr., on voit que 100 kilog. coûteront 74 fr. 40 c.; à 6 p. 0/0, 30,000 kilog., coûtent 18,600 fr., on voit que 100 kilog. coûteront 62 fr.; à 7 p. 0/0, 35,000 kilog. coûtent 18,600, il en résulte que 100 kilog. coûteront 53 fr.

D'après la commission du Havre, on arriverait encore à des conclusions à peu près égales en effet, admettant le prix de 14 fr. pour 1,000 kilog. de betteraves, et les frais 20 fr., tares et escomptes, 4 fr. total, 38 fr., si l'on suppose un rendement de 6 p. 0/0, on voit que 60 kilog. coûtant 38 fr., 100 kilog. coûteraient 63 fr. 34 c., ou, à 7 p. 0/0, 70 kilog. coutant 30 fr. 100 coûteraient 54 fr.

Mais les plus grands avantages que l'on

doit recueillir, et sur lesquels on pourra compter à tout événement, en annexant la fabrication du sucre des betteraves à une grande exploitation agricole, sont :

1° De nettoyer, d'ameublir une étendue de terrain 4 ou 5 fois plus considérable que celle nécessaire à la production annuelle des betteraves, en réglant les assolemens de manière à bonifier ainsi périodiquement chacune des parties du domaine; 2° d'augmenter la proportion des *engrais* par les résidus des défécations et clarifications, mêlés à leur volume de terre sèche et semés sur le sol, ce qui constitue une deuxième cause de fertilité des terres; M. Dardant a même très bien utilisé, sous ce rapport, les vinasses résidus de la distillation des mélasses, en les faisant servir à l'irrigation ou arrosage, et à l'engrais des terres emblavées; 3° de créer des industries productives et consommations nouvelles dans les contrées qui en étaient privées; 4° enfin de multiplier les bestiaux, en rendant à la fois profitables leur engraissement et leur travail, ce qui augmente les engrais dans la même proportion, et par suite la fertilité des terres. Tous ces avantages concourent en même temps à accroître de beaucoup la valeur des propriétés et à répandre l'aisance chez les travailleurs. Il est juste, toutefois, d'ajouter que les dispendieuses améliorations dans les appareils évaporateurs, macérateurs, presses et râpes, ont absorbé jusqu'ici la plus grande partie des bénéfices.

Déjà l'an dernier la fabrication du sucre de betterave en France a produit 20 millions de kilog. de sucre brut, c'est-à-dire plus du cinquième de la consommation; tout annonce que cette année on obtiendra, par l'intervention de 50 nouvelles usines, 30 millions de kilog., qu'enfin l'accroissement de la consommation, pour peu que les prix s'abaissent. assurera un vaste débouché aux fabriques nombreuses dont la création est encore en projet. Quant à la consommation générale, qui n'était en 1815 que de 17 millions de kilog., elle est aujourd'hui déjà de 94,680,000 kilog.
                                                     PAYEN.

CHAPITRE XVI. — DE LA PRÉPARATION DES PLANTES TEXTILES ET DE LEUR CONVERSION EN FILS ET EN TISSUS.

Nous sommes déjà entrés (liv. II, p. 16) dans des détails étendus sur la culture et la récolte des plantes textiles; nous allons nous occuper maintenant des préparations qu'on leur fait subir pour les transformer en filasse, et pour en faire des cordes, des fils de toute finesse et des tissus depuis la batiste la plus fine jusqu'à la toile d'emballage la plus grossière.

Plusieurs opérations sont nécessaires pour former avec la partie filamenteuse des plantes textiles de la filasse, des fils et des tissus. Ces opérations sont le rouissage, le broyage, le

peignage, le filage et le tissage. Nous les décrirons successivement, en prenant pour exemple le lin et le chanvre, produits naturels de notre agriculture.

Section Ire. — *De la préparation du lin.*

§ Ier. — Du rouissage du lin.

Le rouissage du lin est une opération délicate, qui est encore exécutée presque partout d'une manière imparfaite et routinière; souvent un fort beau lin perd toute sa valeur par un

---

(1) Loyer de un hectare. 60 fr.
2 labours, 2 hersages. 120
Semence 10, ensemencement 6. 16
3 sarclages et binages. 36
Arrachage et transport. 45
Fumier, moitié pour céréale. 100
Bénéfice de culture. 43
                                                              _____
30 000 kilog. coûtent. 420
ou 1000 kilog. coûtent 14 fr.

rouissage mal entendu et n'est plus propre qu'à la fabrication des toiles grossières. Il serait à désirer que des savans se chargeassent de faire l'analyse exacte de cette plante et que des gens instruits fissent avec soin l'essai comparatif des diverses méthodes en usage, afin de déterminer celles auxquelles on doit donner la préférence et les améliorations ou modifications dont elles sont susceptibles pour obtenir des résultats déterminés et constans.

La tige du lin se compose principalement : 1° d'un *épiderme* de la nature de la résine ou de la gomme, étendu sur toute sa surface comme une sorte de vernis et auquel on a donné le nom de principe *gommo-résineux;* 2° d'une *couche de fibres textiles* agglutinés par une substance de la même nature que celle de l'épiderme, ou qui est peut-être différente; 3° enfin du *bois* ou *fibre végétale cassante* qui constitue la partie intérieure ou la masse de cette tige.

Le rouissage *a pour but* de détruire et d'enlever au moyen de la fermentation le vernis gommo-résineux qui recouvre les tiges du lin, la matière qui agglutine ses fibres textiles, afin de détacher ceux-ci du bois et de les séparer entre eux pour en former une filasse.

Le rouissage *est une opération toute chimique* et consiste principalement à exposer le lin à la rosée et à la pluie, ou à le plonger dans des fosses remplies d'eau. Dans cette opération, surtout dans celle qui se donne dans l'eau, où l'on peut suivre plus aisément la marche des phénomènes, voici ce qui se passe : 1° l'eau commence par se troubler; 2° il se dégage ensuite des bulles d'air qui se comportent comme le gaz acide carbonique; 3° l'eau se colore; 4° elle acquiert une réaction acide et rougit le papier de tournesol; 5° l'acide disparaît et il se dégage de nouveau des bulles d'air qui ont une odeur forte, cadavéreuse et qui mêlées avec l'air atmosphérique peuvent s'enflammer par l'approche d'un corps en ignition; 6° enfin l'eau rétablit la couleur bleue du papier de tournesol rougi par les acides et manifeste des traces d'un alcali libre de la nature de l'ammoniaque. Ainsi il y a 3 périodes de fermentation : la 1re insensible, la 2e acéteuse et la 3e putride et alcaline.

Dans l'état actuel de nos connaissances sur les phénomènes chimiques que présente le rouissage, nous n'oserions pas hasarder une explication théorique de cette opération et déterminer *a priori* comment elle doit être conduite ou pratiquée; nous pensons qu'il vaut mieux en appeler aux résultats de l'expérience et suivre les indications qu'une pratique éclairée a pu faire connaître. C'est à quoi nous allons nous attacher dans les détails où nous allons entrer.

Avant de procéder au rouissage il faut prendre en considération *l'état du lin* qu'on veut travailler; ses tiges doivent présenter les conditions suivantes :

1° Le lin doit avoir été *récolté et rentré par un temps sec,* autrement il se couvre de taches qu'il est impossible de faire disparaître au blanchiment.

2° Toutes les *tiges doivent en être de la même couleur.* Un lin dont la couleur n'est pas uni-forme, est difficile à travailler au rouissage et contracte souvent des taches qu'on a peine à enlever.

3° Le lin doit *avoir été récolté à l'état de maturité.* Dans la Flandre on considère le lin comme arrivé à sa maturité lorsque la floraison a cessé, quand les capsules se referment et lorsque le bas de la tige a jauni. Les avis au reste paraissent partagés sur la question de savoir à quelle époque cette plante doit être récoltée pour fournir la filasse la plus fine et la plus nerveuse. Des expériences faites avec soin résoudraient ce problème intéressant pour l'industrie agricole.

4° Toutes les *tiges doivent être également mûres.* Une différence dans le degré de maturité amène des inégalités dans le rouissage, le blanchiment et la teinture. Quand on a des lins mélangés ainsi, il vaudrait mieux, si on voulait obtenir une filasse fine, avoir recours à un triage pour faire rouir ensemble les tiges parvenues au même degré de maturité.

5° Les tiges *doivent être droites,* sans mélange de plantes parasites, non brouillées et entières, la rupture de la tige nuisant à la qualité de la filasse.

6° Enfin ces tiges *seront égales dans leur longueur et leur grosseur,* afin d'obtenir un rouissage uniforme. Les plus longues et les plus fortes exigeant en général un séjour plus prolongé dans le routoir et sur le pré que celles qui sont plus courtes et plus menues, ces dernières sont exposées à être pourries si elles séjournent autant de temps que les autres dans le routoir. D'ailleurs, avec des filamens de longueur uniforme on éprouve infiniment moins de déchets dans le travail ultérieur des plantes textiles.

Nous supposerons donc que le lin choisi remplit les conditions précédentes, qu'il a été trié et nettoyé, et qu'il ne reste plus qu'à lui faire subir l'opération du rouissage.

Le rouissage peut se donner de *plusieurs manières;* les 2 méthodes les plus en usage sont : 1° le rorage, 2° le rouissage proprement dit ou rouissage à l'eau.

A. *Du rorage.*

Le *rorage* ou *sereinage* consiste à exposer le lin dans un champ pendant plusieurs semaines à l'action simultanée de la rosée, de la pluie, de l'air et du soleil; ce mode de rouissage est employé en France dans la Normandie, le Maine, l'Anjou, le Languedoc, etc., et en Bohême, en Moravie, dans le Wurtemberg, les Alpes, etc.

Pour *soumettre le lin au rorage,* on l'étend en couches minces ou ondins de peu d'épaisseur sur un gazon court ou sur une prairie fauchée et bien propre. Là il est abandonné à l'influence des agens atmosphériques, en ayant soin de le retourner quand il est tombé de la pluie, jusqu'à ce qu'il soit suffisamment roui du côté inférieur, ce qu'on reconnaît en ce que les tiges ont perdu leur élasticité, qu'elles se brisent nettement et que la couche fibreuse se détache avec facilité. A cette époque on le retourne pour le faire rouir de l'autre côté, jusqu'à ce que la fermentation insensible et la décomposition des principes qui recouvrent et agglutinent les fils permettent aussi sur ce côté de détacher facilement la filasse du bois. Cette opération, suivant l'abondance de la rosée ou de la pluie, la température, la sérénité du ciel, la force ou l'absence du vent, peut durer, dans les circonstances favorables, de 3 à 5 semaines et de 6 à 9 dans les temps secs et froids. Parvenue au point convenable, on s'empresse d'enlever le lin après le 1er beau jour et lorsqu'il est bien sec, et d'en former de petites javelles qu'on transporte dans un grenier ou une grange aérés où il reste jusqu'au broyage.

Le rorage *n'est pas exécuté de la même manière dans tous les pays*, et nous croyons inutile de rapporter les méthodes diverses qu'on suit à cet égard. D'ailleurs elles ont pour la plupart été essayées et répétées pendant 4 années consécutives à l'Institut agronomique d'Hohenheim et soumises à des épreuves répétées; les résultats de ces épreuves ont été consignés dans un excellent ouvrage que M. Fréd. Breunlin a publié sur la culture et le travail du lin, à la suite de nombreux voyages entrepris dans ce but par ordre du roi de Wurtemberg, et dans lequel nous voyons que les conditions les plus favorables pour le rorage sont les suivantes:

1° Un gazon, une pelouse et surtout une prairie bien fauchée et très propre, exposée aux rayons solaires, plutôt sèche que marécageuse, sont ce qu'il y a *de plus convenable pour étendre le lin*. A défaut d'une prairie de cette nature, on peut faire usage d'un chaume dru, court, surtout celui d'orge et d'avoine sur lequel on étend facilement le lin, sans qu'il touche à nu sur le sol.

2° Les tiges de lin doivent être *rangées à plat en ondins*, les racines tournées vers le vent dominant et autant que possible en couches minces. Il est avantageux, aussitôt après la stratification, qu'il tombe de la pluie, ou d'arroser le lin avec de l'eau, soit pour favoriser son rouissage, soit pour le rendre plus pesant, pour l'affaisser uniformément et l'empêcher d'être enlevé et brouillé par le vent.

3° Le lin étant roui *plus promptement du côté tourné vers le sol* que du côté de la face supérieure, il faut, lorsqu'il approche par le 1er côté du point où le rouissage est terminé, et autant que possible un peu avant une pluie et par un temps calme, le soulever par la tête avec des râteaux et lui faire faire une demi-révolution sur la racine, de manière à ce que la face qui était par-dessus se trouve alors en dessous. Ce travail doit être exécuté avec attention pour que les tiges de lin retombent dans la même position respective où elles étaient auparavant. On doit même les rétablir à la main dans tous les endroits où elles seraient un peu brouillées.

Quand le *rouissage est terminé*, ce qu'on reconnaît en froissant quelques tiges entre les mains, ou mieux lorsqu'en les soumettant à l'action de la broye, le bois, surtout à l'extrémité des tiges, se brise aisément, que les fils se séparent bien entre eux, ou que la couche fibreuse se détache d'elle-même de la tige, on profite d'un temps favorable, et on prend le lin à poignées par l'extrémité des tiges, on le retourne; mais au lieu de l'étendre de nouveau sur le pré, on en forme sur le sol des **gerbes coniques** (*fig.* 328), dont toutes les

Fig. 328.

racines forment les bases, et auxquelles on donne de la solidité en liant les extrémités avec une de ces tiges. Ainsi disposé, le lin sèche en très peu de temps; alors on en forme des bottes de médiocre grosseur qu'on conserve dans un lieu sec et aéré, jusqu'au moment du broyage.

B. *Du rouissage à l'eau.*

Le *rouissage à l'eau* ou rouissage proprement dit est celui qui est le plus généralement en usage en France dans les départemens qui cultivent le lin, dans les Pays-Bas et dans les contrées du nord de l'Allemagne et de l'Europe. Cette opération ne se fait pas de la même manière dans tous ces lieux, et il est assez difficile de décider quelle est celle à laquelle on doit donner la préférence. Dans les environs de Courtray où le lin est cultivé et travaillé avec le plus grand soin, on apporte en août ou bien en octobre ou après l'hiver au mois de mai, à la rivière la Lys, le lin réuni en bottes de 3 1/2 à 4 3/4 kilog. pour l'y faire rouir. A cet effet, on a ménagé sur le bord de la rivière, au moyen de pieux et de perches, un endroit de la capacité qu'on juge nécessaire. Dans cet endroit isolé on pose le lin debout et on le retient par des bâtons entrelacés, liés ensemble et attachés aux pieux qui sont enfoncés dans la terre au bord de la rivière. De cette manière le lin se trouve réuni et fixé, afin qu'il reste plongé dans l'eau à telle profondeur et aussi long-temps que cela est utile. On compte qu'il faut pour cette opération, au mois d'août, 7 jours; au commencement d'octobre, 12 jours; à la fin de mai 9 à 10 jours, suivant le degré de température de l'atmosphère. Dans tous les cas, il convient de consulter cette température et de s'assurer au bout de quelques jours si le lin est suffisamment roui. On est certain d'être parvenu au point précis, lorsque la couche fibreuse se détache facilement de l'écorce, depuis la racine de la tige jusqu'au sommet de la plante. Ce point, toutefois, est assez difficile à déterminer et exige pour être saisi convenablement beaucoup d'attention; il est même prudent de vérifier le *routoir* 2 fois par jour, car le rouissage étant terminé, le lin ne doit pas rester une heure de plus dans ce routoir où il perdrait de sa force et se pourrirait bientôt. Quand le lin est retiré du routoir, on pose les bottes debout, pour le faire égoutter. Le même soir ou le lendemain matin on le délie et on l'étend sur un pré sec, dont l'herbe est très courte.

Si dans ce moment on avait à craindre une forte pluie, on différerait d'étendre le lin ; car dans les 1res heures qui suivent l'étendage, le lin est susceptible de se détériorer en recevant une averse.

L'étendage a pour but de nettoyer le lin des immondices qui se sont déposées sur ses tiges dans le routoir, de le faire sécher et de plus de le blanchir et de déterminer par une fermentation insensible et plus lente la décomposition des portions de la substance gommo-résineuse qui avaient échappé à cette action dans le routoir. A cet effet, le lin reste 12 à 16 jours sur le pré ; on le retourne de temps à autre, afin qu'il soit partout également en contact avec l'air et la lumière. Aussitôt que la filasse commence à se détacher des tiges les plus fines, on le lie en bottes et on le transporte à la grange où pendant l'hiver, dans un temps sec, les tiges sont brisées au moyen du battoir, puis soumises à l'espadage.

On a fait à Gand en 1813 des essais sur le meilleur mode de rouissage, d'après une méthode due à M. d'Houdt d'Arcy ; les résultats obtenus, joints aux expériences entreprises plus récemment à Hohenheim et poursuivies pendant 4 années, ont paru démontrer assez clairement les résultats que nous allons faire connaître.

Les eaux courantes des ruisseaux ou des rivières *ne sont pas avantageuses pour le rouissage*, parce que la fermentation y est trop lente, trop inégale, et qu'elles communiquent au lin des taches et un certain degré de dureté. Ce fait avait déjà été observé depuis longtemps dans nos départemens du nord : d'ailleurs des réglemens locaux s'opposent presque partout au rouissage des lins et des chanvres dans les rivières, à cause de l'insalubrité de cette opération et parce qu'elle détruit partout le poisson.

Ce qui paraît *le plus convenable pour le rouissage*, est d'établir des routoirs ou fosses à rouir près des rivières dont l'eau soit douce, pure et non ferrugineuse. Le routoir doit lui-même être creusé dans un sol qui ne contienne ni ocre, ni particules de fer, parce que ces substances donnent au lin une coloration qu'on ne peut plus faire disparaître.

Un routoir *nouvellement creusé*, ou *employé plusieurs fois de suite sans le nettoyer*, donne lieu à des accidens analogues. On fera bien, quelques semaines avant, de faire usage d'un nouveau routoir, de le remplir d'eau, et au moment d'y placer le lin, de le vider, le nettoyer et le remplir d'une eau nouvelle. Un routoir qui a servi plusieurs fois doit être de même vidé et nettoyé, en enlevant toute la vase qui s'est déposée au fond. Si l'on n'a à sa disposition qu'une eau dure, on en remplit le routoir et on la laisse en repos exposée pendant quelque temps au soleil avant d'y plonger le lin ; puis on y jette avec précaution un peu de sable fin qui recouvre les particules qui se sont déposées, et contribue à la purifier.

Le routoir que l'on suppose être parfaitement en état de retenir l'eau, et au besoin enduit d'argile, doit avoir en profondeur un pied de plus que le lin n'a de longueur ; mais il ne doit pas dépasser 6 pi., parce que quand il est plus profond l'eau reste froide au fond,

et la partie inférieure du lin est plus de temps que la supérieure à éprouver le rouissage. Le lin réuni en bottes y est déposé debout, c'est-à-dire les pointes qui sont les plus difficiles à rouir, en haut, et non pas horizontalement, ou, comme on le fait en Westphalie et dans quelques lieux de la Flandre, la racine à la surface. La masse liée et réunie au moyen de perches, doit se tenir bien verticalement dans le routoir où on l'enfonce à la profondeur nécessaire avec des planches sur lesquelles on pose des poids en assez grand nombre pour que l'extrémité supérieure du lin se trouve au-dessous de la surface de l'eau, et les pattes ou racines à un pied du fond.

La capacité du routoir doit être double de celle de la masse du lin, afin que la fermentation marche avec plus de modération ; dans les routoirs remplis entièrement de bottes de lin la fermentation est quelquefois si active, surtout dans les temps chauds, qu'on a beaucoup de peine, malgré une extrême vigilance, à saisir le moment précis où il faut enlever le lin si on ne veut pas qu'il se détériore.

Pour éviter en plongeant le lin dans l'eau, qu'il *ne soit en contact avec les parois ou le fond du routoir*, contact qui donnerait aux tiges une couleur inégale, on peut, comme on l'a fait à Hohenheim, renfermer les bottes de lin à rouir dans des espèces de caisses à claire-voie, formées avec des lattes ou des perches qu'on recouvre de paille, de planches et de pierres pour les submerger. Au moyen de liens de paille fixés d'un côté sur les bords du routoir et de l'autre aux caisses, on empêche celles-ci de toucher le fond et de se renverser, lors des mouvemens d'ascension et d'abaissement qu'elles éprouvent pendant la fermentation.

Partout où on établit des routoirs en maçonnerie ou en terre, et où cela est possible, il faut, comme on la pratique quelquefois en Flandre, les *munir de petites vannes, écluses* ou *robinets*, pour l'introduction lente et continue d'un léger filet d'eau et pour l'évacuation de celle-ci. La vanne d'introduction doit être placée au fond de la fosse, et celle qui sert à l'évacuation à l'opposé et à la surface du routoir. Si l'on se contentait de faire couler l'eau qui sert au renouvellement à la surface, comme elle est plus légère que celle de macération, elle ne pénétrerait pas plus avant et s'écoulerait immédiatement par la vanne de trop plein. En agissant comme il vient d'être dit, on obtient un rouissage à eau courante, qui a, il est vrai, l'inconvénient d'être plus long que celui à eau stagnante, mais donne une filasse moins colorée et plus facile à blanchir, est plus aisé à bien diriger et offre moins de dangers pour ceux qui sont exposés à en recevoir les émanations. D'ailleurs, dans une eau non renouvelée, le lin est trop sujet à se gâter.

Le lin fournit une filasse bien plus belle quand on l'a *plongé immédiatement après la récolte* dans *les routoirs*, lorsqu'il retient encore toute son eau de végétation et n'a pas été soumis à la dessiccation.

Pendant les trois 1ers jours de l'immersion du lin il n'y a rien à faire, si ce n'est de veiller à ce qu'il soit complètement recouvert par l'eau. Au bout de 3, 4 ou 5 jours, des bulles d'air viennent crever à la surface du liquide, et c'est lorsque le nombre de ces bulles a beaucoup diminué qu'il convient de visiter tous les 3 ou 4 heures le routoir, pour examiner si les indices d'un rouissage parfait se manifestent. Ces indices sont 1°, lorsqu'une tige extraite d'une des bottes se rompt avec facilité quand on cherche à la faire fléchir; 2° lorsque la couche fibreuse peut se détacher d'un bout à l'autre de la tige, les fils restant unis les uns aux autres; 3° lorsqu'en saisissant les tiges par le bout et frappant 3 ou 4 fois la racine sur l'eau, la couche fibreuse crève et s'entr'ouvre.

Quand ces signes indicateurs ne se montrent pas, il faut encore attendre quelques heures; mais aussitôt qu'on les voit apparaître complètement, on doit se *hâter de retirer le lin du routoir, le laver* à l'eau pure et par poignées, surtout s'il a été roui dans un routoir ordinaire et non dans des caisses, afin de le débarrasser de la vase et de la matière colorante qui se sont déposées sur ses tiges.

Si les localités permettent de *renouveler en totalité et avec promptitude l'eau* du routoir, on pourra le faire et laisser le lin encore plusieurs heures dans le routoir pour le laver et le nettoyer; la fermentation s'arrête alors et il n'y a pas de danger.

Le lin étant bien égoutté et ressuyé, il faut l'étendre fort clair sur une herbe courte pour le blanchir, et observer à cet égard les règles pratiques données pour le rorage. Ce blanchiment, sorte de 2e rouissage à la rosée, dure plus ou moins de temps, suivant le degré de fermentation que les tiges ont éprouvé dans le routoir; il peut varier de 3 à 14 jours et même plus.

C. *Comparaison du rorage et du rouissage à l'eau*

Les expériences faites dans le Wurtemberg ont permis de comparer entre elles les 2 méthodes précédentes de rouissage, et de balancer leurs avantages et leurs inconvéniens : Voici le résumé des faits observés.

RORAGE. — *Avantages.* 1° On trouve aisément partout un gazon, une prairie ou un chaume pour étendre le lin; 2° le rorage marchant avec plus de lenteur, le lin est moins exposé à la pourriture que dans le rouissage à l'eau, où le défaut de vigilance pendant quelques heures seulement suffit pour causer un dommage considérable; 3° quand le temps est favorable le rorage exige proportionnellement moins de travail; 4° on obtient plus facilement du lin de rorage une plus belle filasse que de celui de rouissage; 5° les fils et les toiles de lin de rorage blanchissent 8 à 14 jours plus tôt que les mêmes objets fabriqués en lin de rouissage. — *Inconvéniens.* 1° La fermentation par suite des variations atmosphériques marche avec lenteur; dans les circonstances favorables elle dure 3 semaines et en exige au moins 9 quand elles ne le sont pas; 2° dans les temps pluvieux, il faut retourner fréquemment le lin pour qu'il ne pourrisse pas, ce qui exige beaucoup de travail; 3° un peu de négligence à cet égard fait aisément pourrir et perdre la récolte; 4° le lin, qui en moyenne reste 5 semaines sur le pré, est très sujet à

être dispersé par les vents, il faut alors souvent le remettre en ordre si on ne veut pas éprouver de pertes; 5° le lin de rorage a moins de ténacité et dès lors est moins propre à la fabrication des toiles très fortes ou tout-à-fait fines que le lin de rouissage; celui-ci, par un travail convenable, pouvant être, sans perdre de la force, amené à un plus grand degré de finesse que le 1er; 6° cette ténacité moindre fait qu'on éprouve dans le travail ultérieur des matières textiles plus de déchet en bonne soie avec le lin de rorage.

ROUISSAGE A L'EAU. — *Avantages.* 1° Le rouissage ne dure dans les circonstances favorables, et y compris le blanchiment sur le pré, que 10 jours; quand elles ne le sont pas il ne se prolonge pas au-delà de 4 semaines; 2° par suite de la célérité de l'opération celle-ci devient plus sûre, puisque le lin est exposé moins long-temps à l'influence variable du temps; 3° la pluie ou le vent ne causent pas un surcroît de travaux; 4° par suite il y a un déchet moins sensible dans la masse du produit; 5° le lin de rouissage a plus de nerf, et peut être amené par un travail convenable à un aussi grand degré de finesse que celui de rorage; 6° par conséquent il est plus propre à faire des fils pour la dentelle et la batiste, fils qui se vendent à un plus haut prix; 7° enfin par suite de cette ténacité il perd moins en bonne soie au travail de la broye et du seran. — *Inconvéniens.* 1° On ne trouve pas partout des eaux convenables, par conséquent on ne peut pas partout rouir à l'eau; 2° la marche accélérée de la fermentation exige après 3 ou 4 jours une surveillance active et continuelle; si on ne saisit pas le point précis où elle est terminée, si on n'a pas reconnu les phénomènes qui se manifestent alors, on peut éprouver de grandes pertes; 3° un rouissage exige plus de travail qu'un rorage dans des conditions favorables et identiques, c'est le contraire dans les temps de pluie; 4° le lin roui exige plus de travail pour acquérir la douceur et la finesse du lin de rorage; 5° enfin le 1er se blanchit plus difficilement que le second.

D'après cet exposé, on voit que le choix de l'une ou de l'autre de ces méthodes dépend en grande partie des localités, de l'expérience et de la pratique qu'on possède, du temps, de la saison et de la nature du lin ou des produits qu'on veut obtenir; mais en balançant avec impartialité les avantages et les inconvéniens de toutes deux, il en résulte que le rouissage à l'eau paraît être celui qui donne les résultats les plus satisfaisans et auquel on doit donner la préférence toutes les fois qu'on pourra disposer de bonnes eaux, qu'on aura appris à saisir le moment favorable où la fermentation est achevée, et enfin qu'on se sera pénétré des principes posés ci-dessus.

D. *De la qualité des lins après le rouissage.*

On reconnaît qu'un *lin est bien roui* en ce que: 1° La filasse se sépare facilement du bois sur toute la surface et l'étendue de la tige; ainsi en saisissant un tiers ou moitié des fils à la patte de la tige, tous ces fils, unis les uns aux autres, doivent se détacher jusqu'à la pointe; 2° il faut une force assez considérable pour rompre un seul filament; 3° déjà après le broyage, et mieux encore après le peignage, le bon lin a du brillant et de l'éclat ; 4° suivant la manière dont il a été récolté et roui, il possède les couleurs indiquées dans le tableau suivant.

ROUISSAGE	LIN RÉCOLTÉ LONG-TEMPS AVANT LA MATURITÉ DES SEMENCES.	LIN RÉCOLTÉ QUAND LES SEMENCES ONT PRESQUE ATTEINT LEUR MATURITÉ.
Par le rorage.	Gris jaunâtre.	Gris argenté.
Par le rouissage à l'eau.	Jaune pâle.	Jaune grisâtre-clair.

Un *lin mal roui* se reconnaît 1° quand il *n'est pas assez roui*, à ce qu'une portion seulement des fils se détache de la tige, l'autre portion adhérant encore si fortement au bois qu'ils se rompent plutôt que de céder ; 2° *quand il est trop roui*, en ce que les fils se détachent très aisément, mais inégalement entre eux et se brisent au moindre effort ; 3° en ce que le lin trop ou trop peu roui, malgré le travail prolongé de la broye et du peigne, n'acquiert jamais un éclat pur, mais conserve un aspect terne ; ses couleurs, qui par le rorage se rapprochent du gris, et par le rouissage à l'eau du jaune, deviennent mates et pâlissent quand le rouissage n'a pas été suffisant et se rembrunissent quand il a été trop prolongé, en passant même au noir vers les extrémités.

Le *lin récolté trop tard* ou desséché par le soleil, soit sur pied, soit sur le pré, a une couleur jaune-rougeâtre ou brun-rouge.

§ II. — Des procédés autres que le rouissage.

On a proposé un grand nombre de procédés autres que le rouissage et le rorage pour préparer le chanvre et le lin, mais aucun d'eux n'a eu de succès. C'est ainsi qu'on a fait macérer le lin pendant un certain temps dans de *l'eau bouillante tenant* en dissolution une petite quantité de *savon* ou de *lessive caustique*. Par ce moyen on obtient assez bien la séparation de la chenevotte et une filasse fine et facile à blanchir, mais le fil qu'on en tire est sans consistance, sans force, et n'atteint jamais au filage un haut numéro. La *vapeur d'eau* dont on s'est servi en Allemagne pour dissoudre le principe gommo-résineux n'a pas réussi ; la chale élevée de la vapeur paraît attaquer fortement la filasse, lui enlever en partie sa ténacité et ternir son éclat ; les fils et les toiles qu'on fabrique avec cette filasse sont cotonneux, et s'élilnent promptement. Enfin on a proposé de substituer à l'opération toute chimique du rouissage *l'action des machines;* cette innovation n'a pas encore été généralement accueillie dans la pratique, et nous reviendrons plus loin sur ce mode de préparation.

Sect. II. — *Du hâlage, broyage, peignage, espadage,* etc., *du lin.*

§ Ier. — Du hâlage.

Quelque sec que paraisse le lin quand on le rentre dans les greniers, ou après plusieurs mois de séjour dans les granges, il ne l'est point encore suffisamment pour que le bois ou chenevotte se rompe avec netteté, pour que la couche fibreuse s'en détache entièrement et que les fibres elles-mêmes se séparent entre elles avec facilité. Pour lui donner le degré de siccité nécessaire aux manipulations qu'il va subir, il faut le *hâler*, c'est-à-dire l'exposer à une chaleur qui lui enlève la plus grande partie de son eau de végétation.

On hâle le lin de différentes manières ; au soleil, dans des fours, sur la touraille des brasseurs ou dans un hâloir.

Pour *hâler le lin au soleil* on le sort du grenier et on expose les bottes pendant 2 ou 3 jours à l'air libre ; au bout de ce temps on délie les javelles et on étale les tiges debout au soleil, par un jour pur et chaud, dans un endroit propre et sec soit le long des murs, des maisons, des haies, soit en les soutenant avec des gaules ou des ramilles. Chaque soir on l'enlève pour qu'il ne soit pas mouillé par la rosée et on le serre dans un lieu bien sec. Au bout de 6 à 8 jours de beau temps le lin est propre à être broyé. Le hâlage au soleil, surtout pour les lins qui sont déjà anciens, est le plus avantageux et le plus économique ; il donne constamment une filasse plus forte et plus douce que par les autres procédés et n'expose pas au danger des incendies.

On *hâle le lin dans des fours, sur la touraille ou dans un hâloir,* quand on ne veut pas attendre les beaux jours et qu'on veut le broyer l'hiver ou quand le temps est pluvieux, couvert et froid. Les pauvres gens introduisent leur lin réuni en bottes dans un four à boulanger dont on vient de retirer le pain ; d'autres cultivateurs ont des fours construits exprès qu'ils font chauffer comme les précédens, et dans lesquels ils placent leur lin. Dans les pays où l'on fabrique la bière, le lin est étalé et séché sur la touraille des brasseurs, et dans ceux où on cultive cette plante en grand, on se sert d'un hâloir pour cet objet. Le *hâloir* est un hangar ou une pièce isolée de tout bâtiment, ou enfin une caverne, qu'on trouve si fréquemment dans les pays montagneux. Dans cette pièce on forme à environ 4 pi. du sol un grillage en bois sur lequel on étend le lin ; dessous on allume du feu avec de la chenevotte et on l'entretient avec prudence pour que le lin sèche également partout et ne s'enflamme pas. Lorsqu'il est parvenu au degré de dessiccation convenable, on l'enlève et on le livre aux broyeuses.

Ces derniers modes de hâlage *sont très préjudiciables au lin.* D'abord, dans les fours de boulangers dont on vient de retirer le pain, la température qui est de 80 à 100° C. et plus, est beaucoup trop élevée ; le lin surpris par ce degré de chaleur sèche qui est suffisante pour décomposer certaines matières végétales, roussit et s'altère ; la matière gommo-résineuse qui enveloppe encore ses fils, au lieu de se dessécher, pour être ensuite enlevée en poussière, se fond, et en refroidissant agglutine de nouveau les fils, qu'il devient impossible de séparer au broyage. L'humidité du lin réduite en vapeur n'ayant pas d'issue, retombe par le refroidissement sur les tiges qui redeviennent molles et flexibles, enfin la filasse perd en partie son brillant et sa force et est dure et cassante. Sur les tourailles le lin n'est pas autant altéré, mais la température qu'il y éprouve, 60°, C. au moins, est encore trop élevée; enfin dans un hâloir banal, outre l'imperfection du procédé, l'enfumage du lin et son incomplète dessiccation, on a encore à redouter le danger d'un incendie.

Un bon *hâloir*, tel qu'on en a établi dans quelques parties de l'Allemagne, est une chambre assez étendue, un peu basse, ayant une issue pour le dégagement de la vapeur d'eau et dans laquelle on range le lin debout par bottes de 40 à 50 tiges. Ce hâloir est chauffé par un poêle en faïence doublé en terre ou en brique, dont la température s'élève et s'abaisse ainsi avec lenteur, et dont la porte est placée à l'extérieur pour prévenir tout danger du feu. On peut aussi avec avantage élever la température à l'intérieur de cette chambre au moyen d'un calorifère placé dans un autre lieu ou par la circulation de l'eau, de la vapeur, ou par la chaleur qu'on perd souvent dans plusieurs établissemens industriels. Le lin étant rangé dans ce hâloir, on allume le feu qu'on conduit avec lenteur jusqu'à ce que la température soit à 25 à 30° C. (20 à 24° R.). A cette température, qu'on cherche à maintenir pendant un certain temps, l'eau de végétation du lin se vaporise avec lenteur et s'échappe par l'issue ménagée. Quand il ne se dégage plus de vapeur on élève peu à peu la température à 40 ou 45° (32 à 36° R.), et après l'avoir soutenue quelques momens à ce degré, l'opération est terminée. On retire le lin, on le laisse refroidir quelques heures, puis on le soumet à la broye.

§ II. — Du macquage ou maillage, broyage.

Le lin étant suffisamment sec, il faut le soumettre à une *série de manipulations* pour séparer le bois ou chenevotte de la couche fibreuse et réduire celle-ci en filasse. Ces manipulations ne sont pas les mêmes dans tous les pays, et ont reçu, ainsi que nous allons le voir, des noms différens.

Avec quelque soin qu'on ait traité le lin au rouissage et au hâloir, il y a toujours dans les bottes un certain nombre de tiges courtes rompues ou brouillées, qui enlacent les autres et qui, au travail de la broye et du peigne, tombent elles-mêmes en étoupes, brisent la bonne soie et causent un déchet assez considérable. La 1re chose à faire est donc de *trier le lin.* Ce triage se fait au moyen d'un *peigne* à grosses dents de bois ou de fer assez écartées, sur lesquelles on jette les poignées de lin qu'on tient à la main par une des extrémités, et qui retiennent les tiges courtes ou mêlées. Ces tiges ne sont pas perdues pour cela, on les rassemble pour les broyer ensemble ou pour les travailler comme les étoupes.

Quand le lin a été trié, il faut, pour faciliter encore l'action de la broye, le soumettre au *macquage* ou *maillage*. Le macquage se donne ordinairement avec l'instrument appelé *macque* ou *maque*, qui consiste en une masse de bois dur, avec laquelle on frappe les poignées de lin sur un billot plat en bois ou en pierre, depuis la patte ou racine jusqu'à la

pointe. La macque aplatit les tiges, casse la chenevotte, détache l'enveloppe fibreuse, diminue la cohésion des fils, éclate et rompt la matière gommeuse qui les agglutine encore.

En Westphalie, on se sert pour le macquage *d'un moulin mu par l'eau;* là, un arbre tournant, muni de cames, élève 4 à 6 petits pilons en bois de hêtre, et les laisse retomber sur les tiges de lin étendues sur un bloc uni de bois. Des ouvriers placés devant ces pilons retournent et secouent de temps à autre les poignées de lin, et les empêchent de s'échauffer et de se brouiller.

Une *autre machine* usitée pour cet objet en Allemagne consiste en 2 cylindres en bois placés l'un sur l'autre, portant des cannelures longitudinales larges et profondes, et fixés sur des axes en fer, dont l'un porte de chaque côté une manivelle. Le lin engagé par poignées entre ces cylindres, est reçu de l'autre côté à mesure qu'il s'avance par suite de leur mouvement de rotation, sur une planche inclinée de bois après avoir subi un macquage parfait.

En Flandre où l'on ne fait pas usage de la broye ordinaire pour le lin, on lui donne un bon maillage en l'écrasant à grands coups avec une pièce de bois dur, nommée *battoir* (*fig.* 329), longue de 28 cent. (10 po. 1/2), large de 13 (5 po.) et épaisse de 8 à 9 (3 po. 1/2). Cette pièce porte par-dessous des cannelures prismatiques à arêtes arrondies d'environ 13 mill. (6 lig.) de hauteur, et dans son milieu est fixé un manche courbe (*fig.* 330) qui sert à la manœuvrer.

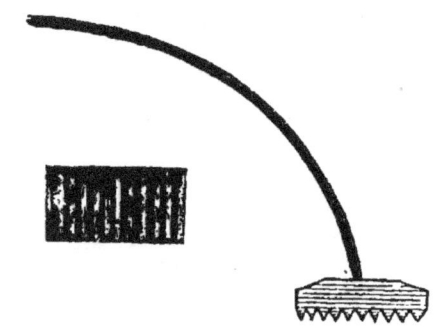

Fig. 329.　　　　　　　　　Fig. 330.

Le lin étendu avec régularité sur une aire plane, on le frappe avec cet instrument d'abord par la patte, puis par la pointe, enfin au milieu de la tige. Ainsi maillé d'un côté, il est retourné de l'autre et traité de la même manière. L'opération terminée, l'ouvrier enlève les poignées, les secoue pour détacher les impuretés et les débris de bois, et en forme des paquets.

Quelquefois on se sert dans le même pays pour cet objet de moulins qu'un cheval fait mouvoir et qu'on nomme *moulins à battoirs*. Ces machines consistent en une meule posée verticalement, qui parcourt un cercle en écrasant le lin qu'on lui présente. On peut briser ainsi de 130 à 150 kilog. de lin par jour.

Nous pensons qu'on pourrait aussi se servir avantageusement pour cette opération de la machine simple et ingénieuse, dont on doit l'invention à M. Catlinetti (*fig.* 331). Cette

Fig. 331.

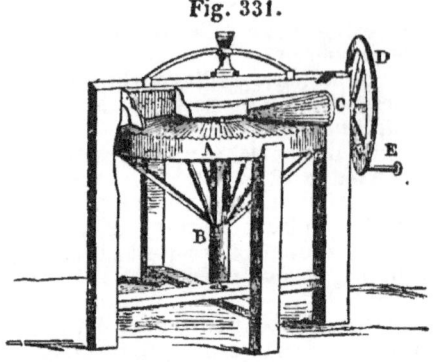

Fig. 332.

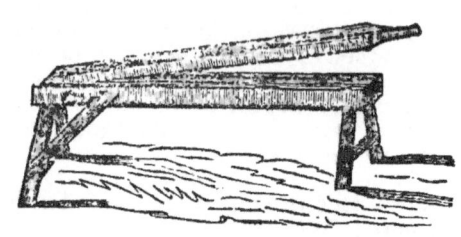

machine se compose d'un plateau circulaire horizontal A, porté sur son centre par un arbre vertical B, avec lequel il peut tourner. Ce plateau, sur sa face supérieure, est sillonné de cannelures qui partent de la circonférence, et vont toujours, en diminuant de largeur, converger vers le centre. Sur la moitié de la surface de ce plateau, sont posés 9 cylindres coniques également munis de cannelures identiquement semblables à celles du plateau. Le 1er et le dernier cylindre sont en fonte et ne touchent pas les autres qui sont en bois, et placés très près les uns des autres. Ce 1er cylindre C porte un axe en fer qui se prolonge au-delà du bâti, et sur lequel est monté un volant D, muni d'une manivelle E. C'est lui qui, par les cannelures dont il est muni, engrène dans celles du plateau et le fait mouvoir circulairement. Les axes de tous autres cylindres portent des ressorts d'acier, qui les font presser contre ce plateau. Pour briser le lin, un enfant en prend une poignée qu'il étale sur le plateau, de manière à n'en couvrir que la moitié, à partir de la circonférence. Aussitôt que ce lin, par suite du mouvement qu'un homme imprime à la machine, est passé sous le 1er cylindre, l'enfant en étale une 2e poignée, puis une 3e, et ainsi de suite. Quand le disque achève son tour entier, l'enfant enlève le lin tout broyé et par poignées, à mesure qu'il sort de dessous le dernier cylindre; ou bien si le broyage n'est pas suffisant, il lui donne un second tour, avec l'attention de retourner sens dessus dessous les poignées. Le lin étant suffisamment broyé, il l'enlève, donne un coup de brosse sur les cannelures du plateau pour les nettoyer des brins de chenevotte, puis recommence à charger le plateau. Tout cela marche avec assez de célérité pour que l'opération soit continue.

En général, le lin maillé avec soin n'a pas besoin au broyage d'avoir été séché à une température aussi haute; il conserve plus de longueur, sa soie est mieux divisée et devient plus fine par le travail ultérieur; enfin les pointes qui donnent la filasse la plus belle n'échappent plus à la broye, et ne sont plus enlevées en pure perte à l'espadage.

Le macquage fait éclater l'enveloppe fibreuse du lin, et commence à briser et à détacher la chenevotte; il ne s'agit plus maintenant que d'achever de rompre celle-ci, de la séparer de l'enveloppe et de réduire cette dernière en filasse. On atteint ce but au moyen du *broyage* qui se donne avec la *broye*, instrument bien connu et très répandu. La broye (*fig.* 332) est formé de pièces de bois réunies à un bout par une forte cheville. La pièce ou mâchoire inférieure est montée sur 4 pieds inclinés pour lui donner plus de solidité, et est élevée d'environ 812 (30 pou.) afin qu'elle soit à la portée de la main de l'ouvrière qui travaille debout. Elle consiste en une pièce de bois de 14 à 16 centim. (5 à 6 po.) d'écarrissage, et de 2m 27 à 2m 60 (7 à 8 pi.) de long creusée dans presque toute sa longueur par 2 grandes mortaises, larges de 27 mill. (1 po.), qui la traversent dans toute son épaisseur. Les 3 languettes que laissent ces mortaises sont taillées en couteaux non tranchans dans leur partie supérieure. Une autre pièce moins large que la 1re, la mâchoire supérieure, munie d'un manche par un bout et portant sur sa largeur 2 languettes pareillement taillées en couteau et par-dessous, est attachée sur la 1re par une cheville de fer qui les traverse toutes deux par le bout opposé au manche, et fait l'office de charnière. Les 2 languettes de la mâchoire supérieure entrent librement dans les rainures de la mâchoire inférieure.

Pour *broyer le lin*, l'ouvrière en prend une poignée de la main gauche, et de la droite soulève par le manche la mâchoire supérieure de la broye. Alors elle engage le lin entre les 2 mâchoires, puis abaissant fortement et à plusieurs reprises la mâchoire supérieure, elle brise la chenevotte et l'oblige, en tirant à elle la poignée, à quitter la filasse. Quand la poignée est bien broyée et secouée jusqu'à la moitié, elle reporte sous les lames de la broye l'autre moitié qu'elle tenait à la main, et ne la quitte plus qu'elle ne soit entièrement broyée. Cette manipulation est répétée sur plusieurs poignées, jusqu'à ce qu'il y ait environ 2 livres de filasse; alors elle en fait un paquet qu'elle plie en 2 en le tordant légèrement et en le nouant par le bout. C'est ce qu'on nomme ordinairement *queues de cheval* ou *filasse brute*.

En Bohême, le lin séché au soleil est d'abord soumis à une *broye en gros*, qui n'a qu'une languette et qu'une rainure; de là il passe à la *broye en fin*, qui a 2 languettes et autant de rainures; quelquefois il ne subit cette 2e opération, qu'après avoir passé quelques heures dans le hâloir. Dans quelques pays on ne fait usage que de la broye en gros, mais seulement pour les chanvres et lins grossiers; dans d'autres, les broyes ont 5 *languettes* et rainures, et même plus. En Languedoc, on passe en 1er lieu dans une broye dont les languettes sont *dentées en scie*, puis dans une autre à languettes unies comme la broye ordinaire. Enfin il est quelques pays où on travaille d'abord le lin avec une broye dont les languettes supérieures jouent très librement dans les rainures inférieures, puis ou on l'affine avec un instrument de ce genre, ou ces parties entrent presqu'à frottement juste les unes dans les autres.

Il faut que les *arêtes des languettes et des rainures soient arrondies soigneusement*, si on ne veut pas couper la soie, et on doit veiller à ce que les ouvrières ne les rendent pas tranchantes pour hâter la besogne. On fera même bien avant de consacrer une broye neuve à la préparation des lins fins et de 1ʳᵉ qualité, de l'employer au moins un an sur le chanvre ou le lin commun. On ne doit *tirer la poignée* de filasse, que lorsque la mâchoire supérieure est à moitié soulevée; d'abord on procédera avec lenteur et seulement lorsque les extrémités seront déjà débarrassées de leur chenevotte, autrement on briserait beaucoup de fils; et on ne tirera avec quelque vivacité que lorsque toute la poignée sera bien réduite en filasse, pour l'affiner et l'adoucir.

La broye, comme on le voit, est un *instrument grossier;* on lui reproche les inconvéniens suivans : elle broie imparfaitement les pointes où se trouve la filasse la plus fine; les tiges engagées entre les mâchoires et pressées par les lames, ne pouvant s'étendre convenablement, cèdent sous le choc de la mâchoire supérieure, et se brisent; le froissement que la filasse éprouve entre les lames la fait bourrer, mêle les brins, et malheureusement ce sont toujours les fils les plus fins et les plus beaux qui se rompent ou se brouillent ainsi, et sont ensuite enlevés au sérançage; enfin la manœuvre de cet instrument est longue et très pénible, surtout pour des femmes qui sont généralement chargées de ce soin.

§ III.— De l'espadage et de l'écanguage.

Le lin qui a été broyé n'est pas pour cela débarrassé de toute sa chenevotte; il en conserve encore une grande quantité qu'il s'agit d'enlever par une opération que l'on nomme *espadage* ou *écouchage.* L'espadage se fait sur une planche A (*fig.* 333) attachée verticalement à une forte pièce de bois B qui lui sert de pied; cette planche a vers le haut une entaille demi-circulaire C, ou quelquefois elle n'est échancrée que sur le côté. L'espadeur ploie de la main gauche une poignée de lin, qu'il appuie sur l'entaille ou l'échancrure C de la planche, il frappe la portion de lin qu'il tient le long de la planche avec le tranchant de *l'espade* ou *espadon* (*fig.* 334), sorte de couteau

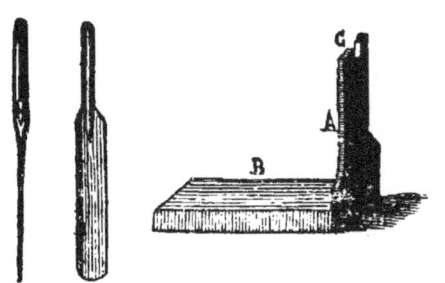

Fig. 334.   Fig. 333.

de bois à 2 tranchans mousses de 2 pi. de longueur, large de 4 à 5 po., épais de 6 à 7 lig. et ayant à une de ses extrémités une poignée par laquelle l'ouvrier le tient de la main droite. Il secoue sa poignée après l'avoir frappée, la retourne, la frappe encore, travaille la pointe comme il a fait les pattes, prend soin de bien frapper le milieu qui est souvent le plus mal travaillé, et nettoie ainsi son lin des brins de chenevotte, de la plus grossière étoupe et des portions non brisées par la broye.

L'espadage est une *opération importante* qui exige, pour être bien faite, un ouvrier exercé. Celui-ci doit tenir fermement la poignée dans sa main pour qu'il ne s'échappe pas de fils qui se bouchonneraient, et toucher le lin avec l'espadon plutôt ou en glissant qu'en frappant. Quelque soin qu'il prenne, il coupe encore beaucoup de brins sur l'arête vive de l'échancrure de la planche et les fait ainsi tomber en étoupes.

Pour être espadé convenablement, le lin *doit être très sec*, et dans le Wurtemberg, surtout dans les temps humides, on lui communique le degré de siccité convenable en le passant au four ou dans un hâloir.

Une partie de la filasse tombe sous l'ecangue et l'espade avec la chenevotte; ces 2 matières mélangées se nomment vulgairement *équignons;* elles sont séparées par des ouvriers qui font avec les débris de la soie un fil grossier pour la fabrication des toiles d'emballage.

Lorsque le lin, au sortir de l'espadage, conserve de la rudesse et que le milieu des poignées est encore chargé de débris de chenevottes, on passe en quelques pays cette partie sur l'*affinoir*, lame de fer polie à son bord intérieur et formant un tranchant mousse, large de 3 à 4 po., épaisse de 2 lig., longue de 2 pi. 1/2, posée verticalement et bien attachée à un poteau. L'affineur prenant de la main droite une poignée de lin par les pattes, la passe derrière la lame et en saisit les pointes de la main gauche; il appuie le milieu sur le tranchant du fer, tirant fortement et alternativement les 2 mains, de manière que tous les brins et les différentes parties de brins soient frottés successivement contre ce tranchant.

On donne encore au lin pour l'affiner une autre préparation qui consiste à le passer sur un *frottoir;* cette opération, qui paraît préjudiciable à cette matière textile, sera décrite quand nous parlerons du travail du chanvre.

Les Flamands, avons-nous dit, ne broient pas le lin, et se contentent de le mailler; mais à ce maillage ils font succéder l'*écanguage,* sorte d'espadage énergique préférable à l'espadage ordinaire et qui se donne de la manière suivante. L'*écangue* (*fig.* 335) est une sorte de hachoir ou couperet plat et mince, muni par le haut d'une tête qui est destinée à lui donner plus de poids ou de la volée; le manche est court, aplati, fixé sur une des faces du couperet par des chevilles de bois. Cet écangue est en bois dur et lisse, d'une épaisseur de 5 mill. (2 lig.) et ne pèse pas au-delà de 5 quarterons. La planche à écanguer A (*fig.* 336) a 4 pi. de hauteur, 1 de large et 1 po. d'épaisseur; elle est assemblée verticalement sur une autre planche horizontale B qui lui sert de patin ou pied, et porte à 2 pi. 1/2 de hauteur une échancrure E de 3 po. de hauteur et 4 de profondeur. Une des arètes inférieures de cette échancrure, celle du côté où frappe l'écangue, est taillée en biseau (*fig.* 337) pour que cet

Fig. 335.

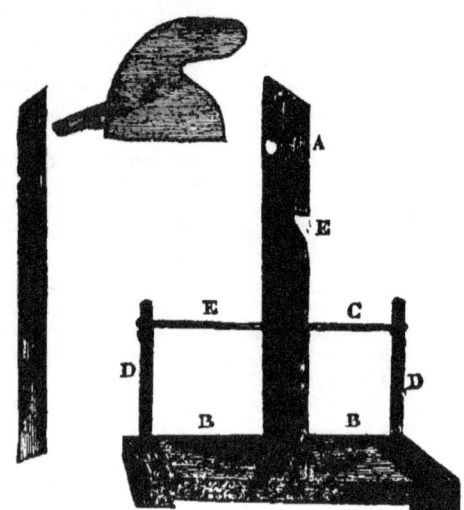

Fig. 337.   Fig. 336.

écangue en tombant ne soit pas arrêté par ce bord et ne coupe pas la filasse. Le patin B ou planche inférieure a 5 pi. de long, 1 1/2 de large et 2 po. d'épaisseur. Du côté où l'ouvrier se place, et à chaque extrémité sont 2 forts montans ou pieux D de 1 pi. 1/2 de hauteur, qui reçoivent une grosse courroie en cuir C fortement tendue, qui sert à garantir les jambes de l'ouvrier pendant le travail ou la chute de l'écangue. L'écangueur prend dans sa main gauche autant de lin qu'elle peut en contenir, passe celui-ci dans l'échancrure jusqu'au milieu de sa longueur, l'étend sur le bord inférieur, puis frappe verticalement dessus, du côté du biseau, avec l'écangue qu'il tient de la main droite; il roule, retourne et frappe ainsi sa poignée jusqu'à ce que la chenevotte soit détachée et qu'il ne reste que la soie, puis passe successivement d'une portion écanguée à celle qui ne l'est pas. Un ouvrier dans une journée de travail peut écanguer ainsi 5 kilog. de filasse provenant de 20 kilog. de lin roui.

Il y a aussi dans ce pays des fermiers qui emploient un *moulin* à ailes de bois pour écanguer leur lin; cette machine se meut à bras. L'opération est plus rapide que par l'espadon ou l'écangue qu'on tient à la main, mais le lin se casse davantage et est moins fort. En employant 4 hommes, un moulin de cette espèce peut espader 22 kilog. de lin par jour, tandis qu'un bon ouvrier n'en espade à la main que 4 1/2 à 5 kilog. On fait aussi usage pour l'espadage, en Angleterre, d'une machine mue par un cours d'eau et en forme de tambour vertical qui porte des espadons et M. GIRARD est inventeur d'une machine ingénieuse destinée au même usage.

Le lin, étant espadé, reçoit encore en Flandre un autre apprêt qui se donne de la manière suivante : l'ouvrier assis prend le lin par petites parties, le met sur un tablier de cuir qu'il porte devant lui, et le ratisse avec des couteaux de fer d'environ 1 pi. de long,

larges de 10 lig., mais plus étroits vers le manche, et dont le tranchant est arrondi. Ces couteaux sont de 3 espèces, et vont en augmentant de finesse. Le lin est frotté, ratissé de cette manière dans sa longueur 3 fois consécutives, jusqu'à ce que les débris de chenevotte et de gomme soient enlevés. En Westphalie où on se sert du même procédé, l'ouvrier ratisse le lin sur son genou qui est couvert d'une peau de sanglier, le côté lisse en dehors, et ne se sert que de 2 couteaux. Les déchets sont assez considérables; ceux du 1er frottement servent à faire des toiles d'emballage, ceux des autres à confectionner des fils pour les toiles à sac ou de grosses toiles de ménage. Ainsi préparé, le lin est plié par bottes de 1 kilog. 375 (2 3/4 liv.), et remis aux fileuses ou aux peigneurs.

§ IV. — Du peignage ou sérançage.

Le lin nettoyé de toute sa chenevotte par l'espadage, doit, avant d'être filé, être soumis à une dernière opération qui a pour but d'enlever les dernières traces de la gomme-résine qui salit encore ses fils, de le démêler, de le refendre et de l'affiner. Cette opération se nomme *peignage* ou *sérançage;* elle est faite par les fileuses elles-mêmes ou mieux par des ouvriers appelés *séranceurs*, qui travaillent le lin au moyen de peignes ou sérans.

Les *peignes* ou *sérans* sont en général formés d'une planche de bois dur sur laquelle sont implantées des broches de fer, de cuivre ou d'acier pointues et polies. La *forme* de ces dents varie avec les pays et la finesse de la filasse qu'on veut obtenir; tantôt elles sont uniformément rondes dans leur longueur, excepté vers l'extrémité supérieure qui est pointue, ou bien elles sont coniques depuis le pied jusqu'au sommet; tantôt elles sont taillées en losange ou en carré. Parfois on les plante en lignes droites, les unes devant les autres sur les planches; le plus souvent aujourd'hui, comme dans les peignes anglais, elles sont disposées en échiquier ou diagonalement avec beaucoup de précision. Leur *longueur* est également très variable, et dans un atelier de sérançage, on a ordinairement un assortiment complet de sérans, depuis les plus gros jusqu'aux plus fins, à travers lesquels on passe successivement la filasse suivant le degré de finesse qu'on veut obtenir. On a pour l'ordinaire des peignes de 4 grandeurs; les dents des plus grands sont carrées ou en losanges, et ont par le bas une ligne carrée sur 3 1/4 po. de longueur; celles des plus fins sont rondes et grosses comme des aiguilles à coudre la toile de ménage.

Pour *procéder au sérançage*, le peigneur fixe ses sérans sur une table solide, selon l'ordre de leur finesse, puis prend de la main droite une poignée de lin vers le milieu de sa longueur, et avec un des bouts pendans, ordinairement les pointes, il enveloppe celle-ci une ou 2 fois pour lui donner plus de force. Le séranceur serre alors fortement la main, et imprime verticalement à la poignée un mouvement circulaire, qui fait tomber la filasse sur les dents du peigne le plus gros; s'il éprouve trop de résistance à tirer la filasse horizontalement, il l'enlève doucement pour en engager une moindre quantité. Quelquefois il lève la poignée de dessus le séran, l'ouvre et la divise; quelquefois il la passe et la repasse vivement. Lorsque la pointe est bien démêlée, il en engage une plus grande longueur, et continue ainsi peu à peu jusqu'à ce que la filasse passe sans difficulté entre les dents du peigne; après quoi, tortillant autour de sa main la partie démêlée, il peigne l'autre bout avec le même soin. On passe ainsi la filasse sur des peignes de plus en plus fins, où elle se divise, acquiert de la souplesse et de la douceur. La filasse obtenue la 1re est connue sous le nom de 1er *brin*. On en plie les poignées en 2 moitiés tortillées l'une sur l'autre, pour former des paquets. L'étoupe restée dans les sérans se travaille de nouveau, et fournit un brin fin, mais plus court et plus dur que le 1er, qu'on nomme *second brin*. Le reste de l'étoupe qu'on peut carder est employé à divers usages.

On ne sérance guère que les lins destinés à la fabrication des toiles ordinaires; le lin ramé qui sert à celle des batistes n'acquerrait pas ainsi assez de finesse, et ne serait pas suffisamment débarrassé de sa gomme et de ses impuretés. Pour lui donner le degré de finesse requis, *on le soumet à l'action de la brosse.* Cette brosse qui ressemble à une balle d'imprimeur, est composée d'un manche long de 5 po. auquel est attachée une demi-sphère de 12 po. de circonférence, garnie, sur sa surface convexe, de poils de sanglier d'environ 3 lign. de hauteur, placés à une ligne de distance les uns des autres. On brosse sur une planche lisse de 1 pi. de largeur sur 3 de long, à une des extrémités de laquelle est implantée une cheville verticale qui sert à fixer par 2 ou 3 tours la poignée de lin, ou bien on en prend une petite partie grosse comme le doigt qu'on tortille par le haut l'index gauche et qu'on maintient fortement avec le pouce; le reste de la poignée est étalé avec soin sur la planche et on y passe la brosse qu'on tient de la main droite, en 1er lieu du côté de la patte et d'abord avec précaution, puis un peu plus énergiquement suivant le degré de finesse qu'on veut obtenir. Cela fait, on retourne le lin et on le travaille de même du côté de la pointe, puis on tord légèrement et l'on plie vers le milieu de cette partie, qui s'appelle un cordon de lin. Lorsque le lin est bien sec, les fils se divisent, la gomme-résine qui enveloppe encore ses fils s'exfolie, s'enlève en poussière, et on obtient une filasse fine, douce et douée de beaucoup d'éclat. Les bottes de 2 liv. 3/4 se trouvent ainsi réduites à 1 3/4 liv. et même 1 1/2 liv. Les étoupes qui sont fines donnent des fils propres à fabriquer de belles toiles de ménage, du linge de table, etc.

Dans plusieurs pays on pense que le *lin doit être bien sec* pour être sérancé, et on fait même chauffer les sérans quand le temps est humide ou quand ils ont séjourné dans un lieu froid. Au contraire, dans d'autres on conserve le lin à la cave avant de le peigner, parce que l'expérience semble avoir prouvé que par ce sé-

jour il se divise mieux dans le peigne et donne moins de déchets.

Après le peignage le lin *reçoit souvent un maillage* qui est destiné à lui donner de la douceur, à diviser ses fils et à le préparer au filage. Ce maillage se donne sur un bloc de bois, au moyen d'un maillet aussi en bois qui sert à frapper les paquets. En Bohème où on pratique avec soin cette opération, le lin est mis en paquets et tordu pour qu'il ne se mêle pas, puis maillé soigneusement pouce par pouce, en retournant le paquet de temps à autre et le frappant toujours, jusqu'à ce qu'il devienne chaud; alors on le prend à la main et on le froisse vivement et dans toute sa longueur pendant plus ou moins de temps. Le maillage, cet échauffement et ce froissage séparent les filamens, les affinent et les adoucissent. Ce travail pourrait, comme on voit, s'exécuter plus promptement au moyen des procédés de macquage que nous avons indiqués ci-dessus.

Les lins amenés à ce point *gagnent encore en finesse, en douceur et en nerf,* avant d'être filés, à être conservés dans des caisses garnies de papier et placées dans un lieu sec et frais.

Section II. — *De la préparation du chanvre.*

§ Ier. — Du rouissage.

Le chanvre, ainsi que nous l'avons vu au chapitre de sa culture, est une plante dioïque, c'est-à-dire que ce sont des pieds différens qui portent les organes sexuels mâle et femelle (1). Il mûrit par conséquent à 2 époques différentes et on l'enlève en 2 fois, savoir: le chanvre mâle au mois de juillet ou d'août, et le chanvre femelle six semaines après, vers celui de septembre ou d'octobre.

On *reconnaît la maturité* du chanvre mâle lorsque les fleurs ayant répandu leur poussière fécondante se détachent, que les feuilles se flétrissent, que la tige jaunit par le haut et blanchit vers la racine. Quant à celle du chanvre femelle, elle est indiquée par la maturité de la semence et la sécheresse de la tige. Il faut s'appliquer à saisir avec exactitude cette époque de maturité, parce que le chanvre mûr à point se rouit plus promptement, donne une filasse qui se détache plus facilement que celui qui a été récolté vert ou qui est resté trop long-temps sur pied.

La récolte des chanvres mâles et femelles étant faite à temps, il ne faut pas, comme cela se pratique en quelques lieux, *les réunir pour les rouir ensemble;* les derniers étant plus desséchés sur pied, seraient à peine rouis lorsque les autres commenceraient à éprouver dans le routoir un commencement de décomposition putride.

Le chanvre étant mûr, est arraché de terre, et posé en petits faisceaux sur le sol pour le *faire sécher;* il faut pour cela 8 à 10 jours. Au bout de ce temps *on bat le chanvre femelle* pour en extraire la semence; quelques personnes ont conseillé de rouir le chanvre avant qu'il soit

(1) Par une habitude bizarre on donne presque partout en France et en Belgique le nom de *chanvre mâle* aux tiges qui portent la graine, et celui de *chanvre femelle* à celles qui portent les organes mâles de la plante. Nous ne pouvons adopter ces locutions vicieuses et nous employons dans le texte les mots de chanvre mâle et femelle dans leur véritable acception.

bien sec, en assurant qu'il présentait alors moins de résistance au rouissage, mais l'usage a prévalu dans les pays où l'on cultive cette plante, de ne le soumettre à cette opération qu'après l'avoir fait sécher complètement, en alléguant comme fait d'expérience qu'il donne alors une filasse plus nerveuse et plus durable, et qu'il est moins sujet à pourrir dans le routoir.

On a aussi prétendu que les *feuilles* introduites dans les routoirs avec les tiges passaient très promptement à l'état de décomposition putride et altéraient la qualité du chanvre; cependant en Alsace, où on produit de très belles filasses, on fait rouir le chanvre avec ses feuilles. Au reste, si on craignait quelque mauvais effet de leur présence, on peut enlever celles du chanvre mâle au moyen d'un peigne à dents de fer ou de toute autre manière; les feuilles du chanvre femelle tombent généralement au battage.

Avant de rouir le chanvre on fera bien *d'enlever les racines et les sommités* qui ne produisent rien ou presque rien, qui concourent à brouiller les filamens, à faire perdre du temps aux ouvriers et à augmenter les **déchets**. On fait cette opération en plaçant les tiges sur un billot et en coupant les racines ou les sommités avec une hache, ou bien en les mettant entre 2 planches et retranchant les parties qui passent avec une vieille faux emmanchée dans un morceau de bois.

Le *but du rouissage du chanvre* est le même que celui du lin; c'est-à-dire au moyen de l'eau ou bien de la lumière, de la rosée et de la pluie, de faire passer à l'état de décomposition le principe gommo-résineux qui enveloppe et agglutine les fils, de rendre la chenevotte cassante et de séparer celle-ci de la couche fibreuse qui l'environne.

On fait *rouir le chanvre* au moyen de procédés analogues à ceux dont on se sert pour le lin, tels que le rorage et le rouissage à l'eau. Ce dernier est le plus généralement employé; quant au rorage, qui mériterait la préférence, suivant M. NICOLAS, professeur de chimie à Caen, il est déjà usité dans les Vosges et dans quelques autres lieux de la France ainsi que de l'Allemagne. On peut voir à la section précédente la manière de pratiquer ces 2 procédés.

Le *rouissage du chanvre est plus prolongé* que celui du lin. Le chanvre mâle reste dans le routoir 8 à 10 jours et le chanvre femelle 15 jours et plus long-temps encore, même dans les temps les plus favorables de l'année. On reconnaît qu'il est complet à des indices semblables à ceux qu'on emploie pour le lin, tels que l'état cassant de la chenevotte, la facilité avec laquelle la filasse se détache sur toute la longueur de la tige; enfin, lorsqu'on a conservé les feuilles, au peu d'effort qu'il faut faire pour les séparer.

Les tiges du chanvre s'élevant quelquefois à 12, 15 et même 18 pi. de hauteur, il est impossible de les mettre debout dans les routoirs; mais ici les sommités et les racines étant retranchées, toutes les autres portions de la tige peuvent se rouir plus également et être placées transversalement sur des perches en plusieurs couches successives qu'on assujétit ensuite par des liens, et qu'on immerge à la manière ordinaire dans les routoirs. On

fera bien de *couper en 2 ou 3 parties les tiges* de 12 à 15 pieds; de cette manière ces tiges sont plus faciles à travailler, elles s'adaptent mieux aux dimensions des routoirs, donnent de plus longs brins, moins d'étoupes au peignage et une filasse toute aussi résistante.

Par le rouissage à l'eau on obtient généralement, quand l'opération est bien conduite et qu'il y a un léger renouvellement de l'eau, une filasse blanche et nerveuse; dans les routoirs à eau stagnante elle est blonde, jaune ou verdâtre. Par un bon rorage il paraît qu'elle est grise, douce et facile à blanchir. Les chanvres noirs ou marqués de taches brunes, sont trop rouis, échauffés ou altérés. Au reste, la couleur des chanvres, très variable dans chacune de nos provinces qui les cultivent, dépend en grande partie de la nature du sol du degré de maturité de la plante, du mode de rouissage et des eaux où il s'est opéré.

§II. — Du halage, teillage, broyage, etc., du chanvre.

Le chanvre parfaitement roui est ordinairement séché sur le pré, nettoyé, mis en bottes et conservé dans un lieu sec jusqu'à ce qu'on le soumette aux manipulations qui ont pour but d'en séparer la filasse.

La manière la plus simple de séparer la filasse de la chenevotte est le *teillage à la main*, qui se fait ordinairement à la campagne par des femmes, des enfans ou des vieillards. Les femmes tiennent ordinairement sous le bras gauche ou dans un tablier une botte de chanvre, dont elles prennent 2 ou 3 tiges qu'elles rompent entre les doigts; la chenevotte se casse, elles la détachent de la couche filamenteuse dont elles entourent leurs bras Lorsqu'elles ont rassemblé une quantité suffisante de filasse pour en former une poignée, elles la tordent de 3 à 4 tours pour que les brins ne se brouillent pas. Cette façon, très en usage encore en Bourgogne et en Champagne, est longue et on lui reproche de donner une filasse qui n'a pas toute la longueur de la tige, et qui cause par conséquent beaucoup de déchet au peignage; en outre cette filasse enlevée en rubans reste couverte de plaques de g mme qui augmentent son poids au détriment de l'acheteur; elle n'est pas débarrassée du limon et autres impuretés qui l'ont salie dans les routoirs, et est très difficile à blanchir.

Ces inconvéniens font qu'on donne la préférence *à la broye ordinaire* pour le travail des chanvres; mais auparavant de faire usage de cet instrument il convient de sécher les tiges à hâloir comme celles du lin.

Nous conseillons, si on veut obtenir une belle filasse, de soumettre préalablement ces tiges à *un bon macquage* par un des moyens que nous avons indiqués ci-dessus.

La *broye* qu'on emploie pour le chanvre est la même que pour le lin et se manœuvre de la même manière; seulement, les tiges de chanvre étant beaucoup plus grosses et plus dures, on se sert de broyes dont les languettes sont moins hautes que pour le lin et entrent plus librement dans les rainures; pou ne pas éprouver trop de résistance; ou bien on commence le travail avec une broye à une seule languette et rainure très libre et très facile, et on l'achève avec une autre à doubles rainures et languettes à frottement un peu plus juste.

Les chanvres, surtout les plus forts et les plus nerveux, sont en grande partie vendus tels qu'ils sortent de la broye et livrés aux cordiers ou aux ateliers de la marine, où on leur donne les autres préparations pour en fabriquer des câbles, cordes et cordages. A l'état brut, le chanvre de bonne qualité doit avoir le brin d'une longueur de 1 m. à 1 m. 50, être gras, brillant, exempt de chenevotte et très résistant. Les poignées doivent être composées de brins égaux entre eux et les têtes non fourrées d'étoupes; tels sont généralement les chanvres de l'Anjou, de la Touraine, de la Champagne, etc.

Après le broyage le chanvre qu'on destine à la fabrication des fils et des toiles reçoit *différens apprêts*. Dans quelques lieux on en forme de petits paquets qu'on place dans un vaisseau rempli d'eau, et qu'on laisse macérer pendant quelque temps, avec l'attention de ne pas trop prolonger cette macération, qui pourrirait le chanvre. Généralement, le chanvre mis en paquets tressés est pilé sur des billots avec de gros maillets, pour le diviser, l'adoucir et en séparer les fragmens de chenevotte. Ce travail s'exécute aussi quelquefois dans des moulins à pilons ou sous une meule, comme dans les moulins à huile. Dans tous les cas il faut veiller à ce que les fils ne se brouillent pas, si on ne veut pas éprouver de grandes pertes au peignage.

Dans les corderies le chanvre *est espadé* de la même manière que le lin et avec des instrumens à peu de chose près identiques, puis soumis au peignage. Ce *peignage* se fait au moyen de sérans de plusieurs grandeurs; les plus grands sont à dents carrées de 13 po. de longueur, ceux de la seconde grandeur n'en ont que de 7 à 8 po., ceux de 3ᵉ de 4 à 5, et les derniers ont encore plus courtes, plus menues et plus serrées. C'est à ce peignage que se borne la préparation du chanvre pour l'usage ordinaire. Pour les chanvres destinés à faire de belles toiles, les peignes sont beaucoup plus fins, et souvent, entre deux peignages consécutifs, le chanvre est maillé une 2ᵉ fois, pour favoriser la séparation des fils et le dégommage.

Les qualités des chanvres peignés peuvent varier à l'infini, par suite des causes qui influent sur celles du chanvre à l'état brut et que nous avons fait connaître plus haut, ainsi que suivant le degré d'affinage auquel ils ont été amenés par l'ouvrier et l'habileté de celui-ci. Ces qualités reçoivent souvent différens noms dans le commerce, et ces noms paraissent varier avec les provinces. Quelquefois, avant d'être livré aux fileurs, le chanvre est passé pour l'assouplir encore à l'*affinoir* et au *frottoir*. L'affinoir est semblable à celui du lin et s'applique de même; quant au frottoir, c'est une planche percée au milieu, dont la surface est travaillée en pointes de diamants; on fait entrer le chanvre dans le trou de planche sous laquelle la main gauche retient un bout de la poignée, tandis que la droite frotte le chanvre sur les éminences. Cette manière d'affiner la filasse est très efficace, mais elle la mêle beaucoup et occasionne du déchet.

On a proposé un grand nombre de moyens pour *adoucir le chanvre et le lin*, pour leur donner de l'éclat et faciliter le blanchiment des fils et des tissus qu'on en fabrique. Les uns font bouillir la filasse dans l'eau avec de l'argile et du sel, d'autres la plongent dans l'alcool, d'autres dans l'eau de chaux pendant 6 heures, puis la lavent à l'eau acidulée, et enfin la font bouillir dans une lessive faible. Quelques-uns se contentent d'une dissolution de savon dans laquelle ils cuisent les paquets de filasse. On assure qu'on a obtenu des résultats avantageux en faisant macérer à froid pendant 48 heures les lins et les chanvres dans une lessive de cendres dans une cuve à double fond fermée, puis faisant couler la lessive et introduisant un jet de vapeur d'eau pendant une heure, évacuant l'eau de condensation, faisant macérer de nouveau dans une eau de potasse faible, soutirant ce bain au bout de 24 heures, renouvelant le jet de vapeur pendant 2 heures et enfin rinçant à l'eau tiède jusqu'à ce que celle-ci sorte incolore, et faisant sécher le lin et le chanvre qui ont alors une belle couleur gris-argenté et une grande douceur, etc.

Ces manipulations, sorte de décreusage, sont longues et coûteuses; elles font perdre au lin ou au chanvre une partie de leur force, et souvent, faites par des mains inhabiles, elles altèrent la filasse et lui donnent une coloration qu'il est impossible de faire disparaître sur les fils et les toiles lors du blanchiment en fabrique.

SECTION III. — *Des machines employées à la préparation des plantes textiles.*

La lenteur du rouissage, son insalubrité et la difficulté de conduire cette opération au point précis de perfection, la qualité inférieure des lins et des chanvres qui l'ont subie d'une manière imparfaite, ou trop prolongée, et le danger, pour la santé des ouvriers, des travaux subséquens pour la conversion de ces plantes en filasse, enfin l'énorme déchet que l'on éprouve dans ces travaux, ont depuis longtemps suggéré l'idée d'appliquer les machines à la préparation des plantes textiles. Quelques-unes des machines inventées n'ont eu d'autre but que de remplacer la broye ordinaire et ne dispensent pas du rouissage; les autres, au contraire, ont été destinées à préparer le lin et le chanvre sans rouissage préalable, et de l'amener à un degré plus ou moins parfait de finesse et de douceur (1). On a aussi proposé des moyens mécaniques pour espader, brosser et peigner la filasse, et plusieurs des machines inventées donnent aussi ces façons au lin ou au chanvre après l'avoir soumis au broyage. La plupart des machines proposées jusqu'ici opèrent le broyage du lin ou du chanvre au moyen de *cylindres cannelés;* d'autres emploient des moyens mécaniques qui les rap-

(1) Parmi ces nombreuses machines nous citerons celles inventées en Angleterre, par LEE, HILL et BUNDY, etc.; en France, par GILLABOZ, MONTAGNE, DURAND, CHRISTIAN, LAFOREST, LORILLIARD, etc.; en Allemagne, par HEYNER, WINSTRUP, KUTHE, H. SCHUBARTH; en Italie, par ROGGERO, CATLINETTI; en Amérique, par GOODSELL, ROND, HIMES et BAIN, et celle importée par M. A. DALCOURT, etc.

prochent plus ou moins de la broye ordinaire, et en général elles terminent l'affinage par des moyens analogues ou par des dispositions variées.

Les tentatives faites jusqu'ici pour la construction d'une bonne machine pour le travail des chanvres et des lins n'ont pas répondu aux espérances des inventeurs et à l'attente du public, et presque partout on en est revenu au travail à la main. Ces essais infructueux, et qui nous dispenseront de décrire ces machines, la plupart déjà tombées dans l'oubli, ont paru établir avec assez de certitude les faits suivans :

1° On n'a pas réussi à remplacer par des procédés mécaniques l'opération purement chimique du rouissage ; 2° le broyage par machine, sans rouissage préalable, donne une filasse dure et rude, mal purgée du vernis gommo-résineux qui la couvrait, et ne pouvant être filée qu'en bas numéros, c'est-à-dire propre seulement à la fabrication des toiles grossières et communes ; 3° cette filasse, mal décapée et convertie en fils ou en toiles, blanchit avec difficulté, éprouve dans cette opération un retrait considérable et donne des tissus dont la détérioration est très rapide ; 4° les lins et chanvres broyés, espadés et peignés par machines éprouvent un déchet considérable, sans pouvoir être amenés au même point de finesse, de douceur et d'éclat que ceux travaillés à la main. Dans ce dernier cas l'ouvrier qui fait usage de la broye, de l'espadon et du séran, a sans cesse égard à l'éclat, à la nature, à l'aspect de la filasse, et a recours à des procédés variés qui exigent de l'intelligence et donnent lieu à une foule de manœuvres qu'on ne peut attendre d'une machine simple à mouvement uniforme et continu ; 5° la plupart du temps on est obligé d'avoir recours à un décreusage dispendieux pour adoucir et dégommer la filasse ; 6° enfin plusieurs de ces machines sont d'un prix fort élevé, volumineuses, compliquées, exigeant, pour les mouvoir, une force assez considérable et dispendieuse, et peu propres à devenir des instrumens usuels dans l'économie rurale.

Section IV. — *Produit du lin en filasse par divers procédés.*

Suivant M. André dans son *Mémoire sur la culture et le travail des lins*, 1000 livres de lin récolté dans les environs de Moy (Aisne), dépouillé de sa graine et de sa menue paille, est réduit par le rouissage à 800 livres, qui fournissent par l'écanguage 200 liv. de filasse. Les expériences faites à Saint-Ouen, lors de l'essai de la machine à broyer le lin sans rouissage de M. Delcourt, ont prouvé, que par les procédés ordinaires usités en Picardie, 100 kilog. de lin en baguettes rendaient, après avoir été rouis, broyés et espadés, 17 kilog. 875 de fi-

lasse, et 82 kilog. 125 de déchet. Celles qui ont eu lieu à Hohenheim ont été plus étendues ; elles ont été faites sur 1600 liv. de lin (la livre de Wurtemberg est égale à 470 gram.), produit brut moyen d'un *morgen* (31 ares 51) dans chaque expérience, et ont offert pour le lin, traité soit par le rouissage, soit par le rorage, les résultats suivans :

MODE DE PRÉPARATION.	Nombre des journées de travail de 12 h.		Total des heures de travail.	PRODUIT EN			DÉCHETS.
	d'hommes en.	de femmes.		ÉTOUPES d'espadage.	de peignage.	lin de prem. brin.	
1600 lir. de lin, réduites à 1000 liv. par le rouissage, ont donné en moyenne :							
1° Par la broye (1).	1	79	960	140,25	153,50	148,50	573,75
2° Par la méthode flamande.	71	»	853	80 »	135,80	157,80	639,40
3° Par la machine de M. Kuthe.	70,35	»	844	71,75	154,60	163,50	610,25
4° Par la broye et le maillage.	»	78,66	944	130,50	133,76	154,25	602,50
1600 liv. de lin, réduites à 1200 liv. par le rorage, ont donné en moyenne :							
1° Par la broye.	»	78	956	144,50	143 »	140,15	775,35
2° Par la méthode flamande.	72	»	864	57,25	158,50	149,15	833,10
3° Par la machine de M. Kuthe.	67	»	804	43,50	141,50	154,25	862 »
4° Par la broye et le maillage.	43	»	516	»	116,15	152,10	831,75

Nous n'ajouterons rien aux conséquences de ce tableau, si ce n'est que le lin travaillé à la broye était plus dur, moins moelleux et plus court que celui préparé par les autres méthodes, et que la machine de M. Kuthe a donné des filasses aussi belles, aussi pures et d'une qualité non moins belle que celles qu'a présentées le travail flamand.

Section V. — *Filage des matières textiles.*

Le *lin et le chanvre se filent* en général de la même manière. Le lin le plus fin est destiné à produire les fils précieux pour les dentelles et points, ou pour la fabrication des batistes ou des linons, ou des belles toiles dites de Hollande. Celui d'une qualité moins belle sert à faire des toiles de ménage de tous les degrés de finesse. Quant au chanvre, on le file également en fin pour en fabriquer des toiles qui diffèrent en qualité suivant le degré de finesse du fil, ou bien on en fait des fils grossiers qui servent, soit à la fabrication des toiles à voiles ou d'emballage, soit à celle des câbles, cordes et cordages.

On *file le lin et le chanvre de plusieurs manières :* au fuseau, au rouet de bonne femme, au rouet de cordier et par des mécaniques d'invention moderne. Les 3 1res méthodes sont

(1) Le lin du n° 1 a été broyé suivant la méthode Wurtembergeoise, c'est-à-dire par une broye en gros, puis par une broye en fin, espadé à la manière ordinaire et sérancé avec des peignes anglais. Le n° 2 a été maillé, écangué suivant la méthode flamande et peigné de même que le précédent. Le n° 3 a été broyé par une petite machine à 3 cylindres cannelés de l'invention de M. Kuthe dont nous avons donné la figure et la description dans le journal des *Connaissances Utiles* de 1834, écangué à la flamande et peigné comme le n° 1. Le n° 2, broyé comme le n° 1, a ensuite été maillé par poignées et pendant une heure chacune dans un moulin, puis espadé à la manière ordinaire et peigné comme les précédens, seulement le lin de rorage a été maillé plus long-temps et non espadé.

seules du ressort de l'agriculture; la 4e, exigeant des capitaux et des bâtimens assez considérables, des connaissances étendues et une surveillance de tous les instans, rentre dans le domaine des manufactures et ne doit pas nous occuper ici.

Tout le monde connait la manière de *filer au fuseau*, et sait que la matière textile, lin ou chanvre, est chargée mollement sur une *quenouille*, bâton de roseau ou de bois léger, et que la fileuse tenant cette quenouille à sa gauche, attire peu à peu la filasse avec sa main gauche, forme un bout de fil qu'elle roule sur l'extrémité du fuseau, qu'elle fait aussitôt tourner avec sa main droite, pour donner à ce fil le degré de tors convenable. L'aiguillée étant faite, c'est-à-dire le fuseau étant arrivé à terre, la fileuse envide le fil sur ce fuseau et recommence comme précédemment. Elle a soin, pour unir son fil, de le mouiller, soit avec sa salive, soit avec de l'eau contenue dans un petit gobelet de fer-blanc placé convenablement pour qu'elle puisse y tremper les doigts. Le fuseau, long d'environ 5 à 6 po., est en bois léger, de forme arrondie, renflé au milieu. La pointe par laquelle on lui imprime le mouvement est en fer; son extrémité est sillonnée en vis allongée, et se termine par une petite coche sous laquelle passe et s'arrête le fil, où il éprouve un léger frottement, qui suffit pour soutenir le fuseau en l'air.

Ce *mode de filage n'est pas expéditif* et n'est guère pratiqué que par des femmes âgées qui ne pourraient se livrer à d'autres travaux, ou par des bergères; mais il procure un beau et bon fil, qu'on emploie plus particulièrement à coudre.

On *file au rouet de bonne femme* des fils de toutes les grosseurs, et c'est avec cet instrument qu'on travaille les *fils de Malines* ou *fils de mulquinerie*, qui servent à la fabrication et au raccommodage des dentelles, et à faire les batistes et les linons, et qui se vendent depuis 2 jusqu'à 3,000 francs la livre.

Il existe des *rouets de différentes formes*, et qui se tournent les uns avec le pied, les autres à la main. Les rouets sont en général composés d'une roue très légère de 20 à 24 po. de diamètre, qu'on fait tourner à l'aide d'une manivelle ou d'une pédale, et qui met en mouvement, au moyen d'une corde ou d'une petite courroie, une broche horizontale garnie d'une petite poulie ou noix placée dans le plan vertical de la roue. Cette broche porte une bobine et des ailettes comme les broches des machines à filer le coton par mouvement continu. Le fil, partant de la quenouille, est passé dans l'œillet de l'ailette qui le maintient perpendiculairement à la bobine et facilite son enroulement sur elle; alors la fileuse, faisant tourner la roue, continue de tirer la filasse par portions égales et à tourner d'un mouvement léger, doux et régulier; et c'est de la combinaison de ce mouvement et de celui de l'ailette que résulte le renvidage et le degré de tors du fil.

L'art de la fileuse, soit au rouet, soit au fuseau, consiste à ne prendre chaque fois que ce qu'il faut de filasse pour former un fil fin égal et fort en même temps, et à lui donner toujours le même degré de tors. La beauté et la qualité de ce fil dépendent en grande partie des soins et de la dextérité de l'ouvrière, et la filasse la mieux choisie produit des fils de différens prix, suivant l'habileté de la fileuse. La finesse, la force et l'uni constituent la perfection dans ce genre.

Afin de ne pas accumuler trop de fil au même endroit sur la bobine, ce qui ferait changer son degré de tors et sa force, on a cherché à le *distribuer également* sur toute la longueur de la bobine. Le moyen employé depuis longtemps consistait à garnir l'ailette sur les côtés de crochets en laiton ou épingliers sur lesquels on rejetait successivement le fil, à mesure que les tours ou rangées formaient sur le point correspondant de la bobine un bourrelet ou renvidage suffisant. Ce moyen, comme on le voit, est imparfait, et on doit préférer pour cet objet le rouet continu anglais de SPENCE, où le fil se roule également sur la bobine à mesure que la fileuse le produit, sans qu'elle ait besoin de s'arrêter pour changer le fil de crochet ou d'épinette.

Voici la description de ce rouet (*fig.* 338 et 339):

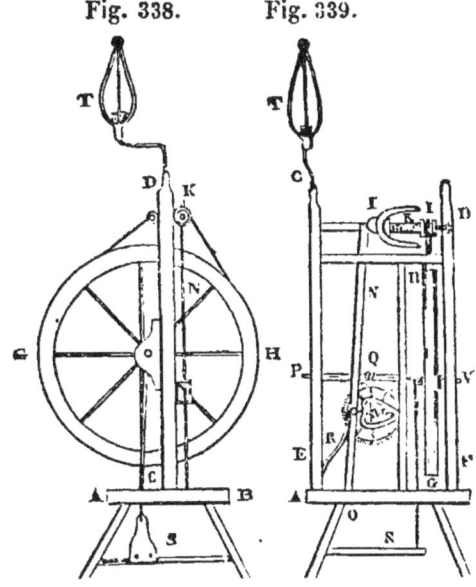

Fig. 338.   Fig. 339.

AB plateau horizontal en bois sur lequel sont fixés les 2 montans C, E, D, F, qui portent vers le milieu l'axe à manivelle PV de la roue GH, et vers leur sommet la broche CD qui tourne dans des oreilles de cuir. I, poulie fixée sur la broche dans le même plan vertical que la roue GH. K, bobine placée librement sur la broche, dont une des têtes porte une gorge comme la poulie, mais d'un diamètre plus petit d'environ un quart. Une même corde les embrasse l'une et l'autre, et, d'après leur diamètre, la bobine tourne un quart plus vite que la broche. L'ailette a la faculté, tout en tournant avec la broche, de se mouvoir dans le sens de sa longueur, de manière à distribuer le fil sur toute la longueur de la bobine. A cet effet, le levier N, articulé au point O et embrassant à fourchette la tête de l'ailette, reçoit un mouvement de va et vient, au moyen de l'excentrique M, attaché à une roue d'engrenage que mène la vis sans fin Q. Un ressort R tient toujours le levier N appliqué contre l'excentrique. Les têtes de la broche et de l'ailette sont forées, et c'est par ce trou que le fil passe et arrive sur la bobine où il s'enveloppe par l'effet de la différence de vitesse qui existe entre la broche et cette bobine. S est la pédale avec laquelle on fait tourner la roue, et T la quenouille.

On doit à M. LEBEC, de Nantes, un nouveau système de filature du lin et du chanvre avec un rouet à volant et à ressorts élastiques, et au moyen d'une poupée volante, qui offre le triple avantage de faciliter le travail, d'augmenter le produit et surtout de donner un fil d'une qualité supérieure. Commençons par décrire le rouet nouveau.

On sait que le renvidage du fil sur les rouets ordinaires se fait au moyen d'une pression légère qu'on exerce sur l'un des côtés de la bobine pour ralentir son mouvement; cette pression, qui est continue, a l'inconvénient d'occasionner deux frottemens : celui de la bobine contre la petite corde, et celui de cette bobine sur la broche. Ce double frottement, qui produit la rupture des fils fins, ne permet qu'avec difficulté de les obtenir sur le rouet ordinaire mû par le pied. Le rouet de M. LEBEC résout ce problème. Ce rouet est vu en élévation et de côté dans la *fig.* 340, par derrière dans la *fig.* 341. La *fig.* 342 est le plan de la partie supé-

Fig. 340.   Fig. 341.

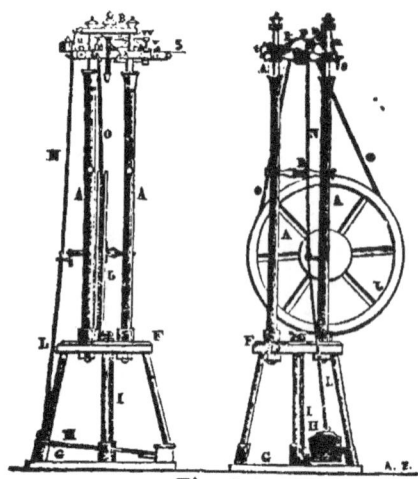

Fig. 342.

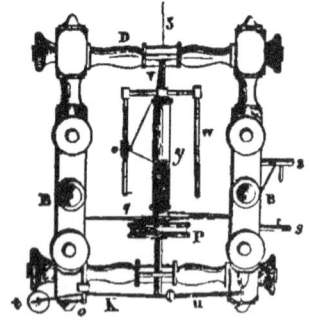

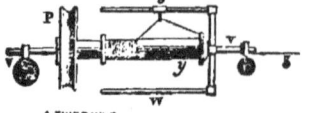

Fig. 343.

rieure du rouet, et la *fig.* 343, la bobine montée sur la broche, vue séparément. A A sont 4 montans assemblés par des traverses B C D E. Entre les montans est disposée une roue verticale J, dont l'axe porte une manivelle à laquelle est attachée d'une part une corde L, communiquant avec la pédale H que le pied de la fileuse fait mouvoir, et de l'autre un ressort à boudin élastique N, qui fait agir 2 leviers cintrés à bascule K, dont on verra plus bas l'usage. La roue J est entourée d'une corde O qui passe sur la poulie P, montée sur la broche *v*, et lui imprime un mouvement rapide de rotation. La pression de cette poulie contre la bobine *y*, au lieu d'être continue, est intermittente; elle s'exerce par 2 ressorts élastiques *q*, enveloppant une virole polie, faisant corps avec la bobine, l'un au-dessus et l'autre en dessous (*fig.* 342 et 343). L'intermittence se fait par la tige à bascule *o*, en acier, placée horizontalement et parallèlement à la broche; elle offre à la partie postérieure 2 petits leviers cintrés *kk*; un plus court à droite pour soutenir un contre-poids *t*, qui concourt à faire remonter la tige *o*; l'autre plus long auquel est attaché le ressort élastique N (*fig.* 340 et 341). La tige à bascule *o* est munie d'un petit crochet auquel sont attachés les ressorts élastiques *q*, et de 2 coussinets pour la porter et la maintenir en place. En faisant tourner la roue J, on imprime à la tige à bascule *o*, et conséquemment à son crochet, des mouvemens d'élévation et d'abaissement qui se communiquent aux ressorts *q*, lesquels, étant alternativement tendus et relâchés, exercent une pression intermittente sur la virole de la bobine *y*. Les ressorts *q* étant réunis à leur autre extrémité à un cordon passant sur une cheville *s*, on peut les tendre au degré convenable en tournant cette cheville. Il en est de même du grand ressort N, auquel est attaché le ressort *u*, muni également d'un cordon enveloppé sur une cheville *s'*. La pression sur la bobine étant très faible, au moyen de cette disposition, on peut filer les fils les plus fins. Le rouet a toute la solidité et la fixité nécessaires pour ne pas éprouver de vibrations pendant le filage. Pour adoucir et régler les mouvemens, un volant est placé sur la tête de la broche *v*; il se compose de 4 petites masses, dont 2 sont munies de tiges, servant, au moyen du crochet glissant *o*, d'épingler. Les montans A sont implantés sur un plateau F, réuni au marche-pied G par une colonne I, au moyen d'un écrou.

La *poupée volante* est représentée en élévation et vue de profil dans la *fig.* 344, et par-dessus dans la *fig.* 345. La *fig.* 346 est un peigne circulaire vu de face et ouvert, et la *fig.* 347, les 2 brosses vues de face et fermées. Elle se compose d'une planchette inclinée B, le long de laquelle monte et descend un chariot E, porté par de petits galets *a a*. Cette planchette, solidement fixée sur le socle A, lequel est assemblé avec les montans de gauche du rouet, est soutenue par un support C et munie à sa partie supérieure d'une traverse portant 2 poulies D F, sur lesquelles passent les cordons I et *t*. Le chariot E, ou la poupée volante proprement dite, est formé d'une petite planchette moins épaisse et moins longue que le plan B et portant de chaque côté des gui-

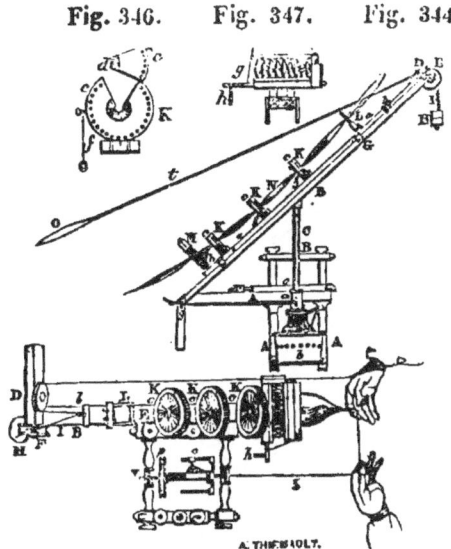

Fig. 346. Fig. 347. Fig. 344.

Fig. 345.

des G, pour diriger son mouvement. Sur ce chariot sont fixés 4 peignes, dont un droit L est composé de 3 rangées d'aiguilles verticales et longues; les 3 autres peignes K sont circulaires et formés d'un certain nombre d'aiguilles de diverses grosseurs *d*, dont les têtes sont attachées à une garniture et dont les pointes convergent toutes au centre. Ces peignes sont destinés à séparer, étaler et même diviser au besoin les brins de lin. Pour cet effet, on fait entrer d'abord la filasse N sur le peigne droit L; puis, après avoir ouvert les petites portes *c* des peignes circulaires K, on la pose sur les aiguilles de ces peignes; on ferme les petites portes, et on les attache au moyen d'un petit cordon *f;* le lin se trouve alors saisi entre les aiguilles. Deux petites brosses M, fixées sur la base du chariot E, sont destinées à tenir le lin écarté et à l'empêcher de se tasser. La brosse supérieure est montée dans une garniture mobile à charnière qu'on ouvre pour donner passage au lin; après l'avoir rabattue, on l'attache au moyen du cordon *g*, s'enroulant sur une cheville *h*. Pour faire glisser le chariot le long du plan incliné, on attache à un crochet *b*, dont il est muni, 2 cordons, un plus court I qui passe sur une poulie verticale F et auquel est suspendu un contre-poids H un peu moins lourd que la poupée volante, afin qu'elle retombe toujours d'elle-même. Le cordon *t*, après avoir passé sur la poulie D, se termine par une boucle O que l'ouvrière passe sur le poignet gauche. A mesure qu'elle tire le lin avec cette même main gauche pour fabriquer le fil de la main droite, elle fait remonter la poupée volante et le chariot E. On obtient par cette manœuvre 2 longueurs de fils en même temps au lieu d'une seule. Les brins de lin, tirés par les 2 bouts, s'étendent également et se placent à côté les uns des autres; ils se trouvent ainsi dans la condition la plus favorable pour faire le fil le plus égal et le plus uni, tandis que, quand on fait le fil par les procédés ordinaires, le mouvement de torsion imprimé à chaque brin se continue jusqu'à sa pointe, ordinairement divisée en plusieurs filamens; ceux-ci se prennent à leurs voisins, et la filasse vient mal et en trop

grande quantité; ou bien on tire sur un brin par son bout inférieur, tandis que le bout supérieur est amené par les filamens précédens; alors ce brin vient en double, et encore ces filamens se prennent avec ceux qué les brins de lin ont souvent au milieu de leur longueur, et celui qui est pris ainsi vient aussi en double. Tous ces obstacles, qui rendent la filature du lin si difficile et si lente, sont évités par l'emploi des peignes ci-dessus et par ce *nouveau mode de filage*.

Pour les fils destinés aux batistes, dentelles et linons, la filasse est disposée dans la poupée de manière *à prendre les filamens par leurs pointes;* mais pour les toiles, on *double le lin des 2/3 au tiers*, et on le place ainsi dans les peignes et brosses, de manière à ce que le pli ne dépasse celles-ci que d'un pouce au plus. Le fil obtenu par ce moyen a toute la force nécessaire pour faire la chaîne des toiles.

On connaît l'effet produit sur le fil de lin *par l'humidité* que lui procurent les doigts de la fileuse imprégnés de salive, et qu'elle porte continuellement à sa bouche. M. Ledec a observé que cette pratique, en facilitant le filage, donne un fil plus uni et plus régulier, mais qu'elle épuise les fileuses au point de les forcer souvent à renoncer à leur travail. L'eau froide et une eau légèrement gommée ne pourraient y suppléer, parce que c'est principalement la chaleur et la viscosité de la salive qui entretiennent dans le lin la souplesse et la flexibilité auxquelles le fil doit sa bonne qualité. Pour remplacer cette méthode par un moyen simple, il fait passer dans la filasse montée sur sa poupée un courant de vapeur d'eau bouillante, et il a reconnu que la vapeur, en se condensant sur le lin, produit le même effet que la salive, amollit la gomme contenue dans le lin, fait entrer dans le fil une grande quantité de filamens plus pressés et mieux tordus, et évite ainsi l'inconvénient de faire des toiles creuses. L'appareil est simple; il se compose (*fig.* 344) d'un support *a* fixé par 2 vis au socle A du rouet, et muni d'un crochet auquel on suspend un petit réchaud *b* en tôle, percé de trous à sa partie supérieure, et renfermant une petite lampe qui sert à chauffer une bouilloire posée sur 3 pattes; un tuyau en cuivre, soudé au couvercle de la bouilloire, dirige sur la filasse la vapeur qui sort par son extrémité; ce tuyau repose sur un anneau à vis *g*. Un orifice fermé par un bouchon sert pour verser l'eau dans la bouilloire sans ôter le couvercle.

SECTION VII.—*Dévidage, ourdissage, encollage, tissage des fils de lin et de chanvre.*

Lorsque le fuseau de la fileuse ou la bobine du rouet sont suffisamment chargés de fil, on en opère le *dévidage*. Cette opération se fait ordinairement au moyen d'un aspe ou dévidoir, machine bien connue de tout le monde, et qui se compose d'une roue à plusieurs ailes ou lames, traversée à son centre par un axe à manivelle appuyé sur 2 montans ou des traverses. On attire le fil de la bobine sur l'une des ailes de la roue, et le mouvement continu de la manivelle enroule le fil et en fait un écheveau. Lorsque l'écheveau est de la grosseur ou de la longueur voulue, on l'arrête en cassant le fil qu'on fait tourner plusieurs fois autour de cet écheveau et en liant les bouts par des nœuds pour former ce qu'on appelle la *centaine*.

Dans les grands établissemens, on a des *dévidoirs à compte*, mis en mouvement par le moteur général de l'usine, qui dévident un grand nombre de fils à la fois. Le contour de l'asple est précisément égal à 1 mètre, et un compteur adapté à la machine avertit par une sonnette ou un coup de masse du moment où on a fait faire 100 tours à l'asple, c'est-à-dire où l'on a dévidé un fil de 100 mètres de longueur; c'est ce qu'on nomme une *échevette*. Un *écheveau* est composé de 10 échevettes de 100 mètres, et contient par conséquent un fil de 1000 mètres de longueur. C'est le nombre des écheveaux qu'il faut pour peser un 1/2 kil. ou 500 grammes, qui détermine le numéro ou degré de finesse de ce fil. Ainsi, quand on dit qu'un fil est du numéro 24, cela signifie qu'il faut 24 écheveaux de ce fil ou une longueur de 24,000 mèt. pour peser un 1/2 kil. Il en est de même pour les fils des nᵒˢ 30, 36, 40, etc., qui sont formés de fils dont il faut 30, 36 ou 40,000 mètres, ou 30, 36 ou 40 écheveaux pour former un 1/2 kilog. Ainsi un fil est d'autant plus fin ou a un plus haut titre qu'il est d'un numéro plus élevé, puisqu'il en faut une longueur plus considérable pour peser un même poids. On voit de même que le poids d'un écheveau détermine le titre du fil, et qu'un écheveau qui pèserait 12 1/2 gram. serait composé de fil du numéro 40, puisqu'il en faudrait ce nombre pour peser 500 gram. On a dans l'usage ordinaire de petites balances fort justes, qui servent à peser les écheveaux et à déterminer ainsi le titre du fil.

Les fils dévidés qu'on destine à la fabrication des toiles sont envoyés au blanchiment ou livrés au tisserand; mais en cet état ils n'ont pas toujours la force nécessaire pour former la trame des tissus, et dans ce cas on les soumet à un *retordage* léger dans le sens où ils ont été filés ou bien à un *doublage* et *retordage*. Quant aux *fils à coudre*, destinés à être passés à plusieurs reprises à travers des tissus serrés où ils s'écorcheraient et casseraient à chaque instant, on augmente constamment leur force par l'une et l'autre de ces opérations.

Le *doublage a pour but* de réunir 2 fils en un seul, et le *retordage* d'enrouler ces fils l'un sur l'autre en les tordant dans le sens opposé à celui du 1ᵉʳ tors donné par la filature. Ces opérations se font à la main dans les campagnes et dans les ménages où l'on fabrique des fils à coudre de lin ou de chanvre. Dans les établissemens industriels on se sert pour ces objets de retordoirs ou moulins à retordre, qui accélèrent l'opération, mais qui ne doivent pas nous occuper ici.

Le *doublage des fils à la main* est fort simple et n'exige pas d'explication. Quant au retordage, il se fait sur le fuseau ou sur le rouet. Le 1ᵉʳ moyen ne diffère guère de la filature, et le fil, après avoir été doublé, est tordu, lissé avec de l'eau ou de la salive, et renvidé comme à l'ordinaire. Quant au second, rien n'est plus facile; il suffit d'attacher à la bobine du rouet le bout des 2 fils qu'on tient dans la main droite, et de faire tourner la manivelle. La vitesse relative de l'ailette ou de la broche et de la bobine donne le degré de tors nécessaire. On peut le faire varier en changeant la grandeur relative des poulies à gorge de la broche et de la bobine.

Nous avons expliqué ci-dessus comment on détermine dans le commerce le titre des fils destinés à la fabrication des tissus; ceux à coudre de diverses qualités ne sont guère connus que par des noms particuliers ou celui des pays qui les fabriquent; nous croyons à cet égard superflu d'entrer ici dans des détails qui nous mèneraient trop loin.

Les fils travaillés au fuseau, au rouet ou par machines, doublés, retordus et blanchis, si cela est nécessaire, sont maintenant *propres à la fabrication* des dentelles, des tissus ou des toiles. Bornons-nous simplement ici au tissage de ces dernières. Ce tissage se fait dans de grands établissemens qui mettent en mouvement un grand nombre de métiers mécaniques au moyen de la force de la vapeur ou d'une chute d'eau, comme dans la belle fabrique de toiles que M. TERNAUX avait établie à Boubers, département du Pas-de-Calais, ou bien il est exécuté à la main par un tisserand, sur un métier dont nous parlerons ci-après.

Quel que soit le mode de tissage adopté, le fil en écheveaux qui formera la chaîne, doit être *bobiné*, c'est-à-dire dévidé et transporté, à l'aide d'un bobinoir, sur des bobines, afin d'être ensuite ourdi. L'*ourdissage* a pour but de disposer les fils qu'on destine à former la chaîne des toiles, de manière que ces fils puissent être montés facilement sur le métier de tisserand et être passés avec facilité dans les *lisses* et dans le *peigne*. Cette opération se fait au moyen d'un instrument qu'on nomme *ourdissoir*. La chaîne étant ourdie est pliée et livrée à l'encolleur, qui l'enduit d'un *parement* ou espèce de colle, qui a pour but d'abattre le duvet des fils et de les rendre lisses, afin que la navette glisse facilement, que les fils se cassent moins en frottant dans les dents du peigne, enfin pour leur donner une élasticité suffisante pour résister à la tension qu'ils éprouvent et assez de souplesse pour se prêter à un tissage régulier; c'est ce qu'on nomme *parer la chaîne*.

Dans les pays où l'on fabrique spécialement les toiles fines, les tisserands placent généralement leurs métiers dans des *lieux souterrains*, où l'air toujours humide conserve plus long-temps au parement dont leur chaîne est enduite une moiteur qui donne aux fils cette souplesse et cette élasticité qui les fait céder sans se casser à la tension qu'ils éprouvent pendant le travail, et donne en même temps au tissage plus de régularité. Ce séjour prolongé dans des lieux bas et humides porte une atteinte notable à la santé des ouvriers, et on a dû chercher les moyens qui leur permissent de travailler dans des lieux plus salubres, tout en conservant à la trame de leur ouvrage les conditions favorables à une bonne fabrication. On a tour à tour préconisé pour cet objet divers ingrédiens; mais celui qui paraît donner les résultats les plus avantageux est le parement au lichen d'Islande, dont on doit la découverte à M. MORIN de Rouen. Voici la recette donnée par l'auteur. On fait bouillir pendant une demi-heure 4 kilog. de lichen d'Islande dans 24 lit. d'eau; on passe avec expression à travers une toile très serrée. Par le refroidissement la liqueur prend un aspect gélatineux ; d'autre part on délaie dans 3 lit. d'eau 1 liv. de farine de froment ou de riz qu'on fait chauffer en remuant continuellement. On mêle celle-ci avec la liqueur de lichen pour obtenir un mélange homogène. C'est en ajoutant à ce *parement fondamental* du parement fait avec de la farine seule, qu'on modifie ses propriétés hygrométriques suivant que l'atmosphère est plus ou moins humide.

Ce parement a *une teinte grisâtre* qui empêche quelques ouvriers de s'en servir surtout pour certains tissus d'un blanc pur ou qui doivent être teints en couleurs tendres et délicates. L'inventeur a cherché à lui enlever cette teinte grise en faisant macérer le lichen pendant 36 heures dans l'eau, et en ayant soin de le malaxer de temps à autre avant de le faire bouillir dans une nouvelle quantité d'eau. Ce moyen ne remédie pas entièrement à cet inconvénient, et M. Trommsdorff en a proposé un autre qui donne un résultat plus satisfaisant. A une livre de lichen d'Islande on ajoute une once de bonne potasse, et on met le tout dans un pot de grès, en versant dessus suffisamment d'eau froide pour en faire une sorte de magma qu'on pétrit de temps en temps au moyen d'un pilon de bois et qu'on laisse pendant l'intervalle dans un lieu tranquille et frais. Au bout de 24 ou 30 heures on jette le tout sur un tamis ; il s'en écoule un liquide brun et amer ; alors on pétrit le lichen dans le tamis sous un filet d'eau froide jusqu'à ce qu'il devienne incolore et que le

liquide qui s'en écoule soit insipide au goût. C'est alors qu'on le fait bouillir avec l'eau pour en former la gelée sans couleur qui sert à préparer le parement fondamental. Si on ne veut pas faire usage immédiatement de ce lichen, on l'étale sur le tamis où on le laisse sécher.

Quant aux fils qui doivent former la trame de la toile, ils sont dévidés sur de petits tuyaux de roseaux appelés *canettes*, qu'on place ensuite dans la poche de la navette. Ce dévidage est fait au moyen de rouets à canettes ou de cantres.

Nous ne nous arrêterons pas à décrire les différentes opérations, ni les machines où instrumens qui servent à l'ourdissage et à faire les canettes, parce que la plupart du temps elles sont exécutées par des ouvriers particuliers et dans des ateliers spéciaux qui livrent aux tisserands les chaînes toutes ourdies et encollées, et les fils de trame dévidés sur ces canettes. Nous n'insisterons pas non plus sur la manière de monter la chaîne sur le métier, de passer les fils dans les lisses ou dans les peignes, parce que cette description, qui nous mènerait fort loin, serait encore incomplète et n'équivaudrait jamais aux notions précises que fait acquérir la pratique.

Le *métier de tisserand* pour la toile ordinaire est très simple dans sa construction et est généralement à deux marches ; nous allons décrire un métier de ce genre, à navette volante, et où un seul ouvrier peut fabriquer des toiles de la plus grande largeur.

La *fig.* 348 est une vue de face de ce métier et la *fig.* 349 une coupe verticale par un plan

Fig. 348. **Fig. 349**

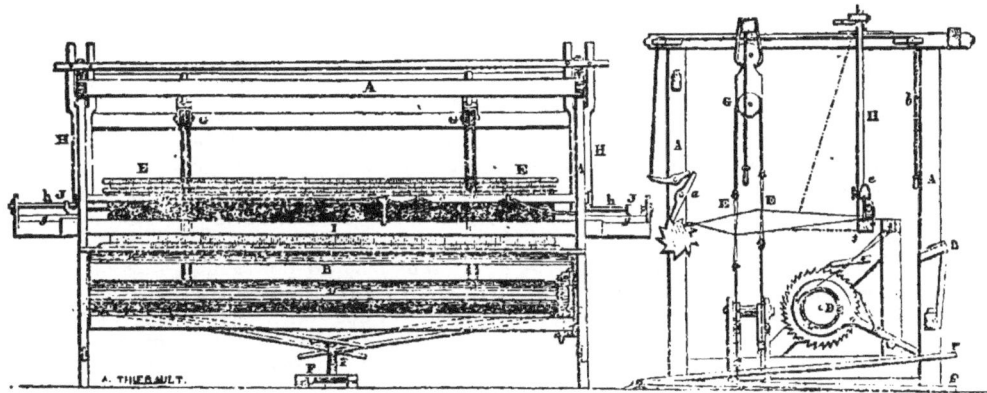

perpendiculaire à la largeur. A, bâtis en bois, d'une largeur proportionnée à l'étoffe qu'on veut fabriquer ; B, banquette sur laquelle le tisserand s'assied ; C, 1ʳᵉ ensouple qui porte la chaîne ; elle est fixée au moyen d'une roue à crochet et d'un arrêt *a*, que le tisserand, sans se déranger, lâche à mesure qu'il confectionne la toile, en tirant la corde *b*. D, 2ᵉ ensouple sur laquelle s'enveloppe la toile. A l'aide d'une clef on peut la faire tourner sur son axe. E, lisses qui opèrent le croisement des fils de la chaîne, pour le passage de la navette ; F, pédales ou marches à l'aide desquelles le tisserand fait jouer alternativement

les lisses assujéties l'une à l'autre par des cordes qui passent sur les poulies de renvoi G ; H, battant du métier. C'est avec cette pièce oscillante que le tisserand bat ou serre la *duite*, après chaque passage de la navette. I peigne ou *ros* maintenu dans des rainures entre les 2 pièces de bois *e f* placées au bas du battant. La pièce inférieure se prolonge à droite et à gauche des montans du battant d'une quantité suffisante pour recevoir la navette comme on le voit *fig.* 350, où elle se place pendant que le tisserand bat la toile. Une planchette, mise en avant, fait que le contre-coup ne la jette pas à terre.

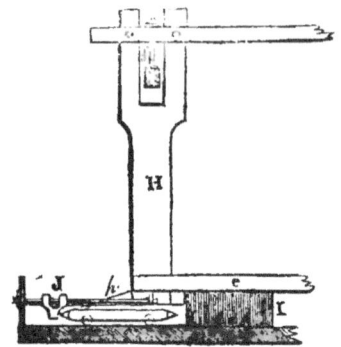

J, petits tasseaux fourchus garnis de cuir, glissant librement le long de la tringle *h* un cordon un peu lâche dont les bouts sont attachés aux branches inférieures des tasseaux J et qui est muni d'un manche I à son milieu, sert au tisserand à chasser la navette tantôt d'un côté, tantôt de l'autre, en faisant un mouvement léger, mais assez brusque pour que la navette, après avoir traversé la chaîne dans toute sa largeur, ait encore assez de force pour faire reculer jusqu'au bout le tasseau opposé.

F. M.

CHAPITRE XVII.—DE LA FABRICATION ET DES EMPLOIS DE LA FÉCULE.

SECTION Iʳᵉ.— *Constitution physique et composition chimique de la fécule.*

§ Iᵉʳ. — De usages et de la forme de la fécule.

Parmi les grandes industries agricoles actuellement en progrès en France, on peut mettre sur la 1ʳᵉ ligne l'extraction de la fécule des pommes de terre

Pour donner une juste idée de *l'importance* de ce produit, il nous suffira de rappeler que sa facile et économique conservation permet soit aux agronomes, soit aux spéculateurs, de l'emmagasiner pendant une ou plusieurs années et de compenser ainsi les mauvaises récoltes; que sa grande blancheur rend avantageux son mélange avec les farines auxquelles cette qualité manque; que son introduction dans le pain, facile dans des proportions assez élevées, nous met pour toujours à l'abri des disettes, et réalise le vœu de PARMENTIER(1); que ses usages dans la confection du vermicelle, de plusieurs pâtes dites *semoules, tapioka, gruau, polenta*, et d'une foule d'autres préparations alimentaires lui assurent une grande consommation; qu'enfin ses transformations en *sucre, sirops, mélasses, vin, bière, boissons diverses, alcool, vinaigre*, etc., lui ouvrent chaque jour de nouveaux et de plus grands débouchés.

La fécule a été l'objet d'un grand nombre de recherches faites par plusieurs savans et manufacturiers; il serait trop long de retracer ici l'histoire de ces travaux; nous nous bornerons donc à présenter un résumé concis de l'état de la science à cet égard, en insistant sur les points qui ont le plus d'intérêt dans les applications usuelles.

La fécule se présente à nos yeux sous la forme d'une *poudre blanche* dans laquelle se montrent un grand nombre de points brillans, lorsqu'on lui fait réfléchir les rayons solaires. Elle est insoluble dans l'eau froide, beaucoup plus lourde que ce liquide; aussi se dépose-t-elle en se tassant de plus en plus lorsqu'on l'abandonne après l'avoir délayée dans un vase.

Si on l'observe au microscope, on voit qu'elle se compose de *grains* arrondis plus ou moins irrégulièrement, offrant chacun un point d'attache et autour de ce point des stries excentriques indiquant sans doute les accroissemens successifs de la substance sécrétée pendant la végétation de la plante.

Les figures suivantes (*fig.* 351) indiquent

Fig. 351.

cette conformation des grains de fécule observée sous le microscope.

En général les plus gros grains sont le plus irréguliers; on distingue quelquefois des dépressions à leur superficie et des déchirures vers leur *hile* ou point d'attache, tandis que les plus petits grains sont généralement plus réguliers dans leurs formes arrondies, approchant beaucoup de celle d'une sphère. Presque tous les grains des très jeunes tubercules sont dans ce cas. Sans doute les irrégularités se sont accrues avec l'âge dans les grains le plus volumineux.

Les *dimensions* maximes des grains de fécule varient dans les fécules de diverses plantes; elles sont en général comprises entre 1/10ᵉ et 1/300ᵉ de millimètre.

Les pommes de terre à l'état de maturité contiennent *les plus gros grains* qui aient encore été observés.

Certaines racines tuberculeuses offrent des configurations assez remarquables dans les grains de leurs fécules; nous citerons entre

(1) Ce savant philanthrope voulait qu'en rendant susceptibles de conservation les pommes de terre ou leurs produits, on pût résoudre cette grande question des réserves : *faire venir les années d'abondance au secours des années de disette.*

autres la fécule de la racine d'igname (*dioscorea alata*) que représentent les figures ci-dessous, (*fig.* 352).

Fig. 352.

On voit que beaucoup de grains sont plus ou moins irrégulièrement arrondis; d'autres ont une forme ellipsoïde ou celle d'un cylindre terminé à chaque bout par une portion de sphéroïde. Le corps cylindrique est dans quelques-uns plus ou moins infléchi, enfin dans plusieurs on remarque un contour triangulaire dont les côtés sont curvilignes et les angles arrondis.

La fécule des tubercules de l'*oxalis crenata* près de leur maturité a offert des formes analogues aux précédentes, mais beaucoup de ses grains semblent avoir été étirés à partir du hile et ont conservé une figure piriforme, comme l'indique le dessin ci-joint (*fig.* 353).

Fig. 353.

L'amidon, que l'on rencontre dans l'endosperme ou périsperme de beaucoup de graines (des céréales, par exemple), est généralement en grains de petite dimension et assez régulièrement arrondis. Cependant les pois, les haricots et plus encore les cotylédons des fèves offrent à cet égard une particularité notable; un grand nombre de grains se dessinent sur le porte-objet du microscope par des contours sinueux; leurs faces sont gibbeuses et plusieurs sont en quelque sorte vermiformes et déprimées; les figures ci-dessous (*fig.* 354) en donnent une idée assez exacte.

Fig. 354.

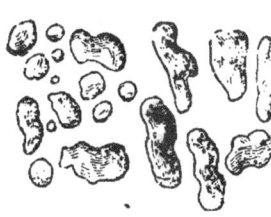

Cependant l'amidon de toutes les légumineuses n'offre pas ces conformations; ainsi dans les lentilles il est en grains arrondis ou à faces plus ou moins comprimées ; dans les graines du baguenaudier (*colutea*) l'amidon, peu abondant, est en très petits grains ronds.

Toutes ces formes qu'affecte la fécule amylacée sont accidentelles, et doivent tenir à *quelques circonstances spéciales* au moment de la sécrétion dans les divers végétaux, mais ne sont du moins le résultat d'aucun changement, dans la composition chimique de la

matière (1). En effet, des expériences nombreuses prouvent qu'un même principe immédiat, appelé dernièrement *amidone*, constitue toute la substance des fécules extraites de diverses racines tuberculeuses , comme celle de l'amidon de toutes les graines qui en renferment.

Les légères différences observées dans le goût de certaines fécules tiennent à des *corps étrangers* dont la proportion est excessivement faible, et que l'on peut d'ailleurs en séparer, comme nous le verrons plus tard.

§ II. — Caractères et propriétés physiques de l'amidone.

Pour bien comprendre les phénomènes curieux que présente l'amidone sous l'influence de l'eau, de la chaleur et de divers autres agens, on peut admettre qu'à l'état naturel cette sécrétion, graduellement accrue pendant la végétation et au milieu des sucs qui ne peuvent la dissoudre, n'a pas une cohésion, une dureté égale dans toutes ses parties; que les premières formées, refoulées par celles qui suivent, offrent ces stries dont nous avons parlé, et que, plus anciennes et plus long-temps pressées par la sécrétion qui continue d'affluer à l'intérieur, elles ont acquis une plus forte cohésion, au point qu'elles forment une enveloppe plus ou moins épaisse.

Mais, nous le répétons, elles ne diffèrent pas chimiquement du reste de la substance, pas plus que les pellicules du lait qu'on fait bouillir ne diffèrent du reste (sans la proportion d'eau), puisque l'on peut, en continuant l'évaporation, tout convertir en pellicules.

A. *Action de l'eau sur la fécule, empois.*

L'amidone dans toutes ses parties, soit enveloppantes, soit enveloppées, est *spongieuse* et extensible par l'eau, surtout lorsque la pénétration du liquide est favorisée par l'élévation de la température.

Le gonflement de la portion intérieure des grains de fécule, plus rapide par suite de sa cohésion moindre, détermine, vers le 66° degré centésimal, la rupture des couches enveloppantes et la sortie de la substance interne, dont l'extension s'accroît alors plus rapidement; si la proportion d'eau employée est de 20 fois celle de la fécule, et que la température ait été portée en agitant le mélange jusques à 95 ou 100° centésimaux, toutes les parties ainsi gonflées s'appuient en se soudant les unes sur les autres et donnent à la masse une consistance d'*empois* ou de gelée légère.

Il arrive souvent qu'après le refroidissement de l'empois une partie de l'eau interposée se sépare; cela tient à la contraction que détermine dans l'amidone l'abaissement de la température, surtout lorsqu'elle n'a pas été altérée trop fortement par une longue ébullition.

On peut rendre beaucoup plus sensible cette *contractilité* remarquable de l'amidone en exposant l'empois à la congélation par un abaissement de sa température à quelques de-

(1) Elle est représentée par la formule $C^{12} H^{10} O^5$ ou carbone 44, hydrogène 6,2, oxigène 49,8.

grés au-dessous de 0°; aussitôt après avoir laissé dégeler toute la masse, on verra une grande quantité d'eau s'en séparer spontanément, et si on la presse graduellement on éliminera une telle proportion du liquide que la matière pressée offrira l'aspect d'une sorte de pâte blanche, qu'il est même possible de mouler et d'en obtenir diverses formes, dont les arts économiques sauront peut-être un jour tirer parti dans la préparation des cartons fins, des pétales de fleurs artificielles, etc.

B. *Moyen d'obtenir un minimum et un maximum d'empois.*

On déduit directement des propriétés ci-dessus de l'amidone le procédé pour produire la plus faible et la plus forte proportion d'empois ; cette donnée est utile à plusieurs industries.

Pour obtenir la *plus grande* **quantité d'empois**, ayant une consistance voulue, on devra brusquer la pénétration de l'eau et prolonger le moins possible son action ; à cet effet, il faudra bien dessécher la fécule, la délayer dans de l'eau chauffée d'avance à 40° environ, porter vivement la température à 100° et laisser refroidir aussitôt.

Si au contraire on délaie la fécule humide dans l'eau froide et que l'on chauffe lentement en agitant sans cesse jusqu'au degré où les grains sont déchirés, l'on altérera bien davantage l'amidone, qui, devenu plus molle, donnera moins de consistance à l'empois, toutes choses égales d'ailleurs.

On pourrait rendre l'*amidone plus souple* encore et diminuer bien davantage la consistance de l'empois en chauffant le mélange au-dessus de 100° et jusqu'à 140°, par exemple, dans un vase clos chauffé par un bain d'huile et capable de résister à la pression correspondante ; l'empois devient alors mucilagineux et plus ou moins fluide, de consistant qu'il était.

C. *Action de l'iode sur l'amidone.*

Lorsque l'on projette de la fécule dans une solution aqueuse d'*iode*, ce dernier corps est peu à peu absorbé et pénètre toute la substance, qu'il colore en une nuance bleue tellement foncée qu'elle semble noire.

On peut varier ce phénomène sous diverses formes très curieuses.

Que l'on porte à 100° un mélange d'une partie de fécule dans 300 ou 400 parties d'eau et qu'on jette le tout sur un filtre en papier ; l'amidone sera tellement détendue qu'elle paraîtra dissoute ; du moins le liquide sera diaphane et ne laissera rien déposer si l'on n'abaisse pas sa température au-dessous de zéro. Le dépôt resté sur le filtre sera plus ou moins abondant, suivant que la fécule employée aura plus ou moins de cohésion. Dans le liquide clair, filtré, si l'on ajoute quelques gouttes de solution alcoolique d'iode, le mélange deviendra bleu très foncé et ne sera translucide que sous une épaisseur peu considérable.

Un simple abaissement jusqu'à 0° ou au-dessous, avec ou sans congélation, suffira pour *éliminer complètement l'amidone bleue ;*

on la verra se précipiter sous la forme d'un beau réseau bleu, se contractant au milieu du liquide incolore ou légèrement jaunâtre, si si l'on avait mis un assez grand excès d'iode.

Pour obtenir le même phénomène, sans refroidir à 0° le liquide bleui par l'iode, il suffira d'y ajouter une très faible proportion d'une solution acide ou d'un sel neutre quelconque.

Ainsi l'amidone bleuie se sépare d'un liquide qui ne contient qu'un dix-millième de son poids de chlorure de calcium (muriate de chaux.)

Au lieu de précipiter le liquide bleu par le refroidissement ou par les sels ou les acides, on pourra faire dissoudre et disparaître graduellement la coloration bleue en chauffant la solution.

Depuis la température de 65° on verra très sensiblement diminuer la nuance bleue, et elle disparaîtra entre ce degré et celui de l'ébullition, et plus ou moins vite suivant que la proportion d'amidone bleuie sera plus ou moins faible.

Le réseau bleu n'aura, dans cette expérience, éprouvé d'autre changement qu'un grand écartement entre ses particules ; en effet, au fur et à mesure que le refroidissement les laisse reprendre leurs positions primitives, la nuance bleue revient graduellement aussi.

Pour rendre le phénomène plus curieux on peut le produire dans un tube, et, après avoir chauffé celui-ci de façon à opérer la décoloration on le plongera en partie dans l'eau froide.

La portion inférieure immergée, se refroidissant plus vite que celle qui est au-dessus de l'eau, deviendra bleue la première ; mais comme le liquide bleu est alors moins chaud, par conséquent plus lourd que les couches supérieures, il n'y aura pas de mélange, et une ligne de démarcation bien nette, au niveau de l'eau extérieure, séparera la partie incolore de la portion bleue. La figure 355 indique ces phénomènes :

A, tube contenant le liquide diaphane inco-

Fig. 355.

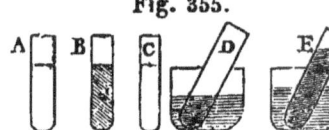

lore d'amidone filtrée ; B, même tube dont le liquide est entièrement bleu par un léger excès d'iode ; C, le même, décoloré par la chaleur ; D, le même, dont la portion plongée dans l'eau froide, est redevenue bleue avant la partie supérieure demeurée incolore.

On conçoit que cette portion devient elle-même bleue au fur et à mesure que son refroidissement a lieu, quoique plus lentement, dans l'air, et que tout le liquide est alors de nouveau coloré en bleu comme le montre le tube E.

Ces phénomènes se peuvent reproduire plusieurs fois, à la condition d'ajouter un peu d'iode pour compenser sa déperdition, qui résulte de l'évaporation ou de la formation d'un peu d'acide hydriodique.

D. *Action de l'alcool, du tannin et du sous-acétate de plomb.*

Les 2 premiers réactifs, en petite proportion,

rendent laiteuse la dissolution précitée d'amidone et l'on peut alternativement lui faire reprendre sa diaphanéité en dissolvant le précipité nuageux par l'élévation de la température ou le laissant se former de nouveau par le refroidissement ; il suffit à cet effet de plonger alternativement dans de l'eau chaude et dans de l'eau froide des tubes renfermant les liquides laiteux précités.

Le sous-acétate de plomb précipite la solution d'amidone, et le précipité est insoluble dans un excès d'eau.

E. *Action des solutions alcalines sur la fécule.*

L'extensibilité prodigieuse de l'amidone à l'état naturel, telle que la présentent les fécules et l'amidon, est également démontrée par les curieux phénomènes suivans.

On met en contact sous le microscope une gouttelette d'un liquide contenant, pour 100 d'eau, 2 de *lessive caustique*(1), avec quelques grains de fécule, et l'on voit ces derniers A A (*fig.* 356) se gonfler d'abord en se déplissant

comme l'indiquent les figures BB, puis rapidement s'étendre en tous sens, et, s'affaissant ensuite, présenter de longs replis, comme l'indiquent les figures C, C ; l'augmentation en superficie paraît être alors comme 1 est à 24 ou 30, et en volume de 70 à 80 fois le volume primitif.

On peut vérifier de deux manières cette augmentation de volume ; en effet, si l'on délaie 10 grammes de fécule dans 500 grammes d'eau alcalisée comme ci-dessus, la fécule gonflée occupera tout le volume du liquide.

Si l'on ajoute alors 100 grammes d'eau pure et que l'on agite, la fécule gonflée se déposera librement, et au bout de 12 heures elle occupera environ 75 fois son premier volume, qui était de 15 centimètres cubes pour les 10 grammes, compris l'eau interposée.

Les mêmes phénomènes, qui ont eu lieu avec toutes les fécules des différentes plantes, exigent d'ailleurs pour se manifester des solutions alcalines d'autant moins fortes qu'il y a moins de cohésion dans l'amidone ; ainsi la fécule de très jeunes tubercules de pommes de terre (gros seulement encore comme des

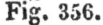

Fig. 356.

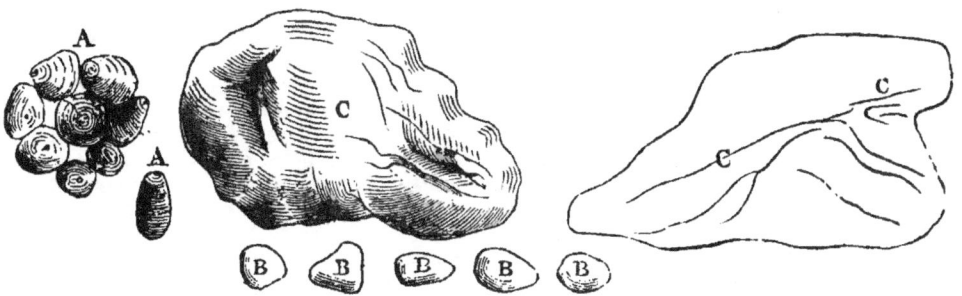

petits pois), sous l'influence d'une solution moitié moins forte, produit des effets analogues ; elle se gonfle plus régulièrement parce qu'elle n'a pas encore reçu de l'âge les différences de cohésion que présentent les grains des fécules plus mûres.

L'espèce d'empois que l'on peut former à froid, comme nous venons de le voir avec de faibles solutions alcalines, trouvera sans doute quelque application dans les arts industriels.

Il nous resterait à exposer la réaction de la *diastase* sur la fécule ; mais comme elle forme la base d'une industrie spéciale, nous la décrirons après avoir indiqué les procédés d'extraction de la fécule, tels qu'on les pratique aujourd'hui et quelques-unes de ses plus simples préparations.

SECTION II. — *Extraction de la fécule des pommes de terre.*

§ Iᵉʳ. — Extraction de la fécule dans les ménages.

Nous exposerons d'abord les détails de cette opération, telle qu'on peut la faire, sur de très petites quantités ; elle est fort simple dans ce cas et n'exige aucun ustensile difficile à se procurer. Voici comment on s'y prend : on réduit la pomme de terre en pulpe, en la frottant contre les aspérités d'une *lame* de tôle ou de fer-blanc percée de trous ; une *râpe* à sucre ou une *râpe* à chapeler le pain sont

très commodes pour cela ; on délaie la pulpe dans une ou deux fois son volume d'eau ; on verse le tout sur un tamis placé au-dessus d'une terrine ; on fait couler un filet d'eau sur la pulpe en l'agitant continuellement à la main afin de laver toutes les parties déchirées ; le liquide passe au travers du tamis, entraînant une grande quantité de fécule, et laissant dessus les parties les plus grossières de la pulpe ; on continue ces lavages et le départ précité, jusqu'à ce que l'eau s'écoule limpide, ce qui annonce qu'elle n'entraîne plus de fécule. Tout le liquide, passé au travers du tamis est rassemblé dans un vase conique, où bientôt la fécule se dépose. Lorsque l'eau surnageante n'est plus que légèrement trouble, c'est-à-dire au bout de 2 1/2 à 3 heures, on la décante ; le dépôt blanc opaque de fécule, qui se trouve au fond du vase, est délayé dans l'eau ; puis on le laisse de nouveau se précipiter au fond du vase ; on répète ce lavage deux ou trois fois.

Une petite quantité du tissu cellulaire échappe au tamisage et salit encore cette fécule ; on l'en débarrasse en la mettant de nouveau en suspension dans l'eau et passant le tout par un tamis très fin en soie ou en toile métallique ; on laisse encore déposer la faible quantité de corps légers et on achève de les éliminer en raclant la superficie ou bien y versant de petites lotions d'eau ; les eaux de lavages, qui entraînent une certaine quantité

(1) On nomme ainsi une solution commerciale de soude caustique marquant 36° à l'aréomètre de BAUMÉ.

de fécule, sont réunies à une nouvelle quantité de fécule brute, ou passées sur un tamis fin, puis déposées et décantées.

Les dépôts de fécule, ainsi recueillis, peuvent être *égouttés* facilement en penchant lentement les vases qui les contiennent. On termine l'égouttage dans une *toile*, puis on les étend sur des *vases* aplatis ou des tablettes, et on laisse la dessiccation s'opérer dans une *chambre échauffée*, dans une *étuve*, ou même à l'air libre lorsque le temps est sec.

§ II. — Extraction de la fécule en grand.

La préparation de la fécule en grand est basée sur des manipulations analogues à celles que nous venons d'indiquer; mais pour obtenir des résultats avantageux, sous le rapport de la main-d'œuvre, il faut y apporter quelques modifications et surtout employer des ustensiles appropriés les plus expéditifs possibles.

Nous diviserons encore en deux classes cette opération, suivant 1° qu'elle s'applique à de petites fabrications à la portée de toutes les exploitations rurales, et 2° qu'elle est relative à une grande manufacture ayant à se procurer les matières premières en très grandes masses et devant pourvoir aux moyens de transformer les produits afin de s'assurer des débouchés suffisans.

A. *Extraction dans une petite fabrication.*

1° *Lavage des tubercules.* Cette 1re opération se fait en versant dans un *baquet* un volume d'eau à peu près égal à celui des pommes de terre; un homme armé d'un balai de bouleau aux 2/3 usé les agite vivement et avec force afin que le frottement détache dans le liquide les parties terreuses adhérentes et même une partie du tissu superficiel grisâtre, plus ou moins altéré, en sorte que les tubercules deviennent blanchâtres. Cela fait, on jette les pommes de terre sur un clayonnage, afin qu'elles s'y égouttent, et pour peu que l'eau coûte de main-d'œuvre à se procurer, on la recueille dans un grand baquet ou cuvier d'où les matières terreuses étant déposées on peut reprendre le liquide clair pour un autre lavage.

2° *Réduction en pulpe.* Le but de cette opération est de *déchirer le plus grand nombre possible des cellules* végétales qui renferment tous les grains de fécule; les meilleures râpes, appliquées à cet usage, sont donc celles qui donnent la *pulpe* la plus fine, et dans un travail économique un râpage mécanique est indispensable.

Parmi les ustensiles de ce genre, mus à bras d'hommes, la râpe de BURETTE, perfectionnée et construite avec beaucoup de soins actuellement par MM. ROZET et RAFFIN, nous semble présenter le plus d'avantages; elle a d'ailleurs été récemment approuvée par la société d'agriculture. Construite sur le plus petit modèle, elle coûte 70 fr. et peut être mue par un seul homme; le modèle d'une dimension plus forte coûte 150 fr. et exige la force de deux hommes.

La fig. 357 représente cette râpe à bras; on voit que toutes les parties du mécanisme sont disposées sur l'assise supérieure d'un bâtis so-

lide en chêne A, B, C, D. Un cylindre E, de 2 pi. de diamètre et 8 po. de hauteur, traverse par un axe qui repose sur les deux longues membrures du bâtis, est garni sur toute sa circonférence de lames de scie de 7 po. de long, au nombre de 128; elles sont dentées très régulièrement à la mécanique (*fig.* 358).

Fig. 358.

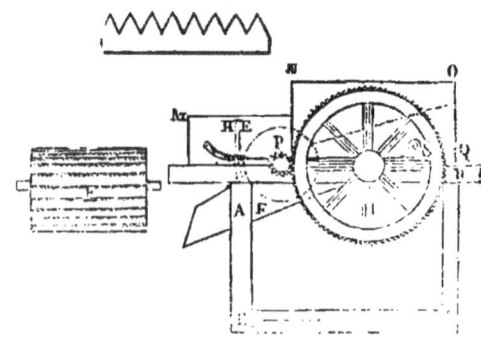

Fig. 357.

posées parallèlement à l'axe et séparées par des tasseaux en fer. Les lames et les tasseaux sont fixés sur le cylindre, à l'aide de deux cercles en fer formant rainure autour du bâtis en fonte; on introduit alternativement dans cette rainure une lame dentée, puis un tasseau, et lorsque l'on a ainsi garni le quart de la circonférence du cylindre, on assujétit fortement le tout à l'aide d'un dernier tasseau formant coin, que l'on introduit et qu'on chasse à petits coups de marteau, par une ouverture latérale du bâtis en fonte.

On conçoit que pour enlever et changer tout ou partie de la garniture d'un quart du cylindre, il suffit de repousser le même tasseau en coin en le frappant par le bout opposé. L'axe du cylindre porte, à l'un de ses bouts, un pignon P de 16 dents, qui engrènent dans celles d'une roue divisée en 120 dents; une manivelle adaptée à l'une des extrémités de l'axe de cette roue, et de l'autre côté à la même distance de l'axe, mais sur une des branches de la roue, permet à deux hommes de mettre le cylindre en mouvement. (Dans les grandes féculeries, on fait mouvoir des râpes semblables, mais de plus fortes dimensions, à l'aide d'un manége tiré par des chevaux, ou au moyen d'une machine à vapeur.) Une auge ou un baquet en bois F, est placé sous le cylindre et reçoit la pulpe produite par la râpe. Sur la face antérieure du bâtis, et près de la circonférence du cylindre, est ajusté un volet H en bois, mobile, et découpé dans le bas, de manière à représenter en creux la forme du cylindre, et à toucher presque celui-ci par sa partie inférieure; il fait corps avec deux tourillons qui dépassent de chaque côté les planches de la cage supérieure; une entaille à jour de celles-ci permet au volet de se mouvoir sur son axe, mais limite ce mouvement; deux ressorts de rappel S, tirant aux deux bouts les tourillons, font presser le volet contre les pommes de terre et les appuient sur le cylindre dont l'armure dentée les réduit en pulpe.

Toutes les parties de cette machine, qui

surmontent le bâtis, sont recouvertes d'une cage en planches minces M, N, O, vue en coupe dans la figure. Cette enveloppe forme un encaissement N, O, Q, dans lequel on charge les tubercules à râper; l'enfant qui ordinairement sert la râpe, pousse ces tubercules, un à un dans l'ouverture M, N, d'où ils tombent sur le cylindre dévorateur.

Cette râpe, mue par 2 hommes relayés par un troisième, peut réduire en pulpe de 2,500 à 3,000 kilog. de pommes de terre en 12 heures de travail; la quantité d'ouvrage varie suivant que les pommes de terre, venues dans un terrain plus ou moins humide, ou pendant une saison plus ou moins pluvieuse, offrent une dureté moindre ou plus considérable. Dans tous les cas, la pulpe qu'elle donne est aussi fine qu'il ait été possible de l'obtenir jusqu'à ce jour dans un travail économique.

Les réparations à faire à cette râpe sont très faciles; elles se bornent en général au remplacement et à l'affutage des lames dentées qui arment le cylindre, et l'on a remarqué que leur disposition rend ces réparations très aisées.

3° *Tamisage de la pulpe.* Afin d'extraire la fécule mise en liberté par le déchirement du tissu cellulaire, au fur et à mesure que la pulpe est fournie par la râpe, on la porte sur des tamis cylindriques en crin ou en toile de cuivre, de 2 pieds de diamètre environ sur 8 po. de hauteur. Ces tamis sont disposés sur des traverses au-dessus de baquets; chaque charge occupe à peu près la moitié de la hauteur du tamis. Un ouvrier malaxe vivement la pulpe, soit entre ses mains, soit à l'aide d'une raclette en bois, afin de renouveler sans cesse les surfaces exposées à un courant d'eau qu'entretient un filet continu. L'eau passe au travers du tamis entraînant la fécule avec elle et formant une sorte d'émulsion. Lorsque le liquide s'écoule limpide au travers du tamis, on est assuré que tous les grains de fécule mis en liberté sont extraits de la pulpe; celle-ci, ainsi épuisée, est mise de côté pour des usages que nous indiquerons. On met sur le tamis une nouvelle charge de pulpe, on laisse couler le filet de l'eau, et ainsi de suite.

Si on veut économiser l'eau, il faut tenir le tamis plongé dans le baquet rempli aux trois quarts d'eau, agiter la pulpe avec les mains, comme nous l'avons dit; la fécule, pour la plus grande partie, est entraînée dans le liquide, et il suffit de faire ensuite couler le filet d'eau pendant quelques instants sur le tamis tiré au-dessus du niveau du liquide, pour achever l'épuisement de la pulpe.

On réunit dans un tonneau debout et défoncé par le haut, les liquides produits par deux ou plusieurs tamisages; puis on met toute la masse en mouvement et on laisse déposer, en sorte que la fécule se rassemble tout entière au fond du vase. On décante alors l'eau surnageante, à l'aide de robinets ou de chevilles placées à plusieurs hauteurs. On ajoute de l'eau claire sur le dépôt, environ une fois son volume, puis on le met en suspension; alors on passe dans un tamis très fin tout le mélange liquide.

Une partie des débris du tissu cellulaire reste sur ce tamis et la *fécule passée est épurée*

d'autant; mais il reste encore des mêmes débris qui la salissent. Comme ils sont plus long-temps en suspension, ils se déposent à sa superficie et on peut les enlever mécaniquement à l'aide d'une racloire en fer-blanc.

On doit opérer un troisième lavage, en délayant la fécule dans de l'eau claire, la laissant déposer et décanter.

4°. *Égouttage.*—La fécule déposée est en masse assez dure, qu'il est facile d'enlever par morceaux; on la porte dans des sacs en toile qui garnissent des paniers légèrement coniques; on la tasse par quelques secousses, là elle perd l'excès d'eau qui pouvait la rendre pâteuse; on enlève les toiles; on les vide sur des tablettes en bois blanc dans un grenier, les pains qui en sortent se sèchent peu à peu et se brisent alors spontanément; on ensache la fécule pour l'expédier.

La fécule obtenue de cette manière contient encore beaucoup d'eau; dans cet état elle occasionnerait des frais de transport trop considérables pour être envoyée au loin, il faut donc la consommer sur lieu: quand on doit la traiter très près de la féculerie, on évite même quelquefois tous les frais de dessiccation, et on la livre en sacs au sortir des paniers d'égouttage, et après l'avoir exposée seulement 2 ou 3 jours à l'air.

5°. *Dessiccation.*—Lorsque la fécule doit être conservée ou expédiée au loin, il faut qu'elle soit privée, à quelques centièmes près, de l'eau qu'elle a retenue après l'égouttage et le séchage à l'air; pour y parvenir, on la porte dans une étuve à courant d'air, dont nous donnerons plus loin un modèle. Dans les petites exploitations on se contente généralement d'une chambre entourée de tablettes en sapin posées à un pied du sol, au-dessus ou dispose sur un bâtis en bois des châssis tendus de toile forte placés à 8 ou 10 pouces les uns des autres. On étend la fécule brisée en petits morceaux sur ces tablettes ou ces châssis, on l'y retourne une fois par jour et lorsqu'elle est sèche, on la met en sacs ou en tonneaux pour l'expédier ou la conserver. La température est ordinairement élevée dans cette chambre à l'aide d'un poêle placé au milieu, et un renouvellement d'air est irrégulièrement ménagé par le tirage du poêle et quelques ouvertures à la partie inférieure et près du plafond.

Les *produits* que l'on obtient en fécule varient suivant les saisons, les terrains dans lesquels on a cultivé les pommes de terre, les variétés de ces tubercules, etc. En opérant bien, le produit s'élève, année commune, à 25 kilogrammes de fécule humide (dite fécule verte) ou 16 à 17 kilogrammes de fécule sèche par 100 kilogrammes de pommes de terre.

B: *Extraction en grand de la fécule.*

1° *Essai de la proportion de substance sèche des tubercules.* Il est rare que l'on ait une exploitation rurale, annexée à cette industrie, suffisamment étendue pour pourvoir à l'approvisionnement de sa matière première. Il y a donc généralement nécessité d'acheter aux cultivateurs, ou sur les marchés, les tubercules qu'on traite dans une fabrique où l'on s'occupe en grand de l'extraction de la fécule.

Le fabricant ne saurait être guidé, dans le choix des tubercules que le commerce lui offre, autrement que par un essai préliminaire, soit en opérant l'extraction de la fécule par le procédé indiqué au commencement de cet article, soit, et mieux encore, par la dessiccation de plusieurs échantillons de pommes de terre coupées en tranches minces. Ce dernier mode d'essai est fort simple et ne saurait être trop recommandé, car suivant la variété cultivée, le sol et les saisons, la *proportion de la substance sèche varie* entre des limites très étendues, de 14 à 27 pour cent par exemple, et le *rendement en fécule* diffère plus encore ; et rien dans les caractères extérieurs des pommes de terre n'annonce ces énormes variations.

Voici les détails de l'essai en question : on place sur l'un des plateaux d'une balance aussi sensible que l'on peut se la procurer, une lame de verre à vitre mince et bien essuyée avec un linge sec ; on pose sur cette lame (qui peut avoir la surface d'un carré de 2 pouces 1/2 de côté) un poids de cinq grammes et on tare exactement ; on ôte alors le poids et l'on met sur la lame une ou deux tranches excessivement minces de chacun des tubercules de différentes grosseurs pris comme échantillon commun. Lorsque l'équilibre est complet on est assuré d'avoir 5 grammes de tubercules ainsi divisés ; on porte la lame de verre sur un poêle chauffé de 60 à 90° (à défaut d'une petite étuve), et au bout de deux ou trois heures, la dessiccation doit être terminée ; on replace la lame de verre sur le plateau de la balance, et la quantité de poids que l'on ajoute pour rétablir l'équilibre indique la perte en eau.

Si l'on n'était pas assuré que la dessiccation fût poussée assez loin, on la continuerait pendant une demi-heure, et l'on verrait si la perte d'eau a augmenté.

2° *Emmagasinage et conservation des tubercules:* Dans la plupart des grandes féculeries qui reçoivent leurs approvisionnemens des exploitations rurales à proximité, on a rarement une provision excédant le travail de quelques journées, et dans ce cas une arrière *petite cour* ou un *cellier* suffisent pour recevoir les pommes de terre, au fur et à mesure de leur arrivée ; mais lorsque le local le permet, il est souvent utile d'emmagasiner soit sa propre récolte, soit les quantités achetées aux cultivateurs : on conserve très bien cet approvisionnement dans des *silos* creusés en terre ; ce sont des espèces de fosses (*fig.*359, 360) de 5 à 6 pieds de profondeur, autant de largeur, sur une longueur indéfinie ; les côtés sont en talus, afin que les terres se soutiennent ; on les remplit de pommes de terre que l'on amoncelle et qu'on recouvre de litière, puis de terre à une épaisseur d'un pied ; de 5 en 5 pieds, on implante une fascine qui facilite le dégagement des gaz échauffés. Le but qu'on se propose et que l'on obtient ainsi est de prévenir, à l'aide des masses de terre environnante, les changemens de température. Il est mieux encore d'avoir de ces silos à demeure, en construisant les côtés en maçonnerie et recouvrant le tout en *chaume* (*fig.*361). A l'époque de la germination il est souvent

Fig. 359.

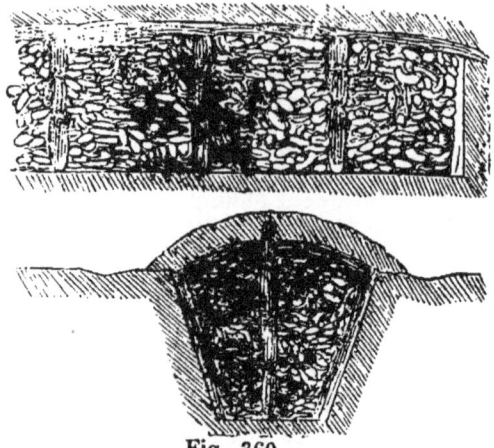

Fig. 360.

utile de remuer les pommes de terre, pour rompre les germes.

Fig. 361.

3° *Disposition d'une grande usine.* Avant de décrire les opérations successives de la féculerie en grand et les divers ustensiles dont on fait usage, nous croyons devoir présenter l'ensemble d'une usine, et nous choisirons l'une des plus perfectionnées que nous connaissions, en donnant comme modèle en ce genre celle que MM. FOUSCHARD et CHAUSSENOT ont fondée à Neuilly ; les détails seront plus faciles à saisir après cette première vue générale (*fig.* 362).

Les pommes de terre sont jetées à la main dans le laveur mécanique A ; en traversant celui-ci, elles se débarrassent de la terre adhérente et d'autres corps étrangers ; au fur et à mesure qu'elles arrivent dans l'auge B, située à l'autre bout, une chaîne sans fin à godets C les prend et les monte au plan incliné D, d'où elles roulent aussitôt sur les râpes E ; là elles sont réduites en pulpe qui spontanément aussi se dirige vers le tamis mécanique G G', le mouvement de traverses montées sur chaînes à la Vaucanson et tournant autour des bâtis cylindriques H, entraîne la pulpe du bas en haut (de G en G') de la toile métallique, le marc alors épuisé est rejeté au dehors, tandis que l'eau coulant en sens contraire ramène la fécule tamisée vers le bas ; un conduit latéral fait couler ce mélange liquide dans le 1er cuvier I, d'où elle est portée en l'épurant et la tamisant dans les cuviers I' I", et puis mise à égoutter dans des paniers J ; ceux-ci (lorsqu'on n'en tire pas la fécule verte pour la livrer) sont

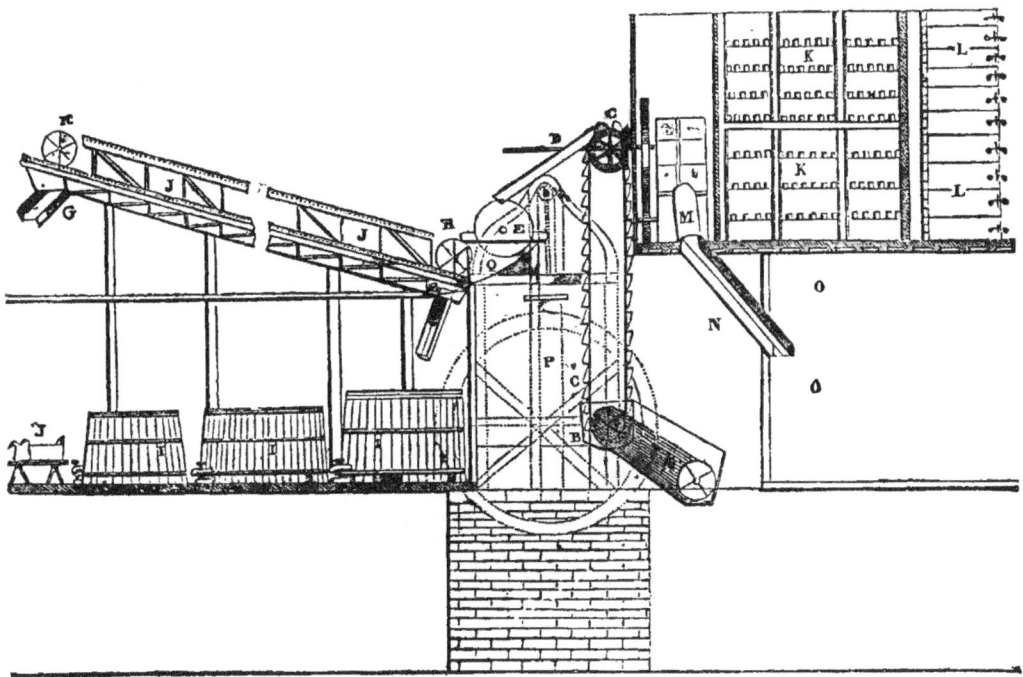

portés aux séchoirs K, y sont renversés sur des tablettes, et les blocs de fécule divisés en 4 à 6 morceaux éprouvent une 1ère dessiccation.

Lorsque le séchoir est rempli, les parties de fécule qui y sont arrivées les premières en sont reprises pour être étendues sur des châssis à tiroir de l'étuve L à air chaud, et lorsque la dessiccation est à son point, on tamise la fécule dans le bluteur mécanique M; on l'ensache dans la même pièce, puis on la livre au commerce; ou bien on la fait couler, par un conduit en bois N, dans le magasin boisé O, afin de l'y conserver jusqu'au moment de la vente.

La *puissance mécanique* est communiquée à toutes les parties mobiles des ustensiles précités, ainsi qu'aux pompes, par une machine à vapeur, indiquée en P et représentée dans la *fig.* 363.

On pourra se reporter à cette première description générale, en examinant les détails descriptifs dans lesquels nous allons entrer relativement à chaque ustensile en particulier et aux effets qu'on obtient dans l'opération en grand.

Voici d'ailleurs comment s'opèrent les transmissions de mouvemens depuis la machine motrice jusqu'aux divers ustensiles ci-dessus indiqués; la *fig.* 364 montre l'ensemble de ces communications.

On voit en A une roue d'angle, adaptée à l'axe de la machine. Sur le même axe se trouve une roue à cuir, qui transmet le mouvement à la roue A' et fait ainsi mouvoir le *cylindre laveur* et la roue à chapelet.

La roue d'angle A engrène avec la roue d'angle B', montée sur l'axe transversal E' E. D'un bout E', cet axe fait tourner la grande roue C', qui commande le pignon D'; et celui-ci transmet, par son axe, le mouvement à une roue d'angle F', qui fait agir, par une autre roue d'angle, le *bluteur mécanique*.

Près de l'autre extrémité de l'axe E E' est une roue d'angle B, qui fait tourner une roue correspondante, montée sur un axe vertical F. Celui-ci porte, vers son extrémité inférieure, une roue d'angle qui commande une roue semblable montée sur l'axe horizontal de la grande roue G. Cette dernière commande un pignon, dont l'axe porte sur une grande roue I. Celle-ci commande les deux pignons H H, sur les axes desquels sont les deux *cylindres dévorateurs des râpes.*

Fig. 363.

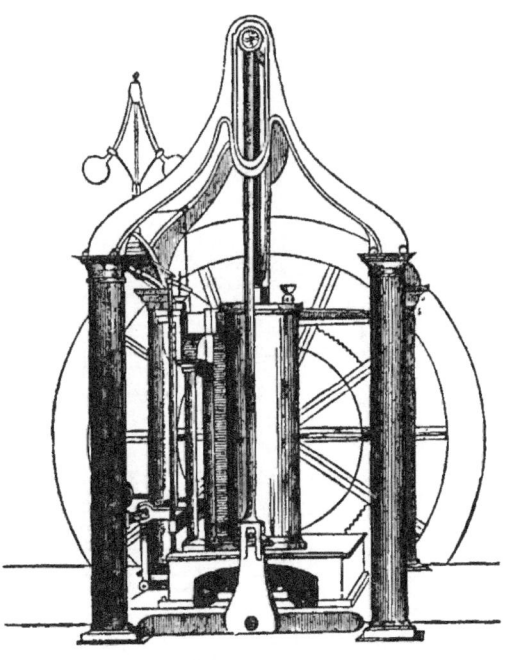

Le même pignon transmet le mouvement à la 2ᵉ grande roue d'engrenage K; celle-ci le

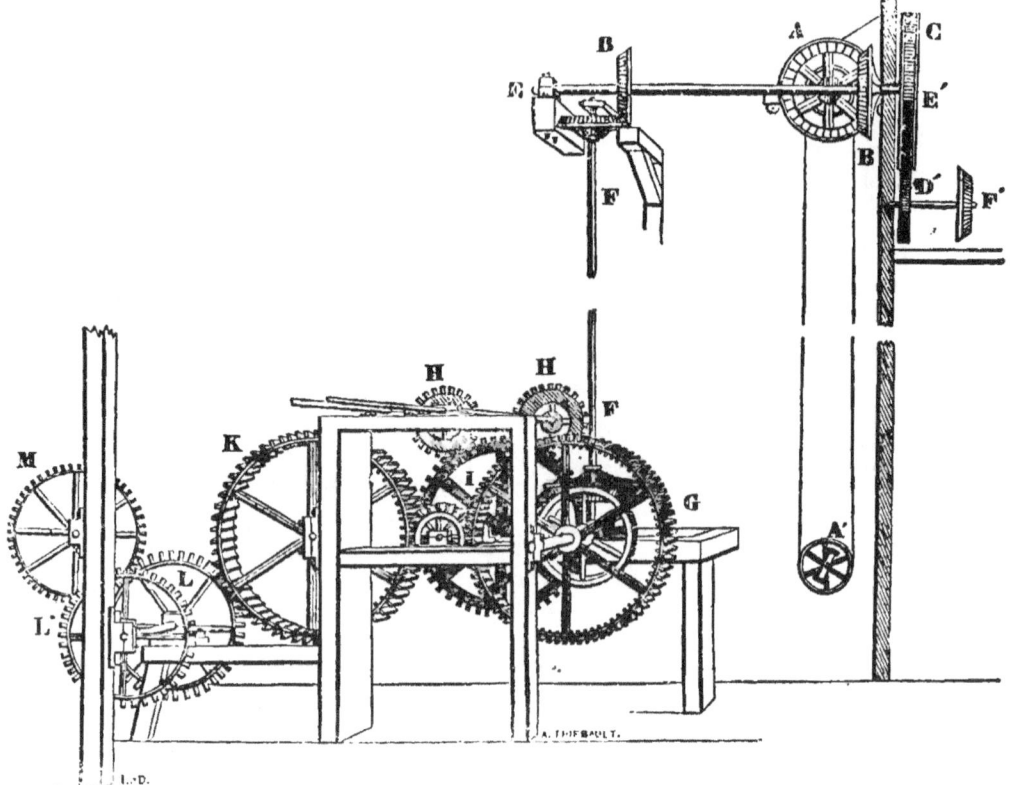

communique à la roue dentée L, qui engrène avec la roue M de l'un des *tamis mécaniques.*

Le même axe de la roue L porte une 2e roue L' qui donne le mouvement à une autre roue pour la chaîne sans fin d'un 2e *tamis mécanique.*

Nous allons maintenant entrer dans les détails des opérations successives, en décrivant chacun des ustensiles suivant l'ordre de son emploi, dans l'extraction, l'épuration, le séchage et le blutage de la fécule.

4° *Lavage des tubercules.* Cette première opération se fait mécaniquement, à l'aide du laveur (*fig.* 365 et 366), qui se compose

Fig. 366.

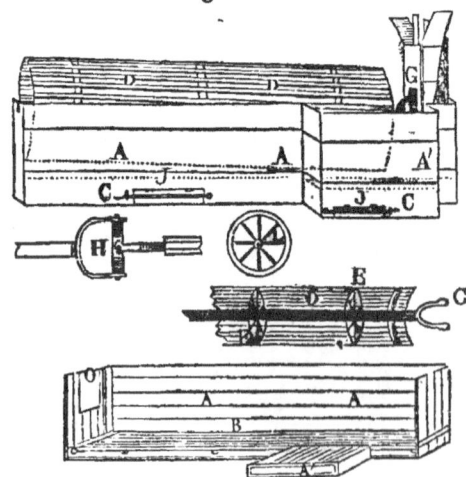

Fig. 365.

d'une longue caisse A, ayant un avant-corps A' où l'eau est plus abondante et moins

agitée. Dans toute son étendue cette caisse est garnie d'un grillage en bois B au-dessus de son fond, et munie de 2 portes C, au-dessous de ce grillage. Ces portes ferment hermétiquement à l'aide d'une barre transversale qui les presse.

Au niveau des bords supérieurs de la caisse, porte, sur des coussinets, l'axe d'un cylindre à claires-voies D. Celui-ci est formé par des liteaux ou tringles en bois, maintenues près des extrémites par un cercle intérieur et soutenues par trois autres cercles à croisillons E, dont la *fig.* L fait voir la construction.

L'ensemble de ce cylindre reçoit un mouvement de rotation à l'aide d'une entre-toise ou traverse qui s'adapte à volonté à la fois dans la fourchette G, qui termine l'axe du cylindre et sur le bout de l'axe mû par la poulie à cuir ci-dessus indiquée. La *fig.* H offre le détail de cet emmanchement.

La caisse étant à demi remplie d'eau, les pommes de terre sont versées par le bout le plus élevé du cylindre qui, dans sa rotation, les conduit peu à peu, et en les lavant, jusqu'à son autre extrémité, où elles sont ramassées continuellement par la chaîne à augets dont nous allons parler.

Les matières terreuses, détachées dans l'eau par le frottement des tubercules les uns sur les autres et contre les liteaux, se deposent en grande partie sous le grillage; on les en expulse de temps à autre, par les deux portes latérales C C.

5° *Montage des tubercules lavés.* La *fig.* 367 indique la chaîne à augets A, qui reçoit le mouvement de l'axe principal de la machine et le transmet à l'axe du laveur. On voit aisément comment les pommes de terre, arrivées au bout de la caisse, roulent dans

Fig. 367.

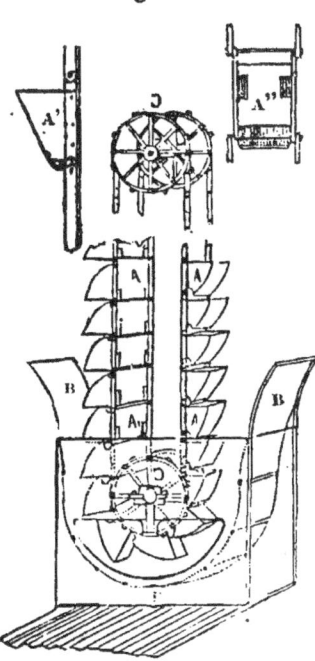

l'ouverture antérieure B B B de l'espace cylindrique où passent les augets du bas de la chaîne (A', A" montrent les détails de leur emmanchement). On voit que ces augets, successivement remplis, remontent en laissant écouler l'eau par leurs fonds à jour. Arrivés aux croisillons supérieurs C, ils versent, par leur rotation sur les axes qui les unissent, les tubercules sur un plan incliné, en bois, bordé de bandes parallèles (*voy.* le dessin d'ensemble ci-dessus en D, *(fig.* 362.)

6° *Râpage des pommes de terre.* Les tubercules, en arrivant sur le plan incliné, roulent et tombent dans la trémie de la râpe E du plan d'ensemble. La *fig.* 368 montre cette râpe,

Fig. 368.

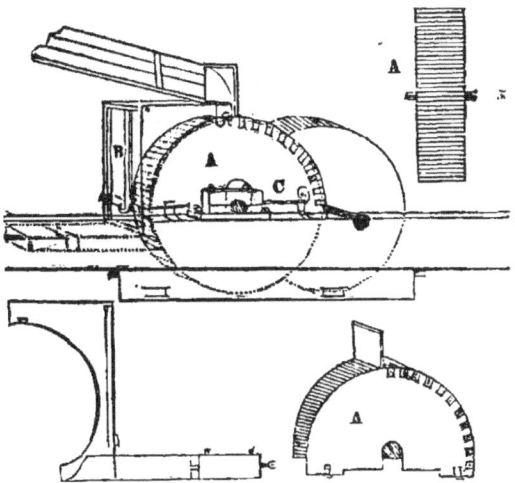

dont la principale pièce est le cylindre dévorateur A, de construction semblable à celui que nous avons décrit page 330. Ce cylindre, armé de lames de scie, épaisses et dentées à la mécanique, fonctionne d'autant mieux que la rapidité de sa rotation est plus grande (il fait de 600 à 900 tours par minute). Un volet B, à pression constante à l'aide d'un ressort C, ou à mouvement alternatif, vient appuyer les tubercules contre la surface dentée qui les dévore. La pulpe fine, qui résulte de cette trituration, coule sur un plan incliné E (*fig.* 362 du plan d'ensemble), jusqu'auprès d'un double croisillon formant cylindre à jour H, et entraînant dans sa rotation la pulpe, et les

deux chaînes sans fin, qui passent sur un autre cylindre semblable H, sont réunies par des tringles en fer, assemblage qui forme donc une sorte d'échelle sans fin servant à monter la pulpe et à l'étendre sur toute la surface du tamis mécanique J, J, à l'extrémité supérieure duquel tombe la pulpe épuisée.

7° *Tamisage de la pulpe.* Cette opération, que nous venons d'esquisser, se fait mécaniquement sur le tamis précité, dont les détails de construction sont indiqués ci-dessous (*fig.* 369, 370). On n'a toutefois montré que les extrémités supérieures et inférieures, les parties intermédiaires n'offrant rien de particulier et occupant une trop grande étendue pour notre cadre.

L'ensemble de ce tamis a 42 pi. de longueur et une pente de 6 pi.; il est double, c'est-à-dire offre les deux nappes A A' de toile métallique. Ces toiles sont tendues sur des châssis ayant 4 pi. de long et 10 po. de large. Entre chaque châssis se trouve un pallier plein B B, garni de lames espacées d'un pouce, et sur lesquelles la pulpe est frottée par les traverses de l'échelle à chaînes sans fin. Ces palliers ont chacun 6 po. de largeur; c'est au-dessus d'eux que les jets d'eau sont dirigés par les cannelles C C (*fig.* 370 et 371) communiquant avec un réservoir supérieur par les tuyaux D.

Fig. 371.

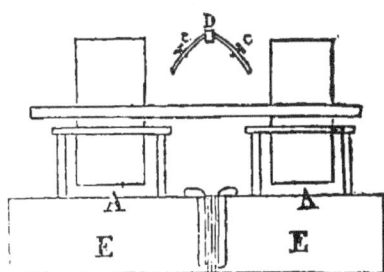

Au-dessous des nappes de tamis se trouve une auge plus large en bois E, recevant tout le liquide qui passe au travers des tamis. Cette auge est divisée en compartimens ou augets de 4 pi. 6 po., et un tube G, H, recevant d'un bout G le liquide tamisé et la fécule qu'il entraîne, le reporte au-dessus du tamis suivant en H, sur un pallier, afin qu'il serve une 2e fois, ce qui économise l'eau.

Chaque échelle sans fin, composée de deux chaînes II et de traverses ou tringles en fer K, espacées de 6 po., s'enroule aux deux extrémités du tamis sur deux cylindres à claires-voies L L; elle est soutenue par le bâtis en bois M, et son mouvement est facilité par les rouleaux montés de distance en distance N. et tournant sur leurs axes.

Ces échelles remontent constamment la pulpe, au fur et à mesure qu'elle coule dans une portion de trémie O, en avant du cylindre inférieur; elles sont mues avec une vitesse de 1 mètre par seconde. La force d'un cheval suffit pour tamiser la fécule d'environ 600 hectolitres de pommes de terre par jour.

Toute la fécule arrive en définitive dans les augets inférieurs et coule avec l'eau par le large conduit en bois P dans le premier cuvier.

La fécule arrivée dans le premier cuvier est

Fig. 370.

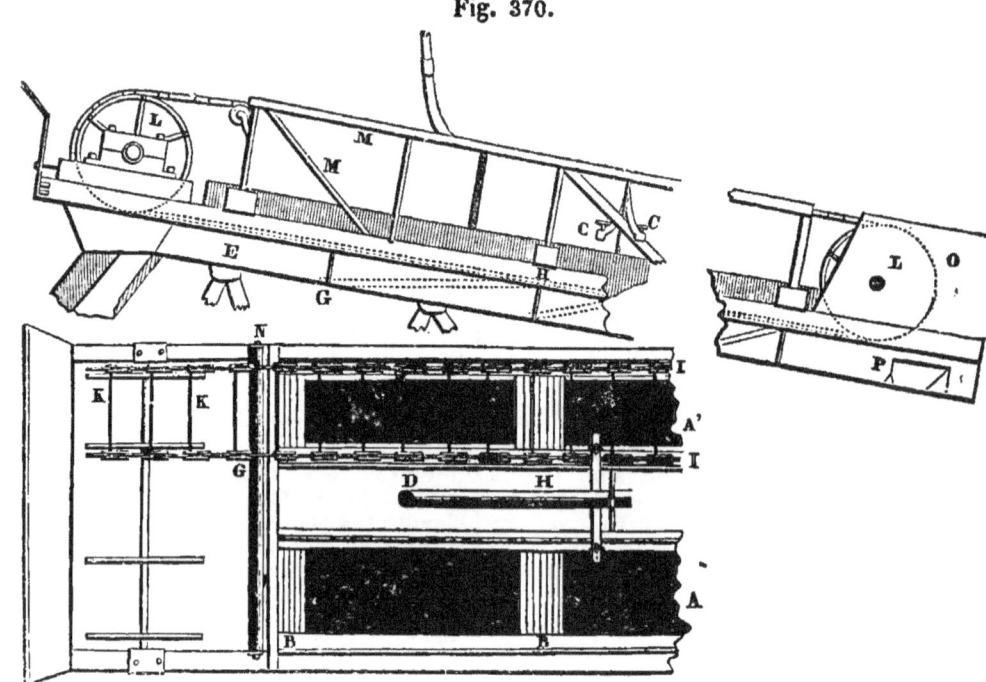

Fig. 369.

successivement lavée à 2 ou 3 eaux et dessa-
blée, épurée, tamisée, puis enfin égouttée par
les manipulations que nous avons décrites
plus haut.

On la porte alors au séchoir à l'air que nous
avons indiqué par la lettre K, dans le plan
d'ensemble et qui est plus détaillé dans la
fig. 372 ci-dessous; on y voit que des montans

Fig. 372.

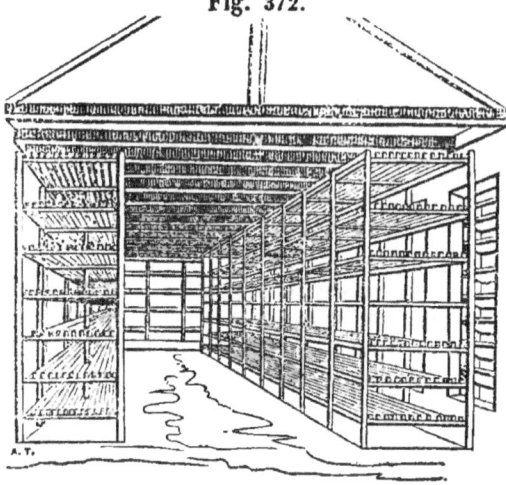

soutiennent des traverses sur lesquelles des
tringles espacées d'un pouce forment des
planchers à claires voies et superposés qui reçoivent les pains de fécule et laissent circuler l'air atmosphérique. Celui-ci trouve
d'ailleurs un accès facile de toutes parts
dans le séchoir par les persiennes qui l'entourent.

8° *Séchage à l'étuve.* C'est dans une étuve à
courant d'air chaud (*fig.* 373), que la fécule
doit éprouver le degré de dessiccation convenable pour la vente sous la dénomination de
fécule sèche (en cet état elle retient encore 8 à
12 ou 15 pour 100 d'eau).

Le tuyau A d'un bon calorifère amène
l'air chaud à la partie inférieure près de la
devanture des registres ou portes B dont on
règle l'ouverture à volonté, permettent de régulariser la dessiccation dans toutes les parties;
l'air s'élance par ces ouvertures et passe sur
les couches de fécule humide et redescend à
la partie basse, mais du côté opposé de l'étuve,
pour se rendre chargé d'humidité dans le

Fig. 373.

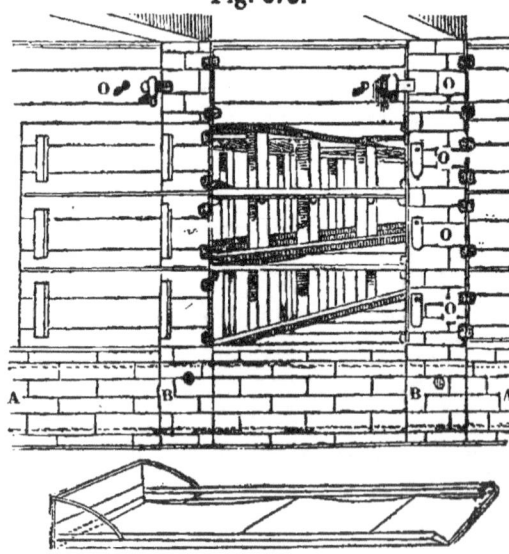

Fig. 374.

tuyau horizontal commun de dégagement,
qui est percé d'ouvertures espacées de manière à bien régulariser le passage de l'air
dans toutes les parties. Ce tuyau communique d'ailleurs avec un conduit passant dans la
cheminée du calorifère, afin de déterminer
un tirage et de rejeter au dehors. et au-dessus des bâtimens, l'air humide.

Voici maintenant les autres dispositions

intérieures de l'étuve que les figures mêmes indiquent.

Des châssis en bois tendus de toile se glissent comme des tiroirs à l'aide de coulisses à rainures soutenues par des montans; leurs rebords ne sont en saillie que d'un po. au-dessus de la toile, excepté à leur face antérieure qui a 4 po. de hauteur, afin qu'elle ferme comme un tiroir chaque ouverture par laquelle on introduit le châssis; la *fig.* 374 d'un de ces châssis isolés fait aisément comprendre cette forme; on voit que tous les châssis à tiroirs étant placés, la devanture est entièrement close, tandis qu'à l'intérieur il reste entre tous les lits de fécule environ 3 po. d'espace libre pour la circulation de l'air chaud. Les chassis du premier rang en bas ont un fond plein afin qu'ils ne perdent rien de la fécule qui passe au travers des fonds en toile des châssis superposés.

On ne porte habituellement la fécule à l'étuve qu'après qu'elle a perdu de 6 à 10 et quelquefois 15 centièmes de son poids d'eau; on la rend pulvérulente en la frottant légèrement entre les mains ou à la pelle, puis on l'étend en couche d'un po. environ sur chaque châssis que l'on pose ensuite chacun à sa case.

Des bandes en fer-blanc doublées de lisières en drap, couvrent les joints extérieurs entre les tiroirs. Des taquets en bois O O, les maintiennent; il est important que la température de l'air dans l'étuve ne s'élève pas au-delà de 55° surtout lorsque la fécule y est portée très humide, car tous les grains se gonfleraient, seraient déchirés et adhérant les uns aux autres formeraient des grumeaux que l'on ne pourrait plus ramener à la forme commerciale.

On s'assure aisément de l'état de dessiccation en tirant d'un ou de deux pi. plusieurs tiroirs et lorsqu'elle est assez avancée, ce que les ouvriers reconnaissent en frottant la fécule entre les mains, et ce que l'on peut vérifier en achevant la dessiccation d'une petite quantité étendue sur une assiette ou une lame de verre; arrivée à ce terme, la fécule est répandue sur une aire unie ou carrelage devant l'étuve, on écrase les plus grosses mottes à l'aide d'un rouleau en fonte semblable à celui qu'emploient les jardiniers, mais moins pesant; on relève ensuite la fécule en tas, puis on la porte au bluteur mécanique.

9° *Blutage de la fécule.* Cette opération est faite mécaniquement; on jette la fécule sur la trémie A, (*fig.* 375) dont le fond en gros fil de fer à claires voies ne retient que les grosses mottes qu'un léger frottement divise et force à passer; elle tombe sur une première passoire percée au fonds et latéralement de trous comme une écumoire; un croisillon B, garni de brosses tournant sur l'axe commun D, E, force la fécule à passer; elle tombe sur une semblable passoire F, mais en toile métallique où le le même moyen pousse plus loin la division; enfin un troisième tamis, semblable, mais plus on, achève de diviser au point convenable, à l'aide du troisième croisillon garni de brosses, la fécule qui se rend par le fond plein incliné vers le conduit antérieur où un sac la reçoit, à moins que l'on ne veuille la

Fig. 375.

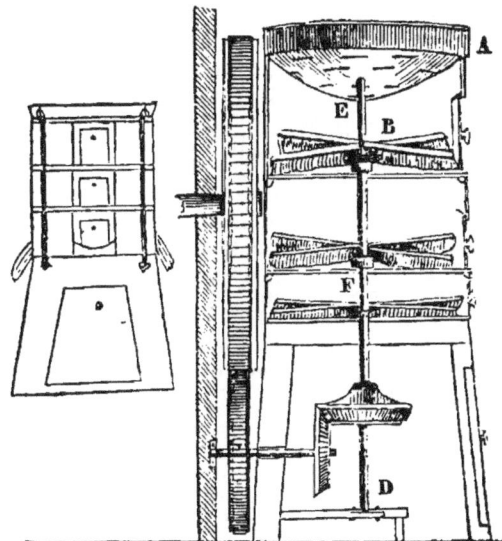

mettre en magasin, et dans ce cas un conduit en bois, marqué M dans le plan d'ensemble, la laisse couler spontanément dans la chambre au rez-de-chaussée.

10° *Emmagasinage de la fécule.* Le peu d'altérabilité de cette substance permet de la conserver à tous les étages d'une maison; toutefois il importe qu'elle ne soit pas accessible à la poussière qui la salirait et pourrait la déprécier; d'une autre part on tient à ce qu'elle ne perde ni ne gagne d'eau; puisqu'on l'a amenée au terme de siccité commercial, il convient de la tenir dans un magasin au rez-de-chaussée ou même à quelques marches sous le sol; le sol et les parois sont d'ailleurs planchéiés en sapin uni et des courans d'air ménagés entre les lambourdes préservent le bois du contact de la maçonnerie.

11° *Conditions de la vente.* La fécule se vend sous les dénominations de *fécule sèche* et de *fécule verte.* Cette dernière, simplement égouttée représente, termé moyen, seulement les 2/3 du poids de la première et se vend un prix moins élevé encore que dans cette proportion, puisqu'elle coûte moins de main-d'œuvre et n'exige pas de combustible pour le séchage, mais l'élévation des frais de transport ne permettait pas de la consommer avantageusement loin des lieux de sa production.

On distingue quelquefois encore dans le commerce la fécule bien lavée et épurée comme nous l'avons dit, de la *fécule brute* ou *non lavée.* Celle-ci, recueillie sans autre lavage après le premier dépôt, se vend moins cher et sous ce rapport est quelquefois préférée par les grands consommateurs, tels que les fabricans de sirops communs, les brasseurs, etc.

§ III. — Falsifications de la fécule.

En quelque état que se vende la **fécule**, les transactions devraient toujours être basées sur la *proportion de substance sèche* et pure; on éviterait ainsi bien des mécomptes. Par exemple, la fécule dite *sèche* contient une proportion d'eau variable entre 8 et 15 centièmes sans que son prix change; la fécule vendue comme verte contient de 33 à 40 p. 0/0 d'eau et son cours ne varie pas. Cependant les quantités de sirop ou d'alcool obtenues varient dans le même rapport et les calculs de rendement deviennent illusoires.

Ces variations peuvent le plus souvent être accidentelles; mais il n'en est pas de même de quelques mélanges vraiment frauduleux, dont nous allons dire un mot. Il est arrivé plusieurs fois que des fécules sèches ou humides ont présenté des déficits énormes aux fabricans de sirops; cela tenait à des additions d'*argile blanche* ou d'*albâtre gypseux* (sulfate de chaux) inaperçues long-temps, car ces corps inertes restaient dans les marcs. Mais les fraudeurs y ayant substitué de la *craie*, il arriva que la conversion en sucre par l'acide sulfurique, fut complètement entravée, puisque l'acide étant saturé avant sa réaction sur la fécule, celle-ci ne devait plus donner et ne donna plus en effet que de l'empois. Une expertise décela cette fraude et donna lieu à la découverte des autres.

Le moyen le plus simple de *constater ces falsifications*, se réduit à faire brûler complètement dans une capsule en platine chauffée au rouge une quantité connue (5 ou 10 grammes, par exemple,) de la fécule, puis à peser le résidu de la combustion. Si la fécule est d'une pureté commerciale ordinaire, elle devra laisser moins d'un demi-centième de résidu incombustible, tandis que falsifiée elle laissera probablement au moins dix fois davantage, et jusqu'à quarante fois plus. La fécule très bien épurée laisserait moins qu'un demi-millième de son poids de résidu non combustible.

Un procédé plus certain encore pour le cas où la fécule serait mélangée avec quelques matières insolubles dans l'eau, mais combustibles, consisterait à la traiter par la *diastase*, ou la solution d'orge germée, avec les mêmes précautions que celles indiquées ci-après, relativement à l'essai des farines, du pain, du riz et autres matières féculentes ou amylacées. Le même moyen, d'ailleurs, ferait aussi connaître la proportion de toutes substances insolubles dans l'eau combustibles ou non.

§ IV.—Frais de fabrication et produits d'une féculerie.

Avant de nous occuper des applications de la fécule, des propriétés de la diastase, de ses applications aux essais des farines du pain, des fécules, etc., et de la transformation de la fécule en sirops, ainsi que de la fabrication des sirops et sucre par l'acide sulfurique, nous présenterons ici le compte de revient de l'extraction de la fécule des pommes de terre dans une grande usine.

Traitement de 130 setiers, ou 95 hectolitres de pommes de terre, par journée de travail.

	fr.	c.	
Matière 1re. Pommes de terre, 130 setiers (pesant environ 18000 kil.) à 2 fr. 50 c. . .	325	»	
Frais de main-d'œuvre, râpage, tamisage, dessiccation, réparation, ustensiles, surveillance, évalués à 4 fr. au plus par 100 kil. de fécule sèche obtenue.	122	40	} 502
Éclairage et menus frais. . .	8	»	
Intérêts et loyer.	12	»	
Transports à 3 fr. 30 c. les 1000 kil..	10	60	
Escomptes et frais imprévus.	25	»	
Produits. Fécule sèche 3060 kil. à 20 fr. 0/0 kil	612	»	} 637 50
Marcs humides 2550 kil. à 1 fr. 0/0 kil.	25	50	
Bénéfice.	135	50	

Si les pommes de terre revenaient au prix de 3 fr. le setier, et que le cours de la fécule restât le même, le bénéfice serait réduit de 65 fr., et ne se monterait plus qu'à 70 fr. 50 c. (1)

§ V.—Emploi des résidus.

La pulpe épuisée après les lavages, pèse, égouttée, environ 15 p. 0/0 des tubercules, elle contient à peu près 5 de matière sèche dont 3 de fécule. Ce marc est vendu aux nourrisseurs, pour être mélangé aux alimens moins aqueux des vaches ou des cochons; on parviendrait à le conserver et l'améliorer beaucoup, en en exprimant l'eau et le faisant sécher sur une touraille.

§ VI.—Des eaux des féculeries.

Les eaux de lavage de la fécule, tenant en solution le suc des pommes de terre, ont souvent causé beaucoup d'embarras aux fabricans de fécule; ces eaux, en effet, contiennent une proportion suffisante, quoique minime, de matière azotée, notamment d'*albumine végétale*, pour être sujettes à la putréfaction, en sorte que si l'on n'a pas de moyen de les faire écouler dans des eaux courantes, on court le risque de voir les marcs qu'elles peuvent former, répandre des émanations incommodes et d'autant plus désagréables que les terres dans lesquelles elles s'infiltreraient, pourraient contenir des sulfates de chaux dont la décomposition, sous l'influence des matières organiques, donnerait lieu à un dégagement d'hydrogène sulfuré. Ces eaux recèlent d'ailleurs des traces de soufre. Voici leur composition d'après une analyse que j'en ai faite.

1,000 grammes, rapprochés à siccité, ont laissé un résidu pesant 18 centigrammes; ainsi 10 kilog. en contenaient 18 grammes qui étaient composés des substances suivantes:

---

(1) La grande consommation des fécules pour la fabrication des sirops de dextrine vient de faire monter le prix des pommes de terre à 5 fr. le setier, près de Paris, et celui de la fécule à 28 fr. les 100 kil. La dépense totale est donc de 327 fr., la recette de 382 fr. et le bénéfice de 55 fr.

Citrate de chaux.   8

Albumine coagulable par la cha-
leur.   ,   4,5

Autres matières azotées, solubles. 2,5   } 18

Huile essentielle, résine, substance
âcre, phosphate de chaux, citrate de
potasse, sulfate de chaux, silice,
trace de soufre.   3

Lorsqu'on n'a pas à sa disposition de moyens faciles d'écoulement pour ces eaux, on peut s'en débarrasser et quelquefois fort utilement en les appliquant à l'irrigation sur des terres en culture assez en pente; l'humidité qu'elles ajoutent aux sols légers ou sujets à la sécheresse et les matières organiques qu'elles y déposent sont, en certaines localités, très favorables à la végétation; cela est surtout facile relativement aux terres que l'on ne doit labourer et ensemencer qu'au printemps.

M. le colonel BURGRAFF a réalisé cette application en creusant en terre deux grands réservoirs où ces eaux entreposées sont facilement contenues, puisqu'elles enduisent promptement les parois d'une sorte de limon de matière organique; elles éprouvent une première fermentation et sont employées en arrosage comme l'*engrais* flamand. C'est surtout aux prairies naturelles et artificielles, comme aux plantes cultivées pour leurs parties herbacées, que ces eaux conviennent beaucoup. Le dépôt limoneux constitue une vase fertilisante pour engrais.

Lorsque les circonstances locales ne permettent pas de tirer des eaux des féculeries ce parti très avantageux, on peut essayer de les faire perdre dans des *puits absorbans;* de nombreuses et grandes expériences entreprises en ce moment le démontreront, si, comme le supposent de savans ingénieurs, cette destination des liquides plus ou moins chargés de matières organiques putrescibles ne peut avoir d'inconvénient pour les sources ou eaux jaillissantes des environs.

SECTION III. — *Applications de la fécule.*

§ Ier. — Applications à la panification, à l'apprêt des tissus et des pâtes féculentes.

Au 1er rang des usages de la fécule, nous devons placer l'addition qu'on en peut faire dans la confection du *pain*. Non-seulement on se trouve par-là éviter les chances des disettes, mais encore on peut dans toutes les années, maintenir à un taux peu élevé cette base de nos alimens, et même améliorer les produits des farines bises de qualité inférieure.

Au commencement de cet article, nous avons fait voir qu'un principe immédiat, l'*amidone*, compose la presque totalité de la fécule de pommes de terre, de l'amidon des céréales, ainsi que les fécules amylacées exotiques, désignées sous les noms d'*arrow-root, tapioka, sagou, salep*, etc., et aussi dans une foule d'usages bien connus, préfère-t-on la fécule des pommes de terre, beaucoup plus économique que toutes les autres: on s'en sert pour les *encollages*, les *apprêts de divers tissus*, une foule de *préparations alimentaires,* le *gommage* ou *application* des mordans par l'*amidon grillé*, la *fabrication des sirops*, etc.

1° Relativement aux *encollages* et *apprêts*, on

juge ordinairement de la qualité de la fécule par la quantité d'*empois* à une consistance voulue qu'elle peut donner, et en effet, plus la fécule est pure et sèche, plus elle produit d'empois; cependant pour obtenir la quantité maxime de celui-ci, il faut que la substance *spongieuse* dont se compose la fécule soit rapidement gonflée par l'eau chaude et reste le moins long-temps possible exposée à la chaleur qui la peut amollir, et diminue la consistance de toute la masse.

Voici comment on opère, afin de remplir ces conditions : on fera chauffer la quantité d'eau utile (15 à 20 parties pour un empois de faible consistance, et 12 à 15 pour un empois très consistant) jusqu'à la température de 40 à 50° centésimaux; on y délaiera vivement une partie de fécule sèche, puis on portera rapidement la température jusqu'à l'ébullition, et l'on mettra aussitôt après refroidir.

On peut obtenir un empois mucilagineux, plus *gluant* que par les procédés ordinaires, et ayant quelque analogie dans ses propriétés usuelles avec la gomme adragant, en chauffant jusqu'à 150 degrés, dans une marmite de Papin, l'un des empois à forte consistance ci-dessus indiqués.

2° *Amidon grillé.* C'est avec de la fécule que l'on prépare aujourd'hui cette matière, employée pour l'application des couleurs d'impression, et dont M. VAUQUELIN a fait connaître la solubilité partielle. On l'obtient en faisant chauffer à 200° sur un plateau, ou mieux dans un vase clos, de la fécule que l'on agite constamment et jusqu'à ce qu'elle ait acquis une teinte légèrement ambrée. Alors l'altération éprouvée par l'amidone a désagrégé ses parties, au point qu'elles se peuvent disséminer dans l'eau, en rendant le liquide mucilagineux au degré convenable pour les applications.

On pourrait probablement perfectionner ce grillage et éviter la coloration de la fécule, en chauffant celle-ci dans des tubes clos, munis de soupapes qui permettraient de retenir 8 ou 10 centièmes d'eau et de vapeur, dont la présence favoriserait la réaction utile tout en empêchant l'espèce de caramélisation qui colore le produit.

3° *Tapioka, gruau, sagou, semoule de fécule;* toutes ces préparations diffèrent de leurs analogues obtenues de plantes exotiques ou de graines des céréales, surtout par une très minime proportion (moins d'un 1/2 millième) d'une substance volatile qui communique à la fécule un goût particulier, peu sensible lorsque quelque autre odeur, même légère, peut le masquer. Pour démontrer que c'est effectivement une matière étrangère qui cause cette différence, il suffit de laver la fécule avec de l'alcool sans goût, puis avec de l'eau pure, et de la faire sécher; elle aura perdu, dans cette épuration, moins d'un demi-millième de son poids et cependant sera débarrassée de cette odeur spéciale en question.

Au reste, ce mode d'épuration serait généralement trop dispendieux, et c'est la fécule obtenue par les opérations précédemment décrites que l'on transforme, comme nous allons le dire, en diverses *pâtes féculentes alimentaires.*

On dispose un vase en cuivre. très peu profond (1 po. 1/2 à 2 po.), indiqué par la coupe transversale, *fig*. 376, et la coupe longitudinale, *fig*. 577; il est recouvert par une plaque

Fig. 376.

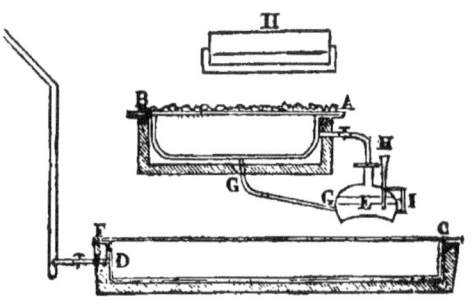

Fig. 377.

en cuivre, étamée en dessus et qui le ferme hermétiquement, soit par une soudure ou mieux des pinces ou agrafes. Afin d'éviter la déperdition de la chaleur en dessous, une caisse en bois l'enveloppe. La vapeur libre d'une petite chaudière E est injectée à volonté dans ce vase clos. Un petit tube F permet de laisser évacuer, au dehors de la chambre où l'on opère, l'air contenu dans le vase; un tube G, adapté à la partie la plus basse du fond de celui-ci, ramène l'eau condensée dans la chaudière, que l'on peut remplir d'ailleurs pour compenser les déperditions, en versant de l'eau dans l'entonnoir H; un tube à niveau extérieur I indique la hauteur de l'eau dans la chaudière.

La plaque étamée étant chauffée par ce moyen, jusqu'à près de 100°, on saupoudre dessus, à l'aide d'un tamis en canevas de cuivre, de la fécule hydratée, au point seulement de tomber en petites pelotes agglomérées et de faire gonfler et crever ses grains à l'impression de la chaleur. Le dernier effet soude entre eux tous les grains de fécule en contact, et bientôt la dessiccation détruit l'adhérence avec la plaque. On enlève alors, à l'aide d'une racloire, tous les flocons ainsi réunis et on recommence une 2ᵉ opération semblable en secouant de nouveau de la fécule humide sur la plaque.

La dessiccation de cette sorte de pâte en grumeaux est bientôt achevée sur des tablettes ou des châssis en toile, dans la même pièce, et il suffit de les concasser légèrement dans un petit moulin, pour qu'en les tamisant ensuite, sous plusieurs grosseurs, on obtienne ces sortes de pâtes féculentes à potages, depuis les plus grosses, appelées *gros tapioka*, jusqu'aux plus petites, désignées sous le nom de *semoule*.

On conçoit d'ailleurs, relativement à leur emploi dans les potages, l'utilité d'une grosseur régulière pour chacune de ces pâtes; tous leurs grains devant éprouver simultanément les effets voulus de la coction, tandis, que mélangés ensemble, gros et petits, ceux-ci seraient réduits en bouillie avant que les 1ᵉʳˢ ne fussent même hydratés au point convenable.

§ II. — **Préparations alimentaires obtenues par la dessiccation des pommes de terre cuites :** *Polenta, gruau.*

Si la pomme de terre crue était d'une conservation aussi facile, sa culture, généralement beaucoup plus productive que celle des céréales, la ferait préférer dans beaucoup de circonstances; mais il n'en est pas ainsi: la grande proportion d'eau (de 70 à 80 centièmes) que ce tubercule contient rend son volume et son poids trop considérables pour une égale quantité de matiére nutritive, le dispose à la germination quelques mois après sa récolte, le soumet aux influences de la gelée, hâte souvent, et surtout lorsque son tissu cellulaire est en quelques parties brisé par des contusions, une fermentation qui amène sa pourriture. On a reconnu dès long-temps ces inconvéniens graves, qui entravent les développemens de la culture du *solanum tuberosum*.

Nous avons vu comment l'extraction de la fécule remédie aux obstacles de ce genre; mais on peut arriver à des résultats analogues en conservant non-seulement la fécule, mais encore toute la substance solide de la pomme de terre, et en cela on en obtient plus de produit encore. A la vérité, la substance alimentaire ainsi extraite n'est pas transformable comme la fécule en divers autres produits commerciaux. L'utilité même ainsi restreinte à la conservation de la matière nutritive est encore assez grande pour que nous décrivions les procédés que l'expérience a fait reconnaître préférables, puis quelques perfectionnemens récemment proposés.

Les pommes de terres sont d'abord lavées à grande eau, soit en les agitant et les frottant dans un baquet, à l'aide d'un balai de bouleau, à demi usé, puis décantant le liquide trouble à deux ou trois reprises, soit en les enfermant dans le laveur mécanique, que nous avons indiqué pages 333 et 334.

Les pommes de terre étant ainsi bien nettoyées, on les fait cuire à la vapeur, à l'aide d'un appareil composé d'une chaudière A (*fig. 378*),

Fig. 378.

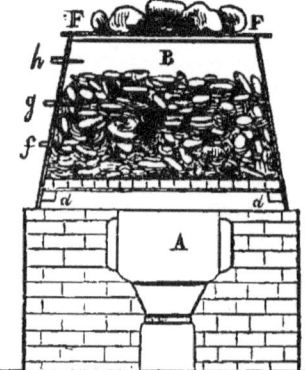

qui peut être, dans les campagnes, pour de petits approvisionnemens, celle qui s'emploie habituellement pour le lessivage du linge. On la surmonte, pour l'application spéciale qui nous occupe, d'une sorte de cuvier B, semblable à celui dont on se sert en quelques endroits pour les lessives à la vapeur. Son fond inférieur C est posé sur un cercle épais *d d*, qui lui permet un *jeu* de quelques lignes. Ce fond ou disque est percé de trous, d'environ 1 po. de diamètre; il supporte toutes les pommes de terre dont on remplit le cuvier aux 3/4, et il laisse passer la vapeur et retomber l'eau condensée. Un couvercle E, posé sur le cuvier et chargé de quelques pierres, doit s'opposer à la libre sortie de la vapeur; en sorte qu'il puisse s'établir une légère pression au dedans. Les pommes de terre sont cuites dès que, par des trous *f, g, h*, on les traverse aisément avec une baguette. Pour une fabrication spéciale plus en grand, on se sert avec avantage de plusieurs tonneaux épais A (*fig.* 379), chauffés successivement, en sorte que les

Fig. 379.

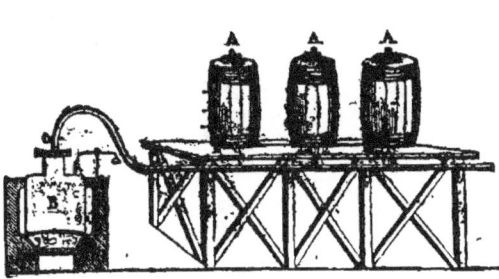

opérations ultérieures soient continues; une seule chaudière ou générateur B y suffit, puisque des tuyaux à robinets C, D, E y injectent à volonté la vapeur.

Epluchage. Cette opération se pratique à la main, assez facilement; la pellicule qui enveloppe les pommes de terre étant sans adhérence, dès que ces tubercules ont été suffisamment exposés à la température de la vapeur, et plus ou moins, suivant que leur volume est plus ou moins fort, au fur et à mesure que l'épluchage se fait par trois ou quatre personnes, une autre les écrase, en les frappant légèrement avec une pelle.

On passe ensuite la pâte de pommes de terre dans une *vermicelloire*, afin de la diviser plus également et de multiplier les surfaces en contact avec l'air atmosphérique. On l'étend alors sur des châssis tendus de canevas;

L'ustensile ordinaire à préparer le vermicelle peut suffire à cette opération pour de très petites quantités; il se compose d'un cylindre en forte tôle, (*fig.* 380), de 3 po. de

Fig. 380.

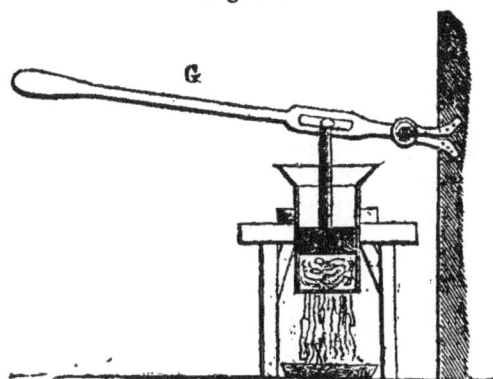

diamètre, percé de trous comme une écumoire, et dans lequel un piston, mu par un levier à bras force la pâte de pommes de terre à se réduire en gros fils.

Si l'on opère plus en grand, on se sert d'une vermicelloire de 8 po, de diamètre, dans laquelle le piston est mu par la pression d'une vis en fer à moulinet.

Enfin, un ustensile plus expéditif encore, et qui, suivant ses dimensions, est mu par un manège ou à bras, se compose de 2 cylindres en forte tôle A, A (*fig.* 381), ouverts des deux

Fig. 381.

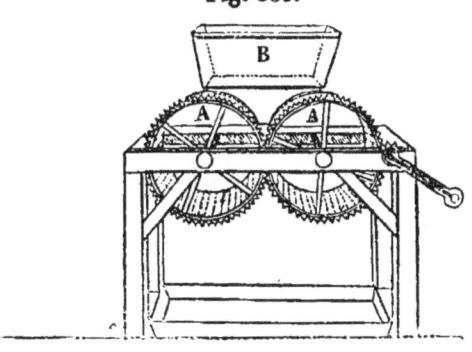

bouts, et dont les parois, percées de trous, forcent la pâte, jetée dans la trémie B, à sortir moulée et tomber dans leur intérieur; on en tire celle-ci constamment pour l'étendre, sans la fouler, sur les canevas.

On porte les châssis chargés d'une couche peu épaisse de cette pâte, légèrement posée, dans l'étuve; des montans en bois, fixés verticalement, munis de tasseaux adaptés horizontalement, permettent de superposer à 6 po. les uns des autres tous les châssis; en sorte que dans un espace limité de 14 pi. de largeur, 18 de longueur et 8 de hauteur, on peut placer 300 châssis, sur lesquels est étendu le produit de 5 setiers de pommes de terre.

La *dessiccation* de la pâte de pommes de terre est une des opérations les plus importantes de tout ce travail; car la pâte, en l'état humide où elle est mise à l'étuve, se trouve dans les circonstances les plus capables de déterminer son altération spontanée. Il faut donc prendre toutes les mesures convenables pour s'opposer à cette fermentation, qui ferait contracter un mauvais goût. Le moyen le plus sûr d'y parvenir, c'est de hâter la dessiccation, et, pour cela, d'élever la température de l'air jusqu'à 60 à 70°, et de l'entretenir à ce terme malgré le renouvellement continuel qu'il éprouve.

L'air chaud peut être envoyé dans l'étuve par un calorifère de DESARNOD, et l'air chargé d'eau, après avoir circulé dans l'étuve, trouve des issues disposées autour des murs latéraux, près du carrelage. Il serait bon d'avoir deux étuves, latéralement appuyées, afin que l'air, sortant de l'une, se chargeât davantage d'humidité dans l'autre avant de sortir; des registres permettraient de diriger alternativement, dans chacune d'elles, l'air sortant du calorifère. On obtiendrait des résultats analogues, en se servant de la touraille perfectionnée, décrite dans l'article *bière, fig.* 258, page 265.

Lorsque la dessiccation de la pâte est terminée, on porte cette substance, dite *polenta*, au moulin; là, suivant qu'on la mond plus ou moins fin, et qu'on passe le produit dans des tamis ou blutoirs, dont la toile est plus ou moins serrée, on obtient de la farine, de la semoule ou du *gruau.*

On peut obtenir très économiquement, dans l'appareil clos à vapeur, une grande division des tubercules ; il suffit d'y faire le vide aussitôt la coction opérée, et pour cela d'y injecter alors de l'eau froide, ou mieux encore de faire cette injection dans un vase cylindrique , y annexé. On conçoit que l'eau, emprisonnée dans les tubercules, se réduit subitement en vapeur et pulvérise ainsi toute la matière.

Ce procédé est très bon pour disposer les pommes de terre à être mélangées avec les divers alimens des animaux, ou pour être soumise au maltage, puis à la fermentation.

Prix coûtant de la polenta, convertie en gruau, ou farine de pommes de terre, pour une journée de travail dans une fabrication moyenne.

5 setiers de pommes de terre, de 160 à 165 kilogr. chaque, à 3 fr.	15 fr.	» c.
120 kilogr. de houille, dont 40 kilogr. pour la cuisson, et 80 pour la dessiccation.	5	»
10 ouvriers pour l'épluchage.	10	»
2 ouvriers.	4	50
Mouture	1	50
Intérêt du capital employé à 6 p. 0/0 et menus frais. . . .	3	50
1 jour 1/2 de loyer à 800 fr. par an. . . . . 3 fr. 28 c.		
8,000 fr. d'ustensiles, dont l'usure compté à 16 p. 0/0 par an 5 26. . .	8	50
Produit obtenu, 165 kilogr. de polenta coûtent.	48	»

Le kilogr. de polenta revient donc au fabricant à.	» fr.	30 c.
Mais pour qu'il parvienne jusqu'au consommateur, il faut ajouter : 1° le bénéfice brut du fabricant, 60 p. 0/0 du capital déboursé.	»	18
2° la remise accordée au marchand en commissions du croires, etc., environ 25 p. 0/0	»	12
1 kilogr., formant 16 potages, revient au consommateur à	»	60

Chaque potage revient donc à moins de 4 centimes, ou seulement à 2 cent., si on le consomme directement. On trouve en outre, dans cette petite industrie, une occupation utile pour les momens perdus dans le personnel des fermes pendant la mauvaise saison.

Des potages ainsi préparés n'exigent que l'addition d'une quantité d'eau d'un demi-litre environ. un peu de sel et une ébullition d'un quart-d'heure pour produire une nourriture saine, et, comme on le voit, fort économique; on peut la rendre plus agréable en y ajoutant un peu de beurre, d'œufs, de légumes, de lait, de sucre ou de bouillon.

On peut leur communiquer une saveur agréable par l'addition d'un huitième de leur poids de farine d'avoine grillée, connue en Suisse, sous le nom d'*abermuss.*

Il est sans doute inutile de rappeler que le prix revenant éprouverait quelques variations dans différentes localités. Chacun, au reste, pourra faire les corrections que le cours des matières premières, du combustible, de la main d'œuvre, etc., nécessiteront.

§ III. — Fabrication du sirop et du sucre de fécule par l'acide sulfurique.

· A. *Procédé de fabrication par l'acide.*

On désigne plus particulièrement sous le nom de *sirop* et de *sucre de fécule* dans le commerce les produits de la conversion de la fécule par l'acide sulfurique ; nous décrirons d'abord les procédés de fabrication que l'on peut suivre avec les appareils les plus simples.

Une chaudière en plomb A, épaisse de 2 lignes (*fig.* 382), de 5 pieds de diamètre et 3

Fig. 382.

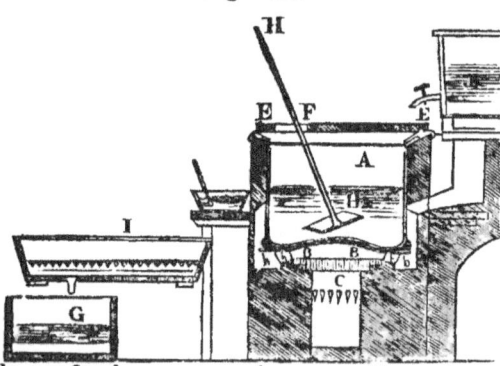

de profondeur, est posée sur un disque bombé B, en fonte de fer de 12 à 15 lignes d'épaisseur; le foyer C, est disposé dessous de manière à chauffer également toute la surface de ce disque; des ouvreaux *d d*, laissent échapper les produits de la combustion qui se rendent dans la cheminée. Un couvercle E, en bois solidement assemblé et doublé d'une feuille de cuivre rouge, est posé sur cette chaudière ; il offre près de ses bords une ouverture F de 12 a 15 po. de diamètre, et une autre plus petite, de 6 po. de diamètre, recouverte à volonté par un disque mobile, en bois doublé de cuivre ; un rable H, en bois, est introduit dans la chaudière par la grande ouverture.

Les choses étant ainsi disposées, on introduit dans la chaudière 1,000 kilog. d'eau que l'on porte à l'ébullition ; alors on y ajoute 10 kilog. d'acide sulfurique à 66° préalablement délayé dans 20 kilog. d'eau (1). On agite pour répartir également l'acide dans toute la masse, puis on attend que l'ébullition se manifeste de nouveau ; alors, le feu étant en pleine activité, un homme saisit le rable en bois et commence à agiter toute la masse liquide d'un mouvement circulaire. Un autre ou-

(1) Lorsqu'on verse l'acide sulfurique concentré dans l'eau, un échauffement plus ou moins considérable a lieu. Afin d'éviter qu'il soit trop brusque, on met dans deux seaux , ou dans un baquet, les 20 kilogrammes d'eau froide, puis on ajoute peu à peu l'acide, en agitant le liquide avec une spatule en bois. Lorsqu'ensuite on verse ce mélange dans la chaudière qui contient l'eau bouillante, il ne se produit plus d'effet sensible.

vrier, ou un enfant, ajoute par cuillerées d'environ un demi-kilog. chaque, qu'il verse par le petit trou du couvercle, toute la fécule (400 kilog.), en ayant le soin de ne pas trop se presser, afin que la réaction s'opère à chaque addition, que l'ébullition ne cesse pas et que le liquide n'acquière pas une consistance d'empois même léger.

L'addition, ainsi graduée, permet à l'eau acidulée d'agir en grande quantité sur une très petite proportion de fécule à la fois. La saccharification de chaque portion ajoutée s'opère en un instant, et dès que la totalité est délayée dans la chaudière, l'opération est à peu près terminée. Afin cependant d'éviter qu'une petite quantité d'amidone reste inattaquée et rende le liquide visqueux, on soutient encore l'ébullition pendant 8 ou 10 minutes; toute la masse doit être alors presque diaphane, très liquide. En en remplissant un verre à boire, on n'aperçoit plus aucune parcelle d'empois ni la moindre apparence de viscosité. Alors on couvre la grille du foyer avec du charbon de terre bien mouillé, et on laisse la porte du foyer ouverte, afin que l'air froid du dehors, entraîné dans le courant où passaient les produits de la combustion, refroidisse un peu le fond et les parois de la chaudière.

Dès que l'ébullition a cessé, on commence à jeter de la *craie* pour saturer l'acide; il en faut à peu près 10 kilog., c'est-à-dire autant que d'acide sulfurique employé; mais comme cette substance varie dans sa composition surtout en raison de l'eau, de l'argile et du sable qu'elle renferme, on ne peut fixer de dosage certain, et il devient utile de reconnaître le degré de saturation à l'aide d'un papier coloré en bleu par la teinture du tournesol; tant que le liquide contient un excès d'acide, une goutte posée sur le papier le fait virer au rouge; et dès que tout est saturé, le liquide ne fait plus virer la couleur bleue du papier, et comme il vaut mieux qu'il y ait un excès de craie, on ne cesse d'en ajouter que lorsque une goutte du liquide, posée sur une tache rouge du papier tournesol faite par le liquide acide ou sur un papier tournesol rougi à dessein, ramène la couleur au bleu.

L'addition de la craie ne doit être faite qu'avec beaucoup de précaution, et en très petite quantité à la fois, car l'effervescence qui a lieu par le dégagement de l'acide carbonique déplacé, pourrait faire monter en mousse une partie du liquide par-dessus les bords de la chaudière. Après chaque addition d'environ 1/2 kil. de craie, on agite toute la masse, et l'on attend quelques secondes que l'effervescence ait cessé; pour faire une addition nouvelle.

Lorsqu'on a reconnu que la saturation est complète, il faut séparer le sulfate de chaux non dissous; pour cela, on laisse déposer le liquide durant une demi-heure, et, pendant ce temps, on prépare le filtre. Celui-ci I, se compose d'une caisse rectangulaire en bois de sapin epais de 2 po. et fortement assemblée à joints étanches, et percée au fond d'un trou de 1 pouce ou 15 lignes de diamètre, dans le-

quel passe un bout de tuyau en plomb rebordé dans une entaille circulaire au fond du filtre. On pose sur le fond un grillage en bois, formé d'un châssis de 1 po. en tous sens moins grand que l'intérieur du filtre, et qui est garni de tringles en bois, écartées de 6 lignes et épaisses de 1 po. environ. On étend sur le grillage une toile très claire, quoique forte, et par-dessus une toile de coton plucheux connue dans le commerce pour son emploi dans la confection des filtres TAYLOR; ces toiles étant plus larges et plus longues que le grillage de 3 ou 4 pouces en tous sens, on replie les bords et on les serre entre le châssis et les parois en plomb du filtre.

Les choses ainsi disposées, et le liquide étant déposé dans la chaudière, on emplit un siphon en cuivre avec de l'eau, puis on le retourne dans la chaudière et à l'aide d'un entonnoir à douille sur le côté et d'un tuyau placé sur le filtre. Le liquide tiré par le siphon coule dans l'entonnoir, et de là dans le filtre, et passe au travers du drap et de la toile sur lesquels il laisse les parties insolubles qu'il charrie, et se rend enfin dans un réservoir G (*fig*. 382), placé sous le filtre. Les premières portions ainsi filtrées sont ordinairement troubles, on peut les recevoir dans un seau, afin de les rejeter sur le filtre.

Lorsque le siphon a fait écouler tout le liquide surnageant et atteint le dépôt, celui-ci s'engorge bientôt; on le retire alors; on enlève tout le dépôt au moyen d'une large cuillère, on le met dans des seaux, puis on le porte sur le filtre. On rince la chaudière avec un ou deux seaux d'eau, que l'on retire à l'aide de la cuillère et d'une grosse éponge, pour les jeter encore sur le filtre. On remplit alors la chaudière d'eau à la hauteur accoutumée; on soulève la croûte du charbon mouillé qui couvrait le foyer, on ferme la porte et bientôt le feu s'allume avec activité. Dès que l'eau est presque bouillante, on en puise dans un arrosoir pour verser en pluie sur le marc resté dans le filtre; on remet de l'eau froide dans la chaudière.

Si la cheminée de la chaudière est disposée de manière à passer sous un bassin en cuivre mince J, celui-ci entretient la température de l'eau que l'on y met à un degré assez élevé pour le lavage du dépôt resté sur le filtre; elle sert aussi à commencer une autre opération.

La chaudière étant remplie de manière à contenir les 1,000 kilog. d'eau environ et celle-ci étant bouillante, on recommence une autre opération, qui se fait comme la première. On peut aisément achever 5 cuites dans les 24 heures avec 2 hommes qui se relèvent, en sorte que l'on emploie 2,000 kilog. de fécule sèche.

Le liquide filtré est porté en 3 ou 4 fois dans une chaudière à bascule où on le fait évaporer rapidement jusqu'à ce qu'il soit réduit à peu près à la moitié de son volume; il doit alors marquer à l'aréomètre de BAUMÉ 25 à 28°; on réunit les cuites dans un réservoir pour faire une clarification dans la chaudière en plomb (1), on y porte tout le li-

(1) Si l'on n'a pas à sa disposition une plus petite chaudière en cuivre, ce qui est plus commode en ce qu'elle est munie d'un robinet, et dans laquelle on fait 3 ou 4 clarifications.

quide à la température d'environ 80° centési-maux. On y ajoute du charbon animal en pou-dre très fine le 20° du poids de la fécule em-ployée, on agite bien toute la masse pendant quelques minutes; on projette dedans du sang battu avec 5 parties d'eau; on suspend l'agitation, et dès que l'ébullition se manifeste vivement de nouveau, on tire tout le liquide dans un filtre semblable à celui que nous avons décrit plus haut ou dans un filtre TAY-LOR. Les premières parties du liquide filtré passent troubles; on les recueille dans un seau ou un puisoir et on les renverse sur le filtre; on se hâte de recouvrir ce filtre, ou plutôt on l'a recouvert d'avance avec des ta-bles en bois, qui sont enveloppées de couver-tures de laine, afin d'éviter un trop grand re-froidissement qui, rendant le sirop moins fluide, retarderait la filtration.

Lorsque le sirop est presque entièrement écoulé et que le dépôt resté sur le filtre pa-raît à sec, on arrose celui-ci avec de l'eau chaude, afin d'extraire le sucre qu'il retient. Il faut verser peu d'eau à la fois et renouve-ler fréquemment cette addition, jusqu'à ce que ce liquide filtré ne marque plus qu'un demi-degré à l'aréomètre. Alors on jette de-hors la masse épuisée; on lave les toiles, que l'on remet en place pour une autre clarifica-tion. Les eaux faibles du lavage du marc, de-puis 4° jusqu'à 1/2°, sont réservées pour com-mencer l'épuisement d'un autre dépôt; on ne les fait évaporer directement que lorsqu'on suspend les travaux, et que, par conséquent, il n'y aurait plus de marc à épuiser.

On peut préparer le sirop de fécule en em-ployant celle-ci à l'état humide, telle qu'on l'obtient directement au fond des vases où elle se dépose (il suffit pour cela de la délayer dans 2 fois son volume d'eau environ, et d'é-viter qu'elle se rassemble de nouveau en mas-se, en l'agitant continuellement à l'aide d'une spatule; on doit aussi avoir la précaution d'en verser assez peu dans le mélange bouillant d'eau et d'acide, pour ne pas laisser arrêter l'ébullition. On peut rendre la préparation du sirop plus économique, en traitant la pomme de terre cuite et réduite en bouillie de la même manière. Le sirop obtenu en suivant ce procédé contracte un goût désagréable, dû surtout à la réaction de la chaleur et de l'acide sur l'albumine végétale. On obtient des résul-tats semblables en substituant à la fécule la pulpe des pommes de terre.

Suivant M. THÉODORE DE SAUSSURE, 100 par-ties d'amidon sec produisent 110, 14 de sucre sec, et cela se conçoit, puisque le sucre de fé-cule, identique dans sa composition avec le sucre de raisin, contient plus d'eau que l'a-midone (voy. ci-dessus, page 328). En grand, on obtient de 100 parties de fécule, dite sè-che, ou de 150 de fécule humide, dite verte, 150 de sirop à 30°, représentant environ 100 parties de sucre sec.

Dans cette opération, l'acide agit en liqué-fiant l'amidone et aidant, par sa présence, à l'hydratation qui la rend sucrée, sans subir lui-même d'altération. En effet, le 1er résultat qu'on observe, même à froid, est la solubilité acquise par l'amidone, sans changement de composition; le 2e. qui s'effectue rapidement à 100°, est la conversion en sucre de raisin, et

l'on retrouve la totalité de l'acide sulfurique dans le liquide. Le reste de l'opération est fa-cile à concevoir; la craie que l'on ajoute, lors-que la saccharification est complète, cède à l'acide la chaux qu'elle contient; l'acide car-bonique se dégage en produisant l'effervescence, et le sulfate de chaux, formé très peu soluble, est retenu en grande partie, ainsi que l'excès de carbonate de chaux, sur le filtre avec les matières étrangères insolubles. Ces substances retiennent une assez grande quan-tité de liquide sucré, dont on les dépouille par des lavages à l'eau chaude.

L'évaporation, en concentrant le sirop, pré-cipite la plus grande partie de sulfate de chaux resté dans le liquide. Cette précipitation est favorisée par le charbon animal, qui enlève en même temps une partie de la matière colo-rante et du goût désagréable. Enfin, l'albu-mine étendue sert à agglomérer, par la coa-gulation que la chaleur détermine, toutes les parties les plus ténues du charbon animal et du sulfate de chaux, et les empêche ainsi d'obs-truer le filtre ou de passer au travers de son tissu.

Si l'on concentrait le sirop de fécule jusqu'à 40 ou 45° de l'aréomètre de BAUMÉ, il se pren-drait, par le refroidissement, en une masse gre-nue, blanche, compacte, sans forme cristalline régulière, qui, augmentant de volume au mo-ment de sa solidification, pourrait briser les vases dans lesquels elle serait contenue. Cepen-dant, afin de réduire davantage le volume et d'assurer une plus longue conservation à ce sucre, on le fait cristalliser aisément, en ayant soin de déposer le sirop, ainsi concentré, dans des vases en bois, doublés de cuivre étamé, assez évasés et peu profonds, pour éviter leur rupture (fig. 383); on met ensuite égoutter et sécher le sucre dans une étuve.

Les deux résidus obtenus successive-ment de cette opé-ration, et recueillis sur le filtre, acti-vent puissamment la végétation des prairies artificiel-les, sur lesquelles

Fig. 383.

on les répand en petites quantités, après les avoir laissé dessécher à l'air.

Au lieu d'opérer à feu nu, on emploie au-jourd'hui, pour chauffer le liquide dans le-quel s'opère la réaction, la vapeur, produite dans une chaudière ou générateur; elle est conduite dans un cuvier A (fig.384 et 385), en bois, à douves épaisses, et qui contient le mé-lange d'eau et d'acide sulfurique (cet acide n'est employé qu'à la dose de 1 1/2 p. 0/0 de fé-cule), par un tuyau B à double branche; dès que le barbottage de la vapeur annonce que le liquide est chauffé à la température de l'é-bullition, une soupape C est levée, à l'aide d'une tige à bascule. La fécule humide (dite fécule verte), délayée en bouillie et constam-ment agitée dans un réservoir supérieur D, s'écoule en un petit filet dans le liquide bouil-lant. La saturation a lieu dans le cuvier A, et le reste de l'opération, comme nous l'avons indiqué ci-dessus. La vapeur nauséabonde se dégage par un tuyau élevé K.

Lorsqu'on veut faire rapprocher le sirop

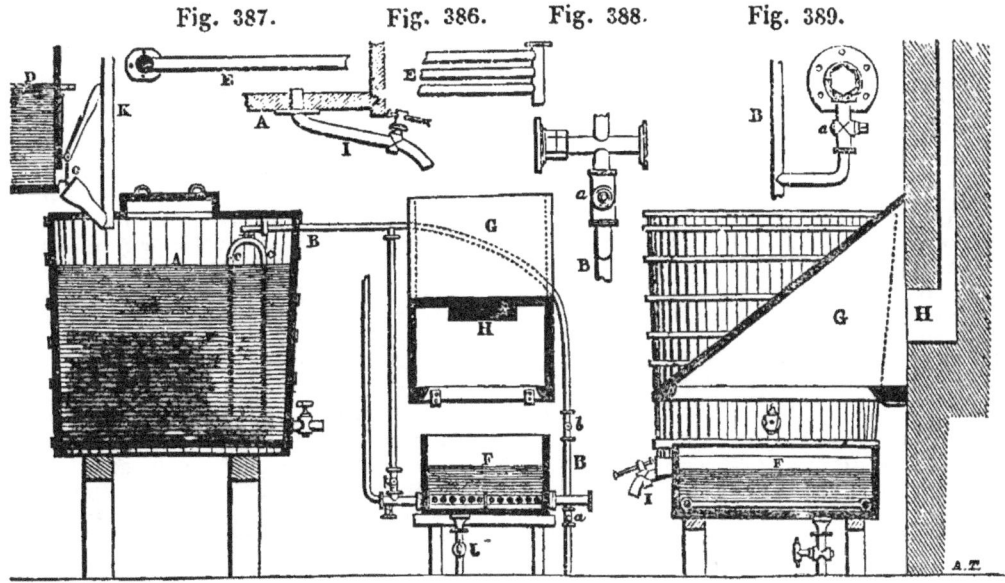

Fig. 387.   Fig. 386.   Fig. 388.   Fig. 389.

Fig. 384.   Fig. 385.

obtenu à 30 ou 32°, ainsi que cela est convenable, soit pour le transporter, soit pour remonter, dans la fabrication de la bière, le degré de la décoction du houblon, ou simplement à 20°, on le soutire dans une chaudière F, évaporant par la vapeur qui circule dans les tubes assemblés en grille (*fig.* 384, 385, 386). Afin de débarrasser l'atelier des vapeurs qui se dégagent pendant le rapprochement, une hotte G les conduit au dehors, par une ouverture H, et un tuyau vertical adossé à une cheminée.

La *figure* 384 représente une coupe verticale et longitudinale de l'appareil à saccharifier la fécule.

La *fig.* 385 en est une seconde coupe verticale, faite suivant une ligne perpendiculaire à la première.

Fig. 386; détails de la grille E, placée au fond de la chaudière F. Celle-ci peut être en cuivre rouge, ou même en bois de sapin du Nord, épais et fortement assemblé à points très exacts.

Fig. 387; détail du robinet I, fixé au fond du cuvier A, pour vider ce dernier.

Fig. 388 et 389; vues de face et de profil d'un fragment du tuyau B. Ce tuyau est muni de deux robinets dont l'un *a* (*fig.* 384), permet à la vapeur d'entrer dans la grille E, semblable à l'assemblage de tubes de l'appareil TAYLOR à concentrer les sirops (voy. *sucre*), et l'autre *b*, permet de l'introduire dans le cuvier A par le double tube *c*.

J, robinet de décharge de la chaudière F.

Une amélioration facile à introduire dans la qualité (le goût plus agréable et la décoloration) du sirop de fécule, résulterait de la filtration de ce sirop sur le noir en grains, dans le filtre DUMONT (*voy.* la description et la manœuvre de cet ustensile dans l'article relatif à la fabrication du sucre de betteraves).

En terminant, nous signalerons une falsification exercée sur la fécule au détriment des fabricans de sirop; c'est le mélange de plusieurs centièmes de craie dans cette matière. Il en est résulté que des opérations de con-

version en sucre ont manqué; et, en effet, l'acide sulfurique, saturé peu à peu et complètement avant la fin de la saccharification par le carbonate de chaux, ne pouvait plus déterminer l'effet utile. Il est facile de constater cette fraude par les moyens que nous avons indiqués ci-dessus, page 337.

B. *Usage du sirop de fécule, préparé à l'aide de l'acide sulfurique.*

Le sirop de fécule présente de grands avantages dans la fabrication des bières légères et des bières de garde. Employé dans les 1res, et notamment dans la bière de table, dite *de Paris*, non-seulement il est souvent économique, comparativement à l'orge germée, mais encore en remplaçant celle-ci, et n'introduit pas dans le moût cette matière azotée, dont une trop forte proportion occasionne souvent le passage à l'aigre de ce liquide. Dans la même application le sirop de fécule facilite la constance du degré de force du moût, puisqu'il suffit d'y en ajouter jusqu'à ce que l'aréomètre indique la densité voulue (voy. *bière*).

Le sirop de fécule offre aussi l'un des produits sucrés les plus économiques pour être convertis en alcool ou esprit-de-vin et en vinaigre.

Enfin, on peut s'en servir dans la confection du cirage anglais, et même dans ce cas on utilise l'acide sulfurique, puisque cet agent a conservé toutes ses propriétés, lorsqu'on ne le sature pas par la craie ou une base quelconque. Par conséquent on emploie directement, dans ce cas, le liquide de la saccharification brute, qu'on fait réagir sur le noir d'os.

Une des applications les plus importantes du sucre de fécule consiste, depuis quelques années, dans l'addition de ce sucre aux vins un peu faibles de diverses localités, et notamment de la Bourgogne; 5 à 10 kilogr. par pièce assurent la conservation de ces vins en augmentant leur force alcoolique.

Voici le compte de fabrication du sirop de fécule :

Fécule sèche, 2,000 kil.
à 20 c., ou verte, 3,000
à 12 ou 13 c. . . . . . . 400 fr. » c.
Acide sulfurique con-
centré, 40 k à 25 fr. . . 10   fr. c.
Craie, 40 k. à 2 fr. 25 c. 1   12   504 30
Houille, 10 hectolitres 30
Main d'œuvre. 15
Transport. 16   18
Escompte 3 p. 0/0, répa-
rations, frais généraux 32

Produit 3,000 kil. de sirop à 32° à 20 fr. 600

Bénéfice. 95 70

Lorsque le cours de la fécule est à
22 fr., le bénéfice est réduit à. . . . . . 45 fr.

§ IV. — Application de la diastase à l'essai des farines et à la fabrication des sirops de dextrine.

Avant de décrire les procédés de fabrication des sirops de dextrine, nous devons exposer les propriétés, le mode d'extraction et les altérations de l'agent chimique de cette industrie nouvelle.

La *diastase* est solide, blanche, amorphe, insoluble dans l'alcool, soluble dans l'eau et l'alcool faible; sa solution aqueuse est neutre et sans saveur marquée; elle n'est point précipitée par le sous-acétate de plomb; abandonnée à elle-même, elle s'altère plus ou moins vite, suivant la température atmosphérique, et devient acide. Cette altération, importante en ce qu'elle ôte à la diastase sa plus remarquable propriété, a lieu, quoique lentement, même dans les substances conservées sèches. Ainsi donc on ne doit pas préparer trop long-temps d'avance l'orge germée ou le malt; il convient surtout de n'en pas conserver d'une année sur l'autre; chauffée de 65 à 75° avec de la fécule et une proportion d'eau suffisante, la diastase présente le pouvoir remarquable de rendre soluble toute l'amidone, en la convertissant en dextrine, dont une partie, sous cette même influence, se transforme presque aussitôt en sucre, identique avec le sucre de raisin; les matières étrangères insolubles surnagent ou se précipitent, suivant les mouvemens du liquide. Cette singulière propriété de séparation entre l'amidone, rendue seule soluble, et les substances étrangères non solubles, justifie le nom de *diastase* donné à la substance qui la possède(1) et qui exprime précisément ce fait.

L'opération, rapidement conduite, donne la dextrine plus pure encore qu'elle n'avait été préparée; aussi y retrouve-t-on éminemment le grand pouvoir de rotation à droite qui la caractérise dans les belles expériences de M. Biot, et qu'on n'obtient à un degré égal par aucun autre procédé; toutefois, la solution de diastase, en présence de la dextrine et d'une suffisante quantité d'eau, convertit cette dernière substance graduellement en sucre, pourvu que la température soit maintenue de 70 à 75° durant leur contact; car si l'on chauffe jusqu'à l'ébullition, la diastase perd la faculté d'agir sur la fécule et sur la dextrine (2).

La *diastase existe dans les semences* d'orge, d'avoine, de blé, de riz, de maïs germées, près des germes développés dans les tubercules de la pomme de terre. Elle est généralement accompagnée d'une substance azotée qui, comme elle, est soluble dans l'eau, insoluble dans l'alcool, mais qui en diffère par la propriété de se coaguler dans l'eau, à la température de 65 à 75°, de ne point agir sur la fécule ni la dextrine, d'être précipitée de ses solutions par le sous-acétate de plomb, et d'être éliminée en grande partie par l'alcool avant la précipitation de la diastase. Nous avons encore retrouvé la diastase dans les bourgeons de l'*alyanthus glandulosa*; là elle n'est point unie avec la matière azotée soluble, mais se trouve encore en présence de l'amidone.

La *diastase s'extrait* de l'orge germée par le procédé suivant, et l'on en obtient d'autant plus que la germination a été conduite plus régulièrement dans tous les grains, et que la gemmule, dans son développement, s'est plus rapprochée d'une longueur égale à celle de chacun des grains.

Après avoir laissé macérer pendant quelques instans le mélange de 1 partie 1/2 d'eau et 1 partie d'orge germée, on le soumet à une forte pression; on humecte le marc avec son poids d'eau, puis on presse encore (3). On ajoute alors 1/3 de volume du liquide d'alcool, et l'on filtre la solution. On verse alors dans le liquide filtré de l'alcool à 40°, jusqu'à cessation de précipité; la diastase, y étant insoluble, se dépose sous forme de flocons, qu'on peut recueillir et dessécher à froid dans le vide sec, ou à 50° dans une étuve à courant d'air. Il faut surtout éviter de la chauffer humide, de 85 à 100°. Pour l'obtenir plus pure encore, on doit la dissoudre dans l'eau et la précipiter de nouveau par l'alcool, et même répéter ces solutions et précipitations deux fois encore; enfin, recueillie sur un filtre,

(1) Parmi les substances insolubles se trouve ordinairement du carbonate de chaux, de la silice, quelques débris ligneux du tissu cellulaire, une matière volatile à odeur désagréable, de l'albumine, enfin quelquefois une faible proportion de l'amidone douée de plus de cohésion, surtout lorsque la quantité d'eau employée est insuffisante, et ces légères traces d'amidone non transformée occasionnent ultérieurement dans le liquide un aspect louche, trouble, ou même un précipité floconneux.

(2) Lorsque la dextrine domine, le liquide est plus mucilagineux, plus analogue au sirop de gomme; traité convenablement, il donne une boisson plus douce, ou de la bière ayant *plus de bouche*; le *maximum* de sucre produit convient au contraire lorsqu'on veut produire le plus d'alcool à la fermentation.—La composition chimique de la dextrine est identique avec celle de l'amidone ou de la fécule pure, quoique les propriétés soient différentes, et la plus importante des différences est que l'une, la dextrine, est soluble à froid, tandis que l'amidone est sensiblement insoluble. Toutes deux sont composées de 44 de carbone et 56 d'eau ou en atomes $C^{12} H^{10} O^5$. Le sucre que produit l'action de la diastase sur l'une et l'autre contient plus d'hydrogène et d'oxigène dans la proportion de la composition de l'eau, il est formé de 37 de carbone et de 63 d'eau, elle se représente en atomes par $C^{12} H^{14} O^7$.

(3) Au lieu de se servir d'orge séchée on peut directement humecter, écraser et soumettre à une forte pression ces graines, dès qu'elles sont germées au point convenable, le liquide trouble est traité comme il suit.

elle en est enlevée humide, puis étendue sur une lame de verre et desséchée, puis broyée en poudre impalpable et conservée en flacons bien bouchés ; elle se conserve d'ailleurs plusieurs mois à l'air ou même en solution dans l'alcool à 16 ou 20° (1).

Lorsque l'extraction de ce principe immédiat nouveau a été faite avec soin, et qu'il est récemment préparé, son énergie est telle, que 1 partie en poids suffit pour rendre soluble dans l'eau chaude 2,000 parties de fécule sèche et pure, en opérant la conversion complète de l'amidone en dextrine et sucre. Ces réactions sont d'autant plus faciles, et la première est d'autant plus prompte, que l'on emploie une suffisante quantité d'eau, 8 à 10 fois le poids de la fécule et un excès de diastase ; ainsi, en doublant la dose et la portant à 1 millième, et préparant l'empois avec 12 parties d'eau à 70°, la dissolution de la fécule peut être opérée en 2 minutes.

A. *Essai des farines, fécules et substances amylacées avec la diastase.*

Voici comment on peut reconnaître par la diastase la proportion de *gluten* que renferme une farine.

On délaie 5 grammes de la farine à essayer dans 250 grammes d'eau (ou 2 décilitres 1/2), en ayant le soin d'ajouter l'eau peu à peu et l'on chauffe ce mélange au bain-marie en le remuant doucement ; on soutient la température du bain-marie à l'ébullition ou très près pendant une heure ; on verse tout d'un coup la solution de diastase, on agite et l'on entretient au bain-marie, pendant 2 heures, la température entre 65 et 75° centésimaux ; alors toute l'*amidone* doit être en solution ; on verse le mélange sur un filtre taré, on lave à l'eau bouillante le dépôt, on fait sécher le filtre avec ce qu'il contient et on le pèse. L'augmentation du poids qu'il avait étant vide indique la quantité de gluten et d'albumine. Il s'y trouve, à la vérité, de la matière grasse et du ligneux et quelques corps insolubles, mais en très petite proportion, à moins qu'ils n'aient été artificiellement ajoutés ou que la farine contienne beaucoup de son.

Dans tous les cas une faible solution de potasse ou de soude, par exemple 2 de lessive caustique à 36° étendus de 98 parties d'eau, chauffée à 65° environ, pendant 2 heures avec le produit ci-dessus du traitement de 5 parties de farine, dissoudront toute la matière azotée et la substance grasse, et le résidu non dissous indiquera sensiblement la proportion des matières insolubles par la diastase, mais étrangères au gluten et à l'albumine ; dans les essais des farines usuelles qui ne seraient mélangées qu'avec de la fécule, ce traitement, par la potasse ou la soude, ne serait pas nécessaire pour une appréciation approximative.

Dans une opération d'essai toute semblable, faite sur de la fécule ou de l'amidon, la presque totalité (à 5 millièmes près au plus) de ce qui ne serait pas dissous par la diastase serait une ou plusieurs matières étrangères par lesquelles le poids aurait été à dessein ou accidentellement augmenté.

Si l'on voulait essayer ainsi des *farines grenues*, il faudrait préalablement les réduire en poudre impalpable ; il en serait de même du riz qui laisse un résidu de substance azotée d'environ 0,09, et du maïs qui laisse 0,1 de matière azotée, 0,08 d'huile et 0,06 de ligneux

Lorsqu'on n'a pas de *diastase pure* à sa disposition, on peut y suppléer, pour les essais de ce genre, par les moyens suivans. Supposons que l'on ait à faire quatre essais sur chacun 5 grammes de farine, on se procurera de l'orge bien germée et séchée à une température peu élevée dans un courant d'air, telle que la préparent les brasseurs pour la bière blanche, ou mieux en la prenant toute fraîche germée et la desséchant soi-même, dans une étuve à courant d'air sec, à la température de 40 à 50 . En cet état, et après avoir séparé les radicelles très friables, on peut conserver l'orge germée dans un flacon sec et fermé pendant 4 mois sans altération sensible. On pèse 40 grammes de ces grains, on les broie grossièrement, puis on y ajoute environ 60 grammes d'eau et on laisse l'hydratation se faire pendant une ou deux heures ; on pourrait abandonner ce mélange durant 5 ou 6 heures, si la température était assez basse. de 3 ou 4° au-dessus de 0 par exemple. On extrait, par expression dans un linge, le plus possible du liquide que l'on filtre, on ajoute environ 20 grammes d'eau sur le marc exprimé, on laisse quelques minutes macérer, on presse encore et on verse le liquide sur le même filtre, et on réitère trois ou quatre fois toute cette manipulation. On verse tout le liquide filtré dans une éprouvette en verre, ou tout autre vase en platine ou argent chauffé dans un bain d'eau, on élève la température à 75° C. et on la soutient jusqu'à ce que le coagulum albumineux paraisse bien séparé, ce qui arrive au bout de 10 à 15 minutes, on verse le liquide trouble sur un filtre et la solution doit passer immédiatement limpide. Cette solution de diastase brute peut servir en cet état au moins à 4 ou 5 des essais précités, en en versant un quart ou un cinquième de son volume pour chacun d'eux. En la tenant dans un endroit frais à la température la plus basse possible elle se conservera quelque temps sans altération sensible ; on peut, par exemple, la garder au moins 24 heures à +10° et 48 heures de 0° à 4°.

B. *De la fabrication du sirop de dextrine.*

Pour préparer en grand la dextrine, plus ou moins sucrée, on fait usage d'orge germée en poudre dans la proportion de 5 à 10 pour 100 de la fécule ; quand il s'agit d'obtenir du sirop, on emploie 5 à 6 parties d'eau pour une de fécule et l'on soutient pendant environ 4 heures la température au degré (70 à 75) où l'action se prolonge ; tandis que, pour obtenir la dextrine le moins sucrée possible, on n'emploie que 4 fois son poids d'eau, et dès que la fécule est dissoute on pousse au terme de l'ébullition qui fait cesser l'action de la diastase. Voici d'ailleurs tous les détails de l'opération :

D'abord il faut se procurer de l'orge bien

(1) Au bout de deux ans, quoique gardée dans un flacon bien clos, un échantillon avait perdu presque toute propriété caractéristique.

germée, et séchée. Comme nous l'avons dit, 5 parties d'orge suffisent pour convertir en dextrine plus ou moins sucrée 100 parties' de fécule; il en faudrait 10 à 15 si ces conditions étaient incomplètement remplies (1).

On verse dans une chaudière A (*fig.* 390)

Fig. 390.

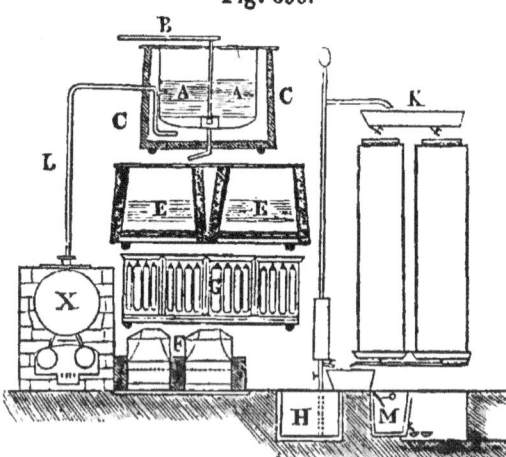

chauffant au bain-marie 2,000 kilog. d'eau; dès que la température est portée de 25 à 30° centésimaux, on y délaie le malt d'orge, et l'on continue de chauffer jusqu'à la température de 60°. On ajoute alors 400 kilog. de fécule que l'on délaie bien en agitant avec un rable en bois B. Lorsque la température du mélange approche de 70° on tâche de la maintenir à peu près constante, et de façon, du moins, à ne pas la laisser s'abaisser au-dessous de 65° et à ne pas dépasser 80°. Ces conditions sont surtout très faciles à remplir si le bain-marie C est chauffé par un tube L, d'une chaudière X, plongeant jusqu'au fond et y amenant la vapeur qu'on intercepte à volonté et dont on modère le courant par un robinet.

Au bout de 20 à 35 minutes le liquide d'abord laiteux, puis un peu plus épais, s'est de plus en plus éclairci; de visqueux et filant qu'il semblait en l'examinant s'écouler de l'agitateur B, élevé au-dessus de la superficie, il paraît fluide presque comme de l'eau; si l'on veut obtenir de la dextrine mucilagineuse peu sucrée, on porte alors vivement la température entre 95 et 100° et on fait écouler dans une cuve E, d'où le liquide déposé est soutiré à clair sur un filtre TAYLOR G (*voy.* la description, p. 288), puis on fait évaporer très rapidement soit à feu nu dans une chaudière à bascule F, soit, et mieux encore, à la vapeur dans la chaudière TAYLOR (*fig.* 297 à 300 p. 291). Sous la pression de 2 à 3 atmosphères, on peut commencer l'évaporation du liquide en le portant deux fois successivement sur les colonnes CHAMPONNOIS K (*voy.* leur description p. 297), et terminer dans l'une des chaudières ci-dessus.

Pendant l'évaporation on enlève les écumes qui rassemblent la plupart des matières étrangères échappées à la première défécation.

Lorsque le rapprochement en est au point où le liquide sirupeux forme en tombant de l'écumoire une large nappe, on peut le verser dans un réservoir H en cuivre, fer-blanc ou bois, d'où on le puise lorsqu'il est refroidi pour le mettre en barils.

Entretenu tiède, mêlé à la levure, puis à de la pâte ordinaire et bien pétrie, il sert immédiatement à la préparation d'un pain de luxe, connu à Paris sous le nom de *pain de dextrine* (2). On l'emploie aussi pour remplacer la gomme dans quelques usages indiqués plus loin.

Si l'on veut obtenir du *sirop de dextrine plus sucré*, propre à la fabrication ou l'amélioration des cidres, bières, vins et autres boissons alcooliques, on suit le même procédé jusqu'au moment où la solution de la fécule est opérée; mais alors, au lieu de porter aussitôt la température jusqu'à environ 100°, on l'entretient entre 65 et 75° pendant 5 ou 6 heures dans les cuves E, E', garnies à cet effet d'enveloppes doubles en laine ou en bois; puis on soutire sur le filtre TAYLOR G, on rapproche sur l'appareil à colonnes K, jusqu'à 30°, on passe sur les filtres DUMONT M (*voy.* leur description, p. 289), puis on achève de concentrer à 32° dans une chaudière TAYLOR.

On peut même pousser la concentration jusqu'à 40° si l'on veut s'en servir aux mêmes usages que la mélasse des sucres de canne: dans ce cas, il est bon de mélanger promptement et par moitié ces deux substances, afin d'éviter que le sucre de dextrine ne cristallise en augmentant de volume.

Le sirop de dextrine ainsi obtenu peut, outre les applications que nous venons d'indiquer, servir à édulcorer les tisanes et remplacer ainsi les sirops de gomme (3), au gommage des couleurs, à l'apprêt des toiles à tableaux; susceptible de plus d'adhérence, de plus de fluidité et plus diaphane que la dextrine non sucrée, il s'emploie seul ou mélangé avec elle dans les bains gommeux pour les impressions sur soie, l'épaississage des mordans, la confection des feutres, l'application des peintures sur papiers-draps, et supplée avec avantage les gommes indigènes et exotiques. Dans plusieurs circonstances, mélangé par moitié avec la mélasse du sucre de canne, il améliore et rend plus économique cette matière que ne saurait remplacer la mélasse des betteraves. Ce mélange sert dans la fabrication du pain d'épice, dans la confection des rouleaux d'imprimerie, des taffetas adhésifs, et du cirage anglais.

Un des résultats les plus remarquables de la séparation effectuée par la diastase entre l'amidone et les substances étrangères, c'est que celles-ci entraînent dans leur précipitation la substance essentielle vireuse, principe du mauvais goût de certaines fécules, et qu'ainsi l'on peut obtenir économiquement les sirops de dextrine exempts de mauvais goût. Si au lieu de destiner le produit de l'opération à

(1) Relativement à la fabrication de la bière, il vaut mieux employer un excès de malt, et porter la dose à 13 centièmes afin d'être plus assuré de dissoudre toute la matière amylacée dont quelques millièmes suffiraient pour troubler ultérieurement cette boisson en se précipitant.

(2) On en trouve à Paris chez M. MOUCHOT, boulanger, rue de Grenelle-St.-Germain, n. 37,

(3) Le prix de la belle gomme étant plus élevé que celui du sucre, le sirop de dextrine est encore économique lors même que l'on y ajoute un peu de sucre de canne pour mieux adoucir les tisanes.

préparer du sirop ou se proposait de le faire fermenter directement, il conviendrait d'employer 4000 kil. d'eau, afin que la conversion en sucre fût plus complète, et de ne pas porter la température du mélange jusqu'à l'é-

bullition, ni même plus haut que 70°., On mettrait en fermentation avec de la levure dès que ce liquide serait descendu à la température de 30° centésimaux.

PAYEN.

CHAPITRE XVIII. — FABRICATION DES HUILES GRASSES.

SECTION Ire. — *Des huiles grasses en général.*

Les huiles grasses ou fixes sont des corps de consistance onctueuse, plus ou moins fluides, d'une pesanteur spécifique presque toujours inférieure à celle de l'eau, insolubles ou peu solubles dans ce liquide, susceptibles de s'enflammer plus ou moins promptement par le contact d'un corps en ignition, et s'évaporant à divers degrés de chaleur, et enfin formant pour la plupart avec les alcalis des combinaisons connues sous le nom de savons.

On extrait les huiles du corps des animaux ou bien des végétaux.

Les *huiles animales* sont celles des cétacés et des poissons, que le commerce recueille au moyen de la pêche de ces animaux, et les huiles de pieds de chevaux, de moutons et de bœufs, dont nous avons fait connaître la fabrication à la page 69 du présent tome.

Les *huiles végétales* résident presque toutes dans les semences des végétaux et en sont extraites par expression. Quelquefois elles sont contenues dans la pulpe du fruit ou péricarpe (olivier, cornouiller sanguin). Parmi les huiles de semences, les unes sont extraites du périsperme (ricin), et les autres, ce qui est le cas le plus fréquent, des cotylédons de la graine.

On distingue encore parmi les huiles fixes celles qui sont *solides* et celles qui sont *fluides* à la température ordinaire. L'extraction des premières, étant plutôt du ressort de la pharmacie et de la matière médicale, ne doit pas nous occuper ici. Quant aux huiles fluides, qui sont celles dont on fait le plus fréquemment usage comme aliment, pour l'éclairage et dans les arts, nous allons faire connaître leur mode de fabrication.

Les huiles grasses fluides se conservent long-temps en vases clos sans subir de changement; mais au contact de l'air elles s'altèrent peu à peu. Les unes s'épaississent et finissent par se dessécher et se transformer en une substance transparente jaunâtre et flexible : ce sont les *huiles siccatives;* d'autres ne se dessèchent pas, mais s'épaississent et deviennent moins combustibles : elles prennent le nom d'*huiles non siccatives.*

Dans ce chapitre nous nous occuperons d'abord de l'huile d'olive; puis nous parlerons des huiles de graines proprement dites, et enfin de quelques autres huiles dont l'usage est plus ou moins répandu.

SECTION II. — *De l'extraction de l'huile des olives.*

§ Ier. — Caractère physique de l'huile d'olive.

L'huile d'olive s'obtient par pression du fruit de l'olivier (*olea europea*), qui ne peut végéter que dans les pays méridionaux. En traitant de la culture de cet ar-

bre (t. II, p. 132), nous avons fait connaître ses variétés et donné des détails sur la récolte des olives; nous y renvoyons le lecteur.

Cette huile, quand elle pure, fine et de bonne qualité, est tantôt d'une couleur citrine légèrement verte, comme l'huile d'Aix, tantôt jaune foncé, comme celles de la Ciotat et de diverses communes du Var, tantôt blanche et limpide, comme celle de Port-Maurice et de Lucques. Suivant la variété des olives employées et son mode de fabrication, sa pesanteur spécifique est de 0,9192 à 12° (celle de l'eau étant 1). Déjà, à quelques degrés au-dessus de 0, elle commence à se congeler et à déposer des grains blancs de *stéarine*. Lorsqu'elle est bien préparée, c'est une des huiles qui se conserve le plus long-temps et qui est la moins altérable. Dans ce cas, elle a une saveur douce, délicate et agréable; au contraire, fabriquée avec peu de soin ou conservée pendant trop long-temps, surtout avec le contact de l'air, elle acquiert une odeur désagréable et une saveur forte, âcre et piquante, qu'on a désignée sous le nom de *rancidité*.

§ II. — De la récolte des olives.

Dans tout le midi de la France on donne la préférence aux huiles qui ont le *goût de fruit*. On parvient à leur donner cette légère amertume en cueillant les olives avant qu'elles aient atteint leur complète maturité; telle est l'huile d'Aix en Provence, qui passe pour la meilleure de ces huiles à goût de fruit. Néanmoins, ces huiles se dépouillent, avec l'âge, de cette légère amertume qui les fait rechercher des consommateurs.

Au contraire, dans le nord de la France, on recherche davantage les huiles qui, à finesse égale, sont dépourvues de cette saveur de fruit, comme celle de Port-Maurice dans l'état de Gênes, et plusieurs huiles d'Italie, qu'on n'extrait des olives que lorsque celles-ci ont acquis le degré parfait de leur maturité.

Les changemens de couleur, qui s'opèrent à mesure que l'olive perd sa couleur verte, ne sont pas exactement les mêmes dans toutes les variétés. On distingue néanmoins toujours 4 nuances principales : du vert l'olive passe au citrin, ensuite au rouge tirant sur le pourpre, au rouge vineux et enfin au rouge noir. Ce dernier terme est l'époque de leur *véritable maturité*.

Les olives qui commencent seulement à *changer de couleur*, ou peu mûres, donnent une huile d'un goût âpre et amer.

Les olives qui ont *dépassé leur point de maturité* fournissent une huile trop grasse, sans goût de fruit et disposée à prendre une saveur rance, quelque soin qu'on ait mis à la préparer.

La *récolte* des olives se fait dans les mois de novembre et de décembre, et c'est à cette époque qu'elles ont acquis le degré de maturité qu'exige chaque espèce pour donner un produit de bonne qualité. Néanmoins, elles peuvent rester sur l'arbre jusqu'en avril, mais passé l'époque de la maturité, la qualité du produit dégénère et l'on perd constamment sur la quantité par la chute des olives, qui se pourrissent à terre, et par les dégâts que causent les oiseaux et autres animaux.

Pour *faire la récolte des olives*, on procède presque partout de la manière suivante. On commence par ramasser toutes celles qui sont tombées à terre, puis on cueille à la main les olives placées sur les rameaux les plus bas des arbres. Cela fait, on étend des toiles sous ces arbres, et des hommes armés de gaules frappent à coups redoublés les rameaux chargés de fruits. Cette méthode est extrèmement vicieuse, et les coups de gaule, en meurtrissant les olives, en les chassant souvent au loin, où elles éprouvent un nouveau dommage en tombant à terre, en y produisant des déchirures, les exposent, soit par la réaction des principes qui les composent et qui sont mis en présence, soit par le contact prolongé de l'oxigène de l'air sur la pulpe, à subir des altérations spontanées qui, lorsqu'on ne les porte pas de suite au moulin, font pourrir le fruit ou donnent à l'huile un goût rance et détestable.

En outre, en frappant ainsi les oliviers, on meurtrit les rameaux, on détruit les boutons à bois et à fruit, et on fait tomber les feuilles qui garantissent ces arbres contre l'ardeur du soleil, en été, et les protégent en hiver contre les gelées.

La meilleure manière de récolter les olives, c'est de les *cueillir à la main;* c'est la méthode suivie dans les environs d'Aix, où les oliviers sont tenus fort bas. Mais, même pour les oliviers de moyenne hauteur, comme sont la plupart de ceux du midi de la France, Rozier assure, d'après sa propre expérience, que la cueillette se fait très aisément à la main, au moyen de petites échelles légères, et qu'elle n'est pas plus dispendieuse que le gaulage, quand on y emploie des femmes et des enfans. D'ailleurs, quand cette méthode, qui parait plus longue, exigerait plus de frais, il est présumable qu'on en serait dédommagé par un produit de meilleure qualité et par une récolte plus abondante en olives, dans les années suivantes, sur des arbres qui n'auraient pas été mutilés.

L'habitude où l'on est aussi de mêler les *olives tombées à terre* avant la récolte et celles qu'on cueille ou qu'on abat sur l'arbre est encore blâmable. Ces olives tombées, la plupart du temps, piquées par les insectes, et ont éprouvé, par suite de leur chute ou de leur séjour sur le sol, des altérations plus ou moins profondes. Les expériences de Pleuve ont prouvé que la chair des olives piquées par les insectes donnait moins d'huile et une huile de mauvaise qualité. Ainsi, lorsqu'on se propose de faire de bonne huile, il est rigoureusement nécessaire que ces olives soient séparées des olives saines et qu'on les passe séparément au moulin.

On doit, autant que la saison le permet, faire *choix d'un beau jour* pour la récolte des olives, et profiter de ceux qui se présentent pour les cueillir, si on tient à la qualité, avec la rapidité que permet le nombre de bras dont on dispose.

Dans une olivette dirigée par un cultivateur intelligent, il ne devrait y avoir que des *oliviers d'une même variété*, et dont les fruits arrivent à maturité à la même époque; ce serait le moyen d'obtenir des huiles d'un goût plus pur et de saveur constante. Dans le cas où on aurait plusieurs variétés, on pourrait attendre, pour récolter les fruits, que chacune d'elles eût atteint sa maturité. Cette méthode parait préférable à celle qui est suivie le plus généralement, et qui consiste à mélanger les différentes espèces d'olives à divers degrés de maturité, pour en obtenir une huile d'un goût mixte et à saveur de fruit, à laquelle les consommateurs sont accoutumés. On croit qu'il résulte de ce mélange une huile plus parfaite et qui se conserve plus long-temps; mais c'est un fait qui nous parait mériter un nouvel examen.

Soit que l'on cueille les olives à la main, soit qu'on les gaule, il faut avoir soin d'en *séparer les feuilles*, qui donnent à l'huile une amertume désagréable et qui n'est pas celle du fruit.

§ III. — Des méthodes diverses de traiter les olives avant l'extraction.

Lorsque les olives ont été récoltées au point de maturité convenable, comme nous l'avons dit ci-dessus, il faut les *porter de suite au moulin;* l'huile en est meilleure; mais lorsqu'elles ont été cueillies un peu avant la maturité, pour conserver à l'huile le goût de fruit, il faut, le jour où elles sont récoltées, les étendre sur des toiles; le soir on les transporte à la maison où on les étend de nouveau sur le plancher par lits de quelques centimètres d'épaisseur. Elles restent en cet état jusqu'à ce qu'elles commencent légèrement à se rider, ce qui a lieu dans 24 à 48 heures, suivant la saison et leur maturité. C'est quand elles sont arrivées à ce point de macération légère qu'on les porte au moulin.

Ces méthodes sont celles en usage dans les localités dont les huiles sont les plus estimées, telles que les environs d'Aix, de Nice, de Marseille, de Grasse, etc., et chez tous les propriétaires qui tiennent à la qualité et veulent préparer des huiles fines pour les usages domestiques; mais, dans les autres endroits, où on tient moins à la qualité, on suit un procédé différent que voici.

Les olives tombées et ramassées à terre depuis quelque temps, ainsi que celles qui ont été abattues à la gaule, sont amoncelées, depuis le 1er jour de la récolte jusqu'à celui de l'extraction, dans des celliers ou des remises où se trouve une partie environnée de murs de tous côtés, excepté l'ouverture nécessaire au passage. Ces murs d'enceinte ont environ 4, 5 et 6 pi. de hauteur, et l'étendue de la surface qu'ils renferment est proportionnée à la quantité d'olives que l'on récolte habituellement. Les olives accumulées ainsi les unes sur les autres, et qui restent souvent dans cet état pendant 8 ou 15 jours, et même des mois entiers, s'affaissent et se meurtrissent sous leur propre poids; il s'en écoule une eau de végétation brune ou de couleur vineuse. En cet état elles se macèrent, s'échauffent, éprouvent un mouvement de fermentation, et ne donnent plus, lorsqu'on les porte au moulin, qu'une huile d'une saveur forte qui n'est guère propre qu'à l'éclairage ou aux savonneries. Ce sont les olives parvenues à ce degré d'altération qu'on a désignées sous le nom d'*olives marcies*.

Les cultivateurs conservent encore le préjugé que les olives *rendent plus d'huile* quand on les a laissées marcir. Ce qui a contribué à propager cette erreur, c'est que l'olive marcie diminue considérablement de volume en se dépouillant de son principe aqueux et on conçoit que si le fruit occupe un plus petit espace, les olives marcies doivent paraître plus productives que celles étrités dans l'état de fraîcheur; mais on n'obtient pas pour cela une plus grande quantité d'huile, parce qu'un volume donné d'olives qui ont subi cette sorte d'affaissement est le résultat de 1 volume 1/4 à 1 volume 1/2 d'olives fraîches; seulement, comme nous le verrons, l'extraction de cette huile dans l'olive marcie paraît être plus facile que lorsque le fruit est à l'état frais.

On s'est élevé avec beaucoup de force et de raison contre ce préjugé de faire marcir les olives, toutes les fois qu'il s'agit d'extraire de ce fruit une huile propre aux usages culinaires et à servir d'aliment aux palais les plus délicats; mais comme les huiles que le commerce et la consommation réclament n'ont pas toutes besoin de présenter les caractères suaves, la douceur et la finesse des huiles alimentaires, et qu'au contraire il se fait une bien plus grande consommation d'huiles moins fines et même d'une saveur rance, le cultivateur a dû chercher à satisfaire aux demandes des consommateurs en même temps qu'il cédait à des obstacles difficiles pour lui à surmonter; ainsi, avant de blâmer la fabrication des huiles avec des olives marcies il faut nécessairement prendre en considération les circonstances suivantes.

Dans les pays où l'on cultive l'olivier, l'extraction de l'huile dans les diverses communes se fait dans un moulin banal qui ne s'organise et ne se met souvent qu'assez tard en activité et où chacun est obligé d'attendre son tour. Il faut être riche et exploiter un vaste domaine pour avoir un moulin qui ne serve qu'à votre usage.

Le cultivateur qui voit sa récolte parvenue à maturité préfère profiter des circonstances favorables pour la rentrer, plutôt que de la laisser exposée sur l'arbre à des chances plus désastreuses que le marcissement.

La plupart du temps, le moulin banal est tenu si malproprement, toutes ses parties sont tellement imprégnées d'huile rance, et les travaux s'y exécutent avec tant de négligence, qu'on ne peut espérer pouvoir y préparer des huiles fines et de bon goût. En outre, les moyens mécaniques employés pour la pression y sont si imparfaits et les pressées faites avec tant de hâte, que des olives non marcies n'y rendent qu'une faible quantité d'huile de 1re qualité, le reste passant à la recense.

Il est certain qu'avec des olives marcies la pression devient plus efficace et l'extraction de l'huile plus facile et plus complète.

« On ne peut guère, dit CHAPTAL dans sa *Chimie appliquée à l'agriculture*, condamner cette méthode, parce que la consommation de l'huile se fait dans les savonneries, teintureries, ateliers de draperies, etc., où cette qualité d'huile est recherchée et préférée à l'huile fine, qui remplacerait imparfaitement les huiles grossières. Ainsi, en perfectionnant la fabrication, on en restreindra les usages. Sans doute, lorsqu'il s'agit de préparer l'huile pour nos usages domestiques, il faut tâcher de l'obtenir la plus pure qu'il est possible, mais lorsqu'on la destine aux procédés de l'industrie, par exemple à la fabrication du savon, il est avantageux que l'huile soit combinée avec une portion de mucilage. »

Ajoutons enfin qu'il est quelques contrées très peuplées, en Italie, en Espagne et dans le Nord, où l'on donne la préférence aux huiles qui ont une saveur forte et âcre sur celles que nous regardons comme les plus fines et les plus délicates.

Une fois qu'il est reconnu que le marcissement des olives est parfois une opération forcée, qu'il est sans inconvénient pour les huiles qu'on destine à des usages industriels et même quelquefois utile, il ne s'agit plus que d'en *régulariser la marche*, pour ne pas détruire par une fermentation trop vive une partie de l'huile que contiennent les olives. Voici, à ce sujet, les précautions qu'on recommande.

A mesure qu'on recueille les olives, on doit les renfermer dans des endroits non humides et pavés, mais jamais sur la terre, où elles contracteraient de l'humidité. La pièce où on les renferme doit être spacieuse et bien aérée. Si les olives sont mûres et que l'année ait été humide, si elles ont été récoltées avec la pluie dans des terrains gras et riches, il ne faut pas les entasser sur plus de 2 pieds d'épaisseur. Si au contraire les olives ont été cueillies vertes et avec un temps sec, après une saison non pluvieuse, et dans des terrains arides, on peut les accumuler davantage, leur donner une plus grande épaisseur et les laisser plus long-temps avant de les porter au moulin. Les olives ainsi accumulées doivent être visitées plusieurs fois par jour, pour consulter les thermomètres qu'on aura déposés en divers endroits à l'intérieur de la masse. Tant que ces thermomètres marquent une chaleur égale ou seulement de quelques degrés supérieure à celle de l'atmosphère, il n'y a rien à craindre; mais si cette température s'élève sensiblement, il faut porter les olives au moulin, ou, si cela n'est pas possible, les étendre en couches plus minces quand l'espace le permet. Pour conserver plus efficacement les olives, il convient de les déposer sur des planchers à claire-voie ou au moins sur des fagots ou des sarments, qui permettent à l'air de pénétrer par-dessous, et d'établir au besoin des courants dans les parties du monceau qui tendent à s'échauffer le plus.

§ IV. — Des machines et ustensiles employés à l'extraction de l'huile.

Les machines et ustensiles dont on se sert dans l'extraction de l'huile d'olive sont encore, dans la plupart des localités, dans un état d'imperfection qui réclame des améliorations. On trouvera le modèle de quelques-unes des machines, qu'il serait important de substituer à celles en usage, dans la section suivante, qui traitera de la fabrication des huiles de graine. Pour le moment nous nous contenterons de décrire en peu de mots celles qui sont généralement usitées.

Les olives sont d'abord étritées, c'est-à-dire réduites en pâte dans un *moulin* qui ressemble à celui qui sert à écraser les pommes (*fig.* 255, p. 258), excepté que la meule tournante et verticale en pierre est enfilée sur un bras de levier fixé par un bout dans un arbre vertical tournant; qu'elle est plus rapprochée de cet arbre et qu'elle roule et tourne en même temps sur elle-même, non pas dans une auge, mais sur une meule gisante également en pierre, environnée par un plan légèrement incliné en maçonnerie de 2 pi. d'épaisseur, recouverte de planches épaisses fortement clouées et assemblées. La hauteur de ce talus est d'environ 6 po. Un homme armé d'une pelle repousse sans cesse sous la meule la pâte qui s'en est écartée en tournant. Une mule, un cours d'eau, ou tout autre moyen mécanique, sert à mettre ce moulin en action.

On verra, lorsque nous décrirons le *moulin hollandais*, combien il est supérieur à cette machine, pour la parfaite trituration et l'économie de la main d'œuvre et du travail, et combien il serait avantageux de le substituer à celle-ci dans nos ateliers du Midi.

Les *piles* sont des bassins en pierre placés près du moulin, dans lesquels on dépose la pâte des olives triturées.

On donne le nom de *cabas* ou *scouffins* à des espèces de paniers ou sacs plats, ronds ou carrés, en sparterie, formant une poche, ouverts à la partie supérieure d'un trou rond, et dans lesquels on charge la pâte des olives que l'on veut soumettre au pressoir. Les cabas offrent plusieurs inconvéniens; d'abord on est obligé de les tirer de l'étranger (de l'Espagne); en second lieu, la matière colorante des tiges du sparte, et un principe particulier sapide qu'elles renferment, se séparent du stipe surtout quand les cabas sont neufs, colorent l'huile et lui donnent une saveur âpre et amère; ils sont difficiles à nettoyer et à tenir dans l'état nécessaire de propreté; enfin ils ne résistent pas à une forte pression et s'opposent par conséquent à ce qu'on puisse soumettre les olives à des pressoirs ou machines énergiques. On peut les remplacer, comme on l'a fait déjà dans quelques endroits, par des sacs en toile ordinaire ou en treillis, ou des sacs de laine enveloppés de sacs de crin, comme dans la fabrication des huiles de graines.

Les *pressoirs* varient suivant les pays; mais celui qui est le plus généralement employé dans la Provence et le Languedoc est le pressoir dit à *grand banc*, qui ressemble beaucoup au pressoir normand (*fig.* 257, p. 259) pour fabriquer le cidre, et, de même que lui, opère la pression par un long levier, dont une des extrémités s'abaisse ou s'élève par les mouvemens circulaires qu'on imprime à une vis, au moyen de leviers qui passent dans les ouvertures pratiquées à sa tête. Cette machine est ordinairement établie sur un massif en maçonnerie, dans lequel se trouve établie une

1re cuvette ou récipient qu'on remplit d'eau aux 2/3 et où se rend l'huile qui coule du pressoir. Un robinet, placé au fond de cette cuvette, permet au liquide qu'elle contient de s'écouler dans une 2e cuvette, et celle-ci, au moyen d'un autre robinet, qu'elle porte aussi près de son fond, verse à son tour ce liquide, par un canal, dans l'*enfer*. On donne ce nom à une vaste citerne voûtée, qui tient exactement l'eau et dans laquelle on descend par un escalier.

Ce pressoir serait avantageusement remplacé, soit par ceux dont nous avons donné la description (*fig.* 212, 213, 214, p. 200, 201), soit par les presses à coins de la Flandre, dont il sera parlé plus loin, soit enfin par une presse hydraulique analogue à celle qui sert dans la fabrication du sucre de betteraves (*fig.* 279, p. 281).

Les *patelles* sont des espèces de cuillères de cuivre, très plates, qui servent à lever l'huile dans les cuvettes.

Enfin, il y a dans un atelier d'extraction une *chaudière* et son *fourneau*, qui servent à chauffer l'eau pour échauder, comme nous l'expliquerons plus loin, des pompes, des conduits d'eau, des tonneaux ou des jarres et de menus ustensiles.

Une condition essentielle pour l'extraction de l'huile des bonnes olives et pour obtenir un produit de la 1re qualité, c'est que le moulin, les scouffins, le pressoir, les récipiens et les ustensiles *soient de la plus extrême propreté*. Tous ces objets s'imprègnent naturellement d'huile qui, par le contact prolongé de l'air, ne tarde pas à passer à l'état de rancidité. Cette huile rance, lorsqu'on fait travailler ensuite les machines de l'atelier, communique sa saveur à la nouvelle huile qu'on extrait, ou bien, déplacée par elle, se mêle dans la masse, et, quoique en très petite quantité, suffit pour en altérer considérablement la qualité.

Il est vrai que, dans un moulin banal, il n'est pas toujours facile d'obtenir cette propreté indispensable pour la fabrication de l'huile fine et de bon goût. Les cultivateurs ne portent la plupart du temps au moulin que des olives pourries et ramassées à terre, non mûres ou le plus souvent altérées par une fermentation trop forte et trop prolongée, dont on n'extrait qu'une huile rance qui imprègne les scouffins et les vases et ne permet plus de les faire servir, sans des frais assez considérables d'assainissement, à l'extraction de l'huile fine. Dans beaucoup de ces ateliers, la négligence est même poussée au point qu'une couche épaisse de débris du parenchyme des olives couvre les meules, les scouffins et le pressoir, y forme une croûte de crasse et de matière fermentescible, qui altère, sans espoir de remède, toute huile avec laquelle elle se trouve en contact.

On ne peut donc espérer d'extraire une huile de 1re qualité que quand on est *propriétaire* d'un moulin, ou dans les cantons où la masse des cultivateurs tient exclusivement, comme à Aix, à obtenir une huile suave, fine et délicate.

Pour *enlever les matières fermentescibles et l'huile rance* qui imprègnent leurs appareils, les propriétaires de moulins banaux se contentent de les faire laver à l'eau bouillante et de tremper les cabas dans l'eau ; mais il est aisé de voir combien ce mode d'assainissement est imparfait et combien il est insuffisant pour remédier au mal qu'on veut éviter.

Le *moyen le plus efficace pour assainir les appareils* consiste à former une lessive caustique avec de la potasse, ou mieux un sel de soude, dans la proportion de 3 à 4 kilogr. de ce sel dans 100 kilogr. d'eau, à porter cette lessive à l'ébullition, et, pendant qu'elle est bouillante, à en arroser, avec une brosse ou un balai, les meules du moulin, ses rebords, les diverses pièces du pressoir, les piles, les cuvettes, etc.; puis à frotter toutes ces parties avec force, pour enlever toute la couche de débris qui les souille et saponifier l'huile dont elles peuvent être imprégnées. Les cabas sont traités de la même manière, ou mieux jetés dans la lessive bouillante. On répète ces opérations tant que ces objets ne sont pas de la plus grande propreté; puis on les lave avec une grande quantité d'eau chaude, pour enlever l'émulsion qui s'est formée, et jusqu'à ce que le tout soit bien net et sans odeur, et enfin on laisse sécher pendant quelques jours. Si après ce temps les ustensiles présentaient encore une odeur forte et peu agréable, un lavage à l'eau, dans laquelle on aura dissous 1 kilogr. de chlorure de chaux pour 100 kilogr. d'eau, suffira sans doute pour compléter l'assainissement. Un rinçage abondant à l'eau froide et un courant d'air vif, pendant plusieurs jours, suffiront pour enlever enfin jusqu'aux moindres traces de l'odeur du chlore, qu'il faut éviter de donner à l'huile.

§ V. — Du mode d'extraction de l'huile.

Passons maintenant à l'extraction de l'huile des olives.

Lorsqu'un cultivateur juge que ses olives sont arrivées au point de maturité, ou sont suffisamment marcies pour qu'on puisse en extraire l'huile, ou lorsque son tour est arrivé, ces fruits sont portés sur la meule gisante d'un moulin et répandues sur sa surface; la meule est aussitôt mise en mouvement pour écraser l'olive, son noyau et l'amande qu'il contient, et réduire le tout en une espèce de pâte. En général, cette opération, qu'on nomme *étriter*, est mal faite dans les moulins ordinaires, et le parenchyme de l'olive n'est pas assez trituré pour rompre toutes les cellules qui contiennent l'huile et permettre son écoulement.

Toute la masse des olives, étant ainsi réduite en pâte ou étritée, est enlevée sur le moulin et jetée dans les piles ; là, des ouvriers la reprennent et en remplissent les cabas, qui sont aussitôt portés au pressoir. Ces cabas pleins de pâte étant placés, au nombre de 18, les uns sur les autres sur la maie du pressoir, on fait immédiatement agir celui-ci en tournant les leviers qui passent dans la tête de la vis. L'huile coule en petite quantité sur cette maie, et de là dans la 1re cuvette, qui est remplie d'eau aux 3/4.

Cette 1re pressée devrait être faite avec lenteur et successivement, pour donner à l'huile le temps de se dégager de la masse pâteuse et de s'écouler; autrement cette huile ne peut

plus se frayer un chemin, et le tourteau, imbibé de liquide qui ne trouve pas d'issue, devient un corps élastique qui résiste à la pression et la rend de nul effet.

L'*huile* qui s'écoule ainsi des olives de bonne qualité, récoltées avec soin, mûres à point, et dans des moulins, des cabas et des pressoirs propres, forme ce qu'on nomme l'*huile vierge surfine et fine;* c'est celle qui est la plus recherchée pour les usages de la table dans la plus grande partie de la France. Cette huile vierge, quand elle est extraite d'olives piquées, marcies ou pourries, et dans des ateliers sales et mal tenus, n'est plus qu'une *huile commune,* dite *mangeable* quand elle peut encore servir aux usages alimentaires, et *marchande* quand elle n'est propre qu'aux savonneries et autres fabriques.

La pâte contient encore une grande quantité d'huile qui n'a pu couler, soit par les raisons alléguées ci-dessus, soit parce qu'elle est mêlée à l'albumine végétale qui augmente sa viscosité. Pour en obtenir encore une portion d'huile, on a recours à une opération qui consiste à desserrer le pressoir, ouvrir les cabas aplatis, briser les tourteaux ou *grignons,* et placer au fur et à mesure ces cabas en pile sur le bord du pressoir, du côté de la chaudière. Alors l'ouvrier chargé du soin de cette chaudière et du feu, verse une mesure d'eau bouillante dans chaque cabas; on remonte ceux-ci sur le pressoir et on presse, comme la 1re fois. Dans cette opération, qui est nommée *échauder,* l'eau, portée à la chaleur de l'ébullition, délaie la masse du tourteau, rend l'huile plus fluide et la dégage de l'albumine, qui se coagule à cette température.

Dès que l'eau mêlée avec l'huile commence à couler sur la maie du pressoir, le maître ouvrier ferme l'ouverture de celle-ci, qui communique avec la 1re cuvette, puis, avec une patelle, enlève l'huile vierge qui surnage l'eau de cette cuvette. Dans un atelier bien monté, il serait nécessaire d'avoir ainsi plusieurs cuvettes, pour donner à cette huile le temps de monter entièrement à la surface par le repos. La plupart du temps on ne met pas assez d'intervalle entre les pressées et les levées pour que cette séparation soit complète.

Lorsque l'eau de la 1re cuvette ne fournit plus d'huile, on ouvre le robinet placé au fond de ce vase, et l'eau huileuse s'écoule dans la 2e cuvette; on referme le robinet et on enlève le bouchon qui fermait l'ouverture qui communique avec le pressoir; l'eau mêlée d'huile, qui s'écoule des cabas, passe dans cette 1re cuvette, où la séparation se fait pendant qu'on procède à un second échaudage, qui se donne comme le 1er. Tandis qu'on replace les cabas sous la presse, un ouvrier lève sur la 2e cuvette l'huile vierge qui s'est encore élevée à la surface, puis ouvre le robinet par lequel toute cette eau s'écoule dans l'enfer. Il lève de la même manière l'huile échaudée qui s'est séparée sur la 1re cuvette, et en fait passer l'eau dans la seconde. Le 2e échaudage terminé on en fait souvent un 3e.

L'huile qui coule des cabas qui ont reçu l'eau chaude, et qui est dite *huile échaudée,* est aussi de l'huile fine, quoique moins délicate que l'huile vierge, quand elle est extraite avec les précautions convenables et avec de bonnes olives, et de l'huile commune quand elle est préparée dans les conditions qui ne peuvent fournir que des huiles de cette qualité. On la mêle la plupart du temps avec l'huile vierge.

Un perfectionnement important qu'on pourrait introduire dans l'extraction de l'huile d'olive serait, au lieu d'échauder immédiatement le marc après la 1re pression, de reprendre celui-ci et de le faire *passer une 2e fois au moulin*, pour en écraser et triturer les portions qui auraient échappé à la meule, à la 1re. On aurait ainsi une 2e pression d'huile vierge, après laquelle on pourrait échauder.

Il y aurait peut-être aussi un perfectionnement à introduire dans cet échaudage, et qui consisterait, au lieu de verser de l'eau chaude dans les cabas, à soumettre ceux-ci, après qu'on en aurait émotté avec soin les tourteaux, à l'action de la vapeur d'eau, dans un coffre semblable à celui dont M. DEMESMAY s'est servi pour l'extraction du jus de la pulpe de betteraves (*voy.* p. 282, *fig.* 280).

Les olives, ainsi qu'on vient de le voir, sont broyées avec leur noyau, ainsi que l'amande qu'il contient, et la masse que forme le tout est soumise au pressoir. Cette méthode offre des inconvéniens qu'il peut être utile de signaler : Le bois du noyau, qui est fort dur et qui résiste souvent à la meule, s'oppose à la parfaite trituration des olives et au broiement complet de leur chair ; ses débris anguleux détruisent les scourtins et ne permettent pas d'appliquer une pression assez énergique pour obtenir une plus grande quantité d'huile vierge ; la division de la pâte qu'ils opèrent, dit-on, et la plus grande facilité qu'ils donnent ainsi à l'huile de s'écouler, ne paraissent pas des faits bien avérés. Quoiqu'on ait avancé que le bois du noyau renferme de l'huile, il paraît bien démontré, d'après les expériences d'AMOREUX, que ce bois, au contraire, absorbe en pure perte une partie notable de l'huile du parenchyme.

Ces faits sembleraient donc exiger, pour améliorer la fabrication de l'huile fine, qu'on fit une séparation de la chair et du noyau de l'olive. A cet effet, plusieurs fabricans ou mécaniciens, et PIEUVE entre autres, ont inventé des appareils mécaniques qui opèrent cette séparation ; mais ces appareils ont eu jusqu'ici peu de succès, d'abord parce qu'ils augmentent la main-d'œuvre et les frais, et ensuite parce que leur action étant imparfaite et surtout lente et prolongée, l'olive étritée est exposée pendant long-temps au contact de l'air et éprouve des altérations qui nuisent à la qualité du produit.

L'amande du noyau fournit une huile douce qui ne paraît pas nuire à celle du fruit.

§ VI. De la falsification de l'huile d'olive.

On falsifie principalement l'huile d'olive à manger avec l'huile de *pavot*, d'*œillet* ou *œillette*. Cette huile, d'une saveur douce, sentant la noisette, d'une couleur jaune-pâle et d'une **odeur nulle**, et n'ayant aucune tendance à la **rancidité, est très** propre à cet usage ; cependant sa fluidité **est plus grande** que celle de l'huile d'olive. On peut découvrir la fraude de diverses manières.

Lorsqu'on agite de l'huile d'olive pure, sa surface reste lisse ; au contraire, son mélange avec l'huile de pavot se couvre de bulles par l'agitation, ce que les commerçans appellent *faire le chapelet.*

L'huile d'olive se fige complètement lorsqu'on plonge dans de la glace pilée une fiole qui en est remplie ; elle ne se fige qu'en partie, si elle est mêlée à une petite quantité d'huile de pavot, et si cette dernière forme le tiers en volume, le mélange ne se fige pas du tout.

M. ROUSSEAU a inventé un instrument, qu'il appelle *diagomètre*, qui démontre que la faculté de l'huile d'olive pour conduire l'électricité est si faible qu'en la comparant à celle des autres huiles on peut estimer qu'elle agit 675 fois moins qu'elles sur une aiguille aimantée. Malheureusement cet instrument n'est pas d'un emploi usuel.

M. POUTET, de Marseille, a trouvé un procédé chimique à l'aide duquel on découvre la sophistication de l'huile d'olive. Ce procédé consiste à agiter avec 12 parties d'huile d'olive pure ou mélangée 1 partie d'une dissolution mercurielle, faite à froid, au moyen de 6 parties de mercure et de 7 parties 1/2 d'acide nitrique à 38°. Si l'huile est pure, la masse est solidifiée entièrement dès le soir au lendemain ; si elle contient 1/10 seulement d'huile de pavot, le mélange n'a que la consistance légère de l'huile d'olive figée ; et dans le cas où la proportion est plus forte, on juge approximativement de la quantité d'huile de pavot ajoutée par celle de l'huile liquide qui surnage le mélange, en opérant dans un tube gradué.

Enfin, M. FÉLIX BOUDET a reconnu que dans l'emploi du nitrate acide de mercure, de la manière qui vient d'être décrite, c'était l'acide hyponitrique qu'il contient qui était le véritable et unique agent de la solidification de l'huile d'olive, et que cet acide volatil, mélangé avec 3 parties d'acide nitrique à 38° pour lui donner plus de fixité et parvenir à un dosage exact, suffisait, à la dose d'un demi-centième, pour solidifier l'huile d'olive et apprécier des doses d'huile de pavot qu'on y a mélangées, bien moindres qu'un dixième de leur poids.

§ VII. — De l'huile d'olive dite d'enfer.

L'eau qui s'est écoulée dans l'enfer contient une quantité notable d'huile qui n'a pas eu le temps de s'écouler à la surface ou qui a été retenue en suspension par le mucilage. Lorsque cette eau est abandonnée au repos pendant un certain temps, le mucilage se précipite au fond, et l'huile qu'il contenait vient former une nappe à la surface. Cette huile, recueillie à certains intervalles, forme ce qu'on appelle l'*huile d'enfer.*

Cette huile d'enfer est d'une couleur jaune verdâtre et plus ou moins transparente ; elle est employée dans la fabrication des draps et dans celle des savons.

Pour donner à l'huile le temps de monter et ne pas être obligé de vider trop fréquemment l'enfer, surtout quand il est petit, et enfin pour avoir à recueillir une couche plus épaisse d'huile, cette citerne offre souvent une disposition analogue à celle du *récipient florentin*, dont nous parlerons au chapitre qui traitera de l'extraction des huiles essentielles. Cette disposition consiste ici en un siphon, dont une des branches, qui est verticale, descend jusqu'à une certaine distance du fond de la citerne; l'autre branche est horizontale ou légèrement inclinée et placée à la partie supérieure de la citerne; elle traverse la maçonnerie et s'ouvre en-dehors pour déverser l'eau. On conçoit maintenant que si on verse une eau chargée d'huile dans la citerne, il n'y aura aucun déversement au dehors tant que ce récipient ne sera pas rempli; l'huile montera à la surface et y formera une couche plus ou moins épaisse; mais si on y verse une nouvelle quantité d'eau huileuse, il y aura aussitôt, d'après le principe de l'équilibre des fluides, déversement par le siphon horizontal, et ce ne sera que l'eau dépouillée d'huile du fond de la citerne qui aura monté par la branche verticale du siphon. De cette manière l'eau s'écoule et la couche huileuse s'accroît jusqu'à ce qu'on juge nécessaire de l'enlever. Quelquefois aussi le canal ou siphon qui amène l'eau dans l'enfer plonge, par une de ses branches, jusqu'au fond de cette citerne, et lorsqu'on y fait décharger l'eau de la 2ᵉ cuvette, ce liquide remue tout le dépôt qui s'est formé au fond de la citerne et favorise ainsi le dégagement et l'ascension de l'huile.

§ VIII. — De l'huile de marc d'olive, dite recense.

Les tourteaux ou grignons de marc d'olive contiennent encore, par suite de l'imperfection des machines et des procédés, une grande quantité d'huile qu'il est avantageux de recueillir et dont l'extraction a donné lieu à la formation de grands établissements, connus sous le nom d'*ateliers* ou *moulins de recense*.

L'*effet de la recense* est de séparer, par des manipulations répétées, la pellicule et la chair de l'olive, en état de grignon, d'avec le bois de son noyau dénudé, et de les soumettre à une nouvelle opération qui enlève les dernières fractions d'huile dont ces parties molles sont encore imbibées. La théorie en est fondée sur la rupture plus complète des cellules qui contiennent l'huile, et sur la séparation des noyaux, qui s'opposaient à une pression plus énergique. Les ateliers de recense deviendront probablement sans un dès qu'on établira des moulins d'extraction d'après les procédés perfectionnés connus aujourd'hui.

Un atelier de recense n'a pas besoin d'un grand nombre de machines ou ustensiles, et on se fera une idée de ceux qui sont nécessaires dans la description que nous allons donner de cette opération, en prenant pour guide le mémoire estimable que M. POUTET, de Marseille, a publié sur la fabrication des huiles.

Les diverses opérations usitées dans une fabrication de recense peuvent se réduire aux suivantes : 1° Immersion des grignons dans l'eau froide; 2° séparation des pellicules et du parenchyme d'avec les noyaux, par la meule et la machine appelée *débrouilloir*; 3° enlèvement des pellicules et d'une matière grasse sur la surface du réservoir; 4° mélange de ces matières et chauffage dans l'eau bouillante; 5° mise au pressoir et pression subséquente.

1° L'*immersion*. Il est d'une extrême importance de ne pas retarder cette opération essentielle. Dès l'instant que les grignons sont arrivés à la fabrique, et le plus tôt possible après les pressées, il faut les placer dans des *réservoirs* disposés à cet effet, et les abreuver d'eau froide. Cette opération a pour but d'empêcher la fermentation qui ne tarde pas à s'établir dans les grignons entassés, pour peu qu'on les laisse dans cet état. Des observations multipliées ont prouvé que la chaleur produite par cette fermentation détruit jusqu'aux dernières fractions d'huile que les grignons peuvent contenir.

Pour que l'imbibition soit complète, dès qu'une partie des grignons est versée dans le réservoir, un ouvrier y descend, et, par le moyen d'une bêche, les étend par couche et y trace des sillons, pour répandre de tous côtés l'eau qui est introduite; en même temps il pétrit le tout ensemble, et ainsi de suite à chaque couche nouvelle, jusqu'à ce que le réservoir soit rempli.

2° Le *débrouillement* ou *dépouillement* est opéré par deux machines contiguës, dont l'action successive, quoique simultanée, est entretenue par le même moteur, qui est un mulet, un cours d'eau, ou une machine à vapeur.

Le 1ᵉʳ de ces mécanismes consiste en une meule verticale qui roule sur une meule gisante, comme dans le moulin à huile ordinaire. Cette meule se meut dans un *puits* ou *tour ronde*, en pierre de taille, en maçonnerie, en béton ou en bois, cerclée en fer, ou l'on dirige un courant d'eau froide. Les grignons portés sous cette meule y sont divisés, par une trituration nouvelle, jusqu'au moment où, celle-ci étant jugée suffisante, on les transporte au second puits.

Dans les anciens moulins de recense, il fallait enlever cette matière avec des pelles et la jeter dans le second puits, ce qui exigeait beaucoup de temps et de bras; dans les constructions nouvelles, les grignons triturés tombent d'eux-mêmes par une trappe ou porte dans le second puits où est établi le débrouilloir.

Ce *débrouilloir* consiste de même en un puits ou une tour construite avec les mêmes matériaux, et renfermant de même une meule gisante et une meule verticale tournante, en pierre lisse et polie. Cette dernière a 6 à 8 po. d'épaisseur, 3 à 4 pieds de hauteur, et plus elle est pesante, mieux le marc est réduit en pâte fine. L'arbre vertical du mécanisme est armé, dans la partie qui se meut dans l'eau, de barres de bois qui divisent la pâte, de manière que les pellicules, le parenchyme et une petite quantité d'huile sont amenés à la surface de l'eau, tandis que le bois des noyaux se précipite au fond. Les substances légères, soulevées par l'afflux continuel de l'eau, sont entraînées dans un *canal* de dégorgement, qui part du bord supérieur du puits et qui les conduit doucement dans un 1ᵉʳ *réservoir* ou *bassin* où commence la série des lavages. Les débris des noyaux dépouillés du parenchyme, et qui se sont précipités au fond du puits, sont, lorsque l'eau affluente n'entraîne plus de pellicules de chair ou de l'huile, évacués au moyen d'une petite vanne et reçus, avec l'eau qui les chasse, dans un bassin particulier, où ils abandonnent encore une petite quantité d'huile, qu'on recueille, puis desséchés pour servir de combustible.

3° *Lavage.* Le lavage précède l'enlèvement des pellicules et du parenchyme huileux sur la surface des réservoirs; plus il est abondant, plus cette opération est facile et productive. Il s'exécute au moyen d'une suite de *bassins* en maçonnerie, en béton ou en briques, qui communiquent entre eux par des *siphons* pratiqués dans l'épaisseur des murs; de manière que l'eau qui s'y précipite laisse monter à sa surface les substances qui n'ont pas sa pesanteur spécifique et s'échappe elle-même par l'ouverture inférieure du siphon, en entraînant encore avec elle une portion de ces matières dans les réservoirs suivans. Dans les localités où l'on a l'avantage de posséder un courant d'eau rapide et assez considérable, on établit une longue série de bassins; l'opération est d'autant plus parfaite que la quantité d'eau est plus grande. Cette eau peut être douce ou salée, et une manufacture de la Ciotat, qui éprouvait parfois une disette d'eau douce, a eu l'idée d'employer l'eau de mer aux opérations de lavage et y a trouvé de l'avantage.

Quelque soin que l'on prenne à recueillir les matières qui surnagent sur les bassins des ateliers de recense, il se perd encore une quantité considérable d'huile avec les eaux qui sortent du dernier réservoir. Pour obvier à ce déchet, le propriétaire de la recense de la Ciotat, que nous venons de citer, a fait placer aux limites de ses réservoirs une *pompe à chapelet*, qui fait remonter dans de nouveaux bassins l'eau qui a servi déjà aux lavages.

4° *Chauffage.* Cette opération consiste à faire bouillir, dans des *chaudières*, les pellicules et la matière onctueuse qu'on a ramassées avec des *écumoirs* ou des *tamis* sur les réservoirs du lavage à l'eau douce ou salée. Ce chauffage a pour but de faciliter l'extraction de l'huile; les matières, rapprochées par l'évaporation et pétries, sont distribuées dans les *scouffins* de sparte, pour être soumises au pressoir, comme la pâte ordinaire d'olive.

5° *De la pression.* Les *pressoirs* ne diffèrent pas ordinairement de ceux à huile ordinaire; quelquefois, cependant, ce sont des presses à vis dont on fait usage. La pression doit être puissante, mais cependant ménagée. Une pression puissante est avantageuse pour le produit, mais détruit en peu de temps les meilleurs scouffins; il vaut mieux laisser reposer les matières soumises au pressoir et revenir de temps à autre à la barre.

On a essayé de faire bouillir encore une fois le contenu des scouffins exprimés au pressoir de la recense, et de les soumettre à une nouvelle pression. On obtenait encore une quantité notable d'huile, mais le produit ne paraît pas compenser les frais de l'opération et de la destruction des machines, résultat d'une pression trop forte.

Des différentes huiles de recense et de leur fabrication. Les huiles dites recenses sont divisées en 2 genres, lampantes et marchandes.

On entend par *lampante* une huile transparente. Dans cet état, les huiles ne portent le nom de recenses que lorsqu'elles ont été ex-traites du 1er produit des grignons mal élaborés, et recelant encore une assez grande quantité d'huile. Ces recenses sont d'un jaune verdâtre et presque diaphanes; elles ont une odeur forte. La quantité répandue dans le commerce n'est pas considérable, en ce que leur limpidité permet de les combiner avec l'huile commune ou marchande destinée à la fabrication des savons.

On comprend parmi les *recenses marchandes* celles qui sont troubles en général et plus ou moins épaisses. Ces dernières sont, le plus souvent, vertes ou brunâtres. Cette couleur verte, qui caractérise la généralité des recenses, est due au principe végétal contenu dans la pellicule de l'olive. C'est par l'élaboration et la trituration que subit la pellicule, que la matière colorante, à laquelle M. Chevreul a donné le nom de *viridine*, se combine avec l'huile. Quelquefois les grignons sont altérés, et alors les recenses sont brunâtres. Les recenses marchandes sont très répandues dans le commerce, et il y en a de tellement épaisses, par suite de la congélation de la stéarine, qu'elles ressemblent à du petit suif.

On falsifie de plusieurs manières les recenses, et celles de la rivière de Gênes en particulier sont souvent allongées avec des substances qui en augmentent la densité; quelquefois on y mêle du lard fondu, quand son prix est inférieur à celui des recenses. Les moyens chimiques peuvent difficilement faire reconnaître cette falsification. D'autres y combinent de la farine sous forme de colle grumeleuse; on peut découvrir cette substance par 2 moyens; le 1er en divisant dans l'eau froide cette huile falsifiée; la matière amylacée ou les enveloppes de l'amidon se précipitent au fond du vase; le 2e en mettant un peu de cette huile dans une assiette de terre cuite et en y faisant bouillir l'huile. Si celle-ci est pure, elle reste liquide et transparente, quoique très colorée; si au contraire elle se convertit partiellement en une matière de la consistance d'un beignet, c'est une preuve que la recense contient de la colle de farine.

L'iode, par les réactions qu'il donne avec l'amidon, ainsi que nous l'avons fait connaître p. 328, serait aussi propre à découvrir les traces de cette substance.

Quoique l'eau, qui est nuisible aux recenses, soit le principal objet de la cupidité des marchands, ces dernières en contiennent toujours une certaine quantité, par suite des lavages qu'elles éprouvent pendant leur fabrication. On juge de la quantité plus ou moins grande d'eau qu'elles peuvent recéler en plongeant dans la recense un morceau de papier roulé et en l'exposant à la combustion sur une lampe; l'huile pétille assez fortement si elle contient de l'eau, et brûle au contraire sans bruit si elle en est exempte.

Pour mieux juger de la quantité d'eau que les recenses contiennent ordinairement, on en remplit aux 2/3 un bocal cylindrique qu'on expose pendant 2 heures à l'action d'un bain-marie. Pendant le chauffage on a soin de faire circuler une tige de bois sur les parois intérieures du bocal. Ce moyen facilite le dégagement de l'eau et des matières féculentes rougeâtres qui se trouvent dans les recenses épaisses. On juge des quantités d'eau et de fécule qu'elles recèlent d'après le volume que ce liquide trouble occupe au fond du bocal. Ce moyen est très propre à faire apprécier la qualité des recenses livrées aux fabricans de savons.

§ IX. — De la conservation et du commerce de l'huile d'olive.

La conservation de l'huile, après qu'elle a été exprimée des olives, est un des principaux soins de sa fabrication.

Aussitôt que l'huile est extraite on la renferme dans des jarres de grès ou réservoirs bien propres et placés dans des appartements exposés au midi, que l'on ferme exactement dans le temps froid, qui empêcherait l'isolement des corps qui troublent sa transparence, et dont le contact prolongé avec l'huile gelée peut communiquer à cette dernière une saveur plus ou moins désagréable. Pour prévenir cet inconvénient on peut se servir d'un moyen quelconque de chauffage qui entretienne la température de 14 à 16°. Il est essentiel de maintenir la fluidité de l'huile, afin que la lie puisse se précipiter au fond.

Lorsque l'huile est clarifiée et bien transparente, ce qui arrive ordinairement vers la fin de juin, surtout si elle n'a pas été congelée pendant l'hiver, on transvase toute la partie supérieure et claire dans d'autres jarres. Les portions de ce liquide encore troubles sont réunies en un seul vase pour déterminer la précipitation de la lie et isoler ensuite l'huile claire d'avec les dépôts, qu'on vend sous le nom de *crasses*.

Ce second produit de l'huile porte le nom de *fin fond* et celle qui a été soutirée la 1ᵉʳᵉ s'appelle *superfine*; l'huile du second produit est bonne, mais sa qualité est toujours un peu inférieure à l'autre.

Lorsque la séparation de la lie d'avec l'huile pure s'opère lentement, on procède à une 3ᵉ décantation de ce liquide vers le milieu de septembre. Ce 3ᵉ produit, quoique très inférieur aux deux 1ᵉʳˢ, est néanmoins mangeable, parce qu'il n'est pas encore infecté de mauvais goût et de l'odeur désagréable qu'un séjour prolongé avec la lie communique ordinairement à l'huile.

L'huile clarifiée et décantée doit être gardée dans des lieux qui ne sont ni trop chauds l'été, ni trop froids l'hiver; les 2 extrêmes nuisent à sa transparence et à la délicatesse de son goût. Au reste, on sait que plus l'huile vieillit, plus elle se décolore et plus elle perd de sa finesse et de ses autres qualités. On sait aussi que l'huile en contact avec l'atmosphère ne peut se conserver bien long-temps et qu'elle éprouve de la part de l'oxigène des altérations qui la rendent impropre aux usages de la table. On peut aisément retarder cette altération en la renfermant, après qu'elle a été purifiée, dans des vases qu'on remplit entièrement, et en la garantissant du contact de l'air par une fermeture très exacte qu'on peut obtenir par des moyens variés.

Pour les grands approvisionnemens, l'huile se conserve ordinairement dans des fosses immenses bien cimentées, construites en pierres dures taillées avec soin et auxquelles on donne le nom de *piles*. C'est là que ces huiles,

par le repos, s'éclaircissent et laissent déposer des quantités considérables de fèces en combinaison avec beaucoup d'huile. Lorsqu'on enlève ces huiles pour les livrer à la consommation, ces fèces sont achetées à bas prix par les épurateurs, qui en extraient une huile propre aux savonneries, qu'ils épurent par l'acide sulfurique, comme nous l'indiquerons dans la section des huiles de graines.

Les expéditions d'huile d'olive pour l'intérieur de la France et les autres pays du continent se font dans des futailles de diverses contenances, bien conditionnées et recouvertes sur chaque fond d'une forte couche de plâtre.

L'huile d'Aix se vend au quintal et non à la mesure; les barils en sont tarés avec soin avant le remplissage. A Marseille, l'huile se vend à la *jauge*, qui est une verge de fer graduée qui sert à mesurer la capacité des tonneaux.

Les huiles de Provence destinées pour le Levant et les colonies s'expédient en bouteilles de différentes capacités, renfermées en certain nombre dans des paniers ou des caisses de formes variées.

Section III. — *De l'extraction des huiles de graines.*

§ Iᵉʳ. — Des diverses espèces d'huiles de graines.

On donne particulièrement dans le commerce le nom d'huiles de graines à celles qu'on extrait du pavot et des plantes crucifères, tels que le colza, la navette, la moutarde et la cameline. Nous y joindrons, dans les détails où nous allons entrer, les huiles de chenevis, de lin, de faîne et de noix, qui se fabriquent communément par les mêmes procédés.

Nous avons exposé dans le t. IIᵉ, page 1ʳᵉ et suivantes, les procédés de culture des plantes oléifères, la quantité de graine qu'on peut espérer de récolter sur une surface donnée dans différens départemens de la France, enfin les quantités approximatives d'huile extraites communément d'un hectolitre de graine dans une fabrication courante; il ne nous reste donc plus, avant de décrire les moyens employés pour extraire cette huile, qu'à faire connaître les caractères physiques des graines et les propriétés des huiles qu'elles fournissent.

Les graines oléagineuses ont des formes et des qualités différentes qu'on reconnait à l'inspection des grains, à leur odeur, à leur sécheresse, à leur couleur, à celle de leur chair, etc. On apprécie la quantité du principe oléagineux en écrasant quelques grains entre les ongles et les pouces, et par leur consistance plus ou moins grasse et onctueuse on conclut leur valeur.

Voici un tableau donné par M. Dubrunfaut des divers caractères des graines oléagineuses et de leur qualité exprimée en huile:

Graine.	forme de la graine.	couleur de la graine.	couleur de la chair.	poids d'un hec. en kil.	hect. pour une tonne d'huile ou 90 lit.
Colza d'hiver et de mars	ronde	noire(1)	jaune serin	58 à 70	3 1/4 à 4 1/4.
	ronde a;;	»	»	55 à 65	4 à 5.
Œillette	ronde et petite	noire et dure	peu colorée	53 à 61	4 à 4 3/4.
Cameline	globules irregul. et pet le	jaune et dure 3)	jaune	54 à 60	4 à 5 1/4.
Lin	plate, allongée et lisse	jaune foncé	peu colorée	65 à 74	4.6 à 4.75.
Chanvre	ronde et très petite	noire	blanche	40 à 55	7 à 9.

Passons maintenant aux propriétés des huiles.

Huile de colza. Purifiée par les moyens que nous indiquerons plus bas, elle n'a presque pas d'odeur; sa saveur est douce, mais peu agréable; sa couleur jaunâtre; elle se coagule à quelques degrés au-dessous de zéro; sa pesanteur spécifique, suivant M. SCHUBLER, est 0,9136 celle de l'eau étant 1. Elle est principalement employée pour l'éclairage et la fabrication des savons noirs, pour cuduire les laines de cardes, dans l'apprêt des cuirs, etc.

Huile de navette. Elle ressemble beaucoup, par son aspect et ses propriétés, à celle de colza; on les confond souvent toutes deux dans le commerce et dans les arts où elles sont employées au même usage. Pesanteur spécifique, 0,9128.

Huile de moutarde. Inodore, à saveur douce et couleur ambrée, donnant facilement un savon très solide. Pesanteur spécifique de l'huile de moutarde blanche, 0,9142; de moutarde noire, 0,9170. Elle sert aux mêmes usages que celles de colza et de navette.

Huile de cameline. Jaunâtre, douce et un peu moins estimée dans le commerce que les précédentes; pesanteur spécifique, 0,9252.

Huile d'œillette ou de *pavot*. Elle diffère des précédentes en ce qu'elle est siccative; sa saveur est douce et rappelle celle de la noisette, son odeur nulle, sa couleur jaune pâle, qualités qui la rapprochent de l'huile d'olive et la font employer pour la table en remplacement de celle-ci, qu'elle sert quelquefois à falsifier. Elle ne se fige pas et n'a pas de tendance à passer à la rancidité. Pesant. spécif., 0,9243.

Huile de lin. Siccative, couleur jaune clair quand elle est exprimée à froid, et jaune brunâtre quand elle l'est à chaud; odeur forte, saveur désagréable; pesanteur spécif., 0,9347. Elle devient facilement rance; on s'en sert surtout pour la préparation des vernis gras, des couleurs à l'huile, de l'encre d'imprimerie, et dans l'éclairage. l'apprêt de certains produits, la médecine, etc.

Huile de chenevis. Siccative, jaune verdâtre à l'état frais et jaunissant avec le temps; odeur fade, saveur assez agréable quand elle a été préparée avec soin. Pesanteur spécifique, 0,9276. Peu employée à l'éclairage parce qu'elle forme vernis sur le bord des lampes, on s'en sert en peinture, dans la fabrication des savons noirs, etc.

Huile de faîne. On la retire de la semence du hêtre de nos forêts; non siccative, consistante, jaune claire, inodore; quand elle est récente, d'une saveur un peu âcre qu'elle perd en vieillissant ou en la faisant bouillir avec de l'eau; elle est alors assez agréable et sert comme aliment; on en fabrique aussi des savons noirs. Pesanteur spécifique, 0,9225.

Huile de noix. Très siccative, sans odeur; saveur douce, agréable, surtout quand elle a été apprêtée sans le secours de la chaleur. Fraîche elle est verdâtre, mais avec le temps elle devient jaune pâle. L'huile de rebat est surtout employée par les peintres et dans quelques arts. Pesanteur spécifique, 0,9260.

§ II. — Des procédés généraux pour l'extraction des huiles de graines.

L'extraction des huiles de graines exige qu'on les soumette à une série d'opérations dont la plupart sont du ressort de la mécanique. L'établissement dans lequel sont réunies les machines nécessaires à cette extraction se nomme *moulin à l'huile, tordoir* ou *huilerie.* Ces machines y sont mises en mouvement par le vent, un cours d'eau ou une machine à vapeur de la force de 6 à 10 chevaux et plus, suivant l'importance de la fabrication.

La graine, ayant été récoltée à l'état de maturité parfaite, est étendue dans des lieux secs et aérés jusqu'à ce qu'on puisse la travailler, ce qui ne doit pas dépasser 2 à 3 mois, un retard plus prolongé la disposant à la rancidité. Le 1er soin, quand on veut en extraire l'huile, est de la trier, c'est-à-dire de la débarrasser par des moyens convenables des débris de siliques ou de têtes, de feuilles et de tiges qui absorberaient en pure perte l'huile exprimée. La graine triée ou reçue telle par le commerce est alors soumise à diverses manipulations.

Les *appareils* propres à l'extraction des huiles ont subi, depuis un certain nombre d'années, des changemens importans adoptés dans toutes les huileries nouvelles. Avant de passer à leur description et à celle des procédés de fabrication, donnons une idée sommaire des travaux nécessaires aujourd'hui pour extraire l'huile des graines oléagineuses. Les graines dont on veut exprimer l'huile sont d'abord *concassées* entre 2 cylindres, puis écrasées ou *froissées* sous une paire de meules verticales. La farine ou pâte qui résulte de ce *froissage* est exposée à une certaine température dans un appareil nommé *chauffoir*, puis enfermée dans des sacs de laine qu'on enveloppe dans des *étendelles* de crin, et soumise à l'action d'une forte presse. Les pains ou *tourteaux* qu'on obtient après l'expression de l'huile sont *rebattus* sous les meules, chauffés une 2e fois et soumis à la presse, qui achève d'en exprimer toutes les parties huileuses.

Dans plusieurs départemens de la France et principalement dans ceux du Nord, du Pas-de-Calais et de la Somme, il existe un grand nombre de moulins à vent destinés à la fabrication des huiles. La plupart sont de l'espèce

(1) Les rouges annoncent une récolte avant maturité.
(2) Les graines sont souvent plus petites que celles du colza d'hiver.
(3) La couleur rouge annonce une mauvaise qualité.

de ceux qu'on appelle *moulins sur attache;* ils ont la forme d'une grande guérite tournant autour d'un axe fixe qui la traverse dans le sens vertical. Ces moulins opèrent la trituration des graines par une batterie de 5 pilons et la pression par une seule presse à coins. L'expérience a constaté que la moyenne des produits annuels de ces moulins est de 4,000 hect. d'huile.

Depuis quelques années, M. HALLETTE, ingénieur à Arras, a construit pour cet objet des moulins octogones, qui diffèrent des précédens en ce que l'ensemble de l'édifice est immobile sur le sol et que le toit seulement est susceptible d'un mouvement de rotation horizontal. Il a réuni dans ces moulins, à la batterie de 5 pilons employée dans les autres, un système de meules verticales et deux presses à coins. Les principaux avantages de cette usine, qui emprunte son moteur du vent, sont de coûter peu (6 à 7,000 fr. non compris les machines) et de n'exiger qu'un très petit terrain. Ces moulins donnent 6 à 7,000 hect. d'huile par an, accroissement dû à ce que les meules présentant proportionnellement moins de résistance que les pilons, on peut souvent faire usage des premières avec un vent qui serait insuffisant pour une bonne fabrication avec les autres, et en outre à ce qu'avec les vents forts, on emploie à la fois les pilons et les meules. Par les vents favorables et lorsque la vitesse des ailes est d'environ 13 révolutions par minute, toutes les machines marchent ensemble, et alors l'effet utile du moteur, est de 10 ou 12 chevaux. Si les hommes qui desservent ce moulin sont habiles, ils peuvent fabriquer 1 hect. d'huile de graine de colza ou d'œillette en 2 heures 1/2 et tous le feraient en 3 heures.

Dans quelques endroits on fait aussi usage de *moulins à manége.*

Les *pilons* sont des tiges en bois de chêne, armées à leur partie inférieure d'une masse de fonte tournée, pour triturer les graines renfermées dans les mortiers. Ces tiges sont soulevées alternativement par les cames d'un arbre horizontal tournant, ou bien soutenues à l'état de repos, comme nous l'expliquerons en décrivant la presse à coins. Un bloc, composé de 2 pièces, contient les mortiers ou pots. Dans l'une de ces pièces, la plus épaisse, est creusée toute la partie inférieure de ces mortiers, dont le fond est garni d'une pièce de fonte brute. L'autre pièce forme la partie la plus mince du bloc, et permet d'introduire dans chaque mortier le disque de fonte, et de garnir son pourtour intérieur d'une feuille de tôle, qui en prévient la destruction.

Les appareils nouveaux n'ont pas l'inconvénient de faire un bruit continuel et incommode, comme les pilons; ils permettent d'établir des huileries sur les cours d'eau ou dans un lieu quelconque, en y mettant en mouvement toutes les machines par le secours de la vapeur, de renoncer, par conséquent, aux moulins qui ne peuvent être établis que sur des plateaux élevés, éloignés des grands arbres et des habitations, et souvent fort mal disposés pour les transports, ainsi qu'à la puissance motrice du vent, force toujours inconstante et inégale.

§ III. — Du concassage et froissage des graines.

La 1re opération à laquelle on soumet les graines, c'est de les concasser, à l'aide de cylindres ou laminoirs, pour les empêcher de glisser sous les meules. Voici la description d'une machine destinée à cet objet.

La machine se compose de 2 cylindres en fonte, creux et bien tournés, marchant en sens inverse, avec une égale vitesse, et conservant entre eux un espace qui est réglé par des vis de rappel, selon la grosseur de la graine. L'un des 2 cylindres reçoit le mouvement d'un moteur, à l'aide d'un engrenage ou d'une poulie, et le transmet à l'autre par engrenage. (*fig.* 391). L'appareil est monté sur un bâtis

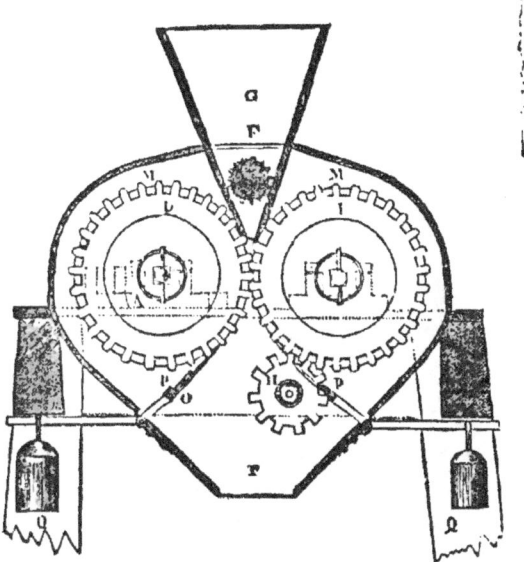

Fig. 391.

en bois; M, M' sont les 2 cylindres en fonte. Le cylindre M a un axe prolongé pour recevoir la poulie qui lui transmet le mouvement ou le reçoit d'un pignon H. Les coussinets de ce cylindre sont fixes; ceux de l'autre cylindre sont mobiles, à l'aide de dispositions faciles à concevoir. G est une trémie en bois, destinée à recevoir la graine à écraser; elle est fermée à sa partie inférieure par un petit cylindre cannelé F qui, en tournant plus ou moins vite, livre aux cylindres la quantité de graines qu'on désire. Le mouvement est imprimé à ce cylindre cannelé à l'aide d'une poulie à plusieurs gorges fixée sur son axe, et d'une autre poulie fixée sur l'axe prolongé du cylindre M. Les gorges de diamètres inégaux, creusées sur la 1re poulie, permettent de varier la vitesse du cylindre F. Des archures supérieure et inférieure, la 1re en bois, la 2e en fonte, enveloppent les cylindres; PP' sont 2 râclettes ou décrottoirs, pour séparer les graines écrasées adhérentes aux cylindres; elles sont fixées à l'extrémité de 2 leviers coudés, qui ont leur point d'appui sur l'archure inférieure; des contre-poids Q Q. du poids de 8 hectogram., règlent la pression de ces râclettes contre les cylindres. La longueur de ces cylindres est de 27 centimètres (10 po.), leur diamètre de 13 centimètres (5 po.). Une seule machine de cette espèce, tournant même lentement, peut broyer par jour 40 décalitres de graines, et fournit assez de graines concassées pour alimenter 2 paires de meules verticales.

Les graines ayant été écrasées sont portées au moulin à écraser ou froisser, dit *moulin* *hollandais.* Ce moulin, qui a aussi été employé à faire le cidre, écraser les olives, battre le plâtre, pulvériser le charbon, etc., est représenté, dans son état actuel de perfectionnement, dans la *fig.* 392, en élévation dans le sens de l'épaisseur des meules ; la *fig.* 393 en

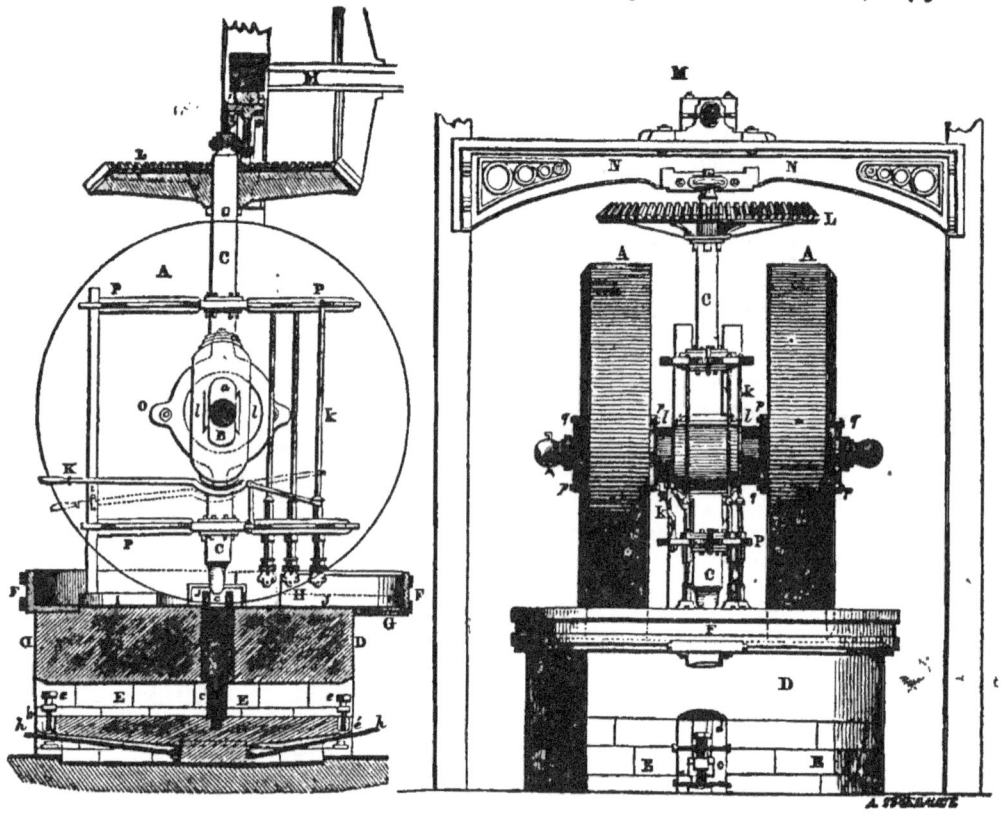

Fig. 393   Fig. 392.

est une section verticale, faite suivant un plan parallèle aux meules et passant entre elles.

Les meules verticales A sont montées sur un essieu commun B qui passe dans une entaille allongée *a*, pratiquée dans l'arbre vertical C, par le mouvement duquel elles sont entraînées. Elles roulent sur une meule dormante D, posée sur un massif en maçonnerie E, et sur lequel se trouve la graine destinée à être froissée. F, caisse circulaire en bois, évidée dans le fond. Cette bordure est encastrée dans la meule dormante et n'en laisse à nu que la partie exposée à l'action des meules verticales. G, vanne pratiquée dans la bordure circulaire, et qu'on ouvre pour donner passage à la graine écrasée. Sous cette partie de la bordure se trouve enlevé un segment de la meule dormante, de sorte que la graine tombe dans un bassin auquel on donne la forme du segment. H I, râcloirs à frottement sur la meule dormante, qui servent à ramener sous les meules verticales la graine qui s'écarte. Le 1ᵉʳ de ces râcloirs est en tôle, et le 2ᵉ en bois. J, ramasseur mobile, qu'on abaisse ou qu'on soulève au moyen du levier K, et qui sert à ramener la graine vers la vanne G, par où elle tombe. Les râcloirs H I sont maintenus par leurs tiges dans des traverses de fonte P P. Les tiges *k*, auxquelles se trouve attaché le ramasseur, sont mobiles dans les mêmes traverses. La boîte *j*, qui entoure l'ex-

trémité inférieure de l'arbre vertical, empêche la graine de tomber par l'œil de la meule dormante.

L'arbre vertical C reçoit le mouvement de la roue d'angle L, engrenant une roue semblable, montée sur l'arbre horizontal M, qui prend lui-même son mouvement sur le moteur. Cet arbre C passe dans un collier fixé sur le voussoir N. Son extrémité inférieure repose sur une crapaudine soutenue par la pièce *c*, passant par le centre de la meule dormante et posant elle-même sur le pont en fer E, qui est placé sous une voûte ménagée dans la maçonnerie. Au moyen de cette disposition, on n'éprouve plus aucune difficulté pour engrener l'arbre vertical C ; on tourne les vis à caler *e*, et, à mesure qu'on les fait cheminer et qu'on exhausse le pont, on manœuvre à l'aide de cordes *h* une cale qui empêche la flexion du pont et soulage les vis, dont l'effort n'est que momentané.

Pour mettre en train, on commence par soulever le ramasseur J à la position indiquée par les lignes ponctuées *fig.* 393, en pressant sur le bras du levier K et en l'engageant sous un taquet *i*, fixé sur un des montans du râcloir I. On donne alors le mouvement et l'on jette sous la meule une charge de graine, qui se compose de 3/4 d'hectolitre. L'entaille oblongue *a*, dans laquelle passe l'essieu des meules, leur permet de monter ou de descendre, selon l'obstacle plus ou moins grand qu'elles rencontrent, de sorte qu'elles agissent par leur propre poids; mais comme les meules roulent sur une surface plane, que leur contour est cylindrique et qu'elles décrivent un cercle sur la meule dormante, elles pivotent sur le milieu de leur épaisseur, de sorte que la graine est non-seulement écrasée par le poids des meules, mais encore froissée par ce mouvement de torsion et refoulée des 2 côtés. Ce mouvement empêche la graine de s'entasser et de faire corps sous la pression des meules. Les râcloirs H I fixés aux traverses tournent avec les meules, et ramènent sous leur action, le 1er la graine qui s'échappe vers le centre, le 2e celle qui s'échappe vers la périphérie. Lorsque le froissage de la graine est achevé, on décroche le bras du levier K; et le ramasseur J, se trouvant en contact avec la surface de la meule dormante, entraîne toute la graine par son mouvement et la fait tomber dans le bassin par la vanne G, qu'on ouvre pour lui livrer passage.

Les meules verticales sont maintenues, aux extrémités de leur essieu B, par des rondelles d'écartement l, qui appuient contre l'arbre C, et par des têtes assurées sur le bout de l'essieu par des clavettes. On peut faire varier l'épaisseur des rondelles d'écartement de manière que les 2 meules ne se trouvent pas à la même distance du centre du mouvement et que la surface battue soit plus grande. L'œil des meules est garni d'une boîte de fonte portant des grains de bronze, et maintenue dans chaque meule au moyen de rondelles assujéties avec des boulons p, q.

Dans quelques huileries il y a plusieurs paires de meules, dont les unes servent à froisser et les autres à rebattre; dans d'autres, la même paire sert aux 2 opérations. Les meules sont souvent en granit; le porphyre, le grès, le marbre et la pierre calcaire dure et compacte sont aussi propres à cet usage. En Russie on se sert quelquefois de meules de fonte. Les meules des moulins ordinaires ont, le plus communément, de 2m à 2m,3 (6 à 7 pi.), sur une épaisseur de 0m,40 à 0m,45 (15 à 16 po.), non compris le biseau qu'on pratique à la face qui doit être placée extérieurement, et qui a 0m,06 à 0m,07. Le poids d'une paire de meules est estimé de 7 à 8,000 kilogr. Les Hollandais en font qui ont jusqu'à 3m. (9 pi.) de diamètre sur une épaisseur de 0m,54 (20 po.).

Les meules font en général 11 tours par minute, et le temps du froissage d'une charge de 3/4 d'hectolitre (60 à 75 kilogr., suivant la nature des graines) est de 15 à 20 minutes, de sorte que dans une journée de travail on peut faire passer sous ces meules 15 à 20 hectolitres de graines, à peu près.

§ IV. — Du chauffage des pâtes.

Quand les graines ont été suffisamment froissées sous les meules verticales, souvent avec l'addition d'un peu d'eau, il faut soumettre la farine ou pâte à l'effort d'une presse puissante pour en extraire l'huile qu'elle contient. Quelquefois cette pâte est portée directement sous la presse, où elle fournit, au tordage, une *huile vierge* qui est plus agréable

au goût et plus propre à servir d'aliment; c'est ce qu'on appelle *faire de l'huile à froid*. Mais en général les huiles, avant le tordage, sont exposées à une certaine température dans un appareil nommé *chauffoir*.

Les huiles se trouvent mélangées dans les graines avec de l'albumine végétale et du mucilage qui en altèrent la pureté, et qui, en s'écoulant avec elles sous l'action de la pression, donnent une combinaison pâteuse qui s'éclaircit difficilement et passe promptement à la rancidité. D'ailleurs, on n'obtient pas ainsi par expression la totalité de la matière huileuse que les graines contiennent, et, pour l'extraire en totalité, il faut avoir recours à une élévation de température qui non-seulement donne plus de liquidité à l'huile, mais qui, en coagulant l'albumine et en desséchant le mucilage, permet à celle-ci de couler plus pure et en plus grande abondance.

Les chauffoirs sont ordinairement des vases de cuivre ou de fonte, dans lesquels on chauffe et on agite la farine de graines jusqu'à ce que, pressée entre les mains, elle laisse couler facilement l'huile qu'elle contient. Ces chauffoirs sont à feu nu, au bain-marie ou à la vapeur. Voici la description d'un chauffoir à feu nu, construit par M. MAUDSLEY.

La *fig.* 394 est l'élévation latérale de ce chauffoir; la *fig.* 395 l'élévation et coupe faite pa-

Fig. 395.   Fig. 394.

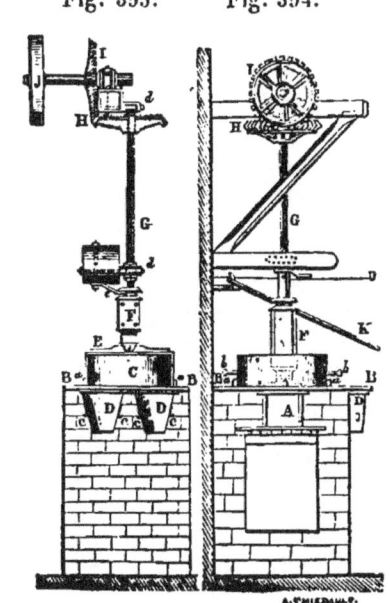

A. THIÉBAULT.

rallèlement à la face antérieure. A, foyer fermé à la partie supérieure par la plaque en fonte B; C, *payelle* reposant sur la plaque B et dans laquelle on met la graine, afin de l'exposer à une certaine température; les goujons *a* la maintiennent de 3 côtés et servent à la retenir; mais on peut, au moyen de l'une des oreilles *b*, l'amener vers les entonnoirs ou *marrots* D et faire tomber la graine suffisamment torréfiée dans des sacs qu'on suspend aux crochets *c*; l'agitateur E est destiné à empêcher la graine de brûler; il est attaché à charnière à la boîte coulante F, qui tourne avec l'arbre G, sur lequel il peut glisser. Cet arbre prend son mouvement au moyen de la roue d'angle H qui engrène une 2e roue I, montée sur un axe horizontal portant une poulie J, sur laquelle passe une courroie qui lui communique le mouvement. L'arbre G est maintenu dans sa position verticale en passant entre les colliers *d*. Le temps du chauffage de la graine de froissage est de 6 à 8 minutes, et de celle de rebat de 3 à 4. Lorsqu'on veut faire tomber la graine chauffée dans les sacs, on engage le levier K dans la gorge de la boîte coulante, qu'on élève jusqu'en *e*, où se trouve un petit arrêt qui se place dans la gorge de la boîte coulante et tient ainsi l'agitateur élevé au-dessus de la payelle C (*fig.* 395). On peut alors manœuvrer et faire tomber la graine dans les entonnoirs.

Dans les chauffoirs à feu nu, on parvient difficilement à diriger convenablement la température, et ce n'est qu'avec peine qu'on évite la torréfaction de la graine, qui diminue la quantité de l'huile et nuit beaucoup à sa qualité. Ces inconvéniens étant surtout graves pour les huiles qu'on destine à servir d'aliment, on a cherché d'autres moyens de chauffage. En Allemagne on fait usage du *chauffage au bain-marie*, qui consiste simplement en 2 chaudières de cuivre placées l'une dans l'autre. La plus grande est montée sur un fourneau, et on y verse de l'eau jusqu'à ce qu'elle affleure le fond de la plus petite; c'est dans celle-ci qu'on place la graine à chauffer qui, recevant ainsi son élévation de température de l'eau bouillante, ne risque plus de brûler.

Dans toutes les huileries qui ont pour moteur la vapeur, on se sert aujourd'hui d'un *chauffoir à vapeur* ainsi établi. L'appareil pose d'un côté sur le châssis L (*fig.* 396) et de l'autre sur le mas-

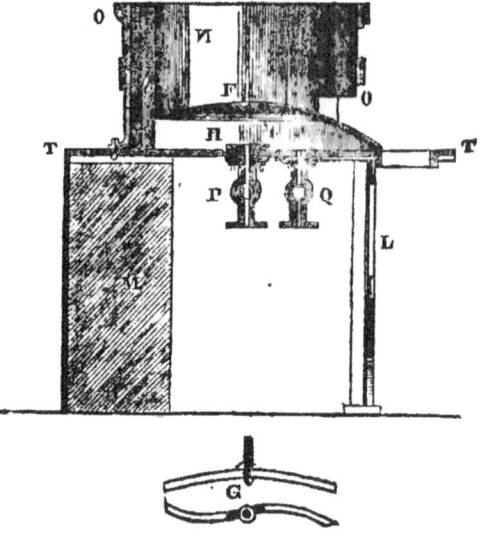

Fig. 396.

sif M. N est une bassine en fonte dont le fond est convexe et porte à son centre une crapaudine F, dans laquelle engage le pivot G de l'agitateur. O enveloppe de la bassine N, pour la circulation de la vapeur. La bassine et sa double paroi sont fondues d'une seule pièce, et fixées sur la plaque T au moyen de boulons. La vapeur est admise dans la capacité *h* par l'ajutage à robinet P; le 2e ajutage Q sert à son émission et à celle de l'eau de concentration. On retire la farine en ôtant la

porte O. La convexité du fond de la bassine et la courbure semblable de l'agitateur la font tomber en S, où est suspendu le sac destiné à la recevoir.

Les sacs dans lesquels on enferme la farine sortant des chauffoirs, sont en étoffes de laine appelée *morfil*. Ces sacs sont de suite enveloppés dans des *étendelles* de crin, doublées en cuir, qu'on voit en profil et en plan dans les *fig.* 399 et 400, pour être soumis au premier pressage ou froissage qui ne donne qu'une partie de l'huile contenue dans la graine, laquelle prend le nom d'*huile de froissage*.

§ V. — Du pressurage.

Les presses dont on se sert le plus généralement dans les huileries ou les moulins à huile sont les presses à vis, les presses hydrauliques et les presses à coins.

En général, pour tordre les graines et en exprimer l'huile, il faut une pression énergique, et on éprouverait beaucoup de perte si, la pression n'étant pas suffisante, on laissait encore une quantité notable d'huile dans les tourteaux. Les presses en même temps doivent occuper peu de place, exiger un petit nombre d'hommes pour leur manœuvre ou l'emploi d'une force peu considérable; enfin elles doivent pouvoir fonctionner avec célérité. Toutefois, quelque puissante que soit la pression qu'elles exercent, il faut toujours un certain temps pour que l'huile et le mucilage qui s'y trouve suspendu, liquides visqueux et peu fluides, puissent se dégager des parties solides qu'ils imbibent et s'écouler dehors; en un mot, il faut le temps nécessaire à l'égouttage.

Les *presses à vis* sont peu employées, quoiqu'elles soient propres à ce service quand elles sont suffisamment fortes; elles ont même cet avantage, qu'étant généralement simples et à bon marché, on peut les multiplier dans les ateliers et laisser égoutter plus longtemps sans entraver la continuité des travaux. Ces presses néanmoins, absorbant une grande portion de la force motrice par le frottement, n'exercent pas une pression très énergique, et elles cessent d'être avantageuses quand on cherche à en augmenter la force par des dispositions mécaniques, qui en élèvent le prix et en rendent le service plus long et plus difficile.

Les *presses hydrauliques* sont fort employées aujourd'hui dans les huileries; elles exercent une forte pression, dessèchent bien le tourteau, occupent peu de place, sont d'un usage facile et exigent peu de bras pour leur manœuvre; mais elles sont encore d'un prix élevé et sujettes à de fréquentes réparations qui exigent des ouvriers habiles. On a construit des presses de ce genre où la pression se fait *verticalement*, comme dans les presses à vis ordinaires; telle est celle établie à Paris dans les usines de M. SALLERON, d'après les principes de M. GALLOWAY, et la presse présentée à l'exposition de 1834 par MM. TRAXLER et BOURGEOIS, qui est composée de 2 presses accolées qui peuvent être mues ensemble ou séparément et qui présente ceci de particulier qu'on place entre les sacs de graines broyées renfermés dans leurs étendelles, des *wards* ou plaques de fonte munies tout autour d'une gouttière et vers une de leurs extrémités d'un conduit qui se correspond de l'une à l'autre verticalement et destiné à laisser couler l'huile de chaque sac sans qu'elle puisse tomber sur les sacs inférieurs, ce qui paraît accélérer l'égouttage. Les autres presses sont *horizontales*, et parmi celles-ci on remarque celles de M. BRAMAH, de M. HALLETTE d'Arras, de MM. CAZALIS et CORDIER de Saint-Quentin, et enfin celle de M. SPILLERS, qui, au moyen d'engrenages, varie l'effet des pompes avec la résistance de la matière pressée.

La plupart des mécaniciens aujourd'hui construisent des presses, soit à vis, soit hydrauliques, qui sont *doubles*, de manière à leur donner une marche continue, c'est-à-dire à presser d'un côté pendant qu'on desserre de l'autre.

La *presse à coins* est celle qui est le plus généralement employée dans les moulins à huile. Cette presse en effet exerce une action très puissante; elle est simple, facile à monter et à réparer, et son prix n'étant pas très élevé elle paraît propre aux établissemens agricoles, surtout quand on veut profiter de la force du vent pour faire marcher les machines d'une huilerie ou qu'on a à sa disposition une chute d'eau suffisante. Voici le modèle d'une presse de ce genre construite par M. MAUDSLEY.

La *fig.* 397 est l'élévation de face, la *fig.* 398

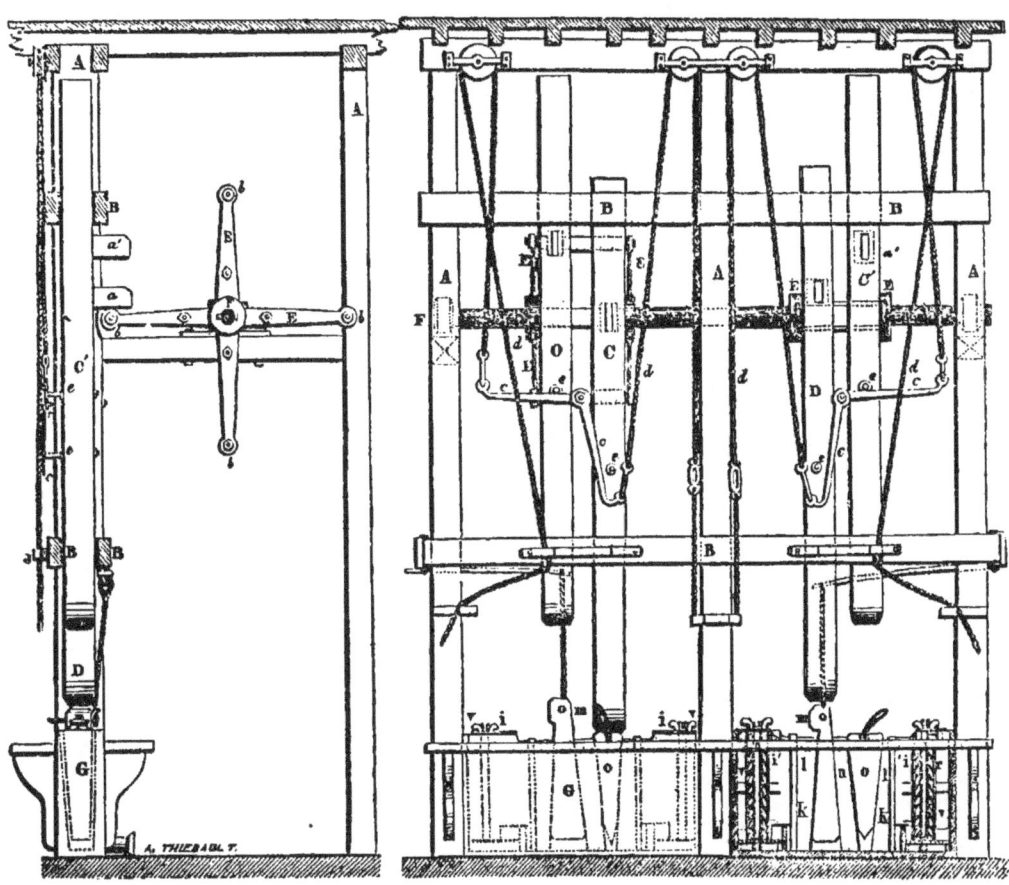

Fig. 398.   Fig. 397.

une coupe **verticale**. A, montans du bâti; B, traverses horizontales servant de guides aux maillets C D, portant les mentonnets *aa'*. E, leviers portant les galets *b*. Ils sont montés sur l'arbre F et servent à soulever les mentonnets des *maillets*, *hyes* ou *moutons*. *c*, leviers qu'on meut au moyen de cordes *d* passant sur des poulies, et qui, venant se placer sous les chevilles *e*, empêchent le maillet de redescendre et tiennent le mentonnet hors de la portée du galet *b*. G, bacs ou bassins dans lesquels on place l'étendelle et le sac plein de graine qu'on veut exposer à l'action de la presse. La partie droite de la *fig.* 397 représente la coupe de l'un de ces bacs faite parallèlement à la face de la presse, et laissant voir toutes les pièces qui s'y trouvent placées. *v i, fourneaux* ou pièces de fonte entre lesquels on place l'étendelle *h*. Le fourneau *v* est ap-

puyé contre la paroi du bac; le fourneau *i* est mobile et se rapproche de *v* pendant la pression. Ces 2 fourneaux portent sur leurs flancs des rainures qui permettent à l'huile de s'écouler pour aller gagner une goulotte pratiquée au fond du bac, en traversant un fond en fonte percé de trous, et sur lequel viennent s'appuyer les fourneaux. *k l n*, cales nommées *wards*, interposées entre la clef *m* servant à dépresser les fourneaux et le coin *o* qui reçoit l'action du maillet. Les wards, la clef et le coin sont en charme. Un ressort en bois, placé sur la traverse inférieure B, sert à maintenir la clef à une distance convenable du fond du bac; de cette manière elle se trouve naturellement en prise quand l'ouvrier dispose toutes les pièces, et il pose son coin et ses cales avec facilité. Le mouvement étant donné par le moteur à l'arbre F et aux leviers E, on place le sac de graine chauffée de la manière indiquée dans le profil et en plan, dans les *fig.* 399 et 400, c'est-à-dire qu'on pose le sac en A,

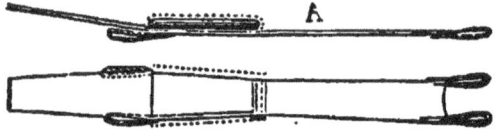

Fig. 399.   Fig. 400.

puis qu'on rabat d'abord la partie gauche, puis la partie droite; des poignées servent au transport. Après avoir mis l'étendelle ainsi chargée entre les 2 fourneaux *v* et *i*, on place le coin *o* et l'on décroche la corde *d* engagée sous un cran pratiqué dans le tasseau J. Le maillet C tombe par son propre poids sur le coin, puis est relevé par les leviers E. Il retombe encore lorsque ceux-ci abandonnent le mentonnet, et ainsi de suite. Il est important, lorsqu'on veut commencer, d'enlever d'abord le maillet à l'aide de la corde, puis de le descendre doucement et de ne l'abandonner que lorsqu'on sent que le mentonnet appuie sur le galet des leviers E; sans cette précaution on serait exposé à briser ces leviers. On donne pour le froissage 10 à 12 coups. Lorsque la pressée est terminée, on engage de nouveau le levier *c* sous la cheville *e* et la corde sous le cran J, en ayant soin de suivre le maillet dans son mouvement ascensionnel pour éviter les chocs. Au bout de quelques minutes nécessaires pour donner à l'huile le temps de s'écouler et que les ouvriers emploient à préparer de nouveaux sacs de farine, on dépresse; on dégage avec les mêmes précautions le maillet D, qui, saisi par le galet *b*, retombe sur la clef *m*. En même temps que celle-ci est frappée, on retire le coin *o*; après le coup de maillet, la clef *m* se relève au moyen du ressort.

On varie le poids et la hauteur de la chute du maillet avec l'effort qu'on veut produire. En Russie, où l'on se sert depuis long-temps des presses à coins pour l'extraction des huiles de graines, on a adopté des coins plus gros qu'en France et on les enfonce horizontalement à l'aide d'un bélier. — Le *poids* des maillets est ordinairement de 250 à 300 kilog.; la hauteur de chute sur le coin au minimum d'entrure est de 40 cent. environ et de 55 au maximum; la hauteur de chute sur la clef est de 25 cent. Le nombre de coups que l'on bat est variable avec la force du coin, la nature du travail et de la graine; il peut varier de 10 à 50 coups. Dans les moulins à vent du Nord, on a adopté un cadran mû par un encliquetage et dont l'aiguille indique le nombre de coups battus, en même temps qu'il agite une sonnette après le nombre de coups voulus.

L'effet d'une bonne presse à coins, comme celle que nous venons de décrire, peut être évalué à 50 ou 75,000 kilog. sur chaque tourteau ayant à la grande base 20 cent., 18 à la plus petite, et 45 de hauteur ou 7,5 décim. carrés de surface.

Les mécaniciens ont aussi inventé divers genres de presses pour l'extraction des huiles. Nous citerons entre autres celles de M. HAL-LETTE d'Arras, de MM. SCUDDS, ATKINS et BAR-KER de Rouen, de M. FARCOT, à Paris, etc. La 1re est employée avantageusement dans le département du Nord; les autres, qui ont paru à l'exposition de 1834, n'ont pas reçu encore la sanction de la pratique.

Lorsque le 1er tordage est terminé et que l'huile est bien égouttée, les tourteaux de froissage sont reportés sous les meules; c'est ce qu'on nomme le *rebat*; mais pour que l'action de ces machines soit plus efficace, il faut concasser ces tourteaux, qui forment une masse solide et dure. Ce travail se fait parfois à la main; il vaut mieux y employer les machines, et en particulier celle à écraser les graines, que nous avons fait connaître page 359, en jetant dans la trémie le gâteau brisé grossièrement.

Quand la pâte a été suffisamment rebattue, on la porte au chauffoir, où, après un 2e chauffage, moins prolongé que le 1er, on la reçoit dans les sacs de laine, qu'on enveloppe dans les étendelles et qu'on soumet une seconde fois à la pression; l'huile d'une qualité inférieure à la 1re qu'on obtient ainsi se nomme *huile de rebat*. Cette huile, pour être extraite, exige une pression plus considérable que celle de froissage, et 36 à 45 coups et plus de maillet sont ici nécessaires quand on emploie la presse à coins. On mélange quelquefois ces 2 huiles.

Les tourteaux de rebat ou pains qui restent de cette 2e pression sont durs, secs, solides et fermes, et n'ont plus guère qu'un demi-pouce d'épaisseur. On les ébarbe avec un couteau fixé verticalement dans un des côtés d'une boîte qui reçoit les rognures, et on les conserve pour la nourriture des bestiaux ou pour servir d'engrais, en les répandant sur les terres.

Il y a des huileries où l'on se sert de presses hydrauliques pour le froissage ou 1re pression et où l'on fait tous les rebats ou dernier travail des tourteaux, qui exigent un effort plus puissant à la presse à coins. Dans quelques autres, le froissage se fait à la presse-muette de M. HALLETTE, et le rebat à la presse hydraulique de M. SPILLERS, etc.

Les pilons, ainsi que nous l'avons dit, aussi bien que la presse à coins, ont contre eux l'inconvénient d'un bruit continu, qui rend leur voisinage insupportable, et l'ébranlement qu'ils causent aux fondations et à toutes les parties du bâtiment leur est nuisible. On a prétendu que la graine qui y était broyée rendait plus d'huile que celle soumise à l'action des meules, mais cette assertion est peu probable; il faut tantôt 4 hectolitres de colza pour une barrique d'huile, et tantôt 3 1/2 hectolitres, cette différence tenant entièrement à la qualité de la graine. Avec les pilons on est obligé d'ajouter une certaine quantité d'eau à la graine; avec les meules on en ajoute moins.

Il faut, pour mettre en mouvement une paire de meules, une force de 4 chevaux (de vapeur), et pour les cylindres à concasser, la presse à coins et les chauffoirs, une force additionnelle de 2 chevaux; de sorte qu'une machine de la force de 6 chevaux est suffisante pour un moulin. Une paire de meules exige la même force et fait plus de besogne qu'une batterie de 5 pilons.

§ VI. — De l'épuration des huiles de graines.

Les huiles, telles qu'elles sont recueillies après les opérations précédentes, contiennent encore une quantité considérable de mucilage, de matière colorante et de principes résineux qui les colorent et leur donnent une odeur et un goût particulier. Le seul séjour prolongé de cette huile dans de grands vases de terre, exposés dans un lieu frais, les clarifie jusqu'à un certain point; il se forme un dépôt, et l'huile est plus limpide, plus pure et meilleure. Mais les huiles de graines ne sont pas encore, en cet état, propres à l'éclairage, et employées à cet usage elles obstruent les pores de la mèche et brûlent en donnant une flamme faible et beaucoup de fumée. Il faut donc les épurer pour leur enlever, autant que possible, leur couleur, leur goût et leur odeur, ou les rendre assez limpides pour qu'elles brûlent sans fumée et donnent une lumière vive et claire. On doit à M. THÉNARD, pour cet objet, un procédé qui donne d'assez bons résultats; voici comment on le pratique.

On met l'huile à épurer dans un tonneau, de manière que celui-ci ne soit rempli qu'à demi, et on y verse, en filet mince et en changeant continuellement de place, 2 centièmes de la quantité d'huile d'acide sulfurique concentré. Cela fait, on brasse long-temps avec un morceau de bois pour favoriser le contact des 2 liquides et jusqu'à ce que toute la masse ait pris une couleur verdâtre. On laisse reposer **24** heures. L'acide se combine alors avec le mucilage ou à la partie colorante, qu'il précipite en flocons d'un vert noirâtre. Au bout de 24 heures on ajoute à la masse un volume d'eau pure égal aux 2/3 de celui de l'huile, cette eau étant chauffée préalablement à 75° C. (60° R.), et l'on agite beaucoup, jusqu'à ce que le liquide ait une apparence laiteuse. On laisse alors reposer 2 ou 3 semaines, dans un lieu dont la température est de 25 à 30°. Le fluide s'éclaircit peu à peu, l'huile claire surnage à la surface et il se forme au fond du tonneau un dépôt noirâtre nommé *fèces*. On décante alors l'huile claire au moyen d'un robinet placé à une certaine hauteur sur le contour du tonneau, et on la reçoit dans des cuves percées de trous garnis de mèches de coton ou de laine cardée. L'huile filtre à travers ces mèches et s'écoule parfaitement épurée et propre à l'éclairage.

Au lieu de filtrer les huiles épurées par l'acide à travers des mèches de coton, M. DUBRUNFAUT s'est servi avec avantage, pour celles de colza, d'un filtre dont la *fig.* 401 représente la coupe par le milieu.

Fig. 401:

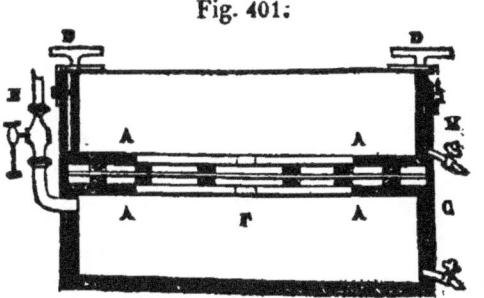

Ce filtre est formé d'une caisse garnie de métal; l'étoffe et les matières filtrantes s'interposent entre 2 treillis à carreaux en bois soutenus par 2 cadres en bois A A. Tout cet appareil porte sur une saillie C, pratiquée dans la caisse, et est pressé à l'aide de 4 vis D mobiles dans 4 écrous fixés sur les bords de la caisse. A l'aide de ces dispositions, les matières que l'on place entre les treillis sont comprimées par l'effort des vis, et celles-ci fixent en outre cet appareil dans la caisse, de manière à l'empêcher de sortir si une force tendait à produire cet effet. Ce filtre ainsi organisé, on amène l'huile à filtrer à travers le tube à robinet E. Elle passe dans le milieu F où elle exerce une pression qui varie avec la hauteur du liquide dans le tube E. Cette pression détermine le passage du liquide à travers le filtre; il passe ainsi dans la cavité supérieure, d'où il sort par un robinet H placé au-dessus du treillis. On sait que la vitesse d'écoulement des fluides varie comme la racine carrée de la colonne liquide superposée à l'orifice d'écoulement, et ce filtre a pour objet de rendre la filtration rapide avec la petite quantité de liquide contenue dans le tube E qui répartit le liquide dans la caisse inférieure uniformément et dans tous les sens. Dans le cas où l'huile contiendrait des matières susceptibles d'obstruer promptement l'étoffe, le liquide ayant une marche ascendante, les matières arrêtées par l'étoffe peuvent retomber au fond du vase par leur propre poids.

Les huiles ainsi préparées portent dans le commerce le nom d'*huiles blanches*.

Si les huiles sont extrêmement épaisses et chargées, on peut augmenter la quantité d'acide et la porter à 3 p. 0/0; on peut même recommencer cette opération une 2e fois, si la 1re opération n'a pas donné de résultats satisfaisans.

Les huiles traitées ainsi perdent depuis 2 jusqu'à 5 p. 0/0 de leur poids. On a aussi proposé, au lieu d'une addition d'eau, de faire arriver de la vapeur d'eau dans l'huile jusqu'à ce que le tout ait atteint la température de 100° et de laisser déposer le mélange comme à l'ordinaire. Ce moyen n'a pas eu grand succès.

Le procédé d'épuration par l'acide est long, et l'huile retient toujours, quand elle n'a pas été abandonnée au repos pendant un temps suffisant, une quantité notable d'eau qu'on ne peut chasser que par une forte chaleur à feu nu ou une longue évaporation au bain-marie; on a proposé récemment de le modifier de la manière suivante: On mêle avec l'acide sulfurique à la manière ordinaire, on brasse et on attend que le dépôt des fèces ou flocons noirs commence à s'opérer. Alors on ajoute à l'huile, et par petites portions, une bouillie épaisse d'eau et de craie et on agite fortement la masse. Lorsqu'on a ajouté ainsi environ 1/3 en plus de la craie nécessaire pour saturer l'acide sulfurique et former du sulfate de chaux, et lorsque le papier de tournesol, plongé et agité dans le liquide, ne change plus de couleur, on verse l'huile dans les cuves à dépôt, dans lesquelles les flocons noirs, le sulfate de chaux formé et la craie surabondante ne tardent pas à se précipiter. Après quelques heures l'huile peut être décantée dans les cuves à filtration garnies de mèches de coton. Ce mode de dépuration épargne tout le temps du lavage à l'eau, qui est au moins de 12 jours, et on n'éprouve que très peu de déchet; parce que la craie, préalablement saturée d'eau, ne s'imbibe pas sensiblement d'huile. M. POUTET dit avoir employé avec beaucoup de succès, au lieu de craie, du marbre blanc réduit en poudre fine.

Au lieu d'achever l'épuration de l'huile lavée à travers le coton ou le filtre, opération toujours longue et embarrassante, on se sert dans le Nord et à Paris d'un procédé qui donne de bons résultats. L'huile lavée ainsi que nous l'avons dit est déposée dans une futaille défoncée et posée sur son fonds; cette futaille peut contenir 7 hectolitres. On y verse 6 hectolit. d'huile acidifiée, lavée et encore louche, et on la bat avec 50 kilog. de tourteaux de colza bien secs et bien pulvérisés. Ce battage dure une demi-heure, puis on laisse déposer 9 jours; après ce temps on peut décanter 4 tonnes ou hectolit. clairs et les remplacer par une pareille quantité d'huile louche; on bat de nouveau, et 3 jours après on soutire, et ainsi de suite jusqu'à ce que les 50 kilog. de tourteaux aient épuisé leur force clarifiante, ce qui arrive après un soutirage de 200 tonnes d'huile clarifiée.

Dans l'épuration des huiles de graines par l'acide sulfurique, les fèces épaisses et brunes surnagent l'eau acidulée et se trouvent ainsi placées entre les couches d'huile et d'eau, ce qui prouve déjà leur richesse en corps gras. Dans le nord de la France, ces fèces sont vendues aux savonniers pour la fabrication des savons mous. Ces matières ne sont que faiblement acides et ne contiennent que peu d'acide sulfurique libre. Après un repos très prolongé elles ne rendent qu'une faible proportion d'huile; chauffées, elles n'en rendent pas davantage. Si l'on traite ces matières par la vapeur d'eau, ou, ce qui est à peu près la même chose, si on les fait bouillir dans une chaudière avec de l'eau, qu'on laisse reposer pour séparer par décantation l'eau excédante, on obtient un magma qui, jeté chaud sur un filtre, rend spontanément un fort tiers de son volume d'une huile brune qui brûle à peu près comme l'huile non épurée et qui subit bien l'épuration. Le résidu resté sur ce filtre est estimé pouvoir rendre, par une pression énergique comme celle de la presse à coins ou de la presse hydraulique, une quantité d'huile qui, jointe à celle qu'on a retirée par filtration, donne au moins 80 p. 0/0 du poids de la fèce. La matière qui reste après la pression a la consistance, l'aspect et la saveur du tourteau, et il est vraisemblable qu'elle est de même nature. L'acide sulfurique employé dans l'opération entraî-

nerait donc surtout le parenchyme de la graine qui se trouve en suspension dans l'huile et qu'on ne peut en séparer par un simple repos. Il paraît que, dans ce mode d'épuisement des fèces d'épuration, l'eau, en se combinant avec les matériaux du tourteau, sépare l'huile qu'ils retenaient. Un simple égouttage sur un filtre sépare la majeure partie de l'huile, et la matière qui reste sur le filtre acquiert alors une consistance qui permet de la soumettre facilement à l'action de la presse.

Une fois épurées, les huiles de graines peuvent être livrées à la consommation; mais lorsqu'on ne peut les débiter sur-le-champ, il est avantageux, pour éviter les pertes et leur altération, de les conserver, ainsi qu'on le fait maintenant dans le département du Nord, dans de vastes citernes en briques et mortier de chaux hydraulique, construites à l'instar des fosses destinées, sous le nom de *piles*, à la conservation des huiles d'olive dans les provinces méridionales.

Les huiles de graines se débitent généralement dans de petits tonneaux d'une contenance de 90 à 91 litres, plâtrés sur les 2 fonds pour éviter les fuites. M. MERTIAN a proposé des tonnes métalliques qui paraissent avantageuses pour la conservation, mais qui sont sujettes à plusieurs inconvénients dans le transport et d'un prix élevé.

SECTION IV. — *De la quantité d'huile fournie par d'autres graines ou fruits.*

Avant de terminer ce chapitre nous donnerons ici un tableau de la quantité d'huile que peuvent fournir beaucoup de graines ou de fruits quand elles sont de bonne qualité, dépouillés soigneusement de leurs siliques, enveloppes, bois, tiges, et de toutes les parties qui ne renferment pas d'huile, et que celle-ci est obtenue par les meilleurs moyens d'extraction.

100 parties en poids de	Quantité d'huile.	100 parties en poids de	Quantité d'huile.
Noix	40 à 70	Euphorbe épurge	30
Ricin commun	62	Moutarde sauvage	30
Noisette	60	Camelino	28
Cresson alénois	56 à 58	Gaude	29 à 36
Amande douce	40 à 54	Courge	25
Amande amère	28 à 46	Citronnier	25
OEillette ou pavot	56 à 65	Onoporde acanthe	25
Radis oléifère	50	Pyrole d'épicéa	24
Sésame jugoline	50	Chenevis	14 à 25
Tilleul d'Europe	48	Lin	11 à 22
Arachide	45	Moutarde noire	15
Choux	50 à 59	Faine	15 à 17
Moutarde blanche	56 à 58	Soleil	15
Chou-navet et navet de Suède	53,5	Pomme épineuse	15
Prunier domestique	33 5	Pepins de raisin	1,4 à 12
Colza	36 à 40	Marrons d'Inde	1,2 à 8
Navette	50 à 56	Julienne	18

F. M.

CHAPITRE XIX. — DE LA FABRICATION DES HUILES VOLATILES ET DES EAUX DISTILLÉES.

SECTION Ire. — *Des huiles volatiles et des corps qui les produisent.*

Les huiles volatiles ou essentielles sont des corps généralement fluides, d'une odeur forte, vive et pénétrante; la plupart du temps agréables, d'une saveur piquante, âcre, brûlante et quelquefois caustique. Elles se vaporisent à l'air, à la température ordinaire, plus promptement par le moyen de la chaleur, ne bouillent presque toutes qu'au-dessus de 100°, s'enflamment à l'approche d'un corps en ignition, et brûlent avec une flamme claire en répandant beaucoup de fumée. Distillées seules, beaucoup d'entre elles se décomposent; mais avec une addition d'eau elles passent à la distillation sans changer de nature. Elles sont légèrement solubles dans l'eau et très solubles dans l'alcool.

Quelques huiles volatiles sont *solides;* telles sont celles de roses, d'anis, de persil, etc., qui sont déjà concrètes au-dessus de zéro. Presque toutes peuvent être amenées à cet état par un abaissement de température.

La *pesanteur* des huiles est très variable. La majeure partie est plus légère que l'eau; quelques-unes seulement, comme celles de sassafras, de laurier-cerise, de séséli, de girofle, etc., sont plus pesantes que ce liquide.

Presque toutes ces huiles *sont colorées* au moment où on vient de les extraire, mais beaucoup sont décolorées par le contact de la lumière solaire. Celui de l'air leur fait aussi subir diverses altérations qui les colorent.

Les huiles volatiles *s'extraient des végétaux,* mais toutes n'appartiennent pas aux mêmes produits de la végétation. Elles sont quelquefois distribuées dans *toute la plante,* comme dans l'angélique, souvent dans les *feuilles* et les *tiges,* comme la mélisse, la menthe et l'absinthe; l'aunée, l'iris de Florence contiennent leur huile dans la *racine;* la lavande, le thym, le romarin, le serpolet, dans les feuilles et le *bouton de la fleur;* la rose dans le *calice,* la camomille, le citronnier, l'oranger dans la *fleur,* surtout dans les *pétales* et *l'écorce du fruit* des 2 derniers; l'anis, le fenouil ont leur huile dans des vésicules rangées sur des lignes saillantes qu'on aperçoit sur *l'écorce.*

Les végétaux fournissent leur huile volatile en plus grande abondance et de meilleure qualité quand la partie, qui la contient est parvenue à son entier développement. Ainsi les racines en fournissent davantage à la fin du printemps, les feuilles et la tige lorsque la fleur est sur le point de se développer, celle-ci quand elle est complètement épanouie et ne montre encore aucune trace de flétrissure, et les fruits au moment où ils atteignent leur maturité.

La plupart des plantes ou parties des plantes, et les fleurs surtout, ne donnent d'huile volatile qu'à *l'état de fraicheur;* d'autres peuvent se conserver des années entières sans que leur huile se volatilise ou soit détruite, et il en est même, tels que le millefeuille et le baume des jardins, qui ne fournissent d'huile que lorsqu'elles sont desséchées.

La *quantité* d'huile qu'on extrait des plantes varie beaucoup avec l'espèce; en outre, elle n'est pas la même dans tous les climats et change suivant la nature du terrain, l'exposition, l'état de fraicheur, de dessiccation ou d'altération des plantes au moment de la préparation, et les soins apportés dans la distillation.

En général les végétaux qui croissent spontanément dans les terrains arides, montagneux et exposés au midi, fournissent une plus grande quantité d'huile volatile, surtout au moment de l'épanouissement des fleurs et quand on les distille aussitôt après leur récolte.

Les huiles essentielles sont *d'un usage fort répandu* dans la médecine, dans la parfumerie et la toilette, et dans les arts pour composer des vernis, par la propriété qu'elles ont de dissoudre les couleurs et de s'évaporer dès qu'on les a appliquées. Leur extraction étant une opération qui se rattache à l'économie agricole, nous allons donner quelques notions à cet égard.

Section II. — *De la distillation des huiles essentielles.*

Il y a 2 modes principaux pour extraire les huiles volatiles, l'expression et la distillation.

On n'extrait guère par *expression* que les huiles de citron, cédrat, limette, bigarade, bergamotte et orange. A cet effet, on râpe l'écorce ou enveloppe de ces fruits, on en reçoit dans un vase la pulpe qu'on soumet ensuite à la pression entre 2 glaces. L'huile qui découle est aussitôt renfermée dans un flacon.

C'est par *distillation* que s'extraient le plus ordinairement les huiles volatiles. A cet effet, on introduit la plante coupée ou brisée, si cela est nécessaire, dans un appareil distillatoire, on verse de l'eau et on procède à la distillation. L'eau réduite en vapeur entraine l'huile et vient se condenser avec elle dans un récipient où s'opère la séparation de ces 2 liquides.

Dans le midi de la France, où l'on prépare en grand la majeure partie des huiles du commerce, les fabricans, au mois de juillet, font transporter leur alambic dans les lieux qui présentent une ample récolte de plantes aromatiques et l'établissent en plein air, autant que possible auprès d'une source ou d'un ruisseau. Au moyen de quelques pierres ils construisent un fourneau et font publier qu'on demande telle ou telle plante. Les habitans des environs arrivent et, après les conventions, courent récolter les végétaux demandés qu'ils rapportent en quantité. Les fabricans transportent ailleurs leur petit atelier dès qu'ils ont tout épuisé autour d'eux.

L'*appareil distillatoire* pour les huiles volatiles est le même que celui employé pour la distillation des vins (p. 230, *fig.* 237), seulement il est proportionnellement plus élevé, et sa chaudière doit présenter une bien moins grande surface au contact du feu. On se sert quelquefois d'un chapiteau et d'un serpentin en étain fin, pour ne pas donner aux produits une odeur désagréable de cuivre.

Pour *procéder à la distillation,* on introduit les plantes ou parties de plantes dans la chaudière ou cucurbite; on verse ensuite la quantité d'eau nécessaire, on place le chapiteau, auquel on adapte le serpentin, à celui-ci le récipient; puis on lutte les jointures et on allume le feu. L'eau réduite en vapeur s'élève en entraînant l'huile volatile contenue dans la plante, puis vient se condenser dans le serpentin, d'où elle coule, à l'état limpide, dans le récipient. Bientôt cette eau se trouble et devient lactescente par la séparation des molécules huileuses qui, à raison de leur plus grande légèreté, montent à la surface du liquide où elles forment une couche qui augmente de plus en plus et qu'il ne s'agit plus que de séparer pour avoir l'huile à l'état de pureté.

La *quantité d'eau* qu'il faut ajouter à la plante varie avec chaque espèce et suivant la quantité d'huile que cette plante est susceptible de produire. Si on met trop d'eau, les huiles volatiles étant, jusqu'à un certain point, solubles dans ce liquide, on éprouve une perte sensible et souvent même on n'obtient pas d'huile, mais seulement des eaux distillées ou saturées d'huiles volatiles. Au contraire, si on emploie trop peu d'eau, la plante s'attache au fond du vase, surtout vers la fin de l'opération, brûle et donne un produit empyreumatique qui altère considérablement la qualité de l'huile obtenue. L'expérience seule peut donc apprendre la quantité d'eau qu'il faut ajouter à la plante; mais en général il vaut mieux ne pas ménager l'eau, c'est le moyen d'obtenir des produits plus purs et plus suaves.

L'eau du récipient, *dont l'huile s'est séparée*, peut être employée à de nouvelles distillations, parce qu'étant saturée d'huile elle occasionne alors moins de perte.

Quand on veut obtenir des huiles d'une excellente qualité, il faut *fractionner* les produits, c'est-à-dire mettre à part ceux qu'on obtient à diverses époques de la distillation. Les produits recueillis les premiers sont toujours les plus fortement chargés et ceux dont l'odeur est la plus agréable.

Quelques huiles moins volatiles que les autres passant plus difficilement à la distillation, on ajoute à l'eau du *sel marin*. Cette dissolution saturée ne bouillant qu'à 109 ou 110° C., on obtient ainsi une élévation de température qui favorise la distillation de ces huiles.

L'eau du réfrigérant sépare généralement plus d'huile quand on la maintient à une *basse température;* mais il ne faut pas oublier que certaines huiles, ainsi que nous l'avons dit, sont déjà concrètes au-dessus de 0°, et que dans ce cas il ne faut pas refroidir au-dessous de 6 ou 7° C., si on ne veut pas que l'huile se solidifie dans le serpentin.

Le *feu* doit être conduit avec modération et régularité, en évitant les soubresauts et surtout les coups de feu violens, qui brûlent les plantes et les décomposent. On cesse de distiller dès que les produits sont devenus insipides et inodores.

On reçoit ordinairement les produits de la distillation dans un *récipient florentin*, sorte de flacon conique A (*fig.* 402), portant près de son fond un tube B, recourbé en S. Pendant la distillation le mélange d'huile et d'eau coule dans ce récipient, où se fait bientôt la séparation de ces liquides; l'huile surnage et, lorsque la hauteur du mélange condensé s'élève jusqu'à l'ouverture supérieure du tube B, l'eau s'écoule par ce dernier, de manière que le niveau reste toujours le même. La couche d'huile augmentant peu à peu, il ne s'agit plus que de la séparer de l'eau qu'elle surnage.

Fig. 402.

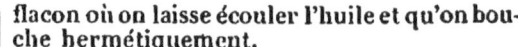

La distillation terminée, on verse ce mélange d'huile et d'eau dans un *entonnoir à bec très fin* qu'on bouche avec le doigt. Quand les 2 liquides forment, après quelques momens de repos, 2 couches bien distinctes, on ôte le doigt, on laisse écouler l'eau et on rebouche le bec aussitôt que l'huile est sur le point de couler. On transporte alors l'entonnoir sur un flacon où on laisse écouler l'huile et qu'on bouche hermétiquement.

Le récipient florentin ne sert que pour les huiles plus légères que l'eau; celles qui sont plus pesantes sont recueillies dans des vases cylindriques qu'on remplace par d'autres quand ils sont pleins; on les sépare aussi du liquide qui les surnage avec l'entonnoir, excepté que ce sont elles qui coulent les 1res et qu'on arrête l'écoulement quand l'eau arrive à l'extrémité du bec.

Par le repos il se *sépare encore un peu d'huile* de l'eau qui a servi de véhicule lors de la distillation. On hâte, dit-on, cette séparation en saturant cette eau avec du sel commun.

On *conserve les huiles volatiles* en les renfermant dans des flacons de verre parfaitement pleins, très bien bouchés et recouverts de papier noir. Ces flacons sont placés dans un lieu obscur et frais, mais non humide. Les huiles obtenues par expression sont celles qui se conservent le moins bien; quand elles déposent il faut les filtrer au papier et les renfermer dans de nouveaux flacons, comme nous venons de le dire.

SECTION III. — *De la fabrication des eaux distillées.*

Les eaux distillées ou aromatiques répandues dans le commerce sont des préparations composées d'eau et d'une huile volatile en dissolution. Ces eaux, employées dans la parfumerie, la pharmacie, l'économie domestique, etc.. se préparent par des moyens absolument analogues à ceux mis en usage pour recueillir les huiles volatiles, excepté qu'à la distillation on emploie une plus grande quantité d'eau et que le feu peut être poussé un peu plus vivement pour faire monter, dans un temps donné, une plus grande quantité de vapeurs aqueuses. L'huile volatile ne se sépare plus alors, elle reste en solution dans le liquide et lui communique une partie de ses propriétés.

C'est de cette manière, et en prenant 1 partie en poids des plantes ou portions des plantes, 4 d'eau, et distillant ou recueillant 2 parties seulement, qu'on obtient les eaux distillées d'anis, de menthe poivrée, de coriandre, de fenouil, d'absinthe, de thym, etc. Les eaux distillées de roses, de tilleul, etc., exigent 1 partie de plantes et 2 d'eau pour ne recueillir que 1 partie; celle de fleurs d'oranger *double*, 1 de fleur, 3 d'eau, et, distillant 2 parties; en ne retirant que la moitié du produit, on obtient l'eau de fleur d'orange appelée *quadruple.*

La fabrication des eaux distillées et des huiles essentielles à feu nu et dans un alambic ordinaire donne des produits suaves et agréables, quand on sait diriger convenablement le feu; mais il arrive souvent que les plantes, ramollies par la coction, s'attachent au fond de la chaudière, y brûlent ou y éprouvent un commencement de décomposition qui communique aux produits une odeur et une saveur désagréables.

Le moyen le plus simple d'éviter cet accident est de garnir le fond de la chaudière avec une couche de paille longue où une claie d'osier qui empêche le contact immédiat des plantes contre le fond. HENRY a proposé l'emploi d'un seau percé de trous, ou mieux en toile métallique, qui reçoit les plantes et les tient plongées dans le liquide à une certaine distance des parois et du fond. Plus tard ce chimiste s'est aperçu que les eaux distillées ainsi obtenues conservaient encore, à un certain degré, l'odeur empyreumatique, et, au lieu de plonger le seau dans le liquide, il l'a suspendu au-dessus, de manière que les vapeurs qui s'élevaient de la cucurbite traversaient les plantes et passaient à la distillation en entraînant tous les principes volatils.

Le seul remède tout-à-fait efficace consiste à soumettre les plantes à un courant de vapeurs sans qu'aucun des principes organiques soit soumis à l'action directe du feu. M. DUPORTAL a décrit un appareil de ce genre qui consiste en une chaudière qui fournit la vapeur d'eau, un vase intermédiaire qui contient les plantes et un serpentin qui recueille et conduit les vapeurs. On doit à M. SOUBEIRAN un appareil plus simple et que nous allons décrire.

A (*fig.* 403) est un vase à bain-marie en étain ou en cuivre qui s'adapte sur la cucurbite. Ce vase porte, à la partie qui s'élève au-dessus de cette cucurbite, un tuyau en cuivre B, C, D, dont le coude extérieur B entre à frottement dans la douille de la cucurbite. La partie intérieure du tube se recourbe 3 fois à angle droit et vient se relever au milieu du fond en D. Ce tuyau amène la vapeur qui se produit

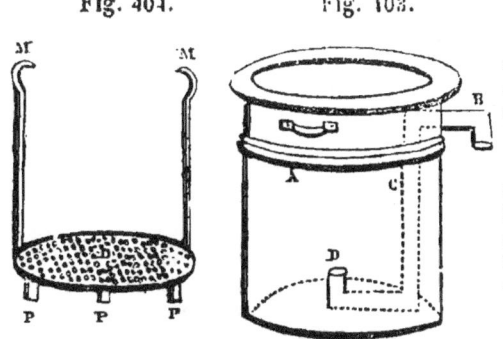

Fig. 404. Fig. 403.

par l'ébullition de l'eau contenue dans la cucurbite. Les plantes qu'on veut distiller sont mises sur un diaphragme en cuivre étamé E (*fig.*404) percé de trous, porté par 3 pieds P qui le soutiennent au-dessus de l'orifice du tuyau D armé sur les côtés de 2 lames en cuivre M qui servent à l'introduire et le retirer dans le vase A. L'appareil ainsi disposé on recouvre le bain-marie de son chapiteau, on adapte le serpentin, on lute et on distille. On voit ici qu'aucune partie des plantes ne peut brûler, puisqu'elles ne sont jamais exposées à une température qui dépasse 100° C.

F. M.

CHAP. XX. DE LA FABRICATION DU CHARBON DE BOIS ET DE TOURBE.

ART. Ier. *Fabrication du charbon de bois.*

Le moyen le plus généralement usité pour convertir dans les forêts le bois en charbon est fort ancien, il donne des résultats moins avantageux que les procédés qu'on a cherché à lui substituer en quelques endroits, et est loin surtout de réaliser le maximum de produit que la théorie et l'expérience ont démontré qu'il était possible d'obtenir; nous décrirons les uns et les autres en indiquant les conditions de leur réussite, leurs avantages ou leurs inconvéniens.

SECTION Ire. — *De la carbonisation dans les forêts.*

Les charbonniers choisissent à portée des tas de bois abattus, un terrain assez uni et ferme sur lequel ils nettoyent et battent une *place* pour y établir la charbonnière. Si l'on ne rencontre aux environs des bois empilés que des fonds en pente, sableux ou crevassés, il faut niveler le terrain, y ajouter une couche de terre susceptible de s'affermir, la ratisser et la battre, afin de préparer une surface plane et stable. On donne ordinairement à l'emplacement d'un *fourneau* ou d'un *feu* environ 15 pieds de diamètre.

L'*essence* du bois n'est pas chose indifférente; les bois durs donnent le charbon le plus estimé et le meilleur, le plus compacte, celui qui, par conséquent, sous le même volume, contient le plus de combustible; ce charbon est dans tous les usages le plus économique, et d'ailleurs on ne pourrait sans un très grand désavantage, en employer d'au-

tres dans beaucoup d'opérations des arts où il s'agit d'élever beaucoup et rapidement la température. Les charbons légers, réellement plus chers, puisqu'ils se vendent également à la mesure, ne conviennent qu'à ceux qui désirent allumer promptement de petites quantités de charbon et se contentent d'un feu de peu de durée.

En comparant les résultats de plusieurs procédés de carbonisation, on voit, en outre, qu'avec les mêmes bois on obtient des charbons dont le poids, pour une même mesure et quelques autres propriétés, diffère beaucoup comme nous l'indiquerons plus bas.

Les bois assemblés d'avance sont assortis par les charbonniers, suivant leur nature (*durs* ou *blancs*) et leur grosseur, qui varie de 1 à 3 pouces de diamètre, afin de les employer comme il convient; tous les morceaux doivent avoir sensiblement la même longueur.

Voici comment on s'y prend lorsqu'on veut *former un fourneau* ou amonceler le bois pour le carboniser. On choisit une forte bûche qu'on appointit d'un bout pour l'enfoncer en terre, et dont on fend en quatre l'autre bout; on la plante au centre de l'aire du fourneau (*fig.* 405), et l'on ajuste dans les fentes de sa partie supérieure deux bûchettes qui forment entre elles quatre angles droits et sont dans un même plan horizontal; puis on place debout quatre bûches qui, s'inclinent vers celles du centre, y sont appuyées et contenues dans les quatre angles du croisillon ci-dessus indiqué.

Alors, afin de former le *plancher* (*fig.* 406) on couche par terre, sur toute la superficie de l'aire, des bûches en bois blanc, assez grosses et droites, en les disposant très rapprochées, et comme les rayons d'un cercle dont le centre est dans la bûche plantée en terre; on remplit les vides laissés entre ces bûches avec de plus petites dont on recouvre même entièrement toute la surface de ce premier lit.

Pour donner à ce plancher quelque solidité, on enfonce en terre des chevilles autour de sa circonférence, à 1 pied environ de distance les unes des autres; on apporte alors le bois sur des brouettes dont la civière est surmontée par quatre montants en bois, formant un *V*, pouvant contenir entre eux un quart de *corde* de bois; on place toutes ces bûches debout et inclinées sur le plancher autour des premières sur lesquelles elles s'appuient (*fig.* 407).Ainsi rangées elles forment un cône tronqué dont la base est sur le plancher; on continue de dresser du bois de cette manière jusqu'à ce que l'on soit près de ne plus pouvoir atteindre facilement jusqu'au milieu de ce tas de bois.

On aiguise une bûche par un bout, l'une des plus grosses et des plus droites de celles à charbon; on l'implante droite au milieu du cône formé, on la fixe à l'aide de menu bois; puis on l'entoure de bûches (*fig.* 408) dressées

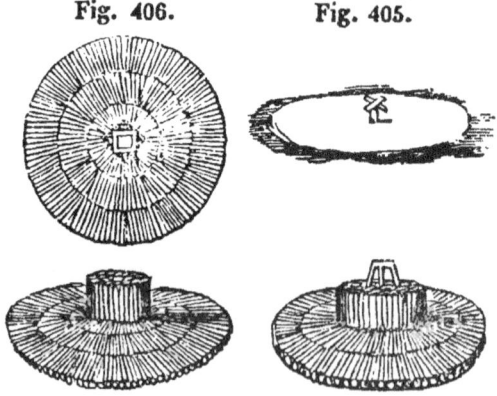

Fig. 406.   Fig. 405.

Fig. 407.   Fig. 408.

comme les premières, sur lesquelles elles s'appuient, et on leur donne la même inclinaison sur un axe commun, en sorte quelles continuent et doublent l'élévation du cône tronqué.

Ce *deuxième étage* formé, on continue le premier jusqu'à l'extrémité du plancher, puis on achève le 2e étage jusqu'aux bords du premier. Pour étendre encore celui-ci, on arrache les piquets et l'on augmente la surface du plancher, en plaçant tout autour de nouvelles bûches en bois blanc, dont on arrête encore les extrémités par des piquets; on dresse sur ce plancher, excentrique au premier, deux étages de bûches, en s'y prenant comme nous l'avons dit; enfin, on répète encore une fois toute cette manœuvre pour donner au fourneau les dimensions qu'il doit avoir, c'est-à-dire la hauteur de deux bûches et un diamètre de 15 à 18 pieds.

On arrache les chevilles qui contenaient le plancher pour les faire servir à la construction d'un autre fourneau; puis on ramasse autour du plancher du menu *bois de chemise*, et à l'aide d'une échelle courbée on monte sur le haut du *tas*, afin d'élever, en l'ébranlant un

peu, la grosse bûche du centre; on remplit les intervalles restés entre les bûches du 2e étage, avec du bois de chemise qu'on étend sur toute la surface; on ajoute assez de menu bois pour former un cône peu élevé dont le sommet aboutit vers la bûche implantée verticalement.

Le charbonnier couvre alors toute la surface du tas de bois avec de *l'herbe ou des feuilles*, et trace un chemin autour, en bêchant la terre. Si la charbonnière est toute nouvelle et qu'il n'ait pas de frazier (mélange de terre et de poussier de charbon), il divise la terre le plus possible et la met en tas; il s'en sert pour donner le dernier enduit, en en couvrant toute la surface du fourneau d'un pouce et demi d'épaisseur, à l'exception d'un demi-pied par le bas, afin de laisser accès à l'air dans cette partie. On emploie quelquefois des plaques de gazon que l'on retourne pour former cette couverture.

La dernière façon étant ainsi donnée, il faut *mettre le feu*; pour cela on ôte la bûche placée au centre du deuxième étage, et l'on jette dans le vide ou cheminée qu'elle laisse des brindilles de bois sec, puis une pellée de feu. Bientôt une épaisse fumée se dégage tout autour du fourneau et de la cheminée; on laisse les choses en cet état jusqu'à ce qu'on aperçoive la flamme sortir par la cheminée on la recouvre alors d'un morceau de gazon sans la fermer complètement, afin de laisser à la fumée une issue en cet endroit. L'ouvrier doit dès lors être très attentif à observer ce qui se passe, afin de remédier à une foule de petits accidens qui pourraient avoir des conséquences graves. L'accès de l'air et les issues de la fumée doivent être régularisés soigneusement, afin de rendre le moins inégales possible la température et la carbonisation. Il faut jeter de la terre, ou mieux du frazier, dans les endroits où la fumée sort trop abondamment.

Quelquefois les gaz comprimés font de petites explosions qui occasionnent quelques trous ou *cheminées*; on doit les reboucher à l'instant avec de la terre, du frazier ou des pièces de gazon; enfin, il faut ajouter de la terre au bas du fourneau et rétrécir ainsi de plus en plus le passsage qu'on y a ménagé; la carbonisation se fait bien et assez également lorsque la fumée s'exhale lentement de tous les points de la périphérie, excepté au sommet, où le courant est entretenu un peu plus rapide.

Il arrive souvent, dès le premier jour, que le tas en combustion s'affaisse beaucoup d'un coté; il faut alors ouvrir une issue du côté opposé, à l'aide de l'angle d'un *rabot*, sorte d'outil formé d'une planche taillée en un segment de cercle, emmanchée par le milieu de sa *surface*, et perpendiculairement à celle-ci, d'un long manche en bois; en se servant d'un des côtés rectilignes de ce même outil, on étend et l'on unit la terre qu'on jette sur l'endroit affaissé. C'est ainsi qu'on doit de temps à autre changer la direction des courans établis dans l'intérieur du fourneau.

Les charbonniers doivent observer encore *l'influence du vent* sur la carbonisation, et sont obligés, pour s'en garantir, d'élever des *abris* avec des clayonnages en osier. Ils veillent durant les nuits aux progrès de l'opération, dont le succès dépend entièrement de leurs soins, et qui pourrait ne leur donner d'autre résultat qu'un tas de cendres sans valeur. C'est à l'approche de la seconde nuit surtout qu'ils doivent redoubler d'attention. En effet, presque toute la masse est alors incandescente, et l'on attend l'apparition très prochaine du *grand feu;* c'est le moment où la chemise, entièrement devenue rouge, indique que le *charbon est fait.* On recouvre toute la superficie du tas avec de la terre et du frazier, qu'on unit à l'aide du rabot en râclant de haut en bas ces matières jetées à la pelle, et l'on achève ainsi de couvrir la partie inférieure du contour extérieur qui était à nu jusque là. Le tout étant bien uni, on ne voit plus que très peu de fumée. Quelques heures après il faut *rafraichir*; ce qui s'exécute en tirant avec le rabot le plus possible de terre et de frazier, y ajoutant de nouvelle terre et étendant encore le tout à la pelle sur la superficie du fourneau. Cette opération, lorsqu'elle n'est pas soigneusement faite, doit être renouvelée une fois et même deux; elle a pour but d'étouffer complètement le charbon en interceptant toute communication avec l'air extérieur.

Le 4ᵉ jour, le *charbon est prêt à être tiré.* Il faut donc 3 jours entiers pour terminer la carbonisation et le refroidissement. Tout ce temps n'est pas nécessaire lorsque le bois est sec; 2 jours 1/2 suffisent ordinairement.

Pour *tirer le charbon* on ouvre le tas d'un côté seulement, à l'aide d'un crochet en fer; et si l'on s'aperçevait que le feu fût mal éteint, on reboucherait l'ouverture avec du gazon ou des feuilles et de la terre.

On a introduit, en différens endroits, plusieurs modifications au procédé que nous venons de décrire. Ainsi, par exemple, on a varié les formes des fourneaux et leurs dimensions; on les a construits en pyramides quadrangulaires, en cônes élevés de 2 étages de plus. Quelquefois on met le feu par le bas et on laisse sortir la fumée sur plusieurs points de la partie inférieure, etc. PAYEN.

SECTION II. — *Des procédés perfectionnés de carbonisation.*

En consultant, dans le livre des forêts (t. **IV**, p. 128), ce qui est dit sur la carbonisation des bois, on voit que ces procédés ne donnent généralement pas au-delà de 15 à 18 p. 0/0 de charbon de bois, mais que, dans les circonstances favorables et lorsque la carbonisation est conduite par un bon ouvrier, on peut s'élever jusqu'à 20 et 23 p. 0/0.

Pour atteindre constamment ces derniers résultats on a proposé un grand nombre de procédés, dont nous ne devons pas nous occuper ici, parce qu'ils ne paraissent pas d'une exécution assez facile dans la pratique ou assez économiques pour fournir à des prix modérés les charbons dont les usines à fer, les forges, les fonderies de métaux et même les besoins usuels réclament impérieusement la fabrication. C'est ainsi que la carbonisation des bois en vases clos, qui donne, terme moyen, 25 p. 0/0 d'un charbon de bonne qualité, et qui recueille en outre les produits accessoires, tels que le goudron et l'acide pyroligneux ou

acétique impur, est une opération qui est à peu près abandonnée pour cet objet, parce que le prix des appareils distillatoires et des transports des charbons ainsi préparés dans ces appareils fixes ne permet pas de les livrer aux usines à des conditions avantageuses.

Parmi les autres appareils, qui sont des modifications plus ou moins heureuses de la méthode suivie en forêts et dans lesquelles tantôt on abandonne, tantôt on recueille les produits accessoires, nous ne ferons connaître que celui dû à M. FOUCAUD, et qui est aisément transportable, d'une construction facile et peu dispendieux, et la méthode de carbonisation qui a été mise en pratique avec succès par M. DE LA CHABEAUSSIÈRE.

§ Iᵉʳ. — Procédé de M. FOUCAUD.

Le procédé de M. FOUCAUD est fondé sur le principe des *abris;* la construction de son fourneau qu'on voit à vol d'oiseau et en élévation dans les fig. 409 et 410, et la conduite du feu sont absolument les mêmes que dans le procédé des meules; on y ajoute seulement une enveloppe conique qui, aux avantages des abris ordinaires, réunit celui de pouvoir recueillir les produits accessoires de la carbonisation dans des appareils réfrigérans.

Pour former un abri de 30 pi. de diamètre à sa base, 10 pi. à son sommet et 8 à 9 pi. de hauteur, on assemble, en bois de 2 po. d'écarrissage, des châssis de 12 pi. de long, 3 pi. de large d'un bout et 1 pi. à l'autre. Les montans A, B et C, D (*fig.* 411) de ces châssis sont mu-

Fig. 409.

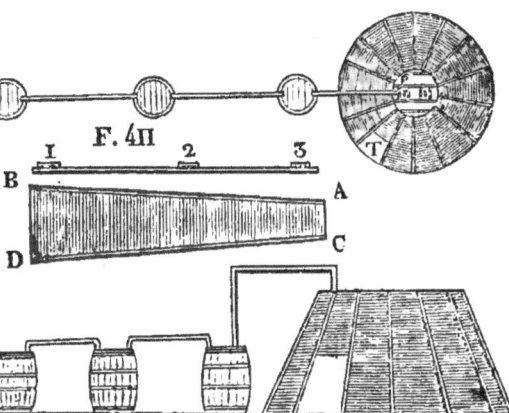

Fig. 410.

nis de 3 poignées en bois à l'aide desquelles on peut les réunir; il suffit pour cela de passer dans 2 poignées contiguës une cheville en fer ou en bois. Les châssis sont garnis de clayonnages d'osier et enduits d'un mortier de terre mêlée d'herbes hachées.

Un couvercle plat de 10 pi. de diamètre, formé de planches bien jointes et maintenues par 4 traverses, forme le sommet du cône. Il est muni de 2 trappes destinées à livrer passage à la 1ʳᵉ fumée au commencement de l'opération; un trou triangulaire P, pratiqué **sur** le même couvercle, reçoit un conduit formé de 3 planches, et destiné à conduire les **gaz** et liquides condensés dans des **tonneaux. En-**

fin, une porte T, que l'on ouvre et ferme à volonté, permet au charbonnier de visiter son feu.

En enduisant de craie ou de terre crayeuse les parois intérieures de tout le clayonnage en osier, on obtiendrait directement de *l'acétate de chaux*.

§ II. — Procédé de M. DE LA CHABEAUSSIÈRE.

Dans ce procédé, on creuse en terre ou on élève sur le terrain des cylindres de terre battue ou de gazon, et on y pratique des évens comme nous allons l'indiquer.

La *fig.* 412 représente un *fourneau souterrain*, moitié en place et moitié en élévation à vue d'oiseau, et la *fig.* 413 est la coupe du

Fig. 414   Fig. 412.

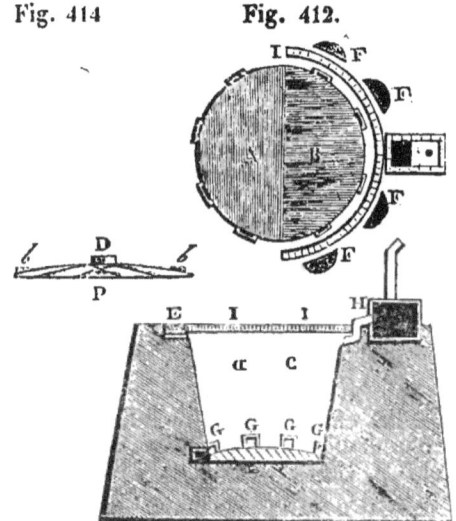

Fig. 413.

même fourneau suivant la ligne A, B. L'ensemble de ces figures montre les objets suivans : A, moitié du plan au niveau du remblayage du fond; B, moitié de l'élévation à vue d'oiseau; C, demi-coupe sur la cheminée; D, demi-coupe sur les courans d'air; E, remblayage du fond; G, ouvreaux des courans d'air formés en brique; F, évens pratiqués dans le terrain pour former des courans d'air; H, caisse en brique et tuyau conducteur des fumées; I, entourage en brique, sur lequel doit poser le couvercle.

La *fig.* 415 représente un *fourneau construit au-dessus du sol*, moitié en plan, moitié en élévation à vue d'oiseau, et la *fig.* 416 la coupe du même fourneau, sur la cheminée et les courans d'air; L, est la moitié du plan de ce fourneau, au niveau du remblayage du fond; M, la moitié de l'élévation à vue d'oiseau; N, une perche plantée en terre pour soutenir la partie de la caisse qui dépasse le fourneau; il en faut 2 parallèles, réunies par une traverse. La *fig.* 414 fait connaître la structure du chapeau ou couvercle P, qui est en tôle ferrée; D, le soupirail pour la mise en feu; *b,b,* des soupiraux pour les 1res fumées et pour régulariser le feu.

Les *tuyaux* à courans d'air sont formés par des tuyaux de terre de 2 pi. de diamètre. Ces tuyaux, soit en dehors, soit en dedans du fourneau, aboutissent à des cavités en brique. Une couronne en brique forme le bord du fourneau et sert à supporter le chapeau. Les

Fig. 415.

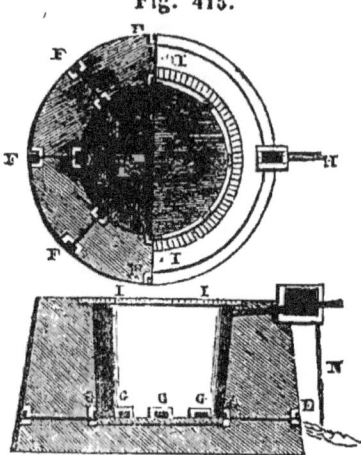

Fig. 416.

fourneaux souterrains consistent d'ailleurs en une simple fosse de 10 pi. de diamètre sur 9 de profondeur, dont on répare de temps en temps les parois avec de la terre battue. Le fond du fourneau est remblayé avec de la terre à potier, légèrement humectée et battue jusqu'au niveau des évens, c'est-à-dire à 6 po. de hauteur, en donnant un peu de convexité à cette aire.

A 9 po. au-dessous du bord est pratiqué un trou rempli par un tuyau de terre cuite de 9 po. de diamètre. Celui-ci est un peu incliné vers l'intérieur du fourneau et aboutit à une caisse carrée H de 18 po. de long sur 1 pi. de large, et 15 po. de hauteur, construite en brique sur le terrain et ouverte par le haut. Cette caisse porte une gorge qui reçoit une plaque de tôle destinée à la fermer. L'acide et le goudron qui pourraient obstruer le passage s'écoulent par une ouverture percée à 2 ou 3 po. au-dessus du fond de la caisse et bouchée à volonté. De cette caisse partent des tuyaux verticaux, en tôle ou en terre cuite, qui s'élèvent à environ 4 1/2 pi. et se prolongent horizontalement ou légèrement inclinés jusqu'à 15 pi. du fourneau. A cette distance, il n'y a plus à craindre que le feu prenne; le reste de l'appareil peut être en bois et le condensateur peut être placé vers ce point.

Le *chapeau* en fer P est formé de plaques de tôle consolidées par un cercle en fer plat et par des bandes mises de champ, qui maintiennent sa surface supérieure. Il est légèrement bombé et pèse 250 à 275 kilog.; on lui donne 10 pi. 6 po. de diamètre, afin qu'il porte de 3 po. sur le fourneau; il doit être assez solide pour ne pas s'affaisser quand on marche dessus. Au milieu on pratique un trou D de 9 po. de diamètre, garni d'un collet et fermé par un bouchon en fer; 4 ouvertures semblables *b, b,* mais de 4 po. de diamètre seulement, sont percées à 1 pi. du bord du couvercle. Ce chapeau se manœuvre très aisément au moyen de 2 leviers en fer et de quelques rouleaux en bois, ayant 12 pi. de longueur, pour qu'ils puissent traverser le fourneau et poser sur le terrain.

Pour construire les *fours élevés au-dessus du sol*, il faut d'abord tracer sur le terrain 2 cercles concentriques, l'un de 4 pi. 1/2 de rayon, l'autre de 8 1/2 pi. L'espace de 4 pi. qui reste entre eux sert de base pour la muraille de gazon à construire ; on élève celle-ci par assise, en ayant soin de battre chaque couche de gazon, afin d'en lier les parties sur toute l'épaisseur : sa hauteur est de 9 pi. Par le haut, et à cause du talus, cette muraille n'a plus que 3 pi. d'épaisseur. Le bord intérieur est garni d'une rangée de briques posées à plat.

Les *évens* de ces fourneaux de gazon sont au nombre de 8, pratiqués à 6 po. du sol naturel, et au niveau du sol intérieur, élevé par un remblai ; ils sont garnis de tuyaux de poterie ou de briques. Le chapeau en fer est le même que pour les fourneaux souterrains ; seulement il est muni de 3 anneaux pour recevoir une triple chaîne, qui est attachée au bout d'une grue tournante et à bascule, qui sert à le soulever, à le replacer et à enlever les paniers de charbon.

Les *tuyaux* de ces fourneaux sont les mêmes que ceux des fourneaux souterrains, avec cette différence qu'ils vont en descendant jusqu'à la 1ʳᵉ caisse, qui n'a pas besoin d'être aussi grande, et continuent depuis cette caisse, toujours en descendant, jusqu'à la 1ʳᵉ pièce de l'appareil condensateur.

Dans l'un et dans l'autre de ces fourneaux cet *appareil condensateur* est formé d'une série de futailles que la fumée est obligée de traverser avant de se rendre dans une cheminée où l'on fait un peu de feu pour établir un tirage convenable.

Avant de mettre le fourneau en *activité*, il faut bien le sécher en y faisant un feu de broussailles ou de copeaux ; cette opération terminée, on procède au chargement de la manière suivante :

On plante au centre de l'aire un poteau rond de 4 po. de diamètre et de la même hauteur que le fourneau ; on le fait entrer légèrement dans le sol, et on le maintient droit en l'entourant au pied avec un 1/2 hectol. de menu charbon. On choisit, parmi le bois à charbonner, les bûches les plus fortes, et on en forme entre les évens des rayons horizontaux, mais qui ne doivent cependant s'appuyer ni contre le poteau ni contre les parois du four. L'intervalle ménagé entre les rayons, qui est de 4 à 5 po. au centre, et de 16 à 18 vers la circonférence, forme autant de courans d'air partant des évens et aboutissant au centre du fourneau. Sur ces rayons on pose transversalement une 1ʳᵉ couche de bois qui s'appuie contre le poteau, mais dont les morceaux doivent être aussi rapprochés que possible. Cette couche en reçoit successivement d'autres, jusqu'à ce que le fourneau soit entièrement chargé, avec la précaution de remplir les vides, surtout vers la circonférence, ce qui se fait en alternant la longueur des bûches, qui est de 56 à 42 po.

Le *fourneau étant chargé*, on enlève le poteau du milieu ; on place le couvercle, dont on ouvre les 5 soupiraux et qu'on recouvre de 2 po. de terre ou de sable sec, de débris, etc., pour qu'il y ait le moins de condensation possible des vapeurs dans l'intérieur du fourneau ; on ouvre également tous les évens latéraux.

Pendant ce temps on a allumé de la braise à côté du fourneau ; on la verse toute incandescente, et au moyen d'un grand entonnoir, par le trou central du chapeau, dans l'espèce de cheminée ménagée au milieu de la masse ; elle tombe au fond du fourneau et embrase le menu charbon et le bois sec qui s'y trouvent placés, et afin que la flamme se distribue vers les bords du fourneau on bouche hermétiquement l'orifice central du chapeau, dont on lute le bouchon avec de la terre à potier humectée. On laisse agir pendant quelque temps l'embrasement ; mais aussitôt qu'on s'aperçoit que la flamme bleue prend une couleur blanchâtre et forme des nuages, on ferme légèrement les soupiraux du couvercle et on diminue les ouvertures des évens, afin de laisser très peu de passage à l'air ; on dirige ensuite l'opération suivant la nature du développement des fumées et on bouche entièrement les soupiraux.

Si l'abondance des vapeurs était telle qu'elles ne pussent être convenablement attirées par la cheminée extérieure placée au bout du condensateur, il vaudrait mieux perdre un peu d'acide et laisser échapper quelques vapeurs par les soupiraux du chapeau, plutôt que de voir l'opération se ralentir et peut-être le feu s'éteindre.

L'*opération doit durer* 60 à 80 heures pour obtenir du charbon de bonne qualité. Au moyen d'une sonde on peut reconnaître l'état de la carbonisation, soit en retirant des morceaux de bois carbonisé, soit en examinant si le tassement est égal dans toutes les parties du fourneau. S'il ne l'est pas, on ouvre l'évent du côté où ce tassement est le moins considérable, et le soupirail opposé, et bientôt l'équilibre se rétablit.

Lorsque l'*opération est terminée*, on trouve que le bois s'est affaissé d'environ moitié de sa hauteur, s'il a été empilé horizontalement.

Quand on est assuré que la carbonisation est complète, soit par le sondage, soit par la nature et la couleur du peu de fumée qui peut encore se manifester, on donne le *coup de force*, c'est-à-dire qu'à l'exception de l'orifice central du chapeau, on ouvre toutes les autres ouvertures et les évens ; alors il se produit un dégagement d'hydrogène qui n'avait pu être évacué en totalité. Si on n'effectuait pas ce dégagement, le charbon conserverait une teinte rougeâtre qui nuirait à la vente.

Lorsqu'on voit à travers les soupiraux la surface du tas devenir incandescente, on procède à la *suffocation*, en bouchant hermétiquement et avec beaucoup de soin toutes les ouvertures ; on enlève la terre qui était sur le couvercle, et on le badigeonne au pinceau avec de la terre délayée dans l'eau. Pour clore les soupiraux du couvercle, on y introduit les bouchons de tôle ; on les surmonte de manchons de tôle ou de terre cuite d'un plus grand diamètre et d'une plus grande hauteur que les collets, et on les remplit de terre qu'on enlève de dessus le chapeau.

La *durée du refroidissement* est d'environ 72 à 80 heures dans les fourneaux qui ne chôment jamais.

Dès que *le fourneau est refroidi* on le découvre et on s'aperçoit que le charbon, sauf le retrait, a conservé la forme du bois sans mélange de terre ni d'aucune impureté. Pour le retirer, un ouvrier descend, sans le moindre danger pour lui, dans le fourneau, enlève à la main, et sans le briser, tout le charbon en morceau, et ramasse ensuite avec une pelle le peu de menu et de poussier qui pourraient rester au fond. S'il trouve quelques fumerons il les met à part; mais il est rare qu'il y en ait.

Dans le cas où le refroidissement n'aurait pas été complet, l'ouvrier se sert d'une main de fer; s'il était resté du feu dans le fourneau par suite de la clôture imparfaite des évens, il n'en faudrait pas moins le vider. Le charbon allumé ou mal éteint est porté sur une aire voisine, où il est étendu avec des râteaux, ce qui suffit pour qu'il s'éteigne de lui-même.

Quand le fourneau est vidé on le *recharge*, et on s'occupe à en vider un autre. Cinq ouvriers suffisent pour le travail de huit fourneaux.

Le produit annuel de ces 8 fourneaux a été de 20 p. 0/0 dans l'établissement de M. DE LA CHABEAUSSIÈRE, où on a obtenu pour

2,000 stères bois de chêne, pesant 1,250,000 kil.
16,000 hectol. charbon pesant   250,000
1,000 pièces d'acide acétique
      impur pesant   223,500

La *dépense de construction* de chaque fourneau est d'environ 450 fr., dont 400 fr. pour le chapeau et le surplus pour le fourneau. En cas de déplacement, il n'y a de perte réelle à faire que celle des fourneaux, dont l'entretien est presque nul, les ouvriers pouvant les réparer eux-mêmes au fur et à mesure des dégradations. On ne fait pas entrer dans cette évaluation la dépense de l'appareil de condensation, qui, une fois construit, est facile à transporter sans de grands frais.

Ce procédé offre sur les méthodes ordinaires les *avantages suivans* : le charbon est obtenu en plus grande quantité et de meilleure qualité; l'opération est plus facile à conduire et à surveiller; il y a économie de temps pour le chargement et le déchargement du fourneau; le charbon est facile à recueillir; il n'est mêlé ni de terre ni d'aucune impureté; les fumerons y sont très rares; les appareils sont simples, peu coûteux à établir, et exigent peu d'entretien; enfin, on peut à volonté perdre ou recueillir les produits volatils.

En traitant des produits résineux nous indiquerons la préparation du *noir de fumée*, qui n'est autre chose qu'un charbon très divisé, et nous décrirons un mode particulier de carbonisation des bois épuisés de térébenthine, à l'aide duquel on obtient des goudrons moins colorés et plus résistans que par les procédés habituels.   F. M.

SECTION III. — *Emploi du charbon.*

Il serait trop long d'énumérer ici tous les usages du charbon de bois; nous nous contenterons de rappeler qu'il est employé : 1° comme combustible, surtout dans les circonstances où l'on veut obtenir une température intense sans un fort tirage et sans fumée dans de petits fourneaux d'une construction très simple; 2° pour garnir le pied des paratonnerres, afin de distribuer dans le sol ou d'en soutirer le fluide électrique capable de neutraliser l'électricité contraire des nuages. Il

faut, relativement à cette application, que le charbon soit bien calciné, comme la braise des fours à boulangeries, afin qu'il soit bon conducteur; 3° pour tapisser les parois intérieures des tonneaux destinés à la conservation de l'eau dans les voyages de long cours et la garantir ainsi de la fermentation putride. A cet effet on carbonise tout simplement les parois intérieures des barriques en y faisant brûler des copeaux à plusieurs reprises. Aujourd'hui on préfère généralement se servir de caisses en tôle, qu'on préserve de l'oxidation par un enduit de bitume et d'huile de lin, et dans lesquelles on dépose de la ferraille pour préserver l'eau de la putréfaction; 4° pour la dépuration des *eaux potables;* 5° pour la désoxidation d'un grand nombre de substances; 6° pour la préparation de la poudre à canon, des crayons, etc.

SECTION IV. — *Des diverses variétés de charbon.*

Nous terminerons cet article par une considération importante sur la valeur et les propriétés spéciales du charbon de bois, suivant deux circonstances données de sa préparation.

Dans les procédés suivis, soit pour carboniser en perdant tous les produits volatils, soit en recueillant les vapeurs condensables et brûlant à part les gaz, toutes les fois que l'opération faite sur de grandes masses est lente et régulièrement graduée, toutes choses égales d'ailleurs, et, par exemple, pour des bois d'égale densité apparente, le charbon a pris plus de retrait, par conséquent il est *plus lourd* sous le même volume et moins dispendieux à prix égal, puisqu'on l'achète à la mesure; il est d'ailleurs de beaucoup préférable pour obtenir une haute température dans les fonderies en bronze, etc.; en effet, il développe dans un même espace une plus grande quantité de chaleur.

Le *charbon plus léger*, qui résulte d'une rapide carbonisation, offre l'avantage de s'allumer plus vite et d'accélérer ainsi de petites opérations de laboratoire ou d'économie domestique.

Une 3e variété de charbon, peu en usage encore, a été utilisée depuis deux ans par les conseils de M. DUFOURNEL, élève de l'école centrale des arts et manufactures de Paris, et indiquée comme une grande amélioration dans l'emploi économique de ce combustible; nous voulons parler de l'application des *fumerons* ou *mouchots*, c'est-à-dire du bois incomplètement carbonisé ou amené seulement à l'état de *charbon roux*.

Les 1ers essais ont eu lieu dans la forge de M. JOBARD, en employant un tiers de la charge du combustible en fumerons. Ces sortes de résidus, que l'on croyait devoir rejeter naguère et que l'on extrayait à dessein des meules carbonisées, et souvent dans la proportion de 5 à 10 p. 0/0, n'ont rien changé à l'allure du fourneau, et ont procuré par conséquent une économie notable.

On en a tiré la conséquence qu'il y aurait beaucoup plus de profit encore à carboniser exprès, seulement à ce point, la totalité du bois à charbon. On peut se faire une idée des avantages qu'on doit retirer de cette innovation par les données suivantes, que nous reproduisons avec l'autorité du nom de M. BER-THIER, membre de l'Institut, directeur des mines, et dont l'opinion est entièrement favorable à l'emploi précité du charbon roux.

Le tableau suivant permettra de calculer ces avantages ; il indique dans la 1re colonne les divers charbons obtenus suivant les procédés mis en usage ; dans la 2e se trouve la quantité de chaque sorte de charbon pour 100 kil. de bois ordinaire contenant 13 d'eau hygrométrique, et représentant donc 87 de bois séché à l'étuve ou 38 de charbon pur ; dans la 3e colonne on voit la quantité de carbone ou charbon supposé pur que représente chaque variété de charbon, et dans la 4e l'équivalent en charbon pur de la perte faite dans chacune des opérations en regard.

CHARBONS.	Quantités obtenues.	Charbon pur représenté.	Perte en charbon pur.
Charbon roux.....	36	31	7
Charbon des grandes meules......	29	28	10
Charbon des meules ordinaires.....	25	24	14
Charbon en grands vases clos, rapidement fait......	28	24	14
Charbon en petits vases clos, très rapidement obtenu...	13	12,5	27,5

Tous ces résultats obtenus dans des opérations soignées sont des *maxima;* mais enfin on peut y prétendre, et l'on voit que, sous le rapport des quantités du combustible pur, le plus grand produit est en charbon roux, quand même on le supposerait encore de 5 p. 0/0 au-dessous. Vient ensuite la carbonisation en grandes meules qui, à la vérité, lorsqu'elle est mal soignée, ne donne que 20 à 22 p. 100 au lieu de 29.

SECTION V. — *Produits de la carbonisation des diverses natures de bois.*

Le charbon obtenu des meules ordinaires forme au plus le 5e du poids du bois et quelquefois seulement le 6e, et terme moyen 18 p. 0/0 de charbon. Dans ce dernier cas la perte en équivalent de charbon pur est de 50 p. 0/0. La carbonisation en vases clos produit au plus 28 p. 0/0, mais qui n'équivalent, à cause des matières volatiles, qu'à 24 de charbon pur. Souvent on n'obtient que 23 représentant 20 de carbone. Le dernier résultat fait voir combien est grande l'influence de la rapidité dans la carbonisation, puisqu'en effet, en calcinant dans un creuset de laboratoire le même bois, qui contient 38 p. 0/0 de charbon pur, on n'en obtient que 12,5, c'est-à-dire que l'on en perd plus des 2/3.

Nous donnerons, à cet égard ici le tableau des résultats que M. JUNCKER, ingénieur des mines, a constatés, à la demande de M. BERTHIER, près des usines de Poulaouen, sur diverses essences de bois.

Tous les bois ainsi essayés étaient âgés de 32 ans ; les meules avaient un égal volume, leur contenance était de 5 cordes. On a mesuré les charbons aussitôt après le défournement, et ils ont été pesés immédiatement ensuite, et avant qu'ils n'eussent encore absorbé les 6 à 9 p. 0/0 d'eau qu'ils ne tardent guère à prendre dans l'air atmosphérique. Les cinq premières fournées ont été faites en août et les cinq dernières en janvier, par un temps très défavorable.

NATURE DES BOIS.	POIDS des bois.	PRODUITS OBTENUS.		Fumerons.	Durée du feu.	Charbons pour 1,000 de bois.
		barriques.	poids.			
	kilog.		kilog.	kilog.	heures.	
Hêtre vert coupé en mai 1832......	7830	32	1536	46	91	0,1993
Chêne vert écorcé coupé en mai 1832...	7620	32 1/2	1749	25	96	0,2303
Chêne et hêtre secs non écorcés de 2 ans..	5654	30	1356	17	66	0,2405
Chêne sec écorcé de 2 ans......	6886	36	1762	24	76	0,2568
Chêne vert avec son écorce coupé en mai 1832.	5706	28	1276	18	66	0,2243
Chêne vert écorcé coupé en mai 1832....	6540	27 3/4	1382	17	72	0,2119
Chêne vert non écorcé coupé en mai 1832..	5012	27 1/2	930	60	54	0,1878
Chêne 1/2, hêtre 1/2 non écorcés coupés en janvier 1831 et mis en tas en août 1831....	5019	24	1171	24	66	0,2344
Hêtre vert avec écorce carbonisé immédiatemt.	10549	26	1354	30	138	0,1287
Chêne vert avec écorce carbonisé immédiatemt.	8762	21	1175	34	96	0,1346

On voit que la dernière colonne de ce tableau indique la proportion de charbon, déduction faite des fumerons qui, dans ces opérations bien soignées, ne se sont élevés que de 1 à 6 1/2 pour 0/0.

ART. II. *De la fabrication du charbon de tourbe.*

SECTION Ire. — *De la tourbe et de son exploitation.*

Sous le nom de *tourbe*, on désigne une matière d'une nuance brune foncée, terne, spongieuse, légère lorsqu'elle a perdu l'eau dont elle est imbibée, formée des débris de végétaux entrelacés, quelquefois reconnaissables, mais pourtant déjà décomposés en partie et mélangés de terre en proportions variables.

Les *dépôts* de tourbe les plus considérables constituent la variété désignée sous le nom de *tourbe des marais*, dénomination qui indique son gisement et son origine. Elle se trouve en couches plus ou moins épaisses dans des terrains marécageux qui ont servi autrefois ou qui servent encore de fonds à des lacs d'eau douce. Ces couches sont horizontales, ordinairement recouvertes par un lit de sable ou de terre végétale, dont l'épaisseur s'élève rarement au-delà de quelques pieds. La masse de tourbe est quelquefois divisée en plusieurs lits par des couches minces de limon, de sable ou de coquilles fluviatiles. Les tourbières varient en étendue, surtout suivant la surface de l'amas d'eau dans lequel elles ont pris naissance. On en trouve en Hollande qui ont une étendue très considérable, tandis que dans les vallées des hautes montagnes, telles que les Alpes ou les Pyrénées, il s'en rencontre qui ont seulement 7 à 10 mèt. de largeur. L'épaisseur du lit de tourbe n'est pas moins variable; tantôt elle n'est que de 3 ou 4 pieds, tantôt, comme en Hollande, elle atteint jusqu'à 30 pieds de profondeur.

La *formation* de la tourbe est évidemment le résultat de l'altération d'un amas de végétaux morts et déposés au fond des marais ou des lacs, où ils se sont mélangés avec le limon et les plantes aquatiques qui y vivaient; il suffit d'avoir observé les touffes épaisses de graminées qui tapissent les marécages pour reconnaître l'origine de la tourbe. Chaque année ces lits augmentent d'épaisseur et les végétaux qui s'y développent finissent par se trouver à une distance assez grande du terrain, dont ils sont séparés par une couche épaisse de débris ou de racines entrelacées qui s'accumulent en se désagrégeant et s'altérant de plus en plus; en définitive, c'est le bois ou la matière ligneuse, peu à peu altérée et convertie en ulmine et ulmate de chaux, qui forme la tourbe, de même qu'une altération beaucoup plus longue et plus avancée a converti en lignites, en houilles et en anthracite, de plus anciens, plus grands et plus abondants végétaux.

L'*exploitation des tourbières* se fait avec facilité; leurs couches, généralement très superficielles, sont d'abord découvertes en déblayant des matières terreuses, puis on enlève la tourbe de diverses manières. On distingue les parties supérieures des couches, de celles qui sont plus profondément placées. Les premières, encore très ligneuses ou composées de débris végétaux bien distincts, portent le nom de *bouzin*, ou de tourbe mousseuse, fibreuse ou légère. Les couches sous-jacentes, formées de débris presque entièrement désorganisés ou méconnaissables, donnent la tourbe lourde, limoneuse ou compacte. La tourbe limoneuse étant plus estimée que le bouzin, elle est extraite avec beaucoup plus de soin; d'ailleurs la couche de bouzin est toujours la moins puissante; on l'enlève à la bêche ordinaire et on la moule

grossièrement en briques de fortes dimensions, que l'on fait sécher à l'air ou au soleil, et que l'on vend à part. Dans les tourbières de France, la tourbe limoneuse, s'exploite autrement. Lorsque, au moyen de l'enlèvement du bouzin, la couche de cette espèce de tourbe a été découverte, on la coupe en briques au moyen d'une bêche nommée *louchet*, munie d'une oreille coupante pliée à angle droit sur le fer principal. Ces briques sont de même séchées au soleil ou à l'air. Le louchet porte quelquefois deux oreilles coupantes; quelquefois celles-ci sont réunies par une lame de fer qui donne à l'instrument la forme d'une caisse rectangulaire ouverte aux deux bouts et coupante à son extrémité.

Lorsque la tourbière est inondée, on fait usage de la *drague*, afin d'extraire ainsi de la tourbe en bouillie que l'on étend d'abord sur un terrain en pente légère.

La tourbe de Hollande, limoneuse, s'exploite par des procédés simples et économiques qui peuvent servir de modèles en ce genre; nous les décrirons avec quelques détails.

On enlève les couches de substances étrangères qui recouvrent le lit de tourbe, on extrait celle-ci d'abord au louchet, puis au moyen d'une drague. Les dragues qu'on emploie en France sont formées d'un sceau en fer; celles de Hollande sont bien préférables; elles consistent en un simple anneau en fer à bords coupans, dans l'épaisseur duquel sont percés des trous en nombre suffisant pour recevoir les cordes principales d'une espèce de filet ou de sac qui forme le fond ou poche de la drague. L'ouvrier, au moyen de cet ustensile, ramène plus de tourbe et moins d'eau. Il la verse dans un baquet où elle est pétrie par un ouvrier qui la débarrasse, à l'aide d'un *fourchet*, de tous les débris trop grossiers, en même temps qu'il en forme une pâte qu'il piétine fortement et qu'il brasse avec un *rabot*. Lorsque la pâte est bien faite, on l'étend sur une aire de 4 à 10 mètres de largeur sur une longueur variable suivant la disposition du local, et on la réunit en une couche continue de 13 pouces d'épaisseur, qui est maintenue par des planches sur les bords de l'aire, produisant une sorte d'encaissement; l'eau surabondante s'écoule ou s'infiltre dans la terre; une grande partie s'évapore.

Afin d'éviter que la tourbe ne s'incruste dans la terre et n'y adhère, on a le soin de recouvrir tout le sol d'un lit de foin piétiné, avant d'y verser la tourbe en bouillie. Cette bouillie étendue avec des pelles est tassée à coups de battes qui lui donnent une épaisseur et une consistance uniformes.

Au bout de quelques jours, la tourbe est un peu raffermie, par suite de l'infiltration et de l'évaporation de l'eau; des femmes et des enfans marchent alors sur les couches, ayant attachées sous les pieds, à l'aide de courroies, des planches de 16 centimètres de large et de 33 à 40 centimètres de long. Ce piétinement tasse la tourbe, donne de la compacité à la masse et remplit les gerçures qui s'y étaient formées.

On ne discontinue cette opération que lorsque la tourbe est devenue assez dense pour qu'on puisse marcher dessus avec des chaussures ordinaires sans s'y enfoncer. Alors on achève de la tasser au moyen de larges battes et on finit par la réduire à une épaisseur uniforme de 22 à 25 centimètres.

On trace alors sur la couche, au moyen de longues *règles*, des lignes qui la divisent en carrés de 12 à 13 centimètres de côté. L'épaisseur de la couche étant de 24 centimètres, on voit qu'en la coupant suivant ce tracé, on formera des briques de 24 centimètres de long sur 12 de large et autant d'épaisseur.

La *division de ces briques* s'effectue au moyen d'un *louchet* particulier dont le fer tranchant est terminé par un angle très ouvert. On coupe la tourbe dans le sens du tracé, çà et là d'abord, pour examiner son état de dessiccation ou pour faciliter celle-ci; puis, à mesure qu'elle s'effectue, on achève la division; on abandonne alors les briques de tourbe à une 1re dessiccation spontanée, afin qu'elles prennent plus de consistance. Enfin des ouvriers, les mains garnies de cuirs qui les préservent du frottement, enlèvent toutes les briques des rangs impairs et les posent en travers sur celles des rangs pairs restées debout. Quelques jours après on les déplace en sens inverse, c'est-à-dire en remettant debout les rangs impairs et posant sur eux en travers les rangs pairs. Cette opération suffit pour que la dessiccation s'achève d'elle-même en peu de temps. Les briques de tourbe sont ensuite emmagasinées.

On doit cependant n'exécuter l'emmagasinage que lorsque la dessiccation est bien faite, car les tourbes entassées pourraient fermenter et s'échauffer au point de prendre feu.

Par la distillation, la tourbe donne des produits analogues à ceux du bois, mais en proportions différentes. KLAPROTH a obtenu de la tourbe du comté de Mansfeld.

1° Produits solides 40,5
- 20,0 charbon.
- 2,5 sulfate de chaux.
- 1,0 protoxide de fer.
- 3,5 alumine.
- 4,0 chaux.
- 9,5 sable siliceux.

2° Produits liquides 42,0
- 12,0 eau chargée d'acide pyroligneux.
- 30,0 huile empyreumatique, brune, cristallisable.

3° Produits gazeux 17,5
- 5,0 acide carbonique.
- 12,5 oxide de carbone et hydrogène carboné.

100

On doit compter parmi ces produits une petite quantité d'acétate d'ammoniaque dont l'origine peut être attribuée à quelques débris des animaux qui vivaient dans certains marais à tourbe, et pour tous ces dépôts à la présence d'une matière azotée que nous avons reconnue dans tout le système vasculaire des plantes, plus abondante encore dans les embryons des graines et les extrémités des spongioles des radicelles.

Les *cendres* de la tourbe sont un peu alcalines, mais c'est la chaux et non la potasse qui leur communique cette propriété. Du reste les rapports que cette analyse indique doivent varier singulièrement en raison de la nature des tourbes et de leur origine. On voit toutefois qu'abstraction faite des 20 parties de cendres qui sont dues au mélange du limon des marais où la tourbe s'est formée, les 80 parties de matières combustibles laissent à peu près autant de charbon que le bois lui-même. La principale différence résulte de la quantité plus considérable de matière huileuse que la tourbe fournit; en général, cette différence ne se soutient pas cependant dans toutes les tourbes, quoique leur matière combustible contienne un peu plus de carbone que le bois.

On serait tenté de croire que la tourbe diffère peu du bois, d'après ce qui précède; mais les essais de KLAPROTH ne laissent pas douter que la presque totalité des parties combustibles de la tourbe ne soit véritablement de *l'ulmine*; c'est encore ce qui résulte des expériences plus récentes de M. BRACONNOT sur la tourbe de la France. Cette ulmine est vraisemblablement en partie à l'état d'ulmate de chaux dans la tourbe ordinaire, puisque toute ou presque toute la matière de la tourbe en est extraite par les alcalis, soude et potasse caustiques en dissolution froide, et il en résulte des solutions brunes d'ulmates alcalins. On peut même dissoudre presque la totalité de la substance combustible, à l'aide de l'ammoniaque (alcali volatil), pourvu qu'on ait préalablement enlevé, par l'acide *muriatique* (hydrochlorique) ou nitrique étendu d'eau, toute la chaux combinée à l'acide ulmique. Dans tous les cas il peut rester indissous des débris ligneux non encore réduits en tourbe.

La tourbe dite *moulée* ou façonnée en brique est employée comme combustible dans beaucoup de pays. La combustion a quelque peine à s'établir dans les petits foyers, mais une fois commencée elle continue tranquillement et peut donner beaucoup de flamme. On reproche à ce combustible l'odeur désagréable qu'il exhale, ce qui en limite l'emploi dans l'économie domestique. Un foyer bien construit peut éviter en partie cet inconvénient; mais il suffit de quelques parcelles échappées à la combustion et tombées dans l'appartement pour répandre une odeur forte et persistante; aussi observe-t-on que, comme chauffage des habitations dans les pays pourvus de bois, il est presque exclusivement consommé par les classes pauvres et par les fabricans. Ceux-ci l'appliquent avec avantage aux évaporations, à la cuisson de la chaux, des briques, des tuiles et même des poteries vernissées. Ces dernières exigent quelquefois un coup de feu un peu vif pour fondre le vernis; dans ce cas la cuisson s'achève avec du bois. On admet en général que, de tous les combustibles, c'est la tourbe qui donne la température la plus égale et la plus constante; ce qu'il y a de certain, c'est qu'une fois allumée elle se brûle sans avoir besoin d'être attisée comme la houille et sans donner une flamme aussi vive que celle du bois; ces qualités sont surtout précieuses dans toutes les opérations où l'on veut chauffer également des vases en fonte au point de les faire rougir, sans toutefois risquer de porter quelques-unes de leurs parties à la température voisine de la fusion, température qui pourrait promptement détériorer ces vases; ainsi la fabrication du sulfate de soude dans des cylindres en fonte, la revivification du noir animal, soit dans des cylindres, soit sur des plaques en fonte ou en tôle, la *cuisson* du plâtre en poudre sur des plateaux ou dans des vases métalliques, la distillation du bois, etc. (1), se pratiquent très économiquement, par les raisons précitées en employant la tourbe comme combustible. Quant à l'économie réelle que peut présenter la tourbe comparativement à divers autres combustibles, elle est quelquefois assez notable; ou en pourra juger par le tableau suivant, qui indique, pour la localité de Paris, dans la 1re colonne le poids en kilog. des principaux combustibles commerciaux; dans la 2e le nombre de kilog. d'eau qu'un kilog. de chaque combustible échaufferait depuis la température 0° (glace fondante) jusqu'à 100° (eau bouillante); la 3e colonne montre com-

bien d'eau serait ainsi chauffée par la quantité de chaque combustible en regard; la 4e indique le prix de cette quantité de combustible; la 5e la quantité d'eau au plus que l'on pourrait chauffer depuis 0° jusqu'à 100°, en employant pour une valeur de 1 fr. de chacun des combustibles. C'est par cette dernière colonne que l'on peut voir la valeur calorifique comparée de tous les combustibles. Il serait facile d'étendre ces données à d'autres localités en substituant, dans l'avant-dernière colonne, le prix actuel de chaque quantité en regard et établissant les nombres de la dernière colonne d'après ces prix; si, par exemple, l'hectolitre de bonne houille, pesant, mesuré raz, 80 kilog., coûtait 3 fr. au lieu de 4, on verrait que, pour 1 fr., au lieu de chauffer 1,200 kilog. d'eau, on en chaufferait 1,600 kilog.

	POIDS des combustibles.	kilos d'eau chauffés de 0 à 100o.	quantité totale d'eau chauffée.	PRIX. en francs.	quantité d'eau chauffée de 0 à 100o pour 1 franc
	kilog.				kilog.
Bonne tourbe compacte, 19 hectolitres. . .	1000	30 fois	30,000	15	2000
Tourbe ordinaire (mais non mousseuse)25 hect.	1000	25 *id.*	25,000	15	1666
Bonne houille de Mons. . . . . . . 1 *id.*	80	60 *id.*	4,800	4	1200
Coke. . . . . 1 *id.*	40	66 *id.*	2,640	3	880
Bois dur. . . . . 1 stère	450	27 *id.*	12,150	18	675
Charbon de bois . . . . 1 hect.	25	75 *id.*	1,875	4	468
Charbon de tourbe. . . . . . 1 *id.*	30	70 *id.*	2,100	4	525

Lorsque des tourbes mousseuses embarrassent des terrains que l'on voudrait mettre en culture, on ne peut guère en tirer d'autre parti, du moins pour les quantités non utilisables comme combustibles, qu'en les brûlant en tas pour utiliser les cendres, comme nous le verrons en traitant ci-après de la préparation et des usages du charbon de tourbe.

Nous indiquerons ici, d'après des analyses récentes de M. BERTHIER, la composition de plusieurs variétés de tourbes.

	TOURBE		
	des landes d'Ichoux.	de Seine-et-Marne (Crouy).	du Wurtemberg à Kœnigsbrun.
Carbone ou charbon pur. . . .	45	36,5	43
Eau	50,1	44,7	52
Cendres ou matière non combustible . . .	4,9	18,8	5
	100	100	100

La tourbe des landes d'Ichoux est légère; sèche elle ne pèse que 176 kilog. le stère; elle contient des débris ligneux non dissous par les solutions alcalines et formant les 0,33,3 ou le tiers du poids total; 0,53, ou plus de la moitié, se dissout dans l'ammoniaque, après quoi la potasse ou la soude en dissolution

peut encore enlever 0,10 d'acide ulmique qui était combiné à la chaux.

La tourbe de Crouy présente de l'avantage dans son emploi, en raison de sa compacité, bien qu'elle renferme beaucoup plus de matières terreuses non combustibles que la précédente; celle de bonne qualité pèse de 450 à 500 kilog. le stère; presque toute sa matière combustible se dissout dans la potasse ou même dans l'ammoniaque, si l'on a préalablement enlevé la chaux, dont elle contient environ 2 1/3 p. 0/0.

La tourbe de Kœnigsbrun est très légère; ses cendres contiennent moitié de leur poids de chaux; on comprend donc que la matière combustible soit entièrement combinée et forme un ulmate de chaux; aussi aucune proportion de cette tourbe n'est-elle attaquée ni dissoute par l'ammoniaque.

La grande légèreté de la tourbe de Kœnigsbrun rendait ce combustible beaucoup trop volumineux pour la plupart des applications usuelles, et à plus forte raison pour les opérations manufacturières où la température ne peut être suffisamment élevée qu'à l'aide de la combustion, dans un espace moindre même que celui occupé par le bois; on est parvenu à lui faire acquérir la compacité nécessaire par un moyen simple, bien préférable à la compression, et qui est d'autant plus digne d'attention qu'il peut rendre les tourbes ordinaires applicables à plusieurs opérations métallurgiques importantes; il consiste à

(1) On sait que le sulfate de soude sert au chaulage des grains et à la préparation des soudes pour le blanchiment; que le noir animal est revivifié dans les fabriques de sucre indigène; que le plâtre est un des meilleurs stimulans pour la luzerne; que l'on distille le bois pour en obtenir de l'acide acétique propre à renforcer les vinaigres.

terminer la dessiccation dans un four ou par tout autre séchoir à chaud; en se desséchant ainsi la tourbe prend un retrait gradué bien plus considérable que par la compression, et elle donne ensuite d'autant plus de chaleur en brûlant, qu'alors une grande partie de cette chaleur n'est plus employée à vaporiser l'eau hygrométrique que contiennent souvent en abondance les tourbes moulées, plus ou moins incomplètement séchées à l'air. Ajoutons enfin que cette dessiccation si utile sera presque toujours opérée économiquement, en y destinant les menus débris des briques de tourbe.

SECTION II. — *De la préparation des charbons de tourbe.*

La plupart des inconvéniens de la tourbe disparaissent lorsqu'elle est carbonisée. Le charbon qu'on en retire devient propre à divers usages auxquels la tourbe en nature n'était pas applicable, et notamment au chauffage des appartemens, des fourneaux de laboratoire et des cuisines; d'après ce que nous avons dit sur les produits que la tourbe fournit à la distillation, on conçoit que les procédés de la carbonisation du bois puissent également s'y appliquer. Cependant le procédé des meules réussit assez mal. La tourbe en se carbonisant prend un retrait trop considérable; les masses s'affaissent, et il se forme des crevasses tellement nombreuses sur la chemise qu'une grande partie de la tourbe se brûle. Néanmoins dans le Nord on se sert de ce procédé, et il réussit à l'aide de grandes précautions, pour éviter qu'après la carbonisation le charbon ne s'incinère; il faut étouffer avec plus de soins et d'exactitude que relativement au charbon de bois.

Une modification du procédé des forêts qui facilite l'opération, consiste à construire un fourneau cylindrique à murs épais (*fig.* 417),

Fig. 417.

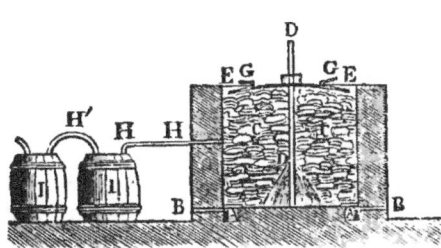

au bas duquel se trouve une rigole circulaire A communiquant avec l'air extérieur par quatre carneaux B. Cette rigole est recouverte de tuiles ou briques mal jointes; on remplit toute la cavité cylindrique C du fourneau, de la tourbe à carboniser, après avoir disposé au centre un pieu D entouré au bas de menus branchages secs; un couvercle mobile E en tôle recouvre toute la masse et entre librement dans le four; un bout d'ajutage au centre laisse passer le pieu. Six ouvertures de 3 po. de diamètre sont distribuées sur ce couvercle et bouchées à volonté, partiellement ou en totalité, par des obturateurs mobiles G. Un tuyau H, introduit dans un carneau traversant la maçonnerie, conduit les vapeurs et

les gaz dans une série de tonneaux ou reservoirs condensateurs I I.

On commence et l'on dirige la carbonisation dans ce four comme dans les meules à charbon de bois (*voy.* p. 370). Les ouvertures inférieures, en donnant ou supprimant l'accès de l'air et la cheminée centrale fermée à volonté, ainsi que les ouvertures G, permettent d'augmenter ou de ralentir le tirage dans les différentes parties de la masse.

La mobilité du couvercle lui permet de peser constamment sur la tourbe tant qu'elle diminue de volume par le retrait gradué de la carbonisation, et, lorsque celle-ci est complète, il est très facile de luter avec de la terre délayée tous les joints, en sorte que l'on puisse complètement étouffer la substance charbonneuse et attendre qu'elle soit suffisamment refroidie.

La distillation de la tourbe en vases métalliques réussit mieux encore. M. THILLAYE PLATEL fit des essais à cet égard en 1786, et ils ont cela de remarquable que l'auteur mit à profit, en même temps que LEBON, les gaz fournis par la distillation comme combustible dans le fourneau carbonisant. L'appareil qu'il employait ne diffère pas essentiellement de ceux qu'on applique à la carbonisation du bois en vases clos. C'était un cylindre en tôle placé horizontalement dans un fourneau, et portant un tube en tôle ou en fonte qui venait se rendre dans un tonneau fermé. Les liquides restaient dans le tonneau, et les gaz étaient ramenés par un autre tube dans le fourneau lui-même, où ils se brûlaient; leur quantité était assez grande pour suffire à la distillation une fois qu'elle était commencée. Ces essais ont été faits sur de la tourbe des environs de Gournay.

Une modification de cet appareil, qui m'a donné des résultats plus avantageux sous le rapport de l'emploi du combustible, est indiquée dans la *fig.* 418 par une coupe lon-

Fig. 418.

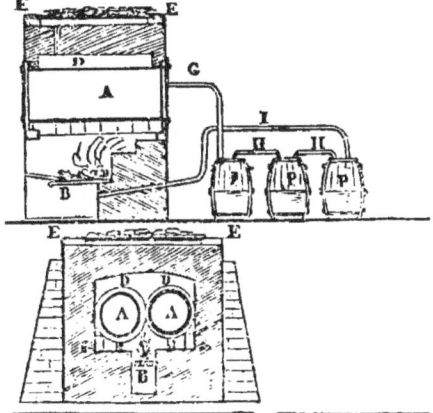

Fig. 419.

gitudinale et dans la *fig.* 419 par une coupe transversale; les mêmes lettres, répétées dans les 2 figures, se rapportent aux mêmes parties de l'appareil. On voit que 2 cylindres en fonte A A sont chauffés par un seul foyer B à grille, dans lequel on peut aisément brûler de la tourbe. Les produits de la combustion, après avoir frappé la voûte D, sont forcés d'envelopper toute la superficie des cylindres avant de gagner les carneaux inférieurs C, qui les conduisent au-dessus de la voûte sous des plaques en fonte E, où une partie de leur calorique est utilisé pour achever la dessiccation de la tourbe à distiller. Les cylindres étant remplis de tourbe, on allume le feu dans le foyer ; peu à peu la distillation commence, la vapeur d'eau se dégage d'abord par le tube G et se condense dans les tonneaux réfrigérans P, communiquant entre eux par les tubes H ; bientôt les divers produits volatils de la décomposition se rendent par les mêmes conduits dans les réfrigérans, et la portion non condensée passant dans le dernier tube I est ramenée vers le fourneau et introduite par le cendrier sous la grille, au travers de laquelle le tirage l'entraîne ; elle s'y enflamme, contribuant ainsi à soutenir la température utile à la carbonisation.

Des opérations analogues ont été conduites par M. Blavier, ingénieur en chef des mines, et appliquées aux tourbes du vallon de la Vesle, près de Reims ; l'appareil employé était semblable à celui qui sert à distiller le bois ; seulement la cornue était verticale au lieu d'être horizontalement placée.

Nous ajouterons ici quelques détails sur les produits de ces exploitations. La tourbe de Vesle, employée par M. Blavier, lui donnait en petit ;

34,7 charbon et cendres.
6,8 goudron.
39,9 eau acide.
18,6 gaz divers et pertes.
——
100 »

Cette tourbe, traitée en grand, donna, en distillant 100 kilog. à la fois, de 40 à 41 kilog. de charbon, dans lequel se trouvait une proportion de cendres qui ne fut pas déterminée, mais qui doit varier pour chaque espèce de tourbe, comme l'indiquent les analyses citées plus haut. Ce charbon revenait en volume à un prix égal à celui du charbon de bois ; à la vérité on trouva qu'il donnait plus de chaleur, sa compacité étant plus grande. La tourbe de M. Thillaye lui fournissait en grand 38 à 40 p. 0/0 d'un charbon qui laissait de 13 à 16 parties de cendres par sa combustion.

Quel que soit le procédé mis en usage, il est très important de laisser refroidir complètement le charbon, car il est quelquefois pyrophorique, c'est-à-dire qu'il prend feu au contact de l'air.

Il résulte des essais précités qu'il n'y aurait de l'avantage à distiller les tourbes qu'autant qu'elles seraient d'excellente qualité. Il y a des tourbes qui laissent du tiers à la moitié de leur poids de cendres ; il faudrait les rejeter pour donner la préférence à celles qui en donnent le moins possible, c'est-à-dire le septième ou le huitième de leur poids. Cette masse considérable de matière étrangère absorbe de la chaleur inutilement pendant la carbonisation, et occupe de la place en pure perte dans les fourneaux de distillation ; enfin elle entrave ultérieurement la combustion du charbon.

Les résultats de la carbonisation préalable de la tourbe ne sauraient être douteux d'après les essais publiés par M. Blavier. Ce charbon a soutenu la comparaison avec celui de bois sous tous les rapports ; il a pu servir à souder des barres de fer d'un fort volume, et il a paru même préférable à la houille.

On s'en est servi avec succès dans les fourneaux d'essais et de fusion, en ayant le soin toutefois d'élargir les grilles pour livrer un passage facile aux cendres qui sont toujours abondantes. Ce charbon se rapproche beaucoup de celui que fournissent les bois denses carbonisés lentement ; dans les appartemens on le brûlerait à la manière du coke ; les défauts accidentels de tirage ne donneraient pas, comme pour ce dernier, lieu au dégagement d'acide sulfureux et en outre sa facile combustion, qui continue même dans les morceaux isolés, le rendraient aussi plus commode à employer.

De quelque manière qu'on envisage la tourbe, ce n'en est pas moins un combustible très précieux, en raison de son bas prix, qui en fait une ressource extrêmement profitable pour les classes pauvres, même dans les pays pourvus de bois. Cette ressource devient bien plus utile encore dans les pays peu boisés, comme la Hollande ; enfin les résidus de la combustion ou ses cendres, contenant en général beaucoup de chaux à l'état d'une grande division, peuvent être considérés comme un bon amendement calcaire, utile surtout dans les terres argileuses et fortes.

On peut en outre profiter de l'état de grande siccité, sous lequel sont obtenues ces cendres, pour les imprégner d'urines ou de jus de fumier et ajouter ainsi à leur utilité, comme amendement, la propriété de fournir un engrais facile à répandre et capable de céder assez graduellement la matière nutritive qu'on doit le plus s'efforcer de leur procurer.

PAYEN.

CHAP. XXI. — DE LA FABRICATION DES SALINS, POTASSES, SOUDES NATURELLES, SOUDES ARTIFICIELLES, SELS DE SOUDE, CRISTAUX DE SOUDE, BICARBONATES, etc.

SECTION Iʳᵉ. — *Des potasses et salins.*

Le nom de *potasse*, vient de deux mots anglais réunis pour composer un seul substantif ; ce sont les mots : *pot* et *ashes*, équivalens en français à pot et cendres, et dont le mot composé, s'applique en effet à désigner un produit de l'incinération calciné autrefois dans des pots.

La potasse a été long-temps *l'alcali* le plus usuel, et nous indiquerons plus loin ses divers usages ainsi que ceux que la *soude* lui enlève maintenant.

A l'état de pureté la potasse est un métal oxidé (protoxide de potassium). Cet oxide est une des bases les plus puissantes, aussi, le trouve-t-on toujours uni avec divers acides dans la nature ; à la température ordinaire il est solide, blanc, inodore, excessivement caustique ;

il est composé d'un atome de
potassium 489,90
et d'un atome d'oxigène 100
le poids atomique du protoxide de potassium est donc égal à 589,90

Ce que l'on connaît dans le commerce et dans les arts agricoles et manufacturiers, sous le nom de *potasse*, est en général formé de potasse caustique et de potasse carbonatée, mélangée avec plusieurs sels.

Les potasses viennent toujours de l'incinération de végétaux, et notamment en Amérique, en Russie, en Allemagne et en Toscane où les arbres sont très abondans sur certains points, et du lavage des cendres qui en résultent. La lessive, chargée de tous les sels solubles que contiennent les cendres, c'est-à-dire de carbonate de potasse, de sulfate de potasse, de chlorure de potassium (muriate de potasse), etc., évaporée à sec, procure le *salin*. Celui-ci, chauffé au rouge, donne la potasse vendable, le résidu insoluble (cendres lessivées) est composé de silice, d'alumine, de carbonate et de phosphate de chaux, d'oxide de fer, d'oxide de manganèse et de quelques parcelles de charbon échappées à l'incinération.

Le salin a presque toujours une couleur brune plus ou moins foncée, qu'il doit à la présence de *l'ulmate de potasse*, dont la proportion varie avec la température à laquelle il a été soumis. Par la calcination au rouge, l'acide ulmique se brûle; l'ulmate de potasse se transforme ainsi en carbonate, et la couleur brune du salin disparaît, mais alors le résidu prend ordinairement une teinte rouge, ou bleuâtre. La première provient de la présence du péroxide de fer, la seconde est due au manganésiate de potasse, qui prend toujours naissance quand le salin contient du manganèse et qu'on le chauffe au rouge avec le contact de l'air.

Par une calcination ménagée, la potasse devient blanchâtre, légère et pulvérulente. Si on pousse davantage le feu, elle fond et produit des masses dures et compactes.

La *préparation de la potasse* est facile : On réduit d'abord en cendres les végétaux que l'on veut exploiter. Pour cela, on pratique, une grande fosse en terre; le fond et les parois doivent en être bien battus; on y jette successivement les arbres et les plantes que l'on veut brûler, après avoir mis le feu au tas, et on laisse le tout se consumer jusqu'à parfaite incinération. Si le feu était trop vif, il y aurait beaucoup de cendre entraînée par les courans d'air. On met ensuite les cendres à couvert dans un

hangar, afin de les garantir des eaux pluviales. La cendre vieillie est plus facile à laver que celle qui est récente, parce qu'elle se mouille mieux, ayant déjà absorbé de l'humidité dans l'air. Il convient de l'humecter d'avance, à l'aide de 4 à 8 pour 0/0 d'eau, lorsqu'on ne peut la laisser assez long-temps à l'air.

Après avoir légèrement tassé les cendres sur un filtre A (*fig.* 420), formé d'un tonneau

Fig. 420.

défoncé, muni d'un faux fond percé de trous, on les soumet à 3 lavages. Le 1er fournit une lessive assez riche, le 2e une lessive plus faible, le 3e une lessive encore moins chargée; les eaux de lavages sont repassées sur de nouvelles cendres d'un 2e tonneau B, puis après avoir traversé celui-ci, sur un 3e C, jusqu'à ce qu'on les ait amenées à 15° de l'aréomètre de Baumé, environ; alors elles sont bonnes à évaporer.

Pour que ces lavages se fassent avec promptitude et pour qu'ils aient un effet assuré, il est bon d'y employer de l'eau chaude. A cet effet, on dispose une chaudière qui chauffe l'eau destinée au premier lessivage, ainsi que les lessives qu'on veut repasser sur de nouvelles cendres. Pour que le lessivage par filtration soit facile, on pose sur le double fond percé de trous une couche mince de paille avant de le charger de cendres humides. Un perfectionnement notable consiste à placer un tube vertical de 5 à 6 lig. de diamètre, qui laisse échapper l'air chassé entre les deux fonds; enfin on doit laisser la superficie des cendres toujours couverte de liquide, en ménageant l'écoulement au robinet; cela régularise la filtration et prévient les fausses voies. Il est bon de laisser pendant 8 ou 10 heures les cendres ainsi immergées avant de commencer le soutirage, qui peut ensuite être continu mais très lent.

On commence *l'évaporation* des lessives à 15° dans des chaudières de tôle; on la termine dans une chaudière en fonte. Le résidu qu'on obtient ainsi est le *salin*, que l'on détache à l'aide d'un ringard et que l'on emmagasine. La disposition générale d'un atelier est facile à comprendre : Un long fourneau (*fig.* 421) supporte trois chaudières accolées; deux

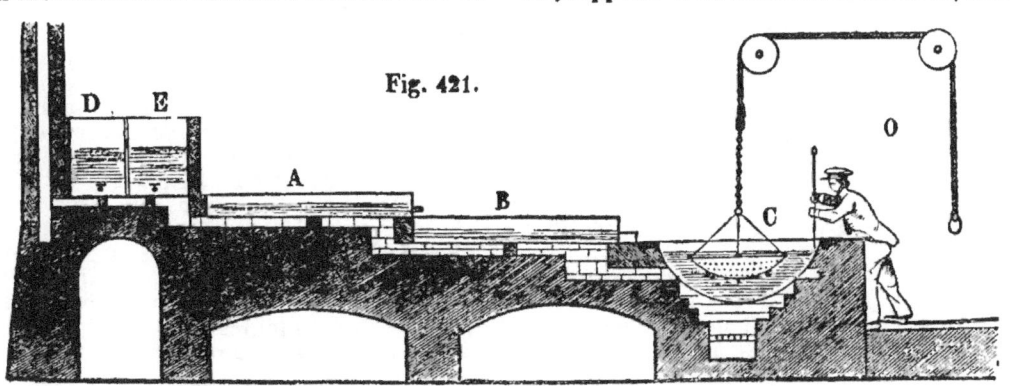

Fig. 421.

en tôle A, B, pour l'évaporation, une en fonte C, pour la dessiccation du salin. La fumée passe sous une ou deux chaudières D, E, en tôle, qui sont destinées à chauffer les eaux de lessivage.

A côté de cet appareil se trouvent quinze tonneaux, partagés en trois rangées ou bandes; ce sont les tonneaux de lessivage. De sorte que dans un travail courant, on dessèche le salin, on évapore les eaux fortes et on chauffe l'eau pure ou les eaux faibles qui doivent servir aux lessives. Au moyen de tuyaux convenablement placés, des chaudières D, E, où le liquide s'échauffe, on envoie dans les tonneaux (*fig.* 420).

Voici comment on *conduit l'opération* : Toutes les eaux obtenues du lessivage à 15° sont versées dans la chaudière A, où elles commencent à s'évaporer, puis, au fur et à mesure que l'évaporation laisse de la capacité libre dans la chaudière suivante B, on y fait couler le liquide de A, que l'on remplit comme la première fois. Le liquide plus concentré en B, sert à remplir la chaudière en fonte C, sous laquelle est disposé le foyer. Une vive ébullition a ordinairement lieu dans celle-ci, et dès qu'elle a enlevé une partie de l'eau indispensable *pour tenir* en solution les sels solubles, ces derniers commencent à se précipiter; il faut alors racler fortement de temps à autre les parois unis de la chaudière, à l'aide de ringards aciérés (indiqués sur plat et sur champ, *fig.* 422), que l'on plonge vivement dans la chau-

Fig. 422.

dière en les tenant dans la position de l'ouvrier O (*fig.* 420). Lorsque la précipitation est abondante, on laisse plonger dans la chaudière une capsule en tôle, suspendue comme l'indique la figure, par deux poulies et une corde attachée à un bout de chaîne en fer, qui s'adapte à l'anneau réunissant les trois tringles.

Cette capsule est percée vers ses bords de 4 rangées de trous; ainsi disposée, elle reçoit la plus grande partie des sels que l'ébullition agite dans les autres parties du liquide tandis qu'elle leur offre un repos relatif. Lorsqu'elle est suffisamment chargée, l'ouvrier l'enlève à l'aide de la corde, puis la laisse suspendue s'égoutter; il passe le ringard fortement dans le fond de la chaudière et retire la plus grande partie de ce qui reste de sel en suspension, en couvrant un instant le feu pour faire cesser l'ébullition, ajoutant même un seau de liquide froid et pêchant au fond avec une large écumoire (ayant de 10 à 12 po. de diamètre), il remplit alors avec de la solution prise dans la chaudière B, décharge la capsule dans une trémie en bois doublée de plomb, et ainsi de suite; à la fin de la concentration, on dessèche avec précaution le liquide et le salin dans la même chaudière en agitant sans cesse à l'aide du ringard.

Il s'agit alors de *calciner* le salin ainsi obtenu. Cette opération se fait dans un four, de forme particulière (*fig.* 423). Il a deux foyers A, dont la flamme pénètre jusqu'au fond B. du four,

et vient ressortir près de la porte C, par laquelle

Fig. 423.

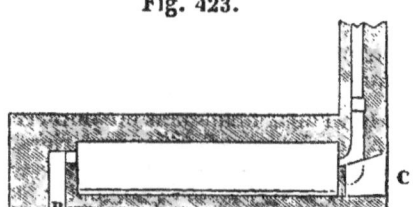

on introduit le salin. On chauffe le four au rouge, puis on le charge en salin. Celui-ci se dessèche peu à peu et sans changer d'état, quand il ne contient pas trop d'eau; mais s'il était trop humide, il fondrait et ne serait retenu qu'avec peine sur la sole. Au commencement de l'opération le salin décrépite, ce qui provient de la présence des chlorures alcalins; ensuite il fond un peu et se boursouffle. Il contracte de l'adhérence avec la sole; mais en repoussant la croûte supérieure du gâteau, à l'aide d'un rable A (*fig.* 424) tantôt sur le de-

Fig. 424

vant, tantôt sur le derrière du four, la flamme qui agit sur la croûte inférieure la fait boursouffler à son tour, et la force bientôt à se détacher d'elle-même.

Au bout d'une heure environ, l'acide ulmique et les autres matières organiques contenues dans le salin prennent feu. Les surfaces exposées à la flamme noircissent, puis blanchissent, en retournant la matière avec un large ringard B et une ratissoire C (*fig.* 424) de temps à autre, le *salin se trouve converti en potasse*. Quoique cette opération semble fort simple, il arrive souvent que le salin étant très riche en chlorures, ceux-ci fondent avant que la combustion soit terminée. En ce cas, les morceaux de potasse présentent au centre des parties brunes qui ne sont point dépouillées de matière organique. Pour éviter cet inconvénient, il faut conduire la calcination très lentement, et faire en sorte que la combustion soit complète avant que la fusion s'effectue. La sole des fours doit être en grès où en fonte. Les soles en briques peuvent servir, mais elles sont trop promptement corrodées par la potasse.

Pour calciner 1200 kilog. de salin, on consomme 2 stères de bois. Celui-ci doit être choisi sec et donnant une longue flamme. Le salin perd de 10 à 20 pour 0/0 à la calcination.

Des essais nombreux ont été faits pour apprécier le rendement en potasse de divers plantes ou bois. On a remarqué que, toutes choses égales d'ailleurs, les plus jeunes branches des arbres, les arbustes et plus encore les feuilles, les plantes herbacées, sèches et incinérées à temps, donnent plus de potasse que les vieux bois et toutes les parties très ligneuses; mais ces résultats sont entre eux variables suivant les saisons, les terrains et les engrais.

D'après les expériences de VAUQUELIN, DARCET et PERTUIS, on voit que :

100 kil. bois de chêne, hêtre, tremble charme donnent en salin de. . 100 à 200 gram.
100 kil. sureau, faux-ébénier, noisetier. . . . . 315 à 250
100 kil. orties, chardons des grains, fougère, glayeuls 1000 à 500
100 kil. de marrons d'Inde. 1750

SECTION II. —*Cendres gravelées.*

Sous le nom de *cendre gravelée*, on désigne plus spécialement la potasse qui provient de la combustion des lies de vin. Cette opération peut se pratiquer avec avantage dans tous les pays vignobles ; elle repose sur l'existence du bitartrate de potasse dans la lie. Ce sel y existe en assez grande quantité, mais il y est mêlé de diverses matières organiques, de sulfate de potasse et de quelques autres sels. Quand on peut le faire, il vaut mieux en extraire le bitartrate de potasse, qui a bien plus de valeur que la potasse qu'il peut fournir, et il suffit pour cela de dissoudre à chaud, laisser déposer et cristalliser : toutefois, si les dépôts sont pauvres en tartrate, on les traite de la manière suivante :

Quand le vin est soutiré, on rassemble les *lies* qui en proviennent dans des tonneaux, où on les laisse en repos. Au bout de quelques jours, on soutire le vin qui s'est séparé du dépôt épais, et on place celui-ci dans des sacs, que l'on met sous presse. Dans chaque sac on met 18 kilog. de lie décantée ; quand la matière est suffisamment pressée, on la sort des sacs sans briser le pain qu'elle forme, puis on termine la dessiccation à l'air. Chaque pain est courbé en forme de tuile faîtière, et posé debout sur un plancher ou un sol battu, pendant quelques jours. On peut exposer au soleil à cette époque tous les pains essorés, et les sécher ainsi, au point de pouvoir être cassés net et avec bruit ; chaque pain doit peser environ 3 kilog.

La *lie est alors bonne à brûler*. On opère cette *combustion* au dehors, sur une aire bien battue, que l'on a entourée d'un mur ou abri de 2 mètres de diamètre sur 25 centimètres de hauteur. Ce mur est fait en briques ou tuiles, sans mortier. Au milieu de cette enceinte, on dispose un fagot de menu bois, que l'on entoure d'une vingtaine de pains de lie pour commencer la combustion. Dès que ceux-ci sont bien enflammés, on en ajoute de nouveaux. On continue de la sorte, en élevant le petit mur à mesure que l'on accroît le tas. On s'arrête quand on a mis environ mille pains de lie dans le four. La combustion doit se faire de manière à n'être ni trop lente ni trop active. On a observé qu'elle s'opérait mieux avec les lies récentes qu'avec celles qui avaient éprouvé une fermentation dégageant des gaz putrides.

3000 kilog. de lies ainsi brûlées fournissent 500 kilog. de cendres gravelées. Celles-ci sont ordinairement blanches et parsemées de morceaux tachetés de bleu ou de vert ; leur saveur est brûlante, elles donnent environ la moitié de leur poids de potasse de bonne qualité.

Les diverses cendres dont on a extrait des sels solubles par les moyens ci-dessus indiqués en retiennent toujours quelques traces ; elles contiennent d'ailleurs plus ou moins de carbonate de chaux. Par ces deux raisons elles peuvent être employées sur les terres en culture comme de bons amendemens calcaires, doués d'une légère action stimulante, capables d'ailleurs d'alléger graduellement la couche arable des sols argileux et compactes.

Certaines *cendres neuves*, trop pauvres en alcali pour être employées à l'extraction de la potasse ou même au lessivage et blanchissage du linge, comme celles de la tourbe et du bois flotté, peuvent être utilement appliquées à l'absorption de divers liquides chargés de matières azotées (sang, urine, etc.) et servir ensuite d'*engrais*. Nous indiquerons, à la fin de cet article, la composition et les usages communs et spéciaux des diverses potasses et soudes commerciales.

SECTION III. — *Soude de warech.*

On connaît dans le commerce sous le nom de *soude de warech* un produit que sa composition range en réalité parmi les potasses. Cette substance se prépare sur les côtes de la Normandie, au moyen de plantes marines connues sous le nom de *goëmon* ou *fucus*, qui peuvent flotter sur l'eau. Cette propriété permet d'en former des radeaux que l'on fait arriver aisément aux endroits où ils doivent être desséchés et brûlés.

La *combustion* du goëmon se fait dans une fosse, et à mesure que le résidu de l'incinération entre en fusion il se rassemble en masses ; c'est la soude brute qu'emploient les verreries à bouteilles. Pour en extraire les sels de warech, on lessive cette soude et on évapore la liqueur par des moyens analogues à ceux que nous avons décrits ci-dessus. Les eaux-mères retiennent les combinaisons d'*iode* ; c'est de là qu'on extrait ce corps simple employé notamment en médecine pour le traitement des goîtres, dans les arts pour la préparation de l'iodure de mercure, et dans les laboratoires pour déceler la présence de l'amidone, etc. Les sels qu'on extrait des soudes brutes de warech par le lessivage contiennent en poids :

Sur 100 parties { Sulfate de potasse. . . 19 / Chlorure de potassium 25 / Sel marin. 56

M. GAY-LUSSAC a donné cette composition comme la moyenne de plusieurs essais. Ces sels sont d'un grand intérêt par leur richesse en potasse, qui permet de les appliquer à la fabrication de l'alun et à celle du salpêtre. On reconnaît les sels de warech à la présence de quelques traces d'iodure de potassium ; on peut en séparer une grande partie du sel marin par précipitation à chaud ; les autres sels cristallisent par refroidissement. Le sel marin ainsi obtenu peut servir aux bestiaux ou être employé dans les mélanges réfrigérans.

Le carbonate de soude, qui constitue la substance utile des soudes naturelles, s'extrait, en France, en Espagne, etc., des plantes qui croissent sur le bord de la mer. Celles-ci contiennent de l'oxalate de soude qu'on transforme en carbonate par la calcination et qu'on débarrasse des matières étrangères par lessivage et précipitation.

Section IV. — *Soudes naturelles.*

On désigne sous cette dénomination les *soudes brutes* qui sont un résidu à demi fondu de l'incinération de divers végétaux.

Pour *extraire la soude* des plantes marines, on coupe celles-ci et on les fait sécher à l'air; on les brûle ensuite dans des fosses dont la profondeur est d'environ 1 mètre et le diamètre de 1 mètre 3 décimètres. Cette combustion se fait en plein air, sur un sol bien sec, et dure plusieurs jours. Elle procure, au lieu de cendres, une masse saline, dure et compacte, à demi fondue et un peu boursouflée que l'on amasse et qu'on verse dans le commerce sous le nom de *soude*. Les diverses soudes se distinguent par le nom du pays d'où elles sont tirées ou par celui de la plante qui les fournit.

Ces soudes brutes renferment, en proportions diverses du carbonate et du sulfate de soude, du sulfure de sodium, du sel marin, du carbonate de chaux, de l'alumine, de la *silice*, de l'oxide de fer et enfin du charbon échappé à l'incinération. Elles contiennent quelquefois du sulfate de potasse, du chlorure de potassium, de l'iodure et du bromure de calcium.

La plus estimée est la *barille* ou *soude d'Espagne*, connue dans le commerce sous le nom de *soude d'Alicante*, de *Carthagène*, de *Malaga*; on l'extrait de plusieurs plantes, mais particulièrement de la *barille*, espèce de *salsola* cultivée avec soin sur les côtes d'Espagne. Cette soude contient de 25 à 35 p. 0/0 de carbonate de soude sec.

Les soudes qu'on récolte en France sont loin d'offrir cette richesse; on en distingue de 3 sortes.

Le *salicor* ou *soude de Narbonne*, qui provient de la combustion du *salicornia annua* cultivé aux environs de Narbonne. Cette plante est semée et récoltée dans la même année. On la coupe après l'époque de la fructification; la soude qui en provient contient de 13 à 15 p. 0/0 de carbonate de soude; on l'emploie dans la fabrication du verre vert.

La *blanquette* ou *soude d'Aigues-Mortes*, qui s'extrait entre Frontignan et Aigues-Mortes de toutes les plantes salées qui croissent sur les bords de la mer. Ces plantes sont le *salicornia europœa*, le *salsola tragus*, l'*atriplex portulacoïdes*, le *salsola kali* et le *statice limonium*. C'est la première de ces plantes qui donne le plus de soude et la dernière qui en donne le moins. Toutes abondent en sel marin, que l'on en extrayait autrefois pour éviter de payer sur ce produit la taxe du sel. La blanquette ne contient que 3 à 8 p. 100 de carbonate de soude.

Le *warech* ou soude de Normandie, dont nous avons parlé ci-dessus en la classant parmi les potasses, ne donne que de 1 à 2 degrés alcalimétriques, et n'est par conséquent utile que par le sulfate de potasse, le chlorure de potassium et de sodium ainsi que l'iodure de potassium.

Section V. — *Soude artificielle.*

Cette soude est venue remplacer, dans presque tous leurs emplois, avec d'immenses avantages pour la France, et les potasses exotiques et la soude naturelle qui nous étaient fournies par les Espagnols avant la révolution de 93. On obtenait cette dernière, en France, sans autres soins que ceux donnés à la récolte et à l'incinération des plantes; ce fut alors l'un des objets les plus usuels et les plus nécessaires que nous fournissait le commerce étranger. La soude, en effet, est l'une des principales matières premières des verreries, des fabriques de savons, des buanderies, des blanchisseries de toiles, des opérations de teinture; dans plusieurs autres arts industriels on en fait un usage journalier. On ne pouvait la remplacer que par la potasse; mais nous ne pouvions recevoir cette substance, pour la plus grande partie, que de l'étranger, qui nous la refusait, et ce que nous possédions devenait, pour la fabrication du salpêtre, d'une impérieuse nécessité.

Un ingénieux manufacturier, Carny, proposa, à cette époque où nous étions privés des ressources du commerce étranger, de publier ses moyens de fabriquer la soude. Leblanc. Dizé et Schée furent les 1ers qui formèrent un établissement pour l'extraction économique de la soude du sel marin et dotèrent la France de cette nouvelle industrie. Dans la belle fabrique qu'ils fondèrent à cette époque, presque tout avait été prévu par eux; une amélioration remarquable fut apportée dans la construction des fours à réverbère par Payen et M. Bournelier, qui bientôt après exploitèrent le procédé de MM. Leblanc et Dizé. Depuis lors tous les manufacturiers ont suivi les mêmes erremens, à quelques heureuses modifications près, que nous indiquerons dans le cours de cet article et qui furent indiqués par MM. Darcet, Clément, etc.

Parmi le grand nombre des procédés ingénieux proposés à cette époque, nous citerons, dans l'ordre de vérification qui en fut faite alors:

1° Celui de P. Malherbe, suivi chez le sieur Alban, dans une manufacture sise à Javelle près Paris; il consistait à décomposer le sel marin par l'acide sulfurique dans des cornues. L'acide *muriatique* dégagé était condensé dans des ballons et utilisé à la fabrication du chlore. Le sulfate de soude était décomposé dans un four à réverbère sous l'influence du charbon et du feu;

2° Le procédé du sieur Athénas, fondé sur la décomposition du sel marin par le sulfate de fer;

3° Le procédé anciennement connu en Angleterre, qui consiste à décomposer le sel marin par le plomb et qui fut appliqué en grand par MM. Chaptal et Bérard;

4° Le procédé de MM. Guyton et Carny, consistant à décomposer le sel marin par l'oxide rouge de plomb.

MM. Guyton et Carny ont encore proposé la décomposition du sel marin : 5° par le feldspath; 6° par la potasse. La soude, devenue libre, est rendue caustique par la chaux; le *muriate de potasse* (chlorure de potassium) separé par cristallisation ou précipitation, était utilisée par les fabricans de salpêtre. Ce procédé rappelle celui des savonniers allemands, qui obtiennent du savon à base de soude en ajoutant du sel marin à la solution du savon de potasse;

7° Par l'acétate de plomb, obtenu au moyen de l'acide pyroligneux. Ce procédé est analogue à celui suivi dans ces derniers temps pour obtenir l'acétate de soude et la soude, en décomposant le sulfate de soude par l'acétate de chaux;

8° Par la baryte;

9° Le sieur RIBAUCOURT a proposé la décomposition du sulfate de soude par le charbon seul;

10° Le même chimiste a opéré la décomposition du sel marin par la litharge à froid et un broyage dans l'eau. Si le *muriate de plomb* avait une assez grande valeur, ce procédé pourrait être applicable;

11° Enfin on a proposé et effectué la décomposition du sel marin par la *pyrite martiale* (sulfure de fer natif).

Parmi tous ces procédés et plusieurs autres que nous omettons ici, parce qu'ils offraient moins de chances de succès encore, celui de MM. LEBLANC et DIZÉ parut à cette époque le plus économique; c'est aussi celui que nous allons décrire, en prévenant qu'il a eu un tel succès et qu'il a pris tellement d'extension que la valeur des produits fabriqués annuellement en France, tant en soude brute qu'en sel de soude raffinée, dépasse 20 millions de francs.

Ce procédé se compose de 2 parties distinctes: l'une a pour but la préparation du *sulfate de soude*, et déjà quelques arts, celui de la verrerie notamment, utilisent directement la soude du sulfate; l'autre se compose de la conversion du sulfate de soude en *soude brute*. On pourrait considérer encore comme une 3ᵉ opération distincte le *raffinage* de la soude brute, et comme une 4ᵉ fabrication le traitement du sel de soude qui en résulte pour en obtenir le *carbonate de soude cristallisé*. Enfin, la conversion de ce dernier en *carbonate sec* ou en *bicarbonate*.

En effet, la préparation de ces produits a lieu dans des ateliers et à l'aide d'ustensiles particuliers. Nous décrirons successivement chacun d'eux.

§ Iᵉʳ. — Fabrication du sulfate dit des cylindres, et de l'acide muriatique.

On désigne sous le 1ᵉʳ nom, dans le commerce, le sulfate de soude fabriqué dans des cylindres en fonte, en décomposant, à un feu gradué, le sel marin par 80 centièmes de son poids d'acide sulfurique concentré; c'est surtout dans les localités où l'acide hydrochlorique trouve un débouché facile que l'on donne la préférence à ce mode d'opérer.

Les vases cylindriques en fonte sont épais de 15 à 18 lignes; ils ont 5 pi. de longueur et un diamètre de 18 po. ou de 2 pi. Dans le 1ᵉʳ cas, la charge de chaque cylindre est de 80 kil. de sel et de 66 kil. d'acide sulfurique à 66°; dans le 2ᵉ cas, on emploie, pour chaque cylindre, 160 kil. de sel et 130 kil. d'acide.

Un même foyer A (*fig* 425) chauffe 2 cylin-

dres B, B' placés sous une voûte, et ordinairement 10 à 12 paires de cylindres sont ainsi rangés en batterie dans autant de fourneaux contigus. On peut changer ces vases sans démolir autre chose du fourneau que quelques briques de la devanture et du fond. Chacun des bouts des cylindres est fermé par un obturateur ou disque en fonte épais de 15 lig., percé près de ses bords d'un trou de 2 po. D (*fig.* 426)

Fig. 425.

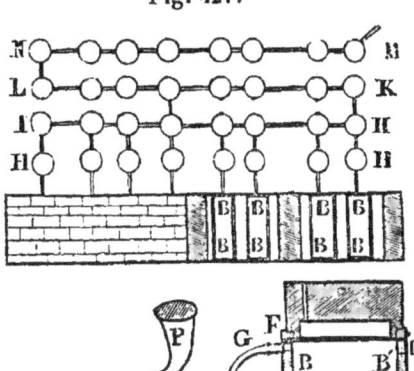

Fig. 427.

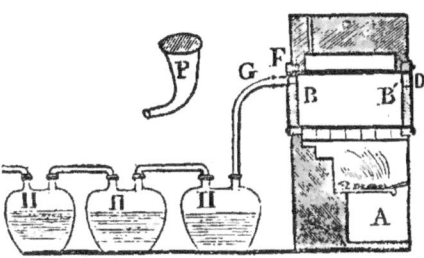

Fig. 426.

que l'on tourne vers la partie supérieure du cylindre. On adapte dans le trou du disque postérieur B' un ajutage ou tube en grès F, dont on laisse saillir en dehors environ 4 po. Sur ce bout de tube, on adapte une allonge courbe G dont la partie inférieure s'introduit dans le goulot d'une 1ʳᵉ bonbonne H; celle-ci est mise en communication avec une 2ᵉ qui fait partie d'une 2ᵉ rangée de bonbonnes communiquant toutes entre elles et avec la 1ʳᵉ, et indiquée par H I dans la *fig.* 427, qui représente une vue générale à vol d'oiseau de l'appareil. Cette 2ᵉ rangée communique avec une 3ᵉ K L, qui envoie de même les gaz dans toutes les bonbonnes d'une 4ᵉ rangée M N; quelquefois une 5ᵉ et même une 6ᵉ rangée reçoivent de même successivement dans toutes leurs bonbonnes les produits gazeux échappés à la condensation. Voici du reste comment on conduit l'opération:

Tous les joints de l'appareil étant bien lutés avec de l'argile mêlée de crottin et recouverte de terre franche, et le bout antérieur B seulement étant ouvert, on charge à la pelle le sel marin, on adapte et on lute l'obturateur; puis on introduit dans son ouverture un entonnoir courbe P (*fig.* 426) à l'aide duquel on verse l'acide sulfurique. On retire l'entonnoir et on ferme l'ouverture avec un tampon en grès qu'on lute.

On commence le feu que l'on augmente peu à peu. Il est préférable d'employer comme combustible de la tourbe ou du bois plutôt que de la houille, parce que la température est moins inégale dans toutes les parties du cylindre.

L'acide sulfurique attaque graduellement le sel marin (chlorure de sodium); l'eau contenue dans le mélange, et notamment celle de l'acide employé qui forme du 5e au quart de son poids est décomposée, son oxigène oxide le sodium qui se combine à l'acide sulfurique et produit du sulfate de soude; son hydrogène s'unit au chlore et forme de l'acide chlorhydrique (muriatique) qui se volatilise, entraînant de l'eau en vapeur. Ce gaz, rencontrant dans chaque bonbonne un peu d'eau et une plus basse température, se condense et produit l'acide commercial qui marque de 21 à 23°, contient de 0,38 à 0,40 d'acide pur, et équivaut, pour la force saturante, à 0,5 de son poids d'acide sulfurique concentré à 66°.

Lorsqu'il ne se dégage plus rien, quoique la température des cylindres soit au rouge brun, on enlève le sulfate avec des pinces et on recommence une autre opération.

§ II. — Sulfate de soude des bastringues.

On connaît sous ce nom, dans le commerce, le sulfate de soude préparé dans l'appareil que nous allons décrire, auquel on a donné le nom de *bastringue*, par la raison que le bruit de l'ébullition qui s'y produit a quelque analogie avec celui d'une danse publique. Cet appareil se compose d'un four à réverbère à la suite duquel est placée une chaudière à décomposer le sel marin; puis un appareil condensateur qui varie suivant qu'on veut recueillir l'acide hydrochlorique ou que l'on préfère laisser perdre cet acide, en le condensant toutefois pour éviter les dommages qu'il causerait à la végétation des alentours s'il se répandait dans l'air.

Les figures ci-jointes représentent l'appareil des bastringues propre à recueillir l'acide muriatique. Les mêmes lettres indiquent les mêmes objets dans la coupe (*fig.* 429), l'élévation (*fig.* 428) et la coupe horizontale (*fig.* 430).

Fig. 430.

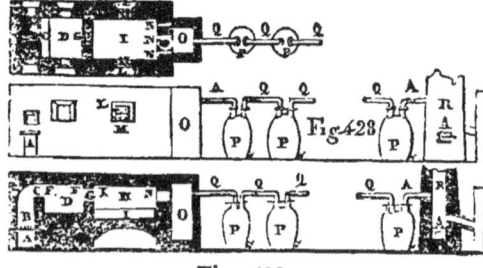

Fig. 429.

A, cendrier; B, grille du foyer; C, mur de séparation, dit autel du foyer; D, sole du four à réverbère, construit en briques réfractaires cimentées à joints serrés avec de l'argile réfractaire ou *terre à creuset*. Toutes les parois et la voûte F de cette partie du four doivent être construites avec les mêmes soins. F, mur de séparation entre le four ci-dessus et la chaudière à décomposition; G, ouvreaux par lesquels les produits de la combustion passent

dans la 2e partie du four; H, 2e capacité close, dans laquelle est adaptée une chaudière I en plomb, à bords relevés, sans soudure; K, voûte en briques qui recouvre cette chaudière; L, ouverture rectangulaire, fermant en 2 parties par 2 obturateurs M; N, conduits par lesquels passent les produits de la combustion du foyer B, et les vapeurs dégagées du 1er four D, et de la 2e partie ou chaudière I, pour se rendre dans une chambre en briques O, où s'opère un 1er refroidissement. Les gaz et vapeurs passent ensuite dans une série de 20 à 25 grandes tourilles P à l'aide de larges tubes en grès Q (Nous n'avons dessiné que les 2 premières et la dernière tourilles; on supposera aisément toutes celles qui sont intermédiaires et absolument semblables); R, grande cheminée où se rendent en définitive, pour s'exhaler dans l'air, les gaz et les vapeurs. Un foyer A, pratiqué au pied de cette cheminée, sert à y déterminer un tirage constant. On peut éviter la dépense du combustible, qu'il faut y entretenir enflammé pour le tirage, en introduisant dans la même cheminée le conduit de la flamme d'un four à soude construit à proximité. Dans ce cas, le foyer supplémentaire A ne serait allumé que dans les momens d'interruption du four à soude.

On conçoit que le long appareil réfrigérant pouvant suivre toutes les sinuosités qu'on veut lui faire parcourir et même être ramené près du point de départ, il sera toujours facile de choisir l'emplacement le plus convenable pour la cheminée et le four à soude qui, en raison de l'économie de la main-d'œuvre, doit être peu distant du four à sulfate.

Si l'on n'a pas d'*emploi de l'acide hydrochlorique*, et que, par conséquent, il ne convienne pas de le recueillir, il faut cependant chercher les moyens de le condenser, afin d'empêcher qu'il se répande dans l'air et aille altérer la végétation des alentours à une grande distance; d'un autre côté, il est impossible d'affecter une forte dépense à cette condensation, puisque la fabrication de la soude offre, par suite de la grande concurrence, peu de bénéfice.

Une foule d'essais ont été entrepris pour arriver à la solution de ce problème difficile, et d'autant plus important, que les fabricans de soude ont eu fréquemment de très fortes indemnités à payer aux agriculteurs dont ils détruisaient la récolte.

Dans les fabriques voisines de la *mer* ou des *rivières*, on est parvenu à condenser assez bien les vapeurs acides, en les dirigeant, au sortir du 2e four, dans une longue et large conduite en briques cimentées d'argile, où coule constamment, sur une légère pente (un 1/2 po. par toise), une nappe d'eau; une cheminée d'appel chauffée directement, ou mieux par le four à soude, enlève à une grande hauteur les gaz et vapeurs non condensés, afin que, disséminés sur une grande étendue, ils perdent ce qui leur restait d'action nuisible.

Une autre circonstance locale qui a facilité la condensation à peu de frais des vapeurs nuisibles, c'est le voisinage de vastes *carrières* abandonnées, dans lesquelles on faisait déboucher l'issue de la cheminée ou conduit, au sortir du deuxième four.

Lorsque l'on ne peut pas profiter de ces dispositions locales particulières, on a recours aujourd'hui à la construction d'une longue conduite construite en murs épais de moellons calcaires, et remplie de semblables moellons plus tendres et spongieux, superposés à sec, et de façon à laisser entre eux beaucoup d'interstices libres. Cette conduite aboutit à une cheminée d'appel.

Les vapeurs acides, en parcourant tous les intervalles entre les pierres calcaires amoncelées et celles des parois de la conduite, attaquent le carbonate de chaux, forment du chlorure de calcium soluble, et dégagent de l'acide carbonique.

Ce mode de condensation, assez efficace, offrait cependant d'assez graves inconvéniens; les murs, trop promptement attaqués, exigeaient des réparations dispendieuses, et des infiltrations de liquide acide causaient des éboulemens quelquefois dangereux. Après avoir essayé de garantir les parois de l'action de l'acide par diverses matières, on s'est dernièrement arrêté à la moins coûteuse de toutes et qui paraît bien atteindre le but; c'est le *marc ou résidu du lessivage de la soude brute* (voy. plus loin). Cette matière, appliquée en couche épaisse et fortement tassée, durcit et résiste assez long-temps, elle ne coûte d'ailleurs rien, puisqu'elle était généralement rejetée hors des fabriques, que l'on était même, en quelques endroits, obligé de la porter au loin dans une décharge publique.

Il est convenable de disposer au commencement de la longue conduite précitée un réservoir toujours plein d'eau, afin que les gaz se chargent d'humidité et se condensent plus facilement.

Les dispositions précédentes ont été indiquées et très bien prises par M. ROGIER de SEPTEMNE; elles lui ont valu un prix de la fondation Monthyon décerné par l'Institut. Ce prix fut motivé sur la disparition dans la localité des graves inconvéniens de vapeurs acides qui naguère attaquaient jusqu'à plus d'une lieue des fabriques les parties foliacées des plantes et rendaient l'air incommode et insalubre à respirer.

On dispose dans les conduites ainsi enduites les moellons tendres de la manière que nous l'avons dit.

Le *muriate de chaux* qui résulte des procédés de condensation s'écoule encore dans des *lacs, puisards, ruisseaux, fleuves ou à la mer*, en pure perte pour les fabricans; cependant l'industrie et l'agriculture, l'obtenant à très bas prix, pourraient en tirer un parti avantageux en l'employant en petite proportion dans le chaulage des grains, pour remplacer le sel dans les mélanges réfrigérans, etc.

Peut-être un jour les emplois du *chlorure de chaux*, plus généralisés dans l'économie domestique et dans le blanchiment des pâtes à papier, des toiles, etc., ouvriront-ils un large débouché aux masses énormes d'acide hydrochlorique perdues en ce moment.

Un des inconvéniens de l'appareil dit *des bastringues* résulte de l'énorme quantité de vapeurs acides qui se répandent dans les ateliers et incommodent fortement les ouvriers, lorsqu'en levant les obturateurs I, M de la chaudière en plomb, on fait tomber, à l'aide de râbles, tout le mélange pâteux d'acide et de sel incomplètement décomposé, sur

un dallage en grès. La disposition suivante, qui m'a bien réussi pour un appareil en petit, offrirait sans doute le moyen d'éviter en grand cet inconvénient grave.

Les figures 431 et 432 représentent isolée

Fig. 431.   Fig. 432.

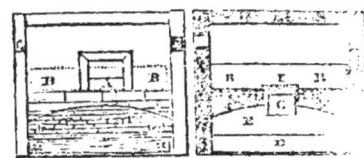

la 2° partie du four à laquelle se rapporte la disposition ci-dessus vue en coupe et en élévation. A, bouche du four au niveau de la sole et fermée par deux portes superposées; B, chaudière en plomb percée au milieu vis-à-vis et près la porte d'un trou circulaire C, dans lequel s'adapte un bout de tuyau brâsé sur le fond de la chaudière, à la soudure forte ou au plomb pur; D, voûte soutenant la sole sur laquelle repose la chaudière; cette voûte en briques dures à joints très serrés d'argile réfractaire, est percée pour laisser passer le bout du tuyau C; l'espace ou chambre voûtée E, est garnie à son fond d'une nappe de plomb épaisse, à bords relevés; la devanture de cette chambre est close, 1° à l'aide d'une barre de fer doublée de plomb G G, soutenant un petit mur en brique F; 2° par une large règle en bois enveloppée de plomb H H, formant le 4° côté de la nappe de plomb, dont le bord est rabattu seulement du côté de cette devanture; I, tampon ou obturateur d'un seul morceau de plomb très épais, servant à fermer le trou C, durant l'opération; un peu de glaise foulée sous ses bords rend cette fermeture hermétique, et, maintenant le tampon un peu soulevé, laisse une prise facile pour l'enlever à l'aide d'une pince, lorsque la décomposition est assez avancée; les joints que laisse la règle H, se bouchent à l'aide d'un peu de terre argileuse.

On conçoit facilement l'effet de cette position; lorsque l'on veut tirer la matière du four, on enlève le tampon, puis, à l'aide d'un râble, on amène successivement toute la pâte fluide vers le trou; elle tombe sur la nappe de plomb en traversant l'espace voûté, sans que la vapeur puisse se répandre dans l'atelier. Lorsque toute la matière est ainsi retirée du four, on replace le tampon, on charge comme à l'ordinaire, et l'opération recommence. La matière tombée et étendue sur la nappe de plomb, s'y fige en refroidissant; lorsqu'elle est assez dure, on ôte la règle fermant la devanture; à l'aide de pinces on soulève et l'on brise en morceaux le sulfate, on le retire au moyen d'un râble, puis on replace la règle H H qu'on lute avec de la glaise comme la première fois. Lorsque la portion du four où le sel marin se décompose est en grès dur au lieu d'être en plomb, il est possible d'y achever l'opération en remuant assez souvent au ringard pour éviter la prise en masse de toute la matière.

L'appareil dans toutes ses parties et avec les modifications adoptées, étant bien compris par ce qui précède, nous allons indiquer les dosages de l'opération et sa marche.

Matières 1res { sel marin . . . 400 kil. acide sulfurique à 50°. . . 600 } produit 475 k. sulfate de soude blanc anhydre.

Lorsque l'on traite dans cet appareil comme dans les cylindres le sel gemme, il est indispensable de le réduire en poudre très fine, que l'on passe au tamis, afin de multiplier les points de contact. Cette précaution n'est pas utile lorsque l'on traite du sel marin (dit des marais salans). Les cristaux de cette sorte de sel résultent de lamelles lâchement agglomérées, entre lesquelles l'acide sulfurique peut s'insinuer, et par conséquent agir sur une surface très étendue ; aussi, pour obtenir ce résultat avantageux, préfère-t-on souvent extraire le sel gemme en le dissolvant et faisant rapprocher la solution saturée (voy. plus loin l'extraction du sel) ; on charge le sel dans le four II (fig. 429), on l'étend en une couche égale sur toute la surface du fond de la chaudière en plomb, on verse alors l'acide à l'aide d'un entonnoir en plomb (placé à l'instant sur une potence en dehors) dont la douille pénètre par une ouverture au travers de la paroi latérale du fourneau, au-dessus du fond de la chaudière ; à l'aide du râble, on mélange l'acide dans toute la masse de sel ; on charge toute la partie D du four, avec du sulfate en morceaux préparé par une décomposition précédente opérée dans la chaudière en plomb, puis on active le feu après avoir clos les portes latérales L, M ; plusieurs fois durant le cours de l'opération, on agite avec le râble afin de multiplier les points de contact. L'acide sulfurique peu à peu s'unit à la soude résultant de la combinaison du sodium avec l'oxigène d'une partie de l'eau, le chlore uni à l'hydrogène se volatilise à l'état d'acide hydrochlorique ou chlorhydrique.

L'action de l'acide sulfurique devient plus vive à mesure que la température s'élève ; l'augmentation du dégagement de la vapeur acide l'indique évidemment. Dès que le mélange étant bien opéré, le dégagement des vapeurs n'a plus lieu aussi abondamment, qu'enfin l'état de fluidité a diminué, la décomposition est assez avancée. Si l'on attendait plus longtemps, il deviendrait impossible de faire couler le sulfate et le plomb pourrait fondre. Il est temps de tirer la cuite, soit hors du four sur les dalles extérieures, ce qui offre les inconvéniens signalés plus haut, soit sous l'arche intérieure E (fig. 431, 432), en soulevant le tampon I, et ramenant toute la matière dans le trou C. On remet ensuite les choses dans l'état primitif, puis on fait une nouvelle charge.

D'un autre côté le sulfate cassé en morceaux que l'on a étendu dans la deuxième partie D du four, remué de temps à autre, s'épure en raison de l'achèvement de la réaction de l'acide sulfurique sur le sel à une température graduellement élevée ; l'acide hydrochlorique, la vapeur d'eau se dégagent ainsi qu'un petit excès d'acide sulfurique ; quelques matières organiques qui salissaient le sulfate brut se charbonnent, brûlent et laissent un produit plus blanc et plus pur.

En employant du sel marin de belle qualité,

on obtient ainsi un sulfate contenant à peine 4 à 5 centièmes de matières étrangères.

Les vapeurs d'eau et d'acide hydrochlorique, mêlées avec les gaz de la combustion, se condensent dans les grandes jarres en grès du premier appareil indiqué ; on soutire cet acide lorsque les vases sont aux trois quarts ou aux quatre cinquièmes pleins, en ayant le soin d'en laisser quelques litres pour favoriser la condensation ultérieure.

L'acide hydrochlorique ainsi obtenu ne peut atteindre le maximum de la densité, en raison du mélange de gaz incondensables et de la température et du courant qui s'opposent à une condensation plus complète ; il est généralement plus pur que l'acide recueilli à la suite de l'appareil à cylindres ; il est même presque complètement exempt de fer, lorsque l'on ne se sert pas de plaques en fonte pour recouvrir la chaudière I en plomb et soutenir la maçonnerie au-dessus. Les briques très cuites vernissées, le grès dur même, ainsi que les plaques en fonte, ne résistent pas fort long-temps à l'action corrosive de la vapeur acide ; c'est une des causes de dépenses assez lourdes dans cette fabrication.

Lorsque l'on se sert des autres moyens de condensation des vapeurs acides, le produit en est perdu et l'on n'utilise alors que le sulfate.

§ III. — Usages agricoles et commerciaux du sulfate de soude.

M. Mathieu de Dombasle a fait une heureuse application du sulfate de soude brut au chaulage des grains : dans 100 litres d'eau, il fait dissoudre 8 kilog. de sulfate de soude ; puis il immerge le grain dans cette solution, et l'en retire pour le mettre en tas.

Alors, et pendant qu'il est mouillé, il y ajoute 2 kilog. de chaux éteinte récemment et en poudre. Le grain étant bien mélangé peut être semé immédiatement. Par ce procédé simple, la récolte de blé est préservée de la carie, quand même on aurait à dessein infecté de froment carié le grain de semence.

Le sulfate de soude s'emploie comme fondant. Pour les verreries, celui des cylindres donne du verre coloré en vert, parce qu'il contient du fer. Le sulfate des bastringues peut servir à la fabrication du verre incolore des gobeleteries.

Les plus grandes quantités de sulfate de soude s'appliquent à la fabrication de la soude. En faisant dissoudre à chaud, déposer et cristalliser le sulfate de soude, on prépare le sel de glaubert et, en troublant la cristallisation, le sel d'epsom, usités en thérapeutique comme légers purgatifs, et dans la médecine vétérinaire.

Le sulfate de soude peut encore servir pour transformer le chlorure de calcium en sel marin, opération utile aux salpêtriers et quelquefois aux raffineurs de sel.

Applications de l'acide chlorhydrique. Cet acide sert principalement à la fabrication du chlore et du chlorite de chaux ; à extraire le tissu fibreux des os pour préparer la gélatine ; à confectionner les eaux minérales gazeuses ; à laver les sables ferrugineux pour la cristallerie ; à enlever les incrustations calcaires des conduites d'eau et des chaudières à evaporer les jus de betteraves ; à épurer le noir animal en grains que l'on revivifie dans les fabriques de sucre indigène.

§ IV. — Transformation du sulfate de soude en carbonate (procédé LEBLANC).

Pour convertir le sulfate de soude en soude plus ou moins carbonatée, voici comment on opère : le sulfate de soude des cylindres ou des bastringues est pulvérisé dans un moulin à *meules verticales* en fonte, puis passé dans un tamis en toile métallique dont les mailles offrent des ouvertures de deux lignes environ.

D'un autre côté on pulvérise (1) et l'on tamise de même le poussier de charbon (2) ou de houille. La première de ces substances est généralement préférée par les manufacturiers, lorsque la soude qu'ils fabriquent doit être employée pour le blanchissage du linge et à l'état brut ; dans ce cas, il convient d'ajouter au mélange environ un dixième du poids du charbon, en morceaux assez volumineux, pour que la plus grande partie, échappant à la combustion, restent engagés dans la pâte de la soude brute et lui donnent l'apparence à laquelle sont habitués les consommateurs. Ces fragmens concourent à faciliter l'accès de l'air, la division, et par suite le lessivage de la soude et son épuisement par l'eau.

On emploie dans le même but pour préparer la *soude brute dite des blanchisseurs*, du sulfate de soude retenant encore 10 à 12 p. 0/0 de sel marin non décomposé. Ce sel facilite le délitement de la soude brute à l'air humide ; elle se réduit ainsi spontanément en poudre, et son lessivage peut se faire aisément sans recourir à une pulvérisation mécanique.

On préfère comme plus économique la houille au charbon de bois partout où la soude brute doit être employée à la fabrication des sels de soude ou de savon.

On pourrait, ce me semble, réunir les avantages des deux procédés dans l'application spéciale au blanchissage du linge, et obtenir l'apparence commerciale voulue, en ajoutant à la houille pulvérisée très fin, un cinquième de son poids de charbon de bois en morceaux.

D'un autre côté on se procure de la craie le plus possible exempte de sable et même d'argile. Pour s'assurer de cette qualité, on en délaie 10 grammes dans un excès d'acide hydrochlorique ; on y ajoute de l'ammoniaque en excès, puis on filtre, on évapore à sec et l'on redissout ; la craie qui dans cette opération d'essai laisse le moins de résidu est celle que l'on doit préférer. On la fait dessécher par la chaleur perdue de la cheminée ou de l'extrados de la voûte du four, puis on la réduit en poudre fine qu'on tamise.

Les matières premières étant ainsi préparées, on les mélange dans les proportions suivantes :

Sulfate de soude.　100
Craie . . . . . .　110
Charbon de bois.　55 (ou 60 de houille).

La quantité de sulfate indiquée suppose que ce sel est à peu près sec et pur, comme celui des bastringues qui ne contient que 3 à 4 p. 0/0 de matières étrangères ; on mettrait une proportion d'autant plus forte, qu'il serait plus impur. Ainsi le sulfate des cylindres, qui ne représente que 82 p. 0/0 environ de sulfate pur, doit être employé dans la proportion de 120 au lieu de 100. Il en est de même de la craie dont on augmenterait la dose si elle était impure, en raison des matières étrangères.

Les matières mélangées exactement à la pelle, sont prêtes à être chargées dans le four. Une particularité remarquable que nous avons annoncée relativement à celui-ci, consiste dans la forme de la sole et des parois qui la circonscrivent ; il importe beaucoup qu'au lieu d'être rectangulaire, ainsi qu'on les construisait dans l'origine, elle soit elliptique. L'ancienne forme laissait mal chauffées et incomplètement décomposées les matières accumulées dans les angles, où d'ailleurs les outils peuvent difficilement les atteindre pour les remuer.

Une autre disposition importante est celle du cadre dans lequel on coule la soude cuite au point convenable ; ce cadre doit être large et peu profond, afin que le refroidissement ait lieu promptement.

Les figures 433 à 436 feront suffisamment

Fig. 433.　　　　Fig 435.

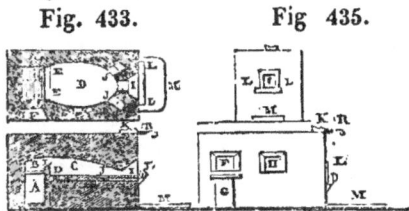

Fig. 434.　　　Fig. 436.

comprendre les détails de cette construction par deux coupes et les élévations des deux faces principales, les faces opposées n'ayant aucun percement.

A, cendrier ; B, foyer ; C, voûte en briques réfractaires ; D, sole en mêmes briques ; E mur de séparation, dit *autel*, entre le foyer et le four. Ce mur exige la meilleure qualité de briques réfractaires ; car, chauffé fortement sur 3 faces, il éprouve une température plus élevée que les autres parties du four ; F, porte du foyer ; G, porte du cendrier ; H, porte latérale au niveau de la sole ; I, porte au même niveau, au bout opposé au foyer ; J, naissance des 2 carneaux de la cheminée, qui vont se réunir dans un seul corps K ; L, rouleau mobile tournant sur son axe dans 2 fourchettes scellées sur le devant du four ; ce rouleau sert à faciliter les mouvemens des longs et lourds ustensiles (râbles et ratissoires) avec lesquels on remue, puis on tire la soude ; M, cadre en tôle de 6 po. de haut, posé sur une plaque de fonte et servant à recevoir et contenir la soude de coulée hors du four.

Lorsqu'il s'agit d'une 1ʳᵉ opération, on fait chauffer le four très graduellement, en él-

(1) Dans plusieurs fabriques, où l'on n'a pas de moulin, on écrase les matières avec des battes en bois garnies de caboches en fer.

(2) On nomme poussier le charbon en poudre grossière et en menus fragmens, qui se trouve au fond des magasins ou des bateaux, dont on a enlevé le gros charbon.

vant la température jusqu'à ce que toutes les parois soient portées au rouge vif ; alors on ouvre la porte latérale, et l'on enfourne par celle-ci, en jetant le mélange à la pelle à 2 hommes, tandis qu'un 3e l'étend en couches régulières sur toute la sole à l'aide d'un râble, qui agit en allant et venant dans toute la longueur du four, appuyé sur le rouleau L.

Il est utile de clorre en partie le registre de la cheminée pendant le chargement du four, afin d'éviter qu'un fort tirage n'entraîne en poussière une partie du mélange au dehors.

Dès que le mélange est étendu, on ferme les portes, on ouvre le registre et on laisse la matière s'échauffer par son contact avec la sole en dessous et en dessus par la réverbération de la flamme. Elle commence à s'agglutiner à la superficie ; alors on remue de temps à autre avec le râble, de manière à renouveler les surfaces et à faire pénétrer la chaleur sans donner de secousses qui feraient élancer et entraîner dans la cheminée une partie de la poudre. Peu à peu l'agglomération gagne et toute la matière devient pâteuse ; bientôt des bulles, de plus en plus multipliées de gaz oxide de carbone, se dégagent et brûlent au-dessus de la surface du mélange avec le gaz hydrogène carboné provenant de la décomposition de l'eau ou de la houille. Il faut alors brasser continuellement la matière, afin que la calcination ne soit pas poussée trop loin dans les parties fondues. La pâte devient de plus en plus fluide ; les jets de flamme sont moins nombreux ; alors la soude étant bien homogène et partout également fluide, on se hâte de la tirer hors du four à l'aide d'une large râcloire que le rouleau L permet de pousser aisément au bout de la sole près du mur ou autel. La matière fondue coule entre le rouleau et la paroi extérieure du four, revêtue d'une plaque en fonte verticale ; sur la plaque horizontale M où elle s'étend, se moule, arrêtée par le cadre, et se fige promptement en un pain très dur, mais encore poreux et de 6 po. d'épaisseur. A peine le four est-il vide que l'on recommence une 2e opération en le chargeant de nouveau, comme la 1re fois. Ce travail doit continuer jour et nuit sans interruption, de même que les fours à sulfate, jusqu'à ce que des réparations indispensables forcent d'arrêter.

L'opération ayant été bien conduite, le produit obtenu, s'il est destiné aux blanchisseurs et par conséquent fabriqué avec du sulfate contenant 10 à 12 p. 0/0 de sel marin et un dixième de charbon de bois en morceaux, doit marquer à l'alcalimètre de 31 à 33°, tandis que la soude fabriquée avec du sulfate plus pur et du charbon entièrement en poudre fine, plus riche en alcali réel, marque de 40 à 42°. Le sulfure de sodium, exigeant pour être saturé une quantité d'acide proportionnée à l'alcali qu'il représente, mais ne pouvant agir dans les applications de la soude comme de l'*alcali*, donne un titre inexact. En effet, dans le raffinage de la soude brute, ce composé, converti spontanément, comme par une longue exposition à l'air, en sulfate, est perdu.

A la vérité, la soude peut agir aussi dans le blanchissage par les sulfures et les sulfites, et, dans l'art du savonnier, les sulfures sont utiles pour donner à la marbrure les nuances voulues. Une importante modification, récemment faite dans la construction des fours par M. CLÉMENT, a consisté à leur donner une dimension 3 fois plus grande. Ainsi, au lieu de 8 pi. de long sur 5 de large qu'ils eurent dans l'origine, et de 12 pi. sur 8 qu'on leur donna plus tard, ils ont actuellement jusqu'à 20 pi. de long sur 12 de large, et l'on a graduellement ainsi diminué la dépense en combustion. On pense bien qu'on ne pourrait remuer et tirer la soude par une seule porte G au bout de tels fours. La *fig.* 437 fait voir comment,

Fig. 437.

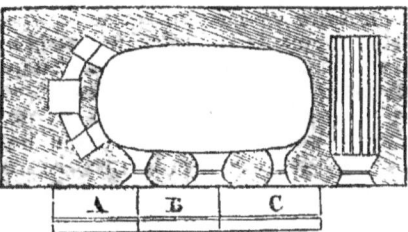

ment, à l'aide de 3 portes latérales A, B, C au lieu d'une, 3 ouvriers peuvent continuellement opérer le mélange, et ensuite tirer ensemble toute la soude d'un si énorme four.

Matières employées.

2 atomes	sulfate de soude sec	= 1784		41
3 —	carbonate de chaux	1896		44
18 —	charbon	= 688	ou	15
		4368		100

Produits obtenus.

2 atomes	carbonate de soude sec	= 1336		30
1 —	chaux . . . 356			29 5
2 —	sulfure de calcium 914	1270		29 5
20 —	oxide de carbone . .	1765	ou	40 5
		4371		100 »

Ce tableau démontre que lorsqu'on calcine parties égales de sulfate de soude sec et de craie, avec la dose indiquée de charbon, il se forme des produits dont on peut expliquer la production, en supposant que le sulfate de soude et une partie de la craie se transforment en sulfure de calcium, carbonate de soude, etc. Il faut observer encore que si l'on mettait 2 atomes de craie seulement, le sulfure de calcium, en se dissolvant dans l'eau, serait décomposé par le carbonate de soude et l'on aurait reproduction de la craie et du sulfure de sodium ; c'est ce qui n'a plus lieu quand on emploie 3 atomes de craie, parce qu'alors il reste 1 atome de chaux libre qui, combiné avec les 2 atomes de sulfure de calcium, produit un composé insoluble dans l'eau froide. Ainsi, le carbonate de soude formé se dissout seul et échappe à la réaction du sulfure produit.

On voit par-là que tout le secret de cette fabrication, qui a exercé une si grande influence sur notre commerce, repose sur l'emploi de proportions convenables et atomiques entre la craie et le sulfate de soude. Quant au charbon, la dose peut varier. En effet, il faut en mettre plus que le calcul n'en indique, pour remplacer celui qui est brûlé pendant l'opération ; d'ailleurs, un excès de charbon ne peut nuire qu'en rendant caustique une partie de la soude, inconvénient de peu d'importance.

Voici le dosage employé par LEBLANC et les produits alors obtenus :

1,000 sulfate de soude sec.
1,000 craie.
  550 charbon.
_____
2,550 mélange employé.
1,530 soude brute obtenue.
  ou 900 carbonate de soude cristallisé, provenant de celle-ci.
1,000 résidu insoluble laissé par la soude brute.

Ce dosage était convenable à l'époque où le sel, incomplétement décomposé, donnait un sulfate de soude ne représentant que 0,82 de sulfate pur ; c'est encore ce qui a lieu pour la soude, dite des *blanchisseurs* ; mais pour la soude riche, obtenue avec du sulfate presque pur, il convient d'employer 1150 environ de craie pour 1000 de sulfate.

Pour *économiser le temps et le combustible* dans la fabrication de la soude, il convient que la fonte des matières se fasse rapidement. Pour que ce résultat soit obtenu, il faut : 1° que le four soit bien construit ; 2° que le feu soit conduit avec soin ; 3° que la charge de matières à fondre ne soit ni trop forte ni trop faible ; 4° qu'elle soit convenablement remuée ; 5° que le mélange soit très fusible.

Relativement au 1er point, la *forme du four*, nous l'avons indiquée plus haut ; nous devons de plus faire observer qu'il doit être le plus grand possible, c'est-à-dire que les dimensions ne connaissent de bornes que celles qui sont posées par la nécessité de porter facilement, sur tous les points de la sole, les instrumens qui servent à remuer la soude ; il doit plutôt pécher par excès que par défaut de tirage.

Relativement au 2e point, il convient de ne pas faire de trop fortes charges de combustible ; elles doivent plutôt être légères et multipliées ; c'est le moyen d'obtenir un feu vif et d'éviter que le mâche-fer ne se forme en grosses masses qui obstrueraient la grille.

Sur le troisième point, on doit remarquer que lorsque les charges sont trop fortes, une partie de la matière reste long-temps sans couler ; que, lorsqu'elles sont trop faibles, on perd aussi du temps, parce que le four est trop fréquemment refroidi ; une quantité de 125 kil. à la fois par mètre carré de surface de la sole paraît la plus convenable.

En remuant la matière dans les 1ers momens ou retarde la fonte ; on doit donc, après l'avoir chargée et étendue sur la sole en une couche d'égale épaisseur, attendre que la superficie commence à couler. Alors on la sillonne avec la quarre du râble ; ce qu'on répète de temps en temps jusqu'à ce que plus de la moitié de la matière ait commencé à fondre. Ce moment arrivé, on doit remuer plus souvent. Une fois la matière aux 2 tiers fondue, on doit agiter continuellement ; vers la fin, il faut brasser et mélanger le plus exactement possible. La matière se boursouffle et il en sort de longs jets de flamme blanche ; si on la

laisse quelque temps sans la tirer, le boursoufflement diminue, la matière devient plus liquide. Ainsi, suivant l'époque où elle est tirée, la soude est plus spongieuse ou plus compacte ; mal cuite, elle est trop sulfurée. Le bon dosage est de la plus haute importance.

Si l'on prolonge la calcination, on obtient une soude plus dure, plus dense, moins spongieuse, dont la pulvérisation et la lixiviation sont plus difficiles. On doit faire observer enfin que la dose, ou plutôt l'excès du charbon, doit être d'autant moindre qu'on est parvenu à mener les opérations plus rapidement.

On substitue souvent la houille en poudre au charbon de bois, et suivant qu'elle contient plus ou moins de matières combustibles, on en doit employer de 54 à 56 centièmes du sulfate réel contenu dans le mélange.

Voici le tableau du prix de fabrication de la soude brute dans une suite d'opérations faites près de Paris et destinée aux blanchisseurs.

	fr.	c.
14,982 sulfate des cylindres à 17 fr.	2,546	94
12,509 craie à 10 fr. les 1,000 kil.	135	
7,680 poussière de charbon à 3 fr. 75 c. les 100 kil.	288	
_____		
36,162		
10 voies (150 hectolit.) de houille à 40 fr.	400	
Main d'œuvre.	250	
Frais généraux, etc.	485	06
72 barriques pour embariller la soude.	180	
_____		
Produit 22,440 kil. de soude, ayant coûté.	4,285	

D'où l'on voit que le quintal métrique ou les 100 kil. reviennent à 19 fr. 9 c. Le cours actuel est de 22 fr. ; par conséquent le bénéfice est de 2 fr. 91 c. par 100 kil.

Dans cette localité, le *prix coûtant* établi ci-dessus ne permet guère de fabriquer le sel et les cristaux de soude ; aussi la totalité de la soude est-elle employée à l'état brut par les blanchisseurs.

A Marseille, la plus grande partie de la soude brute est destinée, soit au raffinage pour être expédiée en sel de soude à Rouen, Paris, etc., soit à la fabrication du savon qui se fait dans la localité, et tout l'acide chlorhydrique est perdu ; l'acide sulfurique est employé à 50°, etc. ; aussi le compte de fabrication est-il différent. Le voici approximativement présenté, en y comprenant les 2 fabrications du sulfate et de la soude qui toujours sont annexées l'une à l'autre.

		fr.
Fabrication du sulfate.	Sel marin, 3,600 kil. à 1 fr.	36 fr.
	Acide sulfurique à 50°, 45,00 kil. à 10 fr	450
	Houille.	40
	Main-d'œuvre et frais généraux	62
Conversion en soude.	Craie, 4,500 kil.	65
	Houille (combustible et mélange).	125
	Main-d'œuvre et frais généraux	60

Produit : 6,160 kil. de soude coûtent. . 838
100 kil. reviennent à 13 fr. 60 c.

La soude brute peut être employée directement dans la fabrication du verre à bouteilles; mais, pour toutes les autres applications, il faut en extraire la partie soluble, que l'on utilise seule, et en raison du carbonate de soude qu'elle contient.

C'est par un *lessivage* analogue à celui des matériaux salpêtrés que cette opération a lieu; un filtre, semblable à ceux de M. Dumont, indiqués dans l'article *sucre*, p. 389, est fort commode pour cela; on peut y substituer, pour les opérations usuelles, des tonneaux défoncés d'un bout ou des baquets préparés à cet effet; la *fig.* 420 indique les dispositions y relatives: A 1 po. au-dessus du fond on maintient un grillage en bois à l'aide de 2 traverses échancrées pour laisser passer le liquide. Dans ce grillage est engagé un petit tube qui monte jusqu'aux bords du tonneau. On recouvre le grillage d'une toile forte, claire et bien tendue; on emplit à moitié le tonneau de soude brute, préalablement humectée et écrasée; on verse de l'eau froide ou tiède jusqu'à 1 ou 2 po. au-dessus de la soude; lorsque tout l'air interposé est échappé par le petit tube, on ouvre un peu le robinet et l'on a soin que l'écoulement aille un peu moins vite que la filtration, afin que le marc soit toujours complètement baigné; on ajoute de l'eau jusqu'à épuisement complet de la soude, et la solution filtrée peut servir immédiatement à lessiver le linge; si l'on veut l'évaporer pour en extraire le sel de soude, il faut avoir 5 ou 6 tonneaux semblables, afin de renforcer la liqueur en la repassant sur les autres filtres, et ne la rapprocher que lorsqu'elle est de 20 à 24° à l'aréomètre. On emploie un lessivage plus expéditif en immergeant la soude hydratée et écrasée dans des espèces de paniers en tôle percés de trous et la changeant de vases jusqu'à épuisement.

Les solutions s'évaporent dans des chaudières plates étagées, dont trois sont successivement chauffées par les produits de la combustion qui ont d'abord chauffé directement une chaudière hémisphérique en fonte où le rapprochement se termine, et la précipitation a lieu, comme dans la précipitation de la potasse (*voy.* ci-dessus, page 381).

Le carbonate de soude, ainsi recueilli, mis à égoutter et desséché à l'étuve ou dans un four à réverbère, de manière à rester pulvérulent, se vend dans le commerce suivant la proportion de soude libre ou carbonatée qu'il contient et que l'on évalue par un essai dans lequel on constate la quantité d'acide sulfurique employé pour saturer complètement cette soude. Aujourd'hui on fabrique des sels de soude qui équivalent à environ 92 p. 0/0 de leur poids de carbonate de soude pur.

En faisant dissoudre à chaud ces sels, laissant déposer la solution pendant 6 ou 8 heures, et la soutirant au clair dans des terrines, on obtient par refroidissement des cristaux blancs, diaphanes, formés de carbonate de soude et d'eau dans la proportion de 62,69 de celle-ci pour 100 du carbonate cristallisé.

Si l'on fait dissoudre le même sel de soude dans 8 fois son poids d'eau, que l'on y ajoute environ les 6 dixièmes de son poids de bonne chaux grasse, préalablement éteinte et très divisée, et que l'on agite pendant dix minutes, puis qu'on laisse déposer, on pourra soutirer un liquide clair qui ne contiendra que de la

soude caustique, car la chaux se sera emparée de tout l'acide carbonique et se sera précipitée à l'état de carbonate de chaux; cette solution de soude rapprochée à 36° Baumé, constitue la lessive caustique que l'on emploie pour fabriquer les savons à froid et à divers autres usages.

C'est à l'état caustique que la soude agit le plus dans le blanchiment des toiles et le blanchissage du linge.

La *lessive caustique* de potasse, rapprochée jusques au point de ne contenir plus que les 0,16 d'eau qui constituent l'hydrate solide, peut être coulée à chaud dans des moules ou sur une plaque de fonte unie; elle se prend en masse dure par le refroidissement, et constitue la *pierre à cautère*, que l'on doit conserver dans des flacons bien clos.

La soude pure est formée de 1 atome de sodium ou . . . . 290,9 }
Plus 1 atome d'oxigène. 100 } 390,9

Ce *protoxide* est blanc, extrêmement caustique, très soluble; dissous, il verdit fortement le sirop de violette et la teinture de mauves, il attire énergiquement l'humidité et l'acide carbonique contenus dans l'air, il est fusible à la température rouge clair, son énergie sur les acides est très grande; aussi peut-il s'unir à divers oxides qui dans la combinaison font fonctions d'acides; toutes ces propriétés lui sont communes avec le protoxide de potassium ou potasse, qui s'en distingue dans plusieurs de ces sels, et entre autres par le carbonate, qui attire l'humidité de l'air, tandis que le carbonate de soude s'y dessèche spontanément; nous verrons ailleurs quelques applications spéciales de ces 2 alcalis.

Le carbonate de soude sec et pur est composé de : soude . . . . . . 390 }
acide carbonique . . . . . 276 } 666
en ajoutant 10 équivalens d'eau ou 1,125
on a le carbonate cristallisé égal à 1,791

Le *carbonate de soude pur* est blanc, âcre, un peu caustique, plus soluble à chaud qu'à froid; sa solution, faite à chaud, cristallise par refroidissement en prismes rhomboïdaux; ces cristaux, exposés à l'air, s'effleurissent en perdant l'eau de cristallisation et tombent en poudre très fine. Ils peuvent se fondre à une température peu élevée, dans leur eau de cristallisation; desséchés, ils n'éprouvent de fusion qu'à une température au-dessus du rouge.

Le *carbonate de soude cristallisé*, soumis à un courant d'acide carbonique, en absorbe une double proportion et passe ainsi à l'état d'un bicarbonate qui ne contient qu'un équivalent d'eau c'est-à-dire environ 0,1 de son poids, c'est la base des pastilles de Vichy.

Voici, en résumé, les principales applications des divers carbonates de soude commerciaux, du bicarbonate et de la soude caustique.

Le carbonate s'emploie dans la *verrerie*, la *gobeleterie* et la fabrication des *glaces*, où il est transformé en silicate de soude; il forme la base du borax ou borate de soude, des phosphates, tartrates et bicarbonates employés en médecine, et ces derniers dans la préparation du *soda-water*; on s'en sert pour préparer un sulfite employé à blanchir la *sparterie* et dans la précipitation des laques colorées, notamment de la garance; il est fréquemment en usage dans la teinture.

A l'état plus ou moins caustique, la soude sert à blanchir les toiles, le linge, les chiffons à papier, sert à préparer les savons durs, le savon économique de *résine*, et la pâte résineuse employée au *collage du papier*, à *essayer les tissus mélangés de fils de chanvre ou lin* et *de laine*, parce que, étendue d'eau, elle dissout celle-ci sans attaquer les fils ligneux; la même solution sous le nom *d'eau seconde*, s'applique à nettoyer les objets enduits d'ancienne peinture à l'huile; on l'emploie encore concurremment avec la potasse, pour fabriquer *l'eau de javelle*, chlorite de soude ou de potasse, agent de décoloration et de désinfection.

Presque toutes ces applications appartenaient à la potasse caustique ou carbonatée, mais le prix plus élevé de celle-ci a restreint ses usages à la *fabrication du cristal* (silicate de potasse et de plomb), encore s'occupe-t-on d'y substituer la soude; la potasse sert exclusivement à préparer le *chlorate de potasse* employé surtout dans la pâte inflammable des *alumettes oxigénées*, soit libre soit unie à plusieurs sels; on emploie la potasse dans la fabrication du *salpêtre* (nitrate ou azotate de potasse), des *chromates de potasse*, pour la teinture et la peinture, les *savons mousseux, la pierre à cautère* et *l'alun artificiel*.

PAYEN.

CHAPITRE XXII. — Des produits résineux.

On désigne sous l'acception générale de *produits résineux* différentes substances commerciales extraites de certaines plantes et qui comprennent notamment les *térébenthines, résines, huiles essentielles, goudrons, poix, brais, huile de résine, noirs de fumée, etc.*, tous ces produits acquièrent chaque jour un plus grand intérêt, soit en raison des applications nouvelles qu'ils reçoivent, soit par suite des importantes plantations en arbres qui les fournissent, qui, du moins, donnent directement les térébenthines, matière 1re de leurs diverses préparations.

Section Ire. — Des térébenthines.

§ 1er. — Des diverses espèces de térébenthines.

Les térébenthines doivent leur consistance pâteuse ou demi-fluide à une proportion variable d'huile volatile; elles découlent spontanément et par incisions d'arbres appartenans pour la plupart à la famille des conifères et aux genres *pin, sapin* et *mélèze*.

Il existe un assez grand nombre de variétés de térébenthines, mais nous ne nous occuperons ici que de celles qui, ayant des applications dans les arts industriels, donnent lieu à des opérations de quelque importance, et en particulier de celles qu'on recueille dans notre pays.

1° *Térébenthine de Bordeaux* ou *térébenthine des pins*. Cette térébenthine découle du *pinus maritima* et du *pinus silvestris* de LIN., qui croissent en grande abondance dans les landes entre Bordeaux et Bayonne; on la recueille par le procédé suivant: lorsque l'arbre a atteint l'âge de 25 à 35 ans, c'est-à-dire environ 2 1/2 à 4 pi. de circonférence, on fait, vers la fin de février, une entaille à sa partie inférieure, et dans toute l'épaisseur de son écorce, d'environ 5 à 6 po. de largeur sur une hauteur de 15 à 18 po.; on entaille ensuite dans le bois, à une profondeur de 3 lignes, une cavité rectangulaire de 4 po. de large sur 3 po. de haut; au bout de 8 jours on ravive la plaie en augmentant de 1 po. ou de 1 1/2 po. la hauteur dans le bois et l'on continue ainsi toutes les semaines, jusqu'au mois d'octobre, de sorte qu'après 8 ans l'entaille se trouve avoir de 12 à 14 pi. de hauteur, alors on recommence une semblable entaille à côté de la première et ainsi de suite sur toutes les faces de l'arbre. Pour atteindre jusqu'à la hauteur maxime des entailles, l'ouvrier résinier se munit d'une échelle légère à l'aide de laquelle il acquiert l'adresse de se cramponner tellement au tronc de l'arbre, qu'il peut tenir à deux mains la petite hache bien *affûtée*, dont la lame a une forme de gouge, et pratiquer les entailles supérieures aussi promptement que celles du bas de l'arbre. La térébenthine qui découle de ces incisions est reçue dans un trou fait au pied de l'arbre, et dans la substance d'une grosse racine, ou dans des augettes en bois; elle prend dans le pays le nom de *gomme molle*.

En opérant ainsi, un arbre peut donner de la térébenthine pendant plus de soixante ans. On doit apporter tous les soins possibles à la récolte de la térébenthine pour éviter qu'elle ne se salisse trop par des corps étrangers.

Lorsque, pour ménager des *éclaircies*, ouvrir des routes, etc., on veut abattre les pins dans un délai moins long, *on les taille à pin perdu*; à cet effet on pratique des entailles sur les quatre faces à la fois et on les fait trois fois plus grandes; la plus grande proportion de térébenthine ainsi obtenue dans le même temps, est une circonstance favorable à la pureté du produit.

Les parties latérales des entailles se recouvrent peu à peu de térébenthine concrétée journellement sous l'influence de l'air; à la fin de chaque saison on enlève par un grattage ces sortes de concrétions que l'on met à part et que l'on vend sous le nom de *barras* ou *galipot*; c'est une sorte de térébenthine consistante que rendent impure les divers corps étrangers y adhérant et surtout les débris ligneux entraînés dans ces grattures. On vend à meilleur marché le galipot et on l'emploie aux usages indiqués plus loin, pour lesquels les impuretés en question ne sont pas nuisibles.

Épuration de la térébenthine. Cette opération est d'autant plus importante à bien faire, qu'elle augmente la valeur non-seulement de la térébenthine, mais encore de la résine et de l'*huile essentielle* (essence de térébenthine) que l'on en tire; elle consiste dans une filtration qui sépare plus ou moins complètement les corps étrangers (matière terreuse, débris ligneux, etc.) qui salissent la matière. Voici comment on s'y prend : sur un double fond troué d'un tonneau (*fig.* 438), on dispose des

Fig. 438.

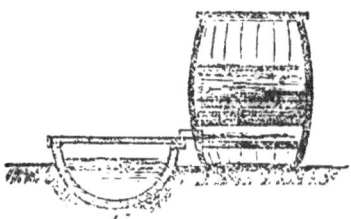

nattes en paille maintenues par un cercle intérieur, la *résine molle* est versée sur ces nattes et la température des rayons solaires suffit pour la fluidifier au point de filtrer; on recueille le produit dans un vase inférieur recouvert; il faut pouvoir recouvrir aussi le tonneau lorsque le soleil est caché ou que la pluie menace.

On se sert en plusieurs localités d'un autre filtre : c'est une caisse (*fig.* 439) de 7 à 8 pi.

Fig. 439.

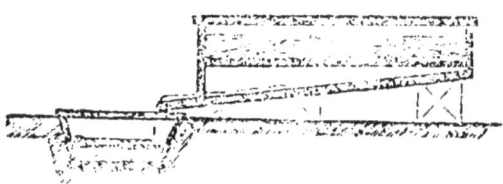

en carré formée de madriers en sapin hermétiquement joints; le fond est incliné et déborde dans un récipient inférieur; un 2ᵉ fond horizontal reçoit la résine molle que le soleil fluidifie au point de la faire couler par les joints des planches étroites de ce faux fond.

La *térébenthine filtrée* est mise en tonneaux que l'on empile dans des magasins bien dallés en pente et très propres; le temps de l'emmagasinement et la température de l'air determinent des fuites au travers des joints des douves, et opèrent ainsi une 2ᵉ filtration spontanée. La térébenthine recueillie dans un réservoir où aboutissent les pentes du dallage est plus pure et se vend plus cher que celle obtenue de la 1ʳᵉ filtration; il serait sans doute possible d'opérer du 1ᵉʳ coup une meilleure épuration en perfectionnant les moyens employés.

La térébenthine de Bordeaux est ordinairement blanchâtre, trouble et consistante, d'une odeur forte, peu agréable et d'une saveur âcre ; on peut retirer de 20 à 24 p. 0/0 d'huile volatile du traitement ultérieur de cette substance. Nous donnerons quelques détails sur plusieurs produits commerciaux analogues.

2° *Térébenthine du Canada.* Elle porte plus ordinairement le nom de *baume du Canada* et de *faux baume de Gélead;* on l'obtient par incisions du *pinus balsamea,* Lin., arbre de l'Amérique septentrionale, qui appartient à la famille des conifères.

3° *Térébenthine de Chio.* Cette sorte commerciale est fournie par le térébenthe, *pistacia terebenthus,* Lin., arbre de la famille des térébenthacées qui croît en abondance dans l'Archipel grec et notamment à Chio.

4° *Térébenthine de la Mecque, baume de la Mecque, baume de Judée, baume de Gélead.* Elle est produite par l'*amyris opobalsamum* de Lin., *balsamodendron opobalsamum* de Kunt, petit arbre de la famille des térébenthacées qui croît en Arabie, en Judée et en Égypte.

5° *Térébenthine de Strasbourg, térébenthine de sapin.* Cette térébenthine est fournie par le *pinus picea,* Lin., arbre qui croît abondamment dans les Vosges, le Jura, la Suisse, l'Allemagne et les contrées du nord de l'Europe. On la recueille à peu près de la même manière que la térébenthine de Bordeaux, mais elle est plus estimée. Voici ses principaux caractères: elle est assez fluide, transparente ou un peu laiteuse, d'une odeur forte et pénétrante, d'une saveur âcre et très amère: elle est plus riche en huile volatile que la térébenthine de Bordeaux et sert aux mêmes usages décrits plus loin.

6° *Térébenthine de Venise* ou *térébenthine du mélèze.* Cette sorte provient du *pinus larix,* Lin., *larix Europæa* de De Cand., arbre très commun dans les Alpes, la Suisse, ainsi que dans le nord de l'Europe. Autrefois elle était mise dans le commerce par Venise, mais maintenant la plus grande partie nous arrive des environs de Briançon.

La térébenthine dite de Venise est liquide, transparente, d'une couleur un peu verdâtre, d'une odeur forte sans être désagréable, d'une saveur chaude, âcre et amère; les usages sont les mêmes que ceux des térébenthines de Strasbourg, de Bordeaux et de l'Amérique septentrionale; on en obtient les mêmes produits à l'aide de moyens ci-après décrits.

§ II. — Distillation de la térébenthine commune.

Cette opération a pour but de séparer d'une part la résine, et de l'autre l'huile essentielle qui est volatile à une température où la résine peut rester fixe, quoique fluide et sans altération.

Les divers *alambics* en tôle épaisse, de fer ou de cuivre ou en fonte, peuvent servir à cette opération ; toutefois, pour la facilité de la manœuvre, l'économie des combustibles et la durée de l'appareil, nous croyons devoir recommander les dispositions indiquées plus loin, *fig.* 440 à 442, qui s'appliquent avec succès à cette opération depuis quelques années, et qui servent très bien aussi à la transformation de la résine sèche en huile, industrie nouvelle pour laquelle elles ont été employées d'abord.

Quel que soit l'alambic employé, on y introduit la térébenthine au commencement de chaque opération, soit directement en inclinant les barils au-dessus d'une large ouverture de la cucurbite, soit et bien mieux encore après l'avoir fait liquéfier et déposer dans un vase préparatoire, chauffé par la fumée du foyer de la chaudière principale et indiqué *fig.* 442. On échauffe graduellement après avoir fermé l'ouverture par laquelle la térébenthine a été introduite; si cette dernière n'a pas été préalablement fondue, elle dégage d'abord de la vapeur d'eau, puis des quantités de plus en plus grandes d'huile essentielle, qui se condense dans le réfrigérant et coule dans le récipient ou réservoir intérieur. Peu à peu l'écoulement de ce produit liquide de la distillation diminue, enfin il cesse complètement; alors la distillation est finie. On couvre le feu ou on l'enlève, puis, en ouvrant le robinet du tuyau adapté au fond de la chaudière, on fait couler la résine liquide dans un récipient en bois mouillé, où elle ne tarde pas à se figer et à se prendre en masse.

Après le refroidissement, on renverse le vase et le *pain de résine* s'en détache, on le concasse pour l'emballer dans des tonneaux et l'expédier.

C'est ainsi que l'on obtient la *résine de térébenthine* ou résine commune du commerce, appelée aussi *brai sec*, *arcanson et colophane*; c'est, comme on le voit, le résidu de la distillation de la térébenthine dépouillée de presque toute l'huile volatile ou essence de térébenthine, que l'on recueille dans le récipient et dont le prix est plus élevé. Cette résine est d'autant plus belle, que l'on a plus soigneusement filtré la térébenthine et que surtout on en a plus complètement exclu tous débris de matière ligneuse : en effet, celle-ci en se carbonisant communiquerait par ses produits goudronneux une nuance brune à la résine et diminuerait sa valeur commerciale.

On appelle encore *résine*, un mélange préparé à dessein, de 3 parties de brai sec, et d'une partie de galipot fondus ensemble, après que ce dernier a été passé au travers de nattes de paille. Dans cette opération, le galipot qui contient 10 à 15 p. 0/0 d'huile essentielle, rend le mélange plus fluide à chaud.

La *résine*, ainsi préparée, est reçue dans un baquet ou moule humecté; on projette dedans environ 15 p. 0/0 d'eau, que l'on brasse fortement; la prompte solidification de la matière renferme de l'eau interposée; on expédie en pains jaunâtres opaques le produit ainsi obtenu. Cette manipulation a été recommandée comme un moyen de décolorer la *résine*, qui en effet, vue en masse, paraîtrait brune si on la laissait figer dans le moule sans addition d'eau; dans cet état, moins estimée des commerçans et des consommateurs, elle se vendrait moins cher. Cette préférence est fondée sur un faux préjugé, ici l'apparence est évidemment trompeuse.

On peut d'ailleurs reconnaître cette vérité en faisant fondre la résine blonde opaque; l'eau est éliminée, la couleur brune reparaît et le poids de la substance a diminué de plusieurs centièmes.

C'est doublement à tort que l'on préfère la résine blonde opaque. En effet, les 4 à 6 centièmes d'eau qu'elle renferme, non-seulement diminuent d'autant sa valeur réelle, mais encore la présence de l'eau est nuisible dans quelques emplois. Lorsque, par exemple, on saupoudre de résine des surfaces métalliques fortement chauffées pour les décaper, on conçoit que l'eau agisse comme oxidant et nuise

à l'effet utile, qui est de désoxider le métal par le carbone et l'hydrogène de la résine.

SECTION II. — *De la fabrication de l'huile de résine.*

La fabrication de l'huile de résine a été importée en Angleterre; elle paraît avoir pris un assez grand essor dans ce pays, où l'éclairage au gaz est, pour la seule ville de Londres, dix fois plus étendu qu'en France, et où l'application des peintures à l'huile, à l'extérieur, est beaucoup plus générale. Nous décrirons ici l'appareil et le procédé y relatifs dans ce pays où ils ont été introduits après avoir été imaginés en France et d'où, comme tant d'autres découvertes, ils nous reviennent maintenant.

Les *fig.* 440 et 441 représentent en coupes

Fig. 440.

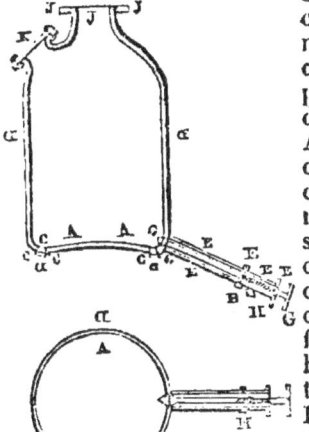

longitudinale et transversale la chaudière ou cucurbite. Les mêmes lettres indiquent les mêmes parties dans les deux figures : A, A, Fond de la chaudière, épais de 4 lignes et demie environ, fixé solidement au corps de la chaudière à l'aide d'un cercle épais en fer battu et de boulons c,c,c,c, à têtes fraisées. D, D, corps de la chaudière en tôle de 3 lignes d'épaisseur envi-

Fig. 441.

ron. Cette chaudière offre un diamètre intérieur de 5 pieds et une hauteur de 6 pieds depuis le fond jusqu'à la naissance du col. E,E, Ajutage en deux parties réunies par une bride F.F. Cette coupe laisse voir 1° la tige intérieure, terminée d'un bout par un clapet conique G, de l'autre par un filet de vis passant dans l'écrou H, taraudé à l'extrémité de l'ajutage. On conçoit qu'en tournant cette tige à l'aide de la poignée G, on peut ouvrir le clapet, et le refermer en tournant dans le sens contraire. Pour le premier cas, le filet de vis pousse au dedans; relativement au deuxième cas, il rappelle au dehors. J, Ouverture à rebords épais, en fonte tournée, sur laquelle s'adapte la tête du réfrigérant. K, Ouverture latérale (trou d'homme), à rebords épais tournés, fermé par un obturateur tourné et des boulons. Voici maintenant la disposition de tout l'appareil distillatoire représenté en coupe dans la *fig.* 442. LL, Réfrigérant composé d'un double tuyau concentrique en cuivre dans l'un desquels descend la vapeur et l'huile condensée, tandis qu'entre les deux circule de bas en haut, un courant d'eau pour rafraîchir. M, Entonnoir à longue douille, adapté au réfrigérant pour amener l'eau froide. N, Vide-trop-plein, déversant l'eau chaude dans un conduit qui se porte hors de l'atelier. O, Récipient de la grande chaudière

Fig. 442.

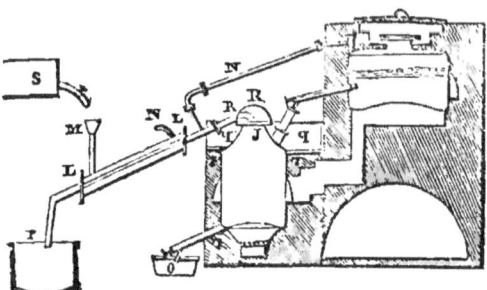

ou cucurbite. P, Réservoir dans lequel coule le produit de la distillation. Q, Hausse circulaire en tôle, destinée à contenir des cendres, qui, évitant la déperdition de la chaleur, diminue la quantité d'huile condensée sur les parois supérieures de la chaudière. R, Calotte en tôle, destinée au même effet que la hausse ci-dessus. S, Réservoir d'eau pour alimenter la consommation du réfrigérant. T, Maçonnerie de fourneau. On remarque que le cercle réunissant par des boulons, le fond épais aux calondres de la chaudière, est garanti de l'action immédiate du feu par la maçonnerie.

L'appareil étant ainsi disposé, voici comme on procède à la distillation de la résine.

On *charge la chaudière* ou cucurbite, presque aux deux tiers de la hauteur, avec du galipot ou de la résine, brai sec, arcanson, etc.; relativement à cette dernière, on doit, à prix égal, donner la préférence à celle qui est diaphane (même brune), parce qu'elle ne contient pas d'eau. Le galipot donne beaucoup plus d'huile essentielle (essence de térébenthine), dont la valeur rend quelquefois l'opération plus profitable.

Le *chargement* de la chaudière peut s'effectuer par l'ouverture K, ou, pour les opérations subséquentes, à l'aide d'un réservoir posé sur la chaudière, duquel la matière résineuse, entretenue fluide par la chaleur de la cheminée, s'écoule à volonté dans la chaudière, à l'aide d'une bonde à tige. La *figure* 442 montre cette disposition, qui s'applique fort avantageusement aussi à la 1re distillation de la térébenthine, décrite à la page précédente ; on voit que le tube R, partant du couvercle de cette chaudière préparatoire, communique à volonté avec le réfrigérant, et qu'ainsi il n'y a pas de déperdition de vapeur considérable.

On allume le feu, que l'on pousse graduellement. En général, il se dégage d'abord de la vapeur d'eau, qui se condense et s'écoule à l'extrémité du réfrigérant, bientôt l'huile essentielle accompagne le liquide aqueux qui devient légèrement acide. Enfin, le feu étant toujours le même, l'écoulement paraît s'arrêter; c'est le moment de séparer tout le liquide obtenu, et qui est fractionné spontanément en deux parties; l'une plus légère surnage, c'est l'huile essentielle; on l'isole aisément en soutirant, après quelques instans de repos, l'eau qui occupe le fond du vase.

La température de la matière résineuse continuant à s'élever, des changemens ont lieu dans la combinaison de ses élémens; il se dégage beaucoup de gaz hydrogène peu carboné,

des vapeurs acides et aqueuses, qui se condensent avec une plus grande quantité d'huile que l'on voit couler plus abondamment.

On peut soutenir le feu jusqu'à ce que l'écoulement s'arrête, et dans ce cas on obtient le maximum de produit en huile; il reste dans la chaudière une très petite quantité de charbon et de matières terreuses, qui ne s'opposent pas à ce que l'on recharge de nouveau la chaudière. À cet effet, on couvre le feu, on ôte l'obturateur K, puis on verse la résine; on referme l'ouverture, on ranime le feu et l'on recommence une deuxième opération.

Ce dernier mode d'opérer présente plusieurs inconvéniens. En effet la matière charbonneuse, s'accumulant à chaque fois, nuit à la communication de la chaleur, et après 5 ou 6 opérations il faut laisser refroidir le fourneau de la chaudière pour qu'un homme puisse s'introduire dans celle-ci et enlever à coups de ciseau ce charbon plus ou moins adhérent. D'ailleurs, à la fin de chaque opération la température s'élève au point de faire rougir les parois de la chaudière, en sorte que si l'on vient à recharger promptement, les premières parties de résine en contact avec les parois se décomposent, du gaz hydrogène carboné se produit qui peut s'enflammer et déterminer des accidens graves, ainsi que cela est arrivé en ma présence; enfin le fond de la chaudière exposé fréquemment aux alternatives d'une température tantôt rouge, tantôt subitement moins élevée, s'altère beaucoup; il en résulte des réparations dispendieuses.

Un *autre mode d'opérer* est préférable; il consiste à ne pousser la distillation que jusqu'à ce que les neuf dixièmes de la résine soient décomposés, ce que l'on peut connaître approximativement d'après la quantité de liquide recueilli, et en ayant soin d'arrêter un peu plus tôt dans les 1res opérations. On couvre alors le feu, on soutire la matière résineuse fluide restée dans la chaudière, et pour cela il suffit de tourner la poignée G du clapet; on referme ensuite celui-ci en tournant en sens inverse; on enlève l'obturateur K, on recharge la chaudière et l'on commence une autre distillation.

La matière fluide tirée ainsi de la chaudière prend, en refroidissant, une consistance de brai gras moins colorée que ce dernier; elle s'applique aux mêmes usages et peut se vendre plus cher, comme de meilleure qualité.

Voici le *compte* de cette opération, calculé sur les prix à Londres (1830). En supposant un appareil offrant les dimensions que nous avons indiquées, il contiendra 22 quintaux anglais (de 112 livres environ), ou 2,100 kil. de résine, quantité sur laquelle on pourra opérer chaque jour ou 6 fois par semaine.

	fr.	c.
22 quintaux résine, à 6 fr. 25 c.	137	50
houille pour chaque distillation pendant 12 heures......	10	»
main-d'œuvre..........	11	25
réparations, loyer, assurance, etc.	15	»
Total...	**173**	**75**

(à gauche de ce tableau, accolade marquée : Frais.*)*

		fr.	c.
20 gallons huile essentielle analogue à l'essence de térébenthine (1).		33	»
180 gallons huile fixe.		210	»
100 livres brai gras.		12	50
Total des produits		255	50
d'où déduisant le montant des dépenses.		173	75
Reste en bénéfice.		81	75

(Produits)

Lorsque l'on veut purifier l'huile fixe de la plus grande partie de l'acide et de l'eau qu'elle contient, il suffit d'y ajouter environ 5 p. 0/0 de carbonate de soude sec, en poudre tamisée (sel de soude du commerce), et de bien brasser le mélange, tandis que l'huile est encore chaude, c'est-à-dire immédiatement après la distillation, de laisser déposer et de tirer au clair.

MM. MATHIEU ont indiqué récemment un procédé (breveté) d'épuration de l'huile de résine ; il consiste à bien battre cette huile d'abord avec ¹⁄₁₀₀ᵉ de son poids d'acide sulfurique concentré, puis aussitôt après avec parties égales d'eau à 55 ou 60° C., et ensuite filtrer l'huile.

On peut lui enlever son odeur désagréable, d'après M. CHEREAU, en la faisant traverser par un courant de vapeur d'eau avant de filtrer.

L'huile ainsi épurée est très propre à l'éclairage au gaz ; elle équivaut, pour cet emploi, aux 0,85 environ de l'huile de colza ; on ne pourrait pas la brûler directement dans les lampes ordinaires, parce qu'elle n'est pas suffisamment fluide, et qu'elle produit en brûlant une grande quantité de noir de fumée. On en a fabriqué un savon dont les applications ne sont pas encore déterminées. Elle a servi dans la confection de peintures pour les ouvrages au dehors des habitations.

Les autres *usages* de cette huile n'ont pas été assez étudiés pour que nous les décrivions plus complètement ici ; ils prendront sans doute une extension plus grande.

SECTION III. — *De la bétuline.*

Il existe un assez grand nombre d'autres résines qui sont même employées dans les arts, telles que la résine élémi, la laque, le mastic, le copal, etc., dont nous ne nous occuperons pas ici parce qu'elles ne sont pas un produit immédiat de notre sol ; mais nous dirons un mot de la bétuline et de sa préparation.

M. CHEVREUL a nommé *bétuline* une résine qui est sécrétée dans toute l'épaisseur de l'écorce du bouleau, et qui donne aux feuillets enlevés sur cette écorce la couleur blanchâtre et opaque qui les distingue. C'est à la bétuline qu'est due la propriété remarquable de conservation dont jouit l'écorce de bouleau, et qui est tellement prononcée que parfois le bois sous-jacent qu'elle a long-temps garanti finit par s'altérer et se pourrir, tandis que son écorce reste plus ou moins conservée.

La bétuline ne saurait exsuder de l'arbre parce qu'elle n'est pas accompagnée d'une proportion sensible d'huile essentielle qui puisse la liquéfier ; mais elle peut être utilisée de plusieurs façons quoique engagée dans le tissu végétal.

On sait en effet que les écorces de bouleau servent depuis quelque temps à former de petites boîtes arrondies, légères et durables, que la même écorce, capable de conserver le bois, peut donner elle-même en brûlant une flamme vive et beaucoup de chaleur (2) ; mais ce qui caractérise surtout la substance résineuse que renferme cette écorce, c'est l'odeur balsamique agréable qu'elle répand par une combustion incomplète ; chacun peut aisément vérifier cette propriété ; il suffit en effet de présenter un fragment d'écorce à une flamme quelconque, elle s'allumera aussitôt et brûlera en répandant une lumière vive et un peu de fumée ; si, lorsqu'elle sera à demi consumée on l'éteint, elle répandra une fumée blanche, et avec elle l'odeur spéciale qui distingue certains cuirs de Russie.

On emploie maintenant en France l'écorce de bouleau pour communiquer à certaines peaux, préparées pour reliure et autres objets de luxe, la même odeur qui fait rechercher les peaux analogues dites *cuirs de Russie ;* le principe, odorant qui sans doute tient à la production d'une huile essentielle par la bétuline au feu, s'obtient économiquement en distillant l'écorce *per descensum* dans un appareil qui pourrait servir à préparer le goudron des bois résineux, ou du moins à essayer ces bois relativement aux quantités de goudrons qu'ils peuvent donner.

La *fig.* 443 indique cet appareil ; on voit qu'il se compose d'un vase cylindrique en fonte A, ouvert ou fermé à volonté à la partie supérieure par un disque B de même métal ; il se termine à la partie inférieure en un tube court C, que l'on peut prolonger à l'aide d'un ajutage ou tuyau en tôle D, jusque dans un récipient E ; un foyer latéral F permet de chauffer tout le tour du cylindre enveloppé comme on le voit par le carneau circulaire G pratiqué dans la maçonnerie H.

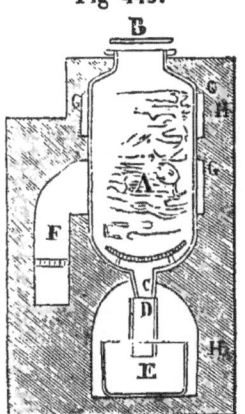

Fig 443.

Les choses ainsi disposées, voici comment on opère : on emplit d'écorces le vase en fonte A, on allume du feu dans le foyer, puis on chauffe jusqu'à ce que, tout le vase étant rouge brun, les écorces soient charbonnées. Il

---

(1) La proportion de cette huile est très variable ; elle dépend de ce que la 1ʳᵉ distillation de la térébenthine a été poussée plus ou moins loin pour en obtenir davantage quand on emploie le galipot au lieu de résine sèche, et il y a souvent un grand avantage à le faire ; en se servant du brai sec de Bordeaux ou de l'arcanson de l'Amérique septentrionale, on n'obtient guère plus de 4 à 5 pour 100 de cette huile volatile.

(2) En supposant à la bétuline la même composition qu'à la résine de térébenthine, elle donnerait à poids égal, en brûlant, une quantité de chaleur plus que double de celle que produit le bois ordinaire.

se dégage d'abord de la vapeur d'eau, peu à peu de l'acide acétique, un goudron aromatique et divers autres produits l'accompagnent et se condensent ensemble dans le récipient inférieur. C'est dans la matière brune goudronneuse que se trouve le produit à odeur balsamique particulière, résultant de l'altération de la bétuline. Ce goudron, mélangé avec des jaunes d'œufs et employé au corroyage des peaux, leur communique l'odeur du cuir de Russie; employé en encollage entre le carton et les peaux des reliures de livres, il conserve très long-temps cette émanation à odeur spéciale qui éloigne les insectes.

SECTION IV. — *De la préparation des goudrons.*

L'appareil précédent peut, ainsi qu'on le voit, servir à la préparation des goudrons; mais il existe un autre appareil de distillation *per descensum* plus simple, moins dispendieux et plus durable, qu'on peut appliquer avec avantage à la distillation des écorces de bouleau, et qui est usité en Amérique pour la *préparation des goudrons résineux;* nous le décrirons, après avoir donné une idée du four le plus anciennement employé en France pour le même usage, mais qui nous semble moins bien approprié à sa destination.

La *fig.* 444 indique cette disposition; on

Fig. 444.

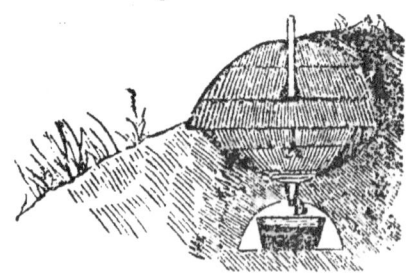

voit qu'elle consiste à creuser une cavité circulaire, soit sur une pente de colline, dont on a aplani une place de 30 à 40 pi. de diamètre, soit sur le sommet également aplani ou coupé d'un tertre.

Cette cavité A, en forme d'entonnoir évasé, communique par un tuyau B, adapté à sa partie inférieure, avec une petite chambre voûtée dans le milieu de laquelle se trouve un récipient C.

Les choses ainsi arrangées, on place quelques bûches en travers et horizontalement sur l'ouverture au fond de la cavité A; on remplit ensuite toute cette cavité avec des bûchettes ou bûches fendues, ayant 2 pi. à 2 pi. 3 po. de longueur, en ayant le soin de les poser couchées suivant l'inclinaison des parois; puis sur le dernier rang, au niveau du sol, on élève une meule analogue à celles à charbon de bois dans les forêts (*voir* la p. 370), en amoncelant des bûchettes semblables à celles des rangs inférieurs, mais inclinées en sens inverse.

On implante au 2e rang un poteau dont on entoure le pied de menus débris ligneux très inflammables; puis, on garnit jusques à 4 po. près du sol tout le monceau de paille, de feuilles ou de gazons retournés ou terre humectée;

on enlève alors le poteau central, on jette dans l'ouverture qu'il laisse des charbons incandescens, puis on laisse le feu faire quelques progrès avant de boucher, à l'aide d'une plaque ou de gazons, l'ouverture supérieure de la *cheminée.*

L'élévation de la température se propage graduellement dans toute la masse, chasse l'eau en vapeur, rend fluide la matière résineuse mêlée d'huile essentielle dans le bois, décompose et carbonise celui-ci en formant, parmi divers produits, de l'acide acétique et du goudron, qui s'ajoute aux produits résineux et aux matières huileuses provenant de l'altération de la résine. C'est tout ce mélange, qui, coulant ou se condensant vers les parties inférieures de la masse de bois, arrive au tuyau central B, coule dans le récipient C, où se fait un premier départ spontané de la matière goudronneuse et du liquide aqueux, et que l'on traite ultérieurement comme nous le verrons plus loin.

Le principal défaut de ce procédé consiste dans la rapidité de la carbonisation qui surprend, altère et réduit en gaz une grande partie des matières résineuses, donnant ainsi un produit utile moins abondant et d'une plus mauvaise qualité.

On s'est rapproché de circonstances meilleures par les dispositions suivantes, indiquées par la *fig.* 445. On voit que la cavité, pratiquée

Fig. 445.

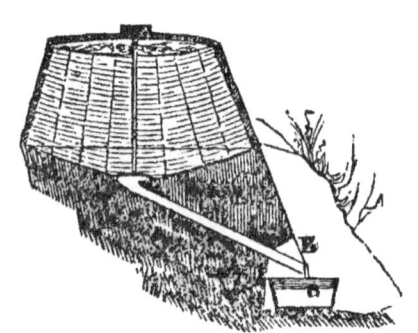

sur le tertre ou le penchant d'une colline et carrelée en briques, est semblable à la 1re; que le tuyau inférieur B conduit au dehors les produits condensés, ce qui facilite la manœuvre; mais ce qui surtout diffère, c'est l'arrangement des bûchettes. On voit, en effet, que dans toute la masse du tas, dont le diamètre est de 20 à 25 pieds sur une hauteur totale de 7 à 8 pi., ces bûchettes sont couchées suivant l'inclinaison des parois, en sorte que la dernière couche reproduit à peu près la forme de la cavité inférieure; on charge sur cette superficie des débris de branches sèches que l'on allume pour commencer la distillation. On a d'avance construit une sorte de muraille circulaire de 4 1/2 à 5 pieds de hauteur tout autour du tas, et l'on recouvre peu à peu sa superficie de même afin d'étouffer le feu.

La température se propage ici plus graduellement que dans la 1re forme de four, les produits fluides sont plus méthodiquement chassés de proche en proche, vers le bas de la cavité, en sorte qu'ils arrivent moins altérés dans le récipient C.

Cependant, la disposition qui nous reste à décrire réunit bien mieux encore toutes les conditions favorables; elle est d'ailleurs très avantageusement employée dans l'Amérique septentrionale, contrée d'où l'on tire les meilleurs goudrons.

On voit à la 1re inspection de la *fig.* 446 que

Fig. 446.

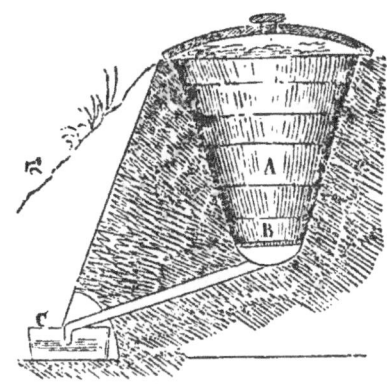

la forme des parois de la cavité A, en entonnoir peu évasé, permet de placer toutes les bûchettes debout, légèrement inclinées. Une grille ou une plaque circulaire B, perforée de trous ayant 8 à 10 lig., facilite l'arrangement de la 1re rangée, et laisse un libre écoulement aux produits fluides.

On remplit de la même manière toute la cavité, mais on n'élève pas de bûchettes au-dessus de ses bords; on se borne à recouvrir de débris, de branchages et de copeaux toute la superficie. On place sur ces derniers des feuilles ou de la paille, puis des gazons ou quelquefois des plaques en pierre; on ménage une cheminée au centre et plusieurs ouvertures, afin de commencer la combustion au-dessus du dernier rang de bûchettes. Cette combustion s'entretient lentement par les gaz inflammables émanés peu à peu des couches inférieures et la température ne s'élevant que par degrés de haut en bas, opère mieux que par les deux précédentes méthodes l'extraction des matières résineuses, puis ensuite la carbonisation du bois dont les produits condensés se rassemblent dans le récipient C.

Goudrons obtenus par ces différens procédés.

De même que celui qui est meilleur et que l'on se procure à l'aide des débris plus résineux, tels que tresses en paille ayant servi à la filtration de la térébenthine, *ourles* ou cicatrices des écorces des pins épuisés, copeaux des racines, etc., tous ces goudrons, après avoir été séparés de l'eau acide et soumis un instant à l'ébullition, peuvent être employés pour imprégner les bois, les cordages, etc., et les défendre de l'action de l'eau ou de l'air humide. La meilleure qualité dans laquelle on fait fondre un poids égal de galipot donne un brai peu foncé dit *brai américain*, que l'on regarde comme le meilleur pour le calfatage des vaisseaux.

On prépare une autre sorte de brai en faisant bouillir le goudron jusqu'à ce qu'il

ait perdu assez d'huile essentielle pour avoir la consistance convenable; lorsque cette opération se fait en chaudières ouvertes, toute la vapeur huileuse est perdue. Il est donc bien préférable de rapprocher au même degré le goudron dans une sorte d'alambic analogue à celui que nous avons décrit pour la fabrication de l'huile de résine (*voir* p. 395).

Le produit volatil se distille alors, et, condensé dans le réfrigérant, il fournit une huile essentielle foncée applicable à rendre siccatives les peintures foncées, sur les objets à l'extérieur des habitations, ou que l'on peut encore destiner à la fabrication du gaz propre à l'éclairage.

Le brai gras peut être utilisé, non-seulement aux usages ordinaires de la marine, mais encore dans la confection d'un mastic bitumineux, dont les applications acquièrent chaque jour plus d'importance, et dont la fabrication ainsi que celles d'huiles très volatiles, mieux épurées et appliquées dans ces derniers temps, utilise les résidus de l'éclairage au gaz (goudrons et brai gras de houille, de résine et des bitumes naturels).

SECTION V. — *Usages principaux de la résine du galipot et des térebenthines.*

Les *térébenthines* entrent dans la composition de plusieurs *vernis gras et alcooliques;* on les emploie dans la thérapeutique et surtout dans la *médecine vétérinaire;* elles servent à préparer plusieurs mastics pour assurer la fermeture hermétique des grosses bouteilles et dames-jeannes, et pour la *cire* commune à *cacheter* les bouteilles à vin; on en ajoute quelquefois une petite quantité dans les cires à cacheter usuelles, afin de les rendre plus faciles à s'enflammer. On les mélange en certaines circonstances avec les résines exotiques; enfin on en distille la plus grande partie pour en extraire la résine sèche et l'huile volatile ou essence.

Les applications de la *résine* sont nombreuses et de jour en jour plus importantes; les plombiers et chaudronniers en font fréquemment usage pour *prévenir l'oxidation de l'étain* pendant leurs soudures. En l'épurant par fusion, repos et décantation, on en prépare de la belle *colophane* translucide; distillée à sec, elle donne quelques centièmes *d'essence de térébenthine,* puis se convertit presque totalement (à 10 ou 15 p. 0/0 près) en *huile fixe,* comme nous l'avons vu plus haut. On applique soit cette huile, soit la résine directement à préparer le *gaz-light,* qui, sous un volume moitié moindre, éclaire autant que le gaz de la houille, et ne contient pas comme ce dernier d'acide sulfhydrique (hydrogène sulfuré). Ces 2 particularités expliquent la préférence qu'on donne pour la fabrication du gaz portatif, et dans quelques établissemens à la résine ou à son huile; on trouve dans les produits condensés du gaz de résine une *huile fixe brune* et une *huile essentielle très volatile,* que l'on peut épurer; toutes ces huiles peuvent s'appliquer à la *peinture* et la dernière dans la préparation des *vernis.* Un mélange de térébenthine et de cire donne un *mastic hydrofuge,* employé avec succès à chaud pour rendre le plâtre imperméable. Dans les environs des pinières, les paysans se servent de filasse enduite de résine et tressée, pour éclairer leurs habitations en maintenant ces sortes de *falots* enflammés sous la cheminée ; on prépare avec la résine et la filasse, de grosses *torches* pour éclairer en plein air la marche dans des chemins difficiles ; on se sert de torches analogues pour flamber les moules des fondeurs en métaux, c'est-à-dire afin de répandre une légère couche de noir de fumée dans tous les détails des moules avant de couler. En faisant entrer 20 à 25 p. 0/0 de résine dans la matière grasse saponifiée des *savons* dits *jaunes* ou *savons de résine*, on rend ce dernier produit beaucoup plus économique. Cette fabrication, très répandue en Angleterre et en Amérique, commence à prendre quelque importance chez nous. C'est encore à l'aide de la résine ou du galipot (mais sans suif ni huile) que l'on prépare le *savon résineux* appliqué depuis quelque temps en France au *collage du papier*.

L'*huile essentielle de térébenthine* très rectifiée, notamment par une distillation récente sur la chaux, ne laisse plus de tache sur le papier ; aussi s'en sert-on pour enlever les taches de graisse, d'huile, de goudrons, etc., et surtout pour le *nettoyage des meubles* en bois poli et de leurs garnitures.

Plus ou moins pure, l'essence de térébenthine s'emploie pour rendre les *peintures à l'huile plus siccatives*, pour *dissoudre diverses* résines et fabriquer les vernis ; elle est en usage en médecine et surtout chez les vétérinaires. Cette essence éloigne ou fait périr les insectes ; aussi l'a-t-on employée avec succès à *détruire les pucerons lanigères*, lorsqu'on peut les atteindre avec cette huile qu'il convient dans ce cas de mettre en émulsion dans 6 ou 8 fois son poids d'eau, pour l'économiser (l'essence de goudron de houille est plus active et moins chère).

Les *goudrons et brais gras* s'appliquent à *enduire* les bois, les fils et cordages, calfater les vaisseaux, rendre des *toiles doubles imperméables* par leur interposition, fabriquer des *mastics hydrofuges* ; la composition des goudrons est très compliquée (1), mais la résine et les huiles qu'ils renferment sont les substances les plus utiles.

Tous les dépôts, résidus, plus ou moins abondamment imprégnés des substances résineuses (térébenthine, résine, huiles) ci-dessus, sont employés à la confection du noir de fumée que nous allons décrire.

SECTION VI. — *Fabrication et usages du noir de fumée.*

Voici la théorie sur laquelle reposent les divers procédés à l'aide desquels on obtient le noir de fumée :

Si l'on enflamme une matière riche en carbone uni à l'hydrogène (huiles, graisses, résines, bitumes, etc.), la haute température près des points en combustion volatilise ou décompose la substance ; les carbures d'hydrogène et gaz hydrogène carboné arrivent dans la flamme, y laissent séparer leur carbone non encore brûlé, mais lumineux ou rouge incandescent par sa haute température.

Si la proportion d'air ou d'oxigène est insuffisante, ou si l'on diminue brusquement la température, ce carbone ne brûle pas ; il peut être précipité et recueilli.

On peut vérifier ce fait en coupant à la moitié de sa hauteur la flamme d'une bougie, d'une chandelle ou du *gaz-light*, par une toile métallique de fer ; on verra celle-ci se couvrir de poudre charbonneuse et une fumée brune traverser au-dessus d'elle. Si l'on allume un falot de chanvre chargé de résine, la quantité de carbone entraîné dans la flamme sera trop considérable pour être entièrement brûlé à l'air, et une fumée épaisse déposera bientôt dans l'air ambiant des flocons charbonneux.

Ainsi donc, c'est en allumant les substances en question, brûlant une grande partie de leur hydrogène et le moins possible de leur carbone, qu'on peut recueillir une partie de celui-ci sous la forme de *noir de fumée*.

Ce produit était préparé autrefois presque exclusivement avec les résidus des matières résineuses extraites dans les *pinières*; on l'obtenait par une combustion incomplète opérée sous une *chambre* tapissée de peaux de mouton distantes des parois, dans laquelle la fumée allait déposer la plus grande partie du charbon divisé que son courant entraînait. Une issue laissait échapper les produits gazeux retenant encore une assez grande quantité de carbone en suspension. De temps à autre on allait battre au dehors les peaux tendues pour faire tomber le noir qui se rassemblait au fond de la chambre.

Depuis plusieurs années on emploie dans la même fabrication les résidus des goudrons de bois et de houille, des bitumes naturels et plusieurs matières grasses. On a beaucoup varié les appareils ; l'un de ceux qui ont produit de bons résultats en grand consiste en une série de chambres en briques bien cuites, voûtées A, A (*fig.* 447), et dont tous les joints,

Fig. 447.

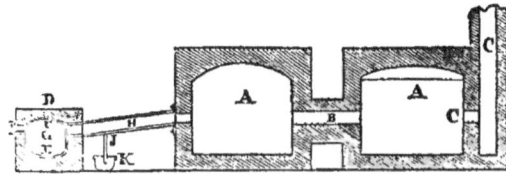

serrés à la chaux et au ciment très fin, sont parfaitement lissés à la truelle. 2 ou 3 couches de bonne peinture à l'huile seraient utiles pour éviter la dégradation de la maçonnerie, qui peut introduire des matières étrangères nuisibles à la nuance foncée et régulière du noir.

Toutes ces chambres communiquent entre elles par des ouvertures latérales B. A l'une de leurs extrémités est une cheminée C adossée à un four, dans laquelle passe le tuyau d'un foyer qui détermine un tirage et par

(1) Ils contiennent une huile fixe, deux ou trois huiles volatiles, de l'acide ulmique, du charbon, des acides succinique, acétique, de l'acétate d'ammoniaque, de l'eau, de la résine, de l'esprit de bois et plusieurs combinaisons du méthylène, l'eupione, la paraffine, le piccamare, le pittacale, la kréosote (principe immédiat huileux qui conserve les viandes et s'emploie en médecine), souvent enfin de la silice, de l'alumine et des sels de chaux.

suite un appel dans toutes les chambres et jusque dans le fourneau D qui les alimente. Ce dernier contient une capsule en fonte E placée sous une voûte F. La capacité G, comprise entre la voûte, la capsule et les parois latérales communiquent avec la 1re chambre par un tuyau en tôle H et du côté opposé avec l'air extérieur par une embrasure de porte I rétrécie à volonté. Ce tuyau fait l'office de réfrigérant et de conducteur, afin de retenir quelques produits liquides qui s'écoulent par un ajutage J dans une cuvette K. Le noir le plus impur et le moins divisé se recueille dans le tuyau qu'on fait nettoyer fréquemment. On obtient le noir graduellement plus beau et plus fin dans les chambres qui s'éloignent de plus en plus du four à combustion.

Si on veut brûler des huiles fixes ou graisses fluides, on peut remplacer ce four par une sorte de quinquet à plusieurs becs, dans lequel le niveau de la matière grasse est maintenu par un grand réservoir. La flamme des becs est réunie sous un chapeau conique en tôle, adapté à un entonnoir dont la douille, se recourbant, conduit la fumée dans les chambres.

On a modifié cet appareil pour brûler les *huiles essentielles* brunes, goudronneuses et de peu de valeur, afin d'en tirer du noir de fumée. Il se compose alors d'une chaudière cylindrique à bouilleurs, semblable à celle montée dans les fourneaux des machines à vapeur. L'huile essentielle vaporisée se rend, en soulevant la pression d'une soupape, dans des tuyaux à l'extrémité desquels on l'allume. La fumée produite est conduite, comme dans l'appareil précédent, à l'aide d'un chapeau conique coudé. On conçoit qu'il faut en outre une soupape s'ouvrant dans un sens contraire, qui permette la rentrée de l'air froid lorsque le feu est éteint et que la vapeur cesse de se former dans les bouilleurs.

Il serait facile d'obtenir du *noir de fumée plus beau* et plus régulièrement avec toutes les matières grasses, résineuses, essentielles, bitumineuses, en les traitant de la même manière que pour obtenir le *gaz-light*. Le gazomètre pourrait être peu volumineux et ne servir que de régulateur, puisque la combustion serait opérée au fur et à mesure de la production du gaz. Cette méthode offrirait des avantages en quelques localités, surtout si l'on utilisait la chaleur du combustible pour évaporer des solutions salines ou autres. On pourrait encore obtenir un résultat semblable en distillant la houille pour en faire du coke. Enfin il serait possible d'utiliser, pour l'éclairage de divers ateliers, la lumière produite par la combustion incomplète du gaz.

On fait usage, en Angleterre, d'une disposition fort ingénieuse et très commode pour recueillir le noir de fumée échappé de la 1re chambre, au point où la fumée est assez refroidie pour ne pas brûler les tissus ligneux.

L'appareil se compose d'une série de grands sacs, A, A, A (*fig.* 448) de 8 à 9 pi. de haut et 3 pi. de diamètre, dont le 1er communique avec la chambre à l'aide d'un tuyau en cuivre B. Ces sacs communiquent alternativement par la partie supérieure à l'aide d'une calotte en tôle de cuivre C, et par le bas, au moyen d'un tube D. Une cheminée d'appel E, à l'extrémité

de l'appareil, est mise, par un dernier tube, en rapport avec tout l'intérieur de l'appareil; elle détermine la fumée à suivre tous les détours que lui présentent ces dispositions par le tirage qu'elle établit.

Le dépôt de noir de fumée dans les sacs se fait d'autant plus complètement qu'ils sont plus nombreux. Une sorte d'entonnoir en cuivre G, adapté à leur partie inférieure et qui s'ouvre et se ferme à l'aide d'un couvercle à poignée, rend très facile la récolte du noir. On remarquera que ce produit est fractionné d'une manière progressive, suivant sa ténuité, en sorte que le plus fin et le plus pur se trouve récolté le plus loin de la combustion de la matière première.

Le *noir de fumée*, préparé par l'un des moyens ci-dessus, s'emploie tel qu'il est recueilli pour divers usages et notamment dans la peinture à l'huile et en détrempe, la préparation des encres communes d'imprimerie, etc.; pour quelques autres emplois, tels que les crayons lithographiques, les belles encres typographiques et de la lithographie, la proportion notable de matières huileuses fines ou volatiles qu'il renferme serait nuisible. Afin de l'en débarrasser, on le tasse fortement à l'aide d'un tampon ou mandrin en bois et d'un maillet dans de petits cylindres en tôle (*fig.* 449), qui s'ouvrent en 2 parties,

Fig. 449.   Fig. 448.

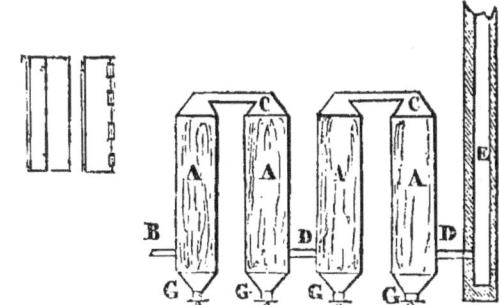

et se réunissent par des broches à clavettes. Lorsque ces cylindres sont ainsi chargés, on les enfourne dans un plus grand cylindre en fonte I (*fig.* 450), monté sous la voûte d'une

Fig. 450.

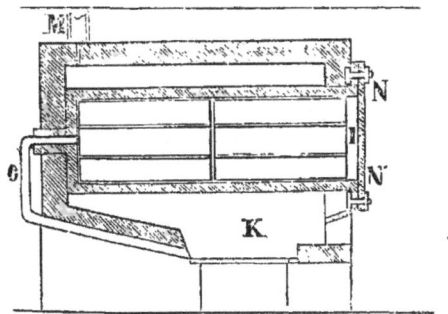

sorte de four à réverbère et que l'on chauffe au rouge cerise en allumant de la houille dans le foyer K; les produits de la combustion circulent autour du cylindre, pour se rendre dans la cheminée M qui détermine les gaz formés dans le cylindre à se rendre au foyer où ils se brûlent et concourent à donner la chaleur utile à cette opération.

Lorsque le grand cylindre ne dégage plus de gaz, ce que l'on reconnaît au refroidissement du tube externe O, dans lequel ils passent, la calcination est achevée. Alors on démonte l'obturateur N, on tire avec des crochets les petits cylindres et on les remplace par d'autres.

Lorsque ces cylindres sont froids, on les démonte en tirant les clavettes. On trouve un pain cylindrique de noir épuré, qu'il suffit alors de broyer, soit à l'eau, soit à l'huile, pour obtenir une couleur très intense et de bonne qualité, applicable à tous les usages du *noir fin*.

PAYEN.

CHAPITRE XXIII. — DE L'ART DE LA MEUNERIE.

SECTION Iʳᵉ. — *But de l'art de la meunerie.*

De tous les arts qui prennent leur source immédiate dans l'agriculture, l'art de la meunerie est sans contredit celui qui lui est le plus intimement lié. Il importe en effet non-seulement de faire produire à la terre le plus possible de ces grains précieux, qui sont la base de la nourriture de l'homme, mais encore de tirer de ces grains : 1° toute la farine qu'ils contiennent ; 2° de n'altérer ni la qualité, ni la pureté, ni la blancheur, ni la faculté panifiable de cette substance ; 3° de la séparer le plus exactement possible du son, qui n'est autre chose que l'écorce du grain : 4° enfin d'appliquer à ces diverses opérations les moyens les plus prompts et les plus économiques. Tel est le but de l'art complexe de la meunerie.

Les arts les plus utiles à l'homme sont souvent ceux qu'il néglige le plus. Ainsi la charrue est restée pendant des siècles un instrument informe ; ainsi les moulins ont été longtemps grossièrement construits. Quand le moulin était féodal et que la mouture appartenait exclusivement au seigneur, les progrès étaient impossibles ; c'était toujours assez bien pour des vassaux. La liberté commerciale est venue détruire cet état stationnaire et donner aux arts agricoles une impulsion à laquelle l'art de la meunerie ne pouvait rester étranger.

SECTION II. — *Des moulins en général.*

On nomme en général *moulins* les divers mécanismes qui servent à broyer ou à écraser des objets quelconques ; mais cette dénomination désigne plus particulièrement la machine au moyen de laquelle on convertit en farine les différens grains propres à la fabrication du pain. Parmi ces grains le froment tient le premier rang ; c'est donc des moulins destinés à ce genre de mouture que nous devrons principalement nous occuper.

Les moulins peuvent être mis en mouvement par une force quelconque, proportionnée au travail que l'on veut obtenir. L'*eau*, la *vapeur*, le *vent*, la *traction des animaux*, les *bras de l'homme* sont des moteurs que l'on peut leur appliquer, et c'est de la nature particulière de ces différens moteurs que les moulins ont tiré les dénominations d'après lesquelles on les distingue, savoir :

Les moulins à eau.
Les moulins à vapeur.
Les moulins à vent.
Les moulins à manége.
Les moulins à bras.

Les *moulins à bras* ne peuvent guère servir que pour le concassement des grains destinés à la nourriture des animaux.

Les *moulins à manége*, doués d'une puissance plus forte, peuvent recevoir une application plus utile à la mouture des grains ; mais leur action n'est jamais ni assez énergique ni assez régulière pour moudre avec la perfection désirable. Ce moteur est d'ailleurs presque toujours trop dispendieux.

Le *vent* est un moteur économique puissant, mais d'une irrégularité fâcheuse ; aussi, depuis que l'art de moudre s'est perfectionné, les moulins à vent ne peuvent plus soutenir la concurrence et s'emploient à d'autres usages. Il ne faut excepter que certaines localités éloignées des cours d'eau (1) et des moyens de se procurer le charbon de terre où l'usage des moulins à vent soit encore conservé et où la mouture est conséquemment restée dans l'enfance.

Plus tard nous reviendrons sur chacun de ces moulins, en faisant connaître dans quelles circonstances il peut être avantageux de s'en servir.

Avec la *vapeur d'eau* on peut obtenir autant de puissance que l'on veut ; il ne faut que proportionner la solidité et l'ampleur de la machine à la force dont on a besoin. La régularité de ce moteur rendrait son emploi très convenable à la mouture des grains, si en général dans la plupart de nos localités le charbon de terre, grace à l'état incomplet de la viabilité de nos routes, ne revenait à des prix trop élevés pour soutenir la concurrence avec l'eau. Ce n'est donc que comme exception et dans des conditions particulières que l'on a pu jusqu'ici en France appliquer la vapeur comme moteur des moulins à farine. Les *organes* de la mouture, ou pièces qui fabriquent la farine, etc., étant d'ailleurs les mêmes dans un moulin à vapeur que dans un moulin à eau et la différence n'existant que sur le moteur même, nous n'aurons rien de particulier à dire des moulins à vapeur, tout ce qui est relatif à la mouture dans les moulins à eau étant commun à tous les autres (2).

---

(1) Les environs de Lille sont couverts d'un grand nombre de moulins à vent, presque exclusivement occupés à la fabrication des huiles.

(2) C'était un préjugé qui peut-être n'est pas encore déraciné parmi beaucoup de boulangers et de meuniers, que d'attribuer des défauts particuliers à la farine confectionnée dans des moulins à vapeur. On supposait qu'elle était prédisposée davantage à s'échauffer dans le moment des chaleurs. Rien ne peut justifier une telle opinion,

· Les *machines à vapeur* applicables aux moulins à farine ne diffèrent nullement de celles qui s'emploient à communiquer le mouvement à tout autre espèce de mécanisme ; il n'est donc pas nécessaire d'en parler ici. Nous renvoyons nos lecteurs aux ouvrages qui traitent spécialement de ces machines et des différens perfectionnemens que la science y a introduits, tant sous le rapport de la force motrice que sous le rapport de la solidité des appareils et de l'économie du combustible.

L'*eau* est de tous les moteurs celui qui en France a présenté jusqu'ici le plus d'avantage. Il est peu de nos provinces qui ne possèdent des chutes d'eau nombreuses et bien réparties. La sécheresse est rarement assez forte et assez longue pour diminuer le volume de ces eaux d'une manière fâcheuse, même dans nos provinces les plus méridionales, et l'hiver n'est ni assez rigoureux ni assez prolongé dans nos départemens du Nord pour que les glaces soient un obstacle long et sérieux. Toutefois, il faut reconnaître qu'un temps viendra où les moyens de transport étant perfectionnés, les machines encore plus simples et plus économiques, il sera possible d'appliquer généralement la vapeur à la mouture des grains et de placer ainsi les moulins au centre des grandes consommations. La conséquence de cette révolution sera de rendre, soit à la navigation, soit à l'irrigation une grande quantité d'eau qu'on ne peut, dans l'état actuel des choses, consacrer à ces précieux usages.

SECTION III. — *Des pièces principales qui composent les moulins établis sur les cours d'eau.*

Les moulins à eau diffèrent entre eux :

1° Par la forme et la capacité de leurs *récepteurs* ou *roues hydrauliques*, qui reçoivent leur mouvement de l'action immédiate de l'eau ;

· 2° Par la dimension et la disposition de leurs *organes*, ou pièces qui effectuent le travail de la mouture à différens degrés, comme *meules*, *blutterie*, *nettoyages*, etc. ;

3° Par les *pièces intermédiaires*, dont les seules fonctions sont de communiquer aux différens organes l'action de la roue hydraulique et de la distribuer à chacun d'eux selon le degré de vitesse qui leur est nécessaire.

SECTION IV. — *Des roues hydrauliques.*

La science de l'hydraulique a, depuis quelques années, fait d'immenses progrès, dont l'application, réservée d'abord pour les grandes usines, filatures, fabriques, etc., s'est bientôt étendue aux moulins à farine. Ces progrès datent à peu près de 1820. A cette époque il n'y avait guère chez nous que les charpentiers qui s'occupassent de la construction des moulins, aussi tout y était-il antique et grossièrement ajusté

Il importe au plus haut degré aux proprié-

taires qui veulent construire des moulins ou en changer le mécanisme d'avoir une *estimation bien exacte de la force d'eau* dont ils peuvent disposer, et de consulter à cet égard des hommes habiles, consciencieux et expérimentés.

Une fois la force d'eau bien constatée (et on doit la calculer sur les eaux les plus basses), il est aussi de la plus grande importance d'y appliquer le *moteur hydraulique* qui lui convient le mieux. La dimension et la force qu'il faut donner aux roues hydrauliques n'est pas chose indifférente pour atteindre le *maximum* de l'effet auquel ces moteurs puissent arriver.

Il ne peut y avoir à cet égard de système absolu ; l'ingénieur-mécanicien que l'on consulte peut jeter une grande lumière sur le système qu'il convient le mieux d'adopter par rapport à la chute et au volume moyen de l'eau, et par rapport aussi à la vitesse nécessaire aux organes de la mouture.

Nous nous bornerons donc ici à parler des différens genres de roues hydrauliques en usage, laissant aux gens de l'art le soin d'en faire telle ou telle application suivant les circonstances.

Voici ces diverses espèces de roues hydrauliques :

Les roues horizontales, dites à *cuvettes*, ou turbines, mues par *percussion ;*

Les roues verticales pendantes, mues par le *courant* de l'eau ;

Les roues verticales en dessous, mues par *impulsion* sur une chute quelconque ;

Les roues verticales dites à la PONCELET et mues par *pression* et *percussion* tout à la fois ;

Les roues verticales de côté, mues par la *gravité* ou le poids de l'eau ;

Les roues verticales en dessus, mues également par la *gravité* de l'eau.

L'eau, comme nous venons de le dire, agit sur les divers systèmes de roues, ou par *impulsion* ou par *pression*, ou par *percussion* et *impulsion* tout à la fois.

Quelle est en général la meilleure manière ? quel est de ces trois modes d'action celui qui permet à l'eau de communiquer la plus grande portion du mouvement qu'elle recèle ?

On a cru long-temps, et ce préjugé existe encore, que l'eau avait une grande intensité de puissance mécanique lorsqu'elle arrivait sur l'aube avec fracas, tandis que l'imagination ne voyait qu'une action faible et languissante dans la tranquille pression de l'eau. Grâce aux observations de nos savans, il est aujourd'hui démontré que c'est précisément cette violence d'action qui anéantit une bonne partie du mouvement moteur, tandis que par la pression on ne perd en pratique qu'une très petite quantité de la force. Il faut donc, pour tirer tout le parti possible de la puissance mécanique de l'eau, la faire agir par pression. L'action par percussion devrait être bannie de toute espèce de moteur hydraulique.

---

et on pourrait, au contraire, prétendre que la farine fabriquée dans un moulin à vapeur a plus de qualité, attendu que le mouvement des meules peut être plus facilement régularisé. Ce qu'il y a de plus vrai, c'est que, de bon établissement à la vapeur, à bon établissement à l'eau, et aussi à qualité de grains égale, et à mouture également bien dirigée et soignée, il ne peut y avoir dans la farine de différence sensible.

§ I⁰ʳ. — Des roues horizontales à cuvette, dites
Turbines.

La roue hydraulique d'un *moulin à cuvette*
est horizontale et reçoit l'action de la percussion de l'eau. L'arbre de cette roue est ainsi
vertical et sert de *gros fer* à la meule courante,
laquelle est adaptée à son sommet. L'extrémité inférieure de cet arbre pivote dans une
crapaudine posée sur une sorte de palier.
L'eau est lancée contre le dessus de la roue
dans une direction tangente à sa circonférence.
Les *fig.* 451 et 452 représentent en élévation et
en plan une roue à
cuvette dont l'arbre
est appliqué à donner
le mouvement à une
meule. La roue tour-
ne dans une cuve en
bois analogue à *l'ar-
chure* d'une meule de
moulin, et qui s'élève
assez au-dessus de
cette roue pour em-
pêcher l'eau de s'en
échapper et la forcer
à tournoyer de ma-
nière à ce qu'elle en-
traîne les aubes. Les
aubes sont disposées
obliquement, afin que
l'eau puisse les ren-
contrer à angle droit.
Aussitôt après le
choc, l'eau s'échappe
de tous côtés sous la
roue, comme on le
voit dans la figure.

Fig. 451.

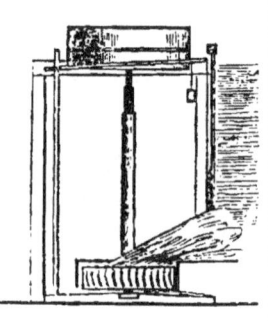

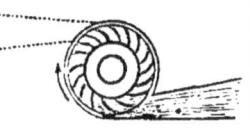

Fig. 452.

Les *avantages* des roues à cuvette sont ceux-
ci : leur extrême simplicité, le peu d'entretien qu'elles coûtent, puisqu'elles donnent
directement l'impulsion à la meule et qu'on
n'a ni dents ni fuseaux à réparer; leur peu
de frottement.

Leurs *inconvéniens* sont les suivans : l'eau
n'agit pas contre elles avec avantage, parce que,
en général, pour donner aux meules la vitesse
convenable, on est obligé de faire ces roues
si petites que les aubes en occupent le tiers du
diamètre. L'eau agit avec moins de puissance
que contre les roues en dessous, parce que,
étant moins enfermée lorsqu'elle frappe une
roue à cuvette, la perte causée par sa non
élasticité se réalise entièrement. Il faut une
grande quantité d'eau pour les faire agir avec
la puissance nécessaire; aussi ne les voit-on
ordinairement employées que sur des grandes
rivières et particulièrement dans le midi de
la France.

Une considération importante et qui doit
aussi empêcher qu'on ne donne la préférence
aux roues horizontales, c'est qu'il est assez
difficile de monter et surtout de maintenir
avec justesse l'arbre vertical sur la crapaudine
et dans le collet supérieur qui doit le contenir
exactement dans la verticale, condition essentielle pour que la mouture s'opère régulièrement et avec profit.

§ II. — Des roues verticales pendantes et des moulins
pendans.

On désigne sous le nom de *moulins pendans*

ceux qui sont établis sur les grandes rivières,
soit sur des bateaux, soit sur les ponts, soit
sur pilotis.

1° *Des moulins à bateaux.*

Le nombre des moulins à bateaux diminue
tous les jours; ils ont l'inconvénient de gêner
la navigation, de ne pouvoir moudre par les
fortes gelées à cause des glaçons mouvans qui
briseraient les aubes de la roue, d'être aussi
plus sujets que les autres moulins aux inconvéniens de la sécheresse et des grandes eaux.
Les bateaux étant soumis aux oscillations continuelles causées par le mouvement des eaux,
le mécanisme du moulin n'est jamais dans
l'état de stabilité convenable et les meules
sont conséquemment sujettes à des déran-
gemens, accidens qu'il faut surtout éviter pour
obtenir une bonne mouture.

On distingue deux sortes de moulins sur
bateaux :

1° Ceux dits *moulin à double harnais, parce
qu'il y a deux roues, une de chaque côté du bateau;* ces deux roues sont montées sur un
seul arbre et s'entr'aident ainsi pour donner
le mouvement aux organes du moulin.

Cette construction est vicieuse; l'eau en
frappant l'avant-bec du bateau est obligée de se
diviser et prend naturellement des directions
latérales obliques qui l'éloignent des flancs
du bateau et conséquemment des roues, qui
alors ne sont frappées que par des portions
du courant dont la vitesse est amortie par ces
dérivations.

Comme il n'y a ni coursier ni vannes, on
ne peut régler la prise d'eau, ni par conséquent régulariser le mouvement du moulin.
On ne peut même l'arrêter qu'au moyen d'un
frein analogue à celui dont on se sert dans les
moulins à vent.

Si la vitesse du courant n'est pas égale de
chaque côté du bateau, ce qui ne peut manquer d'arriver, surtout quand les eaux bais-
sent, une des deux roues ira nécessairement
plus vite que l'autre; et, dans ce cas, la roue
qui aura le moins de vitesse, entraînée par
l'autre, sera en quelque sorte obligée de pousser l'eau au lieu d'en être poussée; conséquemment grande déperdition de force.

2° Les *moulins à bateaux dits à simple harnais, parce qu'ils n'ont qu'une seule roue placée
entre deux bateaux.* Cette construction n'offre
pas les mêmes inconvéniens que celle dont
nous venons de parler. Les deux bateaux établissent, dans l'espace compris entre eux, une
espèce de coursier, dont l'embouchure, au
moyen des avant-becs des bateaux, est très
favorable à l'introduction de l'eau. Ce coursier est garni d'une vanne et conséquemment
le mouvement du moulin peut se régler et
s'arrêter avec facilité.

Les deux bateaux forment une base très
large qui donne à tout ce mécanisme autant
de stabilité que peut en comporter ce mode
de construction.

Le moulin à bateaux à *simple harnais* est de
beaucoup préférable au moulin à *double harnais;* cependant, de tous les genres de moulin,
les moulins à bateaux sont, sous tous les rapports, les moins convenables.

2° *Des moulins à roues pendantes.*

Ces moulins, comme les moulins à bateaux, sont construits sur les grandes rivières, tournent comme ceux-ci au fil de l'eau, mais ont sur eux l'avantage d'être soutenus, ou par des pilotis en bois, ou par des piles en maçonnerie. Ils ont également l'inconvénient de gêner la navigation, aussi en a-t-on beaucoup détruit depuis vingt ans, particulièrement ceux qui étaient établis sur les ponts, dont ils ébranlaient la solidité. Cependant il en existe encore un grand nombre, principalement sur les bras non navigables des grandes rivières (1).

Ils tirent leur nom de la nécessité où l'on est de rendre mobile la grande roue qui les met en mouvement; cette mobilité est indispensable; autrement, dans les grandes eaux, la roue serait submergée, et dans les eaux basses elle resterait suspendue au-dessus du courant. Pour obtenir cette faculté de monter et de descendre à volonté, la roue (*fig.* 453) R est pla-

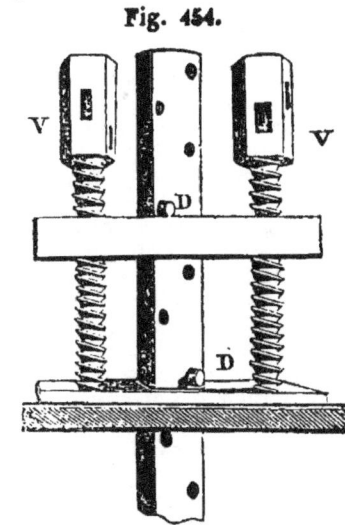

Fig. 454.

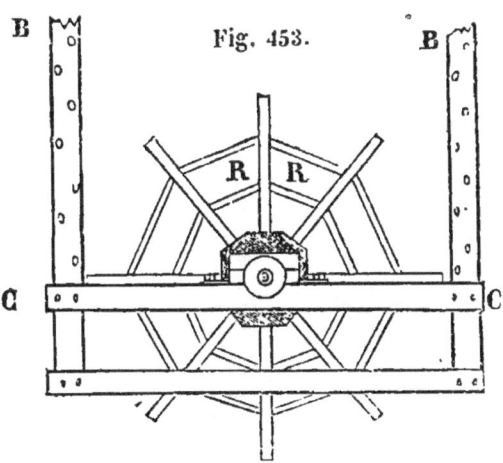

Fig. 453.

cée sur un fort châssis horizontal C C, composé de pièces de bois de 14 à 15 pouces d'équarrissage. Aux angles de ce châssis sont des poutres ou règles verticales B qui traversent le plancher du moulin Ces règles sont composées de pièces de bois méplat de 6 à 13 po. et soutenues chacune par une traverse qui s'appuie sur de fortes vis en bois V (*fig.* 454), appelées *verrins*, ou bien sur des crics placés sur le premier plancher du moulin. L'expérience paraît avoir donné aux verrins, tels que nous les représentons et malgré leur construction grossière, la préférence sur les crics. La charge qu'ils ont à supporter est si forte que ceux-ci finissent toujours par ne pas opposer assez de résistance. Les règles sont percées de trous éloignés de 6 à 7 po. les uns des autres, et c'est au moyen de ces trous et de forts verrous de fer D, que l'on y introduit, que le châssis et tout ce qu'il supporte est fixé à la hauteur convenable; c'est ce qu'on appelle *mettre à l'eau* et *mettre hors l'eau*.

Le *rouet* de ces moulins est adapté à la roue même; il a ordinairement 13 pi. de diamètre et 64 chevilles au moyen desquelles il engrène dans une *lanterne* ou *hérisson*, monté sur un arbre vertical en bois d'un pied d'é-

quarrissage et de 24 à 25 pi. de long, lequel sert d'axe au grand hérisson de l'intérieur, qui donne le mouvement aux meules et à tout le mécanisme. Cet arbre vertical repose aussi sur le châssis mobile, en sorte que, comme les autres parties, il suit le mouvement d'élévation et d'abaissement donné à la roue.

Le *hérisson intérieur*, qui donne le mouvement à une ou plusieurs paires de *meules*, porte assez ordinairement de 9 pi. 11 po. à 10 pi. de diamètre; il est armé de 82 chevilles espacées entre elles de 4 po. 3/4, et qui engrènent, soit dans des lanternes, soit dans de petits hérissons dentés, montés sur chacun des gros fers qui servent d'axe aux meules courantes. Dès lors ce grand hérisson doit être fixe, c'est-à-dire qu'il ne peut monter ni descendre comme le reste de l'appareil établi sur le châssis. Pour atteindre ce but, on fixe au centre du grand hérisson un fort moyeu creux dans lequel l'arbre vertical, qui sert d'axe à ce grand hérisson, passe librement et de manière à s'y mouvoir avec facilité; puis, lorsque le châssis est arrêté à la hauteur voulue, on fixe l'axe du hérisson dans le moyeu par de forts coins en bois. Ces coins s'ôtent toutes les fois qu'il faut monter ou descendre le châssis. Le moyeu, formé d'un tronc d'orme, est appuyé en tournant sur des moises ferrées de 16 alumelles; ces moises sont ordinairement garnies de dents de cheval. On a soin de graisser le collet, afin que le frottement ne l'échauffe pas au point de faire craindre l'embrasement.

La roue hydraulique qui a ordinairement de 16 à 17 pieds de diamètre, sur 15 à 16 de largeur, doit présenter beaucoup de solidité, parce qu'elle reçoit de fortes secousses quand les eaux sont hautes, et par les temps de glaces.

Les aubes larges de 3 pieds et longues de 15 à 16, doivent être assez fortes pour recevoir, sans plier, l'impulsion du courant; elles sont ordinairement disposées de manière à pouvoir être rapprochées plus ou moins près du gros arbre ou axe de la roue, afin que dans les grandes eaux, lorsque le châssis ne peut plus monter, on puisse diminuer le diamètre de la

(1) A Meaux (Seine-et-Marne) les moulins pendans sont remarquables par leur nombre et par leur force.

roue, assez pour pouvoir tourner encore ; il peut aussi être nécessaire d'enlever les aubes entièrement, pour éviter l'effet des glaces ou des inondations extraordinaires.

Le gros arbre porte ordinairement de 20 à 24 po. de diamètre ; il s'appuie à chaque extrémité sur un fort tourillon qui tourne dans une poëlette que l'on a soin de garnir de graisse.

La *vanne* appelée aussi *décrottoir*, ferme tout l'espace dans lequel la roue hydraulique est établie ; elle se monte ou descend à volonté, soit par une roue à treuil, soit par un cric disposé au premier étage, et auquel communique ladite vanne, par un madrier ou épée, semblable à ceux qui soutiennent le châssis.

La construction des moulins pendans, est *en général très dispendieuse* ; leur mécanisme est encore lourd et matériel, et on peut dire qu'ils sont stationnaires en comparaison des moulins de pied ferme établis sur les rivières non navigables. Tous les appareils que nous venons de décrire sont donc anciens ; et il est probable qu'à mesure des réédifications, des mécaniciens habiles seront appelés à faire dans ces moulins des changemens notables.

§ III. — Des roues verticales en dessous, mues par impulsion.

On appelle *roues en dessous* celles sur les aubes desquelles l'eau, en fuyant dans un coursier, vient frapper au point le plus bas possible de cette roue. De là le nom de *moulins en dessous*.

On a reconnu aujourd'hui que c'était une grande erreur que de faire agir l'eau par impulsion toutes les fois qu'on pouvait la faire agir par sa gravité. Selon Olivier Evans, les roues en dessous à percussion ne possèdent qu'un peu plus de la moitié de la puissance des roues qui sont mues par la gravité ou le poids de l'eau. Aussitôt après son premier choc l'eau perd toute sa force ; voilà pourquoi il est nécessaire, dans ces sortes de roues, que l'eau vienne *frapper au point le plus bas*, et de manière à ce que le plus petit nombre possible d'aubes soit à la fois dans l'eau.

Les 2/3 de la vitesse du courant sont la valeur de la vitesse qui convient à cette espèce de roues. L'eau dépensera alors sa force en parcourant l'espace de 4 palettes ; elle commencera à fuir à la 3e. La 5e palette sera tout-à-fait hors de l'eau.

Au-dessous ou au-dessus de cette proportion l'eau perdrait de sa puissance ; car, quoique la roue éprouve un plus grand effort par un mouvement lent que par un mouvement rapide, si ce mouvement était trop ralenti, l'eau ayant perdu de sa force aussitôt après le choc, l'effet de la roue serait amoindri ; de même que si la roue était trop rapide elle n'aurait pas le temps d'opposer à l'eau assez de résistance et son effet serait moindre en proportion.

Quelques constructeurs ont prétendu que la vitesse de la roue ne devait être que du tiers de la vitesse de celle de l'eau ; d'autres prétendent qu'elle doit être des 2/3. Nous pencherions pour ce dernier avis.

Dans tous les cas, il faut calculer exactement la hauteur de l'aube, de manière que l'eau ne monte pas sur les cintres de la roue. Il faut aussi bien auber de calibre, c'est-à-dire de manière que toute l'eau porte bien sur les aubes et qu'il ne s'en échappe pas inutilement sur les côtés.

Dans les anciennes constructions, le diamètre le plus ordinaire des roues en dessous était de 5m,198 à 5m,523 (16 à 17 pi.), jusqu'à l'extrémité des aubes. Le *coursier* ou *reillère* avait 18 à 20 po. de large ; les aubes, à partir du cintre de la roue, avaient environ 2 pi. de hauteur. Le nombre de ces aubes était habituellement de 24 à 30. Passé ce nombre l'eau serait sujette à pajotter. Chaque roue conduisait sa paire de meules, et l'on estimait que le diamètre du rouet devait être un peu moins de moitié de la roue ; c'est-à-dire que si la roue hydraulique était de 17 pi., le rouet devait avoir 8 pi.

Olivier Evans établit que, dans un moulin en dessous à engrenage simple, la meule doit faire 3 tours 1/2 à 3 tours 3/4 pendant que la roue en fait un, un peu plus un peu moins, selon la quantité d'eau à dépenser. Dans ce cas le rouet avait ordinairement 48 chevilles à 6 po. de pas ou d'intervalle d'une cheville à l'autre, et la lanterne 8 fuseaux.

La *fig.* 455 représente cette roue verticale

Fig. 455.

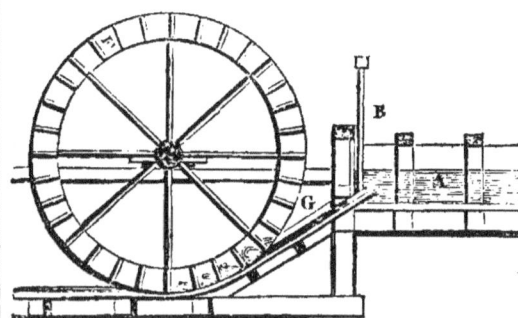

en dessous : A, rivière ; B, vanne ; G, coursier ; E, gros arbre ; F, aubes.

§ IV. — Roues verticales mues par la pression, ou roues à la Poncelet.

M. Poncelet, capitaine de génie, membre de l'Académie des sciences, convaincu par expérience de la perte de puissance que faisaient les roues en dessous mues par impulsion, chercha à en modifier la forme de manière à leur faire produire un effet utile qui s'approchât davantage de la force absolue du courant ; de telle sorte que l'eau n'exerçât aucun choc à son entrée dans la roue ni dans son intérieur, et la quittât également sans conserver aucune vitesse sensible.

Il crut remplir cette double condition en remplaçant les aubes droites des roues ordinaires par des aubes courbes ou cylindriques présentant leur concavité au courant et de manière à former une courbe continue. Il est résulté de cette nouvelle forme donnée aux aubes des roues recevant l'eau en dessous, que l'eau agit par pression et non pas par le choc. On peut consulter à leur égard les mémoires que M. Poncelet a publiés à Metz en 1827 ; les diverses expériences qui y sont rapportées ont prouvé que l'effet de ces roues en dessous était supérieur à celui des roues en dessus à aubes planes.

La *fig.* 456 représente une roue verticale à

Fig. 456.

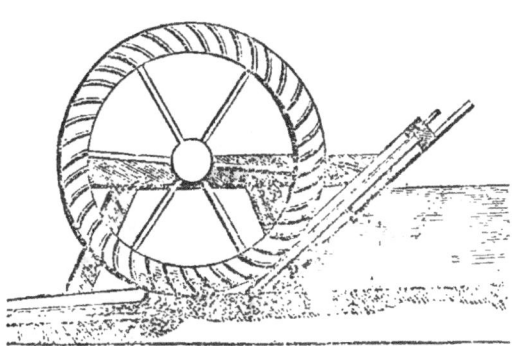

aubes courbes, disposée de façon à éviter, autant qu'il est possible, le choc de l'eau et la perte de vitesse qui a lieu d'ordinaire après qu'elle a agi. Ces aubes sont encastrées par leurs extrémités dans 2 plateaux annulaires, à la manière des roues à augets, sans néanmoins recevoir de fonds comme celles-ci; elles peuvent être composées de planchettes étroites, lorsqu'on les exécute en bois, autrement elles doivent être d'une seule pièce, soit de fonte de fer, soit de tôle, et alors on peut se dispenser de les encastrer dans les plateaux annulaires, en y adaptant des oreilles ou rebords cloués ou boulonnés sur ces plateaux. Dans certains cas, on trouvera plus à propos de supprimer les anneaux et de les remplacer par des systèmes de jantes, ainsi que cela se pratique ordinairement pour les roues en dessous Les aubes courbes devront alors être soutenues par de petits bras ou braçons en fer, dont la partie inférieure soit boulonnée par la jante après l'avoir traversée; le reste du braçon, plus mince et plié suivant la courbe, devra être percé, de distance en distance, de petits trous, pour recevoir les clous ou boulonnets destinés à fixer l'ailette.

Quant à l'*écartement des aubes,* on peut se diriger d'après les principes suivis pour les roues en dessous ordinaires. Ainsi, pour des roues qui auraient de 4 à 5 mèt. de diamètre, on ne risquera rien d'adapter 36 aubes et plus même, si l'épaisseur de la lame d'eau introduite dans le coursier est faible, par exemple, 10 à 15 centimèt., ou si la roue possède un diamètre plus grand encore.

Il paraît convenable de donner au fond du coursier qui verse l'eau une pente de 1/10 environ.

§ V. — Des roues de côté.

Les roues dites de côté participent à la fois du système des roues en dessus par la manière dont l'eau leur communique le mouvement, et des roues en-dessous par le sens dans lequel elles tournent et par la manière dont l'eau s'écoule.

D'après cette définition, il nous semble qu'elles eussent été plus rationnellement nommées *roues de milieu.* Nous conserverons

pourtant ce nom de roues de côté, qu'on leur a donné jusqu'ici dans les arts.

Ces roues diffèrent des roues à aube et à augets en ce que l'eau se meut dans un *coursier courbe*, appelé ordinairement *col de cygne*, lequel embrasse une partie de la roue, depuis sa base jusqu'au point où elle reçoit l'eau par une vanne plongeante, ou à déversoir; le point d'arrivée de l'eau est à peu près au milieu de la roue, entre son sommet et sa base; il n'est jamais au-dessous de l'axe de la roue; mais lorsque la chute est considérable, il peut être élevé au-dessus.

Les *avantages* des roues de côté consistent essentiellement en ce que, d'une part, l'eau y agit par son poids comme dans les roues en dessus, et, de l'autre, en ce qu'elles sont susceptibles d'utiliser, comme les roues à aubes, la plus petite chute d'eau, ce que ne font pas les roues en dessus, dont l'emploi est presque uniquement borné aux chutes qui dépassent 3 mètres et ne débitent pas un très grand volume d'eau.

Les roues de côté doivent être d'autant plus larges que les chutes sur lesquelles on veut les établir sont moindres.

Beaucoup de mécaniciens sont d'avis de leur faire recevoir l'eau sur une très grande largeur et de manière à ce que la lame d'eau soit le moins épaisse possible, proportionnellement à la force que l'on doit employer. 5 po. d'épaisseur par exemple, pour une force capable de mettre en mouvement 6 paires de meules à l'anglaise. D'autres prétendent, au contraire, qu'on a poussé trop loin la théorie de ce principe; qu'en répartissant l'eau sur une faible épaisseur, il y a risque d'en perdre beaucoup. En effet, pour peu que le bout des aubes éprouve quelque altération ou qu'un peu d'eau fuie sur toute l'étendue d'un col de cygne de 16 pi. de large, par exemple, il y aura une déperdition considérable, qui serait beaucoup moindre si la largeur de la roue n'avait été que de 10 à 12 pi., par exemple. Le propriétaire de moulin doit encore, à cet égard, consulter d'habiles ingénieurs.

L'expérience a démontré que l'effet utile des roues de côté était compris entre 50 et 60 pour 0/0 de la force totale du cours d'eau, suivant qu'elle est plus ou moins bien construite.

La *fig.* 457 représente une roue verticale de

Fig. 457.

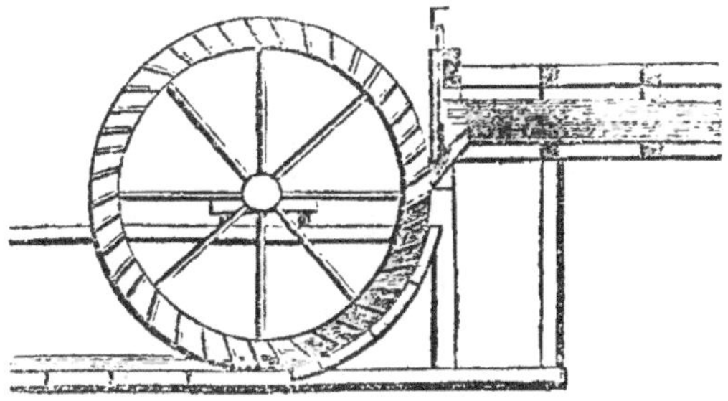

côté, prenant l'eau juste à la hauteur de l'axe.

§ VI. — Des roues en dessus.

De tous les récepteurs hydrauliques, les roues en dessus, mues par le poids seul de l'eau, *sont les plus puissans*; la théorie et la pratique s'accordent à cet égard.

L'eau arrive au sommet de ces roues, s'introduit dans des *augets* en forme de petits pots, entraine ainsi tout l'appareil, et quitte ces augets lorsqu'ils ont atteint à peu près la ligne perpendiculaire. Ainsi qu'on le voit, l'eau tend à s'éloigner de la roue et par sa fuite naturelle et par l'effet de la force centrifuge, avantage que n'ont aucune des autres roues.

On estime que la *force* transmise par les roues en dessus est des 3/4 de la puissance du courant. S'il était possible de leur livrer l'eau sans vitesse ou de la faire vider précisément au bas de la verticale, elles atteindraient la quantité totale d'action mécanique possédée par le cours d'eau.

Il faut donc, toutes les fois que la chute est assez grande (3 mètres au moins) adopter de préférence la roue en dessus.

Il faut avoir soin, dans cette construction, de combiner la vitesse du courant et celle de la roue de telle manière que les *augets reçoivent toute l'eau*, et que celle-ci ne passe pas par-dessus les bords de ces augets; on conçoit que, s'il en était autrement, il y aurait déperdition de force; il faut éviter que la roue projette son eau.

En général on donne à ces roues le plus grand diamètre et la plus grande largeur possible.

La *fig.* 458 représente une roue en dessus ordinaire.

Fig. 458.

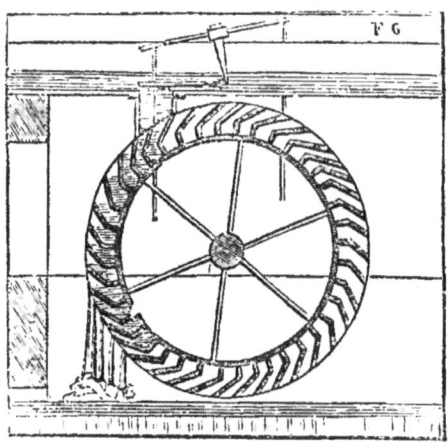

On voit des roues de ce genre qui sont monumentales; celle dont nous donnons le modèle. *fig.* 459, a près de 60 pi. de hauteur; elle a été construite par M. CORRÈGE, mécanicien, rue de l'Ouest, à Paris, pour mettre en mouvement une scierie de planches à Tannery, arrondissement de Fontainebleau (Seine-et-Marne).

SECTION V. — *Des pièces principales dont se compose le mécanisme des moulins à blé.*

Il existe différens systèmes pour moudre le grain, mais ces différences consistent plutôt dans la manière d'appliquer les *organes*, ou pièces qui effectuent le travail, que dans la di-

Fig. 459.

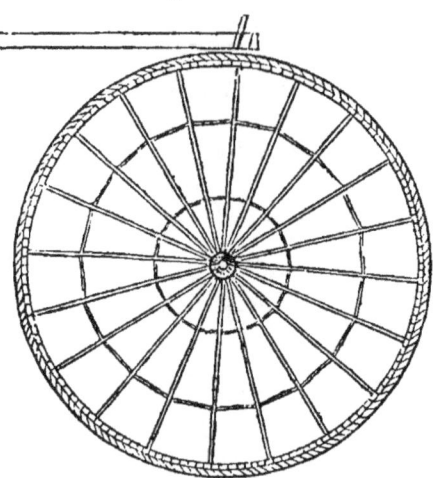

versité de ces organes. Ces différences, en général, affectent :

1° La *force d'eau*, plus ou moins considérable ; la manière d'en disposer et de la diriger sur la roue hydraulique, et de la renvoyer à volonté au moyen d'un système de vannage ;

2° La *roue hydraulique* montée sur son arbre tournant ;

3° Le *rouet ou hérisson*, et les diverses combinaisons d'engrenages au moyen desquels les meules tournantes sont mises en mouvement.

4° Les *meules* horizontales superposées, d'un diamètre parfaitement égal, l'une faisant sur son axe des révolutions plus ou moins nombreuses et qu'on appelle meule courante, l'autre inerte nommée *gîte* ou meule *gisante;*

5° Le *gros fer*, le *pointal*, sur lesquels la meule courante est suspendue et équilibrée ;

6° L'*engreneur ou baille-blé*, qui distribue régulièrement le blé sous les meules ;

7° Les *recipiens* où tombe la farine qui s'échappe des meules par une ouverture ou conduit, qu'on appelle *anche;*

8° Les *bluteaux* ou *bluteries*, dans lesquels la farine est séparée des sons, et celles où le son (écorce du blé) est séparé de toutes les parties non encore réduites en farine, et où il est aussi divisé en différentes espèces, suivant son degré de ténuité ;

9° Le *nettoyage* à grains, mécanisme essentiel, dont on a aujourd'hui beaucoup varié la forme et les effets.

10° Enfin toute les *pièces accessoires*, comme mouvemens de transmission, chaines de godets ou noria, tire-sacs, refroidisseur, etc.

§ Ier.—Des meules.

S'il est essentiel, pour tirer partie de toute sa force d'eau, de confier à des hommes habiles la construction de la roue hydraulique, il n'est pas moins indispensable, pour obtenir dans la mouture la quantité et la qualité du produit, d'apporter la plus grande attention à tout ce qui concerne les meules, savoir : leur dimension ou diamètre, la qualité de la pierre, leur équilibrage, leur repiquage ou rhabillage.

§ II. — Du choix des meules et de leur confection.

Toutes les pierres ne sont pas également

convenables pour effectuer la mouture du blé. Les *roches calcaires et les grès sont impropres à cet emploi;* elles formeraient par leur frottement sur le grain, soit de la poussière, soit du gravier qui, en se mêlant avec la farine, en altèreraient la quantité d'une manière désagréable et même nuisible.

Les *meilleures pierres à moulin à farine* sont celles dont la nature est siliceuse; on les a, pour cette raison, appelées *pierres meulières.* Il en existe en France d'assez nombreuses carrières; mais les plus renommées sont celles de La Ferté-sous-Jouare, petite ville du département de Seine-et-Marne, sur les bords de la rivière de Marne. Non-seulement c'est là que se fournit de meules une partie de la France et surtout le rayon d'approvisionnement de Paris, mais encore il s'y fait de nombreuses expéditions pour l'Angleterre et l'Amérique du Nord.

Quoique la mouture dite *à la française* tende chaque jour à perdre de son importance, nous croyons pourtant utile d'entrer dans quelques détails sur les meules qui lui conviennent.

Les meules dites *à la française* ont le plus généralement 2^m,003 (6 pi. 2 po.); on en voit aussi un assez grand nombre de 1^m,624 à 1^m,787 (5 pi. à 5 pi. 1/2); quelques-unes ont 2^m,437 (7 pi.), mais c'est le plus petit nombre; leur épaisseur est de 12 à 15 po.

La carrière de Tarterel, appartenant à la maison GUEUVIN, BOUCHON et Cie, était la plus renommée pour les meules à la française; c'est une pierre blonde, œil de perdrix, semée de petites parties bleues et blanches, légèrement transparentes.

La meule gisante ne devait pas être si *ardente* que la courante. Par meule ardente, on entend une pierre qui a des inégalités naturelles qui la rendent coupante; les inégalités s'appellent des *éveillures.*

Pour la *mouture anglaise* ou américaine, le diamètre des meules varie de 1^m,218 à 1^m,299 (3 pi. 1/2 à 4 pi.); cette dernière dimension est la plus générale et celle qui permet le mieux d'utiliser la force de l'eau sur les rivières dont le cours est variable. Cette mouture a aussi apporté des modifications importantes dans le choix de la pierre. On veut toujours que la meule gisante soit un peu moins dure que la meule courante; on ne recherche plus les meules *éveillées*; mais au contraire des meules pleines, compactes, et d'un silice pur. Le bois de la Barre, près La Ferté-sous-Jouare, d'une couleur bleue ardoisée et d'un grain dur et plein, sont celles qui, jusqu'ici, ont obtenu la préférence. La raison qui fait qu'on recherche, pour la mouture anglaise, des meules tout-à-fait pleines, c'est que le rhabillage qui leur est propre est une science qui, au moyen du marteau, pratique elle-même les éveillures au degré qu'elle juge nécessaire. Un défaut essentiel de la pierre et qui la rendrait tout-à-fait impropre à recevoir un bon rhabillage, serait qu'elle éclatât sous le marteau.

Depuis quelques années on a ouvert à Lesigny, près La Haye (Vienne), des carrières de pierres meulières d'un grain moins bleu et plus tendre que la pierre du bois de la Barre, mais elles ont en général la compacité que l'on

recherche et supportent très bien l'action du marteau. On a reconnu de bons effets de leur *mariage* avec des pierres de La Ferté. Lesigny se met alors en gisante.

Autrefois, il n'y a pas encore vingt ans, les meules étaient généralement d'*un seul bloc,* ou de 2 ou 3 morceaux; aussi était-il très rare de rencontrer une meule parfaite; elle péchait toujours en quelque place. La science, en faisant des progrès, a fait reconnaître qu'il était essentiel, surtout pour le parfait équilibrage des meules, condition première de toute bonne mouture, que les pierres dont les meules sont formées fussent toutes, autant que possible, de qualité homogène. C'est pour atteindre ce but que l'on fabrique maintenant les bonnes meules à l'anglaise, de petits morceaux, de grandeur égale ou inégale, peu importe, pourvu que leur qualité soit bien la même. On les rapproche et on les lie ensemble avec du plâtre. Les joints sont taillés au burin et doivent être faits avec autant de soin à l'intérieur qu'à l'extérieur (*fig.* 460). Quelques constructeurs de meules s'attachent à cacher les joints dans les profondeurs du sillon ou rhabillage; c'est une très bonne méthode. Le dessus de la meule, ou la face opposée à la mouture, est égalisé avec des débris de pierre et du plâtre, et le tout est consolidé au moyen de cercles en fer placés autour de la meule, pour empêcher l'effet de la force centrifuge qui tend, pendant la rotation, à en disjoindre les parties pour les lancer au loin par la tangente.

Fig. 460.

Nous parlerons de l'équilibrage des meules, en donnant la description du *gros fer,* de l'*anille* et du *pointal.*

§ III. — Du rhabillage ou repiquage des meules.

Pour que les meules puissent bien moudre il faut que leurs *surfaces soient parfaitement planes.* C'est jusqu'ici au moyen de la règle et du marteau qu'on est parvenu à obtenir cette rectitude. La maison GUEUVIN, BOUCHON et Cie, de La Ferté-sous-Jouare, donne, dit-on, aujourd'hui à ses meules un riblage parfaitement plane, au moyen d'un procédé particulier.

Une fois les meules bien dressées ou mises *en bon moulage,* on leur donne la *rhabillure* convenable. La plupart des meuniers à la française avaient la mauvaise habitude de rhabiller *à coups perdus*; cette méthode n'est plus usitée que dans les moulins où l'on fait des moutures grossières. Les habiles meuniers à la française pratiquaient des rayons de 12 à 14 lignes de large, venant aboutir insensiblement vers le centre à quelques points de l'anille. La manière de les disposer et de les espacer dépendait de la qualité de la pierre, du plus ou moins de sécheresse des blés; plus les blés étaient secs, plus on ménageait le rhabillage.

Aujourd'hui, ainsi que nous l'avons déjà dit, le rhabillage des meules est une science, et dans tous les établissemens soigneux de leurs produits, il y a un homme *ad hoc*, qui occupe le premier rang dans le moulin.

Ainsi que l'indiquent les *fig.* 461 et 462, le rhabillage se divise en plusieurs *compartimens* contenant chacun un nombre donné de *rayons*. Ces compartimens sont ordinairement au nombre de 10 ou 12 et contiennent chacun 3 ou 4 rayons ou sillons; en tout, sur la surface de la meule 36 à 40 rayons, suivant que la pierre est plus ou moins éveillée. Les rayons ou sillons doivent être creusés de manière que la profondeur de l'avant-bord ne dépasse pas la grosseur d'un grain de blé et qu'il suive une pente régulière de 25 millim. jusqu'à l'arrière-bord, dont l'arête doit se trouver sur la surface même de la meule; c'est cette arête qui travaille, qui attaque le blé, et qui développe et nettoie le son.

Fig. 461.

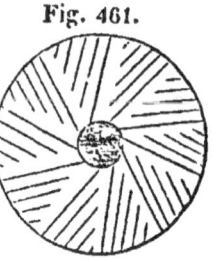

Fig. 462.

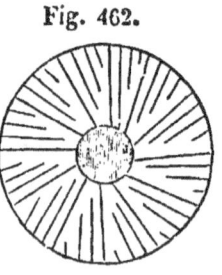

Ce *mode de rhabillage* est commun à la meule gisante et à la meule courante, mais avec cette différence que la meule gisante est toujours parfaitement plane, tandis qu'on peut donner à la meule courante un peu d'ouverture, c'est-à-dire que, depuis le bord de l'œillard jusqu'à 27 centim. au-delà, on peut la creuser de manière qu'il y ait à l'ouverture une profondeur égale à l'épaisseur d'un grain de blé ou d'environ 4 millim., et qu'à partir de ce point la surface suive celle d'un cône très ouvert, dont la plus grande base aurait 4 décimètres de rayon. De cette sorte le grain entre librement au bas de l'œillard, et ne se trouve pas subitement attaqué par les meules; mais entraîné d'abord par la force centrifuge, il est bientôt froissé par les tailles de leurs surfaces, et est d'autant plus pressé qu'il s'éloigne du centre. Les sillons ont pour but de permettre à l'air de pénétrer bien avant sous les meules et de rafraîchir ainsi les surfaces en contact.

Quand les meules sont en travail, leurs cannelures se présentent entre elles, suivant des angles aigus tels qu'on les voit *fig.* 463 de manière à faire pendant le mouvement l'effet d'une cisaille.

Ainsi, vers *l'œillard*, quand une cannelure de la meule supérieure rencontre celle correspondante de la meule inférieure, elles forment à elles deux la figure en g^2 (*fig.* 464). Le grain de blé se trouve logé entre elles et va, dans le mouvement, être entraîné de droite à gauche; à mesure que la meule tourne, sa cannelure glisse successivement sur tous les points de la cannelure inférieure, de telle sorte que le même grain est bientôt développé par l'arête des arrières-bords,

Fig. 463.

comme on le voit en g^3; lorsqu'il est plus avancé, qu'il est arrivé en g^4, par exemple, il est pulvérisé et amené entre les surfaces en contact qui achèvent le travail. Ces surfaces

Fig. 464.

g^4 g^3 g^2

en contact sont garnies de tailles légères et régulières faites au moyen du marteau (*fig.* 465 et 466). L'habileté de l'ouvrier consiste à faire

Fig. 465.   Fig. 466.

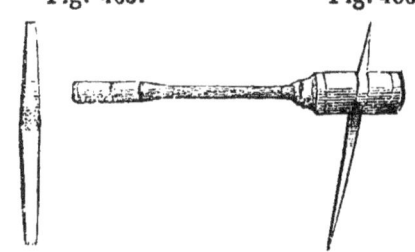

les tailles les plus régulières et les plus fines possible; un bon rhabilleur doit avoir la précision du ciseleur, et ne faire pas moins de 30 ciselures dans la largeur d'un pouce; il y a des mains habiles qui en font bien davantage.

Une paire de meules, avec des blés d'une sécheresse ordinaire, peut *travailler* 7 *à* 8 *jours* sans avoir besoin d'être rhabillée. Sur un moulin de 7 paires de meules il y en a toujours une paire au rhabillage.

Pour faire un bon rhabillage, il faut avoir des marteaux aussi durs et aussi tranchans que possible (1). On passe, sur la surface des meules émoussées, une règle rougie, et s'il existe des parties trop saillantes, elles seront marquées du rouge que cette règle y laissera. On abaisse alors ces parties en les sillonnant d'un grand nombre de tailles; les tailles doivent toujours être disposées parallèlement aux sillons. Il faut aussi avoir soin de repiquer le fond des sillons pour les maintenir à la profondeur nécessaire; on peut employer pour cette opération des marteaux émoussés.

Quelques meuniers adoptent le *rhabillage cintré* (*fig.* 467); rien n'indique que ce système soit plus avantageux.

En Angleterre, quelques fabricans ont adopté depuis peu un *rhabillage à rayons*

(1) Le sieur Camus-Rochon, rue de Charonne à Paris, est renommé pour la fabrication des marteaux à rhabiller.

beaucoup plus nombreux.
La disposition est la
même, mais au lieu
de 36 à 40 rayons, par
exemple, ils en met-
tent de 70 à 100. Ils prétendent que par cette
méthode ils peuvent
donner plus de véloci-
té à la meule tournante
sans échauffer la mou-
ture.

Fig. 467.

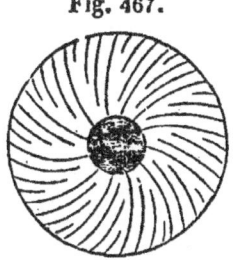

Les meuniers à la française ont adopté le
rayonnage anglais, mais comme en général la
pierre de leurs meules est plus ouverte, ils
multiplient moins les sillons (*fig.* 468).

§ IV. — Disposition
des meules.

Fig. 468.

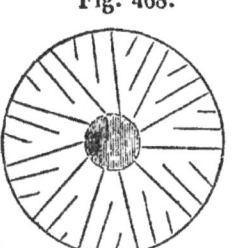

Les meules gisantes
reposent sur un plan-
cher A. A, solidement
construit que l'on nom-
me *béfroi* (*fig.* 469); elles
doivent être placées
dans *une horizontalité
parfaite et parfaitement
centrées* par rapport au gros fer. A cet effet, on
les fait appuyer sur 3 *vis* verticales *p* ², dont les
écrous sont engagés dans l'épaisseur de la
charpente. Ces vis, équidistantes vers la cir-

Fig. 469.

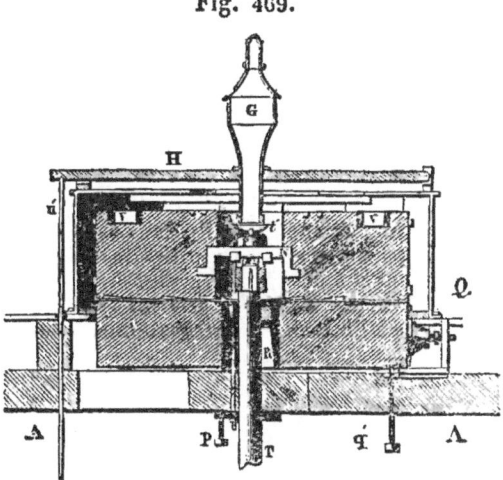

conférence de la meule, permettent d'en régler
l'horizontalité, et d'autres vis buttantes, placées en dessus des premières, servent à les centrer par rapport au fer de la meule tournante.
Cette dernière meule ne doit avoir que
220 millimèt. (8 po.) de pierre au plus; mais
pour lui donner plus de charge, on la recouvre d'une *couche de plâtre* d'environ 40 millim.,
que l'on maintient par un cercle de fer.
Les meules travaillant avec une vitesse de
120 à 110 révolutions par minute, selon leur
diamètre, de 1ᵐ,11 à 1ᵐ,20 (3 pi. 1/2 à 4 pi.),
chaque paire peut *moudre 15 à 16 hectolitres* de
blé en 24 heures.
La meule courante est suspendue sur la
pointe du gros fer au moyen d'un appareil
qu'on appelle *anille* (*fig.* 470). Cette anille se
compose d'une traverse N N' en fer forgé, dont
les 2 bouts recourbés sont encastrés dans la

Fig. 470.

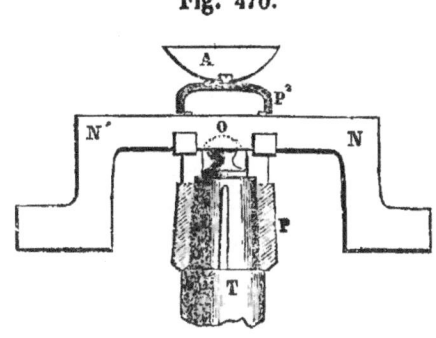

pierre même de la meule. Au juste milieu de
cette anille est une cavité semi-circulaire qui
reçoit le bout du gros fer T, qui forme boule
en O, et qu'on nomme *pointal.*
L'*assemblage* se fait au moyen d'un *manchon* en fonte composé de 2 pièces ajustées
l'une sur l'autre d'une manière fixe. La pièce
inférieure P' se monte sur le bout du fer; elle
est percée latéralement d'une ouverture traversée par l'anille, dont une partie s'engage en
même temps dans la pièce supérieure P ².
La *fig.* 471 représente une autre forme d'a-
nille.

Fig. 471.

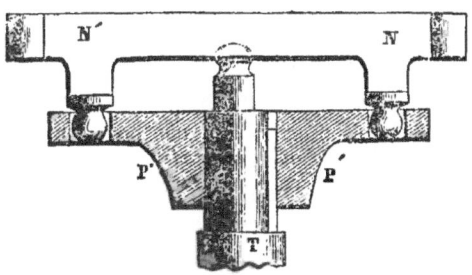

Une condition essentielle, c'est que la
meule courante soit en équilibre parfait sur le
gros fer. Cette condition n'est pas très difficile à atteindre quand la meule est en repos,
mais il en est tout autrement quand elle tourne. On peut même avancer qu'avec les grandes meules de 6 pi. 2 po. cet équilibre parfait
n'a jamais été obtenu, du moins de manière
à durer 24 heures; on était obligé de donner
à la meule courante ce qu'on appelait *de la
pente de fer,* afin de soutenir la poussée. Le
bout du fer ou *papillon* entrait dans le trou de
l'anille, puis on se servait de 4 *pipes* ou petits
coins de fer d'à peu près 3 lignes d'épais sur
1/2 po. de long, que l'on serrait à coups de
masse entre le papillon et l'anille. Ces pipes
se desserraient bientôt et les meules *breda-
laient,* c'est-à-dire frottaient d'un côté pendant qu'elles étaient trop écartées de l'autre.
Depuis qu'on a adopté les petites meules,
on est parvenu à maintenir la meule courante
dans un équilibre plus constant au moyen du
pointal dont nous venons de donner la description. Les constructeurs de moulins établissent à la surface supérieure de la meule
courante, à égale distance, 4 trous que l'on
recouvre d'une plaque de tôle et dans lesquels
on coule au besoin du plomb fondu pour arriver au parfait équilibre de la meule sur le
pointal. Ce moyen est simple et atteint assez

bien le but; mais les habiles constructeurs ne s'en contentent pas et s'attachent, dans la composition de la meule, à réunir, dans ses diverses parties, le plus possible de pierres homogènes. Sous ce rapport essentiel la construction des meules a fait de véritables progrès depuis quelques années.

La *cuvette* A (*fig.* 470), qui surmonte l'anille, reçoit le blé et le laisse échapper en rayons entre les meules à travers l'*œillard* au moyen d'un appareil fort simple, et d'invention moderne, qu'on nomme *engreneur* (*fig.* 469). Cet engreneur G se compose d'un tuyau en cuivre ou fer-blanc, dont l'extrémité inférieure est encastrée dans un autre tuyau mobile en forme de bague, et qui monte et descend à volonté pour agrandir ou diminuer l'issue du grain. En effet, le bout de ce double tuyau appuie sur la cuvette A (*fig.* 470) placée au-dessus de l'anille N, et, en s'en éloignant ou s'en approchant, au gré du conducteur du moulin, il laisse écouler plus ou moins de blé dans les meules.

Cet engreneur a remplacé avec avantage les anciennes trémies, l'auget et le baille-blé, appareil lourd et grossier qui surmontait toute la partie supérieure de la meule courante.

Section VI. — *Du choix et du nettoyage des grains.*

§ Ier. — Choix des grains.

De bonnes meules bien dressées, bien rhabillées et bien conduites, un mécanisme des mieux combinés sous tous les rapports, sont de grands élémens de succès pour un meunier; mais le *choix des grains* est non moins essentiel. Le mécanisme peut être confié à des mains subalternes; l'achat des grains est l'œuvre du maître. Cet art ne consiste pas à n'acheter pour la fabrication que des blés de 1re qualité; ces sortes ne seraient pas toujours suffisamment abondantes; les blés d'ailleurs sont de diverses natures; ils sont plus ou moins bien récoltés; il faut que tout s'écoule. L'habileté consiste donc à savoir bien apprécier ce qu'on achète; à étudier sur les marchés que l'on fréquente les diverses natures de blés qui y sont apportés; les qualités distinctives des blés de telle ou telle ferme, soit sous le rapport du poids, soit sous le rapport de la blancheur des produits; à connaître les bons et les mauvais livreurs; à bien stipuler ses conditions d'achat; à être sévère et juste tout à la fois dans la réception.

Quand une usine est bien administrée, il n'y entre pas un seul sac de grain qui ne soit *vérifié et pesé.*

Tous les blés, quelles que soient leur nature et leur qualité, étant destinés à être convertis en farine, il est inutile de s'étendre ici sur les diverses espèces de blé et sur les propriétés qui les distinguent. Il ne peut y avoir, en ce qui concerne la meunerie, d'autres principes que ceux que nous venons d'énoncer, c'est-à-dire que le meunier doit s'attacher à connaître les propriétés farineuses des grains dans le rayon habituel de ses approvisionnemens.

§ II. — Nettoyage des grains.

Une fois les blés bien achetés selon leur qualité, il est indispensable de leur faire subir un *nettoyage énergique;* c'est encore une des conditions les plus essentielles de toute bonne mouture.

Le nettoyage consiste à faire disparaître, autant que possible, du grain : 1° tous les *grains, graines ou corps étrangers* quelconques qui peuvent s'y rencontrer; 2° les *grains morts* ou ceux de trop minime dimension; 3° la *poussière* plus ou moins adhérente dont le blé est encrassé sur tout son corps et particulièrement à ses deux extrémités.

Il faut en outre que la ventilation soit assez énergique pour chasser le *mauvais goût,* quand le blé en a contracté, ce qui arrive souvent dans les greniers des fermiers, et aussi pour lui procurer un certain degré de *dessiccation.* Enfin on aurait atteint la perfection si, après une opération complète, on parvenait à *diviser les grains de blé suivant leur volume.*

La force employée à faire mouvoir le mécanisme du nettoyage, quoique perdue pour la fabrication, reçoit donc dans les moulins une application des plus utiles, et mieux vaudrait, dans bien des cas, fabriquer moins et fabriquer mieux.

Chaque moulin adopte, dans ses *appareils à nettoyer,* des combinaisons plus ou moins diverses qui résultent, soit de la force, soit de l'emplacement dont il peut disposer.

Les instrumens les plus modernes et les plus répandus sont le cylindre vertical, le cylindre horizontal, le tarrare à plusieurs volans ou batteurs, le sas à marteaux, les cribles inertes et la disposition des courans d'air.

Le nettoyage se fait depuis l'étage le plus élevé du moulin jusqu'à l'étage des meules où il s'engrène, et, dans ce parcours, il est souvent repris et remonté par des *élévateurs* (chaînes à godets), suivant l'ordre dans lequel il est précipité.

1re OPÉRATION. *Tarrare à émotteurs,* qui chasse une certaine quantité des corps légers et retient les pierres ou mottes de terre qui se trouvent mêlées avec le grain.

2e OPÉRATION. *Cylindre vertical* (*fig.* 472 et 473), armé à l'intérieur d'un système d'ailettes

Fig 472.   Fig. 473.

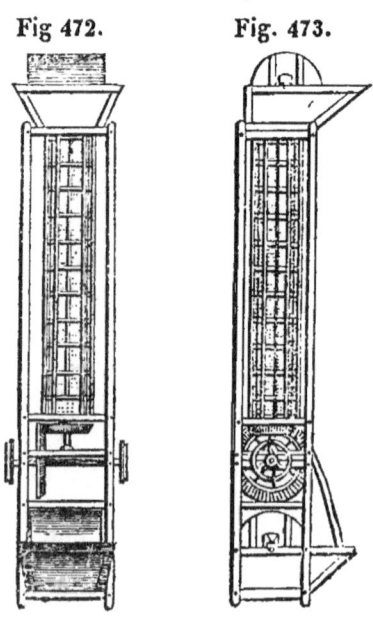

qui battent le blé avec violence sur des tôles piquées et en détachent ainsi la poussière avec énergie; au-dessus de ce cylindre, on voit dans la *fig.* 473 le tarrare émotteur et au-dessous le sas à marteaux et un ventilateur.

3ᵉ OPÉRATION. *Sas à marteaux*, dont le fond en tôle est percé de trous de formes et de dimensions différentes, afin de laisser passer tous les grains parasites et les petits grains amaigris. Les marteaux qui frappent successivement sur la longueur de ce sas, ont pour but d'empêcher les trous du fond de se boucher.

4ᵉ OPÉRATION. *Tarrare ventilateur* (*fig.* 474),

Fig. 474.

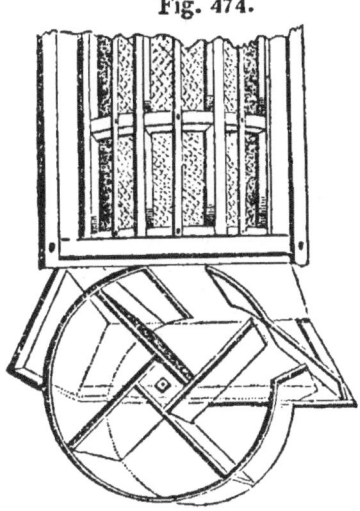

qui chasse le peu de poussière ou de corps légers qui peuvent encore rester dans le blé.

5ᵉ OPÉRATION. *Cylindre horizontal.* Cette dernière opération, que beaucoup de meuniers négligent avec raison, surtout s'ils sont avares de force, se fait dans un cylindre horizontal en fil de fer ou en tôle piquée. Son but est de diviser le blé par grosseurs. Jusqu'ici ces sortes de diviseurs ont été bien loin d'atteindre la perfection désirable.

Enfin, à l'issue de ce cylindre, le blé est amené dans la *trémie*, d'où il coule lui-même et par son propre poids dans l'*engreneur*.

Tout ce que nous venons de dire du nettoyage des grains s'applique au *nettoyage à sec*, généralement suffisant pour épurer les blés qui ne sont attaqués d'aucune maladie, carie ou cloque qui rend le bout noir, piqûres de charençons, etc.

Dans ce dernier cas, surtout lorsque les blés sont *boutés*, il est indispensable de leur faire subir un lavage. Cette opération, assez facile dans l'été, devient impraticable dans la saison des pluies et du froid; car la difficulté n'est pas de laver, mais bien de sécher le grain humide, surtout lorsque l'on veut opérer sur des masses, comme dans nos grandes usines. Jusqu'ici ce séchage se faisait sur des draps exposés au soleil; c'est la pratique du Midi. On conçoit combien cet usage doit être difficile dans nos provinces du Nord; aussi le lavage des blés était-il peu employé par les meuniers eux-mêmes. Les blés noirs, délaissés sur les marchés, étaient presque toujours achetés par des *blatiers* ou des porte-faix, qui

les mettaient au grenier pendant l'hiver, et aussitôt la saison convenable arrivée, les lavaient et les faisaient sécher à l'air libre pour les revendre avec plus ou moins de bénéfices.

Plusieurs de nos plus célèbres économistes, et particulièrement notre DUHAMEL, frappés de l'avantage qui résulterait pour le commerce, l'agriculture et l'hygiène publique de l'épuration des grains par le lavage, avaient tenté d'employer la *chaleur factice* au séchage immédiat; les résultats obtenus ont été satisfaisans quant à l'épuration en elle-même, mais les moyens employés n'étaient pas manufacturiers, c'est-à-dire que les frais qu'ils nécessitaient étaient au-delà des avantages qu'on pouvait obtenir. Dans le nord de l'Europe, sur la mer Baltique et particulièrement en Russie, on fait sécher le grain à l'étuve pour lui donner le degré de siccité convenable à son exportation sur mer; mais ces blés sont en général de qualité inférieure, et tout prouve que leur mode de dessiccation est vicieux.

M. de MAUPEOU vient de prendre (en 1834) un brevet d'invention pour une machine qui semble avoir résolu ce problème depuis si long-temps cherché. Cet appareil lave le grain, l'épure et le sèche dans l'espace de 15 minutes. Sur la fin de l'année 1835, M. de MAUPEOU a monté à Étampes un de ses appareils, capable de nettoyer en 24 heures 300 hectol. de blé. La meunerie de ce pays si renommée par son habileté, n'a pas tardé de fournir à façon la machine de M. de MAUPEOU.

Le lavage, comme nous l'avons déjà dit, n'était pas difficile à opérer, mais la grande difficulté, la difficulté qui jusqu'ici n'avait pas été résolue, c'était de sécher immédiatement le grain, sans tâtonnement, sans danger de le brûler ou de le laisser trop humide. Pour atteindre ce but, M. de MAUPEOU a appliqué au *séchage la dilatation de l'air*, au moyen d'un foyer disposé d'une certaine manière. Ainsi, dans une grande chambre bâtie en briques, de forme pyramidale et faisant cheminée, sont disposés une série de cylindres en toile métallique. Le blé lavé pénètre successivement dans chacun de ces cylindres, dont la disposition intérieure est telle que le grain est constamment maintenu dans un état aérien. Cependant, un courant violent d'air sec dilaté tend à s'échapper par l'ouverture supérieure de la cheminée et enveloppe ainsi les cylindres sécheurs, y pénètre à travers les mailles de l'enveloppe et pompe avec avidité l'humidité des grains.

A l'extrémité de ces *cylindres sécheurs* se trouve un autre appareil, également de 5 cylindres superposés, dans lesquels le blé, au sortir des 1ᵉʳˢ, se refroidit à l'air libre, en sorte qu'au bout de ces refroidisseurs le grain soit froid et net, et propre à être mis de suite sous les meules ou conservé dans des sacs sans aucune espèce d'inconvénient.

Toutes ces diverses opérations, lavage, épurage, séchage, refroidissement se font sans interruption aucune, et tout est si bien calculé que les laveurs et les cylindres sont toujours chargés de blé.

Le grand avantage de cette méthode, c'est que, par le lavage, non-seulement le grain se nettoie mieux, mais que tous les corps plus légers que l'eau, comme paillé, cloques, grains mal mûrs ou percés des insectes, montent à la surface de l'eau et sont entraînés dans des réservoirs particuliers, en sorte qu'il ne reste plus réellement à la monture que les grains non altérés, opération qu'on est loin d'obtenir complète par l'effet des ventilateurs.

M. de MAUPEOU prétend aussi que, par suite du gonflement que l'écorce du blé éprouve lorsqu'elle se lave et du retrait qui s'opère sur cette enveloppe par l'effet du passage du grain dans un courant d'air sec dilaté, la mouture du grain est plus facile, le son plus léger et, en définitive, le rendement en farine blanche plus fort de 3 à 5 p. 0/0. Il y a beaucoup de probabilités en faveur de ces assertions.

Un autre avantage signalé par M. de MAUPEOU, c'est que le blé ainsi traité est dégagé de tous les insectes et de tous les germes qu'ils ont pu déposer sur le grain; la conservation en devient ainsi plus facile et plus certaine.

Tout porte donc à croire que cette méthode sera adoptée dans nos moulins; elle exige moins de force employée que les appareils de nettoyage à sec, et, tout compensé, elle doit présenter de l'avantage au fabricant, condition du reste indispensable et sans laquelle une méthode, quelque ingénieuse qu'elle soit, ne peut jamais devenir manufacturière.

SECTION VII. — *De la mouture.*

§ Iᵉʳ. — Mouture américaine ou mouture par pression.

Avant de passer à l'opération de la mouture, faisons connaître la disposition des meules. La *fig.* 475 représente la coupe verticale d'une paire de meules à l'anglaise, entourée de ses *archures* A, surmontée de l'engreneur CONTI G, et supportée par deux colonnes en fonte au milieu desquelles se trouve placé le gros fer T. Le pignon H reçoit l'impulsion du grand hérisson. Une boîte de fonte I, assujétie sur 4 petites colonnes, renferme la crapaudine plate en acier, sur laquelle repose le gros fer; des vis horizontales permettent de centrer cette crapaudine, et une vis verticale placée au-dessous sert à la faire monter ou descendre, pour soulever ou baisser le fer, selon les besoins de la mouture. Une autre vis verticale K, surmontée d'une roue d'angle qui engrène avec une roue d'égal diamètre qui, à l'extrémité de son axe, porte une manivelle, sert à faire tourner la vis sur elle-même; celle-ci traverse un écrou E dont les deux bras prolongés portent les tiges verticales L, qui sont réunies à leur sommet par un cercle M, de telle sorte que le moulin étant arrêté, si l'on veut faire sortir le pignon H du plan du grand hérisson, on tourne la manivelle, et les tiges en montant élèvent le cercle et poussent ainsi le hérisson qui glisse sur le fer, en s'élevant dans le sens vertical.

Nous avons amené le blé jusque dans l'engreneur qui le distribue sous la meule; voyons maintenant les différentes modifications qu'il va subir pour être *réduit en farines* propres à la boulangerie de Paris. Nous indiquerons

Fig. 475.

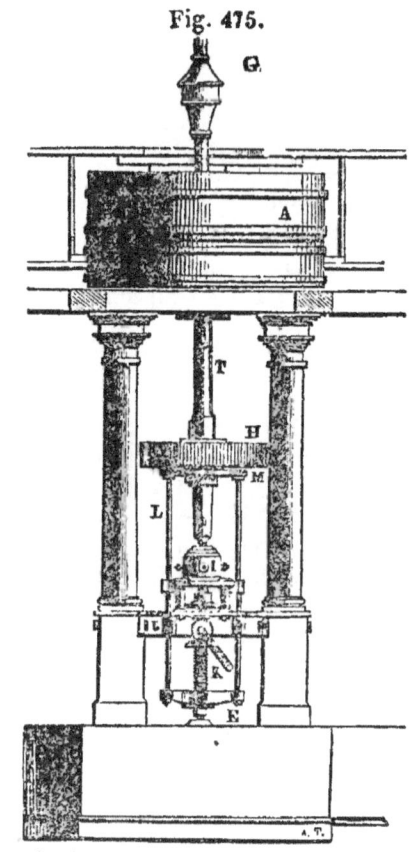

plus loin divers autres genres de mouture qui, en définitive, ne sont que des modifications commandées par l'emploi qu'on veut faire des farines.

Une fois entré sous les meules, le blé s'ouvre en plusieurs parties, la farine se détache de l'écorce du blé, et, poussée par la force centrifuge, s'échappe pêle-mêle avec le son (on appelle ce mélange *mouture*) par une issue désignée par le nom d'*anche*. De là cette mouture tombe dans des réservoirs qui la versent dans des sacs, ou mieux encore elle tombe dans un récipient circulaire qui la transporte dans un réservoir commun où des *élévateurs* (*fig.* 476) la reprennent et la transportent à leur tour dans une chambre commune appelée *refroidisseur*. Là, au moyen d'un *râteau* (*fig.* 477), elle est mélangée, remuée, refroidie et conduite par une ou deux issues dans des *bluteries cylindriques* qui séparent la farine en différentes qualités et en retirent entièrement le *son*, qui, à son tour, est reporté dans des *bluteries spéciales*, où il se divise en différentes grosseurs appelées *gros* et *petit son*, *recoupes* ou *recoupettes*, fines et

Fig. 476.

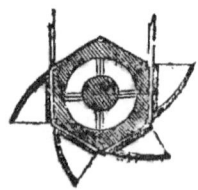

Fig. 477.

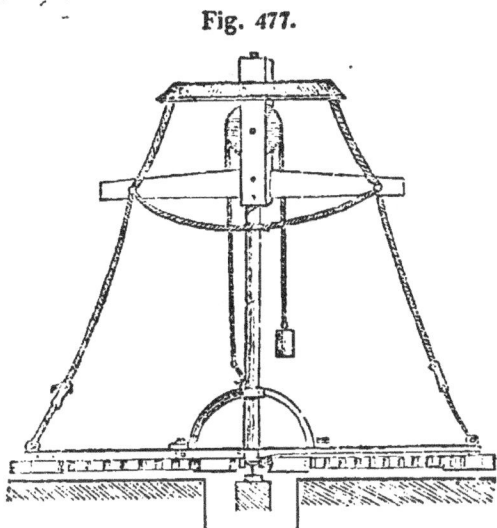

grosses, et *remoulages* de diverses blancheurs. Chaque division des bluteries à son correspond à des cases placées dans une chambre au-dessous, qui reçoivent séparément chacune des espèces de sons ci-dessus désignées.

§ II. — Des bluteries à farine.

Il y a quelques années on se servait encore, pour bluter les farines, d'une espèce de *sas* en étamine ou en soie, de 7 à 8 pieds de longueur, appelé *bluteau* et placé dans une *huche* ou grand coffre en bois qui recevait la mouture au sortir de l'anche; le bluteau était secoué dans cette huche au moyen d'un appareil nommé *babillard*, qui portait à la fois une batte et une baguette; la première recevait une secousse régulière en frappant sur une *croisée* à 3 ou 4 branches montée sur le gros fer de la meule courante; ce sont les coups de cette batte qui déterminaient le fameux *tic-tac* du moulin.

Ce mouvement de la batte faisait agir la baguette qui tenait au bluteau par des attaches de cuir, et celui-ci éprouvait alors les secousses au moyen desquelles la farine était blutée. De ce 1er bluteau, les résidus descendaient dans un second appelé *dodinage* placé dans la partie inférieure de la huche; ce dodinage, presque toujours fait et monté comme le grand bluteau, séparait les marchandises à remoudre en *gruaux* de différentes grosseurs. La *fig.* 478 donne la position du babillard par

Fig. 478.

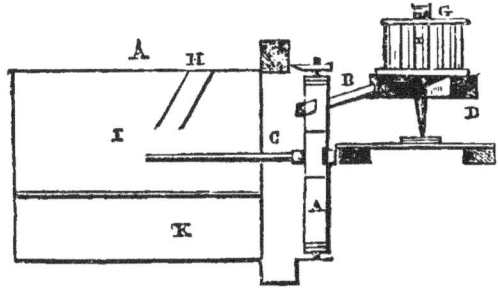

rapport à la huche et à la lanterne du moulin. A, babillard; B, batte; C, baguette; D, croisées

à plusieurs branches; E, lanterne; G, gros fer; H, anche; I, huche supérieure; K, huche inférieure où est placé le dodinage ou 2e bluteau qui était mis en mouvement de la même manière que le bluteau, à l'exception que si le grand babillard était à mont-l'eau, celui du dodinage devait être avalant et posé en sens contraire du précédent. Quelquefois le dodinage était de forme cylindrique; il s'appelait alors *bluterie*, au lieu de babillard; c'était un engrenage ou une poulie qui lui donnait le mouvement.

Il était extrêmement difficile de mettre d'accord les meules et le blutage, lorsque celui-ci était *commandé* ou bien commandait le moulin. Si le bluteau ne tamisait pas aussi vite que le moulin, il fallait retirer du blé aux meules, et alors celles-ci, n'ayant plus leur nourriture suffisante, faisaient de la *farine rouge* en broyant trop le son. Si au contraire le bluteau travaillait plus vite que le moulin ne fournissait, il tamisait mal et laissait passer du son avec la *fleur*.

D'autres difficultés existaient encore pour monter les bluteaux de manière à éviter leurs trop fréquentes fractures.

On conçoit facilement, dès lors, les motifs qui ont fait répudier dodinages, bluteaux, huches et babillards. On ne tamise aujourd'hui les farines que dans des bluteries cylindriques indépendantes du mouvement des meules, et ce système a été adopté par tous les moulins *anciens* et *modernes*.

La forme la plus ordinaire de ces *bluteries* est hexagonale (à six pans) (*fig.* 479); leur

Fig. 479.

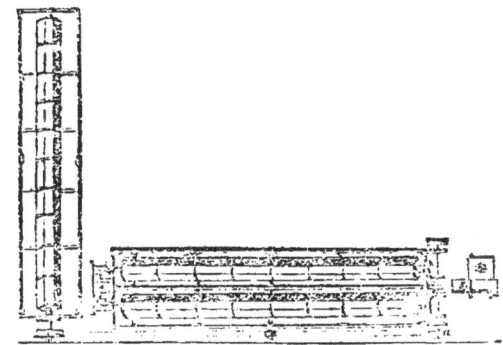

longueur varie de 12 à 24 pi. Les meilleurs faiseurs aiment mieux deux longueurs de 12 pi. qu'une de 24; le diamètre est de 90 à 92 centim. (33 à 34 po.); leur vitesse de 25 à 30 tours à la minute; la pente est d'environ quatre lignes par pied.

Les *soies* les plus généralement employées pour ces bluteries sont des soies de Zurich. Ces soies se divisent jusqu'ici en différentes finesses distinguées par des numéros, depuis le double 00 jusqu'au n° 11. Le double 00 a 24 fils au po., le n° 11 120. La largeur de cette soie est de 38 po.; les trois premiers lés de la bluterie sont ordinairement composés des n° 10 et 11, le n° 10 en tête, puis des n° 9 à 7.

Une bluterie de 24 pieds, et mieux encore deux bluteries de 12 pi., suffisent au travail de 4 à 5 paires de meules.

Sous la bluterie un *râteau* ou *toile sans fin* ramène continuellement la farine à une issue commune dans la *chambre dite à mélange*, de laquelle elle est extraite au moyen de conduits dits *ensacheurs*.

Après la farine, les derniers compartimens de la bluterie donnent des *gruaux* à remoudre. Ces marchandises à remoudre sont ordinairement avec la farine dans la proportion du 6e au 8e.

A l'extrémité de la bluterie, tombent les *résidus* qui n'ont pu traverser les soies ; une *chaine à godets* les enlève et les conduit dans une bluterie particulière couverte d'un tissu de laine appelé *quintin*, d'ouvertures différentes destinées à séparer les diverses grosseurs de son qu'ils contiennent. Ces issues, suivant la grosseur, la blancheur et le poids, se nomment *gros son, petit son, recoupettes* et *remoulages*.

Le *gros son*, lorsque la mouture est bien faite, ne doit pas peser plus de 18 à 18 1/2 kilog. l'hectolitre comble ; le petit son, 20 kilog. ; les recoupettes, 27 à 30 ; le poids des remoulages ne peut guère être fixé.

§ III. — Mouture économique.

La mouture, telle que nous venons de la décrire, est celle usitée le plus généralement aujourd'hui dans le rayon d'approvisionnement de Paris. Bien que tous les moulins de ce rayon n'aient pas encore adopté les petites meules, la plupart cependant ont modifié l'ancienne mouture dite à la française, ou mouture économique, de telle sorte qu'ils ont beaucoup moins de marchandises à remoudre ; c'est un progrès. Néanmoins, comme la mouture dite économique a été long-temps regardée comme la meilleure, et qu'elle est encore employée dans plusieurs de nos départemens, nous allons, en peu de mots, la décrire.

Le blé étant épuré et conduit dans les meules, la mouture tombait par l'anche dans le bluteau enfermé dans la huche (*voy. fig.* 478). Là se tamisait une première farine dite *farine de blé*. Le dodinage, placé dans l'étage inférieur de la huche, laissait passer les *gruaux à remoudre*. Ces gruaux étaient remoulus et donnaient une farine de qualité supérieure dite *farine de 1er gruau*. Cette 2e opération fournissait encore des *gruaux* à remoudre, lesquels, soumis à la meule, donnaient une farine moins bonne que les 2 premières dite *farine de 2e gruau*. On obtenait encore de cette opération des gruaux bis qui, étant soumis à la meule, donnaient une farine bise dite *farine de 3e gruau*. Puis enfin celle-ci fournissait encore un dernier résidu qui, remoulu, faisait une farine encore plus bise, dite *farine de 4e gruau*. Ainsi la mouture dite économique se faisait par 5 opérations successives qui donnaient un produit proportionné comme suit :

Soit 1,000 kilog. de blé épuré mis en mouture, lesquels ont donné :

			kil.	kil.	
1re opération.	Farine de blé. . .		380		
2e	—	— de 1er gruau	195	671	farine blanche.
3e	—	— de 2e —	96		
4e	—	— de 3e —	50	80	farine bise.
5e	—	— de 4e —	30		

A reporter. . . 751

Report. 751

Recoupettes	54	
Recoupes	62	224
Son gros et petit. , ...	108	
Déchet réel, évaporation, etc.	25	25
		1000

Dans des années de cherté on a vu des meuniers remoudre jusqu'à 7 fois ; alors on soumettait aussi aux meules les recoupes et recoupettes, pour leur donner la ténuité convenable à la panification. Rien de plus mauvais que le produit de ces dernières remoutures.

§ IV. — Mouture méridionale.

Dans le midi de la France, Marseille excepté, on n'a pas encore adopté la mouture américaine ; à Toulouse, Moissac, Nérac, etc., c'est encore l'ancienne mouture méridionale. Elle diffère de la mouture économique, en ce qu'on ne remoud pas les différens gruaux, qui trouvent un emploi dans le pays à leur état de mouture imparfaite.

Voici du reste comment s'opère cette mouture :

La mouture brute ou mélange du son et de la farine s'appelle dans le Midi *farine rame*. On la laisse dans cet état pendant 5 ou 6 semaines, pendant lesquelles elle se refroidit d'abord, ensuite fait son effet en se réchauffant naturellement. Il faut que cette fermentation s'opère naturellement sans aucune cause étrangère.

Pour que la *rame* ne travaille pas on a soin de la remuer tous les 8 ou 10 jours ; les hommes pratiques savent, en enfonçant la main dans le monceau de la rame, quand il faut la remuer, quand il faut la laisser, quand il faut la bluter. Tant qu'elle est chaude il ne faut pas la bluter, mais la remuer et la laisser encore ; mais on doit observer tous les jours et saisir le temps que la rame se refroidit, et ne pas attendre qu'elle refermente.

Pour tirer la farine de la rame, on la fait passer par des blutoirs à 3 grosseurs différentes. La farine qui tombe la 1re par la partie la plus fine de la bluterie s'appelle *minot*. C'est cette farine qu'on a expédiée si long-temps et avec tant d'avantages en Amérique. Celle qui tombe la 2e s'appelle *simple* ou *farine simple* ; c'est celle employée par le boulanger. Enfin la 3e s'appelle *grésillon* ; c'est celle qui sert à faire le pain du pauvre.

On a remarqué que la farine minot était celle qui se conservait le mieux.

Outre ces 3 sortes de produits, il y en a encore un distinct des sons, qui s'appelle *repasse*, et qui sert aussi, surtout dans les années de cherté, à faire le pain du pauvre.

Quelquefois on mélange ensemble la farine minot et le simple. Ce mélange prend alors le nom de *simple fin*.

D'autres fois on mélange le simple et le grésillon, qui prennent alors le nom de *grésillon fin*.

On voit que la différence de la mouture économique et de la méridionale n'existe que dans l'emploi des produits ; la méridionale est bien plus expéditive, puisqu'on n'est pas obligé de remoudre.

§ V. — Mouture à la grosse.

Par ce genre de mouture on mélange tous les produits, sauf une quantité de son déterminée ; c'est ce qu'on appelle *moudre à tant d'extraction*, c'est-à-dire que, selon l'emploi qu'on veut faire de cette mouture, on n'extrait sur 100 livres de blé que 10 ou 15 livres de son, plus ou moins, tout le reste est mélangé et destiné à faire du pain. C'est ainsi que se fait le pain des armées. Ce pain serait très bon, quoique bis, si les fournisseurs n'ajoutaient pas souvent des sons à la mouture à la grosse au lieu d'en retirer.

Cette mouture à la grosse se pratique encore dans une grande partie de nos provinces centrales. Le meunier moud grossièrement le blé avec des meules qui, le plus souvent, ne sont pas droites, et le paysan emporte cette informe mouture qu'il blute chez lui avec de mauvaises bluteries à la main. C'est l'enfance de l'art.

§ VI. — Mouture à la lyonnaise.

Nous ne donnons véritablement ces anciennes dénominations que pour mémoire. C'est toujours le même genre de mouture avec cette différence qu'à Lyon on moulait le blé *un peu plus rond*, et qu'ensuite on remoulait les sons pour en extraire la farine qui y était adhérente ; c'est encore ainsi que se fait la mouture à vermicelle.

Cette farine *de son* est inférieure ; nous devons dire au surplus que cette remouture des sons est aujourd'hui, excepté pour le vermicelle qui est une mouture spéciale, tout-à-fait abandonnée par les meuniers qui savent leur métier.

§ VII. — Mouture à gruaux sassés ou mouture à vermicelle.

Le but de cette mouture est d'obtenir *beaucoup de gruaux*. Le gruau est la partie la plus dure et la plus sèche du grain ; il faut donc que cette mouture soit ronde, c'est-à-dire que les meules soient bien moins rapprochées que dans la mouture américaine, qui se fait par pression, et par laquelle on cherche à obtenir, au contraire, le moins de gruaux possible.

Il est nécessaire que les meules soient d'une pierre un peu plus ardente que pour la mouture ordinaire ; la courante doit être un peu concave, de manière que le grain soit moulu graduellement, depuis le centre des meules jusqu'à la circonférence, en observant qu'il doit être roulé dans le cœur des meules, concassé à l'entre-pied et affleuré à la feuillure.

Les *gruaux doivent être vifs et de grosseur uniforme*. Ce serait un grand défaut de moudre trop rond ; les gruaux ne seraient pas bien détachés des sons ; il y en aurait beaucoup, mais la plus grande quantité serait en gruaux bis ; cette mouture trop ronde produirait aussi beaucoup de farine bise, par conséquent elle donnerait de la perte. C'est aussi un défaut de moudre trop près ; les gruaux se trou-

veraient en grande partie écrasés, seraient difficiles à sasser et produiraient peu de semoule. Il est essentiel que la mouture soit uniforme, qu'il n'y ait pas des gruaux mous et des durs, des fins et des gros ; cette mouture serait mal blutée. Enfin il faut que les meules, comme dans tous les autres genres de mouture, soient bien de niveau et rhabillées au degré convenable.

Les blés qui conviennent le mieux à cette mouture sont les blés *gris et durs ;* les blés fins et tendres ne produiraient que très peu de gruaux et de médiocre qualité. Dans les environs de Paris, les blés de Crespy et de Soissons sont les plus réputés pour cet usage.

Quand la première mouture est opérée et qu'on a obtenu des gruaux, on les épure au moyen d'instrumens qu'on appelle *sas*.

Les gruaux nᵒˢ 1, 2, 3 et 4 ont ordinairement assez de 3 coups de sas ; les numéros suivans en demandent 1 et quelquefois 2 de plus pour les rendre parfaitement clairs et exempts de soufflures ou rougeurs qui gâtent toujours la semoule et par-là la farine qu'elle produit.

Le sas *(fig.* 480) est une espèce de crible léger dont le fond est garni de peau percée avec une extrême finesse ;

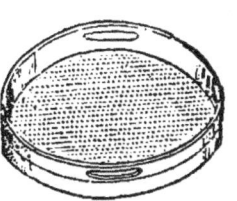

Fig. 480.

pour le manier avec succès il faut en avoir une grande habitude ; on tourne par un mouvement horizontal d'une main vers l'autre, et l'on secoue légèrement comme pour frapper à chaque tour de haut en bas ; par ce moyen il s'élève à la surface du gruau qui est dans le crible un peu de recoupettes que l'on enlève à mesure. Ce n'est point par la différence de la grosseur que la semoule se sépare des gruaux et des recoupettes ; c'est surtout à raison des pesanteurs différentes qu'elle tombe à travers le sas, par le mouvement composé du perpendiculaire et de l'horizontal.

Ces gruaux ainsi sassés servent à faire ces belles farines avec lesquelles on confectionne les pains si blancs que l'on sert à Paris chez les restaurateurs et sur les bonnes tables.

Voici un état de mouture complet qui donnera une idée parfaite des produits de cette mouture et de la manière dont elle se gouverne.

Compte de mouture de 100 *quintaux de blé moulus pour gruaux.*

1ʳᵉ OPÉRATION : Les 100 quintaux de blé ont produit :

Farine dite de blé.	23
pour 100 du poids du blé.	
Son gras mélangé de gruaux	76
Déchet	1
Poids égal.	100

2ᵉ OPÉRATION. Les 76 parties de sons gros divisés aux bluteries produisent en gruau fin, on fin-finot. 12   50 p. 0/0 du poids du blé.

Gruau à sasser p. semoule.   45
Petit son   12
Gros son.   6
Déchet des bluteries . . . » 50
    Poids égal. . . .   76, 00

3e OPÉRATION. Les 45 parties de gruau produisent au sassage, en belle semoule, de diverses nuances 26   p. 0/0 du poids du blé.

Déchet de semoule gruau ordinaire. 7 50
Gruau bis. 7
Recoupettes ord.. 3
Soufflures fines. . . . . . .
Remoulage bis. 1
Déchet de sassage. 50
    Poids égal. . . 45 00

4e OPÉRATION. Mouture des semoules.
26 parties de semoule produisent à la mouture :
1re belle farine. 15   p. 0/0 du poids du blé.
2e id. id. 5 50
3e id. id. 2 25
4e ou farine ordinaire de 2e qualité 1 50
Farine bise 3e et 4e. . . 1
Remoulage blanc. . . . 50
Déchet 25
    Poids égal. 26 00

5e OPÉRATION. Mouture des gruaux ordinaires, et fin-finot, réunis ensemble, qui produisent :
Farine gruau ord. . . . 10   p. 0/0 du poids du blé.
2e farine id. id. 5
3e id 2e qual. . . . 2 75
Farine bon bis 3e et 4e. . . 1 50
Remoulage. 50
Déchet. 25
    Poids égal . . . 20 00

6e OPÉRATION. Mouture des 7 parties de gruaux bis, qui produisent :
Farine bise, dite 3e. . . 2 50 p. 0/0 du poids du blé.
    id. dite 4e. . . 2
Remoulage bis 1 90
    id. blanc. . . . 50
Déchet. 10
    Poids égal. 7 00

RÉSUMÉ des produits en farine.
Farine dite de blé. . . 23 p. 0/0 du poids du blé.
    id. blanche 1re. . . 7 25
    id. belle far. de gruau . 26 50
    id. gruau ord. . . . 10
    id. 2e qual. 4 25
    id. 3e et 4e. 7
    Fonds total. . . 72

Produit en issues.
Gros son. . . . . 6 p. 0/0
Petit son. 12
Recoupettes. 3
Remoulage bis. 2 90
Remoulage blanc. . . . 1 50
        . 25 40
Déchet de la mouture. 2 60
Poids égal à celui du blé . . . 100 00

§ VIII. — Produits comparatifs des différentes sortes de moutures.

En général on *tire du blé autant de farine* que l'on veut; ainsi, par la mouture à la grosse, usitée pour le pain de l'armée, on ne blute qu'à 10 ou 12 livres d'extraction, c'est-à-dire qu'on ne retire que 10 ou 12 pour 100 de son et que tout le reste sert à faire du pain. Il est arrivé souvent, et il arrive encore, que pour le pain militaire on ne fait aucune extraction, et que, sauf un petit déchet d'évaporation, le résultat de la mouture passe tout entier en farine.

Il est certain que le blé, lorsqu'on l'analyse chimiquement, ne contient qu'une très faible proportion de son, 2 ou 3 pour 100 par exemple, tandis que par les procédés actuels de mouture on en retire environ 20 pour 100. Il est donc constant que la mouture du froment est loin d'avoir atteint la perfection désirable.

Il est des blés, les blés blancs, richelles de Naples, blés de Bergues, de Dantzick, etc., qui peuvent *être moulus sans extraction aucune*, et donnent un pain d'une couleur et d'un goût agréables.

Pour juger de l'excellence d'un système de mouture, il ne faut donc pas se déterminer d'après *la quantité de farine* que ce système produit, mais bien sur la qualité et la quantité tout à la fois de cette farine. Ainsi, dans les états comparatifs de mouture que nous donnons ici, il s'agit de farine propre à la boulangerie de Paris.

1er compte. Mouture américaine.
Produit de 100 parties de blé :
1re OPÉRATION. farine de blé 1re qual. . . . . . . 66 } p.0/0
2e OPÉR. Far. de gruau 2e qual. . 10 } 78
3e id. far. bise. . . . . . 2 }
Gros son à . 20 kilog. l'hectol. 6 }
Petit son à . 24 id. id. . . 6 } 20
Recoupette de 28 à 30 id. id. . 5 }
Remoulages de 45 à 50 id. id. . 3 }
Déchet. 2
        100

2e Compte. Mouture à la française.
1re OPÉRATION Farine de blé 1re qualité. 36
2e OPÉR. Farine de gruau. . 18
    id. de 2e id. . . 10 } 76
3e id. id. de id. 2e qual. 6 }
4e id. . . . . . bise. 3 50 }
5e id. . . . . . bise infer. 2 50 }
Gros son 17 à 18 kilog. l'hectol. 5 }
Petit son 20 à 23 id. id. 6 }
Recoupettes 23 à 30 id. id. 6 } 22
Remoulages 42 à 45 id. id. 5 }
Déchet. 2
        100

Nous avons dit plus haut que les farines qui servent à comparer les produits de ces deux genres de mouture étaient propres à la boulangerie de Paris; pour juger de la préférence des deux moutures, nous allons établir le revenu en argent de chacune d'elles. Supposons que 100 kilogrammes farines blanches 1re qualité, propres à la boulangerie de Paris, se paient 30 fr.; nous aurons les proportions suivantes :

Mouture américaine.

72 k'. de farine 1ʳᵉ à 30 fr. les 100. .	21 60
4 *id.* de farine 2ᵉ à 25.	1
2 *id.* de farine bise à 16.	30
12 *id.* son gros et petit.	3
5 *id.* recoupettes	66
3 *id.* remoulage.	40
	25 96

Mouture à la française dite économique.

64 k'. de farine 1ʳᵉ à 30 fr. les 100. .	19 20
6 *id.* de farine 2ᵉ à 25.	1 50
6 *id.* farine bise	90
22 son, recoupes, etc.	3 36
	24 69

On voit par ce résultat qu'en supposant que les farines dites 1ʳᵉ qualité, provenant de la mouture, française se vendent le même prix que celles qui proviennent de la mouture américaine, ce qui n'est pas exact, la différence dans le commerce étant à l'avantage de ces dernières, il y aurait encore un bénéfice de 1 fr. par quintal à adopter le système de mouture par pression; la raison, la voici: c'est que ce système agissant en pressant le blé et non pas en le déchirant, le son se pulvérise moins et par conséquent se mêle moins avec la farine, d'où il suit que la mouture américaine fournit une plus grande quantité de farine blanche que sa devancière.

§ IX. — Des différentes espèces de farines.

On voit que, par les deux espèces de moutures consacrées à faire de la farine blanche propre à la boulangerie de Paris, il n'y a en apparence que trois qualités de farine.
1° La farine 1ʳᵉ qualité dite farine blanche.
3° La farine 2ᵉ.
3° La farine bise.
Mais, suivant la nature des blés qui ont été moulus, et suivant la perfection des organes de la mouture, les farines ont plus ou moins de qualité. Dans le chapitre relatif à la boulangerie nous dirons un mot des procédés dont usent les boulangers pour apprécier ces diverses qualités, il nous suffit aujourd'hui de dire qu'entre les farines vendues sur place comme première qualité et employées comme telles, il y a une différence de la dernière à la première marque de 7 à 8 fr. par sac.

§ X. — De la conservation des farines.

La farine est en général d'une conservation très difficile, et c'est presque toujours *une mauvaise spéculation que de la garder en magasin.* Pendant les mois d'hiver, c'est-à-dire d'octobre à avril, elle n'éprouve aucune altération, mais une fois le printemps arrivé, et jusqu'à la fin d'août, elle est sujette à fermenter, à prendre un mauvais goût et à perdre beaucoup de sa valeur.
Mais comme il peut arriver qu'on soit forcé par les circonstances commerciales de la con-server pendant un laps de temps, nous allons rappeler quelques-unes des règles prescrites pour éviter autant que possible les détériorations que nous venons de signaler.
Le *magasin* où l'on place les farines au printemps doit être *bien sec;* il faut éviter d'empiler les sacs les uns sur les autres; il faut les placer debout, par rangées et de manière qu'ils ne se touchent pas. Dans le moment des fortes chaleurs on doit avoir soin de passer dans les sacs une sonde en fer, comme une baguette de fusil, pour vérifier si l'intérieur du sac ne prend pas de chaleur; si on s'aperçoit que la farine pelote, ou qu'elle commence à devenir chaude, il faut avoir soin ou de la vider aussitôt, et de la remettre en sacs après 24 heures ou de jeter les sacs sur le plancher, de les rouler en divers sens, d'appuyer fortement dessus, de diviser ainsi les parties qui tendaient à s'aglomérer et à fermenter. Ces précautions sont indispensables, car, dès que la fermentation commence, si on ne l'emploie pas, en quelques jours le sac de farine ne forme plus qu'un seul morceau; on est obligé de le battre pour le vider et de passer les blocs de farine qu'on en retire sous des rouleaux ou des meules, pour les diviser et les pulvériser; opération coûteuse et qui ne rend jamais à la farine sa qualité primitive; elle est alors comme de la cendre, conserve un goût alcalin, et ne peut plus s'employer seule.
La qualité des blés moulus et la manière de les moudre *influent beaucoup sur la conservation des farines.* Celle qui provient de blé sec, de blé bien épuré, qui n'a pas été mise chaude dans les sacs, sera bien plus long-temps saine, que celle qui sera le produit d'un blé naturellement tendre, ou avarié, ou d'une mouture mal soignée.
Les farines qu'on destine aux expéditions maritimes, ou que le commerce exporte en Amérique, sont *enfermées dans des barils et presque toujours étuvées;* les meuniers de l'Amérique du nord excellent dans ce genre d'industrie, dont ils se sont emparés au détriment de Bordeaux qui le faisait presque exclusivement autrefois et dont les *minots* étaient grandement réputés. Le gouvernement des Etats-Unis, a lui-même fixé des règles à suivre pour déterminer la qualité des farines destinées à l'exportation, et frappe les barils après expertise d'une estampille particulière suivant la qualité de la marchandise qu'ils renferment. Il serait à désirer que ce genre d'industrie reçût chez nous les mêmes soins et les mêmes encouragemens. Marseille, Bordeaux et le Havre, seraient à même de faire un commerce profitable avec l'Amérique du Sud et de faire concurrence aux Etats-Unis.

§ XI. — Des différentes espèces d'issues.

Nous avons parlé des *sons,* gros et petits, des *recoupettes* et *remoulages.* Ces produits qui forment à peu près le cinquième du poids du blé moulu, sont pour les bestiaux une nourriture estimée. Le gros et le petit son se donnent aux chevaux et aux moutons; les recoupes et les remoulages aux vaches; les nourrisseurs de Paris en font une grande consommation. On conçoit que plus ces issues contiennent de farine plus la qualité en est grande, mais que l'intérêt du meunier est de les rendre aussi légères que possible.

§ XII. — Des frais de mouture.

Les frais nécessaires pour réduire en farine une quantité de blé donnée, les frais de mouture, sont nécessairement variables. Ils dépendent: 1° du prix de rente du moulin ; 2° de la combinaison des mécanismes ; 3° de la qualité des meules; 4° de l'ordre introduit dans le travail ; 5° du capital employé. Il est donc assez difficile de les déterminer ; cependant généralement on estime que la mouture d'un hectolitre de blé coûte 1 franc à 1 fr. 50 c. C'est à peu près le prix que font payer aux paysans les meuniers à *petits sacs*, soit que cette rétribution ait lieu en argent, soit qu'elle ait lieu en nature.

§ XIII. — De la mouture des grains autres que le froment.

Il n'y a que fort peu de choses à dire de la mouture des grains autres que le froment. *Les mêmes principes doivent être observés.* Ainsi, pour bien moudre le seigle, l'orge, le méteil, il faut avoir des meules bien droites, bien rhabillées, bien dressées. Ces grains, qui forment en grande partie la nourriture des campagnes, se livrent aux meules presque toujours à l'état de méteil, c'est-à-dire mélangés ensemble avec une partie plus ou moins forte de froment. Ce mélange est un obstacle à la bonne mouture, puisque les grains de blé, de seigle et d'orge sont de grosseur inégale et de densité différente ; aussi les moutures dites à *petits sacs*, faites dans nos provinces, sont-elles des plus grossières ; heureux encore le paysan porteur de *monées* quand il n'a contre lui que l'ignorance du meunier !

SECTION VIII. — *Des moulins à vent.*

§ Ier. — Des moulins à vent verticaux.

La mouture à *petits sacs* nous amène tout naturellement à dire un mot des moulins à vent.

L'air, suivant que les *courans* sont plus ou moins forts, est un moteur des plus économiques, qui certainement et pour cette raison aurait eu la préférence sur tous les autres, si ce n'était son irrégularité et sa nullité même pendant un tiers de l'année à peu près, dans nos climats. Ce n'est donc que dans les pays où les forces d'eau sont rares, où le charbon de terre est à un prix trop élevé que l'on se sert des moulins à vent. Dans les environs de Lille, il y en a un grand nombre, presque tous employés à la fabrication des huiles de graine.

Chacun connaît la forme extérieure des moulins à vent (*fig.* 481). Le récepteur le plus ordinaire de ces moulins est une espèce de volant composé d'*ailes* ou *voiles* fixées perpendiculairement et uniformément autour de l'extrémité d'un axe horizontal. Le nombre d'ailes généralement employé est de 4, de forme rectangulaire, dont les dimensions, dans les environs de Paris, sont de 36 pi. en-

Fig 481.

viron de longueur sur 6 de large. Dans le département du Nord, la longueur des ailes est de 38 et quelquefois de 40 pi. sur 6 de largeur. Voici la description que COULOMB donne de la forme particulière des ailes de moulin des environs de Lille.

« 5 pi. de la largeur de l'aile sont formés par une toile attachée sur un châssis, et le pied restant par une planche très légère. La ligne de jonction de la planche et de la toile forme, du côté frappé par le vent, un angle sensiblement concave au commencement de l'aile, et qui, allant toujours en diminuant, s'évanouit à l'extrémité de l'aile. La pièce de bois qui forme le bras est placé derrière cet angle concave; la surface de la toile forme une surface courbe composée de lignes doites perpendiculaires au bras de l'aile et répondant, par leurs extrémités, à l'angle concave formé par la jonction de la toile et de la planche ; l'arbre tournant, auquel les ailes sont fixées, s'incline à l'horizon entre 8 et 15°. »

SMEATON, ingénieur anglais, donne les préceptes pratiques suivans pour la construction des moulins à vent :

« Il faut que les ailes ne soient pas en si grand nombre que l'issue du vent qui les frappe en soit arrêté.

« Si l'on emploie des ailes planes, la direction de leur longueur doit faire, avec l'arbre tournant, un angle de 72 à 75° pour en obtenir le plus grand effet.

« Plus les ailes sont larges, plus elles doivent être inclinées sur l'axe de l'arbre.

« Les ailes qui sont plus larges à leur extrémité que près du centre présentent plus d'avantage que celles de forme rectangulaire.

« Lorsque la surface des ailes n'est point plane, il est avantageux de présenter au vent la face concave de ces ailes.

« Si l'on présente à un même vent des ailes semblables de position et de figure, le nombre des révolutions qu'elles effectuent dans un temps donné est en raison inverse de leur longueur.

« Les effets produits par des ailes semblables de figure et de position, exposées au même vent, sont proportionnels aux carrés des longueurs de ces ailes.

« Des ailes de même largeur et de longueur

différentes produisent des effets proportionnels à leur longueur, lorsqu'elles sont sem-
blablement inclinées. »

Les moulins à vent verticaux sont de formes diverses. La *fig.* 482 indique une cage en

Fig. 482.

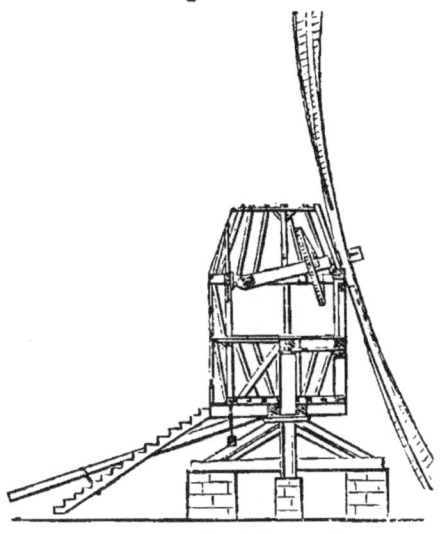

bois avec sa charpente intérieure, le tout tournant à volonté, et selon le vent, au moyen de
la queue à laquelle s'adaptent une corde et un
tourniquet; c'est ce qu'on appelle *orienter* le
moulin.

La *fig.* 483 indique un autre moulin, dont le

Fig. 483.

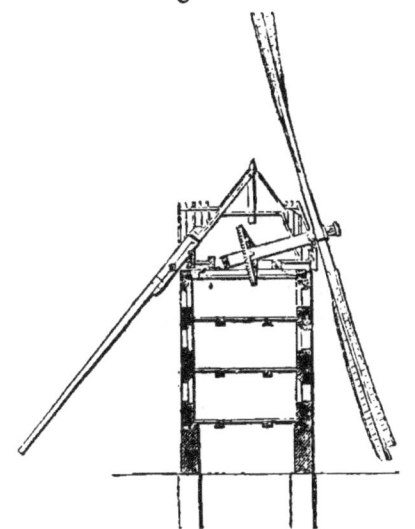

sommet seul est tournant; la cage alors est
en maçonnerie.

Quelquefois le moulin est composé de telle
façon qu'il peut s'orienter de lui-même; il est
alors un peu plus compliqué. L'expérience a
démontré que ce procédé ne présente pas assez d'avantages pour racheter une construction plus dispendieuse et plus sujette à réparation.

La grande irrégularité et la violence du vent
obligent souvent d'en modifier la force, soit
pour la régulariser, soit pour empêcher le
moulin d'être endommagé ou renversé. Alors
on *déshabille* plus ou moins les ailes, en repliant les toiles ou *voilures*. Pour arrêter le
moulin on se sert d'un frein en bois, qui vient
serrer intérieurement le rouet. Cette opération peut se faire du dehors, au moyen d'une
corde qui correspond au ressort qui imprime
le mouvement à ce frein.

Il ne paraît pas que le vent se trouve dans
une direction parallèle à l'horizon; il est du
moins généralement reconnu que des ailes
verticalement placées prennent moins bien le
vent que si l'on incline de 8 à 15° avec l'horizon l'arbre qui porte les ailes. Tous les constructeurs sont d'accord sur ce point.

§ II. — Des moulins à vent horizontaux.

En général où le vent sert de moteur, c'est
sur des ailes verticales qu'il agit; le moulin
à vent horizontal, quoique essayé assez souvent, n'a pas été adopté. L'avantage qu'il offre
au premier coup d'œil, c'est de tourner à tout
vent sans avoir besoin d'être orienté; mais il
a le désavantage de n'offrir à l'action du vent
qu'un peu plus d'une voile à la fois; tandis
que, dans les moulins à vent ordinaires, le
vent agit contre les 4 ailes en même temps.
SMEATON assure que la puissance du moulin
à vent horizontal n'est réellement que la 8ᵉ ou
10ᵉ partie de la puissance du moulin à vent
vertical.

Nous terminerons là nos observations sur les
moulins à vent horizontaux; ils sont à la vérité
employés dans quelques endroits à la mouture
des grains, mais cette mouture, par suite de
l'irrégularité du moteur, est si grossière,
qu'elle ne mérite pas qu'on s'en occupe autrement que pour mémoire.

SECTION IX. *Des moulins à manége et à bras.*

Pour bien moudre il faut *une force assez
grande et surtout régulière.* Cette double condition est essentielle, et c'est ce qui a rendu
les moulins à manége et les moulins à bras si
difficiles à combiner avec la pratique, quoique
la théorie y trouvât quelques avantages économiques. En effet, « achètes ton grain et
fais-le moudre chez toi, disait-on au boulanger;
tu cumuleras le bénéfice du meunier et tu
auras en outre la certitude que tous les produits de ce blé te rentreront. » On tenait le
même langage aux fermiers qui ont beaucoup
d'ouvriers à nourrir; aux agens de la guerre,
qui font le pain du soldat. Pourquoi donc les
moulins à manége ou à bras n'ont-ils pas trouvé
de nombreux amateurs ? c'est que la force
donnée par le trait des animaux et par les
bras de l'homme était d'une part trop peu régulière, et de l'autre qu'elle coûtait beaucoup
plus cher, proportion gardée, que les autres
moteurs : l'eau, le vent ou la vapeur.

Les moulins à bras ou à manége ne sont
donc que d'une application exceptionnelle;
par exemple, à la suite d'une armée en campagne; sur des vaisseaux destinés à des voyages
de long cours; dans une exploitation rurale
peut-être qui aurait déjà un manége bien appliqué au mouvement d'une machine à battre
ou à une sucrerie, etc.; mais pour fabriquer de
la farine commerciale, pour lutter avec les
moulins à eau même les plus arriérés, les
moulins à bras ou à manége seraient tout-à-
fait impuissans.

Nous n'avons donc rien à dire de la mouture des grains par moulins à bras ou à manége ; si elle pouvait être d'une application habituelle, elle aurait absolument les mêmes principes et les mêmes règles que la mouture par la force de l'eau, du vent ou de la vapeur ; c'est-à-dire qu'il lui faudrait, de bonnes meules bien dressées et de composition aussi homogène que possible ; un rhabillage approprié à la pierre et à la quantité des blés à moudre ; des rouages bien centrés ; des bluteries bien combinées, etc.

MM. Durand, Malard, Perrier, Guillaume, et beaucoup d'autres ont établi des moulins à bras qui diffèrent trop peu entre eux pour mériter, en ce qui concerne la mouture, une mention particulière.

Section X. *Des moulins à cylindres et à meules verticales.*

Il était tout naturel de penser que l'action de meules de pierre superposées, n'était pas le seul mode qui fût propre à réduire les grains en farine ; la nécessité où sont les meuniers de rhabiller continuellement la pierre, devait faire chercher une machine qui n'eût pas cet inconvénient. L'application de cylindres en fonte doués d'un mouvement de rotation, à des opérations nombreuses de mécanique, indiquait que leur action devait aussi convenir à la pulvérisation des blés. Effectivement plusieurs mécaniciens ont monté des machines de ce genre, en annonçant des résultats bien supérieurs à ceux qu'on obtenait au moyen des meules ; ainsi M. Garçon Malard imprimait dans ses prospectus en 1830 qu'à l'aide de ses moulins à cylindres, il extrayait en toutes farines de 75 à 85 pour 100 du blé, et qu'en repassant dans son moulin les sons provenant des moulins ordinaires à meules, on pouvait encore en extraire 8 pour 100 de farine, à raison de 16 kilog. de farine par heure.

Malheureusement l'expérience a démontré que ces résultats étaient exagérés et de beaucoup. Loin de présenter des produits plus considérables en farine, les blés donnés à moudre aux cylindres Garçon-Malard laissaient des sons trop gras, et qu'il fallait indispensablement remoudre, opération toujours fatale au meunier, ces remoutures de son ne donnant que des farines inférieures. Tout mode de mouture qui nécessite cette reprise des sons peut être jugée d'avance comme vicieuse, quelle que soit la blancheur de ses premiers produits ; il n'y a que la mouture pour gruaux sassés pour laquelle, ainsi que nous l'avons expliqué à son chapitre spécial, cette reprise des sons soit applicable ; encore est-il constant que la première farine qui en provient est inférieure, et considérée comme deuxième.

M. Garçon-Malard avait placé son moulin dans un des faubourgs de Paris, sur une force de manége ; là il ne put jamais suivre une mouture complète et se rendre un compte bien net de ses produits ; MM. Truffaut de Pontoise et Darblay de Corbeil, à sa sollicitation, montèrent chez eux chacun un de ses appareils ; mais ces essais démontrèrent l'infériorité des cylindres comme moyen de mouture ; la grande difficulté est de tenir les cylindres tellement bien serrés sur leurs tou-

rillons que leur contact soit toujours parfaitement horizontal ; pour peu que ces tourillons se desserrent ou seulement l'un d'eux, on conçoit que le blé s'attrape sans être suffisamment atteint, que le son reste trop gros et que la farine ne s'affleure pas. Cet inconvénient arrive bien quelquefois dans les meules horizontales ; mais si par un mouvement vertical quelconque le grain de blé n'est pas suffisamment atteint, il est repris un peu plus loin sous la meule ; c'est ce qui explique comment, avec des meules horizontales souvent très mal montées, très mal dressées et rhabillées, on parvient encore à faire de la farine. Des cylindres montés avec la même négligence ne feraient pas à beaucoup près le même travail.

La seule chose que le meunier ait conservé des cylindres Garçon-Malard, c'est l'application de deux petits *cylindres concasseurs*, qui aplatissent le blé avant de l'engrener dans les meules. Cette opération préalable que de bons meuniers adoptent, que d'autres bons meuniers regardent comme inutile, aurait, à ce qu'il parait, l'avantage de faciliter à la meule l'action d'ouvrir le grain de blé en deux parties égales, et de préparer ainsi un son plus large, plus plat et plus facile à nettoyer, sans crainte de pulvérisation.

Les moulins à cylindres ne sont donc véritablement que des *moulins broyeurs*, qui conviennent parfaitement pour concasser toute espèce de grains pour la nourriture des bestiaux ; sous ce rapport nous en recommandons l'emploi aux cultivateurs ; il y a grande économie à nourrir les chevaux avec du grain dont la pellicule est ouverte parce qu'il est plus facile à digérer.

Dans le même temps que M. Garçon-Malard, M le comte Dubourg annonça qu'il importait de Varsovie un moulin également à cylindres, qui donnait des résultats magnifiques. Outre l'action de ces deux cylindres au moyen de leur contact sur un point de leur circonférence, la *mouture*, dans le système Dubourg, se reprenait au-dessous de ces cylindres, sur une surface cannelée qu'il appelait l'*âme*. C'est là que la farine s'achevait. Le système Dubourg n'a pas été plus heureux dans l'application manufacturière que celui de M. Garçon-Malard.

Fig. 484.

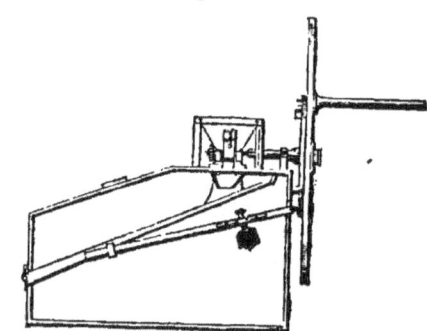

La *fig.* 484 représente un moulin à cylindres de M. John Collier, qui donne une idée complète et de l'action des cylindres par eux-mêmes et de l'*âme* du système Dubourg.

M. Collier appelle cette âme, un *frottoir*; il est en bois dur et s'appuie plus ou moins à l'aide d'un levier à romaine, contre la partie inférieure des cylindres

Fig. 485.

La *fig.* 485 représente les deux cylindres A. B est le frottoir, C le levier à romaine, qui sert à presser le frottoir.

Cette disposition ne peut suppléer comme moyen de mouture à l'insuffisance des cylindres, et elle est essentiellement vicieuse sous le rapport de l'emploi de la force motrice, car le frottoir agit à la manière d'un *frein dynamométrique*, et épuise une grande partie de la puissance.

Ce que nous venons de dire des moulins à cylindres peut s'appliquer aussi aux moulins à meules verticales.

M. Maître de Villote, et après lui, M. Th. Nodler, ont établi sur ce système des moulins d'une construction légère et véritablement séduisante; mais jusqu'à présent, ni l'un ni l'autre ne sont parvenus à vaincre la grande difficulté : la *variabilité* des tourillons, sur lesquels est supporté l'axe de la meule tournante, et la presque impossibilité de tenir les deux meules en parfait rapport entre elles. Conséquemment ils ne peuvent obtenir des sons parfaitement nettoyés; ils sont obligés de les remoudre, système vicieux, comme nous l'avons indiqué plus haut.

En faveur des moulins à meules verticales de MM. Maître et Nodler, nous devons dire, que nous les croyons les mieux appropriés aux cas exceptionnels qui peuvent faire adopter les moulins à bras ou à manége; la guerre en pourrait faire un très bon emploi dans une campagne de montagnes. Ils pourraient fonctionner en faisant route.

La *fig.* 486 représente l'ensemble du moulin

Fig. 486.

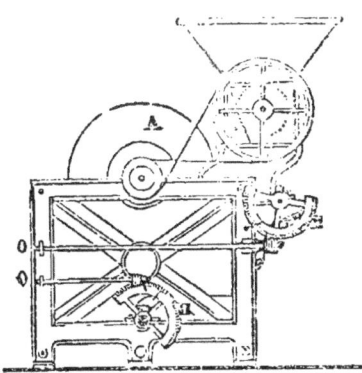

de M. Nodler, moins l'enveloppe en bois qui doit éviter l'évaporation de la farine. La *fig.* 487, exécutée sur une plus grande échelle pour en mieux faire apprécier les détails, est une coupe dans laquelle on a fait figurer : 1° une partie seulement de la meule courante; 2° la totalité de la meule gisante (ou *gîte*), avec le système de rapprochement et d'écartement qui fait la base de l'invention de M. Nodler. La *fig.* 488 représente : 1° un

excentrique vu de profil intérieurement; 2° un excentrique vu de face; 3° la partie basse du gîte qui repose sur l'excentrique inférieur, et l'embrasse exactement dans la moitié de sa circonférence.

Ces 3 figures feront suffisamment com-

Fig. 487.

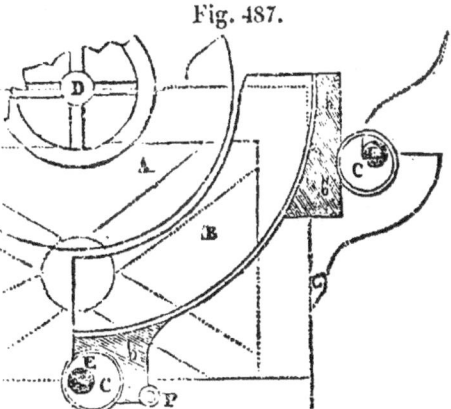

prendre que dans son écartement ou son rapprochement de la meule courante, le gîte ne peut avoir d'autre mouvement que celui rigoureusement commandé par les excentriques, et que, du moment où la position du gîte est déterminé par ces excentriques, la mouture ne peut éprouver aucune variation. On comprendra de même avec quelle préci-

Fig. 488.

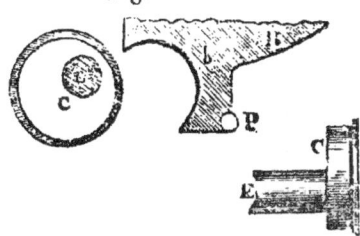

sion on peut *ribler* et *rhabiller* les meules, puisqu'il suffit de rapprocher peu à peu le gîte de la meule courante qui, dans sa rotation, indiquera les places où le gîte doit être retouché ou exaucé, jusqu'à ce qu'enfin les deux circonférences soient parfaitement cylindriques et de même rayon. On aura dû préalablement rendre la meule courante parfaitement cylindrique, ce qu'on obtient au moyen d'une règle placée sur le bâti du moulin, parallèlement à l'axe de cette meule.

Voici la description de ce moulin : A, meule avec son arbre et ses coussinets en cuivre de 24 lig. de longueur. B, gîte ou meule gisante, soutenue par deux excentriques. C C, 2 excentriques de même calibre dont les arbres reposent sur des coussinets. D, arbre de la meule courante auquel est adaptée d'un côté une poulie qui reçoit l'action du moteur au moyen d'une courroie; l'autre extrémité de cet arbre est en communication avec le distributeur du grain à moudre. E E, arbres des deux excentriques. *b'*, partie supérieure du gîte, parfaitement droite et unie. Sa surface est toujours tangente à l'excentrique. *b*, partie demi-circulaire servant de base au *gîte*. Elle embrasse avec exactitude la moitié de la circonférence de l'excentrique sur lequel elle repose, et ne permet ainsi au gîte d'autre mouvement que celui commandé par l'excentrique. H H, secteurs dentés communiquant aux excentriques. O O, tiges en fer avec leurs vis sans fin servant à faire mouvoir les secteurs au moyen d'une clef. *p*, roulettes en fonte; elles servent à faire glisser le gîte sur un chemin de fer qui le conduit sans déviation sur l'excentrique.

SECTION XI. — *Différentes autres sortes de moulins.*

Outre les moulins à cylindres, et à meules verticales, on a essayé aussi de moudre le blé au moyen de meules d'acier horizontales, taillées en forme de lime. L'échauffement de ces meules par le frottement a bientôt obligé l'inventeur d'y renoncer.

Le *pantriteur*, espèce de *va et vient* circulaire, dont le nom indique assez la destination, fort convenable pour la trituration de certaines graines, broyait le blé plutôt qu'il ne le moulait.

On a essayé aussi de moulins à *cônes renversés*; des moulins à *noix*, comme nos moulins à café; toutes ces méthodes n'ont pu résister à la pratique, en ce qui concerne la mouture du blé, qui ne se fait *manufacturièrement* que par des meules horizontales, en France, en Allemagne, en Angleterre, et aux États-Unis, partout enfin où la mouture s'est perfectionnée.

SECTION XII. — *Des différentes pièces accessoires aux moulins à blé.*

En donnant quelques détails sur la mouture à l'anglaise, nous n'avons parlé que des organes principaux dont l'action confectionne la mouture; il eût fallu rompre le fil de cette opération, pour donner la description de plusieurs pièces accessoires que l'art du mécanicien ou du manufacturier a introduites dans le travail, pour en simplifier ou en perfectionner la marche. Voici les plus importantes de ces pièces accessoires :

1° *grue pour lever les meules* (*fig.* 489). Soit

Fig. 489.

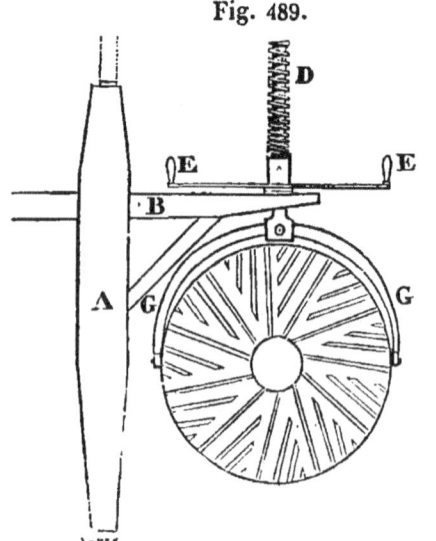

un montant en bois A, s'adaptant haut et bas,

au moyen d'un pivot, sur le plancher et tournant librement sur lui-même. A son extrémité supérieure, une traverse B avec arc-boutant, laquelle est percée à son extrémité et reçoit une forte vis D, laquelle, au moyen d'un écrou armé de 2 bras E, monte et descend à volonté. L'extrémité inférieure de la branche qui forme vis supporte un demi-cercle en fer G percé à chaque extrémité. Ce dernier cercle embrasse la meule et se fixe sur ses parois au moyen de 2 écrous que l'on passe dans les trous qui sont à l'extrémité du demi-cercle et dans les trous correspondans pratiqués dans la meule. Alors on remonte la vis; la meule s'enlève, on lui fait faire bascule dans le demi-cercle et on la pose, en descendant la vis, sur le plancher du côté qui ne travaille pas, de manière à ce que la face moulante soit en dessus. Dans cette position, elle est livrée au rhabilleur; puis, par un mouvement semblable, on la reprend après le rhabillage; on lui fait faire une 2e fois la bascule, et on la descend sur le pointal. Ce mécanisme est le plus simple et le plus commode de tous ceux qui sont usités pour lever les meules.

2° *Le conducteur* (*fig.* 490) est une vis sans fin formée par 2 filets minces et saillans, disposés en hélice, et mise en mouvement dans une auge. La marchandise, blé, mouture ou son, donnée à une extrémité de cette auge, est conduite à l'autre extrémité où elle est reçue, soit dans des élévateurs, soit dans des trémies d'engrenage; on évite ainsi des ensachemens et par conséquent de la main-d'œuvre. On se sert aussi, pour transporter la marchandise d'un endroit à un autre, de courroies sans fin, mises en mouvement autour de 2 poulies dont les axes sont placés presque dans le même plan horizontal. Cette courroie sans fin est quelquefois garnie de petits râteaux qui entraînent la farine au fond de la huche qui la renferme. Alors ce mécanisme prend le nom de *ramasseur*.

Fig. 490.

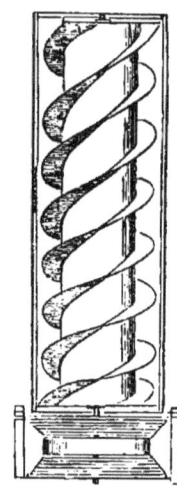

3° *Trémie pour ensacher la farine.* Au-dessous de la chambre à mélange sont pratiquées les trémies pour ensacher la farine.

4° *Monte-sacs* (*fig.* 491). Soit un treuil T, autour duquel s'enroule un câble de la grosseur voulue. A l'extrémité de ce treuil et sur le même axe est une poulie P sur laquelle est une courroie lâche correspondant en même temps à une autre poulie de moindre diamètre P'. Cette dernière est mise en mouvement par les engrenages E, etc. Puis, quand on veut se servir du monte-sacs, au moyen de la bascule B B et du rouleau R qui y est adapté, on fait pression sur les courroies. La poulie du haut est aussitôt mise en mouvement avec le treuil. Quand le sac a atteint la hauteur voulue on lâche la bascule, le rouleau cesse de faire pression sur les courroies et la poulie du haut, et par conséquent le treuil reste inactif.

5° *Brouette.* Cet instrument, par lequel l'homme utilise ses bras, est des plus simples et des plus connus; nous n'en parlons ici que pour faire voir (*fig.* 492) que les roues étant placées à l'intérieur, il faut moins de place pour circuler, ce qui est un avantage quand on a des magasins bien garnis.

Fig. 491.

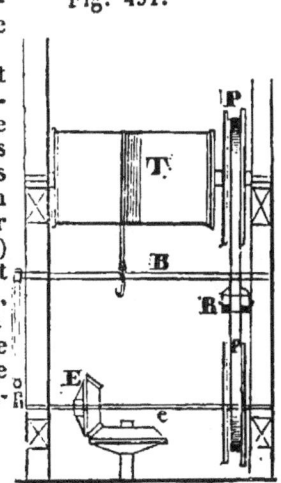

Fig. 492.

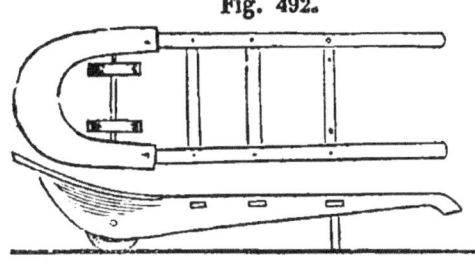

Devis d'un moulin à l'anglaise à 6 paires de meules.

Lorsqu'on a commencé à construire des moulins dits *à l'anglaise,* on estimait les frais du mécanisme complet, posé et prêt à fonctionner, à la somme de 10,000 fr. par paires de meules; c'est-à-dire qu'une usine de 6 paires de meules aurait coûté 60,000 fr., non compris les bâtimens et tout ce qui les concerne. Depuis, la concurrence a un peu modifié ces prix, et ce même mécanisme ne coûterait guère que 50,000 fr.

Quoique le devis suivant soit bien imparfait, puisqu'il présente le prix en bloc et non pièce par pièce, nous le donnons cependant tel quel, parce qu'il peut encore servir de guide; c'est du reste l'œuvre d'un de nos meilleurs et plus consciencieux constructeurs.

La roue hydraulique complète 15 pi. de large, 15 p. de diamètre compris ses aubes et son vannage complet.

2 palliers et leur rouleaux;
1 première roue droite, de 10 pi. 8 po. de diamètre;
1 premier pignon droit, de 3 pi. 6 po.　　*idem* ;
1 roue d'angle, 8 pi. de diamètre;
1 grande crapaudine;
1 arbre vertical en 4 parties;

4 colliers;
4 paires de manchons pour ledit arbre;
1 pignon d'angle, de 3 pi. de diamètre;
1 roue horizontale, de 8 pi. 4 po. *idem*;
1 roue d'angle, de 8 pi. de diamètre, pour nettoyage et bluteries;
2 pignons de 20 pour *id.* ;
1 tire-sac complet, moins le câble et les poulies de renvoi;
Tous les boulons nécessaires;
1 grue à lever les meules.

BÉFROI.

1 plat, formé en 2 parties;
6 colonnes en fonte;
1 corniche d'une seule pièce;
6 boîtes à poilettes;
6 poilettes avec mécanisme à régler la mouture;
6 fers de meules;
6 pignons de 24 po.;
6 boîtards complets;
6 anilles et leurs manchons (système perfectionné);
6 triangles porte-meules;
6 paires de meules de 4 pi.;
6 archures;
6 arches;
Tous les boulons nécessaires.

NETTOYAGE.

1 tarrare émotteur avec ventilateur;
2 cylindres cribleurs;
1 batteur à 6 volans, avec ventilateur;
1 paire de cylindres comprimeurs;
Tous les élévateurs et conducteurs nécessaires;
Tous les arbres de couche, tambours, poulies, chaises et courroies nécessaires.

BLUTERIES.

6 bluteries, tant pour farine que pour sons et marchandises, avec leurs coffres, augets d'alimentation, mais sans les soies;
1 récipient circulaire;
1 grand élévateur;
1 vis conductrice pour amener un râteau;
1 râteau refroidisseur;
6 engreneurs;
Tous les arbres de couche, chaises, tambours et courroies nécessaires;
Tous les élévateurs et conducteurs nécessaires;
Les brouettes et balances avec leurs poids;
2 ensachoirs.

Le tout complet, posé et prêt à fonctionner pour la somme de CINQUANTE-UN MILLE CINQ CENTS FRANCS.

Le transport à la charge de l'acquéreur.
Six mois pour l'exécution et la pose.
On garantit pendant un an.

POMMIER.

CHAPITRE XXIV. — DE LA BOULANGERIE.

SECTION Ire. — *De l'art en général et de sa position en France.*

Quand on a cultivé les céréales, quand on

a perfectionné la mouture, le but final c'est de les *réduire en pain.* L'art de la boulangerie est donc comme le corollaire de l'agriculture et de la meunerie. En France surtout, où la masse se nourrit principalement de pain, où, sur les petites comme sur les grandes tables, la qualité du pain est chose essentielle, la boulangerie est non-seulement un art de 1re nécessité, dont l'exercice mérite encouragement et protection, mais sa connexité est telle avec la prospérité publique que l'administration du pays a voulu le réglementer et le soumettre à un régime de surveillance tout particulier. Dans la plupart de nos grandes villes, c'est l'autorité municipale qui taxe le prix du pain; c'est elle qui accorde ou qui refuse l'autorisation d'ouvrir un fonds de boulangerie; c'est elle qui, la loi de 1791 à la main, vérifie le poids du pain et juge les infractions aux réglemens qu'elle a faits.

Nous n'examinerons pas si ce régime de soumission a été plus favorable au public et au développement de l'art en lui-même que la libre concurrence, les opinions à cet égard peuvent être différentes et également bien fondées; le fait existe, la boulangerie est sous la dépendance de l'administration, et rien n'annonce, malgré les progrès que nos institutions ont faits vers les libertés de tous genres, que cet état de choses doive cesser. Néanmoins, sans chercher à enlever à l'administration cette prérogative à laquelle elle tient tant et que le public aussi (il faut bien le dire, que ce soit un préjugé ou non) considère généralement comme nécessaire, on est en droit de s'étonner que le gouvernement, qui attache tant d'importance à réglementer, ait jusqu'ici montré si peu de soucis pour assurer les progrès d'un art si essentiel. Où sont, en effet, les écoles qu'il a ouvertes? Où sont les livres spéciaux qu'il a fait publier? Où sont les savans qu'il a appelés à scruter les mystères de cette fermentation panaire restée encore mal expliquée au milieu des progrès immenses que la chimie a faits de nos jours? Où sont les signes de considération particulière pour des hommes qu'il tient sous un régime à part? Allez à Paris, dans les quartiers les plus obscurs, dans les tavernes les plus dégoûtantes, c'est là que vous trouverez le personnel des garçons boulangers! c'est là que vous verrez la misère et le vice unis à l'ignorance la plus complète! Étrange insouciance des hommes qui gouvernent! Faisons des vœux pour que le pain, le plus important de tous les objets alimentaires, occupe autrement que comme objet de police l'administration qui veut le conserver sous sa main. Les savans ne manquent pas au pays; qu'elle les encourage! qu'elle les indemnise de leurs travaux, qu'elle leur ouvre des amphithéâtres! et l'obscurité qui règne encore sur bien des points de l'art de la panification cessera au profit de la moralité et de la santé publiques.

Section II. — *Théorie de la fabrication du pain.*

La farine de froment contient de l'eau, de l'amidon et du gluten dans les proportions qui sont à peu près celles-ci :
Humidité 10
Gluten 10

Amidon 73
Matière sucrée. 04
Matière albumineuse 03
————
100

Toutes ces parties étant délayées et assimilées, au moyen d'une certaine addition d'eau, forment une *pâte* qui, soumise à une température ordinaire, éprouve bientôt une véritable fermentation dont les produits sont de l'alcool, de l'acide acétique et du gaz acide carbonique qui tend à se dégager; c'est alors que le gluten, poussé par le gaz, s'étend comme une membrane visqueuse, soutient la pâte, établit une espèce de voûte dans l'intérieur de laquelle se forme une grande quantité de petites cavités, véritable réseau qui, saisi et retenu dans cet état par la chaleur du four au moment de la cuisson, constitue la légèreté et la qualité digestive du pain.

On voit ainsi que le *gluten est l'agent mécanique du pain*, au moyen duquel la *levée* de la pâte s'opère, et l'on devine aisément pourquoi les céréales qui ne contiennent pas autant de gluten que le froment fournissent un pain plus mat, qui lève mal et se cuit mal, et pourquoi aussi la fécule de pommes de terre, qui ne contient pas de gluten, est si difficile à panifier, quoi qu'on ait tenté jusqu'ici pour activer et soutenir sa fermentation.

L'action mécanique qui constitue la levée du pain est bien constatée, mais les savans ne sont pas bien fixés sur la nature de la réaction qui se développe dans la pâte par l'état d'association où se trouvent les élémens de la farine.

On se demande s'il est nécessaire, pour devenir aptes à donner par la cuisson un pain savoureux et facile à digérer, que les élémens de la farine soient modifiés par la *fermentation*, ou bien s'il suffirait, pour obtenir ce pain, de développer dans la pâte, par un moyen quelconque, les gaz dont l'action expansive fait lever le pain, et si l'altération qu'on laisse développer aujourd'hui dans la pâte n'a réellement d'autre but que le dégagement de ces gaz?

La théorie n'a pas résolu encore ce problème; mais, tout en reconnaissant que la fermentation est aujourd'hui le seul moyen par lequel on obtient une bonne panification, on serait pourtant tenté de croire que cette fermentation n'est pas la condition obligée, et que l'action mécanique obtenue par le développement du gaz suffirait pour diviser convenablement la pâte, la rendre légère et lui permettre d'être pénétrée uniformément par la chaleur, en un mot pour faire du bon pain(1).

Section III. — *Des levains.*

Que la fermentation soit nécessaire à la bonne panification ou que le dégagement du gaz suffise, toujours est-il que, dans l'état actuel de l'art, on se sert de *levain* pour faire lever la pâte. Sans levain la pâte fermenterait, mais ne boursouflerait pas et le pain obtenu serait mat, pesant et de mauvaise qualité.

(1) Rapport de M. Kuhlmann à la Société des sciences et arts de Lille, 1829 et 1850.

Cet agent est de deux sortes : le *levain de pâte fermentée* et la *levure de bière* ou *ferment*. Les boulangers emploient ces deux agens ensemble ou séparément, ainsi que nous le verrons par la suite.

§ Ier. — Des levains de pâte.

La préparation et le bon emploi du levain est un des points de l'art de la boulangerie qui demande le plus de soin, le plus d'intelligence et le plus d'expérience.

1° De la préparation des levains.

Distinguons d'abord l'*apprêt* du levain de ses *préparations* : Préparer un levain, c'est le confectionner selon les différentes sortes de pain qu'on doit faire, selon la température et selon l'espace de temps que l'on a devant soi. Un levain a son *apprêt* lorsque la fermentation est assez avancée pour produire son effet sur la pâte. Cet effet varie suivant que l'apprêt est plus ou moins avancé. Les boulangers désignent les différens degrés d'apprêt par les noms de *levain jeune* et *levain vieux*.

Pour avoir de bon levain propre à bien faire la pâte, il faut le préparer à plusieurs fois. Les boulangers, à Paris, procèdent ainsi :

1° *Levain de chef.* A la 3e fournée, au plus tard, c'est-à-dire de minuit à 2 heures, selon l'ouvrage, ils mettent de côté un morceau de pâte de 8 à 12 livres, suivant l'importance de la cuisson. Avec cette quantité on fait ordinairement de 5 à 8 fournées de 60 pains de 4 livres. On place ce morceau de pâte dans une petite corbeille revêtue en dedans d'une toile qui se replie sur la pâte. En hiver on le pose plus près du four afin que le froid n'arrête pas sa fermentation. On le laisse reposer ainsi environ 6 à 7 heures et jusqu'à ce qu'il ait pris un volume à peu près double et qu'il offre une surface bombée et lisse ; il doit repousser légèrement la main quand on la presse ; offrir encore de la ténacité et répandre une odeur spiritueuse agréable ; enfin il doit conserver sa forme et être plus léger que l'eau lorsqu'on le verse dans le pétrin. Tel est le *levain de chef*; c'est la base de toutes les autres préparations de levain.

2° *Levain de première.* Sur les 8 heures du matin, c'est-à-dire environ 9 heures après avoir réparé le chef, on le renouvelle en préparant le *levain de première*. On commence par faire au bout du pétrin ce qu'on appelle une *fontaine*; c'est une espèce de retranchement pratiqué à une des extrémités du pétrin avec une certaine quantité de farine, laquelle est amoncelée, élevée en forme de coffre et bien foulée, afin que ce retranchement ne se rompe pas et retienne l'eau qu'on y verse. On verse dans cette fontaine la totalité de l'eau qu'on veut employer, 2 bassins (un demi-seau environ); on place ensuite très doucement le levain de chef au milieu; on l'arrose en jetant de l'eau dessus avec la main ; puis on le délaie bien dans la masse d'eau versée. Ce délayage opéré, on y ajoute à peu près la moitié de la farine nécessaire pour porter le levain au double du chef; on pétrit, puis on reprend en 2 fois l'autre moitié de farine restante et l'on pétrit encore. Ce levain se fait

très ferme et demande à être travaillé avec force et vivacité; ensuite on le roule et on le *met en fontaine* en tête du pétrin, en ayant soin de le couvrir d'une toile ou d'un sac. L'eau employée doit être plus ou moins chaude, selon la saison.

3° *Levain de seconde.* Vers 2 heures de l'après midi on renouvelle le levain de première en préparant le *levain de seconde*. On procède à ce renouvellement absolument comme pour le levain de première, c'est-à-dire en le mettant dans une fontaine; on en double aussi le volume en coulant 3 bassins 1/2 à 4 bassins d'eau. La *frase* et le travail que l'on doit donner sont les mêmes que pour le levain de première ; seulement la pâte ne devra pas être tout-à-fait aussi ferme. Les bons boulangers attachent beaucoup d'importance à la bonne préparation du levain de seconde. En général, il en est de la pâte des levains comme de celle du pain, plus elle est travaillée et plus elle acquiert de qualité.

4° *Troisième levain* ou *levain de tout point.* Les garçons boulangers, qui négligent parfois les levains de première et de seconde, donnent plus d'attention au *levain de tout point;* c'est en effet celui qui sert immédiatement au pétrissage. Lorsque le levain de seconde est arrivé au degré convenable, c'est-à-dire vers 5 heures, 3 heures après sa confection, on le renouvelle en procédant à la préparation du levain de tout point. On opère absolument comme pour le levain de seconde, en doublant la quantité d'eau et la quantité de farine, et de telle sorte qu'il fasse le tiers de la 1re fournée, en été, et la moitié en hiver.

2° De l'apprêt des levains.

Ainsi que nous l'avons déjà dit, l'*apprêt* des levains est la conséquence de leur préparation. On ne peut guère déterminer le temps que chaque levain met à s'*apprêter*, c'est-à-dire à atteindre un état de fermentation tel qu'il est nécessaire, ou de le renouveler ou de l'employer à la composition de la pâte à cuire. Cet apprêt dépend des vicissitudes de l'atmosphère. Dans l'été le levain a moins besoin d'apprêt que dans l'hiver. Dans cette dernière saison on emploie plus de chef; on coule l'eau plus chaude, on travaille la pâte moins longtemps, on la place sous des toiles sèches, enfin on excite la fermentation, tandis que, pendant l'été, on la tempère par des moyens tout opposés.

Il faut donc avoir soin de *couler* l'eau suivant les saisons, froide, tiède ou chaude. A Paris, le plus ordinairement, le levain de chef prend son apprêt de minuit à 8 heures du matin; le levain de première, de 8 heures du matin à 2 heures après midi; le levain de seconde, de 2 heures à 5 heures du soir; et le levain de tout point, de 5 heures à 6 heures 1/2 ou 7 heures du soir.

Le levain produit sur la pâte des effets qui varient suivant que sa fermentation est plus ou moins avancée. On désigne ce degré de fermentation par les noms de *levain jeune* et *levain vieux*. On se sert encore d'une autre expression : *fort levain*; mais elle se rapporte seulement à la quantité de levain qu'on introduit dans la pâte, et non pas au degré de fermentation du levain, comme quelques auteurs l'ont indiqué à tort.

Le *levain jeune* est plus long-temps à imprimer à la pâte le degré de fermentation convenable. Lorsque la direction de l'ouvrage le permet, l'emploi du levain jeune est favorable à la blancheur et à la qualité du pain.

Le *levain vieux* est celui *qui a passé son apprêt*, c'es-à-dire dont la fermentation est trop avancée. Il faut éviter de l'employer dans cet état ; il gâterait tout l'ouvrage. Nous indiquerons plus loin le moyen de le raccommoder, chose du reste assez difficile.

Le moyen d'avoir de bon pain, ce serait d'employer de forts levains jeunes ; mais les garçons boulangers se gardent bien, quand ils le peuvent, d'en agir ainsi, parce que ce serait pour eux un surcroît de besogne.

§ II. — De la levure.

Quelques boulangers emploient la *levure de bière* comme auxiliaire à la fermentation, dans ce cas, ils ajoutent au levain de tout point une livre environ de levure ; (à Paris la levure ne s'emploie que sèche) puis, à chaque fournée, on en introduit de la même manière environ une demi-livre.

Au surplus, les diverses méthodes d'employer la levure dépendent beaucoup de la *quantité de fournées* que fait le boulanger, et de l'heure a laquelle il doit commencer à pétrir. Ceux qui ne cuisent, à Paris, que 5 à 6 fournées ne se servent pas généralement de levure. Nous devons dire, d'ailleurs, que l'usage de la levure est aujourd'hui presque entièrement abandonné à Paris, parce que la qualité en a été très souvent falsifiée, et qu'alors elle ne produisait plus l'effet sur lequel on devait compter. C'est précisément dans l'hiver que l'emploi de la levure serait le plus utile, et c'est à cette époque que les brasseurs en font le moins, et que, pour en fournir en quantité suffisante, ils y introduisent différentes substances, telle que la fécule de pomme de terre, par exemple, qui en neutralisent plus ou moins les effets.

Quelques boulangers ont aussi un genre de travail qu'on appelle *travail sur levure*, voici en quoi il consiste : A la dernière fournée, on garde un morceau de pâte de 10 à 15 livres, suivant l'importance de la cuisson. Vers une heure, c'est-à-dire à l'heure où les autres boulangers font les seconds levains, ceux qui travaillent sur levure font leur premier levain ; ils versent la quantité d'eau et de farine nécessaires pour le rendre deux fois plus fort que le chef. Ils y ajoutent une quantité proportionnelle de levure, pour achever la fermentation, de manière que, 2 heures après, on puisse procéder au levain de tout point, qui est le double du précédent, et auquel on ajoute la quantité de levure nécessaire pour pouvoir commencer à pétrir une heure après ; à chaque fournée ensuite, on ajoute une nouvelle quantité de levure proportionnée.

Cette méthode de fabrication a pour résultat de donner *du pain plus léger*, un peu plus blanc, plus bouffant ; mais le pain a besoin d'être mangé tendre. Il ne conserve pas sa saveur le lendemain, et, sous ce rapport, il ne convient pas dans les quartiers habités par les ouvriers, ou par des consommateurs qui par économie ne mangent que du pain de la veille.

On cite, d'ailleurs, fort peu de boulangers à Paris qui travaillent de cette manière.

Section IV — *Du pétrissage.*

Lorsque le levain de tout point est prêt, on procède au pétrissage. Cette opération peut se diviser en quatre temps, qu'en termes de boulangerie l'on désigne sous les noms de : 1° délayer ; 2° fraser ; 3° contre-fraser ; 4° découper et battre.

§ Ier — Délayure.

Cette opération doit *se faire promptement* ; voici comme on y procède :

Le levain étant en fontaine, on verse dessus toute l'eau destinée à la fabrication de la pâte ; alors, avec les deux mains ouvertes, on presse la masse jusqu'à ce qu'elle soit bien divisée et bien dissoute. Il faut avoir soin que cette dissolution soit bien égale, et qu'il ne reste aucuns grumeaux.

§ II. — Frase.

Qand le levain est ainsi bien délayé, on *tire* dans cette délayure la moitié environ de la quantité de farine qui doit composer la *pétrissée*. On la mêle avec promptitude et sans retirer les mains du mélange, et cela jusqu'à ce que toute cette farine soit absorbée, bien séchée, bien *mangée* comme disent les boulangers. Ensuite on tire encore les deux tiers de la farine restante, que l'on a soin de travailler comme les premières fois de manière à la bien serrer ; puis on tire enfin le tiers restant pour finir la pâte et la rendre bien égale.

C'est de la frase bien faite que dépend le bon pétrissage.

§ III. — Contre-frase.

Lorsque la pâte a reçu assez de farine et que la frase est bien desséchée, on ratisse exactement le pétrin pour réunir toutes les pâtes et en former une seule masse, puis on *contre-frase ;* cette opération consiste à relever la pâte de droite à gauche, à la tête du pétrin, en la retournant en gros pâtons.

Ensuite, on découpe la pâte en dessous et en dessus et on lui donne le *tour* en la jetant par pâtons à l'extrémité droite du pétrin, puis on la reprend de même pour la reporter à gauche.

Le boulanger curieux de son ouvrage donne un troisième tour et bat sa pâte ; c'est fourrer les deux mains dans la pâte, l'empoigner, la soulever, la plier sur elle-même, puis la tirer et la laisser tomber avec effort. On jette les parties de la pâte battue sur celles qui le sont déjà, cette opération est favorable au développement de la pâte, en y facilitant l'introduction de l'air.

Quand cette opération est terminée, on ratisse encore exactement son pétrin, puis on retire la moitié de toute la pâte, et on la met dans une corbeille pour servir de levain à la fournée suivante.

On sépare ensuite le pétrin, au moyen d'une planche, en 2 compartimens que l'on nomme *fontaines*. La 1ʳᵉ, en tête du pétrin, à la gauche du pétrisseur, dans laquelle on place là partie de pâte qu'on a retirée pour servir de levain, et la 2ᵉ, au quart du pétrin, à droite du pétrisseur, où l'on place la partie de pâte destinée à la fournée, pour de là être pesée et tournée.

§ IV. — Bassinage.

L'opération du bassinage a pour but de faire absorber à la pâte une plus grande quantité d'eau.

Quelquefois on l'emploie pour arrêter la fermentation; elle a la propriété de décharger le levain et de rafraîchir la pâte.

Pour procéder au bassinage, on jette de l'eau sur la pâte, en ayant soin de la découper en dessus, puis on lui donne plusieurs tours.

Le bassinage est une excellente opération dont les garçons boulangers sont fort avares, parce qu'elle augmente leur peine. Les pétrins mécaniques doivent en faire adopter l'usage en la rendant moins pénible.

§ V. — Du sel.

A Paris, la boulangerie *emploie du sel dans le pétrissage*, moins pour donner du goût à la pâte, que pour lui donner ce qu'on appelle du *soutien*. Le sel a aussi la propriété de retarder la fermentation. Les boulangers ont remarqué que, plus on faisait les pâtes douces, plus l'emploi du sel était nécessaire; avec des pâtes fermes, on pourrait à la rigueur s'en passer.

Le mieux, pour employer le sel, serait de le *faire dissoudre* dans l'eau destinée à être coulée sur le levain, mais les garçons boulangers n'ont pas cette précaution, et le jettent par poignée sur le levain avant de couler l'eau; il est juste de dire que le sel, à la grosseur ordinaire, a le temps suffisant de fondre pendant l'action du délayage des levains.

La *quantité de sel* employé par les boulangers de Paris est d'à peu près une livre par sac de farine de 159 kil.

En Provence, en Languedoc et dans presque tout le midi de la France, ainsi qu'en Espagne et en Italie, on en emploie des doses bien plus fortes. En Angleterre, on met par sac de farine du poids de 125 kil. jusqu'à 2 kil. de sel, et quelquefois moitié sel et moitié alun.

Le boulanger doit avoir soin aussi de s'assurer si le sel qu'on lui fournit n'est pas *falsifié*.

Nous reviendrons, dans un chapitre spécial, sur les différentes substances qu'on a cherché à introduire dans le pain, et sur les effets qu'elles ont produits.

SECTION V. — *Des diverses sortes de pâte, de leur pesée et de leurs façons.*

§ Iᵉʳ. — Pâtes diverses.

La boulangerie de Paris distingue trois sor-tes de pâtes : — Pâte ferme. — Pâte bâtarde. — Pâte douce.

Pour la *pâte ferme*, on coule la même quantité d'eau que pour les autres sortes, mais il y entre proportionnellement plus de farine. Le boulanger qui emploie ce genre de pâte prétend avec raison qu'elle fait moins de déchet au four, que le pain a plus de saveur, plus de vertu nutritive, et qu'il se conserve mieux rassis.

Dans *les pâtes douces*, au contraire, il entre moins de farine; aussi a-t-on le soin de les travailler davantage, ce qui est un inconvénient pour les garçons boulangers qui évitent, en général, les occasions de se donner de la peine. Il est vrai de dire que la pâte douce exige moins de temps pour cuire que la pâte ferme, mais aussi elle demande plus de soins et de surveillance de la part du boulanger; car, si elle n'est pas prise dans son apprêt, elle éprouve au four une évaporation qui ne permet plus au boulanger de retrouver son poids.

La *pâte bâtarde* ainsi que l'indique son nom, tient le milieu entre les deux premières. C'est le genre de pâte le plus employé à Paris, et qui convient le mieux à la confection des diverses formes de pains qui y sont en usage.

§ II. — De la pesée de la pâte.

Lorsque la pâte est pétrie et mise en fontaine, on procède à sa *division* en morceaux plus ou moins gros, suivant la grosseur des pains qu'on veut fabriquer. Cette opération doit être soumise à des règles fixes et telles qu'après la cuisson qui détermine, par l'évaporation d'une partie de l'eau que la pâte contient, une déperdition au four, le pain conserve le poids fixé par les réglemens.

Cette *tare* varie néanmoins selon la fermeté des pâtes. Ainsi, avec des pâtes fermes, 25 décagrammes (8 onces) de tare sont nécessaires pour des pains de 2 kilog.; tandis que pour des pains de même poids, mais de pâte douce, on est obligé quelquefois de mettre un excédant de poids de 31 à 34 décagr. (10 à 11 onces). Les pâtes bâtardes les plus ordinaires à Paris exigent de 28 à 30 décagr. (9 onces à 9 onces 1/2) pour les pains dits *courts*, forme la plus généralement adoptée à Paris, lesquels ont environ 16 po. de longueur.

La forme du pain influe beaucoup sur sa déperdition au four. En général, plus les pains *sont en croûte* plus ils perdent de leur poids; plus le volume du pain est petit, plus aussi l'évaporation est grande.

Les boulangers appellent *petit poids* la tare mise dans la balance au moment du pesage de la pâte.

Il serait trop long de détailler ici les circonstances qui influent plus ou moins sur l'évaporation de la pâte; voici à peu près les proportions généralement adoptées :

Pour des pains ronds de 6 kilogr., 61 décagr. (1 livre 1/4).

Pour ceux de 4 kilogr., 49 décagr. (1 livre).

Pour ceux de 3 kilogr., 43 décagr. (14 onces).

Pour ceux de 2 kilogr., 28 décagr. (9 onces).

Pour ceux de 1 kilogr., 18 à 19 décagr. (6 onces).

§ III. — De la façon de la pâte ou de la *tourne* des pains.

Dès que le peseur quitte la pâte, il la jette au façonneur qui, de suite, la soulève d'une main et la foule de l'autre; il l'étend, la represse sur elle-même, l'*assemble*, la *tourne* en rond, pour lui donner la forme qu'il désire, puis la saupoudre légèrement de farine pour qu'elle ne s'attache ni au pétrin ni aux mains.

Quand on fait plusieurs espèces de pains dans la même fournée, on tourne toujours les plus gros pains les derniers.

Tourner le pain est une opération facile pour les pains ronds, mais elle exige du savoir-faire pour les pains fendus ou à *grigne*.

Chaque ouvrier prétend avoir une manière à lui pour faire fendre le pain à grigne. A Paris, les grignes manquent peu, parce qu'en général on travaille sur levains jeunes et sur des farines de bonne qualité; mais dans beaucoup de localités, où l'ouvrage est moins fort, moins bien suivi et les levains plus négligés, la grigne est presque toujours nulle. Le pain alors est ce qu'on appelle *grincheux*.

Voici la forme des pains les plus ordinaires à Paris:

Pains fendus (fig. 493). Ces pains se dis-

Fig. 493.

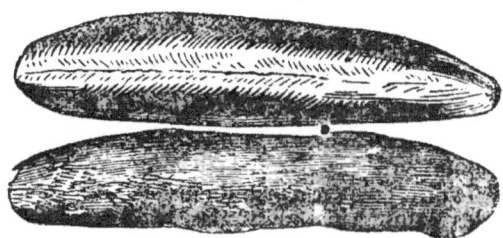

Fig. 494.

tinguent en pains *courts* et *demi-longs*; ils se tournent de la même manière. « Pour les mou-
« ler, dit le *Guide du Boulanger*, on relève les ex-
« trémités de la pâte deux fois en serrant les
« extrémités ensemble et par-dessus; puis on
« retourne sens dessus-dessous, de manière
« que la moulure se trouve dessous et la par-
« tie la plus lisse dessus. On commence à
« fendre avec le talon de la main; on appuie
« fortement le bras dessus; on prend le der-
« rière du pain à deux mains en le tirant à soi,
« de manière que la moulure se retrouve des-
« sus et la fente dessous; on l'empoigne par
« les deux bouts pour l'enlever et la poser
« dans le panneton, de manière qu'en le je-
« tant sur la pelle pour mettre au four la
« grigne se trouve en dessus (*fig.* 494).

« *Pain sans grigne* ou à *grignon*. Il se tourne
« comme le pain à grigne, avec la différence
« seulement que la fente se met sur le côté.

« *Pain rondins*. Ce pain est le plus souvent
« demi-long; il n'est pas fendu.

« *Pain rond* (*fig.* 495, 496 et 497). On empoi-
« gne à deux mains le morceau de pâte destiné
« a former un pain rond; on le saupoudre de
« farine; on appose la main droite dessus; on

Fig. 495.

« relève de la main gauche les parties exté-
« rieures, toujours en les retirant et les ser-
« rant de la main droite. Après, on le jette dans
« le panneton, la moulure en dessous. Dans ce
« cas on ne peut pas, lors de l'enfournement,
« le renverser sur la pelle, il faut le faire sau-
« ter en mettant la moulure en dessus; on
« verse alors sur la pelle. Cette manière est
« plus facile.

Fig. 497.   Fig. 496.

§ IV. — De la pâte en pannetons.

La pâte, pesée et tournée, se met dans des *pannetons;* c'est là qu'elle fermente et prend son apprêt avant d'être mise au four.

On ne peut guère déterminer le temps qu'il faut pour l'apprêt de la pâte; c'est la saison, le volume et l'espèce de pain, la température du fournil et les entraves qu'on oppose ou les facilités qu'on apporte à la fermentation qui doivent servir de règle.

SECTION VI. — *Du four.*

Forme du four. La grandeur des fours varie, mais la forme est assez constante; elle ressemble ordinairement à une poire, à un œuf, *fig.* 498; l'expérience jusqu'à présent a prouvé que cette forme était la plus avantageuse et la plus économique, pour concentrer, conserver et communiquer de toutes parts la chaleur nécessaire. C'est un hémisphère creux aplati, dans lequel on distingue plusieurs parties: l'âtre, la voûte, le dôme ou la chapelle, la bouche ou entrée, l'autel, les ouras, enfin le dessus et le dessous du four.

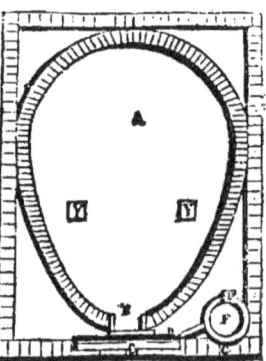

Fig. 498.

Dimensions. La grandeur du four est relative à la quantité de pain qu'on veut fabriquer. A Paris, la plus grande dimension des fours est de 3 mèt. 1/2 (10 à 11 pi.), la plus petite de 3 mèt. (9 pi.) de largeur sur 33 à 50 centimèt. (1 pi. à 1 pi. 1/2) de hauteur. Le four de ménage a ordinairement 2 mèt. (6 pi.) de largeur sur 42 centimèt. (16 po.) de hauteur.

Atre. L'âtre ou plancher du four doit être de niveau sur la largeur, mais sur une profondeur de 11 pi. on doit le tenir élevé d'un pouce et demi de plus dans le fond qu'à la bouche. On se sert pour le dallage de l'âtre de carreaux de 8 po. de large et de 4 po. d'épaisseur; ceux du sieur Jomeau, rue Bourtibourg n° 24, à Paris, sont ceux qu'on emploie de préférence.

Chapelle. La chapelle ou voûte doit être la plus basse possible; plus elle est près de l'âtre, plus le four est *tendre à chauffer.* Quelques constructeurs ne mettent que de 11 à 12 po. de distance entre l'âtre et la chapelle. Elle doit dans tous les cas suivre très exactement la pente de l'âtre et se trouver partout à égale distance. Pour la construction de la chapelle on emploie une brique faite exprès qu'on appelle *planchette,* et qui est environ de la même longueur et de la moitié d'épaisseur d'une brique ordinaire. Les meilleures sont celles de Bourgogne.

Ouras. Pour aider à la combustion du bois, on ménage à peu près aux deux tiers de la profondeur du four, et à 18 po. de chaque paroi latérale, 2 conduits nommés *ouras,* qui passent sur la voûte même du four et viennent aboutir dans la cheminée au-dessus et de chaque côté de la bouche. Aujourd'hui on place dans le four 3 ouras savoir : 2 à l'extrémité du four sur les côtés, et le 3° au centre de la chapelle, à 4 pi. environ de la bouche. Le but de cette innovation est de rendre encore plus facile la combustion.

En effet, quand le bois est allumé, on ferme une trappe ou registre qui bouche hermétiquement la cheminée au-dessous des ouras. Par ce moyen, la flamme et la fumée sortent par les ouras, et le tirage est tellement fort que la flamme du bois placé sur la bouche même du four est attirée jusque dans le fond par l'effet des ouras. Il résulte de cette combinaison un autre avantage, c'est que le four ne peut plus *tirer la langue* et par conséquent la flamme se détacher et mettre le feu à la suie de la cheminée comme cela arrivait assez fréquemment.

Bouche ou *entrée.* La largeur de la bouche est proportionnée à la grandeur du four; celle des fours ordinaires de Paris a 27 po. environ. Il est très essentiel que cette entrée soit garnie d'un *bouchoir* qui ferme très hermétiquement. Ce bouchoir est une forte plaque de fonte bien ajustée dans une feuillure qu'on tient aussi longue que possible pour que la chaleur s'échappe moins. Une mauvaise fermeture laisserait échapper la vapeur que produit la cuisson, vapeur qu'on appelle *buée* et qui, lorsqu'elle est concentrée, retombe sur le pain, lui conserve son poids et lui donne la couleur et le goût de *noisette* qui le rend si agréable. Si cette buée sortait du four, il y

aurait diminution dans le poids et dans la qualité du pain.

Autel. C'est la tablette sur laquelle pose le bouchoir lorsque le four est ouvert. Cette tablette est faite en pierre de taille; elle a environ 9 po. de longueur.

Dessus du four. C'est pour la plupart du temps une place perdue pour le boulanger, qui pourrait l'utiliser pour le chauffage de l'eau ou pour sécher le bois; mais toutes les localités ne permettent pas d'en tirer ce parti.

Dessous du four. On ménageait ordinairement dessous le four une voûte qui servait à mettre le bois pour le faire sécher; mais quelque épaisseur que l'on donnât à cette voûte, il en résultait toujours une grande déperdition de chaleur. Maintenant les boulangers, quand la localité le permet, suppriment cette excavation ; le dessous de leur four est entièrement plein.

Chaudière. On la place ordinairement dans le massif du four, et l'on obtient ainsi, sans frais, de l'eau constamment chaude. Elle est placée à une hauteur convenable pour qu'au moyen d'un robinet on puisse la verser dans les seaux et la porter au pétrin.

Détail de la figure. A, plan du four ; B, Bouche ; C, autel ; D, conduit pour introduire les cendres chaudes sous la chaudière ; E, chaudière ; F, cheminée de la chaudière correspondant dans la cheminée du four ; G, porte pour faire du feu sous la chaudière.

SECTION VII. — *Du chauffage du four.*

A Paris on met le feu au four quand on commence à tourner la 1re fournée.

Toutes les matières combustibles peuvent servir à chauffer le four, pourvu qu'elles donnent une flamme claire et vive pour échauffer la chapelle et qu'elles fassent aussi de la braise pour échauffer l'âtre.

Le bois est le combustible que jusqu'ici on a préféré ; il ne faut pas qu'il soit trop vert ni trop sec ; il faut choisir celui qui flambe aisément et long-temps, et qui n'est pas sujet à noircir. De tous les bois c'est celui de hêtre qui est le meilleur; mais il est généralement cher et les boulangers de Paris achètent de préférence du bois de bouleau ou des bois de sapin provenant de la démolition des bateaux; mais l'usage de ce bois de bateaux n'est pas très répandu; on lui reproche de dégrader les fours, parce que, ordinairement, ces bois sont garnis de chevilles et de clous; la braise qui en provient est aussi moins bonne que celle du bouleau.

Il est essentiel de ne point employer de bois peints pour le chauffage du four, ils pourraient communiquer à la pâte leurs propriétés malfaisantes.

Il ne suffit pas pour chauffer un four d'y jeter du bois et de l'y laisser consumer; il faut que ce bois soit arrangé de manière à répandre la chaleur également dans toutes les parties du four.

On distingue dans le four la chapelle, le fond, la bouche et les 2 côtés qu'on nomme les *quartiers.* Il faut que toutes ces parties soient également chauffées.

« Pour commencer le chauffage, dit le *Manuel du Boulanger*, on choisit une bûche tortueuse et on la place au fond du four; on la prend tortueuse parce que, devant servir d'appui aux autres, il ne faut pas qu'elle porte de toutes ses parties sur l'âtre, autrement la flamme ne pourrait circuler tout autour. Sur cette 1re bûche on en place 2 autres que l'on croise par les bouts, et sur le milieu de ces dernières, on en met 2 autres disposées de manière que leurs extrémités aboutissent dans les 2 côtés du four. Le bois ainsi arrangé se nomme la *charge*; on y met le feu avec un tison enflammé qu'on place à l'endroit qui occupe le fond du four vis-à-vis de la bouche. Quand une partie du bois qui sert de soutien est converti en braise on tire cette braise avec le *rouabe*, de manière à la placer en tas sur les rives du four. Ainsi amoncelée cette braise se conserve; autrement elle se consumerait.

« Pour chauffer les autres parties du four, on fait une seconde charge, qu'on appelle *charge à bouche*, à la distance d'environ un tiers de sa profondeur, et on forme le foyer en plaçant une bûche en travers et 6 à 7 autres bûches fendues en long, par-dessus. Quand cette charge est aux deux tiers brûlée, avec le petit rouable on l'approche de la bouche afin de chauffer cette partie du four, qui est toujours celle où il se fait le plus de déperdition de chaleur.

« Pour les autres fournées on opère de la même manière; seulement on emploie du bois plus menu et en moindre quantité.

« On juge ordinairement qu'un four est chaud quand la chapelle est blanchâtre. Comme ce signe n'est pas toujours certain, nous ne le donnerons pas pour règle positive, et nous renverrons encore aux conditions de localité, à la position du four, à la quantité et à l'espèce de pâte, à sa forme et à son volume, et surtout à l'expérience.

« Dans tous les cas, il vaut mieux que le four attende après la pâte que la pâte après le four, parce qu'on peut avec quelques morceaux de bois seulement entretenir la chaleur du four, et qu'il y a de grands inconvéniens à suspendre ou arrêter l'apprêt de la pâte. »

Le *Guide du Boulanger*, par Vaury, présente le tableau suivant de la règle du chauffage.

	1re fournée.	2e fournée.	3e.	4e.
Coterets de bouleau de 19 po. de tour sur 3 pi. de long.	1re charge du four et autour 19 coterets. Le bois brûlé on tire la braise. Charge de bouche à 3 pieds du bouchoir, 3 coteret	Casser le bois de la grosseur de 4 pouces de tour; 4 morceaux chaque tas; 7 tas tout autour du four; 3 tas à bouchure.	id.	id.

La consommation du bois n'est pas une charge tout entière pour le boulanger, qui retire une grande partie de la valeur de ce bois par la vente de la *braise*. On estime que pour une cuisson ou 6 fournées on consomme 10/30e de voie de bois qui, calculée à raison de 29 fr. 50 c. rendue dans le magasin du boulanger, donne pour la consommation de 5 fournées . . . . 9 fr. 83 c.

Une voie de bois brûlé produit 34 boisseaux de braise qui se vend, taux moyen, 40 c. le boisseau, soit pour 10/30e 4   53

Différence par jour. 5   30

Soit, par an, 1934 fr. 50 c., somme à laquelle s'élèverait la dépense réelle du bois, pour un boulanger cuisant à Paris 6 fournées de pain par jour.

C'est à tort qu'on a prétendu que le boulanger payait entièrement son bois avec le produit de la braise. Dans les quartiers où le boisseau de braise se vend plus cher que 40 c., les loyers sont aussi plus considérables; il serait injuste de calculer autrement que nous ne l'avons fait.

SECTION VIII. — *De l'enfournement et du temps que le pain doit rester au four.*

Lorsque le four est chauffé au degré voulu, que la braise est tirée hors du four, le *geindre* l'écouvillonne et commence l'enfournement du pain. A cet effet, on a placé sur un des côtés le *porte-allume* afin d'éclairer le four. L'ouvrage doit être combiné de manière que le four se trouve chaud au moment où le pain a pris assez d'apprêt pour être enfourné.

L'enfournement doit s'opérer d'abord par les plus gros pains et ensuite par les plus petits. On place les pains en rangées droites du fond à la bouche, en ayant soin qu'ils se touchent légèrement afin qu'ils ne perdent pas leur forme; puis on continue l'enfournement par équerre. On arrive ainsi à la place où a été posé le porte-allume, que l'on reporte d'un autre côté et qu'on enlève ensuite lorsque les pains arrivent à la bouche. Alors on ferme le four; mais on a soin de l'ouvrir 20 minutes après pour s'assurer comment va la cuisson et si le pain prend de la couleur.

Dès que le pain est mis au four la pâte se gonfle, le gaz se dégage, l'air qu'elle contient se dilate et c'est ainsi que se forment dans l'intérieur du pain les cavités qui indiquent que la pâte a été bien travaillée. C'est à la couleur que la croûte acquiert que l'on juge du temps qu'il faut que le pain reste au four. Ce temps ne peut être fixé d'une manière absolue, il dépend de la grosseur des pains et de la nature de la pâte; mais en général on estime que les pains de 2 kilog. doivent rester au four 35 minutes, et ceux de 4 kilogr. de 50 à 60 minutes.

PARMENTIER fixe ainsi quelques signes auxquels on reconnaît la cuisson.

1° En ouvrant le four on en voit sortir une vapeur humide qui se dissipe progressivement.

2° La surface du pain doit avoir contracté une couleur jaune brunâtre.

3° En frappant le dessous du pain avec le bout du doigt, il doit bien résonner.

Ces signes caractéristiques annoncent qu'il est temps de défourner le pain.

SECTION IX. — *Du défournement.*

On commence toujours par *tirer du four le pain le plus cuit ;* comme on a soin de placer au fond les pains les plus gros et à la bouche les plus petits, ceux-ci, exigeant pour cuire moins de temps que les autres, se retirent tout naturellement les premiers ; mais lorsque la fournée est composée de pain d'égale grosseur, on les tire du four dans le même ordre qu'on les y a introduits, en commençant par le côté par lequel on a commencé à enfourner.

Pour cette opération on déplace d'abord plusieurs pains de la bouche que l'on met au fond, ou à la rive droite, afin d'avoir un passage facile pour arriver aux pains qui occupent le 1er quartier où l'on a commencé l'enfournement ; quand il y en a assez de retirés, on avance le porte-allume pour éclairer cette partie du four et pour y placer les pains posés d'abord à la bouche.

Cette opération dure ordinairement 10 à 15 minutes pour un four de 10 à 11 pieds de surface intérieure, selon l'habileté du brigadier.

A mesure qu'on tire les pains du four, on les place dans des paniers avec ménagement les uns contre les autres ; si on n'avait pas cette précaution, les pains tendres et chauds se déformeraient.

Il faut aussi éviter de retirer du pain du four sans être *assuré de sa cuisson ;* car, remis au four, il perd sa couleur vive, sa croûte se ride et n'est plus légère ; il est donc essentiel de ne défourner qu'à propos.

SECTION X. — *Des différens instrumens de la boulangerie.*

ALLUME ET PORTE-ALLUME. On donne le nom d'allume à de petits morceaux de bois bien sec et fendu longitudinalement, que l'on allume pour éclairer le four pendant qu'on défourne les pains. Le *porte-allume* est une espèce de caisse de tôle de 1 pied de long sur 6 pouces de large et 3 de hauteur ; à la surface sont plusieurs traverses sur lesquelles pose *l'allume* qui, à l'instant qu'elle se consume, dépose sa braise et sa cendre dans la boîte inférieure. Le porte-allume se dirige avec la pelle dans tous les endroits du four qui doivent être éclairés.

BASSIN. Vase de fer-blanc ou de bois, de forme ronde, garni d'une anse de fer ; il sert à mesurer l'eau ; sa capacité est d'environ 10 pouces de diamètre sur 8 de hauteur. Il contient 1⁄4 de seau, ou 4 litres.

CHAUDIÈRE. La chaudière est destinée à chauffer l'eau pour pétrir ; sa grandeur est relative à la quantité de pâte qu'on emploie. On la construit ordinairement dans une des parois du four. Ces chaudières doivent être en cuivre étamé, plus larges que profondes, et garnies d'un robinet à l'extrémité inférieure.

L'autorité exige qu'elles soient toujours tenues dans un état complet de propreté, et qu'elles soient à cet effet fermées d'un couvercle en cuivre étamé.

PÉTRIN. Le *pétrin* ou *huche* doit être fait de bois dur, et le moins poreux possible. M. PARMENTIER veut que sa forme soit demi-cylindrique, mais nous n'en connaissons pas à Paris qui soient construits ainsi. La forme à peu près générale est celle d'une auge plus étroite à sa partie inférieure qu'à son ouverture ; sa longueur est ordinairement de 12 pi. sur 2 pi. à 2 pi. 1/2 de largeur dans le haut, et de 18 à 20 po. dans le fond.

Les bouts se distinguent dans la pratique en *tête* et *queue*. La tête est à gauche du pétrisseur, la queue à main droite.

Le pétrin est garni de 2 planches qui se posent transversalement de bas en haut et qui servent de cloisons mobiles ; l'une est pour tenir en tête les levains en fontaine ; l'autre les pâtes en queue avant et pendant la pesée.

Nous parlerons plus loin des pétrins mécaniques.

COUPE-PATE. Plaque de fer poli, munie d'une douille en bois et destinée tant à enlever la pâte qui adhère aux parois du pétrin ainsi qu'aux mains, qu'à découper la pâte et à la diviser par parties lorsqu'on la tourne.

CORBEILLES (*fig.* 499 et 500). Elles servent à

Fig. 499.

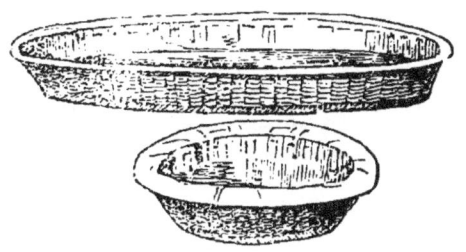

Fig. 500.

porter la farine au pétrin et à mettre les levains ; elles sont garnies d'une toile à l'intérieur.

COUCHE. La couche est une armoire garnie de 5 à 6 tiroirs placés les uns au-dessus des autres. Lorsque la pâte est tournée on la place dans ces tiroirs, en commençant par ceux du bas, sur des toiles plus ou moins longues et plus ou moins larges que l'on nomme aussi *couches*.

Dans cette espèce d'armoire la pâte conserve mieux sa chaleur en hiver ; ce moyen fait aussi gagner un peu de place dans les fournils qui sont souvent de trop petite dimension. L'usage des couches est aujourd'hui presque totalement abandonné à Paris.

ÉCOUVILLON. Longue perche à l'extrémité de laquelle sont adaptés des morceaux de grosse toile qu'on mouille dans un baquet rempli d'eau et avec lesquels on nettoie le four et principalement l'âtre dès qu'on en a enlevé les cendres.

ÉTOUFFOIR. Grand cylindre vertical en tôle, de 3 à 4 pi. de hauteur sur 2 à 2 1/2 de diamètre, hermétiquement fermé par un couvercle de même métal, et muni de 2 anses pour le rendre plus facile à transporter. C'est dans ce cylindre que l'on dépose la braise pour l'éteindre.

FOURGON (*fig.* 501 et 502). Longue perche terminée à la plus grosse extrémité par une tige de fer aplatie, longue et étroite, servant à remuer le bois en combustion et à le pousser vers les parties diverses du four.

GRATTOIR. Instrument en fer propre à ratisser les angles du pétrin.

Fig. 501.

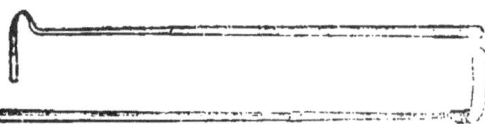

Fig. 502.

PANNETONS. Petites corbeilles en osier, de grandeurs et de formes diverses, garnies intérieurement de toiles dans lesquelles on dépose la pâte lorsqu'elle est pesée et tournée, et où on la laisse fermenter et s'apprêter jusqu'au moment de l'enfournement.

PELLES (*fig.* 503, 504 et 505). Les pelles sont

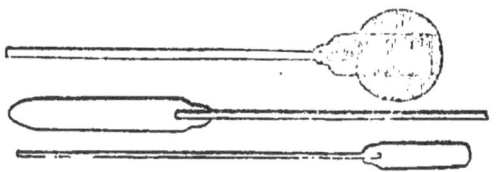

Fig. 505.　　Fig. 504.　　Fig. 503.

de bois et de fer ; leur largeur et leur longueur varient suivant le volume et la forme des pains et suivant les endroits du four où il s'agit de les placer. Il faut que les pelles soient solides, légères et flexibles.

Le PELLETON doit être dans une proportion égale avec le manche et relative à la grandeur du pain qu'on enfourne.

Les PELLES A BRAISE sont en fer ; elles servent à tirer la braise du four et à la vider dans l'étouffoir.

ROUABES. C'est un grand crochet en fer attaché à un long manche ; il sert à ramasser la braise et à la tirer du fond à l'entrée du four. On a de grands et petits rouabes ; leur usage est absolument le même ; ils ne diffèrent que par la longueur du manche.

SECTION XI. — *Des pains de luxe.*

On appelle en boulangerie *pains de luxe* ceux qui ne sont pas soumis à la taxe, ni pour le poids ni pour le prix. Ces pains diffèrent entre eux, soit par la forme, soit par la manière d'en travailler la pâte. Cette dernière distinction est la seule à laquelle nous devions attacher quelque importance.

§ Ier. — Pains de gruau.

On désigne sous le nom générique de *pains de gruau* tous ceux qui sont confectionnés avec les farines dites de *gruaux sassés*, et qui par conséquent ont une blancheur bien plus grande que les pains de farine ordinaire. Ces pains garnissent aujourd'hui toutes les bonnes tables et tous les restaurans de Paris.

Les boulangers les travaillent de 2 manières, suivant la quantité qu'ils débitent.

Celui qui n'en a qu'un faible débit est obligé de les faire sur *levain artificiel*, lequel se prépare ainsi : Vers les 3 à 4 heures du matin, assez généralement, au moment où la 4e fournée est finie de pétrir, on délaie dans 1 litre d'eau 1/4 de livre de levure. Quand ce délayage est opéré, on y introduit 3 ou 4 livres de farine de gruau sassé, puis on pétrit le tout. On y ajoute aussitôt le même poids en pâte prise sur la fournée qu'on vient de pétrir ; on laisse reposer ce 1er levain environ 1 heure. Au bout de ce temps, on coule 3 ou 4 litres d'eau auxquels on ajoute 1 once de sel environ et 12 à 15 livres de farine de gruau, et l'on pétrit le tout de manière à faire une bonne pâte bâtarde. La quantité d'eau, de levure et de bière que nous venons d'indiquer n'est là que comme proportion, qu'il faudrait augmenter ou diminuer selon le débit.

Dans les maisons où la consommation est assez importante, on opère à peu près comme pour le pain ordinaire. On a un levain exprès, qu'on rafraîchit 2 fois seulement. Les proportions de ce levain sont environ les mêmes que pour la panification ordinaire. Ce mode de travail est toujours plus sûr que celui sur levain artificiel. Dans ce dernier cas, il arrive fréquemment, à moins des soins qu'il est presque impossible d'exiger des ouvriers, que la température agit sur le levain, pousse trop à son apprêt, et que la qualité et la saveur du pain en sont altérées.

§ II. — Pains à café.

Tous les boulangers de Paris font des pains à café en plus ou moins grande quantité. Ce pain se pétrit de 2 manières, sur levain artificiel ou sur *bassinage*. Dans le 1er cas, on opère comme nous l'avons détaillé pour le pain de gruau ; dans le 2e on agit comme il suit :

A la 4e ou à la 5e fournée, au moment où la pétrissée est terminée et qu'elle est en fontaine, on prend dans le pétrin la quantité de pâte nécessaire pour faire le nombre de pains dont on a besoin. On fait un trou au milieu de cette pâte ; on verse de l'eau plus ou moins tiède, suivant la saison, et en quantité suffisante pour réduire le tout à l'état de pâte mollette ; on délaie dans cette eau la levure, aussi en quantité suffisante ; puis on *découpe* la pâte pendant 5 ou 6 minutes ; ensuite on la bat bien, on la souffle en enfonçant les mains dessous, en l'élevant et la laissant retomber avec force sans quitter les mains et de manière à permettre à l'air de s'introduire, de sécher la pâte et de la rendre plus légère. Ces sortes de pâtes s'appellent *pâtes douces*. Les bons faiseurs prétendent qu'une bonne pâte douce doit pouvoir se *couler en bouteille* tout en conservant la consistance nécessaire. La qualité du pain mollet dépend beaucoup du travail que l'on donne à la pâte.

Quelques boulangers fabriquent leur pain à café avec des farines de gruaux de qualité secondaire. Dans ce cas ils ne peuvent opérer que sur levain artificiel et leur pâte veut être tenue moins douce.

Les maisons qui ont un débit important de pains de gruau de 1re ou de 2e blancheur, opèrent au moyen du bassinage, sur la même pâte que celle qui sert à la confection de ces pains de gruau.

C'est avec la pâte du pain à café que l'on fait les pains mollets de tous poids et aussi les pains dits *de soupe*. Ces derniers, extrêmement minces et allongés, sont tout en croûte lorsqu'ils sont cuits.

§ III. — Pains de luxe, pâte ordinaire.

Les pains de luxe, dits *navette, flûte crevée, pains de tête*, etc., se font avec de la pâte ordinaire sans travail particulier; seulement quelques boulangers ont soin de mettre à l'air la quantité de pâte nécessaire pour ces sortes de pains, afin qu'elle n'ait pas trop d'apprêt au moment de la tourner.

Les *bonaparte, pain rond, giberne, artichaut* se font aussi de même pâte, mais beaucoup plus ferme.

SECTION XII. — *Pain de munition.*

Passer du pain de luxe au pain de munition, c'est passer d'une extrémité à l'autre; car le pain que l'on donne au soldat est certainement le plus mauvais qui se fabrique en France. Dans les fermes où l'on n'emploie ordinairement pour la confection du pain que des blés de 2ᵉ qualité, une sorte de criblure que les batteurs désignent sous le nom de *gorges*, le pain est infiniment supérieur au pain de munition.

Cependant, l'administration a des réglemens qui prescrivent de ne mélanger dans les blés destinés à la confection du pain de munition ni seigle, ni orge; de moudre à 10 livres d'extraction, c'est-à-dire sur un quint. mét. de blé (100 kilogr.) de retirer 10 kilogr. de son et de mélanger tout le reste pour la manutention du pain. Quelles sont donc les causes auxquelles il faut attribuer la mauvaise qualité du pain de munition?

1º A certains abus auxquels, avec une surveillance sévère, on pourrait remédier.

2º Au défaut de nettoyage suffisant des blés que les agens comptables mettent en mouture.

3º A la mauvaise manipulation de la pâte.

4º A sa mauvaise cuisson.

Ces abus, on n'y remédiera pas tant qu'on n'exigera pas pour le pain un type de blancheur.

La mauvaise manipulation et la mauvaise cuisson, tant qu'on n'exigera pas que les pains soient bien cuits.

La mauvaise qualité sous tous les rapports, tant que les blés ne seront pas soumis à un mode d'épuration uniforme qui, tout en permettant à la Guerre d'employer des blés de toutes qualités et de ménager ainsi les intérêts du trésor, préserve l'armée des affections intestinales qui conduisent, à certaines époques, des régimens entiers à l'hôpital, et assure enfin aux soldats une nourriture agréable et saine.

Ainsi, dans les années où le blé noir (blé noirci par la carie) est abondant, du mauvais nettoyage préalable que l'on fait subir aux grains résulte nécessairement une farine noircie et contenant des principes vénéneux que la cuisson du pain ne détruit pas et qui attaquent la santé des soldats.

Quelques frais de plus dans l'épuration des blés et la confection du pain de munition seraient plus que compensés par les économies que l'on ferait sur les frais d'hôpital (1)

A Paris, par exception, le pain de munition se fabrique avec un assortiment de farine ainsi composé:

Deux cinquièmes farine dite *deuxième*: ce sont les farines immédiatement au-dessous de celles propres à la boulangerie de Paris.

Deux cinquièmes farine dites *troisième*: première qualité des farines bises.

Un cinquième farine dite *quatrième*: dernière qualité, au-dessous de laquelle viennent immédiatement les remoulages.

Ce mélange donne un pain dont la couleur est assez bonne; mais son défaut, comme celui de toutes les autres pâtes, c'est de n'être pas assez pétri. On emploie de très grands levains, afin que le pain puisse prendre son apprêt sans qu'on soit dans la nécessité de travailler la pâte. Cette pâte n'est en effet qu'une *frase* mal desséchée, à laquelle on ne laisse presque pas subir de fermentation 1ʳᵉ, qu'on se hâte de mettre au four et qu'on n'y laisse pas cuire afin d'éprouver le moins possible de déperdition de poids. Pauvre soldat!

SECTION XIII. — *Du biscuit.*

On nomme *biscuit* une sorte de pain très mince et très sec, sous forme de petites galettes, et destiné principalement à la nourriture des marins pendant les longs voyages. Le biscuit doit être fait avec d'excellente farine. Voici comme il se fabrique dans la plupart de nos ports de mer. On prend un levain jeune, dans la proportion de 1/2 kilogr. de levure pour 1 kilogr. de farine. Le délayage des levains se fait comme pour le pain, mais on frase beaucoup plus court et la pâte se fait extrêmement ferme. Le pétrissage fini, on travaille la pâte par parties, en donnant à chacune d'elles la forme d'une galette ronde et aplatie; on les dispose ensuite sur des tables ou des planches qu'on porte dans un lieu frais ou à l'air, afin qu'il ne s'opère presque point de fermentation. Cela terminé, on chauffe le four bien moins que pour cuire le pain, et dès qu'on a tourné la dernière galette, on commence à enfourner la 1ʳᵉ. On les perce avec un instrument de fer de plusieurs trous à la surface, afin de favoriser la cuisson et l'évaporation de l'humidité. Pour que la galette soit à son point de cuite, elle doit rester environ 2 heures dans le four, qui n'est chauf-

---

(1) Nous avons parlé à l'article *nettoyage des grains*, de l'appareil *laveur-sécheur* que M. de MATPOU a établi à Etampes; la Guerre ne devrait-elle pas, après s'être assurée du mérite de ce système, l'appliquer à toutes ses manutentions militaires? Un ministre qui adopterait une telle mesure rendrait le plus éminent service au pays; et cette victoire remportée sur les abus illustrerait l'homme qui saurait y attacher son nom

fé qu'aux 2/3 de la chaleur qu'il faut ordinairement pour le pain. Au bout de ce temps, on les retire du four avec précaution et on les place dans des caisses contenant de 25 à 50 kilogr. qu'on porte dans une étuve ordinairement placée au-dessus du four. C'est là que le biscuit achève de perdre son humidité et se dessèche complètement. On ne met pas de sel dans la pâte qui sert à la confection du biscuit, dans la crainte qu'il n'attire l'humidité de l'air. Il est permis de croire que le sel, bien dépouillé par sa solution dans l'eau des muriates de chaux et de magnésie, ne produirait pas l'effet qu'on redoute.

Le biscuit bien préparé et de bonne qualité est sec et cassant; sa couleur est jaune-brunâtre; sa cassure est vitreuse; sa mie sèche et blanche, elle se gonfle beaucoup dans l'eau, sans aller au fond ni se diviser en miettes. Les Anglais le préparent, dit-on, sans levain; aussi est-il presque toujours fade, d'un blanc mat, et ne trempe pas bien.

SECTION XIV. — *Du pain de seigle.*

Le seigle contient moins de gluten que le blé; c'est à cette différence qu'il faut attribuer l'infériorité de sa panification comparée à celle du blé. Dans certaines localités de la France et dans le nord de l'Allemagne, le peuple ne se nourrit que de pain de seigle. Pour panifier convenablement le seigle, il faut employer plus de levain que pour le blé, couler l'eau plus chaude, tenir la pâte plus ferme, y mettre moins de sel et la laisser plus long-temps au four.

En Belgique, en Hollande, en Suisse et en Allemagne, on fait du pain de seigle pur pour les chevaux qui voyagent; ils en sont très friands.

On fait aussi, dans beaucoup de campagnes, du pain de méteil, mélangé de 2/3 de blé et 1/3 de seigle plus ou moins. Le pain se traite à peu près comme celui de seigle, en se rapprochant néanmoins des conditions nécessaires à la bonne panification du froment pur.

« On n'a pas suffisamment apprécié le mérite du pain de méteil, dit PARMENTIER; il tient le premier rang après celui de froment; il reste frais long-temps sans rien perdre de sa saveur, avantage précieux pour les habitans des campagnes qui ne cuisent pas souvent. »

SECTION XV. — *Du pain de pommes de terre.*

On a beaucoup essayé de panifier la pomme de terre. Les corps savans, les sociétés d'encouragement ont promis des récompenses aux personnes qui trouveraient des procédés pour atteindre ce but. Jusqu'à présent, rien de ce qui a été essayé n'a réussi. Est-ce un malheur pour l'humanité? Nous ne le croyons pas. La pomme de terre, *c'est du pain tout fait;* faites-la cuire dans l'eau, sous la cendre, au four, de telle manière que vous voudrez, c'est une nourriture saine aimée de tous.

Le seul avantage qui pourrait se rencontrer dans la panification de la fécule de pommes de terre serait d'épargner les frais de transport. La pomme de terre est lourde à transporter et contient un parenchyme ligneux et une eau de végétation qui forment les 2/3 au moins de son poids; mais elle se cultive aujourd'hui partout et dans chaque village il y a de la pomme de terre; de telle sorte qu'elle n'est jamais grevée de frais de transport bien considérables.

Dans les momens de cherté les boulangers ont essayé d'augmenter, au moyen de la pomme de terre, la masse de leurs farines. La manière la plus générale d'opérer était celle-ci : On faisait cuire les pommes de terre, on les pelait, on les écrasait avec un rouleau, de manière à les réduire en une espèce de pâte très déliée sans laisser de grumeaux. Sans attendre que cette pâte fût refroidie, on la délayait dans la totalité de l'eau qui devait servir au pétrissage de la pâte; les boulangers soigneux, pour éviter les grumeaux, passaient cette mixture dans un tamis de fer à mailles assez ouvertes; puis on pétrissait comme à l'ordinaire. On avait soin de mettre ce pain un peu *vert* au four. On employait ainsi du 10e au 5e en farine de pommes de terre.

Dans ces mêmes années désastreuses, quelques meuniers ont trouvé un grand bénéfice à mêler dans leur farine une certaine quantité de fécule de pommes de terre; mais les boulangers qui ont employé cette farine ont été victimes de cette supercherie, et c'est à cette cause qu'il faut attribuer, en grande partie, les désastres qui ont eu lieu dans la boulangerie de Paris, à la suite des années de cherté de 1828, 1829 et 1830; désastres qui sont naturellement retombés sur ceux qui en avaient été la cause. C'était justice. Conçoit-on en effet qu'un meunier abuse de circonstances difficiles pour vendre, comme bonnes, des farines dont le produit seul peut servir à le payer? Plus le boulanger est pauvre, plus son fournisseur doit s'efforcer de lui donner de bonnes farines, c'est pour ce dernier la seule condition de succès. Or, les meuniers fraudeurs, au moyen de la fécule, travaillaient justement à la ruine du boulanger, et conséquemment à leur ruine propre. La Société d'encouragement de Paris, et le syndicat de la boulangerie, ont proposé des prix importans pour un procédé à l'aide duquel on pourrait facilement et instantanément découvrir la présence de la fécule de pomme de terre dans la farine de blé, et dans quelle proportion ce mélange aurait été fait. Plusieurs mémoires ont été présentés, et celui qui a mérité non pas le prix (la question est remise au concours de 1836), mais une médaille d'or, pour la simplicité de son procédé, est le mémoire de M. BOLAND, maître boulanger à Paris, rue et île Saint-Louis.

Voici en quoi consiste le procédé de M. Boland, tel qu'il le décrit lui-même :

« Constater d'abord la qualité de la farine, en séparant, comme il a été dit plus haut, le gluten de l'amidon par les moyens ordinaires qui sont de prendre 20 grammes de farine, en faire une pâte ni trop ferme, ni trop molle. On se servira d'une tasse et d'un tube de verre. Malaxer cette pâte dans le creux de la main, sous un très petit filet d'eau. Il est indispensable d'avoir sous la main un vase conique, ou espèce de verre à pied, surmonté d'un petit tamis pour recevoir l'un l'eau de lavage qui entraîne l'amidon, et l'autre le gluten grenu qui provient d'une farine mal fabriquée. Lorsque l'eau de lavage découle limpide, il reste dans la main, pour résidu, le gluten élastique que l'on pèse.

« On laissera reposer pendant une heure l'eau de lavage contenue dans le vase conique ; il se forme à la partie inférieure du vase un dépôt qu'il faut avoir soin de ne pas troubler ; décanter, avec un siphon, l'eau qui le surmonte ; deux heures après, aspirer avec une pipette l'eau qui l'a encore surmonté.

« En examinant ce dépôt on remarquera facilement qu'il est formé de 2 couches distinctes : la supérieure, d'une couleur grise, est le gluten divisé, sans élasticité ; l'autre couche, d'un blanc mat, est l'amidon pur.

« Quelques temps après, on enlève avec précaution, en se servant d'une cuillère à café, une partie où toute la couche de gluten qui se divise ; une résistance, qu'il ne faut pas chercher à vaincre, indique la présence de la couche d'amidon, qu'il faut laisser sécher entièrement jusqu'à ce qu'elle devienne solide ; dans cet état, la détacher en masse du verre, en appuyant légèrement l'extrémité du doigt tout autour jusqu'à ce qu'il cède, en lui conservant toujours sa forme conique.

« La fécule de pomme de terre, plus pesante que celle du blé, s'étant précipitée la première, se trouve placée à l'extrémité supérieure du cône. Mais comment la reconnaître dans cette masse uniforme où la loupe, et même le microscope, ne laissent apercevoir aucune différence, du moins assez sensible, pour la constater ? Par un réactif, le seul qui agisse uniformément sur toutes les fécules, l'iode qui possède, comme on sait, la propriété de colorer en bleu foncé toutes les substances féculantes, excepté cependant dans la circonstance qui sert de base à ce procédé.

« La fécule de pomme de terre insoluble à l'eau froide, triturée dans un mortier d'agate, sa dissolution filtrée, prend, au contact de la teinture d'iode concentrée, une couleur bleue foncée. Une dissolution de fécule de blé soumise à la même épreuve se colore à peine d'une très légère teinte jaunâtre, qui se perd presque aussitôt, tandis qu'il faut plusieurs jours à la fécule de pomme de terre pour se décolorer entièrement.

« Ainsi, en enlevant avec un couteau un gramme d'amidon ou vingtième de la farine éprouvée, de l'extrémité supérieure du cône, pour le soumettre à l'épreuve ci-dessus indiquée, la coloration en bleu foncé qui se manifestera aussitôt par le contact de l'iode indiquera positivement la fécule de pomme de terre ; et la preuve qu'elle n'est pas mélangée dans la masse conique, c'est que si on enlève du même cone tronqué une deuxième couche d'amidon d'un poids égal à la première, pour la soumettre à la même épreuve, on n'obtiendra plus de coloration bleue, à moins qu'il n'y ait un excès de fécule de pomme de terre ; alors on continuera l'opération jusqu'à ce qu'elle ne se présente plus.

« Pour apprécier la qualité de fécule de pomme de terre ajoutée à la farine, la série de proportion à examiner n'est pas très considérable. Les meuniers ne commencent à trouver de l'intérêt à falsifier qu'avec une addition de 10 p. 0/0 de fécule ; s'ils voulaient

l'augmenter jusqu'à 30 p. 0/0, il n'y aurait plus de panification possible, dans l'état actuel de la boulangerie. C'est donc depuis 10 p. 0/0 jusqu'à 25 qu'il faut étudier les proportions de fécule ; en les indiquant par 5e on reconnaîtra néanmoins, par ce procédé, la présence de la plus petite quantité de fécule, même au-dessous de 5 p. 0/0.

« Ainsi, en enlevant du cone d'amidon 5 couches successives d'un gramme chacun, et en les éprouvant par ordre, de la manière prescrite ci-dessus, la coloration bleu foncé que donnera l'épreuve indiquera positivement l'addition de 5 p. 0/0 de fécule de pomme de terre par couche éprouvée.

« Il est important de procéder exactement de la manière et avec les instruments indiqués plus haut, car autrement les résultats soumis à des conditions différentes changeraient et jetteraient l'observateur dans une erreur complète. Par exemple, pour abréger l'opération, on sera peut-être tenté de triturer la farine sans séparer le gluten de l'amidon. Alors on n'obtiendra aucune coloration, quelle que soit la quantité de fécule de pomme de terre qui pourrait s'y trouver, parce que le gluten qui sert d'enveloppe à l'amidon le protége de l'action du pilon et l'empêche d'être déchiré ; l'amidon reste, par conséquent, insoluble.

« Un mortier de verre ou de porcelaine émaillée est insuffisant ; leur paroi intérieure trop unie laisse glisser la fécule sans la déchirer.

« Un mortier en biscuit, sans être émaillé, présente au contraire des aspérités trop saillantes, la chaleur qui se manifeste à la trituration, ou une autre cause qu'on ne peut expliquer, fait prendre à la dissolution de blé une couleur sinon bleue, du moins violette si foncée, qu'il y aurait du doute dans les comparaisons.

« Le mortier d'agate est le seul qu'on doive employer.

« Il faut éviter aussi d'exposer à la chaleur le dépôt qui se forme dans le verre conique pour obtenir une dessiccation plus prompte ; une température trop élevée, en dissolvant d'abord les fécules, et un commencement de fermentation, établirait entre elles une identité si parfaite qu'il serait impossible d'en reconnaître la différence.

« Il est de la dernière importance d'opérer toujours dans les mêmes conditions et avec des qualités semblables.

« En résumé, il faut séparer le gluten de l'amidon et le peser pour apprécier la qualité de la farine ; laisser reposer et sécher après décantation de l'eau le dépôt qui se forme au fond du vase conique pour ensuite le détacher en masse, en ayant soin de ne pas détruire sa forme conique. En enlever 5 couches successives, d'un gramme chacune, en commençant par la partie supérieure du cône ; les laisser sécher complétement pour les pulvériser séparément et par ordre. Triturer dans un mortier d'agate la 1re couche, ou, pour plus de facilité, une partie de cette couche, d'abord avec la molette sèche, ensuite légèrement mouillée, en ajoutant peu à peu de l'eau jusqu'à ce que la dissolution soit complète. Faire filtrer au papier cette dissolution. Plonger l'extrémité d'un tube de verre dans la teinture d'iode concentrée, l'agiter dans la dissolution filtrée. La couleur bleu foncé qui se manifestera aussitôt par cette combinaison indiquera la fécule de pomme de terre, et chaque couche, d'un gramme, soumise à cette épreuve, qui donnera ce résultat, constatera une addition de 5 p. 0/0 de fécule de pomme de terre sur les 20 grammes de la farine qu'on aura essayée. Lorsque la farine sera pure, la dissolution filtrée ne prendra, au contact de l'iode, qu'une très légère teinte jaunâtre qu'elle perdra quelques minutes après. »

Section XVI. — *Du pain de riz.*

Depuis long-temps on a essayé la panification du riz. M. PARMENTIER, qui dans ces questions forme autorité, a toujours regardé cette panification comme une chimère. Il prétend que l'addition du riz cuit en diverses proportions avec la farine de froment rend le pain qui en provient compacte, fade et indigeste. Pour nous, nous disons du riz ce que nous avons dit de la pomme de terre : c'est du pain tout fait! Le froment et le seigle, cuits en grain, formeraient une mauvaise nourriture. Le meilleur moyen d'utiliser pour la nourriture de l'homme le froment et le seigle, de les rendre agréable au goût, a été de les réduire en farine, puis en pain à l'aide d'une fermentation particulière dont le gluten qu'ils contiennent les rend susceptibles; mais la pomme de terre, mais le riz forment, par le fait seul de la cuisson, une excellente nourriture, sans exiger de manipulation, sans transformation en pâte; il n'y a pas même pour le riz comme pour la pomme de terre la raison spécieuse de l'économie des frais de transport. Pourquoi donc s'efforcer de changer l'indication donnée par la nature, sans qu'il en résulte aucun bien pour l'humanité?

Dans ces derniers temps (1835), M. ARNAL, médecin à Paris, a beaucoup insisté pour que l'Académie de médecine reconnût et proclamât l'excellence d'un pain fait avec addition de 1/7 de riz. L'Académie goûta ce pain, le trouva bon, mais s'abstint de prononcer, et bien elle fit.

Voici quel est ou plutôt quel était le procédé de M. ARNAL :

« *Préparation du riz* : 13 litres d'eau à l'ébullition; répandre peu à peu la farine de riz (2 livres), en agitant bien le mélange jusqu'à ce qu'il forme bouillie et que celle-ci soit également visqueuse sur tous les points. Il faut, pour verser la farine de riz dans l'eau bouillante, prendre la précaution importante de la délayer préalablement dans une petite quantité d'eau froide.

« *Pétrissage.* On prend la moitié du riz un peu refroidi, jusqu'à ce que la température puisse être supportée par le pétrisseur; on pétrit avec un levain de huit livres, pris chez un boulanger, et on y incorpore peu à peu 6 livres de farine de froment, toujours en pétrissant; on laisse reposer et lever cette pâte dans une corbeille.

« Lorsque le levain ci dessus a suffisamment fermenté, au bout de 20 minutes à peu près, on verse dessus l'autre moitié du riz, qu'on a salé et mis refroidir. La pâte délayée, on y ajoute peu à peu 6 autres livres de farine de froment et on pétrit de nouveau; enfin, on termine le pain comme par les procédés ordinaires. »

Voici le résultat d'un essai de la méthode ci-dessus :

13 livres d'eau, 2 livres de riz, 12 livres farine froment ont donné 20 livres 10 onces de pain cuit. On ne compte pas les 8 livres de levure qui ont été retirées.

Les résultats annoncés par M. ARNAL dans les mêmes conditions étaient de 24 livres de pain.

On voit, par ce que nous venons de décrire, de quelles difficultés, dans la pratique, serait entourée cette préparation 1re de riz, et combien de mécomptes auraient eu lieu lorsque l'on eût été forcé de livrer ce travail à des garçons boulangers.

A l'appui de ce que nous avons dit sur la panification du riz et de la pomme de terre, nous citerons l'autorité compétente de M. RASPAIL. Dans un de ses ouvrages il s'exprime ainsi :

« Il ne faut pas dire : Le pain fait avec du « riz sera plus ou moins nutritif, parce que le « riz suffit ou ne suffit pas à la nourriture de « certaines peuplades; mais seulement il fau- « dra demander à l'expérience de l'alimenta- « tion les moyens de décider que, dans telle « localité, telle substance est plus alimentaire « qu'une autre.

« Ce n'est pas le rendement, c'est-à-dire « *l'augmentation de poids* qui peut permettre « de préjuger la question; car l'augmentation « de poids est due à la partie aqueuse, et l'eau « absorbée pendant le repas est tout aussi « bonne pour l'alimentation que le surcroît « de l'eau absorbée par la pâte. Il faut de l'eau « pour favoriser la fermentation 1re; mais « une fois que la fermentation s'établit, avec « une quantité d'eau donnée, le surplus n'a- « joute qu'un poids absolument inerte à la « masse.

« On a fait beaucoup d'expériences sur la « panification depuis 60 ans; mais on a tou- « jours désespéré d'associer avec succès à la « farine de froment le riz et la fécule de pom- « mes de terre. Nous ne saurions blâmer les « efforts que font les simples particuliers « pour arriver à un résultat, car leurs succès « ne pourraient que profiter aux consomma- « teurs; mais nous préférerions apprendre « que l'esprit des observations se porte plu- « tôt vers l'art d'augmenter la production des « substances alimentaires de 1re qualité que « vers les moyens d'en diminuer la consom- « mation en les associant à des substances « d'une qualité inférieure. »

On a cherché à différentes reprises à panifier la farine de *haricots*, de *pois*, et c'est toujours dans les momens de grande cherté que ces essais ont été tentés; mais ils ont en général, plutôt pour but des gains particuliers que le profit de l'humanité. Les haricots surtout ont donné de si mauvais résultats que plus d'une fois l'autorité a été obligée de faire saisir et de détruire les farines qui avaient ainsi été falsifiées.

Section XVII.—*De l'introduction dans le pain de substances nuisibles à la santé.*

Tout ce que nous allons dire sur l'adultération du pain, par suite d'introduction dans la pâte de sels vénéneux, est ou extrait ou cité textuellement du savant rapport que M. KUHLMANN, chimiste distingué de Lille, a fait en 1831 à la Société des sciences de Lille.

§ Ier. — Du sulfate de cuivre.

Les chimistes, sont assez généralement d'accord sur ce point: qu'il existe dans les céréales des traces de cuivre. C'est donc avec la plus grande circonspection qu'il faut se prononcer dans les essais faits sur le pain pour découvrir les substances qu'on a accusé les boulangers d'y introduire. Il faut, toutefois, que la santé publique puisse trouver une garantie contre les fraudes dont la cupidité et l'ignorance pourraient se rendre coupables.

Il paraît certain qu'à la suite des fatales années de 1816 et 1817, plusieurs boulangers de la Belgique et du nord de la France ont cru trouver de l'avantage à introduire dans le pain une certaine quantité de sulfate de cuivre. « Les avantages qu'ils en retiraient, dit « un journal du temps, étaient de pouvoir se « servir de farine d'une qualité médiocre et « mêlée, d'avoir moins de main-d'œuvre, en « épargnant l'emploi du levain dont la pré- « paration exige beaucoup de travail, et une « panification prompte donnée à la pâte, ce « qui rend la mie et la croûte plus belles ; de « pouvoir employer une plus grande quan- « tité d'eau, ce qui fait augmenter le poids du « pain, etc. »

Quoique la présence du sulfate de cuivre dans le pain à une dose aussi minime que celle qui paraît avoir été employée par les boulangers (un petit verre à liqueur dans 250 livres de pâte environ) ne puisse présenter d'inconvéniens graves sur l'économie animale, son introduction dans le pain n'en doit pas moins être considérée comme un attentat à la santé publique. En effet, l'emploi d'un agent aussi dangereux est laissé dans une boulangerie à la discrétion d'un garçon boulanger; il doit en mesurer une tête de pipe pleine; mais qui sait si la main n'a pas tremblé lorsqu'il a versé le poison? Qui nous garantira contre les conséquences de ce raisonnement de la part du boulanger que si une portion donne de bons résultats une double portion en donnera de meilleurs? Qui peut nous assurer que, se confiant au pouvoir magique de son secret, il n'a pas négligé de pétrir sa pâte suffisamment et par suite le poison ne se trouve assez accumulé en certaines places du pain pour occasionner la mort?

Heureusement la chimie nous fournit les moyens de reconnaître facilement la fraude et par conséquent d'en assurer la répression. En opérant sur du pain blanc, l'action directe du ferrocyanure de potassium se manifeste déjà, lors même que ce pain ne contient que 1 partie de sulfate sur environ 9,000 de pain, par une couleur rose produite presque immédiatement.

Résultats obtenus par M. KULMANN sur du pain blanc contenant diverses parties de sel cuivreux :

NUMÉROS.	QUANTITÉ de sulfate de cuivre dans le pain.	ACTION du ferrocyanure du potassium.	ACTION de l'hydrosulfate d'ammoniaque.
No 1	$\frac{1}{19.000}$	*	*
No 2	$\frac{1}{15.300}$	*	*
No 3	$\frac{1}{8.700}$	coloration en rose très apparente.	
No 4	$\frac{1}{7.360}$	coloration en rose plus prononcée.	
No 5	$\frac{1}{5.590}$	rouge de sang.	couleur brunâtre.
No 6	$\frac{1}{1.875}$	cramoisi foncé.	couleur brunâtre apparente.

Le procédé par le ferrocyanure de potassium, simple et à la portée des personnes même étrangères aux connaissances chimiques, serait insuffisant pour déterminer la présence dans le pain de très minimes quantités de sel cuivreux.

Voici la méthode analytique suivie et décrite par M. KULMANN : « Je fais incinérer complé- « tement dans une capsule de platine 200 « gram. de pain; le produit de l'incinération, « après avoir été réduit en une poudre très « fine, est mêlée dans une capsule de porce- « laine avec assez d'acide nitrique (8 à 10 « gram.) pour former une bouillie très li- « quide. Je soumets ce mélange à l'action de « la chaleur, jusqu'à ce que la presque tota- « lité de l'acide libre soit évaporé et qu'il ne « reste qu'une pâte poisseuse que je délaie « dans environ 20 gram. d'eau distillée, en fa- « cilitant la dissolution par la chaleur; je fil- « tre et sépare ainsi les parties inattaquées par « l'acide, et dans la liqueur filtrée je verse « un petit excès d'ammoniaque liquide. Après « refroidissement, je sépare par le filtre le « précipité blanc et abondant qui s'est formé, « et soumets la liqueur alcaline à l'ébullition « pendant quelques instans pour dissiper l'ex- « cès d'ammoniaque et la réduire au quart de « son volume. Cette liqueur étant rendue lé- « gèrement acide par une goutte d'acide ni- « trique (le plus souvent l'ébullition déve- « loppe une acidité suffisante), je la partage « en 2 parties : sur l'une, je fais agir le ferro- « cyanure de potassium, sur l'autre, l'acide « hydrosulfurique ou hydrosulfate d'ammo- « niaque.

« En suivant ponctuellement ce procédé le « pain, dût-il ne contenir que 1/70,000 de sul- « fate de cuivre, la présence de ce sel véné- « neux serait rendue apparente. »

Le sulfate de cuivre exerce une action extrêmement énergique sur la fermentation et la levée du pain. Cette action se manifeste de la manière la plus apparente, lors même que ce sel n'entre dans la confection du pain que pour 1/70,000 environ, ce qui fait à peu près 1 partie de cuivre métallique sur 300,000 parties de pain, ou 1 grain de sulfate par 7 livres et 1/2 de pain. La proportion qui donne la levée la plus grande, est celle de 1/30,000 à 1/15,000; mais en augmentant davantage la dose de sulfate, le pain devient plus humide, il acquiert par là une couleur moins blanche.

En faveur de la propriété qu'a le sulfate de cuivre de raffermir la pâte, on peut facilement obtenir un pain bien levé avec des farines dites lâchantes ou humides. L'augmentation en poids du pain, par suite d'une plus grande quantité d'humidité retenue, peut s'élever jusqu'à 1/16ᵉ ou une once par livre, sans que la qualité du pain en souffre. C'est surtout en été que le besoin de raffermir les pâtes et de les empêcher de pousser plat se fait sentir. On y parvient habituellement par l'emploi du levain et du sel marin; mais l'action d'une très petite quantité de sulfate de cuivre peut dispenser de faire entrer l'un et l'autre de ces produits dans la pâte, mais dès lors il devient nécessaire d'augmenter un peu la quantité de levure.

L'action du sulfate de cuivre est plus favorable au pain blanc qu'au pain bis; ce dernier, humide par sa nature, le devient encore davantage pour qu'on y mette de ce sulfate.

La quantité de sulfate la plus grande qui puisse être employée sans altérer très sensiblement la qualité du pain, est celle de 1/4,000; passée cette proportion le pain est très aqueux, à grands yeux, et avec 1/1,800 de sulfate de cuivre, la pâte ne peut nullement lever, toute fermentation semble arrêtée, et le pain acquiert une couleur verte. En supprimant, dans ce dernier cas, l'emploi du levain et en mettant plus d'eau dans la pâte, le pain lève bien, il devient très poreux, avec de grands yeux; mais il est humide, verdâtre et a une odeur de levain très prononcée et très désagréable.

Il me paraît évident que dans le sulfate de cuivre c'est bien moins l'acide que la base qui influe sur la panification; car le sulfate de soude, le sulfate de fer, et même l'oxide sulfurique, ne m'ont donné dans des essais comparatifs aucun résultat analogue.

II. — De l'alun, de son emploi dans la boulangerie et des moyens d'en reconnaître la présence dans le pain.

Je ne sais à quelle époque peut remonter l'usage de l'alun dans la fabrication du pain; cet usage paraît être fort ancien, et adopté presque généralement à Londres.

Voici ce que disent sur cet objet les différens auteurs anglais qui se sont occupés d'hygiène. M. Accum, dans son traité sur les poisons culinaires, dit que la qualité inférieure de la fleur de farine dont les boulangers de Londres font habituellement usage pour la fabrication du pain rend nécessaire l'addition d'alun, afin de donner au pain le coup d'œil blanc du pain fait avec de la belle fleur.

Cet emploi d'alun semble permettre de mêler à la fleur de la farine de fèves et de pois, sans nuire à la qualité du pain; selon le docteur Ure, la moindre quantité d'alun nécessaire pour produire avec une farine de qualité inférieure un pain léger et poreux, est de 113 grammes pour 109 kilogrammes de fleur.

Le docteur P. Markham, dans ses considérations sur les ingrédiens que l'on emploie pour fraude sur la fleur de farine et le pain,

porte la quantité d'alun employé à 240 gram. sur 109 kil. de fleur.

Enfin, cette quantité d'alun est encore employée dans la proportion de 1 kil. pour 127 kil. de fleur, donnant 80 pains de 4 livres, ou 12,40 gram. d'alun par pain. (Art. boulangerie du supplément de l'*Encyclopédie Britannique*.)

Cette quantité d'alun paraît devoir varier selon la quantité des farines employées, et remplace en tout ou en partie le sel marin qui entre ordinairement dans la confection du pain.

Dans les diverses proportions données, la quantité d'alun varie de 1/127 à 1/974 de la farine employée, ou de 1/145 à 1/1077 du pain obtenu.

L'action de l'alun sur l'économie animale n'est pas à comparer pour son énergie à celle du sulfate de cuivre, aussi la présence d'une petite quantité d'alun dans le pain ne pourra pas facilement occasionner des accidens immédiats; cependant il est à craindre que ce sel n'exerce une action funeste par son introduction journalière dans l'estomac, surtout chez les personnes d'une constitution faible.

Il sera facile de reconnaître la présence de ce sel dans le pain, en suivant le procédé décrit par le docteur Ure, dans son Dictionnaire de chimie, vol. IV, et qui consiste à faire agir un sel de baryte sur l'eau distillée, dans laquelle on a émietté le pain. Ce procédé ne déterminant que la présence de l'acide sulfurique, et par suite d'un sulfate quelconque, il peut être utile dans des recherches de ce genre d'avoir recours à l'incinération. La grande quantité, et surtout le volume des cendres, servira déjà d'indices. Il faut toujours avoir égard à la petite quantité d'alumine que peuvent contenir les cendres de quelques céréales. La présence de quelques traces de cette base a été reconnue dans les cendres de seigle par Schrader.

Les résultats de l'emploi de l'alun dans la fabrication du pain sont à peu près les mêmes que ceux obtenus avec le sulfate de cuivre, mais ce sel agit avec beaucoup moins d'énergie à dose égale. Ainsi, 1/3,500 de sulfate de cuivre est une bien trop grande proportion, à tel point qu'au lieu de favoriser la levée de la pâte, on la diminue. Cette même proportion d'alun ne produit encore aucun résultat apparent. Pour obtenir un effet sensible, il a fallu élever la quantité d'alun à 1/686; à la dose de 1/176, l'effet a été plus remarquable.

Il est possible cependant qu'une beaucoup plus grande quantité d'alun puisse, comme un excès de sulfate de cuivre, arrêter le gonflement de la pâte. L'action qu'exerce l'alun sur la pâte est absolument la même que celle du sulfate de cuivre; il retient, pour me servir d'un terme usité par les boulangers, et fait pousser gros.

§ III. — Sulfate de zinc.

Le sulfate de zinc, ou vitriol blanc, paraît aussi avoir été mis en usage par les boulangers pour faciliter la levée du pain; peut-être ce sel a-t-il été confondu avec le sulfate de cuivre, vitriol bleu. Voici un moyen analytique que j'ai mis en usage pour déceler la présence de ce sel éminemment vénéneux.

Le zinc étant volatilisable, j'ai dû avoir recours à l'analyse par voie humide. La présence de l'acide sulfurique ayant été déterminée par l'action d'un sel de baryte sur l'infusion aqueuse du pain, j'ai fait évaporer une partie de cette infusion aqueuse en consistance sirupeuse, et je l'ai délayée dans de l'eau légèrement ammoniacale. La liqueur filtrée et saturée par un acide a été mise en contact avec le ferrocyanure de potassium et de l'hydrosulfate d'ammoniaque, qui donnèrent l'un et l'autre des précipités blancs de ferrocyanure et de sulfure de zinc hydratés.

Les résultats obtenus par le sulfate de zinc ont été peu sensibles et non comparables avec ceux donnés par l'emploi du sulfate de cuivre.

§ IV. — Carbonate de magnésie.

M. Edmond Davy, professeur de chimie à l'institution de Cork, a fait des expériences desquelles il résulte que 20 à 40 grains (1 ou 2 grammes environ) de carbonate de magnésie, intimement mêlés avec un pound (environ 453 grammes) de fleur de farine de mauvaise qualité, améliorent matériellement la qualité du pain fabriqué avec ce mélange. Ce procédé paraît avoir été mis quelquefois en usage (Dictionnaire de chimie du docteur Ure, v. IV, pag. 135).

Le carbonate de magnésie, en si petite quantité, doit être, pendant la fabrication du pain, converti en grande partie en acétate. Ce dernier sel, quoique jouissant de propriétés purgatives, ne se trouvera pas dans le pain en quantité suffisante pour incommoder. Dans les recherches qui auraient pour but de découvrir la présence de ce sel magnésien, il faudrait avoir égard au phosphate de magnésie qui se trouve en grande quantité dans les cendres des céréales. La présence des phosphates dans le pain fait que les vases de platine qui servent à l'incinération s'altèrent promptement.

Le carbonate de magnésie ne produit pas un grand effet sur la levée du pain ; mais dans la proportion de 1/442 il communique au pain une couleur jaunâtre qui peut modifier d'une manière avantageuse la couleur sombre que donnent au pain quelques farines de qualité inférieure.

§ V. — Carbonates alcalins.

Un grand nombre d'auteurs ont avancé que le carbonate d'ammoniaque pouvait être d'un puissant secours pour faire lever le pain et en augmenter la blancheur ; la propriété qu'a ce sel de se réduire en vapeur par l'action de la chaleur semble justifier cette assertion ; je doute cependant qu'une grande quantité de carbonate (à moins de faire l'emploi d'une très forte dose de ce sel) puisse se sublimer ainsi au four, et produire l'effet mécanique de soulever la pâte et de la rendre poreuse ; car l'acide du levain doit être le plus souvent en quantité suffisante pour convertir en acétate la totalité du sel alcalin. S'il faut admettre un effet mécanique, c'est plutôt dans le dégagement de l'acide carbonique du carbonate qu'on le trouvera.

D'autres carbonates alcalins, ceux de potasse et de soude, semblent aussi avoir été mis en usage ; je présume que c'est dans le but de retenir plus long-temps l'humidité dans le pain. Cette fraude est facile à reconnaître par l'examen des cendres, car, lorsque celles-ci proviennent d'un pain non sophistiqué, elles ne contiennent que peu de matières solubles et surtout peu d'alcali libre.

Le carbonate d'ammoniaque ne m'ayant donné aucun résultat bien remarquable, quoi que j'aie fait 2 essais avec ce produit, je ne pense pas qu'il puisse être d'un grand secours pour faire du pain, à moins d'être employé à une dose très forte. En se convertissant en acétate, ce sel partage peut-être avec les carbonates de potasse et de soude la propriété de conserver plus long-temps au pain son humidité.

§ VI. — Produits divers.

Un grand nombre d'autres substances, telles que la craie, la terre de pipe et le plâtre, ont encore été employées pour l'adultération du pain. L'emploi de tous ces corps paraît n'avoir eu lieu que dans le but d'augmenter le poids du pain et peut-être sa blancheur. Comme ils ne peuvent présenter quelques résultats avantageux aux boulangers que lorsqu'ils sont introduits en assez grande quantité pour pouvoir influer sur le poids du pain, l'incinération seule suffira pour faire apercevoir ces sortes de fraudes par l'augmentation du poids des cendres. La nature des corps qui peuvent avoir été introduits dans le pain peut être déterminée par des moyens analytiques fort simples, dont l'exposé donnerait trop d'étendue à ce travail sans en augmenter l'utilité.

L'emploi du blanc d'œuf, de l'eau de gomme, de la colle de poisson et d'autres substances visqueuses dans l'art du pâtissier et du confiseur, a pu porter les boulangers à faire usage dans la confection du pain de quelques substances organiques, dans le but de donner plus de liant à la pâte.

Le docteur Perceval recommande l'emploi de 30 gram. de salep par kilogr. de fleur, pour obtenir un pain plus beau et en même temps plus pesant que par le travail habituel.

Section XVIII. — *Des pétrins mécaniques.*

Dans l'énumération des divers instrumens qui servent à la boulangerie, nous avons décrit le pétrin ordinaire ; en voici la figure (*fig.* 506).

Fig. 506.

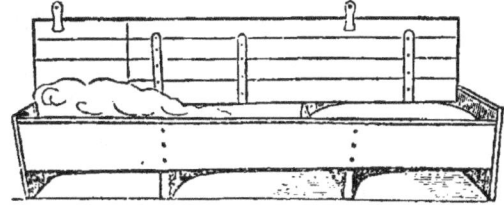

Le garçon boulanger, penché sur le pétrin, soulevant avec effort et à diverses reprises une lourde pâte qui exige une manipulation prompte, exerce un travail des plus pénibles. Au milieu d'une atmosphère d'au moins

20° il est obligé de travailler nu, et, presque toujours, son corps, lorsqu'il pétrit, est couvert de sueur. Qui n'a pas entendu, en passant le soir auprès d'une boulangerie, ces gémissemens du pétrisseur? cette espèce de cri de souffrance, accompagnement obligé des efforts qu'il est obligé de faire pour élever et battre la pâte? On plaint l'homme condamné chaque nuit à d'aussi durs travaux; peut-être rejetterait-on le pain qui lui a coûté tant de peines, si l'on pensait à quelles impuretés le pétrissage à bras d'homme condamne la fabrication du pain. L'humanité, la propreté si nécessaire dans la préparation des alimens, recommandent donc à la fois l'usage des pétrins mécaniques. Cependant, nous le disons à regret, jusqu'ici la boulangerie de Paris, qui est certainement la boulangerie la plus avancée de France, n'a pas adopté les pétrins qui lui ont été offerts. Dans ce refus, nous faisons bien la part des préjugés, des habitudes et surtout de la crainte de mécontenter la classe des ouvriers boulangers; mais il faut reconnaître aussi que la plupart des pétrins qui ont été essayés ne présentaient pas d'avantages sur le travail ordinaire, quant aux frais de manutention, et laissaient aussi beaucoup à désirer sur la qualité de l'ouvrage. La difficulté, à Paris, consiste, dit-on, à faire mécaniquement des pâtes propres au *pain à grigne*, des pâtes qui se fendent nettement et proprement. Pour des pains d'autres façons, le travail des pétrins réussit mieux. Cependant, nous ne croyons pas cette difficulté invincible, et pour la meilleure condition du garçon boulanger comme pour la satisfaction et la santé du consommateur, nous espérons que la boulangerie n'aura plus bientôt que des pétrisseurs mécaniques.

§ Ier. — Pétrin Fontaine.

Parmi les pétrins dont on se sert aujourd'hui, nous devons distinguer le pétrin Fontaine.

Voici le compte qu'en a rendu l'*Echo des halles et marchés* dans son numéro du 8 mars 1835.

« M. Fontaine, boulanger, rue de Charonne, faisait depuis long-temps des recherches et des expériences sur un pétrin mécanique de son invention. Cette persévérance, aidée d'une connaissance parfaite de la panification, l'a conduit à des résultats qui nous ont paru des plus simples et des plus avantageux. M. Fontaine se sert exclusivement de ce pétrin mécanique, et en a fourni un à M. Tissier, boulanger, rue Saint-Martin, n° 59, qui a supprimé aussi tout autre pétrin. C'est chez ce dernier que nous l'avons vu fonctionner.

« Qu'on se figure (*fig* 507) un tonneau parfaitement cylindrique, long de 3 pi. 1/2 et suspendu sur un fort châssis de bois. Dans toute la longueur de ce cylindre, une portion mobile, qui s'ouvre pour l'introduction de la farine et de l'eau, se ferme hermétiquement pendant l'opération du pétrissage. A l'intérieur, 2 compartimens de chacun 21 po. : c'est là que les levains sont disposés. La quantité d'eau nécessaire étant coulée et la farine ajoutée, on ferme hermétiquement et

Fig. 507.

« très facilement la portion qui forme porte. « Alors, un seul homme, au moyen d'une manivelle armée de 2 pignons de diamètres inégaux, met le pétrin en mouvement. La rotation est de 4 tours par minute; 15 minutes, par conséquent 60 tours suffisent pour terminer le pétrissage.

« Nous avons mis nous-mêmes la main à la manivelle de ce pétrin; il nous a semblé exiger moins de force que ceux que nous avions vus jusqu'alors. La charge de toute la pétrissée pèse il est vrai sur les tourillons; mais, une fois en mouvement, le cylindre, qui n'a pas moins de 34 po. de diamètre, forme volant et entraîne par lui-même et régularise la rotation. L'homme fait environ 40 tours de manivelle par minute C'est surtout vers la fin de la pétrissée, au moment où la pâte prenait toute sa consistance, que les pétrins mécaniques, qui sont venus avant celui de M. Fontaine, exigeaient le plus de force, au point que ce n'était pas trop de 2 hommes pour achever l'ouvrage Le pétrin Fontaine, au contraire, n'offre aucune différence sous ce rapport; au commencement et à la fin, la pâte se manipulant d'elle-même dans l'intérieur du cylindre, pendant que ce cylindre tourne sur lui-même, peu importe qu'elle soit à l'état liquide ou à l'état solide, le poids ne varie pas.

« Pour bien concevoir le maniement intérieur de la pâte, il faut savoir que 2 barres transversales se placent dans chaque compartiment avant de pétrir. Ces barres sont en bois mi-plat de 2 po. de large. La 1re, mise immédiatement au-dessus du levain, est disposée de manière à former une pente assez rapide; la 2e ne se place que lorsque l'eau et la farine nécessaires sont ajoutées; sa disposition est horizontale et n'est pas déclive comme celle de la 1re. L'office de ces barres est de traverser la pâte pendant qu'elle tourne avec le cylindre dans lequel elle est enfermée, et, au moyen de la déclivité de l'une de ces barres, la pâte ne peut pas couler sans être atteinte. Ces barres, inertes par elles-mêmes, font à travers l'eau et la farine qui les rencontrent l'effet des bras de l'homme.

« Le pétrissage que nous avons vu était excellent et, sous ce rapport, le pétrin Fontaine nous paraît un des meilleurs dont on se soit servi jusqu'ici. Il offre aussi un avantage que ne présentent ni le pétrin SELLIGUE,

« ni celui de LASGORSEIX, ni celui de FERRAND,
« c'est qu'il se nettoie avec une extrême faci-
« lité, au moins aussi facilement que les pé-
« trins ordinaires. Il prend peu de place, 5 pi.
« environ, exige peu de hauteur, par consé-
« quent peut s'établir dans les caves; et sa
« construction est si simple qu'il coûte moi-
« tié moins que les pétrins FERRAND, LASGOR-
« SEIX et autres, pour lesquels on ne deman-
« dait pas moins de 16 à 1800 fr.
« M. FONTAINE fabrique des pétrins de pe-
« tite dimension pour les fermes et autres éta-
« blissemens. »

§ II. — Pétrin David

A (*fig.* 508) cuve en bois sur pivot; B, cône du milieu; C, palettes tournantes; D, axe imprimant le mouvement à tout l'appareil; E, manivelle et volant; P,
poche qui distribue la farine dans le pétrin.

Fig. 508.

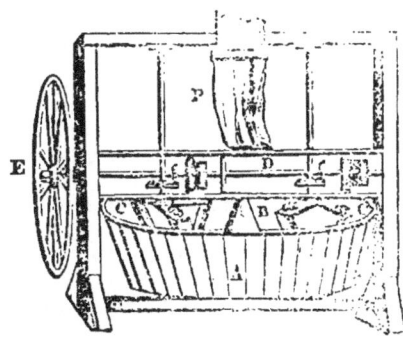

M. GUETTARD, boulanger, rue Gaillon, se
sert depuis plusieurs années du pétrin David.
Ce pétrin, comme l'indique la figure, se
compose d'un récipient ou cuvier, monté sur
pivot. Au milieu est un cône; de chaque côté
un appareil de palettes disposées en double
croix et montées chacune sur un axe vertical. Le cuvier tourne sur lui-même, entraîne
la pâte avec lui, et les palettes intérieures, qui
sont mises en mouvement au moyen d'engrenages et de roues d'angle, la frappent,
la prennent, la reprennent, la *tire-bou-
chonnent*, pour ainsi dire, jusqu'à ce qu'elle
ait assez de consistance. L'office du cône placé au milieu du cuvier est de repousser la pâte
que la force centrifuge éloignerait des palettes, et de la forcer ainsi à être complètement soumise à leur action.

On voit, par cette seule description, que ce
pétrin est plus compliqué que le pétrin Fontaine, et qu'il offre aussi l'inconvénient d'exiger plus de force à la fin de l'opération qu'au
commencement.

§ III. — Pétrin Lasgorseix.

A (*fig.* 509), auge demi-cylindrique; B, appareil
des cerceaux; C, manivelle et volant.

Dans une auge en bois demi-cylindrique est
horizontalement placé un arbre en fer garni
de cerceaux légèrement inclinés. Cet appareil
est mis en mouvement par une manivelle armée d'un volant. On conçoit facilement l'effet
de ces cerceaux; ils fendent la pâte; puis,
lorsqu'elle commence à se lier, ils la soulè-

Fig. 509.

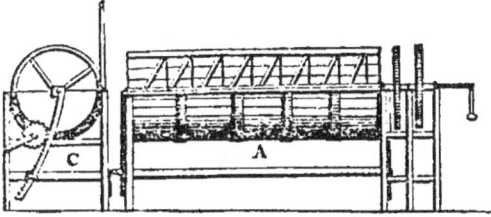

vent, la laissent retomber en rubans et l'achèvent parfaitement; mais ils font mal le délayage des levains ou du moins ne le font pas
assez vite. On a reproché à ce pétrin un nettoyage difficile, le refroidissement que les cerceaux en fer impriment à la pâte, puis la
force motrice qu'il exige quand le travail s'a-
chève Puis enfin les difficultés des réparations en cas d'accident.

§ IV. — Pétrin Ferrand.

Entre le pétrin Ferrand et le pétrin Lasgorseix la différence est minime; c'est aussi
une auge demi-cylindrique dans laquelle tourne
un axe en fer armé de cerceaux. C'est dans la
disposition de ces cerceaux que la différence
existe. Dans le pétrin Lasgorseix, les cerceaux
sont séparés les uns des autres; dans le pétrin Ferrand, ils forment une hélice, une
vis. Ainsi, par l'effet de cette vis, la pâte est
amenée à l'extrémité du pétrin; puis, en tournant en sens inverse, la pâte est ramenée à
l'autre extrémité, ainsi de suite jusqu'à l'a-
chèvement. On conçoit que de cette manière
le délayage des levains puisse s'opérer bien
mieux que dans le pétrin Lasgorseix; mais la
force motrice doit être encore plus grande
que pour celui-ci. En effet, toute la pâte étant
accumulée sur un point, quand elle s'épaissit,
le travail devient extrêmement rude. Il est
aussi plus difficile à nettoyer que la machine
Lasgorseix.

Pour éviter le refroidissement de la pâte
par le contact du fer, M. FERRAND avait imaginé d'établir un double fond à son pétrin et
d'y introduire de l'eau chaude au degré nécessaire. L'idée était heureuse, mais exigeait
des soins qu'il est difficile de demander aux
ouvriers boulangers. Le prix de ce pétrin passait 2,000 fr.

D'autres pétrins ont été essayés qui offraient à un plus haut degré encore les inconvéniens signalés dans ceux-ci : Cherté dans le
prix, grande force motrice, difficulté dans le
nettoyage. Le pétrin Fontaine est jusqu'ici
celui qui nous paraît réunir le plus de chances
de succès.

Un temps viendra sans doute où la mécanique, aidée de la science du chimiste et
du physicien, apportera dans l'art du boulanger les perfectionnemens qu'il réclame. Le
pain sera plus travaillé, plus substantiel, plus
proprement manutentionné; de grandes fati-
gues seront épargnées pour ceux que le hasard condamne à des travaux aussi utiles et
jusque-là si pénibles.

Les hommes qui s'intéressent à la santé publique et pour lesquels l'humanité n'est pas un vain mot appellent de tous leurs vœux ces importantes améliorations.

SECTION XIX. — *Diverses espèces de fours à cuire le pain.*

§ Iᵉʳ. — Fours à chauffage extérieur.

Le four dont nous avons donné la description est celui dont l'usage est le plus général. Le voici (*fig.* 510) vu de face.

Fig 510.

A diverses époques on a essayé de construire des fours dont le chauffage ne se ferait plus dans l'intérieur même de l'âtre et dans lesquels, par conséquent, le dessous du pain ne devrait plus être en contact avec les parties de cendres et de braise qui, malgré le rouable et l'écouvillon, restent toujours sur l'âtre dans les fours actuels. L'administration de la guerre (manutention des vivres-pain) a fait des essais nombreux en ce genre; mais, nous devons le dire, ses efforts et ses sacrifices n'ont presque jamais été couronnés de succès; c'est-à-dire qu'à quelques avantages nouveaux se joignaient toujours des inconvéniens qui forçaient de recourir à l'ancienne méthode. Elle s'est servi d'un four chauffé au charbon de terre; le foyer était en avant, et la flamme, au moyen d'un tirage ingénieusement ménagé, entrait dans le four. Le chauffage s'opérait assez également, à l'exception pourtant de la bouche où la chaleur était toujours trop grande et où le pain se brûlait. Cette difficulté, qui n'était pas sans remède, mais qui nécessitait de nouveaux frais, a fait abandonner ce mode de chauffage. Ce four est maintenant chauffé au bois et à l'ancienne méthode.

Le four dont cette administration se sert aujourd'hui a été construit par M. Lespinasse; il se chauffe la bouche fermée, avec du bois placé comme dans les fours ordinaires On conçoit que, par ce moyen, le chauffage puisse se faire plus vite et plus économiquement. La Guerre fait 17 fournées de pain en 24 heures dans ce four.

§ II. — Du four aérotherme.

A (*fig.* 511), bouche du four; B, bouche d'air frais; C, bouches de chaleur; D, porte du foyer; V, cheminée.

Ce four est non-seulement curieux par son application à la cuisson du pain, mais encore

Fig. 511.

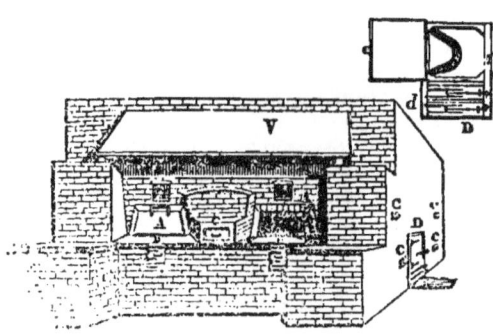

par la manière dont il se chauffe, procédé d'autant plus digne de remarque qu'il semble détruire tout ce que nous savons sur la théorie de la combustion, et que les inventeurs, M. LEMARRE, l'un de nos plus célèbres *caloristes*, et M. JAMETEL aîné, ne peuvent eux-mêmes l'expliquer d'une manière qui soit satisfaisante pour eux et pour le public; et cependant ce four se chauffe et la combustion se fait. MM. MOUCHOT frères ont établi à Montrouge une boulangerie remarquable sous beaucoup de rapports, et n'ont d'autre four que le four aérotherme dont ils se plaisent à proclamer les avantages, lorsque, surtout, on peut l'appliquer à une manutention considérable et à une cuisson non interrompue.

Voici ce que nous en disions dans l'*Echo des halles et marchés du 26 janvier* 1835: « MM. LE-« MARRE et JAMETEL viennent de construire « au Petit-Mont-Rouge, nº 52, leur four aéro-« therme, dont on a vu le modèle en petit à « la dernière exposition des produits de l'in-« dustrie. Aucun combustible ou fumée n'en-« tre dans le four; la chaleur y pénètre par « un courant d'air partant d'autour d'un « foyer placé sous l'âtre, à la distance de 40 « centimèt., et entrant dans le four à la tem-« pérature de 50 à 60°. Un espace vide est laissé « dessous, dessus et autour du foyer. Le feu « se fait avec du bois ou du coak dans un « foyer large de 60 centimèt. sur 1 mèt. de « profondeur. La région du feu et de la fumée « est parfaitement distincte de celle de l'air, « condition essentielle. Les corps solides ou « autres, placés dans le four, s'y trouvent « sous l'impression d'une température qui « peut varier à volonté jusqu'à 400°.

« Le phénomène inhérent au four et qui « embarrasse les savans eux-mêmes, c'est « qu'aussitôt que le combustible, bois ou « coak, est en ignition, l'ouverture par la-« quelle l'air s'introduit est fermée de la ma-« nière la plus exacte, lutée même, et que « l'ignition continue de la manière la plus « complète, quelle que soit la quantité de « combustible placée dans le foyer; on peut « même fermer la clef du tuyau de la chemi-« née; le feu persiste, mais avec moins d'é-« clat (1). »

Les avantages de ce four dans une grande manutention seraient :
1° Une grande économie de combustible;
2° Une grande économie de main-d'œuvre;

(1) Il paraît à peu près démontré que l'air nécessaire à la combustion s'introduit sur le foyer, par l'effet même de la grande chaleur qui dilate la paroi des murailles et en élargit assez les pores pour que la quantité d'air alimentaire puisse pénétrer.

car on n'a jamais à mettre le bois dans le four, à l'allumer, à tirer la braise, à balayer les cendres; il suffit, à chaque 3e ou 4e fournée, de jeter dans le foyer une ou deux pelletées de coak;

3° Une propreté parfaite, le dessous du pain ne pouvant recueillir ni cendre ni charbon;

4° Une cuisson plus régulière et plus uniforme dans toutes les parties du pain.

Des inconvéniens pratiques ont été signalés dans le principe, comme il arrive toujours dans les applications nouvelles; mais il paraît que MM. Moucbot, boulangers instruits et progressifs, sont parvenus à faire disparaître tous ces inconvéniens et qu'aujourd'hui la cuisson du pain, dans le four aérotherme, ne laisse plus rien à désirer.

SECTION XX. — *Des frais généraux d'une boulangerie, cuisant à Paris (taux moyen) trois sacs de farine de 159 kil. par jour.*

FRAIS GÉNÉRAUX.	FRAIS annuels pour 3 sacs.	FRAIS journaliers pour 3 sacs.	Pour 1 sac.
	f. c.	f. c.	f. c.
1° Achat du fonds de commerce. . . .	1620 »	4 43	1 48
2° Loyer.	1600 »	4 38	1 46
3° Contributions.	261 40	» 71	» 24
4° Entretien de la manutention, renouvellement du matériel	450 »	1 53	» 41
5° Montage des farines en magasin. . .	273 75	» 75	» 25
6° et 7° Intérêt du capital placé { chez les boulangers / en farines { au dépôt de garantie	468 »	1 25	» 43
FRAIS PARTICULIERS.			
8° Manutention, paie des ouvriers . . .	4288 75	11 75	3 92
9° Distribution de pain aux ouvriers . .	383 25	1 05	» 35
10° Combustible sous déduction de la braise.	1934 50	5 30	1 77
11° Éclairage du fournil et de la boutique	292 »	0 80	» 27
12° Levure.	365 »	1 »	» 33
13° Sel	273 75	» 75	» 25
14° Remoulage et fleurage.	65 70	» 18	» 6
15° Taxe de la vérification des poids et mesures.	4 52	» 1	»
16° Transports des farines de la halle à la boulangerie.	91 25	» 25	» 8
17° Combustible employé au chauffage de l'eau.	54 75	» 15	» 10
TOTAL(1).	12526 42	34 02	11 35

Observations sur le tableau ci-dessus.
1° L'acquisition a lieu sur le pied de 8,000 à 10,000 fr. pour chaque sac fabriqué journellement; c'est en moyenne 27,000 fr. de capital à 6 p. 0/0, taux du commerce. . 1,620 fr.

2° Les loyers des boulangers varient suivant le quartier et les localités, de 1,200 à 2,000 fr. et plus, terme moyen. . . . . 1,600 fr.

4° Le capital d'un matériel de boulangerie doit être porté à 3,000 fr. au moins. L'entre-

tien de ce matériel, notamment du four, étant très onéreux, une allocation de 15 p. 0/0 n'est pas exagérée. . . . . 450 fr.

6° et 7° Le boulanger qui cuit trois fois par jour est tenu à un approvisionnement de 130 sacs. Le prix moyen de la farine doit être porté à 60 fr. les 159 kilogr.; il faut aussi compter sur cet approvisionnement 6 p. 0/0 d'intérêts, soit. . . . . . . 468 fr.

8° Un gindre, 4 fr. par jour; un aide, 3 fr. 75 c.; un troisième, 2 fr. 75; un porteur de pain, 1 fr. 25. Total : 11 fr. 75 c., soit par an. . . . . . 4,288 fr. 75 c.

9° Un kilogr. de pain par jour, à 35 c., pour 3 ouvriers, 1 fr. 5 c.; plus, un petit pain le matin, usage consacré, et le pain consommé la nuit, qu'on peut évaluer à une demi-livre par ouvrier, ci. . . . . . 383 fr. 25 c.

10° Le prix du bois varie au chantier de 26 à 30 fr. la voie; il faut y ajouter 50 c. pour le cordage, 1 fr. pour le transport. Total en moyenne. . . . . 29 fr. 50 c.
Une voie de bois brûlé produit 34 boisseaux de braise; la braise se vend 40 c. le boisseau. Total. . . . . 13 fr. 60 c.
On emploie, pour 6 fournées de Paris 10/30 de voie de bois, ce qui fait. . . 9 fr. 83 c.
On en retire pour les 10/30 de braise. 4 53

Différence constatant les frais du combustible. . . . . . 5 fr. 30 c.
par jour ou 88 c. 2/1000 par fournée.

Quant aux boulangers, s'il en existe, qui vendent la braise au-dessus de 40 c. le boisseau, ils ont, à raison de leur quartier, des frais de maison plus considérables, ci . . . . 1,934 fr. 50 c.

11° Le prix de l'éclairage est plutôt porté au-dessous qu'au-dessus de la vérité.

12° On emploie pour 3 sacs de farine de 159 kilogr. 1 kilogr. 1/4 de levure à 80 c. le kilogr; 1 fr. par jour. . . . . 365 fr.

13° On emploie pour 3 sacs 1 kilogr. 1/2 de sel à 50 c., 75 c. par jour; par an 273 fr. 75 c.

14° Les quantités de fleurage et de remoulage que fournissent comme son les meuniers vendeurs de farines sont insuffisantes; d'ailleurs, la Halle n'en fournit pas, et le boulanger achète du tiers au quart de ses farines sur le carreau de la Halle. . . . . 70 fr.

16° Le prix du transport de la Halle chez le boulanger est à la charge de celui-ci. Cette dépense est évaluée en moyenne par an à. . . . . 91 fr. 25 c.

POMMIER.

(1) Il résulte de ce tableau que les frais du boulanger sont plus considérables par chaque sac, que l'allocation que l'administration lui accorde; mais malgré cette contradiction apparente, les chiffres que nous avons donnés doivent être maintenus. Nous ferons remarquer qu'ils sont le résultat d'une moyenne, et qu'à Paris un boulanger qui ne cuit que 3 sacs ou au-dessous, ne parvient à faire honneur à ses engagemens qu'avec la plus grande difficulté, et en apportant sur les frais de tous genres la plus sévère économie.

TITRE TROISIÈME.

PRODUITS MINÉRAUX.

CHAPITRE XXV. — DE L'EXTRACTION DU SEL.

Sous les noms SEL MARIN, SEL DE CUISINE, SEL GEMME, SEL BLANC, SEL RAFFINÉ, on désigne le sel le plus usité dans l'économie domestique, comme dans les exploitations agricoles et industrielles. Les 2 premières dénominations indiquent quelquefois plus particulièrement le sel brut obtenu par l'évaporisation des *eaux de la mer*, la 3e s'applique au sel extrait des *mines* à l'état solide; les 2 dernières spécifient les produits du *raffinage* ou de l'*épuration* des 2 sortes de sels bruts.

Une grande partie du sel qui se consomme se trouve dans la terre, tout formé; il constitue des dépôts très considérables, en masses solides, qui donnent souvent lieu à d'abondantes sources salées également exploitables.

Les mines de Williczka, en Pologne, sont pratiquées dans un dépôt salifère ayant environ 200 lieues de longueur et 40 lieues de largeur, et plus de 300 mètres d'épaisseur. On a trouvé en France, dans le département de la Meurthe, un banc analogue. Ce sel est tantôt blanc et transparent, et alors presque complétement pur, ou bien opaque, coloré en une teinte rougeâtre ou brune par l'oxide de fer, renfermant en outre de l'argile, des traces de bitume, de charbon, etc. Les mines de sel gemme ont d'ailleurs été découvertes en Espagne, en Angleterre, en Hongrie, dans divers États de l'Allemagne et en Russie; on n'en a pas encore trouvé en Suède, en Norwége ni en Italie, quoique dans cette dernière contrée on rencontre des sources d'eaux salées; l'Asie, l'Afrique et l'Amérique renferment des dépôts salifères.

SECTION Ire. — *Extraction du sel à l'état solide.*

§ Ier. — Mode d'extraction du sel gemme.

Le sel gemme ou des mines s'exploite à l'aide de puits et de galeries, comme les autres *minerais* ou produits des carrières. Ce sel, coloré ou blanc et diaphane, est en masses ou blocs très compactes, en sorte qu'il doit être divisé en poudre fine pour servir à divers usages, et notamment pour l'application industrielle qui en consomme le plus, c'est-à-dire sa décomposition par l'acide sulfurique, opération dont on obtient du sulfate de soude et de la soude, ainsi que nous l'avons décrit dans le chap XXI. Il n'en est pas de même du sel résultant de l'évaporation spontanée des eaux de la mer; celui-ci, formé de lamelles successivement réunies, offre des agglomérations de cristaux facilement perméables.

§ II. — Raffinage du sel des mines.

Le sel gemme est raffiné sur place avant d'être livré à la plupart des usages économiques. Ce raffinage constitue une opération bien facile : On suspend, dans un crible en fer et près de la surface du liquide, les morceaux de sel de différentes grosseurs dans un réservoir rempli d'eau. A mesure que l'eau se sature de sel, devenue plus pesante, elle descend au fond du vase et est aussitôt remplacée par une autre partie du liquide qui vient dissoudre de nouvelles quantités de sel, puis se précipiter à son tour. On conçoit que, de cette manière, on parvienne à saturer de sel toute la masse de liquide.

On laisse alors déposer cette solution trouble; les matières terreuses tombent au fond, et il suffit d'évaporer le liquide soutiré au clair pour obtenir des cristaux très blancs qui se forment à la superficie, puis tombent au fond du liquide.

A mesure que le sel se précipite, on le recueille en plongeant dans la chaudière A (*fig.* 512) une espèce de grande écumoire B, qui est munie de 3 anses C. L'*ébullition* qui fait dégager l'eau en vapeur agite constamment le liquide. La vapeur ne se formant pas dans le petit vase plongé au milieu du grand, il s'y établit un repos relatif et le sel s'y dépose bientôt assez abondamment pour qu'en soulevant lécumoire, à l'aide d'une poulie D, on puisse l'en retirer avec des pelles en tôle. On porte ce sel dans des trémies en bois blanc E (*fig.* 513); on laisse égoutter le liquide qu'il contient au travers des trous du faux-fond G; on peut même obtenir directement, dans la chaudière où le précipité s'opère, le sel dans les vases ou enveloppes qui doivent le contenir pour la vente. A cet effet, on plonge des paniers d'osier blanc H (*fig.* 514), qui ont la forme d'un cornet,

Fig. 514.

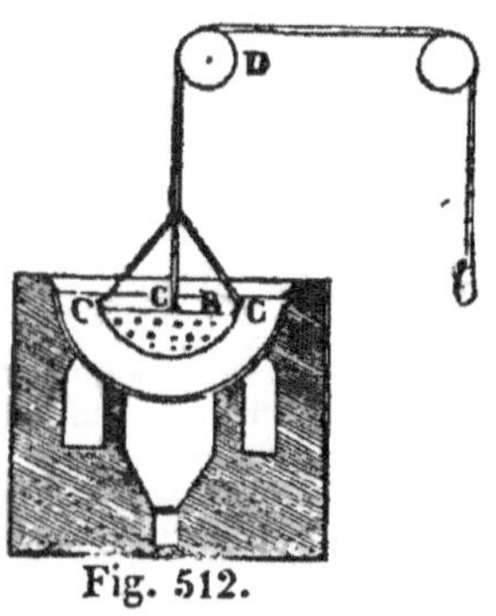

Fig. 512.    Fig. 513.

dans la chaudière, lorsque le sel commence à s'y précipiter; on les retire une ou 2 minutes après, remplis de sel. Après les avoir enlevés, on les laisse égoutter et se dessécher à l'étuve, puis après avoir nettoyé l'extérieur à la brosse on les envoie à la vente.

SECTION II. — *Extraction du sel des eaux salées.*

On obtient du sel en menus cristaux par l'évaporation spontanée ou artificielle des *eaux de la mer* ou des *eaux de sources salées;* et enfin par l'évaporation de *l'eau que l'on a saturée de sel,* en la faisant séjourner dans les cavités au milieu des mines mêmes. Ce dernier mode d'extraction est même généralement préféré, en raison de ce que les produits qu'il donne sont immédiatement applicables, tandis que le sel extrait en blocs exige un triage, un broyage et souvent la refonte de la plus grande partie; qu'enfin les frais d'évaporation sont très peu plus dispendieux. Le sel marin, que l'on obtient par tous ces procédés, revient à très bon marché; c'est, de tous les sels solubles trouvés dans la nature, celui qui coûte le moins de prix d'extraction.

Dans les pays méridionaux, pendant l'été, *l'évaporation des eaux de la mer se fait spontanément* par les courans naturels de l'air atmosphérique. A cet effet, on forme, dans un terrain argileux, des fossés d'une grande étendue et très peu profonds, séparés les uns des autres par des languettes de la même terre; à l'aide de rigoles on y introduit l'eau de la mer et l'on ferme l'accès par une sorte de vanne; on en ajoute ainsi de nouvelles

quantités au fur et à mesure que l'évaporation a lieu. Ces dispositions du sol, connues sous le nom de *marais salans,* forment une série de réservoirs creusés sur les bords de la mer; nous les indiquerons successivement en y montrant la marche des eaux qui s'y doivent concentrer.

§ Iᵉʳ. — Exploitation des marais salans.

L'eau de la mer, outre le sel marin, contient *plusieurs sels* moins abondans dont les proportions sont indiquées ci-dessous. Cette eau renferme en outre des substances organiques dont l'une d'entre elles produit, au moment du salinage, un phénomène curieux que nous décrirons plus loin.

Composition de l'eau de mer.

Sel marin ou chlorure de sodium. . .	2,50
Chlorure de magnésium.	0,35
Sulfate de magnésie.	0,58
Carbonate de chaux et de magnésie. .	0,02
Sulfate de chaux.	0,01
Eau.	96,54
	100,00

La quantité d'eau à évaporer est donc fort grande; mais, dans les marais salans bien placés l'évaporation est assez rapide pour qu'on obtienne le sel à un prix très modique. Il est convenable de placer les marais sur une plage unie dont le sol soit argileux et mis à l'abri des marées. L'eau de la mer est conduite d'abord dans un 1ᵉʳ réservoir A (*fig.* 515), appelé *jas,* par

Fig. 515.

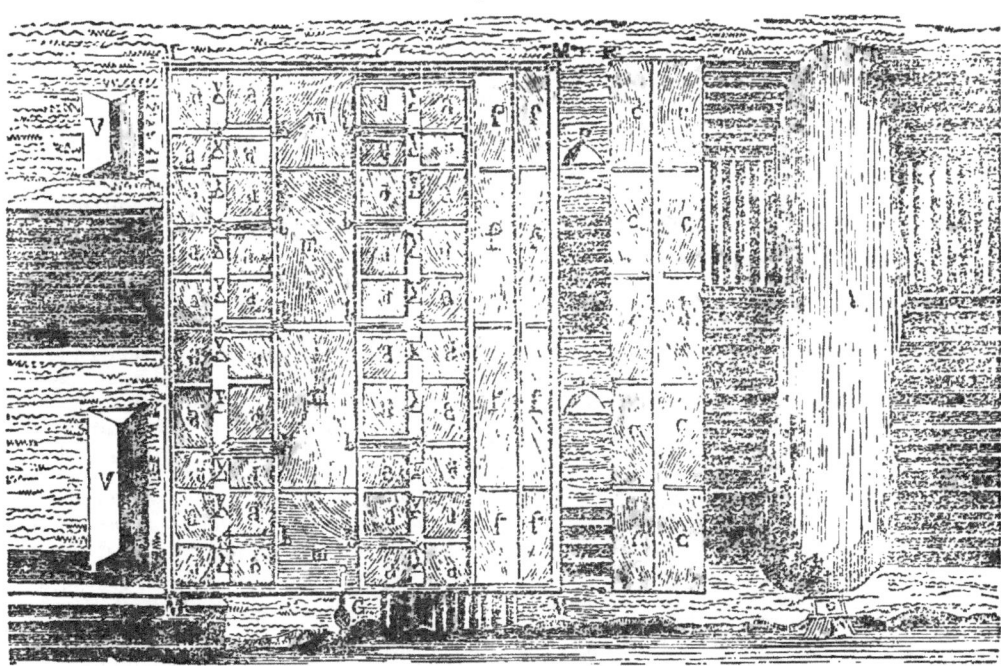

une écluse ou *vargigne* E. Ce réservoir doit contenir une hauteur de 2 pi. d'eau au moins et 6 pi. au plus. Dans ce jas l'eau de mer commence à dégager de la vapeur, mais surtout elle se dépouille des corps qu'elle tenait en suspension. Au moyen d'un tuyau souterrain ou *gourmas,* on la fait passer dans une

suite de bassins moins profonds *c. c. c.* nommés *couches;* de ceux-ci, au moyen du *faux-gourmas* (autre tuyau souterrain placé en *f*), elle passe dans le *mort* M; c'est un canal qui fait tout le tour du marais et auquel on donne jusqu'à 4,000 mèt. de développement. Le *mort* amène l'eau dans de nouveaux bassins *t, t,* connus sous le nom de *tables*; de ceux-ci elle passe dans une série de bassins semblables *m*, *m*, désignés sous le nom de *muant;* du muant l'eau arrive enfin dans les aires *a, a, a, a* où s'achève son évaporation; elle y parvient par des canaux *b, b, b*, nommés *brassours*, qui chacun versent l'eau dans 4 aires par des conduits souterrains qu'on ouvre et qu'on ferme à volonté à l'aide de tampons. L'eau arrive très concentrée dans les aires et ne tarde pas à y *saliner*. Le dépôt du sel s'annonce ordinairement par une teinte rougeâtre qui se développe dans l'eau et vient à la superficie. Cette coloration est due à la séparation d'une matière organique particulière inaperçue dans l'eau où elle était très étendue ou disséminée. M. Dumas, qui en a recueilli une petite quantité, a reconnu que c'est elle qui exhale, aux alentours des tas de sel des marais, l'*odeur de violette* signalée par divers observateurs.

Le sel cristallise à la superficie de l'eau ; de temps à autre on brise la croûte et, lorsqu'il s'est formé une couche assez épaisse, on ramasse le sel avec des râtissoirs et on le met en tas sur le chemin *v, v* qui sépare les aires et qu'on désigne sous le nom de *vie*. Dans certains marais, au lieu de briser la croûte de sel, on la recueille en l'écrémant avec un râteau à long manche.

Le travail des marais salans commence au mois de mars et se termine en septembre. Au commencement de la saison, pour mettre le marais en état de fonctionner, on doit le nettoyer. Pour cela, on ferme la communication entre le muant et les tables et l'on ouvre le conduit souterrain C désigné sous le nom de *coy*. Les eaux du muant s'écoulent et entraînent avec elles les dépôts. On jette dans le muant toutes les eaux que contiennent les aires et l'on nettoie celle-ci. On ferme alors la communication entre les couches et les tables et l'on vide ces dernières dans le muant. Les tables étant nettoyées, on pourrait en faire autant des couches, mais ordinairement on s'en dispense.

Le marais étant nettoyé, on amène l'eau du jas dans les couches, de là dans le mort, les tables, le muant, les brassours, et enfin dans les aires. Quand il y a 1 po. d'eau au plus dans l'aire, on ferme la communication ; l'eau qui arrive dans les aires est, dans les 1ᵉʳ temps, peu saturée, parce qu'elle n'a pas séjourné assez de temps dans les bassins intérieurs et que la saison est encore peu chaude. Il faut alors 8 jours pour que le sel se produise dans l'aire ; mais, dans la bonne saison et quand les eaux ont subi une évaporation convenable avant d'arriver dans l'aire, on saline 2 ou 3 fois par semaine, quelquefois même tous les jours.

Le sel se ramasse en tas coniques P, P, nommés *pilots*, ou en tas pyramidaux V, V, qu'on appelle *vaches*. Ces tas sont recouverts de paille ou d'herbages qui les garantissent de la pluie. Le sel, ainsi conservé en tas, s'égoutte et se purifie même, en ce que les sels déliquescens qu'il contient attirent peu à peu l'humidité de l'air atmosphérique et s'écoulent en solution.

Lorsque le sel a été ainsi suffisamment égoutté, on l'expédie dans le commerce où il est connu sous les noms de *sel brut, sel marin, sel de cuisine, sel commun,* etc. Les sels anciens sont toujours préférés aux sels nouveaux.

La *récolte* du sel est d'autant meilleure que la saison a été plus sèche et plus chaude ; quelquefois elle est presque nulle, si la saison a été très pluvieuse. Alors le cours du sel marin augmente et il s'en fait peu d'expéditions.

§ II. — Exploitation des sources salées.

Ces sources résultent de la solution des dépôts salifères ou bancs de sel gemme par les eaux souterraines. L'exploitation s'en fait par des procédés qui varient suivant les circonstances locales, mais qui, généralement, comprennent l'évaporation spontanée ou à l'air libre, et l'évaporation à l'aide de combustibles.

Les eaux salines des sources renferment ordinairement du chlorure de sodium, du chlorure de magnésium, du sulfate de magnésie, du sulfate et du carbonate de chaux et quelquefois du carbonate de fer dissous par un excès d'acide carbonique. Dans ce dernier cas, elles laissent former un *dépôt ferrugineux* abondant au moment de leur sortie du sein de la terre, ou dans les tuyaux de conduite qui les amènent au lieu de l'exploitation, en sorte que, là, elles sont presque toujours dépouillées d'oxide de fer. Une partie du carbonate de chaux dissous par l'acide carbonique se dépose en même temps. Dans la boue qui résulte de ces 2 dépôts, croissent souvent des conferves qui s'y putréfient après leur mort et communiquent à l'eau une odeur infecte plus ou moins sensible, mais que l'évaporation et la cristallisation font disparaître des produits.

1° *Des bâtimens de graduation.*

L'eau étant parvenue dans la saline, on commence son évaporation dans les *bâtimens de graduation*. Ces bâtimens sont des hangars très longs, assez élevés, ouverts à tous vents, et dans lesquels on dispose des appareils destinés à diviser, pour l'aérer autant qu'on le peut, l'eau de source. On se sert généralement pour cela de fagots d'épines amoncelés par couches horizontales en parallélipipèdes rectangles. On a aussi employé des cordes tendues verticalement du haut en bas du hangar ; quelquefois, enfin, les surfaces évaporantes sont des tables légèrement inclinées. Dans le 1ᵉʳ cas, l'eau qu'on veut concentrer est versée continuellement sur les fagots où elle se divise en couches excessivement minces, court d'une branche à l'autre et se trouve, pendant tout son trajet, en contact avec l'air qui circule au travers des fagots.

Lorsqu'on se sert de cordes, l'eau ruisselle autour d'elles ; elle se divise donc encore beaucoup et offre à l'air de nombreux points de contact.

Dans les bâtimens à *tables en bois*, à rebords très peu élevés, deux rangées de celles-ci sont disposées sous le hangar. Deux cuvettes sont légèrement inclinées alternativement, la première dans un sens, la deuxième dans l'autre ; à leur partie la plus basse est pratiqué un trou qui permet à l'eau versée sur le bout opposé de la tablette supérieure de tomber dans celle qui est au-dessous, et ainsi de suite. L'air passe entre les tablettes, et, séchant la couche mince d'eau salée qui s'y trouve, emporte de la vapeur aqueuse et, sé renouvelant sans cesse, accélère l'évaporation.

Les bâtimens de graduation à *fagots d'épines* (*fig.* 516) ont été d'abord employés en Lombardie ; on les introduisit ensuite en Saxe et,

Fig. 516.

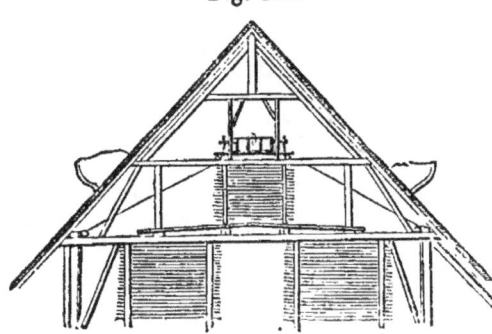

en 1559, ils furent adoptés dans les salines de Bavière ; dès cette époque toutes les exploitations placées dans des conditions convenables les ont adoptés. Ces bâtimens sont construits avec une charpente en bois, ouverte à tous vents, que l'on soutient sur des dés ou sur des piliers en maçonnerie ; ils sont couverts d'un toit en planches qui abrite les fagots et empêche l'accès des eaux de pluie ; ils ont une longueur de 350 mètres environ, sur 8 à 10 de largeur ; leur position doit être étudiée avec soin, sous le rapport de la direction habituelle du vent, dans la contrée. On conçoit que l'air doit les frapper perpendiculairement à leur longueur ; il est évident aussi que le mode de distribution des eaux doit être susceptible de changer à volonté, suivant les changemens de directions du vent. On remplit cette condition en plaçant sous le sommet du bâtiment de graduation une rigole offrant une rangée d'entailles sur chacun de ses deux bords ; deux planchettes glissant sur chaque côté de la rigole et dans lesquelles des entailles semblables sont pratiquées, laissent couler l'eau, quand d'un côté les entailles de la planchette et de la rigole se correspondent, tandis que le côté opposé ne laisse rien passer. Au moyen de leviers disposés à cet effet, on peut en un instant fermer l'un des côtés et ouvrir l'autre en faisant glisser les planchettes entaillées.

On partage la longueur des bâtimens de graduation en deux ou plusieurs sections ; la 1re reçoit les eaux de la source, la 2e celles qui ont déjà passé sur la 1re et ainsi de suite. Les *pompes* qui élèvent l'eau sont placées ordinairement au milieu du bâtiment et puisent dans des réservoirs situés vers sa partie inférieure, pour la porter dans les canaux qui la déversent sur les fagots. Ces pompes sont presque toujours mues par une roue hydraulique.

On peut se représenter la marche de l'évaporation, d'après les résultats suivans obtenus à Moutiers et recueillis par M. BERTHIER.

CHUTES.	Surface totale des fagots parcourus.	Densité de l'eau.	Eau évaporée.
		1,010	0,0
1re et 2e	5,158	1,023	0,540
3e, 4e, 5e, 6e, 7e, 8e et 9e. .	2,720	1,072	0,335
10e.	,550	1,140	0,062
Évaporation totale.			0,935
Eau restant à 1,140 de densité.			0,065
Eau employée à 1,010 de densité			1,000

D'après ce tableau on voit qu'il n'a pas fallu moins de dix chutes pour amener l'eau de la densité de 1,010 à celle de 1,140, encore les circonstances sont-elles supposées les plus favorables à l'évaporation ; souvent on est obligé de répéter les chutes plusieurs fois avant de passer d'un bâtiment à l'autre. On perd toujours, durant ce rapprochement, une quantité plus ou moins grande d'eau salée par la dispersion que les vents occasionnent, et cela explique comment l'évaporation semble marcher plus vite lorsque les eaux sont plus concentrées.

L'eau amenée ainsi à une densité de 1,140, ou très près de ce terme, est placée dans les *baissoirs* ; ce sont de vastes bassins en maçonnerie couverts. L'eau y dépose les matières insolubles qu'elle tenait en suspension ; de là elle est conduite dans *l'atelier*, où elle doit être soumise à une évaporation rapide dans une chaudière.

Lorsque la source salée contient des carbonates de chaux et de fer, elle laisse déposer du carbonate de chaux et du peroxide de fer, jusqu'à ce qu'elle marque 3°,5 à l'aréomètre de BAUMÉ, ce qui correspond à 1,023 de densité. Le sulfate de chaux, dans les eaux salées, ayant un maximum de solubilité qui correspond à 5° BAUMÉ, il est évident que ce n'est qu'à partir de ce terme qu'il pourra s'en déposer des quantités proportionnelles à l'eau évaporée. Voici, d'après M. BERTHIER, les nombres qui expriment cette solubilité.

Degrés de Baumé	Sulfate de chaux dissous
0°	0,0033
2°	0,0043
5°	0,00605 maximum.
15°	0,0043
27°	0,0000

Ainsi donc, le dépôt qui s'opère pendant les premiers momens de la graduation doit toujours consister en sulfate de chaux mêlée de peroxide de fer et de carbonate de chaux, ensuite il se dépose du sulfate de chaux seul.

Les nombres suivans, que M. BERTHIER a réunis d'après des expériences pratiques, indiquent les quantités d'eau qui s'évaporent par la graduation, depuis 1°,6 de BAUMÉ, jusqu'à 26° et les quantités de sulfate de chaux déposées.

Degrés de Baumé.	Poids de l'eau restante.	Poids de l'eau évaporée.	Sulfate de chaux déposé.
1, 6	10000	»	»
2, 0	8400	1600	»
3, 0	5620	2780	»
4, 0	4040	1580	4,
5, 0	3150	890	3,5
10, 0	1486	1664	10,5
15, 0	941	545	4,5
20, 0	703	238	2,6
25, 0	551	152	0,95
26, 0	526	25	0,1

Pour se servir de ce tableau il suffit de savoir qu'en temps ordinaire, on évapore environ 69 kilog. d'eau en 24 heures par mètre carré de surface garnie de fagots. Les circonstances locales déterminent à quel degré il convient d'arrêter la graduation; 14° et 20° sont les 2 limites entre lesquelles on borne cette évaporation; on s'arrête à 14° lorsqu'on a du combustible à très bas prix, et l'on pousse jusqu'à 20° quand il est cher. Pour fixer ce point, il faut tenir compte de la quantité d'eau dispersée pendant la graduation; si on l'a déterminée, on pourra comparer le prix du sel perdu avec celui du combustible nécessaire pour remplacer l'effet de l'air.

2° De l'évaporation dans les chaudières.

L'eau contenue dans les baissoirs s'écoule à volonté dans les chaudières, où elle est évaporée par la chaleur que développe le combustible. Ces chaudières ou poêles sont très vastes et faites avec des plaques de tôle forte de 4 ou 5 millimètres d'épaisseur assemblées par des clous rivés, elles sont soutenues par des piliers en fonte placés dessous On y brûle du bois ou de la houille.

La chaudière qui est chauffée directement est destinée à faire le sel; celle qui suit est la chaudière à schloter. Ces chaudières sont couvertes d'un toit en planches terminé par une trémie ouverte, par laquelle s'échappent les vapeurs.

Le travail se divise en trois opérations distinctes: 1° le schlotage; 2° la précipitation du sel; et 3° la dessiccation du sel égoutté. Ces trois opérations marchent de front et ordinairement à l'aide d'un seul foyer.

On désigne sous le nom de schlot un dépôt abondant qui se forme quand l'eau salée est mise en ébullition. Le schlot est formé d'un sel double, sulfate de chaux et de soude.

Pour schloter, c'est-à-dire pour débarrasser l'eau salée de tout le sulfate double qu'elle peut produire, on amène dans la chaudière l'eau des baissoirs qui marque environ 18° de Baumé, puis on la fait bouillir. Il se forme aussitôt une écume provenant de matières organiques enlevées et coagulées par l'ébullition; on y ajoute quelquefois un peu de sang de bœuf fouetté dans l'eau froide, pour faciliter la séparation de cette matière. Comme l'eau salée est ordinairement alors saturée de sulfate de chaux, le schlotage commence

bientôt; le sulfate double se dépose, entraînant du sel marin; on l'enlève avec de longs râbles, et on le dépose dans des augets carrés en tôle, connus sous le nom d'augelots, qui sont placés au-dessus de la chaudière. Au bout de 15 ou 20 heures de feu, le sel commence à se déposer lui-même; cependant on ne procède pas encore au salinage. On ajoute de nouvelle eau provenant des baissoirs et l'on schlote encore pendant 8 ou 10 heures; quand la chaudière est pleine d'eau à 27° de Baumé elle est bonne à saliner.

On la porte alors dans la chaudière de salinage ou de soccage où elle est chauffée modérément; le sel cristallise en trémies ou pieds de mouches à la surface du liquide. On sépare d'abord un peu d'écume qui se forme, puis on ramasse le sel à l'aide d'une grande écumoire ou pelle trouée et on l'égoutte dans des trémies; de là il passe au séchoir.

Le salinage dure plusieurs jours, il n'est arrêté que lorsque le sel devient impur; il reste une eau-mère épaisse, visqueuse et odorante que l'on porte dans un réservoir particulier.

Les analyses de M. Berthier prouvent que la pureté du sel va en décroissant, comme on devait le prévoir.

Les eaux-mères contiennent beaucoup de chlorure de magnésium (muriate de magnésie), du sel marin et du sulfate de magnésie. Elles contiennent souvent en outre des iodures et des bromures de magnésium que l'on commence à exploiter; enfin elles renferment toujours une matière organique qui paraît provenir des fagots. Comme le sulfate de magnésie et le sel marin réagissent l'un sur l'autre, se transforment en sulfate de soude et en chlorure de magnésium à une basse température, on tire parti de ces eaux-mères, en les mettant dans un réservoir où elles passent l'hiver; il s'y forme trois dépôts successifs, le dernier est formé de sulfate de soude presque pur; on le retire et on le livre au commerce.

La présence du chlorure de magnésium est la cause de grandes pertes; il donne des sels désagréables au goût et déliquescens; il convient de s'en débarrasser et M. Berthier y est parvenu à l'aide de l'application très ingénieuse d'une observation de Grenn. Le sulfate de soude et le chlorure de calcium se décomposent mutuellement et donnent du sel marin et du sulfate de chaux; Grenn a montré en outre que la chaux décompose le chlorure de magnésium, et qu'il en résulte du chlorure de calcium et de la magnésie.

Dans presque toutes les sources salées il existe du sulfate de soude et du chlorure de magnésium, mais en général moins de ce dernier qu'il n'en faudrait. Si l'on ajoute donc dans l'eau salée assez de chaux pour décomposer le chlorure de magnésium, on éliminera de là magnésie en produisant du chlorure de calcium qui à son tour décomposera une partie du sulfate de soude; il restera donc un mélange de sulfate de soude, de sel marin et de sulfate de chaux, et après le schlotage on pourrait saliner sans qu'il restât sensiblement d'eau-mère.

Quand on a des eaux-mères à sa disposition, on peut s'en servir pour ajouter à l'eau le chlorure de magnésium nécessaire à l'entière décomposition du sulfate de soude et alors, après le dépôt du sulfate de chaux, une évaporation brusque donnera du sel marin d'une pureté remarquable.

Pendant l'évaporation du sel, il s'attache au fond des *poêles* un peu de schlot que l'on est obligé d'enlever à coups de marteau au bout de 12 ou 15 cuites ; on conçoit que sa formation est très fâcheuse, en ce que les chaudières conduisent moins bien la chaleur et qu'on les détériore pour le détacher. Ce dépôt est désigné sous le nom d'*écailles*, en raison de la forme de ses fragmens lorsqu'il est enlevé au ciseau.

A Moutiers, pour remplacer en été l'évaporation par le feu, on se sert d'un bâtiment de graduation à cordes, au moyen duquel on obtient directement du sel cristallisé. Ce bâtiment a 90 mètres de longueur, dont 70 sont garnis de cordes ; au sommet du bâtiment sont placés des canaux de 13 centimètres de large, espacés entre eux de 13 centimètres. Des cordes sans fin passent dans des trous percés dans ces canaux et sont maintenues par des solives au bas du bâtiment ; elles ont 7 à 8 millimètres de diamètre. Il y a 24 fermes dans l'intervalle desquelles se trouve 12 canaux, et ceux-ci portent 23 cordes chacun, ce qui fait 46 longueurs de cordes pour chaque canal. Cette corde ayant 8 mètres 1/4 de longueur, on voit qu'il a fallu plus de 100,000 mètres de corde pour construire le bâtiment. L'eau est élevée par une *noria* dont les seaux la versent dans un canal qui règne dans toute la longueur du bâtiment ; celui-ci la distribue dans des canaux qui se trouvent entre chaque ferme, et de là elle passe dans les canaux qui supportent les cordes et qui sont munis d'é chancrures par lesquelles l'eau coule sur les cordes.

En été on amène l'eau saturée bouillante sur ces cordes, on l'y fait passer plusieurs fois et le sel marin s'y dépose ; quand l'eau devient visqueuse et épaisse, on la conduit au réservoir des eaux-mères. Le sel cristallise sur ces cordes qui se recouvrent ainsi d'une couche de plus en plus épaisse ; lorsqu'elles ont

acquis près de 6 centimètres de diamètre, on les décharge en brisant le sel ; celui-ci tombe sur le sol du bâtiment où on le ramasse.

Le salinage d'une cuite qui durerait 5 à 6 jours dans les chaudières se fait en 17 heures sur ce bâtiment. Le sel est plus pur, mais les eaux-mères sont plus abondantes.

Dans le bâtiment on obtient 2 espèces de sel ; le 1er se forme dans les bassins quand l'eau y séjourne quelque temps, avant d'être élevée sur le bâtiment ; il est en gros cristaux très blancs ; le second et le plus abondant se produit sur les cordes mêmes. Ces sels sont d'une pureté remarquable. Voici leur composition :

	sel des bassins.	sel des cordes.
Sulfate de magnésie. .	0,40	0,58
id. de soude . . .	0,75	2,00
Chlorure de magnésium.	0,18	0,25
Sel marin	98,67	97,17
	100,00	100,00

On livre rarement au commerce du sel marin aussi pur ; toutefois ce procédé, plus dispendieux de 1er établissement d'usé et de main-d'œuvre, n'a été adopté qu'à Moutiers, partout ailleurs on a préféré le salinage en chaudières comme nous allons décrire.

D'après des analyses nombreuses sur des échantillons pris à toutes les époques importantes de l'opération du salinage en chaudières, M. BERTHIER résume ainsi les préceptes et la théorie de cette opération.

Il faut *schloter à grand feu* pour déterminer la formation du schlot, et par suite la séparation d'une grande quantité de sulfate de soude. Après le schlotage, il est utile de saliner à petit feu pour éviter que le sulfate de magnésie et le chlorure de magnésium ne cristallisent avec le sel marin. Au commencement du salinage il se dépose peu de sulfate de soude, la quantité en augmente lentement et tout ce sel est déposé avant la fin de l'évaporation ; le dernier sel obtenu ne contient que du sulfate de magnésie.

Les analyses suivantes feront voir que ces préceptes sont une déduction immédiate des faits.

PRODUITS de la saline de Moutiers, (analyse de M. BERTHIER).	AVANT GRADUATION			PRODUIT DE LA GRADUATION.			
	Dépôt à la source.	Dépôt près du bâtiment.	Eau près du bâtiment.	1er dépôt.	Dépôt moyen des épines.	Dernier dépôt des épines.	Eaux des patsoins.
Carbonate de chaux.	85,0	5,0					
	5,0	93 »	0,05	6,60			
Débris organiques.	4,0	2 »	»				0,30
Sulfate de chaux.	»	»	0,276	93,35	99,76	99,75	0,80
— de magnésie.	»	»	0,056	»	»	»	2,65
— de soude.	»	»	0,130	»	»	»	
Chlorure de sodium	»	»	0,060	0,05	0,24	0,25	16 »
— de magnésie. . . .	»	»	0,032	»	»	»	0,46
Eau.	6,0	»	99,402	»	»	»	79,79
	100 »	100 »	100 »	100 »	100 »	100 »	100 »

PRODUITS de la saline de Moutiers, (analyses de M. Berthier)	SCHLOTAGE.				SALINAGE.				
	1er schlot.	Schlot. moyen.	Dernier schlot.	Eau à 26°.	1er sel.	Sel moyen.	Dernier sel.	Eaux-mères.	Ecailles.
Sulfate de chaux.	28 »	41,10	»	»	1,56	»	»	»	10,65
— de soude.	24 5	52,65	10,10	2,81	3,80	5,55	»	»	18,66
Chlorure de sodium	47 5	6,25	25,68	25,50	94,64	93,59	85,50	20,80	57,34
Sulfate de magnésie	»	»	64,22	1,48	»	0,25	12,50	9,50	3 »
Chlorure de magné.	»	»	»	1,07	»	0,61	2 »	4,85	0,75
Eau.	»	»	»	69,14	»	»	»	64,85	9,60
	100 »	100 »	100 »	100 »	100 »	100 »	100 »	100 »	100 »

Produit du travail des eaux-mères.	1er dépôt.	2e dépôt.	Dernier dépôt.	Eaux-mères.	Produits d'une cuite sur 46,900 kil. d'eau à 20°.	
						kil.
Sulfate de magnésie.	11,74	0,25	» »	4,2	Chlorure de sodium.	7900
— de soude.	46,36	56,5	95 »	6 »	Schlotage.	340
Chlorure de magnés.	0,60	0,25	» »	5,4	Ecailles	210
— de sodium.	41,30	43, »	5 »	19,9	Eaux-mères et perte. . . .	2050
Eau	»	»	»	64,5		
	100 »	100 »	100 »	100 »		10,500

La dernière partie des tableaux ci-dessus indique les résultats d'une cuite faite par M. Berthier, à Moutiers, sur 46,900 kil. d'eau à 20° contenant 10,500 kil. de substances salines. On a employé dans cette cuite 50 stères de bois de sapin ou mélèze refendu, savoir : 25 pour schloter et 25 pour saliner.

Nous ferons observer que le déchet en eaux-mères et perte est trop fort; on n'évalue qu'à 1/7 ou 1/8, dans le travail courant, la perte réelle. Il est évident qu'on n'a pu traiter toutes les eaux-mères, puisque, d'après le résultat moyen d'une année, celles-ci fournissent en sulfate de soude le 10e du poids du sel marin obtenu. Il faudrait donc ajouter ici environ 790 kil. de sulfate de soude aux produits.

A Moutiers, on consommait alors 1 stère de bois pour évaporer 7,5 quintaux métriques d'eau à 20° de Baumé. Cette quantité de combustible est énorme, puisque chaque kil. de bois forme à peine 2,5 de vapeur. Les chaudières construites par Cloiss, à Rosenheim en Bavière, sont plus avantageuses; elles évaporent environ 3,5 kil. d'eau par kil. de bois, et sont indiquées par la *fig.* 517 en plan, et par les *fig.* 518 et 519 en coupe suivant les lignes A B et B C de la *fig.* 517. Dans cette figure, on voit ces 6 chaudières,

Fig. 517.

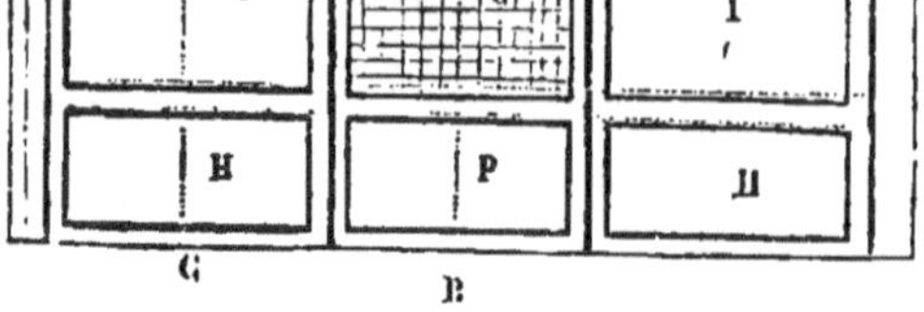

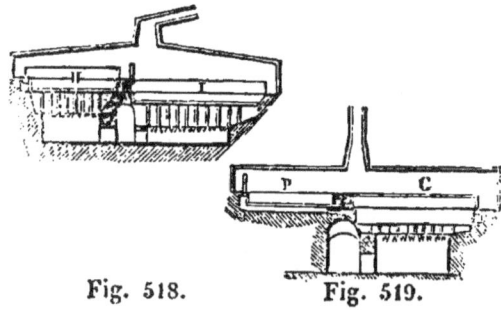

dont une, le *poêlon* P, chauffée par les fumées

des 5 autres, reçoit l'eau salée. Celle-ci dépose et se rend dans la *poêle de graduation* G par la pente naturelle. Concentrée là, au point de schlotage, on la fait couler dans la *poêle de préparation* H H; on schlote jusqu'au degré de saliner; l'eau coule dans la *poêle de cristallisation* I I; le salinage s'y opère sans ébullition; on recueille le sel sur une trémie, dont le plan incliné laisse égoutter l'eau dans la poêle.

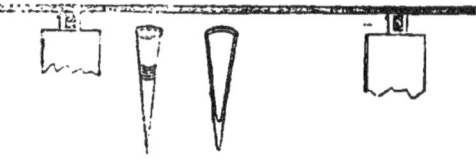

Fig. 518.   Fig. 519.

La *fig.* 518 montre la disposition des plaques en tôle, soutenues par des piliers de fonte. On voit (*fig.* 520), un cone creux en cuivre lesté, servant d'aréomètre.

Fig. 520.

Rappelons qu'en se servant de *chaux* pour purifier les eaux salées, on simplifie de beaucoup la marche du travail; on se débarrasse de divers produits accidentels; enfin on obtient, en moins de temps et avec une grande économie de combustible, une plus grande quantité de sel marin, puisqu'on recueille tont celui que l'eau renferme et même un peu plus.

Cette amélioration est applicable, non-seulement aux sources salées, mais encore à toutes les exploitations de sel marin. Ainsi, quand on dissout le sel gemme pour le faire cristalliser, on se retrouve dans les mêmes conditions, et, lorsqu'on exploite l'eau de la mer, elles se reproduisent encore. On pourra juger de l'influence de ces améliorations en examinant, dans les tableaux ci-dessous, la composition des sels obtenus en Russie (en concentrant les eaux par la gelée et conservant ainsi les *maxima* de chlorure) ; et remarquons que ces sels ne contiennent que 77 à 91 p. 0/0 de sel marin, tandis que les produits vendables de l'étang de Berre contiennent de 95 à 96 de sel pur; enfin, si l'on compare, dans le tableau de ces derniers produits, les résultats de l'ancien mode d'opérer avec les nouveaux moyens mis en pratique, on verra qu'aujourd'hui les sels contiennent plus de 99 centièmes de sel pur, tandis qu'ils n'en renfermaient autrefois que 94 à 96.

SECTION III. — *Des emplois du sel.*

Le sel marin brut est employé dans l'économie domestique, dans certains arts et pour différentes fabrications, entre autres pour la *préparation de la soude*, du *sulfate de soude*, de l'*acide hydrochlorique*, du *chlorure de chaux* et de différens autres produits chimiques. Ce sel se raffine de la manière ci-dessus indiquée relativement au sel gemme.

Le sel raffiné que l'on vend le plus communément, destiné à l'*usage de la table*, doit être en cristaux fins, légers. Il faut, pour l'obtenir, que l'évaporation ait lieu rapidement. Lorsqu'on veut, au contraire, obtenir le sel en très gros cristaux, pour fournir à la consommation particulière de cette sorte de sel, il faut que la cristallisation se fasse plus lentement, et, à cet effet, que l'ébullition soit faible. La masse du liquide n'étant pas alors fortement agitée, les cristaux qui se produisent à sa surface augmentent de volume peu à peu, le léger mouvement du liquide n'empêchant pas les rudimens de cristaux de venir s'y agglomérer et de former de larges trémies.

La consommation du sel pour les *salaisons* des viandes est considérable; on en emploie beaucoup aussi pour saler la morue dans les expéditions maritimes; mais on préfère un sel acheté en Portugal, connu sous le nom de *sel de Sétuval*. On a vainement cherché, dans la composition chimique de ce sel, la raison de la préférence qu'il mérite; elle nous semble due à la plus forte cohésion de ses cristaux. On obtiendrait probablement les mêmes résultats avantageux en se servant de sel gemme en grains d'égale grosseur, ou des cristaux lourds, formés au fond des bassins par une évaporation lente.

Avant d'indiquer les applications du sel marin, nous présenterons la composition des *principales* variétés de sel qu'on trouve dans le commerce, autres que celles comprises dans les tableaux ci-dessus.

SELS extraits par la gelée, (analyse de M. Hess).	SALINES DES ENVIRONS D'IRKOUTSK ET MER D'OKHOTSK.			OBSERVATIONS.
	Mer d'Okhotsk.	Salines d'Oustkout.	Salines d'Irkoutsk.	
Sel marin.	77,60	77,84	91,49	
Sulfate de soude.	13,60	15,20	2,76	
Chlorure d'aluminium	6,20	1,17	2,60	Observé pour la première fois.
— de calcium. . . .	0,94	5,22	1,10	
— de magnésium. . .	1,66	3,57	2,05	
	100 »	100 »	100 »	

Produits de l'étang de Berre, près Marseille.

ANALYSE DE M. DUMAS.	PAR LES PROCÉDÉS ANCIENS.			PAR LES PROCÉDÉS NOUVEAUX.				AUTRES SELS employés à Marseille pour fabriquer la soude.	
	Dépôt séléniteux.	Sel de 1831.	Sel de 1831.	Sel de la pièce maîtresse 1825.	Sel ordinaire 1835.	Sel qui cristallise en aiguille sur les tas de sel marin.	Sel des eaux-mères.	Sel de la Valdac.	Sel du Languedoc.
Sulfate de chaux hydraté.	86	0,07	1,58	0,76	0,39	»	0,12	1,24	1 »
Carbonate de chaux. .	8	»	»	»	»	»	»	»	»
Argile.	1	0,20	0,26	0,01	0,05	0,12	0,14	6,26	0,14
Sel marin.	1	96,12	94,46	99,23	99,12	56,57	84,48	78,5	98,70
Perte.	4	»	»	»	»	»	»	»	»
Sulfate de magnésie. .	»	1,97	2,61	»	0,14	42,71	13,68	»	»
— de soude. . .	»	1,64	»	»	»	»	1,58	»	»
Chlorure de magnésium.	»	»	1,06	»	»	0,60	»	»	0.16
	100	100	100 »	100 »	100 »	100 »	100 »	100 »	100

DIVERS SELS COMMERCIAUX, (analyse de M. Henry, les autres de M. Berthier.)	Sel marin.	Magnésie.	Chlorure magnésie.	Sulfate de chaux.	Matière insoluble.	Eau.	
Sel gemme de Chester	98,6	»	0,10	1,20	0,1	0 »	100
St.-Ubes, 1re qualité.	95,19	1,69	»	0,56	»	2,45	100
— 2e qualité.	89,19	6,20	»	0,81	0,2	3,60	100
— 3e qualité.	80,09	7,27	»	3,57	0,2	8,36	100
Sel de Figueras.	91,14	3,54	0,70	0,33	»	4,20	100
— de Bouc.	95,11	1,30	0,22	0,91	0,1	2,35	100
— du Croisic.	87,97	1,58	0,50	1,65	0,8	7,50	100

Nous n'insisterons pas sur les emplois ordinaires du sel, que chacun connaît, mais nous devons indiquer encore plusieurs autres applications d'une grande importance, que le bon marché seul pourrait permettre. Dans l'extraction des mines, le sel ne coûte que 25 à 50 c. les 100 kil., et dans les marais salans 60 c. à 2 fr. 50 c. A ce dernier prix, et même au double, il pourrait être d'une grande utilité pour *élever des bestiaux* et pour faire *macérer les fumiers*, sans que leur décomposition les altérât trop. On sait que les plantes trop aqueuses dont se nourrissent les bœufs, les moutons, les chèvres, dérangent l'estomac de ces animaux, qu'elles ont une action nuisible sur leurs intestins. On pourrait remédier à ces inconvéniens en donnant une *petite quantité de sel aux bestiaux*, en même temps que des herbes aqueuses, ou seulement si on laissait à leur disposition une pierre de sel gemme qu'ils iraient lécher tour à tour. Une petite proportion de sel peut encore être fort utile à la conservation et à la facile digestion des feuilles d'arbres que l'on donne aux chèvres, des marcs de pommes de terre, de betteraves, etc. On a d'ailleurs remarqué que les bestiaux, les moutons surtout, engraissent beaucoup plus et se portent mieux lorsqu'on leur donne un peu de sel. On sait, enfin, que la viande en est de meilleure qualité : tout le monde connaît la réputation des moutons dits de *prés salés*.

Malheureusement pour les fermiers intéressés à ces applications, un impôt très lourd (30 fr. par 100 kilog.) pèse sur le sel marin; il équivaut de 12 à 120 fois le prix revenant du sel. Ce droit, n'ayant pu encore être remplacé, paralyse les divers emplois que nous venons de signaler et cause ainsi une perte réelle de richesse territoriale.

SECTION IV. — *De la falsification du sel.*

Le sel marin, qui devait être à beaucoup meilleur marché que tous les autres sels, est au contraire l'un des plus chers; c'est aussi lui qui est l'objet des fraudes les plus nombreuses, puisque l'on trouve un grand profit à augmenter son poids par l'addition de plusieurs autres sels. Ainsi on l'a mélangé : 1° avec le *sulfate de soude* cristallisé, qui ne coûte environ que les 2/3 du prix du sel raffiné; 2° avec les *sels* qu'on obtient en raffinant les *soudes de vareck*. Jusqu'ici il n'y a rien d'insalubre dans ces mélanges; le 1er pourrait à peine être légèrement laxatif: l'un et l'autre changent plus ou moins la sa-

veur du sel, mais d'autres mélanges ont présenté des dangers réels.

Le *sulfate de chaux* (plâtre cru), que l'on pulvérise exprès pour être mélangé au sel marin, ne produit pas non plus des inconvéniens très graves, bien qu'il soit déjà une cause d'insalubrité pour quelques personnes; car on sait que les eaux séléniteuses ont généralement une action défavorable sur les intestins et l'estomac. Mais le sulfate de chaux en poudre, servant aussi pour être mêlé à l'oxide d'arsenic, diminue son prix et permet de donner cette marchandise à meilleur marché; il paraît que ce sulfate broyé dans le même mortier où l'on avait pulvérisé l'arsenic, a été vendu pour être mélangé avec du sel marin; celui-ci, livré à la consommation, a donné lieu à plusieurs accidens assez graves qui ont éveillé l'attention de l'administration. Au reste, quelle qu'en soit la cause, des expériences irrécusables ont décelé, l'année dernière, à Paris, dans le sel marin, la présence de l'*arsenic*. D'autres accidens ont été attribués à l'*oxide de cuivre*, et par suite, l'administration a décidé que les chaudières en cuivre seraient dorénavant supprimées pour le raffinage du sel. Il ne paraît pas que l'effet délétère observé vînt de cette cause; cependant on a bien fait de prendre cette mesure, puisque les chaudières en cuivre ne sont pas indispensables et que, depuis long-temps, elles ont été remplacées, en Angleterre, par des chaudières en tôle de fer.

Dans l'examen que l'on a fait à cette occasion de la plupart des sels du commerce, on a trouvé encore, dans quelques échantillons, une certaine proportion d'*iode*. Les eaux-mères du sel marin, recueillies dans les marais salans, contiennent en effet un composé d'iode; et si on livrait ce produit à la consommation immédiatement après qu'on l'a rassemblé sur le bord des fosses, il s'y trouverait encore une petite proportion de cette matière dont la présence ne serait pas sans quelques inconvéniens. L'iode n'a pas, à faible dose, des propriétés malfaisantes, puisqu'on s'en sert en médecine pour faire dissoudre les goîtres, mais il paraît que cette propriété peut avoir des résultats fâcheux lorsqu'elle n'est pas utile pour faire disparaître les grosseurs informes dont nous parlons. Il est donc important de n'employer le sel parmi nos alimens que lorsqu'il a subi une purification naturelle. Il suffit, à cet effet, de laisser égoutter spontanément l'eau-mère à travers les tas de sel marin; l'eau pure déposée par l'air humide opérant une sorte de la vage, entraîne, avec quelques centièmes du sel, le composé d'iode et les substances étrangères solubles.

Ce n'est effectivement qu'après que le sel marin a été ainsi purifié qu'il est ordinairement expédié dans le commerce.

Section V. — De la composition du sel.

Le sel marin, dans la nomenclature chimique ancienne, était appelé *muriate de soude;* depuis que l'acide *muriatique* a été décomposé en chlore et hydrogène, et désigné sous le nom d'*acide hydrochlorique* ou *chlorhydrique*, on a nommé le sel marin *hydrochlorate de soude;* et enfin, ayant démontré que ce sel pur résulte de l'union du chlore avec le sodium, et ne contient pas d'eau on le nomme actuellement *chlorure de sodium*.

Le sel gemme cristallise ainsi anhydre dans la nature; celui même qu'on obtient par les moyens exposés ci-dessus ne contient d'eau que celle interposée dans les cristaux.

Le chlorure de sodium pur est formé de :

1 atome de sodium.	290,92
2 atomes de chlore.	442,64
	743,56

ce qui équivaut p. 0/0 à 39,65 de sodium, et 60,35 de chlore.

Un caractère qui distingue ce composé de la plupart des sels solubles consiste dans une solubilité à l'eau froide presque égale à sa solubilité dans l'eau chaude; sa saveur salée, agréable au goût, le caractérise bien aussi. On le reconnaît enfin à ce que ses cristaux décrépitent (ou produisent de petites explosions) au feu ; que, chauffé très fortement, il se fond, devient liquide et peut se volatiliser complètement en répandant des vapeurs blanchâtres. Cette propriété a permis de l'appliquer au *vernissage* des poteries communes.

PAYEN.

CHAPITRE XXVI. — DE L'EXTRACTION DES ARGILES, DES SABLES, DES CENDRES PYRITEUSES ET DE LA CHAUX.

Section 1re. — Extraction des argiles.

On connaît sous le nom d'argiles plusieurs sortes de matières terreuses, désignées aussi par les dénominations de *glaises, marnes argileuses, kaolin, terre à foulon*, etc.

On *extrait les argiles* soit à ciel ouvert, lorsqu'elles se trouvent en masses assez rapprochées de la superficie du sol, soit en formant des *carrières* par puits et galeries, lorsqu'elles se trouvent à une certaine profondeur; souvent on fait un choix de plusieurs qualités en extrayant les différentes couches.

L'*argile est un mélange* de silice et d'alumine dans des proportions variables. Ces mélanges ont des caractères communs , plutôt dans quelques propriétés physiques qui leur assignent des usages particuliers, que dans leur composition intime.

Elles se délaient dans l'eau avec d'autant plus de facilité qu'elles ont été préalablement plus desséchées, mais sans calcination ; alors elles se réduisent en bouillie qui, ramenée à la consistance d'une pâte ferme, devient onctueuse ; elles offrent assez de ténacité pour se laisser allonger dans diverses directions sans se briser. Cette propriété est plus ou moins saillante dans les différentes argiles.

Les pâtes argileuses desséchées durcissent à une température rouge ; elles acquièrent plus de solidité , deviennent dures au point d'étinceler sous le choc de l'acier; alors, et même après avoir été chauffée seulement au rouge cerise, l'argile a perdu la propriété de se délayer dans l'eau et de faire pâte avec elle. Ces deux caractères s'appliquent aux diverses argiles sans être portés dans toutes au même degré d'intensité.

Les *argiles sont infusibles* par elles-mêmes; et lorsqu'elles sont assez pures pour offrir cette propriété, on les désigne sous le nom spécial d'*argiles réfractaires;* on les recherche pour préparer des briques et creusets capables de résister long-temps aux températures élevées de certains fourneaux. En général, afin de diminuer les retraits à la dessiccation et au feu, on mélange le plus possible de sable ou de débris pulvérulens des mêmes argiles calcinées dans la pâte argileuse, en sorte que l'argile plastique ne forme que 25 à 33 p. 0/0 du mélange. Mais elles deviennent fusibles par l'action de la chaux, de la potasse, de la soude, de la baryte, des oxides de plomb , de fer, ou de manganèse et d'un grand nombre d'autres. Dans la nature, on trouve des mélanges argileux contenant du carbonate de chaux , des oxides de fer et de manganèse, et la présence de ces substances, lorsqu'elles y sont en quantité suffisante, rend les *argiles fusibles*.

Non-seulement l'*action du feu durcit les argiles* et tous les mélanges terreux dans lesquels cette terre domine par ses propriétés , mais elle leur fait éprouver une diminution de volume nommée *retrait*, qui varie selon les circonstances. En même temps qu'elles diminuent de volume, elles perdent une partie de leur poids, ce que l'on doit attribuer surtout à l'eau qu'elles retiennent avec une grande force et qu'elles n'abandonnent totalement que par une très haute température.

Les argiles doivent à cette affinité pour l'eau une autre propriété qu'on remarque dans la plupart de leurs variétés ; c'est la faculté d'absorber ce liquide avec promptitude, lorsqu'elles en sont privées et même avec sifflement, et de s'attacher à la langue en s'emparant promptement de l'humidité qui est constamment répandue à sa superficie. On dit , des argiles et de quelques autres pierres qui ont cette faculté, qu'elles *happent* à la langue. La plupart des argiles sont douces au toucher, se laissent couper au couteau et même polir avec le doigt. Elles se rencontrent en général, à l'état naturel, plus ou moins impures.

Les substances qui altèrent la pureté des argiles sont : le carbonate de chaux, l'oxide de fer, la magnésie, le sulfure de fer, les matières organiques végétales en partie décomposées, une matière bitumineuse et quelquefois la silice en excès ; celle-ci leur donne de l'âpreté, leur ôte ou diminue leur liant et leur ténacité. L'oxide de fer les colore et leur donne de la fusibilité soit avant, soit après l'action du feu. Le sulfure de fer en se décomposant et se brûlant y laisse de l'oxide de fer

Le carbonate de chaux en proportion suffisante donne aux argiles la propriété de faire effervescence avec les acides, et leur communique une grande fusibilité. Enfin, la magnésie leur imprime quelquefois une qualité onctueuse particulière.

Nous donnerons ici quelques détails sur les principales variétés d'argile.

1° *Collyrite.* C'est une argile infusible, blanche, assez tenace, laissant suinter l'eau par la pression ; elle retient toutefois une partie de ce liquide avec une grande force et se divise par la dessiccation lente en prismes basaltiques, analogues à ceux que forme l'amidon dans les mêmes circonstances ; elle est absolument infusible et se délaie sans effervescence dans les acides. Elle absorbe l'eau avec sifflement et devient demi-transparente. Cette argile est composée :

D'alumine. . . . . . . 42 46 ⎫
De silice. . . . . . . 13 14 ⎬ 100.
D'eau. . . . . 44 40 ⎭

2° *Kaolin.* Les kaolins sont friables, rudes au toucher et se réduisent difficilement en pâte avec l'eau ; débarrassés des parties étrangères auxquelles ils sont mélangés ordinairement, ils sont infusibles au feu des fours à porcelaine et n'y acquièrent aucune coloration, mais se durcissent autant et peut-être plus encore que les autres argiles, mais ils n'acquièrent pas d'agrégation, du moins lorsqu'ils sont purs.

Les vrais kaolins sont presque tous d'un beau blanc, quelques-uns légèrement jaunâtres ou rouge pâle ; plusieurs de ces derniers acquièrent par le feu une teinte grise qui s'oppose à ce qu'on les emploie dans la fabrication de la belle porcelaine ; la plupart présentent des parcelles de mica qui décèlent leur origine. Presque toutes ces argiles sont évidemment dues à la décomposition d'une roche composée de feldspath et de quartz (pegmatique).

Le kaolin de Saint-Yrieix , lavé et séché , contient 56 de silice , et 44 d'alumine , p. 0/0

3° *Argile plastique.* C'est celle dont les usages sont le plus nombreux, et qui s'emploie le plus aussi dans l'agriculture et l'horticulture. Elle est bleuâtre ou d'un gris brun ardoisé , compacte, douce au toucher ; elle se laisse polir par le doigt. Lorsqu'elle est sèche , elle est susceptible de prendre beaucoup de liant avec l'eau, et donne une pâte tenace ; quelquefois même elle acquiert dans l'eau un peu de translucidité. Elle est infusible au feu de porcelaine , et y prend une grande solidité.

L'argile de Vaugirard, près de Paris, est de la variété plastique ; elle est souvent rendue impure par des proportions variables de bisulfure de fer ; ses principaux usages sont dans la confection des briques et poteries communes, des fourneaux de laboratoire, des modelages, de la chaux hydraulique artificielle, etc. Lors de l'extraction qui s'en fait par puits et galeries, on sépare les mottes (parallélipipèdes rectangles) obtenues de la couche la plus pure dite *la belle;* on les vend plus cher pour les sculpteurs, les fabricans de fourneaux portatifs , les potiers, etc. ; la couche la moins pure contenant plus de bisulfure de fer, s'emploie mêlée au sable dans la fabrication des grosses briques et carreaux ; on distingue encore les fragmens informes dits *graillons* des 2 qualités , qui se vendent respectivement moins cher que la qualité correspondante en mottes entières.

Parmi ces argiles, les unes restent blanches ou même perdent leur couleur au feu de porcelaine ; les autres deviennent d'un rouge quelquefois assez foncé.

Sous le rapport de la composition , l'argile plastique offre deux variétés distinctes dont voici quelques exemples, d'après les analyses de M. BERTHIER.

ARGILE PLASTIQUE.	Silice.	Alumine.	Per-oxide. de fer.	USAGES.
De Forges-les-eaux. . .	73 »	27 »	traces.	Creusets de verrerie et divers vases réfractaires des laboratoires.
De Saint-Amand. . . .	73,3	24 »	2,7	Poteries dites de grès.
De Stourbridge	73,4	24,6	2,0	Creusets pour fondre le verre et l'acier.
De Montereau.	73 »	27 »	traces.	Carreaux, tuiles, briques et poteries.

Dans cette variété , la silice contient 3 fois l'oxigène de la base. Dans la suivante elle n'en contient que le double environ.

ARGILE PLASTIQUE.	Silice.	Alumine.	Per-oxide de fer.	USAGES.
D'Abondant	59 »	41 »	traces.	Gazettes à porcelaine.
Du Devonshire. . . .	57 »	43 »	traces.	Fayence fine anglaise.
D'Audennes près Namur.	64,3	33,3	2,5	Creusets à laiton.

4° *Argile smectique* ou *terre à foulon*. Grasse et onctueuse au toucher, elle se laisse polir avec l'ongle, se délaie promptement dans l'eau, y forme une espèce de bouillie, mais n'y acquiert pas une grande ductilité; elle contient souvent de la magnésie à la présence de laquelle plusieurs de ses caractères extérieurs paraissent être dus.

Les couleurs de cette argile sont variables; la plus ordinaire est le gris jaunâtre et le vert olive; il y en a aussi de brunes, de couleur rouge de chair; sa cassure est tantôt raboteuse, tantôt schisteuse, quelquefois conchoïde.

L'argile smectique est assez compacte, happe très peu à la langue. Plusieurs variétés de cette argile noircissent par un premier feu et deviennent blanches ensuite, ce qui indique la présence d'une matière combustible. Enfin, elles se fondent à un feu plus violent.

5° *Argile figuline.* Les argiles de cette variété ont presque toutes les propriétés extérieures des argiles plastiques; beaucoup sont, comme elles, douces au toucher, et font avec l'eau une pâte assez tenace; mais elles sont en général moins compactes, plus friables; elles se délaient plus facilement dans l'eau, plusieurs aussi sont fortement colorées et, loin de perdre cette couleur au feu, elles y deviennent souvent d'un rouge très vif; enfin elles ont une cassure irrégulière, raboteuse et nullement lamelleuse. Quoique douces au toucher, elles n'ont pas ordinairement l'onctuosité des argiles à foulon. Quelques-unes font une légère effervescence avec les acides et se rapprochent tellement des marnes qu'il est difficile de les en distinguer. La chaux et l'oxide de fer que contiennent ces argiles, les rendent fusibles à une température souvent fort inférieure à celle que les argiles précédentes peuvent supporter sans altération. Ces argiles sont employées dans la fabrication des faïences et poteries grossières, à pâte poreuse et rougeâtre; on en fait des statues et vases dits de terre cuite pour les jardins.

Voici l'analyse de deux de ces argiles :

	Argile de Provins d'après M. ALBERT.		Argile de Livourne (Lot) d'après M. BERTHIER.	
Silice . . .	57	3	60	»
Alumine . .	37	»	30	»
Peroxide de fer.	1	7	7	6
Chaux . .	4	0	2	4
	100	0	100	0

6° *Argile marne.* Elle varie en consistance, mais n'est jamais assez dure pour ne point se délayer dans l'eau; elle est au contraire ordinairement très friable et même quelquefois pulvérulente. Le passage de l'humidité à la sécheresse suffit souvent pour en désunir les parties; elle tombe en poussière dans l'eau et forme avec elle une pâte qui n'a point de liant. Elle fait une vive effervescence avec l'acide chlorohydrique, et souvent cet acide dissout plus de la moitié du mélange. Elle se fond facilement au chalumeau; sa cassure est toujours terreuse, sa texture est assez ordinairement feuilletée, et dans ce cas, elle ne se distingue de l'argile feuilletée que par l'action des acides et par sa grande fusibilité.

Voici la composition de deux sortes de marnes analysées par M. Buisson.

	Marne de Belleville près Paris.	Marne de Viroflay, près Versailles.
Silice. . . .	46	29
Alumine . .	17	11
Peroxide de fer.	6	6
Carb. de chaux.	28	52
	97	98

Les marnes plus ou moins calcaires ont souvent une grande utilité dans leurs applications à l'agriculture; elles peuvent améliorer les terres soit dans leur constitution physique, soit dans leur composition chimique (voyez à cet égard le chapitre des amendemens et engrais, t. Iᵉʳ, p. 59 et 82).

La propriété remarquable dont jouissent toutes les argiles délayables et marnes argileuses, de prendre à la température rouge une dureté telle que l'eau ne les puisse plus délayer, explique l'un des effets avantageux de l'écobuage des terres fortes argileuses : cette calcination change complétement leur nature physique; de *grasses* et *compactes* qu'elles étaient, elles deviennent ainsi *maigres* et *graveleuses*, susceptibles par conséquent d'amender par leur mélange la terre trop lourde dont elles faisaient naguère partie.

Les argiles, plus ou moins plastiques calcinées, donnent des sortes de pouzzolanes artificielles, ou cimens, capables de former avec les chaux de construction de très bons mortiers.

On emploie avec succès les argiles plastiques pour conserver à l'état humide certaines parties des végétaux : c'est ainsi que l'on parvient dans les transports à maintenir fraiches les *boutures* et *greffes*, à retenir dans des sols arides l'eau d'arrosage près des racines de divers arbustes, des mères et rejetons en pépinière, etc.

Plusieurs argiles ocreuses sont désignées sous les noms de *bols*, (*argila bolus*, WALL; *bole*, KIRWAN; *bol*, WERN); elles contiennent assez d'oxide de fer pour présenter une nuance prononcée de jaune ou de rouge, les premières acquièrent la couleur rouge par une calcination à l'air.

La *sanguine* est rangée parmi les bols ou argiles ocreuses; elle sert à préparer les *crayons rouges.*

On connaît sous la dénomination de *bol d'Arménie* une variété de l'argile ocreuse rouge, très estimée autrefois et tirée de l'île de Lemnos par Constantinople. Les prêtres insulaires, qui la préparaient exclusivement, en éliminaient le sable par lévigation, puis en formaient de grosses pastilles sur lesquelles ils apposaient le sceau de Diane, de là est venu le nom de *terre sigillée.* On imprime encore sur cette argile le cachet du gouverneur de l'île ou celui du Grand-Seigneur avant de le livrer au commerce; une argile ocreuse tirée des environs de Blois et de Saumur est employée en France maintenant pour préparer le *bol d'Arménie.*

On traite cette argile par lévigations et tamisages à l'eau, on laisse déposer, et la pâte ocreuse mise en trochisques, puis en petits pains arrondis et empreints d'un cachet, constitue le *bol d'Armenie* vendu chez les pharmaciens et employé en médecine.

Argile ocreuse jaune, ocre jaune. Cette argile

se trouve en France près Vierzon, et dans le département de la Nièvre, à Bitry, non loin de Saint-Amand; elle est exploitée par puits et galeries, puis calcinée, lavée convenablement elle donne un *ocre rouge*; l'ocre *de Bitry*, celui de Moragne et de Saint-Pourrain se vendent quelquefois naturels ou calcinés sous les noms de *jaune* et *rouge d'Italie*. On les emploie comme les autres ocres dans la coloration des papiers peints, les peintures communes en détrempe et les peintures extérieures à l'huile, pour défendre les volets, persiennes, instrumens aratoires, clôtures en bois, charrettes, etc, des effets de la pluie ou de l'humidité. Souvent les ocres jaunes sont mélangés avec les bleus de Prusse afin d'obtenir des nuances vertes plus agréables pour diverses sortes de peintures.

Section II. — *Extraction et emploi du sable.*

On désigne sous les noms de sables des substances minérales granuliformes ou pulvérulentes, qui se rencontrent tantôt étendues en couches plus ou moins épaisses à la superficie de la terre, tantôt à une certaine profondeur du sol ou formant le lit des eaux des fleuves, des rivières, de la mer, qui les charrient continuellement et les déposent sur leurs bords, dans les endroits où le courant est encore trop rapide pour laisser précipiter aussi les matières limoneuses. Parmi ces sables, les uns paraissent avoir existé de tout temps à cet état et être le produit d'une cristallisation plus ou moins confuse, les autres sont évidemment les détritus de roches quartzeuses, granitiques, micacées ou métalliques, divisées ou par l'action des eaux qui les entraînent dans leurs torrens, ou par les chocs des fragmens de rochers les uns contre les autres. Enfin, on distingue encore les sables argileux ou débris pulvérulens naturels ou factices des argiles cuites; tels sont les pouzzolanes, les divers cimens de briques, tuiles et poteries pilées, des morceaux de gazettes à porcelaine, etc.

Les 1ᵉʳˢ, qu'on a nommés *sables cristallins*, sont abondamment répandus dans la nature. Les plaines immenses, connues sous les dénominations de *déserts*, de *steppes*, de *landes*, etc., si multipliées en Afrique et en Asie et en Europe, sont entièrement recouvertes de ces sables; le fond des fleuves, des rivières en est formé; l'Océan en rejette sur ses bords une grande quantité qui s'y amoncelle en dunes. Ces sables, presque entièrement composés de très petits grains de quartz hyalin ou de quartz laiteux, constituent la variété connue sous le nom de *quartz arénacé*. Le plus souvent ces grains ont une forme irrégulière; ils sont tantôt arrondis, tantôt anguleux. Cependant, dans quelques localités, on en a trouvé qui, vus au microscope, offraient des cristaux réguliers de quartz à doubles pyramides. Les sables cristallins sont souvent mêlés de particules d'argile, de paillettes de mica, de sels, de détritus des végétaux et animaux; tels sont ceux qu'on appelle vulgairement *sables de rivière ou de mer*; selon qu'ils sont purs ou impurs, ils sont propres à différens usages dans les arts.

Les plus purs et les plus blancs sont employés de préférence pour la *fabrication des glaces et des verres blancs;* ceux qui sont mêlés de carbonate de chaux d'oxide de fer et de détritus des plantes servent à la fabrication des verres noirs; ils sont même plus propres, en ce que ces matières étrangères, en réagissant entre elles au feu, forment du silicate de chaux, favorisent ainsi la vitrification et qu'on n'a pas besoin d'ajouter autant d'*alcali* pour l'opérer.

Dans l'art du *mouleur*, on rejette les sables trop secs et purement quartzeux; on préfère ceux qui, étant mêlés d'un peu d'argile et de mica, font corps avec un peu d'eau et sont susceptibles de se comprimer assez pour recevoir le moule des modèles. Dans les *fonderies*, on recherche aussi les sables légèrement argileux, destinés à former le sol dans lequel on opère le coulage des grosses pièces.

Des sables à gros grains, surtout mêlés de débris d'argile calcinée et de mica, sont préférés pour la *fabrication des mortiers*, surtout de ceux qui, étant susceptibles de se durcir sous l'eau presque autant que la chaux hydraulique, peuvent remplacer celle-ci dans les constructions humides ou submergées. Une partie de chaux grasse et 3 ou 4 parties de ces sables, dits *arènes*, forment un mélange convenable, à défaut de chaux hydraulique.

On se sert des sables de rivière, de carrière ou fossiles pour la *filtration des eaux*, même dans d'immenses filtres applicables à épurer les eaux après avoir laissé déposer dans des réservoirs la plus grande partie de leur matière limoneuse; les eaux de rivière qui doivent être distribuées dans les villes ou celles qu'emploient les fabriques de papiers blancs, les blanchisseries, teintureries, doivent souvent être ainsi épurées; on en forme la cruche supérieure dans les filtres à charbon. On se sert journellement de ces sables pour recouvrir les allées des jardins; par cette addition, qui donne à la terre de la consistance, on prévient la formation de la boue dans les temps de pluie et l'on rend la marche plus agréable.

Un usage bien plus important auquel on emploie les sables cristallins, est celui qui a pour objet l'*amendement des terres*. On donne la préférence aux sables marins, à cause des sels et des détritus de substances animales dont ils sont naturellement imprégnés et qui sont très propres à activer la végétation. C'est une sorte de sable très fin de ce genre qui constitue la *tangue* ou *cendre de mer*; elle renferme, sur 100 parties, d'après un échantillon envoyé d'Avranches et qui me fut remis par la société d'horticulture :

Sable et lamelles de mica.	55,195
Carbonate de chaux.	42,330
Matières organiques azotées. . . .	2,000
Chlorure de sodium et de magnésium.	0,310
Sulfates de chaux, de potasse et de	
soude.	0.165
	100,000

Le sable de cette tangue est assez un pour traverser presque en totalité un tamis de soie ordinaire; ses grains se trouvent recouverts d'une incrustation formée de carbonate de chaux et des autres substances. On voit que, par cette raison, il doit être regardé comme un excellent amendement sableux et calcaire pour les terres argileuses compactes; qu'en outre. la matière azotée et la petite proportion de sels lui donnent une action comme engrais et stimulant; il pourrait en outre avantageusement entrer dans la composition des terres de bruyères factices.

Les sables qui proviennent de la désagrégation des roches ont été pour la plupart recouverts par des terrains de formation postérieure, très différens par leur composition des sables proprement dits, dont ils n'ont reçu le nom que parce qu'ils en ont la forme pulvérulente ou grenue. Les sables aurifères, platinifères, cuprifères, stannifères, titanifères et ferrugineux renferment un grand nombre de substances. indépendamment de celle qui domine dans chacun d'eux, et que, dans beaucoup de cas, on exploite avec avantage, à l'aide des irrigations qui laissent plus abondantes les substances métalliques plus lourdes, après avoir plusieurs fois décanté les parties suspendues dans le liquide.

Les sables fins sont encore employés dans la confection des *briques*, *tuiles* et *carreaux*, soit pour mélanger avec l'argile plastique et diminuer ainsi son retrait à la dessiccation et au feu, soit pour saupoudrer l'intérieur des moules et favoriser le démoulage.

SECTION III. — *De l'extraction et de l'usage des cendres pyriteuses.*

On connaît sous les divers noms de *cendres pyriteuses*, *cendres sulfuriques végétatives*, *cendres noires de Picardie*, *terres noires sulfureuses*, soit les résidus des pyrites alumineuses (bisulfure de fer alumineux), effleuries et lessivées, soit la matière terreuse, brune, pulvérulente qui recouvre en différentes localités, et notamment dans l'ancienne province de Picardie, les amas de pyrites ferrugineuses, ou bisulfure de fer natif. On nomme *cendres rouges* le résidu de l'incinération des pyrites ou des terres pyriteuses dans lesquelles la combustion du sulfure de fer a laissé former du peroxide ou sesqui-oxide rouge de fer.

Les cendres rouges ayant, relativement à l'agriculture, des propriétés et des applications spéciales, nous en traiterons à part. Nous nous occuperons d'abord des cendres pyriteuses, et, pour donner une idée exacte de leur nature. nous exposerons brièvement les opérations industrielles dont elles forment le résidu, et qui d'ailleurs produisent le sulfate d'alumine impur vendu sous le nom de *magmas* aux fabricans d'aluns par les propriétaires qui se livrent à cette fabrication peu compliquée.

Le *sulfure de fer* seul, par une calcination ménagée, se transforme au contact de l'air en sulfates de protoxide et de sesqui-oxide de fer; mais dans les schistes qui renferment en outre de l'argile, la présence de l'alumine change les résultats; le sulfate de peroxide de fer se transforme en sulfate d'alumine, et le sesquioxide devient libre, ou du moins passe à l'état de sous-sulfate, en sorte que, si l'on prolonge l'opération de manière à ce que la majeure partie du fer soit peroxidée, on obtient du sulfate d'alumine presque exclusivement.

Le *schiste alumineux* le plus convenable à ces exploitations est ordinairement noirâtre, velouté, tendre et friable, à cassure lamelleuse. On y rencontre presque toujours des cristaux de sulfate d'alumine et de fer ou *alun de plume*. On extrait ce schiste de la terre et on l'expose plus ou moins long-temps au contact de l'air; on le grille ensuite. Pour quelques schistes, comme celui de Frienwalde, le *grillage* n'est même point nécessaire; il suffit, pour que les réactions utiles aient lieu, d'exposer la substance brute pendant un an à l'air. KLAPROTH suppose que dans ce schiste le soufre n'est pas entièrement à l'état de pyrite.

Dans la plupart des cas, il est nécessaire de griller; ce grillage se fait en tas, sur une aire battue, et dont le sol a une pente qui aboutit à une rigole, au moyen de laquelle les eaux pluviales se rendent dans un bassin. On dispose d'abord sur le sol un lit de fagots de 3 pi. de long, sur un diam. de 6 po. dans une longueur de 100 pi. et une largeur de 6 ou 7. On recouvre ce lit d'une couche de schiste de 2 pi. d'épaisseur. On allume les fagots au centre du tas, et on dirige la combustion en ouvrant çà et là des évents au moyen de la pioche, pour rendre la combustion plus générale.

On dispose une nouvelle couche de fagots au-dessus du lit de schiste; on recouvre les fagots d'une 2e couche de schiste et l'on attend qu'elle soit embrasée à son tour pour continuer l'élévation du tas, qui doit se composer de 8 à 10 couches de chaque sorte, et se terminer par une couche de schiste très menu, destinée à garantir le tas des eaux pluviales.

La *combustion* dure 6 semaines ou au plus 2 mois. Quand le schiste est suffisamment chargé de bitume ou de houille, le premier rang de fagots suffit; on n'en met donc pas d'autres et, dans ce cas, on charge en schiste dès qu'on voit la flamme apparaître sur les divers points du tas.

La présence des cendres provenant de la combustion du *bois* complique les produits de cette opération; la potasse qu'elle contient donne naissance à du sulfate de potasse, et par suite, à de l'alun de potasse.

On peut remplacer le bois par de la *houille* dans ce grillage; alors il se forme encore de l'alun au moyen de l'ammoniaque qui provient de la houille. On a donc ainsi du sulfate d'ammoniaque, et par suite, de l'alun à base d'ammoniaque.

Les *produits du grillage* sont nombreux et les réactions compliquées. Pendant la calcination, une partie du soufre quitte le bisulfure de fer et s'exhale en vapeurs partiellement brûlées, au contact de l'air; il se dégage donc du gaz sulfureux et du soufre qui sont perdus pour la formation des sulfates d'alumine et de fer; malgré cette perte, le résidu contient beaucoup d'acide sulfurique combiné sous diverses formes. Il renferme en effet, outre le schiste et le sulfure de fer non altérés, du peroxide de fer, du sous-sulfate de peroxide de fer, du sous-sulfate d'alumine, et probablement de l'alun aluminé, produits insolubles. Il doit contenir en outre des sulfates d'alumine, d'alumine et de potasse, d'alumine et d'ammoniaque, des sulfates de protoxide et de peroxide de fer , du sulfate de protoxide de fer et d'alumine, enfin, du sulfate de peroxide de fer et de potasse ; produits solubles qui ne se rencontrent pas tous à la fois probablement, mais qui peuvent tous résulter du grillage et varier en proportion, selon le temps et la température employés dans l'opération.

Parmi les *produits solubles*, ceux que l'on cherche surtout à recueillir sont : l'alun, le sulfate d'alumine et le sulfate de fer. On soumet pour cela le schiste grillé à 3 ou 4 lavages qui s'opèrent par décantation quand la matière est très divisée, et par filtration à la manière des plâtres salpêtrés quand elle est en poudre plus grossière. On repasse dans tous les cas, sur des schistes grillés neufs, les eaux de lavages faibles pour les enrichir, etc. On les amène ainsi à 10 ou 12º.

Les solutions, ainsi obtenues le plus fortes possible, sont *évaporées* dans des chaudières en plomb dont le fond est soutenu par des plaques en fonte garnies de terre ; lorsqu'elles sont concentrées au point de marquer 35º on les fait déposer afin d'éliminer plusieurs sous-sels insolubles, notamment parmi ceux à base de sesqui-oxide de fer; puis on achève la première concentration et on les verse dans des vases plats où le refroidissement fait cristalliser une partie du protosulfate de fer ; le liquide sirupeux surnageant, ou l'eau-mère, est rapproché dans la même chaudière, au point de se prendre en masse en refroidissant ; arrivé à ce terme, on le coule dans des baquets. Lorsque toute la masse dans chacun d'eux s'est figée, elle offre l'aspect d'un pain de graisse ; on l'expédie en cet état aux fabricans d'alun.

Le *résidu* de la lixiviation ci-dessus décrite contient encore une petite quantité de toutes les substances solubles que nous avons énumérées, plus la totalité des matières insolubles ; parmi ces dernières, il se trouve du sulfure de fer mis dans les conditions convenables pour produire ultérieurement de nouvelles efflorescences, et se transformer ainsi, sous l'influence de l'air et de l'humidité, en sulfates de fer et d'alumine.

Ce sont ces réactions sans doute qui, mettant en jeu les forces électriques, donnant lieu à la décomposition du carbonate de chaux sur les terres cultivées, peuvent échauffer quelques points du sol, dégager de l'acide carbonique, produire du sulfate de chaux, en un mot, agir de plusieurs manières comme stimulans des forces végétatives. On remarquera aussi que ces agens de nature saline, doués même d'une réaction acide, ne sauraient être considérés comme alimens des plantes ou comme de véritables engrais. Il importe beaucoup d'établir cette distinction, afin que l'on comprenne bien le parti qu'on peut tirer de tels auxiliaires, et que l'on évite les mécomptes graves éprouvés naguère par suite de l'emploi exclusif de terres pyriteuses sur des terres argileuses où, soit la marne, soit la chaux, eussent été utiles et les véritables engrais indispensables.

On peut ranger dans la même catégorie des stimulans les *terres noires* pyriteuses qui recouvrent ordinairement les couches de pyrites ferrugineuses. Ces terres, outre des débris organiques, de charbon et une matière bitumineuse, contiennent toutes les substances renfermées dans les cendres pyriteuses ci-dessus ; le sulfure de fer très disséminé s'effleurit lentement à l'air humide et donne peu à peu les solutions précitées. On peut s'en assurer en posant un échantillon de ces terres humectées sur des entonnoirs et observant les solutions obtenues par une filtration d'eau pure, à des espaces de temps différens : les 1res eaux seront beaucoup moins chargées que celles recueillies après une influence plus prolongée de l'humidité sur ces terres. On pourra s'assurer que ces solutions ont une forte réaction acide et qu'elles contiennent une grande quantité de sulfate de fer.

Les *cendres noires* de Picardie ont été employées avec succès sur les prairies pour détruire la mousse et quelques plantes parasites.

On les a plusieurs fois mélangées avec de véritables engrais pulvérulens de couleur brune analogue

Les schistes pyriteux sont quelquefois incinérés complétement à l'air, alors ils donnent des *cendres rouges* dans lesquelles il ne reste presque plus rien de soluble ; celles-ci ont donc une vertu stimulante très faible, aucune action comme engrais , mais elles peuvent constituer un bon amendement pour les terres fortes, dont elles diminuent la compacité, et sur lesquelles on en fait quelquefois usage.

SECTION IV. — *De la chaux et de sa fabrication.*

§ Ier. — Des matières qui fournissent la chaux.

On désigne sous le nom de chaux une substance qui, dans l'état pur, est blanche, solide, dont le poids est de 2,3 (l'eau sous le même volume réel pesant 1); sa saveur est âcre, caustique, urineuse; elle n'est soluble que dans 635 fois son poids d'eau ; le double de cette proportion d'eau est nécessaire pour la dissoudre à la température de 100º (ou l'eau bouillante). On peut l'obtenir cristallisée en hexaèdres à l'état d'hydrate contenant 0,25 d'eau combinée.

Cette substance est l'un des *agens les plus utiles de l'agriculture*, quoique son usage mal employé ait pu donner lieu à bien des mécomptes ; ces considérations justifient l'intérêt puissant attaché à la chaux , et les détails dans lesquels nous allons entrer relativement à son état naturel, son extraction, ses usages, la théorie de ses effets, son dosage et ses différens modes d'application.

La chaux est un composé de calcium et d'oxigène, qu'on désigne sous le nom de *protoxide de calcium* ; cet oxide plus ou moins impur s'extrait du *carbonate de chaux*. Elle est d'ailleurs contenue dans une foule de matières abondantes dans la nature : à l'état de sulfate de chaux elle constitue le gypse ou plâtre cru, le plâtre cuit, l'albâtre gypseux, le sulfate des eaux séléniteuses ; combinée à l'acide phosphorique, la chaux forme ce sel neutre insoluble appelé phosphate de chaux, qui compose la plus grande partie de la matière inorganisée des os. Les terres salpêtrées renferment du nitrate ou azotate de chaux ; on trouve dans différentes parties des plantes la chaux dans les états ci-dessus, et encore combinée aux acides oxalique, malique, tartrique, etc.

La matière 1re qu'on emploie le plus généralement pour en extraire de la chaux est une combinaison de cette substance avec l'acide carbonique; elle est plus ou moins compacte, répandue en très grande quantité dans la nature, la *craie*, les débris d'*albâtre calcaire*, de *marbre*, et dans quelques localités les *coquilles d'huîtres*, offrant les principales variétés usuelles de *chaux carbonatée*. La chaux que donne le marbre est la plus pure; elle renferme moins d'argile que la chaux préparée avec les autres pierres calcaires. C'est celle que l'on emploie dans les laboratoires et dans certaines fabrications de produits chimiques, et qui est susceptible de produire à poids égal le plus d'effet en agriculture; relativement à cette dernière application, celle qui nous intéresse le plus ici, on doit donc de même que dans les opérations des arts chimiques, rechercher les pierres calcaires qui, contenant le moins de matières étrangères (sable, silice, alumine) plus ou moins divisées, peuvent donner de la chaux la moins impure, dite *chaux grasse*, celle dont le volume augmente le plus par l'extinction. On l'obtient en employant : 1° un calcaire très compacte des environs de Paris, qui contient près de 0,98 de carbonate de chaux ; 2° les fragmens de la pierre de *Château-Landon* ; ils contiennent 0,97 du même carbonate ; la pierre de Saint-Jacques du Jura, qui en renferme 0,96; celle de l'Ain, équivalente à 0,94, et celle de l'Ardèche à 0,95, etc., tandis que la pierre tendre des environs de Paris ne donne à l'analyse que 0,78 de carbonate calcaire et produit de la *chaux maigre*. La pierre de Senonches, celles dites à *ciment romain*, ou *ciment russe*, comme les galets de Boulogne, et tous les calcaires compactes contenant de 60 à 80 centièmes de carbonate de chaux et 15 à 20 de silice très divisée, au point d'être soluble dans l'acide hydrochlorique, fournissent de la *chaux hydraulique* très utile pour les constructions, mais d'autant moins bonne pour l'agriculture qu'elle épuise en partie son action en réagissent sur ses propres élémens, formant ainsi des sortes de pétrifications ou silicates de chaux solides, mais sensiblement inertes sur les sols.

§ II. — Théorie de la fabrication de la chaux.

Avant de décrire les procédés usuels de la fabrication de la chaux nous indiquerons la théorie de cette opération afin de mieux faire comprendre l'utilité des préceptes que nous recommandons.

Pendant la calcination de la pierre à chaux, la chaleur enlève d'abord en la vaporisant une partie de l'eau de mouillage qui est interposée mécaniquement dans ces pierres; à une température plus élevée, voisine du rouge blanc, l'acide carbonique qui était combinée à la chaux (dans la proportion de 76 du 1er pour 356 de la 2e) se dégage sous forme de gaz; il reste alors de la **chaux vive.**

Si l'on pousse trop loin la calcination, on

peut fritter la chaux des pierres qui contiennent des proportions notables de silice et d'alumine. Ces 3 matières s'unissent et forment une espèce de verre grossier (silicate et aluminate de chaux), qui n'a plus aucune des propriétés utiles de la chaux, et que l'on appelle vulgairement *biscuit*. Il faut donc se garder de pousser le feu au point d'atteindre cette température; il est d'ailleurs convenable, même pour les pierres calcaires les plus pures, de borner la température au degré utile à la décomposition du carbonate, ne fût-ce que pour économiser le combustible, et éviter d'altérer les parois internes du fourneau.

Si la calcination de la pierre a été bien conduite, la chaux grasse obtenue a la propriété d'absorber l'eau avec une grande énergie et de s'y combiner en proportions fixes ; cette union donne lieu à une augmentation de température assez considérable et qui, lorsqu'on ménage l'eau, peut s'élever au-dessus de 150°, puisque durant l'extinction elle peut enflammer des allumettes soufrées. Le volume de chaque particule augmentant aussi brise toute la masse. Cette action est utile dans plusieurs applications pour réduire la chaux en poudre extrêmement fine et sans qu'il en coûte de puissance mécanique, et en même temps qu'on rend l'agent plus énergique par son union avec l'eau.

Pour obtenir ces résultats, il suffit d'immerger la chaux dans l'eau, puis d'ajouter une nouvelle quantité d'eau à mesure que l'absorption a lieu et que la chaleur développée vaporise une partie du liquide.

On désigne aussi mais improprement, sous le nom de *biscuit*, les fragmens de pierre qui, n'ayant pas été chauffés suffisamment, n'ont perdu que très peu ou point d'acide carbonique. Ces morceaux ne peuvent plus être que très difficilement convertis en chaux, ayant perdu, avant d'être décomposés, toute la quantité d'eau qu'ils contenaient, et dont la vaporisation à une plus haute température aurait favorisé le dégagement de l'acide carbonique, réalisant ainsi l'une des plus importantes conditions de succès dans cette fabrication.

§ III. — De la calcination de la chaux.

Les *fours à chaux* les plus simples anciennement usités se composent d'une cavité cylindrique ou rectangulaire, quelquefois creusée dans le sol et revêtue de briques, ou même à nu lorsque la terre est assez compacte. On voit dans les *fig.* 521, 522, 523, les dispositions de ce four indiquées par 2 coupes et une élévation. A indique toute la cavité légèrement conique remplie des pierres à chaux ; E E, la plateforme au niveau de l'ouverture supérieure du four; D, la charge en menus fragmens qui termine et surmonte la fournée. Une ouverture latérale B, C, à la partie inférieure, permet de construire à sec une voûte C C, avec de gros fragmens de pierres à chaux ; cette voûte laissant le plus possible d'interstice entre les pierres qui la forment est chargée des mêmes pierres à chaux, mais concassées de plus en plus menues; et lorsque toute la capacité est remplie de cette manière, on allume un feu de bourrées et menu bois sous la voûte. Le feu est soutenu jusqu'à ce que les parties supé-

Fig. 521.   Fig. 522.

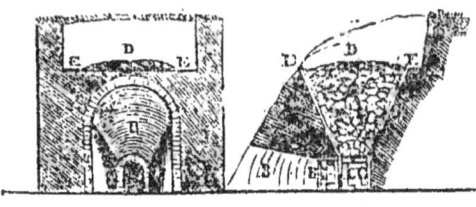

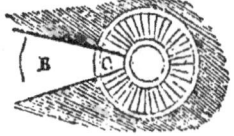

Fig. 523.

rieures soient échauffées au rouge vif; alors on laisse un peu refroidir, puis on tire la chaux afin de recommencer une autre calcination sans attendre que les parois du four soient trop refroidies.

Ce mode de fabrication, quoique grossier, peut encore être employé dans les localités où les matériaux et les ouvriers constructeurs manquent, ou lorsque l'on veut, sans trop de frais, essayer en grand quelques pierres calcaires; enfin dans le cas où au commencement d'une exploitation rurale, on veut économiser les frais de 1er établissement.

On fait usage maintenant de *divers fours* plus économiques de combustible que ceux que l'on employait autrefois. La forme que l'on préfère généralement aujourd'hui représente un cône renversé et tronqué si le four est à travail intermittent; à la base se trouve le foyer, comme l'indiquent les *fig.* 524, 525, 526; A, cavité conique contenant la pierre à calciner; B, voûte servant à communiquer du dehors avec l'intérieur du four; CC, voûte à sec en pierre à chaux formant le foyer. On met des bourrées ordinairement dans ce foyer (1); la flamme arrivant sur la pierre élève sa température et détermine la séparation de l'eau et de l'acide carbonique. On retire la chaux lorsque toute la masse a acquis la température utile à la décomposition du carbonate de

Fig. 525.   Fig. 524.

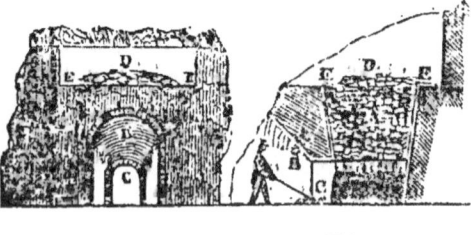

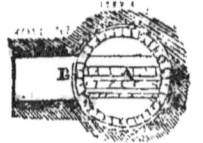

Fig. 526.

chaux, et que la partie supérieure est échauffée jusqu'au rouge vif.

On calcine plus économiquement encore en mettant dans le même four un lit de matière combustible, puis un lit de pierre à chaux, et successivement ainsi jusqu'à ce que le four soit rempli complétement. On allume la partie inférieure à l'aide de bourrées de bois sec, et le charbon (houille sèche ou mélange de coke et de houille) prend feu en gagnant la partie supérieure. Lorsqu'une partie est calcinée suffisamment, on l'extrait par le bas du four, et l'on charge la partie supérieure d'autres matières premières et de la houille alternativement. On consomme généralement, pour obtenir un mèt. cube ou 10 hectol. de chaux grasse, un mèt. cube de bois, ou un peu moins de 2 mèt. cubes de tourbe, ou encore environ un demi-mèt. cube ou 5 hect. de houille.

Il nous reste à décrire maintenant avec quelques détails le *four à calcination continue*, qui est le plus économique de combustible ; il consomme seulement 35 à 40 hectolitres de houille sèche ou peu bitumineuse pour produire 100 hect. de chaux.

La *fig.* 527 représente une élévation, la *fig.* 528 une coupe horizontale au niveau du sol carrelé, et la *fig.* 529 une coupe verticale de ce four par un plan passant dans l'axe du cône et partageant en 2 l'une des gorges A,A.

Fig. 528.   Fig. 530.

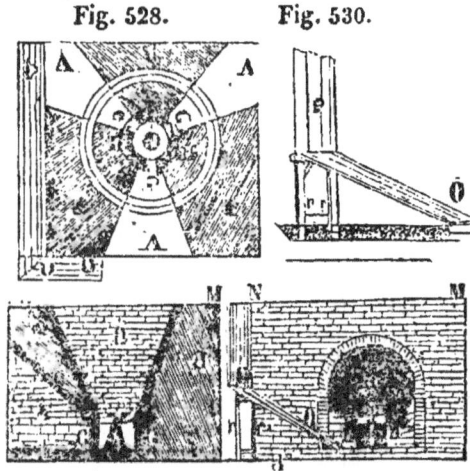

Fig. 529.   Fig. 527.

La partie supérieure la plus évasée, B, de ce four a 12 p. de diamèt., et se rétrécit suivant la forme d'un cône renversé, jusqu'à 18 po. du sol carrelé où elle n'a plus que 3 pi. 1/2 de diamèt. Cette forme est très facile à donner en implantant un calibre dans l'axe du cône, et le faisant tourner autour d'une tringle formant cet axe au fur et à mesure que l'on élève la construction intérieure en briques dures et réfractaires.

Dans les 3 *fig.* ce massif rectangulaire en forte maçonnerie et les fondations sont indiquées par les lettres *d,d;* dans l'axe de la capacité conique est placé à la partie inférieure l'axe d'un petit cône E, scellé dans la fondation et s'élevant à 2 pi. 6 po. au-dessus du carrelage; sa base, au niveau du sol a 28 po. de diamèt. ; cette sorte de borne est d'un seul

(1) À l'aide d'une grille il est facile d'y brûler de la houille.

morceau en grès très dur. 3 piliers G sont disposés autour de la borne E, à 7 po. de sa base; ils sont également d'un seul morceau en grès très dur ayant 30 po. de haut. et 6 po. de larg.; ces piliers et 3 autres piliers intermédiaires, H, élevés à la même hauteur en briques dures, supportent 3 tailles I, formant réunies un cercle de 3 pieds et demi à l'intérieur. Elles ont 12 po. de largeur et une épaisseur de 6 po.

On voit que d'après ces dispositions, il reste près du centre du four 6 ouvertures (dites *gorgerons*) K, ayant 15 po. de large au fond et 18 po. de hauteur. Les détails de cette partie inférieure du four sont très importantes à bien observer et achever solidement avec soin; le reste de la construction ne présente pas de difficultés. On élève graduellement évasée, la partie conique intérieure, les parois externes à plomb, en ménageant dans toute l'épaisseur de la maçonnerie les trois grandes gorges ou portes voûtées A. Elles ont 8 pi. de haut et 8 pi. de largeur, et 2 pi. de hauteur dans le fond, à l'endroit le plus resserré.

A la partie supérieure du four se trouve une plate-forme horizontale M, N, où se fait le principal service. Les ouvriers y arrivent avec leurs brouettes chargées de pierres ou de combustible, par un plan incliné en bois (*fig.* 530) O, P, extérieur à la maçonnerie et maintenu sur des poteaux, R R.

Pour le chauffage de ce four continu, on emploie de préférence comme combustible du charbon de terre un peu ou pas bitumineux, comme la houille de Fresnes; on peut réaliser souvent une grande économie en y ajoutant la moitié ou les deux tiers de son volume d'*escarbilles* provenant des feux de forgerons ou de foyers brûlant incomplétement la houille; cette sorte de résidu ne donne presque plus de fumée, n'a qu'une très faible valeur commerciale; c'est même une sorte de coke.

La pierre brute à calciner doit être concassée en *fragmens* d'épaisseur aussi égale que possible, d'environ 1 po.; il convient que leur largeur soit assez grande, quoique très irrégulière, afin qu'ils descendent plus uniformément et laissent assez de passage entre eux pour les produits de la combustion. C'est en général un bon moyen d'économiser le combustible et de rendre la calcination régulière pour la chaux comme pour le plâtre, que de casser les pierres en morceaux peu épais, puisqu'alors la température utile se communique rapidement jusqu'au centre de tous les morceaux; on y parvient d'ailleurs aisément en frappant les morceaux de pierre de champ dans le sens de leurs lits naturels et à l'aide de marteaux en coins.

Manœuvre de l'opération. Lorsqu'on veut commencer la calcination, on place autour de la borne quelques bourrées ou fagots de bois sec, qu'on recouvre de lit formé de 5 hectolitres de charbon de terre en fragmens dits gaillettes; on étend dessus 3 hectolitres de pierres en une couche horizontale, puis on charge 6 fois alternativement un lit épais 1 po., de charbon menu mêlé d'escarbilles, puis un lit de 6 po. d'épaisseur de pierres concassées.

On allume alors le feu au fond des 3 gorges; il gagne peu à peu, et dès qu'on l'aperçoit vers les couches supérieures, on continue d'ajouter successivement un lit de charbon de 1 po. et une couche de 6 po. de pierres, jusqu'à ce que le four soit complétement rempli.

Si l'on ne voulait faire qu'une seule opération, elle serait terminée lorsque toute la partie supérieure deviendrait rouge, incandescente, et l'on aurait environ une toise cube et demie, ou 12 mètres cubes, ou 120 hectolitres de chaux. Dans ce cas, 5 hommes de jour et 1 de nuit dirigent la calcination de la manière suivante.

Dès six heures du matin, toute la masse étant échauffée au rouge, on jette dessus 5 ou 6 pellées de charbon, et aussitôt on tire par le bas avec un grapin en fer 6 hectolitres par chaque gorge; on recouvre immédiatement ce produit ou bien on le charge dans un tombereau pour le transporter à destination.

On répand autour de la superficie abaissée de la masse dans le four un *cordon* de houille employant 5 hectolitres, que l'on recouvre d'un *cordon* de pierres contenant 36 brouettées de 1 pi. cube et 1/2 chacune. Un quart d'heure après on tire encore 6 hectolitres de chaux par chaque gorge et on répand sur la fournée un 2° double cordon avec 4 hectolitres et 1/2 de houille, puis 30 brouettées de pierres; 2 heures et demie après on tire encore des 3 gorges une tournée de 18 hectolitres de chaux, et l'on charge le four d'une double couche, dite *mise* sur toute la superficie avec 5 hectolitres et 1/2 de houille et 46 brouettées de pierres; 2 heures et demie après, on réitère la même tournée en employant pour la mise 8 hectolitres et 1/2 de houille et 46 brouettées de pierres; enfin on tire en 2 fois, dans l'intervalle de 6 heures, 36 hectolitres de chaux, et l'on charge une double mise avec 9 hectolitres de houille et 52 brouettées de pierres.

En additionnant aussi les 9 à 10 hectolitres de houille employés pour réparer le feu et couvrir le soir, on verra que la consommation en 24 heures est de 42 hectolitres pour calciner 200 brouettées ou 300 pi. cubes de pierres, qui produisent 108 hectolitres de chaux ou 10 mètres cubes 8 dixièmes.

En conduisant ainsi ce four si l'on aperçoit quelques pierres mal calcinées ou crues arriver dans les gorges, on doit augmenter la quantité de houille; si au contraire quelques pierres sont noircies, il y a excès de charbon ou défaut d'air; on diminue le combustible et l'on augmente le tirage en enfonçant une barre en fer en quelque partie de la surface; c'est ce que l'on appelle barreyer. Enfin on ne doit jamais tirer la chaux en assez grande abondance pour que le charbon incandescent descende aussi dans les gorges, ce qui occasionnerait une perte de chaleur.

On peut très facilement modérer la calcination; ainsi le samedi on tire 3 ou 4 tournées de plus qu'à l'ordinaire, on charge 2 doubles mises plus haut, et on peut laisser le dimanche un seul homme régler le feu, couvrir les endroits où il devient trop actif, ouvrir avec la barre des passages là où trop de ralentissement se manifeste, ménageant ainsi la journée que la plupart des ouvriers contructeurs consacrent au repos.

Si le travail devait être interrompu 1, 2 et même 3 mois, pour reprendre ensuite, on couvrirait complétement le dessus du four et l'on fermerait le fond des gorges avec de la cendre ou des poussiers de chaux, et lorsqu'on voudrait remettre *en train,* il suffirait de *découvrir* ou enlever la couche supérieure, d'ajouter quelques hectolitres de gaillettes, tirer une ou deux tournées de chaux par les gorges, laisser *respirer* (ou le tirage s'activer) pendant 3 ou 4 heures, et reprendre l'allure habituelle.

Avec le même four on parvient encore soit à travailler à demi-charge en produisant seulement 50 hectolitres de chaux par 24 heures, ou charger comble (2 mises par-dessus les bords) et retirer 120 hectolitres au lieu de 108 chaque jour.

La même construction, en ôtant la borne et l'un des pieds en grès, pourrait servir à la cuisson de la chaux par les bourrées, fagots, etc.

Pour chauffer avec de la tourbe, il conviendrait de poser une grille sous laquelle on pût tirer les cendres. Avec ces combustibles l'opération ne serait pas continue ; chaque fournée serait cuite en entier avant de tirer, et pour soutenir les fragmens de pierres, une première voûte en pierres plus grosses serait d'abord établie à sec, laissant le plus possible d'interstices pour le passage de la flamme, comme nous l'avons indiqué plus haut pour les autres fours intermittens.

§ IV. — Propriétés usuelles de la chaux.

Cette substance, dont nous avons déjà indiqué les caractères à l'état de pureté, diffère un peu dans son état ordinaire ; elle est d'un blanc jaunâtre ou grise, caustique ; bien que son poids spécifique soit de 2,3, l'eau étant 1, le dégagement de l'acide carbonique ayant laissé la pierre très poreuse, 1 hectolitre ne pèse qu'environ 80 kilogrammes ; les graines ne germent pas dans sa solution, ce qui explique la nécessité de laisser aérer, ou, pour mieux dire, carbonater la chaux dans les chaulages abondans, et de ne pas laisser longtemps immergées les graines dans le lait de chaux. L'hydrate de chaux retient l'eau en si intime combinaison qu'il ne l'abandonne pas, chauffé même au rouge brun, et que la pou-

dre qu'il forme alors paraît complétement sèche.

Tenue dans un vase sous l'eau, la chaux garde sa causticité presque entière ; c'est un moyen d'en faire provision d'une quantité comme pour la fabrication du sucre, pendant une saison. Abandonnée à l'air, elle absorbe l'eau et l'acide carbonique, et se convertit peu à peu, en tombant en poussière, en hydrate, puis en carbonate. C'est à cette action de l'atmosphère, régénérant en quelque sorte la pierre calcaire que l'on doit surtout la grande dureté acquise si lentement aux mortiers de chaux grasse, tels que ceux des Romains, tandis que les chaux hydrauliques improprement appelées cimens romains doivent, comme nous l'avons vu, leur rapide solidification à l'union de la silice avec la chaux, union qui se fait d'autant plus rapidement que les parties constituantes en présence dans la chaux sont mises sous l'influence d'un excès d'humidité.

§ V. — Emplois de la chaux.

Les principaux usages de la chaux sont, en agriculture, dans *l'amendement des terres, la macération des engrais, le chaulage des grains.* C'est un agent précieux pour plusieurs exploitations agricoles et manufacturières, notamment la fabrication du sucre de betteraves et de cannes, la préparation de l'indigo, les constructions hydrauliques, le blanchiment des fibres textiles, fils, toiles, etc. On s'en sert très utilement dans la fabrication de la colle-forte, du savon, des chlorures ; pour l'épilage des peaux, l'assainissement des puisards infectés par l'acide carbonique ou l'acide sulphydrique (hydrogène sulfuré), des murs d'écuries et d'étables ; la confection des badigeons, des fonds en certaines couleurs pour les papiers peints, ainsi que pour l'épuration du gaz-light tiré des houilles. Parmi ces diverses applications importantes, sur lesquelles nous ne saurions entrer dans beaucoup de détails sans sortir du cadre de cet ouvrage, ce qui intéresse le plus l'agriculture est relatif à l'amendement des terres et à l'amélioration de quelques composts et engrais végétaux. Ce sujet a été traité dans le tome I, page 61, avec les développemens qu'il comporte et nous y renvoyons le lecteur.

PAYEN.

TITRE QUATRIÈME.

ARTS DIVERS QUI PEUVENT ÊTRE EXERCÉS DANS LES CAMPAGNES.

Dans les 3 titres qui précèdent nous avons cherché à décrire la plupart des arts qui se rattachent particulièrement à l'agriculture et qui peuvent s'allier avec l'exploitation d'un domaine rural. Dans cette description, nous avons cru devoir entrer dans des détails techniques de quelque étendue, afin de mieux faire comprendre le but et les moyens d'exécution de ces divers arts, les perfectionnemens qui leur ont récemment été appliqués et enfin les avantages et les profits qu'ils procurent quand ils sont exploités d'après les procédés les plus accrédités ou les mieux entendus.

Mais il existe une foule d'autres *industries plus humbles* qu'on peut exercer avec profit dans les campagnes, et un grand nombre *d'occupations fructueuses* que peuvent se créer les petits cultivateurs et qui vont faire l'objet d'un examen rapide dans le présent titre. Ces industries ou ces occupations, que celui qui exploite un domaine de quelque étendue est la plupart du temps forcé de négliger, parce que les travaux des champs, la surveillance des serviteurs, la vente des produits l'occupent exclusivement ou parce qu'il peut faire un emploi plus avantageux de son temps et de ses capitaux sont au contraire une ressource précieuse pour les petits cultivateurs dont les travaux des champs n'absorbent pas tous les momens, surtout pour ceux qui ont contracté l'habitude d'une vie active et laborieuse et qui élèvent leur famille dans l'amour de l'ordre, de l'économie et du travail.

Plusieurs de ces arts exigent, pour donner quelques bénéfices, un travail soutenu, une extrême économie dans la main-d'œuvre et une persévérance dans le travail qu'on ne rencontre pas dans tous les lieux et chez les habitans de tous les pays; mais aussi, quand ils sont exercés avec intelligence, ils nécessitent une faible avance de capitaux et peuvent améliorer sensiblement la condition des plus pauvres familles.

On ne doit pas s'attendre à trouver ici une description détaillée de tous les arts dont les petits cultivateurs pourraient entreprendre l'exploitation, parce que le succès dépend plutôt de l'intelligence que de la perfection des méthodes, que l'apprentissage n'en est ni long ni difficile et que ces arts varient à l'infini, suivant les localités, les goûts et les mœurs des habitans ou par suite de la mode ou des améliorations successives introduites dans l'état social des populations; mais nous signalerons de préférence ceux où les travaux, faciles d'ailleurs à conduire et à diriger, peuvent être pris et abandonnés à plusieurs reprises dans la journée, sans préjudice pour la bonne confection des produits, ceux qui s'exercent sur des matières 1res qu'on a généralement sous la main, et qui trouvent un écoulement facile, sûr et abondant, un marché presque toujours ouvert et dont le prix ne varie que dans d'étroites limites. Nous aurons soin de citer fréquemment les populations laborieuses de nos campagnes qui se distinguent par tel ou tel genre d'industrie, pour engager celles qui ne marchent pas encore dans cette heureuse voie à imiter leur exemple, si elles veulent accroître par ce moyen leur bien-être et leur aisance. Enfin, nous terminerons ce chapitre en indiquant aux classes pauvres des campagnes quelques occupations qui pourraient diminuer leur détresse et les soulager dans leurs besoins

---

CHAPITRE XXVII. — FABRICATIONS ET INDUSTRIES DIVERSES.

SECTION 1re. — *Produits des animaux.*

Voyons d'abord quels sont les arts qui s'exercent sur les produits des animaux et qu'on pourrait réunir à une petite exploitation rurale.

En Pologne et en Russie on emploie de préférence pour harnais un cuir appelé *cuir tordu*, et que les gens de la campagne préparent eux-mêmes. A cet effet, on prend de la peau de vache qu'on a fait sécher; on commence par enlever le poil au moyen de l'eau bouillante et d'une sorte de grattoir, puis on la coupe en longues lanières que l'on coud bout à bout. Les 2 extrémités de ces bandes sont pareillement cousues et le cuir se trouve former ainsi un cordon double. En cet état, on l'imprègne de corps gras et chauds, on l'accroche à un clou au plafond et on attache des poids à la partie inférieure. Entre les 2 bandes parallèles de ce cuir on passe 2 bâtons que l'on croise horizontalement et auxquels on fait faire plusieurs tours. Par ce moyen, les 2 bandes se trouvent tortillées et fortement pressées l'une sur l'autre. Pendant l'opération le cuir s'échauffe sensiblement; on continue alors à l'imbiber d'un corps gras, en opérant la torsion tantôt d'un côté et tantôt d'un autre, jusqu'à ce qu'il soit parfaitement imbibé et devenu d'une souplesse extraordinaire. Ce cuir tordu dure très long-temps, conserve sa bonne qualité et pourrait avantageusement faire l'objet d'un petit négoce.

La *fabrication des gants*, dans les villes de Grenoble, Niort, Chaumont, Lunéville, Vendôme, Rennes procure de l'ouvrage à un grand nombre de femmes des villages environnans, qui sont employées à les coudre et à les orner avec de la soie. Paris, qui confectionne, consomme et expédie au loin une quantité considérable de ces objets, va chercher ses ouvriers parmi les populations laborieuses des départemens voisins, surtout ceux de l'Oise et de l'Aisne, où une femme un peu habile peut, au moyen d'une petite machine importée d'Angleterre, gagner aisément 50 c. par jour par la couture des gants.

Un art simple et qui n'exige pas une grande pratique, c'est la *fabrication des brosses et des balais de crin*. Les brosses se fabriquent de 2 manières: dans la 1re, le dos ou patte de la brosse est percé à jour et les soies ou poils de sanglier ou de porc ayant été peignés et réunis de longueur, sont pliés en 2, puis insérés en aussi grande quantité qu'on le peut dans chaque trou, au moyen d'une ficelle engagée dans le pli du poil et qui amène successivement chaque loquet à la surface extérieure du dos de la brosse. Cela fait, on coule dans chaque trou de la colle forte chaude pour consolider ces poils et, si c'est une brosse propre qu'on fabrique, on la recouvre d'une feuille de bois de placage, plus ou moins précieux, ou d'étoffe. Dans la 2e manière, le dos n'est pas percé à jour; on coupe les poils de longueur et on les fait entrer en aussi grande quantité que possible dans les trous, qui sont plus évasés dans le fond que sur le bord, et on coule ensuite de la colle chaude, fluide et pure pour assujettir les loquets. C'est par ce même procédé qu'on fait les balais de crin. Quand les brosses ou balais sont ainsi préparés et que la colle est refroidie, on coupe et on égalise les soies avec des forces ou gros ciseaux.

Les *pinceaux* qui servent à barbouiller, à laver et à peindre exigent, surtout les derniers, plus de soin dans leur fabrication. Les uns sont de gros pinceaux ou brosses qui se font en poils de chien, en soies de porc ou de sanglier qu'on assujettit avec une ficelle et qu'on attache à un manche de bois; les autres, ou pinceaux proprement dits, sont ordinairement renfermés dans un tuyau de plume ou une petite garniture de fer-blanc et terminés en pointe. On les compose en poils dégraissés de la queue de petit-gris, de martre, de blaireau, de putois, etc.; leur fabrication demande de la pratique et de l'adresse, surtout pour bien former la pointe et pour que tous les poils s'y réunissent bien lorsqu'on les mouille ou les trempe dans la couleur. Les *palettes* sont des pinceaux plats à garnitures métalliques, à l'usage des doreurs et de divers autres artistes.

Parmi les autres industries analogues qui peuvent s'exercer sur les produits des animaux, faisons encore mention de la *fabrication des souliers*, qui se confectionnent sur une grande échelle dans la commune de Breteuil (Oise) pour l'usage de nos troupes et des hôpitaux de Paris. Les habitans de la commune Lormaison, même département, exercent en ce genre une industrie plus singulière; ils réparent les vieilles chaussures ramassées dans Paris et les autres villes et livrent ainsi par an à la consommation plus de 15 à 18,000 paires de souliers raccommodés. Enfin, nous rappellerons qu'on fabrique en grand, à Bayonne, des *pantoufles* ou chaussures légères pour la

chambre; qu'en beaucoup d'endroits on achète les lisières des draps pour les convertir en lanières étroites dont on fait, au moyen d'une forme et d'une aiguille ou carrelet, des *chaussons dits de lisière*, recherchés par leur durée et la chaleur qu'ils maintiennent aux pieds dans la saison froide. A Saint-Sylvain, à 4 lieues de Falaise (Calvados), on fabrique en cuir, laine, ficelle, etc., des *caparaçons* pour chevaux et des carnassières à l'usage des chasseurs, fabrication qui s'étend aux 15 ou 20 communes qui environnent ce centre d'activité industrielle et qui trouve un débouché fort étendu dans les départemens du Midi et en Espagne, etc.

SECTION. II. — *Produit des végétaux.*

On peut voir au tome IV de notre ouvrage, dans le livre qui traite de l'agriculture forestière, et notamment à la page 112 et suivantes, ainsi qu'à la page 136, l'avantage qu'il y a quelquefois pour le cultivateur laborieux d'être à proximité des forêts et de ces grands centres d'exploitation, où il peut trouver, surtout pendant que les travaux des champs sont suspendus, des occupations et un salaire qui augmentent son bien-être et son aisance. Les *travaux en forêts* de ce genre, tels que l'abattage, l'équarrissage, le sciage des arbres, la mise en corde et en fagots, les transports, etc., sont en général assez pénibles, mais ils exigent peu d'outils et un court apprentissage; une scie, une cognée, une serpe suffisent généralement pour abattre et équarrir les arbres.

Mais un homme industrieux ne doit pas se contenter d'abattre les arbres et de les planer sur 4 faces; il peut encore, dans les forêts, *fabriquer du merrain, de la latte, des éclisses, des echalas, des copeaux de gainiers et de miroitiers et autres objets de fantaisie;* il peut aussi dégrossir et même façonner un assez grand nombre de pièces qui entrent dans la construction des instrumens aratoires, des brouettes, des chariots et charrettes, tels que *rais, jantes, brancards, timons, essieux, ranches et ranchers, roulons et ridelles,* etc.; s'il est plus habile, il peut entreprendre la fabrication des objets dits de *râclerie,* comme *fûts de bâts et arçons de selle, attelles de colliers de chevaux, pelles à four et à boue, battoirs de blanchisseuses,* etc. Les habitans du département de l'Aisne, et surtout ceux des environs de Villers-Cotterets et de Nouvion-en-Tiérarche, se distinguent par ce genre de fabrication, ainsi que ceux de quelques localités des Vosges et du Doubs. L'industrie de ces cultivateurs laborieux ne se borne pas en ce genre à ces simples produits; c'est ainsi qu'à Gérardmer (Vosges), déjà connu par ses excellens fromages, un très grand nombre d'habitans sont occupés à la fabrication d'*objets de boissellerie* qui se répandent dans une grande partie de la France, ainsi qu'à celle de *boîtes légères, de baignoires, de seaux en sapin, de chaufferettes, de bois de soufflets,* etc.; que ceux de l'Aisne et de l'Oise fabriquent en outre des *tamis, des boîtes en hêtre pour eau de Cologne, des rouets, des dévidoirs, des bois de cadres, des montures pour huiliers et porte-liqueurs, des chaises en merisier, des jouets d'enfans,* etc; et que dans lés environs de Beauvais plusieurs villages confectionnent des bois d'*éventails*. Dans les anciennes provinces de Picardie et de Champagne, on façonne une foule de *boîtes carrées* en hêtre qui ont depuis 1 1/2 po. jusqu'à 2 pi. de longueur; le Doubs au contraire fournit une quantité considérable de *boîtes rondes et ovales* en sapin. Ces boîtes sont collées ou bien on leur donne la solidité convenable au moyen de petits clous d'épingle, de chevilles de bois ou bien de liens ou clous à tranchet, morceaux de fer-blanc mince taillés en coin qu'on enfonce dans le bois aux points de jonction de 2 pièces jusqu'à la moitié de leur longueur et qu'on reploie soit en dehors, soit en dedans de la boîte.

Dans beaucoup d'autres départemens de la France, les habitans des campagnes font des *objets de tonnellerie;* dans d'autres, tels qu'à Château-des-Prés, à peu de distance de Saint-Claude (Vosges), ils construisent des *buffets,* des *meubles,* des *cuveaux* en sapin qu'ils portent au loin pour les vendre, ou bien de *grandes cuves* en sapin, comme à Rivel-de-las-Semals près de Limoux (Aude). A l'occasion de la *fabrication des tonneaux,* nous entrerons dans quelques détails sur les perfectionnemens que cet art a éprouvé depuis quelque temps et sur les avantages qu'on pourrait recueillir en l'établissant en grand d'après les nouveaux procédés.

Dans les pays de vignobles où la fabrication des tonneaux est avantageuse, on pourrait former un petit établissement avec les machines inventées par M. le chevalier de MANNEVILLE, de Troussebourg près Honfleur (Calvados). Un établissement de ce genre, dit l'inventeur, n'exige pas de la part des personnes à qui le brevet serait concédé dans une localité et qui voudront l'exploiter avec ordre et économie, l'avance d'un gros capital, surtout s'ils peuvent disposer d'une chute d'eau; voici l'aperçu des frais dans ce dernier cas.

Une scie verticale pour réduire d'une seule opération les arbres en plateaux.	2,000	
Une collection des machines brevetées	6,300	10,800
Deux tables de scies circulaires avec rechanges	1,000	
Frais divers d'établissement.	1,500	

Le capital roulant, ou argent nécessaire pour achat des matières premières, salaire des ouvriers, etc., est peu considérable. M. de MANNEVILLE calcule de la manière suivante les frais que l'emploi de ses nouvelles machines nécessiteront dans le 1ᵉʳ mois après qu'elles auront été montées et en état de fonctionner.

Intérêt, pendant 1 mois, des capitaux avancés pour l'achat des machines.	90	»
Salaire de 7 ouvriers dont 4 pour les machines brevetées, 1 pour la scie verticale et 2 aux scies circulaires à raison de 2 fr. l'un.	420	»
Un contre-maître, à raison de 1000 fr. par an	83	33
Huile, limes, etc.	15	»
Assurance contre l'incendie, frais imprévus	25	»
	633	33

Pendant ce mois on aura débité du merrain pour 2,000 tonneaux au moins; ce merrain pourra être vendu avantageusement ou monté en tonneaux à la manière ordinaire, suivant qu'on le jugera convenable.

Avec ces machines brevetées, l'expérience a prouvé qu'un homme, en 4 heures 40 minutes, peut seul fabriquer 2,580 pièces de merrain; en 3 heures 23 minutes, couper de longueur, jabler, parer et sous-rogner aux 2 extrémités 1830 douves; en 14 heures 10 minutes, joindre parfaitement toutes ces douves; en 2 heures 10 minutes, joindre 720 pièces de fonds; en 4 heures 33 minutes, percer 2.240 trous de vilebrequin dans les différentes pièces et placer 1120 goujons; et enfin en 3 heures 11 minutes, tourner et perfectionner 160 fonds. En tout, 32 heures 7 minutes.

Beaucoup de localités se sont emparées d'un certain genre de travail du bois et en retirent des profits assez considérables. C'est ainsi qu'à Clermont (Oise), on fabrique une grande partie du *bois de brosse* qui sert à l'approvisionnement de Paris, et que le même produit ainsi que les *rouets à filer* sont fabriqués en grand à Récicourt, à Saint-André, à Paroy et autres villages du canton de Souilly dans les environs de Verdun (Meuse); que les habitans de Sauve (Gard) cultivent en grand le micocoulier pour en faire des *fourches* dont ils ont un débit considérable; que ceux des villages de Laroque et de Sorède près Céret et Prats-de-Mollo (Pyrénées Orientales), ont imité leur exemple et fabriquent en micocoulier et en alizier des *fourches, des manches de fouets* et autres objets qui ont un grand débit en Espagne et qu'on apporte jusqu'à Paris; que ceux de Hermes près Beauvais (Oise), fabriquent des *queues de billard,* des *bâtons tournés* en tout genre pour tapissiers, des *cannes* en bois indigènes imitant les bois exotiques, le bambou et le rotin; des *manches de parapluies,* etc.

La *fabrication des sabots,* des *formes* pour les souliers et des *embouchoirs* pour les bottes, qu'on exerce principalement dans les environs de Compiègne (Oise), dans la forêt d'Orléans (Loiret), à Villers-Coterets et à Buirou-Fosse (Aisne), ainsi que dans l'Orne, la Haute-Saône et autres lieux, n'exige pas d'outils nombreux et peut très bien être exercée dans tous les lieux situés à proximité des forêts. Pour faire les sabots, on commence par couper le bois de longueur au moyen de la scie dans des billes de hêtre, noyer, orme ou bouleau; les morceaux sont ensuite dégrossis à la hache, puis ébauchés à l'essette. Une paire de sabots ainsi ébauchée est placée sur l'*encoche,* espèce de table ou chevalet en bois où on la retient avec un coin qu'on chasse au moyen du *renard* ou maillet de bois. C'est alors qu'avec une tarière on perce la place du pied, et qu'avec un outil tranchant appelé *cuiller* et dont on a plusieurs modèles, on creuse le talon. Le sabot étant creusé, on le pare, c'est-à-dire qu'avec le *paroir,* sorte de couteau à manche monté sur un banc, on l'évide à l'intérieur et on le polit. Des râpes à bois suffisent alors pour achever de lui donner la forme élégante et légère qu'on recherche aujourd'hui à la ville dans ces sortes de chaussures.

Dans les montagnes du département de l'Allier, aux environs de Vichy et au bourg de Busset, ainsi que dans le Puy-de-Dôme et le Doubs, les habitans confectionnent des *chariots* à 4 roues, extrêmement légers et de divers degrés de solidité, dont se servent tous les cultivateurs. Ces chariots, dont un grand nombre sont sans ferrures, ne reviennent qu'à 40 ou 50 fr. chacun. Les roues et les essieux seuls sont en bois dur; le corps est en sapin et composé d'un avant-train, de 3 grosses perches brutes et de 2 claies rustiques; ces claies se croisent sous la perche du milieu qui repose sur le train, et s'écartent à leur partie supérieure en s'appuyant sur les 2 autres perches assemblées grossièrement dans des cornes de ranches également fixées sur le train. Dans les villes de ces départemens, ces chariots sont construits avec plus de soin et de solidité; ils sont ferrés et leur prix s'élève de 80 à 250 fr. Chacun de ces chariots porte une charge d'environ 1000 kilog. de marchandises, et 500 kilog. de gerbes, pailles, chaumes, foins et autres fourrages; ils sont ordinairement traînés par 2 petites vaches attelées à des jougs garnis de coussinets en paille portant un filet pour chasser les mouches. On voit combien il serait facile dans les campagnes de se livrer à la construction de ces chariots, et combien de services utiles ces machines simples peuvent rendre à la petite culture.

Dans la Haute-Loire, on construit en sapin plus de 200 *bateaux* pour le transport des houilles. Cette construction produit annuellement dans le département une circulation de plus de 720,000 fr. qui se partagent entre les propriétaires et les habitans industrieux qui scient le bois, le transportent et construisent les bateaux.

Le tour et la scie suffisent pour fabriquer un très grand nombre de petits ouvrages en diverses matières qui ont un débit d'autant plus considérable qu'ils sont à bas prix et à la portée de la majorité des consommateurs. Ainsi, avec un tour fort simple, on fait des *chaises*, des *échelles*, des *tabatières*, des *coquetiers*, des *sébilles*, des *salières*, des *jouets d'enfants*, etc., et on peut, comme dans nos départemens de la Meuse, de la Moselle, de la Meurthe et des Vosges, fabriquer des *moules de boutons* ou des *boutons*. Les moules de boutons se font en bois dur et sec; tels que le chêne, le poirier, le frène, le cormier, etc., ou en corne, en baleine ou en os. Leur fabrication est fort simple: on prend des planchettes minces de bois ou des plaques de corne ou d'os et on les présente à un moule-perçoir monté sur un tour, ou simplement placé entre 2 poupées qui lui servent d'appui. Ce moule-perçoir est composé d'un manche et d'un fer; le manche est une boîte à forets ordinaire oblongue et le fer une sorte de ciseau terminé par 5 pointes. Celle du milieu est la plus longue et sert à percer le moule de bouton dans son centre; les 2 pointes qui suivent tracent des moulures à sa surface et les 2 pointes extrêmes forment les bords du moule et l'enlèvent de la plaque ou de la planchette de bois. Ce moule-perçoir, dont on a plusieurs modèles suivant la grandeur ou le profil des boutons qu'on veut fabriquer, est mis en mouvement sur le tour soit par le pied au moyen d'une corde,

d'une pédale et d'une verge flexible, comme dans le tour des tourneurs de chaises, soit par un archet, soit enfin par une grande roue et une corde sans fin. Les autres outils pour cette fabrication sont : des perçoirs pour pratiquer différens trous dans le moule ou le bouton, un compas d'épaisseur, une scie à main, un couperet, des limes et râpes et un étau.

Une table solide, percée au milieu d'une fente au travers de laquelle passe la lame d'une scie dont le châssis est attaché à une perche flexible qui la remonte à mesure que le pied la fait descendre au moyen d'une pédale, est une machine suffisante pour confectionner ou découper à jour une foule d'objets d'un débit assez étendu aujourd'hui, tels que *lettres majuscules* en bois pour enseignes de boutiques et autres, *chiffres* pour numérotage des maisons et des rues, *objets de fantaisie et de goût* pour ornement ou décoration des habitations ou *fournitures pour bureau, arts du dessin*, etc.

Depuis 40 années environ, les habitans de Cumnock, village du comité d'Ayr en Écosse, se sont appropriés la fabrication de ces *tabatières* élégantes et légères en bois, connues ici sous le nom de *tabatières écossaises*, qu'on débite en très grande quantité en Angleterre et sur le continent et qu'on a jusqu'ici vainement tenté d'imiter ailleurs. Dans ce village industrieux, où plusieurs centaines de personnes prennent part à cette fabrication, les unes travaillent le bois de ces tabatières, et avec des outils appropriés et encore secrets en façonnent la charnière en bois si délicatement ajustée qu'elle fait une partie de leur mérite; d'autres en polissent la surface et les livrent aux dessinateurs qui, par le moyen d'un pantographe y retracent en les réduisant, toutes les gravures des plus habiles maîtres ou les estampes les plus populaires; de là elles passent dans les mains des vernisseurs qui leur donnent l'éclat et le poli. Cette industrie s'est étendue aux communes voisines qui, avec Cumnock, livrent annuellement à la consommation pour 3 à 400,000 fr. de tabatières, qui forment pour elles un bénéfice à peu près net et la récompense de leur industrie; les matières premières n'entrant pas pour un demi-centième dans le prix de ces tabatières qu'on vend en fabrique de 8 à 30 fr.

Les *nattes* qui sont des espèces de tissus de paille de céréales ou de maïs, de jonc, de roseau ou de quelques autres plantes ou écorces faciles à se plier et à s'entrelacer, peuvent offrir dans leur fabrication une occupation fructueuse par suite de la grande consommation qu'on en fait pour les appartemens dans les villes, les clôtures et l'emballage d'un grand nombre de produits industriels. Une natte en paille est composée de divers cordons et les cordons de diverses branches, ordinairement au nombre de 3. On donne aux cordons depuis 4 jusqu'à 12 brins ou tiges de paille et plus, suivant l'épaisseur qu'on veut donner à la natte ou selon l'usage auquel on la destine. On natte chaque cordon à part en attachant la tête de chacun à un clou ou crochet enfoncé dans la barre d'en-haut d'un fort tréteau de bois et en remontant la natte sur le

clou à mesure qu'elle avance, et rejetant par-
dessus le tréteau la partie qui est déjà nattée.
Pour joindre ces branches et en faire des nattes, on les coud l'une à l'autre avec une grosse
aiguille de fer de 10 à 12 po. de longueur et
de la menue ficelle. Deux grosses tringles de
la longueur nécessaire et qu'on éloigne plus
ou moins suivant l'ouvrage servent à cette
couture, qui se fait en attachant alternativement le cordon à des clous à crochet dont ces
tringles sont munies d'un côté, et à 1 po. de
distance les uns des autres; c'est ce qu'on
nomme ourdir ou bâtir à la tringle. La paille
dont on fait les nattes doit être longue et fraîche; on la mouille, on la bat sur une pierre
avec un gros maillet de bois à long manche
pour l'écraser et l'aplatir.

Le nattier peut voir ses produits exportés
au loin, et même les vendre à un prix assez
élevé quand ils sont travaillés avec soin et
que les matériaux sont propres et peu altéra-
bles, et surtout lorsque l'ouvrier sait les combiner avec goût et avec élégance pour en former des dessins ou des ornemens.

Un travail plus délicat que celui du nattier,
est celui qui consiste à *tresser la paille* pour
en faire des chapeaux d'hommes et de femmes
et divers objets d'utilité et d'agrément. Nous
n'entrerons pas ici dans des détails sur la
fabrication de ces tresses fines, légères
et brillantes, qui servent à fabriquer ces
beaux produits connus sous le nom de chapeaux de paille d'Italie et qu'on a imités en
France, à Lyon, à Alençon et au Mans et nous
nous contenterons d'appeler l'attention sur
les tresses ordinaires en pailles entières ou
refendues, qui servent à la confection des
chapeaux dits de paille cousue et de paille
suisse qu'on fabrique dans plusieurs de nos
départemens, ou à celle des cabas et de jo-
lis petits ouvrages en paille tressés ou nat-
tés.

D'après les renseignemens fournis par
M. VILMORIN (t. Irr, p. 369), on voit que c'est
le blé de mars barbu ordinaire qui, affaibli
par un semis très épais, donne des pailles qui
approchent le plus de celles du blé de Toscane ou à chapeau; mais on en fabrique aussi
avec la paille de plusieurs autres céréales qui
peuvent donner des tresses d'autant plus fines qu'on a fait choix d'une paille plus belle,
plus pure et d'un plus grand éclat. La paille
doit être aplatie, coupée de longueur entre
les nœuds ou fendue en plusieurs brins à
l'aide d'un canif. Si on se sert de paille refendue, on l'enveloppe dans un linge mouillé
pour lui donner de la souplesse. On fait des
nattes à 7, 9, 11 ou 13 brins de paille et plus.
Afin de donner une idée de ce genre de travail nous choisirons une natte à 11 brins,
ainsi qu'on le voit dans la *fig.* 531. Dans
cette natte, chaque brin est numéroté de distance en distance, et l'on peut facilement
en suivre la marche. Ainsi, en partant de
l'endroit marqué A, nous voyons le brin
n° 1 se replier sous le n° 2, passer sur les brins
3 et 4 sous les n°s 5 et 6, sur 7 et 8, sous 9 et
10 et sur 11, puis, se replier de nouveau au
point B pour passer sous 2, sur 3 et 4, et ainsi
de suite. De même, le n° 2, partant du point
inférieur, se replie sous 3, passe sur 4 et 5,
sous 6 et 7, sur 8 et 9, sous 10 et 11, sur 1 et se

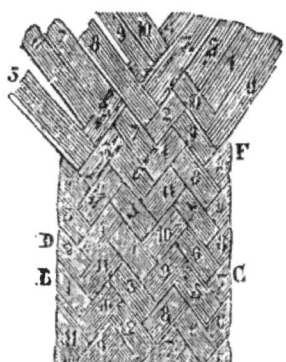

Fig. 531.

replie sous 3 en D, où il recommence à passer
sur 4 et 5 et ainsi de suite.

Maintenant, si nous voulions continuer cette tresse commencée, nous replierions le n° 5
sous le n° 6, puis nous le ferions passer sur
7 et 8, et sous 9 et 10. Ensuite, nous pren-
drions le n° 11 en F, nous le replierions sous
1 et le ferions passer sur 2 et 3 et sous 4 et
5, puis, nous reviendrions du côté opposé au
n° 6, qui serait alors le plus extérieur, et le replierions sous 7 en le faisant passer sur 8 et 9
et sous 10 et 11 et ainsi de suite.

Pour travailler une tresse, on lie ensemble
les brins de paille et on les fixe à sa ceinture
avec un cordon, puis on fabrique la tresse
comme nous venons de l'enseigner en faisant
marcher les doigts en avant, repliant et faisant passer les brins sur ou sous les groupes
successifs composés de 2 pailles, avec la plus
grande agilité possible. On continue ainsi
dans toute la longueur des brins de paille, et
lorsque l'un d'eux vient à manquer, il faut
ajouter un autre brin de manière que le bout
finissant et le bout commençant se trouvent
toujours à l'envers de la tresse.

Lorsqu'on a une longueur de tresse suffisante pour faire un chapeau, on la coud en
commençant le chapeau par le centre du fond
de la forme et tournant successivement de
droite à gauche pour former ce fond, puis la
forme du chapeau, et enfin sa passe ou ses
bords. Cette couture se fait à grands points
de surjet et de manière que la tresse supérieure déborde toujours légèrement sur la
tresse inférieure. Les chapeaux fins une fois
terminés, reçoivent un apprêt qui est du ressort des fabriques.

Quand on sait faire des tresses, on peut en
teignant celles-ci en diverses couleurs, faire
des cabas ou paniers pour aller au marché, des
paniers légers, des meubles divers et une
foule de petits ouvrages qui sont recherchés
quand ils sont travaillés avec goût, élégance et
propreté. Il en est de même des tresses en bois
de bourgène, de saule ou de peuplier, en baleine, en rotin, en jonc refendus au moyen
d'outils particuliers et dont on fait aussi des
chapeaux et divers objets d'ameublement.

L'art du cordier, c'est-à-dire l'art de fabriquer des *cordes* et des sangles de chanvre et de lin ainsi que des cordes de crin et d'écorce, n'exige ni de grandes dépenses, ni des outils nombreux, ni un long apprentissage. Un rouet de cordier mu par un enfant, un touret ou dévidoir, des chevalets ou râteliers, des émerillons et une paumelle en lisière de drap sont presque les seuls ustensiles nécessaires pour fabriquer du *fil de caret* qu'on peut vendre aux ateliers de corderie. Mais on peut ne pas se borner à faire du fil de caret, et fabriquer encore une foule de cordes ou ficelles usitées dans les travaux civils et agricoles, ainsi que dans les arts et l'économie domestique. Quelques autres outils alors aussi simples que les premiers tels que des toupins, un chariot, des carrés à manivelle pour commettre les cordages sont alors nécessaires. Les principes de l'art de filer le fil de caret sont peu nombreux et la pratique en est aisée. Il faut seulement s'attacher à donner à cette opération une attention suivie, et procéder par mouvemens uniformes et égaux dans leur durée comme dans leurs intervalles. Un atelier de filage peut être établi le long d'un mur, dans une allée, un fossé, mais autant que possible à l'abri du soleil et du vent. Le sol doit en être uni et horizontal.

Les *cordes de tille*, qu'on fabrique avec la 2e écorce ou liber des jeunes branches du tilleul de Hollande et quelquefois avec celle de l'orme commun qui est presque aussi souple et durable, donnent lieu dans l'Aube et surtout dans le département de l'Oise, à une très grande fabrication; c'est ainsi qu'à Coye, à 2 lieues de Senlis, les habitans fabriquent par au plus de 2,500 douz. de cordes à puits en écorce de tilleul; chaque douzaine de cordes mesure 288 mèt. de longueur. On y fait en même temps avec la même substance plus de 7 à 8 millions de liens pour les besoins de l'agriculture.

Les *objets de vannerie* ont partout un très grand débit et méritent assurément qu'on apprenne à les fabriquer, tant sous le rapport des nombreux usages auxquels ils sont propres, que par les profits assez considérables que peuvent procurer ceux qui sont travaillés avec goût et délicatesse, qu'on recherche aujourd'hui dans les villes, où ils se vendent à un prix assez élevé. En France, c'est principalement dans le département de l'Aisne qu'on cultive en grand les osiers pour la vannerie fine qu'on fabrique surtout à Origny-en-Tiérarche, à Hirson, dans les environs de La Capelle, Ribemont, Aubenton, Landouzy-la-Ville, etc. Quant à la vannerie commune, on la fabrique dans beaucoup d'endroits, et nous citerons seulement Angivilliers, près Thionville (Moselle), où on fait principalement les *vans* pour vanner le grain, Dempierre-aux-Bois, près Commercy (Meuse), qui ne fabrique que la grosse vannerie, et les communes de Remilly, Lemesnil-Vigot, Lemesnil-Eury, arrondissement de Saint-Lô (Manche), qui s'occupent presque exclusivement des ouvrages en osier et en font un commerce considérable dans toute la Normandie, la Bretagne, etc.

Nous faisons connaître au t. IV, p. 40 la manière de former une oseraie; nous ajouterons ici quelques détails pratiques sur l'emploi de l'osier. Les ouvrages ordinaires en vannerie, tels que corbeilles, paniers, claies, hottes, etc., se font en osier jaune ou rouge; ceux en vannerie fine en osier blanc ou osier sans écorce, pour lequel on emploie principalement le saule viminal dont les jets sont beaucoup plus droits et unis et ne se ramifient presque jamais en brindilles secondaires. C'est au moment où le saule viminal est en sève qu'on le dépouille le plus facilement de son écorce pour en faire l'osier blanc. Pour l'obtenir ainsi, on le coupe et on en forme des bottes que l'on range dans un lieu préparé exprès dans le voisinage d'une rivière ou d'une eau assez abondante pour que le pied des bottes soit constamment submergé à une hauteur de 15 à 18 po. Au mois de mai suivant, au moment de l'ascension de la sève, on retire l'osier pour l'écorcer à mesure qu'il sort de l'eau, ce qui se fait avec rapidité au moyen d'une espèce de mâchelière en bois dans laquelle on passe les jets d'osier et qui en séparent l'écorce avec facilité. L'osier écorcé et blanchi est laissé quelque temps à l'air pour le faire sécher; ensuite il est réuni en bottes de différentes grosseurs et longueurs. Lorsqu'on veut le mettre en œuvre, on le fait tremper dans l'eau pendant 24 heures pour lui donner assez de souplesse pour être travaillé; puis on le fend pour les objets les plus délicats en 3, 4, 5 et 6 parties au moyen d'un fendoir en buis, et on le passe à la filière, instrument qui enlève tout le bois intérieur et ne conserve que la partie qui touche l'écorce qui est plus blanche, plus flexible et plus brillante.

Il y aurait sans doute beaucoup d'autres industries qui pourraient s'exercer dans nos campagnes, sur le bois, les tiges et les écorces des végétaux, mais que nous passerons sous silence pour nous occuper des produits avantageux que certaines populations savent retirer des végétaux ou des fruits qu'elles font croître, ou que la nature leur offre avec libéralité.

Près de toutes les grandes villes, on peut joindre aux bénéfices qu'on retire d'une exploitation rurale ceux qu'il est facile de recueillir de la *culture des plantes potagères*, de celle des *arbres fruitiers*, des *plantes d'utilité* ou *d'agrément*. Nous n'entrerons à cet égard dans aucun développement.

Une industrie fort simple et qui n'exige que du soin, c'est la *préparation des pruneaux*, dont on fait une consommation considérable dans le monde entier. Ces pruneaux sont d'autant plus délicats qu'on choisit des fruits de meilleure qualité et qui se prêtent mieux à cette préparation. On attend, pour récolter ceux-ci, qu'ils soient bien mûrs; on les met sur des claies et on les expose au soleil dans les climats méridionaux, ou à la chaleur du four dans ceux du Nord. On fait en sorte que la dessiccation soit prompte, afin d'éviter la moisissure. On évite de laisser les prunes à l'air pendant la nuit ou lorsque le jour est sombre et humide; on ne les expose qu'à un soleil vif et on les passe plus ou moins souvent au four, selon qu'elles sont plus ou moins grosses, en augmentant chaque fois la chaleur. Ces manipulations varient au reste avec les pays. Par exemple, pour les pruneaux dits de Tours, qu'on prépare dans les environs de Tours, Chinon, Saumur, etc., on choisit la variété de prune dite la Sainte-Catherine; on prend les plus mûres, celles qui tombent par les petites secousses qu'on imprime à l'arbre; on les place, sans les entasser, sur des claies qu'on expose au soleil jusqu'à ce que les prunes deviennent très molles. On les met alors dans un four chauffé à la chaleur tiède et dont la porte ferme exactement, et où elles restent 24 heures; on les retire, on chauffe de nouveau le four, on le porte à un degré de chaleur plus fort du quart et on y replace les claies; on les retire le lendemain et on retourne les prunes en agitant la claie. Cette opération faite, on chauffe le four pour la 3° fois à une température d'un quart plus forte qu'à la 2°; on replace les claies, en les abandonne encore 24 heures, après quoi on les retire et on les laisse refroidir; elles ont alors atteint la moitié de leur dessiccation. Il s'agit alors de les arrondir, d'en tourner le noyau, de leur donner une forme carrée; résultat auquel on parvient en les pressant entre le doigt indicateur et le pouce. Cette opération achevée, on porte le four au degré de chaleur qu'il a quand on en a retiré le pain; on y remet les claies et on mastique la porte avec du mortier. On retire les prunes au bout d'une heure, on place dans le four un vase rempli d'eau et on le tient fermé pendant 2 heures; après quoi on remet les claies, on ferme exactement et on laisse le tout pendant 24 heures. Les prunes prennent le *blanc*, c'est-à-dire qu'elles se recouvrent d'une poussière blanche, résineuse et cristalline. Si elles ne sont pas assez cuites et qu'elles soient blanches, on les laisse dans le four tant qu'elles conservent de la chaleur; il ne faut pas le réchauffer, le blanc disparaîtrait.

On procède différemment pour les prunes de Brignoles. Ces prunes, qui se préparent avec la variété appelée perdrigon blanc, se récoltent après midi, en secouant légèrement les arbres On les laisse dans les paniers jusqu'au lendemain matin où on les pèle une à une avec l'ongle et le pouce, sans jamais employer le fer. Lorsqu'il y en a une certaine quantité de pelées, on les enfile dans des baguettes d'osier, grosses comme un tuyau de plume, longues environ d'un pied et pointues aux 2 bouts, de manière que les fruits ne se touche t pas. On fiche ces baguettes à la distance d'un pied, autour de faisceaux de paille ficelés; on les suspend à des traverses; on les laisse ainsi exposées à l'air 2 ou 3 jours, en ayant soin de les renfermer chaque soir, un peu avant le coucher du soleil, dans un endroit sec et à l'abri de l'humidité. Au bout de 3 jours, on les détache des baguettes et on fait sortir les noyaux par la base. Cette opération faite, on les étend sur des claies bien propres, on les expose 8 jours au soleil, on les renferme tous les soirs avant qu'il se couche et on les remet à l'air dès qu'il se lève; on les arrondit, on les tape et on les aplatit avec les doigts. Elles sont assez sèches lorsqu'elles se détachent de la claie et ne poussent plus entre les doigts. On les place alors dans des caisses garnies de papier blanc, on les recouvre de drap de laine et on les serre dans un endroit bien sec jusqu'à ce qu'on les livre au commerce.

C'est par des procédés analogues qu'on fait sécher les *figues*; mais celles qui ont éprouvé la dessiccation sur des claies au soleil sont toujours plus douces, plus onctueuses et recherchées que celles où on a employé la chaleur du four. On sèche encore de la même manière des *poires*, des *pommes*, des *cerises* ou autres fruits charnus, soit pour être consommés à l'état sec, soit pour la préparation de boissons économiques.

Dans les pays favorisés par un beau climat, on se livre avec succès à la *préparation des raisins secs*, qui ont un débit considérable tant en France que dans le nord de l'Europe. La manière de préparer ces raisins est simple, et voici comment on y procède dans le Languedoc et la Provence. Quinze jours avant de cueillir les raisins, on prépare une lessive de soude ou de potasse factice. Cette lessive se fait en dissolvant dans un baquet rempli d'eau la soude ou la potasse concassées, en décantant cette 1ʳᵉ eau, la remplaçant par de nouvelle, qu'on décante de même quand elle a dissous l'alcali. On mélange ces 2 lessives et on y ajoute au besoin de l'eau pure, jusqu'à ce qu'elle marque 11 à 11 1/2 degrés au pèse-alcali. La cueillette du raisin étant faite et les grappes purgées des grains écrasés ou moisis, on met la lessive dans une chaudière, on porte à l'ébullition et maintient en cet état. Alors on plonge les grappes dans la lessive bouillante et on ne les en retire que lorsqu'on s'aperçoit que les grains sont fendillés; on les enlève dès que ce signe se manifeste et on les pose au soleil sur des claies de roseau, en les laissant exposées à la rosée la 1ʳᵉ nuit. Les jours suivans, on a soin de les retourner et de les rentrer tous les soirs, avant le coucher du soleil, et d'en agir de même un temps suffisant, mais sans attendre toutefois qu'elles soient trop desséchées. Ce procédé est préférable à celui qu'on emploie encore dans plusieurs localités où l'on se contente de tremper les grappes dans une lessive de cendres, dont on ne connaît pas le titre et qui donne aux raisins ou panses un aspect rougeâtre et leur enlève ce goût sucré et onctueux qui fait tout le mérite de ceux préparés comme nous l'indiquons. Pour les sortes les plus délicates, on égrappe, c'est-à-dire qu'on enlève la rafle des grappes. Tous ces raisins sont ensuite emballés dans des boîtes de sapin qui pèsent, pour les espèces de choix, de 8 à 20 kil., et pour les autres, de 40 à 50 kil.

Puisque nous avons fait mention de la conservation des fruits par la dessiccation, nous ajouterons qu'on pourrait également, dans les campagnes, ainsi qu'on le fait dans plusieurs de nos départemens méridionaux, les *confire au sucre* ou les transformer en *sirops*, en *confitures*, en *raisinés*, en *gelées*, en *pâtes*, en *marmelades* et même en *fruits à l'eau-de-vie* qui, en supposant les produits de bonne qualité, auraient, sans aucun doute, un débit assez considérable; par exemple, la *fabrication du raisiné* dit de Bourgogne a lieu presque exclusivement à Cerisiers, Dixmont, Piffonds, autour de Joigny (Yonne); celle des *fruits cuits*, à Tours et ses environs, ainsi qu'à Chinon (Indre-et-Loire) qui en font un grand commerce, etc.

Nous rappellerons également ici que la plupart des légumes ou des plantes qui nous servent d'alimens, tels que les jeunes oignons, les cornichons, les épis encore tendres de maïs, les haricots verts, les câpres, les tomates, les poivrons, etc., peuvent être *confits dans du vinaigre* et, dans cet état de conservation, être portés dans les villes où on en fait une grande consommation, et qu'on a aussi essayé avec succès de confire de la même manière la plupart des *fruits* qui paraissent sur nos tables Enfin tout le monde sait que les *olives*, encore vertes, sont jetées pendant 8 à 10 jours dans de grands vases remplis d'eau qu'on renouvelle souvent, puis qu'on sature de sel et que c'est dans cette saumure qu'on les conserve. La plupart du temps avant de saler l'eau on baigne les olives dans une faible dissolution de potasse ou de soude rendue caustique par la chaux. C'est après ce bain que les olives sont mises dans la saumure et enfermées dans de petits barils de 1 à 2 litres qu'on transporte au loin. Quelquefois on fend l'olive pour en ôter le noyau, et l'on remplace ce noyau par un assaisonnement d'anchois, de câpres et de truffes; ces olives farcies se conservent dans des boucouts qu'on remplit d'excellente huile et qu'on bouche ensuite hermétiquement.

Dans nos départemens d'Indre-et-Loire, du Gard, de l'Hérault, des Basses-Pyrénées, on se livre à la fabrication du *jus de réglisse*, substance qui a un débit assez considérable dans toute la France et à l'étranger.

Le prix élevé du café a donné l'idée de rechercher dans les produits de notre sol si on n'en trouverait pas quelques-uns qui pussent non pas le remplacer entièrement, mais diminuer la dose nécessaire à la préparation du breuvage de ce nom. Parmi le grand nombre de substances proposées ou essayées pour faire du *café indigène*, trois se sont maintenues en vogue et sont aujourd'hui très usitées en France, en Belgique, en Hollande et en Allemagne; ce sont les racines de betterave, carotte et chicorée. Ces racines sont souvent employées seules, mais le plus ordinairement ensemble dans la proportion de betterave 1/4, carotte 1/4, chicorée 1/2, ce qui varie suivant la facilité des approvisionnemens. On coupe d'abord ces racines de 2 à 3 lignes d'épaisseur au moyen d'un coupe-racines ou autre machine à couteaux, et on les dessèche séparément à l'étuve. La chicorée est sèche au bout de 24 heures, la carotte en 30 et la betterave en 36; il faut pour cet objet faire choix d'un mode économique de dessiccation. Pour 100 parties ou poids de chacune réunies, soumises ainsi à l'étuve, on ne recueille que 22 de chicorée, 12 de carotte et 11 de betterave seulement; cette opération doit être conduite avec habileté. Trois stères de chêne ou 15 quintaux de houille doivent suffire pour sécher 100 quintaux de racines vertes. Au sortir de l'étuve les racines sèches passent dans un fourneau où elles sont arrosées avec de la mélasse; la quantité qu'il en faut employer, la température que l'on doit donner et la durée de l'opération dépendent de la qualité et de l'état des racines. On est guidé ordinairement par des signes que l'expérience et la pratique apprennent à connaître; les racines vernies n'ont plus besoin que d'être réduites, dans un moulin, en poudre qui ne doit pas être trop fine et que l'on met par petits paquets dans des cylindres ou cartouches de papier contenant chacune 2 onces; on se sert pour tasser la poudre dans les cartouches d'une machine qui en bat un grand nombre à la fois; il est rare qu'on obtienne en café plus d'un dixième du poids des racines vertes, nettoyées et coupées. Cette fabrication, qui est très active à Onnaing (Nord) qui a été son berceau, à Marvoilles, près Avesnes, et autres lieux, commence en octobre et finit en janvier. On prépare aussi, à peu près d'après les mêmes principes, du *café-châtaigne* qui est un mélange de betteraves séchées et arrosées d'huile d'olive, puis de châtaignes sèches. Ce mélange est ensuite brûlé comme du café ordinaire, mais avec beaucoup de précautions, puis, lorsqu'il est froid, moulu et enfermé dans des vases de terre dans lesquels on l'expédie.

On a établi aussi en Hanovre plusieurs grandes fabriques pour la préparation du café de *seigle* qu'on préfère dans ce pays au café-chicorée Pour préparer ce café, on fait macérer le seigle pendant une nuit dans l'eau froide, on fait écouler cette eau qu'on remplace par de la fraîche qu'on chauffe aussitôt jusqu'au point d'ébullition. Quand les grains ont crevé, on jette le tout sur une passoire et on lave à 3 reprises différentes avec de l'eau bouillante. Lorsque l'eau est suffisamment écoulée, on sèche les grains soit au soleil, soit sur une plaque chauffée; cette dessiccation doit être rapide. Alors on les brûle comme le café et au même point, on les met en poudre et on les conserve dans des pots fermés d'un couvercle. On prend ordinairement 2 onces de cette poudre pour 3 tasses, et on fait bouillir un quart d'heure; quelques personnes y ajoutent 1 à 2 grains de sel. Mêlée avec du café ordinaire, cette boisson est, dit-on, agréable.

Nous mentionnerons encore la *fabrication de la moutarde* comme une de celles qui se rattachent à l'agriculture. On peut construire un moulin d'une manière bien simple, en prenant une petite futaille qu'on défonce d'un côté et au fond de laquelle on fixe une meule en granit ou en pierre dure, de manière qu'elle ne puisse pas tourner; on place ensuite dessus une autre meule mobile et tournant autour d'une cheville implantée au milieu de la meule dormante. Sur le côté de cette dernière est solidement fixée une autre cheville ronde en fer qui, à l'aide d'un étui de bois dont elle est environnée, sert de manivelle pour la faire tourner. Un couvercle en bois recouvre cette meule mobile, et une gouttière placée sur le côté, au niveau de la surface supérieure de la meule inférieure, sert à faire tomber la moutarde broyée. Avant de moudre la graine de moutarde, on la vanne, on la lave et on la laisse gonfler pendant 12 heures pour rendre le broyage plus facile. Cette graine étant ensuite broyée, on la repasse pour l'obtenir plus fine, et enfin on la passe au tamis de soie. On prend alors un demi-kil. de cette farine, on y ajoute un peu de sel marin, on la remet dans le moulin, en l'arrosant petit à petit avec du vinaigre, en la broyant toujours jusqu'à ce qu'elle forme une pâte fine, homogène et d'une consistance fluide, qu'on conserve dans des pots scellés avec un bouchon de liége ou avec une vessie. On ajoute souvent à la moutarde du sucre, du miel, des clous de girofle et autres épiceries, ainsi que de l'estragon, des anchois, etc. A Turenne (Corrèze), dont la moutarde est très renommée, on emploie, au lieu de vinaigre, le moût de raisin rapproché au tiers par l'ébullition. Enfin, on prépare aussi des moutardes qu'on aromatise avec des essences de cannelle, de thym, etc. Le soin qu'on mettra dans la préparation et le choix des ingrédiens peuvent seuls donner un produit de bonne qualité et le faire rechercher par les consommateurs.

Les *pois* qu'on forme avec la racine d'iris pour le pansement des cautères se faisaient autrefois exclusivement en Toscane. Plusieurs villes de France se sont emparées de cette industrie; nous citerons en particulier La Ferté-sous-Jouarre (Marne), où il s'en fabrique une très grande quantité, et Caromb, à 2 lieues de Carpentras (Vaucluse). La racine de l'iris de Florence (*iris florentina*) est tubéreuse, disposée en morceaux plus ou moins longs, inégaux, assez pesans, aplatis et à surfaces raboteuses. Sa couleur est blanche à l'intérieur comme à l'extérieur, et quand elle est sèche, elle a une odeur agréable de violette. Cette racine ne se récolte que la 3ᵉ année de la plantation, et aussitôt qu'elle est arrachée de terre, on la dépouille de son écorce et on l'étend sur des nattes de jonc pour la faire sécher au soleil et quelquefois au four. Les pois à cautère se fabriquent sur le tour, et, suivant que les morceaux de racines sont plus ou moins sains, on fait des pois plus ou moins gros. On assortit ensuite les différentes grosseurs au moyen de cribles. Ces pois sont ensuite enfilés et livrés au commerce. Les débris que donne le tour sont vendus aux parfumeurs et aux pharmaciens, qui font entrer l'iris dans diverses préparations. On estime à plus de 20 millions le nombre de ces pois consommés annuellement en France.

La *glu*, qu'on fait à Saint-Loup (Haute-Saône), à Saint-Léger-de-Fourcheret, près Avallon (Yonne), et dans quelques autres localités, est, comme on sait, employée à la chasse des petits oiseaux et pourrait servir à des usages bien plus étendus en horticulture et dans l'économie domestique, pour prévenir les attaques des chenilles et des insectes. C'est avec la seconde écorce du houx, lorsque cet arbre est en sève, qu'on fabrique la glu. Cette écorce ayant été enlevée, on la laisse macérer pendant quelque temps à la cave dans des tonneaux; puis on la bat dans des mortiers jusqu'à ce qu'elle soit réduite en pâte. On lave cette pâte à grande eau, et, pendant le lavage, on la pétrit à plusieurs reprises. Alors on la renferme dans des barils pour la laisser se perfectionner, en enlevant de temps à autre l'écume qu'elle rejette, ainsi que les filamens ligneux qu'elle contient encore. Enfin, quand elle est pure, on la met dans un autre vaisseau pour l'usage ou pour l'expédier.

Une fabrication à laquelle il est assez facile de se livrer, c'est celle de l'*amadou*, cette substance spongieuse et très combustible qu'on emploie pour se procurer du feu avec la pierre à fusil et le briquet, ainsi que pour arrêter l'écoulement du sang des petits vais-

seaux. L'amadou se prépare avec une espèce de champignon, appelé *agaric* du chêne, bolet amadouvier (*boletus igniarius*, B. *fomentarius*, L. *polyporus igniarius*, Pers.). Ce bolet qui croît sur le tronc des vieux chênes, des ormes, des charmes, des bouleaux, des noyers, etc., est épais au milieu et à la forme d'un sabot de cheval. Il est couvert supérieurement d'une écorce dure d'un brun foncé, presque lisse, sous laquelle se trouve une substance d'un brun clair, fongueuse, assez molle, douce au toucher et comme veloutée. Toute la partie inférieure est ligneuse. La récolte des bolets se fait au mois d'août ou de septembre. — Pour préparer l'*agaric*, on commence par emporter soigneusement avec un couteau l'écorce qui recouvre le champignon et toutes les parties ligneuses qui entourent la substance fongueuse. Cette substance est ensuite coupée en tranches minces que l'on bat au marteau pour les amollir. On continue à battre jusqu'à ce qu'elle devienne douce, molle et facile à rompre avec les doigts. Dans cet état, l'agaric est livré au commerce ou aux pharmaciens et peut être employé pour arrêter les hémorragies. — Pour en faire de l'*amadou*, on épluche et on coupe le bolet, comme précédemment; puis on le dispose par couches dans un tonneau sur lesquelles on place un couvercle qu'on charge d'une pierre. Dans ce tonneau, on verse une forte lessive de cendres filtrée, ou mieux une dissolution de potasse, dans la proportion de 1 livre de cet alcali pour 25 de champignons. Après une macération de 2 à 3 semaines en été ou d'un mois en hiver dans un cellier, on en retire les tranches de bolet, on les laisse égoutter, puis on les bat sur un bloc de bois avec un maillet également en bois jusqu'à ce qu'elles forment des plaques unies et d'une mince épaisseur. Alors on les sèche, puis on leur donne la flexibilité et la mollesse nécessaires, en les manipulant pendant longtemps et en tout sens entre les mains. Souvent on ajoute à la dissolution de cendres ou de potasse du salpêtre ou nitrate de potasse, dans la proportion de 1 liv. pour 30 à 50 liv. de bolet pour augmenter sa combustibilité. On pourrait se servir, pour le même objet, d'une dissolution d'extrait de saturne (sous-acétate de plomb), ou mieux, de chlorate ou de chromate de potasse. — Pour préparer l'*amadou noir* on teint quelquefois le bolet avec des dissolutions de bois de teinture, de noix de galle et de sulfate de fer. Dans ce cas, on ne le passe pas dans la lessive alcaline, on se contente de le plonger dans la dissolution de salpêtre à laquelle on ajoute les matières colorantes. Un moyen plus simple, et qui augmente en même temps sa combustibilité, consiste à le rouler dans de la poudre à canon. Il paraît que dans quelques endroits de l'Allemagne on cultive le bolet amadouvier. Pour cela, on plante, dans des endroits humides, des hêtres qu'on recourbe ensuite jusqu'à terre et qu'on couvre de gazons pour les maintenir dans un état constant d'humidité. Ces dispositions favorisent tellement le développement des bolets que, dans l'année, on peut en faire plusieurs récoltes.

Une autre application utile des plantes cryptogames a été proposée récemment par M. de BREBISSON, qui a démontré qu'on pouvait, avec la chair des champignons subéreux appelés *bolets* ou *polypores*, former des *estompes* qui remplacent avec avantage celles de papier, de peau ou en liège dont se servent les dessinateurs. Celles fabriquées par M. de Brebisson étaient faites avec le polypore du bouleau, dont la chair est moelleuse, d'un beau blanc et se taille facilement. Il en a fait aussi avec les polypores odorant et amadouvier. Ces estompes sont préférables à celles de papier, qui sont dures, et à celles de peau, qui ne peuvent être taillées en pointes aussi fines, et enfin à celles en liège dont la substance présente souvent des points ligneux assez durs qui déchirent le papier. On pourrait très bien, dans les pays où ces champignons abondent, essayer cette petite industrie nouvelle.

Dans les pays où croît le *chêne-liége*, près des grandes villes ou des pays de vignobles, on peut s'adonner à la fabrication des bouchons de toute espèce, des semelles et autres ouvrages en liège qui n'exigent que bien peu d'outils.

Nous ne parlerons plus, à l'égard des produits extraits des végétaux, que de la *récolte* et du *raffinage du tartre*. Tout le monde sait que, dans les tonneaux où l'on conserve le vin, il se forme sur les parois de ces vases une couche ou croûte cristalline plus ou moins rouge et épaisse qui est connue sous le nom de *tartre*. Le tartre à l'état brut est blanc ou rouge, suivant qu'il provient de vins blancs ou de vins rouges; mais ces 2 espèces ne diffèrent en général l'une de l'autre que par la matière colorante. Dans les pays de vignobles où l'on récolte une quantité assez notable de ce tartre, on peut le vendre en cet état à des raffineurs ou au commerce. Cependant il est probable qu'on pourra le placer plus avantageusement en lavant à l'eau froide les cristaux de tartre pour leur enlever une partie de la matière colorante qui les souille encore et dissimule leur poids. Si on recueille une grande quantité de ce produit, on trouvera peut-être du profit à le raffiner, comme on le fait dans les environs de Montpellier.

Pour raffiner le tartre brut on le réduit en poudre dans un moulin à meules verticales, tels que ceux que nous avons décrits pour la fabrication du cidre et des huiles ; puis on le fait dissoudre en le projetant par poignées et peu à peu dans l'eau bouillante contenue dans une chaudière de cuivre. L'eau étant saturée de ce sel, ce qu'on aperçoit quand elle n'en dissout plus, on laisse un moment reposer la solution pour que les impuretés tombent au fond, puis on la verse dans des terrines ou cristallisoirs. Par le refroidissement, il se dépose des cristaux d'un blanc roussâtre ou d'un rouge vineux, léger, qu'on peut vendre en cet état. Quand on veut raffiner entièrement ces cristaux, on les détache des terrines et on les redissout dans l'eau bouillante; lorsque la dissolution est faite, on délaie avec soin 4 à 5 p. 0/0 d'une terre argileuse et sablonneuse. L'argile s'empare de la matière colorante et se précipite avec elle ; alors on tire à clair la liqueur et on l'évapore jusqu'à ce qu'il se forme à sa surface une pellicule cristalline. On la soutire alors dans des terrines où, par le refroidissement, le tartre qui est plus soluble à chaud qu'à froid se dépose en cristaux blancs et demi-transparens qu'on nomme *crème de tartre*. Ces cristaux étant formés, on les enlève, on les fait égoutter et on les emballe, aussitôt qu'ils sont secs, dans des demi-barils de 2 à 300 kilog. ou des barils de 400 à 600 kilog. Les eaux au sein desquelles les cristaux se sont formés, et qu'on nomme en chimie *eaux-mères*, contiennent encore du tartre en dissolution; on s'en sert au lieu d'eau pure pour opérer la dissolution du tartre brut. La crème de tartre du commerce est un bitartrate de potasse, c'est-à-dire un sel dans lequel l'acide tartrique est en quantité double de celle qui sature la potasse dans le tartrate neutre de cette base. La crème de tartre est employée dans la pharmacie, en teinture, dans le foulage des chapeaux, etc.

Section III. — *Produits minéraux.*

Les objets de coutellerie, tels que rasoirs, couteaux, ciseaux, instrumens de chirurgie dont on fait un débit si prodigieux sont devenus dans plusieurs de nos départemens une source de richesse et de travail pour les populations agricoles. C'est ainsi qu'à Nogent-le-Roi, dans l'arrondissement de Chaumont (Haute-Marne), qui est le centre de la fabrication de la coutellerie dite de Langres, ces produits donnent de l'occupation, dans plus de 100 villages environnans, à une multitude de bras qui fabriquent chaque année pour plus de 800,000 fr. de coutellerie. Les communes aux alentours de Moulins et de Chatelleraut présentent la même activité dans ce genre d'industrie. La grosse coutellerie, à un prix modéré, donne de l'ouvrage à plus de 6,000 personnes dans les environs de Thiers (Puy-de-Dôme). A Saint-Jean-du-Marché, à 3 lieues d'Epinal (Vosges), on réunit de même tous les objets de coutellerie fabriqués dans les villages voisins et qui consistent en couteaux de table et de poche, simples, de bonne trempe et à bas prix. Nontron (Dordogne) verse dans le commerce une quantité considérable de couteaux à manche de buis d'un prix modeste, et dans les environs de Saint-Etienne (Loire), on confectionne à des prix qui paraissent incroyables ces couteaux grossiers, il est vrai, mais assez bons, connus sous le nom de *jambettes* ou *eustaches de bois*, et dont le plus pauvre ménage peut aisément faire l'acquisition.

La *fabrication des mouvemens de pendules* est, pour nos départemens du Doubs et du Jura, un élément de richesse et d'activité industrielle. Là, il y a tel village ou tel canton, comme ceux de Morez et de Foncine (Jura), où tout le monde s'occupe à fabriquer des pièces qui entrent dans la construction de ces mouvemens de montres ou de pendules qui, sous le nom d'horlogerie de Comté ou de fabrique, se répandent dans toute la France et à l'étranger, ou bien à forger des *outils* propres à fabriquer ces mouvemens et à l'usage des horlogers.

Dans plusieurs de nos départemens, les habitans des campagnes savent *forger et travailler le fer*. Nous ne citerons à cet égard que les habitans des environs d'Escarbotin, à quelques lieues d'Abbeville (Somme), qui sont serruriers et fabriquent surtout des serrures, ainsi que des cylindres et des broches pour les filatures.

Nous pourrions ajouter à ces exemples une foule de petites industries qui s'exercent sur les métaux, et que l'homme des champs pourrait entreprendre sans difficulté. Contentons-nous à cet égard de mentionner encore la *fabrication de la canetille* ou fil métallique, en fer, laiton, argent fin ou faux, roulé en hélice comme un ressort à boudin et qui sert à faire des bretelles, des jarretières, des corsets, des chaines légères, etc., et se fabrique sur une broche montée sur 2 poupées qu'on fait tourner avec une manivelle; la *fabrication des boucles* en fer à l'usage de la sellerie et de la quincaillerie, etc.; celle d'une foule d'objets métalliques faits au *balancier*, au *laminoir*, au *découpoir*, au *foret*, *à l'étampe*, etc.

Parmi les produits manufacturés avec les minéraux, il en est beaucoup dont l'exploitation et le travail sont encore susceptibles d'occuper nos habitans des campagnes. A ce sujet nous donnerons seulement pour exemple quelques populations qui se distinguent par leur industrie dans diverses parties de l'Europe. Les habitans de Riva près le mont Rose dans les Alpes, à la source de la Sésia, fabriquent très en grand un petit instrument de musique en fer connu sous le nom de *guimbarde* dont il se fait un assez grand débit en Europe, et pour le moment une grande exportation dans les Amériques; ceux de Septmoncel, dans le Jura, déjà connus par leur fromage excellent, taillent avec beaucoup d'adresse, depuis un temps immémorial, les *pierres fines et fausses* et *les pierres noires* pour deuil; ceux de Saint-Aignan, Meunes, Noyers, Couffi (Loir-et-Cher), façonnent les *pierres à fusil;* ceux du bourg d'Oberstein dans le Palatinat, *polissent toutes les agates* communes dont on fait des cachets, clefs de montre, tabatières, mortiers, billes, brunissoirs, etc. Au Val-Sésia, dans le Valais, on fabrique au tour une grande quantité *d'ustensiles de ménage en stéatite* ou pierre ollaire, sorte de pierre douce et savonneuse au toucher, qui se laisse facilement tourner et fournit des vases domestiques passant aisément par les alternatives du froid et du chaud sans se briser, et formant une poterie économique, saine, commode et durable dont on fait grand usage dans le nord de l'Italie.

SECTION IV. — *Industries mixtes.*

Dans une multitude de localités, les habitans de nos campagnes se procurent un métier à tisser, et fabriquent, dans les momens où des travaux agricoles sont suspendus, des *toiles de chanvre ou de lin*, de cent qualités diverses: des *couvertures* de laine ou des *étoffes* communes qui se consomment dans le pays. Dans le voisinage de tous nos grands centres de fabrications pour le *tissage des étoffes*, tels que Lyon, Tarare, Nismes, Reims, Mulhausen, Amiens, Cambrai, Valenciennes, Saint-Quentin, Rouen, Louviers, Elbeuf, Castres, Carcassonne, etc., les habitans s'occupent généralement à *filer la laine*, le *chanvre*, le *lin* ou le *coton*, à dévider et *retordre les fils*, à les *mettre en bobines ou en canettes*, à tisser

des étoffes, et à une multitude d'autres travaux nécessaires pour la confection des étoffes, leur apprêt, leur teinture, leur emballage ou leur expédition. Citons deux exemples : il sort de Rouen, année commune, 1,600,000 kilog. de chaines et tissures destinées à être confectionnées par les tisserands répandus dans un rayon de 15 à 18 lieues dans le département de la Seine-Inférieure, d'une forte partie de celui de l'Eure et d'une grande quantité de communes de l'Aisne, de la Somme, du Pas-de-Calais et de la Manche. Des facteurs ou commissionnaires de fabrique, au nombre de 220 à 230 portent et rapportent ces objets quand ils sont tissés, et Rouen verse tous les ans dans ces contrées 4 millions en numéraire pour payer les façons (enquête commerciale de 1834). A Quintin, bourg des Côtes-du-Nord, renommé par ses belles toiles, une ferme aux environs est une espèce de petite manufacture, et on trouve peu de maisons à la campagne où il n'y ait un ou deux métiers. C'est un moyen d'occupation pendant l'hiver pour des bras que l'agriculture réclame dans la belle saison. Environ 70 ou 80,000 individus, de tout sexe et de tout âge, sont ainsi occupés à préparer, peigner, filer, tisser le lin, blanchir ses fils ou les tissus qu'on en fabrique (*idem.*)

Le *peignage* et le *filage* de la laine et la confection des *objets tricotés* à la main, procurent également de l'occupation et des profits aux habitans de nos campagnes, surtout près des villes ou bourgs qui, comme Troyes, Arcis-sur-Aube, Romilly (Aube), Vitry-le-Français et Châlons (Marne), Levardin (Loir-et-Cher), Chaumont, Vignory, Joinville (Haute-Marne), etc., s'occupent spécialement de la fabrication de la bonneterie.

Nous croyons que diverses autres espèces de tissages, tel que celui des *rubans*, des *galons*, des *étoffes de crin*, des *tapis*, des *gazes* et *toiles métalliques*, etc., qui ne présentent pas plus de difficultés, peuvent de même être exécutés par la main de nos cultivateurs. Nous signalons encore, dans ce genre, la *fabrication des lacets*, sorte de rubans étroits, faits de plusieurs fils doubles et retors, entrelacés les uns aux autres au moyen de métiers particuliers d'une construction fort ingénieuse que nous ne pouvons décrire ici. Des métiers analogues à ceux pour faire les lacets servent à *fabriquer des cravaches*, sorte de fouet pour monter à cheval. Il est encore un très grand nombre d'ouvrages de *mercerie*, de *passementerie* faciles à exécuter, et qui sont susceptibles de donner un travail agréable aux personnes du sexe dans nos campagnes. A Neuilly en Thel, près Senlis, bourg de 1,200 habitans, les deux tiers d'entre eux s'occupent à *dévider et retordre* la soie et le coton à coudre, pour les marchands de Paris. Pendant les longues soirées d'hiver, les femmes de plusieurs communes du département de l'Oise confectionnent les *boutons de soie* dont il se fait aujourd'hui une grande consommation pour les habits d'hommes, etc. La *fabrication et le tannage des filets* peut aussi, dans les lieux où la pêche est active, occuper dans les soirées d'hiver les hommes, les femmes et les enfans.

On sait que la *fabrication des dentelles et des blondes* occupe une partie considérable de la population de nos départemens du Nord et du Calvados. Dans l'arrondissement de Mirecourt (Vosges), il est aussi bien peu de ménages où les femmes n'occupent leurs loisirs à confectionner de la dentelle. Nancy est comme on sait le centre d'établissemens de *broderies* communes en tout genre, qui donnent du travail à plus de 20,000 ouvrières dans les communes des environs. Metz, Lunéville, Pont-à-Mousson, Château-Salins, Recicourt, offrent aujourd'hui des établissemens du même genre qui répandent le travail et l'aisance dans tout le pays qui les avoisine. Au Puy (Haute-Loire), la fabrication des dentelles et des petites blondes à bon marché est devenue une ressource immense qui donne de l'occupation à près de 40,000 ouvrières qui emploient à cet ouvrage les temps les plus mauvais de l'année, ceux où elles ne peuvent se livrer aux travaux de l'agriculture. Malgré le salaire modique dont ces ouvrières se contentent (30 cent. par jour), ce commerce verse dans le pays, frais déduits, une somme annuelle de 3 millions, qui appartiennent exclusivement à la localité.

Parmi nos populations industrieuses pour lesquelles ces travaux industriels sont une source de bénéfices et de profits, nous ne devons pas oublier les ingénieux habitans de Mirecourt et des environs (Vosges) qui depuis long-temps se sont emparés de la fabrication des *instrumens de musique* qu'ils répandent en grande quantité en France et en pays étrangers. C'est là qu'on fabrique une multitude de violons, guitares, altos, violoncelles, contrebasses, etc.; qu'on taille un à un au canif de luthier, des chevalets pour tous ces instrumens; qu'on construit des orgues, des serinettes; qu'on fond, purifie et coule dans de petits cylindres de papier la matière résineuse appelée colophane et qui est employée à faire mordre les crins de l'archet sur les cordes des instrumens.

Citons enfin plusieurs petites industries où l'on travaille le bois, les métaux, la corne, l'ivoire, l'écaille, les os, etc., et qui paraissent s'être fixées dans quelques localités où elles procurent aux habitans actifs qui les exploitent des bénéfices quelquefois assez importans.

A Saint-Claude (Jura), on convertit, depuis un temps immémorial, au moyen du tour, le buis, la corne, l'écaille, l'ivoire et les os en une foule de petits objets connus sous le nom de *tournerie de Saint-Claude*, et que le commerce répand ensuite en quantité considérable dans toute l'Europe. Puivert, à 30 kilom. de Limoux (Aude), présente la même activité et livre à la consommation une multitude de *sifflets*, *flûtes*, *robinets*, *chantepleures*, *fuseaux*, etc. Un pélerinage fameux à Notre-Dame-de-Liesse (Aisne) a donné l'occasion aux industrieux habitans de ce bourg et des environs de se livrer avec succès à la fabrication des *croix*, *cœurs*, *bagues d'or et d'argent*, *crucifix de cuivre*, *bimbeloterie en tilleul*, *fleurs artificielles en papier coloré*, etc. Ceux d'Harréville, près Chaumont (Haute-Marne), se sont aussi adonnés à la fabrication des *bagues* et *cornets dits de Saint-Hubert*, industrie dans laquelle ils ont eu pour concurrens les habitans de Bazoilles-sur-Meuse (Vosges), qui,

comme eux, distribuent ces produits dans toute la France. La fabrication des tabatières en carton et autres ouvrages en papier mâché occupe, dans la saison morte, les loisirs des habitans de la campagne dans la Moselle, surtout ceux de Sarralbe, près Sarguemines. Des *chapelets* en coco et en verroterie et des *objets émaillés* sortent par milliers des mains des habitans de Saumur (Maine-et-Loire) et des environs; des *tabatières en écorce* de bouleau nous sont envoyées par masses des Vosges, de la forêt d'Orléans, etc.; la *tournerie dite de campagne*, qui sert aux frangiers et aux passementiers, se travaille dans plusieurs petits villages de Seine-et-Oise et de l'Oise; des *bois d'éventail*, de la *dominoterie*, des *brosses à dents*, de la *tabletterie en nacre et en ivoire* sont fabriqués surtout au Déluge, à Corbeil-Cerf, à Laboissière, etc., et autres cantons de l'Oise. Enfin, des *lunettes* de toute espèce et de tout genre, en carton, en métal et en bois sont, pour le bourg de Songeons (Oise), une sorte de monopole qu'il semble s'être assuré pour long-temps.

Tous les objets de bimbeloterie, connus dans le commerce sous le nom d'*objets* ou *jouets d'Allemagne*, viennent, pour la majeure partie, de Berchtolsgaden, près Salsbourg en Bavière, où l'on travaille l'ivoire, le bois, la corne, les métaux pour les transformer en *vases de toute espèce*, *objets de bureau*, *canelles*, *boîtes à ressort*, *cuillers*, *pipes*, *objets sculptés*, *jouets d'enfant* de toute nature, etc. Dans tous les villages, aux environs de cette ville, il n'est pas un cultivateur qui ne travaille à l'un de ces produits industriels dans ses momens de repos, soit seul, soit au milieu de sa famille et même de ses plus jeunes enfans qui l'aident dans ces agréables travaux. Chacun fait choix d'un genre particulier d'occupation dans lequel il atteint bientôt un haut degré d'habileté : ainsi, les uns sont menuisiers ou sculpteurs, les autres tourneurs, peintres, doreurs, serruriers, dessinateurs et ainsi de suite, de sorte que les produits si simples de leur industrie, qu'on livre à des prix si minimes, passent quelquefois dans 6 ou 7 mains et plus avant d'être portés à Berchtolsgaden, à Schellenberg et de là à Nuremberg et à Augsbourg, d'où on les répand dans le monde entier.

Les *sculpteurs*, *tourneurs* et *tabletiers* du Tyrol, et surtout ceux des montagnes calcaires qui environnent la vallée de Grœnen, ne sont pas moins célèbres par leur industrie, dont les produits vont jusqu'aux Indes, et répandent chaque année plus de 200,000 fr. parmi les laborieux habitans de cette vallée.

Les *tourneurs*, *fabricans de jouets et d'horloges de bois*, de la Souabe, dans les environs d'Ulm, ceux de la Forêt-noire livrent aussi à la consommation une quantité considérable d'objets en bois qui leur assurent chaque année des bénéfices certains qui accroissent l'aisance des habitans de ces pays, pauvres mais industrieux.

A l'exposition des produits de l'industrie française, à Paris, en 1834, les habitans du bourg d'Oyonnax, près Nantua (Ain), avaient envoyé une foule de petits objets en hêtre, buis, os, corne, etc., d'un prix très bas et dont ils ont un débit considérable.

La fabrication des *jouets d'enfans*, tels que poupées en papier mâché mates et vernies ou en peau bourrées de son, celle des yeux en émail qu'on leur applique aujourd'hui, celle des raquettes en cordes à boyau, des volans, des toupies et sabots pour les enfans, des objets en étain, en fer-blanc, en bois peint, en peau, en carton, etc., peut, quand on met dans la confection de ces objets le goût convenable, donner lieu à un débit assez étendu.

Rien ne serait plus aisé dans les campagnes que de fabriquer des *cages en osier et en fil d'archal*, dont on se sert pour retenir captifs des oiseaux ou autres petits animaux domestiques. A cette fabrication on ajouterait celle des souricières, ratières, piéges et trébuchets divers propres à prendre les animaux nuisibles. Un petit nombre d'outils, un peu d'attention et de soins suffisent pour réussir dans cet art simple et modeste.

La fabrication de *couleurs* diverses tirées du règne végétal ou minéral, quand on est à proximité des lieux qui fournissent les matières 1res, pourrait être entreprise avec quelque succès dans un assez grand nombre de localités. Nous nous dispenserons d'indiquer les couleurs qu'on pourrait ainsi préparer et les moyens les plus simples de fabrication qu'il conviendrait d'employer, parce que notre but n'est ici que d'éveiller sur cet objet l'attention des hommes industrieux de nos campagnes.

Depuis quelque temps on fait dans l'économie domestique en France un grand usage de *farine de racines potagères et de légumes cuits* propres à faire des purées et des potages en un instant. La fabrication de ces farines ne paraît pas ni difficile, ni compliquée; elle peut s'exercer sur des produits qui sont sous la main du cultivateur et faite avec le soin convenable, elle pourrait sans doute procurer des bénéfices. On pourrait aussi se livrer avec succès à la préparation de la *farine de châtaignes cuites*, à celle des *gruaux*, des *orges perlées*, des *graines décortiquées*, de la *farine de glands,* qui entre aujourd'hui dans la composition de diverses préparations alimentaires, des *polentas,* etc.

Les *faux-cols,* qui servent à maintenir les cravates et qui sont aujourd'hui un objet essentiel dans l'habillement des hommes dans les villes, pourraient faire aussi l'objet d'une petite fabrication. Ces cols consistent en général en 2 bandes de toile superposées et entre lesquelles on place verticalement et de distance en distance, pour leur donner de la consistance, de petits paquets de 3, 4 ou 5 soies de sanglier, des morceaux minces de baleine, ou des ressorts à boudins très fins, etc., qu'on maintient en place en piquant la toile entre chaque paquet, morceaux ou ressorts et en y passant un fil un peu fort. En cet état les cols sont découpés sur les bords suivant la forme voulue, puis bordés avec une bande de peau qui empêche les corps contenus entre les 2 toiles de glisser au dehors.

L'*emballage* et la *conservation des objets de ménage* exige une foule de petits objets mobiliers en bois, en cuir, en toile, en étoffes diverses, en carton et en papier, dont la fabrication, au moins pour quelques-uns, pourrait fort bien occuper les loisirs des gens de la campagne; seulement il faudrait faire choix de ceux qui sont le plus aisés à établir, qu'on peut espérer placer le plus sûrement et qui peuvent se transporter sans trop de frais à des distances plus considérables.

Aujourd'hui les femmes font usage pour se garantir de la boue et de l'humidité d'une sorte de chaussure qu'on appelle *socques*, et qui consiste en une semelle de bois, de cuir ou de liège, brisée par une charnière et sur laquelle sont cloués un talon, qui empêche le socque de sortir du pied en arrière, et d'une demi-empeigne qui retient le pied en avant. Le tout est fixé sur le pied au moyen d'une bride en cuir qui s'ouvre et se ferme par une boucle ou tout autre mécanisme. La fabrication du bois ou semelles des socques, et même celle des socques complets, n'offrant aucune difficulté, nous paraît un travail très propre à occuper les bras des gens de la campagne pendant les jours d'hiver.

F. M.

CHAPITRE XXVIII.—TRAVAUX DIVERS.

Nous nous sommes occupés jusqu'ici des travaux pouvant faire l'objet d'une petite fabrication et se rattachant à l'agriculture pour employer les loisirs de l'homme des champs, entretenir son activité, développer son intelligence et augmenter ses profits et son bien-être. Parlons maintenant de quelques occupations auxquelles il pourrait se livrer dans la saison morte ou dans les instans de désœuvrement que laisse quelquefois l'exploitation d'une petite culture.

Un assez grand nombre de *plantes* en usage dans la médecine sont cultivées, soit dans les jardins botaniques publics, soit dans ceux des particuliers. Cette culture est alors du ressort du jardinage; mais il en est un certain nombre d'entre elles qu'on préfère recueillir à l'état sauvage, parce qu'alors leurs propriétés sont plus actives et plus développées. Dans tous les cas, il faut savoir les récolter et les conserver. Cette récolte n'offrant aucune difficulté et pouvant procurer quelques avantages, nous allons dire en peu de mots comment elle se fait et comment on conserve les plantes qui ne sont pas employées à l'état frais. On doit récolter les *racines* annuelles vers le temps de la floraison, les bisannuelles au commencement de la 2e année, les racines vivaces au moment où les feuilles tombent, les racines aquatiques en tout temps, excepté en hiver, et les racines charnues avant l'hiver et peu après la maturité des graines. Les *écorces* s'enlèvent au printemps, les *bois* en hiver ou au commencement du printemps. Pour les 1res, on donne la préférence aux jeunes branches, et pour les 2es, aux arbres d'un âge moyen. Les *herbes* se récoltent dès que les feuilles sont entièrement développées, les *fleurs*, au moment de leur épanouissement ou peu après. Enfin, les *fruits* après leur maturité. Les plantes étant récoltées, il faut les dessécher. Pour cela, on nettoie les racines, et, lorsqu'elles sont petites, fibreuses et peu chargées d'humidité, on les laisse entières; si elles sont grosses et charnues, on les coupe par tranches. On les étend ensuite sur des claies d'osier, on les enfile pour les suspendre, et, dans l'un ou l'autre cas, il faut les dessécher à l'étuve dont on élève la température de 30 à 40°. Pour dessécher les *bulbes*, on en sépare les squames ou écailles qu'on coupe par languettes, puis qu'on étend sur un tamis, enfile en chapelets et dessèche à l'étuve. Les *racines et les bois* n'ont besoin que d'être exposés dans un lieu sec et aéré. Les *feuilles*, purgées de celles qui sont mortes ou moisies, sont étendues au soleil et remuées avec soin plusieurs fois par jour jusqu'à parfaite dessiccation. Les *fleurs* sont étendues sur des claies d'osier garnies de papier gris, exposées au soleil ou à l'étuve; on les couvre souvent aussi avec du papier gris pour leur conserver leur couleur. Les *semences* sont étendues dans un endroit sec et d'une température modérée. Les *fruits* doivent être desséchés promptement; on les place sur des claies dans un four chauffé au degré nécessaire pour cuire le pain; au bout d'un quart d'heure, on les retire, on les expose au soleil; on les replace ensuite dans le four ou dans une étuve, mais beaucoup moins chauffée qu'auparavant. Toutes les plantes séchées doivent être conservées dans un lieu sec, et celles qui sont aromatiques dans des boîtes bien fermées.

Les plantes employées dans les arts ne sont pas non plus toutes cultivées par la main des hommes; quelques-unes croissant spontanément dans la nature, peuvent être récoltées dans les pays où elles végètent, et faire l'objet d'un petit commerce. C'est ainsi que depuis un temps immémorial, les habitans du Grand-Galargues (Gard) se rendent tous les ans au mois de juillet dans les départemens des Bouches-du-Rhône, du Var et de Vaucluse, pour ramasser les plantes connues dans le pays sous le nom de *mozellète* et par tous les botanistes sous celui de *croton des teinturiers* (*croton tinctorium*, Lin.), dont ils préparent une matière colorante d'un beau bleu connue sous le nom de tournesol de Languedoc, et qui sert à différens usages industriels. Il en est de même des habitans de l'Auvergne et de la Lozère, qui, pendant l'hiver et dans les temps de pluie, vont errer sur les montagnes qui les environnent, armés de lames de fer flexibles d'un mêt. de longueur, et d'un sac, pour détacher sur les rochers certains lichens (*lichen parellus*, Lin. ou le *variolaria orcina*, selon d'autres). Ces lichens sont livrés ensuite à des fabricans qui les transforment par des manipulations convenables en une matière tinctoriale très usitée dans nos ateliers, et connue sous le nom d'*orseille de France*, *orseille de terre* ou *du pays*. Dans les Pyrénées les habitans, surtout ceux de la vallée de Prats-de-Mollo (Pyrénées Orientales), font également la récolte d'une autre espèce de lichen (*variolaria deal-*

bata ou *lichen dealbatus*, Achar), dont on prépare aussi de l'orseille.

La récolte des *graines des arbres forestiers* peut aussi procurer une occupation utile et des profits; on peut consulter à cet égard ce que nous avons dit, t. IV, p. 70, pour connaître l'époque à laquelle chacune d'elle doit être récoltée, et les manipulations que plusieurs exigent avant d'être livrées au commerce ou aux propriétaires.

La *récolte des mousses*, si facile, si simple, peut donner de l'occupation à des enfans et à des personnes âgées. Ces mousses ont une foule d'usages et d'applications utiles : elles sont excellentes pour le transport des plants et pour entourer les greffes. Disposées en lit, on en fait des couches à melons. Beaucoup de plantes délicates ne lèvent bien que dans la mousse. Tout le monde sait qu'avec la mousse on fait des paillasses et des matelas; qu'on en rembourre des siéges, qu'elles sont très bonnes pour emballer des objets fragiles ou des fruits qui s'y conservent bien; qu'elles sont précieuses après avoir été mêlées avec de l'argile pour les constructions hydrauliques. On en calfate aussi les bateaux, et en les pétrissant avec du menu de houille on en fait un combustible facile à transporter. Les glacières dont les parois sont construites avec ces plantes, conservent aussi bien la glace que celles bâties en pierre. Enfin, dans les Vosges, les habitans recueillent une espèce de mousse du genre polytric, qu'on rencontre dans les bois marécageux ou les pays montueux, et dont on fabrique à Rouen et dans les autres villes manufacturières les brosses qui servent aux tisserands à étendre sur leurs toiles l'encollage nommé *parou*.

Les *fougères* qui croissent spontanément dans les bois et les lieux incultes peuvent fournir aux arts des produits utiles. Dans les Vosges et le Jura, on les recueille avec avantage avant la maturité pour les brûler et en tirer de la potasse; dans d'autres lieux, on en fait de la litière pour les animaux domestiques, ou on les expédie pour l'emballage des poteries et autres objets fragiles.

Plusieurs populations des provinces méridionales de la France emploient, à certaines époques de l'année, leurs momens de loisir à la *récolte du chiendent (andropogon digitatum)*, dont on fait des brosses et des balais, qui se consomment en grande quantité; dans les Ardennes, on recueille de même la *bruyère à balais (erica scoparia)*, dont on fabrique les mêmes produits qui n'ont pas un débit moins considérable. Dans nos départemens méridionaux de l'Aude, de l'Hérault, etc., on récolte en abondance une petite fougère à tige grêle et lisse, connue dans le commerce sous le nom de *capillaire* de Montpellier *(adianthum capillus veneris)*, et dont on prépare dans la pharmacie et dans l'art du confiseur un sirop aromatique assez agréable. Dans la Charente, la Dordogne et la Corrèze, on va chercher en automne et en hiver, dans les forêts de charmes, de châtaigners et de chênes, les *truffes* qui y croissent naturellement et qui se vendent ordinairement à un prix élevé.

Nos départemens méridionaux voient aussi chaque année les habitans de certains cantons se répandre sur les friches et les pelouses garnies de mousse, pour y cueillir le *mousseron* (*agaricus mousseron* et *ag. pseudo-mousseron*), champignons comestibles fort recherchés des amateurs, et qu'on mange frais ou qu'on fait sécher pour les expédier au loin. C'est aussi à l'état frais ou sec qu'on mange les *morilles* (*morchella esculenta*), autres champignons qui croissent à terre et sont d'un goût assez délicat. Là on s'occupe de la *cueillette des plantes aromatiques*, ici des *plantes médicinales* qui croissent spontanément; plus loin de la *récolte des roseaux* pour faire des nattes et paillassons ou des *genêts à balais*, etc. Enfin quelques-uns, dans le Languedoc, recueillent sur les pruniers, les cerisiers, les pommiers qui sont vieux, ou sur ceux qui ont été taillés avec maladresse, une exsudation gommeuse connue sous le nom de *gomme du pays* et qu'on emploie principalement dans la chapellerie.

Dans d'autres pays on fait la guerre aux *animaux*. C'est ainsi que dans les environs de Dax (Landes), à Castel-Jaloux (Lot-et-Garonne), dans le dép. de l'Aisne, et surtout dans l'Indre, on se livre à la pêche des sangsues. Dans ce dernier département ce sont surtout les habitans de la Brenne, petit pays malsain et inculte, et dont le chef-lieu est Mézières, qui se livrent à cette exploitation. Par exemple, ceux de Moebecq, qui passent pour très habiles à cette pêche, entrent jambes nues dans les étangs ou les flaques d'eau qui les contiennent, et prennent à la main toutes celles qui s'attachent à leurs jambes; plus ordinairement ils battent l'eau à mesure qu'ils avancent avec des bâtons, ce qui met en mouvement les sangsues qu'ils attrapent à la main pendant qu'elles nagent et renferment dans un sac, ou bien ils les recueillent sur les herbes marécageuses ou sous les pierres. Cette pêche se fait surtout au printemps et en automne; on dit que l'approche d'un orage la favorise; dans la saison favorable on peut dans 3 ou 4 heures ramasser ainsi 10 à 12 douz. de sangsues. Parfois les pêcheurs sont armés de petits harpons avec lesquels ils placent un morceau de viande presque gâtée dans les lieux fréquentés par les sangsues; celles-ci se rassemblent en quantité sur cette proie, et on les enlève avec la viande dans de petits vases à moitié remplis d'eau.

La *récolte des cantharides* pour les usages de la médecine, ainsi qu'on le fait principalement dans l'arrondissement de Vitré (Ille-et-Vilaine), est facile et cause peu de frais. Ces insectes, qu'il faut apprendre à distinguer, se montrent vers les mois de mai et juin, et presque toujours en grand nombre sur les frênes, les lilas, les troënes, dont elles dévorent les feuilles et quelquefois sur les sureaux et le chèvre-feuille; leur présence est décelée par l'odeur particulière qu'elles répandent. Leur *récolte* exige quelques précautions, d'abord de la part des personnes qui la font, et qui pourraient, par défaut de soin, éprouver de graves accidens, ensuite par rapport à leur conservation; voici le procédé en usage pour la récolte. Dans le courant de juin on étend sous un arbre chargé de cantharides plusieurs draps, et on en secoue fortement les branches

le soir et le matin, parce qu'alors ces insectes sont dans une sorte d'engourdissement; ils tombent. et lorsqu'on en a obtenu ainsi une assez grande quantité, on les réunit sur un tamis de crin pour les faire périr en les exposant à la vapeur du vinaigre bouillant, ou bien on les rassemble dans une toile claire que l'on trempe à plusieurs reprises dans un vase contenant du vinaigre étendu d'eau. Il s'agit ensuite de les dessécher, opération importante pour leur bonne conservation; pour cela on les expose au soleil, ou mieux encore dans un grenier ou sous un hangar bien aéré sur des claies recouvertes de toile ou de papier gris non collé. On ne doit les remuer qu'avec beaucoup de précautions, sans quoi on s'exposerait à des maladies inflammatoires des voies urinaires ou à des maladies des yeux très graves. Il faut, pendant leur dessiccation, ne toucher les cantharides que les mains garnies de gants ou se contenter de les remuer avec un bâton. Quelques personnes, après avoir étendu des toiles au-dessous des arbres, placent tout autour des terrines remplies de vinaigre qu'elles entretiennent en ébullition, et, après avoir secoué les arbres, ramassent les cantharides, les placent aussitôt dans des vases de bois ou des bocaux de verre, les y laissent 24 heures et, après qu'elles sont mortes, les retirent et les font sécher comme il a été indiqué; cette méthode est plus embarrassante et plus dispendieuse. M. PIETTE, pharmacien à Toulouse, a proposé une nouvelle méthode pour conserver les cantharides, et qui consiste à les placer vivantes dans une terrine vernissée, et à verser sur elles un filet plus ou moins prolongé d'essence de lavande ou d'une autre labiée. Les cantharides ainsi préparées ont, dit-il, une plus belle couleur verte; elles ne sont pas attaquées par les insectes même après plusieurs années, ce qui permet d'y conserver toute la *cantharidine* dans laquelle paraît résider le principe actif de la propriété vésicante de l'insecte.

Nous indiquerons encore sommairement ici plusieurs occupations qui peuvent être profitables dans les campagnes; les *œufs de fourmis*, qui servent à la nourriture des jeunes faisans et des rossignols, peuvent être recherchés et récoltés par de jeunes enfans et des femmes. Les paysans des environs de Nuremberg sont très habiles dans cette chasse, et savent en outre dessécher ces larves à une douce chaleur, pour pouvoir, sans danger de les voir se corrompre, les expédier au loin et les vendre à un prix assez élevé. Ceux du Tyrol, de la Forêt-Noire et de la Thuringe se livrent avec beaucoup d'intelligence à l'*éducation des serins de Canarie*, dont ils vendent les jeunes mâles avec profit à des marchands qui les envoient en Russie, en Hollande, en Angleterre, et surtout en Turquie où ils sont très recherchés. Près des grandes villes on peut de même *élever divers oiseaux de chant* ou faire la *chasse à plusieurs petits oiseaux* de nos bocages qu'on débite en grand nombre; il n'est pas jusqu'aux *animaux malfaisans* tels que le putois, la fouine, le blaireau, la loutre, etc., qu'on ne puisse poursuivre, tant pour s'opposer à leurs dégâts, que pour tirer partie de leurs peaux qui, sous le nom de *sauvagines*, sont achetées dans les villes par les pelletiers fourreurs. Dans les environs de Nîmes les paysans recueillent en particulier les *cloportes* qu'ils font périr dans du vinaigre et qu'on expédie pour les pays où la pharmacie en fait encore quelque usage.

L'homme pauvre des champs peut encore trouver des profits à *recueillir les plantes marines* qui servent à l'engrais ou à la préparation de la soude; à *fabriquer des ruches* en paille ou en bois, à louer ses services à autrui pour faire des *constructions en pisé*, des *clôtures diverses*, des *toits en chaume ou en bruyère*, ou autres *constructions rustiques,* des *composts* et une foule de travaux ruraux qui exigent de l'intelligence et quelque pratique. Dans les pays où se trouvent de vastes ateliers de teinture sur toiles de coton, les paysans peu fortunés rassemblent sur les routes les *bouses de vaches* qui servent dans ces ateliers à fixer les couleurs sur les étoffes. Dans les départemens arrosés par la Garonne, quelques habitans des villages connus sous le nom d'*orpailleurs* ramassent, après les débordemens de cette rivière, quelques *paillettes* d'or qu'on trouve dans ses sables; on recueille aussi des paillettes de ce métal dans le Gardon, la Cèze et la Gagnère, ainsi que dans le Rhône, dans l'Erieux et l'Ardèche, dans le département de

ce nom. A Saint-Léger-de-Foucheret (Yonne), les habitans vont chercher un sable micacé, jaunâtre, appelé *poudre d'or* qui est employé en grande quantité dans les bureaux pour sécher l'écriture. Dans le temps de l'année où les travaux de l'agriculture sont suspendus ou dans ceux où on ne trouve pas à employer les animaux domestiques, les habitans de l'ancienne Franche-Comté (Doubs, Haute-Saône et Jura), avec leurs petits chariots légers, construits dans les montagnes et attelés d'un seul cheval, font pour le commerce un *transport* considérable de marchandises de toute nature, et se livrent, dans une grande partie de la France, à un roulage étendu, etc.

Nous ne finirions pas si nous voulions passer en revue toutes les occupations qu'on pourrait ainsi se créer dans les momens qui ne sont pas employés aux travaux agricoles; mais, ainsi que dans toutes les entreprises, il faut, pour réussir, de l'activité et de la persévérance et obtenir des avantages marqués de travaux dans ce genre, et surtout de l'industrie pour savoir profiter habilement des produits que la nature libérale nous offre souvent à chaque pas, ou des objets qui seraient perdus, et pour trouver les moyens de leur donner une valeur vénale ou de leur ouvrir un débouché.

F. M.

Printed in France by Amazon
Brétigny-sur-Orge, FR

14468444R00279